线性代数
辅导讲义

张立卓 / 编

（第2版）

清华大学出版社
北京

内容简介

本书章节安排与“线性代数”普通教科书中的章节安排基本平行. 书中每章的各节有内容要点与评注、典型例题以及习题；各章都设有专题讨论，每个专题以典型例题解析的方式阐述了围绕该专题的解题方法与技巧，每章末附有单元练习题，是在前面各专题的引领下，对知识点融会贯通、综合运用的体现，它包含客观题和主观题，客观题的设置意在考查对该章知识点全面而深入的理解，主观题的设置意在考查对该章知识点的综合运用能力与掌握. 对典型例题的讲解处理得非常细致，试图营造一对一辅导的氛围，以帮助读者理解和掌握. 对专题的处理，力图理清知识点之间的脉络与联系，实现对知识的系统理解.

本书可作为学生学习“线性代数”课程时的同步学习辅导资料，也可作为考研复习的辅导教材.

图书在版编目（CIP）数据

线性代数辅导讲义/张立卓编. —2版. —北京：清华大学出版社，2022.8
ISBN 978-7-302-61483-8

Ⅰ. ①线… Ⅱ. ①张… Ⅲ. ①线性代数—高等学校—教学参考资料 Ⅳ. ①O151.2

中国版本图书馆 CIP 数据核字（2022）第 135534 号

责任编辑：刘　颖
封面设计：傅瑞学
责任校对：王淑云
责任印制：曹婉颖

出版发行：清华大学出版社
网　　址：http://www.tup.com.cn，http://www.wqbook.com
地　　址：北京清华大学学研大厦 A 座　　**邮　　编**：100084
社 总 机：010-83470000　　**邮　　购**：010-62786544
投稿与读者服务：010-62776969，c-service@tup.tsinghua.edu.cn
质量反馈：010-62772015，zhiliang@tup.tsinghua.edu.cn
印 装 者：三河市少明印务有限公司
经　　销：全国新华书店
开　　本：185mm×260mm　　**印　　张**：24.75　　**字　　数**：598 千字
版　　次：2016 年 12 月第 1 版　2022 年 10 月第 2 版　　**印　　次**：2022 年 10 月第1 次印刷
定　　价：69.80 元

产品编号：088636-01

第2版 前 言

本辅导讲义自出版以来，收到了同行和读者的许多宝贵意见，在此深表谢意.

对第1版的内容加以修订和完善，新增和调整了部分专题、例题和习题，增加了近几年全国硕士研究生入学统一考试的部分试题. 全书包含约180道例题和500道习题.

本版更加注重数学思维方法的培养和训练，细化了解题思路，强调了对解题过程的反思、总结、拓展和延伸，以深化和巩固课程蕴含的理论、思想和方法.

感谢对外经济贸易大学，感谢对外经济贸易大学统计学院线性代数课程组的各位同仁，感谢清华大学出版社刘颖老师，感谢书末参考文献的所有专家作者.

历时两年，完成再版修订，自知错误和不足仍会存在，恳请读者批评指正.

作　者

2022年9月

于惠园

第1版 前言

学生们要学好线性代数，首先必须要弄清概念、理解定理；其次要掌握分析问题和解决问题的方法，而要实现这两点，最好的途径之一就是研读例题和演练习题，因此要学好线性代数，就必须要演练一定数量的习题.

在课堂教学中，课程的讲授是按知识的逻辑顺序展开的，习题则是按章或节编排的，学生们所受到的解题训练是单一的、不完善的，课堂教学的局限之一是缺乏对融会贯通的综合解题能力的训练与培养，再加上受教学时数的限制，许多解题方法与技巧未能在课堂上讲解与演练，当然更谈不上使学生系统掌握这些方法与技巧.

一些基础课程有开设习题课的做法，这对于学生理解能力的培养和训练是非常有帮助的. 但由于学时和助课人员短缺方面的问题，许多学校取消了或削减了基础课的习题课学时.

本辅导讲义试图为改善上述各点做出努力. 具体的做法是将知识的**细致性**和**系统性**通过讲的方式得以落实. 所谓知识的细致性是指对概念和定理的多角度分析和讲解，使之细化，并在例题和习题中将这些细化的内容展现出来，实现各个知识点的突破. 所谓知识的系统性是指将涉及多个知识点的综合题目归纳为一些专题，对各个专题的解题方法和涉及的技巧进行剥丝抽茧式的分析和讲解，实现各个知识点间线的突破. 讲是一个交互的过程，通过交互过程来达成讲解和理解的基点. 这在书中是不好实现的，为此，我根据以往辅导学生时的经验，将问题细化，将理解的梯度细化，减少读者在阅读和理解本书内容过程中的障碍或阻力，努力营造出一对一辅导时的细致氛围. 这也是书名中“辅导讲义”的一种体现.

本书内容的展开与普通教科书基本平行，每章各节有内容要点与评注、典型例题以及习题，各章专门设立专题讨论一节，每个专题以典型例题解析的方式阐述围绕该专题的解题方法与技巧. 每章末附有单元练习题，是在前面各专题的引领下，对知识点融会贯通、综合运用的体现. 单元练习题包含客观题和主观题，客观题的设置意在考查对该章知识点全面而深入的理解，主观题的设置意在考查对该章知识点的综合分析能力的领会与掌握.

全书包含了 176 道例题和 487 道习题. 这些题目内容全面，类型多样，涵盖了线性代数教学大纲的全部内容，其中不少例题题型新颖、解法精巧，有些例题选自历届全国硕士研究生入学统一考试数学试题，这些题目都有中等或中等以上的难度. 对于例题，大多先给出“分析”，引出解决问题的思路，然后在分析的基础上给出详细的解答过程，其间注重各个步骤的理论依据，努力做到知其然还要知其所以然，细化概念和定理在解决问题过程中的具体体现. 之后，将一些要点通过“注”“评”“议”的方式将题目的要点提炼出来. 一些题目还配以多种解题方法，以帮助读者从多个角度比较和归纳解题方法与技巧. 对于习题，给出了答案和比较具体的提示.

本书的一个特色是对大多数例题都配以“分析”“注”“评”“议”，其中：

分析——意在强调解题思路；

注——意在强调求解过程中的关键点和重要环节；

评——意在评述本例的技巧、方法和结论；

议——意在对本例结论和方法的延伸与拓展.

本书的另一个特色是将知识点分专题(37个)展开，以突出对知识点及解题方法与技巧作系统而深入的阐述，同时对一般教材不予证明的结论等补充了证明.

学生可以把本书作为教辅书与课堂教学同步使用，以帮助弄清概念、理解定理，掌握解题方法与技巧. 进一步，本书提供的丰富材料将帮助学生在期末总复习或备考硕士研究生时，作全面而深入的总结性复习或专题性学习.

本书是笔者多年来从事线性代数教学经验的积累与总结.

感谢对外经济贸易大学，是这片沃土滋养了这枚果实；感谢清华大学出版社刘颖老师；感谢书末参考文献所有的专家们，他们的著作为我的编写工作带来了启发与指导.

历时三年，数度修改，完成此稿，自知错误和不当之处在所难免，恳请专家与读者不吝赐教，万分感激.

作 者

2016年10月

于对外经济贸易大学

目 录

第 1 章 行列式 …… 1
1.1 二阶、三阶行列式 …… 1
1. 内容要点与评注 …… 1
2. 典型例题 …… 3
习题 1-1 …… 5
1.2 n 元排列 …… 5
1. 内容要点与评注 …… 5
2. 典型例题 …… 6
习题 1-2 …… 8
1.3 n 阶行列式的定义 …… 8
1. 内容要点与评注 …… 9
2. 典型例题 …… 10
习题 1-3 …… 12
1.4 行列式的性质 …… 13
1. 内容要点与评注 …… 13
2. 典型例题 …… 14
习题 1-4 …… 18
1.5 行列式按一行(列)展开 …… 20
1. 内容要点与评注 …… 20
2. 典型例题 …… 22
习题 1-5 …… 26
1.6 行列式按 k 行(列)展开 …… 27
1. 内容要点与评注 …… 27
2. 典型例题 …… 29
习题 1-6 …… 31
1.7 克莱姆法则 …… 31
1. 内容要点与评注 …… 31
2. 典型例题 …… 33
习题 1-7 …… 34
1.8 数域 …… 34
1. 内容要点与评注 …… 34

2. 典型例题 …… 35
习题 1-8 …… 36
1.9 专题讨论 …… 36
1. 利用数学归纳法和递推法计算(或证明)行列式 …… 36
2. 关于行列式计算方法的综合运用 …… 39
习题 1-9 …… 45
单元练习题 1 …… 46

第 2 章 线性方程组 …… 52
2.1 线性方程组解的情况及其判别 …… 52
1. 内容要点与评注 …… 52
2. 典型例题 …… 55
习题 2-1 …… 60
2.2 n 维向量空间 …… 61
1. 内容要点与评注 …… 61
2. 典型例题 …… 63
习题 2-2 …… 65
2.3 线性相关与线性无关的向量组 …… 66
1. 内容要点与评注 …… 66
2. 典型例题 …… 69
习题 2-3 …… 74
2.4 向量组的秩 …… 74
1. 内容要点与评注 …… 74
2. 典型例题 …… 77
习题 2-4 …… 80
2.5 矩阵的秩 …… 80
1. 内容要点与评注 …… 81
2. 典型例题 …… 83
习题 2-5 …… 88
2.6 线性方程组有解的充分必要条件 …… 88
1. 内容要点与评注 …… 89
2. 典型例题 …… 89
习题 2-6 …… 92
2.7 齐次线性方程组解集的结构 …… 93
1. 内容要点与评注 …… 93
2. 典型例题 …… 95
习题 2-7 …… 100
2.8 非齐次线性方程组解集的结构 …… 101
1. 内容要点与评注 …… 101

2. 典型例题 …… 102
习题 2-8 …… 108
2.9 专题讨论 …… 109
1. 利用向量间的线性相关性求解线性方程组 …… 109
2. 关于线性方程组的公共解 …… 111
3. 基于克莱姆法则讨论线性方程组的解 …… 114
习题 2-9 …… 115
单元练习题 2 …… 117

第 3 章　矩阵及其运算 …… 124
3.1 矩阵的运算 …… 124
1. 内容要点与评注 …… 124
2. 典型例题 …… 127
习题 3-1 …… 132
3.2 几种特殊矩阵 …… 133
1. 内容要点与评注 …… 133
2. 典型例题 …… 137
习题 3-2 …… 139
3.3 可逆矩阵 …… 140
1. 内容要点与评注 …… 140
2. 典型例题 …… 144
习题 3-3 …… 149
3.4 矩阵的分块 …… 150
1. 内容要点与评注 …… 150
2. 典型例题 …… 159
习题 3-4 …… 164
3.5 矩阵的相抵 …… 164
1. 内容要点与评注 …… 164
2. 典型例题 …… 166
习题 3-5 …… 167
3.6 专题讨论 …… 167
1. 利用线性方程组解矩阵方程 …… 167
2. 利用矩阵间的关系解线性方程组 …… 171
3. 利用向量组的线性相关性讨论矩阵方程 …… 171
4. 利用矩阵的结构特点解矩阵方程 …… 172
习题 3-6 …… 173
单元练习题 3 …… 173

第 4 章 线性空间 …… 181

4.1 线性空间的结构 …… 181

1. 内容要点与评注 …… 181
2. 典型例题 …… 186

习题 4-1 …… 193

4.2 线性子空间 …… 194

1. 内容要点与评注 …… 194
2. 典型例题 …… 198

习题 4-2 …… 202

4.3 正交矩阵、欧几里得空间 …… 202

1. 内容要点与评注 …… 202
2. 典型例题 …… 205

习题 4-3 …… 208

4.4 专题讨论 …… 209

1. 关于齐次线性方程组的解空间 …… 209
*2. 线性子空间的交与和 …… 210
3. 关于正交矩阵的元素 …… 210
4. 基于正交性讨论向量组的线性相关性 …… 211

习题 4-4 …… 212

单元练习题 4 …… 213

第 5 章 特征值与特征向量 · 矩阵的对角化 …… 217

5.1 矩阵的相似 …… 217

1. 内容要点与评注 …… 217
2. 典型例题 …… 218

习题 5-1 …… 219

5.2 矩阵的特征值与特征向量 …… 219

1. 内容要点与评注 …… 219
2. 典型例题 …… 224

习题 5-2 …… 228

5.3 矩阵可对角化的条件 …… 229

1. 内容要点与评注 …… 229
2. 典型例题 …… 233

习题 5-3 …… 238

5.4 实对称矩阵的对角化 …… 239

1. 内容要点与评注 …… 239
2. 典型例题 …… 241

习题 5-4 …… 248

5.5 专题讨论 …… 248

1. 特征值、特征向量与线性方程组的解 …… 248
2. 依相似矩阵求特征值 …… 250
3. 一类特殊矩阵的对角化 …… 250
习题 5-5 …… 253
单元练习题 5 …… 253

第 6 章 二次型·矩阵的合同 …… 259
6.1 二次型及其标准形 …… 259
1. 内容要点与评注 …… 259
2. 典型例题 …… 263
习题 6-1 …… 270
6.2 实二次型的规范形 …… 271
1. 内容要点与评注 …… 271
2. 典型例题 …… 273
习题 6-2 …… 277
6.3 正定二次型与正定矩阵 …… 277
1. 内容要点与评注 …… 277
2. 典型例题 …… 279
习题 6-3 …… 282
6.4 专题讨论 …… 283
1. 利用正交替换讨论二次型的最值问题 …… 283
2. 基于可交换讨论矩阵的正定性 …… 286
3. 基于合同关系讨论矩阵的正定性 …… 286
4. 关于正定矩阵的分解 …… 287
习题 6-4 …… 289
单元练习题 6 …… 289

习题答案与提示 …… 294
第 1 章 行列式 …… 294
第 2 章 线性方程组 …… 305
第 3 章 矩阵及其运算 …… 325
第 4 章 线性空间 …… 340
第 5 章 特征值与特征向量·矩阵的对角化 …… 349
第 6 章 二次型·矩阵的合同 …… 367

参考文献 …… 382

第1章 行列式

对于含有 n 个方程的 n 元线性方程组，有时需要直接从线性方程组的系数及常数项判别该方程组解的情形，这需要有 n 阶行列式的概念.

1.1 二阶、三阶行列式

设以 x_1,x_2 为未知元的二元一次方程组

$$\begin{cases} a_{11}x_1+a_{12}x_2=b_1, \\ a_{21}x_1+a_{22}x_2=b_2, \end{cases} \tag{1.1}$$

其中 $a_{ij}(i,j=1,2)$ 为第 i 个方程第 j 个未知元的系数，$b_i(i=1,2)$ 为第 i 个方程的常数项，利用消元法可求得

$$(a_{11}a_{22}-a_{12}a_{21})x_1=b_1a_{22}-a_{12}b_2,\qquad (a_{11}a_{22}-a_{12}a_{21})x_2=a_{11}b_2-b_1a_{21},$$

当 $a_{11}a_{22}-a_{12}a_{21}\neq 0$ 时，方程组有唯一解：

$$x_1=\frac{b_1a_{22}-a_{12}b_2}{a_{11}a_{22}-a_{12}a_{21}},\quad x_2=\frac{a_{11}b_2-b_1a_{21}}{a_{11}a_{22}-a_{12}a_{21}},$$

如何简化上述解的表达式，以更便于记忆？

1. 内容要点与评注

为了便于记忆表达式 $a_{11}a_{22}-a_{12}a_{21}$，引进记号 $\begin{vmatrix} a_{11} & a_{12} \\ a_{21} & a_{22} \end{vmatrix}$，令 $\begin{vmatrix} a_{11} & a_{12} \\ a_{21} & a_{22} \end{vmatrix}=a_{11}a_{22}-a_{12}a_{21}$，这个表达式称为**二阶行列式**，它由二元一次方程组(1.1)的未知元系数组成(同一方程的系数依次放在同一行上，同一未知元的系数依次放在同一列上)，故也称为该线性方程组的**系数行列式**，显然依照二阶行列式的概念可知

$$\begin{vmatrix} b_1 & a_{12} \\ b_2 & a_{22} \end{vmatrix}=b_1a_{22}-a_{12}b_2,\qquad \begin{vmatrix} a_{11} & b_1 \\ a_{21} & b_2 \end{vmatrix}=a_{11}b_2-b_1a_{21},$$

于是对于二元一次方程组(1.1)，上述结论可以叙述如下.

命题 1 当方程组(1.1)的系数行列式 $\begin{vmatrix} a_{11} & a_{12} \\ a_{21} & a_{22} \end{vmatrix}\neq 0$ 时，则方程组有唯一解：

$$x_1=\frac{\begin{vmatrix} b_1 & a_{12} \\ b_2 & a_{22} \end{vmatrix}}{\begin{vmatrix} a_{11} & a_{12} \\ a_{21} & a_{22} \end{vmatrix}},\quad x_2=\frac{\begin{vmatrix} a_{11} & b_1 \\ a_{21} & b_2 \end{vmatrix}}{\begin{vmatrix} a_{11} & a_{12} \\ a_{21} & a_{22} \end{vmatrix}}.$$

上述表达式的分母是共同的,均为方程组的系数行列式,分子的区别在于分别是用方程组的常数项替换系数行列式的第 1 列和第 2 列而得的二阶行列式.

对于以 x_1, x_2, x_3 为未知元的三元一次方程组

$$\begin{cases} a_{11}x_1 + a_{12}x_2 + a_{13}x_3 = b_1, \\ a_{21}x_1 + a_{22}x_2 + a_{23}x_3 = b_2, \\ a_{31}x_1 + a_{32}x_2 + a_{33}x_3 = b_3, \end{cases} \tag{1.2}$$

其中 $a_{ij}(i,j=1,2,3)$为第 i 个方程中 x_j 的系数,$b_i(i=1,2,3)$为第 i 个方程的常数项.

利用消元法同理可得

$$(a_{11}a_{22}a_{33} + a_{12}a_{23}a_{31} + a_{13}a_{21}a_{32} - a_{13}a_{22}a_{31} - a_{12}a_{21}a_{33} - a_{11}a_{23}a_{32})x_1$$
$$= b_1a_{22}a_{33} + a_{12}a_{23}b_3 + a_{13}b_2a_{32} - a_{13}a_{22}b_3 - a_{12}b_2a_{33} - b_1a_{23}a_{32},$$
$$(a_{11}a_{22}a_{33} + a_{12}a_{23}a_{31} + a_{13}a_{21}a_{32} - a_{13}a_{22}a_{31} - a_{12}a_{21}a_{33} - a_{11}a_{23}a_{32})x_2$$
$$= a_{11}b_2a_{33} + b_1a_{23}a_{31} + a_{13}a_{21}b_3 - a_{13}b_2a_{31} - b_1a_{21}a_{33} - a_{11}a_{12}b_3,$$
$$(a_{11}a_{22}a_{33} + a_{12}a_{23}a_{31} + a_{13}a_{21}a_{32} - a_{13}a_{22}a_{31} - a_{12}a_{21}a_{33} - a_{11}a_{23}a_{32})x_3$$
$$= a_{11}a_{22}b_3 + a_{12}b_2a_{31} + b_1a_{21}a_{32} - b_1a_{22}a_{31} - a_{12}a_{21}b_3 - a_{11}b_2a_{32},$$

当 $a_{11}a_{22}a_{33} + a_{12}a_{23}a_{31} + a_{13}a_{21}a_{32} - a_{13}a_{22}a_{31} - a_{12}a_{21}a_{33} - a_{11}a_{23}a_{32} \neq 0$ 时,方程组有唯一解:

$$x_1 = \frac{b_1a_{22}a_{33} + a_{12}a_{23}b_3 + a_{13}b_2a_{32} - a_{13}a_{22}b_3 - a_{12}b_2a_{33} - b_1a_{23}a_{32}}{a_{11}a_{22}a_{33} + a_{12}a_{23}a_{31} + a_{13}a_{21}a_{32} - a_{13}a_{22}a_{31} - a_{12}a_{21}a_{33} - a_{11}a_{23}a_{32}},$$

$$x_2 = \frac{a_{11}b_2a_{33} + b_1a_{23}a_{31} + a_{13}a_{21}b_3 - a_{13}b_2a_{31} - b_1a_{21}a_{33} - a_{11}a_{23}b_3}{a_{11}a_{22}a_{33} + a_{12}a_{23}a_{31} + a_{13}a_{21}a_{32} - a_{13}a_{22}a_{31} - a_{12}a_{21}a_{33} - a_{11}a_{23}a_{32}},$$

$$x_3 = \frac{a_{11}a_{22}b_3 + a_{12}b_2a_{31} + b_1a_{21}a_{32} - b_1a_{22}a_{31} - a_{12}a_{21}b_3 - a_{11}b_2a_{32}}{a_{11}a_{22}a_{33} + a_{12}a_{23}a_{31} + a_{13}a_{21}a_{32} - a_{13}a_{22}a_{31} - a_{12}a_{21}a_{33} - a_{11}a_{23}a_{32}}.$$

为了便于记忆表达式

$$a_{11}a_{22}a_{33} + a_{12}a_{23}a_{31} + a_{13}a_{21}a_{32} - a_{13}a_{22}a_{31} - a_{12}a_{21}a_{33} - a_{11}a_{23}a_{32},$$

引进记号 $\begin{vmatrix} a_{11} & a_{12} & a_{13} \\ a_{21} & a_{22} & a_{23} \\ a_{31} & a_{32} & a_{33} \end{vmatrix}$,令

$$\begin{vmatrix} a_{11} & a_{12} & a_{13} \\ a_{21} & a_{22} & a_{23} \\ a_{31} & a_{32} & a_{33} \end{vmatrix} = a_{11}a_{22}a_{33} + a_{12}a_{23}a_{31} + a_{13}a_{21}a_{32} - a_{13}a_{22}a_{31}$$
$$- a_{12}a_{21}a_{33} - a_{11}a_{23}a_{32}.$$

这个表达式称为**三阶行列式**,它由三元一次方程组未知元的系数组成(同一方程的系数依次放在同一行上,同一未知元的系数依次放在同一列上),故也称为该方程组的**系数行列式**,从左上角至右下角的连线称为行列式的**主对角线**,从左下角至右上角的连线称为行列式的**副对角线**,带正号的 3 项分别为位于主对角线上以及与之平行的线上的 3 个元素之积,带负号的 3 项分别为位于副对角线上以及与之平行的线上的 3 个元素之积.

利用三阶行列式的记法易知

$$\begin{vmatrix} b_1 & a_{12} & a_{13} \\ b_2 & a_{22} & a_{23} \\ b_3 & a_{32} & a_{33} \end{vmatrix} = b_1a_{22}a_{33} + a_{12}a_{23}b_3 + a_{13}b_2a_{32} - a_{13}a_{22}b_3 - a_{12}b_2a_{33} - b_1a_{23}a_{32},$$

$$\begin{vmatrix} a_{11} & b_1 & a_{13} \\ a_{21} & b_2 & a_{23} \\ a_{31} & b_3 & a_{33} \end{vmatrix} = a_{11}b_2a_{33} + b_1a_{23}a_{31} + a_{13}a_{21}b_3 - a_{13}b_2a_{31} - b_1a_{21}a_{33} - a_{11}a_{23}b_3,$$

$$\begin{vmatrix} a_{11} & a_{12} & b_1 \\ a_{21} & a_{22} & b_2 \\ a_{31} & a_{32} & b_3 \end{vmatrix} = a_{11}a_{22}b_3 + a_{12}b_2a_{31} + b_1a_{21}a_{32} - b_1a_{22}a_{31} - a_{12}a_{21}b_3 - a_{11}b_2a_{32}.$$

对于三元一次方程组(1.2),上述结论可以叙述如下.

命题 2 当方程组(1.2)的系数行列式 $\begin{vmatrix} a_{11} & a_{12} & a_{13} \\ a_{21} & a_{22} & a_{23} \\ a_{31} & a_{32} & a_{33} \end{vmatrix} \neq 0$ 时,则方程组有唯一解:

$$x_1 = \frac{\begin{vmatrix} b_1 & a_{12} & a_{13} \\ b_2 & a_{22} & a_{23} \\ b_3 & a_{32} & a_{33} \end{vmatrix}}{\begin{vmatrix} a_{11} & a_{12} & a_{13} \\ a_{21} & a_{22} & a_{23} \\ a_{31} & a_{32} & a_{33} \end{vmatrix}}, \quad x_2 = \frac{\begin{vmatrix} a_{11} & b_1 & a_{13} \\ a_{21} & b_2 & a_{23} \\ a_{31} & b_3 & a_{33} \end{vmatrix}}{\begin{vmatrix} a_{11} & a_{12} & a_{13} \\ a_{21} & a_{22} & a_{23} \\ a_{31} & a_{32} & a_{33} \end{vmatrix}}, \quad x_3 = \frac{\begin{vmatrix} a_{11} & a_{12} & b_1 \\ a_{21} & a_{22} & b_2 \\ a_{31} & a_{32} & b_3 \end{vmatrix}}{\begin{vmatrix} a_{11} & a_{12} & a_{13} \\ a_{21} & a_{22} & a_{23} \\ a_{31} & a_{32} & a_{33} \end{vmatrix}}.$$

上述表达式的分母是共同的,均为方程组的系数行列式,分子的区别在于分别是用方程组的常数项替换系数行列式的第 1 列、第 2 列和第 3 列而得的三阶行列式.

三阶(二阶)行列式的每一项是来自不同行、列的 3 个(2 个)元素的乘积.

对于含 2 个方程 2 个未知元的二元一次方程组,当系数行列式不等于 0 时,方程组有唯一解,该唯一解可利用二阶行列式求得.

对于含 3 个方程 3 个未知元的三元一次方程组,当系数行列式不等于 0 时,方程组有唯一解,该唯一解可利用三阶行列式求得.

对于上述方程组的系数行列式等于 0,或者所含方程个数与未知元个数不相等的情形,将在第 2 章作系统讨论.

2. 典型例题

例 1.1.1 利用二阶行列式,判断二元一次方程组

$$\begin{cases} 2x_1 - 3x_2 = -5, \\ x_1 + 7x_2 = 6 \end{cases}$$

是否有唯一解? 如果有唯一解,求出其解.

解 该方程组的系数行列式为 $\begin{vmatrix} 2 & -3 \\ 1 & 7 \end{vmatrix} = 2\times 7-(-3)\times 1 = 17 \neq 0$,依命题 1,方程组

有唯一解，且唯一解为

$$x_1=\frac{\begin{vmatrix}-5 & -3\\ 6 & 7\end{vmatrix}}{\begin{vmatrix}2 & -3\\ 1 & 7\end{vmatrix}}=\frac{-17}{17}=-1,\quad x_2=\frac{\begin{vmatrix}2 & -5\\ 1 & 6\end{vmatrix}}{\begin{vmatrix}2 & -3\\ 1 & 7\end{vmatrix}}=\frac{17}{17}=1.$$

例 1.1.2　利用三阶行列式，判断三元一次方程组

$$\begin{cases}2x_1-\ x_2+4x_3=3,\\ 6x_1+5x_2+\ x_3=0,\\ 3x_1\qquad\ -\ x_3=1\end{cases}$$

是否有唯一解.如果有唯一解，求出其解.

解　该方程组的系数行列式为

$$\begin{vmatrix}2 & -1 & 4\\ 6 & 5 & 1\\ 3 & 0 & -1\end{vmatrix}=2\times5\times(-1)+(-1)\times1\times3+4\times6\times0-4\times5\times3$$

$$-(-1)\times6\times(-1)-2\times1\times0$$

$$=-79\neq0,$$

依命题 2，方程组有唯一解，且唯一解为

$$x_1=\frac{\begin{vmatrix}3 & -1 & 4\\ 0 & 5 & 1\\ 1 & 0 & -1\end{vmatrix}}{\begin{vmatrix}2 & -1 & 4\\ 6 & 5 & 1\\ 3 & 0 & -1\end{vmatrix}}=\frac{-36}{-79}=\frac{36}{79},\quad x_2=\frac{\begin{vmatrix}2 & 3 & 4\\ 6 & 0 & 1\\ 3 & 1 & -1\end{vmatrix}}{\begin{vmatrix}2 & -1 & 4\\ 6 & 5 & 1\\ 3 & 0 & -1\end{vmatrix}}=\frac{49}{-79}=-\frac{49}{79},$$

$$x_3=\frac{\begin{vmatrix}2 & -1 & 3\\ 6 & 5 & 0\\ 3 & 0 & 1\end{vmatrix}}{\begin{vmatrix}2 & -1 & 4\\ 6 & 5 & 1\\ 3 & 0 & -1\end{vmatrix}}=\frac{-29}{-79}=\frac{29}{79},$$

其中

$$\begin{vmatrix}3 & -1 & 4\\ 0 & 5 & 1\\ 1 & 0 & -1\end{vmatrix}=3\times5\times(-1)+(-1)\times1\times1+4\times0\times0-4\times5\times1$$

$$-(-1)\times0\times(-1)-3\times0\times1$$

$$=-36,$$

类似还可得 $\begin{vmatrix}2 & 3 & 4\\ 6 & 0 & 1\\ 3 & 1 & -1\end{vmatrix}=49$，$\begin{vmatrix}2 & -1 & 3\\ 6 & 5 & 0\\ 3 & 0 & 1\end{vmatrix}=-29$.

习题 1-1

1. 利用二阶行列式，判断二元一次方程组

$$\begin{cases} x_1-2x_2=-4, \\ 3x_1+5x_2=1 \end{cases}$$

是否有唯一解.如果有唯一解，求出其解.

2. 计算三阶行列式 $\begin{vmatrix} 1 & 2 & 0 \\ 0 & 8 & 4 \\ -3 & 1 & -1 \end{vmatrix}$.

3. 利用三阶行列式，判断三元一次方程组

$$\begin{cases} x_1+2x_2 \qquad\quad =1, \\ \qquad 8x_2+4x_3=-2, \\ -3x_1+x_2-x_3=0 \end{cases}$$

是否有唯一解？如果有唯一解，求出其解.

1.2　n 元排列

从二阶行列式的表达式可知，它由两项组成：$a_{11}a_{22}-a_{12}a_{21}$，前一项带正号，后一项带负号，各项符号缘何而定？观察这两项的区别仅在于列的标号的排列不同，它们分别是：12，21，恰好对应于1，2两个数字的全部排列.

从三阶行列式的表达式可知，它由6项组成：

$$a_{11}a_{22}a_{33}+a_{12}a_{23}a_{31}+a_{13}a_{21}a_{32}-a_{13}a_{22}a_{31}-a_{12}a_{21}a_{33}-a_{11}a_{23}a_{32},$$

前三项带正号，后三项带负号，各项符号缘何而定？观察这6项的区别仅在于列的标号的排列不同，它们分别是：123，231，312，321，213，132，恰好对应于1，2，3三个数字的全部排列.

由此可知，为了给出 n 阶行列式的定义，需要首先讨论 n 个正整数组成的全排列及其相关性质.

1. 内容要点与评注

n 个不同的正整数的一个全排列称为一个 n 元排列. n 元排列的总数为 $n!$.

注　一般地，我们考虑由 $1,2,\cdots,n$ 组成的 n 元排列，并讨论其性质，这些性质对于由任意 n 个不同的正整数组成的 n 元排列也成立，比如 $2,3,\cdots,n,n+1$.

定义 1　在一 n 元排列 $i_1i_2\cdots i_n$ 中，任取一对数 $i_k,i_l(k<l)$，如果 $i_k<i_l$，那么称这一数对组成一个**顺序**，如果 $i_k>i_l$，那么称这一数对组成一个**逆序**，一个 n 元排列中逆序的总数称为该排列的**逆序数**，n 元排列 $i_1i_2\cdots i_n$ 的逆序数记作 $\tau(i_1i_2\cdots i_n)$.

逆序数为偶数(奇数)的排列称为**偶排列**(**奇排列**).

n 元排列 $12\cdots n$ 称为**自然排列**，也称**标准排列**.

将一排列中任意两个数字位置对调，称为一次**对换**.

定理 1 经一次对换，排列改变奇偶性.

定理 2 任一 n 元排列 $j_1j_2\cdots j_n$ 与自然排列 $12\cdots n$ 之间可以经一系列对换互变，且所作对换的次数与 $\tau(j_1j_2\cdots j_n)$ 具有相同的奇偶性.

事实上，可经 1 次或 0 次对换将元素“1”换到第 1 个位置，再依次将元素 $2,3,\cdots,n$ 换到第 $2,3,\cdots,n$ 个位置，假设经过 s 次对换变为自然排列，因为自然排列为偶排列，则 $\tau(j_1j_2\cdots j_n)$ 经过 s 次奇偶性的改变成为偶数，故 s 与 $\tau(j_1j_2\cdots j_n)$ 奇偶性相同，即

$$(-1)^{\tau(j_1j_2\cdots j_n)}=(-1)^s.$$

◆

2. 典型例题

例 1.2.1 求 7 元排列 5236714 的逆序数，并且指出它的奇偶性.

分析 1 对于 n 元排列，从 1 开始，考查 1 的前(左)面有几个数，即构成几个逆序，再考查 2 前面有几个比 2 大的数，即构成几个逆序，依次类推，直至考查 $n-1$ 的逆序(n 与其前面的数都不构成逆序)，所有数对逆序的总和为该 n 元排列的逆序数.

解法 1 从 1 开始，考查它前面有几个数，再考查 2 前面有几个比它大的数，以此下去，……，直至考查 6 前面有几个比它大的数，构成逆序的数对是

$$51,21,31,61,71,52,53,54,64,74,$$

因此 $\tau(5236714)=10$，从而排列 5236714 为偶排列.

分析 2 对于 n 元排列，从 n 开始，考查 n 后(右)面有几个数，即构成几个逆序，再考查 $n-1$ 后面有几个比 $n-1$ 小的数，即构成几个逆序，依次类推，直至 2 的逆序(1 与其后面的数都不构成逆序)，所有数对逆序的总和为该 n 元排列的逆序数.

解法 2 从 7 开始，考查它后面有几个数，再考查 6 后面有几个比它小的数……，直至考查 2 后面有几个比它小的数，构成逆序的数对是

$$71,74,61,64,52,53,51,54,31,21,$$

因此 $\tau(5236714)=10$，从而 7 元排列 5236714 为偶排列.

计算逆序数时，无论选择上述哪一种方法，都要求统一朝一个指定方向，由左向右看或者由右向左看，依次考查每个数与其他数构成的逆序.

评 计算 n 元排列逆序数就是以自然排列为标准，针对任一数对，考查是否为逆序，确定所有数对逆序的总数.

例 1.2.2 求 n 元排列 $(n-1)(n-2)\cdots 321n$ 的逆序数，并且讨论它的奇偶性.

分析 可以考虑从 n 开始考查逆序，再考查 $n-1$ 的逆序，依次类推.

解 由于 n 处在末位，与其前面每一数字都不构成逆序，考查 $n-1$，$n-1$ 与后面 $n-2$，$n-3,n-4,\cdots,3,2,1$ 构成 $n-2$ 个逆序，$n-2$ 与后面 $n-3,n-4,\cdots,3,2,1$ 构成 $n-3$ 个逆序……2 与后面的 1 有 1 个逆序，因此

$$\tau((n-1)(n-2)\cdots 321n)=n-2+n-3+\cdots+2+1=\frac{(n-1)(n-2)}{2}.$$

当 $n=4k$ 时，$\dfrac{(n-1)(n-2)}{2}=(2k-1)(4k-1)$；当 $n=4k+1$ 时，$\dfrac{(n-1)(n-2)}{2}=2k(4k-1)$；当 $n=4k+2$ 时，$\dfrac{(n-1)(n-2)}{2}=2k(4k+1)$；当 $n=4k+3$ 时，$\dfrac{(n-1)(n-2)}{2}=$

$(2k+1)(4k+1)$.

因此,当 $n=4k$ 或 $n=4k+3$ 时,$(n-1)(n-2)\cdots321n$ 为奇排列;当 $n=4k+1$ 或 $n=4k+2$ 时,$(n-1)(n-2)\cdots321n$ 为偶排列.

注 也可先从 1 开始考查,1 与其前面数字构成 $n-2$ 个逆序,2 与其前面数字构成 $n-3$ 个逆序,……,直至 $n-1$ 与其前面的数字都不构成逆序.

例 1.2.3 已知 n 元排列 $i_1i_2\cdots i_{n-1}i_n$ 的逆序数为 k,求 n 元排列 $i_ni_{n-1}\cdots i_2i_1$ 的逆序数.

分析 因为自然排列 $12\cdots(n-1)n$ 的逆序数为 0,其顺序的总数为$\frac{n(n-1)}{2}$,任一 n 元排列都可由自然排列经有限次对换而得,而每一次对换,其顺序数减少的个数恰好等于其逆序数增加的个数,所以该排列的顺序数与逆序数总和为$\frac{n(n-1)}{2}$.

解 依题设,$\tau(i_1i_2\cdots i_{n-1}i_n)=k$,即 n 元排列 $i_ni_{n-1}\cdots i_2i_1$ 的顺序数为 k,所以

$$\tau(i_ni_{n-1}\cdots i_2i_1)=\frac{n(n-1)}{2}-k.$$

评 $\tau(i_1i_2\cdots i_{n-1}i_n)=\frac{n(n-1)}{2}-\tau(i_ni_{n-1}\cdots i_2i_1)$.

例 1.2.4 证明在由 $1,2,\cdots,n$ 构成的全部 $n(n>1)$ 元排列中,奇排列与偶排列各占一半.

分析 依定理 1,偶排列经对换第 1,2 位数字后成为奇排列.

证 设在全部 $n(n>1)$ 元排列中,偶排列有 i 个,奇排列有 j 个,则 $i+j=n!$,对换所有 i 个偶排列中排在第 1,2 位的数字,得 i 个奇排列,因为在 n 元排列中,所有奇排列共计为 j 个,所以 $i\leqslant j$. 同理对换所有 j 个奇排列中排在第 1,2 位的数字,得 j 个偶排列,同理 $j\leqslant i$,故$i=j=\frac{n!}{2}$.

注 对换 i 个偶排列第 1,2 位的数字,所得的 i 个奇排列必是所有 j 个奇排列中某 i 个,故 $i\leqslant j$. 强调对换 1,2 位数字是避免重复.

例 1.2.5 设由 $1,2,\cdots,n$ 组成的 n 元排列 $i_1i_2\cdots i_kj_1j_2\cdots j_{n-k}$ 中,

$$i_1<i_2<\cdots<i_k,j_1<j_2<\cdots<j_{n-k},$$

求排列 $i_1i_2\cdots i_kj_1j_2\cdots j_{n-k}$ 的逆序数.

分析 从该排列的首位数 i_1 开始考查,其后面必有 i_1-1 个数小于它. 由左至右,依次类推.

解 在 i_1 后面,比 i_1 小的数有 i_1-1 个(在数 $j_1,j_2,\cdots,j_{n-k}$ 中),即有 i_1-1 个逆序,在 i_2 后面,比 i_2 小的数有 i_2-1-1 个(除 i_1),即有 i_2-2 个逆序,……,依次类推,在 i_k 后面,比 i_k 小的数有 $i_k-1-(k-1)$个,即有 i_k-k 个逆序,依题设,在 $j_1,j_2,\cdots,j_{n-k}$ 中,每个数后面都没有比其小的数字,逆序均为 0,因此

$$\tau(i_1i_2\cdots i_kj_1j_2\cdots j_{n-k})=(i_1-1)+(i_2-2)+\cdots+(i_k-k)=\sum_{l=1}^{k}i_l-\frac{k(k+1)}{2}.$$

注 $\tau(i_1i_2\cdots i_k)=0,\tau(j_1j_2\cdots j_{n-k})=0$,而 n 元排列 $i_1i_2\cdots i_kj_1j_2\cdots j_{n-k}$ 的逆序是由数 $j_1,j_2,\cdots,j_{n-k}$ 中可能有数字小于$i_1,i_2,\cdots,i_k$ 中某个数造成的.

评　在排列 $i_1i_2\cdots i_kj_1j_2\cdots j_{n-k}$ 中,因为 $i_1i_2\cdots i_k$ 和 $j_1j_2\cdots j_{n-k}$ 没有逆序,则 $i_1i_2\cdots i_kj_1j_2\cdots j_{n-k}$ 的逆序只需考查 $j_1j_2\cdots j_{n-k}$ 中是否有小于 $i_1,i_2,\cdots,i_k$ 的数.

习题 1-2

1. 求下列各排列的逆序数,并且指出它们的奇偶性:

(1) 6542173;　(2) 15243876;　(3) 93746528(2 为最小整数).

2. 在下列由数 1,2,…,9 组成的 9 元排列中,确定 i,j,使

(1) $172i963j4$ 为奇排列;　(2) $73i58j269$ 为偶排列.

3. 求下列排列的逆序数:

(1) n 元排列:$34\cdots(n-1)n12$;

(2) $2n$ 元排列:$(2n)(2n-2)\cdots42(2n-1)(2n-3)\cdots31$.

4. 在由 $1,2,\cdots,n$ 组成的某 n 元排列中,位于第 k 个位置的 n 构成多少个逆序?

5. 在由 $1,2,\cdots,n$ 组成的所有 n 元排列中,一共有多少个逆序?

1.3　*n* 阶行列式的定义

二阶行列式 $\begin{vmatrix} a_{11} & a_{12} \\ a_{21} & a_{22} \end{vmatrix}=a_{11}a_{22}-a_{12}a_{21}$,它是 2! 项的代数和,其中每一项包含来自二阶行列式的不同行、不同列的 2 个元素的乘积,把这 2 个元素按照行标自然顺序排列,此时发现其列标排列为偶排列(奇排列)时,该项带正号(负号),比如 $a_{11}a_{22}(a_{12}a_{21})$,于是二阶行列式可表示为

$$\begin{vmatrix} a_{11} & a_{12} \\ a_{21} & a_{22} \end{vmatrix}=\sum_{j_1j_2}(-1)^{\tau(j_1j_2)}a_{1j_1}a_{2j_2},$$

其中 j_1j_2 是 1, 2 的某个 2 元排列,$\sum\limits_{j_1j_2}$ 表示对所有 1, 2 的 2 元排列取和.

三阶行列式

$$\begin{vmatrix} a_{11} & a_{12} & a_{13} \\ a_{21} & a_{22} & a_{23} \\ a_{31} & a_{32} & a_{33} \end{vmatrix}= a_{11}a_{22}a_{33}+a_{12}a_{23}a_{31}+a_{13}a_{21}a_{32}-a_{13}a_{22}a_{31}-a_{12}a_{21}a_{33}-a_{11}a_{23}a_{32},$$

它是 3! 项的代数和,其中每一项包含来自三阶行列式不同行、不同列的 3 个元素的乘积,把这 3 个元素按照行标自然顺序排列,此时发现其列标排列为偶排列(奇排列)时,该项带正号(负号),比如 $a_{11}a_{22}a_{33},a_{12}a_{23}a_{31},a_{13}a_{21}a_{32}(a_{13}a_{22}a_{31},a_{12}a_{21}a_{33},a_{11}a_{23}a_{32})$. 于是三阶行列式可表示为

$$D=\begin{vmatrix} a_{11} & a_{12} & a_{13} \\ a_{21} & a_{22} & a_{23} \\ a_{31} & a_{32} & a_{33} \end{vmatrix}=\sum_{j_1j_2j_3}(-1)^{\tau(j_1j_2j_3)}a_{1j_1}a_{2j_2}a_{3j_3},$$

其中 $j_1j_2j_3$ 是 1,2,3 的某个 3 元排列,$\sum\limits_{j_1j_2j_3}$ 表示对所有 1,2,3 的 3 元排列取和.

1. 内容要点与评注

定义 1 n 阶行列式 $\begin{vmatrix} a_{11} & a_{12} & \cdots & a_{1n} \\ a_{21} & a_{22} & \cdots & a_{2n} \\ \vdots & \vdots & & \vdots \\ a_{n1} & a_{n2} & \cdots & a_{nn} \end{vmatrix}$ 是 $n!$ 项的代数和，每一项都包含来自不同行、不同列的 n 个元素的乘积，把这 n 个元素按照行标自然顺序排列，当列标排列为偶排列时，该项带正号，当列标排列为奇排列时，该项带负号，于是 n 阶行列式可表示为

$$\begin{vmatrix} a_{11} & a_{12} & \cdots & a_{1n} \\ a_{21} & a_{22} & \cdots & a_{2n} \\ \vdots & \vdots & & \vdots \\ a_{n1} & a_{n2} & \cdots & a_{nn} \end{vmatrix} = \sum_{j_1 j_2 \cdots j_n} (-1)^{\tau(j_1 j_2 \cdots j_n)} a_{1j_1} a_{2j_2} \cdots a_{nj_n}, \tag{1.3}$$

其中列标排列 $j_1 j_2 \cdots j_n$ 是 $1,2,\cdots,n$ 的某一 n 元排列，$\sum\limits_{j_1 j_2 \cdots j_n}$ 表示对所有 $1,2,\cdots,n$ 的 n 元排列取和，行列式记作 $\det(a_{ij})$ 或 $\det(a_{ij})_n$ 或 D 或 D_n.(1.3)式称为 n 阶行列式的**完全展开式**，组成行列式的每个 $a_{ij}(i,j=1,2,\cdots,n)$ 称为行列式的**元素**，i 称为 a_{ij} 的**行标**，j 称为 a_{ij} 的**列标**，a_{ij} 称为行列式的 (i,j) **元**.

命题 1 设 n 阶行列式 $\det(a_{ij})$，$i_1 i_2 \cdots i_n$ 与 $k_1 k_2 \cdots k_n$ 是 $1,2,\cdots,n$ 的两个 n 元排列，则

$$(-1)^{\tau(i_1 i_2 \cdots i_n)+\tau(k_1 k_2 \cdots k_n)} a_{i_1 k_1} a_{i_2 k_2} \cdots a_{i_n k_n} \tag{1.4}$$

也是行列式 $\det(a_{ij})$ 的项.

证 不妨设(1.4)式中 $a_{i_1 k_1} a_{i_2 k_2} \cdots a_{i_n k_n}$ 可经 s 次互换元素变成

$$a_{1j_1} a_{2j_2} \cdots a_{nj_n},$$

因乘法满足交换律，即 $a_{i_1 k_1} a_{i_2 k_2} \cdots a_{i_n k_n} = a_{1j_1} a_{2j_2} \cdots a_{nj_n}$，其中 $j_1 j_2 \cdots j_n$ 是 $1,2,\cdots,n$ 的某一 n 元排列. 同时行标排列 $i_1 i_2 \cdots i_n$ 与列标排列 $k_1 k_2 \cdots k_n$ 分别经过 s 次对换变为 $12\cdots n$ 与 $j_1 j_2 \cdots j_n$，排列 $i_1 i_2 \cdots i_n$ 与 $k_1 k_2 \cdots k_n$ 的奇偶性都改变了 s 次，依 1.2 节定理 2，有

$$(-1)^{\tau(i_1 i_2 \cdots i_n)} = (-1)^s, (-1)^{\tau(k_1 k_2 \cdots k_n)} = (-1)^s (-1)^{\tau(j_1 j_2 \cdots j_n)},$$

于是

$$(-1)^{\tau(i_1 i_2 \cdots i_n)+\tau(k_1 k_2 \cdots k_n)} = (-1)^{2s+\tau(j_1 j_2 \cdots j_n)} = (-1)^{\tau(j_1 j_2 \cdots j_n)},$$

从而 $(-1)^{\tau(i_1 i_2 \cdots i_n)+\tau(k_1 k_2 \cdots k_n)} a_{i_1 k_1} a_{i_2 k_2} \cdots a_{i_n k_n}$ 对应行列式中一项 $(-1)^{\tau(j_1 j_2 \cdots j_n)} a_{1j_1} a_{2j_2} \cdots a_{nj_n}$.

◆

特别地，当排列 $k_1 k_2 \cdots k_n$ 为自然排列 $12\cdots n$ 时，$(-1)^{\tau(i_1 i_2 \cdots i_n)} a_{i_1 1} a_{i_1 2} \cdots a_{i_a n}$ 也是行列式的项，因此 n 阶行列式还可定义如下：

$$\begin{vmatrix} a_{11} & a_{12} & \cdots & a_{1n} \\ a_{21} & a_{22} & \cdots & a_{2n} \\ \vdots & \vdots & & \vdots \\ a_{n1} & a_{n2} & \cdots & a_{nn} \end{vmatrix} = \sum_{i_1 i_2 \cdots i_n} (-1)^{\tau(i_1 i_2 \cdots i_n)} a_{i_1 1} a_{i_2 2} \cdots a_{i_n n},$$

其中行标排列 $i_1 i_2 \cdots i_n$ 是 $1,2,\cdots,n$ 的某一 n 元排列，$\sum\limits_{i_1 i_2 \cdots i_n}$ 表示对 $1,2,\cdots,n$ 的所有 n 元排列取和.

注　n 阶行列式的每一项都包含来自行列式的不同行、不同列的 n 个元素乘积.

由 $1,2,\cdots,n$ 组成的 n 元排列共有 $n!$ 种，从而决定 $\sum\limits_{j_1 j_2 \cdots j_n}$ 表示对 $n!$ 项取和.

在 $n!$ 种 n 元排列中，奇排列、偶排列各占一半，所以在 n 阶行列式的完全展开式中，带正号的项与带负号的项数同为 $\frac{n!}{2}$ 个.

2. 典型例题

例 1.3.1　主对角线之下的元素都为零的行列式称为**上三角行列式**. 计算下述 n 阶上三角行列式：

$$D_n = \begin{vmatrix} a_{11} & a_{12} & a_{13} & \cdots & a_{1n} \\ 0 & a_{22} & a_{23} & \cdots & a_{2n} \\ 0 & 0 & a_{33} & \cdots & a_{3n} \\ \vdots & \vdots & \vdots & \ddots & \vdots \\ 0 & 0 & 0 & \cdots & a_{nn} \end{vmatrix}.$$

分析　n 阶行列式的完全展开式的每一项包含来自行列式不同行、不同列的 n 个元素乘积，第 n 行有 $n-1$ 个零元素，第 $n-1$ 行有 $n-2$ 个零元素，……

解　依 n 阶行列式的定义，有

$$D_n = \sum_{j_1 j_2 \cdots j_n} (-1)^{\tau(j_1 j_2 \cdots j_n)} a_{1j_1} \cdots a_{(n-1)j_{n-1}} a_{nj_n},$$

每一项都包含来自行列式不同行、不同列的 n 个元素连乘，其中但凡有一个元素为 0，该项必为 0，不作考虑. 下面仅考虑可能不为零的项. 因为第 n 行仅一个元素可能不为 0，因此，从 a_{nj_n} 开始考虑，a_{nj_n} 来自第 n 行，故仅当列标 $j_n = n$ 时，有可能 $a_{nj_n} \neq 0$，故第 n 行取 a_{nn}，再考虑 $a_{(n-1)j_{n-1}}$，同时注意到列标 $j_{n-1} \neq n$（第 n 列已取 a_{nn}），故仅当 $j_{n-1} = n-1$ 时，有可能 $a_{(n-1)j_{n-1}} \neq 0$，故第 $n-1$ 行取 $a_{(n-1)(n-1)}$，…，依次类推，只能 $j_{n-2} = n-2, j_{n-3} = n-3, \cdots, j_2 = 2, j_1 = 1$，即在 D_n 的 $n!$ 项中，可作考虑的仅一项，就是 $a_{11} a_{22} \cdots a_{nn}$. 又因该项的行标排列为自然顺序，故该项符号应由 $(-1)^{\tau(12\cdots n)}$ 确定，而 $\tau(12\cdots(n-1)n) = 0$，于是

$$D_n = (-1)^{\tau(12\cdots n)} a_{11} a_{22} \cdots a_{nn} = a_{11} a_{22} \cdots a_{nn}.$$

注　主对角线之上的元素都为零的行列式称为**下三角行列式**. 主对角线之外的元素都为零的行列式称为**主对角行列式**（或称**对角行列式**）.

评　上、下三角（或对角）行列式等于其主对角线上元素之积.

例 1.3.2　副对角线之外的元素都为零的行列式称为**副对角行列式**. 计算下述 n 阶副对角行列式：

$$D_n = \begin{vmatrix} 0 & \cdots & 0 & a_{1n} \\ 0 & \cdots & a_{2,n-1} & 0 \\ \vdots & \iddots & & \vdots \\ a_{n1} & \cdots & 0 & 0 \end{vmatrix}.$$

分析　依行列式的定义求解.

解　依 n 阶行列式的定义,有

$$D_n=\sum_{j_1j_2\cdots j_n}(-1)^{\tau(j_1j_2\cdots j_n)}a_{1j_1}a_{2j_2}\cdots a_{nj_n}.$$

与上例的方法类似,在 D_n 的 $n!$ 项中,可作考虑的项仅为 $(-1)^{\tau(n(n-1)\cdots 21)}a_{1n}a_{2(n-1)}\cdots a_{n1}$,其中 $\tau(n(n-1)\cdots 321)=\dfrac{n(n-1)}{2}$,代入得 $D_n=(-1)^{\frac{n(n-1)}{2}}a_{1n}a_{2(n-1)}\cdots a_{n1}$.

注　n 阶副对角行列式等于 $(-1)^{\frac{n(n-1)}{2}}$ 乘以副对角线上元素之积.

评　可以证明:副对角线之上(下)的元素都为零的 n 阶行列式等于 $(-1)^{\frac{n(n-1)}{2}}$ 乘以副对角线上元素之积.

例 1.3.3　利用定义计算下述 5 阶行列式:

$$D_5=\begin{vmatrix} a & b & c & d & e\\ b & 0 & 0 & 0 & a\\ e & 0 & 0 & 0 & c\\ c & 0 & 0 & 0 & d\\ d & e & c & a & b\end{vmatrix}.$$

分析　5 阶行列式完全展开式中的每一项必包含来自行列式不同行、不同列的 5 个元素乘积,即每一项必须包含来自第 2, 3, 4 行的元素,而第 2, 3, 4 行中仅第 1、5 列的元素可能不为零,因此每一项必包含零元素.

解　依 5 阶行列式定义,有

$$D_n=\sum_{j_1j_2\cdots j_5}(-1)^{\tau(j_1j_2\cdots j_5)}a_{1j_1}a_{2j_2}\cdots a_{5j_5},$$

其中 a_{2j_2},a_{3j_3},a_{4j_4} 分别来自第 2, 3, 4 行,而第 2, 3, 4 行仅第 1, 5 列可能有不为零的元素,取不到 3 个同时可能不为零的元素,所以每一项必包含零元素,因此

$$D_5=0.$$

评　依 n 阶行列式的定义,若其某一行(列)的元素全为零,则此行列式为零.

议　如果 n 阶行列式所含的零元素多于 n^2-n 个,则其所含的不为零的元素个数必少于 $n^2-(n^2-n)=n$ 个,而行列式的每一项必须是来自不同行、不同列的 n 个元素的乘积,因此该行列式为零.

依行列式的定义计算行列式的方法称为**定义法**. 比如上述 3 例.

例 1.3.4　下述 4 阶行列式是 x 的几次多项式?分别求出它的含 x^4 项和含 x^3 项的系数:

$$D_4=\begin{vmatrix} 3x & x & 5 & 2x\\ 1 & x & 2 & -x\\ 2 & -1 & x & 1\\ 1 & 4 & 1 & x\end{vmatrix}.$$

解　依定义,在 4 阶行列式的完全展开式中,每一项都包含来自不同行、不同列的 4 个元素的乘积,为了得到含 x 的最高次幂(x^4)的项,则在 4 行中所取元素都应包含 x. 从第 4 行开始考虑,应取第 4 列的元素 x(仅此一个元素),第 3 行应取第 3 列的元素 x(仅此一个元素),第 2 行只能取第 2 列的元素 x(第 4 列的(4,4)元素已取过,故仅此一个元素),同理

第 1 行只能取第 1 列的元素 $3x$，从而这一项为

$$(-1)^{\tau(1234)}3x\cdot x\cdot x\cdot x=3x^4.$$

为了得到含 x^3 的项，应在 3 行中取包含 x 的元素，其余一行取常数，从第 1 行开始考虑：

(1) 如果取(1,1)元 $3x$，则第 2 行可取的元素为 x，2，$-x$，如果第 2 行取①(2,2)元 x，则第 3、4 行只能取(3,3)元 x 和(4,4)元 x，或者(3,4)元 1 和(4,3)元 1，但都不构成含 x^3 的项. ②(2, 3)元 2，则第 3、4 行只能取(3,2)元-1 和(4,4)元 x，或者(3,4)元 1 和(4,2)元 4，但都不构成含 x^3 的项. ③(2,4)元$-x$，如果第 3、4 行取(3,2)元-1 和(4,3)元 1，不构成含 x^3 的项，如果取(3,3)元 x 和(4,2)元 4 时，恰好构成含 x^3 的项，此项为

$$(-1)^{\tau(1432)}3x\cdot(-x)\cdot x\cdot 4=12x^3.$$

(2) 如果取(1, 2)元 x，类似方法可知，含 x^3 的项为

$$(-1)^{\tau(2134)}x\cdot 1\cdot x\cdot x=-x^3,(-1)^{\tau(2431)}x\cdot(-x)\cdot x\cdot 1=-x^3.$$

(3) 如果取(1, 3)元 5，无论第 2、3、4 行元素如何取，同理都不构成含 x^3 的项.

(4) 如果取(1, 4)元 $2x$，同理含 x^3 的项为

$$(-1)^{\tau(4231)}2x\cdot x\cdot x\cdot 1=-2x^3.$$

因此在行列式的完全展开式中，含 x^3 的项为

$$12x^3-x^3-x^3-2x^3=8x^3.$$

综上所述，该行列式是 x 的 4 次多项式，其中含 x^4 项的系数为 3，含 x^3 项的系数为 8.

注　如果行列式的元素含有 x，则该行列式的完全展开式可视为 x 的多项式，而各次幂项的系数应依行列式的定义确定.

习题 1-3

1. 利用行列式定义计算下列行列式：

(1) $D_4=\begin{vmatrix}a_{11}&a_{12}&0&0\\a_{21}&a_{22}&0&0\\a_{31}&a_{32}&a_{33}&0\\a_{41}&a_{42}&a_{43}&a_{44}\end{vmatrix}$；　(2) $D_5=\begin{vmatrix}0&0&0&1&0\\0&0&3&0&2\\0&4&0&0&0\\5&7&0&0&0\\6&0&1&0&8\end{vmatrix}$；

(3) $D_n=\begin{vmatrix}1&a_1&0&\cdots&0&0\\0&1&a_2&\cdots&0&0\\0&0&1&&0&0\\\vdots&\vdots&\vdots&\ddots&\vdots&\vdots\\0&0&0&\cdots&1&a_{n-1}\\a_n&0&0&\cdots&0&1\end{vmatrix}\ (n\geqslant 2)$.

2. 利用行列式定义计算下述 5 阶行列式：

$$D_5=\begin{vmatrix}a_1&a_2&a_3&a_4&a_5\\b_1&b_2&b_3&b_4&b_5\\c_1&c_2&0&0&0\\d_1&d_2&0&0&0\\e_1&e_2&0&0&0\end{vmatrix}.$$

3. 下述 4 阶行列式是关于 x 的几次多项式？分别求出它的含 x^4 项和含 x^3 项的系数：

$$D_4=\begin{vmatrix} x & 2x & 1 & 4x \\ 2 & -x & 1 & -1 \\ 2 & 1 & -3x & 3 \\ 4 & 3 & 2 & x \end{vmatrix}.$$

4. 依行列式定义计算多项式 $f(x)=\begin{vmatrix} x+1 & 0 & 2 & 4 \\ 1 & x+2 & 1 & -1 \\ 2 & 5 & x-3 & 1 \\ 1 & 2 & -1 & x-4 \end{vmatrix}$ 中含 x^4 项的系数与含 x^3 项的系数.

1.4 行列式的性质

从行列式的定义可知，n 阶行列式是 $n!$ 项的代数和，其中每一项是来自不同行、不同列的 n 个元素的乘积. 当 n 变大时，$n!$ 随即变大，比如 $6!=720$，如果直接利用定义计算 n 阶行列式，计算量很大，因此有必要研究行列式的性质，以简化行列式的计算.

1. 内容要点与评注

从行列式的定义可以推导出行列式的下述性质：

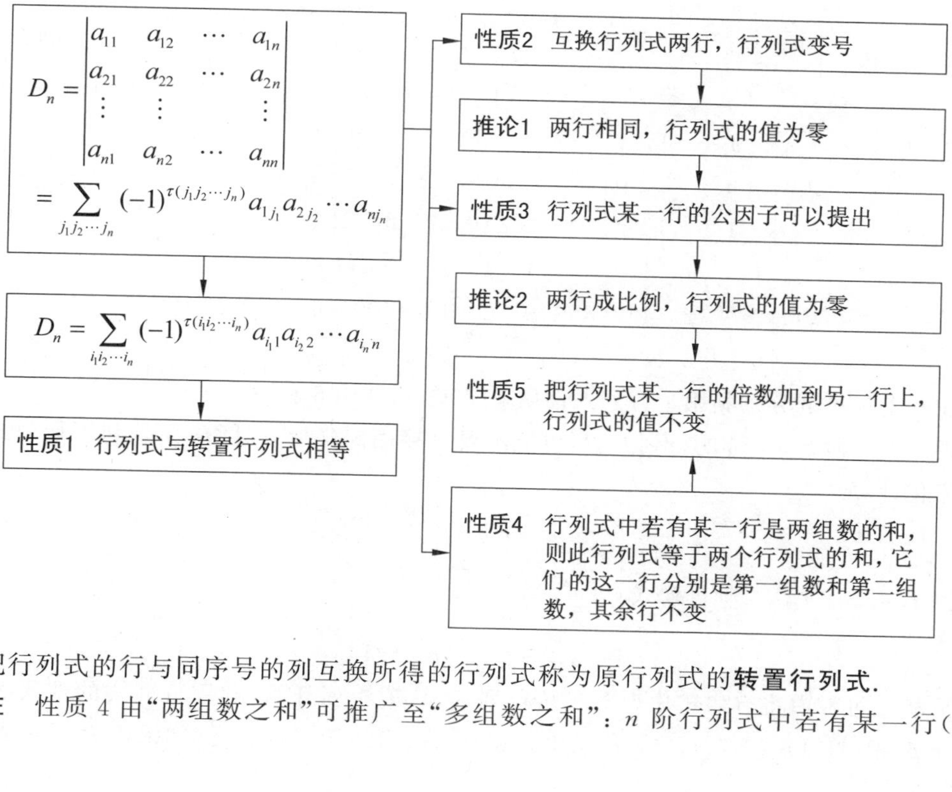

把行列式的行与同序号的列互换所得的行列式称为原行列式的**转置行列式**.

注 性质 4 由“两组数之和”可推广至“多组数之和”：n 阶行列式中若有某一行（某一

列)是 k 组数之和,则此行列式等于 k 个行列式之和,它们的这一行(列)分别是第一组数,第二组数,…,第 k 组数,其余行(列)不变.

在上述性质与推论中,把"行"变成"列",结论仍成立.

由推论 1 及行列式的定义可知

$$0=\begin{vmatrix} 1 & 1 & \cdots & 1 \\ 1 & 1 & \cdots & 1 \\ \vdots & \vdots & & \vdots \\ 1 & 1 & \cdots & 1 \end{vmatrix}=\sum_{j_1j_2\cdots j_n}(-1)^{\tau(j_1j_2\cdots j_n)},$$

上式表明,在由 $1,2,\cdots,n$ 组成的全部 $n(n>1)$ 元排列中,奇排列与偶排列各占一半.

利用行列式的性质 2、性质 3、性质 5,可以把一个行列式化成某上或下三角行列式的非零数倍.利用行列式的性质 4,可以把行列式拆分成若干个行列式的和(当然其中每一个行列式要相对比较容易计算).这是计算行列式的常用方法.

2. 典型例题

例 1.4.1　计算三阶行列式 $\begin{vmatrix} 198 & 202 & 200 \\ -2 & 2 & 0 \\ 1 & -1 & 3 \end{vmatrix}$.

分析　第一行可以写成 $200-2$, $200+2$, $200+0$,利用性质 4 拆成两个行列式之和,再利用性质 3 和性质 5 将行列式化成上三角行列式.

解　原式 $=\begin{vmatrix} 200-2 & 200+2 & 200+0 \\ -2 & 2 & 0 \\ 1 & -1 & 3 \end{vmatrix}=\begin{vmatrix} 200 & 200 & 200 \\ -2 & 2 & 0 \\ 1 & -1 & 3 \end{vmatrix}+\begin{vmatrix} -2 & 2 & 0 \\ -2 & 2 & 0 \\ 1 & -1 & 3 \end{vmatrix}$

$$=200\begin{vmatrix} 1 & 1 & 1 \\ -2 & 2 & 0 \\ 1 & -1 & 3 \end{vmatrix}+0=200\begin{vmatrix} 1 & 1 & 1 \\ 0 & 4 & 2 \\ 0 & -2 & 2 \end{vmatrix}$$

$$=400\begin{vmatrix} 1 & 1 & 1 \\ 0 & 2 & 1 \\ 0 & -2 & 2 \end{vmatrix}=400\begin{vmatrix} 1 & 1 & 1 \\ 0 & 2 & 1 \\ 0 & 0 & 3 \end{vmatrix}=400\times 6=2400.$$

注　上述过程分别利用了行列式性质 4,推论 1、性质 5 和性质 3.

评　对于阶数 $n\geqslant 3$ 的行列式,尽可能不要直接用定义展开计算,而是利用行列式的性质来简化计算.

例 1.4.2　计算 4 阶行列式 $\begin{vmatrix} 1 & -1 & 2 & -3 \\ -3 & 3 & -7 & 9 \\ 2 & 0 & 4 & -2 \\ 3 & -5 & 7 & -14 \end{vmatrix}$.

分析　可考虑将行列式化为上三角行列式,从第 1 列开始,利用行列式的性质 2,性质 3,性质 5,把(2, 1)、(3, 1)、(4, 1)元化为零,再将(3,2)元,(4,2)元(如果不为零的话)化为零，以此类推.

解　依行列式的性质，有

$$原式=\begin{vmatrix}1&-1&2&-3\\0&0&-1&0\\0&2&0&4\\0&-2&1&-5\end{vmatrix}=-2\begin{vmatrix}1&-1&2&-3\\0&1&0&2\\0&0&-1&0\\0&-2&1&-5\end{vmatrix}=2\begin{vmatrix}1&-1&2&-3\\0&1&0&2\\0&0&1&0\\0&0&0&-1\end{vmatrix}=-2.$$

注　在本例中，先利用行列式的性质 5 将第 1 列其余 3 个元素化为零，此时注意(2,2)元为零，为了便于化上三角行列式，互换第 2、3 行，再利用性质 5，将(4, 2)元化为零，依次类推，最终将行列式化为上三角行列式.

评　可以证明，任一行列式都可化为上或下三角行列式，称这种计算行列式的方法为**三角化法**.

例 1.4.3　计算下述 $n(n\geqslant 2)$ 阶行列式 $D_n=\begin{vmatrix}a&b&b&\cdots&b\\b&a&b&\cdots&b\\b&b&a&\cdots&b\\\vdots&\vdots&\vdots&&\vdots\\b&b&b&\cdots&a\end{vmatrix}$.

分析　该行列式的特点是各行元素和同为 $a+(n-1)b$，因此可考虑利用行列式性质 5 将第 2,3,…,n 列都乘以 1 加到第 1 列，再利用性质 3 提出所得的第 1 列的公因式 $a+(n-1)b$，此时所得第 1 列的元素全为 1，再利用性质 5，将行列式化为上三角行列式.

解　依行列式性质，有

$$D_n\xlongequal[\substack{\langle 1\rangle+\langle 2\rangle\\\langle 1\rangle+\langle 3\rangle\\\vdots\\\langle 1\rangle+\langle n\rangle}]{}\begin{vmatrix}a+(n-1)b&b&b&\cdots&b\\a+(n-1)b&a&b&\cdots&b\\a+(n-1)b&b&a&\cdots&b\\\vdots&\vdots&\vdots&&\vdots\\a+(n-1)b&b&b&\cdots&a\end{vmatrix}=(a+(n-1)b)\begin{vmatrix}1&b&b&\cdots&b\\1&a&b&\cdots&b\\1&b&a&\cdots&b\\\vdots&\vdots&\vdots&&\vdots\\1&b&b&\cdots&a\end{vmatrix}$$

$$\xlongequal{\substack{\langle 2\rangle+(-1)\langle 1\rangle\\\langle 3\rangle+(-1)\langle 1\rangle\\\vdots\\\langle n\rangle+(-1)\langle 1\rangle}}(a+(n-1)b)\begin{vmatrix}1&b&b&\cdots&b\\0&a-b&0&\cdots&0\\0&0&a-b&\cdots&0\\\vdots&\vdots&\vdots&&\vdots\\0&0&0&\cdots&a-b\end{vmatrix}$$

$$=(a+(n-1)b)(a-b)^{n-1}.$$

其中，对列实施的简化以简记的形式标于等号下方，标于等号上方的表示对行进行的简化，如“$\xlongequal[\langle 1\rangle+\langle 2\rangle]{}$”表示第 2 列加到第 1 列，“$\xlongequal{\langle 2\rangle+(-1)\langle 1\rangle}$”表示第 1 行乘以“$-1$”加到第 2 行.
“$\xlongequal{\langle 2\rangle\leftrightarrow\langle 1\rangle}$”表示交换第 1 行和第 2 行.

注　若行列式各行(各列)元素和相等，可以利用性质，把第 2,3,…,n 列(行)都加到第 1 列(第 1 行)，再提取公因数(式)，称这种方法为**归并法**.

评　往往通过观察即可判断是否采用归并法.

议　归并法也适用于如下 n 阶行列式:

$$\begin{vmatrix} b & \cdots & b & b & a \\ b & \cdots & b & a & b \\ b & \cdots & a & b & b \\ \vdots & & \vdots & \vdots & \vdots \\ a & \cdots & b & b & b \end{vmatrix} \xlongequal[\substack{\langle n\rangle+\langle 1\rangle \\ \langle n\rangle+\langle 2\rangle \\ \vdots \\ \langle n\rangle+\langle n-1\rangle}]{} (a+(n-1)b)\begin{vmatrix} b & \cdots & b & b & 1 \\ b & \cdots & b & a & 1 \\ b & \cdots & a & b & 1 \\ \vdots & & \vdots & \vdots & \vdots \\ a & \cdots & b & b & 1 \end{vmatrix}$$

$$\xlongequal{\substack{\langle 2\rangle+(-1)\langle 1\rangle \\ \langle 3\rangle+(-1)\langle 1\rangle \\ \vdots \\ \langle n\rangle+(-1)\langle 1\rangle}} (a+(n-1)b)\begin{vmatrix} b & \cdots & b & b & 1 \\ 0 & \cdots & 0 & a-b & 0 \\ 0 & \cdots & a-b & 0 & 0 \\ \vdots & & \vdots & \vdots & \vdots \\ a-b & \cdots & 0 & 0 & 0 \end{vmatrix}$$

$$=(-1)^{\frac{n(n-1)}{2}}(a+(n-1)b)(a-b)^{n-1}.$$

例 1.4.4　计算 4 阶行列式 $D_4=\begin{vmatrix} 1 & -1 & 1 & x-1 \\ 1 & -1 & x+1 & -1 \\ 1 & x-1 & 1 & -1 \\ x+1 & -1 & 1 & -1 \end{vmatrix}$.

分析　该行列式各行元素和同为 x,可采用归并法.

解法 1　采用归并法,将第 2,3,4 列加到第 1 列,再提取公因式,则有

$$D_4 \xlongequal[\substack{\langle 1\rangle+\langle 2\rangle \\ \langle 1\rangle+\langle 3\rangle \\ \langle 1\rangle+\langle 4\rangle}]{} \begin{vmatrix} x & -1 & 1 & x-1 \\ x & -1 & x+1 & -1 \\ x & x-1 & 1 & -1 \\ x & -1 & 1 & -1 \end{vmatrix} = x\begin{vmatrix} 1 & -1 & 1 & x-1 \\ 1 & -1 & x+1 & -1 \\ 1 & x-1 & 1 & -1 \\ 1 & -1 & 1 & -1 \end{vmatrix}$$

$$\xlongequal[\substack{\langle 2\rangle+\langle 1\rangle \\ \langle 3\rangle+(-1)\langle 1\rangle \\ \langle 4\rangle+\langle 1\rangle}]{} x\begin{vmatrix} 1 & 0 & 0 & x \\ 1 & 0 & x & 0 \\ 1 & x & 0 & 0 \\ 1 & 0 & 0 & 0 \end{vmatrix} = x\cdot(-1)^{\tau(4321)}x^3=x^4.$$

解法 2　依行列式的性质,有

$$D_4 \xlongequal[\substack{\langle 2\rangle+\langle 1\rangle \\ \langle 3\rangle+(-1)\langle 1\rangle \\ \langle 4\rangle+\langle 1\rangle}]{} \begin{vmatrix} 1 & 0 & 0 & x \\ 1 & 0 & x & 0 \\ 1 & x & 0 & 0 \\ x+1 & x & -x & x \end{vmatrix} = x^3\begin{vmatrix} 1 & 0 & 0 & 1 \\ 1 & 0 & 1 & 0 \\ 1 & 1 & 0 & 0 \\ x+1 & 1 & -1 & 1 \end{vmatrix}$$

$$\xlongequal[\substack{\langle 1\rangle+(-1)\langle 2\rangle \\ \langle 1\rangle+(-1)\langle 3\rangle \\ \langle 1\rangle+(-1)\langle 4\rangle}]{} x^3\begin{vmatrix} 0 & 0 & 0 & 1 \\ 0 & 0 & 1 & 0 \\ 0 & 1 & 0 & 0 \\ x & 1 & -1 & 1 \end{vmatrix} = x^4.$$

注　两种方法各有简便之处,但都需要细致地观察.

例 1.4.5 计算下述 n 阶行列式：

$$D_n=\begin{vmatrix} 1+a_1 & 1 & 1 & \cdots & 1 \\ 1 & 1+a_2 & 1 & \cdots & 1 \\ 1 & 1 & 1+a_3 & \cdots & 1 \\ \vdots & \vdots & \vdots & & \vdots \\ 1 & 1 & 1 & \cdots & 1+a_n \end{vmatrix}，其中 a_i\neq 0,i=1,2,\cdots,n.$$

分析 考虑利用性质 5，第 1 行乘以 (-1) 加到其余各行，使更多的元素“1”化为“0”，再考虑将行列式化为上三角行列式.

解法 1 依行列式的性质，将第 1 行乘以 (-1) 加到其余各行，注意到 $a_i\neq 0(i=1,2,\cdots,n)$，将第 $2,3,\cdots,n$ 列分别乘以 $\dfrac{a_1}{a_2},\dfrac{a_1}{a_3},\cdots,\dfrac{a_1}{a_n}$ 加到第 1 列，即

$$D_n \xlongequal[\langle n\rangle+(-1)\langle 1\rangle]{\substack{\langle 2\rangle+(-1)\langle 1\rangle\\ \langle 3\rangle+(-1)\langle 1\rangle \\ \vdots}} \begin{vmatrix} 1+a_1 & 1 & 1 & \cdots & 1 \\ -a_1 & a_2 & 0 & \cdots & 0 \\ -a_1 & 0 & a_3 & \cdots & 0 \\ \vdots & \vdots & \vdots & & \vdots \\ -a_1 & 0 & 0 & \cdots & a_n \end{vmatrix}$$

$$\xlongequal[\substack{\langle 1\rangle+\frac{a_1}{a_2}\langle 2\rangle \\ \langle 1\rangle+\frac{a_1}{a_3}\langle 3\rangle \\ \vdots \\ \langle 1\rangle+\frac{a_1}{a_n}\langle n\rangle}]{} \begin{vmatrix} 1+a_1+\sum\limits_{i=2}^{n}\dfrac{a_1}{a_i} & 1 & 1 & \cdots & 1 \\ 0 & a_2 & 0 & \cdots & 0 \\ 0 & 0 & a_3 & \cdots & 0 \\ \vdots & \vdots & \vdots & & \vdots \\ 0 & 0 & 0 & \cdots & a_n \end{vmatrix}$$

$$=\left(1+a_1+\frac{a_1}{a_2}+\cdots+\frac{a_1}{a_n}\right)a_2a_3\cdots a_n$$

$$=a_1a_2\cdots a_n\left(1+\sum_{i=1}^{n}\frac{1}{a_i}\right).$$

注 第一等号右端的行列式称为**箭形行列式**，注意将箭形行列式化为上三角行列式的方法.

解法 2 利用性质 4，在第 1 列的两组数中任取一组，在第 2 列的两组数中任取一组……在第 n 列的两组数中任取一组，共可拆成 $C_2^1C_2^1\cdots C_2^1=2^n$ 个行列式.

$$D_n=\begin{vmatrix} 1+a_1 & 1+0 & 1+0 & \cdots & 1+0 & 1+0 \\ 1+0 & 1+a_2 & 1+0 & \cdots & 1+0 & 1+0 \\ \vdots & \vdots & \vdots & & \vdots & \vdots \\ 1+0 & 1+0 & 1+0 & \cdots & 1+a_{n-1} & 1+0 \\ 1+0 & 1+0 & 1+0 & \cdots & 1+0 & 1+a_n \end{vmatrix}$$

$$
=\begin{vmatrix} a_1 & 0 & 0 & \cdots & 0 & 0 \\ 0 & a_2 & 0 & \cdots & 0 & 0 \\ 0 & 0 & a_3 & \cdots & 0 & 0 \\ \vdots & \vdots & \vdots & & \vdots & \vdots \\ 0 & 0 & 0 & \cdots & 0 & a_n \end{vmatrix} + \begin{vmatrix} 1 & 0 & 0 & \cdots & 0 & 0 \\ 1 & a_2 & 0 & \cdots & 0 & 0 \\ 1 & 0 & a_3 & \cdots & 0 & 0 \\ \vdots & \vdots & \vdots & & \vdots & \vdots \\ 1 & 0 & 0 & \cdots & 0 & a_n \end{vmatrix}
$$

$$
+\begin{vmatrix} a_1 & 1 & 0 & \cdots & 0 & 0 \\ 0 & 1 & 0 & \cdots & 0 & 0 \\ 0 & 1 & a_3 & \cdots & 0 & 0 \\ \vdots & \vdots & \vdots & & \vdots & \vdots \\ 0 & 1 & 0 & \cdots & 0 & a_n \end{vmatrix} + \cdots + \begin{vmatrix} a_1 & 0 & 0 & \cdots & 0 & 1 \\ 0 & a_2 & 0 & \cdots & 0 & 1 \\ 0 & 0 & a_3 & \cdots & 0 & 1 \\ \vdots & \vdots & \vdots & & \vdots & \vdots \\ 0 & 0 & 0 & \cdots & 0 & 1 \end{vmatrix}
$$

$$
+\begin{vmatrix} 1 & 1 & 0 & \cdots & 0 & 0 \\ 1 & 1 & 0 & \cdots & 0 & 0 \\ 1 & 1 & a_3 & \cdots & 0 & 0 \\ \vdots & \vdots & \vdots & & \vdots & \vdots \\ 1 & 1 & 0 & \cdots & 0 & a_n \end{vmatrix} + \cdots + \begin{vmatrix} 1 & 1 & 1 & \cdots & 1 & 1 \\ 1 & 1 & 1 & \cdots & 1 & 1 \\ 1 & 1 & 1 & \cdots & 1 & 1 \\ \vdots & \vdots & \vdots & & \vdots & \vdots \\ 1 & 1 & 1 & \cdots & 1 & 1 \end{vmatrix}
$$

$$
=a_1a_2\cdots a_n\left(1+\sum_{i=1}^{n}\frac{1}{a_i}\right)+0+\cdots+0
$$

$$
=a_1a_2\cdots a_n\left(1+\sum_{i=1}^{n}\frac{1}{a_i}\right).
$$

注　在上述行列式中,如果有两列元素全是 1 的,依推论 1,行列式为零.

评　将一行列式各列都写成两项和的形式,表面看来,似乎要拆分成 2^n 个行列式之和,但依行列式的性质可知,除 $n+1$ 个行列式外,其余行列式均为零,从而行列式的求解被简化.

习题 1-4

1. 利用行列式的性质计算下列行列式:

(1) $\begin{vmatrix} 1 & 196 & 5 \\ 1 & 201 & -1 \\ 1 & 198 & 3 \end{vmatrix}$;　　(2) $\begin{vmatrix} \frac{1}{12} & \frac{1}{4} & \frac{2}{3} \\ 102 & 299 & 801 \\ 5 & -2 & 3 \end{vmatrix}$.

2. 利用行列式的性质计算下列行列式:

(1) $\begin{vmatrix} 1 & 0 & 2 & 7 \\ 4 & 2 & 3 & 0 \\ -2 & -3 & 1 & 1 \\ 6 & 5 & 0 & 3 \end{vmatrix}$;　　(2) $\begin{vmatrix} 1 & 2 & \cdots & n-2 & n-1 & n \\ 2 & 3 & \cdots & n-1 & n & n \\ 3 & 4 & \cdots & n & n & n \\ \vdots & \vdots & & \vdots & \vdots & \vdots \\ n-1 & n & \cdots & n & n & n \\ n & n & \cdots & n & n & n \end{vmatrix}$ $(n\geqslant 2)$;

(3) $\begin{vmatrix} a_1 & a_2 & \cdots & a_{n-1} & 0 \\ 1 & 0 & \cdots & 0 & b_1 \\ 0 & 1 & \ddots & \vdots & b_2 \\ \vdots & \ddots & \ddots & 0 & \vdots \\ 0 & \cdots & 0 & 1 & b_{n-1} \end{vmatrix}(n\geqslant 2)$.

3. 利用行列式的性质计算下列行列式：

(1) $\begin{vmatrix} 5 & 2 & 2 & 2 & 2 \\ 2 & 5 & 2 & 2 & 2 \\ 2 & 2 & 5 & 2 & 2 \\ 2 & 2 & 2 & 5 & 2 \\ 2 & 2 & 2 & 2 & 5 \end{vmatrix}$；　　(2) $\begin{vmatrix} a-b-c & 2a & 2a \\ 2b & b-c-a & 2b \\ 2c & 2c & c-b-a \end{vmatrix}$；

(3) $D_n=\begin{vmatrix} -a_1 & a_1 & 0 & \cdots & 0 & 0 \\ 0 & -a_2 & a_2 & \cdots & 0 & 0 \\ 0 & 0 & -a_3 & \cdots & 0 & 0 \\ \vdots & \vdots & \vdots & & \vdots & \vdots \\ 0 & 0 & 0 & \cdots & -a_{n-1} & a_{n-1} \\ 1 & 1 & 1 & \cdots & 1 & 1 \end{vmatrix}(n\geqslant 3)$.

4. 计算下列 $n(n\geqslant 2)$阶行列式：

(1) $D_n=\begin{vmatrix} 1 & 2 & \cdots & n-1 & n+a_n \\ 1 & 2 & \cdots & (n-1)+a_{n-1} & n \\ \vdots & \vdots & & \vdots & \vdots \\ 1 & 2+a_2 & \cdots & n-1 & n \\ 1+a_1 & 2 & \cdots & n-1 & n \end{vmatrix}$，其中 $a_j\neq 0(j=1,2,\cdots,n)$.

(2) $D_n=\begin{vmatrix} a_1-b_1 & a_2 & \cdots & a_n \\ a_1 & a_2-b_2 & \cdots & a_n \\ \vdots & \vdots & & \vdots \\ a_1 & a_2 & \cdots & a_n-b_n \end{vmatrix}$，$b_i\neq 0,i=1,2,\cdots,n$.

5. 计算下列 n 阶行列式：

(1) $D_n=\begin{vmatrix} a_1+b_1 & a_1+b_2 & \cdots & a_1+b_n \\ a_2+b_1 & a_2+b_2 & \cdots & a_2+b_n \\ \vdots & \vdots & & \vdots \\ a_n+b_1 & a_n+b_2 & \cdots & a_n+b_n \end{vmatrix}$；

(2) $D_n=\begin{vmatrix} 1+x_1y_1 & 1+x_1y_2 & \cdots & 1+x_1y_n \\ 1+x_2y_1 & 1+x_2y_2 & \cdots & 1+x_2y_n \\ \vdots & \vdots & & \vdots \\ 1+x_ny_1 & 1+x_ny_2 & \cdots & 1+x_ny_n \end{vmatrix}$.

1.5 行列式按一行(列)展开

三阶行列式

$$\begin{vmatrix} a_{11} & a_{12} & a_{13} \\ a_{21} & a_{22} & a_{23} \\ a_{31} & a_{32} & a_{33} \end{vmatrix}$$

$$= a_{11}a_{22}a_{33} + a_{12}a_{23}a_{31} + a_{13}a_{21}a_{32} - a_{13}a_{22}a_{31} - a_{12}a_{21}a_{33} - a_{11}a_{23}a_{32}$$

$$= a_{11}(a_{22}a_{33} - a_{23}a_{32}) + a_{12}(a_{23}a_{31} - a_{21}a_{33}) + a_{13}(a_{21}a_{32} - a_{22}a_{31})$$

$$= a_{11}\begin{vmatrix} a_{22} & a_{23} \\ a_{32} & a_{33} \end{vmatrix} - a_{12}\begin{vmatrix} a_{21} & a_{23} \\ a_{31} & a_{33} \end{vmatrix} + a_{13}\begin{vmatrix} a_{21} & a_{22} \\ a_{31} & a_{32} \end{vmatrix}.$$

三阶行列式可以通过降阶为二阶行列式来简化计算，n 阶行列式能否通过降阶为 $n-1$ 阶行列式来简化计算呢？

1. 内容要点与评注

定义1 在 n 阶行列式中，划去第 i 行和第 j 列，剩下的元素按原有的相对位置排列组成的 $n-1$ 阶行列式，称为元素 a_{ij} 的**余子式**，记作 M_{ij}. 令 $A_{ij}=(-1)^{i+j}M_{ij}$，称 A_{ij} 为元素 a_{ij} 的**代数余子式**.

定理1 n 阶行列式 $\det(a_{ij})$ 等于它的任一行元素与各自的代数余子式乘积之和，即

$$\det(a_{ij}) = a_{i1}A_{i1} + a_{i2}A_{i2} + \cdots + a_{in}A_{in}, \quad i=1,2,\cdots,n. \tag{1.5}$$

称(1.5)式为 n 阶行列式按第 i 行的展开式.

证 依逆序数的定义，有

$$\tau(i12\cdots(i-1)(i+1)\cdots n) = i-1, \tau(jj_1\cdots j_{i-1}j_{i+1}\cdots j_n) = j-1+\tau(j_1\cdots j_{i-1}j_{i+1}\cdots j_n),$$

据1.3节命题1，对于确定的 n 元排列 $i12\cdots(i-1)(i+1)\cdots(n-1)n$，$n$ 阶行列式 $\det(a_{ij})$ 可表示为

$$\begin{aligned}\det(a_{ij}) &= \sum_{jj_1\cdots j_{i-1}j_{i+1}\cdots j_n}(-1)^{\tau(i12\cdots(i-1)(i+1)\cdots n)+\tau(jj_1\cdots j_{i-1}j_{i+1}\cdots j_n)}a_{ij}a_{1j_1}\cdots a_{(i-1)j_{i-1}}a_{(i+1)j_{i+1}}\cdots a_{nj_n} \\ &= \sum_{jj_1\cdots j_{i-1}j_{i+1}\cdots j_n}(-1)^{i-1+j-1+\tau(j_1\cdots j_{i-1}j_{i+1}\cdots j_n)}a_{ij}a_{1j_1}\cdots a_{(i-1)j_{i-1}}a_{(i+1)j_{i+1}}\cdots a_{nj_n} \\ &= \sum_{j=1}^{n}a_{ij}(-1)^{i+j}\sum_{j_1\cdots j_{i-1}j_{i+1}\cdots j_n}(-1)^{\tau(j_1\cdots j_{i-1}j_{i+1}\cdots j_n)}a_{1j_1}\cdots a_{(i-1)j_{i-1}}a_{(i+1)j_{i+1}}\cdots a_{nj_n} \\ &= \sum_{j=1}^{n}a_{ij}(-1)^{i+j}M_{ij} \\ &= \sum_{j=1}^{n}a_{ij}A_{ij}.\end{aligned}$$

◆

注 该定理也称为行列式按一行展开定理.

定理2 n 阶行列式 $\det(a_{ij})$ 等于它的任一列元素与各自的代数余子式乘积之和，即

$$\det(a_{ij}) = a_{1j}A_{1j} + a_{2j}A_{2j} + \cdots + a_{nj}A_{nj}, \quad j=1,2,\cdots,n \tag{1.6}$$

称(1.6)式为 n 阶行列式按第 j 列的展开式.

注：该定理也称为行列式按一列展开定理.

定理 3 n 阶行列式 $\det(a_{ij})$ 的任一行各元素与另一行对应元素的代数余子式乘积之和为零,即

$$a_{i1}A_{k1}+a_{i2}A_{k2}+\cdots+a_{in}A_{kn}=0,\quad i\neq k.$$

证 将行列式按第 k 行展开,依本节定理 1,有

$$0=\begin{vmatrix} a_{11} & \cdots & a_{1n} \\ \vdots & & \vdots \\ a_{i1} & \cdots & a_{in} \\ \vdots & & \vdots \\ a_{i1} & \cdots & a_{in} \\ \vdots & & \vdots \\ a_{n1} & \cdots & a_{nn} \end{vmatrix}\begin{matrix} \\ \\ i \\ \\ k \\ \\ \\ \end{matrix}=a_{i1}A_{k1}+a_{i2}A_{k2}+\cdots+a_{in}A_{kn}.$$ ◆

定理 4 n 阶行列式 $\det(a_{ij})$ 的任一列各元素与另一列对应元素的代数余子式乘积之和为零,即

$$a_{1k}A_{1j}+a_{2k}A_{2j}+\cdots+a_{nk}A_{nj}=0,\quad k\neq j.$$

利用数学归纳法可以证明范德蒙德行列式：

$$V_n(x_1,x_2,\cdots,x_n)=\begin{vmatrix} 1 & 1 & \cdots & 1 \\ x_1 & x_2 & \cdots & x_n \\ \vdots & \vdots & & \vdots \\ x_1^{n-2} & x_2^{n-2} & \cdots & x_n^{n-2} \\ x_1^{n-1} & x_2^{n-1} & \cdots & x_n^{n-1} \end{vmatrix}=\prod_{1\leqslant i<j\leqslant n}(x_j-x_i).\tag{1.7}$$

n 阶范德蒙德行列式不等于零当且仅当 $x_1,x_2,\cdots,x_n$ 两两不等.

因为行列式与转置行列式相等,所以

$$\begin{vmatrix} 1 & x_1 & \cdots & x_1^{n-2} & x_1^{n-1} \\ 1 & x_2 & \cdots & x_2^{n-2} & x_2^{n-1} \\ \vdots & \vdots & & \vdots & \vdots \\ 1 & x_{n-1} & \cdots & x_{n-1}^{n-2} & x_{n-1}^{n-1} \\ 1 & x_n & \cdots & x_n^{n-2} & x_n^{n-1} \end{vmatrix}=\prod_{1\leqslant i<j\leqslant n}(x_j-x_i).$$

利用定理 1 或定理 2,n 阶行列式可以降阶为 n 个 $n-1$ 阶行列式来计算,这种方法称为**降阶法**.

通常情形下,利用降阶法计算 n 阶行列式时,往往并不是将其化为 n 个 $n-1$ 阶行列式,而是先选定其某一行(列),保留一个元素,利用行列式性质将其余元素都化为零,再按这一行(列)展开,即先利用性质化简行列式,使某一行(列)仅保留一个非零元素,再实施降阶法.

2. 典型例题

例 1.5.1　计算 4 阶行列式 $\begin{vmatrix} 2 & 1 & -3 & 2 \\ -3 & -1 & 0 & -1 \\ 4 & 0 & -5 & -2 \\ 2 & 1 & -4 & 3 \end{vmatrix}$.

分析　选定第 2 列,保留(1,2)元 1,将其余元素化为 0,再利用降阶法.

解　依行列式的性质,把第 2 列的两个元素化为 0,再按第 2 列展开降阶.

$$\text{原式} \xlongequal[\langle 4\rangle+(-1)\langle 1\rangle]{\langle 2\rangle+\langle 1\rangle} \begin{vmatrix} 2 & 1 & -3 & 2 \\ -1 & 0 & -3 & 1 \\ 4 & 0 & -5 & -2 \\ 0 & 0 & -1 & 1 \end{vmatrix} = 1\times(-1)^{1+2}\begin{vmatrix} -1 & -3 & 1 \\ 4 & -5 & -2 \\ 0 & -1 & 1 \end{vmatrix}$$

$$\xlongequal[\langle 2\rangle+\langle 3\rangle]{} -\begin{vmatrix} -1 & -2 & 1 \\ 4 & -7 & -2 \\ 0 & 0 & 1 \end{vmatrix} = -1\times(-1)^{3+3}\begin{vmatrix} -1 & -2 \\ 4 & -7 \end{vmatrix}$$

$$=-15.$$

注　通过观察选定某一列,保留一个非零元素,将其余元素化为零,之后再施降阶法.

评　将行列式性质与降阶法综合运用,简化行列式计算更有效.

例 1.5.2　计算三阶行列式,并把结果因式分解：$\begin{vmatrix} \lambda-1 & 2 & -2 \\ 2 & \lambda+2 & -4 \\ -2 & -4 & \lambda+2 \end{vmatrix}$.

分析　三阶行列式,表面看上去不应难解,但因含有参量 λ,又要求结果因式分解,故增加了解题的难度.可考虑采用降阶法.

解　观察第 1 列有元素"2,−2",可使两个元素之一化为 0,再依定理 2,有

$$\text{原式} \xlongequal{\langle 3\rangle+\langle 2\rangle} \begin{vmatrix} \lambda-1 & 2 & -2 \\ 2 & \lambda+2 & -4 \\ 0 & \lambda-2 & \lambda-2 \end{vmatrix} = (\lambda-2)\begin{vmatrix} \lambda-1 & 2 & -2 \\ 2 & \lambda+2 & -4 \\ 0 & 1 & 1 \end{vmatrix}$$

$$\xlongequal[\langle 2\rangle+(-1)\langle 3\rangle]{} (\lambda-2)\begin{vmatrix} \lambda-1 & 4 & -2 \\ 2 & \lambda+6 & -4 \\ 0 & 0 & 1 \end{vmatrix}$$

$$=(\lambda-2)\cdot 1\cdot(-1)^{3+3}\begin{vmatrix} \lambda-1 & 4 \\ 2 & \lambda+6 \end{vmatrix}$$

$$=(\lambda-2)^2(\lambda+7).$$

注　显然该行列式是关于 λ 的三次多项式,先利用行列式的性质提出公因式 $\lambda-2$,后面跟乘的二阶行列式是关于 λ 的二次三项式,因式分解就容易了.

例 1.5.3　计算下述 4 阶行列式,并且把结果因式分解：

$$\begin{vmatrix} \lambda+1 & -1 & -1 & 1 \\ -1 & \lambda-1 & 1 & 1 \\ -1 & 1 & \lambda-1 & 1 \\ 1 & 1 & 1 & \lambda+1 \end{vmatrix}.$$

分析 观察第1列元素“$\lambda+1,-1,-1,1$”，可以使其中3个元素化为0，再施降阶法.

解 第4行分别乘以$1,1,-(\lambda+1)$加到第3、2、1行，依1.4节行列式性质5，有

$$原式\xlongequal[\langle 1\rangle+(-\lambda-1)\langle 4\rangle]{\substack{\langle 3\rangle+\langle 4\rangle\\ \langle 2\rangle+\langle 4\rangle}}\begin{vmatrix} 0 & -(\lambda+2) & -(\lambda+2) & -\lambda(\lambda+2) \\ 0 & \lambda & 2 & \lambda+2 \\ 0 & 2 & \lambda & \lambda+2 \\ 1 & 1 & 1 & \lambda+1 \end{vmatrix}$$

$$=1\cdot(-1)^{4+1}\begin{vmatrix} -(\lambda+2) & -(\lambda+2) & -\lambda(\lambda+2) \\ \lambda & 2 & \lambda+2 \\ 2 & \lambda & \lambda+2 \end{vmatrix}$$

$$=(\lambda+2)\begin{vmatrix} 1 & 1 & \lambda \\ \lambda & 2 & \lambda+2 \\ 2 & \lambda & \lambda+2 \end{vmatrix}\xlongequal[\substack{\langle 3\rangle+(-1)\langle 1\rangle\\ \langle 3\rangle+(-1)\langle 2\rangle}]{}(\lambda+2)\begin{vmatrix} 1 & 1 & \lambda-2 \\ \lambda & 2 & 0 \\ 2 & \lambda & 0 \end{vmatrix}$$

$$=(\lambda+2)(\lambda-2)\begin{vmatrix} \lambda & 2 \\ 2 & \lambda \end{vmatrix}$$

$$=(\lambda+2)^2(\lambda-2)^2.$$

注 将第4行乘以$(-(\lambda+1))$加到第1行，把$(1,1)$元$(\lambda+1)$化为0是本例的技巧，从中可知，化“0”的方法不仅限于数与数间的，有时也可在数与式间进行.

评 本例综合运用了降阶法和行列式的性质.

例1.5.4 求下述4阶行列式第3行元素的余子式之和：

$$\begin{vmatrix} 3 & 0 & 5 & 0 \\ 1 & 1 & 1 & 1 \\ 5 & 3 & -2 & 2 \\ 0 & -7 & 0 & 0 \end{vmatrix}.$$

分析 本例直接的方法是分别计算4个三阶行列式$M_{31},M_{32},M_{33},M_{34}$，再取和，但此法烦琐. 而依余子式及代数余子式的定义，有

$$M_{31}+M_{32}+M_{33}+M_{34}=A_{31}-A_{32}+A_{33}-A_{34},$$

依行列式按一行展开定理，有

$$\begin{vmatrix} 3 & 0 & 5 & 0 \\ 1 & 1 & 1 & 1 \\ 5 & 3 & -2 & 2 \\ 0 & -7 & 0 & 0 \end{vmatrix}=5A_{31}+3A_{32}-2A_{33}+2A_{34},$$

上两式比较可知

$$M_{31}+M_{32}+M_{33}+M_{34}=A_{31}-A_{32}+A_{33}-A_{34}=\begin{vmatrix}3&0&5&0\\1&1&1&1\\1&-1&1&-1\\0&-7&0&0\end{vmatrix},$$

从而计算 $M_{31}+M_{32}+M_{33}+M_{34}$ 可转化为计算一个4阶行列式.

解法1 依余子式的定义,有

$$\begin{aligned}&M_{31}+M_{32}+M_{33}+M_{34}\\&=\begin{vmatrix}0&5&0\\1&1&1\\-7&0&0\end{vmatrix}+\begin{vmatrix}3&5&0\\1&1&1\\0&0&0\end{vmatrix}+\begin{vmatrix}3&0&0\\1&1&1\\0&-7&0\end{vmatrix}+\begin{vmatrix}3&0&5\\1&1&1\\0&-7&0\end{vmatrix}\\&=5\times(-1)^{1+2}\begin{vmatrix}1&1\\-7&0\end{vmatrix}+0+3\times(-1)^{1+1}\begin{vmatrix}1&1\\-7&0\end{vmatrix}+(-7)\times(-1)^{3+2}\begin{vmatrix}3&5\\1&1\end{vmatrix}\\&=-35+0+21-14\\&=-28.\end{aligned}$$

解法2 依余子式、代数余子式的定义及按行展开定理,有

$$\begin{aligned}M_{31}+M_{32}+M_{33}+M_{34}&=A_{31}-A_{32}+A_{33}-A_{34}\\&=\begin{vmatrix}3&0&5&0\\1&1&1&1\\1&-1&1&-1\\0&-7&0&0\end{vmatrix}=(-7)\times(-1)^{4+2}\begin{vmatrix}3&5&0\\1&1&1\\1&1&-1\end{vmatrix}\\&\xlongequal{\langle 3\rangle+\langle 2\rangle}-7\begin{vmatrix}3&5&0\\1&1&1\\2&2&0\end{vmatrix}=-7\times(-1)^{2+3}\begin{vmatrix}3&5\\2&2\end{vmatrix}\\&=-28.\end{aligned}$$

评 比较两种解法,解法2更简单易行.

议 (1) 求第3列各元素的代数余子式之和: $A_{13}+A_{23}+A_{33}+A_{43}$.

$$\begin{aligned}A_{13}+A_{23}+A_{33}+A_{43}&=\begin{vmatrix}3&0&1&0\\1&1&1&1\\5&3&1&2\\0&-7&1&0\end{vmatrix}\xlongequal{\langle 3\rangle+(-2)\langle 2\rangle}\begin{vmatrix}3&0&1&0\\1&1&1&1\\3&1&-1&0\\0&-7&1&0\end{vmatrix}\\&=1\times(-1)^{2+4}\begin{vmatrix}3&0&1\\3&1&-1\\0&-7&1\end{vmatrix}\xlongequal{\langle 2\rangle+(-1)\langle 1\rangle}\begin{vmatrix}3&0&1\\0&1&-2\\0&-7&1\end{vmatrix}\\&=3\times(-1)^{1+1}\begin{vmatrix}1&-2\\-7&1\end{vmatrix}=-39.\end{aligned}$$

(2) 求 $2A_{13}-A_{23}+3A_{33}-5A_{43}$.

$$2A_{13}-A_{23}+3A_{33}-5A_{43}=\begin{vmatrix}3&0&2&0\\1&1&-1&1\\5&3&3&2\\0&-7&-5&0\end{vmatrix}\xlongequal{\langle 3\rangle+(-2)\langle 2\rangle}\begin{vmatrix}3&0&2&0\\1&1&-1&1\\3&1&5&0\\0&-7&-5&0\end{vmatrix}$$

$$=1\times(-1)^{2+4}\begin{vmatrix}3&0&2\\3&1&5\\0&-7&-5\end{vmatrix}\xlongequal{\langle 2\rangle+(-1)\langle 1\rangle}\begin{vmatrix}3&0&2\\0&1&3\\0&-7&-5\end{vmatrix}$$

$$=3\times(-1)^{1+1}\begin{vmatrix}1&3\\-7&-5\end{vmatrix}$$

$$=48.$$

例 1.5.5 计算下述 n 阶行列式:

$$D_n=\begin{vmatrix}1+a_1&1&1&\cdots&1&1\\1&1+a_2&1&\cdots&1&1\\1&1&1+a_3&\cdots&1&1\\\vdots&\vdots&\vdots&&\vdots&\vdots\\1&1&1&\cdots&1&1+a_n\end{vmatrix},\text{其中 } a_i\neq 0,i=1,2,\cdots,n.$$

分析 在例 1.4.5 中已介绍了两种方法,本例介绍第三种方法——**镶边法**.

解 依行列式按一行展开定理,将行列式增加一行一列,有

$$D_n=\begin{vmatrix}1&1&1&\cdots&1&1\\0&1+a_1&1&\cdots&1&1\\0&1&1+a_2&\cdots&1&1\\\vdots&\vdots&\vdots&&\vdots&\vdots\\0&1&1&\cdots&1&1+a_n\end{vmatrix}$$

$$\xlongequal[\langle n+1\rangle+(-1)\langle 1\rangle]{\substack{\langle 2\rangle+(-1)\langle 1\rangle\\ \langle 3\rangle+(-1)\langle 1\rangle\\ \vdots}}\begin{vmatrix}1&1&1&\cdots&1&1\\-1&a_1&0&\cdots&0&0\\-1&0&a_2&&0&0\\\vdots&\vdots&\vdots&\cdots&\vdots&\vdots\\-1&0&0&\cdots&0&a_n\end{vmatrix}\text{(箭形行列式)}$$

$$\xlongequal[\substack{\langle 1\rangle+\frac{1}{a_1}\langle 2\rangle\\ \langle 1\rangle+\frac{1}{a_2}\langle 3\rangle\\ \vdots\\ \langle 1\rangle+\frac{1}{a_n}\langle n+1\rangle}]{}\begin{vmatrix}1+\sum\limits_{i=1}^{n}\frac{1}{a_i}&1&1&\cdots&1&1\\0&a_1&0&\cdots&0&0\\0&0&a_2&\cdots&0&0\\\vdots&\vdots&\vdots&&\vdots&\vdots\\0&0&0&\cdots&0&a_n\end{vmatrix}\text{(上三角行列式)}$$

$$=\left(1+\sum_{i=1}^{n}\frac{1}{a_i}\right)a_1a_2\cdots a_n.$$

注　利用行列式按一行(列)展开定理将 n 阶行列式升阶为 $n+1$ 阶行列式实施计算的方法称为**镶边法**(**升阶法**). 本例第 2 个等号右端是一箭形行列式.

评　相比于降阶法,升阶法即镶边法有时也可简化行列式的计算.

习题 1-5

1. 计算下列 4 阶行列式:

(1) $\begin{vmatrix} 1 & 4 & -2 & 2 \\ 4 & 6 & 3 & 7 \\ 0 & 2 & 5 & 3 \\ -2 & 1 & 5 & -2 \end{vmatrix}$;　(2) $\begin{vmatrix} -3 & 5 & 2 & -4 \\ 4 & -2 & -3 & 1 \\ 5 & 3 & 7 & 2 \\ -2 & 6 & 4 & -3 \end{vmatrix}$.

2. 计算下列三阶行列式,并把结果因式分解:

(1) $\begin{vmatrix} \lambda+2 & -1 & 2 \\ 5 & \lambda-3 & 3 \\ -1 & 0 & \lambda-2 \end{vmatrix}$;　(2) $\begin{vmatrix} \lambda & 1 & -4 \\ 1 & \lambda-3 & 1 \\ -4 & 1 & \lambda \end{vmatrix}$.

3. 计算下列 4 阶行列式:

(1) $\begin{vmatrix} a-1 & -1 & -1 & -1 \\ -1 & a+1 & -1 & 1 \\ -1 & -1 & a+1 & 1 \\ -1 & 1 & 1 & a-1 \end{vmatrix}$;　(2) $\begin{vmatrix} b-1 & 1 & 1 & 0 \\ 1 & b-1 & 1 & 0 \\ 1 & 1 & b-2 & 1 \\ 1 & 1 & 1 & b-2 \end{vmatrix}$.

4. 设 4 阶行列式为 $\begin{vmatrix} 2 & 1 & 3 & 2 \\ 3 & 0 & 1 & -2 \\ 1 & -1 & 4 & 3 \\ 2 & 2 & -1 & 1 \end{vmatrix}$.

(1) 求第 2 列元素的代数余子式之和 $A_{12}+A_{22}+A_{32}+A_{42}$;

(2) 求第 2 列元素的余子式之代数和 $M_{12}+2M_{22}-3M_{32}+M_{42}$.

5. 计算下列 $n(n\geqslant 3)$阶行列式:

(1) $D_n=\begin{vmatrix} 0 & 1 & 1 & \cdots & 1 \\ 1 & 0 & x & \cdots & x \\ 1 & x & 0 & \ddots & \vdots \\ \vdots & \vdots & \ddots & \ddots & x \\ 1 & x & \cdots & x & 0 \end{vmatrix}$;　(2) $D_n=\begin{vmatrix} a+b & -b & 0 & \cdots & 0 & 0 \\ -a+b & a & -b & \cdots & 0 & 0 \\ -a+b & 0 & a & \cdots & 0 & 0 \\ \vdots & \vdots & \vdots & \ddots & \ddots & \vdots \\ -a+b & 0 & 0 & 0 & a & -b \\ -a+b & 0 & 0 & 0 & 0 & a \end{vmatrix}$;

(3) $D_n=\det(a_{ij})$,其中 $a_{ij}=|i-j|$, $i,j=1,2,\cdots,n$.

6. 利用镶边法计算下述 $n(n\geqslant 3)$阶行列式:

$$D_n=\begin{vmatrix} x_1-b_1 & x_2 & \cdots & x_n \\ x_1 & x_2-b_2 & \cdots & x_n \\ \vdots & \vdots & & \vdots \\ x_1 & x_2 & \cdots & x_n-b_n \end{vmatrix},\quad b_i\neq 0, i=1,2,\cdots,n.$$

7. 利用范德蒙德行列式计算下列行列式：

(1) $\begin{vmatrix} b+c & c+a & a+b \\ a & b & c \\ a^2 & b^2 & c^2 \end{vmatrix}$；　　(2) $\begin{vmatrix} 1 & 1 & 1 & 1 \\ 1 & x & 3 & -3 \\ 1 & x^2 & 9 & 9 \\ 1 & x^3 & 27 & -27 \end{vmatrix}$；

(3) $D_{n+1}=\begin{vmatrix} a_1^n & a_1^{n-1}b_1 & \cdots & a_1b_1^{n-1} & b_1^n \\ a_2^n & a_2^{n-1}b_2 & \cdots & a_2b_2^{n-1} & b_2^n \\ \vdots & \vdots & & \vdots & \vdots \\ a_n^n & a_n^{n-1}b_n & \cdots & a_nb_n^{n-1} & b_n^n \\ a_{n+1}^n & a_{n+1}^{n-1}b_{n+1} & \cdots & a_{n+1}b_{n+1}^{n-1} & b_{n+1}^n \end{vmatrix}$，其中 $a_i\neq 0, i=1,2,\cdots,n+1$.

1.6 行列式按 k 行(列)展开

行列式可以按一行(列)展开，能否按 k 行(列)展开呢？

1. 内容要点与评注

定义 1 在 n 阶行列式 $D=\det(a_{ij})$ 中，任取 k 行、k 列 $(1\leqslant k<n)$，位于这些行和列交叉位置的 k^2 个元素按原有的相对位置排列组成的 k 阶行列式，称为 D 的一个 **k 阶子式**. 若取定第 $i_1,i_2,\cdots,i_k(i_1<i_2<\cdots<i_k)$ 行和第 $j_1,j_2,\cdots,j_k(j_1<j_2<\cdots<j_k)$ 列，所得的 **k 阶子式**，记作 $D\begin{pmatrix} i_1,i_2,\cdots,i_k \\ j_1,j_2,\cdots,j_k \end{pmatrix}$. 划去这 k 行、k 列后，剩下的元素按原有的相对位置排列组成的 $n-k$ 阶行列式，称为该 k 阶子式的**余子式**. 即若剩下第 $i'_1,i'_2,\cdots,i'_{n-k}(i'_1<i'_2<\cdots<i'_{n-k})$ 行和第 $j'_1,j'_2,\cdots,j'_{n-k}(j'_1<j'_2<\cdots<j'_{n-k})$ 列，则其余子式为 $D\begin{pmatrix} i'_1,i'_2,\cdots,i'_{n-k} \\ j'_1,j'_2,\cdots,j'_{n-k} \end{pmatrix}$. 在它前面冠以符号 $(-1)^{i_1+i_2+\cdots+i_k+j_1+j_2+\cdots+j_k}$，即

$$(-1)^{i_1+i_2+\cdots+i_k+j_1+j_2+\cdots+j_k}D\begin{pmatrix} i'_1,i'_2,\cdots,i'_{n-k} \\ j'_1,j'_2,\cdots,j'_{n-k} \end{pmatrix},$$

称上式为该 k 阶子式的**代数余子式**.

定理 1(拉普拉斯定理) 在 n 阶行列式 $D=\det(a_{ij})$ 中，取定第 $i_1,i_2,\cdots,i_k$ $(i_1<i_2<\cdots<i_k)$ 行 $(1\leqslant k<n)$，则这 k 行所有的 k 阶子式与它们对应的代数余子式的乘积之和等于 D，即

$$D=\sum_{1\leqslant j_1<j_2<\cdots<j_k\leqslant n} D\begin{pmatrix} i_1,i_2,\cdots,i_k \\ j_1,j_2,\cdots,j_k \end{pmatrix}\cdot(-1)^{i_1+i_2+\cdots+i_k+j_1+j_2+\cdots+j_k}D\begin{pmatrix} i'_1,i'_2,\cdots,i'_{n-k} \\ j'_1,j'_2,\cdots,j'_{n-k} \end{pmatrix}. \tag{1.8}$$

证略.

该定理也称为**行列式按 k 行展开定理**. 同理，若把定理中的“行”换成“列”，结论仍成立，称为**行列式按 k 列展开定理**.

推论 2　下述结论成立：

$$\begin{vmatrix} a_{11} & \cdots & a_{1k} & 0 & \cdots & 0 \\ \vdots & & \vdots & \vdots & & \vdots \\ a_{k1} & \cdots & a_{kk} & 0 & \cdots & 0 \\ c_{11} & \cdots & c_{1k} & b_{11} & \cdots & b_{1m} \\ \vdots & & \vdots & \vdots & & \vdots \\ c_{m1} & \cdots & c_{mk} & b_{m1} & \cdots & b_{mm} \end{vmatrix} = \begin{vmatrix} a_{11} & \cdots & a_{1k} \\ \vdots & & \vdots \\ a_{k1} & \cdots & a_{kk} \end{vmatrix} \cdot \begin{vmatrix} b_{11} & \cdots & b_{1m} \\ \vdots & & \vdots \\ b_{m1} & \cdots & b_{mm} \end{vmatrix}. \tag{1.9}$$

证　依拉普拉斯定理，把(1.9)式左端的行列式按前 k 行展开，在这 k 行元素形成的 k 阶子式中，只有左上角的 k 阶子式可能不为零，其余 k 阶子式都至少包含一个零列，故 k 阶子式为零，于是由行列式按 k 行展开定理，可得

$$\begin{vmatrix} a_{11} & \cdots & a_{1k} & 0 & \cdots & 0 \\ \vdots & & \vdots & \vdots & & \vdots \\ a_{k1} & \cdots & a_{kk} & 0 & \cdots & 0 \\ c_{11} & \cdots & c_{1k} & b_{11} & \cdots & b_{1m} \\ \vdots & & \vdots & \vdots & & \vdots \\ c_{m1} & \cdots & c_{mk} & b_{m1} & \cdots & b_{mm} \end{vmatrix}$$

$$= \begin{vmatrix} a_{11} & \cdots & a_{1k} \\ \vdots & & \vdots \\ a_{k1} & \cdots & a_{kk} \end{vmatrix} \cdot (-1)^{(1+\cdots+k)+(1+\cdots+k)} \begin{vmatrix} b_{11} & \cdots & b_{1m} \\ \vdots & & \vdots \\ b_{m1} & \cdots & b_{mm} \end{vmatrix}$$

$$= \begin{vmatrix} a_{11} & \cdots & a_{1k} \\ \vdots & & \vdots \\ a_{k1} & \cdots & a_{kk} \end{vmatrix} \cdot \begin{vmatrix} b_{11} & \cdots & b_{1m} \\ \vdots & & \vdots \\ b_{m1} & \cdots & b_{mm} \end{vmatrix}.$$ ◆

同理下述结论成立：

(1) $$\begin{vmatrix} a_{11} & \cdots & a_{1k} & c_{11} & \cdots & c_{1m} \\ \vdots & & \vdots & \vdots & & \vdots \\ a_{k1} & \cdots & a_{kk} & c_{k1} & \cdots & c_{km} \\ 0 & \cdots & 0 & b_{11} & \cdots & b_{1m} \\ \vdots & & \vdots & \vdots & & \vdots \\ 0 & \cdots & 0 & b_{m1} & \cdots & b_{mm} \end{vmatrix} = \begin{vmatrix} a_{11} & \cdots & a_{1k} \\ \vdots & & \vdots \\ a_{k1} & \cdots & a_{kk} \end{vmatrix} \cdot \begin{vmatrix} b_{11} & \cdots & b_{1m} \\ \vdots & & \vdots \\ b_{m1} & \cdots & b_{mm} \end{vmatrix},$$

(2) $$\begin{vmatrix} 0 & \cdots & 0 & b_{11} & \cdots & b_{1m} \\ \vdots & & \vdots & \vdots & & \vdots \\ 0 & \cdots & 0 & b_{m1} & \cdots & b_{mm} \\ a_{11} & \cdots & a_{1k} & c_{11} & \cdots & c_{1m} \\ \vdots & & \vdots & \vdots & & \vdots \\ a_{k1} & \cdots & a_{kk} & c_{k1} & \cdots & c_{km} \end{vmatrix}$$

$$=(-1)^{(1+2+\cdots+m)+(k+1+k+2+\cdots+k+m)}\begin{vmatrix} b_{11} & \cdots & b_{1m} \\ \vdots & & \vdots \\ b_{m1} & \cdots & b_{mm} \end{vmatrix}\cdot\begin{vmatrix} a_{11} & \cdots & a_{1k} \\ \vdots & & \vdots \\ a_{k1} & \cdots & a_{kk} \end{vmatrix}$$

$$=(-1)^{mk}\begin{vmatrix} a_{11} & \cdots & a_{1k} \\ \vdots & & \vdots \\ a_{k1} & \cdots & a_{kk} \end{vmatrix}\cdot\begin{vmatrix} b_{11} & \cdots & b_{1m} \\ \vdots & & \vdots \\ b_{m1} & \cdots & b_{mm} \end{vmatrix}.$$

(3) $$\begin{vmatrix} c_{11} & \cdots & c_{1k} & b_{11} & \cdots & b_{1m} \\ \vdots & & \vdots & \vdots & & \vdots \\ c_{m1} & \cdots & c_{mk} & b_{m1} & \cdots & b_{mm} \\ a_{11} & \cdots & a_{1k} & 0 & \cdots & 0 \\ \vdots & & \vdots & \vdots & & \vdots \\ a_{k1} & \cdots & a_{kk} & 0 & \cdots & 0 \end{vmatrix}=(-1)^{mk}\begin{vmatrix} a_{11} & \cdots & a_{1k} \\ \vdots & & \vdots \\ a_{k1} & \cdots & a_{kk} \end{vmatrix}\cdot\begin{vmatrix} b_{11} & \cdots & b_{1m} \\ \vdots & & \vdots \\ b_{m1} & \cdots & b_{mm} \end{vmatrix}.$$

评 行列式按一行(列)展开可视为行列式按 k 行(列)展开的特殊情形. 拉普拉斯定理对于求解含"零块"的块状行列式(如推论中所述)简便易行.

2. 典型例题

例 1.6.1 利用拉普拉斯定理计算下述 6 阶行列式:

$$\begin{vmatrix} 5 & 4 & -1 & 2 & 7 & 1 \\ 3 & -1 & 1 & 4 & 5 & -2 \\ -3 & 1 & 1 & -1 & 0 & 0 \\ 6 & 2 & -8 & 2 & 0 & 0 \\ 4 & 0 & 0 & 3 & 0 & 0 \\ 3 & 0 & 0 & 5 & 0 & 0 \end{vmatrix}.$$

分析 这是一个包含"零块"的块状行列式,可依拉普拉斯定理计算.

解 选定第 5 列,第 6 列,依行列式按两列展开定理,有

$$\text{原式}=\begin{vmatrix} 7 & 1 \\ 5 & -2 \end{vmatrix}\cdot(-1)^{(1+2)+(5+6)}\begin{vmatrix} -3 & 1 & 1 & -1 \\ 6 & 2 & -8 & 2 \\ 4 & 0 & 0 & 3 \\ 3 & 0 & 0 & 5 \end{vmatrix}$$

$$\xlongequal[\langle 2\rangle\longleftrightarrow\langle 4\rangle]{}-19\times(-1)\begin{vmatrix} -3 & -1 & 1 & 1 \\ 6 & 2 & -8 & 2 \\ 4 & 3 & 0 & 0 \\ 3 & 5 & 0 & 0 \end{vmatrix}$$

$$=19\times\begin{vmatrix} 1 & 1 \\ -8 & 2 \end{vmatrix}\times(-1)^{(1+2)+(3+4)}\begin{vmatrix} 4 & 3 \\ 3 & 5 \end{vmatrix}$$

$$=19\times 10\times 11$$

$$=2090.$$

注 本例依拉普拉斯定理展开后,二阶子式的余子式经第 2 列与第 4 列互换后又是一

个包含“零块”的块状行列式，故可再依拉普拉斯定理计算.

评　拉普拉斯定理是将一个 n 阶行列式降阶为 C_n^k 个 k 阶行列式与 $n-k$ 阶行列式的乘积之和. 为了计算简便，通常情况下，拉普拉斯定理更适用于包含“零块”的块状行列式或可以化为包含“零块”的行列式的情形，此种方法称为**块状降阶法**.

考虑计算简便，在利用拉普拉斯定理时，应先观察行列式是否包含“零块”或可利用行列式的性质通过变换使之包含“零块”.

例 1.6.2　利用拉普拉斯定理计算下述 6 阶行列式
$$\begin{vmatrix} 1 & 1 & 0 & 0 & 0 & 1 \\ a_1 & a_2 & 0 & 0 & 0 & a_3 \\ b_1 & c_1 & 1 & 1 & 1 & d_1 \\ b_2 & c_2 & a_1 & a_2 & a_3 & d_2 \\ a_1^2 & a_2^2 & 0 & 0 & 0 & a_3^2 \\ b_3 & c_3 & a_1^2 & a_2^2 & a_3^2 & d_3 \end{vmatrix}.$$

分析　可以考虑先利用行列式性质，将其化为含有“零块”的块状行列式，再依拉普拉斯定理计算.

解　依行列式性质，有

$$\text{原式} \xlongequal{\langle 3\rangle \leftrightarrow \langle 5\rangle} -\begin{vmatrix} 1 & 1 & 0 & 0 & 0 & 1 \\ a_1 & a_2 & 0 & 0 & 0 & a_3 \\ a_1^2 & a_2^2 & 0 & 0 & 0 & a_3^2 \\ b_2 & c_2 & a_1 & a_2 & a_3 & d_2 \\ b_1 & c_1 & 1 & 1 & 1 & d_1 \\ b_3 & c_3 & a_1^2 & a_2^2 & a_3^2 & d_3 \end{vmatrix} \xlongequal[\langle 3\rangle \leftrightarrow \langle 6\rangle]{} \begin{vmatrix} 1 & 1 & 1 & 0 & 0 & 0 \\ a_1 & a_2 & a_3 & 0 & 0 & 0 \\ a_1^2 & a_2^2 & a_3^2 & 0 & 0 & 0 \\ b_2 & c_2 & d_2 & a_2 & a_3 & a_1 \\ b_1 & c_1 & d_1 & 1 & 1 & 1 \\ b_3 & c_3 & d_3 & a_2^2 & a_3^2 & a_1^2 \end{vmatrix}$$

$$\xlongequal{\langle 4\rangle \leftrightarrow \langle 5\rangle} -\begin{vmatrix} 1 & 1 & 1 & 0 & 0 & 0 \\ a_1 & a_2 & a_3 & 0 & 0 & 0 \\ a_1^2 & a_2^2 & a_3^2 & 0 & 0 & 0 \\ b_1 & c_1 & d_1 & 1 & 1 & 1 \\ b_2 & c_2 & d_2 & a_2 & a_3 & a_1 \\ b_3 & c_3 & d_3 & a_2^2 & a_3^2 & a_1^2 \end{vmatrix} \xlongequal[\substack{\langle 4\rangle \leftrightarrow \langle 6\rangle \\ \langle 5\rangle \leftrightarrow \langle 6\rangle}]{} -\begin{vmatrix} 1 & 1 & 1 & 0 & 0 & 0 \\ a_1 & a_2 & a_3 & 0 & 0 & 0 \\ a_1^2 & a_2^2 & a_3^2 & 0 & 0 & 0 \\ b_1 & c_1 & d_1 & 1 & 1 & 1 \\ b_2 & c_2 & d_2 & a_1 & a_2 & a_3 \\ b_3 & c_3 & d_3 & a_1^2 & a_2^2 & a_3^2 \end{vmatrix}$$

$$= -\begin{vmatrix} 1 & 1 & 1 \\ a_1 & a_2 & a_3 \\ a_1^2 & a_2^2 & a_3^2 \end{vmatrix} \cdot (-1)^{(1+2+3)+(1+2+3)} \begin{vmatrix} 1 & 1 & 1 \\ a_1 & a_2 & a_3 \\ a_1^2 & a_2^2 & a_3^2 \end{vmatrix}$$

$$= -(a_2-a_1)^2(a_3-a_2)^2(a_3-a_1)^2.$$

注　本例依次互换第 3 行与第 5 行，第 3 列与第 6 列，第 4 行与第 5 行，同时考虑范德蒙德行列式的特点，继续互换第 4 列与第 6 列，第 5 列与第 6 列，最终化为含“零块”的块状行列式.

评　将行列式性质、范德蒙德行列式结论以及拉普拉斯定理综合运用是本例的技巧.

习题 1-6

利用拉普拉斯定理计算下列行列式：

(1) $\begin{vmatrix} 1 & 0 & 0 & 0 & 0 \\ 2 & 3 & 0 & 0 & 0 \\ 4 & 6 & 5 & 0 & 0 \\ 2 & 1 & 3 & 1 & -2 \\ 1 & 2 & 1 & 3 & -4 \end{vmatrix}$；　　(2) $\begin{vmatrix} 5 & 4 & 0 & 0 & 0 & 0 \\ 3 & -1 & 0 & 0 & 0 & 0 \\ -3 & 1 & 1 & -1 & 4 & 7 \\ 6 & 2 & -8 & 2 & 3 & 0 \\ 4 & 0 & 1 & 0 & 1 & 0 \\ 3 & 0 & 5 & 0 & -2 & 0 \end{vmatrix}$.

1.7 克莱姆法则

当二元一次方程组$\begin{cases} a_{11}x_1+a_{12}x_2=b_1, \\ a_{21}x_1+a_{22}x_2=b_2 \end{cases}$的系数行列式$\begin{vmatrix} a_{11} & a_{12} \\ a_{21} & a_{22} \end{vmatrix}\neq 0$时，方程组有唯一解：

$$x_1=\frac{\begin{vmatrix} b_1 & a_{12} \\ b_2 & a_{22} \end{vmatrix}}{\begin{vmatrix} a_{11} & a_{12} \\ a_{21} & a_{22} \end{vmatrix}},\quad x_2=\frac{\begin{vmatrix} a_{11} & b_1 \\ a_{21} & b_2 \end{vmatrix}}{\begin{vmatrix} a_{11} & a_{12} \\ a_{21} & a_{22} \end{vmatrix}}.$$

当三元一次方程组$\begin{cases} a_{11}x_1+a_{12}x_2+a_{13}x_3=b_1, \\ a_{21}x_1+a_{22}x_2+a_{23}x_3=b_2, \\ a_{31}x_1+a_{32}x_2+a_{33}x_3=b_3 \end{cases}$的系数行列式$\begin{vmatrix} a_{11} & a_{12} & a_{13} \\ a_{21} & a_{22} & a_{23} \\ a_{31} & a_{32} & a_{33} \end{vmatrix}\neq 0$时，方程组有唯一解：

$$x_1=\frac{\begin{vmatrix} b_1 & a_{12} & a_{13} \\ b_2 & a_{22} & a_{23} \\ b_3 & a_{32} & a_{33} \end{vmatrix}}{\begin{vmatrix} a_{11} & a_{12} & a_{13} \\ a_{21} & a_{22} & a_{23} \\ a_{31} & a_{32} & a_{33} \end{vmatrix}},\quad x_2=\frac{\begin{vmatrix} a_{11} & b_1 & a_{13} \\ a_{21} & b_2 & a_{23} \\ a_{31} & b_3 & a_{33} \end{vmatrix}}{\begin{vmatrix} a_{11} & a_{12} & a_{13} \\ a_{21} & a_{22} & a_{23} \\ a_{31} & a_{32} & a_{33} \end{vmatrix}},\quad x_3=\frac{\begin{vmatrix} a_{11} & a_{12} & b_1 \\ a_{21} & a_{22} & b_2 \\ a_{31} & a_{32} & b_3 \end{vmatrix}}{\begin{vmatrix} a_{11} & a_{12} & a_{13} \\ a_{21} & a_{22} & a_{23} \\ a_{31} & a_{32} & a_{33} \end{vmatrix}}.$$

上述结论对于含有 n 个方程的 n 元一次方程组是否成立？

1. 内容要点与评注

在实际问题中，常常需要求一些未知的量，用字母 $x_1,x_2,\cdots,x_n$ 表示它们，依据问题中的等量关系，列出方程组. 最基本、最常见的一类方程组是关于 $x_1,x_2,\cdots,x_n$ 的一次方程组，称为**线性方程组**，即

$$\begin{cases} a_{11}x_1+a_{12}x_2+\cdots+a_{1n}x_n=b_1,\\ a_{21}x_1+a_{22}x_2+\cdots+a_{2n}x_n=b_2,\\ \qquad\vdots\\ a_{m1}x_1+a_{m2}x_2+\cdots+a_{mn}x_n=b_m, \end{cases} \tag{1.10}$$

其中每个方程的左端是未知元 $x_1,x_2,\cdots,x_n$ 的一次齐次式，右端是常数，未知元前的数称为**系数**，a_{ij} 是第 i 个方程中未知元 x_j 的系数，$i=1,2,\cdots,m,j=1,2,\cdots,n$，$b_i$ 是第 i 个方程的**常数项**.

如果线性方程组(1.10)的等号右端的常数项均为零，即

$$\begin{cases} a_{11}x_1+a_{12}x_2+\cdots+a_{1n}x_n=0,\\ a_{21}x_1+a_{22}x_2+\cdots+a_{2n}x_n=0,\\ \qquad\vdots\\ a_{m1}x_1+a_{m2}x_2+\cdots+a_{mn}x_n=0, \end{cases} \tag{1.11}$$

则称该线性方程组为**齐次线性方程组**.

在线性方程组(1.10)中，方程的数目 m 与未知元的数目 n 可以相等，也可以不等.

对于 n 元线性方程组(1.10)，如果未知元 $x_1,x_2,\cdots,x_n$ 分别用数 $c_1,c_2,\cdots,c_n$ 代入后，每个方程都成为恒等式，则称 n 元有序数组$(c_1,c_2,\cdots,c_n)$为方程组(1.10)的一个**解**. 方程组(1.10)的所有解组成的集合称为该线性方程组的**解集**.

齐次线性方程组是恒有解的，至少有$(0,0,\cdots,0)$，称其为齐次线性方程组的**零解**，其余的解(如果有的话)称为齐次线性方程组的**非零解**.

定理 1(克莱姆法则)　设含 n 个方程的 n 元线性方程组

$$\begin{cases} a_{11}x_1+a_{12}x_2+\cdots+a_{1n}x_n=b_1,\\ a_{21}x_1+a_{22}x_2+\cdots+a_{2n}x_n=b_2,\\ \qquad\vdots\\ a_{n1}x_1+a_{n2}x_2+\cdots+a_{nn}x_n=b_n. \end{cases} \tag{1.12}$$

如果其系数行列式 $D=\begin{vmatrix} a_{11} & a_{12} & \cdots & a_{1n}\\ a_{21} & a_{22} & \cdots & a_{2n}\\ \vdots & \vdots & & \vdots\\ a_{n1} & a_{n2} & \cdots & a_{nn} \end{vmatrix}\neq 0$，则方程组有唯一解，且

$$x_1=\frac{D_1}{D},x_2=\frac{D_2}{D},\cdots,x_n=\frac{D_n}{D},$$

其中 $D_j=\begin{vmatrix} a_{11} & a_{i(j-1)} & b_1 & a_{1(j+1)} & \cdots & a_{1n}\\ a_{21} & a_{2(j-1)} & b_2 & a_{2(j+1)} & \cdots & a_{2n}\\ \vdots & \vdots & \vdots & \vdots & & \vdots\\ a_{n1} & a_{n(j-1)} & b_n & a_{n(j+1)} & \cdots & a_{nn} \end{vmatrix}$，$j=1,2,\cdots,n$.

推论 2　设含 n 个方程的 n 元齐次线性方程组

$$\begin{cases} a_{11}x_1+a_{12}x_2+\cdots+a_{1n}x_n=0, \\ a_{21}x_1+a_{22}x_2+\cdots+a_{2n}x_n=0, \\ \qquad\vdots \\ a_{n1}x_1+a_{n2}x_2+\cdots+a_{nn}x_n=0, \end{cases} \tag{1.13}$$

如果其系数行列式 $D=\begin{vmatrix} a_{11} & a_{12} & \cdots & a_{1n} \\ a_{21} & a_{22} & \cdots & a_{2n} \\ \vdots & \vdots & & \vdots \\ a_{n1} & a_{n2} & \cdots & a_{nn} \end{vmatrix}\neq 0$,则方程组只有零解.

克莱姆法则仅适用于满足两个条件的线性方程组：①方程组所含方程的个数与未知元的个数相等；②线性方程组的系数行列式不等于零.

不具备上述两个条件的线性方程组的求解问题,将在第 2 章中作系统讨论.

依克莱姆法则,如果线性方程组(1.12)无解或有解但解不唯一,则方程组的系数行列式等于零.如果齐次线性方程组(1.13)有非零解,则方程组的系数行列式等于零.

2. 典型例题

例 1.7.1 判断下述线性方程组是否有唯一解：

$$\begin{cases} x_1+x_2+\cdots+x_n=b_1, \\ ax_1+a^2x_2+\cdots+a^nx_n=b_2, \\ \qquad\vdots \\ a^{n-1}x_1+a^{2(n-1)}x_2+\cdots+a^{n(n-1)}x_n=b_n, \end{cases}$$

其中 $a\neq 0,a^k\neq 1,k$ 为不超过 n 的正整数.

分析 依克莱姆法则和范德蒙德行列式结论.

解 依范德蒙德行列式的结论,线性方程组的系数行列式

$$\begin{vmatrix} 1 & 1 & \cdots & 1 \\ a & a^2 & \cdots & a^n \\ a^2 & (a^2)^2 & \cdots & (a^n)^2 \\ \vdots & \vdots & & \vdots \\ a^{n-1} & (a^2)^{(n-1)} & \cdots & (a^n)^{(n-1)} \end{vmatrix}=\prod_{1\leqslant i<j\leqslant n}(a^j-a^i)\neq 0,$$

依克莱姆法则及题设,方程组有唯一解.

注 对于不超过 n 的正整数 $i,j,i\neq j,a^j\neq a^i$,因此系数行列式不等于零.

例 1.7.2 设下述齐次线性方程组有非零解,问 a,b 应取何值.

$$\begin{cases} ax_1+x_2+x_3=0, \\ x_1+bx_2+x_3=0, \\ x_1+2bx_2+x_3=0. \end{cases}$$

分析 依定理 1,当齐次线性方程组有非零解时,其系数行列式必等于零.

解 依题设,齐次线性方程组有非零解,依定理 1,有

$$\begin{vmatrix} a & 1 & 1 \\ 1 & b & 1 \\ 1 & 2b & 1 \end{vmatrix} \xlongequal[\langle 3\rangle+(-1)\langle 1\rangle]{\langle 2\rangle+(-1)\langle 1\rangle} \begin{vmatrix} a & 1 & 1 \\ 1-a & b-1 & 0 \\ 1-a & 2b-1 & 0 \end{vmatrix} = \begin{vmatrix} 1-a & b-1 \\ 1-a & 2b-1 \end{vmatrix} = (1-a)b = 0,$$

于是 $a=1$ 或 $b=0$.

议　对于含 n 个方程的 n 元线性方程组，如果其系数行列式不等于零，依克莱姆法则，方程组有唯一解，而要确定该唯一解，需要计算 $n+1$ 个 n 阶行列式，此时如果 n 偏大，往往计算量很大. 第 2 章将会介绍其他方法以简化这类线性方程组的求解.

习题 1-7

1. 判断下列线性方程组是否有唯一解：

(1) $\begin{cases} x_1+5x_2+7x_3=0, \\ x_1+10x_2+21x_3=0, \\ x_1+20x_2+63x_3=0; \end{cases}$

(2) $\begin{cases} b_1x_1+b_2x_2+\cdots+b_nx_n=c_1, \\ b_1^2x_1+b_2^2x_2+\cdots+b_n^2x_n=c_2, \\ \qquad\qquad\vdots \\ b_1^nx_1+b_2^nx_2+\cdots+b_n^nx_n=c_n. \end{cases}$ 其中 $b_1,b_2,\cdots,b_n$ 是两两不等的非零数.

2. 下列齐次线性方程组有非零解，λ 应取何值？

(1) $\begin{cases} (\lambda-2)x_1-3x_2-2x_3=0, \\ -x_1+(\lambda-8)x_2-2x_3=0, \\ 2x_1+14x_2+(\lambda+3)x_3=0; \end{cases}$

(2) $\begin{cases} (\lambda-3)x_1-x_2+x_4=0, \\ -x_1+(\lambda-3)x_2+x_3=0, \\ x_2+(\lambda-3)x_3-x_4=0, \\ x_1-x_3+(\lambda-3)x_4=0. \end{cases}$

1.8　数域

在讨论线性方程组的解时，都是假定构成它的系数及常数项来自同一个数集 S，因此线性方程组可称为“数集 S 上的线性方程组”. 有时需要对线性方程组的各方程间施以加、减、乘、除四种运算. 为了不影响线性方程组的求解，所考虑的数集应当对加、减、乘、除四种运算封闭，即该数集 S 内的任意两个数的和、差、积、商(除数不为 0)都仍属于这个数集. 下面引入数域的概念.

1. 内容要点与评注

定义 1　复数集的一个子集 S，如果满足：

(1) $0,1\in S$；

(2) 若 $a,b\in S$，则 $a+b\in S, a-b\in S, ab\in S, \frac{a}{b}\in S(b\neq 0)$，那么，称 S 为一个**数域**.

注 条件(1)"$0,1\in S$"是为了强调 S 中包含加法的单位元 0 与乘法的单位元 1. 条件(2)也常被称为 S 对于加法、减法、乘法、除法四种运算**封闭**.

有理数集$\mathbb{Q}$，实数集$\mathbb{R}$，复数集$\mathbb{C}$都是数域，但是整数集$\mathbb{Z}$不是数域(因为$\mathbb{Z}$对于除法不封闭).

在讨论线性方程组时，假定是在一个给定的数域 F 上，即所出现的数全都属于 F，称该线性方程组为"数域 F 上的线性方程组".

2. 典型例题

例 1.8.1 设$\mathbb{Q}$为有理数域，令 $Q(\sqrt{3})=\{a+b\sqrt{3}\mid \forall a,b\in\mathbb{Q}\}$，证明 $Q(\sqrt{3})$ 是一个数域.

分析 依数域的定义求证.

证 (1) $0=0+0\cdot\sqrt{3}\in Q(\sqrt{3}), 1=1+0\cdot\sqrt{3}\in Q(\sqrt{3})$.

(2) 又设 $s=a+b\sqrt{3}, t=c+d\sqrt{3}\in Q(\sqrt{3}), a,b,c,d\in\mathbb{Q}$，则

$$\begin{aligned} s\pm t &= (a+b\sqrt{3})\pm(c+d\sqrt{3}) \\ &= (a\pm c)+(b\pm d)\sqrt{3}\in Q(\sqrt{3}),\quad a\pm c, b\pm d\in\mathbb{Q}, \\ s\cdot t &= (a+b\sqrt{3})\cdot(c+d\sqrt{3}) \\ &= (ac+3bd)+(ad+bc)\sqrt{3}\in Q(\sqrt{3}),\quad ac+3bd, ad+bc\in\mathbb{Q}, \end{aligned}$$

若 $t\neq 0$，即 c,d 不全为 0，从而 $c-d\sqrt{3}\neq 0$ $\left(否则，c=d\sqrt{3}, \frac{c}{d}=\sqrt{3}，注意 c,d\in\mathbb{Q}，矛盾\right)$，因此有

$$\begin{aligned} \frac{s}{t} &= \frac{a+b\sqrt{3}}{c+d\sqrt{3}} = \frac{(a+b\sqrt{3})(c-d\sqrt{3})}{(c+d\sqrt{3})(c-d\sqrt{3})} \\ &= \frac{ac-3bd+(bc-ad)\sqrt{3}}{c^2-3d^2} \\ &= \frac{ac-3bd}{c^2-3d^2}+\frac{bc-ad}{c^2-3d^2}\sqrt{3}\in Q(\sqrt{3}). \end{aligned}$$

综上论述，$Q(\sqrt{3})$ 是一个数域.

注 数域不仅限于$\mathbb{Q}$，$\mathbb{R}$，$\mathbb{C}$，还有如 $Q(\sqrt{3})$ 等其他数域.

例 1.8.2 证明任一数域都包含有理数域$\mathbb{Q}$.

分析 证明任一数域必包含有理数.

证 设 F 为任一数域，则 F 中至少包含两个数 0,1，依定义，有

$$2=1+1\in F, 3=2+1\in F, \cdots, n=n-1+1\in F,$$

即任一正整数 $n\in F$. 又依定义，$-n=0-n\in F$，因此，任一负整数 $-n\in F$，从而整数集 $\mathbb{Z}\subseteq F$.

设 $\forall q\in\mathbb{Q}$，则必存在整数 $n,m\in F$，使 $q=\frac{n}{m}$，依封闭性知，$q=\frac{n}{m}\in F$，即$\mathbb{Q}\subseteq F$.

注　依包含关系而言，复数域可理解为最大的数域，有理数域可理解为最小的数域.

例 1.8.3　设$\mathbb{Z}$为整数集，令 $S=\left\{\dfrac{a+b\pi}{c+d\pi}\middle|\ \forall a,b,c,d\in\mathbb{Z}\right\}$，其中 π 为圆周率，判断 S 是否为数域.

解　显然$\dfrac{1}{\pi},\dfrac{1}{2+\pi}\in S$，又$\dfrac{1}{\pi}+\dfrac{1}{2+\pi}=\dfrac{2+2\pi}{\pi^2+2\pi}\notin S$，即 S 对加法不封闭，所以 S 不是数域.

评　数域定义中的条件(2)往往是考查数集是否是数域的标准之一，也正是由于它的存在，使数域的应用范围更广.

习题 1-8

设$\mathbb{Q}$为有理数域，令 $Q(\mathrm{i})=\{a+b\mathrm{i}\mid \forall a,b\in\mathbb{Q}\}$，i 为虚数单位，证明 $Q(\mathrm{i})$是一个数域.

1.9　专题讨论

1. 利用数学归纳法和递推法计算(或证明)行列式

例 1.9.1　证明下述 $n(n\geqslant 2)$阶行列式的结论：

$$D_n=\begin{vmatrix} x & 0 & 0 & \cdots & 0 & 0 & a_0 \\ -1 & x & 0 & \cdots & 0 & 0 & a_1 \\ 0 & -1 & x & \cdots & 0 & 0 & a_2 \\ \vdots & \vdots & \vdots & \ddots & \vdots & \vdots & \vdots \\ 0 & 0 & 0 & \cdots & x & 0 & a_{n-3} \\ 0 & 0 & 0 & \cdots & -1 & x & a_{n-2} \\ 0 & 0 & 0 & \cdots & 0 & -1 & x+a_{n-1} \end{vmatrix}=x^n+a_{n-1}x^{n-1}+\cdots+a_1x+a_0.$$

分析　可考虑利用数学归纳法证明.

证　当 $n=2$ 时，有

$$D_2=\begin{vmatrix} x & a_0 \\ -1 & x+a_1 \end{vmatrix}=x^2+a_1x+a_0,$$

结论成立. 假设 $n=k$ 时结论也成立. 下面证明 $n=k+1$ 时结论成立，此时

$$D_{k+1}=\begin{vmatrix} x & 0 & 0 & \cdots & 0 & 0 & a_0 \\ -1 & x & 0 & \cdots & 0 & 0 & a_1 \\ 0 & -1 & x & \cdots & 0 & 0 & a_2 \\ \vdots & \vdots & \vdots & \ddots & \vdots & \vdots & \vdots \\ 0 & 0 & 0 & \cdots & x & 0 & a_{k-2} \\ 0 & 0 & 0 & \cdots & -1 & x & a_{k-1} \\ 0 & 0 & 0 & \cdots & 0 & -1 & x+a_k \end{vmatrix}$$

$$
=x\begin{vmatrix}
x & 0 & 0 & \cdots & 0 & 0 & a_1 \\
-1 & x & 0 & \cdots & 0 & 0 & a_2 \\
0 & -1 & x & \cdots & 0 & 0 & a_3 \\
\vdots & \vdots & \vdots & \ddots & \vdots & \vdots & \vdots \\
0 & 0 & 0 & \cdots & x & 0 & a_{k-2} \\
0 & 0 & 0 & \cdots & -1 & x & a_{k-1} \\
0 & 0 & 0 & \cdots & 0 & -1 & x+a_k
\end{vmatrix}
$$

$$
+a_0(-1)^{1+k+1}\begin{vmatrix}
-1 & x & 0 & \cdots & \cdots & \cdots & 0 \\
0 & -1 & x & \ddots & & & \vdots \\
\vdots & 0 & \ddots & \ddots & \ddots & & \vdots \\
\vdots & & \ddots & \ddots & \ddots & \ddots & \vdots \\
\vdots & & & \ddots & \ddots & x & 0 \\
\vdots & & & & 0 & -1 & x \\
0 & \cdots & \cdots & \cdots & \cdots & 0 & -1
\end{vmatrix}\text{(利用数学归纳法的假设)}
$$

$$
=x(x^k+a_kx^{k-1}+\cdots+a_2x+a_1)+a_0(-1)^k\cdot(-1)^k
$$

$$
=x^{k+1}+a_kx^k+\cdots+a_2x^2+a_1x+a_0,
$$

根据数学归纳法原理,此结论对一切正整数 $n(n\geqslant 2)$ 都成立.

注 当 $n=k+1$ 时,将 D_{k+1} 按第 1 行展开,降阶成两个 k 阶行列式,前者恰好为 $n=k$ 时的 D_k,直接代入假设的结论,后者为一上三角行列式.

议 利用数学归纳法证明行列式的相关结论,这不是第一例,在范德蒙德行列式的讨论中,就曾利用过数学归纳法. 利用数学归纳法证明 $n(n\geqslant 2)$ 阶行列式相关结论的步骤如下:

第 1 步:验证对于低阶(比如 $n=2$ 或 $n=3$ 阶)行列式结论成立否? 如果不成立,则结论不正确. 如果成立,进入第 2 步:假设 $n=k$ 时结论成立,考查当 $n=k+1$ 时结论成立否? 此时往往采用降阶法,将 $k+1$ 阶行列式化为几个 k 阶行列式,沿用 $n=k$ 时假设的结论,代入整理. 如果不成立,则结论不正确. 如果成立,则对一切符合题目要求的正整数 n,结论正确.

例 1.9.2 计算下述 $2n$ 阶行列式(空白处的元素均为 0):

$$
D_{2n}=\begin{vmatrix}
a & & & & & & b \\
& a & & & & b & \\
& & \ddots & & \unicode{x22F0} & & \\
& & & a & b & & \\
& & & b & a & & \\
& & \unicode{x22F0} & & & \ddots & \\
& b & & & & a & \\
b & & & & & & a
\end{vmatrix}.
$$

分析 依行列式特点,可考虑用递推法.

解法 1 当 $n=1$ 时,$D_2=\begin{vmatrix} a & b \\ b & a \end{vmatrix}=a^2-b^2$.

设 $n \geqslant 2$，取定第 $n, n+1$ 行，依拉普拉斯定理展开，有

$$D_{2n}=\begin{vmatrix} a & b \\ b & a \end{vmatrix} \cdot (-1)^{(n+(n+1))+(n+(n+1))} D_{2n-2}=(a^2-b^2) D_{2n-2}.$$

同理可得，$D_{2n-2}=(a^2-b^2) D_{2n-4}, \cdots, D_4=(a^2-b^2) D_2$. 又 $D_2=a^2-b^2$，逐项代入，得

$$D_{2n}=(a^2-b^2)^{n-1} D_2=(a^2-b^2)^n.$$

当 $n=1$ 时，上述结论也成立.

评　利用递推法求解本例的关键是发现递推关系式：$D_{2n}=(a^2-b^2) D_{2n-2}$.

解法 2　当 $n=1$ 时，$D_2=\begin{vmatrix} a & b \\ b & a \end{vmatrix}=a^2-b^2$.

设 $n \geqslant 2$，取定第 1 行、第 $2n$ 行，反复采用块状降阶法，再取定所得的第 1 行、第 $2n-2$ 行，应用拉普拉斯定理，以此类推，有

$$\begin{aligned} D_{2n} &=\begin{vmatrix} a & b \\ b & a \end{vmatrix} \cdot (-1)^{(1+2n)+(1+2n)} D_{2n-2}=(a^2-b^2) D_{2n-2} \\ &=(a^2-b^2)\begin{vmatrix} a & b \\ b & a \end{vmatrix} \cdot (-1)^{(1+2n-2)+(1+2n-2)} D_{2n-4} \\ &=(a^2-b^2)^2 D_{2n-4} \\ &=\cdots=(a^2-b^2)^{n-1} D_2 \\ &=(a^2-b^2)^n. \end{aligned}$$

评　块状降阶法使本题变得简单易解.

解法 3　依行列式性质，有

$$D_{2n} \xlongequal[\substack{\langle n\rangle+\langle n+1\rangle \\ \langle n-1\rangle+\langle n+2\rangle \\ \vdots \\ \langle 1\rangle+\langle 2n\rangle}]{} \begin{vmatrix} a+b & & & & & & & b \\ & a+b & & & & & b & \\ & & \ddots & & & \cdot^{\cdot^{\cdot}} & & \\ & & & a+b & b & & & \\ & & & a+b & a & & & \\ & & \cdot^{\cdot^{\cdot}} & & & \ddots & & \\ & a+b & & & & & a & \\ a+b & & & & & & & a \end{vmatrix}$$

$$\xlongequal[\substack{\langle 2n\rangle+(-1)\langle 1\rangle \\ \langle 2n-1\rangle+(-1)\langle 2\rangle \\ \vdots \\ \langle n+1\rangle+(-1)\langle n\rangle}]{} \begin{vmatrix} a+b & & & & & & & b \\ & a+b & & & & & b & \\ & & \ddots & & & \cdot^{\cdot^{\cdot}} & & \\ & & & a+b & b & & & \\ & & & 0 & a-b & & & \\ & & \cdot^{\cdot^{\cdot}} & & & \ddots & & \\ & 0 & & & & & a-b & \\ 0 & & & & & & & a-b \end{vmatrix}$$

$$\begin{aligned} &=(a+b)^n (a-b)^n \\ &=(a^2-b^2)^n. \end{aligned}$$

评　三角化法较之上述两个方法更简单明了.

例 1.9.3 计算下述 n 阶三对角行列式：

$$D_n=\begin{vmatrix} a+b & ab & 0 & \cdots & \cdots & \cdots & 0 \\ 1 & a+b & \ddots & \ddots & & & \vdots \\ 0 & \ddots & \ddots & \ddots & \ddots & & \vdots \\ \vdots & \ddots & \ddots & \ddots & \ddots & \ddots & \vdots \\ \vdots & & \ddots & \ddots & \ddots & \ddots & 0 \\ \vdots & & & \ddots & \ddots & a+b & ab \\ 0 & \cdots & \cdots & \cdots & 0 & 1 & a+b \end{vmatrix},\quad a\neq b.$$

分析 同上例,考虑利用递推法计算三对角行列式.

解 若 $a=0$,则下三角行列式 $D_n=b^n$;若 $b=0$,则下三角行列式 $D_n=a^n$.
下面假设 $a\neq 0$ 且 $b\neq 0$,当 $n=1,2$ 时,有

$$D_1=|a+b|=a+b,$$

$$D_2=\begin{vmatrix} a+b & ab \\ 1 & a+b \end{vmatrix}=(a+b)^2-ab=a^2+ab+b^2,$$

设 $n\geqslant 3$,D_n 按第一行展开,得

$$\begin{aligned} D_n&=(a+b)D_{n-1}+ab\cdot(-1)^{1+2}\cdot 1\cdot D_{n-2} \\ &=(a+b)D_{n-1}-abD_{n-2}, \end{aligned} \tag{1.14}$$

由(1.14)式,有

$$D_n-aD_{n-1}=b(D_{n-1}-aD_{n-2}),$$

于是 $D_2-aD_1,D_3-aD_2,\cdots,D_n-aD_{n-1}$ 是公比为 b 的等比数列,从而

$$D_n-aD_{n-1}=b^{n-2}(D_2-aD_1),$$

由于 $D_1=a+b,D_2=a^2+ab+b^2$,因此 $D_2-aD_1=b^2$,从而

$$D_n-aD_{n-1}=b^n, \tag{1.15}$$

由(1.14)式,有

$$D_n-bD_{n-1}=a(D_{n-1}-bD_{n-2}),$$

同理可得

$$D_n-bD_{n-1}=a^n, \tag{1.16}$$

联立(1.15)式与(1.16)式,解得

$$D_n=\frac{a^{n+1}-b^{n+1}}{a-b}. \tag{1.17}$$

显然当 $n=1,2$ 时,上述结论也成立.

评 除了递推法,(1.15)式和(1.16)式充分体现了对称性在本例中的应用价值.

2. 关于行列式计算方法的综合运用

例 1.9.4 计算下述 n 阶行列式 $D_n=\begin{vmatrix} 1 & 2 & 3 & \cdots & n-1 & n \\ 2 & 3 & 4 & \cdots & n & 1 \\ 3 & 4 & 5 & \cdots & 1 & 2 \\ \vdots & \vdots & \vdots & & \vdots & \vdots \\ n-1 & n & 1 & \cdots & n-3 & n-2 \\ n & 1 & 2 & \cdots & n-2 & n-1 \end{vmatrix}$.

分析　行列式的各行元素之和相等,第一步可采用归并法.

解　当 $n=1,2$ 时,$D_1=|1|=1,D_2=\begin{vmatrix}1&2\\2&1\end{vmatrix}=-3.$

设 $n\geqslant 3$,依行列式的性质,有

$$D_n\xlongequal[\substack{\langle 1\rangle+\langle 2\rangle\\ \langle 1\rangle+\langle 3\rangle\\ \vdots\\ \langle 1\rangle+\langle n\rangle}]{}\frac{n(n+1)}{2}\begin{vmatrix}1&2&3&\cdots&n-1&n\\1&3&4&\cdots&n&1\\1&4&5&\cdots&1&2\\\vdots&\vdots&\vdots&&\vdots&\vdots\\1&n&1&\cdots&n-3&n-2\\1&1&2&\cdots&n-2&n-1\end{vmatrix}\tag{1.18}$$

$$\xlongequal[\langle 2\rangle+(-1)\langle 1\rangle]{\substack{\langle n\rangle+(-1)\langle n-1\rangle\\ \langle n-1\rangle+(-1)\langle n-2\rangle\\ \vdots}}\frac{n(n+1)}{2}\begin{vmatrix}1&2&3&\cdots&n-1&n\\0&1&1&\cdots&1&1-n\\0&1&1&\cdots&1-n&1\\\vdots&\vdots&\vdots&⋰&\vdots&\vdots\\0&1&1-n&\cdots&1&1\\0&1-n&1&\cdots&1&1\end{vmatrix},$$

按第一列展开，得

$$D_n=\frac{n(n+1)}{2}\begin{vmatrix}1&1&\cdots&1&1-n\\1&1&\cdots&1-n&1\\\vdots&\vdots&⋰&\vdots&\vdots\\1&1-n&\cdots&1&1\\1-n&1&\cdots&1&1\end{vmatrix}.\tag{1.19}$$

各行元素和仍相等,再次利用归并法,有

$$D_n\xlongequal[\substack{\langle 1\rangle+\langle 2\rangle\\ \langle 1\rangle+\langle 3\rangle\\ \vdots\\ \langle 1\rangle+\langle n-1\rangle}]{}-\frac{n(n+1)}{2}\begin{vmatrix}1&1&\cdots&1&1-n\\1&1&\cdots&1-n&1\\\vdots&\vdots&⋰&\vdots&\vdots\\1&1-n&\cdots&1&1\\1&1&\cdots&1&1\end{vmatrix}\tag{1.20}$$

$$\xlongequal[\substack{\langle 2\rangle+(-1)\langle 1\rangle\\ \langle 3\rangle+(-1)\langle 1\rangle\\ \vdots\\ \langle n-1\rangle+(-1)\langle 1\rangle}]{}-\frac{n(n+1)}{2}\begin{vmatrix}1&0&\cdots&0&-n\\1&0&\cdots&-n&0\\\vdots&\vdots&⋰&⋰&\vdots\\1&-n&⋰&&\vdots\\1&0&\cdots&\cdots&0\end{vmatrix}$$

$$=-\frac{n(n+1)}{2}\cdot(-1)^{\tau((n-1)(n-2)\cdots 21)}(-n)^{n-2}$$

$$=-\frac{n(n+1)}{2}\cdot(-1)^{\frac{(n-1)(n-2)}{2}}(-1)^{n-2}n^{n-2}$$

$$=(-1)^{\frac{n(n-1)}{2}}\frac{1}{2}(n+1)n^{n-1}.\tag{1.21}$$

当 $n=1,2$ 时,上述结论也成立.

注 (1.18)式是归并法的结果,(1.19)式是降阶法的结果,(1.20)式又是归并法的结果,(1.21)式是三角化法的结果.

评 本例融归并法、降阶法以及三角化法于一题,综合效果更佳.

例 1.9.5 计算下述 $n(n\geqslant 2)$ 阶行列式:

$$D_n=\begin{vmatrix} 1+a_1+b_1 & a_1+b_2 & \cdots & a_1+b_n \\ a_2+b_1 & 1+a_2+b_2 & \cdots & a_2+b_n \\ \vdots & \vdots & & \vdots \\ a_n+b_1 & a_n+b_2 & \cdots & 1+a_n+b_n \end{vmatrix}.$$

分析 与其考虑拆分法,不如尝试镶边法,因为拆分的结果未必能简化计算.

解 依行列式的性质,采用镶边法,将行列式升阶为 $n+1$ 阶行列式:

$$D_n=\begin{vmatrix} 1 & -b_1 & -b_2 & \cdots & -b_n \\ 0 & 1+a_1+b_1 & a_1+b_2 & \cdots & a_1+b_n \\ 0 & a_2+b_1 & 1+a_2+b_2 & \cdots & a_2+b_n \\ \vdots & \vdots & \vdots & & \vdots \\ 0 & a_n+b_1 & a_n+b_2 & \cdots & 1+a_n+b_n \end{vmatrix}$$

$$\xlongequal[\langle n+1\rangle+\langle 1\rangle]{\substack{\langle 2\rangle+\langle 1\rangle\\ \langle 3\rangle+\langle 1\rangle\\ \vdots}}\begin{vmatrix} 1 & -b_1 & -b_2 & \cdots & -b_n \\ 1 & 1+a_1 & a_1 & \cdots & a_1 \\ 1 & a_2 & 1+a_2 & \cdots & a_2 \\ \vdots & \vdots & \vdots & & \vdots \\ 1 & a_n & a_n & \cdots & 1+a_n \end{vmatrix}.$$

利用镶边法,将行列式升阶为 $n+2$ 阶行列式,依行列式性质,有

$$D_n=\begin{vmatrix} 1 & 0 & 0 & 0 & \cdots & 0 \\ 0 & 1 & -b_1 & -b_2 & \cdots & -b_n \\ -a_1 & 1 & 1+a_1 & a_1 & \cdots & a_1 \\ -a_2 & 1 & a_2 & 1+a_2 & \cdots & a_2 \\ \vdots & \vdots & \vdots & \vdots & & \vdots \\ -a_n & 1 & a_n & a_n & \cdots & 1+a_n \end{vmatrix}$$

$$\xlongequal[\substack{\langle 3\rangle+\langle 1\rangle\\ \langle 4\rangle+\langle 1\rangle\\ \vdots\\ \langle n+2\rangle+\langle 1\rangle}]{}\begin{vmatrix} 1 & 0 & 1 & 1 & \cdots & 1 \\ 0 & 1 & -b_1 & -b_2 & \cdots & -b_n \\ -a_1 & 1 & 1 & 0 & \cdots & 0 \\ -a_2 & 1 & 0 & 1 & \cdots & 0 \\ \vdots & \vdots & \vdots & \vdots & & \vdots \\ -a_n & 1 & 0 & 0 & \cdots & 1 \end{vmatrix}$$

$$\xlongequal[\substack{\langle 1\rangle+a_1\langle 3\rangle\\ \langle 1\rangle+a_2\langle 4\rangle\\ \vdots\\ \langle 1\rangle+a_n\langle n+2\rangle}]{}\begin{vmatrix} 1+\sum_{i=1}^{n}a_i & 0 & 1 & 1 & \cdots & 1\\ -\sum_{i=1}^{n}a_ib_i & 1 & -b_1 & -b_2 & \cdots & -b_n\\ 0 & 1 & 1 & 0 & \cdots & 0\\ 0 & 1 & 0 & 1 & \cdots & 0\\ \vdots & \vdots & \vdots & \vdots & & \vdots\\ 0 & 1 & 0 & 0 & \cdots & 1 \end{vmatrix}$$

$$\xlongequal[\substack{\langle 2\rangle+(-1)\langle 3\rangle\\ \langle 2\rangle+(-1)\langle 4\rangle\\ \vdots\\ \langle 2\rangle+(-1)\langle n+2\rangle}]{}\begin{vmatrix} 1+\sum_{i=1}^{n}a_i & -n & 1 & 1 & \cdots & 1\\ -\sum_{i=1}^{n}a_ib_i & 1+\sum_{i=1}^{n}b_i & -b_1 & -b_2 & \cdots & -b_n\\ 0 & 0 & 1 & 0 & \cdots & 0\\ 0 & 0 & 0 & 1 & \cdots & 0\\ \vdots & \vdots & \vdots & \vdots & & \vdots\\ 0 & 0 & 0 & 0 & \cdots & 1 \end{vmatrix}.$$

依拉普拉斯定理，得

$$D_n=\left(1+\sum_{i=1}^{n}a_i\right)\left(1+\sum_{i=1}^{n}b_i\right)-n\sum_{i=1}^{n}a_ib_i.$$

注　镶边时既得考虑接下来行列式的计算简便(比如能使行列式中出现更多的零元素),又得兼顾升阶的行列式与原行列式相等,考虑这两方面的因素,所增行、列的元素即可确定.

评　本例两度选用镶边法和块状降阶法.

例 1.9.6　计算下述 $n(n\geqslant 2)$ 阶行列式:

$$D_n=\begin{vmatrix} 1 & t_1+1 & t_1^2+t_1 & \cdots & t_1^{n-1}+t_1^{n-2}\\ 1 & t_2+1 & t_2^2+t_2 & \cdots & t_2^{n-1}+t_2^{n-2}\\ \vdots & \vdots & \vdots & & \vdots\\ 1 & t_n+1 & t_n^2+t_n & \cdots & t_n^{n-1}+t_n^{n-2} \end{vmatrix}.$$

分析　利用拆分法,第 2 列如果选择 $1,1,\cdots,1$ 构成的列,则与第 1 列相同,依 1.4 节推论 1,行列式为 0,为此第 2 列选定 $t_1,t_2,\cdots,t_n$ 构成的列,同理,第 3 列只有选择 $t_1^2,t_2^2,\cdots,t_n^2$ 构成的列,行列式才有可能不为零,依次类推,第 n 列选定 $t_1^{n-1},t_2^{n-1},\cdots,t_n^{n-1}$ 构成的列,再利用范德蒙德行列式.

解　采用拆分法,依行列式的性质 4,由左向右,第 2 列只有选取 $t_1,t_2,\cdots,t_n$ 构成的列,行列式才可能不为零,第 3 列只有选取 $t_1^2,t_2^2,\cdots,t_n^2$ 构成的列,行列式才可能不为零,……同理,第 n 列选取 $t_1^{n-1},t_2^{n-1},\cdots,t_n^{n-1}$ 构成的列,将 D_n 化简,再依范德蒙德行列式结论:

$$D_n=\begin{vmatrix}1 & t_1 & t_1^2 & \cdots & t_1^{n-1}\\ 1 & t_2 & t_2^2 & \cdots & t_2^{n-1}\\ \vdots & \vdots & \vdots & & \vdots\\ 1 & t_n & t_n^2 & \cdots & t_n^{n-1}\end{vmatrix}=\prod_{1\leqslant i<j\leqslant n}(t_j-t_i).$$

注 将一行列式拆分成 $C_1^1C_2^1\cdots C_2^1=2^{n-1}$ 个行列式时，表面看似乎将问题复杂化了，但仔细分析发现，其中仅一个行列式可能不为0，且这个行列式可利用范德蒙德行列式结论求解.

评 本例采用了拆分法并利用了范德蒙德行列式的结论.

例 1.9.7 计算下述 $n(n\geqslant 2)$ 阶行列式：

$$D_n=\begin{vmatrix}1+x_1 & 1+x_1^2 & \cdots & 1+x_1^n\\ 1+x_2 & 1+x_2^2 & \cdots & 1+x_2^n\\ \vdots & \vdots & & \vdots\\ 1+x_n & 1+x_n^2 & \cdots & 1+x_n^n\end{vmatrix}.$$

分析 该例表面看似乎可用拆分法，但仔细分析发现，拆分后的行列式计算起来多有不便. 又因为每个元素都包含"1"，可考虑镶边法.

解 采用镶边法，依行列式的性质，有

$$D_n=\begin{vmatrix}1 & 0 & 0 & \cdots & 0\\ 1 & 1+x_1 & 1+x_1^2 & \cdots & 1+x_1^n\\ 1 & 1+x_2 & 1+x_2^2 & \cdots & 1+x_2^n\\ \vdots & \vdots & \vdots & & \vdots\\ 1 & 1+x_n & 1+x_n^2 & \cdots & 1+x_n^n\end{vmatrix}$$

$$\xlongequal[\substack{\langle 2\rangle+(-1)\langle 1\rangle\\ \langle 3\rangle+(-1)\langle 1\rangle\\ \vdots\\ \langle n+1\rangle+(-1)\langle 1\rangle}]{}\begin{vmatrix}1 & -1 & -1 & \cdots & -1\\ 1 & x_1 & x_1^2 & \cdots & x_1^n\\ 1 & x_2 & x_2^2 & \cdots & x_2^n\\ \vdots & \vdots & \vdots & & \vdots\\ 1 & x_n & x_n^2 & \cdots & x_n^n\end{vmatrix} \tag{1.22}$$

$$=\begin{vmatrix}2-1 & 0-1 & 0-1 & \cdots & 0-1\\ 1 & x_1 & x_1^2 & \cdots & x_1^n\\ 1 & x_2 & x_2^2 & \cdots & x_2^n\\ \vdots & \vdots & \vdots & & \vdots\\ 1 & x_n & x_n^2 & \cdots & x_n^n\end{vmatrix}$$

$$=\begin{vmatrix}2 & 0 & 0 & \cdots & 0\\ 1 & x_1 & x_1^2 & \cdots & x_1^n\\ 1 & x_2 & x_2^2 & \cdots & x_2^n\\ \vdots & \vdots & \vdots & & \vdots\\ 1 & x_n & x_n^2 & \cdots & x_n^n\end{vmatrix}+\begin{vmatrix}-1 & -1 & -1 & \cdots & -1\\ 1 & x_1 & x_1^2 & \cdots & x_1^n\\ 1 & x_2 & x_2^2 & \cdots & x_2^n\\ \vdots & \vdots & \vdots & & \vdots\\ 1 & x_n & x_n^2 & \cdots & x_n^n\end{vmatrix} \tag{1.23}$$

$$=2\begin{vmatrix} x_1 & x_1^2 & \cdots & x_1^n \\ x_2 & x_2^2 & \cdots & x_2^n \\ \vdots & \vdots & & \vdots \\ x_n & x_n^2 & \cdots & x_n^n \end{vmatrix}-\begin{vmatrix} 1 & 1 & 1 & \cdots & 1 \\ 1 & x_1 & x_1^2 & \cdots & x_1^n \\ 1 & x_2 & x_2^2 & \cdots & x_2^n \\ \vdots & \vdots & \vdots & & \vdots \\ 1 & x_n & x_n^2 & \cdots & x_n^n \end{vmatrix} \tag{1.24}$$

$$=2\prod_{i=1}^{n}x_i\begin{vmatrix} 1 & x_1 & \cdots & x_1^{n-1} \\ 1 & x_2 & \cdots & x_2^{n-1} \\ \vdots & \vdots & & \vdots \\ 1 & x_n & \cdots & x_n^{n-1} \end{vmatrix}-\prod_{i=1}^{n}(x_i-1)\prod_{1\leqslant i<j\leqslant n}(x_j-x_i) \tag{1.25}$$

$$=2\prod_{i=1}^{n}x_i\prod_{1\leqslant i<j\leqslant n}(x_j-x_i)-\prod_{i=1}^{n}(x_i-1)\prod_{1\leqslant i<j\leqslant n}(x_j-x_i) \tag{1.26}$$

$$=\prod_{1\leqslant i<j\leqslant n}(x_j-x_i)\left(2\prod_{i=1}^{n}x_i-\prod_{i=1}^{n}(x_i-1)\right).$$

注　(1.22)式是镶边法的结果，(1.23)式是拆分法的结果，(1.24)式前一行列式是降阶法的结果，(1.25)式后一项是范德蒙德行列式的结果，(1.26)式前一项又是范德蒙德行列式的结果.

评　依行列式的性质，如果仅考虑镶边行列式与原行列式相等，则(1.22)式所镶第1列的(2, 1)元，(3, 1)元，…，$(n+1, 1)$元的是可以任意取值的，之所以都设值为"1"，是因为方便将其余各列的元素"1"化为"0"，这一方法值得总结与积累.

例 1.9.8　计算下述$n(n\geqslant 2)$阶行列式：

$$D_n=\begin{vmatrix} 1 & x_1^2 & x_1^3 & \cdots & x_1^n \\ 1 & x_2^2 & x_2^3 & \cdots & x_2^n \\ 1 & x_3^2 & x_3^3 & \cdots & x_3^n \\ \vdots & \vdots & \vdots & & \vdots \\ 1 & x_n^2 & x_n^3 & \cdots & x_n^n \end{vmatrix}.$$

分析　该行列式可利用镶边法化为范德蒙德行列式求解.

解　设 $T_{n+1}=\begin{vmatrix} 1 & y & y^2 & y^3 & \cdots & y^n \\ 1 & x_1 & x_1^2 & x_1^3 & \cdots & x_1^n \\ 1 & x_2 & x_2^2 & x_2^3 & \cdots & x_2^n \\ 1 & x_3 & x_3^2 & x_3^3 & \cdots & x_3^n \\ \vdots & \vdots & \vdots & \vdots & & \vdots \\ 1 & x_n & x_n^2 & x_n^3 & \cdots & x_n^n \end{vmatrix}$，则 $T_{n+1}=V_{n+1}(y,x_1,x_2,\cdots,x_n)$，且

D_n 恰好是元素 y 的余子式，依范德蒙德行列式的结论，有

$$T_{n+1}=V_{n+1}(y,x_1,x_2,\cdots,x_n)=(x_1-y)(x_2-y)\cdots(x_n-y)\prod_{1\leqslant i<j\leqslant n}(x_j-x_i),$$

等号右端展开式中含 y 项的系数为

$$-x_1x_2\cdots x_n\left(\frac{1}{x_1}+\frac{1}{x_2}+\cdots+\frac{1}{x_n}\right)\prod_{1\leqslant i<j\leqslant n}(x_j-x_i).$$

依行列式按一行展开定理，y 项的系数为 $(-1)^{1+2}D_n=-D_n$.

因为两个多项式相等，同次幂项的系数相等，于是有

$$-D_n=-x_1x_2\cdots x_n\left(\frac{1}{x_1}+\frac{1}{x_2}+\cdots+\frac{1}{x_n}\right)\prod_{1\leqslant i<j\leqslant n}(x_j-x_i),$$

也即

$$D_n=x_1x_2\cdots x_n\left(\frac{1}{x_1}+\frac{1}{x_2}+\cdots+\frac{1}{x_n}\right)\prod_{1\leqslant i<j\leqslant n}(x_j-x_i).$$

注 本例的技巧在于构造一个 $n+1$ 阶行列式 T_{n+1}，确认所求行列式 D_n 在 T_{n+1} 中的角色，进而利用降阶法及范德蒙德行列式求解. 另外，原行列式并不等于镶边后的行列式，而是其某元素的余子式，这种构造高阶行列式的方法有别于前述各例，值得借鉴.

评 本例运用了镶边法、降阶法及范德蒙德行列式法.

习题 1-9

1. 证明下述 $n(n\geqslant 2)$ 阶行列式的结论：

$$D_n=\begin{vmatrix} x & -1 & 0 & \cdots & 0 & 0 \\ 0 & x & -1 & \cdots & 0 & 0 \\ 0 & 0 & x & \cdots & 0 & 0 \\ \vdots & \vdots & \vdots & \ddots & \vdots & \vdots \\ 0 & 0 & 0 & \cdots & x & -1 \\ a_n & a_{n-1} & a_{n-2} & \cdots & a_2 & a_1 \end{vmatrix}=a_1x^{n-1}+a_2x^{n-2}+\cdots+a_{n-1}x+a_n.$$

2. 计算下述 $n(n\geqslant 2)$ 阶行列式（主对角线下方的元素均为 y，主对角线上方的元素均为 x）：

$$D_n=\begin{vmatrix} a_n & x & \cdots & x \\ y & a_{n-1} & \ddots & \vdots \\ \vdots & \ddots & \ddots & x \\ y & \cdots & y & a_1 \end{vmatrix},x\neq y.$$

3. 计算下述 n 阶三对角行列式：

$$D_n=\begin{vmatrix} 2 & 1 & 0 & \cdots & \cdots & 0 \\ 1 & 2 & \ddots & \ddots & & \vdots \\ 0 & \ddots & \ddots & \ddots & \ddots & \vdots \\ \vdots & \ddots & \ddots & \ddots & \ddots & 0 \\ \vdots & & \ddots & \ddots & 2 & 1 \\ 0 & \cdots & \cdots & 0 & 1 & 2 \end{vmatrix}.$$

4. 计算下述 $n(n\geqslant 2)$ 阶行列式：

$$D_n=\begin{vmatrix} 1 & 2 & 3 & \cdots & n-1 & n \\ n & 1 & 2 & \cdots & n-2 & n-1 \\ n-1 & n & 1 & \cdots & n-3 & n-2 \\ \vdots & \vdots & \vdots & & \vdots & \vdots \\ 3 & 4 & 5 & \cdots & 1 & 2 \\ 2 & 3 & 4 & \cdots & n & 1 \end{vmatrix}.$$

5. 计算下述 $n(n\geqslant 2)$ 阶行列式：

$$D_n=\begin{vmatrix} 1 & t_1+a_{11} & t_1^2+a_{21}t_1+a_{22} & \cdots & t_1^{n-1}+a_{(n-1)1}t_1^{n-2}+\cdots+a_{(n-1)(n-1)} \\ 1 & t_2+a_{11} & t_2^2+a_{21}t_2+a_{22} & \cdots & t_2^{n-1}+a_{(n-1)1}t_2^{n-2}+\cdots+a_{(n-1)(n-1)} \\ \vdots & \vdots & \vdots & & \vdots \\ 1 & t_n+a_{11} & t_n^2+a_{21}t_n+a_{22} & \cdots & t_n^{n-1}+a_{(n-1)1}t_n^{n-2}+\cdots+a_{(n-1)(n-1)} \end{vmatrix}.$$

6. 计算下述 $n(n\geqslant 2)$ 阶行列式：

$$D_n=\begin{vmatrix} 1 & x_1 & \cdots & x_1^{n-2} & x_1^n \\ 1 & x_2 & \cdots & x_2^{n-2} & x_2^n \\ 1 & x_3 & \cdots & x_3^{n-2} & x_3^n \\ \vdots & \vdots & & \vdots & \vdots \\ 1 & x_n & \cdots & x_n^{n-2} & x_n^n \end{vmatrix}.$$

单元练习题 1

一、选择题：下列每小题给出的四个选项中，只有一项是符合题目要求的，请将所选项前的字母写在指定位置.

1. 在下列 8 元排列中，是奇排列的是(　　).

A. 16524837　　B. 15428367　　C. 13487625　　D. 17564328

2. 在多项式 $f(x)=\begin{vmatrix} 3x & -1 & 2 & 1 \\ 1 & x & 3 & 4 \\ 0 & 3 & -2x & 1 \\ -1 & 2 & -x & x \end{vmatrix}$ 中，x^4，x^3 项的系数和常数项分别为(　　).

A. 6，3，−8　　B. 6，−3，−8　　C. −6，−3，8　　D. −6，3，8

3. 4 阶行列式 $D_4=\begin{vmatrix} 0 & a & 0 & 0 \\ 0 & 0 & b & 0 \\ 0 & 0 & 0 & c \\ d & e & f & g \end{vmatrix}=$(　　).

A. 0　　B. $abcd$　　C. $-abcd$　　D. $abcdefg$

4. 若三阶行列式 $\begin{vmatrix} 1 & 3 & 1 \\ 2 & 2 & 2 \\ 3 & 1 & 3 \end{vmatrix} = \begin{vmatrix} \lambda & 0 & -1 \\ 0 & \lambda-1 & 0 \\ -1 & 0 & \lambda \end{vmatrix}$,则 λ 的取值为(　　).

A. 1 或 −1　　B. 0 或 1　　C. 0 或 2　　D. −1 或 2

5. 若三阶行列式 $D_3=0$,则(　　).

A. D_3 有一行元素全为零　　B. D_3 的所有元素全为零

C. D_3 有两行元素成比例　　D. 选项 A、B、C 都是 $D_3=0$ 的充分条件

6. 设 n 阶行列式 $D=\det(a_{ij})$,A_{ij} 为 D 中元素 a_{ij} 的代数余子式,则下列各式正确的是(　　).

A. $\sum\limits_{i=1}^{n} a_{ij}A_{ij}=0, j=1,2,\cdots,n$　　B. $\sum\limits_{j=1}^{n} a_{ij}A_{ij}=0, i=1,2,\cdots,n$

C. $\sum\limits_{i=1}^{n} a_{ij}A_{ij}=D, j=1,2,\cdots,n$　　D. $\sum\limits_{i=1}^{n} a_{i2}A_{i3}=D$

7. $n(n\geqslant 3)$阶行列式 $\begin{vmatrix} 1 & 2 & \cdots & n \\ 2 & 3 & \cdots & n+1 \\ \vdots & \vdots & & \vdots \\ n & n+1 & \cdots & 2n-1 \end{vmatrix}=$(　　).

A. 2　　B. 0　　C. −1　　D. 1

8. 4 阶行列式 $\begin{vmatrix} 0 & a & b & 0 \\ a & 0 & 0 & b \\ 0 & c & d & 0 \\ c & 0 & 0 & d \end{vmatrix}=$(　　).

A. $(ad-bc)^2$　　B. $-(ad-bc)^2$　　C. $a^2d^2-b^2c^2$　　D. $b^2c^2-a^2d^2$

【2014 研数一、二、三】①

9. 方程 $\begin{vmatrix} a_1 & a_2 & a_3 & a_4+x \\ a_1 & a_2 & a_3+x & a_4 \\ a_1 & a_2+x & a_3 & a_4 \\ a_1+x & a_2 & a_3 & a_4 \end{vmatrix}=0$ 的根为(　　).

A. a_1+a_2、a_3+a_4　　B. 0、$a_1+a_2+a_3+a_4$

C. 0、$-a_1-a_2-a_3-a_4$　　D. 0、$a_1a_2a_3a_4$

10. 设 $f(x)=\begin{vmatrix} x-2 & x-1 & x-2 & x-3 \\ 2x-2 & 2x-1 & 2x-2 & 2x-3 \\ 3x-3 & 3x-2 & 4x-5 & 3x-5 \\ 4x & 4x-3 & 5x-7 & 4x-3 \end{vmatrix}$,则方程 $f(x)=0$ 的根的个数为(　　).

A. 2　　B. 1　　C. 4　　D. 3

【1999 研数二】

① 【2014 研数一、二、三】指 2014 年全国硕士研究生入学统一考试数学试题一、二、三,余同.

二、填空题:请将答案写在指定位置.

1. 多项式 $f(x)=\begin{vmatrix} x & x & 1 & 2x \\ 1 & x & 2 & -1 \\ 2 & 1 & x & 1 \\ 2 & -1 & 1 & x \end{vmatrix}$ 中项 x^3 的系数为________. 【2021 研数二、三】

2. 行列式 $\begin{vmatrix} a & 0 & -1 & 1 \\ 0 & a & 1 & -1 \\ -1 & 1 & a & 0 \\ 1 & -1 & 0 & a \end{vmatrix}=$________. 【2020 研数一、二、三】

3. 行列式 $\begin{vmatrix} \lambda & -1 & 0 & 0 \\ 0 & \lambda & -1 & 0 \\ 0 & 0 & \lambda & -1 \\ 4 & 3 & 2 & \lambda+1 \end{vmatrix}=$________. 【2016 研数一、三】

4. 设 $\boldsymbol{A}=(a_{ij})$ 为三阶矩阵,A_{ij} 为元素 a_{ij} 的代数余子式,若 $\boldsymbol{A}$ 的每行元素之和均为 2,且 $|\boldsymbol{A}|=3$,则 $A_{11}+A_{21}+A_{31}=$________. 【2021 研数一】

5. 设 4 阶行列式 $\begin{vmatrix} 3 & -1 & 2 & 1 \\ 1 & 5 & 0 & 4 \\ 0 & 3 & -2 & 1 \\ -1 & 2 & 6 & 0 \end{vmatrix}$,则第 4 行各元素的余子式之和________.

6. 5 阶行列式 $\begin{vmatrix} 0 & 0 & 1 & -2 & 1 \\ 0 & 0 & 2 & 1 & 0 \\ 0 & 0 & 2 & -1 & 0 \\ 2 & 4 & -3 & 6 & 7 \\ 6 & -5 & 0 & 8 & -9 \end{vmatrix}=$________.

7. 4 阶行列式 $\begin{vmatrix} x_1^3 & x_1^2y_1 & x_1y_1^2 & y_1^3 \\ x_2^3 & x_2^2y_2 & x_2y_2^2 & y_2^3 \\ x_3^3 & x_3^2y_3 & x_3y_3^2 & y_3^3 \\ x_4^3 & x_4^2y_4 & x_4y_4^2 & y_4^3 \end{vmatrix}=$________$(x_i\neq 0,i=1,2,3,4)$.

8. $n(n\geqslant 2)$阶行列式 $\begin{vmatrix} 0 & 1 & 1 & \cdots & 1 & 1 \\ 1 & 0 & 1 & \cdots & 1 & 1 \\ 1 & 1 & 0 & \cdots & 1 & 1 \\ \vdots & \vdots & \vdots & \ddots & \vdots & \vdots \\ 1 & 1 & 1 & \cdots & 0 & 1 \\ 1 & 1 & 1 & \cdots & 1 & 0 \end{vmatrix}=$________. 【1997 研数四】

9. n 阶行列式 $\begin{vmatrix} 2 & 0 & \cdots & 0 & 2 \\ -1 & 2 & \ddots & \vdots & 2 \\ 0 & \ddots & \ddots & 0 & \vdots \\ \vdots & \ddots & \ddots & 2 & 2 \\ 0 & \cdots & 0 & -1 & 2 \end{vmatrix} =$ ________. 【2015 研数一】

10. 若齐次线性方程组 $\begin{cases} \lambda x_1 + x_2 + x_3 = 0, \\ x_1 + \lambda x_2 + x_3 = 0, \\ x_1 + x_2 + \lambda x_3 = 0 \end{cases}$ 有非零解，则 $\lambda =$ ________.

三、判断题：请将判断结果写在题前的括号内，正确写√，错误写×.

1. (　　)在 n 阶行列式 $\det(a_{ij})$ 的展开式中，含元素 a_{12} 的项的个数为 $n-1$.

2. (　　) $\begin{vmatrix} a_{11}+b_1 & a_{12}+c_1 & a_{13}+d_1 \\ a_{21}+b_2 & a_{22}+c_2 & a_{23}+d_2 \\ a_{31}+b_3 & a_{32}+c_3 & a_{33}+d_3 \end{vmatrix} = \begin{vmatrix} a_{11} & a_{12} & a_{13} \\ a_{21} & a_{22} & a_{23} \\ a_{31} & a_{32} & a_{33} \end{vmatrix} + \begin{vmatrix} b_1 & c_1 & d_1 \\ b_2 & c_2 & d_2 \\ b_3 & c_3 & d_3 \end{vmatrix}$.

3. (　　) $\begin{vmatrix} a_{11} & a_{12} & a_{13} & a_{14} \\ a_{21} & a_{22} & a_{23} & a_{24} \\ a_{31} & a_{32} & a_{33} & a_{34} \\ a_{41} & a_{42} & a_{43} & a_{44} \end{vmatrix} = \begin{vmatrix} a_{11}-a_{21} & a_{12}-a_{22} & a_{13}-a_{23} & a_{14}-a_{24} \\ a_{21}+2a_{11} & a_{22}+2a_{12} & a_{23}+2a_{13} & a_{24}+2a_{14} \\ a_{31} & a_{32} & a_{33} & a_{34} \\ a_{41} & a_{42} & a_{43} & a_{44} \end{vmatrix}$.

4. (　　) $\begin{vmatrix} a_{11} & a_{12} & a_{13} & a_{14} \\ a_{21} & a_{22} & a_{23} & a_{24} \\ a_{31} & a_{32} & a_{33} & a_{34} \\ a_{41} & a_{42} & a_{43} & a_{44} \end{vmatrix} = \begin{vmatrix} a_{11}-a_{21} & a_{12}-a_{22} & a_{13}-a_{23} & a_{14}-a_{24} \\ 0 & 0 & 0 & 0 \\ a_{31} & a_{32} & a_{33} & a_{34} \\ a_{41} & a_{42} & a_{43} & a_{44} \end{vmatrix}$.

5. (　　) $\begin{vmatrix} a_{11} & 0 & 0 & a_{14} \\ 0 & a_{22} & a_{23} & 0 \\ 0 & a_{32} & a_{33} & 0 \\ a_{41} & 0 & 0 & a_{44} \end{vmatrix} = a_{11}a_{22}a_{33}a_{44} - a_{14}a_{23}a_{32}a_{41}$.

6. (　　) $n(n \geqslant 2)$ 阶行列式 $\begin{vmatrix} x+b_{11} & x+b_{12} & \cdots & x+b_{1n} \\ x+b_{21} & x+b_{22} & \cdots & x+b_{2n} \\ \vdots & \vdots & & \vdots \\ x+b_{n1} & x+b_{n2} & \cdots & x+b_{nn} \end{vmatrix}$ 是关于 x 的 n 次多项式.

7. (　　) $\begin{vmatrix} x_1^{n-1} & \cdots & x_1^2 & x_1 & 1 \\ x_2^{n-1} & \cdots & x_2^2 & x_2 & 1 \\ \vdots & & \vdots & \vdots & \vdots \\ x_n^{n-1} & \cdots & x_n^2 & x_n & 1 \end{vmatrix} = \prod_{1 \leqslant i < j \leqslant n} (x_j - x_i)$.

8. (　　)行列式 $\begin{vmatrix} 3 & -1 & 2 & 1 \\ 1 & 5 & 0 & 4 \\ 0 & 3 & -2 & 1 \\ -1 & 2 & 6 & 0 \end{vmatrix}$ 的第 2 列各元素的余子式之和等于 $\begin{vmatrix} 3 & 1 & 2 & 1 \\ 1 & 1 & 0 & 4 \\ 0 & 1 & -2 & 1 \\ -1 & 1 & 6 & 0 \end{vmatrix}$.

9. (　　)$n(n\geqslant 2)$阶行列式 $D_n=\begin{vmatrix} -d_1 & \cdots & -d_{n-2} & -d_{n-1} & -d_n \\ c_1 & \cdots & 0 & 0 & 0 \\ \vdots & \ddots & \vdots & \vdots & \vdots \\ 0 & \cdots & c_{n-2} & 0 & 0 \\ 0 & \cdots & 0 & c_{n-1} & 0 \end{vmatrix}$

$$=(-1)^n d_n c_1 c_2 \cdots c_{n-1}.$$

10. (　　)$n+1(n\geqslant 2)$阶行列式 $D_{n+1}=\begin{vmatrix} 1 & 1 & 1 & \cdots & 1 \\ -1 & a_1 & 0 & \cdots & 0 \\ -1 & 0 & a_2 & \cdots & 0 \\ \vdots & \vdots & \vdots & & \vdots \\ -1 & 0 & 0 & \cdots & a_n \end{vmatrix}=\begin{vmatrix} 1 & 1 & 1 & \cdots & 1 \\ 0 & a_1 & 0 & \cdots & 0 \\ 0 & 0 & a_2 & \cdots & 0 \\ \vdots & \vdots & \vdots & & \vdots \\ 0 & 0 & 0 & \cdots & a_n \end{vmatrix}$.

其中 $a_i\neq 0, i=1,2,\cdots,n$.

四、计算题：要求写出文字说明、证明过程或演算步骤.

1. $D_{n+1}=\begin{vmatrix} 1 & 1 & 1 & \cdots & 1 & 1 \\ b_1 & a_1 & a_1 & \cdots & a_1 & a_1 \\ b_1 & b_2 & a_2 & \cdots & a_2 & a_2 \\ \vdots & \vdots & \vdots & & \vdots & \vdots \\ b_1 & b_2 & b_3 & \cdots & a_{n-1} & a_{n-1} \\ b_1 & b_2 & b_3 & \cdots & b_n & a_n \end{vmatrix}$.

2. $n(n\geqslant 2)$阶行列式 $D_n=\det(a_{ij})$，其中 $a_{ij}=\max\{i,j\}$.

3. $D_{n+1}=\begin{vmatrix} 1 & 0 & \cdots & 0 & b_1 \\ 0 & 1 & \ddots & \vdots & \vdots \\ \vdots & \ddots & \ddots & 0 & \vdots \\ 0 & \cdots & 0 & 1 & b_n \\ a_1 & \cdots & \cdots & a_n & 0 \end{vmatrix}$.

4. 4 阶行列式 $D_4=\begin{vmatrix} a^2+\frac{1}{a^2} & a & \frac{1}{a} & 1 \\ b^2+\frac{1}{b^2} & b & \frac{1}{b} & 1 \\ c^2+\frac{1}{c^2} & c & \frac{1}{c} & 1 \\ d^2+\frac{1}{d^2} & d & \frac{1}{d} & 1 \end{vmatrix}$，其中 $abcd=\frac{1}{2}$.

5. $D_{2n}=\begin{vmatrix} a_{11} & 1 & a_{12} & 1 & \cdots & a_{1n} & 1 \\ 1 & 0 & 1 & 0 & \cdots & 1 & 0 \\ a_{21} & x_1 & a_{22} & x_2 & \cdots & a_{2n} & x_n \\ x_1 & 0 & x_2 & 0 & \cdots & x_n & 0 \\ \vdots & \vdots & \vdots & \vdots & & \vdots & \vdots \\ a_{n1} & x_1^{n-1} & a_{n2} & x_2^{n-1} & \cdots & a_{nn} & x_n^{n-1} \\ x_1^{n-1} & 0 & x_2^{n-1} & 0 & \cdots & x_n^{n-1} & 0 \end{vmatrix}\ (n\geqslant 2)$.

五、解答题：要求写出文字说明、证明过程或演算步骤.

利用递推法计算下述行列式：

$$D_n=\begin{vmatrix} 1-a_1 & a_2 & 0 & \cdots & 0 \\ -1 & 1-a_2 & a_3 & \ddots & \vdots \\ 0 & -1 & 1-a_3 & \ddots & 0 \\ \vdots & \ddots & \ddots & \ddots & a_n \\ 0 & \cdots & 0 & -1 & 1-a_n \end{vmatrix}\ (n\geqslant 2).$$

第 2 章　线性方程组

在客观世界中，但凡数量关系呈现线性关系的诸未知元可通过建立线性方程组来研究.

2.1　线性方程组解的情况及其判别

1. 内容要点与评注

为了便于研究线性方程组，约定含未知元的项写在等号的左端，常数项写在等号的右端.

解线性方程组的基本思路：消去一些未知元（消元），使线性方程组变成阶梯形状. 然后由下至上逐一解出未知元.

消去未知元的方法：①把一个方程的倍数加到另一个方程上，从而使某些未知元的系数变为零；②把两个方程的位置互换；③用一个非零数乘某一个方程. 上述三种变换称为**线性方程组的初等变换**. 初等变换是可逆的，所以，经初等变换所得到的阶梯形状的线性方程组与原线性方程组同解.

把线性方程组中每个系数与常数项按原有排序构成一张表，称其为该线性方程组的**增广矩阵**，由此抽象出矩阵的概念：

$m\times n$ 个数排成 m 行、n 列的数表，该数表称为一个 $m\times n$ **矩阵**，这 $m\times n$ 个数称为矩阵的**元素**，其中位于第 i 行第 j 列交叉位置的元素称为矩阵的 (i,j) **元**，如果矩阵 $\boldsymbol{A}$ 的 (i,j) 元为 a_{ij}，i 称为元素 a_{ij} 的**行标**，j 称为元素 a_{ij} 的**列标**，矩阵可以简写成 $\boldsymbol{A}=(a_{ij})_{m\times n}$，当不强调矩阵的行数及列数时，可记为 $\boldsymbol{A}=(a_{ij})$；如果不强调矩阵的元素，可简记为 $\boldsymbol{A}$.

元素全为零的矩阵称为**零矩阵**，记作 $\mathbf{0}$. 行数与列数相等的矩阵称为**方阵**. 行列数同为 m 的方阵称为 m 阶矩阵.

对应于线性方程组的初等变换，**矩阵的初等行变换**如下：

(1) 把某一行的倍数加到另一行；

(2) 互换两行的位置；

(3) 用一个非零数乘某一行.

行阶梯形矩阵的特点：通过对矩阵施以初等行变换，①元素全为零的行（称为**零行**）在矩阵的下方（如果有的话）；②从元素不全为零的行（称为**非零行**）的左边数起，第一个不为零的元素称为主元，各个非零行的主元的列标随着行标的递增而严格递增.

简化行阶梯形矩阵的特点：通过对行阶梯形矩阵施以初等行变换，①每个主元都是 1；②每个主元“1”所在列的其他元素都为零.

利用矩阵求解线性方程组的过程如下表：

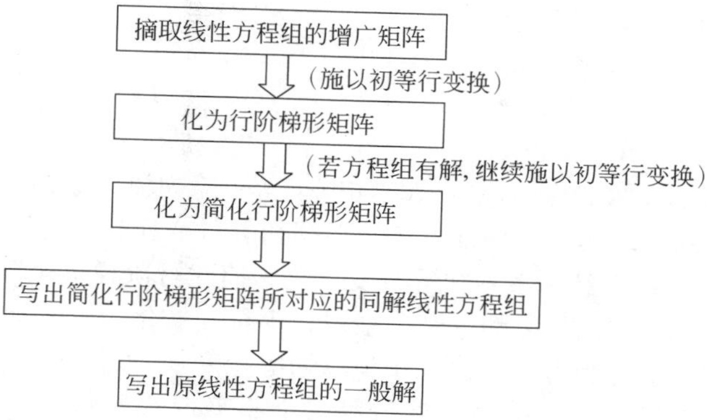

那么，如何判别线性方程组是否有解呢？

定理 1 任一矩阵都可经一系列初等行变换化为行阶梯形矩阵.

证 零矩阵是行阶梯形矩阵，下面考虑非零矩阵，对非零矩阵的行数 m 作数学归纳法.

当 $m=1$ 时，矩阵只有一行，显然是行阶梯形矩阵.

假设含 $m-1$ 个行的矩阵都可经过初等行变换化为行阶梯形矩阵，下面证明含 m 个行的矩阵 $\boldsymbol{A}=(a_{ij})$ 结论成立.

如果 $\boldsymbol{A}=(a_{ij})$ 的第 1 列元素不全为零，则可通过互换其中某两行位置，使矩阵的(1,1)元不为 0，因此不妨设 $\boldsymbol{A}$ 的(1,1)元 $a_{11}\neq 0$，利用矩阵的初等行变换，可使第 1 列的(1,1)元之下的其他非零元素化为 0，于是有

$$\boldsymbol{A}\rightarrow\boldsymbol{B}=\begin{pmatrix} a_{11} & a_{12} & \cdots & a_{1n} \\ 0 & a_{22}-\dfrac{a_{21}}{a_{11}}a_{12} & \cdots & a_{2n}-\dfrac{a_{21}}{a_{11}}a_{1n} \\ \vdots & \vdots & & \vdots \\ 0 & a_{m2}-\dfrac{a_{m1}}{a_{11}}a_{12} & \cdots & a_{mn}-\dfrac{a_{m1}}{a_{11}}a_{1n} \end{pmatrix}.$$

记矩阵 $\boldsymbol{B}$ 的右下方 $(m-1)\times(n-1)$ 矩阵为 $\boldsymbol{B}_1$.

如果 $\boldsymbol{A}=(a_{ij})$ 的第 1 列元素全为零，那么考虑 $\boldsymbol{A}$ 的第 2 列，若 $\boldsymbol{A}$ 的第 2 列的元素不全为 0，不妨设 $\boldsymbol{A}$ 的(1,2)元 $a_{12}\neq 0$，利用矩阵的初等行变换，可使第 2 列的(1,2)元之下的其他非零元素化为 0，于是有

$$\boldsymbol{A}\rightarrow\boldsymbol{C}=\begin{pmatrix} 0 & a_{12} & a_{13} & \cdots & a_{1n} \\ 0 & 0 & a_{23}-\dfrac{a_{22}}{a_{12}}a_{13} & \cdots & a_{2n}-\dfrac{a_{22}}{a_{12}}a_{1n} \\ \vdots & \vdots & \vdots & & \vdots \\ 0 & 0 & a_{m3}-\dfrac{a_{m2}}{a_{12}}a_{13} & & a_{mn}-\dfrac{a_{m2}}{a_{12}}a_{1n} \end{pmatrix}.$$

把矩阵 $\boldsymbol{C}$ 的右下方的 $(m-1)\times(n-2)$ 矩阵记为 $\boldsymbol{C}_1$.

如果 $\boldsymbol{A}=(a_{ij})$ 的第 1、2 列元素全为零，那么考虑 $\boldsymbol{A}$ 的第 3 列，依次类推.

由于 $\boldsymbol{B}_1,\boldsymbol{C}_1,\cdots$ 都是含 $m-1$ 行的矩阵，依归纳法假设，它们都可以化为行阶梯形矩阵 $\boldsymbol{T}_1,\boldsymbol{T}_2,\cdots$，因此 $\boldsymbol{A}$ 可经初等行变换化为下述矩阵之一：

$$\begin{pmatrix} a_{11} & a_{12} & \cdots & a_{1n} \\ 0 & & & \\ \vdots & & T_1 & \\ 0 & & & \end{pmatrix},\quad \begin{pmatrix} 0 & a_{12} & a_{13} & \cdots & a_{1n} \\ 0 & 0 & & & \\ \vdots & \vdots & & T_2 & \\ 0 & 0 & & & \end{pmatrix},\cdots.$$

上述矩阵都是行阶梯形矩阵，因此 m 行的非零矩阵可经一系列初等行变换化为行阶梯形矩阵.

根据数学归纳法原理，任一矩阵都可经一系列初等行变换化为行阶梯形矩阵. ◆

推论 2　任一矩阵都可经一系列初等行变换化为简化行阶梯形矩阵.

证　根据定理 1，任一矩阵 $\boldsymbol{A}$ 都可经一系列初等行变换化为行阶梯形矩阵 $\boldsymbol{T}$. 利用矩阵的初等行变换，可使各主元变为“1”，进一步施以初等行变换，可使下数第一个非零行的主元“1”所在列的其他非零元素化为 0，再使倒数第二个非零行的主元“1”所在列的其他非零元素化为 0，由下至上，依次类推，直至把第二行的主元“1”所在列的其他非零元素化为 0，经过上述一系列初等行变换，得到的矩阵即是简化行阶梯形矩阵. ◆

依定理 1 及推论 2，任一矩阵都可经一系列初等行变换化为行阶梯形矩阵，进而化为简化行阶梯形矩阵，又因为经过初等行变换所得到的线性方程组与原线性方程组同解，所以下面仅讨论阶梯形线性方程组解的情形.

设阶梯形线性方程组含有 n 个未知元，m 个方程，其增广矩阵 $\bar{\boldsymbol{A}}$ 含 $r(r\leqslant m)$ 个非零行.

情形一：阶梯形线性方程组中出现方程“$0=d(d\neq 0)$”，则该线性方程组无解.

情形二：阶梯形线性方程组中没有出现方程“$0=d(d\neq 0)$”，此时 $\bar{\boldsymbol{A}}$ 的最后一个非零行的主元不能位于第 $n+1$ 列，因此 $r\leqslant n$. 对 $\bar{\boldsymbol{A}}$ 施以初等行变换化为简化行阶梯形矩阵 $\boldsymbol{B}$，则 $\boldsymbol{B}$ 也有 r 个非零行，从而 $\boldsymbol{B}$ 有 r 个主元.

① 若 $r=n$，此时 $\boldsymbol{B}$ 有 n 个主元，且第 n 个主元不在第 $n+1$ 列上，因此，$\boldsymbol{B}$ 的 n 个主元分别位于第 $1,2,\cdots,n$ 列，从而 $\boldsymbol{B}$ 形如：

$$\begin{pmatrix} 1 & \cdots & 0 & 0 & c_1 \\ \vdots & & \vdots & \vdots & \vdots \\ 0 & \cdots & 1 & 0 & c_{n-1} \\ 0 & \cdots & 0 & 1 & c_n \\ 0 & \cdots & 0 & 0 & 0 \\ \vdots & & \vdots & \vdots & \vdots \\ 0 & \cdots & 0 & 0 & 0 \end{pmatrix},$$

因此该阶梯形线性方程组有唯一解：$\begin{cases} x_1=c_1, \\ \vdots \\ x_{n-1}=c_{n-1}, \\ x_n=c_n. \end{cases}$

② 若 $r<n$，此时 $\boldsymbol{B}$ 有 r 个主元，把 r 个主元所对应的未知元保留在等号左端，其余未知元的项移到等号右端，且省略方程“$0=0$”，有

$$\begin{cases} x_{i_1}=d_1+b_{11}x_{i_{r+1}}+b_{12}x_{i_{r+2}}+\cdots+b_{1(n-r)}x_{i_n}, \\ x_{i_2}=d_2+b_{21}x_{i_{r+1}}+b_{22}x_{i_{r+2}}+\cdots+b_{2(n-r)}x_{i_n}, \\ \qquad\qquad\vdots \\ x_{i_r}=d_r+b_{r1}x_{i_{r+1}}+b_{r2}x_{i_{r+2}}+\cdots+b_{r(n-r)}x_{i_n}. \end{cases}$$

从上式可以看出，等号右端未知元 $x_{i_{r+1}}, x_{i_{r+2}}, \cdots, x_{i_n}$ 取任意一组值，都可以求出等号左端未知元 $x_{i_1}, x_{i_2}, \cdots, x_{i_r}$，进而得到线性方程组的一个解，因此线性方程组有无穷多个解. 称上式为原线性方程组的**一般解**，等号右端的未知元 $x_{i_{r+1}}, x_{i_{r+2}}, \cdots, x_{i_n}$ 称为线性方程组的**自由未知元**，或称**自由未知量**.

定理 3 n 元线性方程组解的情况只有三种可能：无解，有唯一解，有无穷多个解.

利用初等行变换将线性方程组的增广矩阵化为行阶梯形矩阵.

(1) 在行阶梯形矩阵中，如果最后一个非零行的主元在最后 1 列，即对应的方程组出现方程"$0=d(d\neq 0)$"，则线性方程组无解. 否则，线性方程组有解.

(2) 在线性方程组有解时，继续对矩阵施以初等行变换，将其化为简化行阶梯形矩阵，如果

① 非零行的个数 r 等于未知元的个数 n，即 $r=n$，则线性方程组有唯一解.

② 非零行的个数 r 小于未知元的个数 n，即 $r<n$，则线性方程组有无穷多个解.

利用矩阵求解线性方程组的步骤：

(1) 摘取线性方程组的增广矩阵，对其施以初等行变换，将其化为行阶梯形矩阵.

(2) 如果行阶梯形矩阵出现主元在最后 1 列，则方程组无解. 否则，方程组有解，进入下一步.

(3) 对行阶梯形矩阵继续施以初等行变换，将其化为简化行阶梯形矩阵.

① 如果非零行的个数 r 等于未知元的个数 n，则方程组有唯一解. 该唯一解可通过简化行阶梯形矩阵所对应的同解线性方程组直接写出.

② 如果非零行的个数 r 小于未知元的个数 n，则方程组有无穷多个解. 把简化行阶梯形矩阵的主元所对应的未知元(称为主变元)都保留在等号左端，其余的项移到等号右端(所含未知元称为自由未知元)，此时可直接写出方程组的一般解.

把线性方程组中每个未知元的系数按原来在方程组中的相对位置排成一张表，称为该方程组的**系数矩阵**.

推论 4 n 元齐次线性方程组有非零解的充分必要条件是它的系数矩阵经过初等行变换化成的行阶梯形矩阵中，非零行的数目 $r<n$.

证 依定理 3，充分性显然成立. 必要性. 设齐次线性方程组有非零解，假设 $r=n$，依定理 3，此方程组仅有零解，矛盾. ◆

推论 5 如果 n 元齐次线性方程组所含方程的数目小于未知元的个数，那么方程组一定有非零解.

2. 典型例题

例 2.1.1 解线性方程组：
$$\begin{cases} x_1+x_2+2x_3+3x_4=1, \\ x_1+3x_2+6x_3+x_4=3, \\ 3x_1-x_2-x_3+15x_4=3, \\ x_1-5x_2-10x_3+12x_4=1. \end{cases}$$

分析 摘取线性方程组的增广矩阵，对其施以初等行变换，将其化为行阶梯形矩阵. 若经判别方程组有解，则继续将矩阵化为简化行阶梯形矩阵.

解　摘取线性方程组的增广矩阵，得

$$\overline{\boldsymbol{A}}=\left(\begin{array}{cccc|c}1 & 1 & 2 & 3 & 1\\ 1 & 3 & 6 & 1 & 3\\ 3 & -1 & -1 & 15 & 3\\ 1 & -5 & -10 & 12 & 1\end{array}\right),$$

对 $\overline{\boldsymbol{A}}$ 施以初等行变换（所做变换仍以简记的形式列出），有

$$\overline{\boldsymbol{A}}\xrightarrow[\langle 4\rangle+(-1)\langle 1\rangle]{\substack{\langle 2\rangle+(-1)\langle 1\rangle\\ \langle 3\rangle+(-3)\langle 1\rangle}}\left(\begin{array}{cccc|c}1 & 1 & 2 & 3 & 1\\ 0 & 2 & 4 & -2 & 2\\ 0 & -4 & -7 & 6 & 0\\ 0 & -6 & -12 & 9 & 0\end{array}\right)$$

$$\xrightarrow{\substack{\frac{1}{2}\langle 2\rangle\\ \left(-\frac{1}{3}\right)\langle 4\rangle}}\left(\begin{array}{cccc|c}1 & 1 & 2 & 3 & 1\\ 0 & 1 & 2 & -1 & 1\\ 0 & -4 & -7 & 6 & 0\\ 0 & 2 & 4 & -3 & 0\end{array}\right)\xrightarrow{\substack{\langle 3\rangle+4\langle 2\rangle\\ \langle 4\rangle+(-2)\langle 2\rangle}}\left(\begin{array}{cccc|c}1 & 1 & 2 & 3 & 1\\ 0 & 1 & 2 & -1 & 1\\ 0 & 0 & 1 & 2 & 4\\ 0 & 0 & 0 & -1 & -2\end{array}\right).$$

观察行阶梯形矩阵的最后一行，没有出现主元在最后 1 列的情形，依定理 3，线性方程组有解. 下面继续施以初等行变换，将矩阵化为简化行阶梯形矩阵，有

$$\overline{\boldsymbol{A}}\xrightarrow{\substack{(-1)\langle 4\rangle\\ \langle 3\rangle+(-2)\langle 4\rangle\\ \langle 2\rangle+\langle 4\rangle\\ \langle 1\rangle+(-3)\langle 4\rangle}}\left(\begin{array}{cccc|c}1 & 1 & 2 & 0 & -5\\ 0 & 1 & 2 & 0 & 3\\ 0 & 0 & 1 & 0 & 0\\ 0 & 0 & 0 & 1 & 2\end{array}\right)\xrightarrow{\substack{\langle 2\rangle+(-2)\langle 3\rangle\\ \langle 1\rangle+(-2)\langle 3\rangle}}\left(\begin{array}{cccc|c}1 & 1 & 0 & 0 & -5\\ 0 & 1 & 0 & 0 & 3\\ 0 & 0 & 1 & 0 & 0\\ 0 & 0 & 0 & 1 & 2\end{array}\right)$$

$$\xrightarrow{\langle 1\rangle+(-1)\langle 2\rangle}\left(\begin{array}{cccc|c}1 & 0 & 0 & 0 & -8\\ 0 & 1 & 0 & 0 & 3\\ 0 & 0 & 1 & 0 & 0\\ 0 & 0 & 0 & 1 & 2\end{array}\right).$$

由简化行阶梯形矩阵知，非零行的个数 $r=4$（未知元的个数），依定理 3，方程组有唯一解，其所对应的同解线性方程组为 $\begin{cases}x_1=-8,\\ x_2=3,\\ x_3=0,\\ x_4=2,\end{cases}$ 它就是原线性方程组的唯一解.

注　(1)经初等行变换，一个矩阵变成了另一个矩阵，因此只能用箭头而不是等号连接两个矩阵. (2)为避免分数运算，某行可乘以非零数. (3)在将矩阵化为行阶梯形矩阵时，是由上至下施以初等行变换的. (4)在将行阶梯形矩阵化为简化行阶梯形矩阵时，是由下至上施以初等行变换的. (5)由始至终仅用矩阵初等行变换，不允许有列列间的变换. (6)在简化行阶梯形矩阵中，非零行的个数 r 等于未知元的个数 n，线性方程组有唯一解，该唯一解可以在简化行阶梯形矩阵所对应的同解线性方程组中读出.

评　本例也可考虑利用克莱姆法则求解，但在不知线性方程组是否有唯一解时，利用阶梯形矩阵判别及求解为宜.

例 2.1.2　解线性方程组：$\begin{cases}x_1+3x_2-x_3-x_4=6,\\3x_1-x_2+5x_3-3x_4=6,\\2x_1+x_2+2x_3-2x_4=8.\end{cases}$

分析　对线性方程组的增广矩阵施以初等行变换，将其化为行阶梯形矩阵，判别此方程组解的情形.

解　对线性方程组的增广矩阵 $\overline{\boldsymbol{A}}$ 施以初等行变换，有

$$\overline{\boldsymbol{A}}=\left(\begin{array}{cccc|c}1&3&-1&-1&6\\3&-1&5&-3&6\\2&1&2&-2&8\end{array}\right)\xrightarrow[\langle 3\rangle+(-2)\langle 1\rangle]{\langle 2\rangle+(-3)\langle 1\rangle}\left(\begin{array}{cccc|c}1&3&-1&-1&6\\0&-10&8&0&-12\\0&-5&4&0&-4\end{array}\right)$$

$$\xrightarrow[\langle 3\rangle+(-2)\langle 2\rangle]{\langle 3\rangle\longleftrightarrow\langle 2\rangle}\left(\begin{array}{cccc|c}1&3&-1&-1&6\\0&-5&4&0&-4\\0&0&0&0&-4\end{array}\right).$$

行阶梯形矩阵的第 3 行的主元在最后一列，其对应的方程为“$0=-4$”，依定理 3，原线性方程组无解.

注　主元出现在最后 1 列的情形，可断定线性方程组无解，此时无须再将矩阵化为简化行阶梯形矩阵.

例 2.1.3　解线性方程组：$\begin{cases}2x_1-x_2-x_3+x_4=2,\\x_1+x_2-2x_3+x_4=4,\\4x_1-6x_2+2x_3-2x_4=4,\\3x_1+6x_2-9x_3+7x_4=9.\end{cases}$

分析　对线性方程组的增广矩阵 $\overline{\boldsymbol{A}}$ 施以初等行变换，将其化为行阶梯形矩阵，若判别此方程组有解，再继续对其施以初等行变换，将其化为简化行阶梯形矩阵.

解　对线性方程组的增广矩阵施以初等行变换，有

$$\overline{\boldsymbol{A}}=\left(\begin{array}{cccc|c}2&-1&-1&1&2\\1&1&-2&1&4\\4&-6&2&-2&4\\3&6&-9&7&9\end{array}\right)\xrightarrow[\substack{\langle 3\rangle+(-4)\langle 1\rangle\\\langle 4\rangle+(-3)\langle 1\rangle}]{\substack{\langle 1\rangle\longleftrightarrow\langle 2\rangle\\\langle 2\rangle+(-2)\langle 1\rangle}}\left(\begin{array}{cccc|c}1&1&-2&1&4\\0&-3&3&-1&-6\\0&-10&10&-6&-12\\0&3&-3&4&-3\end{array}\right)$$

$$\xrightarrow[\langle 4\rangle+\langle 2\rangle]{\langle 3\rangle+(-3)\langle 2\rangle}\left(\begin{array}{cccc|c}1&1&-2&1&4\\0&-3&3&-1&-6\\0&-1&1&-3&6\\0&0&0&3&-9\end{array}\right)\xrightarrow[\langle 3\rangle+3\langle 2\rangle]{\substack{\langle 2\rangle\longleftrightarrow\langle 3\rangle\\(-1)\langle 2\rangle}}\left(\begin{array}{cccc|c}1&1&-2&1&4\\0&1&-1&3&-6\\0&0&0&8&-24\\0&0&0&3&-9\end{array}\right)$$

$$\xrightarrow[\langle 4\rangle+(-3)\langle 3\rangle]{\frac{1}{8}\langle 3\rangle}\left(\begin{array}{cccc|c}1&1&-2&1&4\\0&1&-1&3&-6\\0&0&0&1&-3\\0&0&0&0&0\end{array}\right),$$

观察行阶梯形矩阵，倒数第一个非零行(第 3 行)没有出现主元在最后一列的情形，依定理 3，方程组有解. 继续对矩阵施以初等行变换，将其化为简化行阶梯形矩阵，有

$$\overline{\mathbf{A}} \xrightarrow[\langle 1\rangle+(-1)\langle 2\rangle]{\substack{\langle 2\rangle+(-3)\langle 3\rangle \\ \langle 1\rangle+(-1)\langle 3\rangle}} \left(\begin{array}{cccc|c} 1 & 0 & -1 & 0 & 4 \\ 0 & 1 & -1 & 0 & 3 \\ 0 & 0 & 0 & 1 & -3 \\ 0 & 0 & 0 & 0 & 0 \end{array}\right).$$

非零行的个数 $r=3<4$(未知元的个数),依定理 3,方程组有无穷多个解,同解线性方程组为

$$\begin{cases} x_1 - x_3 = 4, \\ x_2 - x_3 = 3, \\ x_4 = -3, \end{cases}$$

把主变元 x_1, x_2, x_4 保留在等号左端,含自由未知元 x_3 的项移到等号右端,得原线性方程组的一般解为 $\begin{cases} x_1 = 4 + x_3, \\ x_2 = 3 + x_3, \\ x_4 = -3, \end{cases}$ 其中自由未知元 $x_3 \in F$,F 为线性方程组指定数域,余同.

注　写出简化行阶梯形矩阵所对应的同解线性方程组,将主元“1”所对应的未知元保留在等号左端,其余未知元的项移到等号右端,可直接写出线性方程组的一般解.

评　在简化行阶梯形矩阵中,非零行的个数 3 小于未知元的个数 4,线性方程组必有自由未知元,因此该方程组有无穷多个解.

例 2.1.4　讨论当 p, t 取何值时,线性方程组无解,有解,并在有解时求其一般解.

$$\begin{cases} x_1 + x_2 - 2x_3 + 3x_4 = 0, \\ 2x_1 + x_2 - 6x_3 + 4x_4 = -1, \\ 3x_1 + 2x_2 + px_3 + 7x_4 = -1, \\ x_1 - x_2 - 6x_3 - x_4 = t. \end{cases}$$

【1996 研数四】

分析　对线性方程组的增广矩阵施以初等行变换,将其化为行阶梯形矩阵,依 p, t 的可能取值,判别方程组解的情形.

解　对线性方程组的增广矩阵 $\overline{\mathbf{A}}$ 施以初等行变换,将其化为行阶梯形矩阵,有

$$\overline{\mathbf{A}} = \left(\begin{array}{cccc|c} 1 & 1 & -2 & 3 & 0 \\ 2 & 1 & -6 & 4 & -1 \\ 3 & 2 & p & 7 & -1 \\ 1 & -1 & -6 & -1 & t \end{array}\right) \xrightarrow[\substack{\langle 4\rangle+2\langle 2\rangle \\ \langle 1\rangle+(-1)\langle 2\rangle}]{\substack{\langle 2\rangle+(-2)\langle 1\rangle \\ \langle 3\rangle+(-3)\langle 1\rangle \\ \langle 4\rangle+(-1)\langle 1\rangle \\ (-1)\langle 2\rangle \\ \langle 3\rangle+\langle 2\rangle}} \left(\begin{array}{cccc|c} 1 & 0 & -4 & 1 & -1 \\ 0 & 1 & 2 & 2 & 1 \\ 0 & 0 & p+8 & 0 & 0 \\ 0 & 0 & 0 & 0 & t+2 \end{array}\right).$$

(1) 当 $t+2\neq 0$ 即 $t\neq -2$ 时,行阶梯形矩阵的主元在最后一列,依定理 3,线性方程组无解.

(2) 当 $t+2=0$ 即 $t=-2$ 时,没有出现主元在最后 1 列,依定理 3,线性方程组有解,此时

$$\overline{\mathbf{A}} \to \left(\begin{array}{cccc|c} 1 & 0 & -4 & 1 & -1 \\ 0 & 1 & 2 & 2 & 1 \\ 0 & 0 & p+8 & 0 & 0 \\ 0 & 0 & 0 & 0 & 0 \end{array}\right).$$

① 当 $p+8\neq 0$ 即 $p\neq -8$ 时，行阶梯形矩阵的非零行的个数 $r=3<4$（未知元的个数），依定理 3，方程组有无穷多个解，继续对矩阵施以初等行变换，将其化为简化行阶梯形矩阵，有

$$\overline{\boldsymbol{A}}\xrightarrow[\substack{\langle 2\rangle+(-2)\langle 3\rangle\\ \langle 1\rangle+4\langle 3\rangle}]{\frac{1}{p+8}\langle 3\rangle}\left(\begin{array}{cccc|c}1&0&0&1&-1\\0&1&0&2&1\\0&0&1&0&0\\0&0&0&0&0\end{array}\right).$$

简化行阶梯形矩阵所对应的同解线性方程组为 $\begin{cases}x_1+x_4=-1,\\x_2+2x_4=1,\\x_3=0,\end{cases}$ 将主变元保留在等号左端，其余项移到等号右端，得原线性方程组的一般解为 $\begin{cases}x_1=-1-x_4,\\x_2=1-2x_4,\\x_3=0,\end{cases}$ 其中 x_4 为自由未知元.

② 当 $p+8=0$ 即 $p=-8$ 时，行阶梯形矩阵的非零行的个数 $r=2<4$（未知元的个数），依定理 3，线性方程组有无穷多个解，此时已为简化行阶梯形矩阵，即

$$\overline{\boldsymbol{A}}\rightarrow\left(\begin{array}{cccc|c}1&0&-4&1&-1\\0&1&2&2&1\\0&0&0&0&0\\0&0&0&0&0\end{array}\right).$$

同理得原线性方程组的一般解为 $\begin{cases}x_1=-1+4x_3-x_4,\\x_2=1-2x_3-2x_4,\end{cases}$ 其中 x_3,x_4 为自由未知元.

注 上述自由未知元在线性方程组的指定数域中任意取值.

评 观察行阶梯形矩阵的最后一行，先判别无解或有解. 当线性方程组有解时，继续将矩阵化为简化行阶梯形矩阵，依"r"与"n"的关系讨论方程组的解.

例 2.1.5 解齐次线性方程组：

$$\begin{cases}x_1+x_2-2x_3+3x_4=0,\\2x_1+x_2-6x_3+4x_4=0,\\3x_1+2x_2-8x_3+7x_4=0,\\x_1-x_2-6x_3-x_4=0.\end{cases}$$

分析 摘取线性方程组的系数矩阵，将其化为行阶梯形矩阵，判别此方程组可否有非零解.

解 对线性方程组的系数矩阵 $\boldsymbol{A}$ 施以初等行变换，有

$$\boldsymbol{A}=\begin{pmatrix}1&1&-2&3\\2&1&-6&4\\3&2&-8&7\\1&-1&-6&-1\end{pmatrix}\xrightarrow[\substack{\langle 3\rangle+(-3)\langle 1\rangle\\ \langle 4\rangle+(-1)\langle 1\rangle}]{\langle 2\rangle+(-2)\langle 1\rangle}\begin{pmatrix}1&1&-2&3\\0&-1&-2&-2\\0&-1&-2&-2\\0&-2&-4&-4\end{pmatrix}$$

$$\xrightarrow[\langle 4\rangle+2\langle 2\rangle]{\substack{(-1)\langle 2\rangle\\ \langle 3\rangle+\langle 2\rangle}}\begin{pmatrix}1 & 1 & -2 & 3\\ 0 & 1 & 2 & 2\\ 0 & 0 & 0 & 0\\ 0 & 0 & 0 & 0\end{pmatrix}.$$

非零行的个数 $r=2<4$(未知元的个数)，依推论 4，齐次线性方程组有非零解.

继续对矩阵施以初等行变换，将其化为简化行阶梯形矩阵，有

$$\boldsymbol{A}\xrightarrow{\langle 1\rangle+(-1)\langle 2\rangle}\begin{pmatrix}1 & 0 & -4 & 1\\ 0 & 1 & 2 & 2\\ 0 & 0 & 0 & 0\\ 0 & 0 & 0 & 0\end{pmatrix}.$$

写出简化行阶梯形矩阵所对应的同解线性方程组：$\begin{cases}x_1-4x_3+x_4=0,\\ x_2+2x_3+2x_4=0,\end{cases}$ 把主变元 x_1，x_2 保留在等号左端，其余项都移到等号右端，得齐次线性方程组的一般解为

$$\begin{cases}x_1=4x_3-x_4,\\ x_2=-2x_3-2x_4,\end{cases}\quad \text{其中 } x_3,x_4 \text{ 是自由未知元.}$$

注　对于齐次线性方程组，仅对系数矩阵施以初等行变换即可.

评　齐次线性方程组恒有零解，因此只需判别其是否还有非零解，为此考查“r”与“n”的关系.

习题 2-1

1. λ 为何值时，下述线性方程组无解？有唯一解？有无穷多个解？并在有无穷多个解时，求其一般解.

$$\begin{cases}2x_1+\lambda x_2-x_3=1,\\ \lambda x_1-x_2+x_3=2,\\ 4x_1+5x_2-5x_3=-1.\end{cases}$$

【1997 研数二】

2. 当 a 为何值时，下述线性方程组无解？有唯一解？有无穷多个解？并在有解时，求其一般解.

$$\begin{cases}x_1+x_2+x_3=0,\\ x_1+2x_2+ax_3=0,\\ x_1+4x_2+a^2x_3=0,\\ x_1+2x_2+x_3=a-1.\end{cases}$$

3. 讨论 a，b 取何值时，下述线性方程组无解，有唯一解，有无穷多个解，并在有无穷多个解时，求其一般解.

$$\begin{cases}x+4y-3z=0,\\ 3x+2y+z=10b,\\ y+az=-2.\end{cases}$$

4. 试讨论 a 为何值时，下述齐次线性方程组有非零解，并求其一般解.

$$\begin{cases}(1+a)x_1+x_2+x_3+x_4=0,\\ 2x_1+(2+a)x_2+2x_3+2x_4=0,\\ 3x_1+3x_2+(3+a)x_3+3x_4=0,\\ 4x_1+4x_2+4x_3+(4+a)x_4=0.\end{cases}$$

【2004 研数二】

2.2 n 维向量空间

在讨论线性方程组解的情形时，有时需要对线性方程组的增广矩阵(摘自非齐次线性方程组)或系数矩阵(摘自齐次线性方程组)施以初等行变换，而矩阵的初等行变换包括：矩阵的某一行乘以一个非零数；矩阵的某一行的倍数加到另一行，互换矩阵的某两行等，这就需要在 n 元有序数组的集合中引进加法运算和数量乘法运算. 因此本节就来讨论在数域 F 上规定了加法运算和数量乘法运算的 n 元有序数组集合的结构，然后利用它研究如何直接从线性方程组的系数和常数项判断线性方程组的解的情形，以及线性方程组有无穷多个解时解集的结构.

1. 内容要点与评注

取定一个数域 F，设 n 是任意给定的一个正整数，令 n 元有序数组的集合：

$$F^n=\{(a_1,a_2,\cdots,a_n)\mid \forall a_i\in F, i=1,2,\cdots,n\},$$

其中$(a_1,a_2,\cdots,a_n)$称为 F^n 的**元素**.

设$\forall(a_1,a_2,\cdots,a_n),(b_1,b_2,\cdots,b_n)\in F^n$，如果满足 $a_1=b_1,a_2=b_2,\cdots,a_n=b_n$，则称元素$(a_1,a_2,\cdots,a_n)$与$(b_1,b_2,\cdots,b_n)$**相等**，记作$(a_1,a_2,\cdots,a_n)=(b_1,b_2,\cdots,b_n)$.

在集合 F^n 中引进**加法**运算：对$\forall(a_1,a_2,\cdots,a_n),(b_1,b_2,\cdots,b_n)\in F^n$，令

$$(a_1,a_2,\cdots,a_n)+(b_1,b_2,\cdots,b_n)=(a_1+b_1,a_2+b_2,\cdots,a_n+b_n),$$

称$(a_1+b_1,a_2+b_2,\cdots,a_n+b_n)$为$(a_1,a_2,\cdots,a_n)$与$(b_1,b_2,\cdots,b_n)$的和.

在数域 F 与集合 F^n 中引进**数量乘法**运算：$\forall k\in F$，$\forall(a_1,a_2,\cdots,a_n)\in F^n$，令

$$k(a_1,a_2,\cdots,a_n)=(ka_1,ka_2,\cdots,ka_n),$$

称$(ka_1,ka_2,\cdots,ka_n)$为 k 与$(a_1,a_2,\cdots,a_n)$的**数量乘积**.

容易验证，加法运算与数量乘法运算满足如下 8 条运算规则：$\forall\boldsymbol{\alpha},\boldsymbol{\beta},\boldsymbol{\gamma}\in F^n$，$\forall k,l\in F$，

(1) $\boldsymbol{\alpha}+\boldsymbol{\beta}=\boldsymbol{\beta}+\boldsymbol{\alpha}$；

(2) $(\boldsymbol{\alpha}+\boldsymbol{\beta})+\boldsymbol{\gamma}=\boldsymbol{\alpha}+(\boldsymbol{\beta}+\boldsymbol{\gamma})$；

(3) $\mathbf{0}+\boldsymbol{\alpha}=\boldsymbol{\alpha}$；其中 $\mathbf{0}=(0,0,\cdots,0)$，称为 F^n 的**零元素**.

(4) 若 $\boldsymbol{\alpha}=(a_1,a_2,\cdots,a_n)\in F^n$，则$-\boldsymbol{\alpha}=(-a_1,-a_2,\cdots,-a_n)\in F^n$，称$-\boldsymbol{\alpha}$ 为 $\boldsymbol{\alpha}$ 的**负元素**，有$-\boldsymbol{\alpha}+\boldsymbol{\alpha}=\mathbf{0}$；

(5) $1\boldsymbol{\alpha}=\boldsymbol{\alpha}$；

(6) $(kl)\boldsymbol{\alpha}=k(l\boldsymbol{\alpha})$；

(7) $(k+l)\boldsymbol{\alpha}=k\boldsymbol{\alpha}+l\boldsymbol{\alpha}$；

(8) $k(\boldsymbol{\alpha}+\boldsymbol{\beta})=k\boldsymbol{\alpha}+k\boldsymbol{\beta}$.

定义 1　数域 F 上 n 元有序数组的集合，连同定义在它上面的加法运算与数量乘法运算，以及 8 条运算规则，统称为数域 F 上 **n 维向量空间**，简称向量空间，记为 F^n.

F^n 的元素称为 **n 维向量**，设向量 $\boldsymbol{\alpha}=(a_1,a_2,\cdots,a_n)\in F^n$，称 $a_i(i=1,2,\cdots,n)$ 为 $\boldsymbol{\alpha}$ 的第 i 个**分量**. 通常用小写黑斜体希腊或英文字母表示向量，如 $\boldsymbol{\alpha},\boldsymbol{\beta},\boldsymbol{\gamma},\cdots$.

在 n 维向量空间 F^n 中，可以定义**减法**运算：对 $\forall\boldsymbol{\alpha},\boldsymbol{\beta}\in F^n$，$\boldsymbol{\alpha}-\boldsymbol{\beta}=\boldsymbol{\alpha}+(-\boldsymbol{\beta})$.

在 F^n 中，可以验证下述结论成立：$\forall\boldsymbol{\alpha}\in F^n$，$\forall k\in F$，

$$0\boldsymbol{\alpha}=\boldsymbol{0};\quad (-1)\boldsymbol{\alpha}=-\boldsymbol{\alpha};\quad k\boldsymbol{0}=\boldsymbol{0};\quad k\boldsymbol{\alpha}=\boldsymbol{0}\Rightarrow k=0 \text{ 或 } \boldsymbol{\alpha}=\boldsymbol{0}.$$

n 元有序数组写成一行 $(a_1,a_2,\cdots,a_n)$ 的形式称为**行向量**，写成一列 $\begin{pmatrix}a_1\\a_2\\\vdots\\a_n\end{pmatrix}$ 的形式称为**列向量**，列向量可以看成相应的行向量的转置，比如上述列向量可以写成 $(a_1,a_2,\cdots,a_n)^{\mathrm{T}}$.

F^n 既可以看成是由 n 维行向量组成的向量空间，也可以看成是由 n 维列向量组成的向量空间.

在 F^n 中，依加法运算和数量乘法运算，对于任给的向量组 $\boldsymbol{\alpha}_1,\boldsymbol{\alpha}_2,\cdots,\boldsymbol{\alpha}_m$ 及任意数 $k_1,k_2,\cdots,k_m\in F$，可得向量 $k_1\boldsymbol{\alpha}_1+k_2\boldsymbol{\alpha}_2+\cdots+k_m\boldsymbol{\alpha}_m$，称这个向量为 $\boldsymbol{\alpha}_1,\boldsymbol{\alpha}_2,\cdots,\boldsymbol{\alpha}_m$ 的一个**线性组合**，其中称 $k_1,k_2,\cdots,k_m$ 为**组合系数**.

在 F^n 中，对于任给的向量 $\boldsymbol{\beta}$ 及向量组 $\boldsymbol{\alpha}_1,\boldsymbol{\alpha}_2,\cdots,\boldsymbol{\alpha}_m$，如果存在 F 中一组数 $l_1,l_2,\cdots,l_m$，使 $\boldsymbol{\beta}=l_1\boldsymbol{\alpha}_1+l_2\boldsymbol{\alpha}_2+\cdots+l_m\boldsymbol{\alpha}_m$，则称 $\boldsymbol{\beta}$ 可由 $\boldsymbol{\alpha}_1,\boldsymbol{\alpha}_2,\cdots,\boldsymbol{\alpha}_m$ **线性表示**，或称 $\boldsymbol{\beta}$ 是 $\boldsymbol{\alpha}_1,\boldsymbol{\alpha}_2,\cdots,\boldsymbol{\alpha}_m$ 的**线性组合**.

在 F^n 中，设 $\boldsymbol{\varepsilon}_1=\begin{pmatrix}1\\0\\0\\\vdots\\0\end{pmatrix}$，$\boldsymbol{\varepsilon}_2=\begin{pmatrix}0\\1\\0\\\vdots\\0\end{pmatrix}$，$\cdots$，$\boldsymbol{\varepsilon}_n=\begin{pmatrix}0\\0\\0\\\vdots\\1\end{pmatrix}$，则任一向量 $\boldsymbol{\alpha}=\begin{pmatrix}a_1\\a_2\\\vdots\\a_n\end{pmatrix}$ 都可由向量组 $\boldsymbol{\varepsilon}_1,\boldsymbol{\varepsilon}_2,\cdots,\boldsymbol{\varepsilon}_n$ 线性表示为

$$\begin{pmatrix}a_1\\a_2\\\vdots\\a_n\end{pmatrix}=a_1\begin{pmatrix}1\\0\\0\\\vdots\\0\end{pmatrix}+a_2\begin{pmatrix}0\\1\\0\\\vdots\\0\end{pmatrix}+\cdots+a_n\begin{pmatrix}0\\0\\0\\\vdots\\1\end{pmatrix}，\text{即 } \boldsymbol{\alpha}=a_1\boldsymbol{\varepsilon}_1+a_2\boldsymbol{\varepsilon}_2+\cdots+a_n\boldsymbol{\varepsilon}_n.$$

在 F^m 中，利用向量加法运算和数量乘法运算，数域 F 上 n 元线性方程组

$$\begin{cases}a_{11}x_1+a_{12}x_2+\cdots+a_{1n}x_n=b_1,\\ a_{21}x_1+a_{22}x_2+\cdots+a_{2n}x_n=b_2,\\ \qquad\vdots\\ a_{m1}x_1+a_{m2}x_2+\cdots+a_{mn}x_n=b_m,\end{cases}$$

可以写成

$$x_1\begin{pmatrix}a_{11}\\a_{21}\\\vdots\\a_{m1}\end{pmatrix}+x_2\begin{pmatrix}a_{12}\\a_{22}\\\vdots\\a_{m2}\end{pmatrix}+\cdots+x_n\begin{pmatrix}a_{1n}\\a_{2n}\\\vdots\\a_{mn}\end{pmatrix}=\begin{pmatrix}b_1\\b_2\\\vdots\\b_m\end{pmatrix}$$，即 $x_1\boldsymbol{\alpha}_1+x_2\boldsymbol{\alpha}_2+\cdots+x_n\boldsymbol{\alpha}_n=\boldsymbol{\beta}$，

其中 $\boldsymbol{\alpha}_i=\begin{pmatrix}a_{1i}\\a_{2i}\\\vdots\\a_{mi}\end{pmatrix}$，$i=1,2,\cdots,n$，$\boldsymbol{\beta}=\begin{pmatrix}b_1\\b_2\\\vdots\\b_m\end{pmatrix}$，称上式为线性方程组的**向量表示形式**.

数域 F 上的 n 元线性方程组 $x_1\boldsymbol{\alpha}_1+x_2\boldsymbol{\alpha}_2+\cdots+x_n\boldsymbol{\alpha}_n=\boldsymbol{\beta}$ 有解

$\Leftrightarrow$ 存在一组数 $k_1,k_2,\cdots,k_n\in F$，使 $k_1\boldsymbol{\alpha}_1+k_2\boldsymbol{\alpha}_2+\cdots+k_n\boldsymbol{\alpha}_n=\boldsymbol{\beta}$

$\Leftrightarrow\boldsymbol{\beta}$ 可由 $\boldsymbol{\alpha}_1,\boldsymbol{\alpha}_2,\cdots,\boldsymbol{\alpha}_n$ 线性表示.

于是 n 元线性方程组是否有解的问题可归结为判别向量 $\boldsymbol{\beta}$ 能否由 $\boldsymbol{\alpha}_1,\boldsymbol{\alpha}_2,\cdots,\boldsymbol{\alpha}_n$ 线性表示的问题.

2. 典型例题

例 2.2.1 在向量空间 F^4 中，判断向量 $\boldsymbol{\beta}$ 能否由向量组 $\boldsymbol{\alpha}_1,\boldsymbol{\alpha}_2,\boldsymbol{\alpha}_3,\boldsymbol{\alpha}_4$ 线性表示，若能，写出它的一种表达式，其中

$$\boldsymbol{\alpha}_1=\begin{pmatrix}1\\2\\3\\1\end{pmatrix},\quad\boldsymbol{\alpha}_2=\begin{pmatrix}1\\1\\2\\-1\end{pmatrix},\quad\boldsymbol{\alpha}_3=\begin{pmatrix}-2\\-6\\1\\-6\end{pmatrix},\quad\boldsymbol{\alpha}_4=\begin{pmatrix}3\\4\\7\\-1\end{pmatrix},\quad\boldsymbol{\beta}=\begin{pmatrix}0\\-1\\-1\\-2\end{pmatrix}.$$

分析 以 $\boldsymbol{\alpha}_1,\boldsymbol{\alpha}_2,\boldsymbol{\alpha}_3,\boldsymbol{\alpha}_4$ 分别为未知元 x_1,x_2,x_3,x_4 的系数列，$\boldsymbol{\beta}$ 为常数项列构成线性方程组 $x_1\boldsymbol{\alpha}_1+x_2\boldsymbol{\alpha}_2+x_3\boldsymbol{\alpha}_3+x_4\boldsymbol{\alpha}_4=\boldsymbol{\beta}$，则 $\boldsymbol{\beta}$ 可由 $\boldsymbol{\alpha}_1,\boldsymbol{\alpha}_2,\boldsymbol{\alpha}_3,\boldsymbol{\alpha}_4$ 线性表示$\Leftrightarrow$线性方程组 $x_1\boldsymbol{\alpha}_1+x_2\boldsymbol{\alpha}_2+x_3\boldsymbol{\alpha}_3+x_4\boldsymbol{\alpha}_4=\boldsymbol{\beta}$ 有解.

解 摘取线性方程组 $x_1\boldsymbol{\alpha}_1+x_2\boldsymbol{\alpha}_2+x_3\boldsymbol{\alpha}_3+x_4\boldsymbol{\alpha}_4=\boldsymbol{\beta}$ 的增广矩阵，并对其施以初等行变换，有

$$(\boldsymbol{\alpha}_1,\boldsymbol{\alpha}_2,\boldsymbol{\alpha}_3,\boldsymbol{\alpha}_4\mid\boldsymbol{\beta})=\left(\begin{array}{cccc|c}1&1&-2&3&0\\2&1&-6&4&-1\\3&2&1&7&-1\\1&-1&-6&-1&-2\end{array}\right)\xrightarrow[\frac{1}{9}\langle3\rangle]{\substack{\langle2\rangle+(-2)\langle1\rangle\\\langle3\rangle+(-3)\langle1\rangle\\\langle4\rangle+(-1)\langle1\rangle\\(-1)\langle2\rangle\\\langle3\rangle+\langle2\rangle\\\langle4\rangle+2\langle2\rangle}}\left(\begin{array}{cccc|c}1&1&-2&3&0\\0&1&2&2&1\\0&0&1&0&0\\0&0&0&0&0\end{array}\right),$$

行阶梯形矩阵没有主元出现在最后一列，方程组有解，且行阶梯形矩阵非零行的个数 $r=3<4$（未知元的个数），所以方程组有无穷多个解，$\boldsymbol{\beta}$ 能由向量组 $\boldsymbol{\alpha}_1,\boldsymbol{\alpha}_2,\boldsymbol{\alpha}_3,\boldsymbol{\alpha}_4$ 线性表示，并且表示式不唯一，继续对矩阵施以初等行变换，将其化为简化行阶梯形矩阵，有

$$(\boldsymbol{\alpha}_1,\boldsymbol{\alpha}_2,\boldsymbol{\alpha}_3,\boldsymbol{\alpha}_4\mid\boldsymbol{\beta})\xrightarrow[\langle 1\rangle+(-1)\langle 2\rangle]{\substack{\langle 2\rangle+(-2)\langle 3\rangle\\ \langle 1\rangle+2\langle 3\rangle}}\left(\begin{array}{cccc|c}1&0&0&1&-1\\0&1&0&2&1\\0&0&1&0&0\\0&0&0&0&0\end{array}\right),$$

线性方程组的一般解为 $\begin{cases}x_1=-1-x_4,\\x_2=1-2x_4,\\x_3=0,\end{cases}$ 令自由未知元 $x_4=1$，代入得方程组的一个解为 $x_1=-2,x_2=-1,x_3=0,x_4=1$，于是 $\boldsymbol{\beta}$ 可由 $\boldsymbol{\alpha}_1,\boldsymbol{\alpha}_2,\boldsymbol{\alpha}_3,\boldsymbol{\alpha}_4$ 线性表示为

$$\boldsymbol{\beta}=-2\boldsymbol{\alpha}_1-\boldsymbol{\alpha}_2+0\boldsymbol{\alpha}_3+\boldsymbol{\alpha}_4.$$

注　$\boldsymbol{\beta}$ 的表示式不唯一.

评　当线性方程组 $x_1\boldsymbol{\alpha}_1+x_2\boldsymbol{\alpha}_2+x_3\boldsymbol{\alpha}_3+x_4\boldsymbol{\alpha}_4=\boldsymbol{\beta}$ 有解时，$\boldsymbol{\beta}$ 可由 $\boldsymbol{\alpha}_1,\boldsymbol{\alpha}_2,\boldsymbol{\alpha}_3,\boldsymbol{\alpha}_4$ 线性表示，且表示式的系数就是该方程组的解.

例 2.2.2　在向量空间 F^3 中，设

$$\boldsymbol{\alpha}_1=\begin{pmatrix}1\\2\\0\end{pmatrix},\quad \boldsymbol{\alpha}_2=\begin{pmatrix}1\\a+2\\-3a\end{pmatrix},\quad \boldsymbol{\alpha}_3=\begin{pmatrix}-1\\-b-2\\a+2b\end{pmatrix},\quad \boldsymbol{\beta}=\begin{pmatrix}1\\3\\-3\end{pmatrix},$$

试讨论当 a 与 b 为何值时：

(1) $\boldsymbol{\beta}$ 能由 $\boldsymbol{\alpha}_1,\boldsymbol{\alpha}_2,\boldsymbol{\alpha}_3$ 唯一线性表示；

(2) $\boldsymbol{\beta}$ 不能由 $\boldsymbol{\alpha}_1,\boldsymbol{\alpha}_2,\boldsymbol{\alpha}_3$ 线性表示；

(3) $\boldsymbol{\beta}$ 能由 $\boldsymbol{\alpha}_1,\boldsymbol{\alpha}_2,\boldsymbol{\alpha}_3$ 线性表示，但表示式不唯一，并写出表示式.　**【2004 研数三】**

分析　讨论当 a 与 b 为何值时，线性方程组 $x_1\boldsymbol{\alpha}_1+x_2\boldsymbol{\alpha}_2+x_3\boldsymbol{\alpha}_3=\boldsymbol{\beta}$ 有唯一解，无解，有无穷多个解.

解　对线性方程组 $x_1\boldsymbol{\alpha}_1+x_2\boldsymbol{\alpha}_2+x_3\boldsymbol{\alpha}_3=\boldsymbol{\beta}$ 的增广矩阵，施以初等行变换，得

$$(\boldsymbol{\alpha}_1,\boldsymbol{\alpha}_2,\boldsymbol{\alpha}_3\mid\boldsymbol{\beta})=\left(\begin{array}{ccc|c}1&1&-1&1\\2&a+2&-b-2&3\\0&-3a&a+2b&-3\end{array}\right)\xrightarrow{\substack{\langle 2\rangle+(-2)\langle 1\rangle\\ \langle 3\rangle+3\langle 2\rangle}}\left(\begin{array}{ccc|c}1&1&-1&1\\0&a&-b&1\\0&0&a-b&0\end{array}\right).$$

(1) 当 $a\neq 0$ 且 $a\neq b$ 时，没有主元出现在最后一列，线性方程组有解. 又行阶梯形矩阵非零行的个数 $r=3$(未知元的个数)，因此线性方程组有唯一解，继续对矩阵施以初等行变换，将其化为简化行阶梯形矩阵，有

$$(\boldsymbol{\alpha}_1,\boldsymbol{\alpha}_2,\boldsymbol{\alpha}_3\mid\boldsymbol{\beta})\xrightarrow[\langle 1\rangle+(-1)\langle 2\rangle]{\substack{\frac{1}{a-b}\langle 3\rangle\\ \langle 2\rangle+b\langle 3\rangle\\ \langle 1\rangle+\langle 3\rangle\\ \frac{1}{a}\langle 2\rangle}}\left(\begin{array}{ccc|c}1&0&0&1-1/a\\0&1&0&1/a\\0&0&1&0\end{array}\right),$$

从而得线性方程组的唯一解为 $x_1=1-\dfrac{1}{a},x_2=\dfrac{1}{a},x_3=0$，即 $\boldsymbol{\beta}$ 能由 $\boldsymbol{\alpha}_1,\boldsymbol{\alpha}_2,\boldsymbol{\alpha}_3$ 唯一线性表示，且表示式为

$$\boldsymbol{\beta}=\left(1-\frac{1}{a}\right)\boldsymbol{\alpha}_1+\frac{1}{a}\boldsymbol{\alpha}_2+0\cdot\boldsymbol{\alpha}_3.$$

(2) 当 $a=0$(无论 b 取何值)时,继续对矩阵施以初等行变换,得

$$(\boldsymbol{\alpha}_1,\boldsymbol{\alpha}_2,\boldsymbol{\alpha}_3 \mid \boldsymbol{\beta}) \to \left(\begin{array}{ccc|c} 1 & 1 & -1 & 1 \\ 0 & 0 & -b & 1 \\ 0 & 0 & -b & 0 \end{array}\right) \xrightarrow{\langle 3\rangle+(-1)\langle 2\rangle} \left(\begin{array}{ccc|c} 1 & 1 & -1 & 1 \\ 0 & 0 & -b & 1 \\ 0 & 0 & 0 & -1 \end{array}\right).$$

行阶梯形矩阵主元出现在最后一列,故线性方程组无解,即 $\boldsymbol{\beta}$ 不能由 $\boldsymbol{\alpha}_1,\boldsymbol{\alpha}_2,\boldsymbol{\alpha}_3$ 线性表示.

(3) 当 $a=b\neq 0$ 时,行阶梯形矩阵为

$$(\boldsymbol{\alpha}_1,\boldsymbol{\alpha}_2,\boldsymbol{\alpha}_3 \mid \boldsymbol{\beta}) \to \left(\begin{array}{ccc|c} 1 & 1 & -1 & 1 \\ 0 & a & -a & 1 \\ 0 & 0 & 0 & 0 \end{array}\right).$$

没有主元出现在最后一列,故线性方程组有解.又行阶梯形矩阵非零行的个数 $r=2<3$,线性方程组有无穷多个解,即 $\boldsymbol{\beta}$ 可由 $\boldsymbol{\alpha}_1,\boldsymbol{\alpha}_2,\boldsymbol{\alpha}_3$ 线性表示,但表示式不唯一.继续对矩阵施以初等行变换,将其化为简化行阶梯形矩阵,有

$$(\boldsymbol{\alpha}_1,\boldsymbol{\alpha}_2,\boldsymbol{\alpha}_3 \mid \boldsymbol{\beta}) \xrightarrow[\langle 1\rangle+(-1)\langle 2\rangle]{\frac{1}{a}\langle 2\rangle} \left(\begin{array}{ccc|c} 1 & 0 & 0 & 1-1/a \\ 0 & 1 & -1 & 1/a \\ 0 & 0 & 0 & 0 \end{array}\right).$$

方程组的一般解为 $\begin{cases} x_1=1-\dfrac{1}{a}, \\ x_2=\dfrac{1}{a}+x_3, \end{cases}$ 令自由未知元 $x_3=k(k\in F)$,则有表示式为

$$\boldsymbol{\beta}=\left(1-\frac{1}{a}\right)\boldsymbol{\alpha}_1+\left(\frac{1}{a}+k\right)\boldsymbol{\alpha}_2+k\boldsymbol{\alpha}_3,\quad \forall k\in F.$$

注 $\boldsymbol{\beta}$ 表示式的系数就是线性方程组的解.

评 (1)当线性方程组无解时,向量 $\boldsymbol{\beta}$ 不能由向量组 $\boldsymbol{\alpha}_1,\boldsymbol{\alpha}_2,\cdots,\boldsymbol{\alpha}_m$ 线性表示;(2)当线性方程组有唯一解时,向量 $\boldsymbol{\beta}$ 能由向量组 $\boldsymbol{\alpha}_1,\boldsymbol{\alpha}_2,\cdots,\boldsymbol{\alpha}_m$ 唯一线性表示;(3)当线性方程组有无穷多个解时,向量 $\boldsymbol{\beta}$ 能由向量组 $\boldsymbol{\alpha}_1,\boldsymbol{\alpha}_2,\cdots,\boldsymbol{\alpha}_m$ 线性表示,且表示式不唯一.

习题 2-2

1. 在向量空间 F^4 中,设

$$\boldsymbol{\alpha}_1=\begin{pmatrix}1\\2\\-1\\1\end{pmatrix},\quad \boldsymbol{\alpha}_2=\begin{pmatrix}2\\0\\5\\3\end{pmatrix},\quad \boldsymbol{\alpha}_3=\begin{pmatrix}0\\1\\-1\\2\end{pmatrix},\quad \boldsymbol{\alpha}_4=\begin{pmatrix}3\\1\\0\\2\end{pmatrix},$$

求向量 $\boldsymbol{\alpha}_1,\boldsymbol{\alpha}_2,\boldsymbol{\alpha}_3,\boldsymbol{\alpha}_4$ 的线性组合:(1)$3\boldsymbol{\alpha}_1-\boldsymbol{\alpha}_2+2\boldsymbol{\alpha}_3-\boldsymbol{\alpha}_4$;(2)$\boldsymbol{\alpha}_1-2\boldsymbol{\alpha}_2+\boldsymbol{\alpha}_3+\boldsymbol{\alpha}_4$.

2. 在向量空间 F^3 中,设 $\boldsymbol{\alpha}=(-1,0,2)$,$\boldsymbol{\beta}=(2,-3,1)$,求向量 $\boldsymbol{\gamma}$,使:(1)$\boldsymbol{\alpha}+2\boldsymbol{\gamma}=\boldsymbol{\beta}$;(2)$-2\boldsymbol{\alpha}+\boldsymbol{\gamma}=3\boldsymbol{\beta}$.

3. 在向量空间 F^4 中,判断向量 $\boldsymbol{\beta}$ 能否由向量组 $\boldsymbol{\alpha}_1,\boldsymbol{\alpha}_2,\boldsymbol{\alpha}_3$ 线性表示,若能,写出表示式.

(1) $\boldsymbol{\alpha}_1=\begin{pmatrix}1\\4\\0\\2\end{pmatrix}$, $\boldsymbol{\alpha}_2=\begin{pmatrix}2\\7\\1\\3\end{pmatrix}$, $\boldsymbol{\alpha}_3=\begin{pmatrix}0\\1\\-1\\2\end{pmatrix}$, $\boldsymbol{\beta}=\begin{pmatrix}3\\10\\0\\4\end{pmatrix}$;

(2) $\boldsymbol{\alpha}_1=\begin{pmatrix}1\\4\\0\\2\end{pmatrix}$, $\boldsymbol{\alpha}_2=\begin{pmatrix}2\\7\\1\\3\end{pmatrix}$, $\boldsymbol{\alpha}_3=\begin{pmatrix}0\\1\\-1\\0\end{pmatrix}$, $\boldsymbol{\beta}=\begin{pmatrix}3\\10\\2\\4\end{pmatrix}$;

(3) $\boldsymbol{\alpha}_1=\begin{pmatrix}1\\4\\0\\2\end{pmatrix}$, $\boldsymbol{\alpha}_2=\begin{pmatrix}2\\7\\1\\3\end{pmatrix}$, $\boldsymbol{\alpha}_3=\begin{pmatrix}0\\1\\-1\\1\end{pmatrix}$, $\boldsymbol{\beta}=\begin{pmatrix}3\\10\\2\\4\end{pmatrix}$.

4. 在向量空间 F^3 中,设

$$\boldsymbol{\alpha}_1=\begin{pmatrix}a\\2\\10\end{pmatrix},\quad \boldsymbol{\alpha}_2=\begin{pmatrix}-2\\1\\5\end{pmatrix},\quad \boldsymbol{\alpha}_3=\begin{pmatrix}-1\\1\\4\end{pmatrix},\quad \boldsymbol{\beta}=\begin{pmatrix}1\\b\\c\end{pmatrix},$$

试问当 a,b,c 满足什么条件时:

(1) $\boldsymbol{\beta}$ 能由 $\boldsymbol{\alpha}_1,\boldsymbol{\alpha}_2,\boldsymbol{\alpha}_3$ 线性表示,且表示式唯一;

(2) $\boldsymbol{\beta}$ 不能由 $\boldsymbol{\alpha}_1,\boldsymbol{\alpha}_2,\boldsymbol{\alpha}_3$ 线性表示;

(3) $\boldsymbol{\beta}$ 能由 $\boldsymbol{\alpha}_1,\boldsymbol{\alpha}_2,\boldsymbol{\alpha}_3$ 线性表示;但表示式不唯一,并写出一般表示式.

【2000 研数三、四】

5. 在向量空间 F^4 中,设

$$\boldsymbol{\alpha}_1=\begin{pmatrix}1\\0\\2\\3\end{pmatrix},\quad \boldsymbol{\alpha}_2=\begin{pmatrix}1\\1\\3\\5\end{pmatrix},\quad \boldsymbol{\alpha}_3=\begin{pmatrix}1\\-1\\a+2\\1\end{pmatrix},\quad \boldsymbol{\alpha}_4=\begin{pmatrix}1\\2\\4\\a+8\end{pmatrix},\quad \boldsymbol{\beta}=\begin{pmatrix}1\\1\\b+3\\5\end{pmatrix},$$

试讨论当 a 与 b 为何值时,有:

(1) $\boldsymbol{\beta}$ 能由 $\boldsymbol{\alpha}_1,\boldsymbol{\alpha}_2,\boldsymbol{\alpha}_3,\boldsymbol{\alpha}_4$ 唯一线性表示,并写出表示式;

(2) $\boldsymbol{\beta}$ 不能由 $\boldsymbol{\alpha}_1,\boldsymbol{\alpha}_2,\boldsymbol{\alpha}_3,\boldsymbol{\alpha}_4$ 线性表示;

(3) $\boldsymbol{\beta}$ 能由 $\boldsymbol{\alpha}_1,\boldsymbol{\alpha}_2,\boldsymbol{\alpha}_3,\boldsymbol{\alpha}_4$ 线性表示,但表示式不唯一,写出表示式. **【1991 研数一】**

2.3 线性相关与线性无关的向量组

由上一节已知,线性方程组 $x_1\boldsymbol{\alpha}_1+x_2\boldsymbol{\alpha}_2+\cdots+x_m\boldsymbol{\alpha}_m=\boldsymbol{\beta}$ 有解$\Leftrightarrow\boldsymbol{\beta}$ 可由向量组 $\boldsymbol{\alpha}_1$, $\boldsymbol{\alpha}_2,\cdots,\boldsymbol{\alpha}_m$ 线性表示.

1. 内容要点与评注

定义 1 对于向量空间 F^n 中的向量组 $\boldsymbol{\alpha}_1,\boldsymbol{\alpha}_2,\cdots,\boldsymbol{\alpha}_m$,如果在数域 F 中存在不全为零

的数 $k_1,k_2,\cdots,k_m$，使 $k_1\boldsymbol{\alpha}_1+k_2\boldsymbol{\alpha}_2+\cdots+k_m\boldsymbol{\alpha}_m=\mathbf{0}$，则称向量组 $\boldsymbol{\alpha}_1,\boldsymbol{\alpha}_2,\cdots,\boldsymbol{\alpha}_m$ **线性相关**.

定义 2 对于向量空间 F^n 中的向量组 $\boldsymbol{\alpha}_1,\boldsymbol{\alpha}_2,\cdots,\boldsymbol{\alpha}_m$，如果不是线性相关的，那么称为**线性无关**，即在数域 F 中不存在不全为零的数 $k_1,k_2,\cdots,k_m$，使

$$k_1\boldsymbol{\alpha}_1+k_2\boldsymbol{\alpha}_2+\cdots+k_m\boldsymbol{\alpha}_m=\mathbf{0}.$$

或者，如果 $k_1\boldsymbol{\alpha}_1+k_2\boldsymbol{\alpha}_2+\cdots+k_m\boldsymbol{\alpha}_m=\mathbf{0}$，则 $k_1=k_2=\cdots=k_m=0$，那么称向量组**线性无关**.

由上述定义可知：

(1) 包含零向量的向量组一定线性相关；

(2) 单个向量 $\boldsymbol{\alpha}$ 线性相关(无关)当且仅当 $\boldsymbol{\alpha}=\mathbf{0}(\boldsymbol{\alpha}\neq\mathbf{0})$；

(3) 含相同向量的向量组一定线性相关；

(4) 在向量空间 F^n 中，任意 $n+1$ 个 n 维向量必线性相关；

证 设 n 维向量 $\boldsymbol{\alpha}_1=\begin{pmatrix}a_{11}\\a_{21}\\\vdots\\a_{n1}\end{pmatrix},\cdots,\boldsymbol{\alpha}_n=\begin{pmatrix}a_{1n}\\a_{2n}\\\vdots\\a_{nn}\end{pmatrix},\boldsymbol{\alpha}_{n+1}=\begin{pmatrix}a_{1(n+1)}\\a_{2(n+1)}\\\vdots\\a_{n(n+1)}\end{pmatrix}$，有 $k_1\boldsymbol{\alpha}_1+\cdots+k_n\boldsymbol{\alpha}_n+k_{n+1}\boldsymbol{\alpha}_{n+1}=\mathbf{0}$，即

$$k_1\begin{pmatrix}a_{11}\\a_{21}\\\vdots\\a_{n1}\end{pmatrix}+\cdots+k_n\begin{pmatrix}a_{1n}\\a_{2n}\\\vdots\\a_{nn}\end{pmatrix}+k_{n+1}\begin{pmatrix}a_{1(n+1)}\\a_{2(n+1)}\\\vdots\\a_{n(n+1)}\end{pmatrix}=\mathbf{0},$$

上述线性方程组可视为含有 n 个方程，$n+1$ 个未知元(指 $k_1,k_2,\cdots,k_{n+1}$)，依 2.1 节推论 5，线性方程组有非零解，因此 $\boldsymbol{\alpha}_1,\cdots,\boldsymbol{\alpha}_n,\boldsymbol{\alpha}_{n+1}$ 线性相关. ◆

(5) 在 F^n 中，向量组 $\boldsymbol{\varepsilon}_1=\begin{pmatrix}1\\0\\0\\\vdots\\0\end{pmatrix},\boldsymbol{\varepsilon}_2=\begin{pmatrix}0\\1\\0\\\vdots\\0\end{pmatrix},\cdots,\boldsymbol{\varepsilon}_n=\begin{pmatrix}0\\0\\0\\\vdots\\1\end{pmatrix}$ 线性无关.

(6) 含两个非零向量的向量组线性相关的充分必要条件是对应分量成比例.

关于向量组线性相关与线性无关可从以下几方面加以区别. 如不特别说明，下述的向量都指来自向量空间 F^n，数来自数域 F.

(1) 从线性组合方面区别：

向量组 $\boldsymbol{\alpha}_1,\boldsymbol{\alpha}_2,\cdots,\boldsymbol{\alpha}_m$ 线性相关⇔存在系数不全为零的线性组合等于零向量；

向量组 $\boldsymbol{\alpha}_1,\boldsymbol{\alpha}_2,\cdots,\boldsymbol{\alpha}_m$ 线性无关⇔只有系数全为零的线性组合才等于零向量.

(2) 从线性表示方面区别：

向量组 $\boldsymbol{\alpha}_1,\boldsymbol{\alpha}_2,\cdots,\boldsymbol{\alpha}_m(m\geqslant 2)$ 线性相关⇔组中至少有一个向量可由其余向量线性表示；

向量组 $\boldsymbol{\alpha}_1,\boldsymbol{\alpha}_2,\cdots,\boldsymbol{\alpha}_m(m\geqslant 2)$ 线性无关⇔组中每一向量都不能由其余向量线性表示.

(3) 从齐次线性方程组方面区别：

列向量组 $\boldsymbol{\alpha}_1,\boldsymbol{\alpha}_2,\cdots,\boldsymbol{\alpha}_m$ 线性相关⇔齐次线性方程组 $x_1\boldsymbol{\alpha}_1+x_2\boldsymbol{\alpha}_2+\cdots+x_m\boldsymbol{\alpha}_m=\mathbf{0}$ 有非零解；

列向量组 $\boldsymbol{\alpha}_1,\boldsymbol{\alpha}_2,\cdots,\boldsymbol{\alpha}_m$ 线性无关⇔齐次线性方程组 $x_1\boldsymbol{\alpha}_1+x_2\boldsymbol{\alpha}_2+\cdots+x_m\boldsymbol{\alpha}_m=\mathbf{0}$ 只有零解.

(4) 从行列式方面区别：

m 个 m 维列向量 $\boldsymbol{\alpha}_1,\boldsymbol{\alpha}_2,\cdots,\boldsymbol{\alpha}_m$ 线性相关(无关)⇔$|\boldsymbol{\alpha}_1\ \boldsymbol{\alpha}_2\cdots\ \boldsymbol{\alpha}_m|=0$($|\boldsymbol{\alpha}_1\ \boldsymbol{\alpha}_2\cdots\ \boldsymbol{\alpha}_m|\neq 0$)；

m 个 m 维行向量 $\boldsymbol{\alpha}_1,\boldsymbol{\alpha}_2,\cdots,\boldsymbol{\alpha}_m$ 线性相关(无关) ⇔ $\begin{vmatrix}\boldsymbol{\alpha}_1\\ \boldsymbol{\alpha}_2\\ \vdots\\ \boldsymbol{\alpha}_m\end{vmatrix}=0$ $\left(\begin{vmatrix}\boldsymbol{\alpha}_1\\ \boldsymbol{\alpha}_2\\ \vdots\\ \boldsymbol{\alpha}_m\end{vmatrix}\neq 0\right)$.

注 $|\boldsymbol{\alpha}_1\ \boldsymbol{\alpha}_2\cdots\ \boldsymbol{\alpha}_m|$ $\left(\begin{vmatrix}\boldsymbol{\alpha}_1\\ \boldsymbol{\alpha}_2\\ \vdots\\ \boldsymbol{\alpha}_m\end{vmatrix}\right)$ 表示以 $\boldsymbol{\alpha}_1,\boldsymbol{\alpha}_2,\cdots,\boldsymbol{\alpha}_m$ 为列(行)构成的 m 阶行列式.

证 m 个 m 维列向量 $\boldsymbol{\alpha}_1,\boldsymbol{\alpha}_2,\cdots,\boldsymbol{\alpha}_m$ 线性相关

⇔存在不全为零的数，使 $k_1\boldsymbol{\alpha}_1+k_2\boldsymbol{\alpha}_2+\cdots+k_m\boldsymbol{\alpha}_m=\mathbf{0}$

⇔齐次线性方程组 $x_1\boldsymbol{\alpha}_1+x_2\boldsymbol{\alpha}_2+\cdots+x_m\boldsymbol{\alpha}_m=\mathbf{0}$ 有非零解

⇔系数行列式 $|\boldsymbol{\alpha}_1\ \boldsymbol{\alpha}_2\cdots\ \boldsymbol{\alpha}_m|=0$. 同理可证行向量的情形. ◆

(5) 从向量组与其部分组的相关性方面区别：

如果向量组的一个部分组线性相关，则整个向量组线性相关；

如果整个向量组线性无关，则其任一部分组必线性无关.

(6) 从向量组与其延伸组或其缩短组的相关性方面区别：

如果 r 维向量组线性无关，那么把每个向量填上 $n-r$ 个分量，所得的 n 维向量组(也称延伸组)仍线性无关.

如果 n 维向量组线性相关，那么把每个向量删去 $n-r$ 个分量，所得的 r 维向量组(也称缩短组)仍线性相关.

证 r 维向量组 $\begin{pmatrix}a_{11}\\ a_{21}\\ \vdots\\ a_{r1}\end{pmatrix},\begin{pmatrix}a_{12}\\ a_{22}\\ \vdots\\ a_{r2}\end{pmatrix},\cdots,\begin{pmatrix}a_{1m}\\ a_{2m}\\ \vdots\\ a_{rm}\end{pmatrix}$ 线性无关

$$\Rightarrow \text{齐次线性方程组 } x_1\begin{pmatrix}a_{11}\\ a_{21}\\ \vdots\\ a_{r1}\end{pmatrix}+x_2\begin{pmatrix}a_{12}\\ a_{22}\\ \vdots\\ a_{r2}\end{pmatrix}+\cdots+x_m\begin{pmatrix}a_{1m}\\ a_{2m}\\ \vdots\\ a_{rm}\end{pmatrix}=\begin{pmatrix}0\\ 0\\ \vdots\\ 0\end{pmatrix} \text{ 只有零解}$$

$$\Rightarrow \text{齐次线性方程组 } x_1\begin{pmatrix}a_{11}\\ \vdots\\ a_{r1}\\ a_{(r+1)1}\\ \vdots\\ a_{n1}\end{pmatrix}+x_2\begin{pmatrix}a_{12}\\ \vdots\\ a_{r2}\\ a_{(r+1)2}\\ \vdots\\ a_{n2}\end{pmatrix}+\cdots+x_m\begin{pmatrix}a_{1m}\\ \vdots\\ a_{rm}\\ a_{(r+1)m}\\ \vdots\\ a_{nm}\end{pmatrix}=\begin{pmatrix}0\\ \vdots\\ 0\\ 0\\ \vdots\\ 0\end{pmatrix} \text{ 只有零解}$$

$$\Rightarrow n \text{ 维向量组} \begin{pmatrix} a_{11} \\ \vdots \\ a_{r1} \\ a_{(r+1)1} \\ \vdots \\ a_{n1} \end{pmatrix}, \begin{pmatrix} a_{12} \\ \vdots \\ a_{r2} \\ a_{(r+1)2} \\ \vdots \\ a_{n2} \end{pmatrix}, \cdots, \begin{pmatrix} a_{1m} \\ \vdots \\ a_{rm} \\ a_{(r+1)m} \\ \vdots \\ a_{nm} \end{pmatrix} \text{线性无关.}$$ ◆

命题 1 设向量组 $\boldsymbol{\alpha}_1,\boldsymbol{\alpha}_2,\cdots,\boldsymbol{\alpha}_m$ 线性无关，则 $\boldsymbol{\alpha}_1,\boldsymbol{\alpha}_2,\cdots,\boldsymbol{\alpha}_m,\boldsymbol{\beta}$ 线性相关的充分必要条件是向量 $\boldsymbol{\beta}$ 能由向量组 $\boldsymbol{\alpha}_1,\boldsymbol{\alpha}_2,\cdots,\boldsymbol{\alpha}_m$ 线性表示.

证 充分性. 设向量 $\boldsymbol{\beta}$ 能由向量组 $\boldsymbol{\alpha}_1,\boldsymbol{\alpha}_2,\cdots,\boldsymbol{\alpha}_m$ 线性表示为

$$\boldsymbol{\beta}=k_1\boldsymbol{\alpha}_1+k_2\boldsymbol{\alpha}_2+\cdots+k_m\boldsymbol{\alpha}_m,$$

则 $k_1\boldsymbol{\alpha}_1+k_2\boldsymbol{\alpha}_2+\cdots+k_m\boldsymbol{\alpha}_m-\boldsymbol{\beta}=\mathbf{0}$，所以向量组 $\boldsymbol{\alpha}_1,\boldsymbol{\alpha}_2,\cdots,\boldsymbol{\alpha}_m,\boldsymbol{\beta}$ 线性相关.

必要性. 设向量组 $\boldsymbol{\alpha}_1,\boldsymbol{\alpha}_2,\cdots,\boldsymbol{\alpha}_m,\boldsymbol{\beta}$ 线性相关，则存在不全为零的数 $k_1,k_2,\cdots,k_m,k$，使

$$k_1\boldsymbol{\alpha}_1+k_2\boldsymbol{\alpha}_2+\cdots+k_m\boldsymbol{\alpha}_m+k\boldsymbol{\beta}=\mathbf{0},$$

其中必有 $k\neq 0$，否则，若 $k=0$，则 $k_1,k_2,\cdots,k_m$ 不全为零，且 $k_1\boldsymbol{\alpha}_1+k_2\boldsymbol{\alpha}_2+\cdots+k_m\boldsymbol{\alpha}_m=\mathbf{0}$，矛盾！所以 $k\neq 0$，于是 $\boldsymbol{\beta}=-\frac{k_1}{k}\boldsymbol{\alpha}_1-\frac{k_2}{k}\boldsymbol{\alpha}_2-\cdots-\frac{k_m}{k}\boldsymbol{\alpha}_m$，结论得证. ◆

推论 2 设向量组 $\boldsymbol{\alpha}_1,\boldsymbol{\alpha}_2,\cdots,\boldsymbol{\alpha}_m$ 线性无关，则 $\boldsymbol{\alpha}_1,\boldsymbol{\alpha}_2,\cdots,\boldsymbol{\alpha}_m,\boldsymbol{\beta}$ 线性无关的充分必要条件是向量 $\boldsymbol{\beta}$ 不能由向量组 $\boldsymbol{\alpha}_1,\boldsymbol{\alpha}_2,\cdots,\boldsymbol{\alpha}_m$ 线性表示.

命题 3 向量 $\boldsymbol{\beta}$ 能由向量组 $\boldsymbol{\alpha}_1,\boldsymbol{\alpha}_2,\cdots,\boldsymbol{\alpha}_m(m\geqslant 1)$ 线性表示，且表示式唯一的充分必要条件是向量组 $\boldsymbol{\alpha}_1,\boldsymbol{\alpha}_2,\cdots,\boldsymbol{\alpha}_m$ 线性无关.

证 设 $\boldsymbol{\beta}=k_1\boldsymbol{\alpha}_1+k_2\boldsymbol{\alpha}_2+\cdots+k_m\boldsymbol{\alpha}_m$.

充分性. 设向量组 $\boldsymbol{\alpha}_1,\boldsymbol{\alpha}_2,\cdots,\boldsymbol{\alpha}_m$ 线性无关，如果此时还有 $\boldsymbol{\beta}=l_1\boldsymbol{\alpha}_1+l_2\boldsymbol{\alpha}_2+\cdots+l_m\boldsymbol{\alpha}_m$，上两式相减，有

$$(l_1-k_1)\boldsymbol{\alpha}_1+(l_2-k_2)\boldsymbol{\alpha}_2+\cdots+(l_m-k_m)\boldsymbol{\alpha}_m=\mathbf{0},$$

因为 $\boldsymbol{\alpha}_1,\boldsymbol{\alpha}_2,\cdots,\boldsymbol{\alpha}_m$ 线性无关，所以 $l_1=k_1,l_2=k_2,\cdots,l_m=k_m$，因此表示式唯一.

必要性. 设表示式 $\boldsymbol{\beta}=k_1\boldsymbol{\alpha}_1+k_2\boldsymbol{\alpha}_2+\cdots+k_m\boldsymbol{\alpha}_m$ 唯一，假设向量组 $\boldsymbol{\alpha}_1,\boldsymbol{\alpha}_2,\cdots,\boldsymbol{\alpha}_m$ 线性相关，则存在不全为零的数 $l_1,l_2,\cdots,l_m$，使 $l_1\boldsymbol{\alpha}_1+l_2\boldsymbol{\alpha}_2+\cdots+l_m\boldsymbol{\alpha}_m=\mathbf{0}$，从而

$$\boldsymbol{\beta}=\boldsymbol{\beta}-\mathbf{0}=(k_1-l_1)\boldsymbol{\alpha}_1+(k_2-l_2)\boldsymbol{\alpha}_2+\cdots+(k_m-l_m)\boldsymbol{\alpha}_m,$$

因为 $l_1,l_2,\cdots,l_m$ 不全为零，两个表示式

$\boldsymbol{\beta}=k_1\boldsymbol{\alpha}_1+k_2\boldsymbol{\alpha}_2+\cdots+k_m\boldsymbol{\alpha}_m$ 与 $\boldsymbol{\beta}=(k_1-l_1)\boldsymbol{\alpha}_1+(k_2-l_2)\boldsymbol{\alpha}_2+\cdots+(k_m-l_m)\boldsymbol{\alpha}_m$

的系数 $k_1,k_2,\cdots,k_m$ 与 $k_1-l_1,k_2-l_2,\cdots,k_m-l_m$ 不全对应相等，因此向量 $\boldsymbol{\beta}$ 由 $\boldsymbol{\alpha}_1,\boldsymbol{\alpha}_2,\cdots,\boldsymbol{\alpha}_m$ 线性表示的方式至少有两种，矛盾！从而 $\boldsymbol{\alpha}_1,\boldsymbol{\alpha}_2,\cdots,\boldsymbol{\alpha}_m$ 线性无关. ◆

2. 典型例题

例 2.3.1 判断下列说法是否正确，并说明理由.

(1) 如果有一组不全为零的数 $k_1,k_2,\cdots,k_m$，使 $k_1\boldsymbol{\alpha}_1+k_2\boldsymbol{\alpha}_2+\cdots+k_m\boldsymbol{\alpha}_m\neq\mathbf{0}$，则 $\boldsymbol{\alpha}_1,\boldsymbol{\alpha}_2,\cdots,\boldsymbol{\alpha}_m$ 线性无关；

(2) 如果有一组全为零的数 $k_1=0,k_2=0,\cdots,k_m=0$,使 $k_1\boldsymbol{\alpha}_1+k_2\boldsymbol{\alpha}_2+\cdots+k_m\boldsymbol{\alpha}_m=\mathbf{0}$,则 $\boldsymbol{\alpha}_1,\boldsymbol{\alpha}_2,\cdots,\boldsymbol{\alpha}_m$ 线性无关;

(3) 如果有一组不全为零的数 $k_1,k_2,\cdots,k_m$,使 $k_1\boldsymbol{\alpha}_1+k_2\boldsymbol{\alpha}_2+\cdots+k_m\boldsymbol{\alpha}_m=\mathbf{0}$,则 $\boldsymbol{\alpha}_1,\boldsymbol{\alpha}_2,\cdots,\boldsymbol{\alpha}_m$ 线性相关;

(4) 如果有一组全不为零的数 $k_1,k_2,\cdots,k_m$,使 $k_1\boldsymbol{\alpha}_1+k_2\boldsymbol{\alpha}_2+\cdots+k_m\boldsymbol{\alpha}_m\neq\mathbf{0}$,则 $\boldsymbol{\alpha}_1,\boldsymbol{\alpha}_2,\cdots,\boldsymbol{\alpha}_m$ 线性无关.

分析　依向量组线性相关(无关)的定义判断.

解　(1)不正确.例如,$2\begin{pmatrix}1\\0\end{pmatrix}+\begin{pmatrix}2\\0\end{pmatrix}=\begin{pmatrix}4\\0\end{pmatrix}\neq\begin{pmatrix}0\\0\end{pmatrix}$,但是$\begin{pmatrix}1\\0\end{pmatrix},\begin{pmatrix}2\\0\end{pmatrix}$线性相关.正确的说法是:如果任意一组不全为零的数 $k_1,k_2,\cdots,k_m$,使 $k_1\boldsymbol{\alpha}_1+k_2\boldsymbol{\alpha}_2+\cdots+k_m\boldsymbol{\alpha}_m\neq\mathbf{0}$,则 $\boldsymbol{\alpha}_1,\boldsymbol{\alpha}_2,\cdots,\boldsymbol{\alpha}_m$ 线性无关.

(2) 不正确.例如,$0\begin{pmatrix}1\\0\end{pmatrix}+0\begin{pmatrix}2\\0\end{pmatrix}=\begin{pmatrix}0\\0\end{pmatrix}$,但是$\begin{pmatrix}1\\0\end{pmatrix},\begin{pmatrix}2\\0\end{pmatrix}$线性相关.正确的说法是:如果只有当 $k_1=0,k_2=0,\cdots,k_m=0$ 时,有 $k_1\boldsymbol{\alpha}_1+k_2\boldsymbol{\alpha}_2+\cdots+k_m\boldsymbol{\alpha}_m=\mathbf{0}$,则 $\boldsymbol{\alpha}_1,\boldsymbol{\alpha}_2,\cdots,\boldsymbol{\alpha}_m$ 线性无关.

(3) 正确.依定义判断.

(4) 不正确.例如,$\begin{pmatrix}1\\0\end{pmatrix}+\begin{pmatrix}1\\0\end{pmatrix}=\begin{pmatrix}2\\0\end{pmatrix}\neq\begin{pmatrix}0\\0\end{pmatrix}$,但是$\begin{pmatrix}1\\0\end{pmatrix},\begin{pmatrix}1\\0\end{pmatrix}$线性相关.正确的说法是:如果有一组全不为零的数 $k_1,k_2,\cdots,k_m$,使 $k_1\boldsymbol{\alpha}_1+k_2\boldsymbol{\alpha}_2+\cdots+k_m\boldsymbol{\alpha}_m\neq\mathbf{0}$,则 $\boldsymbol{\alpha}_1,\boldsymbol{\alpha}_2,\cdots,\boldsymbol{\alpha}_m$ 有可能线性无关.

例 2.3.2　判断下述向量组是线性相关还是线性无关,如果线性相关,试找出其中一个向量,使其可由其余向量线性表示,并且写出一种表示式.

(1) $\boldsymbol{\alpha}_1=\begin{pmatrix}1\\1\\-1\\1\end{pmatrix},\quad \boldsymbol{\alpha}_2=\begin{pmatrix}1\\-1\\2\\-1\end{pmatrix},\quad \boldsymbol{\alpha}_3=\begin{pmatrix}2\\1\\0\\1\end{pmatrix}$;

(2) $\boldsymbol{\alpha}_1=\begin{pmatrix}-1\\1\\3\\1\end{pmatrix},\quad \boldsymbol{\alpha}_2=\begin{pmatrix}1\\2\\1\\1\end{pmatrix},\quad \boldsymbol{\alpha}_3=\begin{pmatrix}1\\1\\1\\1\end{pmatrix},\quad \boldsymbol{\alpha}_4=\begin{pmatrix}-3\\-2\\1\\-1\end{pmatrix}$.

分析　$\boldsymbol{\alpha}_1,\boldsymbol{\alpha}_2,\cdots,\boldsymbol{\alpha}_m$ 线性相关$\Leftrightarrow$齐次线性方程组 $x_1\boldsymbol{\alpha}_1+x_2\boldsymbol{\alpha}_2+\cdots+x_m\boldsymbol{\alpha}_m=\mathbf{0}$ 有非零解.

解　(1) 摘取齐次线性方程组 $x_1\boldsymbol{\alpha}_1+x_2\boldsymbol{\alpha}_2+x_3\boldsymbol{\alpha}_3=\mathbf{0}$ 的系数矩阵,对其施以初等行变换,有

$$(\boldsymbol{\alpha}_1,\boldsymbol{\alpha}_2,\boldsymbol{\alpha}_3)=\begin{pmatrix}1&1&2\\1&-1&1\\-1&2&0\\1&-1&1\end{pmatrix}\xrightarrow[\substack{\langle 3\rangle+\langle 2\rangle\\ \langle 2\rangle\leftrightarrow\langle 3\rangle\\ \langle 3\rangle+2\langle 2\rangle}]{\substack{\langle 2\rangle+(-1)\langle 1\rangle\\ \langle 3\rangle+\langle 1\rangle\\ \langle 4\rangle+(-1)\langle 1\rangle\\ \langle 4\rangle+(-1)\langle 2\rangle}}\begin{pmatrix}1&1&2\\0&1&1\\0&0&1\\0&0&0\end{pmatrix},$$

因为行阶梯形矩阵的非零行的个数 $r=3$(未知元的个数)，故方程组只有零解，即向量组 $\boldsymbol{\alpha}_1,\boldsymbol{\alpha}_2,\boldsymbol{\alpha}_3$ 线性无关.

(2) 摘取齐次线性方程组 $x_1\boldsymbol{\alpha}_1+x_2\boldsymbol{\alpha}_2+x_3\boldsymbol{\alpha}_3+x_4\boldsymbol{\alpha}_4=\mathbf{0}$ 的系数矩阵，对其施以初等行变换，有

$$(\boldsymbol{\alpha}_1,\boldsymbol{\alpha}_2,\boldsymbol{\alpha}_3,\boldsymbol{\alpha}_4)=\begin{pmatrix}-1&1&1&-3\\1&2&1&-2\\3&1&1&1\\1&1&1&-1\end{pmatrix}\xrightarrow[\substack{\langle 4\rangle+(-1)\langle 2\rangle\\ \langle 3\rangle\leftrightarrow\langle 4\rangle}]{\substack{\langle 2\rangle+\langle 1\rangle\\ \langle 3\rangle+3\langle 1\rangle\\ \langle 4\rangle+\langle 1\rangle\\ \langle 3\rangle+(-2)\langle 4\rangle\\ \langle 2\rangle+(-1)\langle 4\rangle\\ \frac{1}{2}\langle 4\rangle}}\begin{pmatrix}-1&1&1&-3\\0&1&0&-1\\0&0&1&-1\\0&0&0&0\end{pmatrix},$$

因为行阶梯形矩阵的非零行数 $r=3<4$(未知元的个数)，故方程组有非零解，即向量组 $\boldsymbol{\alpha}_1,\boldsymbol{\alpha}_2,\boldsymbol{\alpha}_3,\boldsymbol{\alpha}_4$ 线性相关，继续对行阶梯形矩阵施以初等行变换，将其化为简化行阶梯形矩阵，有

$$(\boldsymbol{\alpha}_1,\boldsymbol{\alpha}_2,\boldsymbol{\alpha}_3,\boldsymbol{\alpha}_4)\xrightarrow{\substack{\langle 1\rangle+(-1)\langle 3\rangle\\ \langle 1\rangle+(-1)\langle 2\rangle\\ (-1)\langle 1\rangle}}\begin{pmatrix}1&0&0&1\\0&1&0&-1\\0&0&1&-1\\0&0&0&0\end{pmatrix}.$$

从而得方程组的一般解为 $\begin{cases}x_1=-x_4,\\x_2=x_4,\\x_3=x_4,\end{cases}$ 令自由未知元 $x_4=1$，代入得 $x_1=-1,x_2=1,x_3=1$，即方程组的一个解为 $x_1=-1,x_2=1,x_3=1,x_4=1$，于是有 $-\boldsymbol{\alpha}_1+\boldsymbol{\alpha}_2+\boldsymbol{\alpha}_3+\boldsymbol{\alpha}_4=\mathbf{0}$，从而

$$\boldsymbol{\alpha}_1=\boldsymbol{\alpha}_2+\boldsymbol{\alpha}_3+\boldsymbol{\alpha}_4,\quad 或者\quad \boldsymbol{\alpha}_2=\boldsymbol{\alpha}_1-\boldsymbol{\alpha}_3-\boldsymbol{\alpha}_4，或者\ \boldsymbol{\alpha}_3=\boldsymbol{\alpha}_1-\boldsymbol{\alpha}_2-\boldsymbol{\alpha}_4\ 等.$$

注 如果仅判别向量组的线性相关性，也可以利用行列式：

(1) 因为 $\begin{vmatrix}1&1&2\\1&-1&1\\-1&2&0\end{vmatrix}=-1\neq 0$，所以向量组 $\begin{pmatrix}1\\1\\-1\end{pmatrix},\begin{pmatrix}1\\-1\\2\end{pmatrix},\begin{pmatrix}2\\1\\0\end{pmatrix}$ 线性无关，因此其延伸组 $\boldsymbol{\alpha}_1=\begin{pmatrix}1\\1\\-1\\1\end{pmatrix},\boldsymbol{\alpha}_2=\begin{pmatrix}1\\-1\\2\\-1\end{pmatrix},\boldsymbol{\alpha}_3=\begin{pmatrix}2\\1\\0\\1\end{pmatrix}$ 也线性无关. (2) 因为 $\begin{vmatrix}-1&1&1&-3\\1&2&1&-2\\3&1&1&1\\1&1&1&-1\end{vmatrix}=0$，所以向量组 $\boldsymbol{\alpha}_1,\boldsymbol{\alpha}_2,\boldsymbol{\alpha}_3,\boldsymbol{\alpha}_4$ 线性相关.

评 向量组 $\boldsymbol{\alpha}_1,\boldsymbol{\alpha}_2,\boldsymbol{\alpha}_3$ 线性无关 $\Leftrightarrow$ 齐次线性方程组 $x_1\boldsymbol{\alpha}_1+x_2\boldsymbol{\alpha}_2+x_3\boldsymbol{\alpha}_3=\mathbf{0}$ 只有零解.

例 2.3.3 如果向量组 $\boldsymbol{\alpha}_1,\boldsymbol{\alpha}_2,\boldsymbol{\alpha}_3$ 线性无关，则向量组 $\boldsymbol{\alpha}_1+\boldsymbol{\alpha}_2,\boldsymbol{\alpha}_2+\boldsymbol{\alpha}_3,\boldsymbol{\alpha}_3+\boldsymbol{\alpha}_1$ 也线性无关.

分析 可证明齐次线性方程组 $x_1(\boldsymbol{\alpha}_1+\boldsymbol{\alpha}_2)+x_2(\boldsymbol{\alpha}_2+\boldsymbol{\alpha}_3)+x_3(\boldsymbol{\alpha}_3+\boldsymbol{\alpha}_1)=\mathbf{0}$ 只有零解.

证 设 $k_1(\boldsymbol{\alpha}_1+\boldsymbol{\alpha}_2)+k_2(\boldsymbol{\alpha}_2+\boldsymbol{\alpha}_3)+k_3(\boldsymbol{\alpha}_3+\boldsymbol{\alpha}_1)=\mathbf{0}$，即

$$(k_1+k_3)\boldsymbol{\alpha}_1+(k_1+k_2)\boldsymbol{\alpha}_2+(k_2+k_3)\boldsymbol{\alpha}_3=\mathbf{0},$$

因为 $\boldsymbol{\alpha}_1,\boldsymbol{\alpha}_2,\boldsymbol{\alpha}_3$ 线性无关，所以 $\begin{cases}k_1+k_2=0,\\k_2+k_3=0,\\k_1+k_3=0,\end{cases}$ 由于该线性方程组的系数行列式 $\begin{vmatrix}1&1&0\\0&1&1\\1&0&1\end{vmatrix}=2\neq0$，因此方程组只有零解，即 $k_1=k_2=k_3=0$，从而向量组 $\boldsymbol{\alpha}_1+\boldsymbol{\alpha}_2,\boldsymbol{\alpha}_2+\boldsymbol{\alpha}_3,\boldsymbol{\alpha}_3+\boldsymbol{\alpha}_1$ 线性无关.

评　如果向量组 $\boldsymbol{\alpha}_1,\boldsymbol{\alpha}_2,\boldsymbol{\alpha}_3$ 线性无关，则向量组 $\boldsymbol{\alpha}_1+\boldsymbol{\alpha}_2,\boldsymbol{\alpha}_2+\boldsymbol{\alpha}_3,\boldsymbol{\alpha}_3+\boldsymbol{\alpha}_1$ 也线性无关.

议　如果 $\boldsymbol{\alpha}_1,\boldsymbol{\alpha}_2,\boldsymbol{\alpha}_3,\boldsymbol{\alpha}_4$ 线性无关，则向量组 $\boldsymbol{\alpha}_1+\boldsymbol{\alpha}_2,\boldsymbol{\alpha}_2+\boldsymbol{\alpha}_3,\boldsymbol{\alpha}_3+\boldsymbol{\alpha}_4,\boldsymbol{\alpha}_4+\boldsymbol{\alpha}_1$ 也线性无关吗？

事实上，设 $k_1(\boldsymbol{\alpha}_1+\boldsymbol{\alpha}_2)+k_2(\boldsymbol{\alpha}_2+\boldsymbol{\alpha}_3)+k_3(\boldsymbol{\alpha}_3+\boldsymbol{\alpha}_4)+k_4(\boldsymbol{\alpha}_4+\boldsymbol{\alpha}_1)=\mathbf{0}$，即

$$(k_1+k_4)\boldsymbol{\alpha}_1+(k_1+k_2)\boldsymbol{\alpha}_2+(k_2+k_3)\boldsymbol{\alpha}_3+(k_3+k_4)\boldsymbol{\alpha}_4=\mathbf{0}.$$

因为 $\boldsymbol{\alpha}_1,\boldsymbol{\alpha}_2,\boldsymbol{\alpha}_3,\boldsymbol{\alpha}_4$ 线性无关，所以 $\begin{cases}k_1+k_2=0,\\k_2+k_3=0,\\k_3+k_4=0,\\k_1+k_4=0,\end{cases}$ 因为此线性方程组的系数行列式 $\begin{vmatrix}1&1&0&0\\0&1&1&0\\0&0&1&1\\1&0&0&1\end{vmatrix}=0$，因此方程组有非零解，从而向量组 $\boldsymbol{\alpha}_1+\boldsymbol{\alpha}_2,\boldsymbol{\alpha}_2+\boldsymbol{\alpha}_3,\boldsymbol{\alpha}_3+\boldsymbol{\alpha}_4,\boldsymbol{\alpha}_4+\boldsymbol{\alpha}_1$ 线性相关.

类似方法可以证明下述结论：如果组 $\boldsymbol{\alpha}_1,\boldsymbol{\alpha}_2,\cdots,\boldsymbol{\alpha}_m\,(m\geqslant3)$ 线性无关，则：

当 m 为奇数时，向量组 $\boldsymbol{\alpha}_1+\boldsymbol{\alpha}_2,\boldsymbol{\alpha}_2+\boldsymbol{\alpha}_3,\cdots,\boldsymbol{\alpha}_{m-1}+\boldsymbol{\alpha}_m,\boldsymbol{\alpha}_m+\boldsymbol{\alpha}_1$ 线性无关；

当 m 为偶数时，向量组 $\boldsymbol{\alpha}_1+\boldsymbol{\alpha}_2,\boldsymbol{\alpha}_2+\boldsymbol{\alpha}_3,\cdots,\boldsymbol{\alpha}_{m-1}+\boldsymbol{\alpha}_m,\boldsymbol{\alpha}_m+\boldsymbol{\alpha}_1$ 线性相关.

例 2.3.4　设向量组 $\boldsymbol{\alpha}_1=\begin{pmatrix}1\\1\\1\end{pmatrix},\boldsymbol{\alpha}_2=\begin{pmatrix}1\\2\\3\end{pmatrix},\boldsymbol{\alpha}_3=\begin{pmatrix}1\\3\\t\end{pmatrix}$.

(1) t 为何值时，向量组 $\boldsymbol{\alpha}_1,\boldsymbol{\alpha}_2,\boldsymbol{\alpha}_3$ 线性无关？

(2) t 为何值时，向量组 $\boldsymbol{\alpha}_1,\boldsymbol{\alpha}_2,\boldsymbol{\alpha}_3$ 线性相关？

(3) 当向量组 $\boldsymbol{\alpha}_1,\boldsymbol{\alpha}_2,\boldsymbol{\alpha}_3$ 线性相关时，将 $\boldsymbol{\alpha}_3$ 表示为 $\boldsymbol{\alpha}_1,\boldsymbol{\alpha}_2$ 的线性组合.

【1989 研数三】

分析　考查齐次线性方程组 $x_1\boldsymbol{\alpha}_1+x_2\boldsymbol{\alpha}_2+x_3\boldsymbol{\alpha}_3=\mathbf{0}$ 是否有非零解.

解　对齐次线性方程组 $x_1\boldsymbol{\alpha}_1+x_2\boldsymbol{\alpha}_2+x_3\boldsymbol{\alpha}_3=\mathbf{0}$ 的系数矩阵施以初等行变换，将其化为行阶梯形矩阵，有

$$(\boldsymbol{\alpha}_1,\boldsymbol{\alpha}_2,\boldsymbol{\alpha}_3)=\begin{pmatrix}1&1&1\\1&2&3\\1&3&t\end{pmatrix}\xrightarrow[\langle3\rangle+(-2)\langle2\rangle]{\langle2\rangle+(-1)\langle1\rangle\\\langle3\rangle+(-1)\langle1\rangle}\begin{pmatrix}1&1&1\\0&1&2\\0&0&t-5\end{pmatrix}.$$

(1) 当 $t\neq5,r=3$ 时，齐次线性方程组只有零解，所以向量组 $\boldsymbol{\alpha}_1,\boldsymbol{\alpha}_2,\boldsymbol{\alpha}_3$ 线性无关.

(2) 当 $t=5,r=2<3$ 时，齐次线性方程组有非零解，所以向量组 $\boldsymbol{\alpha}_1,\boldsymbol{\alpha}_2,\boldsymbol{\alpha}_3$ 线性相关，继续对矩阵施以初等行变换，将其化为简化行阶梯形矩阵，有

$$(\boldsymbol{\alpha}_1,\boldsymbol{\alpha}_2,\boldsymbol{\alpha}_3)\xrightarrow{\langle 1\rangle+(-1)\langle 2\rangle}\begin{pmatrix}1&0&-1\\0&1&2\\0&0&0\end{pmatrix},$$

于是齐次线性方程组 $x_1\boldsymbol{\alpha}_1+x_2\boldsymbol{\alpha}_2+x_3\boldsymbol{\alpha}_3=\boldsymbol{0}$ 的一般解为 $\begin{cases}x_1=x_3,\\x_2=-2x_3,\end{cases}$ 令自由未知元 $x_3=1$，代入得方程组的一个解为 $x_1=1,x_2=-2,x_3=1$，因此 $\boldsymbol{\alpha}_1-2\boldsymbol{\alpha}_2+\boldsymbol{\alpha}_3=\boldsymbol{0}$，即 $\boldsymbol{\alpha}_3=-\boldsymbol{\alpha}_1+2\boldsymbol{\alpha}_2$.

例 2.3.5 设向量组 $\boldsymbol{\alpha}_1,\boldsymbol{\alpha}_2,\cdots,\boldsymbol{\alpha}_m(m\geqslant 2)$ 线性无关，且

$$\begin{cases}\boldsymbol{\beta}_1=a_{11}\boldsymbol{\alpha}_1+a_{12}\boldsymbol{\alpha}_2+\cdots+a_{1m}\boldsymbol{\alpha}_m,\\\boldsymbol{\beta}_2=a_{21}\boldsymbol{\alpha}_1+a_{22}\boldsymbol{\alpha}_2+\cdots+a_{2m}\boldsymbol{\alpha}_m,\\\qquad\vdots\\\boldsymbol{\beta}_m=a_{m1}\boldsymbol{\alpha}_1+a_{m2}\boldsymbol{\alpha}_2+\cdots+a_{mm}\boldsymbol{\alpha}_m,\end{cases}$$

则向量组 $\boldsymbol{\beta}_1,\boldsymbol{\beta}_2,\cdots,\boldsymbol{\beta}_m$ 线性无关的充分必要条件是 $\begin{vmatrix}a_{11}&\cdots&a_{m1}\\\vdots&&\vdots\\a_{1m}&\cdots&a_{mm}\end{vmatrix}\neq 0$.

分析 依向量组线性无关的定义求证.

证 设 $k_1\boldsymbol{\beta}_1+k_2\boldsymbol{\beta}_2+\cdots+k_m\boldsymbol{\beta}_m=\boldsymbol{0}$，即

$$k_1(a_{11}\boldsymbol{\alpha}_1+a_{12}\boldsymbol{\alpha}_2+\cdots+a_{1m}\boldsymbol{\alpha}_m)+k_2(a_{21}\boldsymbol{\alpha}_1+a_{22}\boldsymbol{\alpha}_2+\cdots+a_{2m}\boldsymbol{\alpha}_m)$$
$$+\cdots+k_m(a_{m1}\boldsymbol{\alpha}_1+a_{m2}\boldsymbol{\alpha}_2+\cdots+a_{mm}\boldsymbol{\alpha}_m)=\boldsymbol{0},$$

即

$$(k_1a_{11}+k_2a_{21}+\cdots+k_ma_{m1})\boldsymbol{\alpha}_1+(k_1a_{12}+k_2a_{22}+\cdots+k_ma_{m2})\boldsymbol{\alpha}_2$$
$$+\cdots+(k_1a_{1m}+k_2a_{2m}+\cdots+k_ma_{mm})\boldsymbol{\alpha}_m=\boldsymbol{0},$$

因为向量组 $\boldsymbol{\alpha}_1,\boldsymbol{\alpha}_2,\cdots,\boldsymbol{\alpha}_m$ 线性无关，所以

$$\begin{cases}k_1a_{11}+k_2a_{21}+\cdots+k_ma_{m1}=0,\\k_1a_{12}+k_2a_{22}+\cdots+k_ma_{m2}=0,\\\qquad\vdots\\k_1a_{1m}+k_2a_{2m}+\cdots+k_ma_{mm}=0.\end{cases}$$

上式是关于 $k_1,k_2,\cdots,k_m$ 的齐次线性方程组，其系数行列式 $\begin{vmatrix}a_{11}&\cdots&a_{m1}\\\vdots&&\vdots\\a_{1m}&\cdots&a_{mm}\end{vmatrix}\neq 0\Leftrightarrow k_1=k_2=\cdots=k_m=0\Leftrightarrow\boldsymbol{\beta}_1,\boldsymbol{\beta}_2,\cdots,\boldsymbol{\beta}_m$ 线性无关.

注 将 $\boldsymbol{\beta}_1,\boldsymbol{\beta}_2,\cdots,\boldsymbol{\beta}_m$ 替换成 $\boldsymbol{\alpha}_1,\boldsymbol{\alpha}_2,\cdots,\boldsymbol{\alpha}_m$ 的线性组合，再依 $\boldsymbol{\alpha}_1,\boldsymbol{\alpha}_2,\cdots,\boldsymbol{\alpha}_m$ 线性无关证明 $\boldsymbol{\beta}_1,\boldsymbol{\beta}_2,\cdots,\boldsymbol{\beta}_m$ 线性无关，这种方法很常用.

议 设向量组 $\boldsymbol{\alpha}_1,\boldsymbol{\alpha}_2,\cdots,\boldsymbol{\alpha}_m(m\geqslant 2)$ 线性无关，且 $\begin{cases}\boldsymbol{\beta}_1=a_{11}\boldsymbol{\alpha}_1+a_{12}\boldsymbol{\alpha}_2+\cdots+a_{1m}\boldsymbol{\alpha}_m,\\\boldsymbol{\beta}_2=a_{21}\boldsymbol{\alpha}_1+a_{22}\boldsymbol{\alpha}_2+\cdots+a_{2m}\boldsymbol{\alpha}_m,\\\qquad\vdots\\\boldsymbol{\beta}_m=a_{m1}\boldsymbol{\alpha}_1+a_{m2}\boldsymbol{\alpha}_2+\cdots+a_{mm}\boldsymbol{\alpha}_m,\end{cases}$ 则 $\boldsymbol{\beta}_1,\boldsymbol{\beta}_2,\cdots,\boldsymbol{\beta}_m$ 线性相关(无关)的充分必要条件是

$$\begin{vmatrix} a_{11} & \cdots & a_{1m} \\ \vdots & & \vdots \\ a_{m1} & \cdots & a_{mm} \end{vmatrix} = 0 \left(\begin{vmatrix} a_{11} & \cdots & a_{1m} \\ \vdots & & \vdots \\ a_{m1} & \cdots & a_{mm} \end{vmatrix} \neq 0 \right).$$

习题 2-3

1. 判断下列向量组是线性相关还是线性无关，如果线性相关，试找出其中一个向量，使得它可以由其余向量线性表示，并且写出一种表示式.

(1) $\boldsymbol{\alpha}_1 = \begin{pmatrix} -1 \\ 1 \\ 3 \\ 1 \end{pmatrix}$，$\boldsymbol{\alpha}_2 = \begin{pmatrix} 1 \\ 2 \\ 1 \\ 1 \end{pmatrix}$，$\boldsymbol{\alpha}_3 = \begin{pmatrix} 1 \\ 1 \\ 1 \\ 2 \end{pmatrix}$，$\boldsymbol{\alpha}_4 = \begin{pmatrix} -3 \\ -2 \\ 1 \\ -3 \end{pmatrix}$；

(2) $\boldsymbol{\alpha}_1 = \begin{pmatrix} 1 \\ 0 \\ 2 \end{pmatrix}$，$\boldsymbol{\alpha}_2 = \begin{pmatrix} 0 \\ 2 \\ -1 \end{pmatrix}$，$\boldsymbol{\alpha}_3 = \begin{pmatrix} 1 \\ 3 \\ 0 \end{pmatrix}$，$\boldsymbol{\alpha}_4 = \begin{pmatrix} 4 \\ 1 \\ 1 \end{pmatrix}$；

(3) $\boldsymbol{\alpha}_1 = \begin{pmatrix} 1 \\ 1 \\ -1 \\ 0 \end{pmatrix}$，$\boldsymbol{\alpha}_2 = \begin{pmatrix} 1 \\ 0 \\ 2 \\ -1 \end{pmatrix}$，$\boldsymbol{\alpha}_3 = \begin{pmatrix} 2 \\ 1 \\ 0 \\ 1 \end{pmatrix}$.

2. 如果向量组 $\boldsymbol{\alpha}_1,\boldsymbol{\alpha}_2,\boldsymbol{\alpha}_3,\boldsymbol{\alpha}_4$ 线性无关，判断向量组 $\boldsymbol{\alpha}_1+\boldsymbol{\alpha}_2,\boldsymbol{\alpha}_2-\boldsymbol{\alpha}_3,\boldsymbol{\alpha}_3+\boldsymbol{\alpha}_4,\boldsymbol{\alpha}_4-\boldsymbol{\alpha}_1$ 是否线性相关？

3. 如果向量组 $\boldsymbol{\alpha}_1,\boldsymbol{\alpha}_2,\boldsymbol{\alpha}_3,\boldsymbol{\alpha}_4$ 线性无关，证明向量组 $\boldsymbol{\alpha}_1-\boldsymbol{\alpha}_2,2\boldsymbol{\alpha}_2+\boldsymbol{\alpha}_3,\boldsymbol{\alpha}_3-2\boldsymbol{\alpha}_4,\boldsymbol{\alpha}_4-3\boldsymbol{\alpha}_1$ 线性无关.

4. 如果向量组 $\boldsymbol{\alpha}_1,\boldsymbol{\alpha}_2,\boldsymbol{\alpha}_3,\boldsymbol{\alpha}_4$ 线性无关，证明向量组

$$k_1\boldsymbol{\alpha}_1+l_2\boldsymbol{\alpha}_2,k_2\boldsymbol{\alpha}_2+l_3\boldsymbol{\alpha}_3,k_3\boldsymbol{\alpha}_3+l_4\boldsymbol{\alpha}_4,k_4\boldsymbol{\alpha}_4+l_1\boldsymbol{\alpha}_1$$

线性无关的充分必要条件是 $k_1k_2k_3k_4 \neq l_1l_2l_3l_4$.

5. 设向量组 $\boldsymbol{\alpha}_1,\boldsymbol{\alpha}_2,\boldsymbol{\alpha}_3,\boldsymbol{\alpha}_4$ 线性无关，令

$$\boldsymbol{\beta}_1=\boldsymbol{\alpha}_1+\boldsymbol{\alpha}_2+\boldsymbol{\alpha}_3+\boldsymbol{\alpha}_4,\boldsymbol{\beta}_2=2\boldsymbol{\alpha}_1-\boldsymbol{\alpha}_2+3\boldsymbol{\alpha}_3+\boldsymbol{\alpha}_4,$$
$$\boldsymbol{\beta}_3=\boldsymbol{\alpha}_1+\boldsymbol{\alpha}_2-2\boldsymbol{\alpha}_3+3\boldsymbol{\alpha}_4,\boldsymbol{\beta}_4=-\boldsymbol{\alpha}_1+\boldsymbol{\alpha}_2+2\boldsymbol{\alpha}_3+\boldsymbol{\alpha}_4,$$

判断向量组 $\boldsymbol{\beta}_1,\boldsymbol{\beta}_2,\boldsymbol{\beta}_3,\boldsymbol{\beta}_4$ 是否线性无关.

2.4　向量组的秩

在上一节中知，如果向量组 $\boldsymbol{\alpha}_1,\boldsymbol{\alpha}_2,\cdots,\boldsymbol{\alpha}_m$ 线性无关，则向量 $\boldsymbol{\beta}$ 能由向量组 $\boldsymbol{\alpha}_1,\boldsymbol{\alpha}_2,\cdots,\boldsymbol{\alpha}_m$ 线性表示的充分必要条件是 $\boldsymbol{\alpha}_1,\boldsymbol{\alpha}_2,\cdots,\boldsymbol{\alpha}_m,\boldsymbol{\beta}$ 线性相关. 如果向量组 $\boldsymbol{\alpha}_1,\boldsymbol{\alpha}_2,\cdots,\boldsymbol{\alpha}_m$ 线性相关，如何判别 $\boldsymbol{\beta}$ 能否由 $\boldsymbol{\alpha}_1,\boldsymbol{\alpha}_2,\cdots,\boldsymbol{\alpha}_m$ 线性表示？

1. 内容要点与评注

定义 1　向量组的一个部分组称为它的一个**极大线性无关组**，如果这个部分组是线性

无关的，但是从这个向量组的其余向量（如果有的话）中任取一个向量添加到该部分组中，所得的新部分组都线性相关.

在 n 维向量空间 F^n 中，向量组 $\boldsymbol{\varepsilon}_1=\begin{pmatrix}1\\0\\0\\\vdots\\0\end{pmatrix},\boldsymbol{\varepsilon}_2=\begin{pmatrix}0\\1\\0\\\vdots\\0\end{pmatrix},\cdots,\boldsymbol{\varepsilon}_n=\begin{pmatrix}0\\0\\0\\\vdots\\1\end{pmatrix}$ 线性无关. 又任意 $n+1$ 个 n 维向量必线性相关，所以 $\boldsymbol{\varepsilon}_1,\boldsymbol{\varepsilon}_2,\cdots,\boldsymbol{\varepsilon}_n$ 为 F^n 的一个极大线性无关组. 此时任一向量 $\boldsymbol{\alpha}=\begin{pmatrix}a_1\\a_2\\\vdots\\a_n\end{pmatrix}$ 可由 $\boldsymbol{\varepsilon}_1,\boldsymbol{\varepsilon}_2,\cdots,\boldsymbol{\varepsilon}_n$ 线性表示为

$$\begin{pmatrix}a_1\\a_2\\\vdots\\a_n\end{pmatrix}=a_1\begin{pmatrix}1\\0\\0\\\vdots\\0\end{pmatrix}+a_2\begin{pmatrix}0\\1\\0\\\vdots\\0\end{pmatrix}+\cdots+a_n\begin{pmatrix}0\\0\\0\\\vdots\\1\end{pmatrix}，即\ \boldsymbol{\alpha}=a_1\boldsymbol{\varepsilon}_1+a_2\boldsymbol{\varepsilon}_2+\cdots+a_n\boldsymbol{\varepsilon}_n.$$

依 2.3 节命题 1，向量组的一个部分组称为它的一个极大线性无关组，如果这个部分组是线性无关的，但是从这个向量组的其余向量（如果有的话）中任取一个向量都可由该部分组线性表示.

定义 2 设 n 维向量组Ⅰ：$\boldsymbol{\alpha}_1,\boldsymbol{\alpha}_2,\cdots,\boldsymbol{\alpha}_s$ 与向量组Ⅱ：$\boldsymbol{\beta}_1,\boldsymbol{\beta}_2,\cdots,\boldsymbol{\beta}_t$. 如果Ⅰ中每个 $\boldsymbol{\alpha}_i(i=1,2,\cdots,s)$ 都可由Ⅱ线性表示，则称Ⅰ可由Ⅱ线性表示. 如果Ⅰ与Ⅱ可以相互线性表示，则称Ⅰ与Ⅱ**等价**，记作

$$\{\boldsymbol{\alpha}_1,\boldsymbol{\alpha}_2,\cdots,\boldsymbol{\alpha}_s\}\cong\{\boldsymbol{\beta}_1,\boldsymbol{\beta}_2,\cdots,\boldsymbol{\beta}_t\}.$$

可以证明，向量组的等价关系具有下述性质：对于 n 维向量组Ⅰ，Ⅱ，Ⅲ，有

(1) 反身性：任一向量组都与自身等价；

(2) 对称性：如果Ⅰ与Ⅱ等价，则Ⅱ与Ⅰ等价；

(3) 传递性：如果Ⅰ与Ⅱ等价，Ⅱ与Ⅲ等价，则Ⅰ与Ⅲ等价.

命题 1 向量组与其极大线性无关组等价.

推论 2 向量组的任意两个极大线性无关组等价.

推论 3 向量 $\boldsymbol{\beta}$ 可由向量组 $\boldsymbol{\alpha}_1,\boldsymbol{\alpha}_2,\cdots,\boldsymbol{\alpha}_m$ 线性表示的充分必要条件是 $\boldsymbol{\beta}$ 可由向量组 $\boldsymbol{\alpha}_1,\boldsymbol{\alpha}_2,\cdots,\boldsymbol{\alpha}_m$ 的一个极大线性无关组线性表示.

定理 4 设向量组 $\boldsymbol{\beta}_1,\boldsymbol{\beta}_2,\cdots,\boldsymbol{\beta}_t$ 可由向量组 $\boldsymbol{\alpha}_1,\boldsymbol{\alpha}_2,\cdots,\boldsymbol{\alpha}_s$ 线性表示，且 $t>s$，则向量组 $\boldsymbol{\beta}_1,\boldsymbol{\beta}_2,\cdots,\boldsymbol{\beta}_t$ 线性相关.

证 如果向量组 $\boldsymbol{\alpha}_1,\boldsymbol{\alpha}_2,\cdots,\boldsymbol{\alpha}_s$ 没有极大线性无关组，该向量组只含零向量，依题设，向量组 $\boldsymbol{\beta}_1,\boldsymbol{\beta}_2,\cdots,\boldsymbol{\beta}_t$ 只含零向量，结论成立.

如果向量组 $\boldsymbol{\alpha}_1,\boldsymbol{\alpha}_2,\cdots,\boldsymbol{\alpha}_s$ 有极大线性无关组，不妨设其为 $\boldsymbol{\alpha}_{i_1},\boldsymbol{\alpha}_{i_2},\cdots,\boldsymbol{\alpha}_{i_r}(r\leqslant s)$，依题设及推论 3，向量组 $\boldsymbol{\beta}_1,\boldsymbol{\beta}_2,\cdots,\boldsymbol{\beta}_t$ 可由 $\boldsymbol{\alpha}_{i_1},\boldsymbol{\alpha}_{i_2},\cdots,\boldsymbol{\alpha}_{i_r}$ 线性表示为

$$\begin{cases}\boldsymbol{\beta}_1=l_{11}\boldsymbol{\alpha}_{i_1}+l_{12}\boldsymbol{\alpha}_{i_2}+\cdots+l_{1r}\boldsymbol{\alpha}_{i_r},\\ \boldsymbol{\beta}_2=l_{21}\boldsymbol{\alpha}_{i_1}+l_{22}\boldsymbol{\alpha}_{i_2}+\cdots+l_{2r}\boldsymbol{\alpha}_{i_r},\\ \qquad\vdots\\ \boldsymbol{\beta}_t=l_{t1}\boldsymbol{\alpha}_{i_1}+l_{t2}\boldsymbol{\alpha}_{i_2}+\cdots+l_{tr}\boldsymbol{\alpha}_{i_r},\end{cases}$$

设 $k_1\boldsymbol{\beta}_1+k_2\boldsymbol{\beta}_2+\cdots+k_t\boldsymbol{\beta}_t=\mathbf{0}$,将上式代入,有

$$k_1(l_{11}\boldsymbol{\alpha}_{i_1}+l_{12}\boldsymbol{\alpha}_{i_2}+\cdots+l_{1r}\boldsymbol{\alpha}_{i_r})+k_2(l_{21}\boldsymbol{\alpha}_{i_1}+l_{22}\boldsymbol{\alpha}_{i_2}+\cdots+l_{2r}\boldsymbol{\alpha}_{i_r})+\cdots+k_t(l_{t1}\boldsymbol{\alpha}_{i_1}+l_{t2}\boldsymbol{\alpha}_{i_2}+\cdots+l_{tr}\boldsymbol{\alpha}_{i_r})=\mathbf{0},$$

即

$$(k_1l_{11}+k_2l_{21}+\cdots+k_tl_{t1})\boldsymbol{\alpha}_{i_1}+(k_1l_{12}+k_2l_{22}+\cdots+k_tl_{t2})\boldsymbol{\alpha}_{i_2}+\cdots+(k_1l_{1r}+k_2l_{2r}+\cdots+k_tl_{tr})\boldsymbol{\alpha}_{i_r}=\mathbf{0}.$$

又因为极大线性无关组 $\boldsymbol{\alpha}_{i_1},\boldsymbol{\alpha}_{i_2},\cdots,\boldsymbol{\alpha}_{i_r}$ 线性无关,所以

$$\begin{cases}k_1l_{11}+k_2l_{21}+\cdots+k_tl_{t1}=0,\\ k_1l_{12}+k_2l_{22}+\cdots+k_tl_{t2}=0,\\ \qquad\vdots\\ k_1l_{1r}+k_2l_{2r}+\cdots+k_tl_{tr}=0.\end{cases}$$

上式可理解为以 $k_1,k_2,\cdots,k_t$ 为未知元的齐次线性方程组,依定理条件,$r\leqslant s<t$,所以方程组有非零解,从而向量组 $\boldsymbol{\beta}_1,\boldsymbol{\beta}_2,\cdots,\boldsymbol{\beta}_t$ 线性相关. ◆

推论 5 设向量组 $\boldsymbol{\beta}_1,\boldsymbol{\beta}_2,\cdots,\boldsymbol{\beta}_t$ 可由向量组 $\boldsymbol{\alpha}_1,\boldsymbol{\alpha}_2,\cdots,\boldsymbol{\alpha}_s$ 线性表示,如果 $\boldsymbol{\beta}_1,\boldsymbol{\beta}_2,\cdots,\boldsymbol{\beta}_t$ 线性无关,则 $t\leqslant s$.

推论 6 等价的线性无关向量组所含向量的个数相等.

推论 7 向量组的任意两个极大线性无关组所含向量的个数相等.

定义 3 向量组的极大线性无关组所含向量的个数称为**向量组的秩**,向量组 $\boldsymbol{\alpha}_1,\boldsymbol{\alpha}_2,\cdots,\boldsymbol{\alpha}_s$ 的秩记作 $\operatorname{rank}\{\boldsymbol{\alpha}_1,\boldsymbol{\alpha}_2,\cdots,\boldsymbol{\alpha}_s\}$.

因为全由零向量组成的向量组没有极大线性无关组,规定其秩为 0.

作为向量组,显然 n 维向量空间 F^n 的秩为 n.

推论 8 向量组线性无关的充分必要条件是它的秩等于其所含向量的个数.

命题 9 向量组线性相关的充分必要条件是它的秩小于其所含向量的个数.

命题 10 如果向量组 $\boldsymbol{\alpha}_1,\boldsymbol{\alpha}_2,\cdots,\boldsymbol{\alpha}_s$ 可由向量组 $\boldsymbol{\beta}_1,\boldsymbol{\beta}_2,\cdots,\boldsymbol{\beta}_t$ 线性表示,则

$$\operatorname{rank}\{\boldsymbol{\alpha}_1,\boldsymbol{\alpha}_2,\cdots,\boldsymbol{\alpha}_s\}\leqslant\operatorname{rank}\{\boldsymbol{\beta}_1,\boldsymbol{\beta}_2,\cdots,\boldsymbol{\beta}_t\}.$$

证 设向量组 $\boldsymbol{\alpha}_1,\boldsymbol{\alpha}_2,\cdots,\boldsymbol{\alpha}_s$ 可由向量组 $\boldsymbol{\beta}_1,\boldsymbol{\beta}_2,\cdots,\boldsymbol{\beta}_t$ 线性表示,如果 $\boldsymbol{\beta}_1,\boldsymbol{\beta}_2,\cdots,\boldsymbol{\beta}_t$ 只含零向量,则 $\boldsymbol{\alpha}_1,\boldsymbol{\alpha}_2,\cdots,\boldsymbol{\alpha}_s$ 也只含零向量,结论成立. 下面设 $\boldsymbol{\beta}_1,\boldsymbol{\beta}_2,\cdots,\boldsymbol{\beta}_t$ 含非零向量,即有极大线性无关组,由推论 3,$\boldsymbol{\alpha}_1,\boldsymbol{\alpha}_2,\cdots,\boldsymbol{\alpha}_s$ 可由 $\boldsymbol{\beta}_1,\boldsymbol{\beta}_2,\cdots,\boldsymbol{\beta}_t$ 的极大线性无关组线性表示,因此 $\boldsymbol{\alpha}_1,\boldsymbol{\alpha}_2,\cdots,\boldsymbol{\alpha}_s$ 的极大线性无关组可由 $\boldsymbol{\beta}_1,\boldsymbol{\beta}_2,\cdots,\boldsymbol{\beta}_t$ 的极大线性无关组线性表示,依推论 5,有

$$\operatorname{rank}\{\boldsymbol{\alpha}_1,\boldsymbol{\alpha}_2,\cdots,\boldsymbol{\alpha}_s\}\leqslant\operatorname{rank}\{\boldsymbol{\beta}_1,\boldsymbol{\beta}_2,\cdots,\boldsymbol{\beta}_t\}.$$ ◆

推论 11 等价的向量组有相等的秩.

注 秩相等的同维向量组未必等价. 例如

$$\boldsymbol{\varepsilon}_1=\begin{pmatrix}1\\0\\0\\0\end{pmatrix},\quad \boldsymbol{\varepsilon}_2=\begin{pmatrix}0\\1\\0\\0\end{pmatrix},\quad \boldsymbol{\varepsilon}_3=\begin{pmatrix}0\\0\\1\\0\end{pmatrix},\quad \varepsilon_4=\begin{pmatrix}0\\0\\0\\1\end{pmatrix},$$

尽管 $\text{rank}\{\boldsymbol{\varepsilon}_1,\boldsymbol{\varepsilon}_2\}=2=\text{rank}\{\boldsymbol{\varepsilon}_3,\boldsymbol{\varepsilon}_4\}$，但是向量组 $\boldsymbol{\varepsilon}_1,\boldsymbol{\varepsilon}_2$ 与 $\boldsymbol{\varepsilon}_3,\boldsymbol{\varepsilon}_4$ 不能互为线性表示，因此它们不等价.

定理 12 向量组的任一无关部分组都可以扩充成该向量组的一个极大线性无关组.

证 设向量组 $\boldsymbol{\alpha}_1,\boldsymbol{\alpha}_2,\cdots,\boldsymbol{\alpha}_m$ 的一个线性无关部分组 $\boldsymbol{\alpha}_{i_1},\boldsymbol{\alpha}_{i_2},\cdots,\boldsymbol{\alpha}_{i_s}$.

如果 $s=m$，则 $\boldsymbol{\alpha}_{i_1},\boldsymbol{\alpha}_{i_2},\cdots,\boldsymbol{\alpha}_{i_s}$ 就是 $\boldsymbol{\alpha}_1,\boldsymbol{\alpha}_2,\cdots,\boldsymbol{\alpha}_m$ 的一个极大线性无关组.

如果 $s<m$，且 $\boldsymbol{\alpha}_{i_1},\boldsymbol{\alpha}_{i_2},\cdots,\boldsymbol{\alpha}_{i_s}$ 就是 $\boldsymbol{\alpha}_1,\boldsymbol{\alpha}_2,\cdots,\boldsymbol{\alpha}_m$ 的一个极大线性无关组，结论得证. 否则，依定义，在 $\boldsymbol{\alpha}_1,\boldsymbol{\alpha}_2,\cdots,\boldsymbol{\alpha}_m$ 中存在一个向量 $\boldsymbol{\alpha}_{i_{s+1}}$，$\boldsymbol{\alpha}_{i_{s+1}}$ 不能由 $\boldsymbol{\alpha}_{i_1},\boldsymbol{\alpha}_{i_2},\cdots,\boldsymbol{\alpha}_{i_s}$ 线性表示，依 2.3 节命题 1，满足 $\boldsymbol{\alpha}_{i_1},\boldsymbol{\alpha}_{i_2},\cdots,\boldsymbol{\alpha}_{i_s},\boldsymbol{\alpha}_{i_{s+1}}$ 线性无关，如果 $\boldsymbol{\alpha}_{i_1},\boldsymbol{\alpha}_{i_2},\cdots,\boldsymbol{\alpha}_{i_s},\boldsymbol{\alpha}_{i_{s+1}}$ 是 $\boldsymbol{\alpha}_1,\boldsymbol{\alpha}_2,\cdots,\boldsymbol{\alpha}_m$ 的一个极大线性无关组，结论得证. 否则，同理在 $\boldsymbol{\alpha}_1,\boldsymbol{\alpha}_2,\cdots,\boldsymbol{\alpha}_m$ 中存在一个向量 $\boldsymbol{\alpha}_{i_{s+2}}$，满足 $\boldsymbol{\alpha}_{i_1},\boldsymbol{\alpha}_{i_2},\cdots,\boldsymbol{\alpha}_{i_s},\boldsymbol{\alpha}_{i_{s+1}},\boldsymbol{\alpha}_{i_{s+2}}$ 线性无关，如此继续下去，但是这个过程不可能无限进行（总共有 m 个向量），直到某一步止，此时所得的线性无关组 $\boldsymbol{\alpha}_{i_1},\boldsymbol{\alpha}_{i_2},\cdots,\boldsymbol{\alpha}_{i_s},\boldsymbol{\alpha}_{i_{s+1}},\boldsymbol{\alpha}_{i_{s+2}},\cdots,\boldsymbol{\alpha}_{i_r}$ 就是 $\boldsymbol{\alpha}_1,\boldsymbol{\alpha}_2,\cdots,\boldsymbol{\alpha}_m$ 的一个极大线性无关组.

2. 典型例题

例 2.4.1 求向量组 $\boldsymbol{\alpha}_1,\boldsymbol{\alpha}_2,\boldsymbol{\alpha}_3,\boldsymbol{\alpha}_4$ 的一个极大线性无关组和秩，如果除极大线性无关组，还有其余向量，试用该极大线性无关组线性表示其余向量.

$$\boldsymbol{\alpha}_1=\begin{pmatrix}-1\\3\\2\\0\end{pmatrix},\quad \boldsymbol{\alpha}_2=\begin{pmatrix}4\\1\\2\\-3\end{pmatrix},\quad \boldsymbol{\alpha}_3=\begin{pmatrix}6\\2\\4\\-2\end{pmatrix},\quad \boldsymbol{\alpha}_4=\begin{pmatrix}3\\-2\\0\\1\end{pmatrix}.$$

分析 依极大线性无关组的定义，它是向量组的线性无关部分组，其次所含向量的个数达到“极大”，即再添加一个向量就线性相关. 以 $\boldsymbol{\alpha}_1,\boldsymbol{\alpha}_2,\boldsymbol{\alpha}_3,\boldsymbol{\alpha}_4$ 为未知元的系数列构成齐次线性方程组，以此方程组的非零解求表示式.

解 因为 $\begin{vmatrix}-1&4\\3&1\end{vmatrix}=-13\neq0$，所以 $\begin{pmatrix}-1\\3\end{pmatrix},\begin{pmatrix}4\\1\end{pmatrix}$ 线性无关，进而延伸组 $\boldsymbol{\alpha}_1,\boldsymbol{\alpha}_2$ 线性无关.

又因为 $\begin{vmatrix}-1&4&6\\3&1&2\\2&2&4\end{vmatrix}=-8\neq0$，所以 $\begin{pmatrix}-1\\3\\2\end{pmatrix},\begin{pmatrix}4\\1\\2\end{pmatrix},\begin{pmatrix}6\\2\\4\end{pmatrix}$ 线性无关，进而延伸组 $\boldsymbol{\alpha}_1,\boldsymbol{\alpha}_2,\boldsymbol{\alpha}_3$ 线性无关，而 $\begin{vmatrix}-1&4&6&3\\3&1&2&-2\\2&2&4&0\\0&-3&-2&1\end{vmatrix}=\begin{vmatrix}-1&4&6&3\\0&1&4&3\\0&0&2&2\\0&0&-8&-8\end{vmatrix}=0$，所以向量组 $\boldsymbol{\alpha}_1,\boldsymbol{\alpha}_2,\boldsymbol{\alpha}_3,\boldsymbol{\alpha}_4$ 线性相关，因此 $\boldsymbol{\alpha}_1,\boldsymbol{\alpha}_2,\boldsymbol{\alpha}_3$ 是向量组的一个极大线性无关组，从而 $\text{rank}\{\boldsymbol{\alpha}_1,\boldsymbol{\alpha}_2,\boldsymbol{\alpha}_3,\boldsymbol{\alpha}_4\}=3$.

设 $x_1\boldsymbol{\alpha}_1+x_2\boldsymbol{\alpha}_2+x_3\boldsymbol{\alpha}_3+x_4\boldsymbol{\alpha}_4=\mathbf{0}$，对齐次线性方程组的系数矩阵施以初等行变换，将

其化为简化行阶梯形矩阵,有

$$(\boldsymbol{\alpha}_1,\boldsymbol{\alpha}_2,\boldsymbol{\alpha}_3,\boldsymbol{\alpha}_4)=\begin{pmatrix}-1&4&6&3\\3&1&2&-2\\2&2&4&0\\0&-3&-2&1\end{pmatrix}\xrightarrow[\substack{\langle 1\rangle+(-6)\langle 3\rangle\\ \langle 1\rangle+(-4)\langle 2\rangle\\ (-1)\langle 1\rangle}]{\substack{\langle 2\rangle+3\langle 1\rangle\\ \langle 3\rangle+2\langle 1\rangle\\ \langle 2\rangle+4\langle 4\rangle\\ \langle 3\rangle+3\langle 4\rangle\\ \langle 3\rangle+(-1)\langle 2\rangle\\ \langle 4\rangle+3\langle 2\rangle\\ \left(-\frac{1}{2}\right)\langle 3\rangle\\ \langle 2\rangle+(-12)\langle 3\rangle}}\begin{pmatrix}1&0&0&-1\\0&1&0&-1\\0&0&1&1\\0&0&0&0\end{pmatrix},$$

方程组的一般解为$\begin{cases}x_1=x_4,\\x_2=x_4,\\x_3=-x_4,\end{cases}$　令自由未知元 $x_4=1$,代入得 $x_1=x_2=1,x_3=-1$,即 $\boldsymbol{\alpha}_1+\boldsymbol{\alpha}_2-\boldsymbol{\alpha}_3+\boldsymbol{\alpha}_4=\boldsymbol{0}$,从而 $\boldsymbol{\alpha}_4=-\boldsymbol{\alpha}_1-\boldsymbol{\alpha}_2+\boldsymbol{\alpha}_3$.

注　向量组如果有极大线性无关组,其极大线性无关组可能不唯一.事实上,本例的极大线性无关组还有:$\boldsymbol{\alpha}_1,\boldsymbol{\alpha}_2,\boldsymbol{\alpha}_4$;$\boldsymbol{\alpha}_1,\boldsymbol{\alpha}_3,\boldsymbol{\alpha}_4$;$\boldsymbol{\alpha}_2,\boldsymbol{\alpha}_3,\boldsymbol{\alpha}_4$.

评　设最后一步简化行阶梯形矩阵的列向量为 $\boldsymbol{\beta}_1,\boldsymbol{\beta}_2,\boldsymbol{\beta}_3,\boldsymbol{\beta}_4$,则 $\boldsymbol{\beta}_4=-\boldsymbol{\beta}_1-\boldsymbol{\beta}_2+\boldsymbol{\beta}_3$,经验证与 $\boldsymbol{\alpha}_1,\boldsymbol{\alpha}_2,\boldsymbol{\alpha}_3,\boldsymbol{\alpha}_4$ 的线性关系一致,这说明对矩阵施以初等行变换,不改变列向量间的线性关系.

例 2.4.2　证明在向量空间 F^n 中,n 个向量 $\boldsymbol{\alpha}_1,\boldsymbol{\alpha}_2,\cdots,\boldsymbol{\alpha}_n$ 线性无关的充分必要条件是任一向量都可由 $\boldsymbol{\alpha}_1,\boldsymbol{\alpha}_2,\cdots,\boldsymbol{\alpha}_n$ 线性表示.

分析　必要性显然成立.关于充分性,可考虑向量组 $\boldsymbol{\varepsilon}_1=\begin{pmatrix}1\\0\\0\\\vdots\\0\end{pmatrix},\boldsymbol{\varepsilon}_2=\begin{pmatrix}0\\1\\0\\\vdots\\0\end{pmatrix},\cdots,\boldsymbol{\varepsilon}_n=\begin{pmatrix}0\\0\\0\\\vdots\\1\end{pmatrix}$,需证 $\{\boldsymbol{\alpha}_1,\boldsymbol{\alpha}_2,\cdots,\boldsymbol{\alpha}_n\}\cong\{\boldsymbol{\varepsilon}_1,\boldsymbol{\varepsilon}_2,\cdots,\boldsymbol{\varepsilon}_n\}$.

证　必要性.设 $\boldsymbol{\alpha}_1,\boldsymbol{\alpha}_2,\cdots,\boldsymbol{\alpha}_n$ 线性无关,任取 $\boldsymbol{\beta}\in F^n$,因为 $n+1$ 个 n 维向量必线性相关,所以 $\boldsymbol{\alpha}_1,\boldsymbol{\alpha}_2,\cdots,\boldsymbol{\alpha}_n,\boldsymbol{\beta}$ 线性相关,由 2.3 节命题 1,$\boldsymbol{\beta}$ 可由 $\boldsymbol{\alpha}_1,\boldsymbol{\alpha}_2,\cdots,\boldsymbol{\alpha}_n$ 线性表示.

充分性.设任一 n 维向量都可由 $\boldsymbol{\alpha}_1,\boldsymbol{\alpha}_2,\cdots,\boldsymbol{\alpha}_n$ 线性表示,则 $\boldsymbol{\varepsilon}_1,\boldsymbol{\varepsilon}_2,\cdots,\boldsymbol{\varepsilon}_n$ 也可由 $\boldsymbol{\alpha}_1,\boldsymbol{\alpha}_2,\cdots,\boldsymbol{\alpha}_n$ 线性表示.又显然 $\boldsymbol{\alpha}_1,\boldsymbol{\alpha}_2,\cdots,\boldsymbol{\alpha}_n$ 可由 $\boldsymbol{\varepsilon}_1,\boldsymbol{\varepsilon}_2,\cdots,\boldsymbol{\varepsilon}_n$ 线性表示,依定义得

$$\{\boldsymbol{\alpha}_1,\boldsymbol{\alpha}_2,\cdots,\boldsymbol{\alpha}_n\}\cong\{\boldsymbol{\varepsilon}_1,\boldsymbol{\varepsilon}_2,\cdots,\boldsymbol{\varepsilon}_n\},$$

依推论 11,$\operatorname{rank}\{\boldsymbol{\alpha}_1,\boldsymbol{\alpha}_2,\cdots,\boldsymbol{\alpha}_n\}=\operatorname{rank}\{\boldsymbol{\varepsilon}_1,\boldsymbol{\varepsilon}_2,\cdots,\boldsymbol{\varepsilon}_n\}=n$,即 $\boldsymbol{\alpha}_1,\boldsymbol{\alpha}_2,\cdots,\boldsymbol{\alpha}_n$ 的秩等于所含向量的个数,依命题 8,向量组 $\boldsymbol{\alpha}_1,\boldsymbol{\alpha}_2,\cdots,\boldsymbol{\alpha}_n$ 必线性无关.

注　论证 $\{\boldsymbol{\alpha}_1,\boldsymbol{\alpha}_2,\cdots,\boldsymbol{\alpha}_n\}\cong\{\boldsymbol{\varepsilon}_1,\boldsymbol{\varepsilon}_2,\cdots,\boldsymbol{\varepsilon}_n\}$ 是本例的一个技巧.

评　对于任一 $\boldsymbol{\beta}\in F^n$ 中,如果都可由 $\boldsymbol{\alpha}_1,\boldsymbol{\alpha}_2,\cdots,\boldsymbol{\alpha}_n$ 线性表示,则 $\boldsymbol{\alpha}_1,\boldsymbol{\alpha}_2,\cdots,\boldsymbol{\alpha}_n$ 线性无关,且可视其为 F^n 的一个极大线性无关组.

例 2.4.3　设向量组 $\boldsymbol{\alpha}_1,\boldsymbol{\alpha}_2,\cdots,\boldsymbol{\alpha}_m$ 的秩为 $r(r\geqslant 1)$,则 $\boldsymbol{\alpha}_1,\boldsymbol{\alpha}_2,\cdots,\boldsymbol{\alpha}_m$ 中任意 r 个线性无关的向量都是它的一个极大线性无关组.

分析 可利用反证法,假设存在 $\boldsymbol{\alpha}_1,\boldsymbol{\alpha}_2,\cdots,\boldsymbol{\alpha}_m$ 中 r 个线性无关的向量不是极大线性无关组,则在 $\boldsymbol{\alpha}_1,\boldsymbol{\alpha}_2,\cdots,\boldsymbol{\alpha}_m$ 中必存在另一个向量,使这 $r+1$ 向量线性无关.

证法 1 设 $\boldsymbol{\alpha}_{i_1},\boldsymbol{\alpha}_{i_2},\cdots,\boldsymbol{\alpha}_{i_r}$ 为 $\boldsymbol{\alpha}_1,\boldsymbol{\alpha}_2,\cdots,\boldsymbol{\alpha}_m$ 中任意 r 个线性无关的向量,如果 $\boldsymbol{\alpha}_{i_1}$,$\boldsymbol{\alpha}_{i_2},\cdots,\boldsymbol{\alpha}_{i_r}$ 不是极大线性无关组,则依定义,在 $\boldsymbol{\alpha}_1,\boldsymbol{\alpha}_2,\cdots,\boldsymbol{\alpha}_m$ 中必存在一个向量 $\boldsymbol{\alpha}_{i_{r+1}}$,有 $\boldsymbol{\alpha}_{i_1},\boldsymbol{\alpha}_{i_2},\cdots,\boldsymbol{\alpha}_{i_r},\boldsymbol{\alpha}_{i_{r+1}}$ 线性无关,这意味着在 $\boldsymbol{\alpha}_1,\boldsymbol{\alpha}_2,\cdots,\boldsymbol{\alpha}_m$ 中存在 $r+1$ 个线性无关的向量,这与 $\text{rank}\{\boldsymbol{\alpha}_1,\boldsymbol{\alpha}_2,\cdots,\boldsymbol{\alpha}_m\}=r$ 矛盾!

证法 2 设 $\boldsymbol{\alpha}_{j_1},\boldsymbol{\alpha}_{j_2},\cdots,\boldsymbol{\alpha}_{j_r}$ 为 $\boldsymbol{\alpha}_1,\boldsymbol{\alpha}_2,\cdots,\boldsymbol{\alpha}_m$ 的一个极大线性无关组,$\boldsymbol{\alpha}_{i_1},\boldsymbol{\alpha}_{i_2},\cdots,\boldsymbol{\alpha}_{i_r}$ 为 $\boldsymbol{\alpha}_1,\boldsymbol{\alpha}_2,\cdots,\boldsymbol{\alpha}_m$ 中任意 r 个线性无关的向量,在其余向量中任取一向量 $\boldsymbol{\alpha}_{i_{r+1}}$,则 $\boldsymbol{\alpha}_{i_1}$,$\boldsymbol{\alpha}_{i_2},\cdots,\boldsymbol{\alpha}_{i_r},\boldsymbol{\alpha}_{i_{r+1}}$ 可由 $\boldsymbol{\alpha}_{j_1},\boldsymbol{\alpha}_{j_2},\cdots,\boldsymbol{\alpha}_{j_r}$ 线性表示,且 $r+1>r$,依定理 4,$\boldsymbol{\alpha}_{i_1},\boldsymbol{\alpha}_{i_2},\cdots,\boldsymbol{\alpha}_{i_r}$,$\boldsymbol{\alpha}_{i_{r+1}}$ 线性相关,依定义,$\boldsymbol{\alpha}_{i_1},\boldsymbol{\alpha}_{i_2},\cdots,\boldsymbol{\alpha}_{i_r}$ 为 $\boldsymbol{\alpha}_1,\boldsymbol{\alpha}_2,\cdots,\boldsymbol{\alpha}_m$ 的一个极大线性无关组.

注 向量组 $\boldsymbol{\alpha}_{i_1},\boldsymbol{\alpha}_{i_2},\cdots,\boldsymbol{\alpha}_{i_r},\boldsymbol{\alpha}_{i_{r+1}}$ 可由向量组 $\boldsymbol{\alpha}_{j_1},\boldsymbol{\alpha}_{j_2},\cdots,\boldsymbol{\alpha}_{j_r}$ 线性表示,则 $\boldsymbol{\alpha}_{i_1},\cdots$,$\boldsymbol{\alpha}_{i_r},\boldsymbol{\alpha}_{i_{r+1}}$ 必线性相关.

评 向量组的秩为 $r(r\geqslant 1)$,则其中任意 r 个线性无关的向量都是它的一个极大线性无关组.

例 2.4.4 设向量组Ⅰ与向量组Ⅱ有相等的秩,并且Ⅰ可由Ⅱ线性表示,则Ⅰ与Ⅱ等价.

分析 以向量组Ⅰ与Ⅱ中全部向量构成新向量组{Ⅰ,Ⅱ},要证Ⅱ≅{Ⅰ,Ⅱ}≅Ⅰ.

证 如果向量组 rank{Ⅰ}=rank{Ⅱ}=0,则两个向量组都只含零向量,因此两向量组等价.

如果向量组 rank{Ⅰ}=rank{Ⅱ}$=r>0$,由两个向量组的全部向量组成一个新的向量组,记作{Ⅰ,Ⅱ},依题设,{Ⅰ,Ⅱ}可由Ⅱ线性表示. 又显然Ⅱ可由{Ⅰ,Ⅱ}线性表示,所以{Ⅰ,Ⅱ}≅Ⅱ,依推论 11,rank{Ⅰ,Ⅱ}=rank{Ⅱ}$=r$. 不妨设 $\boldsymbol{\alpha}_{i_1},\boldsymbol{\alpha}_{i_2},\cdots,\boldsymbol{\alpha}_{i_r}$ 是向量组Ⅰ的一个极大线性无关组,则它们也是{Ⅰ,Ⅱ}中 r 个线性无关的向量,且所含向量个数 $r=$ rank{Ⅰ,Ⅱ},所以 $\boldsymbol{\alpha}_{i_1},\boldsymbol{\alpha}_{i_2},\cdots,\boldsymbol{\alpha}_{i_r}$ 也是{Ⅰ,Ⅱ}的一个极大线性无关组,于是 $\{\boldsymbol{\alpha}_{i_1},\boldsymbol{\alpha}_{i_2},\cdots,\boldsymbol{\alpha}_{i_r}\}$≅{Ⅰ,Ⅱ}. 又 $\{\boldsymbol{\alpha}_{i_1},\boldsymbol{\alpha}_{i_2},\cdots,\boldsymbol{\alpha}_{i_r}\}$≅Ⅰ,所以Ⅰ≅{Ⅰ,Ⅱ},从而Ⅰ≅{Ⅰ,Ⅱ}≅Ⅱ.

注 重组向量组{Ⅰ,Ⅱ},依Ⅰ≅{Ⅰ,Ⅱ}≅Ⅱ,证明Ⅰ≅Ⅱ. 因为 rank{Ⅰ}=rank{Ⅰ,Ⅱ},所以Ⅰ的极大线性无关组也是{Ⅰ,Ⅱ}的极大线性无关组.

评 秩相等的向量组未必等价,但是如果两个向量组的秩相等,其中一个可由另一个线性表示,则两个向量组等价.

例 2.4.5 设向量组Ⅰ,Ⅱ以及向量组Ⅰ与Ⅱ中全部向量组成的向量组{Ⅰ,Ⅱ},证明

$$\max\{\text{rank}\{\text{Ⅰ}\},\text{rank}\{\text{Ⅱ}\}\}\leqslant\text{rank}\{\text{Ⅰ},\text{Ⅱ}\}\leqslant\text{rank}\{\text{Ⅰ}\}+\text{rank}\{\text{Ⅱ}\}.$$

分析 不妨设 $\boldsymbol{\alpha}_{i_1},\boldsymbol{\alpha}_{i_2},\cdots,\boldsymbol{\alpha}_{i_{r_1}},\boldsymbol{\beta}_{i_1},\boldsymbol{\beta}_{i_2},\cdots,\boldsymbol{\beta}_{i_{r_2}},\boldsymbol{\gamma}_{i_1},\boldsymbol{\gamma}_{i_2},\cdots,\boldsymbol{\gamma}_{i_{r_3}}$ 分别是向量组Ⅰ,Ⅱ和{Ⅰ,Ⅱ}的极大线性无关组,则 $\boldsymbol{\gamma}_{i_1},\boldsymbol{\gamma}_{i_2},\cdots,\boldsymbol{\gamma}_{i_{r_3}}$ 可由 $\boldsymbol{\alpha}_{i_1},\boldsymbol{\alpha}_{i_2},\cdots,\boldsymbol{\alpha}_{i_{r_1}},\boldsymbol{\beta}_{i_1},\boldsymbol{\beta}_{i_2},\cdots,\boldsymbol{\beta}_{i_{r_2}}$ 线性表示. 而 $\boldsymbol{\alpha}_{i_1},\boldsymbol{\alpha}_{i_2},\cdots,\boldsymbol{\alpha}_{i_{r_1}},\boldsymbol{\beta}_{i_1},\boldsymbol{\beta}_{i_2},\cdots,\boldsymbol{\beta}_{i_{r_2}}$ 分别可由 $\boldsymbol{\gamma}_{i_1},\boldsymbol{\gamma}_{i_2},\cdots,\boldsymbol{\gamma}_{i_{r_3}}$ 线性表示.

证 如果 rank{Ⅰ}=0 或者 rank{Ⅱ}=0,则向量组Ⅰ或Ⅱ中都只含零向量,结论成立. 如果 rank{Ⅰ}$=r_1>0$ 且 rank{Ⅱ}$=r_2>0$,不妨设 $\boldsymbol{\alpha}_{i_1},\boldsymbol{\alpha}_{i_2},\cdots,\boldsymbol{\alpha}_{i_{r_1}}$ 和 $\boldsymbol{\beta}_{i_1},\boldsymbol{\beta}_{i_2},\cdots,\boldsymbol{\beta}_{i_{r_2}}$

分别是向量组Ⅰ,Ⅱ的极大线性无关组,则向量组{Ⅰ,Ⅱ}中每个向量必可由向量组

$$\boldsymbol{\alpha}_{i_1},\boldsymbol{\alpha}_{i_2},\cdots,\boldsymbol{\alpha}_{i_{r_1}},\boldsymbol{\beta}_{i_1},\boldsymbol{\beta}_{i_2},\cdots,\boldsymbol{\beta}_{i_{r_2}}$$

线性表示,所以{Ⅰ,Ⅱ}的极大线性无关组也可由 $\boldsymbol{\alpha}_{i_1},\boldsymbol{\alpha}_{i_2},\cdots,\boldsymbol{\alpha}_{i_{r_1}},\boldsymbol{\beta}_{i_1},\boldsymbol{\beta}_{i_2},\cdots,\boldsymbol{\beta}_{i_{r_2}}$ 线性表示,依推论 5,rank{Ⅰ,Ⅱ}$\leqslant r_1+r_2=$rank{Ⅰ}+rank{Ⅱ}.

设 rank{Ⅰ,Ⅱ}$=r_3$,$\boldsymbol{\gamma}_{i_1},\boldsymbol{\gamma}_{i_2},\cdots,\boldsymbol{\gamma}_{i_{r_3}}$ 为{Ⅰ,Ⅱ}一个极大线性无关组,则作为{Ⅰ,Ⅱ}中的向量,$\boldsymbol{\alpha}_{i_1},\boldsymbol{\alpha}_{i_2},\cdots,\boldsymbol{\alpha}_{i_{r_1}}$ 可由 $\boldsymbol{\gamma}_{i_1},\boldsymbol{\gamma}_{i_2},\cdots,\boldsymbol{\gamma}_{i_{r_3}}$ 线性表示. 又 $\boldsymbol{\alpha}_{i_1},\boldsymbol{\alpha}_{i_2},\cdots,\boldsymbol{\alpha}_{i_{r_1}}$ 线性无关,再依推论 5,$r_1\leqslant r_3$,同理 $r_2\leqslant r_3$,即

$$\max\{\text{rank}\{\text{Ⅰ}\},\text{rank}\{\text{Ⅱ}\}\}\leqslant\text{rank}\{\text{Ⅰ},\text{Ⅱ}\},$$

从而

$$\max\{\text{rank}\{\text{Ⅰ}\},\text{rank}\{\text{Ⅱ}\}\}\leqslant\text{rank}\{\text{Ⅰ},\text{Ⅱ}\}\leqslant\text{rank}\{\text{Ⅰ}\}+\text{rank}\{\text{Ⅱ}\}.$$

注　极大线性无关组在证明中的“代言”作用值得总结.

评　结论:max{rank{Ⅰ},rank{Ⅱ}}$\leqslant$rank{Ⅰ,Ⅱ}$\leqslant$rank{Ⅰ}+rank{Ⅱ}.

习题 2-4

1. 求下列向量组的一个极大线性无关组和秩,如果除极大线性无关组,还有其余向量,试用极大线性无关组表示其余向量.

(1) $\boldsymbol{\alpha}_1=\begin{pmatrix}1\\1\\2\\0\end{pmatrix}$,　$\boldsymbol{\alpha}_2=\begin{pmatrix}2\\-1\\0\\1\end{pmatrix}$,　$\boldsymbol{\alpha}_3=\begin{pmatrix}5\\2\\4\\1\end{pmatrix}$,　$\boldsymbol{\alpha}_4=\begin{pmatrix}0\\2\\1\\-2\end{pmatrix}$;

(2) $\boldsymbol{\alpha}_1=\begin{pmatrix}1\\0\\-2\end{pmatrix}$,　$\boldsymbol{\alpha}_2=\begin{pmatrix}2\\1\\0\end{pmatrix}$,　$\boldsymbol{\alpha}_3=\begin{pmatrix}4\\3\\4\end{pmatrix}$,　$\boldsymbol{\alpha}_4=\begin{pmatrix}-1\\1\\6\end{pmatrix}$.

2. 证明:如果向量组 $\boldsymbol{\alpha}_1,\boldsymbol{\alpha}_2,\cdots,\boldsymbol{\alpha}_m$ 与向量组 $\boldsymbol{\alpha}_1,\boldsymbol{\alpha}_2,\cdots,\boldsymbol{\alpha}_m,\boldsymbol{\beta}$ 有相等的秩(秩大于 0),则 $\boldsymbol{\beta}$ 可由向量组 $\boldsymbol{\alpha}_1,\boldsymbol{\alpha}_2,\cdots,\boldsymbol{\alpha}_m$ 线性表示.

3. 设向量组 $\boldsymbol{\alpha}_1,\boldsymbol{\alpha}_2,\cdots,\boldsymbol{\alpha}_m$ 的秩 rank$\{\boldsymbol{\alpha}_1,\boldsymbol{\alpha}_2,\cdots,\boldsymbol{\alpha}_m\}=r>0$,且组中每一个向量都可由该向量组的一个部分组 $\boldsymbol{\alpha}_{i_1},\boldsymbol{\alpha}_{i_2},\cdots,\boldsymbol{\alpha}_{i_r}$ 唯一地线性表示,证明 $\boldsymbol{\alpha}_{i_1},\boldsymbol{\alpha}_{i_2},\cdots,\boldsymbol{\alpha}_{i_r}$ 是向量组 $\boldsymbol{\alpha}_1,\boldsymbol{\alpha}_2,\cdots,\boldsymbol{\alpha}_m$ 的一个极大线性无关组.

4. 设向量组Ⅰ:$\boldsymbol{\alpha}_1,\boldsymbol{\alpha}_2,\cdots,\boldsymbol{\alpha}_s$ 的秩为 r_1,向量组Ⅱ:$\boldsymbol{\beta}_1,\boldsymbol{\beta}_2,\cdots,\boldsymbol{\beta}_t$ 的秩为 r_2,向量组Ⅲ:$\boldsymbol{\alpha}_1,\boldsymbol{\alpha}_2,\cdots,\boldsymbol{\alpha}_s,\boldsymbol{\beta}_1,\boldsymbol{\beta}_2,\cdots,\boldsymbol{\beta}_t$ 的秩为 r_3,则Ⅰ与Ⅱ等价的充分必要条件是 $r_1=r_2=r_3$.

5. 设向量 $\boldsymbol{\beta}$ 可由向量组 $\boldsymbol{\alpha}_1,\boldsymbol{\alpha}_2,\cdots,\boldsymbol{\alpha}_m$ 线性表示,但是 $\boldsymbol{\beta}$ 不能由 $\boldsymbol{\alpha}_1,\boldsymbol{\alpha}_2,\cdots,\boldsymbol{\alpha}_{m-1}$ 线性表示,证明 rank$\{\boldsymbol{\alpha}_1,\boldsymbol{\alpha}_2,\cdots,\boldsymbol{\alpha}_m\}=$rank$\{\boldsymbol{\alpha}_1,\boldsymbol{\alpha}_2,\cdots,\boldsymbol{\alpha}_{m-1},\boldsymbol{\beta}\}$.

2.5　矩阵的秩

矩阵的每一行(列)称为矩阵的行(列)向量,矩阵的全体行(列)向量称为矩阵的行(列)向量组,矩阵可视为由行(列)向量组构成,因此可借助向量组的秩研究矩阵的秩,也可利用矩阵讨论向量组的秩.

1. 内容要点与评注

矩阵的列向量组的秩称为矩阵的**列秩**,矩阵的行向量组的秩称为矩阵的**行秩**.

定理 1 矩阵的初等行变换不改变矩阵的行秩.

证 设矩阵 $\boldsymbol{A}$ 的行向量组为 $\boldsymbol{\alpha}_1,\boldsymbol{\alpha}_2,\cdots,\boldsymbol{\alpha}_m$,经初等行变换,$\boldsymbol{\alpha}_1,\boldsymbol{\alpha}_2,\cdots,\boldsymbol{\alpha}_m$ 变成 $\boldsymbol{\beta}_1,\boldsymbol{\beta}_2,\cdots,\boldsymbol{\beta}_m$,则 $\{\boldsymbol{\alpha}_1,\boldsymbol{\alpha}_2,\cdots,\boldsymbol{\alpha}_m\}\cong\{\boldsymbol{\beta}_1,\boldsymbol{\beta}_2,\cdots,\boldsymbol{\beta}_m\}$,因此

$$\operatorname{rank}\{\boldsymbol{\alpha}_1,\boldsymbol{\alpha}_2,\cdots,\boldsymbol{\alpha}_m\}=\operatorname{rank}\{\boldsymbol{\beta}_1,\boldsymbol{\beta}_2,\cdots,\boldsymbol{\beta}_m\}.$$

◆

对应于矩阵的初等行变换,矩阵的初等列变换如下:

(1) 把某一列的倍数加到另一列;

(2) 互换两列的位置;

(3) 用一非零数乘某一列.

推论 2 矩阵的初等列变换不改变矩阵的列秩.

定理 3 矩阵的初等行变换不改变矩阵列向量组的线性相关性,从而不改变矩阵的列秩.

证 (1) 设矩阵 $\boldsymbol{A}=(\boldsymbol{\alpha}_1,\boldsymbol{\alpha}_2,\cdots,\boldsymbol{\alpha}_m)$,其中 $\boldsymbol{\alpha}_1,\boldsymbol{\alpha}_2,\cdots,\boldsymbol{\alpha}_m$ 是 $\boldsymbol{A}$ 的列向量组,经初等行变换,$(\boldsymbol{\alpha}_1,\boldsymbol{\alpha}_2,\cdots,\boldsymbol{\alpha}_m)\to(\boldsymbol{\beta}_1,\boldsymbol{\beta}_2,\cdots,\boldsymbol{\beta}_m)$,下面考查两个齐次线性方程组:

$$x_1\boldsymbol{\alpha}_1+x_2\boldsymbol{\alpha}_2+\cdots+x_m\boldsymbol{\alpha}_m=\boldsymbol{0}\text{ 与 }y_1\boldsymbol{\beta}_1+y_2\boldsymbol{\beta}_2+\cdots+y_m\boldsymbol{\beta}_m=\boldsymbol{0},$$

对系数矩阵$(\boldsymbol{\alpha}_1,\boldsymbol{\alpha}_2,\cdots,\boldsymbol{\alpha}_m)$施以初等行变换,相当于对线性方程组 $x_1\boldsymbol{\alpha}_1+x_2\boldsymbol{\alpha}_2+\cdots+x_m\boldsymbol{\alpha}_m=\boldsymbol{0}$ 施以同解变换,因此两个方程组同解. 如果两个方程组都只有零解,向量组 $\boldsymbol{\alpha}_1,\boldsymbol{\alpha}_2,\cdots,\boldsymbol{\alpha}_m$ 与 $\boldsymbol{\beta}_1,\boldsymbol{\beta}_2,\cdots,\boldsymbol{\beta}_m$ 都线性无关;如果两个方程组有非零解,则向量组 $\boldsymbol{\alpha}_1,\boldsymbol{\alpha}_2,\cdots,\boldsymbol{\alpha}_m$ 与 $\boldsymbol{\beta}_1,\boldsymbol{\beta}_2,\cdots,\boldsymbol{\beta}_m$ 都线性相关. 从而对矩阵施以初等行变换不改变矩阵的列向量组的线性相关性.

(2) 设 $\boldsymbol{B}=(\boldsymbol{\beta}_1,\boldsymbol{\beta}_2,\cdots,\boldsymbol{\beta}_m)$,$\boldsymbol{A}$ 的列向量组的一个极大线性无关组为 $\boldsymbol{\alpha}_{j_1},\boldsymbol{\alpha}_{j_2},\cdots,\boldsymbol{\alpha}_{j_r}$,则 $\boldsymbol{\alpha}_{j_1},\boldsymbol{\alpha}_{j_2},\cdots,\boldsymbol{\alpha}_{j_r}$ 线性无关,且在 $\boldsymbol{A}$ 的其余列向量(如果有的话)中任取一个列向量 $\boldsymbol{\alpha}_{j_{r+1}}$,有 $\boldsymbol{\alpha}_{j_1},\boldsymbol{\alpha}_{j_2},\cdots,\boldsymbol{\alpha}_{j_r},\boldsymbol{\alpha}_{j_{r+1}}$ 都线性相关. 设经初等行变换,有

$$(\boldsymbol{\alpha}_{j_1},\boldsymbol{\alpha}_{j_2},\cdots,\boldsymbol{\alpha}_{j_r},\boldsymbol{\alpha}_{j_{r+1}})\to(\boldsymbol{\beta}_{j_1},\boldsymbol{\beta}_{j_2},\cdots,\boldsymbol{\beta}_{j_r},\boldsymbol{\beta}_{j_{r+1}}).$$

由上述(1)讨论知,$\boldsymbol{\beta}_{j_1},\boldsymbol{\beta}_{j_2},\cdots,\boldsymbol{\beta}_{j_r}$ 线性无关. $\boldsymbol{\beta}_{j_1},\boldsymbol{\beta}_{j_2},\cdots,\boldsymbol{\beta}_{j_r},\boldsymbol{\beta}_{j_{r+1}}$ 线性相关. 又由 $\boldsymbol{\beta}_{j_{r+1}}$ 的任意性可知,$\boldsymbol{\beta}_{j_1},\boldsymbol{\beta}_{j_2},\cdots,\boldsymbol{\beta}_{j_r}$ 为矩阵 $\boldsymbol{B}$ 的列向量组的一个极大线性无关组,因此

$$\operatorname{rank}\{\boldsymbol{\beta}_1,\boldsymbol{\beta}_2,\cdots,\boldsymbol{\beta}_m\}=r=\operatorname{rank}\{\boldsymbol{\alpha}_1,\boldsymbol{\alpha}_2,\cdots,\boldsymbol{\alpha}_m\},$$

即对矩阵施以初等行变换不改变矩阵的列秩.

◆

注 对线性方程组 $x_1\boldsymbol{\alpha}_{j_1}+x_2\boldsymbol{\alpha}_{j_2}+\cdots+x_r\boldsymbol{\alpha}_{j_r}=\boldsymbol{\alpha}_{j_{r+1}}$ 的增广矩阵施以初等行变换:

$$(\boldsymbol{\alpha}_{j_1},\boldsymbol{\alpha}_{j_2},\cdots,\boldsymbol{\alpha}_{j_r}\mid\boldsymbol{\alpha}_{j_{r+1}})\to(\boldsymbol{\beta}_{j_1},\boldsymbol{\beta}_{j_2},\cdots,\boldsymbol{\beta}_{j_r}\mid\boldsymbol{\beta}_{j_{r+1}}),$$

该过程等同于对 $x_1\boldsymbol{\alpha}_{j_1}+x_2\boldsymbol{\alpha}_{j_2}+\cdots+x_r\boldsymbol{\alpha}_{j_r}=\boldsymbol{\alpha}_{j_{r+1}}$ 施以同解变换得同解线性方程组:

$$x_1\boldsymbol{\beta}_{j_1}+x_2\boldsymbol{\beta}_{j_2}+\cdots+x_r\boldsymbol{\beta}_{j_r}=\boldsymbol{\beta}_{j_{r+1}},$$

因此如果有 $\boldsymbol{\alpha}_{j_{r+1}}=k_1\boldsymbol{\alpha}_{j_1}+k_2\boldsymbol{\alpha}_{j_2}+\cdots+k_r\boldsymbol{\alpha}_{j_r}$,则必有 $\boldsymbol{\beta}_{j_{r+1}}=k_1\boldsymbol{\beta}_{j_1}+k_2\boldsymbol{\beta}_{j_2}+\cdots+k_r\boldsymbol{\beta}_{j_r}$.

上述结论表明,矩阵的初等行变换不改变矩阵的列向量间的线性表示关系,甚至表示的系数都是不变(一致)的.

推论 4 矩阵的初等列变换不改变矩阵的行向量组的线性相关性,从而不改变矩阵的

行秩.

定理5 矩阵的行秩与列秩相等.

证 设矩阵 $\boldsymbol{A}=(a_{ij})_{m\times n}$. 如果矩阵 $\boldsymbol{A}=\boldsymbol{0}$，则 $\boldsymbol{A}$ 的行向量组仅含零向量，故其行秩为 0. 同理 $\boldsymbol{A}$ 的列秩为 0，结论成立.

如果 $\boldsymbol{A}\neq\boldsymbol{0}$，即 $\boldsymbol{A}$ 有非零元素，考查 $\boldsymbol{A}$ 的(1,1)元. 如果(1,1)元是 0，可通过初等行、列变换将一非零元移到(1,1)位(如果(1,1)元非零，则省略这一步)，利用矩阵的初等行变换，可将该元素化为"1"，同理再利用初等行、列变换，可使(1,1)元"1"所在列、行的其他非零元素化为"0". 设所得的矩阵为 $\boldsymbol{A}_1$. 如果 $\boldsymbol{A}_1$ 除(1, 1)元外，其他元素都为零，则在 $\boldsymbol{A}_1$ 的行向量组中，除第 1 行外，其他行均为零行，所以 $\boldsymbol{A}_1$ 的行秩为 1，同理 $\boldsymbol{A}_1$ 的列秩为 1，结论成立. 否则，考查 $\boldsymbol{A}_1$ 的(2,2)元. 如果(2,2)元是 0，可通过初等行、列变换将一非零元移到(2,2)位(如果(2,2)元非零，则省略这一步)，利用矩阵的初等行变换，可将该元素化为"1"，同理再利用初等行、列变换，可使(2,2)元"1"所在列、行的其他非零元素化为"0". 设所得的矩阵为 $\boldsymbol{A}_2$，以此方法继续下去……设矩阵 $\boldsymbol{A}$ 最终可变成

$$\boldsymbol{A}_r=\underbrace{\begin{pmatrix}1&0&\cdots&0&0&\cdots&0\\0&1&\cdots&0&0&\cdots&0\\\vdots&\vdots&&\vdots&\vdots&&\vdots\\0&0&\cdots&1&0&\cdots&0\\0&0&\cdots&0&0&\cdots&0\\\vdots&\vdots&&\vdots&\vdots&&\vdots\\0&0&\cdots&0&0&\cdots&0\end{pmatrix}}_{r\text{ 个列}}\left.\vphantom{\begin{matrix}1\\0\\\vdots\\0\end{matrix}}\right\}r\text{ 个行}.$$

在 $\boldsymbol{A}_r$ 的行向量组中，除前 r 个行外，其余行均为零行，因为 $\begin{vmatrix}1&0&\cdots&0\\0&1&\cdots&0\\\vdots&\vdots&\ddots&\vdots\\0&0&\cdots&1\end{vmatrix}=1\neq0$，向量组 $(1\ \ 0\ \ \cdots\ \ 0),(0\ \ 1\ \ \cdots\ \ 0),\cdots,(0\ \ 0\ \ \cdots\ \ 1)$ 线性无关，其延伸组必线性无关，所以 $\boldsymbol{A}_r$ 的前 r 行线性无关，又其余各行均为零行，所以 $\boldsymbol{A}_r$ 的前 r 行为 $\boldsymbol{A}_r$ 的行向量组的一个极大线性无关组，故 $\boldsymbol{A}_r$ 的行秩为 r. 同理，$\boldsymbol{A}_r$ 的前 r 列为 $\boldsymbol{A}_r$ 的列向量组的一个极大线性无关组，故 $\boldsymbol{A}_r$ 的列秩为 r.

由定理 1 及推论 2、定理 3 及推论 4 知，对矩阵施以初等行、列变换，不改变矩阵的行秩，不改变矩阵的列秩，所以 $\boldsymbol{A}$ 的行秩等于 $\boldsymbol{A}_r$ 的行秩 r，$\boldsymbol{A}$ 的列秩等于 $\boldsymbol{A}_r$ 的列秩为 r. 从而矩阵的行秩与列秩相等. ◆

定义1 矩阵 $\boldsymbol{A}$ 的行秩与列秩统称为**矩阵的秩**，记作 $\mathrm{rank}(\boldsymbol{A})$.

设 $m\times n$ 矩阵 $\boldsymbol{A}$，如果 $\mathrm{rank}(\boldsymbol{A})=m$，则称 $\boldsymbol{A}$ 为**行满秩矩阵**. 如果 $\mathrm{rank}(\boldsymbol{A})=n$，则称 $\boldsymbol{A}$ 为**列满秩矩阵**.

对于 m 阶矩阵 $\boldsymbol{A}$，如果 $\mathrm{rank}(\boldsymbol{A})=m$，则称 $\boldsymbol{A}$ 为**满秩矩阵**.

m 阶矩阵 $\boldsymbol{A}$ 为满秩矩阵的充分必要条件是 $|\boldsymbol{A}|\neq0$($|\boldsymbol{A}|$ 表示以 $\boldsymbol{A}$ 的元素按原有相对位置排列构成的 m 阶行列式).

推论 6 设矩阵 $\boldsymbol{A}$ 经过初等行变换化为行阶梯形矩阵，则 $\boldsymbol{A}$ 的秩等于行阶梯形矩阵的非零行数，且行阶梯形矩阵主元所在的列为 $\boldsymbol{A}$ 的列向量组的一个极大线性无关组.

证 设对矩阵 $\boldsymbol{A}$ 施以初等行变换化为行阶梯形矩阵 $\boldsymbol{J}$，其非零行的个数为 r，类似于定理5 的证明方法，可知 $\boldsymbol{J}$ 的秩等于 r. 又因为对矩阵 $\boldsymbol{A}$ 施以初等行变换不改变矩阵的秩，所以矩阵 $\boldsymbol{A}$ 的秩等于 r，即矩阵的秩等于 $\boldsymbol{J}$ 的非零行数.

依定理 5，此时 $\boldsymbol{A}$ 的列向量组的秩也为 r、又设 $\boldsymbol{J}$ 的 r 个主元所在的列为 $\boldsymbol{\beta}_{j_1},\boldsymbol{\beta}_{j_2},\cdots,\boldsymbol{\beta}_{j_r}$，则 $\boldsymbol{\beta}_{j_1},\boldsymbol{\beta}_{j_2},\cdots,\boldsymbol{\beta}_{j_r}$ 必线性无关，因此 $\boldsymbol{\beta}_{j_1},\boldsymbol{\beta}_{j_2},\cdots,\boldsymbol{\beta}_{j_r}$ 可视为 $\boldsymbol{J}$ 的列向量组的一个极大线性无关组，而行变换不改变列向量组的线性相关性，所以 $\boldsymbol{A}$ 的第 $j_1,j_2,\cdots,j_r$ 列向量为 $\boldsymbol{A}$ 的列向量组的一个极大线性无关组，即 $\boldsymbol{J}$ 主元所在列对应的 $\boldsymbol{A}$ 的列向量为 $\boldsymbol{A}$ 的列向量组的一个极大线性无关组. ◆

定理 7 任一非零矩阵的秩等于它的不为零子式的最高阶数.

证 设矩阵 $\boldsymbol{A}=(a_{ij})_{m\times n}$ 的秩为 r，则 $\boldsymbol{A}$ 有 r 个行向量线性无关，设它们组成矩阵 $\boldsymbol{A}_1$，即 $\text{rank}(\boldsymbol{A}_1)=r$，依定理 5，$\boldsymbol{A}_1$ 的列向量组的秩为 r，$\boldsymbol{A}_1$ 必有 r 个列向量线性无关，所以这 r 个列向量组成的 r 阶行列式必不为 0，记为 D_r，D_r 就是 $\boldsymbol{A}$ 的一个不为零的 r 阶子式.

设 $s>r$，且 $s\leqslant\min\{m,n\}$，任取 $\boldsymbol{A}$ 中一个 s 阶子式 D_s，由于 $\text{rank}(\boldsymbol{A})=r$，所以 $\boldsymbol{A}$ 的列秩为 r，于是 D_s 所在的 $\boldsymbol{A}$ 的 s 个列向量 $\boldsymbol{\beta}_{j_1},\boldsymbol{\beta}_{j_2},\cdots,\boldsymbol{\beta}_{j_s}$ 必线性相关，而构成 D_s 的 s 个列向量为 $\boldsymbol{\beta}_{j_1},\boldsymbol{\beta}_{j_2},\cdots,\boldsymbol{\beta}_{j_s}$ 的缩短组，依 2.3 节结论，这个缩短组必线性相关，这是 s 个 s 维列向量，因此其行列式 $D_s=0$. 从而 r 是 $\boldsymbol{A}$ 的不为零子式的最高阶数. ◆

推论 8 矩阵 $\boldsymbol{A}$ 的最高阶非零子式 D_r 所在的 r 个行(列)向量为 $\boldsymbol{A}$ 的行(列)向量组的一个极大线性无关组.

2. 典型例题

例 2.5.1 求下列矩阵的秩，并指出它的列向量组的一个极大线性无关组：

(1) $\boldsymbol{A}=\begin{pmatrix}1&-3&0&6\\2&1&3&0\\0&5&-1&4\\1&0&7&1\end{pmatrix}$； (2) $\boldsymbol{B}=\begin{pmatrix}1&5&3&6\\-1&3&1&4\\5&-7&-1&-10\\8&0&4&-2\end{pmatrix}$.

分析 对矩阵仅施以初等行变换，将其化为行阶梯形矩阵，再依推论 6 求解.

解 (1) 对矩阵 $\boldsymbol{A}$ 施以初等行变换，将其化为行阶梯形矩阵，有

$$\boldsymbol{A}\xrightarrow[\langle 4\rangle+(-1)\langle 1\rangle]{\langle 2\rangle+(-2)\langle 1\rangle}\begin{pmatrix}1&-3&0&6\\0&7&3&-12\\0&5&-1&4\\0&3&7&-5\end{pmatrix}\xrightarrow[\substack{\langle 3\rangle+(-5)\langle 2\rangle\\\langle 4\rangle+(-3)\langle 2\rangle}]{\langle 2\rangle+(-2)\langle 4\rangle}\begin{pmatrix}1&-3&0&6\\0&1&-11&-2\\0&0&54&14\\0&0&40&1\end{pmatrix}$$

$$\xrightarrow[\substack{\langle 3\rangle\leftrightarrow\langle 4\rangle\\\langle 3\rangle+7\langle 4\rangle}]{\substack{\langle 3\rangle+(-1)\langle 4\rangle\\\langle 4\rangle+(-3)\langle 3\rangle}}\begin{pmatrix}1&-3&0&6\\0&1&-11&-2\\0&0&-2&-38\\0&0&0&-253\end{pmatrix}.$$

依推论 6，$\text{rank}(\boldsymbol{A})=4$，即 $\boldsymbol{A}$ 为满秩矩阵，因此 $\boldsymbol{A}$ 的列秩为 4，从而 $\boldsymbol{A}$ 的 4 个列向量为 $\boldsymbol{A}$ 的

列向量组的一个极大线性无关组.

(2) 对矩阵 $\boldsymbol{B}$ 施以初等行变换,将其化为行阶梯形矩阵,有

$$\boldsymbol{B}\xrightarrow[\langle 4\rangle+(-8)\langle 1\rangle]{\substack{\langle 2\rangle+\langle 1\rangle\\ \langle 3\rangle+(-5)\langle 1\rangle}}\begin{pmatrix}1 & 5 & 3 & 6\\ 0 & 8 & 4 & 10\\ 0 & -32 & -16 & -40\\ 0 & -40 & -20 & -50\end{pmatrix}\xrightarrow[\langle 4\rangle+5\langle 2\rangle]{\langle 3\rangle+4\langle 2\rangle}\begin{pmatrix}1 & 5 & 3 & 6\\ 0 & 8 & 4 & 10\\ 0 & 0 & 0 & 0\\ 0 & 0 & 0 & 0\end{pmatrix}.$$

依推论 6, $\mathrm{rank}(\boldsymbol{B})=2$, $\boldsymbol{B}$ 的第 1 列与第 2 列为 $\boldsymbol{B}$ 的列向量组的一个极大线性无关组.

注　由于矩阵的初等行变换不改变矩阵的列向量间的线性关系,显然阶梯形矩阵的第 1 列与第 2 列 $\begin{pmatrix}1\\0\\0\\0\end{pmatrix}$, $\begin{pmatrix}5\\8\\0\\0\end{pmatrix}$ 是其列向量组的一个极大线性无关组,因此 $\boldsymbol{B}$ 的第 1 列与第 2 列 $\begin{pmatrix}1\\-1\\5\\8\end{pmatrix}$, $\begin{pmatrix}5\\3\\-7\\0\end{pmatrix}$ 是 $\boldsymbol{B}$ 的列向量组的一个极大线性无关组.

评　通过行秩、列秩或最高阶非零子式的阶数等都可以确定矩阵的秩. 但是相比较而言,借助行阶梯形矩阵确定矩阵的秩较为简捷.

例 2.5.2　求向量组的秩,并指出它的一个极大线性无关组:

$$\boldsymbol{\alpha}_1=\begin{pmatrix}1\\0\\5\\1\end{pmatrix},\quad \boldsymbol{\alpha}_2=\begin{pmatrix}0\\1\\-2\\-1\end{pmatrix},\quad \boldsymbol{\alpha}_3=\begin{pmatrix}-2\\-3\\0\\1\end{pmatrix},\quad \boldsymbol{\alpha}_4=\begin{pmatrix}6\\-2\\4\\8\end{pmatrix}.$$

分析　设以 $\boldsymbol{\alpha}_1,\boldsymbol{\alpha}_2,\boldsymbol{\alpha}_3,\boldsymbol{\alpha}_4$ 为列构成矩阵 $\boldsymbol{A}=(\boldsymbol{\alpha}_1,\boldsymbol{\alpha}_2,\boldsymbol{\alpha}_3,\boldsymbol{\alpha}_4)$,求 $\boldsymbol{A}$ 的秩及 $\boldsymbol{A}$ 的列向量组的一个极大线性无关组.

解　设 $\boldsymbol{A}=(\boldsymbol{\alpha}_1,\boldsymbol{\alpha}_2,\boldsymbol{\alpha}_3,\boldsymbol{\alpha}_4)$,对矩阵 $\boldsymbol{A}$ 施以初等行变换,将其化为行阶梯形矩阵,有

$$\boldsymbol{A}=\begin{pmatrix}1 & 0 & -2 & 6\\ 0 & 1 & -3 & -2\\ 5 & -2 & 0 & 4\\ 1 & -1 & 1 & 8\end{pmatrix}\xrightarrow[\langle 4\rangle+(-1)\langle 1\rangle]{\langle 3\rangle+(-5)\langle 1\rangle}\begin{pmatrix}1 & 0 & -2 & 6\\ 0 & 1 & -3 & -2\\ 0 & -2 & 10 & -26\\ 0 & -1 & 3 & 2\end{pmatrix}$$

$$\xrightarrow[\langle 4\rangle+\langle 2\rangle]{\langle 3\rangle+2\langle 2\rangle}\begin{pmatrix}1 & 0 & -2 & 6\\ 0 & 1 & -3 & -2\\ 0 & 0 & 4 & -30\\ 0 & 0 & 0 & 0\end{pmatrix}.$$

依推论 6, $\mathrm{rank}(\boldsymbol{A})=3=\mathrm{rank}\{\boldsymbol{\alpha}_1,\boldsymbol{\alpha}_2,\boldsymbol{\alpha}_3,\boldsymbol{\alpha}_4\}$,且 $\boldsymbol{\alpha}_1,\boldsymbol{\alpha}_2,\boldsymbol{\alpha}_3$ 就是向量组 $\boldsymbol{\alpha}_1,\boldsymbol{\alpha}_2,\boldsymbol{\alpha}_3,\boldsymbol{\alpha}_4$ 的一个极大线性无关组.

注　$\begin{pmatrix}1\\0\\0\\0\end{pmatrix}$, $\begin{pmatrix}0\\1\\0\\0\end{pmatrix}$, $\begin{pmatrix}-2\\-3\\4\\0\end{pmatrix}$ 不是 $\boldsymbol{\alpha}_1,\boldsymbol{\alpha}_2,\boldsymbol{\alpha}_3,\boldsymbol{\alpha}_4$ 的极大线性无关组,它们都不在 $\boldsymbol{\alpha}_1,\boldsymbol{\alpha}_2,\boldsymbol{\alpha}_3,\boldsymbol{\alpha}_4$

中，而它们所对应的向量 $\boldsymbol{\alpha}_1,\boldsymbol{\alpha}_2,\boldsymbol{\alpha}_3$ 才是 $\boldsymbol{\alpha}_1,\boldsymbol{\alpha}_2,\boldsymbol{\alpha}_3,\boldsymbol{\alpha}_4$ 的极大线性无关组，同时 $\boldsymbol{\alpha}_1,\boldsymbol{\alpha}_2,\boldsymbol{\alpha}_4$、$\boldsymbol{\alpha}_1,\boldsymbol{\alpha}_3,\boldsymbol{\alpha}_4$ 以及 $\boldsymbol{\alpha}_2,\boldsymbol{\alpha}_3,\boldsymbol{\alpha}_4$ 也是向量组 $\boldsymbol{\alpha}_1,\boldsymbol{\alpha}_2,\boldsymbol{\alpha}_3,\boldsymbol{\alpha}_4$ 的极大线性无关组.

评 可借助矩阵的初等行变换确定列向量组的秩及其极大线性无关组.

例 2.5.3 已知向量组

$$(\text{Ⅰ}):\boldsymbol{\alpha}_1=\begin{pmatrix}1\\1\\4\end{pmatrix},\boldsymbol{\alpha}_2=\begin{pmatrix}1\\0\\4\end{pmatrix},\boldsymbol{\alpha}_3=\begin{pmatrix}1\\2\\a^2+3\end{pmatrix},$$

$$(\text{Ⅱ}):\boldsymbol{\beta}_1=\begin{pmatrix}1\\1\\a+3\end{pmatrix},\boldsymbol{\beta}_2=\begin{pmatrix}0\\2\\1-a\end{pmatrix},\boldsymbol{\beta}_3=\begin{pmatrix}1\\3\\a^2+3\end{pmatrix},$$

如果(Ⅰ)与(Ⅱ)等价，求 a 的值，并将 $\boldsymbol{\beta}_3$ 用 $\boldsymbol{\alpha}_1,\boldsymbol{\alpha}_2,\boldsymbol{\alpha}_3$ 线性表示. **【2019 研数二、三】**

分析 依习题 2-4 第 4 题结论，

$(\text{Ⅰ})\cong(\text{Ⅱ})\Leftrightarrow\text{rank}\{\boldsymbol{\alpha}_1,\boldsymbol{\alpha}_2,\boldsymbol{\alpha}_3\}=\text{rank}\{\boldsymbol{\beta}_1,\boldsymbol{\beta}_2,\boldsymbol{\beta}_3\}=\text{rank}\{\boldsymbol{\alpha}_1,\boldsymbol{\alpha}_2,\boldsymbol{\alpha}_3,\boldsymbol{\beta}_1,\boldsymbol{\beta}_2,\boldsymbol{\beta}_3\}$.

解 以 $\boldsymbol{\alpha}_1,\boldsymbol{\alpha}_2,\boldsymbol{\alpha}_3,\boldsymbol{\beta}_1,\boldsymbol{\beta}_2,\boldsymbol{\beta}_3$ 为列构成矩阵，对其施以初等行变换，有

$$(\boldsymbol{\alpha}_1,\boldsymbol{\alpha}_2,\boldsymbol{\alpha}_3,\boldsymbol{\beta}_1,\boldsymbol{\beta}_2,\boldsymbol{\beta}_3)=\begin{pmatrix}1&1&1&1&0&1\\1&0&2&1&2&3\\4&4&a^2+3&a+3&1-a&a^2+3\end{pmatrix}$$

$$\rightarrow\begin{pmatrix}1&1&1&1&0&1\\0&-1&1&0&2&2\\0&0&a^2-1&a-1&1-a&a^2-1\end{pmatrix}.$$

当 $a=-1$ 时，显然有

$\text{rank}\{\boldsymbol{\alpha}_1,\boldsymbol{\alpha}_2,\boldsymbol{\alpha}_3\}=2,\quad\text{rank}\{\boldsymbol{\beta}_1,\boldsymbol{\beta}_2,\boldsymbol{\beta}_3\}=2,\quad\text{rank}\{\boldsymbol{\alpha}_1,\boldsymbol{\alpha}_2,\boldsymbol{\alpha}_3,\boldsymbol{\beta}_1,\boldsymbol{\beta}_2,\boldsymbol{\beta}_3\}=3,$

依习题 2-4 第 4 题结论，(Ⅰ)与(Ⅱ)不等价.

当 $a=1$ 时，有

$$\text{rank}\{\boldsymbol{\alpha}_1,\boldsymbol{\alpha}_2,\boldsymbol{\alpha}_3\}=\text{rank}\{\boldsymbol{\beta}_1,\boldsymbol{\beta}_2,\boldsymbol{\beta}_3\}=\text{rank}\{\boldsymbol{\alpha}_1,\boldsymbol{\alpha}_2,\boldsymbol{\alpha}_3,\boldsymbol{\beta}_1,\boldsymbol{\beta}_2,\boldsymbol{\beta}_3\}=2,$$

依习题 2-4 第 4 题结论，(Ⅰ)与(Ⅱ)等价. 对矩阵$(\boldsymbol{\alpha}_1,\boldsymbol{\alpha}_2,\boldsymbol{\alpha}_3\mid\boldsymbol{\beta}_3)$施以初等行变换，有

$$(\boldsymbol{\alpha}_1,\boldsymbol{\alpha}_2,\boldsymbol{\alpha}_3\mid\boldsymbol{\beta}_3)=\left(\begin{array}{ccc|c}1&1&1&1\\1&0&2&3\\4&4&4&4\end{array}\right)\rightarrow\left(\begin{array}{ccc|c}1&1&1&1\\0&-1&1&2\\0&0&0&0\end{array}\right)\rightarrow\left(\begin{array}{ccc|c}1&0&2&3\\0&1&-1&-2\\0&0&0&0\end{array}\right),$$

依定理 3，$\boldsymbol{\beta}_3=3\boldsymbol{\alpha}_1-2\boldsymbol{\alpha}_2+0\boldsymbol{\alpha}_3$.

当 $a\neq-1$ 且 $a\neq1$ 时，显然有 $\text{rank}\{\boldsymbol{\alpha}_1,\boldsymbol{\alpha}_2,\boldsymbol{\alpha}_3\}=\text{rank}\{\boldsymbol{\alpha}_1,\boldsymbol{\alpha}_2,\boldsymbol{\alpha}_3,\boldsymbol{\beta}_1,\boldsymbol{\beta}_2,\boldsymbol{\beta}_3\}=3$，同时

$$(\boldsymbol{\beta}_1,\boldsymbol{\beta}_2,\boldsymbol{\beta}_3)\rightarrow\begin{pmatrix}1&0&1\\0&2&2\\a-1&1-a&a^2-1\end{pmatrix}\rightarrow\begin{pmatrix}1&0&1\\0&2&2\\1&1&a+1\end{pmatrix}\rightarrow\begin{pmatrix}1&0&1\\0&2&2\\0&1&a\end{pmatrix},$$

$\text{rank}\{\boldsymbol{\beta}_1,\boldsymbol{\beta}_2,\boldsymbol{\beta}_3\}=3$，因此

$$\text{rank}\{\boldsymbol{\alpha}_1,\boldsymbol{\alpha}_2,\boldsymbol{\alpha}_3\}=\text{rank}\{\boldsymbol{\alpha}_1,\boldsymbol{\alpha}_2,\boldsymbol{\alpha}_3,\boldsymbol{\beta}_1,\boldsymbol{\beta}_2,\boldsymbol{\beta}_3\}=\text{rank}\{\boldsymbol{\beta}_1,\boldsymbol{\beta}_2,\boldsymbol{\beta}_3\},$$

依习题 2-4 第 4 题结论，(Ⅰ)与(Ⅱ)等价. 对矩阵$(\boldsymbol{\alpha}_1,\boldsymbol{\alpha}_2,\boldsymbol{\alpha}_3\mid\boldsymbol{\beta}_3)$施以初等行变换，有

$$(\boldsymbol{\alpha}_1,\boldsymbol{\alpha}_2,\boldsymbol{\alpha}_3\mid\boldsymbol{\beta}_3)=\left(\begin{array}{ccc|c}1&1&1&1\\1&0&2&3\\4&4&a^2+3&a^2+3\end{array}\right)\to\left(\begin{array}{ccc|c}1&1&1&1\\0&-1&1&2\\0&0&a^2-1&a^2-1\end{array}\right)$$

$$\to\left(\begin{array}{ccc|c}1&0&0&1\\0&1&0&-1\\0&0&1&1\end{array}\right),$$

依定理 3，$\boldsymbol{\beta}_3=\boldsymbol{\alpha}_1-\boldsymbol{\alpha}_2+\boldsymbol{\alpha}_3$.

注　需借鉴利用向量组的秩讨论向量组等价的方法.

例 2.5.4　设向量组(Ⅰ)：$\boldsymbol{\alpha}_1=\begin{pmatrix}1\\0\\2\end{pmatrix},\boldsymbol{\alpha}_2=\begin{pmatrix}1\\1\\3\end{pmatrix},\boldsymbol{\alpha}_3=\begin{pmatrix}1\\-1\\a+2\end{pmatrix}$和向量组(Ⅱ)：$\boldsymbol{\beta}_1=\begin{pmatrix}1\\2\\a+3\end{pmatrix},\boldsymbol{\beta}_2=\begin{pmatrix}2\\1\\a+6\end{pmatrix},\boldsymbol{\beta}_3=\begin{pmatrix}2\\1\\a+4\end{pmatrix}$，试问当 a 为何值时，向量组(Ⅰ)与向量组(Ⅱ)等价；当 a 为何值时，向量组(Ⅰ)与向量组(Ⅱ)不等价.　**【2003 研数四】**

分析　易知 $\operatorname{rank}\{\boldsymbol{\beta}_1,\boldsymbol{\beta}_2,\boldsymbol{\beta}_3\}=3$，所以 $\boldsymbol{\beta}_1,\boldsymbol{\beta}_2,\boldsymbol{\beta}_3$ 线性无关，则 $\boldsymbol{\beta}_1,\boldsymbol{\beta}_2,\boldsymbol{\beta}_3$ 可表示 F^3 中任一向量，因此当 $\operatorname{rank}\{\boldsymbol{\alpha}_1,\boldsymbol{\alpha}_2,\boldsymbol{\alpha}_3\}=3$ 时，$\{\boldsymbol{\alpha}_1,\boldsymbol{\alpha}_2,\boldsymbol{\alpha}_3\}\cong\{\boldsymbol{\beta}_1,\boldsymbol{\beta}_2,\boldsymbol{\beta}_3\}$，否则不等价.

解　以 $\boldsymbol{\alpha}_1,\boldsymbol{\alpha}_2,\boldsymbol{\alpha}_3$ 为列向量构成矩阵，对其施以初等行变换，将其化为行阶梯形矩阵，有

$$(\boldsymbol{\alpha}_1,\boldsymbol{\alpha}_2,\boldsymbol{\alpha}_3)=\begin{pmatrix}1&1&1\\0&1&-1\\2&3&a+2\end{pmatrix}\xrightarrow[\langle 3\rangle+(-1)\langle 2\rangle]{\langle 3\rangle+(-2)\langle 1\rangle}\begin{pmatrix}1&1&1\\0&1&-1\\0&0&a+1\end{pmatrix}.$$

(1) 当 $a\neq-1$ 时，$\operatorname{rank}\{\boldsymbol{\alpha}_1,\boldsymbol{\alpha}_2,\boldsymbol{\alpha}_3\}=3$，向量组(Ⅰ)线性无关. 又因为任意 4 个三维向量必线性相关，依 2.3 节命题 1，F^3 中任一向量都可由 $\boldsymbol{\alpha}_1,\boldsymbol{\alpha}_2,\boldsymbol{\alpha}_3$ 线性表示. 又因为

$$|\boldsymbol{\beta}_1,\boldsymbol{\beta}_2,\boldsymbol{\beta}_3|=\begin{vmatrix}1&2&2\\2&1&1\\a+3&a+6&a+4\end{vmatrix}=\begin{vmatrix}1&2&0\\2&1&0\\a+3&a+6&-2\end{vmatrix}=6\neq0,$$即 $\operatorname{rank}\{\boldsymbol{\beta}_1,\boldsymbol{\beta}_2,\boldsymbol{\beta}_3\}=3$(无论 a 取何值)，向量组(Ⅱ)线性无关，同理 F^3 中任一向量都可由 $\boldsymbol{\beta}_1,\boldsymbol{\beta}_2,\boldsymbol{\beta}_3$ 线性表示，因此向量组(Ⅰ)与(Ⅱ)可互为线性表示，从而向量组(Ⅰ)与(Ⅱ)等价.

(2) 当 $a=-1$ 时，$\operatorname{rank}\{\boldsymbol{\alpha}_1,\boldsymbol{\alpha}_2,\boldsymbol{\alpha}_3\}=2$. 又 $\operatorname{rank}\{\boldsymbol{\beta}_1,\boldsymbol{\beta}_2,\boldsymbol{\beta}_3\}=3$，依 2.4 节推论 11，向量组(Ⅰ)与向量组(Ⅱ)不等价.

注　依题设$\{\boldsymbol{\beta}_1,\boldsymbol{\beta}_2,\boldsymbol{\beta}_3\}=3$，若 $\operatorname{rank}\{\boldsymbol{\alpha}_1,\boldsymbol{\alpha}_2,\boldsymbol{\alpha}_3\}=3$，又因为任意 4 个三维向量必线性相关知，$\{\boldsymbol{\alpha}_1,\boldsymbol{\alpha}_2,\boldsymbol{\alpha}_3\}\cong\{\boldsymbol{\beta}_1,\boldsymbol{\beta}_2,\boldsymbol{\beta}_3\}$.

评　依题设，$\{\boldsymbol{\alpha}_1,\boldsymbol{\alpha}_2,\boldsymbol{\alpha}_3\}\cong\{\boldsymbol{\beta}_1,\boldsymbol{\beta}_2,\boldsymbol{\beta}_3\}\Leftrightarrow\operatorname{rank}\{\boldsymbol{\alpha}_1,\boldsymbol{\alpha}_2,\boldsymbol{\alpha}_3\}=\operatorname{rank}\{\boldsymbol{\beta}_1,\boldsymbol{\beta}_2,\boldsymbol{\beta}_3\}=3$.

例 2.5.5　设向量组

$$\boldsymbol{\alpha}_1=\begin{bmatrix}1+a\\1\\1\\1\end{bmatrix},\quad\boldsymbol{\alpha}_2=\begin{bmatrix}2\\2+a\\2\\2\end{bmatrix},\quad\boldsymbol{\alpha}_3=\begin{bmatrix}3\\3\\3+a\\3\end{bmatrix},\quad\boldsymbol{\alpha}_4=\begin{bmatrix}4\\4\\4\\4+a\end{bmatrix},$$

问 a 为何值时，$\boldsymbol{\alpha}_1,\boldsymbol{\alpha}_2,\boldsymbol{\alpha}_3,\boldsymbol{\alpha}_4$ 线性相关. 当 $\boldsymbol{\alpha}_1,\boldsymbol{\alpha}_2,\boldsymbol{\alpha}_3,\boldsymbol{\alpha}_4$ 线性相关时，求其一个极大线性无关组，并将其余向量用该极大线性无关组线性表示. **【2006 研数三】**

分析 4 个 4 维向量组 $\boldsymbol{\alpha}_1,\boldsymbol{\alpha}_2,\boldsymbol{\alpha}_3,\boldsymbol{\alpha}_4$ 线性相关 $\Leftrightarrow|\boldsymbol{\alpha}_1,\boldsymbol{\alpha}_2,\boldsymbol{\alpha}_3,\boldsymbol{\alpha}_4|=0$. 再对矩阵 $(\boldsymbol{\alpha}_1,\boldsymbol{\alpha}_2,\boldsymbol{\alpha}_3,\boldsymbol{\alpha}_4)$ 施以初等行变换，将其化为行阶梯形矩阵，进而确认列向量组的一个极大线性无关组.

解 以 $\boldsymbol{\alpha}_1,\boldsymbol{\alpha}_2,\boldsymbol{\alpha}_3,\boldsymbol{\alpha}_4$ 为列构成行列式

$$D=\begin{vmatrix}1+a & 2 & 3 & 4\\ 1 & 2+a & 3 & 4\\ 1 & 2 & 3+a & 4\\ 1 & 2 & 3 & 4+a\end{vmatrix}\xlongequal[\substack{\langle 1\rangle+\langle 2\rangle\\ \langle 1\rangle+\langle 3\rangle\\ \langle 1\rangle+\langle 4\rangle}]{}(10+a)\begin{vmatrix}1 & 2 & 3 & 4\\ 1 & 2+a & 3 & 4\\ 1 & 2 & 3+a & 4\\ 1 & 2 & 3 & 4+a\end{vmatrix}$$

$$\xlongequal[\substack{\langle 2\rangle+(-2)\langle 1\rangle\\ \langle 3\rangle+(-3)\langle 1\rangle\\ \langle 4\rangle+(-4)\langle 1\rangle}]{}(10+a)\begin{vmatrix}1 & 0 & 0 & 0\\ 1 & a & 0 & 0\\ 1 & 0 & a & 0\\ 1 & 0 & 0 & a\end{vmatrix}=(10+a)a^3.$$

于是当 $a=0$ 或 $a=-10$ 时，$D=0$，$\boldsymbol{\alpha}_1,\boldsymbol{\alpha}_2,\boldsymbol{\alpha}_3,\boldsymbol{\alpha}_4$ 线性相关.

当 $a=0$ 时，令矩阵 $\boldsymbol{A}=(\boldsymbol{\alpha}_1,\boldsymbol{\alpha}_2,\boldsymbol{\alpha}_3,\boldsymbol{\alpha}_4)$，对 $\boldsymbol{A}$ 施以初等变换，将其化为简化行阶梯形矩阵，有

$$\boldsymbol{A}=(\boldsymbol{\alpha}_1,\boldsymbol{\alpha}_2,\boldsymbol{\alpha}_3,\boldsymbol{\alpha}_4)=\begin{pmatrix}1 & 2 & 3 & 4\\ 1 & 2 & 3 & 4\\ 1 & 2 & 3 & 4\\ 1 & 2 & 3 & 4\end{pmatrix}\xrightarrow{\substack{\langle 2\rangle+(-1)\langle 1\rangle\\ \langle 3\rangle+(-1)\langle 1\rangle\\ \langle 4\rangle+(-1)\langle 1\rangle}}\begin{pmatrix}1 & 2 & 3 & 4\\ 0 & 0 & 0 & 0\\ 0 & 0 & 0 & 0\\ 0 & 0 & 0 & 0\end{pmatrix}.$$

依定理 3，$\mathrm{rank}\{\boldsymbol{\alpha}_1,\boldsymbol{\alpha}_2,\boldsymbol{\alpha}_3,\boldsymbol{\alpha}_4\}=1$，取 $\boldsymbol{\alpha}_1$ 为其一个极大线性无关组，且 $\boldsymbol{\alpha}_2=2\boldsymbol{\alpha}_1$，$\boldsymbol{\alpha}_3=3\boldsymbol{\alpha}_1$，$\boldsymbol{\alpha}_4=4\boldsymbol{\alpha}_1$.

当 $a=-10$ 时，对 $\boldsymbol{A}=(\boldsymbol{\alpha}_1,\boldsymbol{\alpha}_2,\boldsymbol{\alpha}_3,\boldsymbol{\alpha}_4)$ 施以初等行变换，将其化为简化行阶梯形矩阵，有

$$(\boldsymbol{\alpha}_1,\boldsymbol{\alpha}_2,\boldsymbol{\alpha}_3,\boldsymbol{\alpha}_4)=\begin{pmatrix}-9 & 2 & 3 & 4\\ 1 & -8 & 3 & 4\\ 1 & 2 & -7 & 4\\ 1 & 2 & 3 & -6\end{pmatrix}\xrightarrow{\substack{\langle 2\rangle+(-1)\langle 1\rangle\\ \langle 3\rangle+(-1)\langle 1\rangle\\ \langle 4\rangle+(-1)\langle 1\rangle\\ \frac{1}{10}\langle 2\rangle\\ \frac{1}{10}\langle 3\rangle\\ \frac{1}{10}\langle 4\rangle}}\begin{pmatrix}-9 & 2 & 3 & 4\\ 1 & -1 & 0 & 0\\ 1 & 0 & -1 & 0\\ 1 & 0 & 0 & -1\end{pmatrix}$$

$$\xrightarrow{\substack{\langle 1\rangle+2\langle 2\rangle\\ \langle 1\rangle+3\langle 3\rangle\\ \langle 1\rangle+4\langle 4\rangle}}\begin{pmatrix}0 & 0 & 0 & 0\\ 1 & -1 & 0 & 0\\ 1 & 0 & -1 & 0\\ 1 & 0 & 0 & -1\end{pmatrix}\xrightarrow{\substack{\langle 3\rangle+(-1)\langle 2\rangle\\ \langle 4\rangle+(-1)\langle 2\rangle\\ \langle 4\rangle+(-1)\langle 3\rangle\\ \langle 3\rangle+\langle 4\rangle\\ \langle 2\rangle+\langle 3\rangle\\ \langle 2\rangle+\langle 4\rangle\\ \langle 1\rangle\longleftrightarrow\langle 2\rangle\\ \langle 2\rangle\longleftrightarrow\langle 3\rangle\\ \langle 3\rangle\longleftrightarrow\langle 4\rangle}}\begin{pmatrix}1 & 0 & 0 & -1\\ 0 & 1 & 0 & -1\\ 0 & 0 & 1 & -1\\ 0 & 0 & 0 & 0\end{pmatrix},$$

依定理 3，$\operatorname{rank}\{\boldsymbol{\alpha}_1,\boldsymbol{\alpha}_2,\boldsymbol{\alpha}_3,\boldsymbol{\alpha}_4\}=3$，$\boldsymbol{\alpha}_1,\boldsymbol{\alpha}_2,\boldsymbol{\alpha}_3$ 为 $\boldsymbol{\alpha}_1,\boldsymbol{\alpha}_2,\boldsymbol{\alpha}_3,\boldsymbol{\alpha}_4$ 的一个极大线性无关组，且 $\boldsymbol{\alpha}_4=-\boldsymbol{\alpha}_1-\boldsymbol{\alpha}_2-\boldsymbol{\alpha}_3$.

注　依定理 3，简化行阶梯形矩阵的列向量的线性关系与 $\boldsymbol{\alpha}_1,\boldsymbol{\alpha}_2,\boldsymbol{\alpha}_3,\boldsymbol{\alpha}_4$ 的线性关系相同，因此可依简化行阶梯形矩阵列向量间的线性关系推定 $\boldsymbol{\alpha}_1,\boldsymbol{\alpha}_2,\boldsymbol{\alpha}_3,\boldsymbol{\alpha}_4$ 的线性关系.

评　但凡要求用极大线性无关组表示其余向量时，可利用初等行变换将列向量组所构成的矩阵化为简化行阶梯形矩阵，再依其列向量间的关系推定原向量组向量间的关系.

习题 2-5

1. 求下列矩阵的秩，并指出它的列向量组的一个极大线性无关组：

(1) $\boldsymbol{A}=\begin{pmatrix}1&1&0&3\\-4&-1&1&-1\\-3&0&1&2\\-2&-2&5&0\end{pmatrix}$；　　(2) $\boldsymbol{B}=\begin{pmatrix}1&1&1&1&1\\2&0&-3&2&1\\1&3&6&1&2\\4&2&6&4&3\end{pmatrix}$.

2. 求向量组的秩，并指出它的一个极大线性无关组：

$$\boldsymbol{\alpha}_1=\begin{pmatrix}-1\\2\\0\\4\end{pmatrix},\quad \boldsymbol{\alpha}_2=\begin{pmatrix}3\\-1\\5\\-2\end{pmatrix},\quad \boldsymbol{\alpha}_3=\begin{pmatrix}4\\0\\3\\-5\end{pmatrix},\quad \boldsymbol{\alpha}_4=\begin{pmatrix}2\\-4\\-1\\-9\end{pmatrix}.$$

3. 已知向量组 $\boldsymbol{\beta}_1=\begin{pmatrix}0\\1\\-1\end{pmatrix},\boldsymbol{\beta}_2=\begin{pmatrix}a\\2\\1\end{pmatrix},\boldsymbol{\beta}_3=\begin{pmatrix}b\\1\\0\end{pmatrix}$ 与向量组 $\boldsymbol{\alpha}_1=\begin{pmatrix}1\\2\\-3\end{pmatrix},\boldsymbol{\alpha}_2=\begin{pmatrix}3\\0\\1\end{pmatrix}$，$\boldsymbol{\alpha}_3=\begin{pmatrix}9\\6\\-7\end{pmatrix}$ 具有相等的秩，且 $\boldsymbol{\beta}_3$ 可由 $\boldsymbol{\alpha}_1,\boldsymbol{\alpha}_2,\boldsymbol{\alpha}_3$ 线性表示，求 a,b 的值.　**【2000 研数二】**

4. 设向量组 $\boldsymbol{\alpha}_1=\begin{pmatrix}1\\0\\1\end{pmatrix},\boldsymbol{\alpha}_2=\begin{pmatrix}0\\1\\1\end{pmatrix},\boldsymbol{\alpha}_3=\begin{pmatrix}1\\3\\5\end{pmatrix}$ 不能由向量组 $\boldsymbol{\beta}_1=\begin{pmatrix}1\\a\\1\end{pmatrix},\boldsymbol{\beta}_2=\begin{pmatrix}1\\2\\3\end{pmatrix},\boldsymbol{\beta}_3=\begin{pmatrix}1\\3\\5\end{pmatrix}$ 线性表示. (1)求 a 的值；(2)将 $\boldsymbol{\beta}_1,\boldsymbol{\beta}_2,\boldsymbol{\beta}_3$ 由 $\boldsymbol{\alpha}_1,\boldsymbol{\alpha}_2,\boldsymbol{\alpha}_3$ 线性表示.　**【2011 研数三】**

5. 已知向量组

$$\boldsymbol{\alpha}_1=\begin{pmatrix}1\\2\\-3\\1\end{pmatrix},\quad \boldsymbol{\alpha}_2=\begin{pmatrix}2\\-6\\12\\6\end{pmatrix},\quad \boldsymbol{\alpha}_3=\begin{pmatrix}5\\-5\\a\\11\end{pmatrix},\quad \boldsymbol{\beta}_1=\begin{pmatrix}1\\-3\\6\\3\end{pmatrix},\quad \boldsymbol{\beta}_2=\begin{pmatrix}2\\-1\\3\\b\end{pmatrix},$$

问 a,b 为何值时，向量组 $\boldsymbol{\alpha}_1,\boldsymbol{\alpha}_2,\boldsymbol{\alpha}_3$ 与向量组 $\boldsymbol{\beta}_1,\boldsymbol{\beta}_2$ 等价.

2.6　线性方程组有解的充分必要条件

在 2.1 节曾讨论了线性方程组解的情况及其判别，本节将讨论线性方程组有解的充分必要条件.

1. 内容要点与评注

定理 1 线性方程组 $x_1\boldsymbol{\alpha}_1+x_2\boldsymbol{\alpha}_2+\cdots+x_m\boldsymbol{\alpha}_m=\boldsymbol{\beta}$ 有解的充分必要条件是它的系数矩阵的秩与增广矩阵的秩相等.

证 充分性. 设线性方程组的系数矩阵为 $\boldsymbol{A}=(\boldsymbol{\alpha}_1,\boldsymbol{\alpha}_2,\cdots,\boldsymbol{\alpha}_m)$，增广矩阵为 $\overline{\boldsymbol{A}}=(\boldsymbol{\alpha}_1,\boldsymbol{\alpha}_2,\cdots,\boldsymbol{\alpha}_m,\boldsymbol{\beta})$，且 $\operatorname{rank}\{\boldsymbol{\alpha}_1,\boldsymbol{\alpha}_2,\cdots,\boldsymbol{\alpha}_m\}=\operatorname{rank}\{\boldsymbol{\alpha}_1,\boldsymbol{\alpha}_2,\cdots,\boldsymbol{\alpha}_m,\boldsymbol{\beta}\}=r$，不妨设 $\boldsymbol{\alpha}_{j_1},\boldsymbol{\alpha}_{j_2},\cdots,\boldsymbol{\alpha}_{j_r}$ 是 $\boldsymbol{\alpha}_1,\boldsymbol{\alpha}_2,\cdots,\boldsymbol{\alpha}_m$ 的一个极大线性无关组，则 $\{\boldsymbol{\alpha}_{j_1},\boldsymbol{\alpha}_{j_2},\cdots,\boldsymbol{\alpha}_{j_r}\}\cong\{\boldsymbol{\alpha}_1,\boldsymbol{\alpha}_2,\cdots,\boldsymbol{\alpha}_m\}$，且 $\boldsymbol{\alpha}_{j_1},\boldsymbol{\alpha}_{j_2},\cdots,\boldsymbol{\alpha}_{j_r}$ 也是 $\boldsymbol{\alpha}_1,\boldsymbol{\alpha}_2,\cdots,\boldsymbol{\alpha}_m,\boldsymbol{\beta}$ 中 r 个线性无关的向量，依例 2.4.3 的结论，它也是 $\boldsymbol{\alpha}_1,\boldsymbol{\alpha}_2,\cdots,\boldsymbol{\alpha}_m,\boldsymbol{\beta}$ 的一个极大线性无关组，因此 $\boldsymbol{\beta}$ 可由 $\boldsymbol{\alpha}_{j_1},\boldsymbol{\alpha}_{j_2},\cdots,\boldsymbol{\alpha}_{j_r}$ 线性表示，从而 $\boldsymbol{\beta}$ 可由 $\boldsymbol{\alpha}_1,\boldsymbol{\alpha}_2,\cdots,\boldsymbol{\alpha}_m$ 线性表示，即线性方程组 $x_1\boldsymbol{\alpha}_1+x_2\boldsymbol{\alpha}_2+\cdots+x_m\boldsymbol{\alpha}_m=\boldsymbol{\beta}$ 有解.

必要性. 设线性方程组有解，则 $\boldsymbol{\beta}$ 可由 $\boldsymbol{\alpha}_1,\boldsymbol{\alpha}_2,\cdots,\boldsymbol{\alpha}_m$ 线性表示，因此

$$\{\boldsymbol{\alpha}_1,\boldsymbol{\alpha}_2,\cdots,\boldsymbol{\alpha}_m\}\cong\{\boldsymbol{\alpha}_1,\boldsymbol{\alpha}_2,\cdots,\boldsymbol{\alpha}_m,\boldsymbol{\beta}\},$$

依 2.4 节推论 11，得 $\operatorname{rank}\{\boldsymbol{\alpha}_1,\boldsymbol{\alpha}_2,\cdots,\boldsymbol{\alpha}_m\}=\operatorname{rank}\{\boldsymbol{\alpha}_1,\boldsymbol{\alpha}_2,\cdots,\boldsymbol{\alpha}_m,\boldsymbol{\beta}\}$. ◆

定理 2 设含有 m 个未知元的线性方程组 $x_1\boldsymbol{\alpha}_1+x_2\boldsymbol{\alpha}_2+\cdots+x_m\boldsymbol{\alpha}_m=\boldsymbol{\beta}$ 有解. 如果 $\operatorname{rank}\{\boldsymbol{\alpha}_1,\boldsymbol{\alpha}_2,\cdots,\boldsymbol{\alpha}_m\}=\operatorname{rank}\{\boldsymbol{\alpha}_1,\boldsymbol{\alpha}_2,\cdots,\boldsymbol{\alpha}_m,\boldsymbol{\beta}\}=m$，则方程组有唯一解；如果 $\operatorname{rank}\{\boldsymbol{\alpha}_1,\boldsymbol{\alpha}_2,\cdots,\boldsymbol{\alpha}_m\}=\operatorname{rank}\{\boldsymbol{\alpha}_1,\boldsymbol{\alpha}_2,\cdots,\boldsymbol{\alpha}_m,\boldsymbol{\beta}\}<m$，则方程组有无穷多个解.

推论 3 齐次线性方程组有非零解的充分必要条件是其系数矩阵的秩小于方程组所含未知元的个数.

推论 4 齐次线性方程组只有零解的充分必要条件是其系数矩阵的秩等于方程组所含未知元的个数.

2. 典型例题

例 2.6.1 讨论 λ 取何值时，线性方程组

$$\begin{cases}2x_1+\lambda x_2-x_3=1,\\ \lambda x_1-x_2+x_3=2,\\ 4x_1+5x_2-5x_3=-1\end{cases}$$

无解，有唯一解，有无穷多个解.

【97 年研数二】

分析 根据定理 1 与定理 2，考查线性方程组的系数矩阵的秩与增广矩阵的秩.

解 设线性方程组的系数矩阵为 $\boldsymbol{A}$，增广矩阵为 $\overline{\boldsymbol{A}}$，方程组的系数行列式为

$$|\boldsymbol{A}|=\begin{vmatrix}2&\lambda&-1\\ \lambda&-1&1\\ 4&5&-5\end{vmatrix}=-\begin{vmatrix}\lambda+2&\lambda-1\\ 5\lambda+4&0\end{vmatrix}=(\lambda-1)(5\lambda+4).$$

当 $\lambda\neq1$ 且 $\lambda\neq-\dfrac{4}{5}$ 时，系数行列式不等于零，依克莱姆法则，方程组有唯一解.

当 $\lambda=1$ 时，对 $\overline{\boldsymbol{A}}$ 施以初等行变换，将其化为行阶梯形矩阵，有

$$\overline{\boldsymbol{A}}=\left(\begin{array}{ccc|c}2&1&-1&1\\ 1&-1&1&2\\ 4&5&-5&-1\end{array}\right)\xrightarrow[\frac{1}{3}\langle2\rangle]{\substack{\langle1\rangle\leftrightarrow\langle2\rangle\\ \langle2\rangle+(-2)\langle1\rangle\\ \langle3\rangle+(-4)\langle1\rangle\\ \langle3\rangle+(-3)\langle2\rangle}}\left(\begin{array}{ccc|c}1&-1&1&2\\ 0&1&-1&-1\\ 0&0&0&0\end{array}\right),$$

此时 $\text{rank}(\boldsymbol{A})=\text{rank}(\overline{\boldsymbol{A}})=2<3$（未知元的个数），依定理 2，方程组有无穷多个解.

当 $\lambda=-\dfrac{4}{5}$ 时，对 $\overline{\boldsymbol{A}}$ 施以初等行变换，将其化为行阶梯形矩阵，有

$$\overline{\boldsymbol{A}}=\left(\begin{array}{ccc|c}2&-4/5&-1&1\\-4/5&-1&1&2\\4&5&-5&-1\end{array}\right)\xrightarrow[\langle 3\rangle+\langle 2\rangle]{\substack{5\langle 1\rangle\\5\langle 2\rangle}}\left(\begin{array}{ccc|c}10&-4&-5&5\\-4&-5&5&10\\0&0&0&9\end{array}\right)$$

$$\xrightarrow[\langle 2\rangle+2\langle 1\rangle]{\langle 1\rangle+2\langle 2\rangle}\left(\begin{array}{ccc|c}2&-14&5&25\\0&-33&15&60\\0&0&0&9\end{array}\right).$$

此时 $\text{rank}(\boldsymbol{A})=2\neq 3=\text{rank}(\overline{\boldsymbol{A}})$，依定理 1，方程组无解.

注 (1)本例是含三个方程三个未知元的线性方程组，可以考虑先借助系数行列式判别方程组是否有唯一解，再讨论其他情形.(2)也可考查线性方程组的系数矩阵的秩与增广矩阵的秩是否相等，以判别方程组是否有解，在有解时再讨论其他两种情形.

评 在 2.1 节中，对线性方程组的增广矩阵施以初等行变换，如果主元出现在最后一列，则推断方程组无解. 而这里依定理 1，$\text{rank}(\boldsymbol{A})\neq\text{rank}(\overline{\boldsymbol{A}})$ 即可推断方程组无解.

例 2.6.2 当 a,b 为何值时，线性方程组 $\begin{cases}x_1+x_2-x_3=1,\\2x_1+(a+3)x_2-3x_3=3,\\-2x_1+(a-1)x_2+bx_3=a-1\end{cases}$ 无解？有唯一解？有无穷多个解？并在有无穷多个解时求其一般解.

分析 依克莱姆法则，判别 a,b 为何值时线性方程组有唯一解，然后再讨论方程组其他解的情形.

解 设线性方程组的系数矩阵为 $\boldsymbol{A}$，增广矩阵为 $\overline{\boldsymbol{A}}$，线性方程组的系数行列式为

$$|\boldsymbol{A}|=\begin{vmatrix}1&1&-1\\2&a+3&-3\\-2&a-1&b\end{vmatrix}\overset{\langle 2\rangle+(-1)\langle 1\rangle}{\underset{\langle 3\rangle+\langle 1\rangle}{=\!=\!=\!=}}\begin{vmatrix}1&0&0\\2&a+1&-1\\-2&a+1&b-2\end{vmatrix}=(a+1)(b-1).$$

(1) 当 $a\neq -1$ 且 $b\neq 1$ 时，方程组的系数行列式不等于 0，依克莱姆法则，方程组有唯一解.

(2) 当 $a=-1$ 时，对 $\overline{\boldsymbol{A}}$ 施以初等行变换，将其化为行阶梯形矩阵，有

$$\overline{\boldsymbol{A}}=\left(\begin{array}{ccc|c}1&1&-1&1\\2&2&-3&3\\-2&-2&b&-2\end{array}\right)\xrightarrow[\langle 3\rangle+(b-2)\langle 2\rangle]{\substack{\langle 2\rangle+(-2)\langle 1\rangle\\\langle 3\rangle+2\langle 1\rangle}}\left(\begin{array}{ccc|c}1&1&-1&1\\0&0&-1&1\\0&0&0&b-2\end{array}\right).$$

① 当 $b\neq 2$ 时，$\text{rank}(\boldsymbol{A})=2\neq 3=\text{rank}(\overline{\boldsymbol{A}})$，依定理 1，方程组无解.

② 当 $b=2$ 时，$\text{rank}(\boldsymbol{A})=2=\text{rank}(\overline{\boldsymbol{A}})<3$（未知元的个数），依定理 2，方程组有无穷多个解，继续对矩阵施以初等行变换，将其化为简化行阶梯形矩阵，有

$$\overline{\boldsymbol{A}}\to\left(\begin{array}{ccc|c}1&1&-1&1\\0&0&-1&1\\0&0&0&0\end{array}\right)\xrightarrow[\langle 1\rangle+\langle 2\rangle]{(-1)\langle 2\rangle}\left(\begin{array}{ccc|c}1&1&0&0\\0&0&1&-1\\0&0&0&0\end{array}\right).$$

方程组的一般解为 $\begin{cases} x_1=-x_2, \\ x_3=-1, \end{cases}$ 其中 x_2 为自由未知元.

(3) 当 $b=1$ 时,对 $\bar{\boldsymbol{A}}$ 施以初等行变换,将其化为行阶梯形矩阵,有

$$\bar{\boldsymbol{A}}=\left(\begin{array}{ccc|c} 1 & 1 & -1 & 1 \\ 2 & a+3 & -3 & 3 \\ -2 & a-1 & 1 & a-1 \end{array}\right) \xrightarrow[\langle 3\rangle+(-1)\langle 2\rangle]{\substack{\langle 2\rangle+(-2)\langle 1\rangle \\ \langle 3\rangle+2\langle 1\rangle}} \left(\begin{array}{ccc|c} 1 & 1 & -1 & 1 \\ 0 & a+1 & -1 & 1 \\ 0 & 0 & 0 & a \end{array}\right).$$

① 当 $a\neq 0$ 时,$\operatorname{rank}(\boldsymbol{A})=2\neq 3=\operatorname{rank}(\bar{\boldsymbol{A}})$,依定理 1,方程组无解.

② 当 $a=0$ 时,$\operatorname{rank}(\boldsymbol{A})=2=\operatorname{rank}(\bar{\boldsymbol{A}})<3$,依定理 2,方程组有无穷多个解,继续对矩阵施以初等行变换,将其化为简化行阶梯形矩阵,有

$$\bar{\boldsymbol{A}} \to \left(\begin{array}{ccc|c} 1 & 1 & -1 & 1 \\ 0 & 1 & -1 & 1 \\ 0 & 0 & 0 & 0 \end{array}\right) \xrightarrow{\langle 1\rangle+(-1)\langle 2\rangle} \left(\begin{array}{ccc|c} 1 & 0 & 0 & 0 \\ 0 & 1 & -1 & 1 \\ 0 & 0 & 0 & 0 \end{array}\right).$$

方程组的一般解为 $\begin{cases} x_1=0, \\ x_2=1+x_3, \end{cases}$ 其中 x_3 为自由未知元.

注 先依系数行列式不为零确定方程组有唯一解时参数的取值,以此为突破口,进一步讨论方程组其他解的可能情形.

评 依定理 1 判别线性方程组是否有解,再依定理 2 判别方程组有唯一解还是无穷多个解.

例 2.6.3 讨论 a,b 为何值时,下述齐次线性方程组有非零解.

$$\begin{cases} x_1-3x_2-5x_3=0, \\ 2x_1-7x_2-4x_3=0, \\ 4x_1-9x_2+ax_3=0, \\ 5x_1+bx_2-55x_3=0. \end{cases}$$

分析 根据推论 3,考查齐次线性方程组的系数矩阵的秩.

解 设线性方程组的系数矩阵为 $\boldsymbol{A}$,对 $\boldsymbol{A}$ 施以初等行变换,有

$$\boldsymbol{A}=\begin{pmatrix} 1 & -3 & -5 \\ 2 & -7 & -4 \\ 4 & -9 & a \\ 5 & b & -55 \end{pmatrix} \xrightarrow{\substack{\langle 2\rangle+(-2)\langle 1\rangle \\ \langle 3\rangle+(-4)\langle 1\rangle \\ \langle 4\rangle+(-5)\langle 1\rangle \\ \langle 3\rangle+3\langle 2\rangle \\ \langle 4\rangle+(b+15)\langle 2\rangle \\ \frac{1}{6}\langle 4\rangle}} \begin{pmatrix} 1 & -3 & -5 \\ 0 & -1 & 6 \\ 0 & 0 & a+38 \\ 0 & 0 & b+10 \end{pmatrix}.$$

当 $a\neq -38$ 或 $b\neq -10$ 时,有 $\boldsymbol{A}\to\begin{pmatrix} 1 & -3 & -5 \\ 0 & -1 & 6 \\ 0 & 0 & 1 \\ 0 & 0 & 0 \end{pmatrix}$,$\operatorname{rank}(\boldsymbol{A})=3$(未知元的个数),依推论 4,方程组只有零解.

当 $a=-38$ 且 $b=-10$ 时，有 $\boldsymbol{A}\to\begin{pmatrix}1&-3&-5\\0&-1&6\\0&0&0\\0&0&0\end{pmatrix}$，$\operatorname{rank}(\boldsymbol{A})=2<3$，依推论 3，方程组有非零解.

注 对于齐次线性方程组解的判别，只需考查系数矩阵的秩与未知元的个数之间的大小关系.

例 2.6.4 已知线性方程组 $\begin{cases}a_{11}x_1+a_{12}x_2+\cdots+a_{1n}x_n=b_1,\\a_{21}x_1+a_{22}x_2+\cdots+a_{2n}x_n=b_2,\\\quad\vdots\\a_{n1}x_1+a_{n2}x_2+\cdots+a_{nn}x_n=b_n\end{cases}$ 系数矩阵 $\boldsymbol{A}$ 的秩等于矩阵 $\boldsymbol{B}=\begin{pmatrix}a_{11}&a_{12}&\cdots&a_{1n}&b_1\\a_{21}&a_{22}&\cdots&a_{2n}&b_2\\\vdots&\vdots&&\vdots&\vdots\\a_{n1}&a_{n2}&\cdots&a_{nn}&b_n\\b_1&b_2&\cdots&b_n&0\end{pmatrix}$ 的秩，证明方程组有解.

分析 设线性方程组的增广矩阵为 $\bar{\boldsymbol{A}}$，显然满足 $\operatorname{rank}(\boldsymbol{A})\leqslant\operatorname{rank}(\bar{\boldsymbol{A}})\leqslant\operatorname{rank}(\boldsymbol{B})$.

证 线性方程组的系数矩阵为 $\boldsymbol{A}=\begin{pmatrix}a_{11}&\cdots&a_{1n}\\\vdots&&\vdots\\a_{n1}&\cdots&a_{nn}\end{pmatrix}$，增广矩阵为 $\bar{\boldsymbol{A}}=\left(\begin{array}{ccc|c}a_{11}&\cdots&a_{1n}&b_1\\\vdots&&\vdots&\vdots\\a_{n1}&\cdots&a_{nn}&b_n\end{array}\right)$，则 $\operatorname{rank}(\boldsymbol{A})\leqslant\operatorname{rank}(\bar{\boldsymbol{A}})\leqslant\operatorname{rank}(\boldsymbol{B})$. 又依题设，$\operatorname{rank}(\boldsymbol{A})=\operatorname{rank}(\boldsymbol{B})$，所以

$$\operatorname{rank}(\boldsymbol{A})=\operatorname{rank}(\bar{\boldsymbol{A}}),$$

依定理 1，方程组有解.

习题 2-6

1. 讨论 λ 取何值时，下述线性方程组有唯一解？无解？有无穷多个解？

$$\begin{cases}\lambda x_1+x_2+x_3=1,\\x_1+\lambda x_2+x_3=1,\\x_1+x_2+\lambda x_3=1.\end{cases}$$

2. a 为何值时，下述线性方程组有唯一解？无解？有无穷多个解？

$$\begin{cases}x_1+2x_2+x_3=1,\\2x_1+3x_2+(a+2)x_3=3,\\x_1+ax_2-2x_3=0.\end{cases}$$

3. 讨论 a,b,c 满足何种关系时，下述齐次线性方程组只有零解？

$$\begin{cases} x_1+x_2+x_3=0, \\ ax_1+bx_2+cx_3=0, \\ a^2x_1+b^2x_2+c^2x_3=0. \end{cases}$$

4. 设齐次线性方程组

$$\begin{cases} 8x_1+2x_2+(3\lambda+3)x_3=0, \\ (3\lambda+3)x_1+(\lambda+2)x_2+7x_3=0, \\ 7x_1+x_2+4\lambda x_3=0. \end{cases}$$

问 λ 取何值时，方程组有非零解？

2.7 齐次线性方程组解集的结构

齐次线性方程组恒有解，当其有无穷多个解时，其解的关系如何？能否借助有限个解来表征其全部解？

1. 内容要点与评注

设数域 F 上 n 元齐次线性方程组

$$\begin{cases} a_{11}x_1+a_{12}x_2+\cdots+a_{1n}x_n=0, \\ a_{21}x_1+a_{22}x_2+\cdots+a_{2n}x_n=0, \\ \quad\vdots \\ a_{n1}x_1+a_{n2}x_2+\cdots+a_{nn}x_n=0 \end{cases} \tag{2.1}$$

的一个解为 $x_1=k_1,x_2=k_2,\cdots,x_n=k_n$，可记为 $(k_1,k_2,\cdots,k_n)$，它是向量空间 F^n 的向量，称为方程组的一个**解向量**，简称**解**. 设齐次线性方程组的全体解向量组成的解集为 W，容易证明下面的性质.

性质 1 若 $\boldsymbol{\alpha},\boldsymbol{\beta}\in W$，则 $\boldsymbol{\alpha}+\boldsymbol{\beta}\in W$.

性质 2 若 $\boldsymbol{\gamma}\in W,k\in F$，则 $k\boldsymbol{\gamma}\in W$.

如果齐次线性方程组(2.1)的系数矩阵 $\boldsymbol{A}$ 的秩 $\text{rank}(\boldsymbol{A})=n$（未知元的个数），则方程组只有零解，即 $W=\{\boldsymbol{0}\}$. 如果 $\text{rank}(\boldsymbol{A})<n$，则方程组有非零解.

定义 1 设数域 F 上齐次线性方程组(2.1)有非零解，如果它的非零解 $\boldsymbol{\eta}_1,\boldsymbol{\eta}_2,\cdots,\boldsymbol{\eta}_r$ 满足：

(1) $\boldsymbol{\eta}_1,\boldsymbol{\eta}_2,\cdots,\boldsymbol{\eta}_r$ 线性无关；

(2) 方程组的每一个解都可由 $\boldsymbol{\eta}_1,\boldsymbol{\eta}_2,\cdots,\boldsymbol{\eta}_r$ 线性表示.

则称 $\boldsymbol{\eta}_1,\boldsymbol{\eta}_2,\cdots,\boldsymbol{\eta}_r$ 为方程组(2.1)的一个**基础解系**.

如果求出齐次线性方程组的一个基础解系 $\boldsymbol{\eta}_1,\boldsymbol{\eta}_2,\cdots,\boldsymbol{\eta}_r$，那么方程组的解集为

$$W=\{k_1\boldsymbol{\eta}_1+k_2\boldsymbol{\eta}_2+\cdots+k_r\boldsymbol{\eta}_r \mid \forall k_i\in F,i=1,2,\cdots,r\},$$

而称解集 W 的代表元素 $k_1\boldsymbol{\eta}_1+k_2\boldsymbol{\eta}_2+\cdots+k_r\boldsymbol{\eta}_r$ ($\forall k_i\in F, i=1,2,\cdots,r$) 为方程组的**通解**.

定理 1　数域 F 上 n 元齐次线性方程组(2.1)的系数矩阵 $\boldsymbol{A}$ 的秩 $\text{rank}(\boldsymbol{A})=r<n$,则方程组有基础解系,并且其任一基础解系所含解向量的个数为 $n-r$.

证　由于 $\text{rank}(\boldsymbol{A})<n$,依推论 3,方程组有非零解.不失一般性,设齐次线性方程组(2.1)的一般解为

$$\begin{cases}x_1=-c_{1,r+1}x_{r+1}-c_{1,r+2}x_{r+2}-\cdots-c_{1,n}x_n,\\ x_2=-c_{2,r+1}x_{r+1}-c_{2,r+2}x_{r+2}-\cdots-c_{2,n}x_n,\\ \quad\vdots\\ x_r=-c_{r,r+1}x_{r+1}-c_{r,r+2}x_{r+2}-\cdots-c_{r,n}x_n,\end{cases}\tag{2.2}$$

其中 $x_{r+1},x_{r+2},\cdots,x_n$ 为自由未知元,令 $x_{r+1},x_{r+2},\cdots,x_n$ 分别取下列 $n-r$ 组数:

$$\begin{pmatrix}1\\0\\\vdots\\0\end{pmatrix},\begin{pmatrix}0\\1\\\vdots\\0\end{pmatrix},\cdots,\begin{pmatrix}0\\0\\\vdots\\1\end{pmatrix},$$

显然,这 $n-r$ 个向量线性无关,将其代入(2.2)式,得齐次线性方程组的 $n-r$ 个解:

$$\boldsymbol{\eta}_1=\begin{pmatrix}-c_{1,r+1}\\-c_{2,r+1}\\\vdots\\-c_{r,r+1}\\1\\0\\\vdots\\0\end{pmatrix},\boldsymbol{\eta}_2=\begin{pmatrix}-c_{1,r+2}\\-c_{2,r+2}\\\vdots\\-c_{r,r+2}\\0\\1\\\vdots\\0\end{pmatrix},\cdots,\boldsymbol{\eta}_{n-r}=\begin{pmatrix}-c_{1,n}\\-c_{2,n}\\\vdots\\-c_{r,n}\\0\\0\\\vdots\\1\end{pmatrix},$$

于是延伸组 $\boldsymbol{\eta}_1,\boldsymbol{\eta}_2,\cdots,\boldsymbol{\eta}_{n-r}$ 也线性无关,设齐次线性方程组的任一解为

$$\begin{pmatrix}k_1\\k_2\\\vdots\\k_r\\k_{r+1}\\k_{r+2}\\\vdots\\k_n\end{pmatrix},\text{则其应满足(2.2)式,即}\begin{cases}k_1=-c_{1,r+1}k_{r+1}-c_{1,r+2}k_{r+2}-\cdots-c_{1,n}k_n,\\ k_2=-c_{2,r+1}k_{r+1}-c_{2,r+2}k_{r+2}-\cdots-c_{2,n}k_n,\\ \quad\vdots\\ k_r=-c_{r,r+1}k_{r+1}-c_{r,r+2}k_{r+2}-\cdots-c_{r,n}k_n,\\ k_{r+1}=\qquad k_{r+1},\\ k_{r+2}=\qquad\qquad k_{r+2},\\ \quad\vdots\\ k_n=\qquad\qquad\qquad k_n,\end{cases}$$

依向量加法运算和数量乘法运算,有

$$\begin{pmatrix} k_1 \\ k_2 \\ \vdots \\ k_r \\ k_{r+1} \\ k_{r+2} \\ \vdots \\ k_n \end{pmatrix} = k_{r+1}\begin{pmatrix} -c_{1,r+1} \\ -c_{2,r+1} \\ \vdots \\ -c_{r,r+1} \\ 1 \\ 0 \\ \vdots \\ 0 \end{pmatrix} + k_{r+2}\begin{pmatrix} -c_{1,r+2} \\ -c_{2,r+2} \\ \vdots \\ -c_{r,r+2} \\ 0 \\ 1 \\ \vdots \\ 0 \end{pmatrix} + \cdots + k_n\begin{pmatrix} -c_{1,n} \\ -c_{2,n} \\ \vdots \\ -c_{r,n} \\ 0 \\ 0 \\ \vdots \\ 1 \end{pmatrix}.$$

上式说明,方程组的任一解都可由 $\boldsymbol{\eta}_1,\boldsymbol{\eta}_2,\cdots,\boldsymbol{\eta}_{n-r}$ 线性表示,依定义,$\boldsymbol{\eta}_1,\boldsymbol{\eta}_2,\cdots,\boldsymbol{\eta}_{n-r}$ 就是齐次线性方程组的一个基础解系,且基础解系所含解向量的个数为 $n-r$. ◆

注 关于自由未知元的 $n-r$ 组取值,不限于上述取法,只要所取 $n-r$ 个向量线性无关即可,比如 $\begin{pmatrix} c_1 \\ 0 \\ \vdots \\ 0 \end{pmatrix},\begin{pmatrix} 0 \\ c_2 \\ \vdots \\ 0 \end{pmatrix},\cdots,\begin{pmatrix} 0 \\ 0 \\ \vdots \\ c_{n-r} \end{pmatrix}$,其中 $c_i\in F,c_i\neq 0,i=1,2,\cdots,n-r$.

如果齐次线性方程组有基础解系,它的基础解系不唯一.

由定理 1 可知,如果齐次线性方程组有非零解,则它必有基础解系,且基础解系所含向量的个数为 $n-\mathrm{rank}(\boldsymbol{A})$.

关于 n 元齐次线性方程组解的判别及求解的步骤:

(1) 摘取方程组的系数矩阵 $\boldsymbol{A}$,对其施以初等行变换,将其化为行阶梯形矩阵;

(2) 确认系数矩阵 $\boldsymbol{A}$ 的秩,判别 $\mathrm{rank}(\boldsymbol{A})=n$(未知元的个数)?

(3) 如果 $\mathrm{rank}(\boldsymbol{A})=n$,则方程组只有零解;

(4) 如果 $\mathrm{rank}(\boldsymbol{A})=r<n$,则方程组有非零解,此时方程组有基础解系,对 $\boldsymbol{A}$ 继续施以初等行变换,将其化为简化行阶梯形矩阵,写出简化行阶梯形矩阵所对应的同解线性方程组;

(5) 主变元保留在等号左端,其余项移到等号右端,即得方程组的一般解,确认自由未知元(应含 $n-r$ 个向量),令自由未知元分别取 $n-r$ 组值,此时这 $n-r$ 个有序数组构成的向量(缩短组)必线性无关,将其代入方程组的一般解中,进而得方程组的 $n-r$ 个线性无关的解向量(延伸组),它们就是方程组的一个基础解系,设其为 $\boldsymbol{\eta}_1,\boldsymbol{\eta}_2,\cdots,\boldsymbol{\eta}_{n-r}$;

(6) 写出齐次线性方程组的通解为

$$k_1\boldsymbol{\eta}_1+k_2\boldsymbol{\eta}_2+\cdots+k_{n-r}\boldsymbol{\eta}_{n-r},\quad \forall k_i\in F,i=1,2,\cdots,n-r,$$

其解集(解集的结构)为

$$W=\{k_1\boldsymbol{\eta}_1+k_2\boldsymbol{\eta}_2+\cdots+k_{n-r}\boldsymbol{\eta}_{n-r}\mid \forall k_i\in F,i=1,2,\cdots,n-r\}.$$

2. 典型例题

例 2.7.1 求齐次线性方程组的一个基础解系,并用基础解系表示其通解.

$$\begin{cases} x_1-x_3+x_5=0, \\ x_2-x_4+x_6=0, \\ x_1-x_2+x_5-x_6=0, \\ x_2-x_3+x_6=0, \\ x_1-x_4+x_5=0. \end{cases}$$

分析　对线性方程组的系数矩阵施以初等行变换，将其化为简化行阶梯形矩阵，依定理 1 求解．

解　摘取齐次线性方程组的系数矩阵 $\boldsymbol{A}$，对其施以初等行变换，将其化为简化行阶梯形矩阵，有

$$\boldsymbol{A}=\begin{pmatrix}1&0&-1&0&1&0\\0&1&0&-1&0&1\\1&-1&0&0&1&-1\\0&1&-1&0&0&1\\1&0&0&-1&1&0\end{pmatrix}\xrightarrow[\substack{\langle 4\rangle+(-1)\langle 2\rangle\\ \langle 4\rangle+\langle 3\rangle\\ \langle 5\rangle+\langle 3\rangle}]{\substack{\langle 3\rangle+(-1)\langle 1\rangle\\ \langle 5\rangle+(-1)\langle 1\rangle\\ \langle 3\rangle+\langle 2\rangle}}\begin{pmatrix}1&0&0&-1&1&0\\0&1&0&-1&0&1\\0&0&1&-1&0&0\\0&0&0&0&0&0\\0&0&0&0&0&0\end{pmatrix}.$$

$\operatorname{rank}(\boldsymbol{A})=3<6$（未知元的个数），方程组有非零解，依定理 1，其基础解系含 $6-3=3$ 个解向量，方程组的一般解为 $\begin{cases}x_1=x_4-x_5,\\x_2=x_4-x_6,\\x_3=x_4,\end{cases}$ 其中 x_4,x_5,x_6 为自由未知元，令 $\begin{pmatrix}x_4\\x_5\\x_6\end{pmatrix}$ 分别取 $\begin{pmatrix}1\\0\\0\end{pmatrix}$，$\begin{pmatrix}0\\1\\0\end{pmatrix}$，$\begin{pmatrix}0\\0\\1\end{pmatrix}$，代入得方程组的一个基础解系为

$$\boldsymbol{\eta}_1=\begin{pmatrix}1\\1\\1\\1\\0\\0\end{pmatrix},\quad\boldsymbol{\eta}_2=\begin{pmatrix}-1\\0\\0\\0\\1\\0\end{pmatrix},\quad\boldsymbol{\eta}_3=\begin{pmatrix}0\\-1\\0\\0\\0\\1\end{pmatrix},$$

从而方程组的通解为

$$\boldsymbol{x}=k_1\boldsymbol{\eta}_1+k_2\boldsymbol{\eta}_2+k_3\boldsymbol{\eta}_3,\quad k_1,k_2,k_3\text{ 为（指定数域中的）任意常数（余同）}.$$

注　$\begin{pmatrix}1\\0\\0\end{pmatrix}$，$\begin{pmatrix}0\\1\\0\end{pmatrix}$，$\begin{pmatrix}0\\0\\1\end{pmatrix}$线性无关，其实自由未知元还可取其他有序数组，比如$\begin{pmatrix}1\\0\\0\end{pmatrix}$，$\begin{pmatrix}0\\2\\0\end{pmatrix}$，$\begin{pmatrix}0\\0\\3\end{pmatrix}$，但要满足线性无关．

评　求齐次线性方程组的基础解系，需先求得方程组的一般解，再依自由未知元取 $n-r$ 个线性无关的向量，代入一般解，以确定基础解系．

例 2.7.2　设含 $n(n\geqslant 2)$ 个方程的齐次线性方程组：

$$\begin{cases}(1+a)x_1+x_2+\cdots+x_n=0,\\2x_1+(2+a)x_2+\cdots+2x_n=0,\\\qquad\vdots\\nx_1+nx_2+\cdots+(n+a)x_n=0,\end{cases}$$

试讨论 a 为何值时，方程组有非零解，并求出其通解．　**【2004 研数一】**

分析　依 a 的取值，讨论系数矩阵的秩，进而判断方程组是否有非零解．

解 对齐次线性方程组的系数矩阵 $\boldsymbol{A}$ 施以初等行变换，有

$$\boldsymbol{A}=\begin{pmatrix}1+a & 1 & \cdots & 1\\ 2 & 2+a & \cdots & 2\\ \vdots & \vdots & & \vdots\\ n & n & \cdots & n+a\end{pmatrix}\xrightarrow[\langle n\rangle+(-n)\langle 1\rangle]{\langle 2\rangle+(-2)\langle 1\rangle,\ \cdots}\begin{pmatrix}1+a & 1 & \cdots & 1\\ -2a & a & \cdots & 0\\ \vdots & \vdots & & \vdots\\ -na & 0 & \cdots & a\end{pmatrix}.$$

(1) 当 $a=0$ 时，$\boldsymbol{A}\to\begin{pmatrix}1 & 1 & \cdots & 1\\ 0 & 0 & \cdots & 0\\ \vdots & \vdots & & \vdots\\ 0 & 0 & \cdots & 0\end{pmatrix}$，$\operatorname{rank}(\boldsymbol{A})=1<n$（未知元的个数），方程组有非零解，其一般解为 $x_1=-x_2-\cdots-x_n$，其中 $x_2,x_3,\cdots,x_n$ 为自由未知元，令 $\begin{pmatrix}x_2\\ x_3\\ \vdots\\ x_n\end{pmatrix}$ 分别取 $\begin{pmatrix}-1\\ 0\\ \vdots\\ 0\end{pmatrix},\begin{pmatrix}0\\ -1\\ \vdots\\ 0\end{pmatrix},\cdots,\begin{pmatrix}0\\ 0\\ \vdots\\ -1\end{pmatrix}$，代入得方程组的一个基础解系为

$$\boldsymbol{\xi}_1=\begin{pmatrix}1\\ -1\\ 0\\ \vdots\\ 0\end{pmatrix},\boldsymbol{\xi}_2=\begin{pmatrix}1\\ 0\\ -1\\ \vdots\\ 0\end{pmatrix},\cdots,\boldsymbol{\xi}_{n-1}=\begin{pmatrix}1\\ 0\\ 0\\ \vdots\\ -1\end{pmatrix},$$

于是方程组的通解为

$$\boldsymbol{x}=k_1\boldsymbol{\xi}_1+k_2\boldsymbol{\xi}_2+\cdots+k_{n-1}\boldsymbol{\xi}_{n-1},\quad k_1,k_2,\cdots,k_{n-1}\text{ 为任意常数}.$$

(2) 当 $a\neq 0$ 时，继续对矩阵施以初等行变换，有

$$\boldsymbol{A}\xrightarrow[\langle 1\rangle+(-1)\langle n\rangle]{\frac{1}{a}\langle 2\rangle,\ \cdots,\ \frac{1}{a}\langle n\rangle,\ \langle 1\rangle+(-1)\langle 2\rangle,\ \cdots}\begin{pmatrix}a+\dfrac{n(n+1)}{2} & 0 & \cdots & 0\\ -2 & 1 & \cdots & 0\\ \vdots & \vdots & & \vdots\\ -n & 0 & \cdots & 1\end{pmatrix}.$$

① 当 $a=-\dfrac{n(n+1)}{2}$ 时，$\operatorname{rank}(\boldsymbol{A})=n-1<n$，方程组有非零解，其一般解为 $\begin{cases}x_2=2x_1,\\ x_3=3x_1,\\ \vdots\\ x_n=nx_1,\end{cases}$

其中 x_1 为自由未知元，令 $x_1=1$，代入得方程组的一个基础解系为 $\boldsymbol{\xi}=\begin{pmatrix}1\\2\\\vdots\\n\end{pmatrix}$，于是方程组的通解为

$$\boldsymbol{x}=k\boldsymbol{\xi},\quad k \text{ 为任意常数}.$$

② 当 $a\neq -\dfrac{n(n+1)}{2}$ 时，$\operatorname{rank}(\boldsymbol{A})=n$，因此方程组只有零解.

注　齐次线性方程组的系数行列式为

$$\begin{vmatrix}1+a & 1 & \cdots & 1\\ 2 & 2+a & \cdots & 2\\ \vdots & \vdots & & \vdots\\ n & n & \cdots & n+a\end{vmatrix}=\begin{vmatrix}1+a & 1 & \cdots & 1\\ -2a & a & \cdots & 0\\ \vdots & \vdots & & \vdots\\ -na & 0 & \cdots & a\end{vmatrix}=a^{n-1}\begin{vmatrix}1+a & 1 & \cdots & 1\\ -2 & 1 & \cdots & 0\\ \vdots & \vdots & & \vdots\\ -n & 0 & \cdots & 1\end{vmatrix}$$

$$=a^{n-1}\begin{vmatrix}a+\dfrac{n(n+1)}{2} & 0 & \cdots & 0\\ -2 & 1 & \cdots & 0\\ \vdots & \vdots & & \vdots\\ -n & 0 & \cdots & 1\end{vmatrix}=a^{n-1}\left(a+\frac{n(n+1)}{2}\right).$$

也可利用行列式讨论方程组的解.

评　本例的系数矩阵含有未知参数，所以在施以初等行变换时，并没有将矩阵直接化为行阶梯形矩阵，而是通过对参数 a 的讨论，确定系数矩阵的秩，进而确定方程组解的情形.

例 2.7.3　设 $\boldsymbol{\alpha}_1,\boldsymbol{\alpha}_2,\boldsymbol{\alpha}_3,\boldsymbol{\alpha}_4$ 为齐次线性方程组的一个基础解系，

$$\boldsymbol{\beta}_1=\boldsymbol{\alpha}_1+t\boldsymbol{\alpha}_2,\quad \boldsymbol{\beta}_2=\boldsymbol{\alpha}_2+t\boldsymbol{\alpha}_3,\quad \boldsymbol{\beta}_3=\boldsymbol{\alpha}_3+t\boldsymbol{\alpha}_4,\quad \boldsymbol{\beta}_4=\boldsymbol{\alpha}_4+t\boldsymbol{\alpha}_1,$$

讨论 t 满足什么关系式时，$\boldsymbol{\beta}_1,\boldsymbol{\beta}_2,\boldsymbol{\beta}_3,\boldsymbol{\beta}_4$ 也是方程组的一个基础解系.　**【2001 研数二】**

分析　显然 $\boldsymbol{\beta}_1,\boldsymbol{\beta}_2,\boldsymbol{\beta}_3,\boldsymbol{\beta}_4$ 是该齐次线性方程组的解，且所含向量的个数为 4，下面讨论 t 为何值时 $\boldsymbol{\beta}_1,\boldsymbol{\beta}_2,\boldsymbol{\beta}_3,\boldsymbol{\beta}_4$ 线性无关，此时 $\boldsymbol{\beta}_1,\boldsymbol{\beta}_2,\boldsymbol{\beta}_3,\boldsymbol{\beta}_4$ 就是方程组的一个基础解系.

解　显然 $\boldsymbol{\beta}_1,\boldsymbol{\beta}_2,\boldsymbol{\beta}_3,\boldsymbol{\beta}_4$ 也是该齐次线性方程组的解，且与 $\boldsymbol{\alpha}_1,\boldsymbol{\alpha}_2,\boldsymbol{\alpha}_3,\boldsymbol{\alpha}_4$ 含有同样多的向量，下面要证 $\boldsymbol{\beta}_1,\boldsymbol{\beta}_2,\boldsymbol{\beta}_3,\boldsymbol{\beta}_4$ 线性无关. 设

$$l_1\boldsymbol{\beta}_1+l_2\boldsymbol{\beta}_2+l_3\boldsymbol{\beta}_3+l_4\boldsymbol{\beta}_4=\boldsymbol{0},$$

依题设，有

$$l_1(\boldsymbol{\alpha}_1+t\boldsymbol{\alpha}_2)+l_2(\boldsymbol{\alpha}_2+t\boldsymbol{\alpha}_3)+l_3(\boldsymbol{\alpha}_3+t\boldsymbol{\alpha}_4)+l_4(\boldsymbol{\alpha}_4+t\boldsymbol{\alpha}_1)=\boldsymbol{0},$$

整理得

$$(l_1+tl_4)\boldsymbol{\alpha}_1+(l_2+tl_1)\boldsymbol{\alpha}_2+(l_3+tl_2)\boldsymbol{\alpha}_3+(l_4+tl_3)\boldsymbol{\alpha}_4=\boldsymbol{0}.$$

因为 $\boldsymbol{\alpha}_1,\boldsymbol{\alpha}_2,\boldsymbol{\alpha}_3,\boldsymbol{\alpha}_4$ 线性无关，所以 $\begin{cases}l_1+tl_4=0,\\ l_2+tl_1=0,\\ l_3+tl_2=0,\\ l_4+tl_3=0,\end{cases}$ 它可视为以 l_1,l_2,l_3,l_4 为未知元的齐次线性方程组，对方程组的系数矩阵 $\boldsymbol{A}$ 施以初等行变换，有

$$A=\begin{pmatrix}1&0&0&t\\t&1&0&0\\0&t&1&0\\0&0&t&1\end{pmatrix}\xrightarrow[\langle 4\rangle+(-t)\langle 3\rangle]{\substack{\langle 2\rangle+(-t)\langle 1\rangle\\ \langle 3\rangle+(-t)\langle 2\rangle}}\begin{pmatrix}1&0&0&t\\0&1&0&-t^2\\0&0&1&t^3\\0&0&0&1-t^4\end{pmatrix}.$$

当 $1-t^4\neq 0$，即 $t\neq\pm 1$ 时，$\text{rank}(\boldsymbol{A})=4$（未知元的个数），所以方程组只有零解，即 $l_1=l_2=l_3=l_4=0$，表明 $\boldsymbol{\beta}_1,\boldsymbol{\beta}_2,\boldsymbol{\beta}_3,\boldsymbol{\beta}_4$ 线性无关，必为原齐次线性方程组的一个基础解系.

当 $1-t^4=0$，即 $t=\pm 1$ 时，$\text{rank}(\boldsymbol{A})=3<4$，所以方程组有非零解，即 l_1,l_2,l_3,l_4 可不全为零，表明 $\boldsymbol{\beta}_1,\boldsymbol{\beta}_2,\boldsymbol{\beta}_3,\boldsymbol{\beta}_4$ 线性相关，所以 $\boldsymbol{\beta}_1,\boldsymbol{\beta}_2,\boldsymbol{\beta}_3,\boldsymbol{\beta}_4$ 不是原齐次线性方程组的基础解系.

注 向量组 $\boldsymbol{\eta}_1,\boldsymbol{\eta}_2,\cdots,\boldsymbol{\eta}_{n-r}$ 为齐次线性方程组的基础解系需满足三个条件：

(1) $\boldsymbol{\eta}_1,\boldsymbol{\eta}_2,\cdots,\boldsymbol{\eta}_{n-r}$ 都是方程组的解；

(2) $\boldsymbol{\eta}_1,\boldsymbol{\eta}_2,\cdots,\boldsymbol{\eta}_{n-r}$ 线性无关；

(3) $\boldsymbol{\eta}_1,\boldsymbol{\eta}_2,\cdots,\boldsymbol{\eta}_{n-r}$ 可表示方程组的每一个解向量或者所含向量个数为 $n-\text{rank}(\boldsymbol{A})$，其中 $\boldsymbol{A}$ 为方程组的系数矩阵.

评 如果 n 元齐次线性方程组的系数矩阵的秩 $\text{rank}(\boldsymbol{A})=r<n$，则其解集中任 $n-r$ 个线性无关的解向量都可视为方程组的一个基础解系.

例 2.7.4 设 n 个方程的 n 元齐次线性方程组的系数矩阵 $\boldsymbol{A}$ 的行列式等于零，并且 $\boldsymbol{A}$ 的 (s,t) 元的代数余子式 $A_{st}\neq 0$，证明 $\boldsymbol{\eta}=\begin{pmatrix}A_{s1}\\ \vdots\\ A_{st}\\ \vdots\\ A_{sn}\end{pmatrix}$ 是方程组的一个基础解系.

分析 从以下 3 方面论证：(1) $\boldsymbol{\eta}\neq\boldsymbol{0}$（意指 $\boldsymbol{\eta}$ 线性无关）；(2) $\text{rank}(\boldsymbol{A})=n-1$；(3) $\boldsymbol{\eta}$ 是方程组的解.

证 依题设，因 $A_{st}\neq 0$，所以 $\boldsymbol{\eta}\neq\boldsymbol{0}$，即 $\boldsymbol{\eta}$ 线性无关，并且 $\boldsymbol{A}$ 有一个 $n-1$ 阶非零子式，所以 $\text{rank}(\boldsymbol{A})\geqslant n-1$. 又因为 $|\boldsymbol{A}|=0$，所以 $\text{rank}(\boldsymbol{A})\leqslant n-1$，因此 $\text{rank}(\boldsymbol{A})=n-1$，据定理 1，该方程组的基础解系应含 $n-\text{rank}(\boldsymbol{A})=n-(n-1)=1$ 个解向量. 设方程组为

$$\begin{cases}a_{11}x_1+a_{12}x_2+\cdots+a_{1n}x_n=0,\\ \qquad\vdots\\ a_{s1}x_1+a_{s2}x_2+\cdots+a_{sn}x_n=0,\\ \qquad\vdots\\ a_{n1}x_1+a_{n2}x_2+\cdots+a_{nn}x_n=0,\end{cases}$$

将 $\boldsymbol{\eta}$ 代入方程组，依 1.5 节定理 3 及 $|\boldsymbol{A}|=0$，有

$$\begin{cases}a_{11}A_{s1}+a_{12}A_{s2}+\cdots+a_{1n}A_{sn}=0,\\ \qquad\vdots\\ a_{s1}A_{s1}+a_{s2}A_{s2}+\cdots+a_{sn}A_{sn}=|\boldsymbol{A}|=0,\\ \qquad\vdots\\ a_{n1}A_{s1}+a_{n2}A_{s2}+\cdots+a_{nn}A_{sn}=0,\end{cases}$$

表明 $\boldsymbol{\eta}$ 为方程组的解向量，从而 $\boldsymbol{\eta}$ 为方程组的一个基础解系.

注　$\boldsymbol{\eta}$ 是齐次线性方程组的解，$\boldsymbol{\eta}$ 线性无关，向量组所含向量的个数为 $n-\text{rank}(\boldsymbol{A})=1$，所以 $\boldsymbol{\eta}$ 就是方程组的一个基础解系.

评　利用行列式的性质证明 $\boldsymbol{\eta}$ 是线性方程组解的方法值得借鉴.

例 2.7.5　设 n 阶矩阵 $\boldsymbol{A}$ 满足 $|\boldsymbol{A}|=0$，令矩阵 $\boldsymbol{A}^*=\begin{pmatrix} A_{11} & A_{21} & \cdots & A_{n1} \\ A_{12} & A_{22} & \cdots & A_{n2} \\ \vdots & \vdots & & \vdots \\ A_{1n} & A_{2n} & \cdots & A_{nn} \end{pmatrix}$，其中 A_{ij} 是 $|\boldsymbol{A}|$ 中元素 a_{ij} 的代数余子式，且 $A_{11}\neq 0$，求以 $\boldsymbol{A}^*$ 为系数矩阵的齐次线性方程组的一个基础解系及其通解.

分析　由 $|\boldsymbol{A}|=0$ 和 $A_{11}\neq 0$ 可知，$\text{rank}(\boldsymbol{A})=n-1$，于是 $\text{rank}(\boldsymbol{A}^*)=1$.

解　依题设，$\text{rank}(\boldsymbol{A}^*)=1$，则该齐次线性方程组的基础解系应含 $n-1$ 个解向量，且其同解方程组(保留一个方程，其余删除)为

$$A_{11}x_1+A_{21}x_2+\cdots+A_{n1}x_n=0,\quad 即\ x_1=-\frac{A_{21}}{A_{11}}x_2-\frac{A_{31}}{A_{11}}x_3-\cdots-\frac{A_{n1}}{A_{11}}x_n,$$

令自由未知元分别取 $\begin{pmatrix} x_2 \\ x_3 \\ \vdots \\ x_n \end{pmatrix}=\begin{pmatrix} A_{11} \\ 0 \\ \vdots \\ 0 \end{pmatrix},\begin{pmatrix} 0 \\ A_{11} \\ \vdots \\ 0 \end{pmatrix},\cdots,\begin{pmatrix} 0 \\ \vdots \\ 0 \\ A_{11} \end{pmatrix}$，则 $\begin{vmatrix} A_{11} & 0 & \cdots & 0 \\ 0 & A_{11} & \cdots & \vdots \\ \vdots & \vdots & & 0 \\ 0 & 0 & \cdots & A_{11} \end{vmatrix}=(A_{11})^{n-1}\neq 0$，说明上述 $n-1$ 列向量线性无关，代入得齐次线性方程组的基础解系为

$$\boldsymbol{\eta}_1=\begin{pmatrix} -A_{21} \\ A_{11} \\ 0 \\ \vdots \\ 0 \end{pmatrix},\quad \boldsymbol{\eta}_2=\begin{pmatrix} -A_{31} \\ 0 \\ A_{11} \\ \vdots \\ 0 \end{pmatrix},\quad \cdots,\quad \boldsymbol{\eta}_{n-1}=\begin{pmatrix} -A_{n1} \\ 0 \\ 0 \\ \vdots \\ A_{11} \end{pmatrix},$$

则齐次线性方程组的通解为

$$k_1\boldsymbol{\eta}_1+k_2\boldsymbol{\eta}_2+\cdots+k_{n-1}\boldsymbol{\eta}_{n-1},\quad k_1,k_2,\cdots,k_{n-1}\ 为任意常数.$$

注　依定义，基础解系应满足：

①是方程组的解；②线性无关；③所含向量个数为 $n-\text{rank}(\boldsymbol{A}^*)=n-1$，

$$\text{rank}(\boldsymbol{A}^*)=\begin{cases} n, & \text{rank}(\boldsymbol{A})=n, \\ 1, & \text{rank}(\boldsymbol{A})=n-1, \\ 0, & \text{rank}(\boldsymbol{A})<n-1, \end{cases}$$ 请参见 3.3 节伴随矩阵的性质(8).

评　$|\boldsymbol{A}|=0$，则 $\text{rank}(\boldsymbol{A})\leqslant n-1$. 又 $A_{11}\neq 0$，$\text{rank}(\boldsymbol{A})\geqslant n-1$，所以 $\text{rank}(\boldsymbol{A})=n-1$.

习题 2-7

1. 求下列齐次线性方程组的一个基础解系，并且用基础解系表示其通解.

(1) $\begin{cases} -x_1+2x_2+x_3+x_4=0, \\ 2x_1-4x_2+5x_3+3x_4=0, \\ 4x_1-8x_2+17x_3+11x_4=0; \end{cases}$　　(2) $\begin{cases} 2x_1+x_2-x_3-x_4+x_5=0, \\ 2x_1-2x_2+2x_3+2x_4-4x_5=0, \\ 3x_1+3x_2-3x_3-3x_4+4x_5=0, \\ 4x_1+5x_2-5x_3-5x_4+7x_5=0. \end{cases}$

2. 设含 $n(n\geqslant 2)$ 个方程的 n 元齐次线性方程组

$$\begin{cases} ax_1+bx_2+\cdots+bx_n=0, \\ bx_1+ax_2+\cdots+bx_n=0, \\ \qquad\vdots \\ bx_1+bx_2+\cdots+ax_n=0, \end{cases}\quad \text{其中 } a\neq 0,b\neq 0,$$

试讨论 a,b 为何值时,此方程组(1)只有零解;(2)有非零解,并用基础解系表示其通解.

【2002 研数三】

3. 设 $\boldsymbol{\alpha}_1,\boldsymbol{\alpha}_2,\cdots,\boldsymbol{\alpha}_s$ 为齐次线性方程组的一个基础解系,$\boldsymbol{\beta}_1=t_1\boldsymbol{\alpha}_1+t_2\boldsymbol{\alpha}_2,\boldsymbol{\beta}_2=t_1\boldsymbol{\alpha}_2+t_2\boldsymbol{\alpha}_3,\cdots,\boldsymbol{\beta}_s=t_1\boldsymbol{\alpha}_s+t_2\boldsymbol{\alpha}_1$,其中 t_1,t_2 为实常数,试问 t_1,t_2 满足什么关系式时,$\boldsymbol{\beta}_1,\boldsymbol{\beta}_2,\cdots,\boldsymbol{\beta}_s$ 也是该齐次线性方程组的一个基础解系.

【2001 研数一】

4. 设 $n(n\geqslant 2)$ 阶矩阵 $\boldsymbol{A}=\begin{pmatrix} 1 & 1 & \cdots & 1 & 2 \\ 1 & 2 & \cdots & n-1 & 3 \\ 1 & 2^2 & \cdots & (n-1)^2 & 5 \\ \vdots & \vdots & & \vdots & \vdots \\ 1 & 2^{n-2} & \cdots & (n-1)^{n-2} & 1+2^{n-2} \\ 2 & 3 & \cdots & n & 5 \end{pmatrix}$,

(1) 求 n 阶行列式 $|\boldsymbol{A}|$ 及其 (n,n) 元的代数余子式 A_{nn};

(2) 证明向量 $\boldsymbol{\eta}=\begin{pmatrix} A_{n1} \\ A_{n2} \\ \vdots \\ A_{nn} \end{pmatrix}$ 是以 $\boldsymbol{A}$ 为系数矩阵的齐次线性方程组的一个基础解系.

2.8 非齐次线性方程组解集的结构

在上一节已知,当齐次线性方程组有非零解时,可借助基础解系构建其解集的结构.当非齐次线性方程组有无穷多个解时,如何搭建其解集的结构呢?

1. 内容要点与评注

数域 F 上 n 元非齐次线性方程组

$$x_1\boldsymbol{\alpha}_1+x_2\boldsymbol{\alpha}_2+\cdots+x_m\boldsymbol{\alpha}_m=\boldsymbol{\beta}, \tag{2.3}$$

设其解集为 V,所对应的齐次线性方程组

$$x_1\boldsymbol{\alpha}_1+x_2\boldsymbol{\alpha}_2+\cdots+x_m\boldsymbol{\alpha}_m=\boldsymbol{0}, \tag{2.4}$$

称方程组(2.4)为方程组(2.3)的**导出组**,设导出组的解集为 W,容易证明下面的性质.

性质 1 若 $\boldsymbol{\alpha},\boldsymbol{\beta}\in V$,则 $\boldsymbol{\alpha}-\boldsymbol{\beta}\in W$.

性质 2 若 $\boldsymbol{\alpha}\in V,\boldsymbol{\beta}\in W$,则 $\boldsymbol{\alpha}+\boldsymbol{\beta}\in V$.

定理 1 如果数域 F 上 n 元非齐次线性方程组(2.3)有解,那么它的解集 V 为

$$V=\{\boldsymbol{\gamma}_0+\boldsymbol{\eta}\mid \forall\boldsymbol{\eta}\in W\},$$

其中 $\boldsymbol{\gamma}_0$ 是方程组(2.3)的一个解(也称 $\boldsymbol{\gamma}_0$ 为方程组(2.3)的一个**特解**),W 是导出组的解集.

推论 2　如果 n 元非齐次线性方程组(2.3)有解，那么它有唯一解的充分必要条件是它的导出组(2.4)只有零解.

证　n 元非齐次线性方程组(2.3)有解时，依 2.1 节定理 3，它有唯一解

$\Leftrightarrow$ 系数矩阵 $\boldsymbol{A}$ 的秩 $\operatorname{rank}(\boldsymbol{A})=n$(依 2.1 节推论 4)

$\Leftrightarrow$ 导出组只有零解，即解集 $W=\{\boldsymbol{0}\}$. ◆

推论 3　如果 n 元非齐次线性方程组(2.3)有解，那么它有无穷多个解的充分必要条件是它的导出组(2.4)有非零解.

此时取导出组(2.4)的一个基础解系为 $\boldsymbol{\eta}_1,\boldsymbol{\eta}_2,\cdots,\boldsymbol{\eta}_{n-r}$($r$ 为系数矩阵的秩)，则 n 元非齐次线性方程组的解集为

$$V=\{\boldsymbol{\gamma}_0+k_1\boldsymbol{\eta}_1+k_2\boldsymbol{\eta}_2+\cdots+k_{n-r}\boldsymbol{\eta}_{n-r}\mid \forall k_i\in F,i=1,2,\cdots,n-r\},$$

其中 $\boldsymbol{\gamma}_0$ 是方程组(2.3)的一个特解. 解集 V 的代表元素

$$\boldsymbol{\gamma}_0+k_1\boldsymbol{\eta}_1+k_2\boldsymbol{\eta}_2+\cdots+k_{n-r}\boldsymbol{\eta}_{n-r},\quad \forall k_i\in F,i=1,2,\cdots,n-r,$$

称为非齐次线性方程组(2.3)的**通解**.

关于非齐次线性方程组解的判别及求解步骤：

(1) 摘取非齐次线性方程组的增广矩阵 $\overline{\boldsymbol{A}}$，对其施以初等行变换，将其化为行阶梯形矩阵；

(2) 确认系数矩阵 $\boldsymbol{A}$ 与增广矩阵 $\overline{\boldsymbol{A}}$ 的秩 $\operatorname{rank}(\boldsymbol{A})$ 与 $\operatorname{rank}(\overline{\boldsymbol{A}})$，判别 $\operatorname{rank}(\boldsymbol{A})=\operatorname{rank}(\overline{\boldsymbol{A}})$?

(3) 如果 $\operatorname{rank}(\boldsymbol{A})\neq\operatorname{rank}(\overline{\boldsymbol{A}})$，则方程组无解；

(4) 如果 $\operatorname{rank}(\boldsymbol{A})=\operatorname{rank}(\overline{\boldsymbol{A}})=n$(未知元的个数)，则方程组有唯一解，此时对矩阵继续施以初等行变换，将其化为简化行阶梯形矩阵，依简化行阶梯形矩阵写出同解线性方程组，即可得原方程组的唯一解；

(5) 如果 $\operatorname{rank}(\boldsymbol{A})=\operatorname{rank}(\overline{\boldsymbol{A}})=r<n$，则方程组有无穷多个解，此时对矩阵继续施以初等行变换，将其化为简化行阶梯形矩阵，写出简化行阶梯形矩阵所对应的同解线性方程组(也可省略)；

(6) 由(5)，将主元所对应的项保留在等号左端，其余项移到等号右端，即得方程组的一般解，确认自由未知元(应含 $n-r$ 个向量)，令自由未知元全部取 0，得方程组的一个特解 $\boldsymbol{\gamma}_0$；

(7) 由(6)，依方程组的一般解写出同解线性方程组所对应的导出组，令自由未知元取 $n-r$ 组值(使缩短组线性无关)，代入导出组得 $n-r$ 个线性无关的解向量 $\boldsymbol{\eta}_1,\boldsymbol{\eta}_2,\cdots,\boldsymbol{\eta}_{n-r}$(延伸组)，它就是导出组的一个基础解系；

(8) 写出非齐次线性方程组的通解为

$$\boldsymbol{\gamma}_0+k_1\boldsymbol{\eta}_1+k_2\boldsymbol{\eta}_2+\cdots+k_{n-r}\boldsymbol{\eta}_{n-r},\quad \forall k_i\in F,i=1,2,\cdots,n-r,$$

则非齐次线性方程组的解集(解集的结构)为

$$V=\{\boldsymbol{\gamma}_0+k_1\boldsymbol{\eta}_1+k_2\boldsymbol{\eta}_2+\cdots+k_{n-r}\boldsymbol{\eta}_{n-r}\mid \forall k_i\in F,i=1,2,\cdots,n-r\}.$$

2. 典型例题

例 2.8.1　已知线性方程组 $\begin{cases}x_1+x_2+x_3+x_4+x_5=a,\\3x_1+2x_2+x_3+x_4-3x_5=0,\\x_2+2x_3+2x_4+6x_5=b,\\5x_1+4x_2+3x_3+3x_4-x_5=2.\end{cases}$

(1) a,b 为何值时,方程组有解?

(2) 方程组有解时,求方程组的导出组的一个基础解系;

(3) 方程组有解时,求方程组的全部解. **【1990 研数三、四】**

分析 (1)对线性方程组的增广矩阵施以初等行变换,将其化为行阶梯形矩阵,依 2.6 节定理 1 判别.(2)在有无穷多个解时,写出导出组,依 2.7 节定理 1 求解.(3)依定理 1 写出方程组的通解.

解 (1) 设线性方程组的系数矩阵为 $\boldsymbol{A}$,增广矩阵为 $\overline{\boldsymbol{A}}$,对 $\overline{\boldsymbol{A}}$ 施以初等行变换,有

$$\overline{\boldsymbol{A}}=\left(\begin{array}{ccccc|c}1&1&1&1&1&a\\3&2&1&1&-3&0\\0&1&2&2&6&b\\5&4&3&3&-1&2\end{array}\right)\xrightarrow[\substack{(-1)\langle 2\rangle\\ \left(\frac{1}{2}\right)\langle 4\rangle}]{\substack{\langle 2\rangle+(-3)\langle 1\rangle\\ \langle 4\rangle+(-5)\langle 1\rangle\\ \langle 3\rangle+\langle 2\rangle\\ \langle 4\rangle+(-1)\langle 2\rangle}}\left(\begin{array}{ccccc|c}1&1&1&1&1&a\\0&1&2&2&6&3a\\0&0&0&0&0&b-3a\\0&0&0&0&0&1-a\end{array}\right).$$

当 $a\neq 1$ 或 $b\neq 3a$ 时,$\operatorname{rank}(\boldsymbol{A})=2\neq 3=\operatorname{rank}(\overline{\boldsymbol{A}})$,方程组无解. 从而 $a=1,b=3a=3$ 时,方程组有解.

(2) 当 $a=1$ 且 $b=3a=3$ 时,$\operatorname{rank}(\boldsymbol{A})=2=\operatorname{rank}(\overline{\boldsymbol{A}})<5$(未知元的个数),方程组有无穷多个解,对矩阵继续施以初等行变换,将其化为简化行阶梯形矩阵,有

$$\overline{\boldsymbol{A}}\rightarrow\left(\begin{array}{ccccc|c}1&1&1&1&1&1\\0&1&2&2&6&3\\0&0&0&0&0&0\\0&0&0&0&0&0\end{array}\right)\xrightarrow{\langle 1\rangle+(-1)\langle 2\rangle}\left(\begin{array}{ccccc|c}1&0&-1&-1&-5&-2\\0&1&2&2&6&3\\0&0&0&0&0&0\\0&0&0&0&0&0\end{array}\right).$$

从而得方程组的一般解为 $\begin{cases}x_1=-2+x_3+x_4+5x_5,\\x_2=3-2x_3-2x_4-6x_5.\end{cases}$ 令自由未知元 $\begin{pmatrix}x_3\\x_4\\x_5\end{pmatrix}$ 取 $\begin{pmatrix}0\\0\\0\end{pmatrix}$,代入得方程组的一个特解为 $\boldsymbol{\gamma}_0=\begin{pmatrix}-2\\3\\0\\0\\0\end{pmatrix}$. 其导出组为 $\begin{cases}x_1=x_3+x_4+5x_5,\\x_2=-2x_3-2x_4-6x_5,\end{cases}$ 令 $\begin{pmatrix}x_3\\x_4\\x_5\end{pmatrix}$ 分别取 $\begin{pmatrix}1\\0\\0\end{pmatrix}$, $\begin{pmatrix}0\\1\\0\end{pmatrix}$, $\begin{pmatrix}0\\0\\1\end{pmatrix}$,代入得导出组的一个基础解系为

$$\boldsymbol{\eta}_1=\begin{pmatrix}1\\-2\\1\\0\\0\end{pmatrix},\quad\boldsymbol{\eta}_2=\begin{pmatrix}1\\-2\\0\\1\\0\end{pmatrix},\quad\boldsymbol{\eta}_3=\begin{pmatrix}5\\-6\\0\\0\\1\end{pmatrix}.$$

(3) 依定理 1,方程组的全部解为

$$V=\{\boldsymbol{\gamma}_0+k_1\boldsymbol{\eta}_1+k_2\boldsymbol{\eta}_2+k_3\boldsymbol{\eta}_3 \mid k_1,k_2,k_3 \text{ 为任意常数}\}.$$

注　(1)方程组的增广矩阵不能直接化为行阶梯形矩阵,而这恰好给讨论方程组解的情形提供了思路.(2)若导出组有基础解系,为避免错误,最好先写出导出组,再确定其基础解系.

例 2.8.2　设 $\boldsymbol{\eta}_1=\begin{pmatrix}1\\2\\3\\4\end{pmatrix}$,$\boldsymbol{\eta}_2=\begin{pmatrix}-2\\1\\5\\3\end{pmatrix}$,$\boldsymbol{\eta}_3=\begin{pmatrix}3\\-2\\1\\6\end{pmatrix}$是非齐次线性方程组

$$\begin{cases}x_1+ax_2+2x_3+x_4=11,\\bx_1+x_2+3x_3+5x_4=31,\\c_1x_1+c_2x_2+c_3x_3+c_4x_4=c_5\end{cases}$$

的 3 个解,求方程组的通解.

分析　已知方程组的 3 个特解,依 2.1 节定理 3,方程组有无穷多个解,其中任两个特解的差都是其导出组的解,再依定理 1 求出方程组的通解.

解　设线性方程组的系数矩阵为 $\boldsymbol{A}$,依性质 1,$\boldsymbol{\eta}_1-\boldsymbol{\eta}_2=\begin{pmatrix}3\\1\\-2\\1\end{pmatrix}$,$\boldsymbol{\eta}_1-\boldsymbol{\eta}_3=\begin{pmatrix}-2\\4\\2\\-2\end{pmatrix}$都是导出组的解,因为$\begin{vmatrix}3&-2\\1&4\end{vmatrix}=14\neq0$,所以 $\boldsymbol{\eta}_1-\boldsymbol{\eta}_2,\boldsymbol{\eta}_1-\boldsymbol{\eta}_3$ 线性无关,方程组的基础解系至少含 2 个解向量,则 $4-\text{rank}(\boldsymbol{A})\geqslant2$,即 $\text{rank}(\boldsymbol{A})\leqslant2$. 又因为 $\boldsymbol{A}$ 的一个二阶子式$\begin{vmatrix}2&1\\3&5\end{vmatrix}=7\neq0$,依 2.5 节定理 7,$\text{rank}(\boldsymbol{A})\geqslant2$,故 $\text{rank}(\boldsymbol{A})=2$,从而 $\boldsymbol{\eta}_1-\boldsymbol{\eta}_2,\boldsymbol{\eta}_1-\boldsymbol{\eta}_3$ 就是导出组的基础解系,于是方程组的通解为

$$\boldsymbol{\eta}_1+k_1(\boldsymbol{\eta}_1-\boldsymbol{\eta}_2)+k_2(\boldsymbol{\eta}_1-\boldsymbol{\eta}_3),\quad k_1,k_2 \text{ 为任意常数}.$$

注　依非齐次线性方程组解集的结构:特解已知,还需知道其导出组的一个基础解系,而 $\text{rank}(\boldsymbol{A})=2$,从而 $\boldsymbol{\eta}_1-\boldsymbol{\eta}_2,\boldsymbol{\eta}_1-\boldsymbol{\eta}_3$ 是一个基础解系. 另矩阵的秩是其最高阶非零子式的阶数.

评　此例与上例的不同之处在于该方程组的解不是解出来的,而是依题设找出来的.

例 2.8.3　设非齐次线性方程组$\begin{cases}x_1+\lambda x_2+\mu x_3+x_4=0,\\2x_1+x_2+x_3+2x_4=0,\\3x_1+(2+\lambda)x_2+(4+\mu)x_3+4x_4=1,\end{cases}$已知 $\boldsymbol{\beta}=\begin{pmatrix}1\\-1\\1\\-1\end{pmatrix}$是方程组的一个解,试求:

(1) 方程组的全部解,并用对应的齐次线性方程组的基础解系表示全部解;

(2) 方程组满足 $x_2=x_3$ 的全部解.　　**【2004 研数四】**

分析　将 $\boldsymbol{\beta}$ 代入方程组,可确定 λ 与 μ 的关系式,因为方程组有解,系数矩阵的秩等于增广矩阵的秩,以此求出 λ 与 μ,再依定理 1,讨论并求方程组的全部解.

解 设方程组的系数矩阵为 $\boldsymbol{A}$，增广矩阵为 $\overline{\boldsymbol{A}}$，将 $\boldsymbol{\beta}=\begin{pmatrix}1\\-1\\1\\-1\end{pmatrix}$ 代入方程组，得 $\lambda=\mu$，对 $\overline{\boldsymbol{A}}$ 施以初等行变换，将其化为行阶梯形矩阵，有

$$\overline{\boldsymbol{A}}=\left(\begin{array}{cccc|c}1&\lambda&\lambda&1&0\\2&1&1&2&0\\3&2+\lambda&4+\lambda&4&1\end{array}\right)\xrightarrow[\langle 3\rangle+(-3)\langle 1\rangle]{\langle 2\rangle+(-2)\langle 1\rangle}\left(\begin{array}{cccc|c}1&\lambda&\lambda&1&0\\0&1-2\lambda&1-2\lambda&0&0\\0&2-2\lambda&4-2\lambda&1&1\end{array}\right)$$

$$\xrightarrow[\langle 2\rangle+\langle 3\rangle]{(-1)\langle 2\rangle}\left(\begin{array}{cccc|c}1&\lambda&\lambda&1&0\\0&1&3&1&1\\0&2-2\lambda&4-2\lambda&1&1\end{array}\right)$$

$$\xrightarrow[\langle 3\rangle+(-1)\langle 2\rangle]{\langle 3\rangle+(2\lambda-1)\langle 2\rangle}\left(\begin{array}{cccc|c}1&\lambda&\lambda&1&0\\0&1&3&1&1\\0&0&2(2\lambda-1)&2\lambda-1&2\lambda-1\end{array}\right).$$

(1) 当 $\lambda\neq\dfrac{1}{2}$ 时，$\operatorname{rank}(\boldsymbol{A})=\operatorname{rank}(\overline{\boldsymbol{A}})=3<4$（未知元的个数），方程组有无穷多个解，继续对矩阵施以初等行变换，将其化为简化行阶梯形矩阵，有

$$\overline{\boldsymbol{A}}\xrightarrow[\substack{\langle 2\rangle+(-3)\langle 3\rangle\\ \langle 1\rangle+(-\lambda)\langle 3\rangle\\ \langle 1\rangle+(-\lambda)\langle 2\rangle}]{\frac{1}{2(2\lambda-1)}\langle 3\rangle}\left(\begin{array}{cccc|c}1&0&0&1&0\\0&1&0&-1/2&-1/2\\0&0&1&1/2&1/2\end{array}\right).$$

从而得方程组的一般解为 $\begin{cases}x_1=-x_4,\\x_2=-\dfrac{1}{2}+\dfrac{1}{2}x_4,\\x_3=\dfrac{1}{2}-\dfrac{1}{2}x_4,\end{cases}$ 其导出组为 $\begin{cases}x_1=-x_4,\\x_2=\dfrac{1}{2}x_4,\\x_3=-\dfrac{1}{2}x_4,\end{cases}$ 令自由未知元 $x_4=2$，代入得导出组的一个基础解系 $\boldsymbol{\eta}=\begin{pmatrix}-2\\1\\-1\\2\end{pmatrix}$，依题设，取 $\boldsymbol{\beta}=\begin{pmatrix}1\\-1\\1\\-1\end{pmatrix}$ 为其特解，依定理 1，方程组的全部解为

$$V=\{\boldsymbol{\beta}+k\boldsymbol{\eta}\mid k\text{ 为任意常数}\}.$$

当 $\lambda=\dfrac{1}{2}$ 时，$\overline{\boldsymbol{A}}\rightarrow\left(\begin{array}{cccc|c}1&1/2&1/2&1&0\\0&1&3&1&1\\0&0&0&0&0\end{array}\right)$. 因为 $\operatorname{rank}(\boldsymbol{A})=\operatorname{rank}(\overline{\boldsymbol{A}})=2<4$，方程组有无穷多个解，继续对矩阵施以初等行变换，将其化为简化行阶梯形矩阵，有

$$\overline{\boldsymbol{A}}\xrightarrow{\langle 1\rangle+\left(-\frac{1}{2}\right)\langle 2\rangle}\left(\begin{array}{cccc|c}1&0&-1&1/2&-1/2\\0&1&3&1&1\\0&0&0&0&0\end{array}\right).$$

从而得方程组的一般解为$\begin{cases}x_1=-\dfrac{1}{2}+x_3-\dfrac{1}{2}x_4,\\ x_2=1-3x_3-x_4,\end{cases}$其导出组为$\begin{cases}x_1=x_3-\dfrac{1}{2}x_4,\\ x_2=-3x_3-x_4,\end{cases}$ 令自由未知元$\begin{pmatrix}x_3\\x_4\end{pmatrix}$分别取$\begin{pmatrix}1\\0\end{pmatrix}$,$\begin{pmatrix}0\\2\end{pmatrix}$,代入得导出组的一个基础解系为$\boldsymbol{\eta}_1=\begin{pmatrix}1\\-3\\1\\0\end{pmatrix}$,$\boldsymbol{\eta}_2=\begin{pmatrix}-1\\-2\\0\\2\end{pmatrix}$,依题设,取$\boldsymbol{\beta}=\begin{pmatrix}1\\-1\\1\\-1\end{pmatrix}$为其特解,依定理 1,方程组的全部解为

$$V=\{\boldsymbol{\beta}+k_1\boldsymbol{\eta}_1+k_2\boldsymbol{\eta}_2\mid k_1,k_2\text{ 为任意常数}\}.$$

(2) 当$\lambda\neq\dfrac{1}{2}$时,方程组的通解为$\boldsymbol{x}=\boldsymbol{\beta}+k\boldsymbol{\eta}=\begin{pmatrix}1\\-1\\1\\-1\end{pmatrix}+k\begin{pmatrix}-2\\1\\-1\\2\end{pmatrix}=\begin{pmatrix}1-2k\\-1+k\\1-k\\-1+2k\end{pmatrix}$,其中满足$x_2=x_3$,即$-1+k=1-k$,解得$k=1$,代入通解得$\boldsymbol{\alpha}=\begin{pmatrix}-1\\0\\0\\1\end{pmatrix}$,从而在方程组的全部解中满足$x_2=x_3$的只有$\boldsymbol{\alpha}$.

当$\lambda=\dfrac{1}{2}$时,方程组的通解为

$$\boldsymbol{x}=\boldsymbol{\beta}+k_1\boldsymbol{\eta}_1+k_2\boldsymbol{\eta}_2=\begin{pmatrix}1\\-1\\1\\-1\end{pmatrix}+k_1\begin{pmatrix}1\\-3\\1\\0\end{pmatrix}+k_2\begin{pmatrix}-1\\-2\\0\\2\end{pmatrix}=\begin{pmatrix}1+k_1-k_2\\-1-3k_1-2k_2\\1+k_1\\-1+2k_2\end{pmatrix},$$

其中满足$x_2=x_3$,即$-1-3k_1-2k_2=1+k_1$,解得$k_2=-1-2k_1$,代入通解得

$$\boldsymbol{\gamma}=\begin{pmatrix}2+3k_1\\1+k_1\\1+k_1\\-3-4k_1\end{pmatrix},\quad\text{或者}\quad\boldsymbol{\xi}=\begin{pmatrix}-1+3k\\k\\k\\1-4k\end{pmatrix},\quad k\text{ 为任意常数}.$$

从而在方程组的全部解中,满足$x_2=x_3$的有无穷多个解,表示式如上.

例 2.8.4 设矩阵$\boldsymbol{A}=\begin{pmatrix}\lambda&1&1\\0&\lambda-1&0\\1&1&\lambda\end{pmatrix}$,$\boldsymbol{\beta}=\begin{pmatrix}a\\1\\1\end{pmatrix}$,已知以$\boldsymbol{A}$为系数矩阵,$\boldsymbol{\beta}$为常数项列的线性方程组存在两个不同的解,求:(1)λ,a;(2)方程组的通解. **【2013 研数一、二、三】**

分析 (1)方程组有两个不同的解,说明它有无穷多个解,$\text{rank}(\boldsymbol{A})=\text{rank}(\boldsymbol{A}\mid\boldsymbol{\beta})<3$,以

此求出 λ, a.(2)依定理 1 求方程组的通解.

解 (1) 依题设,方程组有两个不同的解,依 2.1 节定理 3,方程组有无穷多个解,所以 $\text{rank}(\boldsymbol{A})=\text{rank}(\boldsymbol{A}\mid\boldsymbol{\beta})<3$,对方程组的增广矩阵$(\boldsymbol{A}\mid\boldsymbol{\beta})$施以初等行变换,有

$$(\boldsymbol{A}\mid\boldsymbol{\beta})=\left(\begin{array}{ccc|c}\lambda & 1 & 1 & a\\ 0 & \lambda-1 & 0 & 1\\ 1 & 1 & \lambda & 1\end{array}\right)\xrightarrow[\langle 3\rangle+\langle 2\rangle]{\langle 1\rangle\leftrightarrow\langle 3\rangle,\ \langle 3\rangle+(-\lambda)\langle 1\rangle}\left(\begin{array}{ccc|c}1 & 1 & \lambda & 1\\ 0 & \lambda-1 & 0 & 1\\ 0 & 0 & 1-\lambda^2 & 1+a-\lambda\end{array}\right).$$

当 $\lambda\neq 1$ 且 $\lambda\neq -1$ 时,$\text{rank}(\boldsymbol{A})=\text{rank}(\boldsymbol{A}\mid\boldsymbol{\beta})=3$,方程组有唯一解,不合题意.

当 $\lambda=1$ 时,$(\boldsymbol{A}\mid\boldsymbol{\beta})\to\left(\begin{array}{ccc|c}1 & 1 & 1 & 1\\ 0 & 0 & 0 & 1\\ 0 & 0 & 0 & a\end{array}\right)\xrightarrow{\langle 3\rangle+(-a)\langle 2\rangle}\left(\begin{array}{ccc|c}1 & 1 & 1 & 1\\ 0 & 0 & 0 & 1\\ 0 & 0 & 0 & 0\end{array}\right)$. 无论 a 取何值,$\text{rank}(\boldsymbol{A})=1\neq 2=\text{rank}(\boldsymbol{A}\mid\boldsymbol{\beta})$,方程组无解,不合题意.

当 $\lambda=-1$ 时,$(\boldsymbol{A}\mid\boldsymbol{\beta})\to\left(\begin{array}{ccc|c}1 & 1 & -1 & 1\\ 0 & -2 & 0 & 1\\ 0 & 0 & 0 & 2+a\end{array}\right)$. 当 $a\neq -2$ 时,$\text{rank}(\boldsymbol{A})=2\neq 3=\text{rank}(\boldsymbol{A}\mid\boldsymbol{\beta})$,方程组无解,不合题意. 当 $a=-2$ 时,$\text{rank}(\boldsymbol{A})=\text{rank}(\boldsymbol{A}\mid\boldsymbol{\beta})=2<3$,方程组有无穷多个解,合题意. 因此 $\lambda=-1, a=-2$ 为所求.

(2) 当 $\lambda=-1$ 且 $a=-2$ 时,继续对矩阵施以初等行变换,将其化为简化行阶梯形矩阵,有

$$(\boldsymbol{A}\mid\boldsymbol{\beta})\xrightarrow[\langle 1\rangle+(-1)\langle 2\rangle]{\left(-\frac{1}{2}\right)\langle 2\rangle}\left(\begin{array}{ccc|c}1 & 0 & -1 & 3/2\\ 0 & 1 & 0 & -1/2\\ 0 & 0 & 0 & 0\end{array}\right).$$

从而得方程组的一般解为 $\begin{cases}x_1=\dfrac{3}{2}+x_3,\\ x_2=-\dfrac{1}{2},\end{cases}$ 令自由未知元 $x_3=0$,代入得方程组的一个特解为 $\boldsymbol{\gamma}_0=\begin{pmatrix}3/2\\ -1/2\\ 0\end{pmatrix}$,其导出组为 $\begin{cases}x_1=x_3,\\ x_2=0,\end{cases}$ 令 $x_3=1$,代入得导出组的一个基础解系为 $\boldsymbol{\eta}=\begin{pmatrix}1\\ 0\\ 1\end{pmatrix}$,于是方程组的通解为

$$\boldsymbol{x}=\boldsymbol{\gamma}_0+k\boldsymbol{\eta},\quad k\text{ 为任意常数}.$$

注 还可以讨论系数行列式,因为方程组有无穷多个解,所以

$$\begin{vmatrix}\lambda & 1 & 1\\ 0 & \lambda-1 & 0\\ 1 & 1 & \lambda\end{vmatrix}=(\lambda-1)^2(\lambda+1)=0,\text{解之得 }\lambda=-1\text{ 或 }\lambda=1.$$

评 线性方程组解的情形仅有三种,一旦已知方程组有不止一个解,则其必有无穷多个解.

例 2.8.5 设 ξ^* 是非齐次线性方程组的一个解向量,$\boldsymbol{\eta}_1,\boldsymbol{\eta}_2,\cdots,\boldsymbol{\eta}_{n-r}$ 是其导出组的一个基础解系,证明:

(1) $\boldsymbol{\xi}^*,\boldsymbol{\eta}_1,\boldsymbol{\eta}_2,\cdots,\boldsymbol{\eta}_{n-r}$ 线性无关；

(2) $\boldsymbol{\xi}^*,\boldsymbol{\xi}^*+\boldsymbol{\eta}_1,\boldsymbol{\xi}^*+\boldsymbol{\eta}_2,\cdots,\boldsymbol{\xi}^*+\boldsymbol{\eta}_{n-r}$ 是该非齐次线性方程组的 $n-r+1$ 个线性无关的解；

(3) 非齐次线性方程组的任一解都可表示为这 $n-r+1$ 个解的线性组合，且组合系数之和为 1.

分析　(1)依题设，$\boldsymbol{\xi}^*$ 显然不能由导出组的基础解系 $\boldsymbol{\eta}_1,\boldsymbol{\eta}_2,\cdots,\boldsymbol{\eta}_{n-r}$ 线性表示.(2)依性质，$\boldsymbol{\xi}^*,\boldsymbol{\xi}^*+\boldsymbol{\eta}_1,\boldsymbol{\xi}^*+\boldsymbol{\eta}_2,\cdots,\boldsymbol{\xi}^*+\boldsymbol{\eta}_{n-r}$ 应是方程组的解，依解的性质 2 和(1)的结论证明其线性无关.(3)依定理 1 求证.

证　(1)设 $k_0\boldsymbol{\xi}^*+k_1\boldsymbol{\eta}_1+k_2\boldsymbol{\eta}_2+\cdots+k_{n-r}\boldsymbol{\eta}_{n-r}=\mathbf{0}$，则必有 $k_0=0$(否则 $\boldsymbol{\xi}^*$ 可由 $\boldsymbol{\eta}_1,\boldsymbol{\eta}_2,\cdots,\boldsymbol{\eta}_{n-r}$ 线性表示，说明 $\boldsymbol{\xi}^*$ 是导出组的解，这与 $\boldsymbol{\xi}^*$ 是非齐次线性方程组的解矛盾)，将 $k_0=0$ 代入上式，得 $k_1\boldsymbol{\eta}_1+k_2\boldsymbol{\eta}_2+\cdots+k_{n-r}\boldsymbol{\eta}_{n-r}=\mathbf{0}$. 又因为 $\boldsymbol{\eta}_1,\boldsymbol{\eta}_2,\cdots,\boldsymbol{\eta}_{n-r}$ 是导出组的基础解系，线性无关，所以 $k_1=k_2=\cdots=k_{n-r}=0$，即 $k_0=k_1=k_2=\cdots=k_{n-r}=0$，所以 $\boldsymbol{\xi}^*,\boldsymbol{\eta}_1,\boldsymbol{\eta}_2,\cdots,\boldsymbol{\eta}_{n-r}$ 线性无关.

(2) 依性质 2，显然 $\boldsymbol{\xi}^*,\boldsymbol{\xi}^*+\boldsymbol{\eta}_1,\boldsymbol{\xi}^*+\boldsymbol{\eta}_2,\cdots,\boldsymbol{\xi}^*+\boldsymbol{\eta}_{n-r}$ 是非齐次线性方程组的解，设

$$l_0\boldsymbol{\xi}^*+l_1(\boldsymbol{\xi}^*+\boldsymbol{\eta}_1)+l_2(\boldsymbol{\xi}^*+\boldsymbol{\eta}_2)+\cdots+l_{n-r}(\boldsymbol{\xi}^*+\boldsymbol{\eta}_{n-r})=\mathbf{0},$$

即 $(l_0+l_1+\cdots+l_{n-r})\boldsymbol{\xi}^*+l_1\boldsymbol{\eta}_1+l_2\boldsymbol{\eta}_2+\cdots+l_{n-r}\boldsymbol{\eta}_{n-r}=\mathbf{0}$，由(1)知，$\boldsymbol{\xi}^*,\boldsymbol{\eta}_1,\boldsymbol{\eta}_2,\cdots,\boldsymbol{\eta}_{n-r}$ 线性无关，所以 $\begin{cases}l_0+l_1+l_2+\cdots+l_{n-r}=0,\\ l_1=0,\\ \quad\vdots\\ l_{n-r}=0,\end{cases}$ 由下至上解之得，$l_0=l_1=l_2=\cdots=l_{n-r}=0$，从而 $\boldsymbol{\xi}^*,\boldsymbol{\xi}^*+\boldsymbol{\eta}_1,\boldsymbol{\xi}^*+\boldsymbol{\eta}_2,\cdots,\boldsymbol{\xi}^*+\boldsymbol{\eta}_{n-r}$ 线性无关.

(3) 设 $\boldsymbol{x}$ 为方程组的任一解，依定理 1，$\boldsymbol{x}=\boldsymbol{\xi}^*+t_1\boldsymbol{\eta}_1+t_2\boldsymbol{\eta}_2+\cdots+t_{n-r}\boldsymbol{\eta}_{n-r}$，即

$$\boldsymbol{x}=(1-t_1-\cdots-t_{n-r})\boldsymbol{\xi}^*+t_1(\boldsymbol{\xi}^*+\boldsymbol{\eta}_1)+t_2(\boldsymbol{\xi}^*+\boldsymbol{\eta}_2)+\cdots+t_{n-r}(\boldsymbol{\xi}^*+\boldsymbol{\eta}_{n-r}),$$

其中 $(1-t_1-\cdots-t_{n-r})+t_1+t_2+\cdots+t_{n-r}=1$，$t_i(i=1,\cdots,n-r)$ 为任意常数.

评　非齐次线性方程组的通解还可如本例(3)的表征方法.

习题 2-8

1. 解线性方程组

$$\begin{cases}2x_1-x_2+4x_3-3x_4=-4,\\ x_1\qquad\;\;+x_3-x_4=-3,\\ 3x_1+x_2+x_3\qquad\quad=1,\\ 7x_1\qquad\;\;+7x_3-3x_4=3.\end{cases}$$

【1987 研数三、四】

2. 当 a 为何值时，非齐次线性方程组有解，并求其通解：

$$\begin{cases}x_1-2x_2-x_3-x_4=2,\\ 2x_1-4x_2+5x_3+3x_4=0,\\ 4x_1-8x_2+17x_3+11x_4=a,\\ 3x_1-6x_2+4x_3+3x_4=3.\end{cases}$$

3. 已知非齐次线性方程组$\begin{cases}x_1+x_2+x_3+x_4=-1,\\4x_1+3x_2+5x_3-x_4=-1,\\ax_1+x_2+3x_3+bx_4=1\end{cases}$有三个线性无关的解.

(1) 证明方程组的系数矩阵 $\boldsymbol{A}$ 的秩 $\mathrm{rank}(\boldsymbol{A})=2$;

(2) 求 a,b 的值及方程组的通解.

【2006 研数一】

4. 已知 $\boldsymbol{\alpha}_1=\begin{pmatrix}0\\1\\0\end{pmatrix},\boldsymbol{\alpha}_2=\begin{pmatrix}-3\\2\\2\end{pmatrix}$是非齐次线性方程组$\begin{cases}x_1-x_2+2x_3=-1,\\3x_1+x_2+4x_3=1,\\ax_1+bx_2+cx_3=d\end{cases}$的两个解,求方程组的通解.

5. 设非齐次线性方程组为

$$\begin{cases}x_1+x_2+2x_3+3x_4=1,\\x_1+3x_2+6x_3+x_4=3,\\3x_1-x_2-px_3+15x_4=3,\\x_1-5x_2-10x_3+12x_4=t,\end{cases}$$

讨论当 p,t 取何值时,方程组无解,有唯一解,有无穷多个解,并在有无穷多个解时,求出其通解.

【1988 研数三、四】

6. 设非齐次线性方程组的系数矩阵为 $\boldsymbol{A}=\begin{pmatrix}1&a&0&0\\0&1&a&0\\0&0&1&a\\a&0&0&1\end{pmatrix}$,常数列$\boldsymbol{\beta}=\begin{pmatrix}1\\-1\\0\\0\end{pmatrix}$.

(1) 计算方程组的系数行列式;(2)当 a 为何值时,方程组有无穷多个解,并求其通解.

【2012 研数一、二、三】

2.9 专题讨论

1. 利用向量间的线性相关性解线性方程组

例 2.9.1 设 4 阶矩阵 $\boldsymbol{A}=(\boldsymbol{\alpha}_1,\boldsymbol{\alpha}_2,\boldsymbol{\alpha}_3,\boldsymbol{\alpha}_4)$,其中 $\boldsymbol{\alpha}_1,\boldsymbol{\alpha}_2,\boldsymbol{\alpha}_3,\boldsymbol{\alpha}_4$ 为 $\boldsymbol{A}$ 的列向量,$\boldsymbol{\alpha}_2,\boldsymbol{\alpha}_3,\boldsymbol{\alpha}_4$ 线性无关,且 $\boldsymbol{\alpha}_1=2\boldsymbol{\alpha}_2-\boldsymbol{\alpha}_3$,$\boldsymbol{\beta}=\boldsymbol{\alpha}_1+\boldsymbol{\alpha}_2+\boldsymbol{\alpha}_3+\boldsymbol{\alpha}_4$. 求线性方程组 $x_1\boldsymbol{\alpha}_1+x_2\boldsymbol{\alpha}_2+x_3\boldsymbol{\alpha}_3+x_4\boldsymbol{\alpha}_4=\boldsymbol{\beta}$ 的通解.

【2002 研数一】

分析 依 $\boldsymbol{\alpha}_1,\boldsymbol{\alpha}_2,\boldsymbol{\alpha}_3,\boldsymbol{\alpha}_4$ 的线性相关性确认 $\mathrm{rank}(\boldsymbol{A})$及导出组的基础解系,依 $\boldsymbol{\beta}$ 由 $\boldsymbol{\alpha}_1,\boldsymbol{\alpha}_2,\boldsymbol{\alpha}_3,\boldsymbol{\alpha}_4$ 的线性表示式确定方程组的特解.

解 依题设,$\boldsymbol{\beta}=\boldsymbol{\alpha}_1+\boldsymbol{\alpha}_2+\boldsymbol{\alpha}_3+\boldsymbol{\alpha}_4$,说明线性方程组 $x_1\boldsymbol{\alpha}_1+x_2\boldsymbol{\alpha}_2+x_3\boldsymbol{\alpha}_3+x_4\boldsymbol{\alpha}_4=\boldsymbol{\beta}$ 有解 $\boldsymbol{\gamma}_0=(1,1,1,1)^{\mathrm{T}}$. 又由 $\mathrm{rank}(\boldsymbol{A})=\mathrm{rank}\{\boldsymbol{\alpha}_1,\boldsymbol{\alpha}_2,\boldsymbol{\alpha}_3,\boldsymbol{\alpha}_4\}=3<4$(未知元的个数),说明导出组$x_1\boldsymbol{\alpha}_1+x_2\boldsymbol{\alpha}_2+x_3\boldsymbol{\alpha}_3+x_4\boldsymbol{\alpha}_4=\boldsymbol{0}$ 的基础解系应含 $4-\mathrm{rank}(\boldsymbol{A})=1$ 个解向量. 由 $\boldsymbol{\alpha}_1=2\boldsymbol{\alpha}_2-\boldsymbol{\alpha}_3$,即 $\boldsymbol{\alpha}_1-2\boldsymbol{\alpha}_2+\boldsymbol{\alpha}_3+0\boldsymbol{\alpha}_4=\boldsymbol{0}$,说明非零向量 $\boldsymbol{\eta}=(1,-2,1,0)^{\mathrm{T}}$ 是导出组的一个解,因此 $\boldsymbol{\eta}$ 就是导出组的一个基础解系,从而方程组 $x_1\boldsymbol{\alpha}_1+x_2\boldsymbol{\alpha}_2+x_3\boldsymbol{\alpha}_3+x_4\boldsymbol{\alpha}_4=\boldsymbol{\beta}$ 的通解为

$$\boldsymbol{x}=\boldsymbol{\gamma}_0+k\boldsymbol{\eta},\quad k\text{ 为任意常数}.$$

评　导出组的基础解系及线性方程组的特解是利用向量间的线性关系确定的.

例 2.9.2　设 n 阶矩阵 $\boldsymbol{A}$ 的列向量组为 $\boldsymbol{\alpha}_1,\boldsymbol{\alpha}_2,\cdots,\boldsymbol{\alpha}_{n-1},\boldsymbol{\alpha}_n$，前 $n-1$ 个列向量 $\boldsymbol{\alpha}_1,\boldsymbol{\alpha}_2,\cdots,\boldsymbol{\alpha}_{n-1}$ 线性相关，后 $n-1$ 个列向量 $\boldsymbol{\alpha}_2,\cdots,\boldsymbol{\alpha}_{n-1},\boldsymbol{\alpha}_n$ 线性无关，$\boldsymbol{\beta}=\boldsymbol{\alpha}_1+\boldsymbol{\alpha}_2+\cdots+\boldsymbol{\alpha}_n$.

(1) 证明线性方程组(Ⅰ)：$\boldsymbol{\alpha}_1x_1+\boldsymbol{\alpha}_2x_2+\cdots+\boldsymbol{\alpha}_{n-1}x_{n-1}+\boldsymbol{\alpha}_nx_n=\boldsymbol{\beta}$ 必有无穷多个解；

(2) 求(Ⅰ)的导出组(Ⅱ)：$\boldsymbol{\alpha}_1x_1+\boldsymbol{\alpha}_2x_2+\cdots+\boldsymbol{\alpha}_{n-1}x_{n-1}+\boldsymbol{\alpha}_nx_n=\mathbf{0}$ 的一个基础解系；

(3) 若 $(k_1,k_2,\cdots,k_n)^{\mathrm{T}}$ 是线性方程组(Ⅰ)的任一解，则必有 $k_n=1$.

分析　基于向量组的线性相关性讨论上述各问题.

(1) **证**　$\boldsymbol{\alpha}_1,\boldsymbol{\alpha}_2,\cdots,\boldsymbol{\alpha}_{n-1}$ 线性相关，因此 $\boldsymbol{\alpha}_1,\boldsymbol{\alpha}_2,\cdots,\boldsymbol{\alpha}_{n-1},\boldsymbol{\alpha}_n$ 线性相关. 又 $\boldsymbol{\alpha}_2,\cdots,\boldsymbol{\alpha}_{n-1},\boldsymbol{\alpha}_n$ 线性无关，所以 $\boldsymbol{\alpha}_2,\cdots,\boldsymbol{\alpha}_{n-1},\boldsymbol{\alpha}_n$ 是向量组 $\boldsymbol{\alpha}_1,\boldsymbol{\alpha}_2,\cdots,\boldsymbol{\alpha}_{n-1},\boldsymbol{\alpha}_n$ 的一个极大线性无关组，于是 $\operatorname{rank}\{\boldsymbol{\alpha}_1,\boldsymbol{\alpha}_2,\cdots,\boldsymbol{\alpha}_{n-1},\boldsymbol{\alpha}_n\}=n-1$，从而 $\operatorname{rank}(\boldsymbol{A})=n-1$. 依题设，$\boldsymbol{\beta}=\boldsymbol{\alpha}_1+\boldsymbol{\alpha}_2+\cdots+\boldsymbol{\alpha}_n$，即 $\boldsymbol{\beta}$ 可由 $\boldsymbol{\alpha}_1,\boldsymbol{\alpha}_2,\cdots,\boldsymbol{\alpha}_{n-1},\boldsymbol{\alpha}_n$ 线性表示，故

$$\{\boldsymbol{\alpha}_1,\boldsymbol{\alpha}_2,\cdots,\boldsymbol{\alpha}_{n-1},\boldsymbol{\alpha}_n,\boldsymbol{\beta}\}\cong\{\boldsymbol{\alpha}_1,\boldsymbol{\alpha}_2,\cdots,\boldsymbol{\alpha}_{n-1},\boldsymbol{\alpha}_n\},$$

从而 $\operatorname{rank}\{\boldsymbol{\alpha}_1,\boldsymbol{\alpha}_2,\cdots,\boldsymbol{\alpha}_{n-1},\boldsymbol{\alpha}_n,\boldsymbol{\beta}\}=\operatorname{rank}\{\boldsymbol{\alpha}_1,\boldsymbol{\alpha}_2,\cdots,\boldsymbol{\alpha}_{n-1},\boldsymbol{\alpha}_n\}$，也即

$$\operatorname{rank}(\boldsymbol{A}\mid\boldsymbol{\beta})=\operatorname{rank}(\boldsymbol{A})=n-1<n,$$

因此方程组(Ⅰ)必有无穷多个解.

(2) **解**　由(1)知，$\operatorname{rank}(\boldsymbol{A})=n-1$，导出组(Ⅱ)的基础解系含一个向量，列向量 $\boldsymbol{\alpha}_1,\boldsymbol{\alpha}_2,\cdots,\boldsymbol{\alpha}_{n-1}$ 线性相关，依定义，存在不全为零的数 $l_1,l_2,\cdots,l_{n-1}$，使 $l_1\boldsymbol{\alpha}_1+l_2\boldsymbol{\alpha}_2+\cdots+l_{n-1}\boldsymbol{\alpha}_{n-1}=\mathbf{0}$. 令 $\boldsymbol{\eta}=\begin{pmatrix}l_1\\ \vdots\\ l_{n-1}\\ 0\end{pmatrix}$，则 $\boldsymbol{\eta}\neq\mathbf{0}$，且为导出组(Ⅱ)的解，因此 $\boldsymbol{\eta}$ 就是导出组(Ⅱ)的一个基础解系.

(3) **证**　由 $\boldsymbol{\beta}=\boldsymbol{\alpha}_1+\boldsymbol{\alpha}_2+\cdots+\boldsymbol{\alpha}_n$，令 $\boldsymbol{\gamma}_0=\begin{pmatrix}1\\1\\ \vdots\\1\end{pmatrix}$，则 $\boldsymbol{\gamma}_0$ 是方程组(Ⅰ)的一个特解，故方程组(Ⅰ)的通解为

$$\boldsymbol{\gamma}_0+k\boldsymbol{\eta}=\begin{pmatrix}1\\ \vdots\\ 1\\ 1\end{pmatrix}+k\begin{pmatrix}l_1\\ \vdots\\ l_{n-1}\\ 0\end{pmatrix}=\begin{pmatrix}1+kl_1\\ \vdots\\ 1+kl_{n-1}\\ 1\end{pmatrix},\quad k\text{ 为任意常数.}$$

显然，无论 k 取何值，对于方程组(Ⅰ)的任一解，其第 n 个分量(即 k_n)恒为 1.

注　由 $\operatorname{rank}(\boldsymbol{A}\mid\boldsymbol{\beta})=\operatorname{rank}(\boldsymbol{A})=n-1<n$ 知，方程组(Ⅰ)必有无穷多个解. 由 $\boldsymbol{\alpha}_1,\boldsymbol{\alpha}_2,\cdots,\boldsymbol{\alpha}_{n-1}$ 线性相关知，存在 $\boldsymbol{\eta}=\begin{pmatrix}l_1\\ \vdots\\ l_{n-1}\\ 0\end{pmatrix}\neq\mathbf{0}$ 是导出组(Ⅱ)的一个基础解系. 由 $\boldsymbol{\beta}=\boldsymbol{\alpha}_1+$

$\boldsymbol{\alpha}_2+\cdots+\boldsymbol{\alpha}_n$ 知，$\boldsymbol{\gamma}_0=\begin{pmatrix}1\\1\\\vdots\\1\end{pmatrix}$是方程组(Ⅰ)的一个特解.

评 本例在求线性方程组的通解时，由始到终没有施以矩阵的初等行变换，取而代之的是利用了向量间的线性相关性，确认导出组的基础解系及方程组的特解.

2. 关于线性方程组的公共解

例 2.9.3 设线性方程组(Ⅰ)：$\begin{cases}x_1+x_2+x_3=0,\\x_1+2x_2+ax_3=0,\\x_1+4x_2+a^2x_3=0,\end{cases}$ 与(Ⅱ)：$x_1+2x_2+x_3=a-1$ 有公共解，求 a 的值及所有公共解.

【2007 研数三】

分析 将(Ⅰ)与(Ⅱ)联立，其解为两个方程组的公共解，再依方程组有解，求 a 值.

解 将方程组(Ⅰ)，(Ⅱ)联立，对其增广矩阵 $\overline{\boldsymbol{A}}$ 施以初等行变换，将其化为行阶梯形矩阵，有

$$\overline{\boldsymbol{A}}=\left(\begin{array}{ccc|c}1&1&1&0\\1&2&a&0\\1&4&a^2&0\\1&2&1&a-1\end{array}\right)\xrightarrow[\substack{\langle 3\rangle\leftrightarrow\langle 4\rangle\\\langle 4\rangle+(a-2)\langle 3\rangle}]{\substack{\langle 2\rangle+(-1)\langle 1\rangle\\\langle 3\rangle+(-1)\langle 1\rangle\\\langle 4\rangle+(-1)\langle 1\rangle\\\langle 3\rangle+(-3)\langle 2\rangle\\\langle 4\rangle+(-1)\langle 2\rangle}}\left(\begin{array}{ccc|c}1&1&1&0\\0&1&a-1&0\\0&0&-(a-1)&a-1\\0&0&0&(a-1)(a-2)\end{array}\right).$$

(1) 当 $a=1$ 时，这是一个齐次线性方程组，$\operatorname{rank}(\boldsymbol{A})=2<3$(未知元的个数)，方程组有非零解，继续对矩阵施以初等行变换，将其化为简化行阶梯形矩阵，有

$$\overline{\boldsymbol{A}}\xrightarrow{\langle 1\rangle+(-1)\langle 2\rangle}\left(\begin{array}{ccc|c}1&0&1&0\\0&1&0&0\\0&0&0&0\\0&0&0&0\end{array}\right).$$

从而得方程组的一般解为$\begin{cases}x_1=-x_3,\\x_2=0,\end{cases}$令自由未知元 $x_3=1$，代入得其基础解系 $\boldsymbol{\eta}=\begin{pmatrix}1\\0\\-1\end{pmatrix}$，于是方程组(Ⅰ)与(Ⅱ)的所有公共解为 $W=\{k\boldsymbol{\eta}\mid k$ 为任意常数$\}$.

(2) 当 $a=2$ 时，继续对矩阵施以初等行变换，将其化为简化行阶梯形矩阵，有

$$\overline{\boldsymbol{A}}\xrightarrow{\substack{(-1)\langle 3\rangle\\\langle 2\rangle+(-1)\langle 3\rangle\\\langle 1\rangle+(-1)\langle 3\rangle\\\langle 1\rangle+(-1)\langle 2\rangle}}\left(\begin{array}{ccc|c}1&0&0&0\\0&1&0&1\\0&0&1&-1\\0&0&0&0\end{array}\right),$$

$\text{rank}(\boldsymbol{A})=\text{rank}(\bar{\boldsymbol{A}})=3$，方程组有唯一解 $\boldsymbol{\xi}=\begin{pmatrix}0\\1\\-1\end{pmatrix}$，也即方程组(Ⅰ)与(Ⅱ)的公共解为 $\boldsymbol{\xi}=\begin{pmatrix}0\\1\\-1\end{pmatrix}$.

(3) 当 $a\neq1$ 且 $a\neq2$ 时，继续对矩阵施以初等行变换，将其化为行阶梯形矩阵，有

$$\bar{\boldsymbol{A}}\xrightarrow[\left(-\frac{1}{a-1}\right)\langle3\rangle]{\frac{1}{(a-1)(a-2)}\langle4\rangle}\left(\begin{array}{cccc|c}1&1&1&&0\\0&1&a-1&&0\\0&0&1&&-1\\0&0&0&&1\end{array}\right),$$

$\text{rank}(\boldsymbol{A})=3\neq4=\text{rank}(\bar{\boldsymbol{A}})$，方程组无解，不合题意.

注 两个方程组的公共解即为二方程组联立所得的线性方程组的解.

例 2.9.4 设 4 元齐次线性方程组(Ⅰ)：$\begin{cases}2x_1+3x_2-x_3=0,\\x_1+2x_2+x_3-x_4=0,\end{cases}$ 且已知另一 4 元齐次线性方程组(Ⅱ)的一个基础解系为 $\boldsymbol{\eta}_1=\begin{pmatrix}2\\-1\\a+2\\1\end{pmatrix}$，$\boldsymbol{\eta}_2=\begin{pmatrix}-1\\2\\4\\a+8\end{pmatrix}$.

(1) 求齐次线性方程组(Ⅰ)的一个基础解系；

(2) 问 a 为何值时，方程组(Ⅰ)与方程组(Ⅱ)有非零公共解？在有非零公共解时，求其全部非零公共解. **【2002 研数四】**

分析 (1)依 2.7 节定理 1 求解. (2)依题设，(Ⅰ)的系数矩阵的秩为 2，基础解系应含两个解向量，设其为 $\boldsymbol{\xi}_1,\boldsymbol{\xi}_2$，假设(Ⅰ)，(Ⅱ)有非零公共解 $\boldsymbol{\gamma}=k_1\boldsymbol{\eta}_1+k_2\boldsymbol{\eta}_2$，则 $\boldsymbol{\gamma}$ 也可由 $\boldsymbol{\xi}_1$，$\boldsymbol{\xi}_2$ 线性表示，于是 $\text{rank}\{\boldsymbol{\xi}_1,\boldsymbol{\xi}_2,\boldsymbol{\gamma}\}=2$，以此可求 k_1,k_2，从而得非零公共解.

解 (1) 对方程组(Ⅰ)的系数矩阵 $\boldsymbol{A}$ 施以初等行变换，将其化为简化行阶梯形矩阵，有

$$\boldsymbol{A}=\begin{pmatrix}2&3&-1&0\\1&2&1&-1\end{pmatrix}\xrightarrow[\substack{(-1)\langle2\rangle\\\langle1\rangle+(-2)\langle2\rangle}]{\substack{\langle1\rangle\leftrightarrow\langle2\rangle\\\langle2\rangle+(-2)\langle1\rangle}}\begin{pmatrix}1&0&-5&3\\0&1&3&-2\end{pmatrix},$$

从而得方程组的一般解为 $\begin{cases}x_1=5x_3-3x_4,\\x_2=-3x_3+2x_4,\end{cases}$ 令自由未知元 $\begin{pmatrix}x_3\\x_4\end{pmatrix}$ 分别取 $\begin{pmatrix}1\\0\end{pmatrix}$，$\begin{pmatrix}0\\1\end{pmatrix}$，得方程组的一个基础解系为 $\boldsymbol{\xi}_1=\begin{pmatrix}5\\-3\\1\\0\end{pmatrix}$，$\boldsymbol{\xi}_2=\begin{pmatrix}-3\\2\\0\\1\end{pmatrix}$.

(2) **解法 1** 假设(Ⅰ),(Ⅱ)有非零公共解 $\boldsymbol{\gamma}$,则 $\boldsymbol{\gamma}=k_1\boldsymbol{\eta}_1+k_2\boldsymbol{\eta}_2=\begin{pmatrix}2k_1-k_2\\-k_1+2k_2\\(a+2)k_1+4k_2\\k_1+(a+8)k_2\end{pmatrix}$,

同时 $\boldsymbol{\gamma}$ 也可由 $\boldsymbol{\xi}_1,\boldsymbol{\xi}_2$ 线性表示,因此 $\text{rank}\{\boldsymbol{\xi}_1,\boldsymbol{\xi}_2,\boldsymbol{\gamma}\}=2$,对矩阵 $(\boldsymbol{\xi}_1,\boldsymbol{\xi}_2,\boldsymbol{\gamma})$ 施以初等行变换,有

$$(\boldsymbol{\xi}_1,\boldsymbol{\xi}_2,\boldsymbol{\gamma})=\begin{pmatrix}5&-3&2k_1-k_2\\-3&2&-k_1+2k_2\\1&0&(a+2)k_1+4k_2\\0&1&k_1+(a+8)k_2\end{pmatrix}\to\begin{pmatrix}1&0&(a+2)k_1+4k_2\\0&1&k_1+(a+8)k_2\\0&0&3(a+1)k_1-2(a+1)k_2\\0&0&-5(a+1)k_1+3(a+1)k_2\end{pmatrix},$$

因此(Ⅰ),(Ⅱ)有非零公共解 $\Leftrightarrow\text{rank}\{\boldsymbol{\xi}_1,\boldsymbol{\xi}_2,\boldsymbol{\gamma}\}=2\Leftrightarrow a=-1$,此时其非零公共解可取为

$$\boldsymbol{\gamma}=k_1\boldsymbol{\eta}_1+k_2\boldsymbol{\eta}_2=\begin{pmatrix}2k_1-k_2\\-k_1+2k_2\\k_1+4k_2\\k_1+7k_2\end{pmatrix},\quad 其中\ k_1,k_2\ 为任意常数且不全为零.$$

解法 2 设非零公共解 $\boldsymbol{\delta}=l_1\boldsymbol{\xi}_1+l_2\boldsymbol{\xi}_2=(-t_1)\boldsymbol{\eta}_1+(-t_2)\boldsymbol{\eta}_2$,可得 l_1,l_2,t_1,t_2 为未知元的齐次线性方程组 $l_1\boldsymbol{\xi}_1+l_2\boldsymbol{\xi}_2+t_1\boldsymbol{\eta}_1+t_2\boldsymbol{\eta}_2=\mathbf{0}$,它有非零解,对其系数矩阵施以初等行变换,有

$$(\boldsymbol{\xi}_1,\boldsymbol{\xi}_2,\boldsymbol{\eta}_1,\boldsymbol{\eta}_2)=\begin{pmatrix}5&-3&2&-1\\-3&2&-1&2\\1&0&a+2&4\\0&1&1&a+8\end{pmatrix}\to\begin{pmatrix}1&0&a+2&4\\0&1&1&a+8\\0&0&3(a+1)&-2(a+1)\\0&0&-5(a+1)&3(a+1)\end{pmatrix},$$

因此(Ⅰ),(Ⅱ)有非零公共解 $\Leftrightarrow\text{rank}\{\boldsymbol{\xi}_1,\boldsymbol{\xi}_2,\boldsymbol{\eta}_1,\boldsymbol{\eta}_2\}<4\Leftrightarrow a=-1$(否则 $\text{rank}\{\boldsymbol{\xi}_1,\boldsymbol{\xi}_2,\boldsymbol{\eta}_1,\boldsymbol{\eta}_2\}=4$,矛盾),此时其非零公共解可取为

$$\boldsymbol{\delta}=(-t_1)\boldsymbol{\eta}_1+(-t_2)\boldsymbol{\eta}_2=\begin{pmatrix}-2t_1+t_2\\t_1-2t_2\\t_1+4t_2\\-t_1-7t_2\end{pmatrix},\quad 其中\ t_1,t_2\ 为任意常数且不全为零.$$

注 既然是公共解,则 $\boldsymbol{\gamma}=k_1\boldsymbol{\eta}_1+k_2\boldsymbol{\eta}_2$ 同时还可由 $\boldsymbol{\xi}_1,\boldsymbol{\xi}_2$ 线性表示,故 $\text{rank}\{\boldsymbol{\xi}_1,\boldsymbol{\xi}_2,\boldsymbol{\gamma}\}=2$,确认 a,进而得公共解.

评 如果两个含有未知参数的 n 元齐次线性方程组(Ⅰ),(Ⅱ)有非零公共解,设(Ⅰ)和(Ⅱ)的基础解系分别为 $\boldsymbol{\xi}_1,\boldsymbol{\xi}_2,\cdots,\boldsymbol{\xi}_{n-t}$ 和 $\boldsymbol{\eta}_1,\boldsymbol{\eta}_2,\cdots,\boldsymbol{\eta}_{n-r}$.

方法 1 设其公共解为 $\boldsymbol{\gamma}=k_1\boldsymbol{\eta}_1+k_2\boldsymbol{\eta}_2+\cdots+k_{n-r}\boldsymbol{\eta}_{n-r}$,则 $\boldsymbol{\gamma}$ 也可由 $\boldsymbol{\xi}_1,\boldsymbol{\xi}_2,\cdots,\boldsymbol{\xi}_{n-t}$ 线性表示,因此 $\text{rank}\{\boldsymbol{\xi}_1,\boldsymbol{\xi}_2,\cdots,\boldsymbol{\xi}_{n-t},\boldsymbol{\gamma}\}=n-t$,依此确认未知参数和组合系数,进而得非零公共解.

方法 2 设其公共解为 $\boldsymbol{\gamma}=l_1\boldsymbol{\xi}_1+l_2\boldsymbol{\xi}_2+\cdots+l_{n-t}\boldsymbol{\xi}_{n-t}=k_1\boldsymbol{\eta}_1+k_2\boldsymbol{\eta}_2+\cdots+k_{n-r}\boldsymbol{\eta}_{n-r}$,即得关于 $k_1,k_2,\cdots,k_{n-r},l_1,l_2,\cdots,l_{n-t}$ 的齐次线性方程组

$$l_1\boldsymbol{\xi}_1+l_2\boldsymbol{\xi}_2+\cdots+l_{n-t}\boldsymbol{\xi}_{n-t}-k_1\boldsymbol{\eta}_1-k_2\boldsymbol{\eta}_2-\cdots-k_{n-r}\boldsymbol{\eta}_{n-r}=\mathbf{0},$$

该方程组有非零解，依此确认未知参数和组合系数，进而得非零公共解.

议 如果两个 n 元非齐次线性方程组(Ⅰ)，(Ⅱ)有公共解，设(Ⅰ)和(Ⅱ)的特解分别为 $\boldsymbol{\gamma}_0$ 和 $\boldsymbol{\delta}_0$，导出组的基础解系分别为 $\boldsymbol{\eta}_1,\boldsymbol{\eta}_2,\cdots,\boldsymbol{\eta}_{n-r}$ 和 $\boldsymbol{\xi}_1,\boldsymbol{\xi}_2,\cdots,\boldsymbol{\xi}_{n-t}$.

方法1 设其公共解为 $\boldsymbol{\gamma}_0+k_1\boldsymbol{\eta}_1+k_2\boldsymbol{\eta}_2+\cdots+k_{n-r}\boldsymbol{\eta}_{n-r}$，则$(\boldsymbol{\gamma}_0+k_1\boldsymbol{\eta}_1+k_2\boldsymbol{\eta}_2+\cdots+k_{n-r}\boldsymbol{\eta}_{n-r})-\boldsymbol{\delta}_0$ 也是(Ⅱ)的导出组的解，因此可由 $\boldsymbol{\xi}_1,\boldsymbol{\xi}_2,\cdots,\boldsymbol{\xi}_{n-t}$ 线性表示，故

$$\operatorname{rank}(\boldsymbol{\xi}_1,\boldsymbol{\xi}_2,\cdots,\boldsymbol{\xi}_{n-t},(\boldsymbol{\gamma}_0+k_1\boldsymbol{\eta}_1+k_2\boldsymbol{\eta}_2+\cdots+k_{n-r}\boldsymbol{\eta}_{n-r})-\boldsymbol{\delta}_0)=n-t,$$

依此确认未知参数(若有的话)和组合系数，进而求出公共解.

方法2 设公共解为 $\boldsymbol{\zeta}=\boldsymbol{\gamma}_0+k_1\boldsymbol{\eta}_1+k_2\boldsymbol{\eta}_2+\cdots+k_{n-r}\boldsymbol{\eta}_{n-r}=\boldsymbol{\delta}_0+l_1\boldsymbol{\xi}_1+l_2\boldsymbol{\xi}_2+\cdots+l_{n-t}\boldsymbol{\xi}_{n-t}$，即得关于 $k_1,k_2,\cdots,k_{n-r},l_1,l_2,\cdots,l_{n-t}$ 的非齐次线性方程组

$$k_1\boldsymbol{\eta}_1+k_2\boldsymbol{\eta}_2+\cdots+k_{n-r}\boldsymbol{\eta}_{n-r}-l_1\boldsymbol{\xi}_1-l_2\boldsymbol{\xi}_2-\cdots-l_{n-t}\boldsymbol{\xi}_{n-t}=\boldsymbol{\delta}_0-\boldsymbol{\gamma}_0,$$

该方程组有解，依此确认未知参数和组合系数，进而求出公共解.

3. 基于克莱姆法制讨论线性方程组的解

例 2.9.5 设以 $\boldsymbol{A}=\begin{pmatrix}2a & 1 & & \\ a^2 & 2a & \ddots & \\ & \ddots & \ddots & 1\\ & & a^2 & 2a\end{pmatrix}_{n\times n}$ $(n\geqslant 2)$为系数矩阵的非齐次线性方程组，常数项组成的列向量为 $\boldsymbol{\beta}=\begin{pmatrix}1\\0\\\vdots\\0\end{pmatrix}$.

(1) 求证 $D_n=\begin{vmatrix}2a & 1 & & \\ a^2 & 2a & \ddots & \\ & \ddots & \ddots & 1\\ & & a^2 & 2a\end{vmatrix}=(n+1)a^n$；

(2) a 为何值时，方程组有唯一解？求第一个未知元 x_1 所取值.

(3) a 为何值时，方程组有无穷多个解？并求其通解. 【2008 研数一、二、三、四】

分析 (1)依行列式的性质证明；(2)依克莱姆法则求解；(3)方程组有无穷多个解$\Leftrightarrow$ $\operatorname{rank}(\boldsymbol{A})=\operatorname{rank}(\bar{\boldsymbol{A}})<n$.

(1) **证** 依行列式的性质，有

$$D_n=\begin{vmatrix}2a & 1 & & \\ a^2 & 2a & \ddots & \\ & \ddots & \ddots & 1\\ & & a^2 & 2a\end{vmatrix}\xlongequal[\langle n\rangle+\left(-\frac{n-1}{n}a\right)\langle n-1\rangle]{\substack{\langle 2\rangle+\left(-\frac{a}{2}\right)\langle 1\rangle\\ \langle 3\rangle+\left(-\frac{2a}{3}\right)\langle 2\rangle\\ \vdots}}\begin{vmatrix}2a & 1 & & & & \\ 0 & \frac{3}{2}a & 1 & & & \\ & 0 & \frac{4}{3}a & \ddots & & \\ & & 0 & \ddots & \ddots & \\ & & & \ddots & \ddots & 1\\ & & & & 0 & \frac{n+1}{n}a\end{vmatrix}$$

$$=2a\cdot\frac{3}{2}a\cdot\frac{4}{3}a\cdot\cdots\cdot\frac{n+1}{n}a=(n+1)a^n.$$

(2) **解** 当 $a\neq 0$ 时,系数行列式 $D_n\neq 0$,依克莱姆法则,方程组有唯一解,令 $D_{(1)}$ 如下,将 $D_{(1)}$ 按第 1 列展开,依(1)的结论,有

$$D_{(1)}=\begin{vmatrix}1 & 1 & & & \\ 0 & 2a & 1 & & \\ & a^2 & 2a & \ddots & \\ & & \ddots & \ddots & 1\\ & & & a^2 & 2a\end{vmatrix}=1\cdot(-1)^{1+1}\begin{vmatrix}2a & 1 & & \\ a^2 & 2a & \ddots & \\ & \ddots & \ddots & 1\\ & & a^2 & 2a\end{vmatrix}=D_{n-1}=na^{n-1},$$

于是,$x_1=\dfrac{D_{(1)}}{D_n}=\dfrac{na^{n-1}}{(n+1)a^n}=\dfrac{n}{(n+1)a}$.

(3) **解** 当 $a=0$ 时,系数行列式 $D=0$. 对方程组的增广矩阵施以初等变换,有

$$(\boldsymbol{A}\mid\boldsymbol{\beta})=\left(\begin{array}{ccccc|c}2a & 1 & & & & 1\\ a^2 & 2a & \ddots & & & 0\\ & \ddots & \ddots & \ddots & & \vdots\\ & & \ddots & \ddots & 1 & 0\\ & & & a^2 & 2a & 0\end{array}\right)\to\left(\begin{array}{cccccc|c}0 & 1 & 0 & \cdots & & 0 & 1\\ 0 & 0 & \ddots & & & \vdots & 0\\ \vdots & \ddots & \ddots & \ddots & & \vdots & \vdots\\ \vdots & & \ddots & 0 & & 1 & 0\\ 0 & \cdots & \cdots & 0 & & 0 & 0\end{array}\right),$$

因为 $\operatorname{rank}(\boldsymbol{A})=\operatorname{rank}(\boldsymbol{A}\mid\boldsymbol{\beta})=n-1<n$(未知元的个数),方程组有无穷多个解,其一般解为 $\begin{cases}x_2=1,\\ x_3=0,\\ \vdots\\ x_n=0,\end{cases}$ 令自由未知元 $x_1=0$,代入得方程组的一个特解为 $\boldsymbol{\gamma}_0=\begin{pmatrix}0\\1\\ \vdots\\0\end{pmatrix}$,其导出组为 $\begin{cases}x_2=0,\\ x_3=0,\\ \vdots\\ x_n=0,\end{cases}$ 令 $x_1=1$,代入得其基础解系为 $\boldsymbol{\eta}=\begin{pmatrix}1\\0\\ \vdots\\0\end{pmatrix}$,于是方程组的通解为

$$\boldsymbol{x}=\boldsymbol{\gamma}_0+k\boldsymbol{\eta},\quad k\text{ 为任意常数}.$$

注 依递推关系式 $D_n=(n+1)a^n\Rightarrow D_{n-1}=na^{n-1}$. 依克莱姆法则,同理还可求得 x_2, $x_3,\cdots,x_n$.

习题 2-9

1. 设 $m\times n$ 矩阵 $\boldsymbol{A}$ 的列向量组为 $\boldsymbol{\alpha}_1,\boldsymbol{\alpha}_2,\cdots,\boldsymbol{\alpha}_n(n\geqslant 3)$,$\operatorname{rank}(\boldsymbol{A})=n-2$,线性方程组 $x_1\boldsymbol{\alpha}_1+x_2\boldsymbol{\alpha}_2+\cdots+x_n\boldsymbol{\alpha}_n=\boldsymbol{\beta}$ 有 3 个解向量 $\boldsymbol{\eta}_1,\boldsymbol{\eta}_2,\boldsymbol{\eta}_3$,其中

$$\boldsymbol{\eta}_1+\boldsymbol{\eta}_2=\begin{pmatrix}1\\2\\3\\4\end{pmatrix},\quad \boldsymbol{\eta}_2+2\boldsymbol{\eta}_3=\begin{pmatrix}-2\\1\\5\\3\end{pmatrix},\quad 2\boldsymbol{\eta}_3+3\boldsymbol{\eta}_1=\begin{pmatrix}11\\5\\-6\\7\end{pmatrix},$$

求线性方程组 $x_1\boldsymbol{\alpha}_1+x_2\boldsymbol{\alpha}_2+\cdots+x_n\boldsymbol{\alpha}_n=\boldsymbol{\beta}$ 的通解.

2. 设矩阵 $\boldsymbol{A}$ 的列向量组为 $\boldsymbol{\alpha}_1,\boldsymbol{\alpha}_2,\boldsymbol{\alpha}_3,\boldsymbol{\alpha}_4$，线性方程组 $x_1\boldsymbol{\alpha}_1+x_2\boldsymbol{\alpha}_2+x_3\boldsymbol{\alpha}_3+x_4\boldsymbol{\alpha}_4=\boldsymbol{\beta}$ 有通解为

$$\begin{pmatrix}2\\1\\0\\1\end{pmatrix}+k\begin{pmatrix}1\\-1\\2\\0\end{pmatrix},\quad k\text{ 为任意常数.}$$

(1) $\boldsymbol{\beta}$ 能否由 $\boldsymbol{\alpha}_2,\boldsymbol{\alpha}_3,\boldsymbol{\alpha}_4$ 线性表示？说明理由；(2) $\boldsymbol{\alpha}_4$ 能否由 $\boldsymbol{\alpha}_1,\boldsymbol{\alpha}_2,\boldsymbol{\alpha}_3$ 线性表示？说明理由.

3. 设 4 元齐次线性方程组(Ⅰ)：$\begin{cases}x_1+x_2=0,\\x_2-x_4=0,\end{cases}$ 且已知另一个 4 元齐次线性方程组(Ⅱ)的通解为 $k_1\begin{pmatrix}0\\1\\1\\0\end{pmatrix}+k_2\begin{pmatrix}-1\\2\\2\\1\end{pmatrix}$.

(1) 求方程组(Ⅰ)的一个基础解系；

(2) 方程组(Ⅰ)与方程组(Ⅱ)是否有非零公共解？若有，求出所有的非零公共解.

【1994 研数一】

4. 设齐次线性方程组(Ⅰ)$\begin{cases}x_1+2x_2+3x_3=0,\\2x_1+3x_2+5x_3=0,\\x_1+x_2+ax_3=0,\end{cases}$与(Ⅱ)$\begin{cases}x_1+bx_2+cx_3=0,\\2x_1+b^2x_2+(c+1)x_3=0,\end{cases}$同解，求 a, b, c 的值.

5. 设含有两个自由未知元的 4 元齐次线性方程组的通解为

$$\boldsymbol{x}=k_1\begin{pmatrix}1\\2\\0\\3\end{pmatrix}+k_2\begin{pmatrix}0\\1\\1\\-1\end{pmatrix},\quad k_1,k_2\text{ 为任意常数，}$$

求该线性方程组.

6. 已知 $n(n\geqslant 2)$元齐次线性方程组

$$\begin{cases}(a_1+b)x_1+a_2x_2+a_3x_3+\cdots+a_nx_n=0,\\a_1x_1+(a_2+b)x_2+a_3x_3+\cdots+a_nx_n=0,\\a_1x_1+a_2x_2+(a_3+b)x_3+\cdots+a_nx_n=0,\\\qquad\vdots\\a_1x_1+a_2x_2+a_3x_3+\cdots+(a_n+b)x_n=0,\end{cases}$$

其中 $\sum\limits_{i=1}^{n}a_i\neq 0$. 试讨论 $a_1,a_2,\cdots,a_n$ 和 b 满足何种关系时，

(1) 方程组只有零解；

(2) 方程组有非零解，在有非零解时，求方程组的一个基础解系. **【2003 研数三】**

单元练习题 2

一、选择题：下列每小题给出的四个选项中，只有一项是符合题目要求的，请将所选项前的字母写在指定位置.

1. 设 $\boldsymbol{\alpha}_1,\boldsymbol{\alpha}_2,\cdots,\boldsymbol{\alpha}_m(m\geqslant 2)$ 均为 n 维向量，则下列结论不正确的是（　　）.

A. 若对任意一组不全为零的数 $k_1,k_2,\cdots,k_m$，都有 $k_1\boldsymbol{\alpha}_1+k_2\boldsymbol{\alpha}_2+\cdots+k_m\boldsymbol{\alpha}_m\neq\mathbf{0}$，则 $\boldsymbol{\alpha}_1,\boldsymbol{\alpha}_2,\cdots,\boldsymbol{\alpha}_m$ 线性无关

B. 若 $\boldsymbol{\alpha}_1,\boldsymbol{\alpha}_2,\cdots,\boldsymbol{\alpha}_m$ 线性相关，则对任意一组不全为零的数 $k_1,k_2,\cdots,k_m$，有 $k_1\boldsymbol{\alpha}_1+k_2\boldsymbol{\alpha}_2+\cdots+k_m\boldsymbol{\alpha}_m=\mathbf{0}$

C. $\boldsymbol{\alpha}_1,\boldsymbol{\alpha}_2,\cdots,\boldsymbol{\alpha}_m$ 线性无关的充分必要条件是 $\operatorname{rank}\{\boldsymbol{\alpha}_1,\boldsymbol{\alpha}_2,\cdots,\boldsymbol{\alpha}_m\}=m$

D. $\boldsymbol{\alpha}_1,\boldsymbol{\alpha}_2,\cdots,\boldsymbol{\alpha}_m$ 线性无关的必要条件是其中任意两个向量线性无关

【2003 研数三】

2. 设 n 维向量组 $\boldsymbol{\alpha}_1,\boldsymbol{\alpha}_2,\cdots,\boldsymbol{\alpha}_m(m\geqslant 2)$，下列结论正确的是（　　）.

A. 若 $k_1\boldsymbol{\alpha}_1+k_2\boldsymbol{\alpha}_2+\cdots+k_m\boldsymbol{\alpha}_m=\mathbf{0}$，则 $\boldsymbol{\alpha}_1,\boldsymbol{\alpha}_2,\cdots,\boldsymbol{\alpha}_m$ 线性相关

B. 若对任意一组不全为零的数 $k_1,k_2,\cdots,k_m$，都有 $k_1\boldsymbol{\alpha}_1+k_2\boldsymbol{\alpha}_2+\cdots+k_m\boldsymbol{\alpha}_m\neq\mathbf{0}$，则 $\boldsymbol{\alpha}_1,\boldsymbol{\alpha}_2,\cdots,\boldsymbol{\alpha}_m$ 线性无关

C. 若 $\boldsymbol{\alpha}_1,\boldsymbol{\alpha}_2,\cdots,\boldsymbol{\alpha}_m$ 线性相关，则对任意一组不全为零的数 $k_1,k_2,\cdots,k_m$，都有 $k_1\boldsymbol{\alpha}_1+k_2\boldsymbol{\alpha}_2+\cdots+k_m\boldsymbol{\alpha}_m=\mathbf{0}$

D. 若 $0\boldsymbol{\alpha}_1+0\boldsymbol{\alpha}_2+\cdots+0\boldsymbol{\alpha}_m=\mathbf{0}$，则 $\boldsymbol{\alpha}_1,\boldsymbol{\alpha}_2,\cdots,\boldsymbol{\alpha}_m$ 线性无关 **【1992 研数四】**

3. n 维向量组 $\boldsymbol{\alpha}_1,\boldsymbol{\alpha}_2,\cdots,\boldsymbol{\alpha}_m(3\leqslant m\leqslant n)$ 线性无关的充分必要条件是（　　）.

A. 存在一组不全为零的数 $k_1,k_2,\cdots,k_m$，使 $k_1\boldsymbol{\alpha}_1+k_2\boldsymbol{\alpha}_2+\cdots+k_m\boldsymbol{\alpha}_m\neq\mathbf{0}$

B. $\boldsymbol{\alpha}_1,\boldsymbol{\alpha}_2,\cdots,\boldsymbol{\alpha}_m$ 中任意两个向量都线性无关

C. $\boldsymbol{\alpha}_1,\boldsymbol{\alpha}_2,\cdots,\boldsymbol{\alpha}_m$ 中存在一个向量，它不能由其余向量线性表示

D. $\boldsymbol{\alpha}_1,\boldsymbol{\alpha}_2,\cdots,\boldsymbol{\alpha}_m$ 中任意一个向量都不能由其余向量线性表示 **【1988 研数一】**

4. 若向量组 $\boldsymbol{\alpha},\boldsymbol{\beta},\boldsymbol{\gamma}$ 线性无关，$\boldsymbol{\alpha},\boldsymbol{\beta},\boldsymbol{\delta}$ 线性相关，则（　　）.

A. $\boldsymbol{\alpha}$ 必可由 $\boldsymbol{\beta},\boldsymbol{\gamma},\boldsymbol{\delta}$ 线性表示　　B. $\boldsymbol{\beta}$ 必不可由 $\boldsymbol{\alpha},\boldsymbol{\gamma},\boldsymbol{\delta}$ 线性表示

C. $\boldsymbol{\delta}$ 必可由 $\boldsymbol{\alpha},\boldsymbol{\beta},\boldsymbol{\gamma}$ 线性表示　　D. $\boldsymbol{\delta}$ 必不可由 $\boldsymbol{\alpha},\boldsymbol{\beta},\boldsymbol{\gamma}$ 线性表示

【1998 研数四】

5. 设向量组 $\boldsymbol{\alpha}_1,\boldsymbol{\alpha}_2,\boldsymbol{\alpha}_3$ 线性无关，向量 $\boldsymbol{\beta}_1$ 可由 $\boldsymbol{\alpha}_1,\boldsymbol{\alpha}_2,\boldsymbol{\alpha}_3$ 线性表示，而向量 $\boldsymbol{\beta}_2$ 不能由 $\boldsymbol{\alpha}_1,\boldsymbol{\alpha}_2,\boldsymbol{\alpha}_3$ 线性表示，则对于任意常数 k，必有（　　）.

A. $\boldsymbol{\alpha}_1,\boldsymbol{\alpha}_2,\boldsymbol{\alpha}_3,k\boldsymbol{\beta}_1+\boldsymbol{\beta}_2$ 线性无关　　B. $\boldsymbol{\alpha}_1,\boldsymbol{\alpha}_2,\boldsymbol{\alpha}_3,k\boldsymbol{\beta}_1+\boldsymbol{\beta}_2$ 线性相关

C. $\boldsymbol{\alpha}_1,\boldsymbol{\alpha}_2,\boldsymbol{\alpha}_3,\boldsymbol{\beta}_1+k\boldsymbol{\beta}_2$ 线性无关　　D. $\boldsymbol{\alpha}_1,\boldsymbol{\alpha}_2,\boldsymbol{\alpha}_3,\boldsymbol{\beta}_1+k\boldsymbol{\beta}_2$ 线性相关

【2002 研数二】

6. 设向量 $\boldsymbol{\beta}$ 可由向量组 $\boldsymbol{\alpha}_1,\boldsymbol{\alpha}_2,\cdots,\boldsymbol{\alpha}_m$ 线性表示，但不能由向量组 Ⅰ：$\boldsymbol{\alpha}_1,\boldsymbol{\alpha}_2,\cdots,\boldsymbol{\alpha}_{m-1}$ 线性表示，记向量组 Ⅱ：$\boldsymbol{\alpha}_1,\boldsymbol{\alpha}_2,\cdots,\boldsymbol{\alpha}_{m-1},\boldsymbol{\beta}$，则下列结论中正确的是（　　）.

A. $\boldsymbol{\alpha}_m$ 不能由Ⅰ线性表示，也不能由Ⅱ线性表示

B. $\boldsymbol{\alpha}_m$ 不能由Ⅰ线性表示，但可由Ⅱ线性表示

C. $\boldsymbol{\alpha}_m$ 可由Ⅰ线性表示，也可由Ⅱ线性表示

D. $\boldsymbol{\alpha}_m$ 可由Ⅰ线性表示,但不能由Ⅱ线性表示　　【1999 研数三、四】

7. 设向量组 $\boldsymbol{\alpha}_1=\begin{pmatrix}0\\0\\c_1\end{pmatrix}$, $\boldsymbol{\alpha}_2=\begin{pmatrix}0\\1\\c_2\end{pmatrix}$, $\boldsymbol{\alpha}_3=\begin{pmatrix}1\\-1\\c_3\end{pmatrix}$, $\boldsymbol{\alpha}_4=\begin{pmatrix}-1\\1\\c_4\end{pmatrix}$,其中 c_1,c_2,c_3,c_4 为任意常数,则下述列向量组线性相关的是(　　).

A. $\boldsymbol{\alpha}_1,\boldsymbol{\alpha}_2,\boldsymbol{\alpha}_3$　　B. $\boldsymbol{\alpha}_1,\boldsymbol{\alpha}_2,\boldsymbol{\alpha}_4$

C. $\boldsymbol{\alpha}_1,\boldsymbol{\alpha}_3,\boldsymbol{\alpha}_4$　　D. $\boldsymbol{\alpha}_2,\boldsymbol{\alpha}_3,\boldsymbol{\alpha}_4$　　【2012 研数一、二、三】

8. 设向量组 $\boldsymbol{\alpha}_1,\boldsymbol{\alpha}_2,\boldsymbol{\alpha}_3,\boldsymbol{\alpha}_4$ 线性无关,则下列向量组线性无关的是(　　).

A. $\boldsymbol{\alpha}_1+\boldsymbol{\alpha}_2,\boldsymbol{\alpha}_2+\boldsymbol{\alpha}_3,\boldsymbol{\alpha}_3+\boldsymbol{\alpha}_4,\boldsymbol{\alpha}_4+\boldsymbol{\alpha}_1$　　B. $\boldsymbol{\alpha}_1-\boldsymbol{\alpha}_2,\boldsymbol{\alpha}_2-\boldsymbol{\alpha}_3,\boldsymbol{\alpha}_3-\boldsymbol{\alpha}_4,\boldsymbol{\alpha}_4-\boldsymbol{\alpha}_1$

C. $\boldsymbol{\alpha}_1+\boldsymbol{\alpha}_2,\boldsymbol{\alpha}_2+\boldsymbol{\alpha}_3,\boldsymbol{\alpha}_3+\boldsymbol{\alpha}_4,\boldsymbol{\alpha}_4-\boldsymbol{\alpha}_1$　　D. $\boldsymbol{\alpha}_1+\boldsymbol{\alpha}_2,\boldsymbol{\alpha}_2+\boldsymbol{\alpha}_3,\boldsymbol{\alpha}_3-\boldsymbol{\alpha}_4,\boldsymbol{\alpha}_4-\boldsymbol{\alpha}_1$

【1994 研数一】

9. 设向量组 $\boldsymbol{\alpha}_1,\boldsymbol{\alpha}_2,\boldsymbol{\alpha}_3$ 线性无关,则下列向量组线性相关的是(　　).

A. $\boldsymbol{\alpha}_1-\boldsymbol{\alpha}_2,\boldsymbol{\alpha}_2-\boldsymbol{\alpha}_3,\boldsymbol{\alpha}_3-\boldsymbol{\alpha}_1$　　B. $\boldsymbol{\alpha}_1+\boldsymbol{\alpha}_2,\boldsymbol{\alpha}_2+\boldsymbol{\alpha}_3,\boldsymbol{\alpha}_3+\boldsymbol{\alpha}_1$

C. $\boldsymbol{\alpha}_1-2\boldsymbol{\alpha}_2,\boldsymbol{\alpha}_2-2\boldsymbol{\alpha}_3,\boldsymbol{\alpha}_3-2\boldsymbol{\alpha}_1$　　D. $\boldsymbol{\alpha}_1+2\boldsymbol{\alpha}_2,\boldsymbol{\alpha}_2+2\boldsymbol{\alpha}_3,\boldsymbol{\alpha}_3+2\boldsymbol{\alpha}_1$

【2007 研数一、二、三、四】

10. 设 $\boldsymbol{\alpha}_1,\boldsymbol{\alpha}_2,\boldsymbol{\alpha}_3$ 是三维向量组,则对任意常数 k,l,向量 $\boldsymbol{\alpha}_1+k\boldsymbol{\alpha}_3,\boldsymbol{\alpha}_2+l\boldsymbol{\alpha}_3$ 线性无关是 $\boldsymbol{\alpha}_1,\boldsymbol{\alpha}_2,\boldsymbol{\alpha}_3$ 线性无关的(　　).

A. 必要非充分条件　　B. 充分非必要

C. 充分必要条件　　D. 既非充分又非必要条件

【2014 研数一、二、三】

11. 设向量组(Ⅰ):$\boldsymbol{\alpha}_1,\boldsymbol{\alpha}_2,\cdots,\boldsymbol{\alpha}_r$ 可由向量组(Ⅱ):$\boldsymbol{\beta}_1,\boldsymbol{\beta}_2,\cdots,\boldsymbol{\beta}_s$ 线性表示,则(　　).

A. 当 $r<s$ 时,向量组(Ⅱ)必线性相关　　B. 当 $r>s$ 时,向量组(Ⅱ)必线性相关

C. 当 $r<s$ 时,向量组(Ⅰ)必线性相关　　D. 当 $r>s$ 时,向量组(Ⅰ)必线性相关

【2003 研数一、二】

12. 设向量组(Ⅰ):$\boldsymbol{\alpha}_1,\boldsymbol{\alpha}_2,\cdots,\boldsymbol{\alpha}_r$ 可由向量组(Ⅱ):$\boldsymbol{\beta}_1,\boldsymbol{\beta}_2,\cdots,\boldsymbol{\beta}_s$ 线性表示,则(　　).

A. 若向量组(Ⅰ)线性无关,则 $r\leqslant s$　　B. 若向量组(Ⅰ)线性相关,则 $r>s$

C. 若向量组(Ⅱ)线性无关,则 $r\leqslant s$　　D. 若向量组(Ⅱ)线性无关,则 $r>s$

【2010 研数二、三】

13. 设非齐次线性方程组有 n 个未知量,m 个方程,系数矩阵 $\boldsymbol{A}$ 的秩为 r,则(　　).

A. $r=m$ 时,方程组有解　　B. $r=n$ 时,方程组有唯一解

C. $m=n$ 时,方程组有唯一解　　D. $r<n$ 时,方程组有无穷多个解

【1997 研数四】

14. 设 $\boldsymbol{\alpha}_1,\boldsymbol{\alpha}_2,\boldsymbol{\alpha}_3$ 是 4 元非齐次线性方程组的 3 个解向量,且 $\operatorname{rank}(\boldsymbol{A})=3$,$\boldsymbol{\alpha}_1=\begin{pmatrix}1\\2\\3\\4\end{pmatrix}$,$\boldsymbol{\alpha}_2+\boldsymbol{\alpha}_3=\begin{pmatrix}0\\1\\2\\3\end{pmatrix}$,则线性方程组的通解为(　　)(其中 c 为任意常数).

A. $\begin{pmatrix}1\\2\\3\\4\end{pmatrix}+c\begin{pmatrix}1\\1\\1\\1\end{pmatrix}$　　B. $\begin{pmatrix}1\\2\\3\\4\end{pmatrix}+c\begin{pmatrix}0\\1\\2\\3\end{pmatrix}$　　C. $\begin{pmatrix}1\\2\\3\\4\end{pmatrix}+c\begin{pmatrix}2\\3\\4\\5\end{pmatrix}$　　D. $\begin{pmatrix}1\\2\\3\\4\end{pmatrix}+c\begin{pmatrix}3\\4\\5\\6\end{pmatrix}$

【2000 研数三、四】

15. 设 $\boldsymbol{A}$ 为 4×3 矩阵，$\boldsymbol{\eta}_1,\boldsymbol{\eta}_2,\boldsymbol{\eta}_3$ 是以 $\boldsymbol{A}$ 为系数矩阵的非齐次线性方程组的 3 个线性无关的解向量，k_1,k_2 为任意实数，则方程组的通解为(　　).

A. $\dfrac{\boldsymbol{\eta}_2+\boldsymbol{\eta}_3}{2}+k_1(\boldsymbol{\eta}_2-\boldsymbol{\eta}_1)$　　B. $\dfrac{\boldsymbol{\eta}_2-\boldsymbol{\eta}_3}{2}+k_1(\boldsymbol{\eta}_3-\boldsymbol{\eta}_1)+k_2(\boldsymbol{\eta}_2-\boldsymbol{\eta}_1)$

C. $\dfrac{\boldsymbol{\eta}_2+\boldsymbol{\eta}_3}{2}+k_1(\boldsymbol{\eta}_3-\boldsymbol{\eta}_1)+k_2(\boldsymbol{\eta}_2-\boldsymbol{\eta}_1)$　　D. $\dfrac{\boldsymbol{\eta}_2-\boldsymbol{\eta}_3}{2}+k_2(\boldsymbol{\eta}_2-\boldsymbol{\eta}_1)$

【2011 研数三】

16. 设 $\boldsymbol{\beta}_1,\boldsymbol{\beta}_2$ 是非齐次线性方程组的两个不同的解，$\boldsymbol{\alpha}_1,\boldsymbol{\alpha}_2$ 是其导出组的一个基础解系，k_1,k_2 为任意实数，则方程组的通解为(　　).

A. $\dfrac{\boldsymbol{\beta}_1-\boldsymbol{\beta}_2}{2}+k_1\boldsymbol{\alpha}_1+k_2(\boldsymbol{\alpha}_1+\boldsymbol{\alpha}_2)$　　B. $\dfrac{\boldsymbol{\beta}_1+\boldsymbol{\beta}_2}{2}+k_1\boldsymbol{\alpha}_1+k_2(\boldsymbol{\alpha}_1-\boldsymbol{\alpha}_2)$

C. $\dfrac{\boldsymbol{\beta}_1-\boldsymbol{\beta}_2}{2}+k_1\boldsymbol{\alpha}_1+k_2(\boldsymbol{\beta}_1+\boldsymbol{\beta}_2)$　　D. $\dfrac{\boldsymbol{\beta}_1+\boldsymbol{\beta}_2}{2}+k_1\boldsymbol{\alpha}_1+k_2(\boldsymbol{\beta}_1-\boldsymbol{\beta}_2)$

【1990 研数一】

17. 设 $\boldsymbol{A},\boldsymbol{B}$ 均为 $m\times n$ 矩阵，分别以 $\boldsymbol{A},\boldsymbol{B}$ 为系数矩阵的齐次线性方程组为(Ⅰ)与(Ⅱ)，现有下列 4 个命题：

(1) 若(Ⅰ)的解都是(Ⅱ)的解，则 $\mathrm{rank}(\boldsymbol{A})\geqslant\mathrm{rank}(\boldsymbol{B})$；

(2) 若 $\mathrm{rank}(\boldsymbol{A})\geqslant\mathrm{rank}(\boldsymbol{B})$，则(Ⅰ)的解都是(Ⅱ)的解；

(3) 若(Ⅰ)与(Ⅱ)同解，则 $\mathrm{rank}(\boldsymbol{A})=\mathrm{rank}(\boldsymbol{B})$；

(4) 若 $\mathrm{rank}(\boldsymbol{A})=\mathrm{rank}(\boldsymbol{B})$，则(Ⅰ)与(Ⅱ)同解.

以上命题正确的是(　　).

A. (1)，(2)　　B. (1)，(3)　　C. (2)，(4)　　D. (3)，(4)

【2003 研数一】

18. 要使 $\boldsymbol{\eta}_1=\begin{pmatrix}1\\0\\2\end{pmatrix},\boldsymbol{\eta}_2=\begin{pmatrix}0\\1\\-1\end{pmatrix}$ 都是以 $\boldsymbol{A}$ 为系数矩阵的齐次线性方程组的解，$\boldsymbol{A}$ 为(　　).

A. $(-2\quad 1\quad 1)$　　B. $\begin{pmatrix}2&0&-1\\0&1&1\end{pmatrix}$

C. $\begin{pmatrix}-1&0&2\\0&1&-1\end{pmatrix}$　　D. $\begin{pmatrix}0&1&-1\\4&-2&-2\\0&1&1\end{pmatrix}$

【1992 研数一】

19. 以 $\boldsymbol{A}$ 为系数矩阵的齐次线性方程组只有零解的充分必要条件是(　　).

A. $\boldsymbol{A}$ 的列向量线性无关　　B. $\boldsymbol{A}$ 的列向量线性相关

C. $\boldsymbol{A}$ 的行向量线性无关　　　　D. $\boldsymbol{A}$ 的行向量线性相关

【1992 研数三】

20. 设非齐次线性方程组的系数矩阵为 $\boldsymbol{A}=\begin{pmatrix}1&1&1\\1&2&a\\1&4&a^2\end{pmatrix}$，常数项列为 $\boldsymbol{\beta}=\begin{pmatrix}1\\d\\d^2\end{pmatrix}$，如果集合 $\Omega=\{1,2\}$，则非齐次线性方程组有无穷多个解的充分必要条件为(　　).

A. $a\notin\Omega,d\notin\Omega$　　B. $a\notin\Omega,d\in\Omega$　　C. $a\in\Omega,d\notin\Omega$　　D. $a\in\Omega,d\in\Omega$

【2015 研数一、二、三】

二、填空题：请将答案写在指定位置.

1. 设向量组 $\boldsymbol{\alpha}_1=\begin{pmatrix}a\\0\\c\end{pmatrix}$，$\boldsymbol{\alpha}_2=\begin{pmatrix}b\\c\\0\end{pmatrix}$，$\boldsymbol{\alpha}_3=\begin{pmatrix}0\\a\\b\end{pmatrix}$ 线性无关，则 a,b,c 必满足关系式________.

【2002 研数四】

2. 设向量组 $\boldsymbol{\beta}_1=\begin{pmatrix}2\\1\\1\\1\end{pmatrix}$，$\boldsymbol{\beta}_2=\begin{pmatrix}2\\1\\a\\a\end{pmatrix}$，$\boldsymbol{\beta}_3=\begin{pmatrix}3\\2\\1\\a\end{pmatrix}$，$\boldsymbol{\beta}_4=\begin{pmatrix}4\\3\\2\\1\end{pmatrix}$ 线性相关，且 $a\neq1$，则 $a=$________.

【2005 研数三】

3. 设向量组 $\boldsymbol{\alpha}_1=\begin{pmatrix}1\\2\\-1\\1\end{pmatrix}$，$\boldsymbol{\alpha}_2=\begin{pmatrix}2\\0\\t\\0\end{pmatrix}$，$\boldsymbol{\alpha}_3=\begin{pmatrix}0\\-4\\5\\-2\end{pmatrix}$ 的秩为 2，则 $t=$________.

【1997 研数二】

4. 已知线性方程组 $\begin{cases}x_1+2x_2+x_3=1,\\2x_1+3x_2+(a+2)x_3=3,\\x_1+ax_2-2x_3=0\end{cases}$ 无解，则 $a=$________. 【2000 研数一】

5. 已知线性方程组 $\begin{cases}ax_1+x_2+x_3=1,\\x_1+ax_2+x_3=1,\\x_1+x_2+ax_3=-2\end{cases}$ 有无穷多个解，则 $a=$________.

【2001 研数二】

6. 设 n 阶矩阵 $\boldsymbol{A}$ 的各行元素之和均为零，且 $\boldsymbol{A}$ 的秩为 $n-1$，则以 $\boldsymbol{A}$ 为系数矩阵的齐次线性方程组的通解为________. 【1993 研数一】

7. 设 $\boldsymbol{A}=(\boldsymbol{\alpha}_1,\boldsymbol{\alpha}_2,\boldsymbol{\alpha}_3)$ 为三阶矩阵，若 $\boldsymbol{\alpha}_1,\boldsymbol{\alpha}_2$ 线性无关，且 $\boldsymbol{\alpha}_3=-\boldsymbol{\alpha}_1+2\boldsymbol{\alpha}_2$，则线性方程组 $\alpha_1\boldsymbol{x}_1+\alpha_2\boldsymbol{x}_2+\alpha_3\boldsymbol{x}_3=\boldsymbol{0}$ 的通解为________. 【2019 研数一】

8. 设向量组 $\boldsymbol{\alpha}_1=\begin{pmatrix}1\\2\\1\end{pmatrix}$，$\boldsymbol{\alpha}_2=\begin{pmatrix}2\\3\\a\end{pmatrix}$，$\boldsymbol{\alpha}_3=\begin{pmatrix}1\\a+2\\-2\end{pmatrix}$，$\boldsymbol{\beta}=\begin{pmatrix}1\\3\\0\end{pmatrix}$，若 $\boldsymbol{\beta}$ 不能由 $\boldsymbol{\alpha}_1,\boldsymbol{\alpha}_2,\boldsymbol{\alpha}_3$ 线性表示，则常数 $a=$________.

9. 设矩阵 $\boldsymbol{A}=\begin{pmatrix}b&b&1\\b&1&b\\1&b&b\end{pmatrix}$ 经初等行变换和列变换变成 $\boldsymbol{B}=\begin{pmatrix}1&0&4\\0&1&-2\\1&2&0\end{pmatrix}$，则常数 $b=$________.

10. 设 $\boldsymbol{A}=(a_{ij})$ 为三阶非零矩阵，$\boldsymbol{B}=\begin{pmatrix}A_{11}&A_{12}&A_{13}\\A_{21}&A_{22}&A_{23}\\A_{31}&A_{32}&A_{33}\end{pmatrix}$，其中 A_{ij} 为 $|\boldsymbol{A}|$ 中元素 a_{ij} 的代数余子式. 若 $\boldsymbol{A}$ 的所有二阶子式都等于零，则 $\operatorname{rank}(\boldsymbol{A})=$________，$\operatorname{rank}(\boldsymbol{B})=$________.

三、判断题：请将判断结果写在题前的括号内，正确写√，错误写×.

1.（　　）若线性方程组中方程的个数大于未知元的个数，则方程组必无解.

2.（　　）n 维向量组 $\boldsymbol{\alpha}_1,\boldsymbol{\alpha}_2,\cdots,\boldsymbol{\alpha}_n$ 线性无关的充分必要条件是它们可以表示任一 n 维向量.

3.（　　）设 $\boldsymbol{A}$ 是 $m\times n$ 矩阵，如果 $\boldsymbol{A}$ 有一个 n 阶子式不为零，则以 $\boldsymbol{A}$ 为系数矩阵的齐次线性方程组只有零解.

4.（　　）与齐次线性方程组的基础解系等价的向量组也是该方程组的基础解系.

5.（　　）设向量 $\boldsymbol{\beta}$ 可由向量 $\boldsymbol{\alpha}_1,\boldsymbol{\alpha}_2,\cdots,\boldsymbol{\alpha}_m$ 线性表示，但不能由 $\boldsymbol{\alpha}_1,\boldsymbol{\alpha}_2,\cdots,\boldsymbol{\alpha}_{m-1}$ 线性表示，则向量组 $\{\boldsymbol{\alpha}_1,\boldsymbol{\alpha}_2,\cdots,\boldsymbol{\alpha}_m\}\cong\{\boldsymbol{\alpha}_1,\boldsymbol{\alpha}_2,\cdots,\boldsymbol{\alpha}_{m-1},\boldsymbol{\beta}\}$.

6.（　　）若含有非零向量的向量组（Ⅰ）：$\boldsymbol{\alpha}_1,\boldsymbol{\alpha}_2,\cdots,\boldsymbol{\alpha}_m$ 中每个向量都可由它的一个部分组（Ⅱ）：$\boldsymbol{\alpha}_{i_1},\boldsymbol{\alpha}_{i_2},\cdots,\boldsymbol{\alpha}_{i_r}$ 唯一线性表示，则（Ⅱ）就是（Ⅰ）的一个极大线性无关组.

7.（　　）设 $\boldsymbol{A}$ 是 $m\times n$ 矩阵，若 $\operatorname{rank}(\boldsymbol{A})=m$，则以 $\boldsymbol{A}$ 为系数矩阵的非齐次线性方程组一定有解.

8.（　　）若 n 元齐次线性方程组系数矩阵的秩等于 $r(0<r<n)$，则方程组的任意 $n-r$ 个解向量都是它的基础解系.

9.（　　）在实数域 $\mathbb{R}$ 内，$\boldsymbol{A}$ 为 3×4 矩阵，$\operatorname{rank}(\boldsymbol{A})=3$，$\boldsymbol{\beta}$ 为 4 维列向量，若以 $\boldsymbol{A}$ 为系数矩阵的齐次线性方程组有非零解，则以 $\boldsymbol{A}^{\mathrm{T}}$ 为系数矩阵，$\boldsymbol{\beta}$ 为常数项列的非齐次线性方程组必有唯一解.

10.（　　）如果向量组 $\boldsymbol{\alpha}_1,\boldsymbol{\alpha}_2,\cdots,\boldsymbol{\alpha}_m(m\geqslant2)$ 线性相关，则任意全不为零的数 $k_1,k_2,\cdots,k_m$，有 $k_1\boldsymbol{\alpha}_1+k_2\boldsymbol{\alpha}_2+\cdots+k_m\boldsymbol{\alpha}_m\neq\mathbf{0}$.

四、解答题：解答应写出文字说明、证明过程或演算步骤.

1. 试确定 λ 的值，使齐次线性方程组

$$\begin{cases}x_1-x_2+x_3=0,\\\lambda x_1+2x_2+x_3=0,\\2x_1+\lambda x_2\qquad=0\end{cases}$$

有非零解，并求其通解.

2. 问 a,b 为何值时，线性方程组 $\begin{cases}x_1+x_2+x_3+x_4=0,\\x_2+2x_3+2x_4=1,\\-x_2+(a-3)x_3-2x_4=b,\\3x_1+2x_2+x_3+ax_4=-1\end{cases}$ 有唯一解？无解？

有无穷多个解？在有无穷多个解时，求出其通解. 【1987 研数一】

3. 在向量空间 F^3 中，设向量组

$$\boldsymbol{\alpha}_1=\begin{pmatrix}1+\lambda\\1\\1\end{pmatrix},\quad \boldsymbol{\alpha}_2=\begin{pmatrix}1\\1+\lambda\\1\end{pmatrix},\quad \boldsymbol{\alpha}_3=\begin{pmatrix}1\\1\\1+\lambda\end{pmatrix},\quad \boldsymbol{\beta}=\begin{pmatrix}0\\\lambda\\\lambda^2\end{pmatrix},$$

问 λ 取何值时，

(1) $\boldsymbol{\beta}$ 可由 $\boldsymbol{\alpha}_1,\boldsymbol{\alpha}_2,\boldsymbol{\alpha}_3$ 线性表示，且表示式唯一？

(2) $\boldsymbol{\beta}$ 可由 $\boldsymbol{\alpha}_1,\boldsymbol{\alpha}_2,\boldsymbol{\alpha}_3$ 线性表示，但表示式不唯一？

(3) $\boldsymbol{\beta}$ 不能由 $\boldsymbol{\alpha}_1,\boldsymbol{\alpha}_2,\boldsymbol{\alpha}_3$ 线性表示？ 【1991 研数三、四】

4. 设向量组 $\boldsymbol{\alpha}_1=\begin{pmatrix}1\\1\\1\\3\end{pmatrix},\boldsymbol{\alpha}_2=\begin{pmatrix}-1\\-3\\5\\1\end{pmatrix},\boldsymbol{\alpha}_3=\begin{pmatrix}3\\2\\-1\\p+2\end{pmatrix},\boldsymbol{\alpha}_4=\begin{pmatrix}-2\\-6\\10\\p\end{pmatrix}$.

(1) p 为何值时，该向量组线性无关？并在此时将向量 $\boldsymbol{\beta}=(4,1,6,10)^{\mathrm{T}}$ 用向量组 $\boldsymbol{\alpha}_1$，$\boldsymbol{\alpha}_2,\boldsymbol{\alpha}_3,\boldsymbol{\alpha}_4$ 线性表示；

(2) p 为何值时，该向量组线性相关？并在此时求出它的秩和一个极大线性无关组，同时用极大线性无关组表示其余向量. 【1999 研数二】

5. 确定常数 a，使向量组 $\boldsymbol{\alpha}_1=\begin{pmatrix}1\\1\\a\end{pmatrix},\boldsymbol{\alpha}_2=\begin{pmatrix}1\\a\\1\end{pmatrix},\boldsymbol{\alpha}_3=\begin{pmatrix}a\\1\\1\end{pmatrix}$ 可由向量组 $\boldsymbol{\beta}_1=\begin{pmatrix}1\\1\\a\end{pmatrix},\boldsymbol{\beta}_2=\begin{pmatrix}-2\\a\\4\end{pmatrix},\boldsymbol{\beta}_3=\begin{pmatrix}-2\\a\\a\end{pmatrix}$ 线性表示，但向量组 $\boldsymbol{\beta}_1,\boldsymbol{\beta}_2,\boldsymbol{\beta}_3$ 不能由向量组 $\boldsymbol{\alpha}_1,\boldsymbol{\alpha}_2,\boldsymbol{\alpha}_3$ 线性表示.

【2005 研数二】

6. 设非齐次线性方程组（Ⅰ）和（Ⅱ）有公共解，其通解分别为 $\boldsymbol{\gamma}_0+k_1\boldsymbol{\eta}_1+k_2\boldsymbol{\eta}_2$ 和 $\boldsymbol{\delta}_0+l_1\boldsymbol{\xi}_1+l_2\boldsymbol{\xi}_2$，其中

$$\boldsymbol{\gamma}_0=\begin{pmatrix}5\\-3\\0\\0\end{pmatrix},\quad \boldsymbol{\eta}_1=\begin{pmatrix}-6\\5\\1\\0\end{pmatrix},\quad \boldsymbol{\eta}_2=\begin{pmatrix}-5\\4\\0\\1\end{pmatrix},\quad \boldsymbol{\delta}_0=\begin{pmatrix}-11\\3\\0\\0\end{pmatrix},\quad \boldsymbol{\xi}_1=\begin{pmatrix}8\\-1\\1\\0\end{pmatrix},\quad \boldsymbol{\eta}_2=\begin{pmatrix}10\\-2\\0\\1\end{pmatrix},$$

求（Ⅰ）和（Ⅱ）的公共解.

五、证明题：证明应写出证明过程或演算步骤.

1. 设 $\boldsymbol{\alpha}_j=(a_{j1},a_{j2},\cdots,a_{jn})(j=1,2,\cdots,m)$，$\boldsymbol{\beta}=(b_1,b_2,\cdots,b_n)$，证明：如果线性方程组

$$\begin{cases}a_{11}x_1+a_{12}x_2+\cdots+a_{1n}x_n=0,\\a_{21}x_1+a_{22}x_2+\cdots+a_{2n}x_n=0,\\\qquad\vdots\\a_{m1}x_1+a_{m2}x_2+\cdots+a_{mn}x_n=0\end{cases}\tag{1}$$

的解都是方程(2)：$b_1x_1+b_2x_2+\cdots+b_nx_n=0$ 的解，则向量 $\boldsymbol{\beta}$ 可由 $\boldsymbol{\alpha}_1,\boldsymbol{\alpha}_2,\cdots,\boldsymbol{\alpha}_m$ 线性表示.

2. 证明：如果线性方程组(Ⅰ)：

$$\begin{cases}a_{11}x_1+a_{12}x_2+\cdots+a_{1n}x_n=b_1,\\ a_{21}x_1+a_{22}x_2+\cdots+a_{2n}x_n=b_2,\\ \qquad\vdots\\ a_{m1}x_1+a_{m2}x_2+\cdots+a_{mn}x_n=b_m\end{cases}$$

有解，则线性方程组(Ⅱ)：

$$\begin{cases}a_{11}y_1+a_{21}y_2+\cdots+a_{m1}y_m=0,\\ a_{12}y_1+a_{22}y_2+\cdots+a_{m2}y_m=0,\\ \qquad\vdots\\ a_{1n}y_1+a_{2n}y_2+\cdots+a_{mn}y_m=0\end{cases}$$

的任一解一定是方程(Ⅲ)：$b_1z_1+b_2z_2+\cdots+b_mz_m=0$ 的解.

第3章 矩阵及其运算

矩阵是一张表,以表格的形式呈现数据更能一目了然.矩阵在讨论线性方程组解的理论中发挥着重要的作用,因此有必要进一步研究矩阵的运算.

3.1 矩阵的运算

1. 内容要点与评注

数域 F 上两个矩阵称为**同型**,如果它们的行数、列数分别相等.

定义 1 数域 F 上两个矩阵 $\boldsymbol{A}=(a_{ij})$,$\boldsymbol{B}=(b_{ij})$ 称为**相等**,如果它们同型,且所有对应元素满足 $a_{ij}=b_{ij}$, $i=1,2,\cdots,m$, $j=1,2,\cdots,n$,其中 m,n 分别是同型矩阵 $\boldsymbol{A},\boldsymbol{B}$ 的行数、列数.

定义 2 设数域 F 上同型矩阵 $\boldsymbol{A}=(a_{ij})_{m\times n}$, $\boldsymbol{B}=(b_{ij})_{m\times n}$,令矩阵 $\boldsymbol{C}=(a_{ij}+b_{ij})_{m\times n}$,则称 $\boldsymbol{C}$ 是 $\boldsymbol{A}$ 与 $\boldsymbol{B}$ 的**和**,记作 $\boldsymbol{C}=\boldsymbol{A}+\boldsymbol{B}$.

注 只有同型矩阵才可以相加,和阵 $\boldsymbol{A}+\boldsymbol{B}$ 仍是与 $\boldsymbol{A},\boldsymbol{B}$ 同型的矩阵.

定义 3 设数域 F 上矩阵 $\boldsymbol{A}=(a_{ij})_{m\times n}$, $k\in F$,令矩阵 $\boldsymbol{C}=(ka_{ij})_{m\times n}$,则称 $\boldsymbol{C}$ 为 k 与 $\boldsymbol{A}$ 的**数量乘积**,记作 $\boldsymbol{C}=k\boldsymbol{A}$.

注 数量乘法并非是用数去乘矩阵的某一行或某一列,而是用数去乘矩阵的每一行(列).

设数域 F 上矩阵 $\boldsymbol{A}=(a_{ij})_{m\times n}$,称矩阵 $(-a_{ij})_{m\times n}$ 为 $\boldsymbol{A}$ 的**负矩阵**,记作 $-\boldsymbol{A}$.

设数域 F 上同型矩阵 $\boldsymbol{A}=(a_{ij})_{m\times n}$, $\boldsymbol{B}=(b_{ij})_{m\times n}$,则 $\boldsymbol{A}-\boldsymbol{B}=\boldsymbol{A}+(-\boldsymbol{B})$.

容易验证,矩阵的加法和数量乘法满足类似于 n 维向量空间的加法和数量乘法所满足的 8 条运算规则:对于数域 F 上任意 $m\times n$ 矩阵 $\boldsymbol{A},\boldsymbol{B},\boldsymbol{C}$ 和任意数 k,l,有

(1) $\boldsymbol{A}+\boldsymbol{B}=\boldsymbol{B}+\boldsymbol{A}$(加法交换律);

(2) $(\boldsymbol{A}+\boldsymbol{B})+\boldsymbol{C}=\boldsymbol{A}+(\boldsymbol{B}+\boldsymbol{C})$(加法结合律);

(3) $\boldsymbol{A}+\boldsymbol{0}=\boldsymbol{0}+\boldsymbol{A}=\boldsymbol{A}$,其中 $\boldsymbol{0}$ 是与 $\boldsymbol{A}$ 同型的零矩阵;

(4) $\boldsymbol{A}+(-\boldsymbol{A})=(-\boldsymbol{A})+\boldsymbol{A}=\boldsymbol{0}$,其中 $-\boldsymbol{A}$ 是 $\boldsymbol{A}$ 的负矩阵;

(5) $1\cdot\boldsymbol{A}=\boldsymbol{A}$;

(6) $(kl)\boldsymbol{A}=k(l\boldsymbol{A})$;

(7) $(k+l)\boldsymbol{A}=k\boldsymbol{A}+l\boldsymbol{A}$;

(8) $k(\boldsymbol{A}+\boldsymbol{B})=k\boldsymbol{A}+k\boldsymbol{B}$.

定义 4 设数域 F 上矩阵 $\boldsymbol{A}=(a_{ij})_{m\times s}$, $\boldsymbol{B}=(b_{ij})_{s\times n}$,令矩阵 $\boldsymbol{C}=(c_{ij})_{m\times n}$,其中

$$c_{ij}=a_{i1}b_{1j}+a_{i2}b_{2j}+\cdots+a_{is}b_{sj},\quad i=1,2,\cdots,m,\ j=1,2,\cdots,n,$$

则称 $\boldsymbol{C}$ 为 $\boldsymbol{A}$ 与 $\boldsymbol{B}$ 的**乘积**,记作 $\boldsymbol{C}=\boldsymbol{AB}$,其中 c_{ij} 称为矩阵 $\boldsymbol{C}$ 的 (i,j) 元.

注

(1) 左侧矩阵的列数必须等于右侧矩阵的行数时两个矩阵才可以相乘;

(2) 乘积阵的 (i,j) 元等于左侧矩阵的第 i 行与右侧矩阵的第 j 列对应元素的乘积之和;

(3) 乘积阵的行数取左侧矩阵的行数,乘积阵的列数取右侧矩阵的列数.

矩阵乘法满足如下运算规则:对于数域 F 上任意矩阵 $\boldsymbol{A}_{m\times s}$, $\boldsymbol{B}_{s\times t}$, $\boldsymbol{C}_{t\times n}$, $\boldsymbol{T}_{s\times t}$ 和任意数 k,有

(1) $(\boldsymbol{AB})\boldsymbol{C}=\boldsymbol{A}(\boldsymbol{BC})$(乘法结合律);

(2) $\boldsymbol{A}(\boldsymbol{B}+\boldsymbol{T})=\boldsymbol{AB}+\boldsymbol{AT}$(乘法对加法的左分配律);

(3) $(\boldsymbol{B}+\boldsymbol{T})\boldsymbol{C}=\boldsymbol{BC}+\boldsymbol{TC}$(乘法对加法的右分配律);

(4) $k(\boldsymbol{AB})=(k\boldsymbol{A})\boldsymbol{B}=\boldsymbol{A}(k\boldsymbol{B})$.

注

(1) 矩阵的乘法不满足交换律:一般地,$\boldsymbol{TP}\neq\boldsymbol{PT}$,其中 $\boldsymbol{P}$ 是 $t\times r$ 矩阵.

(2) 矩阵的乘法不满足消去律:一般地,

若 $\boldsymbol{AB}=\boldsymbol{0}$ 且 $\boldsymbol{A}\neq\boldsymbol{0}\not\Rightarrow\boldsymbol{B}=\boldsymbol{0}$;同理,若 $\boldsymbol{AB}=\boldsymbol{AT}$ 且 $\boldsymbol{A}\neq\boldsymbol{0}\not\Rightarrow\boldsymbol{B}=\boldsymbol{T}$.

主对角线上元素都为 1,其余元素都为 0 的 n 阶矩阵称为 n 阶**单位矩阵**,记作 $\boldsymbol{E}_n$ 或 $\boldsymbol{E}$,显然 $\boldsymbol{E}_m\boldsymbol{A}_{m\times n}=\boldsymbol{A}_{m\times n}$, $\boldsymbol{A}_{m\times n}\boldsymbol{E}_n=\boldsymbol{A}_{m\times n}$,因此单位矩阵在矩阵乘法运算中所起的作用类似于"1"在数的乘法运算中所起的作用.

主对角线上元素都为同一个数 k,其余元素都为 0 的 n 阶矩阵称为 n 阶**数量矩阵**,记作 $k\boldsymbol{E}_n$ 或 $k\boldsymbol{E}$. 显然 $(k\boldsymbol{E}_m)\boldsymbol{A}_{m\times n}=k\boldsymbol{A}_{m\times n}$,$\boldsymbol{A}_{m\times n}(k\boldsymbol{E}_n)=k\boldsymbol{A}_{m\times n}$,因此数量矩阵左(右)乘矩阵 $\boldsymbol{A}$ 所得的乘积阵相当于数 k 与矩阵 $\boldsymbol{A}$ 作数量乘积.

如果两个矩阵 $\boldsymbol{A}$ 与 $\boldsymbol{B}$ 满足 $\boldsymbol{AB}=\boldsymbol{BA}$,则称 $\boldsymbol{A}$ 与 $\boldsymbol{B}$ 是**可交换**的.

显然 n 阶数量矩阵、单位矩阵与任一 n 阶矩阵都是可交换的.

因矩阵乘法满足结合律,因此可以定义 n 阶矩阵 $\boldsymbol{A}$ 的非负整数次**幂**:

$$\boldsymbol{A}^n=\underbrace{\boldsymbol{A}\cdot\boldsymbol{A}\cdot\cdots\cdot\boldsymbol{A}}_{n\text{个}},\quad n\in\mathbb{Z}^+,\quad \text{规定 } \boldsymbol{A}^0=\boldsymbol{E}.$$

容易验证,对于任意自然数 k, l,有

$$\boldsymbol{A}^k\cdot\boldsymbol{A}^l=\boldsymbol{A}^{k+l},\quad (\boldsymbol{A}^k)^l=\boldsymbol{A}^{kl}.$$

注 由于矩阵乘法不满足交换律,一般地,有

$$(\boldsymbol{AB})^k\neq\boldsymbol{A}^k\cdot\boldsymbol{B}^k,(\boldsymbol{A}+\boldsymbol{B})^2\neq\boldsymbol{A}^2+2\boldsymbol{AB}+\boldsymbol{B}^2.$$

如果矩阵 $\boldsymbol{A}$ 与 $\boldsymbol{B}$ 可交换,依二项展开式定理,有

$$(\boldsymbol{A}+\boldsymbol{B})^k=\boldsymbol{A}^k+\mathrm{C}_k^1\boldsymbol{A}^{k-1}\boldsymbol{B}+\mathrm{C}_k^2\boldsymbol{A}^{k-2}\boldsymbol{B}^2+\cdots+\mathrm{C}_k^{k-1}\boldsymbol{AB}^{k-1}+\mathrm{C}_k^k\boldsymbol{B}^k.$$

设数域 F 上 n 阶矩阵 $\boldsymbol{A}$,多项式

$$f(x)=a_mx^m+a_{m-1}x^{m-1}+\cdots+a_1x+a_0,a_i\in F,\quad i=0,1,\cdots,m,$$

用 $\boldsymbol{A}$ 替换 x 代入,得

$$f(\boldsymbol{A})=a_m\boldsymbol{A}^m+a_{m-1}\boldsymbol{A}^{m-1}+\cdots+a_1\boldsymbol{A}+a_0\boldsymbol{E},$$

称矩阵 $f(\boldsymbol{A})$ 为 $\boldsymbol{A}$ 的**多项式**.

注

(1) $f(\boldsymbol{A})$的末项是$a_0\boldsymbol{E}$而非a_0；

(2) $f(\boldsymbol{A})$是与$\boldsymbol{A}$同阶的矩阵.

(3) $f(\boldsymbol{A})g(\boldsymbol{A})=g(\boldsymbol{A})f(\boldsymbol{A})$，其中矩阵$g(\boldsymbol{A})$也为$\boldsymbol{A}$的多项式，且

$$g(\boldsymbol{A})=b_n\boldsymbol{A}^n+b_{n-1}\boldsymbol{A}^{n-1}+\cdots+b_1\boldsymbol{A}+b_0\boldsymbol{E},b_i\in F,\ i=0,1,\cdots,n.$$

设数域F上矩阵$\boldsymbol{A}=(a_{ij})_{m\times n}$，则将$\boldsymbol{A}$的各行写成同序号的列所得到的矩阵，称为$\boldsymbol{A}$的**转置矩阵**，记作$\boldsymbol{A}^{\mathrm{T}}$，即

$$\boldsymbol{A}^{\mathrm{T}}=(a_{ji})_{n\times m},$$

$\boldsymbol{A}^{\mathrm{T}}$的$(i,j)$元是$\boldsymbol{A}$的$(j,i)$元.

和矩阵、数量矩阵、乘积矩阵的转置矩阵满足如下运算规则：设数域F上矩阵$\boldsymbol{A}_{m\times n}$，$\boldsymbol{B}_{m\times n}$，$\boldsymbol{C}_{n\times s}$，$\forall k\in F$，则：

(1) $(\boldsymbol{A}^{\mathrm{T}})^{\mathrm{T}}=\boldsymbol{A}$；

(2) $(\boldsymbol{A}+\boldsymbol{B})^{\mathrm{T}}=\boldsymbol{A}^{\mathrm{T}}+\boldsymbol{B}^{\mathrm{T}}$，推广到同型矩阵$\boldsymbol{A}_1,\boldsymbol{A}_2,\cdots,\boldsymbol{A}_m$，有

$$(\boldsymbol{A}_1+\boldsymbol{A}_2+\cdots+\boldsymbol{A}_m)^{\mathrm{T}}=\boldsymbol{A}_1^{\mathrm{T}}+\boldsymbol{A}_2^{\mathrm{T}}+\cdots+\boldsymbol{A}_m^{\mathrm{T}};$$

(3) $(k\boldsymbol{A})^{\mathrm{T}}=k\boldsymbol{A}^{\mathrm{T}}$；

(4) $(\boldsymbol{B}\boldsymbol{C})^{\mathrm{T}}=\boldsymbol{C}^{\mathrm{T}}\boldsymbol{B}^{\mathrm{T}}$，推广到从左至右可乘的矩阵$\boldsymbol{B}_1,\boldsymbol{B}_2,\cdots,\boldsymbol{B}_m$，有

$$(\boldsymbol{B}_1\cdots\boldsymbol{B}_{m-1}\boldsymbol{B}_m)^{\mathrm{T}}=\boldsymbol{B}_m^{\mathrm{T}}\boldsymbol{B}_{m-1}^{\mathrm{T}}\cdots\boldsymbol{B}_1^{\mathrm{T}}.$$

注　一般地，$(\boldsymbol{B}\boldsymbol{C})^{\mathrm{T}}\neq\boldsymbol{B}^{\mathrm{T}}\boldsymbol{C}^{\mathrm{T}}$.

设数域F上n阶矩阵$\boldsymbol{A}=(a_{ij})$，以$\boldsymbol{A}$的元素按原来排序组成的n阶行列式称为$\boldsymbol{A}$的行列式，记作$|\boldsymbol{A}|$，即$|\boldsymbol{A}|=\det(a_{ij})$.

n阶矩阵的行列式满足如下运算规则：设数域F上n阶矩阵$\boldsymbol{A},\boldsymbol{B}$和$\forall k\in F$，则

(1) $|\boldsymbol{A}^{\mathrm{T}}|=|\boldsymbol{A}|$；

(2) $|k\boldsymbol{A}|=k^n|\boldsymbol{A}|$；

(3) $|\boldsymbol{A}\boldsymbol{B}|=|\boldsymbol{A}|\cdot|\boldsymbol{B}|$，推广到多个矩阵相乘，有$|\boldsymbol{A}_1\boldsymbol{A}_2\cdots\boldsymbol{A}_m|=|\boldsymbol{A}_1|\cdot|\boldsymbol{A}_2|\cdot\cdots\cdot|\boldsymbol{A}_m|$.

下面证明性质 3.

证　设$|\boldsymbol{A}|=\begin{vmatrix}a_{11}&\cdots&a_{1n}\\\vdots&&\vdots\\a_{n1}&\cdots&a_{nn}\end{vmatrix}$，$|\boldsymbol{B}|=\begin{vmatrix}b_{11}&\cdots&b_{1n}\\\vdots&&\vdots\\b_{n1}&\cdots&b_{nn}\end{vmatrix}$，依拉普拉斯定理，有

$$D_{2n}=\begin{vmatrix}a_{11}&\cdots&a_{1n}&0&\cdots&0\\\vdots&&\vdots&\vdots&&\vdots\\a_{n1}&\cdots&a_{nn}&0&\cdots&0\\-1&\cdots&0&b_{11}&\cdots&b_{1n}\\\vdots&\ddots&\vdots&\vdots&&\vdots\\0&\cdots&-1&b_{n1}&\cdots&b_{nn}\end{vmatrix}=|\boldsymbol{A}||\boldsymbol{B}|,$$

同时利用行列式性质，将D_{2n}的第 1 列乘以b_{11}、第 2 列乘以b_{21}、……、第n列乘以b_{n1}之后都加到第$n+1$列，再将行列式的第 1 列乘以b_{12}、第 2 列乘以b_{22}、……、第n列乘以b_{n2}之

后都加到第 $n+2$ 列,依次下去,……,将行列式的第 1 列乘以 b_{1n}、第 2 列乘以 b_{2n}、……、第 n 列乘以 b_{nn} 之后都加到第 $2n$ 列,依行列式的性质,有

$$D_{2n}=\begin{vmatrix} a_{11} & a_{12} & \cdots & a_{1n} & a_{11}b_{11}+a_{12}b_{21}+\cdots+a_{1n}b_{n1} & \cdots & a_{11}b_{1n}+a_{12}b_{2n}+\cdots+a_{1n}b_{nn} \\ a_{21} & a_{22} & \cdots & a_{2n} & a_{21}b_{11}+a_{22}b_{21}+\cdots+a_{2n}b_{n1} & \cdots & a_{21}b_{1n}+a_{22}b_{2n}+\cdots+a_{2n}b_{nn} \\ \vdots & \vdots & & \vdots & \vdots & & \vdots \\ a_{n1} & a_{n2} & \cdots & a_{nn} & a_{n1}b_{11}+a_{n2}b_{21}+\cdots+a_{nn}b_{n1} & \cdots & a_{n1}b_{1n}+a_{n2}b_{2n}+\cdots+a_{nn}b_{nn} \\ -1 & & & & 0 & \cdots & 0 \\ & -1 & & & 0 & \cdots & 0 \\ & & \ddots & & \vdots & & \vdots \\ & & & -1 & 0 & \cdots & 0 \end{vmatrix}.$$

选定后 n 行,依拉普拉斯定理,有

$$D_{2n}=\begin{vmatrix} -1 & & \\ & \ddots & \\ & & -1 \end{vmatrix}\cdot(-1)^{(n+1+n+2+\cdots+2n)+(1+2+\cdots+n)}$$
$$\begin{vmatrix} a_{11}b_{11}+a_{12}b_{21}+\cdots+a_{1n}b_{n1} & \cdots & a_{11}b_{1n}+a_{12}b_{2n}+\cdots+a_{1n}b_{nn} \\ \vdots & & \vdots \\ a_{n1}b_{11}+a_{n2}b_{21}+\cdots+a_{nn}b_{n1} & \cdots & a_{n1}b_{1n}+a_{n2}b_{2n}+\cdots+a_{nn}b_{nn} \end{vmatrix}$$
$$=(-1)^{n^2}(-1)^n\,|\boldsymbol{AB}|=(-1)^{n(n+1)}|\boldsymbol{AB}|=|\boldsymbol{AB}|,$$

从而 $|\boldsymbol{AB}|=|\boldsymbol{A}|\cdot|\boldsymbol{B}|$. ◆

注 设 $\boldsymbol{A},\boldsymbol{B}$ 是数域 F 上 n 阶矩阵, $k\in F$, 则:

(1) $|k\boldsymbol{A}|\neq k|\boldsymbol{A}|$;

(2) 尽管 $\boldsymbol{AB}\neq\boldsymbol{BA}$, 但是 $|\boldsymbol{AB}|=|\boldsymbol{A}|\cdot|\boldsymbol{B}|=|\boldsymbol{B}|\cdot|\boldsymbol{A}|=|\boldsymbol{BA}|$.

如果 n 元线性方程组的系数矩阵为 $\boldsymbol{A}=(a_{ij})_{m\times n}$, 常数项组成的列向量为 $\boldsymbol{\beta}=\begin{pmatrix} b_1 \\ b_2 \\ \vdots \\ b_m \end{pmatrix}$, 未知元组成的列向量为 $\boldsymbol{x}=\begin{pmatrix} x_1 \\ x_2 \\ \vdots \\ x_n \end{pmatrix}$, 那么依矩阵的乘法定义,线性方程组可表示成 $\boldsymbol{Ax}=\boldsymbol{\beta}$, 其导出组可表示成 $\boldsymbol{Ax}=\boldsymbol{0}$, 于是列向量 $\boldsymbol{\gamma}$ 是 $\boldsymbol{Ax}=\boldsymbol{\beta}$ 的解当且仅当 $\boldsymbol{A\gamma}=\boldsymbol{\beta}$, 列向量 $\boldsymbol{\xi}$ 是 $\boldsymbol{Ax}=\boldsymbol{0}$ 的解当且仅当 $\boldsymbol{A\xi}=\boldsymbol{0}$.

2. 典型例题

例 3.1.1 设 n 维列向量 $\boldsymbol{\alpha}$ 和矩阵 $\boldsymbol{A}=(a_{ij})_{m\times n}$, $\boldsymbol{B}=(b_{ij})_{n\times s}$ 如下:

$$\boldsymbol{\alpha}=\begin{pmatrix}1\\1\\\vdots\\1\end{pmatrix}_{n\times 1},\quad \boldsymbol{A}=\begin{pmatrix}a_{11}&a_{12}&\cdots&a_{1n}\\a_{21}&a_{22}&\cdots&a_{2n}\\\vdots&\vdots&&\vdots\\a_{m1}&a_{m2}&\cdots&a_{mn}\end{pmatrix},\quad \boldsymbol{B}=\begin{pmatrix}b_{11}&b_{12}&\cdots&b_{1s}\\b_{21}&b_{22}&\cdots&b_{2s}\\\vdots&\vdots&&\vdots\\b_{n1}&b_{n2}&\cdots&b_{ns}\end{pmatrix},$$

计算 $\boldsymbol{\alpha}^{\mathrm{T}}\boldsymbol{\alpha}$；$\boldsymbol{\alpha}\boldsymbol{\alpha}^{\mathrm{T}}$；$\boldsymbol{A}\boldsymbol{\alpha}$；$\boldsymbol{\alpha}^{\mathrm{T}}\boldsymbol{B}$.

分析　依矩阵乘法的定义实施计算.

解　依定义，$\boldsymbol{\alpha}^{\mathrm{T}}\boldsymbol{\alpha}$ 为 1×1 矩阵，$\boldsymbol{\alpha}\boldsymbol{\alpha}^{\mathrm{T}}$ 为 $n\times n$ 矩阵，即

$$\boldsymbol{\alpha}^{\mathrm{T}}\boldsymbol{\alpha}=(1,\ 1,\cdots,1)\begin{pmatrix}1\\1\\\vdots\\1\end{pmatrix}=n,$$

$$\boldsymbol{\alpha}\boldsymbol{\alpha}^{\mathrm{T}}=\begin{pmatrix}1\\1\\\vdots\\1\end{pmatrix}(1,\ 1,\cdots,1)=\begin{pmatrix}1&1&\cdots&1\\1&1&\cdots&1\\\vdots&\vdots&&\vdots\\1&1&\cdots&1\end{pmatrix}_{n\times n}.$$

$$\boldsymbol{A}\boldsymbol{\alpha}=\begin{pmatrix}a_{11}&a_{12}&\cdots&a_{1n}\\a_{21}&a_{22}&\cdots&a_{2n}\\\vdots&\vdots&&\vdots\\a_{m1}&a_{m2}&\cdots&a_{mn}\end{pmatrix}\begin{pmatrix}1\\1\\\vdots\\1\end{pmatrix}=\begin{pmatrix}a_{11}+a_{12}+\cdots+a_{1n}\\a_{21}+a_{22}+\cdots+a_{2n}\\\vdots\\a_{m1}+a_{m2}+\cdots+a_{mn}\end{pmatrix}.$$

$$\begin{aligned}\boldsymbol{\alpha}^{\mathrm{T}}\boldsymbol{B}&=(1,\ 1,\cdots,1)\begin{pmatrix}b_{11}&b_{12}&\cdots&b_{1s}\\b_{21}&b_{22}&\cdots&b_{2s}\\\vdots&\vdots&&\vdots\\b_{n1}&b_{n2}&\cdots&b_{ns}\end{pmatrix}\\&=(b_{11}+b_{21}+\cdots+b_{n1},\cdots,b_{1s}+b_{2s}+\cdots+b_{ns}).\end{aligned}$$

注　$\boldsymbol{A}\boldsymbol{\alpha}$ 是 $m\times 1$ 矩阵；$\boldsymbol{\alpha}^{\mathrm{T}}\boldsymbol{B}$ 是 $1\times s$ 矩阵；$\boldsymbol{A}\boldsymbol{\alpha}$ 相当于以 $\boldsymbol{A}$ 的各行元素之和为元素构成的 m 维列向量；$\boldsymbol{\alpha}^{\mathrm{T}}\boldsymbol{B}$ 相当于以 $\boldsymbol{B}$ 的各列元素之和为元素构成的 s 维行向量.

评　$\boldsymbol{\alpha}^{\mathrm{T}}\boldsymbol{\alpha}$ 与 $\boldsymbol{\alpha}\boldsymbol{\alpha}^{\mathrm{T}}$ 不等，例证了矩阵乘法不满足交换律，同时注意到矩阵乘法有加法功能.

例 3.1.2　设二阶矩阵 $\boldsymbol{A}=\begin{pmatrix}\lambda&1\\0&\lambda\end{pmatrix}$，计算 $\boldsymbol{A}^m\ (m\in\mathbb{Z}^+)$.

分析　$\boldsymbol{A}=\begin{pmatrix}\lambda&1\\0&\lambda\end{pmatrix}=\begin{pmatrix}\lambda&0\\0&\lambda\end{pmatrix}+\begin{pmatrix}0&1\\0&0\end{pmatrix}=\lambda\boldsymbol{E}+\boldsymbol{B}$，再依二项展开式定理求 $\boldsymbol{A}^m$.

解　依矩阵加法和数量乘法的定义，$\boldsymbol{A}=\lambda\boldsymbol{E}+\boldsymbol{B}$，其中 $\boldsymbol{B}=\begin{pmatrix}0&1\\0&0\end{pmatrix}$，且 $\boldsymbol{B}^2=\begin{pmatrix}0&1\\0&0\end{pmatrix}\begin{pmatrix}0&1\\0&0\end{pmatrix}=\begin{pmatrix}0&0\\0&0\end{pmatrix}$，显然

$\boldsymbol{B}^3=\cdots=\boldsymbol{B}^m=\boldsymbol{0}$，依二项展开式定理，有

$$\begin{aligned}\boldsymbol{A}^m&=(\lambda\boldsymbol{E}+\boldsymbol{B})^m=(\lambda\boldsymbol{E})^m+\mathrm{C}_m^1(\lambda\boldsymbol{E})^{m-1}\boldsymbol{B}+\mathrm{C}_m^2(\lambda\boldsymbol{E})^{m-2}\boldsymbol{B}^2+\cdots\\&=\lambda^m\boldsymbol{E}+m\lambda^{m-1}\boldsymbol{B}=\begin{pmatrix}\lambda^m&0\\0&\lambda^m\end{pmatrix}+\begin{pmatrix}0&m\lambda^{m-1}\\0&0\end{pmatrix}=\begin{pmatrix}\lambda^m&m\lambda^{m-1}\\0&\lambda^m\end{pmatrix}.\end{aligned}$$

注 $\boldsymbol{E}^m=\boldsymbol{E},\boldsymbol{B}^m=\boldsymbol{0}(m\geqslant 2)$.

评 因为矩阵 $\boldsymbol{B}$ 与单位矩阵 $\boldsymbol{E}$ 是可交换的,因此依二项展开式,有

$$(\lambda\boldsymbol{E}+\boldsymbol{B})^m=(\lambda\boldsymbol{E})^m+\mathrm{C}_m^1(\lambda\boldsymbol{E})^{m-1}\boldsymbol{B}+\mathrm{C}_m^2(\lambda\boldsymbol{E})^{m-2}\boldsymbol{B}^2+\cdots+\mathrm{C}_m^{m-1}(\lambda\boldsymbol{E})\boldsymbol{B}^{m-1}+\boldsymbol{B}^m.$$

议 设 $\boldsymbol{A}=\begin{pmatrix}0&1&0\\0&0&1\\0&0&0\end{pmatrix}$,则 $\boldsymbol{A}^2=\begin{pmatrix}0&0&1\\0&0&0\\0&0&0\end{pmatrix}$,$\boldsymbol{A}^m=\boldsymbol{0}(m\geqslant 3),m\in\mathbb{Z}^+$.

设 n 阶矩阵 $\boldsymbol{A}=\begin{pmatrix}0&1&0&\cdots&0\\0&0&1&\cdots&0\\0&0&0&\ddots&\vdots\\\vdots&\vdots&\vdots&\ddots&1\\0&0&0&\cdots&0\end{pmatrix}$,利用数学归纳法可以证明,

$$\boldsymbol{A}^m=\begin{cases}\boldsymbol{B}, & m<n,\\ \boldsymbol{0}, & m\geqslant n,\end{cases}(m\in\mathbb{Z}^+),\text{其中 }\boldsymbol{B}=\begin{pmatrix}\overbrace{0&\cdots&0}^{m\text{个列}}&1&0&\cdots&0\\0&0&\cdots&0&1&\cdots&0\\0&&0&\cdots&0&\ddots&\vdots\\0&&&0&\cdots&\ddots&1\\0&&&&0&\cdots&0\\\vdots&&&&&\ddots&\vdots\\0&\cdots&\cdots&\cdots&\cdots&\cdots&0\end{pmatrix}\left.\begin{matrix}\\\\\\\end{matrix}\right\}m\text{ 个行}.$$

例 3.1.3 设二阶矩阵 $\boldsymbol{A}=\begin{pmatrix}1&1\\-1&-1\end{pmatrix}$, $\boldsymbol{B}=\begin{pmatrix}1&-1\\-1&1\end{pmatrix}$, $\boldsymbol{C}=\begin{pmatrix}2&-2\\-2&2\end{pmatrix}$,计算 $\boldsymbol{AB}$, $\boldsymbol{AC}$, $\boldsymbol{B}-\boldsymbol{C}$.

解 依矩阵乘法的定义,有

$$\boldsymbol{AB}=\begin{pmatrix}1&1\\-1&-1\end{pmatrix}\begin{pmatrix}1&-1\\-1&1\end{pmatrix}=\begin{pmatrix}0&0\\0&0\end{pmatrix},\boldsymbol{AC}=\begin{pmatrix}1&1\\-1&-1\end{pmatrix}\begin{pmatrix}2&-2\\-2&2\end{pmatrix}=\begin{pmatrix}0&0\\0&0\end{pmatrix}.$$

$$\boldsymbol{B}-\boldsymbol{C}=\begin{pmatrix}1&-1\\-1&1\end{pmatrix}-\begin{pmatrix}2&-2\\-2&2\end{pmatrix}=\begin{pmatrix}-1&1\\1&-1\end{pmatrix}.$$

评 $\boldsymbol{A}\neq\boldsymbol{0},\boldsymbol{B}\neq\boldsymbol{0}$, 但 $\boldsymbol{AB}=\boldsymbol{0}$; 又 $\boldsymbol{AB}=\boldsymbol{AC}$,且 $\boldsymbol{A}\neq\boldsymbol{0}$, 但 $\boldsymbol{B}\neq\boldsymbol{C}$. 例证了矩阵乘法不满足消去律.

例 3.1.4 在数域 F 中,求所有与 $\boldsymbol{A}=\begin{pmatrix}\lambda&1&0\\0&\lambda&1\\0&0&\lambda\end{pmatrix}$ 可交换的矩阵.

分析 与例 3.1.2 的处理方法类似,$\boldsymbol{A}=\lambda\boldsymbol{E}+\boldsymbol{B}$, 再依 $\boldsymbol{E}$ 与 $\boldsymbol{B}$ 可交换求解.

解 依矩阵加法和数量乘法的定义,$\boldsymbol{A}=\begin{pmatrix}\lambda&1&0\\0&\lambda&1\\0&0&\lambda\end{pmatrix}=\lambda\boldsymbol{E}+\boldsymbol{B}$, 其中 $\boldsymbol{E}$ 是三阶单位矩阵, $\boldsymbol{B}=\begin{pmatrix}0&1&0\\0&0&1\\0&0&0\end{pmatrix}$, 设矩阵 $\boldsymbol{X}=(x_{ij})_{3\times 3}$ 与 $\boldsymbol{A}$ 可交换,则

$$AX=(\lambda E+B)X=\lambda X+BX,XA=X(\lambda E+B)=\lambda X+XB,$$

所以，$AX=XA\Leftrightarrow BX=XB$，即

$$\begin{pmatrix}0&1&0\\0&0&1\\0&0&0\end{pmatrix}\begin{pmatrix}x_{11}&x_{12}&x_{13}\\x_{21}&x_{22}&x_{23}\\x_{31}&x_{32}&x_{33}\end{pmatrix}=\begin{pmatrix}x_{11}&x_{12}&x_{13}\\x_{21}&x_{22}&x_{23}\\x_{31}&x_{32}&x_{33}\end{pmatrix}\begin{pmatrix}0&1&0\\0&0&1\\0&0&0\end{pmatrix},$$

$$\begin{pmatrix}x_{21}&x_{22}&x_{23}\\x_{31}&x_{32}&x_{33}\\0&0&0\end{pmatrix}=\begin{pmatrix}0&x_{11}&x_{12}\\0&x_{21}&x_{22}\\0&x_{31}&x_{32}\end{pmatrix},$$

依矩阵相等的定义，解之得 $x_{21}=x_{31}=x_{32}=0,x_{22}=x_{11}=x_{33},x_{23}=x_{12}$，因此

$$X=\begin{pmatrix}x_{11}&x_{12}&x_{13}\\0&x_{11}&x_{12}\\0&0&x_{11}\end{pmatrix},\ \forall x_{11},x_{12},x_{13}\in F.$$

注 与 A 可交换的矩阵不唯一.

评 分解矩阵如 $A=\lambda E+B$，从而矩阵与 A 可交换当且仅当与 B 可交换.

例 3.1.5 设三阶矩阵 $A=\begin{pmatrix}1&0&2\\0&3&4\\-1&5&3\end{pmatrix}$，$f(x)=x^2-2x+3$，求 $f(A)$.

分析 $f(A)=A^2-2A+3E$.

解 依矩阵多项式的定义及矩阵的运算，有

$$f(A)=A^2-2A+3E=\begin{pmatrix}1&0&2\\0&3&4\\-1&5&3\end{pmatrix}^2-2\begin{pmatrix}1&0&2\\0&3&4\\-1&5&3\end{pmatrix}+3\begin{pmatrix}1&0&0\\0&1&0\\0&0&1\end{pmatrix}$$

$$=\begin{pmatrix}0&10&4\\-4&26&16\\-2&20&24\end{pmatrix}.$$

注 矩阵的多项式仍是一个矩阵，且末项为 $3E$ 而非 3.

例 3.1.6 设三维列向量 $\boldsymbol{\alpha}=(1,2,-1)^{\mathrm T}$，$\boldsymbol{\beta}=(1,2,3)^{\mathrm T}$，矩阵 $A=\boldsymbol{\alpha}\boldsymbol{\beta}^{\mathrm T}$，计算 $A^n(n\in\mathbb{Z}^+)$.

分析 利用矩阵幂的定义及乘法运算规则计算.

解 依题设，$\boldsymbol{\beta}^{\mathrm T}\boldsymbol{\alpha}=2$，依矩阵幂的定义及乘法的结合律，有

$$A^n=\underbrace{(\boldsymbol{\alpha}\boldsymbol{\beta}^{\mathrm T})(\boldsymbol{\alpha}\boldsymbol{\beta}^{\mathrm T})\cdots(\boldsymbol{\alpha}\boldsymbol{\beta}^{\mathrm T})}_{n\text{对括号}}=\boldsymbol{\alpha}\underbrace{(\boldsymbol{\beta}^{\mathrm T}\boldsymbol{\alpha})(\boldsymbol{\beta}^{\mathrm T}\boldsymbol{\alpha})\cdots(\boldsymbol{\beta}^{\mathrm T}\boldsymbol{\alpha})}_{n-1\text{对括号}}\boldsymbol{\beta}^{\mathrm T}=2^{n-1}\boldsymbol{\alpha}\boldsymbol{\beta}^{\mathrm T}$$

$$=2^{n-1}\begin{pmatrix}1\\2\\-1\end{pmatrix}(1,2,3)=2^{n-1}\begin{pmatrix}1&2&3\\2&4&6\\-1&-2&-3\end{pmatrix}=\begin{pmatrix}2^{n-1}&2^n&3\times2^{n-1}\\2^n&2^{n+1}&3\times2^n\\-2^{n-1}&-2^n&-3\times2^{n-1}\end{pmatrix}.$$

注 $\boldsymbol{\beta}^{\mathrm T}\boldsymbol{\alpha}=2$.

评 本例巧妙地利用了矩阵乘法的结合律以使计算简化. 若称 A 为“列行阵”，则关于

$\boldsymbol{A}$ 的幂运算可采用重新派对法.

议 设三阶矩阵 $\boldsymbol{B}=\begin{pmatrix}1&-1&2\\2&-2&4\\-1&1&-2\end{pmatrix}$，计算 $\boldsymbol{B}^n(n\in\mathbb{Z}^+)$.

解 因为 $\boldsymbol{B}=\begin{pmatrix}1\\2\\-1\end{pmatrix}(1,-1,2)$，令 $\boldsymbol{\alpha}=\begin{pmatrix}1\\2\\-1\end{pmatrix}$，$\boldsymbol{\beta}=\begin{pmatrix}1\\-1\\2\end{pmatrix}$，则 $\boldsymbol{\beta}^{\mathrm{T}}\boldsymbol{\alpha}=-3$，于是

$$\boldsymbol{B}^n=\underbrace{(\boldsymbol{\alpha}\boldsymbol{\beta}^{\mathrm{T}})(\boldsymbol{\alpha}\boldsymbol{\beta}^{\mathrm{T}})\cdots(\boldsymbol{\alpha}\boldsymbol{\beta}^{\mathrm{T}})}_{n\text{对括号}}=\boldsymbol{\alpha}\underbrace{(\boldsymbol{\beta}^{\mathrm{T}}\boldsymbol{\alpha})(\boldsymbol{\beta}^{\mathrm{T}}\boldsymbol{\alpha})\cdots(\boldsymbol{\beta}^{\mathrm{T}}\boldsymbol{\alpha})}_{n-1\text{对括号}}\boldsymbol{\beta}^{\mathrm{T}}=(-3)^{n-1}\boldsymbol{\alpha}\boldsymbol{\beta}^{\mathrm{T}}$$

$$=(-3)^{n-1}\begin{pmatrix}1\\2\\-1\end{pmatrix}(1,-1,2)=(-3)^{n-1}\begin{pmatrix}1&-1&2\\2&-2&4\\-1&1&-2\end{pmatrix}$$

$$=(-1)^{n-1}\begin{pmatrix}3^{n-1}&-3^{n-1}&2\times3^{n-1}\\2\times3^{n-1}&-2\times3^{n-1}&4\times3^{n-1}\\-3^{n-1}&3^{n-1}&-2\times3^{n-1}\end{pmatrix}.$$

如果矩阵可以拆分成列向量与行向量的乘积，即表示为“列行阵”，则关于其幂运算同样可采用重新派对法.

例 3.1.7 利用矩阵乘法计算 $n\ (n\geqslant3)$阶行列式

$$\Delta_n=\begin{vmatrix}1+x_1y_1&1+x_1y_2&\cdots&1+x_1y_n\\1+x_2y_1&1+x_2y_2&\cdots&1+x_2y_n\\\vdots&\vdots&&\vdots\\1+x_ny_1&1+x_ny_2&\cdots&1+x_ny_n\end{vmatrix}.$$

分析 依矩阵乘法的定义，有

$$\begin{pmatrix}1+x_1y_1&1+x_1y_2&\cdots&1+x_1y_n\\1+x_2y_1&1+x_2y_2&\cdots&1+x_2y_n\\\vdots&\vdots&&\vdots\\1+x_ny_1&1+x_ny_2&\cdots&1+x_ny_n\end{pmatrix}=\begin{pmatrix}1&x_1&0&\cdots&0\\1&x_2&0&\cdots&0\\\vdots&\vdots&\vdots&&\vdots\\1&x_n&0&\cdots&0\end{pmatrix}\cdot\begin{pmatrix}1&1&\cdots&1\\y_1&y_2&\cdots&y_n\\0&0&\cdots&0\\\vdots&\vdots&&\vdots\\0&0&\cdots&0\end{pmatrix}.$$

解 依矩阵乘法的定义及行列式的性质，有

$$\Delta_n=\begin{vmatrix}1&x_1&0&\cdots&0\\1&x_2&0&\cdots&0\\\vdots&\vdots&\vdots&&\vdots\\1&x_n&0&\cdots&0\end{vmatrix}\cdot\begin{vmatrix}1&1&\cdots&1\\y_1&y_2&\cdots&y_n\\0&0&\cdots&0\\\vdots&\vdots&&\vdots\\0&0&\cdots&0\end{vmatrix}=0.$$

注 含零行(零列)的行列式为零.

评 利用矩阵的乘法计算行列式的技巧值得借鉴.

习题 3-1

1. 如果矩阵 $\boldsymbol{A},\boldsymbol{B},\boldsymbol{X}$ 满足 $\boldsymbol{A}-\boldsymbol{X}=\boldsymbol{X}-2\boldsymbol{B}$，其中 $\boldsymbol{A}=\begin{pmatrix}-2 & 1\\ 1 & -2\end{pmatrix}$，$\boldsymbol{B}=\begin{pmatrix}0 & 1\\ 1 & 0\end{pmatrix}$，求 $\boldsymbol{X}$.

2. 计算

(1) $\begin{pmatrix}3 & -2 & 1\\ 1 & -1 & 2\end{pmatrix}\begin{pmatrix}1 & 3\\ 2 & -1\\ -3 & 2\end{pmatrix}$；　(2) $\begin{pmatrix}1\\ -1\\ 0\end{pmatrix}(1\ \ 2\ \ 3)$；

(3) $(1\ \ -2\ \ 1)\begin{pmatrix}-1 & 2 & 0\\ 0 & 1 & -1\\ 3 & -1 & 0\end{pmatrix}\begin{pmatrix}1\\ 1\\ 2\end{pmatrix}$.

3. 设二阶矩阵 $\boldsymbol{A}=\begin{pmatrix}-1 & 1\\ 2 & 0\end{pmatrix}$，$\boldsymbol{B}=\begin{pmatrix}2 & 3\\ -4 & 1\end{pmatrix}$，求 $\boldsymbol{AB}$；$\boldsymbol{BA}$；$\boldsymbol{AB}-\boldsymbol{BA}$.

4. 求与矩阵 $\boldsymbol{A}$ 可交换的所有矩阵，其中 $\boldsymbol{A}=\begin{pmatrix}0 & 1 & 0\\ 0 & 0 & 1\\ 1 & 0 & 0\end{pmatrix}$.

5. 设 $f(x)=x^2-5x+2$，三阶矩阵 $\boldsymbol{A}=\begin{pmatrix}-1 & 2 & 0\\ 3 & 1 & 2\\ 0 & 4 & 1\end{pmatrix}$，求 $f(\boldsymbol{A})$.

6. 计算下列各题，其中 $n(n\geqslant 2)$ 为正整数：

(1) $\begin{pmatrix}1 & 1\\ -1 & -1\end{pmatrix}^2$；　(2) $\begin{pmatrix}1 & 2\\ 0 & 1\end{pmatrix}^n$；　(3) $\begin{pmatrix}2 & 1 & 0\\ 0 & 2 & 1\\ 0 & 0 & 2\end{pmatrix}^n$；

(4) $\begin{bmatrix}1 & -1 & -1 & -1\\ -1 & 1 & -1 & -1\\ -1 & -1 & 1 & -1\\ -1 & -1 & -1 & 1\end{bmatrix}^n$.

7. 设 $\boldsymbol{\alpha}=\begin{pmatrix}1\\ -1\\ 2\end{pmatrix}$，$\boldsymbol{\beta}=\begin{pmatrix}2\\ 3\\ 0\end{pmatrix}$，$\boldsymbol{A}=\begin{pmatrix}-1 & 2 & 0\\ 0 & 1 & 1\\ 3 & 0 & -1\end{pmatrix}$，$\boldsymbol{B}=\boldsymbol{A}\boldsymbol{\alpha}\boldsymbol{\beta}^{\mathrm{T}}$，计算 $\boldsymbol{B}^n(n\in\mathbb{Z}^+)$.

8. 证明：如果 n 阶矩阵 $\boldsymbol{A},\boldsymbol{B}$ 满足 $\boldsymbol{A}=\frac{1}{2}(\boldsymbol{B}+\boldsymbol{E})$，$\boldsymbol{E}$ 为 n 阶单位矩阵，则 $\boldsymbol{A}^2=\boldsymbol{A}$ 当且仅当 $\boldsymbol{B}^2=\boldsymbol{E}$.

9. 设 4 阶矩阵 $\boldsymbol{A}=\begin{bmatrix}a & b & c & d\\ -b & a & -d & c\\ -c & d & a & -b\\ -d & -c & b & a\end{bmatrix}$，(1)计算 $\boldsymbol{AA}^{\mathrm{T}}$；(2)利用(1)的结果求 $|\boldsymbol{A}|$.

3.2 几种特殊矩阵

矩阵中有几种特型矩阵,有必要研究它们的性质.

1. 内容要点与评注

定义 1 主对角线之外的元素都等于零的方阵称为**对角矩阵**,记作

$$\begin{pmatrix} a_1 & & & \\ & a_2 & & \\ & & \ddots & \\ & & & a_n \end{pmatrix},\text{简记作 } \operatorname{diag}(a_1,a_2,\cdots,a_n),$$

称 $a_i(i=1,2,\cdots,n)$ 为对角矩阵的**主对角元**.

对角矩阵的性质 设 $\boldsymbol{A},\boldsymbol{B}$ 是数域 F 上的 n 阶对角矩阵,则:

(1) 和 $\boldsymbol{A}+\boldsymbol{B}$, 数量乘积 $k\boldsymbol{A}(k\in F)$ 仍为 n 阶对角矩阵.

(2) 乘积 $\boldsymbol{AB}$ 仍为 n 阶对角矩阵,且 $\boldsymbol{AB}=\boldsymbol{BA}$.

用对角矩阵左(右)乘矩阵 $\boldsymbol{B}$,相当于用其主对角元分别乘 $\boldsymbol{B}$ 的相应各行(列),

$$\begin{pmatrix} a_1 & & & \\ & a_2 & & \\ & & \ddots & \\ & & & a_n \end{pmatrix}\begin{pmatrix} \boldsymbol{\beta}_1 \\ \boldsymbol{\beta}_2 \\ \vdots \\ \boldsymbol{\beta}_n \end{pmatrix}=\begin{pmatrix} a_1\boldsymbol{\beta}_1 \\ a_2\boldsymbol{\beta}_2 \\ \vdots \\ a_n\boldsymbol{\beta}_n \end{pmatrix},\text{其中 } \boldsymbol{\beta}_1,\boldsymbol{\beta}_2,\cdots,\boldsymbol{\beta}_n \text{ 为 } \boldsymbol{B} \text{ 的行向量组},$$

$$(\boldsymbol{\gamma}_1,\boldsymbol{\gamma}_2,\cdots,\boldsymbol{\gamma}_n)\begin{pmatrix} a_1 & & & \\ & a_2 & & \\ & & \ddots & \\ & & & a_n \end{pmatrix}=(a_1\boldsymbol{\gamma}_1,a_2\boldsymbol{\gamma}_2,\cdots,a_n\boldsymbol{\gamma}_n),$$

其中 $\boldsymbol{\gamma}_1,\boldsymbol{\gamma}_2,\cdots,\boldsymbol{\gamma}_n$ 为 $\boldsymbol{B}$ 的列向量组.

定义 2 主对角线下(上)方的元素都为零的方阵称为**上(下)三角矩阵**.

$\boldsymbol{A}=(a_{ij})$ 为上(下)三角矩阵的充分必要条件是 $a_{ij}=0$, $i>j(i<j)$.

上(下)三角矩阵的性质 设 $\boldsymbol{A},\boldsymbol{B}$ 是数域 F 上 n 阶上(下)三角矩阵,则:

(1) 和 $\boldsymbol{A}+\boldsymbol{B}$, 数量乘积 $k\boldsymbol{A}(k\in F)$ 仍为 n 阶上(下)三角矩阵.

(2) 乘积 $\boldsymbol{AB}$ 仍为 n 阶上(下)三角矩阵,并且 $\boldsymbol{AB}$ 的主对角元等于 $\boldsymbol{A},\boldsymbol{B}$ 的主对角线上对应元素的乘积.

证 设 n 阶上三角矩阵 $\boldsymbol{A}=(a_{ij})$, $\boldsymbol{B}=(b_{ij})$, 当 $k>l$ 时, $a_{kl}=0=b_{kl}$, 依矩阵乘法的定义, $\boldsymbol{AB}$ 的 (i,j) 元为 $c_{ij}=a_{i1}b_{1j}+\cdots+a_{i,j-1}b_{j-1,j}+a_{ij}b_{jj}+a_{i,j+1}b_{j+1,j}+\cdots+a_{in}b_{nj}=0$, 其中,当 $i>j$ 时

$$a_{i1}=\cdots=a_{i,j-1}=a_{ij}=0=b_{j+1,j}=\cdots=b_{nj},\text{即 } c_{ij}=0,\text{所以 } \boldsymbol{AB} \text{ 为上三角矩阵};$$

当 $i=j$ 时，$c_{ii}=a_{i1}b_{1i}+\cdots+a_{i,i-1}b_{i-1,i}+a_{ii}b_{ii}+a_{i,i+1}b_{i+1,i}+\cdots+a_{in}b_{ni}=a_{ii}b_{ii}$，其中 $a_{i1}=\cdots=a_{i,i-1}=0=b_{i+1,i}=\cdots=b_{ni}$，所以 $\boldsymbol{AB}$ 主对角线上的元素分别为

$$a_{ii}b_{ii},\quad i=1,2,\cdots,n.$$

◆

定义 3　如果矩阵 $\boldsymbol{A}$ 满足 $\boldsymbol{A}^{\mathrm{T}}=\boldsymbol{A}$，则称 $\boldsymbol{A}$ 为**对称矩阵**. 对称矩阵一定是方阵.

数域 F 上 n 阶矩阵 $\boldsymbol{A}=(a_{ij})$ 为对称矩阵的充分必要条件是

$$a_{ij}=a_{ji},\quad i,j=1,2,\cdots,n.$$

对称矩阵的性质　设 $\boldsymbol{A},\boldsymbol{B}$ 是数域 F 上 n 阶对称矩阵，则：

(1) 和 $\boldsymbol{A}+\boldsymbol{B}$，数量乘积 $k\boldsymbol{A}(k\in F)$ 仍为 n 阶对称矩阵.

(2) 乘积 $\boldsymbol{AB}$ 为对称矩阵的充分必要条件是 $\boldsymbol{AB}=\boldsymbol{BA}$.

证　依题设，$\boldsymbol{A}^{\mathrm{T}}=\boldsymbol{A}$，$\boldsymbol{B}^{\mathrm{T}}=\boldsymbol{B}$，$(\boldsymbol{AB})^{\mathrm{T}}=\boldsymbol{B}^{\mathrm{T}}\boldsymbol{A}^{\mathrm{T}}=\boldsymbol{BA}$，所以

$$\boldsymbol{AB}\text{ 为对称矩阵}\Leftrightarrow\boldsymbol{AB}=\boldsymbol{BA}.$$

对于 n 阶矩阵 $\boldsymbol{A}$，因为 $(\boldsymbol{A}+\boldsymbol{A}^{\mathrm{T}})^{\mathrm{T}}=\boldsymbol{A}^{\mathrm{T}}+\boldsymbol{A}=\boldsymbol{A}+\boldsymbol{A}^{\mathrm{T}}$，所以 $\boldsymbol{A}+\boldsymbol{A}^{\mathrm{T}}$ 是对称矩阵.

对于 $m\times n$ 矩阵 $\boldsymbol{B}$，因为 $(\boldsymbol{BB}^{\mathrm{T}})^{\mathrm{T}}=\boldsymbol{BB}^{\mathrm{T}}$，$(\boldsymbol{B}^{\mathrm{T}}\boldsymbol{B})^{\mathrm{T}}=\boldsymbol{B}^{\mathrm{T}}\boldsymbol{B}$，所以 $\boldsymbol{BB}^{\mathrm{T}}$，$\boldsymbol{B}^{\mathrm{T}}\boldsymbol{B}$ 都是对称矩阵. ◆

定义 4　如果矩阵 $\boldsymbol{A}$ 满足 $\boldsymbol{A}^{\mathrm{T}}=-\boldsymbol{A}$，则称 $\boldsymbol{A}$ 为**反对称矩阵**. 反对称矩阵一定是方阵.

数域 F 上 n 阶矩阵 $\boldsymbol{A}=(a_{ij})$ 为反对称矩阵的充分必要条件是

$$a_{ij}=-a_{ji},\ a_{ii}=0,\quad i,j=1,2,\cdots,n.$$

反对称矩阵的性质　设 $\boldsymbol{A},\boldsymbol{B}$ 是数域 F 上 n 阶反对称矩阵，则：

(1) 和 $\boldsymbol{A}+\boldsymbol{B}$，$k\boldsymbol{A}(k\in F)$ 仍为反对称矩阵.

(2) 乘积 $\boldsymbol{AB}$ 为反对称矩阵的充分必要条件是 $\boldsymbol{AB}=-\boldsymbol{BA}$.

证　依题设，$\boldsymbol{A}^{\mathrm{T}}=-\boldsymbol{A}$，$\boldsymbol{B}^{\mathrm{T}}=-\boldsymbol{B}$，$(\boldsymbol{AB})^{\mathrm{T}}=\boldsymbol{B}^{\mathrm{T}}\boldsymbol{A}^{\mathrm{T}}=(-\boldsymbol{B})(-\boldsymbol{A})=\boldsymbol{BA}$，所以

$$\boldsymbol{AB}\text{ 为反对称矩阵}\Leftrightarrow\boldsymbol{AB}=-\boldsymbol{BA}.$$

◆

对于 n 阶矩阵 $\boldsymbol{A}$，因为 $(\boldsymbol{A}-\boldsymbol{A}^{\mathrm{T}})^{\mathrm{T}}=\boldsymbol{A}^{\mathrm{T}}-\boldsymbol{A}=-(\boldsymbol{A}-\boldsymbol{A}^{\mathrm{T}})$，所以 $\boldsymbol{A}-\boldsymbol{A}^{\mathrm{T}}$ 是反对称矩阵.

数域 F 上任一 n 阶矩阵都可以表示成一个对称矩阵与一个反对称矩阵之和，且表示法唯一. 这是因为，设 $\boldsymbol{A}$ 为 n 阶矩阵，则

$$\boldsymbol{A}=\frac{1}{2}(\boldsymbol{A}+\boldsymbol{A}^{\mathrm{T}})+\frac{1}{2}(\boldsymbol{A}-\boldsymbol{A}^{\mathrm{T}}),$$

其中 $\frac{1}{2}(\boldsymbol{A}+\boldsymbol{A}^{\mathrm{T}})$ 为对称矩阵，$\frac{1}{2}(\boldsymbol{A}-\boldsymbol{A}^{\mathrm{T}})$ 为反对称矩阵.

又设 $\boldsymbol{A}=\boldsymbol{B}_1+\boldsymbol{B}_2$，其中 $(\boldsymbol{B}_1)^{\mathrm{T}}=\boldsymbol{B}_1$，$(\boldsymbol{B}_2)^{\mathrm{T}}=-\boldsymbol{B}_2$，则

$$\boldsymbol{A}^{\mathrm{T}}=(\boldsymbol{B}_1+\boldsymbol{B}_2)^{\mathrm{T}}=\boldsymbol{B}_1^{\mathrm{T}}+\boldsymbol{B}_2^{\mathrm{T}}=\boldsymbol{B}_1-\boldsymbol{B}_2.\qquad\text{又 }\boldsymbol{A}=\boldsymbol{B}_1+\boldsymbol{B}_2,$$

两式联立解之得，$\boldsymbol{B}_1=\frac{1}{2}(\boldsymbol{A}+\boldsymbol{A}^{\mathrm{T}})$，$\boldsymbol{B}_2=\frac{1}{2}(\boldsymbol{A}-\boldsymbol{A}^{\mathrm{T}})$.

奇数阶反对称矩阵的行列式为零. 这是因为，设 n(n 为奇数)阶矩阵 $\boldsymbol{A}$ 为反对称矩阵，即 $\boldsymbol{A}^{\mathrm{T}}=-\boldsymbol{A}$，于是，$|\boldsymbol{A}|=|\boldsymbol{A}^{\mathrm{T}}|=|-\boldsymbol{A}|=(-1)^n|\boldsymbol{A}|=-|\boldsymbol{A}|$，所以 $|\boldsymbol{A}|=0$.

定义 5 由单位矩阵经一次初等行变换或列变换所得到的矩阵称为**初等矩阵**.

因矩阵初等行(列)变换仅有三种,故初等矩阵仅有三种类型.

互换单位矩阵的第 i 行(列)与第 j 行(列)所得的初等矩阵,记为 $\boldsymbol{E}(i,j)$, 即

$$\boldsymbol{E}(i,j)=\begin{pmatrix} 1 & & & & & & & \\ & \ddots & & & & & & \\ & & 0 & \cdots & \cdots & \cdots & 1 & & \\ & & \vdots & 1 & & & \vdots & & \\ & & \vdots & & \ddots & & \vdots & & \\ & & \vdots & & & 1 & \vdots & & \\ & & 1 & \cdots & \cdots & \cdots & 0 & & \\ & & & & & & & \ddots & \\ & & & & & & & & 1 \end{pmatrix}\begin{matrix} \\ \\ \text{第 } i \text{ 行} \\ \\ \\ \\ \text{第 } j \text{ 行} \\ \\ \\ \end{matrix},$$

第 i 列　　第 j 列

单位矩阵的第 i 行(列)乘以非零数 k 所得的初等矩阵,记为 $\boldsymbol{E}(i(k))$, 即

$$\boldsymbol{E}(i(k))=\begin{pmatrix} 1 & & & & & & \\ & \ddots & & & & & \\ & & 1 & & & & \\ & & & k & & & \\ & & & & 1 & & \\ & & & & & \ddots & \\ & & & & & & 1 \end{pmatrix}\text{第 } i \text{ 行} (k\neq 0),$$

第 i 列

单位矩阵的第 j 行乘以数 k 加到第 i 行所得的初等矩阵,记为 $\boldsymbol{E}(i,j(k))$, 即

$$\boldsymbol{E}(i,\ j(k))=\begin{pmatrix} 1 & & & & & \\ & \ddots & & & & \\ & & 1 & \cdots & k & & \\ & & & \ddots & \vdots & & \\ & & & & 1 & & \\ & & & & & \ddots & \\ & & & & & & 1 \end{pmatrix}\begin{matrix} \\ \\ \text{第 } i \text{ 行} \\ \\ \text{第 } j \text{ 行} \\ \\ \\ \end{matrix},$$

第 i 列　第 j 列

初等矩阵 $\boldsymbol{E}(i,j(k))$ 也可理解为单位矩阵的第 i 列乘以数 k 加到第 j 列所得的初等矩阵.

$$\boldsymbol{E}(i,j)^{\mathrm{T}}=\boldsymbol{E}(i,j),\quad \boldsymbol{E}(i(k))^{\mathrm{T}}=\boldsymbol{E}(i(k)),\quad \boldsymbol{E}(i,j(k))^{\mathrm{T}}=\boldsymbol{E}(j,i(k));$$
$$|\boldsymbol{E}(i,j)|=-1,\qquad |\boldsymbol{E}(i(k))|=k,\qquad |\boldsymbol{E}(j,i(k))|=1.$$

设 $m\times n$ 矩阵 $\boldsymbol{A}$ 的行向量组为 $\boldsymbol{\alpha}_1,\boldsymbol{\alpha}_2,\cdots,\boldsymbol{\alpha}_m$, 列向量组为 $\boldsymbol{\beta}_1,\boldsymbol{\beta}_2,\cdots,\boldsymbol{\beta}_n$, 则

$$\boldsymbol{E}(i,j)\boldsymbol{A}=\begin{pmatrix}1&&&&&&&&\\&\ddots&&&&&&&\\&&0&\cdots&\cdots&\cdots&1&&\\&&\vdots&1&&&\vdots&&\\&&\vdots&&\ddots&&\vdots&&\\&&\vdots&&&1&\vdots&&\\&&1&\cdots&\cdots&\cdots&0&&\\&&&&&&&\ddots&\\&&&&&&&&1\end{pmatrix}\begin{pmatrix}\boldsymbol{\alpha}_1\\\vdots\\\boldsymbol{\alpha}_i\\\vdots\\\boldsymbol{\alpha}_j\\\vdots\\\boldsymbol{\alpha}_m\end{pmatrix}\begin{matrix}\\\\\text{第 } i \text{ 行}\\\\\text{第 } j \text{ 行}\\\\\\\end{matrix}=\begin{pmatrix}\boldsymbol{\alpha}_1\\\vdots\\\boldsymbol{\alpha}_j\\\vdots\\\boldsymbol{\alpha}_i\\\vdots\\\boldsymbol{\alpha}_m\end{pmatrix}\begin{matrix}\\\\\text{第 } i \text{ 行}\\\\\text{第 } j \text{ 行}\\\\\\\end{matrix},$$

用 m 阶初等矩阵 $\boldsymbol{E}(i,j)$ 左乘矩阵 $\boldsymbol{A}$，其结果相当于互换 $\boldsymbol{A}$ 的第 i 行与第 j 行，其余行不变.

$$\boldsymbol{AE}(i,j)=(\boldsymbol{\beta}_1,\cdots,\underset{\text{第}i\text{列}}{\boldsymbol{\beta}_i},\cdots,\underset{\text{第}j\text{列}}{\boldsymbol{\beta}_j},\cdots,\boldsymbol{\beta}_n)\begin{pmatrix}1&&&&&&&&\\&\ddots&&&&&&&\\&&0&\cdots&\cdots&\cdots&1&&\\&&\vdots&1&&&\vdots&&\\&&\vdots&&\ddots&&\vdots&&\\&&\vdots&&&1&\vdots&&\\&&1&\cdots&\cdots&\cdots&0&&\\&&&&&&&\ddots&\\&&&&&&&&1\end{pmatrix}$$

$$=(\boldsymbol{\beta}_1,\cdots,\underset{\text{第}i\text{列}}{\boldsymbol{\beta}_j},\cdots,\underset{\text{第}j\text{列}}{\boldsymbol{\beta}_i},\cdots,\boldsymbol{\beta}_n),$$

用 n 阶初等矩阵 $\boldsymbol{E}(i,j)$ 右乘矩阵 $\boldsymbol{A}$，其结果相当于互换 $\boldsymbol{A}$ 的第 i 列与第 j 列，其余列不变.

$$\boldsymbol{E}(i(k))\boldsymbol{A}=\begin{pmatrix}1&&&&&\\&\ddots&&&&\\&&1&&&\\&&&k&&\\&&&&1&\\&&&&&\ddots&\\&&&&&&1\end{pmatrix}\begin{pmatrix}\boldsymbol{\alpha}_1\\\vdots\\\boldsymbol{\alpha}_i\\\vdots\\\boldsymbol{\alpha}_m\end{pmatrix}\text{第 } i \text{ 行}=\begin{pmatrix}\boldsymbol{\alpha}_1\\\vdots\\k\boldsymbol{\alpha}_i\\\vdots\\\boldsymbol{\alpha}_m\end{pmatrix}\text{第 } i \text{ 行},$$

用 m 阶初等矩阵 $\boldsymbol{E}(i(k))$ 左乘矩阵 $\boldsymbol{A}$，其结果相当于用非零数 k 乘 $\boldsymbol{A}$ 的第 i 行，其余行不变.

$$\boldsymbol{AE}(i(k))=(\boldsymbol{\beta}_1,\cdots,\underset{\text{第}i\text{列}}{\boldsymbol{\beta}_i},\cdots,\boldsymbol{\beta}_n)\begin{pmatrix}1&&&&&\\&\ddots&&&&\\&&1&&&\\&&&k&&\\&&&&1&\\&&&&&\ddots&\\&&&&&&1\end{pmatrix}=(\boldsymbol{\beta}_1,\cdots,\underset{\text{第}i\text{列}}{k\boldsymbol{\beta}_i},\cdots,\boldsymbol{\beta}_n),$$

用 n 阶初等矩阵 $\boldsymbol{E}(i(k))$ 右乘矩阵 $\boldsymbol{A}$，其结果相当于用非零数 k 乘 $\boldsymbol{A}$ 的第 i 列，其余列不变.

$$\boldsymbol{E}(i,j(k))\boldsymbol{A}=\begin{pmatrix}1 & & & & \\ & \ddots & & & \\ & & 1 & \cdots & k & & \\ & & & \ddots & \vdots & & \\ & & & & 1 & & \\ & & & & & \ddots & \\ & & & & & & 1\end{pmatrix}\begin{pmatrix}\boldsymbol{\alpha}_1\\ \vdots\\ \boldsymbol{\alpha}_i\\ \vdots\\ \boldsymbol{\alpha}_j\\ \vdots\\ \boldsymbol{\alpha}_m\end{pmatrix}\begin{matrix}\\ \\ 第\,i\,行\\ \\ 第\,j\,行\\ \\ \\ \end{matrix}=\begin{pmatrix}\boldsymbol{\alpha}_1\\ \vdots\\ \boldsymbol{\alpha}_i+k\boldsymbol{\alpha}_j\\ \vdots\\ \boldsymbol{\alpha}_j\\ \vdots\\ \boldsymbol{\alpha}_m\end{pmatrix}\begin{matrix}\\ \\ 第\,i\,行\\ \\ 第\,j\,行\\ \\ \\ \end{matrix},$$

用 m 阶初等矩阵 $\boldsymbol{E}(i,j(k))$ 左乘矩阵 $\boldsymbol{A}$，其结果相当于把 $\boldsymbol{A}$ 的第 j 行的 k 倍加到第 i 行上，其余行不变.

$$\boldsymbol{A}\boldsymbol{E}(i,j(k))=(\boldsymbol{\beta}_1,\cdots,\underset{第i列}{\boldsymbol{\beta}_i},\cdots,\underset{第j列}{\boldsymbol{\beta}_j},\cdots,\boldsymbol{\beta}_n)\begin{pmatrix}1 & & & & & & \\ & \ddots & & & & & \\ & & 1 & \cdots & k & & \\ & & & \ddots & \vdots & & \\ & & & & 1 & & \\ & & & & & \ddots & \\ & & & & & & 1\end{pmatrix}$$

$$=(\boldsymbol{\beta}_1,\cdots,\underset{第i列}{\boldsymbol{\beta}_i},\cdots,\underset{第j列}{k\boldsymbol{\beta}_i+\boldsymbol{\beta}_j},\cdots,\boldsymbol{\beta}_n).$$

用 n 阶初等矩阵 $\boldsymbol{E}(i,j(k))$ 右乘矩阵 $\boldsymbol{A}$，其结果相当于把 $\boldsymbol{A}$ 的第 i 列的 k 倍加到第 j 列上，其余列不变.

定理 1 用初等矩阵左(右)乘矩阵 $\boldsymbol{A}$，就相当于对 $\boldsymbol{A}$ 施以了一次相应的初等行(列)变换.

注 初等矩阵左(右)乘 $\boldsymbol{A}$ 相当于对 $\boldsymbol{A}$ 施以一次初等行(列)变换，该行(列)变换与初等矩阵由单位矩阵 $\boldsymbol{E}$ 所经历的初等行(列)变换一致.

依定理 1，对矩阵施以一次初等行(列)变换，相当于完成一次矩阵间的乘法运算，故有

$$\boldsymbol{E}(i,j)\boldsymbol{E}(i,j)=\boldsymbol{E},\quad \boldsymbol{E}\left(i\left(\frac{1}{k}\right)\right)\boldsymbol{E}(i(k))=\boldsymbol{E},\quad \boldsymbol{E}(i,j(-k))\boldsymbol{E}(i,j(k))=\boldsymbol{E}.$$

2. 典型例题

例 3.2.1 证明与所有 n 阶矩阵可交换的矩阵一定是 n 阶数量矩阵.

分析 设 $\boldsymbol{A}$ 与所有 n 阶矩阵可交换，取矩阵 $\boldsymbol{P}(i,j)$ (除 (i,j) 元为 1，其他元素均为 0 的 n 阶矩阵)，依 $\boldsymbol{P}(i,j)\boldsymbol{A}=\boldsymbol{A}\boldsymbol{P}(i,j)$ 求证结论.

证 设矩阵 $\boldsymbol{A}=(a_{ij})$ 与所有 n 阶矩阵可交换，则 $\boldsymbol{A}$ 为 n 阶矩阵，取 n 阶矩阵 $\boldsymbol{P}(i,j)$，$i,j=1,2,\cdots,n$ (除 (i,j) 元为 1 外，其他元素均为 0)，则

$$P(i,j)A=\begin{pmatrix}0&\cdots&0&\cdots&0\\ \vdots&&\vdots&&\vdots\\ 0&\cdots&0&\cdots&0\\ a_{j1}&\cdots&a_{jj}&\cdots&a_{jn}\\ 0&\cdots&0&\cdots&0\\ \vdots&&\vdots&&\vdots\\ 0&\cdots&0&\cdots&0\end{pmatrix}\text{第}i\text{行},\quad AP(i,j)=\begin{pmatrix}0&\cdots&0&a_{1i}&0&\cdots&0\\ \vdots&&\vdots&\vdots&\vdots&&\vdots\\ 0&\cdots&0&a_{ii}&0&\cdots&0\\ \vdots&&\vdots&\vdots&\vdots&&\vdots\\ 0&\cdots&0&a_{ni}&0&\cdots&0\end{pmatrix},$$

第 j 列

依题设，$P(i,j)A=AP(i,j)$，比较两式对应元素，$a_{jj}=a_{ii},i,j=1,2,\cdots,n$，且

$$a_{j1}=\cdots=a_{j,j-1}=a_{j,j+1}=\cdots=a_{jn}=0,a_{1i}=\cdots=a_{i-1,i}=a_{i+1,i}=\cdots=a_{ni}=0,$$

即对于 A 的元素，但凡行、列标不等的，其值为0，行、列标相等的主对角元均相等，于是

$$A=\begin{pmatrix}a&0&\cdots&\cdots&0\\ 0&a&\ddots&&\vdots\\ \vdots&\ddots&\ddots&\ddots&\vdots\\ \vdots&&\ddots&\ddots&0\\ 0&\cdots&\cdots&0&a\end{pmatrix},$$

即 A 为数量矩阵，其中 $a=a_{ii}(i=1,2,\cdots,n)$.

所有的 n 阶矩阵 $P(i,j)$（(i,j)元为1，其他元素均为零），$i,j=1,2,\cdots,n$，称为**基本矩阵**.

注 对于 n 阶矩阵 $A=(a_{ij})$，$P(i,j)A$ 就是将 A 的第 j 行变为第 i 行，其他行全变为零行的矩阵，$AP(i,j)$就是将 A 的第 i 列变为第 j 列，其他列全变为零列的矩阵.

评 基本矩阵与矩阵相乘的相关结论及以此结论论证问题的方法值得积累和总结.

例 3.2.2 如果 A,B 都是 n 阶对称矩阵，则 $AB-BA$ 是 n 阶反对称矩阵.

分析 依对称矩阵与反对称矩阵的定义求证.

证 依题设，$A^T=A,B^T=B$，则

$$(AB-BA)^T=(AB)^T-(BA)^T=B^TA^T-A^TB^T=BA-AB=-(AB-BA),$$

因此 $AB-BA$ 是反对称矩阵.

议 如果 A,B 都是 n 阶反对称矩阵，则 $AB-BA$ 也是 n 阶反对称矩阵. 这是因为

$$\begin{aligned}(AB-BA)^T&=(AB)^T-(BA)^T=B^TA^T-A^TB^T\\&=(-B)(-A)-(-A)(-B)=BA-AB=-(AB-BA).\end{aligned}$$

例 3.2.3 设 A 与 B 分别是 n 阶实对称矩阵和 n 阶实反对称矩阵，且 $A^2=B^2$，证明 $A=B=0$.

分析 在实数域内，如果 $c_1^2+c_2^2+\cdots+c_n^2=0$，则 $c_1=c_2=\cdots=c_n=0$.

证 设 $A=(a_{ij}),B=(b_{ij})$，依题设，$A^T=A$，$B^T=-B$，$0=A^2-B^2=AA^T+BB^T$，其主对角线上的元素满足 $0=a_{i1}^2+\cdots+a_{in}^2+b_{i1}^2+\cdots+b_{in}^2(i=1,2,\cdots,n)$，从而

$$a_{i1}=\cdots=a_{in}=0,\ b_{i1}=\cdots=b_{in}=0(i=1,2,\cdots,n),\quad \text{即 } A=B=0.$$

议 设 A 为 n 阶实对称矩阵，且 $A^2=0$，则 $A=0$. 这是因为，$A=A^T$，于是 $0=A^2=AA^T$，AA^T 主对角线上的元素满足 $0=a_{i1}^2+a_{i2}^2+\cdots+a_{in}^2$，即 $a_{i1}=a_{i2}=\cdots=a_{in}=0$ $(i=1,2,\cdots,n)$，即 $A=0$.

例 3.2.4 证明：n 阶对称矩阵 $\boldsymbol{A}$ 是零矩阵的充分必要条件是对任意 n 维列向量 $\boldsymbol{\alpha}$，有

$$\boldsymbol{\alpha}^{\mathrm{T}}\boldsymbol{A}\boldsymbol{\alpha}=0.$$

分析 必要性显然成立. 分别取 $\boldsymbol{\alpha}=\boldsymbol{\varepsilon}_i$ 和 $\boldsymbol{\alpha}=\boldsymbol{\varepsilon}_i+\boldsymbol{\varepsilon}_j$，依题设，有

$$\boldsymbol{\varepsilon}_i^{\mathrm{T}}\boldsymbol{A}\boldsymbol{\varepsilon}_i=0,\quad (\boldsymbol{\varepsilon}_i+\boldsymbol{\varepsilon}_j)^{\mathrm{T}}\boldsymbol{A}(\boldsymbol{\varepsilon}_i+\boldsymbol{\varepsilon}_j)=0.$$

解 必要性显然成立. 下面证明充分性，依题设，有

$$0=\boldsymbol{\varepsilon}_i^{\mathrm{T}}\boldsymbol{A}\boldsymbol{\varepsilon}_i=(0,\cdots 0,1,0,\cdots,0)\begin{pmatrix} a_{11} & \cdots & a_{1i} & \cdots & a_{1n} \\ \vdots & \ddots & & & \vdots \\ a_{i1} & & a_{ii} & & a_{in} \\ \vdots & & & \ddots & \vdots \\ a_{n1} & \cdots & a_{ni} & \cdots & a_{nn} \end{pmatrix}\begin{pmatrix} 0 \\ \vdots \\ 1 \\ \vdots \\ 0 \end{pmatrix}=a_{ii},\quad i=1,2,\cdots,n,$$

即 $a_{11}=a_{22}=\cdots=a_{nn}=0$，依题设，还有

$$\begin{aligned} 0&=(\boldsymbol{\varepsilon}_i+\boldsymbol{\varepsilon}_j)^{\mathrm{T}}\boldsymbol{A}(\boldsymbol{\varepsilon}_i+\boldsymbol{\varepsilon}_j) \\ &=(0,\cdots 0,1,0,\cdots,0,1,0\cdots,0)\begin{pmatrix} a_{11} & \cdots & a_{1i} & \cdots & a_{1j} & \cdots & a_{1n} \\ \vdots & \ddots & \vdots & & \vdots & & \vdots \\ a_{i1} & \cdots & a_{ii} & \cdots & a_{ij} & \cdots & a_{in} \\ \vdots & & \vdots & \ddots & \vdots & & \vdots \\ a_{j1} & \cdots & a_{ji} & \cdots & a_{jj} & \cdots & a_{jn} \\ \vdots & & \vdots & & \vdots & \ddots & \vdots \\ a_{n1} & \cdots & a_{ni} & \cdots & a_{nj} & \cdots & a_{nn} \end{pmatrix}\begin{pmatrix} 0 \\ \vdots \\ 1 \\ \vdots \\ 1 \\ \vdots \\ 0 \end{pmatrix} \\ &=a_{ii}+a_{ji}+a_{ij}+a_{jj}=a_{ji}+a_{ij},\quad i,j=1,2,\cdots,n,i\neq j, \end{aligned}$$

因为 $\boldsymbol{A}$ 为对称矩阵，所以 $a_{ij}=a_{ji}$，因此 $a_{ij}=0,i,j=1,2,\cdots,n,i\neq j$，从而 $\boldsymbol{A}=\boldsymbol{0}$.

注 $(\boldsymbol{\varepsilon}_i+\boldsymbol{\varepsilon}_j)^{\mathrm{T}}\boldsymbol{A}(\boldsymbol{\varepsilon}_i+\boldsymbol{\varepsilon}_j)=a_{ii}+a_{ji}+a_{ij}+a_{jj}$，$\boldsymbol{\varepsilon}_i^{\mathrm{T}}\boldsymbol{A}\boldsymbol{\varepsilon}_i=a_{ii}$，$i,j=1,2,\cdots,n,i\neq j$.

评 上述结论需积累，以此结论论证问题的方法值得总结.

例 3.2.5 证明：若 n 阶矩阵 $\boldsymbol{A},\boldsymbol{B}$ 的元素都为非负实数，且 $\boldsymbol{AB}$ 的某一行元素皆为 0，则或者 $\boldsymbol{A}$ 的某一行元素皆为 0 或者 $\boldsymbol{B}$ 的某一行元素皆为 0.

分析 依矩阵乘法的定义求证.

证 设 $\boldsymbol{A}=(a_{ij})_{m\times n}$，$\boldsymbol{B}=(b_{ij})_{n\times s}$，$\boldsymbol{C}=\boldsymbol{AB}=(c_{ij})_{m\times s}$，$\boldsymbol{C}$ 的第 i 行元素全为 0，即

$$0=c_{ij}=a_{i1}b_{1j}+a_{i2}b_{2j}+\cdots+a_{in}b_{nj},\quad j=1,2,\cdots,s,$$

依题设，$a_{ij}\geqslant 0$，$b_{ij}\geqslant 0$，如果 $\boldsymbol{A}$ 的第 i 行元素不全为 0，不妨设

$$a_{i1}\neq 0,\quad a_{i2}=a_{i3}=\cdots=a_{in}=0,$$

则必有 $b_{1j}=0,j=1,2,\cdots,s$，即 $\boldsymbol{B}$ 的第 1 行元素全为 0.

注 对于由非负实数为元素的矩阵 $\boldsymbol{A},\boldsymbol{B}$，若 $\boldsymbol{AB}$ 有一零行，则因子阵至少有一有零行.

习题 3-2

1. 证明：设 $\boldsymbol{A}$ 为 n 阶矩阵，(1)若 $\boldsymbol{A}$ 与 n 阶对角矩阵 $\boldsymbol{\Lambda}=\mathrm{diag}(d_1,d_2,\cdots,d_n)$ 可交换，其中 $d_i\neq d_j$，$i\neq j$，则 $\boldsymbol{A}$ 必为对角矩阵；(2)进一步，若 $\boldsymbol{A}$ 同时还与初等矩阵 $\boldsymbol{E}(i,j)$ 可交换，则 $\boldsymbol{A}$ 必为数量矩阵.

2 如果 $\boldsymbol{A}$ 与 $\boldsymbol{B}$ 都是 n 阶对称矩阵,则对任意的正整数 k，矩阵 $(\boldsymbol{AB})^k\boldsymbol{A}$ 也是对称矩阵.

3. 设 $\boldsymbol{\alpha}$ 为 n 维行向量,$\boldsymbol{E}$ 为 n 阶单位矩阵,$\boldsymbol{A}=\boldsymbol{E}-\dfrac{2}{\boldsymbol{\alpha}\boldsymbol{\alpha}^{\mathrm{T}}}\boldsymbol{\alpha}^{\mathrm{T}}\boldsymbol{\alpha}$，证明 $\boldsymbol{A}$ 是对称矩阵,且 $\boldsymbol{A}^2=\boldsymbol{E}$.

4. 证明：n 阶矩阵 $\boldsymbol{A}$ 是反对称矩阵的充分必要条件是对任意 n 维列向量 $\boldsymbol{\alpha}$,有 $\boldsymbol{\alpha}^{\mathrm{T}}\boldsymbol{A}\boldsymbol{\alpha}=0$.

5. 设三阶矩阵 $\boldsymbol{A}=\begin{pmatrix}a_{11} & a_{12} & a_{13}\\ a_{21} & a_{22} & a_{23}\\ a_{31} & a_{32} & a_{33}\end{pmatrix}$，$\boldsymbol{P}=\begin{pmatrix}1 & 0 & 0\\ 0 & 1 & 0\\ 0 & -3 & 1\end{pmatrix}$，$\boldsymbol{Q}=\begin{pmatrix}0 & 0 & 1\\ 0 & 1 & 0\\ 1 & 0 & 0\end{pmatrix}$，计算 $\boldsymbol{PAQ}$.

3.3　可逆矩阵

对于一元一次方程 $ax=b$，如果 $a\neq 0$，等式两端同乘以 $\dfrac{1}{a}$，得 $x=\dfrac{b}{a}$，而 $\dfrac{1}{a}$ 满足：

$$a\cdot\frac{1}{a}=\frac{1}{a}\cdot a=1.$$

在数域 F 上,设 $\boldsymbol{A},\boldsymbol{B}$ 是 n 阶矩阵，$\boldsymbol{X}$ 是未知矩阵,且 $\boldsymbol{AX}=\boldsymbol{B}$，可否像上述方程那样求 $\boldsymbol{X}$？这需要考查是否存在一个矩阵 $\boldsymbol{C}$，使 $\boldsymbol{AC}=\boldsymbol{CA}=\boldsymbol{E}$.

1. 内容要点与评注

定义 1　对于数域 F 上矩阵 $\boldsymbol{A}$，如果存在数域 F 上矩阵 $\boldsymbol{B}$，使 $\boldsymbol{AB}=\boldsymbol{BA}=\boldsymbol{E}$，$\boldsymbol{E}$ 为单位矩阵,则称 $\boldsymbol{A}$ 是**可逆的**,或称 $\boldsymbol{A}$ 为**可逆矩阵**(或称 $\boldsymbol{A}$ 为**非奇异矩阵**).

注

(1) 因为可逆矩阵 $\boldsymbol{A}$ 与矩阵 $\boldsymbol{B}$ 是可交换的,所以 $\boldsymbol{A}$ 一定是方阵.

(2) 可逆矩阵 $\boldsymbol{A}$ 的行列式 $|\boldsymbol{A}|\neq 0$.

定义 2　如果 $\boldsymbol{A}$ 是可逆矩阵,即存在矩阵 $\boldsymbol{B}$,满足 $\boldsymbol{AB}=\boldsymbol{BA}=\boldsymbol{E}$，则称 $\boldsymbol{B}$ 是 $\boldsymbol{A}$ 的**逆矩阵**,记作 $\boldsymbol{A}^{-1}$,即 $\boldsymbol{AA}^{-1}=\boldsymbol{A}^{-1}\boldsymbol{A}=\boldsymbol{E}$.

注

(1) $\boldsymbol{A}$ 的逆矩阵是唯一的；

(2) 逆矩阵 $\boldsymbol{A}^{-1}$ 也是可逆的,且 $(\boldsymbol{A}^{-1})^{-1}=\boldsymbol{A}$.

设 n 阶矩阵 $\boldsymbol{A}=(a_{ij})$,$\boldsymbol{A}_{ij}$ 为元素 a_{ij} 的代数余子式,由 1.5 节定理 1～定理 4,知

$$a_{i1}A_{k1}+a_{i2}A_{k2}+\cdots+a_{in}A_{kn}=\begin{cases}|\boldsymbol{A}|, & i=k,\\ 0, & i\neq k,\end{cases}$$

$$a_{1k}A_{1j}+a_{2k}A_{2j}+\cdots+a_{nk}A_{nj}=\begin{cases}|\boldsymbol{A}|, & k=j,\\ 0, & k\neq j,\end{cases}$$

从而依矩阵乘法的定义,有

$$\begin{pmatrix}a_{11} & a_{12} & \cdots & a_{1n}\\ a_{21} & a_{22} & \cdots & a_{2n}\\ \vdots & \vdots & & \vdots\\ a_{n1} & a_{n2} & \cdots & a_{nn}\end{pmatrix}\begin{pmatrix}A_{11} & A_{21} & \cdots & A_{n1}\\ A_{12} & A_{22} & \cdots & A_{n2}\\ \vdots & \vdots & & \vdots\\ A_{1n} & A_{2n} & \cdots & A_{nn}\end{pmatrix}=\begin{pmatrix}|\boldsymbol{A}| & 0 & \cdots & 0\\ 0 & |\boldsymbol{A}| & \ddots & \vdots\\ \vdots & \ddots & \ddots & 0\\ 0 & \cdots & 0 & |\boldsymbol{A}|\end{pmatrix}=|\boldsymbol{A}|\boldsymbol{E},$$

$$\begin{pmatrix} A_{11} & A_{21} & \cdots & A_{n1} \\ A_{12} & A_{22} & \cdots & A_{n2} \\ \vdots & \vdots & & \vdots \\ A_{1n} & A_{2n} & \cdots & A_{nn} \end{pmatrix}\begin{pmatrix} a_{11} & a_{12} & \cdots & a_{1n} \\ a_{21} & a_{22} & \cdots & a_{2n} \\ \vdots & \vdots & & \vdots \\ a_{n1} & a_{n2} & \cdots & a_{nn} \end{pmatrix}=\begin{pmatrix} |\boldsymbol{A}| & 0 & \cdots & 0 \\ 0 & |\boldsymbol{A}| & \ddots & \vdots \\ \vdots & \ddots & \ddots & 0 \\ 0 & \cdots & 0 & |\boldsymbol{A}| \end{pmatrix}=|\boldsymbol{A}|\boldsymbol{E},$$

令 $\boldsymbol{A}^*=\begin{pmatrix} A_{11} & A_{21} & \cdots & A_{n1} \\ A_{12} & A_{22} & \cdots & A_{n2} \\ \vdots & \vdots & & \vdots \\ A_{1n} & A_{2n} & \cdots & A_{nn} \end{pmatrix}$，其中 A_{ij} 是 $|\boldsymbol{A}|$ 的元素 a_{ij} 的代数余子式，称 $\boldsymbol{A}^*$ 为 $\boldsymbol{A}$ 的**伴随矩阵**. 伴随矩阵 $\boldsymbol{A}^*$ 是与 $\boldsymbol{A}$ 同阶的方阵，且

$$\boldsymbol{A}\boldsymbol{A}^*=\boldsymbol{A}^*\boldsymbol{A}=|\boldsymbol{A}|\boldsymbol{E}.$$

定理 1 数域 F 上 n 阶矩阵 $\boldsymbol{A}$ 可逆的充分必要条件是 $|\boldsymbol{A}|\neq 0$，当 $\boldsymbol{A}$ 可逆时，

$$\boldsymbol{A}^{-1}=\frac{1}{|\boldsymbol{A}|}\boldsymbol{A}^*.$$

由定理 1 还可以推导出 n 阶矩阵 $\boldsymbol{A}$ 可逆的其他充分必要条件：

数域 F 上 n 阶矩阵 $\boldsymbol{A}$ 可逆 $\Leftrightarrow \operatorname{rank}(\boldsymbol{A})=n$

$\Leftrightarrow \boldsymbol{A}$ 的行(列)向量组线性无关

$\Leftrightarrow$ 齐次线性方程组 $\boldsymbol{Ax}=\boldsymbol{0}$ 只有零解

$\Leftrightarrow$ 线性方程组 $\boldsymbol{Ax}=\boldsymbol{\beta}$ 有唯一解.

推论 2 设 $\boldsymbol{A},\boldsymbol{B}$ 是数域 F 上的 n 阶矩阵，如果 $\boldsymbol{AB}=\boldsymbol{E}$，则 $\boldsymbol{A}$ 与 $\boldsymbol{B}$ 是可逆矩阵，且

$$\boldsymbol{A}^{-1}=\boldsymbol{B},\quad \boldsymbol{B}^{-1}=\boldsymbol{A}.$$

可逆矩阵的性质 设 $\boldsymbol{A},\boldsymbol{B},\boldsymbol{A}_1,\boldsymbol{A}_2,\cdots,\boldsymbol{A}_m$ 都是数域 F 上 n 阶矩阵，$\forall\lambda\in F$，则

(1) 单位矩阵 $\boldsymbol{E}$ 可逆，且 $\boldsymbol{E}^{-1}=\boldsymbol{E}$.

(2) 若 $\boldsymbol{A}$ 可逆，则 $\boldsymbol{A}^{-1}$ 也可逆，且 $(\boldsymbol{A}^{-1})^{-1}=\boldsymbol{A}$.

(3) 若 $\boldsymbol{A}$ 可逆，$\lambda\neq 0$，则 $\lambda\boldsymbol{A}$ 也可逆，且 $(\lambda\boldsymbol{A})^{-1}=\frac{1}{\lambda}\boldsymbol{A}^{-1}$.

(4) 若同阶矩阵 $\boldsymbol{A},\boldsymbol{B}$ 都可逆，则 $\boldsymbol{AB}$ 也可逆，且 $(\boldsymbol{AB})^{-1}=\boldsymbol{B}^{-1}\boldsymbol{A}^{-1}$.

推广 若同阶矩阵 $\boldsymbol{A}_1,\boldsymbol{A}_2,\cdots,\boldsymbol{A}_m$ 都可逆，则 $\boldsymbol{A}_1\boldsymbol{A}_2\cdots\boldsymbol{A}_m$ 也可逆，且

$$(\boldsymbol{A}_1\cdots\boldsymbol{A}_{m-1}\boldsymbol{A}_m)^{-1}=\boldsymbol{A}_m^{-1}\boldsymbol{A}_{m-1}^{-1}\cdots\boldsymbol{A}_1^{-1}.$$

(5) 若 $\boldsymbol{A}$ 可逆，则 $\boldsymbol{A}^{\mathrm{T}}$ 也可逆，且 $(\boldsymbol{A}^{\mathrm{T}})^{-1}=(\boldsymbol{A}^{-1})^{\mathrm{T}}$.

由性质(5)，如果 $\boldsymbol{A}$ 可逆且对称，则 $(\boldsymbol{A}^{-1})^{\mathrm{T}}=(\boldsymbol{A}^{\mathrm{T}})^{-1}=\boldsymbol{A}^{-1}$，即 $\boldsymbol{A}^{-1}$ 也是对称矩阵；

如果 $\boldsymbol{A}$ 可逆且反对称，则 $(\boldsymbol{A}^{-1})^{\mathrm{T}}=(\boldsymbol{A}^{\mathrm{T}})^{-1}=(-\boldsymbol{A})^{-1}=-\boldsymbol{A}^{-1}$，即 $\boldsymbol{A}^{-1}$ 也是反对称矩阵.

(6) 可逆矩阵经初等行变换化成的简化行阶梯形矩阵一定是单位矩阵.

证 依 2.1 节推论 2，设 n 阶可逆矩阵经初等行变换化为简化行阶梯形矩阵 $\boldsymbol{T}$，则 $\operatorname{rank}(\boldsymbol{T})=\operatorname{rank}(\boldsymbol{A})=n$，于是 $\boldsymbol{T}$ 有 n 个主元，由于它们位于不同的列，即分列于第 $1,2,\cdots,n$ 列，从而

$$T=\begin{pmatrix}1 & 0 & \cdots & 0\\ 0 & 1 & \ddots & \vdots\\ \vdots & \ddots & \ddots & 0\\ 0 & \cdots & 0 & 1\end{pmatrix}=\boldsymbol{E}.$$ ◆

依 3.2 节定理 1,对于可逆矩阵 $\boldsymbol{A}$,存在有限个初等矩阵 $\boldsymbol{P}_1,\boldsymbol{P}_2,\cdots,\boldsymbol{P}_s$,使

$$\boldsymbol{P}_s\cdots\boldsymbol{P}_2\boldsymbol{P}_1\boldsymbol{A}=\boldsymbol{E}.$$

(7) 初等矩阵都是可逆的,且其逆矩阵仍是同类型的初等矩阵.

证 依上节定理 1,有

$$\boldsymbol{E}(i,j)\boldsymbol{E}(i,j)=\boldsymbol{E},\boldsymbol{E}\left(i\left(\frac{1}{k}\right)\right)\boldsymbol{E}(i(k))=\boldsymbol{E},\boldsymbol{E}(i,j(-k))\boldsymbol{E}(i,j(k))=\boldsymbol{E},$$

依推论 2,得

$$(\boldsymbol{E}(i,j))^{-1}=\boldsymbol{E}(i,j),\ (\boldsymbol{E}(i(k)))^{-1}=\boldsymbol{E}\left(i\left(\frac{1}{k}\right)\right)(k\neq 0),\ (\boldsymbol{E}(i,j(k)))^{-1}=\boldsymbol{E}(i,j(-k)).$$ ◆

(8) 矩阵可逆的充分必要条件是它可以表示成有限个初等矩阵之积.

证 必要性. 设 $\boldsymbol{A}$ 可逆,依性质(6),存在初等矩阵 $\boldsymbol{P}_1,\boldsymbol{P}_2,\cdots,\boldsymbol{P}_s$,使 $\boldsymbol{P}_s\cdots\boldsymbol{P}_2\boldsymbol{P}_1\boldsymbol{A}=\boldsymbol{E}$,于是 $\boldsymbol{A}=\boldsymbol{P}_1^{-1}\cdots\boldsymbol{P}_{s-1}^{-1}\boldsymbol{P}_s^{-1}$,依性质(7),$\boldsymbol{P}_1^{-1},\cdots,\boldsymbol{P}_{s-1}^{-1},\boldsymbol{P}_s^{-1}$ 都是初等矩阵,从而必要性得证.

充分性. 设 $\boldsymbol{A}=\boldsymbol{Q}_1\boldsymbol{Q}_2\cdots\boldsymbol{Q}_m$,其中 $\boldsymbol{Q}_1,\boldsymbol{Q}_2,\cdots,\boldsymbol{Q}_m$ 都是初等矩阵,都可逆,则 $|\boldsymbol{A}|=|\boldsymbol{Q}_1||\boldsymbol{Q}_2|\cdots|\boldsymbol{Q}_m|\neq 0$,依定理 1,$\boldsymbol{A}$ 可逆. ◆

可逆矩阵经初等列变换也可化成单位矩阵.

这是因为,设 $\boldsymbol{A}$ 可逆,依性质(8),存在初等矩阵 $\boldsymbol{Q}_1,\boldsymbol{Q}_2,\cdots,\boldsymbol{Q}_m$,使 $\boldsymbol{A}=\boldsymbol{Q}_1\boldsymbol{Q}_2\cdots\boldsymbol{Q}_m$,则 $\boldsymbol{A}\boldsymbol{Q}_m^{-1}\boldsymbol{Q}_{m-1}^{-1}\cdots\boldsymbol{Q}_1^{-1}=\boldsymbol{E}$,其中 $\boldsymbol{Q}_m^{-1},\boldsymbol{Q}_{m-1}^{-1},\cdots,\boldsymbol{Q}_1^{-1}$ 都是初等矩阵.

(9) 用可逆矩阵左(右)乘矩阵 $\boldsymbol{A}$,其乘积阵的秩等于 $\operatorname{rank}(\boldsymbol{A})$. 设 $\boldsymbol{A}$ 为 $m\times n$ 矩阵,$\boldsymbol{P}$ 是 m 阶可逆矩阵,$\boldsymbol{Q}$ 是 n 阶可逆矩阵,有

$$\operatorname{rank}(\boldsymbol{PA})=\operatorname{rank}(\boldsymbol{AQ})=\operatorname{rank}(\boldsymbol{PAQ})=\operatorname{rank}(\boldsymbol{A}).$$

伴随矩阵的性质 设 $\boldsymbol{A}$ 为数域 F 上 $n(n\geqslant 2)$ 阶矩阵,$\forall k\in F$,则

(1) $(k\boldsymbol{A})^*=k^{n-1}\boldsymbol{A}^*$;

(2) $|\boldsymbol{A}^*|=|\boldsymbol{A}|^{n-1}$.

证 由 $\boldsymbol{AA}^*=\boldsymbol{A}^*\boldsymbol{A}=\begin{pmatrix}|\boldsymbol{A}| & & \\ & \ddots & \\ & & |\boldsymbol{A}|\end{pmatrix}=|\boldsymbol{A}|\boldsymbol{E}$ 知,$|\boldsymbol{A}||\boldsymbol{A}^*|=\begin{vmatrix}|\boldsymbol{A}| & & \\ & \ddots & \\ & & |\boldsymbol{A}|\end{vmatrix}=|\boldsymbol{A}|^n$.

如果 $\boldsymbol{A}$ 可逆,$|\boldsymbol{A}|\neq 0$,则 $|\boldsymbol{A}^*|=|\boldsymbol{A}|^{n-1}$.

如果 $\boldsymbol{A}$ 不可逆,依定理 1,$|\boldsymbol{A}|=0$,$\boldsymbol{A}^*\boldsymbol{A}=|\boldsymbol{A}|\boldsymbol{E}=\boldsymbol{0}$.

① 如果 $\boldsymbol{A}\neq\boldsymbol{0}$,则线性方程组 $\boldsymbol{A}^*\boldsymbol{x}=\boldsymbol{0}$ 有非零解(参见 3.4 节推论 2 的证明),因此 $|\boldsymbol{A}^*|=0=|\boldsymbol{A}|^{n-1}$;

② 如果 $\boldsymbol{A}=\boldsymbol{0}$,则 $\boldsymbol{A}^*=\boldsymbol{0}$,故 $|\boldsymbol{A}^*|=0=|\boldsymbol{A}|^{n-1}$. ◆

由性质(2),$\boldsymbol{A}$ 可逆当且仅当 $\boldsymbol{A}^*$ 可逆,且当 $\boldsymbol{A}^*$ 可逆时,$(\boldsymbol{A}^*)^{-1}=\dfrac{1}{|\boldsymbol{A}|}\boldsymbol{A}$.

(3) 若 $\boldsymbol{A}$ 可逆,则 $\boldsymbol{A}^*=|\boldsymbol{A}|\boldsymbol{A}^{-1}$;

(4) 若 $\boldsymbol{A}$ 可逆，则 $(\boldsymbol{A}^*)^{-1}=(\boldsymbol{A}^{-1})^*$；

证 因 $\boldsymbol{A}$ 可逆，故

$$(\boldsymbol{A}^{-1})^*=|\boldsymbol{A}^{-1}|(\boldsymbol{A}^{-1})^{-1}=|\boldsymbol{A}|^{-1}(\boldsymbol{A}^{-1})^{-1}=(|\boldsymbol{A}|\boldsymbol{A}^{-1})^{-1}=(\boldsymbol{A}^*)^{-1}.$$ ◆

(5) $(\boldsymbol{A}^{\mathrm{T}})^*=(\boldsymbol{A}^*)^{\mathrm{T}}$；

证 左右矩阵对比即得结论.

由性质(5)，如果 $\boldsymbol{A}$ 对称，则 $(\boldsymbol{A}^*)^{\mathrm{T}}=(\boldsymbol{A}^{\mathrm{T}})^*=\boldsymbol{A}^*$，即 $\boldsymbol{A}^*$ 也是对称矩阵；如果 $\boldsymbol{A}$ 反对称，则

$$(\boldsymbol{A}^*)^{\mathrm{T}}=(\boldsymbol{A}^{\mathrm{T}})^*=(-\boldsymbol{A})^*=(-1)^{n-1}\boldsymbol{A}^*=\begin{cases}-\boldsymbol{A}^*, & n\text{ 为偶数},\\ \boldsymbol{A}^*, & n\text{ 为奇数},\end{cases}$$

即 n 为偶数时，$\boldsymbol{A}^*$ 也是反对称矩阵；n 为奇数时，$\boldsymbol{A}^*$ 是对称矩阵.

(6) 若 $\boldsymbol{A}^2=\boldsymbol{E}$，则 $(\boldsymbol{A}^*)^2=\boldsymbol{E}$.

证 因 $\boldsymbol{A}$ 可逆，$\boldsymbol{A}^*=|\boldsymbol{A}|\boldsymbol{A}^{-1}$，则 $(\boldsymbol{A}^*)^2=(|\boldsymbol{A}|\boldsymbol{A}^{-1})^2=|\boldsymbol{A}|^2(\boldsymbol{A}^2)^{-1}=1\cdot\boldsymbol{E}^{-1}=\boldsymbol{E}$. ◆

如果 n 阶矩阵 $\boldsymbol{T}$ 满足 $\boldsymbol{T}^2=\boldsymbol{E}$，则称 $\boldsymbol{T}$ 为**对合矩阵**. 由性质(6)，如果 $\boldsymbol{A}$ 是对合矩阵，则 $\boldsymbol{A}^*$ 也是对合矩阵.

(7) 若 n 阶矩阵 $\boldsymbol{A},\boldsymbol{B}$ 均可逆，则 $(\boldsymbol{AB})^*=\boldsymbol{B}^*\boldsymbol{A}^*$；

证 $\boldsymbol{B}^*\boldsymbol{A}^*=|\boldsymbol{B}|\boldsymbol{B}^{-1}\cdot|\boldsymbol{A}|\boldsymbol{A}^{-1}=(|\boldsymbol{B}|\cdot|\boldsymbol{A}|)\boldsymbol{B}^{-1}\cdot\boldsymbol{A}^{-1}=|\boldsymbol{AB}|(\boldsymbol{AB})^{-1}=(\boldsymbol{AB})^*$. ◆

(8) $\operatorname{rank}(\boldsymbol{A}^*)=\begin{cases}n, & \operatorname{rank}(\boldsymbol{A})=n,\\ 1, & \operatorname{rank}(\boldsymbol{A})=n-1,\\ 0, & \operatorname{rank}(\boldsymbol{A})<n-1.\end{cases}$

证 ①如果 $\operatorname{rank}(\boldsymbol{A})=n$，则 $|\boldsymbol{A}|\neq 0$，从而 $|\boldsymbol{A}^*|=|\boldsymbol{A}|^{n-1}\neq 0$，因此 $\operatorname{rank}(\boldsymbol{A}^*)=n$.

② 如果 $\operatorname{rank}(\boldsymbol{A})=n-1$，则 $|\boldsymbol{A}|=0$，在 $\boldsymbol{A}$ 中必存在一个 $n-1$ 阶子式不为零，即存在某元素 a_{ij} 的代数余子式 $A_{ij}\neq 0$，从而 $\operatorname{rank}(\boldsymbol{A}^*)\geqslant 1$. 又由 $\boldsymbol{AA}^*=|\boldsymbol{A}|\boldsymbol{E}=\boldsymbol{0}$ 知，$\boldsymbol{A}^*$ 的每一个列向量都是齐次线性方程组 $\boldsymbol{Ax}=\boldsymbol{0}$ 的解(参见 3.4 节推论 2 的证明). 又 $\operatorname{rank}(\boldsymbol{A})=n-1$，于是其基础解系应含 1 个解向量，故 $\operatorname{rank}(\boldsymbol{A}^*)\leqslant 1$，从而 $\operatorname{rank}(\boldsymbol{A}^*)=1$.

③ 如果 $\operatorname{rank}(\boldsymbol{A})<n-1$，则 $\boldsymbol{A}$ 中的所有 $n-1$ 阶子式都为零，即 $\boldsymbol{A}^*=\boldsymbol{0}$，故

$$\operatorname{rank}(\boldsymbol{A}^*)=0.$$ ◆

(9) 设 $n(n\geqslant 2)$ 阶矩阵 $\boldsymbol{A}$，则 $(\boldsymbol{A}^*)^*=|\boldsymbol{A}|^{n-2}\boldsymbol{A}$.

证 当 $n\geqslant 3$ 时，如果 $\boldsymbol{A}$ 可逆，则 $\boldsymbol{A}^*$ 也可逆，$(\boldsymbol{A}^*)^*=|\boldsymbol{A}^*|(\boldsymbol{A}^*)^{-1}=|\boldsymbol{A}|^{n-1}\cdot\dfrac{1}{|\boldsymbol{A}|}\boldsymbol{A}=|\boldsymbol{A}|^{n-2}\boldsymbol{A}$. 如果 $\boldsymbol{A}$ 不可逆，即 $|\boldsymbol{A}|=0$，依上述性质(8)，$\operatorname{rank}(\boldsymbol{A}^*)\leqslant 1<n-1$，因此 $\operatorname{rank}((\boldsymbol{A}^*)^*)=0$，从而 $(\boldsymbol{A}^*)^*=\boldsymbol{0}=|\boldsymbol{A}|^{n-2}\boldsymbol{A}$. 当 $n=2$ 时，$\boldsymbol{A}=\begin{pmatrix}a & b\\ c & d\end{pmatrix}$，$\boldsymbol{A}^*=\begin{pmatrix}d & -b\\ -c & a\end{pmatrix}$，因此 $(\boldsymbol{A}^*)^*=\begin{pmatrix}a & b\\ c & d\end{pmatrix}=\boldsymbol{A}=|\boldsymbol{A}|^{n-2}\boldsymbol{A}$. ◆

求可逆矩阵逆阵的方法 设 $\boldsymbol{A}$ 为 n 阶可逆矩阵，$\boldsymbol{E}$ 为 n 阶单位矩阵，

(1) 伴随矩阵法：$\boldsymbol{A}^{-1}=\dfrac{1}{|\boldsymbol{A}|}\boldsymbol{A}^*$；

(2) 初等行变换法:依推论 2 之(6)存在有限个初等矩阵 $\boldsymbol{P}_1,\boldsymbol{P}_2,\cdots,\boldsymbol{P}_s$，使 $\boldsymbol{P}_1\boldsymbol{P}_2\cdots\boldsymbol{P}_s\boldsymbol{A}=\boldsymbol{E}$，用 $\boldsymbol{A}^{-1}$ 右乘等式两端，有 $\boldsymbol{P}_1\boldsymbol{P}_2\cdots\boldsymbol{P}_s\boldsymbol{E}=\boldsymbol{A}^{-1}$，两式合写为

$$\boldsymbol{P}_1\boldsymbol{P}_2\cdots\boldsymbol{P}_s(\boldsymbol{A}\mid\boldsymbol{E})=(\boldsymbol{E}\mid\boldsymbol{A}^{-1}).$$

上式表明，将 $\boldsymbol{A}$ 与 $\boldsymbol{E}$ 左右并行摆放构成 $n\times 2n$ 矩阵，仅对其施以初等行变换，目标是将其中的 $\boldsymbol{A}$ 化为 $\boldsymbol{E}$，此时 $\boldsymbol{E}$ 所变成的就是 $\boldsymbol{A}^{-1}$，即

$$(\boldsymbol{A}\mid\boldsymbol{E})\xrightarrow{\text{初等行变换}}(\boldsymbol{E}\mid\boldsymbol{A}^{-1}).$$

(3) 初等列变换法:同理，存在有限个初等矩阵 $\boldsymbol{Q}_1,\boldsymbol{Q}_2,\cdots,\boldsymbol{Q}_t$，使 $\boldsymbol{A}\boldsymbol{Q}_1\boldsymbol{Q}_2\cdots\boldsymbol{Q}_t=\boldsymbol{E}$，用 $\boldsymbol{A}^{-1}$ 左乘等式两端，得 $\boldsymbol{E}\boldsymbol{Q}_1\boldsymbol{Q}_2\cdots\boldsymbol{Q}_t=\boldsymbol{A}^{-1}$，两式合写为

$$\left(\frac{\boldsymbol{A}}{\boldsymbol{E}}\right)\boldsymbol{Q}_1\boldsymbol{Q}_2\cdots\boldsymbol{Q}_t=\left(\frac{\boldsymbol{E}}{\boldsymbol{A}^{-1}}\right).$$

上式表明，将 $\boldsymbol{A}$ 与 $\boldsymbol{E}$ 上下并列摆放构成 $2n\times n$ 矩阵，仅对其施以初等列变换，目标是将 $\boldsymbol{A}$ 化为 $\boldsymbol{E}$，此时 $\boldsymbol{E}$ 所变成的就是 $\boldsymbol{A}^{-1}$，即

$$\left(\frac{\boldsymbol{A}}{\boldsymbol{E}}\right)\xrightarrow{\text{初等列变换}}\left(\frac{\boldsymbol{E}}{\boldsymbol{A}^{-1}}\right).$$

解矩阵方程的方法　设已知数域 F 上的矩阵 $\boldsymbol{A},\boldsymbol{B},\boldsymbol{C}$，且 $\boldsymbol{A},\boldsymbol{B}$ 已知且可逆，$\boldsymbol{X}$ 未知.

(1) $\boldsymbol{AX}=\boldsymbol{B}$，则 $\boldsymbol{X}=\boldsymbol{A}^{-1}\boldsymbol{B}$. 又存在初等矩阵 $\boldsymbol{R}_1,\boldsymbol{R}_2,\cdots,\boldsymbol{R}_m$，使 $\boldsymbol{R}_1\boldsymbol{R}_2\cdots\boldsymbol{R}_m\boldsymbol{A}=\boldsymbol{E}$，用 $\boldsymbol{A}^{-1}\boldsymbol{B}$ 右乘等式两端，有 $\boldsymbol{R}_1\boldsymbol{R}_2\cdots\boldsymbol{R}_m\boldsymbol{B}=\boldsymbol{A}^{-1}\boldsymbol{B}$，两式合写为

$$\boldsymbol{R}_1\boldsymbol{R}_2\cdots\boldsymbol{R}_m(\boldsymbol{A}\mid\boldsymbol{B})=(\boldsymbol{E}\mid\boldsymbol{A}^{-1}\boldsymbol{B}),\qquad \text{即}(\boldsymbol{A}\mid\boldsymbol{B})\xrightarrow{\text{初等行变换}}(\boldsymbol{E}\mid\boldsymbol{A}^{-1}\boldsymbol{B}).$$

将 $\boldsymbol{A}$ 与 $\boldsymbol{B}$ 左右并行摆放构成 $n\times 2n$ 矩阵，仅对其施以初等行变换，目标是将其中的 $\boldsymbol{A}$ 化为 $\boldsymbol{E}$，此时 $\boldsymbol{E}$ 所变成的就是 $\boldsymbol{A}^{-1}\boldsymbol{B}$.

(2) $\boldsymbol{XA}=\boldsymbol{B}$，则 $\boldsymbol{X}=\boldsymbol{BA}^{-1}$. 存在初等矩阵 $\boldsymbol{T}_1,\boldsymbol{T}_2,\cdots,\boldsymbol{T}_l$，使 $\boldsymbol{A}\boldsymbol{T}_1\boldsymbol{T}_2\cdots\boldsymbol{T}_l=\boldsymbol{E}$，用 $\boldsymbol{BA}^{-1}$ 左乘等式两端，有 $\boldsymbol{B}\boldsymbol{T}_1\boldsymbol{T}_2\cdots\boldsymbol{T}_l=\boldsymbol{BA}^{-1}$，两式合写为

$$\left(\frac{\boldsymbol{A}}{\boldsymbol{B}}\right)\boldsymbol{T}_1\boldsymbol{T}_2\cdots\boldsymbol{T}_l=\left(\frac{\boldsymbol{E}}{\boldsymbol{BA}^{-1}}\right),\qquad \text{即}\left(\frac{\boldsymbol{A}}{\boldsymbol{B}}\right)\xrightarrow{\text{初等列变换}}\left(\frac{\boldsymbol{E}}{\boldsymbol{BA}^{-1}}\right).$$

将 $\boldsymbol{A}$ 与 $\boldsymbol{B}$ 上下并列摆放构成 $2n\times n$ 矩阵，仅对其施以初等列变换，目标是将 $\boldsymbol{A}$ 化为 $\boldsymbol{E}$，此时 $\boldsymbol{E}$ 所变成的就是 $\boldsymbol{BA}^{-1}$.

(3) $\boldsymbol{AXB}=\boldsymbol{C}$，则 $\boldsymbol{X}=\boldsymbol{A}^{-1}\boldsymbol{CB}^{-1}$. 存在初等矩阵 $\boldsymbol{R}_1,\boldsymbol{R}_2,\cdots,\boldsymbol{R}_m$，使 $\boldsymbol{R}_1\boldsymbol{R}_2\cdots\boldsymbol{R}_m\boldsymbol{A}=\boldsymbol{E}$，用 $\boldsymbol{A}^{-1}\boldsymbol{C}$ 右乘等式两端同时右乘 $\boldsymbol{A}^{-1}\boldsymbol{C}$，有 $\boldsymbol{R}_1\boldsymbol{R}_2\cdots\boldsymbol{R}_m\boldsymbol{C}=\boldsymbol{A}^{-1}\boldsymbol{C}$，两式合写为

$$\boldsymbol{R}_1\boldsymbol{R}_2\cdots\boldsymbol{R}_m(\boldsymbol{A}\mid\boldsymbol{C})=(\boldsymbol{E}\mid\boldsymbol{A}^{-1}\boldsymbol{C}),\qquad \text{即}(\boldsymbol{A}\mid\boldsymbol{C})\xrightarrow{\text{初等行变换}}(\boldsymbol{E}\mid\boldsymbol{A}^{-1}\boldsymbol{C}).$$

又存在初等矩阵 $\boldsymbol{U}_1,\boldsymbol{U}_2,\cdots,\boldsymbol{U}_k$，使 $\boldsymbol{B}\boldsymbol{U}_1\boldsymbol{U}_2\cdots\boldsymbol{U}_k=\boldsymbol{E}$，用 $\boldsymbol{A}^{-1}\boldsymbol{CB}^{-1}$ 左乘等式两端，$\boldsymbol{A}^{-1}\boldsymbol{C}\boldsymbol{U}_1\boldsymbol{U}_2\cdots\boldsymbol{U}_k=\boldsymbol{A}^{-1}\boldsymbol{CB}^{-1}$，两式合写为

$$\left(\frac{\boldsymbol{B}}{\boldsymbol{A}^{-1}\boldsymbol{C}}\right)\boldsymbol{U}_1\boldsymbol{U}_2\cdots\boldsymbol{U}_k=\left(\frac{\boldsymbol{E}}{\boldsymbol{A}^{-1}\boldsymbol{CB}^{-1}}\right),\qquad \text{即}\left(\frac{\boldsymbol{B}}{\boldsymbol{A}^{-1}\boldsymbol{C}}\right)\xrightarrow{\text{初等列变换}}\left(\frac{\boldsymbol{E}}{\boldsymbol{A}^{-1}\boldsymbol{CB}^{-1}}\right).$$

2. 典型例题

例 3.3.1　如果存在正整数 m，使 $\boldsymbol{A}^m=\boldsymbol{0}$，则称 $\boldsymbol{A}$ 为**幂零矩阵**. 使幂零矩阵 $\boldsymbol{A}$ 满足 $\boldsymbol{A}^m=\boldsymbol{0}$ 的最小正整数 m 称为 $\boldsymbol{A}$ 的幂零指数. 如果 $\boldsymbol{A}$ 是幂零矩阵，其幂零指数为 m，则 $\boldsymbol{E}-\boldsymbol{A}$

可逆,并求 $(\boldsymbol{E}-\boldsymbol{A})^{-1}$.

分析 依推论 2,需找到 n 阶矩阵 $\boldsymbol{B}$,使 $(\boldsymbol{E}-\boldsymbol{A})\boldsymbol{B}=\boldsymbol{E}$.

证 依题设,存在正整数 m,使 $\boldsymbol{A}^m=\boldsymbol{0}$. 又因 $\boldsymbol{E}$ 与 $\boldsymbol{A}$ 是可交换的,于是

$$\boldsymbol{E}=\boldsymbol{E}^m-\boldsymbol{A}^m=(\boldsymbol{E}-\boldsymbol{A})(\boldsymbol{E}^{m-1}+\boldsymbol{E}^{m-2}\boldsymbol{A}+\cdots+\boldsymbol{E}\boldsymbol{A}^{m-2}+\boldsymbol{A}^{m-1}),$$

即 $(\boldsymbol{E}-\boldsymbol{A})(\boldsymbol{E}+\boldsymbol{A}+\cdots+\boldsymbol{A}^{m-2}+\boldsymbol{A}^{m-1})=\boldsymbol{E}$, 依推论 2, $\boldsymbol{E}-\boldsymbol{A}$ 可逆,且

$$(\boldsymbol{E}-\boldsymbol{A})^{-1}=\boldsymbol{E}+\boldsymbol{A}+\cdots+\boldsymbol{A}^{m-2}+\boldsymbol{A}^{m-1}.$$

注 单位矩阵与任一同阶矩阵可交换.

评 如果 $\boldsymbol{A}$ 是幂零矩阵,即 $\boldsymbol{A}^m=\boldsymbol{0}$,故 $|\boldsymbol{A}|=0$,则 $\boldsymbol{A}$ 不可逆,但 $\boldsymbol{E}-\boldsymbol{A}$ 可逆,且

$$(\boldsymbol{E}-\boldsymbol{A})^{-1}=\boldsymbol{E}+\boldsymbol{A}+\cdots+\boldsymbol{A}^{m-2}+\boldsymbol{A}^{m-1}.$$

例 3.3.2 证明 如果 $\boldsymbol{A},\boldsymbol{B}$ 都是 n 阶对合矩阵,且 $|\boldsymbol{A}|+|\boldsymbol{B}|=0$,则 $\boldsymbol{A}+\boldsymbol{B}$ 不可逆.

分析 依定理 1 求证.

证 依题设, $\boldsymbol{A}^2=\boldsymbol{E}$,则 $|\boldsymbol{A}|=\pm1$. 同理 $|\boldsymbol{B}|=\mp1$, 不妨设 $|\boldsymbol{A}|=1$, $|\boldsymbol{B}|=-1$, 因为

$$|\boldsymbol{A}+\boldsymbol{B}|=|\boldsymbol{A}|\,|\boldsymbol{A}+\boldsymbol{B}|=|\boldsymbol{A}(\boldsymbol{A}+\boldsymbol{B})|=|\boldsymbol{E}+\boldsymbol{A}\boldsymbol{B}|,$$

$$-|\boldsymbol{A}+\boldsymbol{B}|=|\boldsymbol{A}+\boldsymbol{B}|\,|\boldsymbol{B}|=|(\boldsymbol{A}+\boldsymbol{B})\boldsymbol{B}|=|\boldsymbol{A}\boldsymbol{B}+\boldsymbol{E}|,$$

所以 $|\boldsymbol{A}+\boldsymbol{B}|=-|\boldsymbol{A}+\boldsymbol{B}|$, 从而 $|\boldsymbol{A}+\boldsymbol{B}|=0$,依定理 1, $\boldsymbol{A}+\boldsymbol{B}$ 不可逆,

注 对合矩阵 $\boldsymbol{A}$ 的行列式满足 $|\boldsymbol{A}|=\pm1$.

评 对合矩阵是可逆的. 如果两个同阶对合矩阵 $\boldsymbol{A},\boldsymbol{B}$ 满足 $|\boldsymbol{A}|+|\boldsymbol{B}|=0$,则 $\boldsymbol{A}+\boldsymbol{B}$ 不可逆.

例 3.3.3 设 4 阶矩阵 $\boldsymbol{A}=\begin{pmatrix}1&-1&-1&1\\3&0&-3&4\\3&-2&2&-1\\-1&1&2&-2\end{pmatrix}$,求 $\boldsymbol{A}^{-1}$.

分析 分别利用伴随矩阵法、初等行变换法求逆阵.

解法 1 伴随矩阵法.

$$|\boldsymbol{A}|=\begin{vmatrix}1&-1&-1&1\\3&0&-3&4\\3&-2&2&-1\\-1&1&2&-2\end{vmatrix}\xlongequal[\langle 4\rangle+\langle 1\rangle]{\substack{\langle 2\rangle+(-3)\langle 1\rangle\\ \langle 3\rangle+(-3)\langle 1\rangle}}\begin{vmatrix}1&-1&-1&1\\0&3&0&1\\0&1&5&-4\\0&0&1&-1\end{vmatrix}$$

$$=\begin{vmatrix}3&0&1\\1&5&1\\0&1&0\end{vmatrix}=-2\neq0,$$

分别计算 $\boldsymbol{A}$ 的每一个元素 a_{ij} 的代数余子式 A_{ij}, 有

$$A_{11}=(-1)^{1+1}\begin{vmatrix}0&-3&4\\-2&2&-1\\1&2&-2\end{vmatrix}=\begin{vmatrix}0&-3&4\\0&6&-5\\1&2&-2\end{vmatrix}=\begin{vmatrix}-3&4\\6&-5\end{vmatrix}=-9,$$

同理可得其他元素的代数余子式,于是 $\boldsymbol{A}$ 的伴随矩阵为

$$A^*=\begin{pmatrix}A_{11}&A_{21}&A_{31}&A_{41}\\A_{12}&A_{22}&A_{32}&A_{42}\\A_{13}&A_{23}&A_{33}&A_{43}\\A_{14}&A_{24}&A_{34}&A_{44}\end{pmatrix}=\begin{pmatrix}-9&-1&1&-7\\-5&-1&1&-5\\19&1&-3&13\\21&1&-3&15\end{pmatrix},$$

$$A^{-1}=\frac{1}{|A|}A^*=\frac{1}{-2}\begin{pmatrix}-9&-1&1&-7\\-5&-1&1&-5\\19&1&-3&13\\21&1&-3&15\end{pmatrix}=\frac{1}{2}\begin{pmatrix}9&1&-1&7\\5&1&-1&5\\-19&-1&3&-13\\-21&-1&3&-15\end{pmatrix}.$$

解法 2　依初等行变换法：$(A\mid E)\xrightarrow{\text{初等行变换}}(E\mid A^{-1})$.

$$(A\mid E)=\left(\begin{array}{cccc|cccc}1&-1&-1&1&1&0&0&0\\3&0&-3&4&0&1&0&0\\3&-2&2&-1&0&0&1&0\\-1&1&2&-2&0&0&0&1\end{array}\right)$$

$$\xrightarrow[\left(-\frac{1}{2}\right)\langle 4\rangle]{\substack{\langle 2\rangle+(-3)\langle 1\rangle\\ \langle 3\rangle+(-3)\langle 1\rangle\\ \langle 4\rangle+\langle 1\rangle\\ \langle 2\rangle\leftrightarrow\langle 3\rangle\\ \langle 3\rangle+(-3)\langle 2\rangle\\ \langle 3\rangle\leftrightarrow\langle 4\rangle\\ \langle 4\rangle+15\langle 3\rangle}}\left(\begin{array}{cccc|cccc}1&-1&-1&1&1&0&0&0\\0&1&5&-4&-3&0&1&0\\0&0&1&-1&1&0&0&1\\0&0&0&1&-21/2&-1/2&3/2&-15/2\end{array}\right)$$

$$\xrightarrow{\substack{\langle 3\rangle+\langle 4\rangle\\ \langle 2\rangle+4\langle 4\rangle\\ \langle 1\rangle+(-1)\langle 4\rangle\\ \langle 2\rangle+(-5)\langle 3\rangle\\ \langle 1\rangle+\langle 3\rangle\\ \langle 1\rangle+\langle 2\rangle}}\left(\begin{array}{cccc|cccc}1&0&0&0&9/2&1/2&-1/2&7/2\\0&1&0&0&5/2&1/2&-1/2&5/2\\0&0&1&0&-19/2&-1/2&3/2&-13/2\\0&0&0&1&-21/2&-1/2&3/2&-15/2\end{array}\right),$$

于是 $A^{-1}=\frac{1}{2}\begin{pmatrix}9&1&-1&7\\5&1&-1&5\\-19&-1&3&-13\\-21&-1&3&-15\end{pmatrix}$.

评　相比较而言，初等行变换法求逆矩阵简单易行.

例 3.3.4　设矩阵 $A=\begin{pmatrix}2&0&-2\\-1&3&1\end{pmatrix}$，$B=\begin{pmatrix}3&0&0\\2&3&0\\3&2&3\end{pmatrix}$，满足 $BX=A^{\mathrm{T}}+2X$，求 X.

分析　先解矩阵方程（即用已知矩阵表示未知矩阵），再依初等行变换法求 X.

解　依题设，有 $(B-2E)X=A^{\mathrm{T}}$. 因为 $|B-2E|=\begin{vmatrix}1&0&0\\2&1&0\\3&2&1\end{vmatrix}=1\neq 0$，所以 $B-2E$ 可

逆，于是 $X=(B-2E)^{-1}A^{\mathrm{T}}$，下面利用初等行变换法：$(B-2E\mid A^{\mathrm{T}})\xrightarrow{\text{初等行变换}}(E\mid(B-2E)^{-1}A^{\mathrm{T}})$求 X.

$$(B-2E\mid A^{\mathrm{T}})=\left(\begin{array}{ccc|cc}1&0&0&2&-1\\2&1&0&0&3\\3&2&1&-2&1\end{array}\right)\xrightarrow[\langle 3\rangle+(-2)\langle 2\rangle]{\substack{\langle 2\rangle+(-2)\langle 1\rangle\\ \langle 3\rangle+(-3)\langle 1\rangle}}\left(\begin{array}{ccc|cc}1&0&0&2&-1\\0&1&0&-4&5\\0&0&1&0&-6\end{array}\right),$$

从而 $X=(B-2E)^{-1}A^{\mathrm{T}}=\begin{pmatrix}2&-1\\-4&5\\0&-6\end{pmatrix}$.

注 在 $(B-2E\mid A^{\mathrm{T}})\xrightarrow{\text{初等行变换}}(E\mid(B-2E)^{-1}A^{\mathrm{T}})$ 过程中不允许有初等列变换.

评 先解矩阵方程，得 $X=(B-2E)^{-1}A^{\mathrm{T}}$，再利用初等行变换法求 X. 当然求 X 时也可先利用初等行变换法求 $(B-2E)^{-1}$，再与 A^{T} 相乘得 $X=(B-2E)^{-1}A^{\mathrm{T}}$，前一方法直接快捷.

例 3.3.5 设 4 阶矩阵 B 的伴随矩阵为 $B^*=\begin{pmatrix}1&0&0&0\\0&1&0&0\\1&0&1&0\\0&-2&0&8\end{pmatrix}$，且 $BAB^{-1}=AB^{-1}+3E$，E 为 4 阶单位矩阵，求矩阵 A.

分析 先解矩阵方程，再利用初等行变换法求 A.

解 依题设，$|B^*|=8=|B|^3$，所以 $|B|=2\neq 0$，B 可逆且 $B^{-1}=\dfrac{1}{|B|}B^*=\dfrac{1}{2}B^*$，分别用 B^{-1} 和 B 左乘、右乘矩阵方程两端，得 $(E-B^{-1})A=3E$，于是 $E-B^{-1}$，A 均可逆，且

$$A=3(E-B^{-1})^{-1}=3\left(E-\frac{1}{2}B^*\right)^{-1}=6(2E-B^*)^{-1},$$

下面利用初等行变换法：$(2E-B^*\mid E)\xrightarrow{\text{初等行变换}}(E\mid(2E-B^*)^{-1})$求$(2E-B^*)^{-1}$.

$$(2E-B^*\mid E)=\left(\begin{array}{cccc|cccc}1&0&0&0&1&0&0&0\\0&1&0&0&0&1&0&0\\-1&0&1&0&0&0&1&0\\0&2&0&-6&0&0&0&1\end{array}\right)$$

$$\xrightarrow[\left(-\frac{1}{6}\right)\langle 4\rangle]{\substack{\langle 3\rangle+\langle 1\rangle\\ \langle 4\rangle+(-2)\langle 2\rangle}}\left(\begin{array}{cccc|cccc}1&0&0&0&1&0&0&0\\0&1&0&0&0&1&0&0\\0&0&1&0&1&0&1&0\\0&0&0&1&0&1/3&0&-1/6\end{array}\right),$$

于是
$$A=6(2E-B^*)^{-1}=6\begin{pmatrix}1&0&0&0\\0&1&0&0\\1&0&1&0\\0&1/3&0&-1/6\end{pmatrix}=\begin{pmatrix}6&0&0&0\\0&6&0&0\\6&0&6&0\\0&2&0&-1\end{pmatrix}.$$

注　$B^{-1}=\frac{1}{|B|}B^*=\frac{1}{2}B^*$. 本例的关键在于解矩阵方程，得 $A=6(2E-B^*)^{-1}$.

评　解矩阵方程，将未知矩阵用已知矩阵表示，再依初等行变换求解未知矩阵，方法值得总结.

例 3.3.6　设矩阵 A 满足 $A^2+A-2E=0$. (1)证明 A，$A+E$ 都可逆，并求它们的逆矩阵. (2)矩阵 $A-2E$ 可逆吗？

分析　经整理，可得(1) $A(A+E)=2E$. (2) $(A-2E)(A+3E)=-4E$.

(1) **证**　由 $A^2+A-2E=0$ 可得，$A(A+E)=2E$，即

$$A\left(\frac{1}{2}(A+E)\right)=E,\quad \left(\frac{1}{2}A\right)(A+E)=E,$$

依推论 2，A 可逆，且 $A^{-1}=\frac{1}{2}(A+E)$，$A+E$ 可逆，且 $(A+E)^{-1}=\frac{1}{2}A$.

(2) **解**　由 $A^2+A-2E=0$，即 $A^2+A=2E$，尝试将等式左端写成两个因式之积，其中一个因式为 $A-2E$，之后再减去多添的项，有 $(A-2E)(A+3E)=-4E$，即 $(A-2E)\left(-\frac{1}{4}(A+3E)\right)=E$，依推论 2，$A-2E$ 可逆，且

$$(A-2E)^{-1}=-\frac{1}{4}(A+3E).$$

注　依推论 2，只要找到另一矩阵，与 $A-2E$ 之积等于数量矩阵，则 $A-2E$ 可逆.

评　将要证明可逆的矩阵作为一个因子阵，对等式一端施以“因式分解”，保证两个因式括号乘开后，包含之前表达式已有的 A 的平方项和一次项，比如 A^2+A，至于第 3 项，即数量矩阵，采取增则减，少则补的原则，使等式成立为准.

议　问矩阵 $A+mE$(m 为整数)可逆吗？由 $A^2+A-2E=0$，有 $A^2+A=2E$，再将左端因式分解，其中有因式 $A+mE$，显然另一因式必为 $A-(m-1)E$，然后将多添的项减去，可得

$$(A+mE)(A-(m-1)E)=-(m-2)(m+1)E.$$

(1) 当 $m\neq 2$ 且 $m\neq -1$ 时，$A+mE$ 可逆，且

$$(A+mE)^{-1}=-\frac{1}{(m-2)(m+1)}(A-(m-1)E),$$

(2) 当 $m=2$ 时，由 $A^2+A-2E=0$，有 $(A+2E)(A-E)=0$.

如果 $A=E$，则 $A+2E=3E$，于是 $A+2E$ 可逆，且 $(A+2E)^{-1}=\frac{1}{3}E$；

如果 $A\neq E$，则 $A-E\neq 0$，因此齐次线性方程组 $(A+2E)x=0$ 有非零解(参见 3.4 节推论 2)，于是 $|A+2E|=0$，从而 $A+2E$ 不可逆.

(3) 当 $m=-1$ 时，由 $A^2+A-2E=0$，$(A-E)(A+2E)=0$.

如果 $A=-2E$，则 $A-E=-3E$，于是 $A-E$ 可逆，且 $(A-E)^{-1}=-\frac{1}{3}E$，

如果 $A\neq -2E$，则 $A+2E\neq 0$，同理，齐次线性方程组 $(A-E)x=0$ 有非零解，于是 $|A-E|=0$，从而 $A-E$ 不可逆.

例 3.3.7　设 n 阶矩阵 $E+AB$ 可逆，证明 $E+BA$ 可逆，且 $(E+BA)^{-1}=E-B(E+AB)^{-1}A$.

分析 依推论 2,只需验证 $(\boldsymbol{E}+\boldsymbol{BA})(\boldsymbol{E}-\boldsymbol{B}(\boldsymbol{E}+\boldsymbol{AB})^{-1}\boldsymbol{A})=\boldsymbol{E}$.

证 依题意,

$$\begin{aligned}(\boldsymbol{E}+\boldsymbol{BA})(\boldsymbol{E}-\boldsymbol{B}(\boldsymbol{E}+\boldsymbol{AB})^{-1}\boldsymbol{A}) &=\boldsymbol{E}+\boldsymbol{BA}-\boldsymbol{B}(\boldsymbol{E}+\boldsymbol{AB})^{-1}\boldsymbol{A}-\boldsymbol{BAB}(\boldsymbol{E}+\boldsymbol{AB})^{-1}\boldsymbol{A}\\ &=\boldsymbol{E}+\boldsymbol{BA}-\boldsymbol{B}(\boldsymbol{E}+\boldsymbol{AB})(\boldsymbol{E}+\boldsymbol{AB})^{-1}\boldsymbol{A}\\ &=\boldsymbol{E}+\boldsymbol{BA}-\boldsymbol{BA}=\boldsymbol{E},\end{aligned}$$

依推论 2, $\boldsymbol{E}+\boldsymbol{BA}$ 可逆,且 $(\boldsymbol{E}+\boldsymbol{BA})^{-1}=\boldsymbol{E}-\boldsymbol{B}(\boldsymbol{E}+\boldsymbol{AB})^{-1}\boldsymbol{A}$.

注 通过验证 $(\boldsymbol{E}+\boldsymbol{BA})(\boldsymbol{E}-\boldsymbol{B}(\boldsymbol{E}+\boldsymbol{AB})^{-1}\boldsymbol{A})=\boldsymbol{E}$, 既证明 $\boldsymbol{E}+\boldsymbol{BA}$ 可逆,同时又说明

$$(\boldsymbol{E}+\boldsymbol{BA})^{-1}=\boldsymbol{E}-\boldsymbol{B}(\boldsymbol{E}+\boldsymbol{AB})^{-1}\boldsymbol{A}.$$

议 如果本例改为:设 n 阶矩阵 $\boldsymbol{E}+\boldsymbol{AB}$ 可逆,证明 $\boldsymbol{E}+\boldsymbol{BA}$ 可逆,并求 $(\boldsymbol{E}+\boldsymbol{BA})^{-1}$.

证 $(\boldsymbol{E}+\boldsymbol{AB})\boldsymbol{A}=\boldsymbol{A}+\boldsymbol{ABA}=\boldsymbol{A}(\boldsymbol{E}+\boldsymbol{BA})$, 因为 $\boldsymbol{E}+\boldsymbol{AB}$ 可逆,所以

$$\boldsymbol{A}=(\boldsymbol{E}+\boldsymbol{AB})^{-1}\boldsymbol{A}(\boldsymbol{E}+\boldsymbol{BA}),$$

从而

$$\begin{aligned}\boldsymbol{E}=\boldsymbol{E}+\boldsymbol{BA}-\boldsymbol{BA}&=(\boldsymbol{E}+\boldsymbol{BA})-\boldsymbol{B}((\boldsymbol{E}+\boldsymbol{AB})^{-1}\boldsymbol{A}(\boldsymbol{E}+\boldsymbol{BA}))\\ &=(\boldsymbol{E}-\boldsymbol{B}(\boldsymbol{E}+\boldsymbol{AB})^{-1}\boldsymbol{A})(\boldsymbol{E}+\boldsymbol{BA}),\end{aligned}$$

依推论 2, $\boldsymbol{E}+\boldsymbol{BA}$ 可逆,且 $(\boldsymbol{E}+\boldsymbol{BA})^{-1}=\boldsymbol{E}-\boldsymbol{B}(\boldsymbol{E}+\boldsymbol{AB})^{-1}\boldsymbol{A}$.

习题 3-3

1. 证明:如果 n 阶可逆矩阵 $\boldsymbol{A}$ 的每一行元素之和等于 a,则 $a\neq 0$,且 $\boldsymbol{A}^{-1}$ 的每一行元素之和等于 $1/a$.

2. 试给出矩阵 $\boldsymbol{A}=\begin{pmatrix}a & b\\ c & d\end{pmatrix}$ 可逆的充分必要条件. 当其可逆时,求出其逆阵.

3. 利用初等行变换法求下列矩阵的逆阵:

(1) $\boldsymbol{A}=\begin{pmatrix}2 & 1 & 3\\ 1 & 1 & 1\\ 1 & 0 & 1\end{pmatrix}$; (2) $\boldsymbol{A}=\begin{pmatrix}1 & 3 & -2 & 1\\ 0 & 1 & 2 & -3\\ 0 & 0 & 1 & 2\\ 0 & 0 & 0 & 1\end{pmatrix}$.

4. 设三阶矩阵 $\boldsymbol{A}=\begin{pmatrix}4 & 1 & 0\\ 0 & 2 & 2\\ 0 & 0 & 5\end{pmatrix}$, $\boldsymbol{B}=\begin{pmatrix}-1 & 1 & 0\\ 0 & 0 & 2\\ 0 & 0 & 2\end{pmatrix}$, 且 $\boldsymbol{A},\boldsymbol{B},\boldsymbol{C}$ 满足 $(\boldsymbol{E}-\boldsymbol{A}^{-1}\boldsymbol{B})^{\mathrm{T}}\boldsymbol{A}^{\mathrm{T}}\boldsymbol{C}=\boldsymbol{E}$, 其中 $\boldsymbol{E}$ 为三阶单位矩阵,求 $\boldsymbol{C}$.

5. 设 4 阶矩阵 $\boldsymbol{B}=\begin{pmatrix}1 & -1 & 0 & 0\\ 0 & 1 & -1 & 0\\ 0 & 0 & 1 & -1\\ 0 & 0 & 0 & 1\end{pmatrix}$, $\boldsymbol{C}=\begin{pmatrix}2 & 1 & 3 & 4\\ 0 & 2 & 1 & 3\\ 0 & 0 & 2 & 1\\ 0 & 0 & 0 & 2\end{pmatrix}$, 矩阵 $\boldsymbol{A}$ 满足 $\boldsymbol{A}(\boldsymbol{E}-\boldsymbol{C}^{-1}\boldsymbol{B})^{\mathrm{T}}\boldsymbol{C}^{\mathrm{T}}=\boldsymbol{E}$, 其中 $\boldsymbol{E}$ 为 4 阶单位矩阵,求 $\boldsymbol{A}$.

6. 设三阶矩阵 $\boldsymbol{A}=\begin{pmatrix}1 & 1 & -1\\ -1 & 1 & 1\\ 1 & -1 & 1\end{pmatrix}$, 矩阵 $\boldsymbol{X}$ 满足: $\boldsymbol{A}^{*}\boldsymbol{X}=\boldsymbol{A}^{-1}+2\boldsymbol{X}$, 其中 $\boldsymbol{A}^{*}$ 为 $\boldsymbol{A}$ 的伴随矩阵,求 $\boldsymbol{X}$.

【1999 研数二】

7. 设 $\boldsymbol{A},\boldsymbol{B}$ 是同阶可逆矩阵, $\boldsymbol{A}+\boldsymbol{B}$ 也可逆,证明 $\boldsymbol{A}^{-1}+\boldsymbol{B}^{-1}$ 可逆,并求 $(\boldsymbol{A}^{-1}+\boldsymbol{B}^{-1})^{-1}$.

3.4　矩阵的分块

为了简化矩阵的运算，下面引进分块矩阵的概念及其运算.

1. 内容要点与评注

用横线和竖线将一个矩阵分成若干块，所得的矩阵就称为**分块矩阵**，其中每一“块”称为矩阵的**子块**或**子矩阵**.

分块矩阵的运算：

依矩阵加法的定义，两个具有相同分法的同型矩阵相加，只要把对应的子矩阵相加.

依数与矩阵数量乘法的定义，数 k 乘一个分块矩阵，即用数 k 去遍乘每一个子矩阵.

依矩阵乘法的定义，分块矩阵相乘需满足如下两个条件：

(1) 左矩阵的列组数等于右矩阵的行组数；

(2) 左矩阵的每个列组所含列数等于右矩阵的相应行组所含行数.

注　由(1)，(2)表明，左矩阵的列数等于右矩阵的行数，且左矩阵列的分法与右矩阵行的分法一致.

满足上述两个条件的分块矩阵相乘时仍可按照矩阵的乘法规则进行，只不过此时的元素是“子块”. 这是因为，设 $\boldsymbol{A}=(a_{ij})_{m\times\omega}$，$\boldsymbol{B}=(b_{ij})_{\omega\times n}$，分块如下：

$$\begin{array}{c} \\ m_1 \\ m_2 \\ \vdots \\ m_u \end{array}\begin{array}{c} \begin{array}{cccc} s_1 & s_2 & \cdots & s_t \end{array} \\ \begin{pmatrix} \boldsymbol{A}_{11} & \boldsymbol{A}_{12} & \cdots & \boldsymbol{A}_{1t} \\ \boldsymbol{A}_{21} & \boldsymbol{A}_{22} & \cdots & \boldsymbol{A}_{2t} \\ \vdots & \vdots & & \vdots \\ \boldsymbol{A}_{u1} & \boldsymbol{A}_{u2} & \cdots & \boldsymbol{A}_{ut} \end{pmatrix} \end{array} \begin{array}{c} \begin{array}{cccc} n_1 & n_2 & \cdots & n_v \end{array} \\ \begin{pmatrix} \boldsymbol{B}_{11} & \boldsymbol{B}_{12} & \cdots & \boldsymbol{B}_{1v} \\ \boldsymbol{B}_{21} & \boldsymbol{B}_{22} & \cdots & \boldsymbol{B}_{2v} \\ \vdots & \vdots & & \vdots \\ \boldsymbol{B}_{t1} & \boldsymbol{B}_{t2} & \cdots & \boldsymbol{B}_{tv} \end{pmatrix} \end{array}\begin{array}{c} \\ s_1 \\ s_2 \\ \vdots \\ s_t \end{array},$$

其中 $m_1+m_2+\cdots+m_u=m$，$s_1+s_2+\cdots+s_t=\omega$，$n_1+n_2+\cdots+n_v=n$，则

$$\boldsymbol{AB}=\begin{pmatrix} \boldsymbol{A}_{11}\boldsymbol{B}_{11}+\boldsymbol{A}_{12}\boldsymbol{B}_{21}+\cdots+\boldsymbol{A}_{1t}\boldsymbol{B}_{t1} & \cdots & \boldsymbol{A}_{11}\boldsymbol{B}_{1v}+\boldsymbol{A}_{12}\boldsymbol{B}_{2v}+\cdots+\boldsymbol{A}_{1t}\boldsymbol{B}_{tv} \\ \boldsymbol{A}_{21}\boldsymbol{B}_{11}+\boldsymbol{A}_{22}\boldsymbol{B}_{21}+\cdots+\boldsymbol{A}_{2t}\boldsymbol{B}_{t1} & \cdots & \boldsymbol{A}_{11}\boldsymbol{B}_{1v}+\boldsymbol{A}_{12}\boldsymbol{B}_{2v}+\cdots+\boldsymbol{A}_{1t}\boldsymbol{B}_{tv} \\ \vdots & & \vdots \\ \boldsymbol{A}_{u1}\boldsymbol{B}_{11}+\boldsymbol{A}_{u2}\boldsymbol{B}_{21}+\cdots+\boldsymbol{A}_{ut}\boldsymbol{B}_{t1} & \cdots & \boldsymbol{A}_{u1}\boldsymbol{B}_{1v}+\boldsymbol{A}_{u2}\boldsymbol{B}_{2v}+\cdots+\boldsymbol{A}_{ut}\boldsymbol{B}_{tv} \end{pmatrix}. \tag{3.1}$$

证　设上式等号右端的矩阵为 $\boldsymbol{C}$，则 $\boldsymbol{C}$ 的行数与列数分别为

$$m_1+m_2+\cdots+m_u=m,\ n_1+n_2+\cdots+n_v=n,$$

所以 $\boldsymbol{C}$ 与 $\boldsymbol{AB}$ 都是 $m\times n$ 矩阵，下面考查 $\boldsymbol{C}$ 的(i,j)元. 设

$$i=m_1+m_2+\cdots+m_{l-1}+p,\ 0<p\leqslant m_l,\quad j=n_1+n_2+\cdots+n_{k-1}+q,\ 0<q\leqslant n_k,$$

$$\begin{aligned} \boldsymbol{C}(i,j)&=\boldsymbol{C}_{lk}(p,q)=\Big(\sum_{h=1}^{t}\boldsymbol{A}_{lh}\boldsymbol{B}_{hk}\Big)(p,q)=\sum_{h=1}^{t}(\boldsymbol{A}_{lh}\boldsymbol{B}_{hk}(p,q)) \\ &=\sum_{h=1}^{t}\sum_{r=1}^{s_h}\boldsymbol{A}_{lh}(p,r)\boldsymbol{B}_{hk}(r,q) \\ &=\sum_{r=1}^{s_1}\boldsymbol{A}_{l1}(p,r)\boldsymbol{B}_{1k}(r,q)+\sum_{r=1}^{s_2}\boldsymbol{A}_{l2}(p,r)\boldsymbol{B}_{2k}(r,q)+\cdots+\sum_{r=1}^{s_t}\boldsymbol{A}_{lt}(p,r)\boldsymbol{B}_{tk}(r,q) \end{aligned}$$

$$= \sum_{r=1}^{s_1} A(i,r)B(r,j) + \sum_{r=s_1+1}^{s_1+s_2} A(i,r)B(r,j) + \cdots + \sum_{r=s_1+s_2+\cdots+s_{t-1}+1}^{s_1+s_2+\cdots+s_t} A(i,r)B(r,j)$$

$$= \sum_{r=1}^{\omega} A(i,r)B(r,j)$$

$$= AB(i,j),$$

因此 $AB = C$. ◆

上述结论也说明，分块矩阵 A，B 相乘时，依(3.1)式，视"子块"为元素，按普通矩阵的乘法规则实施相乘.

注 实施分块矩阵乘法运算时，左矩阵的子矩阵依然在左边，右矩阵的子矩阵依然在右边，不可交换顺序.

命题 1 设 A 是 $m \times s$ 矩阵，B 是 $s \times n$ 矩阵，B 的列向量组为 $\beta_1, \beta_2, \cdots, \beta_n$，则

$$AB = A(\beta_1, \beta_2, \cdots, \beta_n) = (A\beta_1, A\beta_2, \cdots, A\beta_n).$$

证 视 A 为一个整块，B 按列分块，依分块矩阵的乘法规则，有

$$AB = A(\beta_1, \beta_2, \cdots, \beta_n) = (A\beta_1, A\beta_2, \cdots, A\beta_n).$$ ◆

推论 2 设 $A_{m\times s} \neq 0$，$B_{s\times n}$ 的列向量组是 $\beta_1, \beta_2, \cdots, \beta_n$，则

$AB = 0 \Leftrightarrow \beta_1, \beta_2, \cdots, \beta_n$ 都是齐次线性方程组 $Ax = 0$ 的解.

证 依命题 1，$AB = 0 \Leftrightarrow (A\beta_1, A\beta_2, \cdots, A\beta_n) = 0$

$\Leftrightarrow A\beta_1 = 0, A\beta_2 = 0, \cdots, A\beta_n = 0$

$\Leftrightarrow \beta_1, \beta_2, \cdots, \beta_n$ 都是齐次线性方程组 $Ax = 0$ 的解. ◆

推论 3 设 $A_{m\times s} \neq 0$，$B_{s\times n}$ 的列向量组是 $\beta_1, \beta_2, \cdots, \beta_n$，矩阵 $C_{m\times n}$ 的列向量组是 $\delta_1, \delta_2, \cdots, \delta_n$，则

$AB = C \Leftrightarrow \beta_j$ 是线性方程组 $Ax = \delta_j$ 的解，$j = 1, 2, \cdots, n$.

证 $AB = C \Leftrightarrow (A\beta_1, A\beta_2, \cdots, A\beta_n) = (\delta_1, \delta_2, \cdots, \delta_n)$

$\Leftrightarrow A\beta_1 = \delta_1,\ A\beta_2 = \delta_2,\ \cdots,\ A\beta_n = \delta_n$

$\Leftrightarrow \beta_j$ 是线性方程组 $Ax = \delta_j$ 的解，$j = 1, 2, \cdots, n$. ◆

利用分块矩阵求可逆矩阵的逆矩阵：

设 n 阶矩阵 A 可逆，$A^{-1} = (x_1, x_2, \cdots, x_n)$，$x_1, x_2, \cdots, x_n$ 是 A^{-1} 的列向量且未知，$E = (\varepsilon_1, \varepsilon_2, \cdots, \varepsilon_n)$，因为 $AA^{-1} = E$，所以 $A(x_1, x_2, \cdots, x_n) = (\varepsilon_1, \varepsilon_2, \cdots, \varepsilon_n)$，由推论 3，$x_j$ 是线性方程组 $Ax = \varepsilon_j$ 的解. 又因为 $|A| \neq 0$，所以 x_j 是 $Ax = \varepsilon_j (j = 1, 2, \cdots, n)$ 的唯一解，从而求得 A^{-1}.

利用分块矩阵可得矩阵秩的下述结论：

命题 4 设 A，B 分别是 $m \times s$，$s \times n$ 矩阵，如果 $AB = 0$，则

$$\mathrm{rank}(A) + \mathrm{rank}(B) \leqslant s.$$

证 如果 $A = 0$，则结论显然成立. 下面考虑 $A \neq 0$ 的情形.

设 B 的列向量组为 $\beta_1, \beta_2, \cdots, \beta_n$，由于 $AB = 0$，由推论 2，$\beta_1, \beta_2, \cdots, \beta_n$ 都是齐次线性方程组 $Ax = 0$ 的解，若 $Ax = 0$ 只有零解，则 $B = 0$，结论显然成立. 若 $Ax = 0$ 有非零解，则 s 元齐次线性方程组 $Ax = 0$ 的基础解系所含解向量的个数为 $s - \mathrm{rank}(A)$，于是 $\mathrm{rank}\{\beta_1, \beta_2, \cdots, \beta_n\} \leqslant s - \mathrm{rank}(A)$. 又 $\mathrm{rank}\{\beta_1, \beta_2, \cdots, \beta_n\} = \mathrm{rank}(B)$，从而 $\mathrm{rank}(A) + \mathrm{rank}(B) \leqslant s$. ◆

注　两个乘积为零阵的矩阵的秩之和不超过左矩阵列数(或右矩阵行数).

推广　设 $\boldsymbol{A}_1,\boldsymbol{A}_2,\cdots,\boldsymbol{A}_m\ (m\geqslant 2)$ 同为 n 阶矩阵,且 $\boldsymbol{A}_1\boldsymbol{A}_2\cdots\boldsymbol{A}_m=\boldsymbol{0}$,则

$$\operatorname{rank}(\boldsymbol{A}_1)+\operatorname{rank}(\boldsymbol{A}_2)+\cdots+\operatorname{rank}(\boldsymbol{A}_m)\leqslant(m-1)n.$$

命题 5　设 $\boldsymbol{A},\boldsymbol{B}$ 同为 $m\times n$ 矩阵,则

$$|\operatorname{rank}(\boldsymbol{A})-\operatorname{rank}(\boldsymbol{B})|\leqslant\operatorname{rank}(\boldsymbol{A}\pm\boldsymbol{B})\leqslant\operatorname{rank}(\boldsymbol{A})+\operatorname{rank}(\boldsymbol{B}).$$

证　如果 $\boldsymbol{A}=\boldsymbol{0}$ 或 $\boldsymbol{B}=\boldsymbol{0}$,结论显然成立.下面设 $\boldsymbol{A}\neq\boldsymbol{0}$ 且 $\boldsymbol{B}\neq\boldsymbol{0}$.

设 $\operatorname{rank}(\boldsymbol{A})=r>0$,$\boldsymbol{A}$ 的列向量组 $\boldsymbol{\alpha}_1,\boldsymbol{\alpha}_2,\cdots,\boldsymbol{\alpha}_n$ 的一个极大线性无关组为 $\boldsymbol{\alpha}_{i_1},\boldsymbol{\alpha}_{i_2},\cdots,\boldsymbol{\alpha}_{i_r}$,$\operatorname{rank}(\boldsymbol{B})=k>0$,$\boldsymbol{B}$ 的列向量组 $\boldsymbol{\beta}_1,\boldsymbol{\beta}_2,\cdots,\boldsymbol{\beta}_n$ 的一个极大线性无关组为 $\boldsymbol{\beta}_{j_1},\boldsymbol{\beta}_{j_2},\cdots,\boldsymbol{\beta}_{j_k}$,则 $\boldsymbol{A}+\boldsymbol{B}$ 的列向量组 $\boldsymbol{\alpha}_1+\boldsymbol{\beta}_1,\boldsymbol{\alpha}_2+\boldsymbol{\beta}_2,\cdots,\boldsymbol{\alpha}_n+\boldsymbol{\beta}_n$ 必可由 $\boldsymbol{\alpha}_{i_1},\boldsymbol{\alpha}_{i_2},\cdots,\boldsymbol{\alpha}_{i_r},\boldsymbol{\beta}_{j_1},\boldsymbol{\beta}_{j_2},\cdots,\boldsymbol{\beta}_{j_k}$ 线性表示,依 2.4 节命题 10,有

$$\operatorname{rank}\{\boldsymbol{\alpha}_1+\boldsymbol{\beta}_1,\boldsymbol{\alpha}_2+\boldsymbol{\beta}_2,\cdots,\boldsymbol{\alpha}_n+\boldsymbol{\beta}_n\}\leqslant\operatorname{rank}\{\boldsymbol{\alpha}_{i_1},\boldsymbol{\alpha}_{i_2},\cdots,\boldsymbol{\alpha}_{i_r},\boldsymbol{\beta}_{j_1},\boldsymbol{\beta}_{j_2},\cdots,\boldsymbol{\beta}_{j_k}\}.$$

又 $\operatorname{rank}(\boldsymbol{A}+\boldsymbol{B})=\operatorname{rank}\{\boldsymbol{\alpha}_1+\boldsymbol{\beta}_1,\boldsymbol{\alpha}_2+\boldsymbol{\beta}_2,\cdots,\boldsymbol{\alpha}_n+\boldsymbol{\beta}_n\}$,如果 $\boldsymbol{\alpha}_{i_1},\boldsymbol{\alpha}_{i_2},\cdots,\boldsymbol{\alpha}_{i_r},\boldsymbol{\beta}_{j_1},\boldsymbol{\beta}_{j_2},\cdots,\boldsymbol{\beta}_{j_k}$ 线性无关,则

$$\operatorname{rank}\{\boldsymbol{\alpha}_{i_1},\boldsymbol{\alpha}_{i_2},\cdots,\boldsymbol{\alpha}_{i_r},\boldsymbol{\beta}_{j_1},\boldsymbol{\beta}_{j_2},\cdots,\boldsymbol{\beta}_{j_k}\}=r+k=\operatorname{rank}(\boldsymbol{A})+\operatorname{rank}(\boldsymbol{B});$$

如果 $\boldsymbol{\alpha}_{i_1},\boldsymbol{\alpha}_{i_2},\cdots,\boldsymbol{\alpha}_{i_r},\boldsymbol{\beta}_{j_1},\boldsymbol{\beta}_{j_2},\cdots,\boldsymbol{\beta}_{j_k}$ 线性相关,则

$$\operatorname{rank}\{\boldsymbol{\alpha}_{i_1},\boldsymbol{\alpha}_{i_2},\cdots,\boldsymbol{\alpha}_{i_r},\boldsymbol{\beta}_{j_1},\boldsymbol{\beta}_{j_2},\cdots,\boldsymbol{\beta}_{j_k}\}<r+k=\operatorname{rank}(\boldsymbol{A})+\operatorname{rank}(\boldsymbol{B}),$$

从而 $\operatorname{rank}(\boldsymbol{A}+\boldsymbol{B})\leqslant r+k=\operatorname{rank}(\boldsymbol{A})+\operatorname{rank}(\boldsymbol{B})$.

同理 $\operatorname{rank}(\boldsymbol{A}-\boldsymbol{B})=\operatorname{rank}(\boldsymbol{A}+(-\boldsymbol{B}))\leqslant\operatorname{rank}(\boldsymbol{A})+\operatorname{rank}(-\boldsymbol{B})=\operatorname{rank}(\boldsymbol{A})+\operatorname{rank}(\boldsymbol{B})$.

因为 $\boldsymbol{A}=\boldsymbol{A}\pm\boldsymbol{B}\mp\boldsymbol{B}$,所以

$$\operatorname{rank}(\boldsymbol{A})=\operatorname{rank}(\boldsymbol{A}+\boldsymbol{B}-\boldsymbol{B})\leqslant\operatorname{rank}(\boldsymbol{A}\pm\boldsymbol{B})+\operatorname{rank}(\mp\boldsymbol{B})=\operatorname{rank}(\boldsymbol{A}\pm\boldsymbol{B})+\operatorname{rank}(\boldsymbol{B}),$$

即 $\operatorname{rank}(\boldsymbol{A})-\operatorname{rank}(\boldsymbol{B})\leqslant\operatorname{rank}(\boldsymbol{A}\pm\boldsymbol{B})$. 同理 $\operatorname{rank}(\boldsymbol{B})-\operatorname{rank}(\boldsymbol{A})\leqslant\operatorname{rank}(\boldsymbol{A}\pm\boldsymbol{B})$,

从而,　$|\operatorname{rank}(\boldsymbol{A})-\operatorname{rank}(\boldsymbol{B})|\leqslant\operatorname{rank}(\boldsymbol{A}\pm\boldsymbol{B})\leqslant\operatorname{rank}(\boldsymbol{A})+\operatorname{rank}(\boldsymbol{B})$.　◆

注　类似的方法可以证明

$$\min\{\operatorname{rank}(\boldsymbol{C}),\operatorname{rank}(\boldsymbol{D})\}\leqslant\operatorname{rank}(\boldsymbol{C},\boldsymbol{D})\leqslant\operatorname{rank}(\boldsymbol{C})+\operatorname{rank}(\boldsymbol{D}),$$

其中矩阵 $\boldsymbol{C},\boldsymbol{D}$ 的行数相同.

$$\min\{\operatorname{rank}(\boldsymbol{P}),\operatorname{rank}(\boldsymbol{Q})\}\leqslant\operatorname{rank}\begin{pmatrix}\boldsymbol{P}\\\boldsymbol{Q}\end{pmatrix}\leqslant\operatorname{rank}(\boldsymbol{P})+\operatorname{rank}(\boldsymbol{Q}),$$

其中矩阵 $\boldsymbol{P},\boldsymbol{Q}$ 的列数相同.

命题 6　设矩阵 $\boldsymbol{A}_{m\times s}$ 与 $\boldsymbol{B}_{s\times n}$,则

$$\operatorname{rank}(\boldsymbol{A}\boldsymbol{B})\leqslant\min\{\operatorname{rank}(\boldsymbol{A}),\operatorname{rank}(\boldsymbol{B})\}.$$

证　设 $\boldsymbol{A}=(a_{ij})_{m\times s}$,$\boldsymbol{B}$ 的行向量组为 $\boldsymbol{\beta}_1,\boldsymbol{\beta}_2,\cdots,\boldsymbol{\beta}_s$,即 $\boldsymbol{B}=\begin{bmatrix}\boldsymbol{\beta}_1\\\boldsymbol{\beta}_2\\\vdots\\\boldsymbol{\beta}_s\end{bmatrix}$,则

$$\boldsymbol{A}\boldsymbol{B}=\begin{bmatrix}a_{11}&a_{12}&\cdots&a_{1s}\\a_{21}&a_{22}&\cdots&a_{2s}\\\vdots&\vdots&&\vdots\\a_{m1}&a_{m2}&\cdots&a_{ms}\end{bmatrix}\begin{bmatrix}\boldsymbol{\beta}_1\\\boldsymbol{\beta}_2\\\vdots\\\boldsymbol{\beta}_s\end{bmatrix}=\begin{bmatrix}a_{11}\boldsymbol{\beta}_1+a_{12}\boldsymbol{\beta}_2+\cdots+a_{1s}\boldsymbol{\beta}_s\\a_{21}\boldsymbol{\beta}_1+a_{22}\boldsymbol{\beta}_2+\cdots+a_{2s}\boldsymbol{\beta}_s\\\vdots\\a_{m1}\boldsymbol{\beta}_1+a_{m2}\boldsymbol{\beta}_2+\cdots+a_{ms}\boldsymbol{\beta}_s\end{bmatrix},$$

上式表明，$\boldsymbol{AB}$ 的行向量组可由 $\boldsymbol{B}$ 的行向量组线性表示，依 2.4 节命题 9，有

$$\operatorname{rank}(\boldsymbol{AB}) \leqslant \operatorname{rank}\{\boldsymbol{\beta}_1,\boldsymbol{\beta}_2,\cdots,\boldsymbol{\beta}_s\} = \operatorname{rank}(\boldsymbol{B}).$$

又设 $\boldsymbol{B}=(b_{ij})_{s\times n}$，$\boldsymbol{A}$ 的列向量组为 $\boldsymbol{\alpha}_1,\boldsymbol{\alpha}_2,\cdots,\boldsymbol{\alpha}_s$，即 $\boldsymbol{A}=(\boldsymbol{\alpha}_1,\boldsymbol{\alpha}_2,\cdots,\boldsymbol{\alpha}_s)$，则

$$\boldsymbol{AB}=(\boldsymbol{\alpha}_1,\boldsymbol{\alpha}_2,\cdots,\boldsymbol{\alpha}_s)\begin{pmatrix} b_{11} & b_{12} & \cdots & b_{1n} \\ b_{21} & b_{22} & \cdots & b_{2n} \\ \vdots & \vdots & & \vdots \\ b_{s1} & b_{s2} & \cdots & b_{sn} \end{pmatrix}$$

$$=(b_{11}\boldsymbol{\alpha}_1+b_{21}\boldsymbol{\alpha}_2+\cdots+b_{s1}\boldsymbol{\alpha}_s,\cdots,b_{1n}\boldsymbol{\alpha}_1+b_{2n}\boldsymbol{\alpha}_2+\cdots+b_{sn}\boldsymbol{\alpha}_s).$$

上式表明，$\boldsymbol{AB}$ 的列向量组可由 $\boldsymbol{A}$ 的列向量组线性表示，同理

$$\operatorname{rank}(\boldsymbol{AB}) \leqslant \operatorname{rank}\{\boldsymbol{\alpha}_1,\boldsymbol{\alpha}_2,\cdots,\boldsymbol{\alpha}_s\} = \operatorname{rank}(\boldsymbol{A}),$$

从而 $\operatorname{rank}(\boldsymbol{AB}) \leqslant \min\{\operatorname{rank}(\boldsymbol{A}),\operatorname{rank}(\boldsymbol{B})\}$. ◆

命题 7 设 $\boldsymbol{A}$ 是实数域 $\mathbb{R}$ 上的 $m\times n$ 矩阵，则

$$\operatorname{rank}(\boldsymbol{AA}^{\mathrm{T}})=\operatorname{rank}(\boldsymbol{A}^{\mathrm{T}}\boldsymbol{A})=\operatorname{rank}(\boldsymbol{A}).$$

证 设 $\boldsymbol{\eta}$ 是线性方程组 $\boldsymbol{Ax}=\boldsymbol{0}$ 的任一解，则 $\boldsymbol{A\eta}=\boldsymbol{0}$，于是 $(\boldsymbol{A}^{\mathrm{T}}\boldsymbol{A})\boldsymbol{\eta}=\boldsymbol{A}^{\mathrm{T}}(\boldsymbol{A\eta})=\boldsymbol{0}$，因此 $\boldsymbol{\eta}$ 也是方程组 $(\boldsymbol{A}^{\mathrm{T}}\boldsymbol{A})\boldsymbol{x}=\boldsymbol{0}$ 的解.

反之，设 $\boldsymbol{\gamma}$ 是线性方程组 $(\boldsymbol{A}^{\mathrm{T}}\boldsymbol{A})\boldsymbol{x}=\boldsymbol{0}$ 的解，则 $(\boldsymbol{A}^{\mathrm{T}}\boldsymbol{A})\boldsymbol{\gamma}=\boldsymbol{0}$，用 $\boldsymbol{\gamma}^{\mathrm{T}}$ 左乘等式两端，有 $\boldsymbol{\gamma}^{\mathrm{T}}(\boldsymbol{A}^{\mathrm{T}}\boldsymbol{A})\boldsymbol{\gamma}=0$，即 $(\boldsymbol{A\gamma})^{\mathrm{T}}(\boldsymbol{A\gamma})=0$. 令 $\boldsymbol{A\gamma}=\begin{pmatrix} b_1 \\ b_2 \\ \vdots \\ b_n \end{pmatrix}$，即 $(b_1,b_2,\cdots,b_n)\begin{pmatrix} b_1 \\ b_2 \\ \vdots \\ b_n \end{pmatrix}=0$，则 $b_1^2+b_2^2+\cdots+b_n^2=0$，由于 $b_1,b_2,\cdots,b_n$ 都是实数，所以 $b_1=b_2=\cdots=b_n=0$，从而 $\boldsymbol{A\gamma}=\boldsymbol{0}$，即 $\boldsymbol{\gamma}$ 是方程组 $\boldsymbol{Ax}=\boldsymbol{0}$ 的解，因此 n 元齐次线性方程组 $(\boldsymbol{A}^{\mathrm{T}}\boldsymbol{A})\boldsymbol{x}=\boldsymbol{0}$ 与 $\boldsymbol{Ax}=\boldsymbol{0}$ 同解，如果只有零解，则 $\operatorname{rank}(\boldsymbol{A}^{\mathrm{T}}\boldsymbol{A})=\operatorname{rank}(\boldsymbol{A})=n$，如果还有非零解，则两线性方程组共享基础解系，从而

$$n-\operatorname{rank}(\boldsymbol{A}^{\mathrm{T}}\boldsymbol{A})=n-\operatorname{rank}(\boldsymbol{A})\text{，即 }\operatorname{rank}(\boldsymbol{A}^{\mathrm{T}}\boldsymbol{A})=\operatorname{rank}(\boldsymbol{A}).$$

又依上述结论，有 $\operatorname{rank}(\boldsymbol{AA}^{\mathrm{T}})=\operatorname{rank}((\boldsymbol{A}^{\mathrm{T}})^{\mathrm{T}}\boldsymbol{A}^{\mathrm{T}})=\operatorname{rank}(\boldsymbol{A}^{\mathrm{T}})=\operatorname{rank}(\boldsymbol{A})$，于是

$$\operatorname{rank}(\boldsymbol{AA}^{\mathrm{T}})=\operatorname{rank}(\boldsymbol{A}^{\mathrm{T}}\boldsymbol{A})=\operatorname{rank}(\boldsymbol{A}).$$ ◆

主对角线上的子块均为方块，其余子块均为零子块的分块矩阵称为**分块对角矩阵**.

我们将主对角线上的所有子块都是方块，主对角线下(上)方的所有子块都是零子块的分块矩阵称为**分块上(下)三角矩阵**.

类似于矩阵的初等行(列)变换，分块矩阵的初等行(列)变换如下：

倍加变换：用矩阵 $\boldsymbol{P}$ 左(右)乘分块矩阵的子块行(列)加到另一子块行(列)；

对换变换：对换分块矩阵的某两个子块行(列)的位置(限两子块行(列)所含的行(列)数相等)；

倍乘变换：用一个可逆矩阵 $\boldsymbol{P}$ 左(右)乘分块矩阵的某一个子块行(列).

把单位矩阵分块成分块对角矩阵，该对角矩阵经一次分块矩阵初等行(列)变换所得到的矩阵称为**分块初等矩阵**. 例如

设分块单位矩阵

$$\boldsymbol{E}=\begin{pmatrix}\boldsymbol{E}_{m_1} & & & & & & \\ & \ddots & & & & & \\ & & \boldsymbol{E}_{m_i} & & & & \\ & & & \ddots & & & \\ & & & & \boldsymbol{E}_{m_j} & & \\ & & & & & \ddots & \\ & & & & & & \boldsymbol{E}_{m_t}\end{pmatrix},$$

$\boldsymbol{E}_{m_k}$ 为 m_k 阶单位子块.

分块初等矩阵有下述 3 种形式:

(1) 倍加分块初等矩阵:用矩阵 $\boldsymbol{B}$ 左乘分块矩阵 $\boldsymbol{E}$ 的第 i 子块行加到第 j 子块行,得

$$\boldsymbol{P}_1=\begin{pmatrix}\boldsymbol{E}_{m_1} & & & & & & \\ & \ddots & & & & & \\ & & \boldsymbol{E}_{m_i} & & & & \\ & & \vdots & \ddots & & & \\ & & \boldsymbol{B} & \cdots & \boldsymbol{E}_{m_j} & & \\ & & & & & \ddots & \\ & & & & & & \boldsymbol{E}_{m_t}\end{pmatrix},\boldsymbol{B}\text{ 为 }m_j\times m_i\text{ 矩阵},$$

上式也可视为用矩阵 $\boldsymbol{B}$ 右乘分块矩阵 E 的第 j 子块列加到第 i 子块列上所得.

倍加分块初等矩阵 $\boldsymbol{P}_1$ 满足如下性质:

$$|\boldsymbol{P}_1|=1,\boldsymbol{P}_1^{\mathrm{T}}=\begin{pmatrix}\boldsymbol{E}_{m_1} & & & & & & \\ & \ddots & & & & & \\ & & \boldsymbol{E}_{m_i} & \cdots & \boldsymbol{B}^{\mathrm{T}} & & \\ & & & \ddots & \vdots & & \\ & & & & \boldsymbol{E}_{m_j} & & \\ & & & & & \ddots & \\ & & & & & & \boldsymbol{E}_{m_t}\end{pmatrix},$$

$$\boldsymbol{P}_1^{-1}=\begin{pmatrix}\boldsymbol{E}_{m_1} & & & & & & \\ & \ddots & & & & & \\ & & \boldsymbol{E}_{m_i} & & & & \\ & & \vdots & \ddots & & & \\ & & -\boldsymbol{B} & \cdots & \boldsymbol{E}_{m_j} & & \\ & & & & & \ddots & \\ & & & & & & \boldsymbol{E}_{m_t}\end{pmatrix}.$$

（2）对换分块初等矩阵：对换分块矩阵 $\boldsymbol{E}$ 的第 i 子块行与第 j 子块行，即

$$\boldsymbol{P}_2=\begin{pmatrix}\boldsymbol{E}_{m_1} &&&&&\\ &\ddots&&&&\\ &&\boldsymbol{0}&\cdots&\boldsymbol{E}_{m_j}&&\\ &&\vdots&\ddots&\vdots&&\\ &&\boldsymbol{E}_{m_i}&\cdots&\boldsymbol{0}&&\\ &&&&&\ddots&\\ &&&&&&\boldsymbol{E}_{m_t}\end{pmatrix},\text{其中 } m_i=m_j,$$

上式也可视为对换 $\boldsymbol{E}$ 的第 i 子块列与第 j 子块列所得.

对换分块初等矩阵 $\boldsymbol{P}_2$ 满足如下性质：

$$|\boldsymbol{P}_2|=(-1)^{m_i},\boldsymbol{P}_2^{\mathrm{T}}=\begin{pmatrix}\boldsymbol{E}_{m_1} &&&&&\\ &\ddots&&&&\\ &&\boldsymbol{0}&\cdots&\boldsymbol{E}_{m_i}&&\\ &&\vdots&\ddots&\vdots&&\\ &&\boldsymbol{E}_{m_j}&\cdots&\boldsymbol{0}&&\\ &&&&&\ddots&\\ &&&&&&\boldsymbol{E}_{m_t}\end{pmatrix}=\boldsymbol{P}_2^{-1}.$$

（3）倍乘分块初等矩阵：用矩阵 $\boldsymbol{B}$ 左乘分块矩阵 $\boldsymbol{E}$ 的第 i 子块行，得

$$\boldsymbol{P}_3=\begin{pmatrix}\boldsymbol{E}_{m_1}&&&&&&\\ &\ddots&&&&&\\ &&\boldsymbol{E}_{m_{i-1}}&&&&\\ &&&\boldsymbol{B}&&&\\ &&&&\boldsymbol{E}_{m_{i+1}}&&\\ &&&&&\ddots&\\ &&&&&&\boldsymbol{E}_{m_t}\end{pmatrix},\text{其中 }\boldsymbol{B}\text{ 为与 }\boldsymbol{E}_{m_i}\text{ 同阶的可逆矩阵},$$

上式也可视为用 $\boldsymbol{B}$ 右乘分块对角矩阵 $\boldsymbol{E}$ 的第 i 子块列所得.

倍乘分块初等矩阵 $\boldsymbol{P}_3$ 满足如下性质：

$$|\boldsymbol{P}_3|=|\boldsymbol{B}|,\quad \boldsymbol{P}_3^{\mathrm{T}}=\begin{pmatrix}\boldsymbol{E}_{m_1}&&&&&&\\ &\ddots&&&&&\\ &&\boldsymbol{E}_{m_{i-1}}&&&&\\ &&&\boldsymbol{B}^{\mathrm{T}}&&&\\ &&&&\boldsymbol{E}_{m_{i+1}}&&\\ &&&&&\ddots&\\ &&&&&&\boldsymbol{E}_{m_t}\end{pmatrix},$$

$$P_3^{-1}=\begin{pmatrix} E_{m_1} & & & & & & \\ & \ddots & & & & & \\ & & E_{m_{i-1}} & & & & \\ & & & B^{-1} & & & \\ & & & & E_{m_{i+1}} & & \\ & & & & & \ddots & \\ & & & & & & E_{m_t} \end{pmatrix}.$$

命题 8　用分块初等矩阵左(右)乘分块矩阵 M 相当于对 M 施以一次相应的分块矩阵初等行(列)变换.

证　设分块矩阵 $M=\begin{pmatrix} A_{11} & A_{12} & \cdots & A_{1s} \\ \vdots & \vdots & & \vdots \\ A_{i1} & A_{i2} & \cdots & A_{is} \\ \vdots & \vdots & & \vdots \\ A_{j1} & A_{j2} & \cdots & A_{js} \\ \vdots & \vdots & & \vdots \\ A_{t1} & A_{t2} & \cdots & A_{ts} \end{pmatrix}$,

用 P_1 左乘 M,$P_1M=\begin{pmatrix} A_{11} & A_{12} & \cdots & A_{1s} \\ \vdots & \vdots & & \vdots \\ A_{i1} & A_{i2} & \cdots & A_{is} \\ \vdots & \vdots & & \vdots \\ BA_{i1}+A_{j1} & BA_{i2}+A_{j2} & \cdots & BA_{is}+A_{js} \\ \vdots & \vdots & & \vdots \\ A_{t1} & A_{t2} & \cdots & A_{ts} \end{pmatrix}$,其结果相当于对分块矩阵 M 施以一次倍加变换,即用矩阵 B 左乘 M 的第 i 子块行后加到第 j 子块行.

注　假设上述子块间的乘法和加法运算可行,余同.

用 P_2 左乘 M,$P_2M=\begin{pmatrix} A_{11} & A_{12} & \cdots & A_{1s} \\ \vdots & \vdots & & \vdots \\ A_{j1} & A_{j2} & \cdots & A_{js} \\ \vdots & \vdots & & \vdots \\ A_{i1} & A_{i2} & \cdots & A_{is} \\ \vdots & \vdots & & \vdots \\ A_{t1} & A_{t2} & \cdots & A_{ts} \end{pmatrix}$,其结果相当于对分块矩阵 M 施以一次对换变换,即互换 M 的第 i 子块行与第 j 子块行(限两个子块行的行数相同).

用 P_3 左乘 M,$P_3M=\begin{pmatrix} A_{11} & A_{12} & \cdots & A_{1s} \\ \vdots & \vdots & & \vdots \\ A_{(i-1)1} & A_{(i-1)2} & \cdots & A_{(i-1)s} \\ BA_{i1} & BA_{i2} & & BA_{is} \\ A_{(i+1)1} & A_{(i+1)2} & \cdots & A_{(i+1)s} \\ \vdots & \vdots & & \vdots \\ A_{t1} & A_{t2} & \cdots & A_{ts} \end{pmatrix}$,其结果相当于对分块矩阵 M 施以一次倍乘变换,即用可逆矩阵 B 左乘 M 的第 i 子块行.

由此可见,用分块初等矩阵左乘一个分块矩阵,就相当于对这个分块矩阵作了一次相应的分块矩阵初等行变换.

同理可证,用分块初等矩阵右乘一个分块矩阵,就相当于对这个分块矩阵作了一次相应的分块矩阵初等列变换. ◆

推论 9 对分块矩阵(方阵)施以倍加变换不改变分块矩阵的行列式的值.

推论 10 对分块矩阵施以分块矩阵的初等行或列变换不改变矩阵的秩.

事实上,分块初等矩阵都是可逆矩阵,即可以写成一系列普通初等矩阵之积.而对分块矩阵施以一次分块矩阵初等行或列变换,相当于乘以一个相应的分块初等矩阵,也等同于乘以有限个普通的初等矩阵,还等同于在一般意义下对该矩阵施以了有限次普通的初等行或列变换,而初等行或列变换不改变矩阵的秩.经一次分块矩阵初等行或列变换如此,经有限次分块矩阵的初等行或列变换也如此.

分块矩阵初等行或列变换在分块矩阵运算中的应用.

(1) 设 A,B,C,D 都是 n 阶矩阵,A 可逆,且 $AC=CA$,则

$$\begin{vmatrix} A & B \\ C & D \end{vmatrix}=|AD-CB|.$$

证 对矩阵 $\begin{pmatrix} A & B \\ C & D \end{pmatrix}$ 施以倍加变换:用 $-A^{-1}B$ 右乘第 1(子块)列加到第 2 列,相当于

$$\begin{pmatrix} A & B \\ C & D \end{pmatrix}\begin{pmatrix} E_n & -A^{-1}B \\ 0 & E_n \end{pmatrix}=\begin{pmatrix} A & 0 \\ C & D-CA^{-1}B \end{pmatrix},$$

两边取行列式,由推论 9 及 1.6 节推论 2,有

$$\begin{vmatrix} A & B \\ C & D \end{vmatrix}=\begin{vmatrix} A & 0 \\ C & D-CA^{-1}B \end{vmatrix}=|A|\,|D-CA^{-1}B|=|AD-ACA^{-1}B|=|AD-CB|.$$ ◆

(2) 设分块对角矩阵 $C=\begin{pmatrix} A & 0 \\ 0 & B \end{pmatrix}$,其中 A 为 n 阶可逆子块,B 为 s 阶可逆子块,则 C 可逆,且 $C^{-1}=\begin{pmatrix} A^{-1} & 0 \\ 0 & B^{-1} \end{pmatrix}$.

证 依题设,$|C|=\begin{vmatrix} A & 0 \\ 0 & B \end{vmatrix}=|A|\cdot|B|\neq 0$,所以 C 可逆,设 $C^{-1}=\begin{pmatrix} X_1 & X_2 \\ X_3 & X_4 \end{pmatrix}$,依逆矩阵的定义,有

$$\begin{pmatrix} A & 0 \\ 0 & B \end{pmatrix}\begin{pmatrix} X_1 & X_2 \\ X_3 & X_4 \end{pmatrix}=\begin{pmatrix} E_n & 0 \\ 0 & E_s \end{pmatrix}=\begin{pmatrix} X_1 & X_2 \\ X_3 & X_4 \end{pmatrix}\begin{pmatrix} A & 0 \\ 0 & B \end{pmatrix},$$

第一个等式说明 $\begin{pmatrix} X_1 & X_2 \\ X_3 & X_4 \end{pmatrix}$ 行的分法与 $\begin{pmatrix} A & 0 \\ 0 & B \end{pmatrix}$ 列的分法相同,第二个等式说明 $\begin{pmatrix} X_1 & X_2 \\ X_3 & X_4 \end{pmatrix}$ 列的分法与 $\begin{pmatrix} A & 0 \\ 0 & B \end{pmatrix}$ 行的分法相同,于是 X_1 是与 A 同阶的 n 阶子块, X_4 是与 B 同阶的 s 阶子块,依分块矩阵乘法的运算规则,有

$$\begin{pmatrix} E_n & 0 \\ 0 & E_s \end{pmatrix}=\begin{pmatrix} A & 0 \\ 0 & B \end{pmatrix}\begin{pmatrix} X_1 & X_2 \\ X_3 & X_4 \end{pmatrix}=\begin{pmatrix} AX_1 & AX_2 \\ BX_3 & BX_4 \end{pmatrix},$$

于是 $\begin{cases} AX_1=E_n & \Rightarrow X_1=A^{-1}, \\ AX_2=0 & \Rightarrow X_2=0, \\ BX_3=0 & \Rightarrow X_3=0, \\ BX_4=E_s & \Rightarrow X_4=B^{-1}, \end{cases}$ 其中,用 A^{-1} 左乘等式 $AX_2=0$ 两端,得 $X_2=0$, 用 B^{-1} 左乘等式 $BX_3=0$ 两端,得 $X_3=0$, 从而

$$\begin{pmatrix} A & 0 \\ 0 & B \end{pmatrix}^{-1}=\begin{pmatrix} A^{-1} & 0 \\ 0 & B^{-1} \end{pmatrix}.$$ ◆

类似地,设 $D=\begin{pmatrix} 0 & B \\ A & 0 \end{pmatrix}$, 其中 A 为 n 阶可逆子块,B 为 s 阶可逆子块,则 D 可逆,且 $D^{-1}=\begin{pmatrix} 0 & A^{-1} \\ B^{-1} & 0 \end{pmatrix}$.

(3) 设矩阵 $A_{m\times n}$, $B_{n\times l}$, $C_{l\times k}$, 则

① $\operatorname{rank}\begin{pmatrix} A & 0 \\ 0 & B \end{pmatrix}=\operatorname{rank}(A)+\operatorname{rank}(B)$;

② $\operatorname{rank}\begin{pmatrix} A & 0 \\ C & B \end{pmatrix}\geqslant\operatorname{rank}(A)+\operatorname{rank}(B)$;

③ $\operatorname{rank}(A)+\operatorname{rank}(B)-n\leqslant\operatorname{rank}(AB)$.

证 ①设 $\operatorname{rank}(A)=s$, $\operatorname{rank}(B)=t$, 经普通矩阵的初等行或列变换,有

$$A\to\begin{pmatrix} E_s & 0 \\ 0 & 0 \end{pmatrix},\quad B\to\begin{pmatrix} E_t & 0 \\ 0 & 0 \end{pmatrix},\text{从而}\begin{pmatrix} A & 0 \\ 0 & B \end{pmatrix}\to\begin{bmatrix} E_s & & & \\ & 0 & & \\ & & E_t & \\ & & & 0 \end{bmatrix},$$

因为初等行或列变换不改变矩阵的秩,以及依2.5节定理7,有

$$\operatorname{rank}\begin{pmatrix} A & 0 \\ 0 & B \end{pmatrix}=\operatorname{rank}\begin{bmatrix} E_s & & & \\ & 0 & & \\ & & E_t & \\ & & & 0 \end{bmatrix}=s+t=\operatorname{rank}(A)+\operatorname{rank}(B).$$

② 设 $\mathrm{rank}(\boldsymbol{A})=s$，$\mathrm{rank}(\boldsymbol{B})=t$，经普通矩阵的初等行或列变换，有

$$\begin{pmatrix}\boldsymbol{A} & \boldsymbol{0}\\ \boldsymbol{C} & \boldsymbol{B}\end{pmatrix}\to\begin{pmatrix}\boldsymbol{E}_s & \boldsymbol{0} & \boldsymbol{0} & \boldsymbol{0}\\ \boldsymbol{0} & \boldsymbol{0} & \boldsymbol{0} & \boldsymbol{0}\\ \boldsymbol{C}_1 & \boldsymbol{C}_2 & \boldsymbol{E}_t & \boldsymbol{0}\\ \boldsymbol{C}_3 & \boldsymbol{C}_4 & \boldsymbol{0} & \boldsymbol{0}\end{pmatrix}\to\begin{pmatrix}\boldsymbol{E}_s & \boldsymbol{0} & \boldsymbol{0} & \boldsymbol{0}\\ \boldsymbol{0} & \boldsymbol{E}_t & \boldsymbol{0} & \boldsymbol{0}\\ \boldsymbol{0} & \boldsymbol{0} & \boldsymbol{C}_4 & \boldsymbol{0}\\ \boldsymbol{0} & \boldsymbol{0} & \boldsymbol{0} & \boldsymbol{0}\end{pmatrix}.$$

同理 $$\mathrm{rank}\begin{pmatrix}\boldsymbol{A} & \boldsymbol{0}\\ \boldsymbol{C} & \boldsymbol{B}\end{pmatrix}=\mathrm{rank}\begin{pmatrix}\boldsymbol{E}_t & \boldsymbol{0} & \boldsymbol{0} & \boldsymbol{0}\\ \boldsymbol{0} & \boldsymbol{E}_s & \boldsymbol{0} & \boldsymbol{0}\\ \boldsymbol{0} & \boldsymbol{0} & \boldsymbol{C}_4 & \boldsymbol{0}\\ \boldsymbol{0} & \boldsymbol{0} & \boldsymbol{0} & \boldsymbol{0}\end{pmatrix}$$

$$=s+t+\mathrm{rank}(\boldsymbol{C}_4)\geqslant\mathrm{rank}(\boldsymbol{A})+\mathrm{rank}(\boldsymbol{B}).$$

③ 由(2)的结论以及推论 10，有

$$\mathrm{rank}(\boldsymbol{A})+\mathrm{rank}(\boldsymbol{B})=\mathrm{rank}\begin{pmatrix}\boldsymbol{A} & \boldsymbol{0}\\ \boldsymbol{0} & \boldsymbol{B}\end{pmatrix}\leqslant\mathrm{rank}\begin{pmatrix}\boldsymbol{A} & \boldsymbol{0}\\ \boldsymbol{E}_n & \boldsymbol{B}\end{pmatrix}=\mathrm{rank}\begin{pmatrix}\boldsymbol{0} & -\boldsymbol{AB}\\ \boldsymbol{E}_n & \boldsymbol{B}\end{pmatrix}$$

$$=\mathrm{rank}\begin{pmatrix}\boldsymbol{0} & -\boldsymbol{AB}\\ \boldsymbol{E}_n & \boldsymbol{0}\end{pmatrix}=\mathrm{rank}(-\boldsymbol{AB})+\mathrm{rank}(\boldsymbol{E}_n)=\mathrm{rank}(\boldsymbol{AB})+n.$$

结合命题 6，有

$$\mathrm{rank}(\boldsymbol{A})+\mathrm{rank}(\boldsymbol{B})-n\leqslant\mathrm{rank}(\boldsymbol{AB}).$$

◆

2. 典型例题

例 3.4.1 设 $\boldsymbol{A}$ 为 $m\times n$ 矩阵，且 $\boldsymbol{A}\neq\boldsymbol{0}$，证明 $\mathrm{rank}(\boldsymbol{A})=1$ 当且仅当 $\boldsymbol{A}$ 能表示成一个 m 维列向量与一个 n 维行向量的乘积.

分析 若 $\boldsymbol{A}=\boldsymbol{\alpha\beta}$，则 $1\leqslant\mathrm{rank}(\boldsymbol{A})\leqslant\mathrm{rank}(\boldsymbol{\alpha})=1$；反之，若 $\mathrm{rank}(\boldsymbol{A})=1$，则行秩等于 1，此时 $\boldsymbol{A}$ 的行向量组的极大线性无关组仅含一个向量，列的情形同理.

证 充分性. 设 $\boldsymbol{A}=\boldsymbol{\alpha\beta}$，其中 $\boldsymbol{\alpha}$ 是 m 维列向量，$\boldsymbol{\beta}$ 是 n 维行向量. 又 $\boldsymbol{A}\neq\boldsymbol{0}$，则 $\boldsymbol{\alpha}\neq\boldsymbol{0}$，依命题 6，有 $1\leqslant\mathrm{rank}(\boldsymbol{A})\leqslant\mathrm{rank}(\boldsymbol{\alpha})=1$，即 $\mathrm{rank}(\boldsymbol{A})=1$.

必要性. 设 $\mathrm{rank}(\boldsymbol{A})=1$，即 $\boldsymbol{A}$ 的行秩等于 1，设 $\boldsymbol{A}$ 的行向量组的一个极大线性无关组为 $\boldsymbol{\delta}$（$\boldsymbol{\delta}$ 是 n 维行向量），$\boldsymbol{A}$ 的第 k 行可表示为 $l_k\boldsymbol{\delta}$（$k=1,2,\cdots,m$），将 $\boldsymbol{A}$ 按行分块，依分块矩阵的乘法规则，有

$$\boldsymbol{A}=\begin{pmatrix}l_1\boldsymbol{\delta}\\ l_2\boldsymbol{\delta}\\ \vdots\\ l_m\boldsymbol{\delta}\end{pmatrix}=\begin{pmatrix}l_1\\ l_2\\ \vdots\\ l_m\end{pmatrix}\boldsymbol{\delta},$$

上式说明 $\boldsymbol{A}$ 可以表示成一个 m 维列向量与一个 n 维行向量之积.

注 如果 $\boldsymbol{A}=\boldsymbol{\alpha\beta}$，其中 $\boldsymbol{\alpha}$ 是列向量，$\boldsymbol{\beta}$ 是行向量，则必有 $\mathrm{rank}(\boldsymbol{A})\leqslant 1$. 又如果 $\boldsymbol{A}\neq\boldsymbol{0}$，$\mathrm{rank}(\boldsymbol{A})\geqslant 1$，因此 $\mathrm{rank}(\boldsymbol{A})=1$.

评 对于 $m\times n$ 矩阵 $\boldsymbol{A}\neq\boldsymbol{0}$，$\mathrm{rank}(\boldsymbol{A})=1\Leftrightarrow\boldsymbol{A}=\boldsymbol{\alpha\beta}^{\mathrm{T}}$，其中 $\boldsymbol{\alpha},\boldsymbol{\beta}$ 分别是 m 维、n 维列向量.

例 3.4.2 已知 $\boldsymbol{A},\boldsymbol{B}$ 分别是 $m\times s$，$m\times n$ 矩阵，证明矩阵方程 $\boldsymbol{AX}=\boldsymbol{B}$ 有解的充分必要

条件是 $\text{rank}(\boldsymbol{A})=\text{rank}(\boldsymbol{A},\boldsymbol{B})$（注 $(\boldsymbol{A},\boldsymbol{B})$ 的列向量依次由 $\boldsymbol{A},\boldsymbol{B}$ 的列向量构成）.

分析 可证 $\boldsymbol{A}$ 的列向量组与 $(\boldsymbol{A},\boldsymbol{B})$ 的列向量组等价.

证 方程 $\boldsymbol{AX}=\boldsymbol{B}$ 有解$\Leftrightarrow$存在 $s\times n$ 矩阵 $\boldsymbol{X}$，使 $\boldsymbol{AX}=\boldsymbol{B}$，设矩阵 $\boldsymbol{A},\boldsymbol{B},\boldsymbol{X}$ 的列向量组分别为

$$\boldsymbol{\alpha}_1,\boldsymbol{\alpha}_2,\cdots,\boldsymbol{\alpha}_s,\boldsymbol{\beta}_1,\boldsymbol{\beta}_2,\cdots,\boldsymbol{\beta}_n,\boldsymbol{\gamma}_1,\boldsymbol{\gamma}_2,\cdots,\boldsymbol{\gamma}_n,$$

依推论 3，有

$$\begin{aligned}\boldsymbol{AX}=\boldsymbol{B}\text{ 有解 }&\Leftrightarrow\boldsymbol{\gamma}_j\text{ 是 }\boldsymbol{Ay}=\boldsymbol{\beta}_j\text{ 的解，即 }\boldsymbol{A\gamma}_j=\boldsymbol{\beta}_j\ (j=1,2,\cdots,n).\\&\Leftrightarrow\boldsymbol{\beta}_j\text{ 可由 }\boldsymbol{\alpha}_1,\boldsymbol{\alpha}_2,\cdots,\boldsymbol{\alpha}_s\text{ 线性表示 }(j=1,2,\cdots,n)\\&\Leftrightarrow\{\boldsymbol{\alpha}_1,\boldsymbol{\alpha}_2,\cdots,\boldsymbol{\alpha}_s,\boldsymbol{\beta}_1,\boldsymbol{\beta}_2,\cdots,\boldsymbol{\beta}_n\}\cong\{\boldsymbol{\alpha}_1,\boldsymbol{\alpha}_2,\cdots,\boldsymbol{\alpha}_s\}\\&\Leftrightarrow\text{rank}\{\boldsymbol{\alpha}_1,\boldsymbol{\alpha}_2,\cdots,\boldsymbol{\alpha}_s,\boldsymbol{\beta}_1,\boldsymbol{\beta}_2,\cdots,\boldsymbol{\beta}_n\}=\text{rank}\{\boldsymbol{\alpha}_1,\boldsymbol{\alpha}_2,\cdots,\boldsymbol{\alpha}_s\}\\&\Leftrightarrow\text{rank}(\boldsymbol{A},\boldsymbol{B})=\text{rank}(\boldsymbol{A}).\end{aligned}$$

注 $\boldsymbol{\beta}_1,\boldsymbol{\beta}_2,\cdots,\boldsymbol{\beta}_n$ 可由 $\boldsymbol{\alpha}_1,\boldsymbol{\alpha}_2,\cdots,\boldsymbol{\alpha}_s$ 线性表示，所以 $\boldsymbol{\alpha}_1,\boldsymbol{\alpha}_2,\cdots,\boldsymbol{\alpha}_s,\boldsymbol{\beta}_1,\boldsymbol{\beta}_2,\cdots,\boldsymbol{\beta}_n$ 与 $\boldsymbol{\alpha}_1,\boldsymbol{\alpha}_2,\cdots,\boldsymbol{\alpha}_s$ 可互为线性表示，因此 $\{\boldsymbol{\alpha}_1,\boldsymbol{\alpha}_2,\cdots,\boldsymbol{\alpha}_s,\boldsymbol{\beta}_1,\boldsymbol{\beta}_2,\cdots,\boldsymbol{\beta}_n\}\cong\{\boldsymbol{\alpha}_1,\boldsymbol{\alpha}_2,\cdots,\boldsymbol{\alpha}_s\}$.

评 方程组 $\boldsymbol{Ax}=\boldsymbol{\beta}$（$\boldsymbol{\beta}$ 是常数列）有解的充分必要条件是 $\text{rank}(\boldsymbol{A})=\text{rank}(\boldsymbol{A},\boldsymbol{\beta})$. 矩阵方程 $\boldsymbol{AX}=\boldsymbol{B}$ 有解的充分必要条件是 $\text{rank}(\boldsymbol{A})=\text{rank}(\boldsymbol{A},\boldsymbol{B})$. 两者有异曲同工之效.

例 3.4.3 设向量 $\boldsymbol{\alpha}=\begin{pmatrix}1\\2\\1\end{pmatrix}$，$\boldsymbol{\beta}=\begin{pmatrix}1\\1/2\\0\end{pmatrix}$，$\boldsymbol{\gamma}=\begin{pmatrix}0\\0\\8\end{pmatrix}$，$\boldsymbol{A}=\boldsymbol{\alpha\beta}^{\mathrm{T}}$，$B=\boldsymbol{\beta}^{\mathrm{T}}\boldsymbol{\alpha}$，其中 $\boldsymbol{\beta}^{\mathrm{T}}$ 是 $\boldsymbol{\beta}$ 的转置，解矩阵方程 $2B^2\boldsymbol{A}^2\boldsymbol{X}=\boldsymbol{A}^4\boldsymbol{X}+B^4\boldsymbol{X}+\boldsymbol{\gamma}$. **【2000 研数二】**

分析 先化简矩阵方程，再求未知矩阵 $\boldsymbol{X}$.

解 依题设，$\boldsymbol{A}=\boldsymbol{\alpha\beta}^{\mathrm{T}}=\begin{pmatrix}1\\2\\1\end{pmatrix}\begin{pmatrix}1&\frac{1}{2}&0\end{pmatrix}=\begin{pmatrix}1&1/2&0\\2&1&0\\1&1/2&0\end{pmatrix}$，$B=\boldsymbol{\beta}^{\mathrm{T}}\boldsymbol{\alpha}=\begin{pmatrix}1&\frac{1}{2}&0\end{pmatrix}\begin{pmatrix}1\\2\\1\end{pmatrix}=2$，依矩阵的乘法满足结合律，有

$$\boldsymbol{A}^2=(\boldsymbol{\alpha\beta}^{\mathrm{T}})(\boldsymbol{\alpha\beta}^{\mathrm{T}})=\boldsymbol{\alpha}(\boldsymbol{\beta}^{\mathrm{T}}\boldsymbol{\alpha})\boldsymbol{\beta}^{\mathrm{T}}=2(\boldsymbol{\alpha\beta}^{\mathrm{T}})=2\boldsymbol{A},\boldsymbol{A}^4=(\boldsymbol{A}^2)^2=(2\boldsymbol{A})^2=4\boldsymbol{A}^2=8\boldsymbol{A},$$

代入矩阵方程，有

$$16\boldsymbol{AX}=8\boldsymbol{AX}+16\boldsymbol{X}+\boldsymbol{\gamma},\text{即 }8(\boldsymbol{A}-2\boldsymbol{E})\boldsymbol{X}=\boldsymbol{\gamma},$$

依矩阵乘法的定义，$\boldsymbol{X}$ 是三维列向量，可视为线性方程组 $8(\boldsymbol{A}-2\boldsymbol{E})\boldsymbol{x}=\boldsymbol{\gamma}$ 的解. 对方程组的增广矩阵施以初等行变换，将其化为简化行阶梯形矩阵，有

$$(8(\boldsymbol{A}-2\boldsymbol{E})\mid\boldsymbol{\gamma})=\left(\begin{array}{ccc|c}-8&4&0&0\\16&-8&0&0\\8&4&-16&8\end{array}\right)\to\left(\begin{array}{ccc|c}1&0&-1&1/2\\0&1&-2&1\\0&0&0&0\end{array}\right).$$

因为 $\text{rank}(8(\boldsymbol{A}-2\boldsymbol{E}))=\text{rank}(8(\boldsymbol{A}-2\boldsymbol{E})\mid\boldsymbol{\gamma})=2<3$（未知元的个数），所以方程组有无穷多个解，其一般解为 $\begin{cases}x_1=\frac{1}{2}+x_3,\\x_2=1+2x_3,\end{cases}$ 令自由未知元 $x_3=0$，代入得方程组的一个特解为 $\boldsymbol{\gamma}^*=\begin{pmatrix}1/2\\1\\0\end{pmatrix}$，其导出组为 $\begin{cases}x_1=x_3,\\x_2=2x_3,\end{cases}$ 令 $x_3=1$，代入得导出组的一个基础解系为 $\boldsymbol{\eta}=\begin{pmatrix}1\\2\\1\end{pmatrix}$，于是方程组的通解为 $\boldsymbol{x}=\boldsymbol{\gamma}^*+k\boldsymbol{\eta}$（$k$ 为任意常数），从而满足矩阵方程的解为

$$x=\begin{pmatrix}1/2+k\\1+2k\\k\end{pmatrix},\quad 其中 k 为任意常数.$$

注 $\boldsymbol{A}$ 是三阶方阵，$\boldsymbol{B}$ 是一个数，$\boldsymbol{A}^2=2\boldsymbol{A}$，$\boldsymbol{A}^4=8\boldsymbol{A}$，以此化简矩阵方程.

评 因 $|\boldsymbol{A}-2\boldsymbol{E}|=0$，即 $\boldsymbol{A}-2\boldsymbol{E}$ 不可逆，因此 $\boldsymbol{X}$ 不可写成 $\boldsymbol{X}=\frac{1}{8}(\boldsymbol{A}-2\boldsymbol{E})^{-1}\boldsymbol{\gamma}$.

例 3.4.4 设 $\boldsymbol{\alpha}_1,\boldsymbol{\alpha}_2,\boldsymbol{\alpha}_3$ 均为三维列向量，记矩阵

$$\boldsymbol{A}=(\boldsymbol{\alpha}_1,\boldsymbol{\alpha}_2,\boldsymbol{\alpha}_3),\boldsymbol{B}=(\boldsymbol{\alpha}_1+\boldsymbol{\alpha}_2+\boldsymbol{\alpha}_3,\boldsymbol{\alpha}_1+2\boldsymbol{\alpha}_2+4\boldsymbol{\alpha}_3,\boldsymbol{\alpha}_1+3\boldsymbol{\alpha}_2+9\boldsymbol{\alpha}_3),$$

如果 $\boldsymbol{A}$ 可逆，证明 $\boldsymbol{B}$ 也可逆.

分析 证明 $|\boldsymbol{B}|\neq 0$.

证法 1 依倍加变换不改变行列式的值，有

$$|\boldsymbol{B}|\xlongequal[\langle 3\rangle+(-1)\langle 1\rangle]{\langle 2\rangle+(-1)\langle 1\rangle}|\boldsymbol{\alpha}_1+\boldsymbol{\alpha}_2+\boldsymbol{\alpha}_3,\boldsymbol{\alpha}_2+3\boldsymbol{\alpha}_3,2\boldsymbol{\alpha}_2+8\boldsymbol{\alpha}_3|$$

$$\xlongequal{\langle 3\rangle+(-2)\langle 2\rangle}|\boldsymbol{\alpha}_1+\boldsymbol{\alpha}_2+\boldsymbol{\alpha}_3,\boldsymbol{\alpha}_2+3\boldsymbol{\alpha}_3,2\boldsymbol{\alpha}_3|=2|\boldsymbol{\alpha}_1+\boldsymbol{\alpha}_2+\boldsymbol{\alpha}_3,\boldsymbol{\alpha}_2+3\boldsymbol{\alpha}_3,\boldsymbol{\alpha}_3|$$

$$\xlongequal[\substack{\langle 1\rangle+(-1)\langle 3\rangle\\ \langle 1\rangle+(-1)\langle 2\rangle}]{\langle 2\rangle+(-3)\langle 3\rangle}2|\boldsymbol{\alpha}_1,\boldsymbol{\alpha}_2,\boldsymbol{\alpha}_3|=2|\boldsymbol{A}|,$$

因为 $\boldsymbol{A}$ 可逆，所以 $|\boldsymbol{A}|\neq 0$，因此 $|\boldsymbol{B}|\neq 0$，故 $\boldsymbol{B}$ 可逆.

证法 2 依分块矩阵的乘法规则以及方阵行列式的性质，有

$$\boldsymbol{B}=(\boldsymbol{\alpha}_1,\boldsymbol{\alpha}_2,\boldsymbol{\alpha}_3)\begin{pmatrix}1&1&1\\1&2&3\\1&4&9\end{pmatrix},于是 |\boldsymbol{B}|=|\boldsymbol{A}|\begin{vmatrix}1&1&1\\1&2&3\\1&4&9\end{vmatrix}=2|\boldsymbol{A}|\neq 0,$$

因此 $\boldsymbol{B}$ 可逆.

注 证法 2 更具有一般性，应掌握.

评 $\boldsymbol{A},\boldsymbol{B}$ 是按列分块的矩阵，而 $\boldsymbol{B}$ 的各列恰好是 $\boldsymbol{A}$ 列向量组的线性组合，从而可依行列式的性质，化简 $|\boldsymbol{B}|$，以找到 $|\boldsymbol{B}|$ 与 $|\boldsymbol{A}|$ 的关系.

议 若 $\boldsymbol{A}$ 可逆，则 $\boldsymbol{\alpha}_1,\boldsymbol{\alpha}_2,\boldsymbol{\alpha}_3$ 线性无关，可证 $\boldsymbol{\alpha}_1+\boldsymbol{\alpha}_2+\boldsymbol{\alpha}_3,\boldsymbol{\alpha}_1+2\boldsymbol{\alpha}_2+4\boldsymbol{\alpha}_3,\boldsymbol{\alpha}_1+3\boldsymbol{\alpha}_2+9\boldsymbol{\alpha}_3$ 也线性无关，所以 $\operatorname{rank}(\boldsymbol{B})=3$，$\boldsymbol{B}$ 可逆.

例 3.4.5 设 5 阶矩阵 $\boldsymbol{A}=\begin{pmatrix}1&1&0&0&0\\0&1&0&0&0\\0&0&1&0&0\\0&0&2&1&0\\0&0&0&2&1\end{pmatrix}$，求 $\boldsymbol{A}^n(n\geqslant 3,n\in\mathbb{Z}^+)$ 及 $\boldsymbol{A}^{-1}$.

分析 如果 $\boldsymbol{A}=\begin{pmatrix}\boldsymbol{B}&\boldsymbol{0}\\\boldsymbol{0}&\boldsymbol{C}\end{pmatrix}$，子块 $\boldsymbol{B},\boldsymbol{C}$ 可逆，则 $\boldsymbol{A}^n=\begin{pmatrix}\boldsymbol{B}^n&\boldsymbol{0}\\\boldsymbol{0}&\boldsymbol{C}^n\end{pmatrix}$，$\boldsymbol{A}^{-1}=\begin{pmatrix}\boldsymbol{B}^{-1}&\boldsymbol{0}\\\boldsymbol{0}&\boldsymbol{C}^{-1}\end{pmatrix}$.

解 将 $\boldsymbol{A}$ 分块为 $\boldsymbol{A}=\begin{pmatrix}\boldsymbol{B}&\boldsymbol{0}\\\boldsymbol{0}&\boldsymbol{C}\end{pmatrix}$，其中 $\boldsymbol{B}=\begin{pmatrix}1&1\\0&1\end{pmatrix}$，$\boldsymbol{C}=\begin{pmatrix}1&0&0\\2&1&0\\0&2&1\end{pmatrix}$，$\boldsymbol{A}$ 为分块对角矩阵.

设 $\boldsymbol{B}=\boldsymbol{E}_2+\boldsymbol{P}$，其中 $\boldsymbol{E}_2=\begin{pmatrix}1&0\\0&1\end{pmatrix}$，$\boldsymbol{P}=\begin{pmatrix}0&1\\0&0\end{pmatrix}$，则 $\boldsymbol{P}^2=\boldsymbol{P}^3=\cdots=\boldsymbol{0}$，

依二项展开式定理,有

$$\boldsymbol{B}^n=(\boldsymbol{E}_2+\boldsymbol{P})^n=\boldsymbol{E}_2^n+\mathrm{C}_n^1\boldsymbol{E}_2^{n-1}\boldsymbol{P}+\mathrm{C}_n^2\boldsymbol{E}_2^{n-2}\boldsymbol{P}^2+\cdots=\boldsymbol{E}_2+n\boldsymbol{P}+\boldsymbol{0}=\begin{pmatrix}1 & n\\ 0 & 1\end{pmatrix}.$$

同理,设 $\boldsymbol{C}=\boldsymbol{E}_3+2\boldsymbol{Q}$,其中 $\boldsymbol{Q}=\begin{pmatrix}0&0&0\\1&0&0\\0&1&0\end{pmatrix}$,则 $\boldsymbol{Q}^2=\begin{pmatrix}0&0&0\\0&0&0\\1&0&0\end{pmatrix}$,$\boldsymbol{Q}^3=\boldsymbol{Q}^4=\cdots=\boldsymbol{0}$,依二项展开式定理,有

$$\begin{aligned}\boldsymbol{C}^n&=(\boldsymbol{E}_3+2\boldsymbol{Q})^n=\boldsymbol{E}_3^n+\mathrm{C}_n^1\boldsymbol{E}_3^{n-1}(2\boldsymbol{Q})+\mathrm{C}_n^2\boldsymbol{E}_3^{n-2}(2\boldsymbol{Q})^2+\boldsymbol{0}\\&=\boldsymbol{E}_3+2n\boldsymbol{Q}+2n(n-1)\boldsymbol{Q}^2=\begin{pmatrix}1&0&0\\2n&1&0\\2n(n-1)&2n&1\end{pmatrix},\end{aligned}$$

将 $\boldsymbol{B}^n,\boldsymbol{C}^n$ 代入 $\boldsymbol{A}^n=\begin{pmatrix}\boldsymbol{B}^n&\boldsymbol{0}\\\boldsymbol{0}&\boldsymbol{C}^n\end{pmatrix}$ 中,有 $\boldsymbol{A}^n=\begin{pmatrix}1&n&0&0&0\\0&1&0&0&0\\0&0&1&0&0\\0&0&2n&1&0\\0&0&2n(n-1)&2n&1\end{pmatrix}$.

显然 $\boldsymbol{B},\boldsymbol{C}$ 可逆,则 $\boldsymbol{A}$ 可逆,且 $\boldsymbol{A}^{-1}=\begin{pmatrix}\boldsymbol{B}^{-1}&\boldsymbol{0}\\\boldsymbol{0}&\boldsymbol{C}^{-1}\end{pmatrix}$,依初等行变换法,分别求得

$$\boldsymbol{B}^{-1}=\begin{pmatrix}1&-1\\0&1\end{pmatrix},\boldsymbol{C}^{-1}=\begin{pmatrix}1&0&0\\-2&1&0\\4&-2&1\end{pmatrix},$$

将 $\boldsymbol{B}^{-1},\boldsymbol{C}^{-1}$ 代入 $\boldsymbol{A}^{-1}=\begin{pmatrix}\boldsymbol{B}^{-1}&\boldsymbol{0}\\\boldsymbol{0}&\boldsymbol{C}^{-1}\end{pmatrix}$ 中,有 $\boldsymbol{A}^{-1}=\begin{pmatrix}1&-1&0&0&0\\0&1&0&0&0\\0&0&1&0&0\\0&0&-2&1&0\\0&0&4&-2&1\end{pmatrix}$.

注　依矩阵的结构特点施以分块,再分别求出相应子块的 n 次幂和逆阵,以使运算简化.

评　注意分块矩阵在求 $\boldsymbol{A}^n$ 及 $\boldsymbol{A}^{-1}$ 时的妙用.

例 3.4.6　如果 n 阶矩阵 $\boldsymbol{A}$ 满足 $\boldsymbol{A}^2=\boldsymbol{A}$,则称 $\boldsymbol{A}$ 为**幂等矩阵**.

证明:如果 n 阶矩阵 $\boldsymbol{A}$ 为幂等矩阵,则 $\mathrm{rank}(\boldsymbol{A})+\mathrm{rank}(\boldsymbol{E}-\boldsymbol{A})=n$.

分析　依命题 4 和命题 5 求证.

证　由 $\boldsymbol{A}^2=\boldsymbol{A}$,得 $\boldsymbol{A}(\boldsymbol{E}-\boldsymbol{A})=\boldsymbol{0}$,依命题 4 得 $\mathrm{rank}(\boldsymbol{A})+\mathrm{rank}(\boldsymbol{E}-\boldsymbol{A})\leqslant n$. 又依命题 5,$n=\mathrm{rank}(\boldsymbol{E})=\mathrm{rank}(\boldsymbol{A}+\boldsymbol{E}-\boldsymbol{A})\leqslant\mathrm{rank}(\boldsymbol{A})+\mathrm{rank}(\boldsymbol{E}-\boldsymbol{A})$,从而

$$\mathrm{rank}(\boldsymbol{A})+\mathrm{rank}(\boldsymbol{E}-\boldsymbol{A})=n.$$

评　如果 $\boldsymbol{A}$ 为 n 阶幂等矩阵,则 $\mathrm{rank}(\boldsymbol{A})+\mathrm{rank}(\boldsymbol{E}-\boldsymbol{A})=n$.

议　n 阶矩阵 $\boldsymbol{A}$ 为幂等矩阵当且仅当 $\mathrm{rank}(\boldsymbol{A})+\mathrm{rank}(\boldsymbol{E}-\boldsymbol{A})=n$.

证　必要性上面已证,下面讨论充分性. 同时注意必要性的又一证法.

利用分块矩阵的倍加变换,有

$$\begin{pmatrix} A & 0 \\ 0 & E-A \end{pmatrix} \xrightarrow{\langle 2\rangle+\langle 1\rangle} \begin{pmatrix} A & 0 \\ A & E-A \end{pmatrix} \xrightarrow[\langle 2\rangle+\langle 1\rangle]{} \begin{pmatrix} A & A \\ A & E \end{pmatrix}$$

$$\xrightarrow{\langle 1\rangle+(-A)\langle 2\rangle} \begin{pmatrix} A-A^2 & 0 \\ A & E \end{pmatrix} \xrightarrow[\langle 1\rangle+\langle 2\rangle(-A)]{} \begin{pmatrix} A-A^2 & 0 \\ 0 & E \end{pmatrix},$$

依推论 10，$\operatorname{rank}\begin{pmatrix} A & 0 \\ 0 & E-A \end{pmatrix} = \operatorname{rank}\begin{pmatrix} A-A^2 & 0 \\ 0 & E \end{pmatrix}$，即

$$\operatorname{rank}(A)+\operatorname{rank}(E-A)=\operatorname{rank}(A-A^2)+\operatorname{rank}(E)=\operatorname{rank}(A-A^2)+n,$$

从而

$$n\text{ 阶矩阵 } A \text{ 为幂等矩阵} \Leftrightarrow A=A^2 \Leftrightarrow \operatorname{rank}(A-A^2)=0$$
$$\Leftrightarrow \operatorname{rank}(A)+\operatorname{rank}(E-A)=n,$$

其中“$\xrightarrow{\langle 1\rangle+(-A)\langle 2\rangle}$”表示用 $(-A)$ 左乘第 2(子块)行加到第 1 行，“$\xrightarrow[\langle 1\rangle+\langle 2\rangle(-A)]{}$”表示用 $(-A)$ 右乘第 2(子块)列加到第 1 列，其他同理.

例 3.4.7　设分块矩阵 $M=\begin{pmatrix} A & B \\ C & D \end{pmatrix}$，其中 A 为 n 阶可逆子块，D 为 s 阶子块，还需满足什么条件，分块矩阵 M 才可逆？当 M 可逆时，求 M^{-1}.

解　对 M 施以分块矩阵倍加变换：用 $-CA^{-1}$ 左乘第 1(子块)行加到第 2 行，相当于

$$\begin{pmatrix} E_n & 0 \\ -CA^{-1} & E_s \end{pmatrix}\begin{pmatrix} A & B \\ C & D \end{pmatrix}=\begin{pmatrix} A & B \\ 0 & D-CA^{-1}B \end{pmatrix},$$

依推论 9，$\begin{vmatrix} A & B \\ C & D \end{vmatrix}=\begin{vmatrix} A & B \\ 0 & D-CA^{-1}B \end{vmatrix}=|A|\,|D-CA^{-1}B|$，依题设 $|A|\neq 0$，于是当 $|D-CA^{-1}B|\neq 0$ 时，$|M|\neq 0$，即 M 可逆.

当 M 可逆时，有

$$\left(\begin{array}{cc|cc} A & B & E_n & 0 \\ C & D & 0 & E_s \end{array}\right) \to \left(\begin{array}{cc|cc} E_n & A^{-1}B & A^{-1} & 0 \\ C & D & 0 & E_s \end{array}\right) \quad (\text{用 } A^{-1} \text{ 左乘第 1(子块) 行})$$

$$\to \left(\begin{array}{cc|cc} E_n & A^{-1}B & A^{-1} & 0 \\ 0 & D-CA^{-1}B & -CA^{-1} & E_s \end{array}\right) \quad (\text{用 } -C \text{ 左乘第 1 行加到第 2 行})$$

$$\to \left(\begin{array}{cc|cc} E_n & A^{-1}B & A^{-1} & 0 \\ 0 & E_s & -(D-CA^{-1}B)^{-1}CA^{-1} & (D-CA^{-1}B)^{-1} \end{array}\right)$$

$$\to \left(\begin{array}{cc|cc} E_n & 0 & A^{-1}+A^{-1}B(D-CA^{-1}B)^{-1}CA^{-1} & -A^{-1}B(D-CA^{-1}B)^{-1} \\ 0 & E_s & -(D-CA^{-1}B)^{-1}CA^{-1} & (D-CA^{-1}B)^{-1} \end{array}\right),$$

从而，$$M^{-1}=\begin{pmatrix} A^{-1}+A^{-1}B(D-CA^{-1}B)^{-1}CA^{-1} & -A^{-1}B(D-CA^{-1}B)^{-1} \\ -(D-CA^{-1}B)^{-1}CA^{-1} & (D-CA^{-1}B)^{-1} \end{pmatrix}.$$

上述各步合起来写就是

$$\begin{pmatrix} E_n & -A^{-1}B \\ 0 & E_s \end{pmatrix}\begin{pmatrix} E_n & 0 \\ 0 & (D-CA^{-1}B)^{-1} \end{pmatrix}\begin{pmatrix} E_n & 0 \\ -C & E_s \end{pmatrix}\begin{pmatrix} A^{-1} & 0 \\ 0 & E_s \end{pmatrix}\left(\begin{array}{cc|cc} A & B & E_n & 0 \\ C & D & 0 & E_s \end{array}\right)$$

$$=\left(\begin{array}{cc|cc}\boldsymbol{E}_n & \boldsymbol{0} & \boldsymbol{A}^{-1}+\boldsymbol{A}^{-1}\boldsymbol{B}(\boldsymbol{D}-\boldsymbol{C}\boldsymbol{A}^{-1}\boldsymbol{B})^{-1}\boldsymbol{C}\boldsymbol{A}^{-1} & -\boldsymbol{A}^{-1}\boldsymbol{B}(\boldsymbol{D}-\boldsymbol{C}\boldsymbol{A}^{-1}\boldsymbol{B})^{-1} \\ \boldsymbol{0} & \boldsymbol{E}_s & -(\boldsymbol{D}-\boldsymbol{C}\boldsymbol{A}^{-1}\boldsymbol{B})^{-1}\boldsymbol{C}\boldsymbol{A}^{-1} & (\boldsymbol{D}-\boldsymbol{C}\boldsymbol{A}^{-1}\boldsymbol{B})^{-1}\end{array}\right).$$

设上述等式左端 4 个分块初等矩阵由右到左依次记为 $\boldsymbol{P}_1,\boldsymbol{P}_2,\boldsymbol{P}_3,\boldsymbol{P}_4$，则上式可表述为

$$\boldsymbol{P}_4\boldsymbol{P}_3\boldsymbol{P}_2\boldsymbol{P}_1(\boldsymbol{M}\,|\,\boldsymbol{E}_{n+s})=(\boldsymbol{E}_{n+s}\,|\,\boldsymbol{M}^{-1}).$$

特别地，如果子块 $\boldsymbol{C}=\boldsymbol{0}$ 或 $\boldsymbol{B}=\boldsymbol{0}$，且子块 $\boldsymbol{D}$ 可逆，此时 $|\boldsymbol{D}-\boldsymbol{C}\boldsymbol{A}^{-1}\boldsymbol{B}|=|\boldsymbol{D}|\neq 0$，则

$$\begin{pmatrix}\boldsymbol{A} & \boldsymbol{B}\\ \boldsymbol{0} & \boldsymbol{D}\end{pmatrix}^{-1}=\begin{pmatrix}\boldsymbol{A}^{-1} & -\boldsymbol{A}^{-1}\boldsymbol{B}\boldsymbol{D}^{-1}\\ \boldsymbol{0} & \boldsymbol{D}^{-1}\end{pmatrix},\quad \text{或者}\quad \begin{pmatrix}\boldsymbol{A} & \boldsymbol{0}\\ \boldsymbol{C} & \boldsymbol{D}\end{pmatrix}^{-1}=\begin{pmatrix}\boldsymbol{A}^{-1} & \boldsymbol{0}\\ -\boldsymbol{D}^{-1}\boldsymbol{C}\boldsymbol{A}^{-1} & \boldsymbol{D}^{-1}\end{pmatrix}.$$

习题 3-4

1. 设 $\boldsymbol{A}$ 是实数域 $\mathbb{R}$ 上 $m\times n$ 矩阵，证明：对于任意实 n 维列向量 $\boldsymbol{\beta}$，线性方程组 $\boldsymbol{A}^{\mathrm{T}}\boldsymbol{A}\boldsymbol{x}=\boldsymbol{A}^{\mathrm{T}}\boldsymbol{\beta}$ 一定有解.

2. 设矩阵 $\boldsymbol{A}_{m\times n}$，$\boldsymbol{B}_{n\times l}$，$\boldsymbol{C}_{l\times k}$，则 $\mathrm{rank}(\boldsymbol{AB})+\mathrm{rank}(\boldsymbol{BC})\leqslant\mathrm{rank}(\boldsymbol{ABC})+\mathrm{rank}(\boldsymbol{B})$.

3. 设 $\boldsymbol{A}=(\boldsymbol{\alpha}_1,\boldsymbol{\alpha}_2,\boldsymbol{\alpha}_3,\boldsymbol{\beta})$，$\boldsymbol{B}=(\boldsymbol{\alpha}_1,\boldsymbol{\alpha}_2,\boldsymbol{\alpha}_3,\boldsymbol{\gamma})$，如果 $|\boldsymbol{A}|=1$，$|\boldsymbol{B}|=-2$，计算 $|\boldsymbol{A}+3\boldsymbol{B}|$.

4. 设 5 阶矩阵 $\boldsymbol{A}=\begin{pmatrix}1&0&0&0&0\\1&1&0&0&0\\0&0&1&1&0\\0&0&0&1&1\\0&0&0&0&1\end{pmatrix}$，求 $\boldsymbol{A}^n(n\geqslant 3,n\in\mathbb{Z}^+)$ 及 $\boldsymbol{A}^{-1}$.

5. 如果 n 阶矩阵 $\boldsymbol{A}$ 满足 $\boldsymbol{A}^2=\boldsymbol{E}$，则称 $\boldsymbol{A}$ 为**对合矩阵**，证明：n 阶矩阵 $\boldsymbol{A}$ 为对合矩阵当且仅当 $\mathrm{rank}(\boldsymbol{E}-\boldsymbol{A})+\mathrm{rank}(\boldsymbol{E}+\boldsymbol{A})=n$.

6. 设矩阵 $\boldsymbol{A}$ 为 $n(n\geqslant 2)$ 阶可逆矩阵，$\boldsymbol{\alpha}$ 是 n 维列向量，b 为常数，记分块矩阵

$$\boldsymbol{P}=\begin{pmatrix}\boldsymbol{E} & \boldsymbol{0}\\ -\boldsymbol{\alpha}^{\mathrm{T}}\boldsymbol{A}^{*} & |\boldsymbol{A}|\end{pmatrix},\quad \boldsymbol{Q}=\begin{pmatrix}\boldsymbol{A} & \boldsymbol{\alpha}\\ \boldsymbol{\alpha}^{\mathrm{T}} & b\end{pmatrix},$$

其中 $\boldsymbol{A}^{*}$ 为 $\boldsymbol{A}$ 的伴随矩阵，$\boldsymbol{E}$ 为 n 阶单位矩阵.

(1) 计算并化简 $\boldsymbol{PQ}$；(2)证明 $\boldsymbol{Q}$ 可逆的充分必要条件是 $\boldsymbol{\alpha}^{\mathrm{T}}\boldsymbol{A}^{-1}\boldsymbol{\alpha}\neq b$.

【1997 研数三、四】

7. 已知三阶矩阵 $\boldsymbol{A}$ 与三维列向量 $\boldsymbol{\alpha}$，使得向量组 $\boldsymbol{\alpha},\boldsymbol{A\alpha},\boldsymbol{A}^2\boldsymbol{\alpha}$ 线性无关，且满足

$$\boldsymbol{A}^3\boldsymbol{\alpha}=3\boldsymbol{A\alpha}-2\boldsymbol{A}^2\boldsymbol{\alpha}.$$

(1) 记 $\boldsymbol{P}=(\boldsymbol{\alpha},\boldsymbol{A\alpha},\boldsymbol{A}^2\boldsymbol{\alpha})$，求矩阵 $\boldsymbol{B}$，使 $\boldsymbol{A}=\boldsymbol{PBP}^{-1}$；(2)计算行列式 $|\boldsymbol{A}+\boldsymbol{E}|$.

【2001 研数一】

3.5　矩阵的相抵

由第 2 章的讨论可知，矩阵通过初等行(列)变换可以化为更简单的形式，以使线性方程组的求解等问题变得简单明了. 那么，经初等行(列)变换后，前后两个矩阵的关系如何呢？

1. 内容要点与评注

定义 1　对于数域 F 上 $m\times n$ 矩阵 $\boldsymbol{A}$ 和 $\boldsymbol{B}$，如果 $\boldsymbol{A}$ 经过一系列初等行变换或初等列变

换变成矩阵 $\boldsymbol{B}$，则称 $\boldsymbol{A}$ 与 $\boldsymbol{B}$ **相抵**（或**等价**），记作 $\boldsymbol{A} \cong \boldsymbol{B}$.

相抵满足如下性质：设 $\boldsymbol{A},\boldsymbol{B},\boldsymbol{C}$ 同为 $m \times n$ 矩阵，则有

反身性：$\boldsymbol{A} \cong \boldsymbol{A}$；

对称性：如果 $\boldsymbol{A} \cong \boldsymbol{B}$，则 $\boldsymbol{B} \cong \boldsymbol{A}$；

传递性：如果 $\boldsymbol{A} \cong \boldsymbol{B}$，$\boldsymbol{B} \cong \boldsymbol{C}$，则 $\boldsymbol{A} \cong \boldsymbol{C}$.

由定义可知，$m \times n$ 矩阵 $\boldsymbol{A}$ 与 $\boldsymbol{B}$ 相抵

$\Leftrightarrow \boldsymbol{A}$ 经过一系列初等行变换或初等列变换变成矩阵 $\boldsymbol{B}$

$\Leftrightarrow$ 存在 m 阶初等矩阵 $\boldsymbol{P}_1,\boldsymbol{P}_2,\cdots,\boldsymbol{P}_s$ 与 n 阶初等矩阵 $\boldsymbol{Q}_1,\boldsymbol{Q}_2,\cdots,\boldsymbol{Q}_t$，使得

$$\boldsymbol{P}_s\cdots\boldsymbol{P}_2\boldsymbol{P}_1\boldsymbol{A}\boldsymbol{Q}_1\boldsymbol{Q}_2\cdots\boldsymbol{Q}_t = \boldsymbol{B},$$

$\Leftrightarrow$ 存在 m 阶可逆矩阵 $\boldsymbol{P}$ 与 n 阶可逆矩阵 $\boldsymbol{Q}$，使得

$$\boldsymbol{PAQ} = \boldsymbol{B}，其中\ \boldsymbol{P} = \boldsymbol{P}_s\cdots\boldsymbol{P}_2\boldsymbol{P}_1,\ \boldsymbol{Q} = \boldsymbol{Q}_1\boldsymbol{Q}_2\cdots\boldsymbol{Q}_t.$$

定理 1 设 $m\times n$ 矩阵 $\boldsymbol{A}$ 的秩为 $r(r>0)$，则 $\boldsymbol{A} \cong \begin{pmatrix} \boldsymbol{E}_r & \boldsymbol{0} \\ \boldsymbol{0} & \boldsymbol{0} \end{pmatrix}$，其中 $\boldsymbol{E}_r$ 是 r 阶单位子块.

证 依题设，$\operatorname{rank}(\boldsymbol{A}) = r > 0$，则

$$\boldsymbol{A} \xrightarrow{\text{初等行变换}} \boldsymbol{C}(\text{简化行阶梯形矩阵}) \xrightarrow[\text{初等列变换}]{} \begin{pmatrix} \boldsymbol{E}_r & \boldsymbol{0} \\ \boldsymbol{0} & \boldsymbol{0} \end{pmatrix},$$

依定义，$\boldsymbol{A} \cong \begin{pmatrix} \boldsymbol{E}_r & \boldsymbol{0} \\ \boldsymbol{0} & \boldsymbol{0} \end{pmatrix}$. ◆

$\begin{pmatrix} \boldsymbol{E}_r & \boldsymbol{0} \\ \boldsymbol{0} & \boldsymbol{0} \end{pmatrix}$ 称为 $\boldsymbol{A}$ 的**相抵标准形**，或**等价标准形**，其中 $r = \operatorname{rank}(\boldsymbol{A})$.

如果 $\operatorname{rank}(\boldsymbol{A}) = 0$，即 $\boldsymbol{A} = \boldsymbol{0}$（零矩阵），则 $\boldsymbol{A}$ 的相抵标准形是零矩阵，即 $\boldsymbol{A} \cong \boldsymbol{0}$.

推论 2 设 $m\times n$ 矩阵 $\boldsymbol{A}$ 的秩为 $r(r>0)$，则存在 m 阶可逆矩阵 $\boldsymbol{P}$ 和 n 阶可逆矩阵 $\boldsymbol{Q}$，使得 $\boldsymbol{A} = \boldsymbol{P}\begin{pmatrix} \boldsymbol{E}_r & \boldsymbol{0} \\ \boldsymbol{0} & \boldsymbol{0} \end{pmatrix}\boldsymbol{Q}$.

定理 3 数域 F 上 $m \times n$ 矩阵 $\boldsymbol{A}$ 与 $\boldsymbol{B}$ 相抵当且仅当 $\operatorname{rank}(\boldsymbol{A}) = \operatorname{rank}(\boldsymbol{B})$.

证 充分性. 设 $m \times n$ 矩阵 $\boldsymbol{A}$ 与 $\boldsymbol{B}$ 的秩相等，即 $\operatorname{rank}(\boldsymbol{A}) = \operatorname{rank}(\boldsymbol{B})$.

如果 $\operatorname{rank}(\boldsymbol{A}) = \operatorname{rank}(\boldsymbol{B}) = 0$，则 $\boldsymbol{A} = \boldsymbol{0} = \boldsymbol{B}$，结论成立. 下面设 $\operatorname{rank}(\boldsymbol{A}) = \operatorname{rank}(\boldsymbol{B}) = r > 0$，依定理 1，$\boldsymbol{A} \cong \begin{pmatrix} \boldsymbol{E}_r & \boldsymbol{0} \\ \boldsymbol{0} & \boldsymbol{0} \end{pmatrix}$，$\boldsymbol{B} \cong \begin{pmatrix} \boldsymbol{E}_r & \boldsymbol{0} \\ \boldsymbol{0} & \boldsymbol{0} \end{pmatrix}$，即 $\boldsymbol{A} \cong \begin{pmatrix} \boldsymbol{E}_r & \boldsymbol{0} \\ \boldsymbol{0} & \boldsymbol{0} \end{pmatrix} \cong \boldsymbol{B}$，由相抵的传递性，$\boldsymbol{A} \cong \boldsymbol{B}$.

必要性. 设 $\boldsymbol{A} \cong \boldsymbol{B}$，即 $\boldsymbol{A}$ 经过一系列初等行变换或初等列变换变成矩阵 $\boldsymbol{B}$，依 2.5 节定理 1，推论 2，定理 5，有

$$\operatorname{rank}(\boldsymbol{A}) = \operatorname{rank}(\boldsymbol{B}).$$ ◆

数域 F 上所有 $m \times n$ 矩阵组成的集合记作 $M_{m\times n}(F)$，在相抵关系下，$M_{m\times n}(F)$ 可以分类，在同一类里，矩阵是相抵的，也称这样的类为**相抵类**.

推论 4 在 $M_{m\times n}(F)$ 中，对于 $0 \leqslant r \leqslant \min\{m,n\}$，秩为 r 的所有矩阵组成一个相抵类，从而 $M_{m\times n}(F)$ 共有 $1+\min\{m,n\}$ 个相抵类.

数域 F 上所有 n 阶矩阵组成的集合记作 $M_n(F)$，它共有 $n+1$ 个相抵类.

2. 典型例题

例 3.5.1　求 4 阶矩阵 $\boldsymbol{A}$ 的相抵标准形：$\boldsymbol{A}=\begin{pmatrix}1&0&0&1\\2&1&0&2\\-2&-1&1&0\\4&3&0&4\end{pmatrix}$.

分析　$\boldsymbol{A}\xrightarrow{\text{初等行变换}}\boldsymbol{B}$（简化行阶梯形矩阵）$\xrightarrow[\text{初等列变换}]{}\boldsymbol{C}$（相抵标准形）.

解　对矩阵 $\boldsymbol{A}$ 施以初等行变换和初等列变换，有

$$\boldsymbol{A}\xrightarrow{\text{初等行变换}}\begin{pmatrix}1&0&0&1\\0&1&0&0\\0&0&1&2\\0&0&0&0\end{pmatrix}\xrightarrow{\text{初等列变换}}\begin{pmatrix}1&0&0&0\\0&1&0&0\\0&0&1&0\\0&0&0&0\end{pmatrix},$$

因此 $\boldsymbol{A}$ 的相抵标准形为 $\begin{pmatrix}\boldsymbol{E}_3&\boldsymbol{0}\\\boldsymbol{0}&\boldsymbol{0}\end{pmatrix}$.

评　矩阵的相抵标准形由其秩决定.

例 3.5.2　证明任一秩为 $r(r>0)$ 的矩阵都可表示成 r 个秩为 1 的矩阵之和.

分析　依推论 2，求出矩阵的相抵标准形，再将其相抵标准形拆成 r 个秩为 1 的矩阵之和.

证　设 $m\times n$ 矩阵 $\boldsymbol{A}$ 的秩为 $r(r>0)$，依推论 2，存在 m 阶可逆矩阵 $\boldsymbol{P}$ 和 n 阶可逆矩阵 $\boldsymbol{Q}$，使 $\boldsymbol{A}=\boldsymbol{P}\begin{pmatrix}\boldsymbol{E}_r&\boldsymbol{0}\\\boldsymbol{0}&\boldsymbol{0}\end{pmatrix}\boldsymbol{Q}=\boldsymbol{P}(\boldsymbol{E}_{11}+\boldsymbol{E}_{22}+\cdots+\boldsymbol{E}_{rr})\boldsymbol{Q}=\boldsymbol{PE}_{11}\boldsymbol{Q}+\boldsymbol{PE}_{22}\boldsymbol{Q}+\cdots+\boldsymbol{PE}_{rr}\boldsymbol{Q}$，其中 $\boldsymbol{E}_{jj}$ 表示 (j,j) 元为 1，其余元素都为 0 的 $m\times n$ 基本矩阵，由于

$$\operatorname{rank}(\boldsymbol{PE}_{jj}\boldsymbol{Q})=\operatorname{rank}(\boldsymbol{E}_{jj})=1,\quad j=1,2,\cdots,r,$$

从而 $\boldsymbol{A}$ 可以表示成 r 个秩为 1 的矩阵之和.

注　$\boldsymbol{P}$ 和 $\boldsymbol{Q}$ 都是可逆矩阵，因此 $\operatorname{rank}(\boldsymbol{PE}_{jj}\boldsymbol{Q})=\operatorname{rank}(\boldsymbol{E}_{jj})$.

评　秩为 $r(r>0)$ 的矩阵可表示成 r 个秩为 1 的矩阵之和.

例 3.5.3　设 $\boldsymbol{A}$ 是 $m\times n$ 矩阵，

(1) 若 $\operatorname{rank}(\boldsymbol{A})=m$，即 $\boldsymbol{A}$ 为行满秩矩阵，则存在 $n\times m$ 矩阵 $\boldsymbol{B}$，$\operatorname{rank}(\boldsymbol{B})=m$，使 $\boldsymbol{AB}=\boldsymbol{E}_m$.

(2) 若 $\operatorname{rank}(\boldsymbol{A})=n$，即 $\boldsymbol{A}$ 为列满秩矩阵，则存在 $n\times m$ 矩阵 $\boldsymbol{C}$，$\operatorname{rank}(\boldsymbol{C})=n$，使 $\boldsymbol{CA}=\boldsymbol{E}_n$.

分析　依推论 2 求证.

证　(1) 依题设，$\operatorname{rank}(\boldsymbol{A})=m$，由推论 2，存在 m 阶可逆矩阵 $\boldsymbol{P}$ 和 n 阶可逆矩阵 $\boldsymbol{Q}$，使

$$\boldsymbol{PAQ}=(\boldsymbol{E}_m\ \boldsymbol{0}),\qquad \text{于是 }\boldsymbol{PAQ}\begin{pmatrix}\boldsymbol{E}_m\\\boldsymbol{0}\end{pmatrix}=(\boldsymbol{E}_m\ \boldsymbol{0})\begin{pmatrix}\boldsymbol{E}_m\\\boldsymbol{0}\end{pmatrix}=\boldsymbol{E}_m.$$

显然 $\boldsymbol{AQ}\begin{pmatrix}\boldsymbol{E}_m\\\boldsymbol{0}\end{pmatrix}=\boldsymbol{P}^{-1}$，依定义，$\boldsymbol{A}\left(\boldsymbol{Q}\begin{pmatrix}\boldsymbol{E}_m\\\boldsymbol{0}\end{pmatrix}\boldsymbol{P}\right)=\boldsymbol{E}_m$，令 $\boldsymbol{B}=\boldsymbol{Q}\begin{pmatrix}\boldsymbol{E}_m\\\boldsymbol{0}\end{pmatrix}\boldsymbol{P}$，则 $\boldsymbol{B}$ 为 $n\times m$ 矩阵，又因为 $\boldsymbol{P}$ 和 $\boldsymbol{Q}$ 可逆，依可逆矩阵的性质，有

$$\mathrm{rank}(\boldsymbol{B})=\mathrm{rank}\left(\boldsymbol{Q}\begin{pmatrix}\boldsymbol{E}_m\\ \boldsymbol{0}\end{pmatrix}\boldsymbol{P}\right)=\mathrm{rank}\begin{pmatrix}\boldsymbol{E}_m\\ \boldsymbol{0}\end{pmatrix}=m,\text{即 }\boldsymbol{B}\text{ 为列满秩矩阵},$$

且使 $\boldsymbol{AB}=\boldsymbol{E}_m$.

(2) 与(1)同理可证. 或者还有如下方法:

$\boldsymbol{A}^{\mathrm{T}}$ 为 $n\times m$ 矩阵,$\mathrm{rank}(\boldsymbol{A}^{\mathrm{T}})=n$,即 $\boldsymbol{A}^{\mathrm{T}}$ 为行满秩矩阵,依(1)可知,存在 $m\times n$ 矩阵 $\boldsymbol{P}$,$\mathrm{rank}(\boldsymbol{P})=n$,即 $\boldsymbol{P}$ 是列满秩矩阵,且使 $\boldsymbol{A}^{\mathrm{T}}\boldsymbol{P}=\boldsymbol{E}_n$,两端取转置,有 $\boldsymbol{P}^{\mathrm{T}}\boldsymbol{A}=\boldsymbol{E}_n^{\mathrm{T}}=\boldsymbol{E}_n$,令 $\boldsymbol{C}=\boldsymbol{P}^{\mathrm{T}}$,$\boldsymbol{C}$ 为 $n\times m$ 矩阵,$\mathrm{rank}(\boldsymbol{C})=n$,即 $\boldsymbol{C}$ 是行满秩矩阵,且使 $\boldsymbol{CA}=\boldsymbol{E}_n$.

注 (2)的两种证明方法值得借鉴.

评 对于行满秩矩阵 $\boldsymbol{A}$,存在行列数与 $\boldsymbol{A}$ 交叉对等的列满秩矩阵 $\boldsymbol{B}$,使 $\boldsymbol{AB}=\boldsymbol{E}$. 对于列满秩矩阵 $\boldsymbol{A}$,存在列行数与 $\boldsymbol{A}$ 交叉对等的行满秩矩阵 $\boldsymbol{C}$,使 $\boldsymbol{CA}=\boldsymbol{E}$.

议 一般地,矩阵的乘法不满足消去律. 但本例告诉我们,若 $\boldsymbol{A}$ 为行满秩矩阵,且 $\boldsymbol{PA}=\boldsymbol{QA}$,则 $\boldsymbol{P}=\boldsymbol{Q}$. 这是因为,存在列满秩矩阵 $\boldsymbol{B}$,有 $\boldsymbol{AB}=\boldsymbol{E}$,从而 $\boldsymbol{PAB}=\boldsymbol{QAB}$,即 $\boldsymbol{P}=\boldsymbol{Q}$,表明行满秩矩阵满足右消去律.

同理可证,若 $\boldsymbol{A}$ 为列满秩矩阵,且 $\boldsymbol{AS}=\boldsymbol{AT}$,则 $\boldsymbol{S}=\boldsymbol{T}$,表明列满秩矩阵满足左消去律.

习题 3-5

1. 求下列矩阵的相抵标准形:

(1) $\boldsymbol{A}=\begin{pmatrix}1&-1&3&2\\-2&3&-1&5\\4&-5&7&3\end{pmatrix}$; (2) $\boldsymbol{B}=\begin{pmatrix}1&2\\2&-4\\-1&2\end{pmatrix}$.

2. 判别下述两个矩阵是否相抵:

$$\boldsymbol{A}=\begin{pmatrix}1&0&-2&3\\2&1&-4&2\\1&3&-5&4\end{pmatrix},\quad \boldsymbol{B}=\begin{pmatrix}1&3&-2&1\\-3&1&4&5\\2&1&5&2\end{pmatrix}.$$

3. 设 $\boldsymbol{Ax}=\boldsymbol{\beta}$ 是包含 m 个方程 n 个未知元的线性方程组,证明:它有解的充分必要条件是方程组 $\boldsymbol{A}^{\mathrm{T}}\boldsymbol{y}=\boldsymbol{0}$ 的任一解 $\boldsymbol{\alpha}$ 均满足 $\boldsymbol{\alpha}^{\mathrm{T}}\boldsymbol{\beta}=0$.

4. 设 $m\times n$ 矩阵 $\boldsymbol{A}$ 的秩为 r,则 $\boldsymbol{A}=\boldsymbol{BC}$,其中 $\boldsymbol{B}$ 为 $m\times r$ 矩阵,$\boldsymbol{C}$ 为 $r\times n$ 矩阵,且 $\mathrm{rank}(\boldsymbol{B})=r=\mathrm{rank}(\boldsymbol{C})$.

3.6 专题讨论

1. 利用线性方程组解矩阵方程

设矩阵 $\boldsymbol{A}_{m\times s}\neq\boldsymbol{0}$,$\boldsymbol{B}_{m\times n}$ 的列向量组为 $\boldsymbol{\beta}_1,\boldsymbol{\beta}_2,\cdots,\boldsymbol{\beta}_n$,且 $\boldsymbol{AX}=\boldsymbol{B}$,未知矩阵 $\boldsymbol{X}$ 的列向量组为 $\boldsymbol{x}_1,\boldsymbol{x}_2,\cdots,\boldsymbol{x}_n$,由 3.4 节推论 3,有

$$\boldsymbol{AX}=\boldsymbol{B}\Leftrightarrow\boldsymbol{A}(\boldsymbol{x}_1,\boldsymbol{x}_2,\cdots,\boldsymbol{x}_n)=(\boldsymbol{\beta}_1,\boldsymbol{\beta}_2,\cdots,\boldsymbol{\beta}_n),\quad\text{即 }\boldsymbol{Ax}_j=\boldsymbol{\beta}_j,\quad j=1,2,\cdots,n$$

$$\Leftrightarrow\boldsymbol{x}_j\text{ 是线性方程组 }\boldsymbol{Ax}=\boldsymbol{\beta}_j\text{ 的解},j=1,2,\cdots,n,$$

解每个线性方程组 $\boldsymbol{Ax}=\boldsymbol{\beta}_j$,得 $\boldsymbol{x}_j(j=1,2,\cdots,n)$,从而得满足 $\boldsymbol{AX}=\boldsymbol{B}$ 的未知矩阵 $\boldsymbol{X}$.

对于矩阵方程 $\boldsymbol{XA}=\boldsymbol{B}$,两边取转置 $\boldsymbol{A}^{\mathrm{T}}\boldsymbol{X}^{\mathrm{T}}=\boldsymbol{B}^{\mathrm{T}}$,利用上述方法可解得满足 $\boldsymbol{A}^{\mathrm{T}}\boldsymbol{X}^{\mathrm{T}}=\boldsymbol{B}^{\mathrm{T}}$

的 $\boldsymbol{X}^{\mathrm{T}}$，再得未知矩阵 $\boldsymbol{X}$.

例 3.6.1 设三阶矩阵 $\boldsymbol{A}=\begin{pmatrix}1&1&2\\-1&1&0\\1&0&1\end{pmatrix}$，$\boldsymbol{B}=\begin{pmatrix}1&4&0\\-1&0&-2\\a&b&c\end{pmatrix}$，问 a,b,c 为何值时，矩阵方程 $\boldsymbol{AX}=\boldsymbol{B}$ 有解，并求未知矩阵 $\boldsymbol{X}$.

分析 依例 3.4.2 结论，矩阵方程有解 $\Leftrightarrow \mathrm{rank}(\boldsymbol{A})=\mathrm{rank}(\boldsymbol{A},\boldsymbol{B})$. $|\boldsymbol{A}|=0$，$\boldsymbol{A}$ 不可逆，若矩阵方程有解，则 $\boldsymbol{X}$ 应为三阶矩阵，设 $\boldsymbol{X}$ 的列向量组为 $\boldsymbol{x}_1,\boldsymbol{x}_2,\boldsymbol{x}_3$，$\boldsymbol{B}$ 的列向量组为 $\boldsymbol{\beta}_1,\boldsymbol{\beta}_2,\boldsymbol{\beta}_3$，则

$$\boldsymbol{AX}=\boldsymbol{B}\Leftrightarrow \boldsymbol{A}(\boldsymbol{x}_1,\boldsymbol{x}_2,\boldsymbol{x}_3)=(\boldsymbol{\beta}_1,\boldsymbol{\beta}_2,\boldsymbol{\beta}_3)\Leftrightarrow \boldsymbol{Ax}_1=\boldsymbol{\beta}_1,\boldsymbol{Ax}_2=\boldsymbol{\beta}_2,\boldsymbol{Ax}_3=\boldsymbol{\beta}_3.$$

解 设 $\boldsymbol{X}$ 的列向量组为 $\boldsymbol{x}_1,\boldsymbol{x}_2,\boldsymbol{x}_3$，$\boldsymbol{B}$ 的列向量组为 $\boldsymbol{\beta}_1,\boldsymbol{\beta}_2,\boldsymbol{\beta}_3$，依 3.4 节推论 3，有

$$\begin{aligned}\boldsymbol{AX}=\boldsymbol{B}&\Leftrightarrow(\boldsymbol{Ax}_1,\boldsymbol{Ax}_2,\boldsymbol{Ax}_3)=(\boldsymbol{\beta}_1,\boldsymbol{\beta}_2,\boldsymbol{\beta}_3)\\&\Leftrightarrow \boldsymbol{Ax}_1=\boldsymbol{\beta}_1,\boldsymbol{Ax}_2=\boldsymbol{\beta}_2,\boldsymbol{Ax}_3=\boldsymbol{\beta}_3.\end{aligned}$$

$\boldsymbol{AX}=\boldsymbol{B}$ 有解当且仅当 $\boldsymbol{x}_1,\boldsymbol{x}_2,\boldsymbol{x}_3$ 分别是方程组 $\boldsymbol{Ax}=\boldsymbol{\beta}_1,\boldsymbol{Ax}=\boldsymbol{\beta}_2,\boldsymbol{Ax}=\boldsymbol{\beta}_3$ 的解，由于 3 个方程组的系数矩阵同为 $\boldsymbol{A}$，于是对下述矩阵统一施以初等行变换，将其化为简化行阶梯形矩阵，有

$$(\boldsymbol{A}\,|\,\boldsymbol{\beta}_1\,|\,\boldsymbol{\beta}_2\,|\,\boldsymbol{\beta}_3)=\left(\begin{array}{ccc|c|c|c}1&1&2&1&4&0\\-1&1&0&-1&0&-2\\1&0&1&a&b&c\end{array}\right)\rightarrow\left(\begin{array}{ccc|c|c|c}1&0&1&1&2&1\\0&1&1&0&2&-1\\0&0&0&a-1&b-2&c-1\end{array}\right),$$

依例 3.4.2 结论，$\boldsymbol{AX}=\boldsymbol{B}$ 有解 $\Leftrightarrow \mathrm{rank}(\boldsymbol{A})=\mathrm{rank}(\boldsymbol{A},\boldsymbol{B})\Leftrightarrow a=1,b=2,c=1$.

当 $a=1,b=2,c=1$ 时，

$$(\boldsymbol{A}\,|\,\boldsymbol{\beta}_1\,|\,\boldsymbol{\beta}_2\,|\,\boldsymbol{\beta}_3)\rightarrow\left(\begin{array}{ccc|c|c|c}1&0&1&1&2&1\\0&1&1&0&2&-1\\0&0&0&0&0&0\end{array}\right),$$

此时 $\mathrm{rank}(\boldsymbol{A})=\mathrm{rank}(\boldsymbol{A}\,|\,\boldsymbol{\beta}_1)=\mathrm{rank}(\boldsymbol{A}\,|\,\boldsymbol{\beta}_2)=\mathrm{rank}(\boldsymbol{A}\,|\,\boldsymbol{\beta}_3)=2<3$(未知元的个数)，所以 3 个线性方程组 $\boldsymbol{Ax}=\boldsymbol{\beta}_1,\boldsymbol{Ax}=\boldsymbol{\beta}_2,\boldsymbol{Ax}=\boldsymbol{\beta}_3$ 都有无穷多个解，其一般解分别为

$$\begin{cases}x_1=1-x_3,\\x_2=-x_3,\end{cases}\quad\begin{cases}x_1=2-x_3,\\x_2=2-x_3,\end{cases}\quad\begin{cases}x_1=1-x_3,\\x_2=-1-x_3,\end{cases}$$

令自由未知元 $x_3=0$，分别代入上式得 3 个特解为 $\boldsymbol{\gamma}_1=\begin{pmatrix}1\\0\\0\end{pmatrix}$，$\boldsymbol{\gamma}_2=\begin{pmatrix}2\\2\\0\end{pmatrix}$，$\boldsymbol{\gamma}_3=\begin{pmatrix}1\\-1\\0\end{pmatrix}$，它们对应的导出组同为 $\begin{cases}x_1=-x_3,\\x_2=-x_3,\end{cases}$ 令 $x_3=1$，代入得其基础解系为 $\boldsymbol{\eta}=\begin{pmatrix}1\\1\\-1\end{pmatrix}$，于是线性方程组 $\boldsymbol{Ax}=\boldsymbol{\beta}_1$ 的通解为

$$\boldsymbol{x}_1=\boldsymbol{\gamma}_1+k_1\boldsymbol{\eta}=\begin{pmatrix}1\\0\\0\end{pmatrix}+k_1\begin{pmatrix}1\\1\\-1\end{pmatrix}=\begin{pmatrix}1+k_1\\k_1\\-k_1\end{pmatrix},\quad k_1\text{ 为任意常数},$$

线性方程组 $\boldsymbol{Ax}=\boldsymbol{\beta}_2$ 的通解为

$$\boldsymbol{x}_2=\boldsymbol{\gamma}_2+k_2\boldsymbol{\eta}=\begin{pmatrix}2\\2\\0\end{pmatrix}+k_2\begin{pmatrix}1\\1\\-1\end{pmatrix}=\begin{pmatrix}2+k_2\\2+k_2\\-k_2\end{pmatrix}\quad k_2\text{ 为任意常数},$$

线性方程组 $\boldsymbol{A}\boldsymbol{x}=\boldsymbol{\beta}_3$ 的通解为

$$\boldsymbol{x}_3=\boldsymbol{\gamma}_3+k_3\boldsymbol{\eta}=\begin{pmatrix}1\\-1\\0\end{pmatrix}+k_3\begin{pmatrix}1\\1\\-1\end{pmatrix}=\begin{pmatrix}1+k_3\\-1+k_3\\-k_3\end{pmatrix},\quad k_3\text{ 为任意常数},$$

从而满足 $\boldsymbol{AX}=\boldsymbol{B}$ 的所有矩阵为

$$\boldsymbol{X}=\begin{pmatrix}1+k_1 & 2+k_2 & 1+k_3\\ k_1 & 2+k_2 & -1+k_3\\ -k_1 & -k_2 & -k_3\end{pmatrix},\quad \text{其中 } k_1,k_2,k_3 \text{ 为任意常数}.$$

注 本例给出了对于不可逆矩阵 $\boldsymbol{A}$，求解矩阵方程 $\boldsymbol{AX}=\boldsymbol{B}$ 的方法.

评 如果 $\boldsymbol{A}$ 可逆，显然满足 $\boldsymbol{AX}=\boldsymbol{B}$ 的矩阵 $\boldsymbol{X}=\boldsymbol{A}^{-1}\boldsymbol{B}$. 但当 $\boldsymbol{A}$ 不可逆时，因为

$$\boldsymbol{AX}=\boldsymbol{B}\Leftrightarrow\boldsymbol{A}(\boldsymbol{x}_1,\boldsymbol{x}_2,\boldsymbol{x}_3)=(\boldsymbol{\beta}_1,\boldsymbol{\beta}_2,\boldsymbol{\beta}_3)\Leftrightarrow\boldsymbol{Ax}_1=\boldsymbol{\beta}_1,\boldsymbol{Ax}_2=\boldsymbol{\beta}_2,\boldsymbol{Ax}_3=\boldsymbol{\beta}_3,$$

于是可通过讨论上述各线性方程组以确定未知矩阵 $\boldsymbol{X}=(\boldsymbol{x}_1,\boldsymbol{x}_2,\boldsymbol{x}_3)$.

例 3.6.2 设 3×4 矩阵 $\boldsymbol{A}=\begin{pmatrix}1 & -2 & 3 & -4\\0 & 1 & -1 & 1\\1 & 2 & 0 & -3\end{pmatrix}$. (1)求齐次线性方程组 $\boldsymbol{Ax}=\boldsymbol{0}$ 的一个基础解系；(2)求满足 $\boldsymbol{AB}=\boldsymbol{E}$ 的所有矩阵 $\boldsymbol{B}$，$\boldsymbol{E}$ 为三阶单位矩阵. **【2014 研数一、二、三】**

分析 (1)显然 $\operatorname{rank}(\boldsymbol{A})<4$，按通常方法求 $\boldsymbol{Ax}=\boldsymbol{0}$ 的基础解系；(2)注意到 $\boldsymbol{A}$ 不可逆，若设 $\boldsymbol{E}=(\boldsymbol{\varepsilon}_1,\boldsymbol{\varepsilon}_2,\boldsymbol{\varepsilon}_3)$，$\boldsymbol{B}=(\boldsymbol{x}_1,\boldsymbol{x}_2,\boldsymbol{x}_3)$(注意到存在的 $\boldsymbol{B}$ 应为 4×3 矩阵)，则

$$\boldsymbol{AB}=\boldsymbol{E}\Leftrightarrow(\boldsymbol{Ax}_1,\boldsymbol{Ax}_2,\boldsymbol{Ax}_3)=(\boldsymbol{\varepsilon}_1,\boldsymbol{\varepsilon}_2,\boldsymbol{\varepsilon}_3)\Leftrightarrow\boldsymbol{Ax}_1=\boldsymbol{\varepsilon}_1,\quad \boldsymbol{Ax}_2=\boldsymbol{\varepsilon}_2,\quad \boldsymbol{Ax}_3=\boldsymbol{\varepsilon}_3.$$

解 (1) 对方程组 $\boldsymbol{Ax}=\boldsymbol{0}$ 的系数矩阵 $\boldsymbol{A}$ 施以初等行变换，将其化为简化行阶梯形矩阵，有

$$\boldsymbol{A}\to\begin{pmatrix}1 & 0 & 0 & 1\\0 & 1 & 0 & -2\\0 & 0 & 1 & -3\end{pmatrix},$$

$\operatorname{rank}(\boldsymbol{A})=3<4$(未知元的个数)，方程组有非零解，其一般解为 $\begin{cases}x_1=-x_4,\\x_2=2x_4,\\x_3=3x_4,\end{cases}$ 令自由未知元 $x_4=1$，代入得其基础解系为 $\boldsymbol{\eta}=\begin{pmatrix}-1\\2\\3\\1\end{pmatrix}$.

(2) 依题设，$\boldsymbol{B}$ 为 4×3 矩阵，设 $\boldsymbol{\varepsilon}_1,\boldsymbol{\varepsilon}_2,\boldsymbol{\varepsilon}_3$ 为三阶单位矩阵 $\boldsymbol{E}$ 的列向量组，$\boldsymbol{x}_1,\boldsymbol{x}_2,\boldsymbol{x}_3$ 是矩阵 $\boldsymbol{B}$ 的列向量组，则

$$\boldsymbol{AB}=\boldsymbol{E}\Leftrightarrow\boldsymbol{A}(\boldsymbol{x}_1,\boldsymbol{x}_2,\boldsymbol{x}_3)=(\boldsymbol{\varepsilon}_1,\boldsymbol{\varepsilon}_2,\boldsymbol{\varepsilon}_3)\Leftrightarrow\boldsymbol{Ax}_1=\boldsymbol{\varepsilon}_1,\boldsymbol{Ax}_2=\boldsymbol{\varepsilon}_2,\boldsymbol{Ax}_3=\boldsymbol{\varepsilon}_3,$$

由于上述 3 个线性方程组 $\boldsymbol{Ax}=\boldsymbol{\varepsilon}_1$，$\boldsymbol{Ax}=\boldsymbol{\varepsilon}_2$，$\boldsymbol{Ax}=\boldsymbol{\varepsilon}_3$ 的系数矩阵同为 $\boldsymbol{A}$，可以对下述矩阵统一施以初等行变换，将其化为简化行阶梯形矩阵，即

$$(\boldsymbol{A}\mid\boldsymbol{\varepsilon}_1\mid\boldsymbol{\varepsilon}_2\mid\boldsymbol{\varepsilon}_3)=\left(\begin{array}{cccc|c|c|c}1 & -2 & 3 & -4 & 1 & 0 & 0\\0 & 1 & -1 & 1 & 0 & 1 & 0\\1 & 2 & 0 & -3 & 0 & 0 & 1\end{array}\right)\to\left(\begin{array}{cccc|c|c|c}1 & 0 & 0 & 1 & 2 & 6 & -1\\0 & 1 & 0 & -2 & -1 & -3 & 1\\0 & 0 & 1 & -3 & -1 & -4 & 1\end{array}\right),$$

因为 $\text{rank}(\boldsymbol{A})=\text{rank}(\boldsymbol{A}|\boldsymbol{\varepsilon}_1)=\text{rank}(\boldsymbol{A}|\boldsymbol{\varepsilon}_2)=\text{rank}(\boldsymbol{A}|\boldsymbol{\varepsilon}_3)=3<4$(未知元的个数)，所以 3 个线性方程组都有无穷多个解，$\boldsymbol{Ax}=\boldsymbol{\varepsilon}_1$，$\boldsymbol{Ax}=\boldsymbol{\varepsilon}_2$，$\boldsymbol{Ax}=\boldsymbol{\varepsilon}_3$ 的一般解分别为

$$\begin{cases}x_1=2-x_4,\\x_2=-1+2x_4,\\x_3=-1+3x_4,\end{cases}\quad\begin{cases}x_1=6-x_4,\\x_2=-3+2x_4,\\x_3=-4+3x_4,\end{cases}\quad\begin{cases}x_1=-1-x_4,\\x_2=1+2x_4,\\x_3=1+3x_4.\end{cases}$$

令自由未知元 $x_4=0$，代入得 3 个特解分别为 $\boldsymbol{\gamma}_1=\begin{pmatrix}2\\-1\\-1\\0\end{pmatrix}$，$\boldsymbol{\gamma}_2=\begin{pmatrix}6\\-3\\-4\\0\end{pmatrix}$，$\boldsymbol{\gamma}_3=\begin{pmatrix}-1\\1\\1\\0\end{pmatrix}$，它们的导出组基础解系已由(1)得出，于是线性方程组 $\boldsymbol{Ax}=\boldsymbol{\varepsilon}_1$ 的通解为

$$\boldsymbol{x}_1=\boldsymbol{\gamma}_1+k_1\boldsymbol{\eta}=\begin{pmatrix}2\\-1\\-1\\0\end{pmatrix}+k_1\begin{pmatrix}-1\\2\\3\\1\end{pmatrix}=\begin{pmatrix}2-k_1\\-1+2k_1\\-1+3k_1\\k_1\end{pmatrix},\quad k_1\text{ 为任意常数},$$

线性方程组 $\boldsymbol{Ax}=\boldsymbol{\varepsilon}_2$ 的通解为

$$\boldsymbol{x}_2=\boldsymbol{\gamma}_2+k_2\boldsymbol{\eta}=\begin{pmatrix}6\\-3\\-4\\0\end{pmatrix}+k_2\begin{pmatrix}-1\\2\\3\\1\end{pmatrix}=\begin{pmatrix}6-k_2\\-3+2k_2\\-4+3k_2\\k_2\end{pmatrix},\quad k_2\text{ 为任意常数},$$

线性方程组 $\boldsymbol{Ax}=\boldsymbol{\varepsilon}_3$ 的通解为

$$\boldsymbol{x}_3=\boldsymbol{\gamma}_3+k_3\boldsymbol{\eta}=\begin{pmatrix}-1\\1\\1\\0\end{pmatrix}+k_3\begin{pmatrix}-1\\2\\3\\1\end{pmatrix}=\begin{pmatrix}-1-k_3\\1+2k_3\\1+3k_3\\k_3\end{pmatrix},\quad k_3\text{ 为任意常数},$$

从而满足 $\boldsymbol{AB}=\boldsymbol{E}$ 的所有矩阵为

$$\boldsymbol{B}=(\boldsymbol{x}_1,\boldsymbol{x}_2,\boldsymbol{x}_3)=\begin{pmatrix}2-k_1&6-k_2&-1-k_3\\-1+2k_1&-3+2k_2&1+2k_3\\-1+3k_1&-4+3k_2&1+3k_3\\k_1&k_2&k_3\end{pmatrix},\quad k_1,k_2,k_3\text{ 为任意常数}.$$

注　对于 $m\times n$ 矩阵 $\boldsymbol{A}$，本例给出了解矩阵方程 $\boldsymbol{AX}=\boldsymbol{E}$ 的方法.

评　对于 $m\times n$ 矩阵 $\boldsymbol{A}$，如何求矩阵 $\boldsymbol{B}$，使满足 $\boldsymbol{AB}=\boldsymbol{E}$？设 $\boldsymbol{B}=(\boldsymbol{x}_1,\boldsymbol{x}_2,\boldsymbol{x}_3)$，

$$\boldsymbol{AB}=\boldsymbol{E}\Leftrightarrow\boldsymbol{A}(\boldsymbol{x}_1,\boldsymbol{x}_2,\boldsymbol{x}_3)=(\boldsymbol{\varepsilon}_1,\boldsymbol{\varepsilon}_2,\boldsymbol{\varepsilon}_3)\Leftrightarrow\boldsymbol{Ax}_1=\boldsymbol{\varepsilon}_1,\boldsymbol{Ax}_2=\boldsymbol{\varepsilon}_2,\boldsymbol{Ax}_3=\boldsymbol{\varepsilon}_3,$$

分别解上述各线性方程组，得 $\boldsymbol{x}_1,\boldsymbol{x}_2,\boldsymbol{x}_3$，进而求得未知矩阵 $\boldsymbol{B}=(\boldsymbol{x}_1,\boldsymbol{x}_2,\boldsymbol{x}_3)$.

2. 利用矩阵间的关系解线性方程组

例 3.6.3 设三阶矩阵 $\boldsymbol{A}$ 的第一行是 (a,b,c)，其中 a,b,c 不全为零，$\boldsymbol{B}=\begin{pmatrix}1&2&3\\2&4&6\\3&6&k\end{pmatrix}$ (k 为常数)，且 $\boldsymbol{AB}=\boldsymbol{0}$，求线性方程组 $\boldsymbol{Ax}=\boldsymbol{0}$ 的通解. 【2005 研数一、二】

分析 令 $\boldsymbol{B}=(\boldsymbol{\beta}_1,\boldsymbol{\beta}_2,\boldsymbol{\beta}_3)$，则 $\boldsymbol{\beta}_1,\boldsymbol{\beta}_2,\boldsymbol{\beta}_3$ 都是线性方程组 $\boldsymbol{Ax}=\boldsymbol{0}$ 的解，$\boldsymbol{Ax}=\boldsymbol{0}$ 的基础解系所含解向量的个数为 $3-\text{rank}(\boldsymbol{A})\geqslant\text{rank}(\boldsymbol{B})$.

解 依题设，$\boldsymbol{A}\neq\boldsymbol{0}$，则 $\text{rank}(\boldsymbol{A})\geqslant 1$. 设 $\boldsymbol{B}$ 的列向量组为 $\boldsymbol{\beta}_1,\boldsymbol{\beta}_2,\boldsymbol{\beta}_3$，即 $\boldsymbol{B}=(\boldsymbol{\beta}_1,\boldsymbol{\beta}_2,\boldsymbol{\beta}_3)$，由 $\boldsymbol{AB}=\boldsymbol{0}$，依 3.4 节推论 2，$\boldsymbol{\beta}_1,\boldsymbol{\beta}_2,\boldsymbol{\beta}_3$ 均为 $\boldsymbol{Ax}=\boldsymbol{0}$ 的解，同时依 3.4 节命题 4，有 $\text{rank}(\boldsymbol{A})+\text{rank}(\boldsymbol{B})\leqslant 3$.

(1) 如果 $k\neq 9$，则 $\text{rank}(\boldsymbol{B})=2$，$\text{rank}(\boldsymbol{A})\leqslant 3-2=1$. 又显然 $\text{rank}(\boldsymbol{A})\geqslant 1$，因此

$$\text{rank}(\boldsymbol{A})=1<3\ (\text{未知元的个数}),$$

$\boldsymbol{Ax}=\boldsymbol{0}$ 有非零解，其基础解系含 2 个解向量. 又因 $\boldsymbol{\beta}_1,\boldsymbol{\beta}_3$ 线性无关，所以 $\boldsymbol{\beta}_1,\boldsymbol{\beta}_3$ 就是 $\boldsymbol{Ax}=\boldsymbol{0}$ 的一个基础解系，因此线性方程组的通解为

$$\boldsymbol{x}=c_1\boldsymbol{\beta}_1+c_2\boldsymbol{\beta}_3,\quad c_1,c_2\ \text{为任意常数}.$$

(2) 如果 $k=9$，则 $\text{rank}(\boldsymbol{B})=1$，$\text{rank}(\boldsymbol{A})\leqslant 3-1=2$. 又 $\text{rank}(\boldsymbol{A})\geqslant 1$，因此

$$\text{rank}(\boldsymbol{A})=2<3,\ \text{或}\ \text{rank}(\boldsymbol{A})=1<3.$$

① 如果 $\text{rank}(\boldsymbol{A})=2$，$\boldsymbol{Ax}=\boldsymbol{0}$ 有非零解，其基础解系含 1 个解向量. 又因 $\boldsymbol{\beta}_1\neq\boldsymbol{0}$ 线性无关，所以 $\boldsymbol{\beta}_1$ 就是 $\boldsymbol{Ax}=\boldsymbol{0}$ 的一个基础解系，则线性方程组的通解为

$$\boldsymbol{x}=c_3\boldsymbol{\beta}_1,\quad c_3\ \text{为任意常数}.$$

② 如果 $\text{rank}(\boldsymbol{A})=1$，$\boldsymbol{Ax}=\boldsymbol{0}$ 有非零解，此时 $\boldsymbol{Ax}=\boldsymbol{0}$ 的同解方程为 $ax_1+bx_2+cx_3=0$，不妨设 $a\neq 0$，则方程组的一般解为 $x_1=-\dfrac{b}{a}x_2-\dfrac{c}{a}x_3$，令自由未知元 $\begin{pmatrix}x_2\\x_3\end{pmatrix}$ 分别取 $\begin{pmatrix}-a\\0\end{pmatrix}$，$\begin{pmatrix}0\\-a\end{pmatrix}$，代入得其一基础解系为 $\boldsymbol{\xi}_1=\begin{pmatrix}b\\-a\\0\end{pmatrix}$，$\boldsymbol{\xi}_2=\begin{pmatrix}c\\0\\-a\end{pmatrix}$，则线性方程组的通解为

$$\boldsymbol{x}=c_4\boldsymbol{\xi}_1+c_5\boldsymbol{\xi}_2,\quad c_4,c_5\ \text{为任意常数}.$$

注 当 $k=9$ 且 $\text{rank}(\boldsymbol{A})=1$ 时，$\boldsymbol{\beta}_1,\boldsymbol{\beta}_2,\boldsymbol{\beta}_3$ 两两线性相关，而 $\boldsymbol{Ax}=\boldsymbol{0}$ 的基础解系应含两个线性无关的解向量，故由同解方程 $ax_1+bx_2+cx_3=0$ 认定基础解系.

评 由 $\boldsymbol{AB}=\boldsymbol{0}$，有 $\text{rank}(\boldsymbol{A})\leqslant 3-\text{rank}(\boldsymbol{B})$，依 $\text{rank}(\boldsymbol{B})$ 可确定 $\text{rank}(\boldsymbol{A})$，此时 $\boldsymbol{B}$ 的列向量 $\boldsymbol{\beta}_1,\boldsymbol{\beta}_2,\boldsymbol{\beta}_3$ 都是线性方程组 $\boldsymbol{Ax}=\boldsymbol{0}$ 的解，有时以此可求 $\boldsymbol{Ax}=\boldsymbol{0}$ 的基础解系及通解.

3. 利用向量组的线性相关性讨论矩阵方程

例 3.6.4 设 $\boldsymbol{A},\boldsymbol{B}$ 分别是 $m\times n$，$n\times s$ 矩阵，证明矩阵方程 $\boldsymbol{ABX}=\boldsymbol{A}$ 有解的充分必要条件是 $\text{rank}(\boldsymbol{AB})=\text{rank}(\boldsymbol{A})$.

分析 $\boldsymbol{ABX}=\boldsymbol{A}$ 有解 $\Leftrightarrow\text{rank}(\boldsymbol{AB})=\text{rank}(\boldsymbol{AB},\boldsymbol{A})$，而

$$\text{rank}(\boldsymbol{A})=\text{rank}(\boldsymbol{AB})\Leftrightarrow\{\boldsymbol{\alpha}_1,\boldsymbol{\alpha}_2,\cdots,\boldsymbol{\alpha}_n\}\cong\{\boldsymbol{\delta}_1,\boldsymbol{\delta}_2,\cdots,\boldsymbol{\delta}_s\},$$

其中 $\boldsymbol{\alpha}_1,\boldsymbol{\alpha}_2,\cdots,\boldsymbol{\alpha}_n$ 是 $\boldsymbol{A}$ 的列向量组，$\boldsymbol{\delta}_1,\boldsymbol{\delta}_2,\cdots,\boldsymbol{\delta}_s$ 是 $\boldsymbol{AB}$ 的列向量组.

证　设 $\boldsymbol{A}$ 的列向量组是 $\boldsymbol{\alpha}_1,\boldsymbol{\alpha}_2,\cdots,\boldsymbol{\alpha}_n$，$\boldsymbol{AB}$ 的列向量组为 $\boldsymbol{\delta}_1,\boldsymbol{\delta}_2,\cdots,\boldsymbol{\delta}_s$，依例 3.4.2 的结论，有

$$\boldsymbol{ABX}=\boldsymbol{A}\text{ 有解}\Leftrightarrow \operatorname{rank}(\boldsymbol{AB})=\operatorname{rank}(\boldsymbol{AB},\boldsymbol{A})$$
$$\Leftrightarrow \operatorname{rank}\{\boldsymbol{\delta}_1,\boldsymbol{\delta}_2,\cdots,\boldsymbol{\delta}_s\}=\operatorname{rank}\{\boldsymbol{\delta}_1,\boldsymbol{\delta}_2,\cdots,\boldsymbol{\delta}_s,\boldsymbol{\alpha}_1,\boldsymbol{\alpha}_2,\cdots,\boldsymbol{\alpha}_n\}.$$

因为 $\boldsymbol{\delta}_1,\boldsymbol{\delta}_2,\cdots,\boldsymbol{\delta}_s$ 可由 $\boldsymbol{\delta}_1,\boldsymbol{\delta}_2,\cdots,\boldsymbol{\delta}_s,\boldsymbol{\alpha}_1,\boldsymbol{\alpha}_2,\cdots,\boldsymbol{\alpha}_n$ 线性表示，依例 2.4.4 的结论，有

$$\Leftrightarrow\{\boldsymbol{\delta}_1,\boldsymbol{\delta}_2,\cdots,\boldsymbol{\delta}_s\}\cong\{\boldsymbol{\delta}_1,\boldsymbol{\delta}_2,\cdots,\boldsymbol{\delta}_s,\boldsymbol{\alpha}_1,\boldsymbol{\alpha}_2,\cdots,\boldsymbol{\alpha}_n\}$$
$$\Leftrightarrow\boldsymbol{\alpha}_1,\boldsymbol{\alpha}_2,\cdots,\boldsymbol{\alpha}_n\text{ 可由 }\boldsymbol{\delta}_1,\boldsymbol{\delta}_2,\cdots,\boldsymbol{\delta}_s\text{ 线性表示.}$$

又由 3.4 节命题 6 的证明过程可知，乘积阵 $\boldsymbol{AB}$ 的列向量组 $\boldsymbol{\delta}_1,\boldsymbol{\delta}_2,\cdots,\boldsymbol{\delta}_s$ 可由左阵 $\boldsymbol{A}$ 的列向量组 $\boldsymbol{\alpha}_1,\boldsymbol{\alpha}_2,\cdots,\boldsymbol{\alpha}_n$ 线性表示，因此

$$\boldsymbol{\alpha}_1,\boldsymbol{\alpha}_2,\cdots,\boldsymbol{\alpha}_n\text{ 可由 }\boldsymbol{\delta}_1,\boldsymbol{\delta}_2,\cdots,\boldsymbol{\delta}_s\text{ 线性表示}\Leftrightarrow\{\boldsymbol{\alpha}_1,\boldsymbol{\alpha}_2,\cdots,\boldsymbol{\alpha}_n\}\cong\{\boldsymbol{\delta}_1,\boldsymbol{\delta}_2,\cdots,\boldsymbol{\delta}_s\}$$
$$\Leftrightarrow\operatorname{rank}\{\boldsymbol{\alpha}_1,\boldsymbol{\alpha}_2,\cdots,\boldsymbol{\alpha}_n\}=\operatorname{rank}\{\boldsymbol{\delta}_1,\boldsymbol{\delta}_2,\cdots,\boldsymbol{\delta}_s\}$$
$$\Leftrightarrow\operatorname{rank}(\boldsymbol{A})=\operatorname{rank}(\boldsymbol{AB}).$$

注　$\boldsymbol{ABX}=\boldsymbol{A}$ 有解 $\Leftrightarrow\operatorname{rank}(\boldsymbol{AB})=\operatorname{rank}(\boldsymbol{AB},\boldsymbol{A})$

$$\Leftrightarrow\{\boldsymbol{\alpha}_1,\boldsymbol{\alpha}_2,\cdots,\boldsymbol{\alpha}_n\}\cong\{\boldsymbol{\delta}_1,\boldsymbol{\delta}_2,\cdots,\boldsymbol{\delta}_s\}\Leftrightarrow\operatorname{rank}(\boldsymbol{A})=\operatorname{rank}(\boldsymbol{AB}).$$

评　结论：矩阵方程 $\boldsymbol{ABX}=\boldsymbol{A}$ 有解 $\Leftrightarrow\operatorname{rank}(\boldsymbol{AB})=\operatorname{rank}(\boldsymbol{A})$.

4. 利用矩阵的结构特点解矩阵方程

例 3.6.5　设 n 阶矩阵 $\boldsymbol{P}=\begin{pmatrix}1&1&\cdots&\cdots&1\\0&1&\ddots&&\vdots\\\vdots&\ddots&\ddots&\ddots&\vdots\\\vdots&&\ddots&1&1\\0&\cdots&\cdots&0&1\end{pmatrix}$，$\boldsymbol{Q}=\begin{pmatrix}1&2&3&\cdots&n\\0&\ddots&\ddots&&\vdots\\\vdots&\ddots&\ddots&\ddots&3\\\vdots&&\ddots&\ddots&2\\0&\cdots&\cdots&0&1\end{pmatrix}$，满足矩阵方程 $\boldsymbol{Q}^{-1}\boldsymbol{PX}=\boldsymbol{E}$，$\boldsymbol{E}$ 为 n 阶单位矩阵，求 $\boldsymbol{X}$.

分析　$\boldsymbol{PX}=\boldsymbol{Q}$，依矩阵的结构特点施以分解.

解　用 $\boldsymbol{Q}$ 左乘方程两端，有 $\boldsymbol{PX}=\boldsymbol{Q}$，令 $\boldsymbol{A}=\begin{pmatrix}0&1&0&\cdots&0\\0&0&1&\cdots&0\\\vdots&\vdots&\ddots&\ddots&\vdots\\0&0&0&\ddots&1\\0&0&0&\cdots&0\end{pmatrix}$，依例 3.1.2 的结论有

$$\boldsymbol{A}^2=\begin{pmatrix}0&0&1&\cdots&0\\\vdots&\ddots&\ddots&\ddots&\vdots\\\vdots&&\ddots&\ddots&1\\\vdots&&&\ddots&0\\0&\cdots&\cdots&\cdots&0\end{pmatrix},\cdots,\boldsymbol{A}^{n-1}=\begin{pmatrix}0&0&\cdots&0&1\\\vdots&\ddots&\ddots&\ddots&0\\\vdots&&\ddots&\ddots&\vdots\\\vdots&&&\ddots&0\\0&\cdots&\cdots&\cdots&0\end{pmatrix},\boldsymbol{A}^n=\boldsymbol{0},$$

依矩阵的加法和数量乘法，有

$$\boldsymbol{P}=\boldsymbol{E}+\boldsymbol{A}+\boldsymbol{A}^2+\cdots+\boldsymbol{A}^{n-1},\quad \boldsymbol{Q}=\boldsymbol{E}+2\boldsymbol{A}+3\boldsymbol{A}^2+\cdots+n\boldsymbol{A}^{n-1},$$

于是矩阵方程 $\boldsymbol{PX}=\boldsymbol{Q}$ 可以写成

$$(E+A+A^2+\cdots+A^{n-1})X=E+2A+3A^2+\cdots+nA^{n-1},$$

又因为 $A^n=0$，依例 3.3.1 的结论，$(E-A)(E+A+A^2+\cdots+A^{n-1})=E-A^n=E$，于是用 $E-A$ 左乘上式两端，有

$$EX=(E-A)(E+2A+3A^2+\cdots+nA^{n-1}),$$

也即
$$X=E+2A+3A^2+\cdots+nA^{n-1}-A-2A^2-3A^3-\cdots-nA^n,$$
$$=E+A+A^2+\cdots+A^{n-1}=P.$$

注 如果 $A^n=0$，则 $(E-A)(E+A+A^2+\cdots+A^{n-1})=E-A^n=E$.

评 依据矩阵的结构特点解矩阵方程的方法值得总结.

$$P=E+A+A^2+\cdots+A^{n-1},\quad Q=E+2A+3A^2+\cdots+nA^{n-1}.$$

习题 3-6

1. 解矩阵方程 $AX=B$，其中 $A=\begin{pmatrix}1&-3\\-2&6\end{pmatrix}$，$B=\begin{pmatrix}-1&0&-2\\2&0&4\end{pmatrix}$.

2. 设三阶矩阵 $A=\begin{pmatrix}1&0&0\\0&2&0\\1&6&1\end{pmatrix}$，解矩阵方程 $AX+E=A^2+X$.

3. 设 A 为 $n\times(n+1)$ 矩阵，X 为 $(n+1)\times n$ 未知矩阵，试证：矩阵方程 $AX=E$ 有解的充分必要条件是 $\operatorname{rank}(A)=n$.

4. 求 $n(n\geqslant 2)$ 阶矩阵 A 的逆矩阵，其中 $A=\begin{pmatrix}1&1&\cdots&1&1\\0&1&\cdots&1&1\\\vdots&\vdots&&\vdots&\vdots\\0&0&\cdots&1&1\\0&0&\cdots&0&1\end{pmatrix}$.

5. 设矩阵 $A=\begin{pmatrix}1&-1&-1\\2&a&1\\-1&1&a\end{pmatrix}$，$B=\begin{pmatrix}2&2\\1&a\\-a-1&-2\end{pmatrix}$，当 a 为何值时，矩阵方程 $AX=B$ 无解，有唯一解，有无穷多个解？并解之. **【2016 研数一】**

单元练习题 3

一、选择题：下列每小题给出的四个选项中，只有一项是符合题目要求的，请将所选项前的字母写在指定位置.

1. 设 A 是 $m\times n$ 矩阵，B 是 $n\times m$ 矩阵，则（　　）.

 A. 当 $m>n$ 时，必有行列式 $|AB|\neq 0$

 B. 当 $m>n$ 时，必有行列式 $|AB|=0$

 C. 当 $n>m$ 时，必有行列式 $|AB|\neq 0$

 D. 当 $n>m$ 时，必有行列式 $|AB|=0$ **【1999 研数一】**

2. 设三阶矩阵 $\boldsymbol{A}=\begin{pmatrix}1 & 0 & -1\\ 2 & -1 & 1\\ -1 & 2 & -5\end{pmatrix}$，若下三角可逆矩阵 $\boldsymbol{P}$ 和上三角可逆矩阵 $\boldsymbol{Q}$，使得 $\boldsymbol{PAQ}$ 为对角矩阵，则 $\boldsymbol{P},\boldsymbol{Q}$ 可以分别取为（　　）.

A. $\begin{pmatrix}1 & 0 & 0\\ 0 & 1 & 0\\ 0 & 0 & 1\end{pmatrix},\begin{pmatrix}1 & 0 & 1\\ 0 & 1 & 3\\ 0 & 0 & 1\end{pmatrix}$　　B. $\begin{pmatrix}1 & 0 & 0\\ 2 & -1 & 0\\ -3 & 2 & 1\end{pmatrix},\begin{pmatrix}1 & 0 & 1\\ 0 & 1 & 0\\ 0 & 0 & 1\end{pmatrix}$

C. $\begin{pmatrix}1 & 0 & 0\\ 2 & -1 & 0\\ -3 & 2 & 1\end{pmatrix},\begin{pmatrix}1 & 0 & 1\\ 0 & 1 & 3\\ 0 & 0 & 1\end{pmatrix}$　　D. $\begin{pmatrix}1 & 0 & 0\\ 0 & 1 & 0\\ 1 & 3 & 1\end{pmatrix},\begin{pmatrix}1 & 2 & -3\\ 0 & -1 & 2\\ 0 & 0 & 1\end{pmatrix}$

【2021 研数二、三】

3. 设 $\boldsymbol{A}$ 为任一 $n(n\geqslant 3)$ 阶矩阵，$\boldsymbol{A}^*$ 是 $\boldsymbol{A}$ 的伴随矩阵. 又 k 为常数，且 $k\neq 0$ 且 $k\neq\pm 1$，则必有 $(k\boldsymbol{A})^*=$（　　）.

A. $k\boldsymbol{A}^*$　　B. $k^{n-1}\boldsymbol{A}^*$　　C. $k^n\boldsymbol{A}^*$　　D. $k^{-1}\boldsymbol{A}^*$

【1998 研数二】

4. 设 $\boldsymbol{A},\boldsymbol{B}$ 均为二阶矩阵，$\boldsymbol{A}^*,\boldsymbol{B}^*$ 分别为 $\boldsymbol{A},\boldsymbol{B}$ 的伴随矩阵，若 $|\boldsymbol{A}|=2$，$|\boldsymbol{B}|=3$，则分块矩阵 $\begin{pmatrix}\boldsymbol{0} & \boldsymbol{A}\\ \boldsymbol{B} & \boldsymbol{0}\end{pmatrix}$ 的伴随矩阵为（　　）.

A. $\begin{pmatrix}\boldsymbol{0} & 3\boldsymbol{B}^*\\ 2\boldsymbol{A}^* & \boldsymbol{0}\end{pmatrix}$　　B. $\begin{pmatrix}\boldsymbol{0} & 2\boldsymbol{B}^*\\ 3\boldsymbol{A}^* & \boldsymbol{0}\end{pmatrix}$　　C. $\begin{pmatrix}\boldsymbol{0} & 3\boldsymbol{A}^*\\ 2\boldsymbol{B}^* & \boldsymbol{0}\end{pmatrix}$　　D. $\begin{pmatrix}\boldsymbol{0} & 2\boldsymbol{A}^*\\ 3\boldsymbol{B}^* & \boldsymbol{0}\end{pmatrix}$

【2009 研数一、二、三】

5. 设三阶矩阵 $\boldsymbol{A}=(a_{ij})$ 满足 $\boldsymbol{A}^*=\boldsymbol{A}^{\mathrm{T}}$，其中 $\boldsymbol{A}^*$ 为 $\boldsymbol{A}$ 的伴随矩阵，$\boldsymbol{A}^{\mathrm{T}}$ 为 $\boldsymbol{A}$ 的转置矩阵，若 a_{11},a_{12},a_{13} 为 3 个相等的正数，则 a_{11} 为（　　）.

A. $\dfrac{\sqrt{3}}{3}$　　B. 3　　C. $\dfrac{1}{3}$　　D. $\sqrt{3}$

【2005 研数三】

6. 设 $\boldsymbol{A},\boldsymbol{B},\boldsymbol{C}$ 均为 n 阶矩阵，$\boldsymbol{E}$ 为 n 阶单位矩阵，若 $\boldsymbol{B}=\boldsymbol{E}+\boldsymbol{AB}$，$\boldsymbol{C}=\boldsymbol{A}+\boldsymbol{CA}$，则 $\boldsymbol{B}-\boldsymbol{C}$ 为（　　）.

A. $\boldsymbol{E}$　　B. $-\boldsymbol{E}$　　C. $\boldsymbol{A}$　　D. $-\boldsymbol{A}$

【2005 研数四】

7. 设 $\boldsymbol{A}$ 为 n 阶非零矩阵，$\boldsymbol{E}$ 为 n 阶单位矩阵，若 $\boldsymbol{A}^3=\boldsymbol{0}$，则（　　）.

A. $\boldsymbol{E}-\boldsymbol{A}$ 不可逆，$\boldsymbol{E}+\boldsymbol{A}$ 不可逆　　B. $\boldsymbol{E}-\boldsymbol{A}$ 不可逆，$\boldsymbol{E}+\boldsymbol{A}$ 可逆

C. $\boldsymbol{E}-\boldsymbol{A}$ 可逆，$\boldsymbol{E}+\boldsymbol{A}$ 可逆　　D. $\boldsymbol{E}-\boldsymbol{A}$ 可逆，$\boldsymbol{E}+\boldsymbol{A}$ 不可逆

【2008 研数一、二、三】

8. 设三阶矩阵 $\boldsymbol{A}=\begin{pmatrix}a & b & b\\ b & a & b\\ b & b & a\end{pmatrix}$，若 $\boldsymbol{A}$ 的伴随矩阵的秩等于 1，则必有（　　）.

A. $a=b$ 或 $a+2b=0$　　B. $a=b$ 或 $a+2b\neq 0$

C. $a\neq b$ 且 $a+2b=0$　　D. $a\neq b$ 且 $a+2b\neq 0$　【2003 研数三】

9. 如果 $\boldsymbol{A}$ 为 $m \times n$ 矩阵，$\boldsymbol{B}$ 为 $n \times m$ 矩阵，$\boldsymbol{E}$ 为单位矩阵，若 $\boldsymbol{AB}=\boldsymbol{E}$，则(　　).

A. $\operatorname{rank}(\boldsymbol{A})=m, \operatorname{rank}(\boldsymbol{B})=m$　　B. $\operatorname{rank}(\boldsymbol{A})=m, \operatorname{rank}(\boldsymbol{B})=n$

C. $\operatorname{rank}(\boldsymbol{A})=n, \operatorname{rank}(\boldsymbol{B})=m$　　D. $\operatorname{rank}(\boldsymbol{A})=n, \operatorname{rank}(\boldsymbol{B})=n$

【2010 研数一】

10. 已知 $\boldsymbol{Q}=\begin{pmatrix}1 & 2 & 3\\ 2 & 4 & t\\ 3 & 6 & 9\end{pmatrix}$，$\boldsymbol{P}$ 为三阶非零矩阵，且满足 $\boldsymbol{PQ}=\boldsymbol{0}$，则(　　).

A. 当 $t=6$ 时，$\boldsymbol{P}$ 的秩必为 1　　B. 当 $t=6$ 时，$\boldsymbol{P}$ 的秩必为 2

C. 当 $t \neq 6$ 时，$\boldsymbol{P}$ 的秩必为 1　　D. 当 $t \neq 6$ 时，$\boldsymbol{P}$ 的秩必为 2

【1993 研数一】

11. 若矩阵 $\boldsymbol{A}$ 经初等列变换变为矩阵 $\boldsymbol{B}$，则(　　).

A. 存在矩阵 $\boldsymbol{P}$，使 $\boldsymbol{PA}=\boldsymbol{B}$　　B. 存在矩阵 $\boldsymbol{P}$，使 $\boldsymbol{BP}=\boldsymbol{A}$

C. 存在矩阵 $\boldsymbol{P}$，使 $\boldsymbol{PB}=\boldsymbol{A}$　　D. 方程组 $\boldsymbol{Ax}=\boldsymbol{0}$ 与 $\boldsymbol{Bx}=\boldsymbol{0}$ 同解

【2020 研数一】

12. 设 $\boldsymbol{A}$ 为 n 阶矩阵，$\boldsymbol{\alpha}$ 为 n 维列向量，若 $\operatorname{rank}\begin{pmatrix}\boldsymbol{A} & \boldsymbol{\alpha}\\ \boldsymbol{\alpha}^{\mathrm{T}} & 0\end{pmatrix}=\operatorname{rank}(\boldsymbol{A})$，则线性方程组(　　).

A. $\boldsymbol{Ax}=\boldsymbol{0}$ 必有无穷多个解　　B. $\boldsymbol{Ax}=\boldsymbol{0}$ 必有唯一解

C. $\begin{pmatrix}\boldsymbol{A} & \boldsymbol{\alpha}\\ \boldsymbol{\alpha}^{\mathrm{T}} & 0\end{pmatrix}\begin{pmatrix}x\\ y\end{pmatrix}=\boldsymbol{0}$ 仅有零解　　D. $\begin{pmatrix}\boldsymbol{A} & \boldsymbol{\alpha}\\ \boldsymbol{\alpha}^{\mathrm{T}} & 0\end{pmatrix}\begin{pmatrix}x\\ y\end{pmatrix}=\boldsymbol{0}$ 必有非零解

【2001 研数三】

13. 设 3×4 实矩阵 $\boldsymbol{A}$ 的秩为 3，则下列结论正确的是(　　).

A. $\boldsymbol{Ax}=\boldsymbol{0}$ 只有零解　　B. $\boldsymbol{A}^{\mathrm{T}}\boldsymbol{x}=\boldsymbol{0}$ 有非零解

C. $\boldsymbol{A}^{\mathrm{T}}\boldsymbol{Ax}=\boldsymbol{0}$ 有非零解　　D. $\boldsymbol{AA}^{\mathrm{T}}\boldsymbol{x}=\boldsymbol{0}$ 有非零解

14. 设 $\boldsymbol{\alpha}_1,\boldsymbol{\alpha}_2,\boldsymbol{\alpha}_3,\boldsymbol{\alpha}_4$ 是 4 维非零列向量组，矩阵 $\boldsymbol{A}=(\boldsymbol{\alpha}_1,\boldsymbol{\alpha}_2,\boldsymbol{\alpha}_3,\boldsymbol{\alpha}_4)$，$\boldsymbol{A}^*$ 为 $\boldsymbol{A}$ 的伴随矩阵，已知线性方程组 $\boldsymbol{Ax}=\boldsymbol{0}$ 的通解为 $k(1,0,1,0)^{\mathrm{T}}$(k 为任意常数)，则线性方程组 $\boldsymbol{A}^*\boldsymbol{x}=\boldsymbol{0}$ 的基础解系为(　　).

A. $\boldsymbol{\alpha}_1,\boldsymbol{\alpha}_2,\boldsymbol{\alpha}_3$　　B. $\boldsymbol{\alpha}_1+\boldsymbol{\alpha}_2,\boldsymbol{\alpha}_2+\boldsymbol{\alpha}_3,\boldsymbol{\alpha}_3+\boldsymbol{\alpha}_1$

C. $\boldsymbol{\alpha}_2,\boldsymbol{\alpha}_3,\boldsymbol{\alpha}_4$　　D. $\boldsymbol{\alpha}_1+\boldsymbol{\alpha}_2,\boldsymbol{\alpha}_2+\boldsymbol{\alpha}_3,\boldsymbol{\alpha}_3+\boldsymbol{\alpha}_4,\boldsymbol{\alpha}_4+\boldsymbol{\alpha}_1$

15. 设 $\boldsymbol{A}$ 为三阶矩阵，将 $\boldsymbol{A}$ 的第 2 列加到第 1 列得到矩阵 $\boldsymbol{B}$，再交换 $\boldsymbol{B}$ 的第 2 行与第 3 行得单位矩阵 $\boldsymbol{E}$，记

$$\boldsymbol{P}_1=\begin{pmatrix}1 & 0 & 0\\ 1 & 1 & 0\\ 0 & 0 & 1\end{pmatrix},\boldsymbol{P}_2=\begin{pmatrix}1 & 0 & 0\\ 0 & 0 & 1\\ 0 & 1 & 0\end{pmatrix}, \text{则 } \boldsymbol{A}=(\quad).$$

A. $\boldsymbol{P}_1\boldsymbol{P}_2$　　B. $\boldsymbol{P}_1^{-1}\boldsymbol{P}_2$　　C. $\boldsymbol{P}_2\boldsymbol{P}_1$　　D. $\boldsymbol{P}_2\boldsymbol{P}_1^{-1}$

【2011 研数一、二、三】

16. 设 $\boldsymbol{A}$ 为三阶矩阵，$\boldsymbol{P}$ 为三阶可逆矩阵，且 $\boldsymbol{P}^{-1}\boldsymbol{A}\boldsymbol{P}=\begin{pmatrix}1&0&0\\0&1&0\\0&0&2\end{pmatrix}$，若令 $\boldsymbol{P}=(\boldsymbol{\alpha}_1,\boldsymbol{\alpha}_2,\boldsymbol{\alpha}_3)$，$\boldsymbol{Q}=(\boldsymbol{\alpha}_1+\boldsymbol{\alpha}_2,\boldsymbol{\alpha}_2,\boldsymbol{\alpha}_3)$，则 $\boldsymbol{Q}^{-1}\boldsymbol{A}\boldsymbol{Q}=$（　　）.

A. $\begin{pmatrix}1&0&0\\0&2&0\\0&0&1\end{pmatrix}$　B. $\begin{pmatrix}1&0&0\\0&1&0\\0&0&2\end{pmatrix}$　C. $\begin{pmatrix}2&0&0\\0&1&0\\0&0&2\end{pmatrix}$　D. $\begin{pmatrix}2&0&0\\0&2&0\\0&0&1\end{pmatrix}$

【2012 研数一、二、三】

17. 设 $\boldsymbol{A}$ 为 $n(n\geqslant 2)$ 阶可逆矩阵，交换 $\boldsymbol{A}$ 的第 1 行与第 2 行得矩阵 $\boldsymbol{B}$，$\boldsymbol{A}^*$，$\boldsymbol{B}^*$ 分别为 $\boldsymbol{A}$，$\boldsymbol{B}$ 的伴随矩阵，则（　　）.

A. 交换 $\boldsymbol{A}^*$ 的第 1 列与第 2 列得 $\boldsymbol{B}^*$　B. 交换 $\boldsymbol{A}^*$ 的第 1 行与第 2 行得 $\boldsymbol{B}^*$

C. 交换 $\boldsymbol{A}^*$ 的第 1 列与第 2 列得 $-\boldsymbol{B}^*$　D. 交换 $\boldsymbol{A}^*$ 的第 1 行与第 2 行得 $-\boldsymbol{B}^*$

【2005 研数一、二】

18. 设 $\boldsymbol{A}$，$\boldsymbol{B}$，$\boldsymbol{C}$ 是 n 阶矩阵，若 $\boldsymbol{AB}=\boldsymbol{C}$，且 $\boldsymbol{B}$ 可逆，则（　　）.

A. 矩阵 $\boldsymbol{C}$ 的行向量组与 $\boldsymbol{A}$ 的行向量组等价

B. 矩阵 $\boldsymbol{C}$ 的列向量组与 $\boldsymbol{A}$ 的列向量组等价

C. 矩阵 $\boldsymbol{C}$ 的行向量组与 $\boldsymbol{B}$ 的行向量组等价

D. 矩阵 $\boldsymbol{C}$ 的列向量组与 $\boldsymbol{B}$ 的列向量组等价　【2013 研数一、二、三】

19. 设 $\boldsymbol{A}$，$\boldsymbol{B}$ 为满足 $\boldsymbol{AB}=\boldsymbol{0}$ 的任意两个非零矩阵，则必有（　　）.

A. $\boldsymbol{A}$ 的列向量组线性相关，$\boldsymbol{B}$ 的行向量组线性相关

B. $\boldsymbol{A}$ 的列向量组线性相关，$\boldsymbol{B}$ 的列向量组线性相关

C. $\boldsymbol{A}$ 的行向量组线性相关，$\boldsymbol{B}$ 的行向量组线性相关

D. $\boldsymbol{A}$ 的行向量组线性相关，$\boldsymbol{B}$ 的列向量组线性相关　【2004 研数一、二】

20. 设矩阵 $\boldsymbol{A}_{m\times n}(m<n)$ 为行满秩矩阵，$\boldsymbol{E}_m$ 为 m 阶单位矩阵，下述结论中正确的是（　　）.

A. $\boldsymbol{A}$ 的任意 m 个列向量必线性无关

B. $\boldsymbol{A}$ 的任意一个 m 阶子式不等于零

C. $\boldsymbol{A}$ 通过初等行变换，必可化为 $(\boldsymbol{E}_m\ \ \boldsymbol{0})$ 形式

D. 非齐次线性方程组 $\boldsymbol{Ax}=\boldsymbol{\beta}$（$\boldsymbol{\beta}$ 为 n 维列向量）一定有无穷多个解【1995 研数四】

21. 设 n 维列向量组 $\boldsymbol{\alpha}_1,\boldsymbol{\alpha}_2,\cdots,\boldsymbol{\alpha}_m$ 线性无关，则 n 维列向量组 $\boldsymbol{\beta}_1,\boldsymbol{\beta}_2,\cdots,\boldsymbol{\beta}_m$ 线性无关的充分必要条件是（　　）.

A. 向量组 $\boldsymbol{\alpha}_1,\boldsymbol{\alpha}_2,\cdots,\boldsymbol{\alpha}_m$ 可由向量组 $\boldsymbol{\beta}_1,\boldsymbol{\beta}_2,\cdots,\boldsymbol{\beta}_m$ 线性表示

B. 向量组 $\boldsymbol{\beta}_1,\boldsymbol{\beta}_2,\cdots,\boldsymbol{\beta}_m$ 可由向量组 $\boldsymbol{\alpha}_1,\boldsymbol{\alpha}_2,\cdots,\boldsymbol{\alpha}_m$ 线性表示

C. 向量组 $\boldsymbol{\alpha}_1,\boldsymbol{\alpha}_2,\cdots,\boldsymbol{\alpha}_m$ 与向量组 $\boldsymbol{\beta}_1,\boldsymbol{\beta}_2,\cdots,\boldsymbol{\beta}_m$ 等价

D. 矩阵 $\boldsymbol{A}=(\boldsymbol{\alpha}_1,\boldsymbol{\alpha}_2,\cdots,\boldsymbol{\alpha}_m)$ 与矩阵 $\boldsymbol{B}=(\boldsymbol{\beta}_1,\boldsymbol{\beta}_2,\cdots,\boldsymbol{\beta}_m)$ 相抵　【2000 研数一】

22. 设三阶矩阵 $\boldsymbol{A}=(\boldsymbol{\alpha}_1,\boldsymbol{\alpha}_2,\boldsymbol{\alpha}_3)$，$\boldsymbol{B}=(\boldsymbol{\beta}_1,\boldsymbol{\beta}_2,\boldsymbol{\beta}_3)$，若向量组 $\boldsymbol{\alpha}_1,\boldsymbol{\alpha}_2,\boldsymbol{\alpha}_3$ 可由向量组 $\boldsymbol{\beta}_1,\boldsymbol{\beta}_2,\boldsymbol{\beta}_3$ 线性表示，则（　　）.

A. $\boldsymbol{Ax}=\boldsymbol{0}$ 的解均为 $\boldsymbol{Bx}=\boldsymbol{0}$ 的解　B. $\boldsymbol{A}^{\mathrm{T}}\boldsymbol{x}=\boldsymbol{0}$ 的解均为 $\boldsymbol{B}^{\mathrm{T}}\boldsymbol{x}=\boldsymbol{0}$ 的解

C. $\boldsymbol{Bx}=\boldsymbol{0}$ 的解均为 $\boldsymbol{Ax}=\boldsymbol{0}$ 的解　D. $\boldsymbol{B}^{\mathrm{T}}\boldsymbol{x}=\boldsymbol{0}$ 的解均为 $\boldsymbol{A}^{\mathrm{T}}\boldsymbol{x}=\boldsymbol{0}$ 的解

【2021 研数二】

23. 设 4 阶矩阵 $\boldsymbol{A}=(a_{ij})$ 不可逆，元素 a_{12} 的代数余子式 $A_{12}\neq 0$，$\boldsymbol{\alpha}_1,\boldsymbol{\alpha}_2,\boldsymbol{\alpha}_3,\boldsymbol{\alpha}_4$ 为 $\boldsymbol{A}$ 的列向量组，则方程组 $\boldsymbol{A}^*\boldsymbol{x}=\boldsymbol{0}$ 的通解为(　　).

A. $\boldsymbol{x}=k_1\boldsymbol{\alpha}_1+k_2\boldsymbol{\alpha}_2+k_3\boldsymbol{\alpha}_3$　　B. $\boldsymbol{x}=k_1\boldsymbol{\alpha}_1+k_2\boldsymbol{\alpha}_2+k_3\boldsymbol{\alpha}_4$

C. $\boldsymbol{x}=k_1\boldsymbol{\alpha}_1+k_2\boldsymbol{\alpha}_3+k_3\boldsymbol{\alpha}_4$　　D. $\boldsymbol{x}=k_1\boldsymbol{\alpha}_2+k_2\boldsymbol{\alpha}_3+k_3\boldsymbol{\alpha}_4$

其中 k_1,k_2,k_3 为任意常数.

【2020 研数二、三】

24. 设 $\boldsymbol{A},\boldsymbol{B}$ 为 n 阶矩阵，记 $\text{rank}(\boldsymbol{X})$ 表示矩阵 $\boldsymbol{X}$ 的秩，$(\boldsymbol{X}\ \boldsymbol{Y})$ 表示分块矩阵，则下列结论正确的是(　　).

A. $\text{rank}(\boldsymbol{A}\ \boldsymbol{AB})=\text{rank}(\boldsymbol{A})$

B. $\text{rank}(\boldsymbol{A}\ \boldsymbol{BA})=\text{rank}(\boldsymbol{A})$

C. $\text{rank}(\boldsymbol{A}\ \boldsymbol{B})=\max\{\text{rank}(\boldsymbol{A}),\text{rank}(\boldsymbol{B})\}$

D. $\text{rank}(\boldsymbol{A}\ \boldsymbol{B})=\text{rank}(\boldsymbol{A}^{\mathrm{T}}\ \boldsymbol{B}^{\mathrm{T}})$

【2018 研数一、二、三】

25. 设 $\boldsymbol{A},\boldsymbol{B}$ 为 n 阶实矩阵，下列结论不成立的是(　　).

A. $\text{rank}\begin{pmatrix}\boldsymbol{A} & \boldsymbol{0}\\ \boldsymbol{0} & \boldsymbol{A}^{\mathrm{T}}\boldsymbol{A}\end{pmatrix}=2\text{rank}(\boldsymbol{A})$　　B. $\text{rank}\begin{pmatrix}\boldsymbol{A} & \boldsymbol{AB}\\ \boldsymbol{0} & \boldsymbol{A}^{\mathrm{T}}\end{pmatrix}=2\text{rank}(\boldsymbol{A})$

C. $\text{rank}\begin{pmatrix}\boldsymbol{A} & \boldsymbol{BA}\\ \boldsymbol{0} & \boldsymbol{AA}^{\mathrm{T}}\end{pmatrix}=2\text{rank}(\boldsymbol{A})$　　D. $\text{rank}\begin{pmatrix}\boldsymbol{A} & \boldsymbol{0}\\ \boldsymbol{BA} & \boldsymbol{A}^{\mathrm{T}}\end{pmatrix}=2\text{rank}(\boldsymbol{A})$

【2021 研数一】

二、填空题：请将答案写在指定位置.

1. 设 $\boldsymbol{A},\boldsymbol{B}$ 均为 n 阶矩阵，$|\boldsymbol{A}|=2$，$|\boldsymbol{B}|=-3$，则 $|2\boldsymbol{A}^*\boldsymbol{B}^{-1}|=$________.

【1998 研数四】

2. 设 $\boldsymbol{\alpha}_1,\boldsymbol{\alpha}_2,\boldsymbol{\alpha}_3,\boldsymbol{\beta},\boldsymbol{\gamma}$ 均为 4 维列向量，记矩阵 $\boldsymbol{A}=(\boldsymbol{\alpha}_1,\boldsymbol{\alpha}_2,\boldsymbol{\alpha}_3,\boldsymbol{\beta})$，$\boldsymbol{B}=(\boldsymbol{\alpha}_1,\boldsymbol{\alpha}_2,\boldsymbol{\alpha}_3,\boldsymbol{\gamma})$，如果 $|\boldsymbol{A}|=1$，$|\boldsymbol{B}|=-2$，则 $|\boldsymbol{A}+2\boldsymbol{B}|=$________.

3. 设 $\boldsymbol{\alpha}_1,\boldsymbol{\alpha}_2,\boldsymbol{\alpha}_3$ 均为三维列向量，记矩阵 $\boldsymbol{A}=(\boldsymbol{\alpha}_1,\boldsymbol{\alpha}_2,\boldsymbol{\alpha}_3)$，

$$\boldsymbol{B}=(\boldsymbol{\alpha}_1+\boldsymbol{\alpha}_2+\boldsymbol{\alpha}_3,\boldsymbol{\alpha}_1+2\boldsymbol{\alpha}_2+4\boldsymbol{\alpha}_3,\boldsymbol{\alpha}_1+3\boldsymbol{\alpha}_2+9\boldsymbol{\alpha}_3),$$

如果 $|\boldsymbol{A}|=1$，则 $|\boldsymbol{B}|=$________.

【2005 研数一、二、四】

4. 设 $\boldsymbol{A},\boldsymbol{B}$ 为三阶矩阵，且 $|\boldsymbol{A}|=3$，$|\boldsymbol{B}|=2$，$|\boldsymbol{A}^{-1}+\boldsymbol{B}|=2$，则 $|\boldsymbol{A}+\boldsymbol{B}^{-1}|=$________.

【2010 研数二、三】

5. 设 $\boldsymbol{A}$ 为三阶矩阵，$|\boldsymbol{A}|=3$，$\boldsymbol{A}^*$ 为 $\boldsymbol{A}$ 的伴随矩阵，若交换 $\boldsymbol{A}$ 的第 1 行与第 2 行得矩阵 $\boldsymbol{B}$，则 $|\boldsymbol{BA}^*|=$________.

【2012 研数三】

6. 设 $\boldsymbol{A}=(a_{ij})$ 是三阶非零矩阵，A_{ij} 是 a_{ij} 的代数余子式，若 $a_{ij}+A_{ij}=0$，$i,j=1,2,3$，则 $|\boldsymbol{A}|=$________.

【2013 研数一、二、三】

7. 设三阶矩阵 $\begin{pmatrix}a & -1 & -1\\ -1 & a & -1\\ -1 & -1 & a\end{pmatrix}$ 与 $\begin{pmatrix}1 & 1 & 0\\ 0 & -1 & 1\\ 1 & 0 & 1\end{pmatrix}$ 等价，则 $a=$________. **【2016 研数二】**

8. 设 $\boldsymbol{A}=\begin{pmatrix}1 & 2 & -2\\ 4 & t & 3\\ 3 & -1 & 1\end{pmatrix}$，$\boldsymbol{B}$ 为三阶非零矩阵，且 $\boldsymbol{AB}=\boldsymbol{0}$，则 $t=$________.

【1997 研数一】

9. 设三阶矩阵 $\boldsymbol{A}=\begin{pmatrix}1&0&1\\1&1&2\\0&1&1\end{pmatrix}$，$\boldsymbol{\alpha}_1,\boldsymbol{\alpha}_2,\boldsymbol{\alpha}_3$ 为线性无关的三维列向量组，则向量组 $\boldsymbol{A\alpha}_1$，$\boldsymbol{A\alpha}_2,\boldsymbol{A\alpha}_3$ 的秩为________．　　【2017 研数一、三】

10. 设 $\boldsymbol{\alpha}$ 为三维列向量，$\boldsymbol{\alpha}^{\mathrm{T}}$ 是 $\boldsymbol{\alpha}$ 的转置，若 $\boldsymbol{\alpha\alpha}^{\mathrm{T}}=\begin{pmatrix}1&-1&1\\-1&1&-1\\1&-1&1\end{pmatrix}$，则 $\boldsymbol{\alpha}^{\mathrm{T}}\boldsymbol{\alpha}=$________．　　【2003 研数二】

11. 设矩阵 $\boldsymbol{A}=\begin{pmatrix}0&-1&0\\1&0&0\\0&0&-1\end{pmatrix}$，$\boldsymbol{B}=\boldsymbol{P}^{-1}\boldsymbol{AP}$，其中 $\boldsymbol{P}$ 为三阶可逆矩阵，则 $\boldsymbol{B}^{2004}-2\boldsymbol{A}^2=$________．　　【2004 研数四】

12. 设 n 维向量 $\boldsymbol{\alpha}=(b,0,\cdots,0,b)^{\mathrm{T}}(b<0)$，$\boldsymbol{A}=\boldsymbol{E}-\boldsymbol{\alpha\alpha}^{\mathrm{T}}$，$\boldsymbol{B}=\boldsymbol{E}+\dfrac{1}{b}\boldsymbol{\alpha\alpha}^{\mathrm{T}}$，其中 $\boldsymbol{E}$ 为 n 阶单位矩阵，$\boldsymbol{A}^{-1}=\boldsymbol{B}$，则 $b=$________．　　【2003 研数三、四】

13. 设矩阵 $\boldsymbol{A}=\begin{pmatrix}2&1\\-1&2\end{pmatrix}$，$\boldsymbol{E}$ 为二阶单位矩阵，矩阵 $\boldsymbol{B}$ 满足 $\boldsymbol{BA}=\boldsymbol{B}+2\boldsymbol{E}$，则 $\boldsymbol{B}=$________．　　【2006 研数四】

14. 设矩阵 $\boldsymbol{A}$ 满足 $\boldsymbol{A}^2+\boldsymbol{A}-4\boldsymbol{E}=\boldsymbol{0}$，其中 $\boldsymbol{E}$ 为单位矩阵，$(\boldsymbol{A}-\boldsymbol{E})^{-1}=$________．　　【2001 研数一】

15. 设 $\boldsymbol{A}=\begin{bmatrix}1&0&0&0\\-2&3&0&0\\0&-4&5&0\\0&0&-6&7\end{bmatrix}$，$\boldsymbol{E}$ 为 4 阶单位矩阵，且 $\boldsymbol{B}=(\boldsymbol{E}+\boldsymbol{A})^{-1}(\boldsymbol{E}-\boldsymbol{A})$，则 $(\boldsymbol{B}+\boldsymbol{E})^{-1}=$________．　　【2000 研数二】

16. 设 $\boldsymbol{A},\boldsymbol{B}$ 满足 $\boldsymbol{A}^*\boldsymbol{BA}=2\boldsymbol{BA}-8\boldsymbol{E}$，其中 $\boldsymbol{A}=\begin{pmatrix}1&0&0\\0&-2&0\\0&0&1\end{pmatrix}$，$\boldsymbol{E}$ 为单位矩阵，$\boldsymbol{A}^*$ 为 $\boldsymbol{A}$ 的伴随矩阵，则 $\boldsymbol{B}=$________．　　【1998 研数三、四】

17. 设矩阵 $\boldsymbol{A}=\begin{pmatrix}2&1&0\\1&2&0\\0&0&1\end{pmatrix}$，矩阵 $\boldsymbol{B}$ 满足 $\boldsymbol{ABA}^*=2\boldsymbol{BA}^*+\boldsymbol{E}$，其中 $\boldsymbol{A}^*$ 为 $\boldsymbol{A}$ 的伴随矩阵，$\boldsymbol{E}$ 为单位矩阵，则 $|\boldsymbol{B}|=$________．　　【2004 研数一、二】

18. 设 $\boldsymbol{A}=(\boldsymbol{\alpha}_1,\boldsymbol{\alpha}_2,\boldsymbol{\alpha}_3)$ 为三阶矩阵，若 $\boldsymbol{\alpha}_1,\boldsymbol{\alpha}_2$ 线性无关，且 $\boldsymbol{\alpha}_3=-\boldsymbol{\alpha}_1+2\boldsymbol{\alpha}_2$，则线性方程组 $\boldsymbol{Ax}=\boldsymbol{0}$ 的通解为________．　　【2019 研数一】

19. 设矩阵 $\boldsymbol{A}=\begin{pmatrix}0&1&0&0\\0&0&1&0\\0&0&0&1\\0&0&0&0\end{pmatrix}$，则 $\mathrm{rank}(\boldsymbol{A}^3)=$________．　　【2007 研数一、二、三、四】

20. 设 $\boldsymbol{A}=\begin{pmatrix}1&0&-1\\1&1&-1\\0&1&a^2-1\end{pmatrix}$，$\boldsymbol{\beta}=\begin{pmatrix}0\\1\\a\end{pmatrix}$，且方程组 $\boldsymbol{Ax}=\boldsymbol{\beta}$ 有无穷多个解，则 $a=$________.

【2019 研数三】

三、判断题：请将判断结果写在题前的括号内，正确写√，错误写×.

（设 $\boldsymbol{A},\boldsymbol{B}$ 是 $n(n\geqslant 2)$ 阶矩阵，$\boldsymbol{E}$ 为 n 阶单位矩阵）

1. (　　)设 n 维列向量组 $\boldsymbol{\alpha}_1,\boldsymbol{\alpha}_2,\cdots,\boldsymbol{\alpha}_m$ 线性无关，$\boldsymbol{A}$ 为 n 阶可逆矩阵，则向量组 $\boldsymbol{A\alpha}_1$，$\boldsymbol{A\alpha}_2,\cdots,\boldsymbol{A\alpha}_m$ 线性无关.

2. (　　) $|(\boldsymbol{AB})^k|=|\boldsymbol{A}|^k|\boldsymbol{B}|^k$（$k\geqslant 2$ 为正整数）.

3. (　　) $|\boldsymbol{A}+\boldsymbol{B}|=|\boldsymbol{A}|+|\boldsymbol{B}|$.

4. (　　) $|\boldsymbol{A}^{\mathrm{T}}+\boldsymbol{B}^{\mathrm{T}}|=|\boldsymbol{A}+\boldsymbol{B}|$.

5. (　　) $|-\boldsymbol{A}|=-|\boldsymbol{A}|$.

6. (　　)设 $\boldsymbol{A},\boldsymbol{B}$ 可逆，$(\boldsymbol{A}+\boldsymbol{B})^{-1}=\boldsymbol{A}^{-1}+\boldsymbol{B}^{-1}$.

7. (　　)设 $\boldsymbol{A},\boldsymbol{B}$ 可逆，$((\boldsymbol{AB})^{\mathrm{T}})^{-1}=(\boldsymbol{A}^{-1})^{\mathrm{T}}(\boldsymbol{B}^{-1})^{\mathrm{T}}$.

8. (　　)设 $\boldsymbol{A}$ 可逆，且 $|\boldsymbol{A}+\boldsymbol{AB}|=0$，则 $|\boldsymbol{B}+\boldsymbol{E}|=0$.

9. (　　)设可逆矩阵 $\boldsymbol{A}$ 经初等行变换变成矩阵 $\boldsymbol{B}$，则 $\boldsymbol{A}^{-1}=\boldsymbol{B}^{-1}$.

10. (　　)设 $\boldsymbol{A},\boldsymbol{B}$ 是 n 阶可逆矩阵，则 $\begin{pmatrix}\boldsymbol{0}&\boldsymbol{A}\\\boldsymbol{B}&\boldsymbol{0}\end{pmatrix}^{-1}=\begin{pmatrix}\boldsymbol{0}&\boldsymbol{A}^{-1}\\\boldsymbol{B}^{-1}&\boldsymbol{0}\end{pmatrix}$.

11. (　　)如果 $\boldsymbol{A}$ 与可逆矩阵 $\boldsymbol{B}$ 相抵，则 $\boldsymbol{A}$ 也是可逆矩阵.

12. (　　)设 $\boldsymbol{A},\boldsymbol{B},\boldsymbol{C},\boldsymbol{D}$ 都是 n 阶矩阵，如果 $\boldsymbol{A}\cong\boldsymbol{B},\boldsymbol{C}\cong\boldsymbol{D}$，则 $\boldsymbol{A}+\boldsymbol{C}\cong\boldsymbol{B}+\boldsymbol{D}$.

13. (　　)$n(n\geqslant 2)$阶可逆矩阵必可表示成有限个初等矩阵之积.

14. (　　)设 $n(n\geqslant 2)$阶矩阵 $\boldsymbol{A}$ 的伴随矩阵为 $\boldsymbol{A}^*$，则 $|\boldsymbol{AA}^*|=|\boldsymbol{A}|$.

15. (　　)可逆矩阵与初等矩阵的乘法运算可交换.

四、解答题：解答应写出文字说明、证明过程或演算步骤.

1. 设 $\boldsymbol{A}=\begin{pmatrix}1&a\\1&0\end{pmatrix}$，$\boldsymbol{B}=\begin{pmatrix}0&1\\1&b\end{pmatrix}$，当 a,b 为何值时，存在矩阵 $\boldsymbol{C}$，使得 $\boldsymbol{AC}-\boldsymbol{CA}=\boldsymbol{B}$，并求所有矩阵 $\boldsymbol{C}$.

【2013 研数一、二、三】

2. 已知 $\boldsymbol{ABC}=\boldsymbol{D}$，其中 $\boldsymbol{A}=\begin{pmatrix}1&0&-1\\0&1&0\\0&0&1\end{pmatrix}$，$\boldsymbol{C}=\begin{pmatrix}0&0&1\\0&1&0\\1&0&0\end{pmatrix}$，$\boldsymbol{D}=\begin{pmatrix}1&0&0\\2&3&0\\4&6&3\end{pmatrix}$，求 $\boldsymbol{B}^*$.

3. 设矩阵 $\boldsymbol{A}=\boldsymbol{E}+\boldsymbol{\alpha\beta}^{\mathrm{T}}$，其中 $\boldsymbol{\alpha},\boldsymbol{\beta}$ 均为 n 维列向量，$\boldsymbol{E}$ 为 n 阶单位矩阵，且 $\boldsymbol{\alpha}^{\mathrm{T}}\boldsymbol{\beta}=0$.
(1) 证明 $\boldsymbol{A}$ 是可逆矩阵，并写出 $\boldsymbol{A}^{-1}$；(2)求 $\boldsymbol{A}^k$，其中 $k\geqslant 2$，k 为正整数.

4. 设矩阵 $\boldsymbol{A}=\begin{pmatrix}1&-1&-1\\-1&1&1\\0&-4&-2\end{pmatrix}$，$\boldsymbol{\xi}_1=\begin{pmatrix}-1\\1\\-2\end{pmatrix}$.

(1) 求满足 $\boldsymbol{A\xi}_2=\boldsymbol{\xi}_1$，$\boldsymbol{A}^2\boldsymbol{\xi}_3=\boldsymbol{\xi}_1$ 的所有向量 $\boldsymbol{\xi}_2$，$\boldsymbol{\xi}_3$；

(2) 对(1)中任意向量 $\boldsymbol{\xi}_2$，$\boldsymbol{\xi}_3$，证明 $\boldsymbol{\xi}_1$，$\boldsymbol{\xi}_2$，$\boldsymbol{\xi}_3$ 线性无关.

【2009 研数三】

5. 设矩阵 $\boldsymbol{A}=\begin{pmatrix}a & 1 & 0\\ 1 & a & -1\\ 0 & 1 & a\end{pmatrix}$，且 $\boldsymbol{A}^3=\boldsymbol{0}$.

(1) 求 a 的值；

(2) 若矩阵 $\boldsymbol{X}$ 满足 $\boldsymbol{X}-\boldsymbol{X}\boldsymbol{A}^2-\boldsymbol{A}\boldsymbol{X}+\boldsymbol{A}\boldsymbol{X}\boldsymbol{A}^2=\boldsymbol{E}$，其中 $\boldsymbol{E}$ 为三阶单位矩阵，求 $\boldsymbol{X}$.

【2015 研数二、三】

6. 设 $\boldsymbol{A}=\begin{pmatrix}1 & 1 & 1-a\\ 1 & 0 & a\\ a+1 & 1 & a+1\end{pmatrix}$，$\boldsymbol{\beta}=\begin{pmatrix}0\\ 1\\ 2a-2\end{pmatrix}$，且线性方程组 $\boldsymbol{Ax}=\boldsymbol{\beta}$ 无解，求：

(1)a 的值；(2)方程组 $\boldsymbol{A}^{\mathrm{T}}\boldsymbol{Ax}=\boldsymbol{A}^{\mathrm{T}}\boldsymbol{\beta}$ 的通解. **【2016 研数二、三】**

7. 设 a 是常数，三阶矩阵 $\boldsymbol{A}=\begin{pmatrix}1 & 2 & a\\ 1 & 3 & 0\\ 2 & 7 & -a\end{pmatrix}$ 可经行或列初等变换化为 $\boldsymbol{B}=\begin{pmatrix}1 & a & 2\\ 0 & 1 & 1\\ -1 & 1 & 1\end{pmatrix}$，求：

(1)a 的值；(2)满足 $\boldsymbol{AP}=\boldsymbol{B}$ 的可逆矩阵 $\boldsymbol{P}$. **【2018 研数一、二、三】**

五、证明题：应写出证明过程或演算步骤.

1. 设 n 阶矩阵 $\boldsymbol{A},\boldsymbol{B}$ 满足 $\boldsymbol{A}+\boldsymbol{B}=\boldsymbol{AB}$，证明 $\boldsymbol{E}-\boldsymbol{A},\boldsymbol{E}-\boldsymbol{B}$ 都可逆，且 $\boldsymbol{AB}=\boldsymbol{BA}$.

2. 设矩阵 $\boldsymbol{A}=\boldsymbol{\alpha}\boldsymbol{\alpha}^{\mathrm{T}}+\boldsymbol{\beta}\boldsymbol{\beta}^{\mathrm{T}}$，$\boldsymbol{\alpha},\boldsymbol{\beta}$ 是三维列向量，$\boldsymbol{\alpha}^{\mathrm{T}}$ 为 $\boldsymbol{\alpha}$ 的转置，$\boldsymbol{\beta}^{\mathrm{T}}$ 为 $\boldsymbol{\beta}$ 的转置.

(1) 求证 $\operatorname{rank}(\boldsymbol{A})\leqslant 2$；(2)若 $\boldsymbol{\alpha},\boldsymbol{\beta}$ 线性相关，则 $\operatorname{rank}(\boldsymbol{A})<2$. **【2008 研数一】**

3. 设线性方程组：

$$(\mathrm{I}):\begin{cases}a_{11}x_1+a_{12}x_2+\cdots+a_{1n}x_n=b_1,\\ a_{21}x_1+a_{22}x_2+\cdots+a_{2n}x_n=b_2,\\ \qquad\vdots\\ a_{m1}x_1+a_{m2}x_2+\cdots+a_{mn}x_n=b_m,\end{cases}\qquad (\mathrm{II}):\begin{cases}a_{11}x_1+a_{21}x_2+\cdots+a_{m1}x_m=0,\\ a_{12}x_1+a_{22}x_2+\cdots+a_{m2}x_m=0,\\ \qquad\vdots\\ a_{1n}x_1+a_{2n}x_2+\cdots+a_{mn}x_m=0,\\ b_1x_1+b_2x_2+\cdots+b_mx_m=1.\end{cases}$$

证明：方程组(Ⅰ)有解的充分必要条件是方程组(Ⅱ)无解.

4. 设 n 阶矩阵 $\boldsymbol{A}=(a_{ij})$ 满足 $|a_{ii}|>\sum\limits_{j=1,j\neq i}^{n}|a_{ij}|,i=1,2,\cdots,n$，证明：$\operatorname{rank}(\boldsymbol{A})=n$.

第4章 线性空间

在第 2 章中已知，数域 F 上 n 元有序数组的集合，连同定义在它上面的加法运算与数量乘法运算(它们满足 8 条运算规则)，统称为数域 F 上 n 维向量空间. 在第 3 章中已知，数域 F 上 $m\times n$ 矩阵的集合，有加法运算与数量乘法运算，它们满足类似于向量的 8 条运算规则. 其实这样的集合还有很多. 本章拟建立一个数学模型——线性空间，以研究这些集合的结构.

4.1 线性空间的结构

1. 内容要点与评注

1) 数域 F 上线性空间的定义及性质

定义 1 设 V 是一个非空集合，F 是一个数域，在 V 上定义一个运算：$(\alpha,\beta)\mapsto\gamma$，叫做**加法**，称 γ 为 α 与 β 的**和**，记作 $\gamma=\alpha+\beta$. 在 F 和 V 之间定义一个运算：$(k,\delta)\mapsto\eta$，叫做**数量乘法**，称 η 为 k 与 δ 的**数量乘积**，记作 $\eta=k\delta$. 如果加法和数量乘法满足如下 8 条运算规则：对 $\forall\alpha,\beta,\gamma\in V,\forall k,l\in F$，有

(1) $\alpha+\beta=\beta+\alpha$ (加法交换律)；

(2) $(\alpha+\beta)+\gamma=\alpha+(\beta+\gamma)$ (加法结合律)；

(3) V 中有一个元素，记作 θ，使得 $\alpha+\theta=\alpha$，$\forall\alpha\in V$，称具有上述性质的元素 θ 为 V 的**零元素**；

(4) 对于 $\alpha\in V$，存在 $\beta\in V$，使得 $\alpha+\beta=\theta$，称具有上述性质的元素 β 为 α 的**负元素**；

(5) $1\alpha=\alpha$；

(6) $(kl)\alpha=k(l\alpha)$；

(7) $(k+l)\alpha=k\alpha+l\alpha$；

(8) $k(\alpha+\beta)=k\alpha+k\beta$.

则称 V 是数域 F 上一个**线性空间**.

线性空间是一个抽象的数学模型.

借助几何语言，线性空间的元素称为**向量**，线性空间也称为**向量空间**. 习惯上把线性空间 V 的加法运算以及数域 F 与 V 的数量乘法运算说成是 V 的加法运算和数量乘法运算，它们统称为 V 的**线性运算**.

数域 F 上所有 n 元有序数组组成的集合 F^n，对于向量的加法和数量乘法，成为数域 F 上的一个线性空间(在 2.2 节中，F^n 称为数域 F 上 n 维向量空间).

数域 F 上所有 $s\times n$ 矩阵组成的集合 $M_{s\times n}(F)$，对于矩阵的加法和数量乘法，成为数域 F 上一个线性空间. 特别地，数域 F 上所有 n 阶矩阵组成的集合 $M_n(F)$，对于矩阵的加法和数量乘法，成为数域 F 上的一个线性空间.

复数域$\mathbb{C}$可以看成实数域$\mathbb{R}$上的一个线性空间，其加法是复数的加法，其数量乘法是实数与复数的乘法. 特别地，实数域$\mathbb{R}$可以看成是自身$\mathbb{R}$上的一个线性空间，其加法是实数的加法，其数量乘法是实数的乘法.

在数域 F 中任意取定 $a_0,a_1,\cdots,a_n$，x 是一个不属于 F 的符号，n 是任意给定的一个非负整数，表达式 $a_nx^n+a_{n-1}x^{n-1}+\cdots+a_1x+a_0$ 称为数域 F 上的一个**一元多项式**. 数域 F 上所有一元多项式组成的集合记作 $P[x]$，在 $P[x]$ 中规定加法和数量乘法如下：

设 $f(x)=\sum\limits_{j=0}^{n}a_jx^j$，$g(x)=\sum\limits_{j=0}^{m}b_jx^j\in P[x]$，$\forall k\in F$，

$$f(x)+g(x)=\sum_{j=0}^{n}(a_j+b_j)x^j\ (\text{不妨设 } n\geqslant m)\text{；}kf(x)=\sum_{j=0}^{n}(ka_j)x^j\text{，}$$

$P[x]$ 成为数域 F 上一个线性空间. 特别地，数域 F 上所有次数小于 n 的一元多项式组成的集合记作 $P[x]_n$，对于上述多项式的加法和数量乘法，成为数域 F 上的一个线性空间.

实数域$\mathbb{R}$上所有实值函数组成的集合记作 W，规定加法和数量乘法如下：

$$(f+g)(x)=f(x)+g(x),\ \forall f(x),\ g(x)\in W,$$
$$(lh)(x)=lh(x),\ \forall h(x)\in W,\ \forall l\in\mathbb{R},$$

W 成为实数域$\mathbb{R}$上一个线性空间.

上述各例表明，线性空间这一数学模型适用的范围很广.

数域 F 上线性空间 V 具有下述性质：

性质 1　V 中的零元素是唯一的.

性质 2　V 中每个元素的负元素是唯一的.

性质 3　$0\alpha=\theta$，$\forall\alpha\in V$.

性质 4　$k\theta=\theta$，$\forall k\in F$.

性质 5　如果 $k\alpha=\theta$，则 $k=0$ 或 $\alpha=\theta$.

性质 6　$(-1)\alpha=-\alpha$，$\forall\alpha\in V$.

2）向量集的线性相关与线性无关，向量组的秩

设数域 F 上的向量空间 V，对于 V 中一组向量 $\alpha_1,\alpha_2,\cdots,\alpha_m$，数域 F 中一组数 $k_1,k_2,\cdots,k_m$，作数量乘法和加法运算，$k_1\alpha_1+k_2\alpha_2+\cdots+k_m\alpha_m$，依 V 中加法和数量乘法的定义可知，$k_1\alpha_1+k_2\alpha_2+\cdots+k_m\alpha_m\in V$，称 $k_1\alpha_1+k_2\alpha_2+\cdots+k_m\alpha_m$ 为 $\alpha_1,\alpha_2,\cdots,\alpha_m$ 的一个**线性组合**.

V 中任一子集称为**向量集**，称含有限个向量的向量集为 V 的一个**向量组**.

如果 V 中向量 β 能写成向量组 $\alpha_1,\alpha_2,\cdots,\alpha_m$ 的线性组合，则称 β **可由向量组** $\alpha_1,\alpha_2,\cdots,\alpha_m$ **线性表示**. 如果向量 β 可由向量集 W 中的有限多个向量线性表示，那么称 β **可由向量集** W **线性表示**.

定义 2　V 中向量组 $\alpha_1,\alpha_2,\cdots,\alpha_m$ 是称为**线性相关的**，如果存在数域 F 中不全为零的数 $k_1,k_2,\cdots,k_m$，使 $k_1\alpha_1+k_2\alpha_2+\cdots+k_m\alpha_m=\theta$. 否则称向量组 $\alpha_1,\alpha_2,\cdots,\alpha_m$ 是**线性无关的**.

单个向量 α 组成的向量组线性相关 $\Leftrightarrow \alpha=\theta$.

定义 3 设 W 是向量空间 V 的任一无限子集(含无穷多个向量),如果 W 中有一向量组是线性相关的,则称 W 是**线性相关**的;如果 W 的任意向量组都是线性无关的,则称 W 是**线性无关**的.

包含零向量的向量集必线性相关.

命题 1 如果一个向量组的部分组线性相关,则这个向量组线性相关.

命题 2 元素个数大于 1 的向量集 W 线性相关当且仅当其中至少有一个向量可由 W 其余向量中的有限多个向量线性表示.

命题 3 设非零向量 β 可由向量集 W 线性表示,则表示式唯一的充分必要条件是向量集 W 线性无关.

证 充分性. 设向量集 W 线性无关,依题设,假设 β 可由向量集 W 线性表示成如下两个表示式:

$$\beta=k_1\alpha_1+\cdots+k_r\alpha_r+k_{r+1}\gamma_1+\cdots+k_{r+t}\gamma_t,$$
$$\beta=l_1\alpha_1+\cdots+l_r\alpha_r+l_{r+1}\delta_1+\cdots+l_{r+s}\delta_s,$$

其中 $\alpha_1,\cdots,\alpha_r,\ \gamma_1,\cdots,\gamma_t,\ \delta_1,\cdots,\delta_s\in W$, 上两式相减,

$$\theta=(k_1-l_1)\alpha_1+\cdots+(k_r-l_r)\alpha_r+k_{r+1}\gamma_1+\cdots+k_{r+t}\gamma_t-l_{r+1}\delta_1-\cdots-l_{r+s}\delta_s,$$

因为向量集 W 线性无关,所以向量组 $\alpha_1,\cdots,\alpha_r,\gamma_1,\cdots,\gamma_t,\delta_1,\cdots,\delta_s$ 线性无关,从而

$$k_1-l_1=\cdots=k_r-l_r=k_{r+1}=\cdots=k_{r+t}=l_{r+1}=\cdots=l_{r+s}=0,$$

于是 $\beta=k_1\alpha_1+\cdots+k_r\alpha_r$, 即 β 由向量集 W 唯一线性表示.

必要性. 设 β 由向量集 W 唯一线性表示,假设向量集 W 线性相关,则 W 中存在一向量组 $\alpha_1,\cdots,\alpha_r$ 线性相关,即存在不全为零的数 $k_1,k_2,\cdots,k_r$, 使 $k_1\alpha_1+\cdots+k_r\alpha_r=\theta$.

设 $\beta=l_1\alpha_1+\cdots+l_r\alpha_r+l_{r+1}\delta_1+\cdots+l_{r+s}\delta_s$, 上两式相减,得

$$\beta=(l_1-k_1)\alpha_1+\cdots+(l_r-k_r)\alpha_r+l_{r+1}\delta_1+\cdots+l_{r+s}\delta_s,$$

由于 $k_1,k_2,\cdots,k_r$ 不全为零,数组 $(l_1-k_1,\cdots,l_r-k_r,l_{r+1},\cdots,l_{r+s})\neq(l_1,\cdots,l_r,l_{r+1},\cdots,l_{r+s})$, 即 β 由向量集 W 表示的方式不是唯一的,矛盾! 因此向量集 W 线性无关. ◆

命题 4 设向量组 $\alpha_1,\alpha_2,\cdots,\alpha_r$ 线性无关,则向量组 $\alpha_1,\alpha_2,\cdots,\alpha_r,\beta$ 线性相关的充分必要条件是 β 可由向量组 $\alpha_1,\alpha_2,\cdots,\alpha_r$ 线性表示.

定义 4 设数域 F 上向量空间 V, 向量组 $\alpha_1,\alpha_2,\cdots,\alpha_m$ 的一个部分组称为一个**极大线性无关组**,如果:(1)这个部分组是线性无关的;(2)从这个向量组的其余向量(如果有的话)中任取一个添加进部分组,得到的新部分组都线性相关.

定义 5 如果向量组 $\alpha_1,\alpha_2,\cdots,\alpha_m$ 的每一个向量都可由向量组 $\beta_1,\beta_2,\cdots,\beta_t$ 线性表示,则称**向量组** $\alpha_1,\alpha_2,\cdots,\alpha_m$ **可由向量组** $\beta_1,\beta_2,\cdots,\beta_t$ **线性表示**. 如果向量组 $\alpha_1,\alpha_2,\cdots,\alpha_m$ 与向量组 $\beta_1,\beta_2,\cdots,\beta_t$ 可互为线性表示,则称两个向量组**等价**,记作

$$\{\alpha_1,\alpha_2,\cdots,\alpha_m\}\cong\{\beta_1,\beta_2,\cdots,\beta_t\}.$$

一个向量组与它的任一极大线性无关组等价.

等价满足如下三条性质:

反身性: $\{\alpha_1,\alpha_2,\cdots,\alpha_m\}\cong\{\alpha_1,\alpha_2,\cdots,\alpha_m\}$;

对称性: 如果 $\{\alpha_1,\alpha_2,\cdots,\alpha_m\}\cong\{\beta_1,\beta_2,\cdots,\beta_t\}$, 则 $\{\beta_1,\beta_2,\cdots,\beta_t\}\cong\{\alpha_1,\alpha_2,\cdots,\alpha_m\}$;

传递性: 如果 $\{\alpha_1,\alpha_2,\cdots,\alpha_m\}\cong\{\beta_1,\beta_2,\cdots,\beta_t\}$, $\{\beta_1,\beta_2,\cdots,\beta_t\}\cong\{\gamma_1,\gamma_2,\cdots,\gamma_s\}$, 则

$$\{\alpha_1,\alpha_2,\cdots,\alpha_m\}\cong\{\gamma_1,\gamma_2,\cdots,\gamma_s\}.$$

一个向量组的任意两个极大线性无关组等价.

命题 5　设向量组 $\beta_1,\beta_2,\cdots,\beta_t$ 可由向量组 $\alpha_1,\alpha_2,\cdots,\alpha_s$ 线性表示，且 $t>s$，则向量组 $\beta_1,\beta_2,\cdots,\beta_t$ 线性相关.

推论 6　设向量组 $\beta_1,\beta_2,\cdots,\beta_t$ 可由向量组 $\alpha_1,\alpha_2,\cdots,\alpha_s$ 线性表示，如果 $\beta_1,\beta_2,\cdots,\beta_t$ 线性无关，则 $t\leqslant s$.

推论 7　等价的线性无关向量组所含向量的个数相等.

推论 8　一个向量组的任意两个极大线性无关组所含向量的个数相等.

定义 6　向量组的极大线性无关组所含向量的个数称为该向量组的**秩**，向量组 $\alpha_1,\alpha_2,\cdots,\alpha_s$ 的秩记作 $\mathrm{rank}\{\alpha_1,\alpha_2,\cdots,\alpha_s\}$.

规定由零向量组成的向量组其秩为 0.

命题 9　向量组线性无关的充分必要条件是它的秩等于其所含向量的个数.

推论 10　向量组线性相关的充分必要条件是它的秩小于其所含向量的个数.

命题 11　如果向量组 $\alpha_1,\alpha_2,\cdots,\alpha_s$ 可由向量组 $\beta_1,\beta_2,\cdots,\beta_t$ 线性表示，则

$$\mathrm{rank}\{\alpha_1,\alpha_2,\cdots,\alpha_s\}\leqslant \mathrm{rank}\{\beta_1,\beta_2,\cdots,\beta_t\}.$$

推论 12　等价的向量组有相等的秩.

3) 线性空间的基与维数

定义 7　设 V 是数域 F 上一个线性空间，V 中的向量集 U 如果满足如下两个条件：

(1) 向量集 U 是线性无关的；

(2) V 中每一个向量都可由向量集 U 线性表示.

则称向量集 U 是 V 的一个**基**.

定理 13　任一数域上的任意线性空间都有基.(证略)

定义 8　如果 V 有一个基包含有限多个向量，则称 V 是**有限维**的；否则称 V 是**无限维**的.

例如，线性空间 $P[x]_n$ 是有限维的，因为 $\{1,x,x^2,\cdots,x^{n-1}\}$ 是 $P[x]_n$ 的一个基，线性空间 $P[x]$ 是无限维的，因为 $\{1,x,x^2,\cdots,x^{n-1},\cdots\}$ 是 $P[x]$ 的一个基.

定理 14　如果 V 是有限维的，则 V 的任意两个基所含向量的个数相等.

证　依定义 8，V 有一个基包含有限多个向量：$\alpha_1,\alpha_2,\cdots,\alpha_s$. 设 U 是 V 的另一个基，假如 U 所包含向量的个数 $t>s$，则在 U 中取出 $s+1$ 个向量：$\beta_1,\beta_2,\cdots,\beta_{s+1}$ 线性无关，且可由 $\alpha_1,\alpha_2,\cdots,\alpha_s$ 线性表示，依命题 5，$\beta_1,\beta_2,\cdots,\beta_{s+1}$ 线性相关，矛盾！所以 U 所含向量的个数 $t\leqslant s$，即有限维线性空间的基所含向量的个数必为有限多个. 又因为向量组 $U\cong\{\alpha_1,\alpha_2,\cdots,\alpha_s\}$，依推论 7，从而 $t=s$. ◆

推论 15　如果 V 是无限维的，则 V 的任意一个基都包含无穷多个向量.

定义 9　如果 V 是有限维的，则称 V 的基所含向量的个数为 V 的**维数**，记作 $\dim V$；如果 V 是无限维的，则记 $\dim V=\infty$.

只含零向量的线性空间的维数规定为 0.

命题 16　设 V 是数域 F 上的 n 维线性空间，则 V 中任意 $n+1$ 个向量都线性相关.

命题 17　设 V 是数域 F 上的 n 维线性空间，则 V 中任意 n 个线性无关的向量都是 V 的一个基.

命题 18 设 V 是数域 F 上的 n 维线性空间，如果 V 中每一个向量都可由向量组 α_1，α_2，…，α_n 线性表示，则 $\alpha_1,\alpha_2,\cdots,\alpha_n$ 就是 V 的一个基.

命题 19 设 V 是数域 F 上的 n 维线性空间，则 V 中任意一个线性无关的向量组都可以扩充成 V 的一个基.

4）线性空间的基变换与坐标变换

定义 10 设 V 是数域 F 上的 n 维线性空间，$\alpha_1,\alpha_2,\cdots,\alpha_n$ 是它的一个基，依命题 3，V 中任一向量 α 都可由 $\alpha_1,\alpha_2,\cdots,\alpha_n$ 唯一线性表示，设

$$\alpha=a_1\alpha_1+a_2\alpha_2+\cdots+a_n\alpha_n,$$

则称 n 元有序数组 $(a_1,a_2,\cdots,a_n)^{\mathrm{T}}$ 为 α 在基 $\alpha_1,\alpha_2,\cdots,\alpha_n$ 下的**坐标**.

设 V 是数域 F 上的 n 维线性空间，$\alpha_1,\alpha_2,\cdots,\alpha_n$；$\beta_1,\beta_2,\cdots,\beta_n$ 是它的两个基，且

$$\begin{cases}\beta_1=a_{11}\alpha_1+a_{12}\alpha_2+\cdots+a_{1n}\alpha_n,\\ \beta_2=a_{21}\alpha_1+a_{22}\alpha_2+\cdots+a_{2n}\alpha_n,\\ \quad\vdots\\ \beta_n=a_{n1}\alpha_1+a_{n2}\alpha_2+\cdots+a_{nn}\alpha_n,\end{cases}$$

依分块矩阵乘法规则，上式可写为

$$(\beta_1,\beta_2,\cdots,\beta_n)=(\alpha_1,\alpha_2,\cdots,\alpha_n)\begin{pmatrix}a_{11}&a_{21}&\cdots&a_{n1}\\a_{12}&a_{22}&\cdots&a_{n2}\\\vdots&\vdots&&\vdots\\a_{1n}&a_{2n}&\cdots&a_{nn}\end{pmatrix},$$

记等式右端的矩阵为 $\boldsymbol{A}=(a_{ij})$，则 $(\beta_1,\beta_2,\cdots,\beta_n)=(\alpha_1,\alpha_2,\cdots,\alpha_n)\boldsymbol{A}$，称 $\boldsymbol{A}$ 为**由基** α_1，α_2，…，α_n **到基** $\beta_1,\beta_2,\cdots,\beta_n$ **的过渡矩阵**.

命题 20 设 $\boldsymbol{\alpha}_1,\boldsymbol{\alpha}_2,\cdots,\boldsymbol{\alpha}_n$ 是 n 维向量空间 $\mathbb{R}^n$ 的一个基，且向量组 $\boldsymbol{\beta}_1,\boldsymbol{\beta}_2,\cdots,\boldsymbol{\beta}_n$ 满足

$$(\boldsymbol{\beta}_1,\boldsymbol{\beta}_2,\cdots,\boldsymbol{\beta}_n)=(\boldsymbol{\alpha}_1,\boldsymbol{\alpha}_2,\cdots,\boldsymbol{\alpha}_n)\boldsymbol{A},$$

则 $\boldsymbol{\beta}_1,\boldsymbol{\beta}_2,\cdots,\boldsymbol{\beta}_n$ 是 $\mathbb{R}^n$ 的一个基当且仅当 n 阶矩阵 $\boldsymbol{A}$ 是可逆矩阵.

证 设 $\boldsymbol{\beta}_1,\boldsymbol{\beta}_2,\cdots,\boldsymbol{\beta}_n$ 是 $\mathbb{R}^n$ 的基 $\Leftrightarrow\boldsymbol{\beta}_1,\boldsymbol{\beta}_2,\cdots,\boldsymbol{\beta}_n$ 线性无关，即矩阵 $(\boldsymbol{\beta}_1,\boldsymbol{\beta}_2,\cdots,\boldsymbol{\beta}_n)$ 可逆

$$\Leftrightarrow(\boldsymbol{\beta}_1,\boldsymbol{\beta}_2,\cdots,\boldsymbol{\beta}_n)\begin{pmatrix}k_1\\k_2\\\vdots\\k_n\end{pmatrix}=\boldsymbol{0}\text{ 只有零解}$$

$$\Leftrightarrow(\boldsymbol{\alpha}_1,\boldsymbol{\alpha}_2,\cdots,\boldsymbol{\alpha}_n)\boldsymbol{A}\begin{pmatrix}k_1\\k_2\\\vdots\\k_n\end{pmatrix}=\boldsymbol{0}\text{ 只有零解.}$$

$$\Leftrightarrow\boldsymbol{A}\begin{pmatrix}k_1\\k_2\\\vdots\\k_n\end{pmatrix}=\boldsymbol{0}\text{ 只有零解}$$

$$\Leftrightarrow |\boldsymbol{A}| \neq 0, \quad 即\ \boldsymbol{A}\ 是可逆矩阵.$$

其中 $\boldsymbol{\alpha}_1,\boldsymbol{\alpha}_2,\cdots,\boldsymbol{\alpha}_n$ 线性无关,矩阵$(\boldsymbol{\alpha}_1,\boldsymbol{\alpha}_2,\cdots,\boldsymbol{\alpha}_n)$可逆.

设 $\boldsymbol{\alpha}_1,\boldsymbol{\alpha}_2,\cdots,\boldsymbol{\alpha}_n$ 与 $\boldsymbol{\beta}_1,\boldsymbol{\beta}_2,\cdots,\boldsymbol{\beta}_n$ 是 n 维向量空间 $\mathbb{R}^n$ 的两个基,由 $\boldsymbol{\alpha}_1,\boldsymbol{\alpha}_2,\cdots,\boldsymbol{\alpha}_n$ 到 $\boldsymbol{\beta}_1,\boldsymbol{\beta}_2,\cdots,\boldsymbol{\beta}_n$ 的过渡矩阵为 $\boldsymbol{A}$,依命题 20 知,$\boldsymbol{A}$ 可逆,则

$$(\boldsymbol{\beta}_1,\boldsymbol{\beta}_2,\cdots,\boldsymbol{\beta}_n)=(\boldsymbol{\alpha}_1,\boldsymbol{\alpha}_2,\cdots,\boldsymbol{\alpha}_n)\boldsymbol{A}, \qquad (\boldsymbol{\alpha}_1,\boldsymbol{\alpha}_2,\cdots,\boldsymbol{\alpha}_n)=(\boldsymbol{\beta}_1,\boldsymbol{\beta}_2,\cdots,\boldsymbol{\beta}_n)\boldsymbol{A}^{-1},$$

$\boldsymbol{A}^{-1}$ 是 $\boldsymbol{\beta}_1,\boldsymbol{\beta}_2,\cdots,\boldsymbol{\beta}_n$ 到 $\boldsymbol{\alpha}_1,\boldsymbol{\alpha}_2,\cdots,\boldsymbol{\alpha}_n$ 的过渡矩阵,上述两个表达式统称为**基变换公式**.

$\forall \boldsymbol{\gamma} \in \mathbb{R}^n$,设 $\boldsymbol{\gamma}=x_1\boldsymbol{\alpha}_1+x_2\boldsymbol{\alpha}_2+\cdots+x_n\boldsymbol{\alpha}_n=(\boldsymbol{\alpha}_1,\boldsymbol{\alpha}_2,\cdots,\boldsymbol{\alpha}_n)\begin{pmatrix}x_1\\x_2\\\vdots\\x_n\end{pmatrix}$,即 $\boldsymbol{\gamma}$ 在基 $\boldsymbol{\alpha}_1$, $\boldsymbol{\alpha}_2,\cdots,\boldsymbol{\alpha}_n$ 下的坐标为 $(x_1,x_2,\cdots,x_n)^{\mathrm{T}}$. 再设

$$\boldsymbol{\gamma}=y_1\boldsymbol{\beta}_1+y_2\boldsymbol{\beta}_2+\cdots+y_n\boldsymbol{\beta}_n=(\boldsymbol{\beta}_1,\boldsymbol{\beta}_2,\cdots,\boldsymbol{\beta}_n)\begin{pmatrix}y_1\\y_2\\\vdots\\y_n\end{pmatrix},$$

即 $\boldsymbol{\gamma}$ 在基 $\boldsymbol{\beta}_1,\boldsymbol{\beta}_2,\cdots,\boldsymbol{\beta}_n$ 下的坐标为 $(y_1,y_2,\cdots,y_n)^{\mathrm{T}}$. 于是

$$(\boldsymbol{\alpha}_1,\boldsymbol{\alpha}_2,\cdots,\boldsymbol{\alpha}_n)\begin{pmatrix}x_1\\x_2\\\vdots\\x_n\end{pmatrix}=(\boldsymbol{\alpha}_1,\boldsymbol{\alpha}_2,\cdots,\boldsymbol{\alpha}_n)\boldsymbol{A}\begin{pmatrix}y_1\\y_2\\\vdots\\y_n\end{pmatrix},$$

因为$(\boldsymbol{\alpha}_1,\boldsymbol{\alpha}_2,\cdots,\boldsymbol{\alpha}_n)$可逆,则

$$\begin{pmatrix}x_1\\x_2\\\vdots\\x_n\end{pmatrix}=\boldsymbol{A}\begin{pmatrix}y_1\\y_2\\\vdots\\y_n\end{pmatrix},\ 因\ \boldsymbol{A}\ 可逆,有\ \begin{pmatrix}y_1\\y_2\\\vdots\\y_n\end{pmatrix}=\boldsymbol{A}^{-1}\begin{pmatrix}x_1\\x_2\\\vdots\\x_n\end{pmatrix}.$$

上述两个表达式称为**坐标变换公式**.

2. 典型例题

例 4.1.1　所有正实数组成的集合 $\mathbb{R}^+$ 对于下述加法和数量乘法是否构成实数域$\mathbb{R}$上的一个线性空间?

$$a \oplus b=ab,\forall a,b \in \mathbb{R}^+,k \otimes a=a^k,\forall a \in \mathbb{R}^+,\forall k \in \mathbb{R}.$$

分析　依线性空间的定义判别.

解　$\forall a,b \in \mathbb{R}^+$, $\forall k \in \mathbb{R}$,显然 $a \oplus b=ab \in \mathbb{R}^+$, $k \otimes a=a^k \in \mathbb{R}^+$,且 ab, a^k 是唯一的. 由于对任意 $a,b,c \in \mathbb{R}^+$,有

$$a \oplus b=ab=ba=b \oplus a, \quad (a \oplus b) \oplus c=(ab)c=a(bc)=a \oplus (b \oplus c),$$

加法规则满足交换律和结合律.

对于任意 $a \in \mathbb{R}^+$,有 $a \oplus 1=a \cdot 1=a$,按照给定加法,1 是零元素.

对于任意 $a \in \mathbb{R}^+$，有 $a \oplus \frac{1}{a} = a \cdot \frac{1}{a} = 1$，$\mathbb{R}^+$ 中每个元素 a 都有负元素 $\frac{1}{a}$.

对于 $k, l \in \mathbb{R}$，有

$$1 \otimes a = a^1 = a,$$
$$(kl) \otimes a = a^{kl} = (a^l)^k = k \otimes (a^l) = k \otimes (l \otimes a),$$
$$(k+l) \otimes a = a^{k+l} = (a^k)(a^l) = (k \otimes a) \oplus (l \otimes a),$$
$$k(a \oplus b) = (ab)^k = (a^k)(b^k) = (k \otimes a) \oplus (k \otimes b),$$

因此 $\mathbb{R}^+$ 依据给定的加法与数量乘法成为 $\mathbb{R}$ 上的一个线性空间.

注 线性空间中的加法和数量乘法可以不是常规意义下的.

例 4.1.2 实数域$\mathbb{R}$上的子集 $Q(\sqrt{3}) = \{a + b\sqrt{3} \mid a, b \in \mathbb{Q}\}$，对于实数的加法以及有理数与实数的乘法是否构成有理数域$\mathbb{Q}$上的一个线性空间？

分析 依线性空间的定义判别.

解 由例 1.8.1 知，$Q(\sqrt{3})$ 是一个数域，$\forall a, b, c, d \in \mathbb{Q}, k \in \mathbb{Q}$，$(a + b\sqrt{3}) + (c + d\sqrt{3}) = (a + c) + (b + d)\sqrt{3} \in Q(\sqrt{3})$，$k(a + b\sqrt{3}) = ka + kb\sqrt{3} \in Q(\sqrt{3})$，且 $(a + c) + (b + d)\sqrt{3}$，$ka + kb\sqrt{3}$ 是唯一的. $\forall a + b\sqrt{3} \in Q(\sqrt{3})$，有 $(a + b\sqrt{3}) + 0 = a + b\sqrt{3}$，数 0 为 $Q(\sqrt{3})$ 的零元素，存在 $-a - b\sqrt{3} \in Q(\sqrt{3})$，使 $(a + b\sqrt{3}) + (-a - b\sqrt{3}) = 0$，$-a - b\sqrt{3}$ 是 $a + b\sqrt{3}$ 的负元素. 易验证其余 6 条运算规则均满足，从而 $Q(\sqrt{3})$ 成为有理数域$\mathbb{Q}$上的一个线性空间.

例 4.1.3 $M_n(F)$ 的下列子集对于矩阵加法和数量乘法是否构成数域 F 上的线性空间？

(1) $M_n(F)$ 中所有 n 阶对称矩阵组成的集合 V_1；

(2) $M_n(F)$ 中所有 n 阶上三角矩阵组成的集合 V_2.

分析 $M_n(F)$ 是数域 F 上的线性空间，V_1，V_2 是它的子集，易证 V_1，V_2 满足矩阵加法和数量乘法的封闭性以及 8 条线性运算规则.

解 (1) 在数域 F 上，因为两个 n 阶对称矩阵的和仍是 n 阶对称矩阵且唯一，数 l 与 n 阶对称矩阵的乘积仍是 n 阶对称矩阵且唯一，因此 V_1 对于矩阵的加法和数量乘法封闭. 由于 $M_n(F)$ 是数域 F 上的线性空间，所以子集 V_1 满足矩阵加法的交换律和结合律，以及关于数量乘法的 4 条运算规则，显然，n 阶零矩阵 $\mathbf{0} \in V_1$，对 $\forall \boldsymbol{A} \in V_1$，有 $-\boldsymbol{A} \in V_1$，且 $\boldsymbol{A} + \mathbf{0} = \boldsymbol{A}$，$\boldsymbol{A} - \boldsymbol{A} = \mathbf{0}$，因此 V_1 成为数域 F 上的一个线性空间.

评 同理可证，数域 F 上所有 n 阶反对称矩阵组成的集合 V 构成数域 F 上的一个线性空间.

(2) 在数域 F 上，因为两个 n 阶上三角矩阵的和仍是 n 阶上三角矩阵且唯一，数 l 与 n 阶上三角矩阵的乘积仍是 n 阶上三角矩阵且唯一，因此 V_2 对于矩阵的加法和数量乘法封闭. 由于 $M_n(F)$ 是数域 F 上的线性空间，所以其子集 V_2 满足矩阵加法的交换律和结合律，以及关于数量乘法的 4 条运算规则，显然，n 阶零矩阵 $\mathbf{0} \in V_2$，且对 $\forall \boldsymbol{B} \in V_2$，有 $-\boldsymbol{B} \in V_2$，且 $\boldsymbol{B} + \mathbf{0} = \boldsymbol{B}$，$\boldsymbol{B} + (-\boldsymbol{B}) = \mathbf{0}$，因此 V_2 成为数域 F 上的一个线性空间.

评 同理可证，数域 F 上所有 n 阶下三角矩阵组成的集合 V 构成数域 F 上的一个线性空间.

议 从上述几例可知，线性空间这一数学模型适用性很广.

例 4.1.4 实数域$\mathbb{R}$上所有实值函数组成的集合 W 构成线性空间，在 W 中，向量组

$\sin x$，$\cos x$，$e^x\cos x$ 是否线性相关?

分析 依向量组线性相关(无关)的定义判别.

解 设 $k_1\sin x+k_2\cos x+k_3e^x\cos x=0$，在$\mathbb{R}$内，令 $x=0$，$\frac{\pi}{2}$，π，代入上式分别得

$$\begin{cases} k_2+k_3=0, \\ k_1 \qquad\qquad =0, \\ -k_2-k_3e^{\pi}=0, \end{cases}$$
解之得，$k_1=k_2=k_3=0$，因此 $\sin x$，$\cos x$，$e^x\cos x$ 线性无关.

例 4.1.5 求下列数域 F 上线性空间的一个基与维数：

(1) 数域 F 上所有 $s\times n$ 矩阵构成的线性空间 $M_{s\times n}(F)$；

(2) 数域 F 上所有 n 阶对称矩阵构成的线性空间 V_1；

(3) 数域 F 上所有 n 阶上三角矩阵构成的线性空间 V_2；

(4) 数域 F 上所有次数小于 n 的多项式构成的线性空间 $P[x]_n$.

分析 将线性空间中的向量表示成线性无关向量组的线性组合，再证明该线性无关向量组是它的一个基，进而确定维数.

解 (1)对于任意 $\boldsymbol{A}=(a_{ij})\in M_{s\times n}(F)$，有 $\boldsymbol{A}=\sum\limits_{i=1}^{s}\sum\limits_{j=1}^{n}a_{ij}\boldsymbol{P}_{ij}$，说明 $\boldsymbol{A}$ 可由 $\boldsymbol{P}_{ij}(i=1,2,\cdots,s,j=1,2,\cdots,n)$ 线性表示，其中 $\boldsymbol{P}_{ij}$ 是 $s\times n$ 基本矩阵，其 (i,j) 元为 1，其余元素均为 $0(i=1,2,\cdots,s,j=1,2,\cdots,n)$. 下面考查 $\boldsymbol{P}_{ij}$ 的线性相关性，设

$$\sum_{i=1}^{s}\sum_{j=1}^{n}k_{ij}\boldsymbol{P}_{ij}=\boldsymbol{0}，即\begin{pmatrix} k_{11} & k_{12} & \cdots & k_{1n} \\ k_{21} & k_{22} & \cdots & k_{2n} \\ \vdots & \vdots & & \vdots \\ k_{s1} & k_{s2} & \cdots & k_{sn} \end{pmatrix}=\begin{pmatrix} 0 & 0 & \cdots & 0 \\ 0 & 0 & \cdots & 0 \\ \vdots & \vdots & & \vdots \\ 0 & 0 & \cdots & 0 \end{pmatrix},$$

解之得 $k_{ij}=0\ (i=1,2,\cdots,s,j=1,2,\cdots,n)$，因此

$$\boldsymbol{P}_{11},\boldsymbol{P}_{12},\cdots,\boldsymbol{P}_{1n},\boldsymbol{P}_{21},\boldsymbol{P}_{22},\cdots,\boldsymbol{P}_{2n},\cdots,\boldsymbol{P}_{s1},\boldsymbol{P}_{s2},\cdots,\boldsymbol{P}_{sn}$$

线性无关，依定义，它就是 $M_{s\times n}(F)$ 的一个基，故 $\dim M_{s\times n}(F)=sn$.

评 同理可证，线性空间 $M_n(F)$ 的一个基可取为 $\boldsymbol{P}_{11},\cdots,\boldsymbol{P}_{1n},\boldsymbol{P}_{21},\cdots,\boldsymbol{P}_{2n},\cdots,\boldsymbol{P}_{n1},\cdots,\boldsymbol{P}_{nn}$，其中 $\boldsymbol{P}_{ij}$ 是 n 阶基本矩阵，其 (i,j) 元为 1，其余元素均为 $0(i,j=1,2,\cdots,n)$，因此 $\dim M_n(F)=n^2$.

(2) 对于任意 $\boldsymbol{B}=(b_{ij})\in V_1$，有 $\boldsymbol{B}=\sum\limits_{i=1}^{n}\sum\limits_{j=i}^{n}b_{ij}\boldsymbol{Q}_{ij}$，说明 $\boldsymbol{B}$ 可由 $\boldsymbol{Q}_{ij}(i=1,2,\cdots,n,j=i,\cdots,n)$ 线性表示，其中 $\boldsymbol{Q}_{ij}\in V_1$，且 (i,j) 元及 (j,i) 元均为 1，其余元素均为 $0(i,j=1,2,\cdots,n)$，设

$$\sum_{i=1}^{n}\sum_{j=i}^{n}k_{ij}\boldsymbol{Q}_{ij}=\boldsymbol{0}，即\begin{pmatrix} k_{11} & k_{12} & \cdots & k_{1n} \\ k_{12} & k_{22} & \cdots & k_{2n} \\ \vdots & \vdots & & \vdots \\ k_{1n} & k_{2n} & \cdots & k_{nn} \end{pmatrix}=\begin{pmatrix} 0 & 0 & \cdots & 0 \\ 0 & 0 & \cdots & 0 \\ \vdots & \vdots & & \vdots \\ 0 & 0 & \cdots & 0 \end{pmatrix},$$

解之得 $k_{ij}=0\ (i,j=1,2,\cdots,n,j\geqslant i)$，因此

$$\boldsymbol{Q}_{11},\boldsymbol{Q}_{12},\cdots,\boldsymbol{Q}_{1n},\boldsymbol{Q}_{22},\boldsymbol{Q}_{23},\cdots,\boldsymbol{Q}_{2n},\cdots,\boldsymbol{Q}_{n-1,n-1},\boldsymbol{Q}_{n-1,n},\boldsymbol{Q}_{nn}$$

线性无关,依定义,它就是 V_1 的一个基,则 $\dim V_1=\frac{n(n+1)}{2}$.

注 $M_n(F)$的基 $\boldsymbol{P}_{11},\cdots,\boldsymbol{P}_{1n},\boldsymbol{P}_{21},\cdots,\boldsymbol{P}_{2n},\cdots,\boldsymbol{P}_{n1},\cdots,\boldsymbol{P}_{nn}$ 不能成为 V_1 的一个基,因为 $\boldsymbol{P}_{ij}\notin V_1$.

评 由于 n 阶反对称矩阵的主对角元均为 0,数域 F 上所有 n 阶反对称矩阵组成的线性空间 V 的一个基可取为

$$\boldsymbol{T}_{12},\cdots,\boldsymbol{T}_{1n},\boldsymbol{T}_{23},\cdots,\boldsymbol{T}_{2n},\cdots,\boldsymbol{T}_{n-1,n},$$

其中 $\boldsymbol{T}_{ij}\in V$, 且 (i,j) 元为 $1(i<j)$,(j,i) 元为 $-1(j>i)$, 其余元素均为 $0(i,j=1,2,\cdots,n)$, 因此, $\dim V=\frac{n(n-1)}{2}$.

(3) 对于任意 $\boldsymbol{C}=(c_{ij})\in V_2$,有 $\boldsymbol{C}=\sum_{i=1}^{n}\sum_{j=i}^{n}c_{ij}\boldsymbol{S}_{ij}$, 说明 $\boldsymbol{C}$ 可由 $\boldsymbol{S}_{ij}(i=1,2,\cdots,n,j=i,\cdots,n)$线性表示,其中 $\boldsymbol{S}_{ij}\in V_2$, 且 (i,j) 元为$1(j\geqslant i)$, 其余元素均为 $0(i,j=1,2,\cdots,n)$, 假设

$$\sum_{i=1}^{n}\sum_{j=i}^{n}k_{ij}\boldsymbol{S}_{ij}=\boldsymbol{0},\text{即}\begin{pmatrix}k_{11} & k_{12} & \cdots & k_{1(n-1)} & k_{1n}\\ 0 & k_{22} & \cdots & k_{2(n-1)} & k_{2n}\\ \vdots & \ddots & \ddots & & \vdots\\ \vdots & & \ddots & \ddots & \vdots\\ 0 & \cdots & \cdots & 0 & k_{nn}\end{pmatrix}=\begin{pmatrix}0 & 0 & \cdots & 0 & 0\\ 0 & 0 & \cdots & 0 & 0\\ \vdots & \ddots & \ddots & & \vdots\\ \vdots & & \ddots & \ddots & \vdots\\ 0 & \cdots & \cdots & 0 & 0\end{pmatrix},$$

解之得 $k_{ij}=0\ (i,j=1,2,\cdots,n,j\geqslant i)$, 因此

$$\boldsymbol{S}_{11},\boldsymbol{S}_{12},\cdots,\boldsymbol{S}_{1n},\boldsymbol{S}_{22},\boldsymbol{S}_{23},\cdots,\boldsymbol{S}_{2n},\cdots,\boldsymbol{S}_{n-1,n-1},\boldsymbol{S}_{n-1,n},\boldsymbol{S}_{nn}$$

线性无关,依定义,它就是 V_2 的一个基, 则 $\dim V_2=\frac{n(n+1)}{2}$.

评 同理可证,数域 F 上所有 n 阶下三角矩阵组成的线性空间 V 的一个基可取为

$$\boldsymbol{C}_{11},\boldsymbol{C}_{21},\cdots,\boldsymbol{C}_{n1},\boldsymbol{C}_{22},\boldsymbol{C}_{32},\cdots,\boldsymbol{C}_{n2},\cdots,\boldsymbol{C}_{n-1,n-1},\boldsymbol{C}_{n-1,n},\boldsymbol{C}_{nn},$$

其中 $\boldsymbol{C}_{ij}\in V$,且元$(i,j)=1(i\geqslant j)$,其余元素均为 $0(i,j=1,2,\cdots,n)$,故 $\dim V=\frac{n(n+1)}{2}$.

(4) 对于任意 $f(x)\in P[x]_n$,有 $f(x)=a_0+a_1x+a_2x^2+\cdots+a_{n-1}x^{n-1}$, 假设

$$k_0+k_1x+k_2x^2+\cdots+k_{n-1}x^{n-1}=0,$$

则依多项式相等的定义, $k_0=k_1=k_2=\cdots=k_{n-1}=0$, 因此

$$1,\ x,\ x^2,\cdots,\ x^{n-1}$$

线性无关,依定义,它就是 $P[x]_n$ 的一个基, 则 $\dim P[x]_n=n$.

注 $f(x)=a_0+a_1x+\cdots+a_{n-1}x^{n-1}$ 在基 $1,x,x^2,\cdots,x^{n-1}$ 下的坐标为 $(a_0,a_1,\cdots,a_{n-1})^{\mathrm{T}}$.

例 4.1.6 求例 4.1.1 中线性空间的一个基与维数.

解 在线性空间 $\mathbb{R}^+$ 中,任取 $a\in\mathbb{R}^+$, 有

$$a=\mathrm{e}^{\ln a}=\ln a\otimes\mathrm{e},\ \text{显然 } \mathrm{e}\in\mathbb{R}^+,$$

说明 a 可由 e 线性表示,假设 $k\otimes\mathrm{e}=\mathrm{e}^k=1$($\mathbb{R}^+$ 中零元素),解之得 $k=0$,所以 e 线性无关,因此 e 是线性空间 $\mathbb{R}^+$ 的一个基,于是 $\dim\mathbb{R}^+=1$.

注 事实上 $\forall a\in\mathbb{R}^+$ 且 $a\neq 1$ 都是 $\mathbb{R}^+$ 的一个基,$\forall b\in\mathbb{R}^+$,有 $b=a^{\log_a b}=\log_a b\otimes a$.

评　在线性空间$\mathbb{R}$中，1 是$\mathbb{R}$的一个基，因此 $\dim\mathbb{R}=1$. 实数 l 在基 1 下的坐标为 l. 在线性空间 $Q(\sqrt{3})$ 中，$1,\sqrt{3}$ 是 $Q(\sqrt{3})$ 的一个基，因此 $\dim Q(\sqrt{3})=2$. 元素 $a+b\sqrt{3}$ 在基 $1,\sqrt{3}$ 下的坐标为 $(a,b)^{\mathrm{T}}$.

例 4.1.7　设 $V=\left\{\begin{pmatrix}a-b\mathrm{i} & -c+d\mathrm{i}\\ c+d\mathrm{i} & a+b\mathrm{i}\end{pmatrix} \mid \forall a,b,c,d\in\mathbb{R}\right\}$.

(1) 证明 V 对于矩阵的加法和数量乘法构成实数域$\mathbb{R}$上的线性空间；

(2) 求 V 的一个基和维数；

(3) 求 V 中元素 $\begin{pmatrix}a-b\mathrm{i} & -c+d\mathrm{i}\\ c+d\mathrm{i} & a+b\mathrm{i}\end{pmatrix}$ 在该基下的坐标.

分析　(1)利用线性空间的定义证明. (2)将 V 的向量写成线性无关向量组的线性组合. (3)将 V 中向量写成基的线性组合.

(1) **证**　在 V 中任取 $\boldsymbol{A}=\begin{pmatrix}a_1-b_1\mathrm{i} & -c_1+d_1\mathrm{i}\\ c_1+d_1\mathrm{i} & a_1+b_1\mathrm{i}\end{pmatrix}$，$\boldsymbol{B}=\begin{pmatrix}a_2-b_2\mathrm{i} & -c_2+d_2\mathrm{i}\\ c_2+d_2\mathrm{i} & a_2+b_2\mathrm{i}\end{pmatrix}$，$\forall k\in\mathbb{R}$，有

$$\boldsymbol{A}+\boldsymbol{B}=\begin{pmatrix}(a_1+a_2)-(b_1+b_2)\mathrm{i} & -(c_1+c_2)+(d_1+d_2)\mathrm{i}\\ (c_1+c_2)+(d_1+d_2)\mathrm{i} & (a_1+a_2)+(b_1+b_2)\mathrm{i}\end{pmatrix}\in V,$$

$$k\boldsymbol{A}=\begin{pmatrix}ka_1-kb_1\mathrm{i} & -kc_1+kd_1\mathrm{i}\\ kc_1+kd_1\mathrm{i} & ka_1+kb_1\mathrm{i}\end{pmatrix}\in V,$$

V 关于矩阵加法和数量乘法封闭，容易验证，依矩阵的加法和数量乘法，V 满足线性空间的 8 条运算规则，所以 V 构成实数域$\mathbb{R}$上一个线性空间.

(2) **解**　对于 V 中任意元素，有

$$\begin{pmatrix}a-b\mathrm{i} & -c+d\mathrm{i}\\ c+d\mathrm{i} & a+b\mathrm{i}\end{pmatrix}=a\begin{pmatrix}1&0\\0&1\end{pmatrix}+b\begin{pmatrix}-\mathrm{i}&0\\0&\mathrm{i}\end{pmatrix}+c\begin{pmatrix}0&-1\\1&0\end{pmatrix}+d\begin{pmatrix}0&\mathrm{i}\\ \mathrm{i}&0\end{pmatrix},$$

注意到 $\begin{pmatrix}1&0\\0&1\end{pmatrix}$，$\begin{pmatrix}-\mathrm{i}&0\\0&\mathrm{i}\end{pmatrix}$，$\begin{pmatrix}0&-1\\1&0\end{pmatrix}$，$\begin{pmatrix}0&\mathrm{i}\\ \mathrm{i}&0\end{pmatrix}\in V$，设

$$k_1\begin{pmatrix}1&0\\0&1\end{pmatrix}+k_2\begin{pmatrix}-\mathrm{i}&0\\0&\mathrm{i}\end{pmatrix}+k_3\begin{pmatrix}0&-1\\1&0\end{pmatrix}+k_4\begin{pmatrix}0&\mathrm{i}\\ \mathrm{i}&0\end{pmatrix}=\begin{pmatrix}0&0\\0&0\end{pmatrix}\ (V\text{ 的零元素}),$$

即 $\begin{pmatrix}k_1-k_2\mathrm{i} & -k_3+k_4\mathrm{i}\\ k_3+k_4\mathrm{i} & k_1+k_2\mathrm{i}\end{pmatrix}=\begin{pmatrix}0&0\\0&0\end{pmatrix}$，解之得，$k_1=k_2=k_3=k_4=0$，因此 $\begin{pmatrix}1&0\\0&1\end{pmatrix}$，$\begin{pmatrix}-\mathrm{i}&0\\0&\mathrm{i}\end{pmatrix}$，$\begin{pmatrix}0&-1\\1&0\end{pmatrix}$，$\begin{pmatrix}0&\mathrm{i}\\ \mathrm{i}&0\end{pmatrix}$ 线性无关，是 V 的一个基，从而 $\dim V=4$.

(3) **解**　因为

$$\begin{pmatrix}a-b\mathrm{i} & -c+d\mathrm{i}\\ c+d\mathrm{i} & a+b\mathrm{i}\end{pmatrix}=a\begin{pmatrix}1&0\\0&1\end{pmatrix}+b\begin{pmatrix}-\mathrm{i}&0\\0&\mathrm{i}\end{pmatrix}+c\begin{pmatrix}0&-1\\1&0\end{pmatrix}+d\begin{pmatrix}0&\mathrm{i}\\ \mathrm{i}&0\end{pmatrix},$$

所以元素在该基下的坐标为 $(a,b,c,d)^{\mathrm{T}}$.

评　将向量依任意常数 a,b,c,d 施以分解，以引导基的求解：

$$\begin{pmatrix}a-b\mathrm{i} & -c+d\mathrm{i}\\ c+d\mathrm{i} & a+b\mathrm{i}\end{pmatrix}=a\begin{pmatrix}1&0\\0&1\end{pmatrix}+b\begin{pmatrix}-\mathrm{i}&0\\0&\mathrm{i}\end{pmatrix}+c\begin{pmatrix}0&-1\\1&0\end{pmatrix}+d\begin{pmatrix}0&\mathrm{i}\\ \mathrm{i}&0\end{pmatrix}.$$

例 4.1.8 设向量空间 $\mathbb{R}^3$ 的两个基 $\boldsymbol{\alpha}_1,\boldsymbol{\alpha}_2,\boldsymbol{\alpha}_3$ 与 $\boldsymbol{\beta}_1,\boldsymbol{\beta}_2,\boldsymbol{\beta}_3$ 及向量 $\boldsymbol{\gamma}$ 如下：

$$\boldsymbol{\alpha}_1=\begin{pmatrix}1\\2\\1\end{pmatrix},\boldsymbol{\alpha}_2=\begin{pmatrix}2\\3\\3\end{pmatrix},\boldsymbol{\alpha}_3=\begin{pmatrix}3\\7\\1\end{pmatrix};\boldsymbol{\beta}_1=\begin{pmatrix}3\\1\\4\end{pmatrix},\boldsymbol{\beta}_2=\begin{pmatrix}5\\2\\1\end{pmatrix},\boldsymbol{\beta}_3=\begin{pmatrix}1\\1\\-6\end{pmatrix},\boldsymbol{\gamma}=\begin{pmatrix}3\\6\\2\end{pmatrix}.$$

求：(1) 由基 $\boldsymbol{\alpha}_1,\boldsymbol{\alpha}_2,\boldsymbol{\alpha}_3$ 到基 $\boldsymbol{\beta}_1,\boldsymbol{\beta}_2,\boldsymbol{\beta}_3$ 的过渡矩阵 $\boldsymbol{C}$；

(2) 向量 $\boldsymbol{\gamma}$ 在基 $\boldsymbol{\beta}_1,\boldsymbol{\beta}_2,\boldsymbol{\beta}_3$ 下的坐标；

(3) 向量 $\boldsymbol{\gamma}$ 在基 $\boldsymbol{\alpha}_1,\boldsymbol{\alpha}_2,\boldsymbol{\alpha}_3$ 下的坐标.

分析 (1) $(\boldsymbol{\beta}_1,\boldsymbol{\beta}_2,\boldsymbol{\beta}_3)=(\boldsymbol{\alpha}_1,\boldsymbol{\alpha}_2,\boldsymbol{\alpha}_3)\boldsymbol{C}$，即 $\boldsymbol{C}=(\boldsymbol{\alpha}_1,\boldsymbol{\alpha}_2,\boldsymbol{\alpha}_3)^{-1}(\boldsymbol{\beta}_1,\boldsymbol{\beta}_2,\boldsymbol{\beta}_3)$. (2) 设 $\boldsymbol{\gamma}=(\boldsymbol{\beta}_1,\boldsymbol{\beta}_2,\boldsymbol{\beta}_3)\begin{pmatrix}y_1\\y_2\\y_3\end{pmatrix}$，$\begin{pmatrix}y_1\\y_2\\y_3\end{pmatrix}=(\boldsymbol{\beta}_1,\boldsymbol{\beta}_2,\boldsymbol{\beta}_3)^{-1}\boldsymbol{\gamma}$. (3)坐标变换公式 $\begin{pmatrix}x_1\\x_2\\x_3\end{pmatrix}=\boldsymbol{C}\begin{pmatrix}y_1\\y_2\\y_3\end{pmatrix}$.

解 (1)依题设，$(\boldsymbol{\beta}_1,\boldsymbol{\beta}_2,\boldsymbol{\beta}_3)=(\boldsymbol{\alpha}_1,\boldsymbol{\alpha}_2,\boldsymbol{\alpha}_3)\boldsymbol{C}$，若令 $\boldsymbol{A}=(\boldsymbol{\alpha}_1,\boldsymbol{\alpha}_2,\boldsymbol{\alpha}_3)$，$\boldsymbol{B}=(\boldsymbol{\beta}_1,\boldsymbol{\beta}_2,\boldsymbol{\beta}_3)$，则 $\boldsymbol{B}=\boldsymbol{AC}$，显然 $\boldsymbol{A}$ 可逆，故 $\boldsymbol{C}=\boldsymbol{A}^{-1}\boldsymbol{B}$，依方法 $(\boldsymbol{A}\mid\boldsymbol{B})\xrightarrow{\text{初等行变换}}(\boldsymbol{E}\mid\boldsymbol{A}^{-1}\boldsymbol{B})$ 求 $\boldsymbol{A}^{-1}\boldsymbol{B}$：

$$(\boldsymbol{A}\mid\boldsymbol{B})\rightarrow\left(\begin{array}{ccc:ccc}1&2&3&3&5&1\\2&3&7&1&2&1\\1&3&1&4&1&-6\end{array}\right)\rightarrow\left(\begin{array}{ccc:ccc}1&0&0&-27&-71&-41\\0&1&0&9&20&9\\0&0&1&4&12&8\end{array}\right),$$

因此由基 $\boldsymbol{\alpha}_1,\boldsymbol{\alpha}_2,\boldsymbol{\alpha}_3$ 到基 $\boldsymbol{\beta}_1,\boldsymbol{\beta}_2,\boldsymbol{\beta}_3$ 的过渡矩阵 $\boldsymbol{C}=\begin{pmatrix}-27&-71&-41\\9&20&9\\4&12&8\end{pmatrix}$.

(2) 设 $\boldsymbol{\gamma}$ 在基 $\boldsymbol{\beta}_1,\boldsymbol{\beta}_2,\boldsymbol{\beta}_3$ 下的坐标为 $(y_1,y_2,y_3)^{\mathrm{T}}$，即

$$\boldsymbol{\gamma}=y_1\boldsymbol{\beta}_1+y_2\boldsymbol{\beta}_2+y_3\boldsymbol{\beta}_3=(\boldsymbol{\beta}_1,\boldsymbol{\beta}_2,\boldsymbol{\beta}_3)\begin{pmatrix}y_1\\y_2\\y_3\end{pmatrix},$$

因 $\boldsymbol{B}=(\boldsymbol{\beta}_1,\boldsymbol{\beta}_2,\boldsymbol{\beta}_3)$ 可逆，则 $\begin{pmatrix}y_1\\y_2\\y_3\end{pmatrix}=\boldsymbol{B}^{-1}\boldsymbol{\gamma}$，依方法 $(\boldsymbol{B}\mid\boldsymbol{\gamma})\xrightarrow{\text{初等行变换}}(\boldsymbol{E}\mid\boldsymbol{B}^{-1}\boldsymbol{\gamma})$ 求 $\boldsymbol{B}^{-1}\boldsymbol{\gamma}$：

$$\left(\begin{array}{ccc|c}3&5&1&3\\1&2&1&6\\4&1&-6&2\end{array}\right)\rightarrow\left(\begin{array}{ccc|c}1&0&0&153/4\\0&1&0&-53/2\\0&0&1&83/4\end{array}\right),$$

因此 $\boldsymbol{\gamma}$ 在基 $\boldsymbol{\beta}_1,\boldsymbol{\beta}_2,\boldsymbol{\beta}_3$ 下的坐标为 $\left(\frac{153}{4},-\frac{106}{4},\frac{83}{4}\right)^{\mathrm{T}}$.

(3) 设 $\boldsymbol{\gamma}$ 在基 $\boldsymbol{\alpha}_1,\boldsymbol{\alpha}_2,\boldsymbol{\alpha}_3$ 下的坐标为 $(x_1,x_2,x_3)^{\mathrm{T}}$，由坐标变换公式得

$$\begin{pmatrix}x_1\\x_2\\x_3\end{pmatrix}=\boldsymbol{C}\begin{pmatrix}y_1\\y_2\\y_3\end{pmatrix}=\begin{pmatrix}-27&-71&-41\\9&20&9\\4&12&8\end{pmatrix}\begin{pmatrix}153/4\\-53/2\\83/4\end{pmatrix}=\begin{pmatrix}-2\\1\\1\end{pmatrix},$$

即 $\boldsymbol{\gamma}$ 在基 $\boldsymbol{\alpha}_1,\boldsymbol{\alpha}_2,\boldsymbol{\alpha}_3$ 下的坐标为 $(-2,1,1)^{\mathrm{T}}$.

注　依 $\boldsymbol{\gamma}=(\boldsymbol{\beta}_1,\boldsymbol{\beta}_2,\boldsymbol{\beta}_3)\begin{pmatrix}y_1\\y_2\\y_3\end{pmatrix}$，也可通过解线性方程组 $(\boldsymbol{\beta}_1,\boldsymbol{\beta}_2,\boldsymbol{\beta}_3)\begin{pmatrix}y_1\\y_2\\y_3\end{pmatrix}=\boldsymbol{\gamma}$ 求唯一解.

例 4.1.9　设 $\boldsymbol{\alpha}_1,\boldsymbol{\alpha}_2,\boldsymbol{\alpha}_3,\boldsymbol{\alpha}_4$ 是向量空间 $\mathbb{R}^4$ 的一个基，

$$\boldsymbol{\beta}_1=\boldsymbol{\alpha}_1+\boldsymbol{\alpha}_2+\boldsymbol{\alpha}_3+\boldsymbol{\alpha}_4,\boldsymbol{\beta}_2=\boldsymbol{\alpha}_2+\boldsymbol{\alpha}_3+\boldsymbol{\alpha}_4,\ \boldsymbol{\beta}_3=\boldsymbol{\alpha}_3+\boldsymbol{\alpha}_4,\ \boldsymbol{\beta}_4=\boldsymbol{\alpha}_4.$$

(1) 证明 $\boldsymbol{\beta}_1,\boldsymbol{\beta}_2,\boldsymbol{\beta}_3,\boldsymbol{\beta}_4$ 是 $\mathbb{R}^4$ 的一个基；

(2) 求由基 $\boldsymbol{\beta}_1,\boldsymbol{\beta}_2,\boldsymbol{\beta}_3,\boldsymbol{\beta}_4$ 到基 $\boldsymbol{\alpha}_1,\boldsymbol{\alpha}_2,\boldsymbol{\alpha}_3,\boldsymbol{\alpha}_4$ 的过渡矩阵；

(3) 求在基 $\boldsymbol{\alpha}_1,\boldsymbol{\alpha}_2,\boldsymbol{\alpha}_3,\boldsymbol{\alpha}_4$ 和基 $\boldsymbol{\beta}_1,\boldsymbol{\beta}_2,\boldsymbol{\beta}_3,\boldsymbol{\beta}_4$ 下坐标相同的向量.

分析　(1)证明 $\{\boldsymbol{\alpha}_1,\boldsymbol{\alpha}_2,\boldsymbol{\alpha}_3,\boldsymbol{\alpha}_4\}\cong\{\boldsymbol{\beta}_1,\boldsymbol{\beta}_2,\boldsymbol{\beta}_3,\boldsymbol{\beta}_4\}$；(2)求 $\boldsymbol{B}$，使

$$(\boldsymbol{\alpha}_1,\boldsymbol{\alpha}_2,\boldsymbol{\alpha}_3,\boldsymbol{\alpha}_4)=(\boldsymbol{\beta}_1,\boldsymbol{\beta}_2,\boldsymbol{\beta}_3,\boldsymbol{\beta}_4)\boldsymbol{B};$$

(3) 求 $\begin{pmatrix}x_1\\x_2\\x_3\\x_4\end{pmatrix}$，使 $(\boldsymbol{\alpha}_1,\boldsymbol{\alpha}_2,\boldsymbol{\alpha}_3,\boldsymbol{\alpha}_4)\begin{pmatrix}x_1\\x_2\\x_3\\x_4\end{pmatrix}=(\boldsymbol{\beta}_1,\boldsymbol{\beta}_2,\boldsymbol{\beta}_3,\boldsymbol{\beta}_4)\begin{pmatrix}x_1\\x_2\\x_3\\x_4\end{pmatrix}$.

解　(1)依题设，有

$$(\boldsymbol{\beta}_1,\boldsymbol{\beta}_2,\boldsymbol{\beta}_3,\boldsymbol{\beta}_4)=(\boldsymbol{\alpha}_1,\boldsymbol{\alpha}_2,\boldsymbol{\alpha}_3,\boldsymbol{\alpha}_4)\begin{pmatrix}1&0&0&0\\1&1&0&0\\1&1&1&0\\1&1&1&1\end{pmatrix}.\text{令 }\boldsymbol{A}=\begin{pmatrix}1&0&0&0\\1&1&0&0\\1&1&1&0\\1&1&1&1\end{pmatrix},$$

显然 $|\boldsymbol{A}|=1\neq0$，则 $\boldsymbol{A}$ 可逆，依 $(\boldsymbol{\beta}_1,\boldsymbol{\beta}_2,\boldsymbol{\beta}_3,\boldsymbol{\beta}_4)=(\boldsymbol{\alpha}_1,\boldsymbol{\alpha}_2,\boldsymbol{\alpha}_3,\boldsymbol{\alpha}_4)\boldsymbol{A}$ 得 $\operatorname{rank}\{\boldsymbol{\beta}_1,\boldsymbol{\beta}_2,\boldsymbol{\beta}_3,\boldsymbol{\beta}_4\}=\operatorname{rank}\{\boldsymbol{\alpha}_1,\boldsymbol{\alpha}_2,\boldsymbol{\alpha}_3,\boldsymbol{\alpha}_4\}=4$，从而 $\boldsymbol{\beta}_1,\boldsymbol{\beta}_2,\boldsymbol{\beta}_3,\boldsymbol{\beta}_4$ 线性无关，依命题 17，它是 $\mathbb{R}^4$ 的一个基.

(2) 由(1)知 $(\boldsymbol{\alpha}_1,\boldsymbol{\alpha}_2,\boldsymbol{\alpha}_3,\boldsymbol{\alpha}_4)=(\boldsymbol{\beta}_1,\boldsymbol{\beta}_2,\boldsymbol{\beta}_3,\boldsymbol{\beta}_4)\boldsymbol{A}^{-1}$，即由基 $\boldsymbol{\beta}_1,\boldsymbol{\beta}_2,\boldsymbol{\beta}_3,\boldsymbol{\beta}_4$ 到基 $\boldsymbol{\alpha}_1,\boldsymbol{\alpha}_2,\boldsymbol{\alpha}_3,\boldsymbol{\alpha}_4$ 的过渡矩阵为 $\boldsymbol{A}^{-1}$，依方法 $(\boldsymbol{A}\,|\,\boldsymbol{E})\xrightarrow{\text{初等行变换}}(\boldsymbol{E}\,|\,\boldsymbol{A}^{-1})$ 求 $\boldsymbol{A}^{-1}$：

$$(\boldsymbol{A}\,|\,\boldsymbol{E})=\left(\begin{array}{cccc|cccc}1&0&0&0&1&0&0&0\\1&1&0&0&0&1&0&0\\1&1&1&0&0&0&1&0\\1&1&1&1&0&0&0&1\end{array}\right)\to\left(\begin{array}{cccc|cccc}1&0&0&0&1&0&0&0\\0&1&0&0&-1&1&0&0\\0&0&1&0&0&-1&1&0\\0&0&0&1&0&0&-1&1\end{array}\right),$$

因此由 $\boldsymbol{\beta}_1,\boldsymbol{\beta}_2,\boldsymbol{\beta}_3,\boldsymbol{\beta}_4$ 到 $\boldsymbol{\alpha}_1,\boldsymbol{\alpha}_2,\boldsymbol{\alpha}_3,\boldsymbol{\alpha}_4$ 的过渡矩阵为

$$\boldsymbol{A}^{-1}=\begin{pmatrix}1&0&0&0\\-1&1&0&0\\0&-1&1&0\\0&0&-1&1\end{pmatrix}.$$

(3) 设 $\boldsymbol{\gamma}$ 在 $\boldsymbol{\alpha}_1,\boldsymbol{\alpha}_2,\boldsymbol{\alpha}_3,\boldsymbol{\alpha}_4$ 与 $\boldsymbol{\beta}_1,\boldsymbol{\beta}_2,\boldsymbol{\beta}_3,\boldsymbol{\beta}_4$ 下的坐标同为 $(x_1,x_2,x_3,x_4)^{\mathrm{T}}$，即

$$\boldsymbol{\gamma}=(\boldsymbol{\alpha}_1,\boldsymbol{\alpha}_2,\boldsymbol{\alpha}_3,\boldsymbol{\alpha}_4)\begin{pmatrix}x_1\\x_2\\x_3\\x_4\end{pmatrix}=(\boldsymbol{\beta}_1,\boldsymbol{\beta}_2,\boldsymbol{\beta}_3,\boldsymbol{\beta}_4)\begin{pmatrix}x_1\\x_2\\x_3\\x_4\end{pmatrix},$$

则 $((\boldsymbol{\alpha}_1,\boldsymbol{\alpha}_2,\boldsymbol{\alpha}_3,\boldsymbol{\alpha}_4)-(\boldsymbol{\beta}_1,\boldsymbol{\beta}_2,\boldsymbol{\beta}_3,\boldsymbol{\beta}_4))\begin{pmatrix}x_1\\x_2\\x_3\\x_4\end{pmatrix}=\boldsymbol{0}$，$\begin{pmatrix}x_1\\x_2\\x_3\\x_4\end{pmatrix}$ 是齐次线性方程组

$((\boldsymbol{\alpha}_1,\boldsymbol{\alpha}_2,\boldsymbol{\alpha}_3,\boldsymbol{\alpha}_4)-(\boldsymbol{\beta}_1,\boldsymbol{\beta}_2,\boldsymbol{\beta}_3,\boldsymbol{\beta}_4))\boldsymbol{x}=\boldsymbol{0}$ 的解，将 $(\boldsymbol{\beta}_1,\boldsymbol{\beta}_2,\boldsymbol{\beta}_3,\boldsymbol{\beta}_4)=(\boldsymbol{\alpha}_1,\boldsymbol{\alpha}_2,\boldsymbol{\alpha}_3,\boldsymbol{\alpha}_4)\boldsymbol{A}$ 代入，

$((\boldsymbol{\alpha}_1,\boldsymbol{\alpha}_2,\boldsymbol{\alpha}_3,\boldsymbol{\alpha}_4)-(\boldsymbol{\alpha}_1,\boldsymbol{\alpha}_2,\boldsymbol{\alpha}_3,\boldsymbol{\alpha}_4)\boldsymbol{A})\boldsymbol{x}=\boldsymbol{0}$，即 $(\boldsymbol{\alpha}_1,\boldsymbol{\alpha}_2,\boldsymbol{\alpha}_3,\boldsymbol{\alpha}_4)(\boldsymbol{E}-\boldsymbol{A})\boldsymbol{x}=\boldsymbol{0}$，

因为 $(\boldsymbol{\alpha}_1,\boldsymbol{\alpha}_2,\boldsymbol{\alpha}_3,\boldsymbol{\alpha}_4)$ 可逆，所以 $(\boldsymbol{E}-\boldsymbol{A})\boldsymbol{x}=\boldsymbol{0}$，对系数矩阵施以初等行变换，$\boldsymbol{E}-\boldsymbol{A}=$

$\begin{pmatrix}0&0&0&0\\-1&0&0&0\\-1&-1&0&0\\-1&-1&-1&0\end{pmatrix}\to\begin{pmatrix}1&0&0&0\\0&1&0&0\\0&0&1&0\\0&0&0&0\end{pmatrix}$，方程组的一般解为 $\begin{cases}x_1=0,\\x_2=0,\\x_3=0,\end{cases}$ 令自由未知元 $x_4=k$，

代入得 $(0,0,0,k)^{\mathrm{T}},k\in\mathbb{R}$，从而 $\boldsymbol{\gamma}=k\boldsymbol{\alpha}_4(\forall k\in\mathbb{R})$.

注 $\boldsymbol{\gamma}$ 在两个基下的相同坐标就是齐次线性方程组 $(\boldsymbol{E}-\boldsymbol{A})\boldsymbol{x}=\boldsymbol{0}$ 的解.

评 在两个基下坐标相同的向量的求法值得借鉴.

习题 4-1

1. $[a,b]$ 上所有连续函数组成的集合 $C[a,b]$，对于函数的加法和数量乘法：
$\forall f(x),g(x)\in C[a,b],\forall x\in[a,b],\ \forall k\in\mathbb{R}$，有

$$(f+g)(x)=f(x)+g(x),(kf)(x)=kf(x),$$

是否构成实数域 $\mathbb{R}$ 上的一个线性空间？

2. 所有正实数组成的集合 $\mathbb{R}^+$ 按照实数的加法和有理数与实数的乘法是否构成有理数域 $\mathbb{Q}$ 上的一个线性空间？

3. 在实数域 $\mathbb{R}$ 上所有实值函数构成的线性空间 W 中，$\mathrm{e}^{\lambda_1 x},\mathrm{e}^{\lambda_2 x},\cdots,\mathrm{e}^{\lambda_n x}$ 是否线性无关？其中实数 $\lambda_i\neq\lambda_j(i,j=1,2,\cdots,n,i\neq j)$.

4. 设 $V=\left\{\begin{pmatrix}x_1&x_2+\mathrm{i}x_3\\x_2-\mathrm{i}x_3&-x_1\end{pmatrix}\ \middle|\ \forall x_1,x_2,x_3\in\mathbb{R}\right\}$.

(1) 证明 V 对于矩阵加法和数量乘法构成实数域 $\mathbb{R}$ 上的一个线性空间；

(2) 求 V 的一个基和维数；

(3) 求 V 中元素 $\begin{pmatrix}x_1&x_2+\mathrm{i}x_3\\x_2-\mathrm{i}x_3&-x_1\end{pmatrix}$ 在该基下的坐标.

5. 已知三阶实反对称矩阵组成的集合 V 对于矩阵的加法和数量乘法构成 $\mathbb{R}$ 上一个线性空间，求 V 的一个基和维数，并求三阶实反对称矩阵

$$\begin{pmatrix}0&a_{12}&-a_{13}\\-a_{12}&0&a_{23}\\a_{13}&-a_{23}&0\end{pmatrix}$$

在该基下的坐标.

6. 设向量空间 $\mathbb{R}^3$ 中的一个基为 $\boldsymbol{\xi}_1,\boldsymbol{\xi}_2,\boldsymbol{\xi}_3$，向量 $\boldsymbol{\eta}_1=\boldsymbol{\xi}_1+\boldsymbol{\xi}_2,\boldsymbol{\eta}_2=\boldsymbol{\xi}_2+\boldsymbol{\xi}_3,\boldsymbol{\eta}_3=\boldsymbol{\xi}_3+\boldsymbol{\xi}_1$.

(1) 证明 $\boldsymbol{\eta}_1,\boldsymbol{\eta}_2,\boldsymbol{\eta}_3$ 是 $\mathbb{R}^3$ 的一个基；

(2) 求由基 $\boldsymbol{\eta}_1,\boldsymbol{\eta}_2,\boldsymbol{\eta}_3$ 到基 $\boldsymbol{\xi}_1,\boldsymbol{\xi}_2,\boldsymbol{\xi}_3$ 的过渡矩阵；

(3) 向量 $\boldsymbol{\alpha}$ 在基 $\boldsymbol{\xi}_1,\boldsymbol{\xi}_2,\boldsymbol{\xi}_3$ 下的坐标为 $(1,-2,2)^{\mathrm{T}}$，求 $\boldsymbol{\alpha}$ 在基 $\boldsymbol{\eta}_1,\boldsymbol{\eta}_2,\boldsymbol{\eta}_3$ 下的坐标.

7. 设向量空间 $\mathbb{R}^3$ 的两个基 $\boldsymbol{\alpha}_1,\boldsymbol{\alpha}_2,\boldsymbol{\alpha}_3$ 与 $\boldsymbol{\beta}_1,\boldsymbol{\beta}_2,\boldsymbol{\beta}_3$ 及向量 $\boldsymbol{\gamma}$ 分别为

$$\boldsymbol{\alpha}_1=\begin{pmatrix}1\\0\\-1\end{pmatrix},\boldsymbol{\alpha}_2=\begin{pmatrix}2\\1\\1\end{pmatrix},\boldsymbol{\alpha}_3=\begin{pmatrix}1\\1\\1\end{pmatrix};\boldsymbol{\beta}_1=\begin{pmatrix}0\\1\\1\end{pmatrix},\boldsymbol{\beta}_2=\begin{pmatrix}-1\\1\\0\end{pmatrix},\boldsymbol{\beta}_3=\begin{pmatrix}1\\2\\1\end{pmatrix},\boldsymbol{\gamma}=\begin{pmatrix}2\\5\\0\end{pmatrix}.$$

求：(1) 由基 $\boldsymbol{\alpha}_1,\boldsymbol{\alpha}_2,\boldsymbol{\alpha}_3$ 到基 $\boldsymbol{\beta}_1,\boldsymbol{\beta}_2,\boldsymbol{\beta}_3$ 的过渡矩阵 $\boldsymbol{C}$；

(2) 向量 $\boldsymbol{\gamma}$ 分别在两个基下的坐标；

(3) 向量 $\boldsymbol{\delta}$，使它在基 $\boldsymbol{\alpha}_1,\boldsymbol{\alpha}_2,\boldsymbol{\alpha}_3$ 与基 $\boldsymbol{\beta}_1,\boldsymbol{\beta}_2,\boldsymbol{\beta}_3$ 下有相同的坐标.

8. 设向量组 $\boldsymbol{\alpha}_1=\begin{pmatrix}1\\2\\1\end{pmatrix},\boldsymbol{\alpha}_2=\begin{pmatrix}1\\3\\2\end{pmatrix},\boldsymbol{\alpha}_3=\begin{pmatrix}1\\a\\3\end{pmatrix},\boldsymbol{\beta}=\begin{pmatrix}1\\1\\1\end{pmatrix}$，$\boldsymbol{\alpha}_1,\boldsymbol{\alpha}_2,\boldsymbol{\alpha}_3$ 是向量空间 $\mathbb{R}^3$ 的一个基，$\boldsymbol{\beta}$ 在这个基下的坐标为 $(b,c,1)^{\mathrm{T}}$.

(1) 求 a,b,c；

(2) 证明 $\boldsymbol{\alpha}_2,\boldsymbol{\alpha}_3,\boldsymbol{\beta}$ 是 $\mathbb{R}^3$ 的一个基，并求 $\boldsymbol{\alpha}_2,\boldsymbol{\alpha}_3,\boldsymbol{\beta}$ 到 $\boldsymbol{\alpha}_1,\boldsymbol{\alpha}_2,\boldsymbol{\alpha}_3$ 的过渡矩阵.

【2019 研数一】

4.2 线性子空间

在上一节例题中已知，数域 F 上线性空间 V 的某些非空子集按 V 中的加法和数量乘法仍可构成数域 F 上的一个线性空间.

1. 内容要点与评注

1) 线性子空间

定义 1 设 V 是数域 F 上的线性空间，U 是 V 的非空子集. 如果 U 对于 V 中的加法和数量乘法也构成数域 F 上的一个线性空间，则称 U 是 V 的一个**线性子空间**，简称**子空间**.

定理 1 设 U 是数域 F 上线性空间 V 的非空子集，则 U 是 V 的子空间的充分必要条件是：U 对于 V 的加法和数量乘法都封闭，即

$$\forall \alpha,\beta \in U \Rightarrow \alpha+\beta \in U, \forall \gamma \in U, \forall k \in F \Rightarrow k\gamma \in U.$$

证 必要性. 设 U 是 V 的子空间，依子空间的定义，则 U 对于 V 的加法和数量乘法也构成数域 F 上一个线性空间，所以 V 中的加法和数量乘法适用于 U 上，就是 U 的加法和数量乘法，因此

$$\forall \alpha,\beta \in U \Rightarrow \alpha+\beta \in U\ (\text{即 } U \text{ 对 } V \text{ 的加法封闭}),$$

$$\forall \gamma \in U, \forall k \in F \Rightarrow k\gamma \in U\ (\text{即 } U \text{ 对 } V \text{ 的数量乘法封闭}).$$

充分性. 设 U 对于 V 的加法和数量乘法都封闭，此时 V 的加法和数量乘法适用于 U 上，就是 U 的加法和数量乘法，显然在 U 中加法交换律、结合律以及数量乘法的 4 条运算规则都成立.

依题设，U 非空，任取 $\delta \in U$，由于 U 对于数量乘法封闭，因此 $0\delta=\theta \in U$，即 V 的零元

素在U中，而在V中，有$\delta+\theta=\delta$，于是在U中，$\delta+\theta=\delta$.

同时，$(-1)\delta\in U$，即$-\delta\in U$，U中元素δ（也是V的元素）的负元素$-\delta$也在U中，而在V中，有$\delta+(-\delta)=\theta$，于是在U中，$\delta+(-\delta)=\theta$.

综上所述，U按照V的加法和数量乘法成为数域F上一个线性空间，依定义，U是V的一个子空间.

◆

注 依上述定理，线性空间V的一个非空子集U成为V的一个子空间，需要满足下述条件：(1) U对于V的加法封闭；(2) U对于V的数量乘法封闭.

显然由零元素组成的集合$\{\theta\}$是V的一个子空间，V也是V的一个子空间，称它们是V的**平凡子空间**，其中$\{\theta\}$也称**零子空间**，可记作$\{\theta\}$.

例如在例 4.1.5 中，$P[x]_n$是$P[x]$的一个子空间，V_1和V_2是$M_n(F)$的子空间.

命题 2 设U是数域F上n维线性空间V的一个子空间，则$\dim U\leqslant\dim V$.

命题 3 设U是数域F上n维线性空间V的一个子空间，如果$\dim U=\dim V$，则

$$U=V.$$

命题 4 设U是数域F上n维线性空间V的一个子空间，则U的一个基可以扩充成V的一个基.

设数域F上线性空间V的向量组$\alpha_1,\alpha_2,\cdots,\alpha_s$，由它们的所有线性组合组成的集合

$$\{k_1\alpha_1+k_2\alpha_2+\cdots+k_s\alpha_s \mid \forall k_1,k_2,\cdots,k_s\in F\},$$

依定理 1，显然它是V的一个子空间，称它是由$\alpha_1,\alpha_2,\cdots,\alpha_s$ **生成（或张成）的子空间**，记作

$$\langle\alpha_1,\alpha_2,\cdots,\alpha_s\rangle,\quad 或 L(\boldsymbol{\alpha}_1,\boldsymbol{\alpha}_2,\cdots,\boldsymbol{\alpha}_s).$$

注 (1)有限维线性空间V的任一子空间U都可看成是由向量组所生成的，因为只要取U的一个基$\alpha_1,\alpha_2,\cdots,\alpha_r$，则$U=\langle\alpha_1,\alpha_2,\cdots,\alpha_r\rangle$.

(2) 设$U=\langle\alpha_1,\alpha_2,\cdots,\alpha_s\rangle$，则$\alpha_1,\alpha_2,\cdots,\alpha_s$的一个极大线性无关组是$U$的一个基，从而$\dim U=\operatorname{rank}\{\alpha_1,\alpha_2,\cdots,\alpha_s\}$.

(3) 对于线性空间V中两个向量组$\alpha_1,\alpha_2,\cdots,\alpha_s$与$\beta_1,\beta_2,\cdots,\beta_m$，有

$$\langle\alpha_1,\alpha_2,\cdots,\alpha_s\rangle=\langle\beta_1,\beta_2,\cdots,\beta_m\rangle\Leftrightarrow\{\alpha_1,\alpha_2,\cdots,\alpha_s\}\cong\{\beta_1,\beta_2,\cdots,\beta_m\}.$$

(4) $L(\boldsymbol{\alpha}_1,\boldsymbol{\alpha}_2,\cdots,\boldsymbol{\alpha}_s)$是包含$\boldsymbol{\alpha}_1,\boldsymbol{\alpha}_2,\cdots,\boldsymbol{\alpha}_s$的$V$的最小子空间.

这是因为，设W是V的子空间，且$W\supseteq\{\boldsymbol{\alpha}_1,\boldsymbol{\alpha}_2,\cdots,\boldsymbol{\alpha}_s\}$. 若$\boldsymbol{\gamma}\in L(\boldsymbol{\alpha}_1,\boldsymbol{\alpha}_2,\cdots,\boldsymbol{\alpha}_s)$，则$\boldsymbol{\gamma}=l_1\boldsymbol{\alpha}_1+l_2\boldsymbol{\alpha}_2+\cdots+l_s\boldsymbol{\alpha}_s$，依定理 1，$\boldsymbol{\gamma}\in W$，故$L(\boldsymbol{\alpha}_1,\boldsymbol{\alpha}_2,\cdots,\boldsymbol{\alpha}_s)\subseteq W$.

*2) 子空间的交与和

定理 5 设V_1，V_2都是数域F上线性空间V的子空间，则$V_1\cap V_2$也是V的子空间.

证 由定理 1 的证明过程可知，V的零元素$\theta\in V_1\cap V_2$，所以$V_1\cap V_2$是非空集. 设α，$\beta\in V_1\cap V_2$，则$\alpha,\beta\in V_i$，$i=1,2$，因此$\alpha+\beta\in V_i$，$i=1,2$，从而$\alpha+\beta\in V_1\cap V_2$，$\forall k\in F$，$k\alpha\in V_i(i=1,2)$，从而$k\alpha\in V_1\cap V_2$，依定理 1，$V_1\cap V_2$也是$V$的一个子空间. ◆

子空间的交满足下述运算规则：设$V_1,V_2,\cdots,V_s$是数域F上线性空间V的子空间，则有

交换律：$V_1\cap V_2=V_2\cap V_1$；

结合律：$(V_1\cap V_2)\cap V_3=V_1\cap(V_2\cap V_3)$.

---

* 为选学内容.

由结合律,我们可以定义多个子空间的交:$V_1 \cap V_2 \cap \cdots \cap V_s$,记作 $\bigcap_{j=1}^{s} V_j$. 依数学归纳法原理可以证明

$$\bigcap_{j=1}^{s} V_j \text{ 也是 } V \text{ 的一个子空间,并且 } \bigcap_{j=1}^{s} V_j = \{\alpha \mid \alpha \in V_j, j=1,2,\cdots,s\}.$$

注　$V_1 \cup V_2$ 不是 V 的子空间,例如,设 V 是以原点为起点的所有向量组成的三维实线性空间 $\mathbb{R}^3$,如图 4.1 所示,V_1,V_2 是过原点的两个不同的平面,按照向量的加法和实数与向量的数量乘法,它们都是 V 的子空间. 在 $V_1 \cup V_2$ 中取两个向量 α,β,满足

$$\alpha \in V_1,\ \alpha \notin V_2,\ \beta \notin V_1,\ \beta \in V_2,$$

则 $\alpha+\beta \notin V_1 \cup V_2$,$V_1 \cup V_2$ 对加法不封闭,因此 $V_1 \cup V_2$ 不是 V 的子空间.

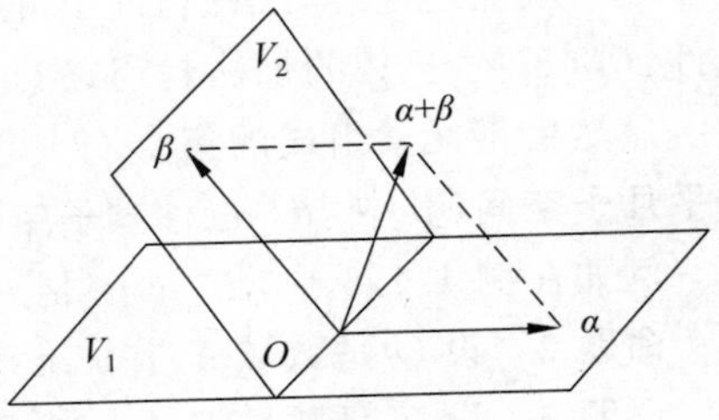

图　4.1

定理 6　设 V_1,V_2 都是数域 F 上线性空间 V 的子空间,则 V 的子集

$$\{\alpha_1+\alpha_2 \mid \forall \alpha_1 \in V_1, \forall \alpha_2 \in V_2\},$$

即所有形如 $\alpha_1+\alpha_2$ 的向量的集合是 V 的子空间,称它为子空间 V_1 与 V_2 的**和**,记作 V_1+V_2,即

$$V_1+V_2=\{\alpha_1+\alpha_2 \mid \forall \alpha_1 \in V_1, \forall \alpha_2 \in V_2\}.$$

证　V 的零元素 $\theta \in V_1$,$\theta \in V_2$,$\theta=\theta+\theta \in V_1+V_2$,即 V_1+V_2 是非空集. 设 $\alpha,\beta \in V_1+V_2$,则 $\alpha=\alpha_1+\alpha_2$,其中 $\alpha_1 \in V_1$,$\alpha_2 \in V_2$,$\beta=\beta_1+\beta_2$,其中 $\beta_1 \in V_1$,$\beta_2 \in V_2$,于是 $\alpha_1+\beta_1 \in V_1$,$\alpha_2+\beta_2 \in V_2$,所以

$$\alpha+\beta=(\alpha_1+\alpha_2)+(\beta_1+\beta_2)=(\alpha_1+\beta_1)+(\alpha_2+\beta_2) \in V_1+V_2,$$

$\forall k \in F$,$k\alpha_1 \in V_1$,$k\alpha_2 \in V_2$,所以 $k\alpha=k(\alpha_1+\alpha_2)=(k\alpha_1)+(k\alpha_2) \in V_1+V_2$,依定理 1,$V_1+V_2$ 也是 V 的一个子空间. ◆

子空间的和满足下述运算规则:设 $V_1,V_2,\cdots,V_s$ 都是数域 F 上线性空间 V 的子空间,则有

交换律:$V_1+V_2=V_2+V_1$;

结合律:$(V_1+V_2)+V_3=V_1+(V_2+V_3)$.

由结合律,我们可以定义多个子空间的和:$V_1+V_2+\cdots+V_s$,记作 $\sum_{j=1}^{s} V_j$. 依数学归纳法原理可以证明,$\sum_{j=1}^{s} V_j$ 也是 V 的子空间,并且

$$\sum_{j=1}^{s} V_j=\{a_1+a_2+\cdots+a_s \mid a_j \in V_j, j=1,2,\cdots,s\}.$$

注　V_1+V_2 是 V 中包含 $V_1 \cup V_2$ 的最小子空间.

事实上,显然 $V_1+V_2 \supseteq V_1$,$V_1+V_2 \supseteq V_2$,所以 $V_1+V_2 \supseteq V_1 \cup V_2$. 设 U 是 V 的子空间,且 $U \supseteq V_1 \cup V_2$,对于任意 $\alpha_1+\alpha_2 \in V_1+V_2$,其中 $\alpha_1 \in V_1 \subseteq U$,$\alpha_2 \in V_2 \subseteq U$,因为 U 是子空间,所以 $\alpha_1+\alpha_2 \in U$,即 $V_1+V_2 \subseteq U$.

定理 7　设 $\alpha_1,\alpha_2,\cdots,\alpha_s$ 和 $\beta_1,\beta_2,\cdots,\beta_t$ 是数域 F 上线性空间 V 的两个向量组,则

$$\langle\alpha_1,\alpha_2,\cdots,\alpha_s\rangle+\langle\beta_1,\beta_2,\cdots,\beta_t\rangle=\langle\alpha_1,\alpha_2,\cdots,\alpha_s,\beta_1,\beta_2,\cdots,\beta_t\rangle.$$

证 依生成子空间的定义,有

$$\begin{aligned}&\langle\alpha_1,\alpha_2,\cdots,\alpha_s\rangle+\langle\beta_1,\beta_2,\cdots,\beta_t\rangle\\&=\{(k_1\alpha_1+k_2\alpha_2+\cdots+k_s\alpha_s)\}+\{(l_1\beta_1+l_2\beta_2+\cdots+l_t\beta_t)\}\\&=\{(k_1\alpha_1+k_2\alpha_2+\cdots+k_s\alpha_s+l_1\beta_1+l_2\beta_2+\cdots+l_t\beta_t)\}\\&=\langle\alpha_1,\alpha_2,\cdots,\alpha_s,\beta_1,\beta_2,\cdots,\beta_t\rangle,k_1,k_2,\cdots,k_s,l_1,l_2,\cdots,l_t\in F.\end{aligned}$$
◆

例如,设向量空间$\mathbb{R}^3$的子空间V_1,V_2,V_3,V_4,V_5如下:

$$V_1=\left\{\begin{pmatrix}a\\0\\0\end{pmatrix}\middle|\ \forall a\in\mathbb{R}\right\},\quad V_2=\left\{\begin{pmatrix}0\\b\\0\end{pmatrix}\middle|\ \forall b\in\mathbb{R}\right\},\quad V_3=\left\{\begin{pmatrix}0\\0\\c\end{pmatrix}\middle|\ \forall c\in\mathbb{R}\right\},$$

$$V_4=\left\{\begin{pmatrix}a\\b\\0\end{pmatrix}\middle|\ \forall a,b\in\mathbb{R}\right\},\quad V_5=\left\{\begin{pmatrix}0\\b\\c\end{pmatrix}\middle|\ \forall b,c\in\mathbb{R}\right\},$$

依子空间的交与和的定义,有

$$V_2=V_4\cap V_5,\quad V_4=V_1+V_2,\quad V_5=V_2+V_3,$$

$$\mathbb{R}^3=V_1+V_2+V_3=V_1+V_5=V_3+V_4=V_4+V_5.$$

定理 8 设V_1, V_2都是数域F上线性空间V的有限维子空间,则$V_1\cap V_2$,V_1+V_2也是有限维子空间,且

$$\dim V_1+\dim V_2=\dim(V_1+V_2)+\dim(V_1\cap V_2)\text{(维数公式)}.$$

证 由于$V_1\cap V_2\subseteq V_1$,$\dim(V_1\cap V_2)\leqslant\dim V_1$,即$V_1\cap V_2$是有限维子空间,设$V_1$, V_2,$V_1\cap V_2$的维数分别为n_1,n_2,m,在$V_1\cap V_2$中取一个基$\alpha_1,\alpha_2,\cdots,\alpha_m$,把它分别扩充成$V_1$, V_2的基:$\alpha_1,\alpha_2,\cdots,\alpha_m,\beta_1,\beta_2,\cdots,\beta_{n_1-m}$,$\alpha_1,\alpha_2,\cdots,\alpha_m,\gamma_1,\gamma_2,\cdots,\gamma_{n_2-m}$,依定理 7,有

$$\begin{aligned}V_1+V_2&=\langle\alpha_1,\alpha_2,\cdots,\alpha_m,\beta_1,\beta_2,\cdots,\beta_{n_1-m}\rangle+\langle\alpha_1,\alpha_2,\cdots,\alpha_m,\gamma_1,\gamma_2,\cdots,\gamma_{n_2-m}\rangle\\&=\langle\alpha_1,\alpha_2,\cdots,\alpha_m,\beta_1,\beta_2,\cdots,\beta_{n_1-m},\gamma_1,\gamma_2,\cdots,\gamma_{n_2-m}\rangle.\end{aligned}$$

下面要证$\alpha_1,\alpha_2,\cdots,\alpha_m,\beta_1,\beta_2,\cdots,\beta_{n_1-m},\gamma_1,\gamma_2,\cdots,\gamma_{n_2-m}$线性无关,设

$$k_1\alpha_1+\cdots+k_m\alpha_m+p_1\beta_1+\cdots+p_{n_1-m}\beta_{n_1-m}+q_1\gamma_1+\cdots+q_{n_2-m}\gamma_{n_2-m}=\theta,\quad(4.1)$$

即 $$q_1\gamma_1+\cdots+q_{n_2-m}\gamma_{n_2-m}=-k_1\alpha_1-\cdots-k_m\alpha_m-p_1\beta_1-\cdots-p_{n_1-m}\beta_{n_1-m},$$

上式左边的向量属于V_2,右边的向量属于V_1,从而$q_1\gamma_1+\cdots+q_{n_2-m}\gamma_{n_2-m}\in V_1\cap V_2$,即$q_1\gamma_1+\cdots+q_{n_2-m}\gamma_{n_2-m}$可由$\alpha_1,\alpha_2,\cdots,\alpha_m$线性表示,设

$$q_1\gamma_1+\cdots+q_{n_2-m}\gamma_{n_2-m}=l_1\alpha_1+\cdots+l_m\alpha_m,$$

移项得 $$l_1\alpha_1+\cdots+l_m\alpha_m-q_1\gamma_1-\cdots-q_{n_2-m}\gamma_{n_2-m}=\theta,$$

因为$\alpha_1,\alpha_2,\cdots,\alpha_m,\gamma_1,\gamma_2,\cdots,\gamma_{n_2-m}$是$V_2$的一个基,所以$l_1=\cdots=l_m=q_1=\cdots=q_{n_2-m}=0$,代入(4.1)式得

$$k_1\alpha_1+\cdots+k_m\alpha_m+p_1\beta_1+\cdots+p_{n_1-m}\beta_{n_1-m}=\theta,$$

因为$\alpha_1,\alpha_2,\cdots,\alpha_m,\beta_1,\beta_2,\cdots,\beta_{n_1-m}$是$V_1$的一个基,所以$k_1=\cdots=k_m=p_1=\cdots=p_{n_1-m}=0$,因此$\alpha_1,\alpha_2,\cdots,\alpha_m,\beta_1,\beta_2,\cdots,\beta_{n_1-m},\gamma_1,\gamma_2,\cdots,\gamma_{n_2-m}$线性无关,它是$V_1+V_2$的一个基,从而$\dim(V_1+V_2)=n_1+n_2-m=\dim V_1+\dim V_2-\dim(V_1\cap V_2)$,即

$$\dim V_1 + \dim V_2 = \dim (V_1 + V_2) + \dim (V_1 \cap V_2).$$

推论 9 设 V_1，V_2 都是数域 F 上线性空间 V 的有限维子空间，则

$$\dim V_1 + \dim V_2 = \dim (V_1 + V_2) \Leftrightarrow V_1 \cap V_2 = \{\theta\}.$$

2. 典型例题

例 4.2.1 设向量空间 $\mathbb{R}^n$，证明下列向量集合构成它的一个子空间，并求出各子空间的一个基和维数.

(1) 第一个分量和最后一个分量相等的所有 n 维向量组成的集合 W_1；

(2) 偶数号码分量等于零的所有 n 维向量组成的集合 W_2；

(3) 偶数号码分量相等的所有 n 维向量组成的集合 W_3；

(4) 形如 $(a,b,a,b,\cdots)^{\mathrm{T}}(\forall a,b\in\mathbb{R})$ 的所有 n 维向量组成的集合 W_4.

分析 依定理 1 的证明. 将向量依所含任意常数分解成线性组合，确定基和维数.

证 (1) $\mathbf{0}\in W_1$，W_1 非空，任取 $\boldsymbol{\alpha}=\begin{pmatrix} a \\ a_2 \\ \vdots \\ a_{n-1} \\ a \end{pmatrix}$，$\boldsymbol{\beta}=\begin{pmatrix} b \\ b_2 \\ \vdots \\ b_{n-1} \\ b \end{pmatrix}\in W_1$，$\forall k\in\mathbb{R}$，有 $\boldsymbol{\alpha}+\boldsymbol{\beta}=$

$\begin{pmatrix} a+b \\ a_2+b_2 \\ \vdots \\ a_{n-1}+b_{n-1} \\ a+b \end{pmatrix}\in W_1$，$k\boldsymbol{\alpha}=\begin{pmatrix} ka \\ ka_2 \\ \vdots \\ ka_{n-1} \\ ka \end{pmatrix}\in W_1$，因此 W_1 是 $\mathbb{R}^n$ 的一个子空间.

将 W_1 中向量 $\boldsymbol{\alpha}$ 依所含任意常数分解为 $\boldsymbol{\alpha}=\begin{pmatrix} a \\ a_2 \\ \vdots \\ a_{n-1} \\ a \end{pmatrix}=a\begin{pmatrix} 1 \\ 0 \\ \vdots \\ 0 \\ 1 \end{pmatrix}+a_2\begin{pmatrix} 0 \\ 1 \\ 0 \\ \vdots \\ 0 \end{pmatrix}+\cdots+a_{n-1}\begin{pmatrix} 0 \\ \vdots \\ 0 \\ 1 \\ 0 \end{pmatrix}$，

显然 $\begin{pmatrix} 1 \\ 0 \\ \vdots \\ 0 \\ 1 \end{pmatrix}$，$\begin{pmatrix} 0 \\ 1 \\ \vdots \\ 0 \\ 0 \end{pmatrix}$，$\cdots$，$\begin{pmatrix} 0 \\ 0 \\ \vdots \\ 1 \\ 0 \end{pmatrix}$ 线性无关，是 W_1 的一个基，于是 $\dim W_1=n-1$.

(2) $\mathbf{0}\in W_2$，W_2 非空，任取 $\boldsymbol{\alpha}=\begin{pmatrix} a_1 \\ 0 \\ a_3 \\ 0 \\ \vdots \end{pmatrix}$，$\boldsymbol{\beta}=\begin{pmatrix} b_1 \\ 0 \\ b_3 \\ 0 \\ \vdots \end{pmatrix}\in W_2$，$\forall k\in\mathbb{R}$，显然 $\boldsymbol{\alpha}+\boldsymbol{\beta}\in W_2$，

$k\boldsymbol{\alpha}\in W_2$，因此 W_2 是 $\mathbb{R}^n$ 的一个子空间.

当 n 为奇数时，$\boldsymbol{\alpha}=\begin{pmatrix}a_1\\0\\a_3\\\vdots\\0\\a_n\end{pmatrix}=a_1\begin{pmatrix}1\\0\\0\\\vdots\\0\\0\end{pmatrix}+a_3\begin{pmatrix}0\\0\\1\\\vdots\\0\\0\end{pmatrix}+\cdots+a_n\begin{pmatrix}0\\0\\0\\\vdots\\0\\1\end{pmatrix}$，$\begin{pmatrix}1\\0\\0\\\vdots\\0\\0\end{pmatrix}$，$\begin{pmatrix}0\\0\\1\\\vdots\\0\\0\end{pmatrix}$，…，$\begin{pmatrix}0\\0\\0\\\vdots\\0\\1\end{pmatrix}$线性无关，是 W_2 的一个基，于是 $\dim W_2=\dfrac{n+1}{2}$.

当 n 为偶数时，$\boldsymbol{\alpha}=\begin{pmatrix}a_1\\0\\a_3\\\vdots\\a_{n-1}\\0\end{pmatrix}=a_1\begin{pmatrix}1\\0\\\vdots\\\vdots\\\vdots\\0\end{pmatrix}+a_3\begin{pmatrix}0\\0\\1\\0\\\vdots\\0\end{pmatrix}+\cdots+a_{n-1}\begin{pmatrix}0\\\vdots\\0\\\vdots\\1\\0\end{pmatrix}$，同理$\begin{pmatrix}1\\0\\\vdots\\\vdots\\\vdots\\0\end{pmatrix}$，$\begin{pmatrix}0\\0\\1\\0\\\vdots\\0\end{pmatrix}$，…，$\begin{pmatrix}0\\\vdots\\0\\\vdots\\1\\0\end{pmatrix}$是 W_2 的一个基，于是 $\dim W_2=\dfrac{n}{2}$.

(3) $\mathbf{0}\in W_3$，W_3 非空，任取 $\boldsymbol{\alpha}=\begin{pmatrix}a_1\\a\\a_3\\a\\\vdots\end{pmatrix}$，$\boldsymbol{\beta}=\begin{pmatrix}b_1\\b\\b_3\\b\\\vdots\end{pmatrix}\in W_3$，$\forall k\in\mathbb{R}$，显然 $\boldsymbol{\alpha}+\boldsymbol{\beta}\in W_3$，$k\boldsymbol{\alpha}\in W_3$，因此 W_3 是$\mathbb{R}^n$ 的一个子空间.

当 n 为奇数时，$\boldsymbol{\alpha}=\begin{pmatrix}a_1\\a\\a_3\\a\\\vdots\\a_n\end{pmatrix}=a\begin{pmatrix}0\\1\\0\\1\\\vdots\\0\end{pmatrix}+a_1\begin{pmatrix}1\\0\\0\\\vdots\\0\\0\end{pmatrix}+a_3\begin{pmatrix}0\\0\\1\\\vdots\\0\\0\end{pmatrix}+\cdots+a_n\begin{pmatrix}0\\0\\0\\\vdots\\0\\1\end{pmatrix}$，显然$\begin{pmatrix}0\\1\\0\\1\\\vdots\\0\end{pmatrix}$，$\begin{pmatrix}1\\0\\0\\\vdots\\0\\0\end{pmatrix}$，$\begin{pmatrix}0\\0\\1\\\vdots\\0\\0\end{pmatrix}$，…，$\begin{pmatrix}0\\0\\0\\\vdots\\0\\1\end{pmatrix}$线性无关，是 W_3 的一个基，则 $\dim W_3=\dfrac{n+1}{2}+1=\dfrac{n+3}{2}$.

当 n 为偶数时，$\boldsymbol{\alpha}=\begin{pmatrix}a_1\\a\\a_3\\\vdots\\a_{n-1}\\a\end{pmatrix}=a\begin{pmatrix}0\\1\\0\\\vdots\\0\\1\end{pmatrix}+a_1\begin{pmatrix}1\\0\\\vdots\\\vdots\\\vdots\\0\end{pmatrix}+a_3\begin{pmatrix}0\\0\\1\\0\\\vdots\\0\end{pmatrix}+\cdots+a_{n-1}\begin{pmatrix}0\\\vdots\\0\\\vdots\\1\\0\end{pmatrix}$，同理 $\begin{pmatrix}0\\1\\0\\\vdots\\0\\1\end{pmatrix}$，

$\begin{pmatrix}1\\0\\\vdots\\\vdots\\\vdots\\0\end{pmatrix}$，$\begin{pmatrix}0\\0\\1\\0\\\vdots\\0\end{pmatrix}$，…，$\begin{pmatrix}0\\\vdots\\0\\\vdots\\1\\0\end{pmatrix}$ 是 W_3 的一个基，于是 $\dim W_3=\dfrac{n}{2}+1$.

(4) $\mathbf{0}\in W_4$，W_4 非空，任取 $\boldsymbol{\alpha}=\begin{pmatrix}a\\b\\a\\b\\\vdots\end{pmatrix}$，$\boldsymbol{\beta}=\begin{pmatrix}c\\d\\c\\d\\\vdots\end{pmatrix}\in W_4$，$\forall k\in\mathbb{R}$，有 $\boldsymbol{\alpha}+\boldsymbol{\beta}\in W_4$，$k\boldsymbol{\alpha}\in W_4$，因此 W_4 是 $\mathbb{R}^n$ 的一个子空间.

当 n 为奇数时，$\boldsymbol{\alpha}=\begin{pmatrix}a\\b\\a\\\vdots\\b\\a\end{pmatrix}=a\begin{pmatrix}1\\0\\1\\\vdots\\0\\1\end{pmatrix}+b\begin{pmatrix}0\\1\\0\\\vdots\\1\\0\end{pmatrix}$，显然 $\begin{pmatrix}1\\0\\1\\\vdots\\0\\1\end{pmatrix}$，$\begin{pmatrix}0\\1\\0\\\vdots\\1\\0\end{pmatrix}$ 线性无关，是 W_4 的一个基，则 $\dim W_4=2$.

当 n 为偶数时，$\boldsymbol{\alpha}=\begin{pmatrix}a\\b\\a\\\vdots\\b\\b\end{pmatrix}=a\begin{pmatrix}1\\0\\1\\\vdots\\1\\0\end{pmatrix}+b\begin{pmatrix}0\\1\\0\\\vdots\\0\\1\end{pmatrix}$，同理 $\begin{pmatrix}1\\0\\1\\\vdots\\1\\0\end{pmatrix}$，$\begin{pmatrix}0\\1\\0\\\vdots\\0\\1\end{pmatrix}$ 是 W_4 的一个基，于是 $\dim W_4=2$.

注　在求子空间的基时，先将向量依所含任意常数分解成线性组合（每个任意常数只出现一次），再确认基与维数.

例 4.2.2　在向量空间 $\mathbb{R}^4$ 中，$V_1=\langle\boldsymbol{\alpha}_1,\boldsymbol{\alpha}_2,\boldsymbol{\alpha}_3\rangle$，$V_2=\langle\boldsymbol{\beta}_1,\boldsymbol{\beta}_2\rangle$，其中

$$\boldsymbol{\alpha}_1=\begin{pmatrix}1\\1\\-1\\2\end{pmatrix},\ \boldsymbol{\alpha}_2=\begin{pmatrix}2\\-1\\3\\0\end{pmatrix},\ \boldsymbol{\alpha}_3=\begin{pmatrix}0\\-3\\5\\-4\end{pmatrix},\ \boldsymbol{\beta}_1=\begin{pmatrix}1\\2\\2\\1\end{pmatrix},\ \boldsymbol{\beta}_2=\begin{pmatrix}4\\-3\\3\\1\end{pmatrix},$$

分别求子空间 V_1+V_2, $V_1\cap V_2$ 的一个基和维数.

分析 因为 $V_1+V_2=\langle\boldsymbol{\alpha}_1,\boldsymbol{\alpha}_2,\boldsymbol{\alpha}_3\rangle+\langle\boldsymbol{\beta}_1,\boldsymbol{\beta}_2\rangle=\langle\boldsymbol{\alpha}_1,\boldsymbol{\alpha}_2,\boldsymbol{\alpha}_3,\boldsymbol{\beta}_1,\boldsymbol{\beta}_2\rangle$,所以 $\boldsymbol{\alpha}_1,\boldsymbol{\alpha}_2,\boldsymbol{\alpha}_3,\boldsymbol{\beta}_1,\boldsymbol{\beta}_2$ 的极大线性无关组就是 V_1+V_2 的基. 依维数公式,

$$\dim(V_1\cap V_2)=\dim(V_1)+\dim(V_2)-\dim(V_1+V_2).$$

解 依定理 7, $V_1+V_2=\langle\boldsymbol{\alpha}_1,\boldsymbol{\alpha}_2,\boldsymbol{\alpha}_3\rangle+\langle\boldsymbol{\beta}_1,\boldsymbol{\beta}_2\rangle=\langle\boldsymbol{\alpha}_1,\boldsymbol{\alpha}_2,\boldsymbol{\alpha}_3,\boldsymbol{\beta}_1,\boldsymbol{\beta}_2\rangle$,令矩阵 $\boldsymbol{A}=(\boldsymbol{\alpha}_1,\boldsymbol{\alpha}_2,\boldsymbol{\alpha}_3,\boldsymbol{\beta}_1,\boldsymbol{\beta}_2)$,对 $\boldsymbol{A}$ 施以初等行变换,将其化为简化行阶梯形矩阵,有

$$\boldsymbol{A}=\begin{pmatrix}1&2&0&1&4\\1&-1&-3&2&-3\\-1&3&5&2&3\\2&0&-4&1&1\end{pmatrix}\rightarrow\begin{pmatrix}1&2&0&1&4\\0&1&1&-5&7\\0&0&0&1&-1\\0&0&0&0&0\end{pmatrix}\rightarrow\begin{pmatrix}1&0&-2&0&1\\0&1&1&0&2\\0&0&0&1&-1\\0&0&0&0&0\end{pmatrix},\quad(4.2)$$

由(4.2)式可知, $\boldsymbol{\alpha}_1,\boldsymbol{\alpha}_2,\boldsymbol{\beta}_1$ 是 $\boldsymbol{\alpha}_1,\boldsymbol{\alpha}_2,\boldsymbol{\alpha}_3,\boldsymbol{\beta}_1,\boldsymbol{\beta}_2$ 的一个极大线性无关组,所以 $\boldsymbol{\alpha}_1,\boldsymbol{\alpha}_2,\boldsymbol{\beta}_1$ 是 V_1+V_2 的一个基,因此 $\dim(V_1+V_2)=3$.

同时 $\boldsymbol{\alpha}_1,\boldsymbol{\alpha}_2$ 是 $\boldsymbol{\alpha}_1,\boldsymbol{\alpha}_2,\boldsymbol{\alpha}_3$ 的一个极大线性无关组, $\boldsymbol{\alpha}_1,\boldsymbol{\alpha}_2$ 是 V_1 的一个基,故 $\dim(V_1)=2$,同理, $\boldsymbol{\beta}_1,\boldsymbol{\beta}_2$ 线性无关, $\boldsymbol{\beta}_1,\boldsymbol{\beta}_2$ 是 V_2 的一个基,故 $\dim(V_2)=2$. 又依维数公式,有

$$\dim(V_1\cap V_2)=\dim(V_1)+\dim(V_2)-\dim(V_1+V_2)=2+2-3=1.$$

从(4.2)式可知, $\boldsymbol{\beta}_2=\boldsymbol{\alpha}_1+2\boldsymbol{\alpha}_2-\boldsymbol{\beta}_1$,于是 $\boldsymbol{\beta}_1+\boldsymbol{\beta}_2=\boldsymbol{\alpha}_1+2\boldsymbol{\alpha}_2\in V_1\cap V_2$,且 $\boldsymbol{\beta}_1+\boldsymbol{\beta}_2\neq\boldsymbol{0}$,

从而 $\boldsymbol{\beta}_1+\boldsymbol{\beta}_2=\begin{pmatrix}5\\-1\\5\\2\end{pmatrix}$ 是 $V_1\cap V_2$ 的一个基.

注 (1)子空间 $V_1+V_2=\langle\boldsymbol{\alpha}_1,\boldsymbol{\alpha}_2,\boldsymbol{\alpha}_3,\boldsymbol{\beta}_1,\boldsymbol{\beta}_2\rangle$ 的基就是 $\boldsymbol{\alpha}_1,\boldsymbol{\alpha}_2,\boldsymbol{\alpha}_3,\boldsymbol{\beta}_1,\boldsymbol{\beta}_2$ 的一个极大线性无关组. (2)以 $\boldsymbol{A}=(\boldsymbol{\alpha}_1,\boldsymbol{\alpha}_2,\boldsymbol{\alpha}_3,\boldsymbol{\beta}_1,\boldsymbol{\beta}_2)$ 的简化行阶梯形矩阵确定 V_1+V_2、V_1 和 V_2 的基及维数. (3)依维数公式确认 $\dim(V_1\cap V_2)=1$,再求 $V_1\cap V_2$ 的一个基.

例 4.2.3 设 W 表示数域 F 上所有主对角元都为零的 n 阶上三角矩阵组成的集合. (1)证明 W 是 $M_n(F)$ 的一个子空间;(2)求 W 的一个基与维数.

分析 (1)依定理 1 证明. (2)将矩阵依所含任意常数分解成线性组合的形式,再求基和维数.

(1) **证** 显然 n 阶零阵 $\boldsymbol{0}\in W$,任取 $\boldsymbol{A},\boldsymbol{B}\in W$, $\boldsymbol{A}+\boldsymbol{B}\in W$, $k\boldsymbol{A}\in W$,依定理 1, W 是 $M_n(F)$ 的一个子空间.

(2) **解** 任取 $\boldsymbol{A}\in W$, $\boldsymbol{A}$ 可写成

$$\boldsymbol{A}=\begin{pmatrix}0&a_{12}&\cdots&a_{1n}\\\vdots&\ddots&\ddots&\vdots\\\vdots&&\ddots&a_{(n-1)n}\\0&\cdots&\cdots&0\end{pmatrix}$$

$$=a_{12}\boldsymbol{P}_{12}+\cdots+a_{1n}\boldsymbol{P}_{1n}+a_{23}\boldsymbol{P}_{23}+\cdots+a_{2n}\boldsymbol{P}_{2n}+\cdots+a_{(n-1)n}\boldsymbol{P}_{(n-1)n},$$

其中矩阵 $\boldsymbol{P}_{ij}$ 除 (i,j) 元为 1 外,其余元素均为 0($i=1,2,\cdots,n-1$, $j=2,3,\cdots,n$),易知, $\boldsymbol{P}_{12},\cdots,\boldsymbol{P}_{1n},\boldsymbol{P}_{23},\cdots,\boldsymbol{P}_{2n},\cdots,\boldsymbol{P}_{(n-1)n}$ 线性无关,因此它们是 W 的一个基,从而

$$\dim W=(n-1)+(n-2)+\cdots+1=\frac{n(n-1)}{2}.$$

习题 4-2

1. 检验下述集合是否为向量空间 $\mathbb{R}^3$ 的子空间？如果是子空间，求出它的一个基和维数.

(1) $V_1=\{\boldsymbol{\alpha}=(1,c,0)^{\mathrm{T}} \mid \forall c\in\mathbb{R}\}$；

(2) $V_2=\{\boldsymbol{\alpha}=(d_1,d_2,d_3)^{\mathrm{T}} \mid \forall d_1,d_2,d_3\in\mathbb{R},d_2d_3=0\}$；

(3) $V_3=\{\boldsymbol{\alpha}=(a_1,a_2,a_3)^{\mathrm{T}} \mid \forall a_1,a_2,a_3\in\mathbb{R},a_1+a_2=2a_3\}$.

2. 在向量空间 $\mathbb{R}^4$ 中，$V_1=\langle\boldsymbol{\alpha}_1,\boldsymbol{\alpha}_2,\boldsymbol{\alpha}_3\rangle$，$V_2=\langle\boldsymbol{\beta}_1,\boldsymbol{\beta}_2,\boldsymbol{\beta}_3\rangle$，其中

$$\boldsymbol{\alpha}_1=\begin{pmatrix}1\\0\\-1\\0\end{pmatrix},\boldsymbol{\alpha}_2=\begin{pmatrix}0\\0\\1\\-1\end{pmatrix},\boldsymbol{\alpha}_3=\begin{pmatrix}1\\-1\\0\\0\end{pmatrix},\boldsymbol{\beta}_1=\begin{pmatrix}1\\2\\-1\\2\end{pmatrix},\boldsymbol{\beta}_2=\begin{pmatrix}0\\1\\-1\\0\end{pmatrix},\boldsymbol{\beta}_3=\begin{pmatrix}0\\4\\1\\-1\end{pmatrix},$$

分别求子空间 V_1+V_2，$V_1\cap V_2$ 的一个基和维数.

3. 试求向量空间 $\mathbb{R}^3$ 的下列子空间的一个基和维数.

(1) $V_1=\{(a,b,0)^{\mathrm{T}} \mid \forall a,b\in\mathbb{R}\}$；

(2) $V_2=\{(a,b,2b)^{\mathrm{T}} \mid \forall a,b\in\mathbb{R}\}$；

(3) $V_3=L(\boldsymbol{\alpha}_1,\boldsymbol{\alpha}_2)$，其中 $\boldsymbol{\alpha}_1=\begin{pmatrix}1\\0\\-1\end{pmatrix},\boldsymbol{\alpha}_2=\begin{pmatrix}-2\\0\\2\end{pmatrix}$.

4. 设 V_1,V_2 是 n 维线性空间 V 的子空间，且 $V_1\subseteq V_2$，$\dim V_1=\dim V_2$，则 $V_1=V_2$.

5. 设 $\boldsymbol{\alpha}_1,\boldsymbol{\alpha}_2,\boldsymbol{\alpha}_3$ 线性相关，且其中任两个向量都线性无关，证明：

$$L(\boldsymbol{\alpha}_1,\boldsymbol{\alpha}_2)=L(\boldsymbol{\alpha}_1,\boldsymbol{\alpha}_3)=L(\boldsymbol{\alpha}_2,\boldsymbol{\alpha}_3).$$

4.3　正交矩阵、欧几里得空间

设向量空间 $\mathbb{R}^2$ 中的向量 $\boldsymbol{\alpha}=(a_1,a_2)^{\mathrm{T}}$，$\boldsymbol{\beta}=(b_1,b_2)^{\mathrm{T}}$，如果 $\boldsymbol{\alpha},\boldsymbol{\beta}$ 都是单位向量，且 $\boldsymbol{\alpha}$ 与 $\boldsymbol{\beta}$ 垂直，那么它们的坐标满足

$$a_1^2+a_2^2=1,\quad b_1^2+b_2^2=1,\quad a_1b_1+a_2b_2=0,\quad b_1a_1+b_2a_2=0,$$

上述表达式用矩阵表示就是

$$\begin{pmatrix}a_1&b_1\\a_2&b_2\end{pmatrix}^{\mathrm{T}}\begin{pmatrix}a_1&b_1\\a_2&b_2\end{pmatrix}=\begin{pmatrix}a_1&a_2\\b_1&b_2\end{pmatrix}\begin{pmatrix}a_1&b_1\\a_2&b_2\end{pmatrix}=\begin{pmatrix}1&0\\0&1\end{pmatrix}.$$

1. 内容要点与评注

定义 1　如果实数域 $\mathbb{R}$ 上方阵 $\boldsymbol{A}$ 满足 $\boldsymbol{A}^{\mathrm{T}}\boldsymbol{A}=\boldsymbol{E}$，则称 $\boldsymbol{A}$ 为**正交矩阵**.

命题 1　实数域 $\mathbb{R}$ 上的 n 阶矩阵 $\boldsymbol{A}$ 是正交矩阵 $\Leftrightarrow\boldsymbol{A}$ 可逆，且 $\boldsymbol{A}^{-1}=\boldsymbol{A}^{\mathrm{T}}$

$$\Leftrightarrow\boldsymbol{A}\boldsymbol{A}^{\mathrm{T}}=\boldsymbol{E}.$$

正交矩阵的性质　设 $\boldsymbol{A},\boldsymbol{B}$ 是 n 阶正交矩阵，则

(1) $\boldsymbol{E}$ 是正交矩阵；

(2) $\boldsymbol{AB}$ 也是正交矩阵；

(3) $\boldsymbol{A}^{-1}$(即 $\boldsymbol{A}^{\mathrm{T}}$)也是正交矩阵；

(4) $|\boldsymbol{A}|=1$ 或 -1.

命题 2 设实数域 $\mathbb{R}$ 上 n 阶矩阵 $\boldsymbol{A}$ 的行向量组为 $\boldsymbol{\alpha}_1,\boldsymbol{\alpha}_2,\cdots,\boldsymbol{\alpha}_n$，列向量组为 $\boldsymbol{\gamma}_1,\boldsymbol{\gamma}_2,\cdots,\boldsymbol{\gamma}_n$，则

(1) $\boldsymbol{A}$ 为正交矩阵当且仅当 $\boldsymbol{A}$ 的行向量组满足：$\boldsymbol{\alpha}_i\boldsymbol{\alpha}_j^{\mathrm{T}}=\begin{cases}1, & i=j,\\ 0, & i\neq j.\end{cases}$

(2) $\boldsymbol{A}$ 为正交矩阵当且仅当 $\boldsymbol{A}$ 的列向量组满足：$\boldsymbol{\gamma}_i^{\mathrm{T}}\boldsymbol{\gamma}_j=\begin{cases}1, & i=j,\\ 0, & i\neq j.\end{cases}$

证 (1)依命题 1，$\boldsymbol{A}$ 为正交矩阵 $\Leftrightarrow \boldsymbol{AA}^{\mathrm{T}}=\boldsymbol{E}$

$$\Leftrightarrow \begin{pmatrix}\boldsymbol{\alpha}_1\\ \boldsymbol{\alpha}_2\\ \vdots\\ \boldsymbol{\alpha}_n\end{pmatrix}(\boldsymbol{\alpha}_1^{\mathrm{T}},\boldsymbol{\alpha}_2^{\mathrm{T}},\cdots,\boldsymbol{\alpha}_n^{\mathrm{T}})=\begin{pmatrix}\boldsymbol{\alpha}_1\boldsymbol{\alpha}_1^{\mathrm{T}} & \boldsymbol{\alpha}_1\boldsymbol{\alpha}_2^{\mathrm{T}} & \cdots & \boldsymbol{\alpha}_1\boldsymbol{\alpha}_n^{\mathrm{T}}\\ \boldsymbol{\alpha}_2\boldsymbol{\alpha}_1^{\mathrm{T}} & \boldsymbol{\alpha}_2\boldsymbol{\alpha}_2^{\mathrm{T}} & \cdots & \boldsymbol{\alpha}_2\boldsymbol{\alpha}_n^{\mathrm{T}}\\ \vdots & \vdots & & \vdots\\ \boldsymbol{\alpha}_n\boldsymbol{\alpha}_1^{\mathrm{T}} & \boldsymbol{\alpha}_n\boldsymbol{\alpha}_2^{\mathrm{T}} & \cdots & \boldsymbol{\alpha}_n\boldsymbol{\alpha}_n^{\mathrm{T}}\end{pmatrix}=\boldsymbol{E}$$

$$\Leftrightarrow \boldsymbol{\alpha}_i\boldsymbol{\alpha}_j^{\mathrm{T}}=\begin{cases}1, & i=j,\\ 0, & i\neq j.\end{cases}$$

(2) 依定义，$\boldsymbol{A}$ 为正交矩阵 $\Leftrightarrow \boldsymbol{A}^{\mathrm{T}}\boldsymbol{A}=\boldsymbol{E}$

$$\Leftrightarrow \begin{pmatrix}\boldsymbol{\gamma}_1^{\mathrm{T}}\\ \boldsymbol{\gamma}_2^{\mathrm{T}}\\ \vdots\\ \boldsymbol{\gamma}_n^{\mathrm{T}}\end{pmatrix}(\boldsymbol{\gamma}_1,\boldsymbol{\gamma}_2,\cdots,\boldsymbol{\gamma}_n)=\begin{pmatrix}\boldsymbol{\gamma}_1^{\mathrm{T}}\boldsymbol{\gamma}_1 & \boldsymbol{\gamma}_1^{\mathrm{T}}\boldsymbol{\gamma}_2 & \cdots & \boldsymbol{\gamma}_1^{\mathrm{T}}\boldsymbol{\gamma}_n\\ \boldsymbol{\gamma}_2^{\mathrm{T}}\boldsymbol{\gamma}_1 & \boldsymbol{\gamma}_2^{\mathrm{T}}\boldsymbol{\gamma}_2 & \cdots & \boldsymbol{\gamma}_2^{\mathrm{T}}\boldsymbol{\gamma}_n\\ \vdots & \vdots & & \vdots\\ \boldsymbol{\gamma}_n^{\mathrm{T}}\boldsymbol{\gamma}_1 & \boldsymbol{\gamma}_n^{\mathrm{T}}\boldsymbol{\gamma}_2 & \cdots & \boldsymbol{\gamma}_n^{\mathrm{T}}\boldsymbol{\gamma}_n\end{pmatrix}=\boldsymbol{E}$$

$$\Leftrightarrow \boldsymbol{\gamma}_i^{\mathrm{T}}\boldsymbol{\gamma}_j=\begin{cases}1, & i=j,\\ 0, & i\neq j.\end{cases}$$

◆

定义 2 在向量空间 $\mathbb{R}^n$ 中，任给 $\boldsymbol{\alpha}=(a_1,a_2,\cdots,a_n)^{\mathrm{T}}$，$\boldsymbol{\beta}=(b_1,b_2,\cdots,b_n)^{\mathrm{T}}$，规定

$$(\boldsymbol{\alpha},\boldsymbol{\beta})=a_1b_1+a_2b_2+\cdots+a_nb_n,$$

称二元实值函数 $(\boldsymbol{\alpha},\boldsymbol{\beta})$ 为 $\boldsymbol{\alpha}$ 与 $\boldsymbol{\beta}$ 的**内积**. 它也可写成 $(\boldsymbol{\alpha},\boldsymbol{\beta})=\boldsymbol{\alpha}^{\mathrm{T}}\boldsymbol{\beta}$.

内积的性质 $\forall \boldsymbol{\alpha},\boldsymbol{\beta},\boldsymbol{\gamma}\in\mathbb{R}^n$，$\forall k\in\mathbb{R}$，则

(1) $(\boldsymbol{\alpha},\boldsymbol{\beta})=(\boldsymbol{\beta},\boldsymbol{\alpha})$（对称性）；

(2) $(\boldsymbol{\alpha}+\boldsymbol{\beta},\boldsymbol{\gamma})=(\boldsymbol{\alpha},\boldsymbol{\gamma})+(\boldsymbol{\beta},\boldsymbol{\gamma})$（线性性一）；

(3) $(k\boldsymbol{\alpha},\boldsymbol{\gamma})=k(\boldsymbol{\alpha},\boldsymbol{\gamma})$（线性性二）；

(4) $(\boldsymbol{\alpha},\boldsymbol{\alpha})\geqslant 0$，等号成立当且仅当 $\boldsymbol{\alpha}=\boldsymbol{0}$（正定性）.

由性质(1)、(2)、(3)可得

$$(k_1\boldsymbol{\alpha}_1+k_2\boldsymbol{\alpha}_2,\boldsymbol{\gamma})=k_1(\boldsymbol{\alpha}_1,\boldsymbol{\gamma})+k_2(\boldsymbol{\alpha}_2,\boldsymbol{\gamma}),(\boldsymbol{\alpha},l_1\boldsymbol{\gamma}_1+l_2\boldsymbol{\gamma}_2)=l_1(\boldsymbol{\alpha},\boldsymbol{\gamma}_1)+l_2(\boldsymbol{\alpha},\boldsymbol{\gamma}_2).$$

定义了内积运算的向量空间 $\mathbb{R}^n$，称为**欧几里得空间**，简称**欧氏空间**.

在欧几里得空间 $\mathbb{R}^n$ 中，向量 $\boldsymbol{\alpha}$ 的**长度**规定为 $|\boldsymbol{\alpha}|=\sqrt{(\boldsymbol{\alpha},\boldsymbol{\alpha})}$，或记作 $\|\boldsymbol{\alpha}\|=\sqrt{(\boldsymbol{\alpha},\boldsymbol{\alpha})}$，长度为 1 的向量称为**单位向量**. $\boldsymbol{\alpha}$ 是单位向量当且仅当 $(\boldsymbol{\alpha},\boldsymbol{\alpha})=1$.

容易验证，$|k\boldsymbol{\alpha}|=|k|\cdot|\boldsymbol{\alpha}|$，$\forall k\in\mathbb{R}$. 于是对于 $\boldsymbol{\alpha}\neq\boldsymbol{0}$，$\dfrac{1}{|\boldsymbol{\alpha}|}\boldsymbol{\alpha}$ 即为单位向量.

对非零向量 $\boldsymbol{\alpha}$ 施以数量乘法 $\dfrac{1}{|\boldsymbol{\alpha}|}\boldsymbol{\alpha}$，称这一过程为把 $\boldsymbol{\alpha}$ **单位化**.

如果 $(\boldsymbol{\alpha},\boldsymbol{\beta})=0$，称 $\boldsymbol{\alpha}$ 与 $\boldsymbol{\beta}$ **正交**，记作 $\boldsymbol{\alpha}\perp\boldsymbol{\beta}$.

零向量与任何向量正交，与自己正交的向量只有零向量.

长度的性质 $\forall\boldsymbol{\alpha},\boldsymbol{\beta}\in\mathbb{R}^n,\forall k\in\mathbb{R}$，则

(1) $|\boldsymbol{\alpha}|\geqslant 0$，$|\boldsymbol{\alpha}|=0$ 当且仅当 $\boldsymbol{\alpha}=\mathbf{0}$；

(2) $|k\boldsymbol{\alpha}|=|k|\cdot|\boldsymbol{\alpha}|$；

(3) $|(\boldsymbol{\alpha},\boldsymbol{\beta})|\leqslant|\boldsymbol{\alpha}|\cdot|\boldsymbol{\beta}|$，等号成立当且仅当 $\boldsymbol{\alpha},\boldsymbol{\beta}$ 线性相关；

(4) $|\boldsymbol{\alpha}+\boldsymbol{\beta}|\leqslant|\boldsymbol{\alpha}|+|\boldsymbol{\beta}|$，当 $\boldsymbol{\alpha}$ 与 $\boldsymbol{\beta}$ 正交时，有 $|\boldsymbol{\alpha}+\boldsymbol{\beta}|^2=|\boldsymbol{\alpha}|^2+|\boldsymbol{\beta}|^2$（类似勾股定理）.

上述性质(1)与(2)依内积的性质很容易验证. 下面证明性质(3)与(4).

证 (3)设 $\boldsymbol{\alpha},\boldsymbol{\beta}$ 线性无关，则对任意 $t\in\mathbb{R}$，作向量 $\boldsymbol{\alpha}+t\boldsymbol{\beta}$，显然 $\boldsymbol{\alpha}+t\boldsymbol{\beta}\neq\mathbf{0}$，依内积的性质，$(\boldsymbol{\alpha}+t\boldsymbol{\beta},\boldsymbol{\alpha}+t\boldsymbol{\beta})>0$，即$(\boldsymbol{\alpha},\boldsymbol{\alpha})+2(\boldsymbol{\alpha},\boldsymbol{\beta})t+(\boldsymbol{\beta},\boldsymbol{\beta})t^2>0$，该式左边是关于 t 的二次三项式，t^2 的系数 $(\boldsymbol{\beta},\boldsymbol{\beta})>0(\boldsymbol{\beta}\neq\mathbf{0})$，因此判别式 $4(\boldsymbol{\alpha},\boldsymbol{\beta})^2-4(\boldsymbol{\alpha},\boldsymbol{\alpha})(\boldsymbol{\beta},\boldsymbol{\beta})<0$，即 $(\boldsymbol{\alpha},\boldsymbol{\beta})^2<(\boldsymbol{\alpha},\boldsymbol{\alpha})(\boldsymbol{\beta},\boldsymbol{\beta})=|\boldsymbol{\alpha}|^2\cdot|\boldsymbol{\beta}|^2$，因此 $|(\boldsymbol{\alpha},\boldsymbol{\beta})|<|\boldsymbol{\alpha}|\cdot|\boldsymbol{\beta}|$.

设 $\boldsymbol{\alpha},\boldsymbol{\beta}$ 线性相关，如果 $\boldsymbol{\alpha}=\mathbf{0}$ 或者 $\boldsymbol{\beta}=\mathbf{0}$，显然 $|(\boldsymbol{\alpha},\boldsymbol{\beta})|=|\boldsymbol{\alpha}|\cdot|\boldsymbol{\beta}|$.

如果 $\boldsymbol{\alpha}\neq\mathbf{0}$ 且 $\boldsymbol{\beta}\neq\mathbf{0}$，设 $\boldsymbol{\beta}=k\boldsymbol{\alpha}$，有 $|(\boldsymbol{\alpha},\boldsymbol{\beta})|=|k|(\boldsymbol{\alpha},\boldsymbol{\alpha})=|k||\boldsymbol{\alpha}|^2=|\boldsymbol{\alpha}|\cdot|k\boldsymbol{\alpha}|=|\boldsymbol{\alpha}|\cdot|\boldsymbol{\beta}|$. 反之，设 $|(\boldsymbol{\alpha},\boldsymbol{\beta})|=|\boldsymbol{\alpha}|\cdot|\boldsymbol{\beta}|$，如果 $\boldsymbol{\alpha},\boldsymbol{\beta}$ 线性无关，则由上述证明可知，$|(\boldsymbol{\alpha},\boldsymbol{\beta})|<|\boldsymbol{\alpha}|\cdot|\boldsymbol{\beta}|$，矛盾！所以 $\boldsymbol{\alpha},\boldsymbol{\beta}$ 线性相关. 从而 $|(\boldsymbol{\alpha},\boldsymbol{\beta})|=|\boldsymbol{\alpha}|\cdot|\boldsymbol{\beta}|\Leftrightarrow\boldsymbol{\alpha},\boldsymbol{\beta}$ 线性相关. ◆

(4) 依内积的性质，

$$\begin{aligned}|\boldsymbol{\alpha}+\boldsymbol{\beta}|^2&=(\boldsymbol{\alpha}+\boldsymbol{\beta},\boldsymbol{\alpha}+\boldsymbol{\beta})=(\boldsymbol{\alpha},\boldsymbol{\alpha})+2(\boldsymbol{\alpha},\boldsymbol{\beta})+(\boldsymbol{\beta},\boldsymbol{\beta})\\&=|\boldsymbol{\alpha}|^2+2(\boldsymbol{\alpha},\boldsymbol{\beta})+|\boldsymbol{\beta}|^2,\end{aligned}\tag{4.3}$$

由性质(3)，$|(\boldsymbol{\alpha},\boldsymbol{\beta})|\leqslant|\boldsymbol{\alpha}|\cdot|\boldsymbol{\beta}|$，故得

$$|\boldsymbol{\alpha}+\boldsymbol{\beta}|^2\leqslant|\boldsymbol{\alpha}|^2+2|\boldsymbol{\alpha}|\cdot|\boldsymbol{\beta}|+|\boldsymbol{\beta}|^2=(|\boldsymbol{\alpha}|+|\boldsymbol{\beta}|)^2,$$

从而 $|\boldsymbol{\alpha}+\boldsymbol{\beta}|\leqslant|\boldsymbol{\alpha}|+|\boldsymbol{\beta}|$.

当 $\boldsymbol{\alpha}$ 与 $\boldsymbol{\beta}$ 正交时，$(\boldsymbol{\alpha},\boldsymbol{\beta})=0$，(4.3)式为 $|\boldsymbol{\alpha}+\boldsymbol{\beta}|^2=|\boldsymbol{\alpha}|^2+|\boldsymbol{\beta}|^2$. ◆

在欧几里得空间 $\mathbb{R}^n$ 中，由非零向量组成的向量组，如果每两个向量都正交，则称该向量组为**正交向量组**.

由命题 2 可知，$\boldsymbol{A}$ 为正交矩阵当且仅当 $\boldsymbol{A}$ 的行(列)组是单位正交向量组.

命题 3 在欧几里得空间 $\mathbb{R}^n$ 中，正交向量组一定是线性无关的.

依命题 3，在欧几里得空间 $\mathbb{R}^n$ 中，n 个向量组成的正交向量组一定是 $\mathbb{R}^n$ 的一个基，称为 $\mathbb{R}^n$ 的一个**正交基**. n 个单位向量组成的正交向量组称为 $\mathbb{R}^n$ 的一个**标准正交基**.

例如，$\boldsymbol{\varepsilon}_1,\boldsymbol{\varepsilon}_2,\cdots,\boldsymbol{\varepsilon}_n$ 是$\mathbb{R}^n$ 的一个标准正交基.

命题 4 实数域$\mathbb{R}$上 n 阶矩阵$\boldsymbol{A}$ 是正交矩阵的充分必要条件是$\boldsymbol{A}$ 的列向量组是欧几里得空间 $\mathbb{R}^n$ 的一个标准正交基.

定理 5 设 $\boldsymbol{\alpha}_1,\boldsymbol{\alpha}_2,\cdots,\boldsymbol{\alpha}_m$ 是欧几里得空间 $\mathbb{R}^n$ 的一个线性无关向量组，令

$$\boldsymbol{\beta}_1=\boldsymbol{\alpha}_1,$$

$$\boldsymbol{\beta}_2=\boldsymbol{\alpha}_2-\frac{(\boldsymbol{\alpha}_2,\boldsymbol{\beta}_1)}{(\boldsymbol{\beta}_1,\boldsymbol{\beta}_1)}\boldsymbol{\beta}_1,$$

$$\vdots$$

$$\boldsymbol{\beta}_m=\boldsymbol{\alpha}_m-\frac{(\boldsymbol{\alpha}_m,\boldsymbol{\beta}_1)}{(\boldsymbol{\beta}_1,\boldsymbol{\beta}_1)}\boldsymbol{\beta}_1-\frac{(\boldsymbol{\alpha}_m,\boldsymbol{\beta}_2)}{(\boldsymbol{\beta}_2,\boldsymbol{\beta}_2)}\boldsymbol{\beta}_2-\cdots-\frac{(\boldsymbol{\alpha}_m,\boldsymbol{\beta}_{m-1})}{(\boldsymbol{\beta}_{m-1},\boldsymbol{\beta}_{m-1})}\boldsymbol{\beta}_{m-1},$$

则 $\boldsymbol{\beta}_1,\boldsymbol{\beta}_2,\cdots,\boldsymbol{\beta}_m$ 是正交向量组，且 $\boldsymbol{\beta}_1,\boldsymbol{\beta}_2,\cdots,\boldsymbol{\beta}_m$ 与 $\boldsymbol{\alpha}_1,\boldsymbol{\alpha}_2,\cdots,\boldsymbol{\alpha}_m$ 等价.

证 对线性无关的向量组所含向量的个数作数学归纳法.

$m=1$ 时，由于 $\boldsymbol{\beta}_1=\boldsymbol{\alpha}_1\neq\mathbf{0}$，因此 $\boldsymbol{\beta}_1$ 是正交向量组(仅由一个非零向量组成的向量组也是正交向量组)，且 $\boldsymbol{\beta}_1$ 与 $\boldsymbol{\alpha}_1$ 等价.

假设 $m=k$ 时结论成立，即 $\boldsymbol{\beta}_1,\boldsymbol{\beta}_2,\cdots,\boldsymbol{\beta}_k$ 是正交向量组，且 $\boldsymbol{\beta}_1,\boldsymbol{\beta}_2,\cdots,\boldsymbol{\beta}_k$ 与 $\boldsymbol{\alpha}_1,\boldsymbol{\alpha}_2,\cdots,\boldsymbol{\alpha}_k$ 等价，下面证明 $m=k+1$ 时结论也成立. 因为

$$\boldsymbol{\beta}_{k+1}=\boldsymbol{\alpha}_{k+1}-\frac{(\boldsymbol{\alpha}_{k+1},\boldsymbol{\beta}_1)}{(\boldsymbol{\beta}_1,\boldsymbol{\beta}_1)}\boldsymbol{\beta}_1-\frac{(\boldsymbol{\alpha}_{k+1},\boldsymbol{\beta}_2)}{(\boldsymbol{\beta}_2,\boldsymbol{\beta}_2)}\boldsymbol{\beta}_2-\cdots-\frac{(\boldsymbol{\alpha}_{k+1},\boldsymbol{\beta}_k)}{(\boldsymbol{\beta}_k,\boldsymbol{\beta}_k)}\boldsymbol{\beta}_k,\tag{4.4}$$

因此当 $1\leqslant j\leqslant k$ 时，有

$$\begin{aligned}(\boldsymbol{\beta}_{k+1},\boldsymbol{\beta}_j)&=\left(\boldsymbol{\alpha}_{k+1}-\frac{(\boldsymbol{\alpha}_{k+1},\boldsymbol{\beta}_1)}{(\boldsymbol{\beta}_1,\boldsymbol{\beta}_1)}\boldsymbol{\beta}_1-\frac{(\boldsymbol{\alpha}_{k+1},\boldsymbol{\beta}_2)}{(\boldsymbol{\beta}_2,\boldsymbol{\beta}_2)}\boldsymbol{\beta}_2-\cdots-\frac{(\boldsymbol{\alpha}_{k+1},\boldsymbol{\beta}_k)}{(\boldsymbol{\beta}_k,\boldsymbol{\beta}_k)}\boldsymbol{\beta}_k,\boldsymbol{\beta}_j\right)\\&=(\boldsymbol{\alpha}_{k+1},\boldsymbol{\beta}_j)-\frac{(\boldsymbol{\alpha}_{k+1},\boldsymbol{\beta}_j)}{(\boldsymbol{\beta}_j,\boldsymbol{\beta}_j)}(\boldsymbol{\beta}_j,\boldsymbol{\beta}_j)=0,\end{aligned}$$

上式表明 $\boldsymbol{\beta}_{k+1}$ 与 $\boldsymbol{\beta}_1,\boldsymbol{\beta}_2,\cdots,\boldsymbol{\beta}_k$ 都正交，即 $\boldsymbol{\beta}_1,\boldsymbol{\beta}_2,\cdots,\boldsymbol{\beta}_k,\boldsymbol{\beta}_{k+1}$ 是正交向量组，且由(4.4)式及假设的结论，$\{\boldsymbol{\beta}_1,\boldsymbol{\beta}_2,\cdots,\boldsymbol{\beta}_k,\boldsymbol{\beta}_{k+1}\}\cong\{\boldsymbol{\alpha}_1,\boldsymbol{\alpha}_2,\cdots,\boldsymbol{\alpha}_k,\boldsymbol{\alpha}_{k+1}\}$，即 $m=k+1$ 时结论也成立.

根据数学归纳法原理，结论成立. ◆

由定理 5 可知，已知欧几里得空间 $\mathbb{R}^n$ 的一个线性无关向量组 $\boldsymbol{\alpha}_1,\boldsymbol{\alpha}_2,\cdots,\boldsymbol{\alpha}_m$，可以构造一个与之等价的正交向量组 $\boldsymbol{\beta}_1,\boldsymbol{\beta}_2,\cdots,\boldsymbol{\beta}_m$. 称这一过程为**施密特正交化**，简称正交化. 如果再将 $\boldsymbol{\beta}_1,\boldsymbol{\beta}_2,\cdots,\boldsymbol{\beta}_m$ 中的每个向量施以单位化，即令

$$\boldsymbol{\eta}_j=\frac{1}{|\boldsymbol{\beta}_j|}\boldsymbol{\beta}_j,\quad j=1,2,\cdots,m,$$

则 $\boldsymbol{\eta}_1,\boldsymbol{\eta}_2,\cdots,\boldsymbol{\eta}_m$ 就是与 $\boldsymbol{\alpha}_1,\boldsymbol{\alpha}_2,\cdots,\boldsymbol{\alpha}_m$ 等价的单位正交向量组.

注 正交化之后再单位化不会改变向量间两两正交的关系，反之，如果先单位化，再正交化有可能改变原单位向量的长度.

综上所述，已知欧几里得空间 $\mathbb{R}^n$ 的一个基，先经施密特正交化，再经单位化，所得到的向量组就是 $\mathbb{R}^n$ 的一个标准正交基.

2. 典型例题

例 4.3.1 设实数域$\mathbb{R}$上一个 n 阶矩阵，如果具有下述三个性质中的任意两个属性，则必具有第三个属性：正交矩阵；对称矩阵；对合矩阵.

分析 n 阶实矩阵 $\boldsymbol{A}$ 是对称(对合/正交)矩阵 $\Leftrightarrow\boldsymbol{A}^{\mathrm{T}}=\boldsymbol{A}\,(\boldsymbol{A}^2=\boldsymbol{E}\,/\,\boldsymbol{A}\boldsymbol{A}^{\mathrm{T}}=\boldsymbol{E})$.

证 设 n 阶实矩阵 $\boldsymbol{A}$.

如果 $\boldsymbol{A}^{\mathrm{T}}=\boldsymbol{A}$，且 $\boldsymbol{A}^2=\boldsymbol{E}$，则 $\boldsymbol{A}^{-1}=\boldsymbol{A}=\boldsymbol{A}^{\mathrm{T}}$，从而 $\boldsymbol{A}\boldsymbol{A}^{\mathrm{T}}=\boldsymbol{E}$.

如果 $\boldsymbol{A}\boldsymbol{A}^{\mathrm{T}}=\boldsymbol{E}$，且 $\boldsymbol{A}^{\mathrm{T}}=\boldsymbol{A}$，从而 $\boldsymbol{A}^2=\boldsymbol{E}$.

如果 $\boldsymbol{A}\boldsymbol{A}^{\mathrm{T}}=\boldsymbol{E}$，且 $\boldsymbol{A}^2=\boldsymbol{E}$，则 $\boldsymbol{A}^{\mathrm{T}}=\boldsymbol{A}^{-1}=\boldsymbol{A}$，从而 $\boldsymbol{A}^{\mathrm{T}}=\boldsymbol{A}$.

例 4.3.2　在欧几里得空间 $\mathbb{R}^4$ 中，求与线性无关的向量组 $\boldsymbol{\alpha}_1,\boldsymbol{\alpha}_2,\boldsymbol{\alpha}_3$ 等价的单位正交向量组，其中 $\boldsymbol{\alpha}_1=\begin{pmatrix}1\\0\\0\\-1\end{pmatrix}$，$\boldsymbol{\alpha}_2=\begin{pmatrix}1\\0\\2\\0\end{pmatrix}$，$\boldsymbol{\alpha}_3=\begin{pmatrix}1\\-1\\1\\0\end{pmatrix}$.

分析　先对 $\boldsymbol{\alpha}_1,\boldsymbol{\alpha}_2,\boldsymbol{\alpha}_3$ 施以正交化，再单位化.

解　对 $\boldsymbol{\alpha}_1,\boldsymbol{\alpha}_2,\boldsymbol{\alpha}_3$ 施以施密特正交化，令

$$\boldsymbol{\beta}_1=\boldsymbol{\alpha}_1,\boldsymbol{\beta}_2=\boldsymbol{\alpha}_2-\frac{(\boldsymbol{\alpha}_2,\boldsymbol{\beta}_1)}{(\boldsymbol{\beta}_1,\boldsymbol{\beta}_1)}\boldsymbol{\beta}_1=\begin{pmatrix}1\\0\\2\\0\end{pmatrix}-\frac{1}{2}\begin{pmatrix}1\\0\\0\\-1\end{pmatrix}=\begin{pmatrix}\frac{1}{2}\\0\\2\\\frac{1}{2}\end{pmatrix},$$

$$\boldsymbol{\beta}_3=\boldsymbol{\alpha}_3-\frac{(\boldsymbol{\alpha}_3,\boldsymbol{\beta}_1)}{(\boldsymbol{\beta}_1,\boldsymbol{\beta}_1)}\boldsymbol{\beta}_1-\frac{(\boldsymbol{\alpha}_3,\boldsymbol{\beta}_2)}{(\boldsymbol{\beta}_2,\boldsymbol{\beta}_2)}\boldsymbol{\beta}_2=\begin{pmatrix}1\\-1\\1\\0\end{pmatrix}-\frac{1}{2}\begin{pmatrix}1\\0\\0\\-1\end{pmatrix}-\frac{\frac{5}{2}}{\frac{9}{2}}\begin{pmatrix}\frac{1}{2}\\0\\2\\\frac{1}{2}\end{pmatrix}=\begin{pmatrix}\frac{2}{9}\\-1\\-\frac{1}{9}\\\frac{2}{9}\end{pmatrix},$$

再对 $\boldsymbol{\beta}_1,\boldsymbol{\beta}_2,\boldsymbol{\beta}_3$ 施以单位化，有

$$\boldsymbol{\eta}_1=\frac{1}{|\boldsymbol{\beta}_1|}\boldsymbol{\beta}_1=\begin{pmatrix}\frac{1}{\sqrt{2}}\\0\\0\\-\frac{1}{\sqrt{2}}\end{pmatrix},\quad \boldsymbol{\eta}_2=\frac{1}{|\boldsymbol{\beta}_2|}\boldsymbol{\beta}_2=\begin{pmatrix}\frac{\sqrt{2}}{6}\\0\\\frac{2\sqrt{2}}{3}\\\frac{\sqrt{2}}{6}\end{pmatrix},\quad \boldsymbol{\eta}_3=\frac{1}{|\boldsymbol{\beta}_3|}\boldsymbol{\beta}_3=\begin{pmatrix}\frac{2}{3\sqrt{10}}\\-\frac{3}{\sqrt{10}}\\-\frac{1}{3\sqrt{10}}\\\frac{2}{3\sqrt{10}}\end{pmatrix},$$

则 $\boldsymbol{\eta}_1,\boldsymbol{\eta}_2,\boldsymbol{\eta}_3$ 就是与 $\boldsymbol{\alpha}_1,\boldsymbol{\alpha}_2,\boldsymbol{\alpha}_3$ 等价的单位正交向量组.

评　已知欧几里得空间的一个基，可依上述方法求其一个标准正交基.

例 4.3.3　在欧几里得空间 $\mathbb{R}^3$ 中，设 $\boldsymbol{A}=\begin{pmatrix}1&1&1\\1&0&2\\1&1&0\end{pmatrix}$，把 $\boldsymbol{A}$ 分解成正交矩阵 $\boldsymbol{P}$ 与主对角元都为正数的上三角矩阵 $\boldsymbol{Q}$ 的乘积.

分析　因 $\boldsymbol{A}$ 可逆，其列向量组线性无关，将其正交化，再单位化，以构成正交矩阵.

解　设 $\boldsymbol{A}$ 的列向量组为 $\boldsymbol{\alpha}_1,\boldsymbol{\alpha}_2,\boldsymbol{\alpha}_3$，对 $\boldsymbol{\alpha}_1,\boldsymbol{\alpha}_2,\boldsymbol{\alpha}_3$ 施以正交化，令

$$\boldsymbol{\beta}_1=\boldsymbol{\alpha}_1,\boldsymbol{\beta}_2=\boldsymbol{\alpha}_2-\frac{(\boldsymbol{\alpha}_2,\boldsymbol{\beta}_1)}{(\boldsymbol{\beta}_1,\boldsymbol{\beta}_1)}\boldsymbol{\beta}_1=\boldsymbol{\alpha}_2-\frac{2}{3}\boldsymbol{\beta}_1=\begin{pmatrix}1\\0\\1\end{pmatrix}-\frac{2}{3}\begin{pmatrix}1\\1\\1\end{pmatrix}=\begin{pmatrix}\frac{1}{3}\\-\frac{2}{3}\\\frac{1}{3}\end{pmatrix},$$

$$\boldsymbol{\beta}_3=\boldsymbol{\alpha}_3-\frac{(\boldsymbol{\alpha}_3,\boldsymbol{\beta}_1)}{(\boldsymbol{\beta}_1,\boldsymbol{\beta}_1)}\boldsymbol{\beta}_1-\frac{(\boldsymbol{\alpha}_3,\boldsymbol{\beta}_2)}{(\boldsymbol{\beta}_2,\boldsymbol{\beta}_2)}\boldsymbol{\beta}_2=\boldsymbol{\alpha}_3-\boldsymbol{\beta}_1+\frac{3}{2}\boldsymbol{\beta}_2=\begin{pmatrix}1\\2\\0\end{pmatrix}-\begin{pmatrix}1\\1\\1\end{pmatrix}+\frac{3}{2}\begin{pmatrix}\frac{1}{3}\\-\frac{2}{3}\\\frac{1}{3}\end{pmatrix}=\begin{pmatrix}\frac{1}{2}\\0\\-\frac{1}{2}\end{pmatrix},$$

再对 $\boldsymbol{\beta}_1,\boldsymbol{\beta}_2,\boldsymbol{\beta}_3$ 施以单位化，有

$$\boldsymbol{\eta}_1=\frac{1}{|\boldsymbol{\beta}_1|}\boldsymbol{\beta}_1=\begin{pmatrix}\frac{1}{\sqrt{3}}\\\frac{1}{\sqrt{3}}\\\frac{1}{\sqrt{3}}\end{pmatrix},\quad \boldsymbol{\eta}_2=\frac{1}{|\boldsymbol{\beta}_2|}\boldsymbol{\beta}_2=\begin{pmatrix}\frac{1}{\sqrt{6}}\\-\frac{2}{\sqrt{6}}\\\frac{1}{\sqrt{6}}\end{pmatrix},\quad \boldsymbol{\eta}_3=\frac{1}{|\boldsymbol{\beta}_3|}\boldsymbol{\beta}_3=\begin{pmatrix}\frac{1}{\sqrt{2}}\\0\\-\frac{1}{\sqrt{2}}\end{pmatrix},$$

$\boldsymbol{\eta}_1,\boldsymbol{\eta}_2,\boldsymbol{\eta}_3$ 是两两正交的单位向量组，由 $\boldsymbol{\alpha}_1=\boldsymbol{\beta}_1,\boldsymbol{\alpha}_2=\frac{2}{3}\boldsymbol{\beta}_1+\boldsymbol{\beta}_2,\boldsymbol{\alpha}_3=\boldsymbol{\beta}_1-\frac{3}{2}\boldsymbol{\beta}_2+\boldsymbol{\beta}_3$，有

$$\boldsymbol{A}=(\boldsymbol{\alpha}_1,\boldsymbol{\alpha}_2,\boldsymbol{\alpha}_3)=(\boldsymbol{\beta}_1,\boldsymbol{\beta}_2,\boldsymbol{\beta}_3)\begin{pmatrix}1&\frac{2}{3}&1\\0&1&-\frac{3}{2}\\0&0&1\end{pmatrix}=(|\boldsymbol{\beta}_1|\boldsymbol{\eta}_1,|\boldsymbol{\beta}_2|\boldsymbol{\eta}_2,|\boldsymbol{\beta}_3|\boldsymbol{\eta}_3)\begin{pmatrix}1&\frac{2}{3}&1\\0&1&-\frac{3}{2}\\0&0&1\end{pmatrix}$$

$$=(\boldsymbol{\eta}_1,\boldsymbol{\eta}_2,\boldsymbol{\eta}_3)\begin{pmatrix}\sqrt{3}&0&0\\0&\sqrt{\frac{2}{3}}&0\\0&0&\frac{1}{\sqrt{2}}\end{pmatrix}\begin{pmatrix}1&\frac{2}{3}&1\\0&1&-\frac{3}{2}\\0&0&1\end{pmatrix}=(\boldsymbol{\eta}_1,\boldsymbol{\eta}_2,\boldsymbol{\eta}_3)\begin{pmatrix}\sqrt{3}&\frac{2\sqrt{3}}{3}&\sqrt{3}\\0&\frac{\sqrt{6}}{3}&-\frac{\sqrt{6}}{2}\\0&0&\frac{1}{\sqrt{2}}\end{pmatrix},$$

令 $\boldsymbol{P}=(\boldsymbol{\eta}_1,\boldsymbol{\eta}_2,\boldsymbol{\eta}_3)=\begin{pmatrix}\frac{1}{\sqrt{3}}&\frac{1}{\sqrt{6}}&\frac{1}{\sqrt{2}}\\\frac{1}{\sqrt{3}}&-\frac{2}{\sqrt{6}}&0\\\frac{1}{\sqrt{3}}&\frac{1}{\sqrt{6}}&-\frac{1}{\sqrt{2}}\end{pmatrix},\boldsymbol{Q}=\begin{pmatrix}\sqrt{3}&\frac{2\sqrt{3}}{3}&\sqrt{3}\\0&\frac{\sqrt{6}}{3}&-\frac{\sqrt{6}}{2}\\0&0&\frac{1}{\sqrt{2}}\end{pmatrix}$，

显然 $\boldsymbol{P}$ 为正交矩阵，$\boldsymbol{Q}$ 为主对角元都为正数的上三角矩阵，且有 $\boldsymbol{A}=\boldsymbol{PQ}$.

注 基于可逆矩阵 $\boldsymbol{A}$ 的列向量组线性无关，将其正交化，单位化，先构成正交矩阵，再

依正交化和单位化过程中向量间的线性表示关系，找到上三角矩阵 $\boldsymbol{T}$，即

$$\boldsymbol{A}=(\boldsymbol{\alpha}_1,\boldsymbol{\alpha}_2,\boldsymbol{\alpha}_3)=(\boldsymbol{\beta}_1,\boldsymbol{\beta}_2,\boldsymbol{\beta}_3)\boldsymbol{T}=(|\boldsymbol{\beta}_1|\boldsymbol{\eta}_1,|\boldsymbol{\beta}_2|\boldsymbol{\eta}_2,|\boldsymbol{\beta}_3|\boldsymbol{\eta}_3)\boldsymbol{T}$$

$$=(\boldsymbol{\eta}_1,\boldsymbol{\eta}_2,\boldsymbol{\eta}_3)\begin{pmatrix}|\boldsymbol{\beta}_1| & & \\ & |\boldsymbol{\beta}_2| & \\ & & |\boldsymbol{\beta}_3|\end{pmatrix}\boldsymbol{T}.$$

评　可以证明：任一可逆矩阵都可以分解成正交矩阵和主对角元为正数的上三角矩阵之积.

例 4.3.4　已知欧几里得空间 $\mathbb{R}^3$ 的向量 $\boldsymbol{\alpha}_1=\begin{pmatrix}1\\1\\1\end{pmatrix}$，试求向量 $\boldsymbol{\alpha}_2,\boldsymbol{\alpha}_3$，使 $\boldsymbol{\alpha}_1,\boldsymbol{\alpha}_2,\boldsymbol{\alpha}_3$ 构成 $\mathbb{R}^3$ 的一个正交基.

分析　$\boldsymbol{\alpha}_1^{\mathrm{T}}\boldsymbol{\alpha}_2=0,\boldsymbol{\alpha}_1^{\mathrm{T}}\boldsymbol{\alpha}_3=0$，即 $\boldsymbol{\alpha}_2,\boldsymbol{\alpha}_3$ 都是 $x_1+x_2+x_3=0$ 的解，所得基础解系再正交化.

解　依题设，$\boldsymbol{\alpha}_1^{\mathrm{T}}\boldsymbol{\alpha}_2=0,\boldsymbol{\alpha}_1^{\mathrm{T}}\boldsymbol{\alpha}_3=0$，所以 $\boldsymbol{\alpha}_2,\boldsymbol{\alpha}_3$ 都是 $x_1+x_2+x_3=0$ 的解，解方程组得其基础解系为 $\boldsymbol{\xi}_1=\begin{pmatrix}1\\0\\-1\end{pmatrix},\boldsymbol{\xi}_2=\begin{pmatrix}0\\1\\-1\end{pmatrix}$，对其施以施密特正交化，令

$$\boldsymbol{\alpha}_2=\boldsymbol{\xi}_1,\quad \boldsymbol{\alpha}_3=\boldsymbol{\xi}_2-\frac{\boldsymbol{\xi}_2^{\mathrm{T}}\boldsymbol{\xi}_1}{\boldsymbol{\xi}_1^{\mathrm{T}}\boldsymbol{\xi}_1}\boldsymbol{\xi}_1=\begin{pmatrix}0\\1\\-1\end{pmatrix}-\frac{1}{2}\begin{pmatrix}1\\0\\-1\end{pmatrix}=\begin{pmatrix}-1/2\\1\\-1/2\end{pmatrix},$$

从而 $\boldsymbol{\alpha}_1,\boldsymbol{\alpha}_2,\boldsymbol{\alpha}_3$ 两两正交，构成 $\mathbb{R}^3$ 的一个正交基.

注　$\boldsymbol{\alpha}_1^{\mathrm{T}}\boldsymbol{\alpha}_3=\boldsymbol{\alpha}_1^{\mathrm{T}}\boldsymbol{\xi}_2-\dfrac{\boldsymbol{\xi}_2^{\mathrm{T}}\boldsymbol{\xi}_1}{\boldsymbol{\xi}_1^{\mathrm{T}}\boldsymbol{\xi}_1}\boldsymbol{\alpha}_1^{\mathrm{T}}\boldsymbol{\xi}_1=0$，基础解系正交化之后所得 $\boldsymbol{\alpha}_2,\boldsymbol{\alpha}_3$ 仍与 $\boldsymbol{\alpha}_1$ 正交，为所求.

评　在欧几里得空间 $\mathbb{R}^3$ 中，已知一个非零向量，可经扩充得其一个正交基. 同理已知两个向量，可经扩充得其一个正交基，参见习题 4-3 第 5 题.

习题 4-3

1. 设 $\boldsymbol{A},\boldsymbol{B}$ 为 n 阶正交矩阵，且 $|\boldsymbol{A}|\neq|\boldsymbol{B}|$. 证明：$\boldsymbol{A}+\boldsymbol{B}$ 不可逆.

2. 设实数域 $\mathbb{R}$ 上 n 阶反对称矩阵 $\boldsymbol{A}$，$\boldsymbol{E}+\boldsymbol{A}$ 可逆，证明：$\boldsymbol{B}=(\boldsymbol{E}-\boldsymbol{A})(\boldsymbol{E}+\boldsymbol{A})^{-1}$ 是正交矩阵.

3. 证明：如果 n 阶正交矩阵 $\boldsymbol{A}$ 是上三角矩阵，则它是对角矩阵，且 $\boldsymbol{A}$ 的主对角元为 1 或 -1.

4. 设 5×4 矩阵 $\boldsymbol{B}$ 的秩为 2，$\boldsymbol{\alpha}_1=\begin{pmatrix}1\\1\\2\\3\end{pmatrix},\boldsymbol{\alpha}_2=\begin{pmatrix}-1\\1\\4\\-1\end{pmatrix},\boldsymbol{\alpha}_3=\begin{pmatrix}5\\-1\\-8\\9\end{pmatrix}$ 是齐次线性方程组 $\boldsymbol{Bx}=\boldsymbol{0}$ 的解向量，求 $\boldsymbol{Bx}=\boldsymbol{0}$ 的解空间 W 的一个标准正交基.　**【1997 研数一】**

5. 已知欧几里得空间 $\mathbb{R}^3$ 的两个向量 $\boldsymbol{\alpha}_1=\begin{pmatrix}1\\1\\1\end{pmatrix},\boldsymbol{\alpha}_2=\begin{pmatrix}1\\-2\\1\end{pmatrix}$ 正交，试求向量 $\boldsymbol{\alpha}_3$，使 $\boldsymbol{\alpha}_1$，

$\boldsymbol{\alpha}_2,\boldsymbol{\alpha}_3$ 构成$\mathbb{R}^3$的一个正交基.

4.4 专题讨论

1. 关于齐次线性方程组的解空间

设数域 F 上的 n 元齐次线性方程组 $\boldsymbol{Ax}=\boldsymbol{0}$，其解集为 W，则 W 关于向量的加法和数量乘法构成线性空间 F^n 的一个子空间. 这是因为，$\boldsymbol{0}\in W$，W 是非空集，设 $\forall\boldsymbol{\alpha},\boldsymbol{\beta}\in W$，$\forall k\in F$，有 $\boldsymbol{A\alpha}=\boldsymbol{0}$，$\boldsymbol{A\beta}=\boldsymbol{0}$，因此

$$\boldsymbol{A}(\boldsymbol{\alpha}+\boldsymbol{\beta})=\boldsymbol{A\alpha}+\boldsymbol{A\beta}=\boldsymbol{0},\quad \boldsymbol{A}(k\boldsymbol{\alpha})=k\boldsymbol{A\alpha}=\boldsymbol{0},$$

从而 W 是 F^n 的一个子空间，也称 W 是齐次线性方程组 $\boldsymbol{Ax}=\boldsymbol{0}$ 的**解空间**.

例 4.4.1 设 $\boldsymbol{A},\boldsymbol{B}$ 分别是 $s\times n$，$m\times n$ 矩阵，证明：n 元齐次线性方程组 $\boldsymbol{Ax}=\boldsymbol{0}$ 与 $\boldsymbol{Bx}=\boldsymbol{0}$ 的解空间 W_1,W_2 的交 $W_1\cap W_2$ 是方程组 $\begin{pmatrix}\boldsymbol{A}\\ \boldsymbol{B}\end{pmatrix}\boldsymbol{x}=\boldsymbol{0}$ 的解空间 W.

分析 $\begin{pmatrix}\boldsymbol{A}\\ \boldsymbol{B}\end{pmatrix}\boldsymbol{\eta}=\boldsymbol{0}=\begin{pmatrix}\boldsymbol{A\eta}\\ \boldsymbol{B\eta}\end{pmatrix}$.

证 依题设，$\boldsymbol{\eta}\in W\Leftrightarrow\begin{pmatrix}\boldsymbol{A}\\ \boldsymbol{B}\end{pmatrix}\boldsymbol{\eta}=\begin{pmatrix}\boldsymbol{A\eta}\\ \boldsymbol{B\eta}\end{pmatrix}=\boldsymbol{0}\Leftrightarrow\begin{cases}\boldsymbol{A\eta}=\boldsymbol{0},\\ \boldsymbol{B\eta}=\boldsymbol{0}\end{cases}\Leftrightarrow\boldsymbol{\eta}\in W_1\cap W_2$，因此 $W=W_1\cap W_2$.

注 $\begin{pmatrix}\boldsymbol{A}\\ \boldsymbol{B}\end{pmatrix}\boldsymbol{\eta}=\boldsymbol{0}\Leftrightarrow\begin{cases}\boldsymbol{A\eta}=\boldsymbol{0},\\ \boldsymbol{B\eta}=\boldsymbol{0}.\end{cases}$

评 两个 n 元齐次线性方程组解空间的交就是两个方程组联立后所得方程组的解空间.

议 $W_1=W_2\Leftrightarrow\boldsymbol{A}$ 的行向量组与 $\boldsymbol{B}$ 的行向量组等价.

证 设 $\boldsymbol{A},\boldsymbol{B}$ 的行向量组分别为 $\boldsymbol{\alpha}_1,\boldsymbol{\alpha}_2,\cdots,\boldsymbol{\alpha}_s$ 与 $\boldsymbol{\beta}_1,\boldsymbol{\beta}_2,\cdots,\boldsymbol{\beta}_m$.

($\Rightarrow$) 设 $W_1=W_2$，则 $W_1=W_2=W$，由 $W_1=W$ 可知，$\operatorname{rank}(\boldsymbol{A})=\operatorname{rank}\begin{pmatrix}\boldsymbol{A}\\ \boldsymbol{B}\end{pmatrix}$，即

$$\operatorname{rank}\{\boldsymbol{\alpha}_1,\boldsymbol{\alpha}_2,\cdots,\boldsymbol{\alpha}_s\}=\operatorname{rank}\{\boldsymbol{\alpha}_1,\boldsymbol{\alpha}_2,\cdots,\boldsymbol{\alpha}_s,\boldsymbol{\beta}_1,\boldsymbol{\beta}_2,\cdots,\boldsymbol{\beta}_m\}.$$

显然 $\boldsymbol{\alpha}_1,\boldsymbol{\alpha}_2,\cdots,\boldsymbol{\alpha}_s$ 可由 $\boldsymbol{\alpha}_1,\boldsymbol{\alpha}_2,\cdots,\boldsymbol{\alpha}_s,\boldsymbol{\beta}_1,\boldsymbol{\beta}_2,\cdots,\boldsymbol{\beta}_m$ 线性表示，依例 2.4.4 结论，有

$$\{\boldsymbol{\alpha}_1,\boldsymbol{\alpha}_2,\cdots,\boldsymbol{\alpha}_s\}\cong\{\boldsymbol{\alpha}_1,\boldsymbol{\alpha}_2,\cdots,\boldsymbol{\alpha}_s,\boldsymbol{\beta}_1,\boldsymbol{\beta}_2,\cdots,\boldsymbol{\beta}_m\},$$

因此 $\boldsymbol{\beta}_1,\boldsymbol{\beta}_2,\cdots,\boldsymbol{\beta}_m$ 可由 $\boldsymbol{\alpha}_1,\boldsymbol{\alpha}_2,\cdots,\boldsymbol{\alpha}_s$ 线性表示.

又由 $W_2=W$，同理可证 $\boldsymbol{\alpha}_1,\boldsymbol{\alpha}_2,\cdots,\boldsymbol{\alpha}_s$ 可由 $\boldsymbol{\beta}_1,\boldsymbol{\beta}_2,\cdots,\boldsymbol{\beta}_m$ 线性表示，从而

$$\{\boldsymbol{\alpha}_1,\boldsymbol{\alpha}_2,\cdots,\boldsymbol{\alpha}_s\}\cong\{\boldsymbol{\beta}_1,\boldsymbol{\beta}_2,\cdots,\boldsymbol{\beta}_m\}.$$

($\Leftarrow$)设$\{\boldsymbol{\alpha}_1,\boldsymbol{\alpha}_2,\cdots,\boldsymbol{\alpha}_s\}\cong\{\boldsymbol{\beta}_1,\boldsymbol{\beta}_2,\cdots,\boldsymbol{\beta}_m\}$，则 $\operatorname{rank}(\boldsymbol{A})=\operatorname{rank}(\boldsymbol{B})$，于是 $\dim W_1=\dim W_2$.

任取 $\boldsymbol{\eta}\in W_1$，则 $\boldsymbol{A\eta}=\boldsymbol{0}$，即 $\begin{pmatrix}\boldsymbol{\alpha}_1\\ \boldsymbol{\alpha}_2\\ \vdots\\ \boldsymbol{\alpha}_s\end{pmatrix}\boldsymbol{\eta}=\begin{pmatrix}\boldsymbol{\alpha}_1\boldsymbol{\eta}\\ \boldsymbol{\alpha}_2\boldsymbol{\eta}\\ \vdots\\ \boldsymbol{\alpha}_s\boldsymbol{\eta}\end{pmatrix}=\boldsymbol{0}$，即 $\boldsymbol{\alpha}_j\boldsymbol{\eta}=\boldsymbol{0}$，$j=1,2,\cdots,s$.

又因为 $\boldsymbol{\beta}_i=k_1\boldsymbol{\alpha}_1+k_2\boldsymbol{\alpha}_2+\cdots+k_s\boldsymbol{\alpha}_s$，$i=1,2,\cdots,m$，于是

$$\boldsymbol{\beta}_i\boldsymbol{\eta}=k_1\boldsymbol{\alpha}_1\boldsymbol{\eta}+k_2\boldsymbol{\alpha}_2\boldsymbol{\eta}+\cdots+k_s\boldsymbol{\alpha}_s\boldsymbol{\eta}=\boldsymbol{0},\quad i=1,2,\cdots,m,$$

从而 $B\eta=\begin{pmatrix}\beta_1\\ \beta_2\\ \vdots\\ \beta_m\end{pmatrix}\eta=\begin{pmatrix}\beta_1\eta\\ \beta_2\eta\\ \vdots\\ \beta_m\eta\end{pmatrix}=0$，即 $\eta\in W_2$，因此 $W_1\subseteq W_2$. 同理可证 $W_2\subseteq W_1$，因此 $W_1=W_2$.

例 4.4.2　设 A,B 是数域 F 上的 n 阶矩阵，且 $\mathrm{rank}(A)=\mathrm{rank}(BA)$，证明

$$\mathrm{rank}(A^2)=\mathrm{rank}(BA^2).$$

分析　证明线性方程组 $A^2x=0$ 与 $BA^2x=0$ 同解.

证　设线性方程组 $Ax=0$ 与 $BAx=0$ 的解空间分别为 W_1,W_2，因 $\mathrm{rank}(A)=\mathrm{rank}(BA)$，则 $\dim(W_1)=\dim(W_2)$. 又显然 $W_1\subseteq W_2$，依 4.2 节命题 3，所以 $W_1=W_2$.

又设 $A^2x=0$ 与 $BA^2x=0$ 的解空间分别为 W_3,W_4，显然 $W_3\subseteq W_4$，任取 $\gamma\in W_4$，则 $BA^2\gamma=0$，令 $A\gamma=\eta$，于是 $0=BA^2\gamma=BA(A\gamma)=BA\eta$，即 $\eta\in W_2$. 又因为 $W_1=W_2$，因此 $\eta\in W_1$，即 $A\eta=0$，于是 $A^2\gamma=A(A\gamma)=A\eta=0$，即 $\gamma\in W_3$，所以 $W_4\subseteq W_3$，综上所述，$W_3=W_4$，即方程组 $A^2x=0$ 与 $BA^2x=0$ 同解. 如果都只有零解，则 $\mathrm{rank}(A^2)=\mathrm{rank}(BA^2)=n$；如果都有非零解，则共享基础解系，因此 $\mathrm{rank}(A^2)=\mathrm{rank}(BA^2)$. 从而 $\mathrm{rank}(A^2)=\mathrm{rank}(BA^2)$.

注　要证两矩阵秩等，可考查以其为系数矩阵的齐次线性方程组是否同解.

评　$\mathrm{rank}(A^2)=\mathrm{rank}(BA^2)\Leftrightarrow$ 线性方程组 $A^2x=0$ 与 $BA^2x=0$ 同解.

*2. 线性子空间的交与和

例 4.4.3　设 V_1,V_2,V_3 是线性空间 V 的子空间，且 $V_1\subseteq V_2$，证明：

$$V_1+(V_2\cap V_3)=(V_1+V_2)\cap(V_1+V_3).$$

分析　证明等式左右两端子集互为包含.

证　任取 $\alpha\in(V_1+V_2)\cap(V_1+V_3)$，则 $\alpha\in(V_1+V_2)$，$\alpha\in(V_1+V_3)$，因为 $V_1\subseteq V_2$，所以 $\alpha\in V_2$，且 $\alpha=\beta_1+\beta_3$，其中 $\beta_1\in V_1$，$\beta_3\in V_3$，因此 $\beta_3=\alpha-\beta_1\in V_2$，从而 $\beta_3\in V_2\cap V_3$，$\alpha=\beta_1+\beta_3\in V_1+(V_2\cap V_3)$，故 $(V_1+V_2)\cap(V_1+V_3)\subseteq V_1+(V_2\cap V_3)$.

反之，$\alpha\in V_1+(V_2\cap V_3)$，则 $\alpha=\gamma_1+\gamma_2$，其中 $\gamma_1\in V_1$，$\gamma_2\in V_2\cap V_3$，因此

$\alpha=\gamma_1+\gamma_2\in V_1+V_2$，$\alpha=\gamma_1+\gamma_2\in V_1+V_3$，$\alpha\in(V_1+V_2)\cap(V_1+V_3)$，故 $V_1+(V_2\cap V_3)\subseteq(V_1+V_2)\cap(V_1+V_3)$，　从而 $V_1+(V_2\cap V_3)=(V_1+V_2)\cap(V_1+V_3)$.

注　一般地，$V_1+(V_2\cap V_3)\subseteq(V_1+V_2)\cap(V_1+V_3)$.

评　结论：当 $V_1\subseteq V_2$，$V_1+(V_2\cap V_3)=V_2\cap(V_1+V_3)$.

3. 关于正交矩阵的元素

例 4.4.4　设 $A=(a_{ij})$ 是实数域 $\mathbb{R}$ 上的 n 阶矩阵，A_{ij} 为元素 a_{ij} 的代数余子式，$|A|=1$，证明：A 是正交矩阵的充分必要条件是 $a_{ij}=A_{ij}(i,j=1,2,\cdots,n)$.

分析　必要性需证 $A^{\mathrm{T}}=A^*$. 充分性需证 $A^{\mathrm{T}}=A^{-1}$.

证　必要性. 设 A 是正交矩阵，则 $A^{\mathrm{T}}=A^{-1}=\dfrac{1}{|A|}A^*$，因 $|A|=1$，故 $A^{\mathrm{T}}=A^*$，即

$$a_{ij}=A_{ij}(i,j=1,2,\cdots,n).$$

充分性. 设 $a_{ij}=A_{ij}(i,j=1,2,\cdots,n)$，因 $|\boldsymbol{A}|=1$，则

$$\boldsymbol{A}^{\mathrm{T}}=\boldsymbol{A}^{*}=\frac{1}{|\boldsymbol{A}|}\boldsymbol{A}^{*}=\boldsymbol{A}^{-1},$$

从而 $\boldsymbol{A}$ 是正交矩阵.

注 对于 n 阶矩阵 $\boldsymbol{A}=(a_{ij})$，$a_{ij}=A_{ij}(i,j=1,2,\cdots,n)\Leftrightarrow\boldsymbol{A}^{\mathrm{T}}=\boldsymbol{A}^{*}$.

评 行列式等于 1 的 n 阶实矩阵 $\boldsymbol{A}$ 为正交矩阵$\Leftrightarrow\boldsymbol{A}^{\mathrm{T}}=\boldsymbol{A}^{*}$.

议 行列式等于 -1 的 n 阶实矩阵 $\boldsymbol{A}$ 为正交矩阵$\Leftrightarrow\boldsymbol{A}^{\mathrm{T}}=-\boldsymbol{A}^{*}$. 这是因为：

必要性. 设 $\boldsymbol{A}$ 是正交矩阵，则 $\boldsymbol{A}^{\mathrm{T}}=\boldsymbol{A}^{-1}=\dfrac{1}{|\boldsymbol{A}|}\boldsymbol{A}^{*}=-\boldsymbol{A}^{*}$，即 $\boldsymbol{A}^{\mathrm{T}}=-\boldsymbol{A}^{*}$.

充分性. 设 $\boldsymbol{A}^{\mathrm{T}}=-\boldsymbol{A}^{*}$，则 $\boldsymbol{A}^{\mathrm{T}}=-\boldsymbol{A}^{*}=\dfrac{1}{|\boldsymbol{A}|}\boldsymbol{A}^{*}=\boldsymbol{A}^{-1}$，即 $\boldsymbol{A}^{\mathrm{T}}=\boldsymbol{A}^{-1}$，故 $\boldsymbol{A}$ 是正交矩阵.

4. 基于正交性讨论向量组的线性相关性

例 4.4.5 在欧几里得空间 $\mathbb{R}^n$ 中，$\boldsymbol{\beta}=(b_1,b_2,\cdots,b_n)^{\mathrm{T}}$ 是齐次线性方程组

$$\begin{cases}a_{11}x_1+a_{12}x_2+\cdots+a_{1n}x_n=0,\\a_{21}x_1+a_{22}x_2+\cdots+a_{2n}x_n=0,\\\qquad\vdots\\a_{n-1,1}x_1+a_{n-1,2}x_2+\cdots+a_{n-1,n}x_n=0\end{cases}$$

的一个非零解. 设 $\boldsymbol{\alpha}_1^{\mathrm{T}},\boldsymbol{\alpha}_2^{\mathrm{T}},\cdots,\boldsymbol{\alpha}_{n-1}^{\mathrm{T}}$ 是方程组系数矩阵 $\boldsymbol{A}$ 的行向量组，如果 $\boldsymbol{\alpha}_1,\boldsymbol{\alpha}_2,\cdots,\boldsymbol{\alpha}_{n-1}$ 线性无关，证明：$\boldsymbol{\alpha}_1,\boldsymbol{\alpha}_2,\cdots,\boldsymbol{\alpha}_{n-1},\boldsymbol{\beta}$ 线性无关.

分析 $\boldsymbol{\beta}$ 是线性方程组 $\boldsymbol{Ax}=\boldsymbol{0}$ 的非零解，则 $\boldsymbol{\beta}$ 与每个 $\boldsymbol{\alpha}_j(j=1,2,\cdots,n-1)$ 正交.

证 依题设，$\boldsymbol{A}=\begin{pmatrix}\boldsymbol{\alpha}_1^{\mathrm{T}}\\\boldsymbol{\alpha}_2^{\mathrm{T}}\\\vdots\\\boldsymbol{\alpha}_{n-1}^{\mathrm{T}}\end{pmatrix}$，且 $\boldsymbol{A\beta}=\begin{pmatrix}\boldsymbol{\alpha}_1^{\mathrm{T}}\\\boldsymbol{\alpha}_2^{\mathrm{T}}\\\vdots\\\boldsymbol{\alpha}_{n-1}^{\mathrm{T}}\end{pmatrix}\boldsymbol{\beta}=\begin{pmatrix}\boldsymbol{\alpha}_1^{\mathrm{T}}\boldsymbol{\beta}\\\boldsymbol{\alpha}_2^{\mathrm{T}}\boldsymbol{\beta}\\\vdots\\\boldsymbol{\alpha}_{n-1}^{\mathrm{T}}\boldsymbol{\beta}\end{pmatrix}=\boldsymbol{0}$，

因此 $\boldsymbol{\alpha}_1^{\mathrm{T}}\boldsymbol{\beta}=\boldsymbol{\alpha}_2^{\mathrm{T}}\boldsymbol{\beta}=\cdots=\boldsymbol{\alpha}_{n-1}^{\mathrm{T}}\boldsymbol{\beta}=\boldsymbol{0}$，即$(\boldsymbol{\alpha}_j,\boldsymbol{\beta})=0(j=1,2,\cdots,n-1)$，设

$$k_1\boldsymbol{\alpha}_1+k_2\boldsymbol{\alpha}_2+\cdots+k_{n-1}\boldsymbol{\alpha}_{n-1}+k\boldsymbol{\beta}=\boldsymbol{0},\tag{4.5}$$

依内积的性质，有

$$\begin{aligned}0&=(k_1\boldsymbol{\alpha}_1+k_2\boldsymbol{\alpha}_2+\cdots+k_{n-1}\boldsymbol{\alpha}_{n-1}+k\boldsymbol{\beta},\boldsymbol{\beta})\\&=k_1(\boldsymbol{\alpha}_1,\boldsymbol{\beta})+k_2(\boldsymbol{\alpha}_2,\boldsymbol{\beta})+\cdots+k_{n-1}(\boldsymbol{\alpha}_{n-1},\boldsymbol{\beta})+k(\boldsymbol{\beta},\boldsymbol{\beta})=k(\boldsymbol{\beta},\boldsymbol{\beta}),\end{aligned}$$

即 $k(\boldsymbol{\beta},\boldsymbol{\beta})=0$，依题意，$\boldsymbol{\beta}\neq\boldsymbol{0}$，因此 $k=0$，将 $k=0$ 代入(4.5)式，有

$$k_1\boldsymbol{\alpha}_1+k_2\boldsymbol{\alpha}_2+\cdots+k_{n-1}\boldsymbol{\alpha}_{n-1}=\boldsymbol{0},$$

因为 $\boldsymbol{\alpha}_1,\boldsymbol{\alpha}_2,\cdots,\boldsymbol{\alpha}_{n-1}$ 线性无关，所以 $k_1=k_2=\cdots=k_{n-1}=0$，从而 $\boldsymbol{\alpha}_1,\boldsymbol{\alpha}_2,\cdots,\boldsymbol{\alpha}_{n-1},\boldsymbol{\beta}$ 线性无关.

注 齐次线性方程组的解与系数矩阵的每个行向量的转置都正交.

评 设向量组 $\boldsymbol{\alpha}_1,\boldsymbol{\alpha}_2,\cdots,\boldsymbol{\alpha}_{n-1}$ 线性无关，如果非零向量 $\boldsymbol{\beta}$ 与 $\boldsymbol{\alpha}_j(j=1,2,\cdots,n-1)$ 都正交，则 $\boldsymbol{\alpha}_1,\boldsymbol{\alpha}_2,\cdots,\boldsymbol{\alpha}_{n-1},\boldsymbol{\beta}$ 线性无关.

例 4.4.6　在欧几里得空间 $\mathbb{R}^n$ 中,列向量 $\boldsymbol{\alpha}_1,\boldsymbol{\alpha}_2,\cdots,\boldsymbol{\alpha}_{n-1}$ 线性无关,列向量 $\boldsymbol{\beta}_j(j=1,2)$ 与 $\boldsymbol{\alpha}_1,\boldsymbol{\alpha}_2,\cdots,\boldsymbol{\alpha}_{n-1}$ 中每个向量都正交,试证明向量组 $\boldsymbol{\beta}_1,\boldsymbol{\beta}_2$ 线性相关.

分析　设 $\boldsymbol{A}=\begin{pmatrix}\boldsymbol{\alpha}_1^{\mathrm{T}}\\ \boldsymbol{\alpha}_2^{\mathrm{T}}\\ \vdots\\ \boldsymbol{\alpha}_{n-1}^{\mathrm{T}}\end{pmatrix}$,则 $\boldsymbol{\beta}_1,\boldsymbol{\beta}_2$ 是线性方程组 $\boldsymbol{Ax}=\boldsymbol{0}$ 的解,又 $\operatorname{rank}(\boldsymbol{A})=n-1$.

证法 1　设矩阵 $\boldsymbol{A}=\begin{pmatrix}\boldsymbol{\alpha}_1^{\mathrm{T}}\\ \boldsymbol{\alpha}_2^{\mathrm{T}}\\ \vdots\\ \boldsymbol{\alpha}_{n-1}^{\mathrm{T}}\end{pmatrix}$,依题设,$(\boldsymbol{\alpha}_i,\boldsymbol{\beta}_j)=0,i=1,2,\cdots,n-1,j=1,2$,所以

$$\boldsymbol{A\beta}_1=\begin{pmatrix}\boldsymbol{\alpha}_1^{\mathrm{T}}\\ \boldsymbol{\alpha}_2^{\mathrm{T}}\\ \vdots\\ \boldsymbol{\alpha}_{n-1}^{\mathrm{T}}\end{pmatrix}\boldsymbol{\beta}_1=\boldsymbol{0},\quad \boldsymbol{A\beta}_2=\begin{pmatrix}\boldsymbol{\alpha}_1^{\mathrm{T}}\\ \boldsymbol{\alpha}_2^{\mathrm{T}}\\ \vdots\\ \boldsymbol{\alpha}_{n-1}^{\mathrm{T}}\end{pmatrix}\boldsymbol{\beta}_2=\boldsymbol{0},$$

即 $\boldsymbol{\beta}_1,\boldsymbol{\beta}_2$ 都是齐次线性方程组 $\boldsymbol{Ax}=\boldsymbol{0}$ 的解. 又 $\boldsymbol{\alpha}_1,\boldsymbol{\alpha}_2,\cdots,\boldsymbol{\alpha}_{n-1}$ 线性无关,故 $\operatorname{rank}(\boldsymbol{A})=n-1$,方程组 $\boldsymbol{Ax}=\boldsymbol{0}$ 的基础解系应含一个解向量,所以 $\boldsymbol{\beta}_1,\boldsymbol{\beta}_2$ 必线性相关.

注　$\boldsymbol{\beta}_1,\boldsymbol{\beta}_2$ 与 $\boldsymbol{\alpha}_1,\boldsymbol{\alpha}_2,\cdots,\boldsymbol{\alpha}_{n-1}$ 的每个向量都正交,则 $\boldsymbol{\beta}_1,\boldsymbol{\beta}_2$ 必是齐次线性方程组 $\boldsymbol{Ax}=\boldsymbol{0}$ 的解,其中 $\boldsymbol{\alpha}_1^{\mathrm{T}},\boldsymbol{\alpha}_2^{\mathrm{T}},\cdots,\boldsymbol{\alpha}_{n-1}^{\mathrm{T}}$ 是 $\boldsymbol{A}$ 的行向量组.

评　在欧氏空间 $\mathbb{R}^n$ 中,设 $\boldsymbol{\alpha}_1,\boldsymbol{\alpha}_2,\cdots,\boldsymbol{\alpha}_{n-1}$ 线性无关,如果非零向量 $\boldsymbol{\beta}_j(j=1,2)$ 与 $\boldsymbol{\alpha}_j(j=1,2,\cdots,n-1)$ 都正交,则 $\boldsymbol{\beta}_1,\boldsymbol{\beta}_2$ 线性相关.

证法 2　因为 $\boldsymbol{\alpha}_1,\boldsymbol{\alpha}_2,\cdots,\boldsymbol{\alpha}_{n-1},\boldsymbol{\beta}_1,\boldsymbol{\beta}_2$ 共有 $n+1$ 个 n 维向量,它们必线性相关,于是存在不全为 0 的数 $k_1,k_2,\cdots,k_{n+1}$,使得

$$k_1\boldsymbol{\alpha}_1+k_2\boldsymbol{\alpha}_2+\cdots+k_{n-1}\boldsymbol{\alpha}_{n-1}+k_n\boldsymbol{\beta}_1+k_{n+1}\boldsymbol{\beta}_2=\boldsymbol{0},$$

其中 k_n,k_{n+1} 必不全为 0(否则,$k_1\boldsymbol{\alpha}_1+k_2\boldsymbol{\alpha}_2+\cdots+k_{n-1}\boldsymbol{\alpha}_{n-1}=\boldsymbol{0}$,其中 $k_1,k_2,\cdots,k_{n-1}$ 不全为 0,这与 $\boldsymbol{\alpha}_1,\boldsymbol{\alpha}_2,\cdots,\boldsymbol{\alpha}_{n-1}$ 线性无关矛盾). 上式两边与 $k_n\boldsymbol{\beta}_1+k_{n+1}\boldsymbol{\beta}_2$ 作内积,得

$$(k_1\boldsymbol{\alpha}_1+k_2\boldsymbol{\alpha}_2+\cdots+k_{n-1}\boldsymbol{\alpha}_{n-1}+k_n\boldsymbol{\beta}_1+k_{n+1}\boldsymbol{\beta}_2,k_n\boldsymbol{\beta}_1+k_{n+1}\boldsymbol{\beta}_2)=0,$$

依题设,$(\boldsymbol{\alpha}_i,k_n\boldsymbol{\beta}_1+k_{n+1}\boldsymbol{\beta}_2)=0,i=1,2,\cdots,n-1$,由内积的线性性,有

$$(k_n\boldsymbol{\beta}_1+k_{n+1}\boldsymbol{\beta}_2,k_n\boldsymbol{\beta}_1+k_{n+1}\boldsymbol{\beta}_2)=0,$$

依内积的性质得 $k_n\boldsymbol{\beta}_1+k_{n+1}\boldsymbol{\beta}_2=\boldsymbol{0}$. 又 k_n,k_{n+1} 不全为 0,从而向量组 $\boldsymbol{\beta}_1,\boldsymbol{\beta}_2$ 线性相关.

习题 4-4

1. 设矩阵 $\boldsymbol{A}_{n\times r}$ 的列向量组 $\boldsymbol{\alpha}_1,\boldsymbol{\alpha}_2,\cdots,\boldsymbol{\alpha}_r$ 是齐次线性方程组 $\boldsymbol{Px}=\boldsymbol{0}$ 的解空间 W 的一个基,证明:矩阵 $\boldsymbol{C}_{n\times r}$ 的列向量组 $\boldsymbol{\beta}_1,\boldsymbol{\beta}_2,\cdots,\boldsymbol{\beta}_r$ 也是 W 的一个基的充分必要条件是存在 r 阶可逆矩阵 $\boldsymbol{B}$,使 $\boldsymbol{C}=\boldsymbol{AB}$.

2. 设 V_1,V_2,V_3 是线性空间 V 的子空间,且 $V_1\subseteq V_2$,证明:

$$V_1\cap(V_2+V_3)=(V_1\cap V_2)+(V_1\cap V_3).$$

3. 设 V_1,V_2,V_3 是线性空间 V 的子空间，证明：$(V_1+V_2)\cap(V_1+V_3)=V_1+(V_1+V_2)\cap V$.

4. 设 $\boldsymbol{A}$ 为 n 阶正交矩阵，且 $|\boldsymbol{E}+\boldsymbol{A}|\neq 0$，证明：$(\boldsymbol{E}-\boldsymbol{A})(\boldsymbol{E}+\boldsymbol{A})^{-1}$ 是反对称矩阵.

5. 设 $\boldsymbol{A}$ 是实数域上的 $m\times n$ 非零矩阵，其行向量组为 $\boldsymbol{\alpha}_1,\boldsymbol{\alpha}_2,\cdots,\boldsymbol{\alpha}_m$，记 $V=\langle\boldsymbol{\alpha}_1,\boldsymbol{\alpha}_2,\cdots,\boldsymbol{\alpha}_m\rangle$，齐次线性方程组 $\boldsymbol{Ax}=\boldsymbol{0}$ 的解空间记作 W，证明 V 中每一向量的转置与 W 中任一向量正交.

单元练习题 4

一、选择题：下列每小题给出的四个选项中，只有一项是符合题目要求的，请将所选项前的字母写在指定位置.

1. 下列向量集合能成为向量空间 $\mathbb{R}^n$ 的子空间的是(　　)，其中 $\boldsymbol{\alpha}=(x_1,x_2,\cdots,x_n)^{\mathrm{T}}\in\mathbb{R}^n$.

A. $\{\boldsymbol{\alpha}\mid x_1+x_2+\cdots+x_n=0\}$

B. $\{\boldsymbol{\alpha}\mid x_i(i=1,2,\cdots,n)$ 都是整数$\}$

C. $\{\boldsymbol{\alpha}\mid x_1+x_2+\cdots+x_n=1\}$

D. $\{\boldsymbol{\alpha}\mid x_n=1,x_j\in\mathbb{R},j=1,2,\cdots,n-1\}$

2. 已知 $\boldsymbol{\alpha}_1=\begin{pmatrix}1\\0\\1\end{pmatrix},\boldsymbol{\alpha}_2=\begin{pmatrix}1\\2\\1\end{pmatrix},\boldsymbol{\alpha}_3=\begin{pmatrix}3\\1\\2\end{pmatrix}$，记 $\boldsymbol{\beta}_1=\boldsymbol{\alpha}_1,\boldsymbol{\beta}_2=\boldsymbol{\alpha}_2-k\boldsymbol{\beta}_1,\boldsymbol{\beta}_3=\boldsymbol{\alpha}_3-l_1\boldsymbol{\beta}_1-l_2\boldsymbol{\beta}_2$，若 $\boldsymbol{\beta}_1,\boldsymbol{\beta}_2,\boldsymbol{\beta}_3$ 两两正交，则 l_1,l_2 依次为(　　).

A. $\frac{5}{2},\frac{1}{2}$　　B. $-\frac{5}{2},\frac{1}{2}$　　C. $\frac{5}{2},-\frac{1}{2}$　　D. $-\frac{5}{2},-\frac{1}{2}$

【2021 研数一】

3. 数域 F 上第一个和最后一个分量相等的所有 n 维向量组成的集合 W，按通常向量的加法和数量乘法构成 F 上线性空间，W 的一个基为(　　).

A. $\begin{pmatrix}1\\0\\\vdots\\0\\1\end{pmatrix},\begin{pmatrix}0\\1\\\vdots\\0\\1\end{pmatrix},\cdots,\begin{pmatrix}0\\\vdots\\0\\1\\1\end{pmatrix}$　　B. $\begin{pmatrix}0\\1\\0\\\vdots\\0\end{pmatrix},\begin{pmatrix}0\\0\\1\\\vdots\\0\end{pmatrix},\cdots,\begin{pmatrix}0\\\vdots\\0\\0\\1\end{pmatrix}$

C. $\begin{pmatrix}1\\0\\\vdots\\0\\1\end{pmatrix},\begin{pmatrix}0\\1\\0\\\vdots\\0\end{pmatrix},\cdots,\begin{pmatrix}0\\\vdots\\0\\1\\0\end{pmatrix}$　　D. $\begin{pmatrix}1\\0\\\vdots\\0\\1\end{pmatrix}$

4. 全体二阶实反对称矩阵组成的集合 W 是线性空间 $M_2(\mathbb{R})$ 的子空间，则 $\dim W=$(　　).

A. 4　　B. 3　　C. 2　　D. 1

5. 设 $\boldsymbol{A}=(\boldsymbol{\alpha}_1,\boldsymbol{\alpha}_2,\boldsymbol{\alpha}_3,\boldsymbol{\alpha}_4)$ 为 4 阶正交矩阵，若矩阵 $\boldsymbol{B}=\begin{pmatrix}\boldsymbol{\alpha}_1^{\mathrm{T}}\\ \boldsymbol{\alpha}_2^{\mathrm{T}}\\ \boldsymbol{\alpha}_3^{\mathrm{T}}\end{pmatrix}$，$\boldsymbol{\beta}=\begin{pmatrix}1\\1\\1\end{pmatrix}$，则线性方程组 $\boldsymbol{Bx}=\boldsymbol{\beta}$ 的通解 $\boldsymbol{x}=$(　　).

A. $\boldsymbol{\alpha}_2+\boldsymbol{\alpha}_3+\boldsymbol{\alpha}_4+k\boldsymbol{\alpha}_1,\forall k\in\mathbb{R}$　　B. $\boldsymbol{\alpha}_1+\boldsymbol{\alpha}_3+\boldsymbol{\alpha}_4+k\boldsymbol{\alpha}_2,\forall k\in\mathbb{R}$

C. $\boldsymbol{\alpha}_1+\boldsymbol{\alpha}_2+\boldsymbol{\alpha}_4+k\boldsymbol{\alpha}_3,\forall k\in\mathbb{R}$　　D. $\boldsymbol{\alpha}_1+\boldsymbol{\alpha}_2+\boldsymbol{\alpha}_3+k\boldsymbol{\alpha}_4,\forall k\in\mathbb{R}$

【2021 研数三】

6. 设 $\boldsymbol{\alpha}_1,\boldsymbol{\alpha}_2,\boldsymbol{\alpha}_3$ 与 $\boldsymbol{\beta}_1,\boldsymbol{\beta}_2,\boldsymbol{\beta}_3$ 为向量空间 $\mathbb{R}^3$ 的两个基，且

$$\boldsymbol{\beta}_1=\boldsymbol{\alpha}_1,\quad \boldsymbol{\beta}_2=\boldsymbol{\alpha}_1+\boldsymbol{\alpha}_2,\quad \boldsymbol{\beta}_3=\boldsymbol{\alpha}_1+\boldsymbol{\alpha}_2+\boldsymbol{\alpha}_3,$$

则矩阵 $\boldsymbol{P}=\begin{pmatrix}1&1&1\\1&0&1\\0&0&1\end{pmatrix}$ 是由基 $\boldsymbol{\alpha}_1,\boldsymbol{\alpha}_2,\boldsymbol{\alpha}_3$ 到基(　　)的过渡矩阵.

A. $\boldsymbol{\beta}_1,\boldsymbol{\beta}_2,\boldsymbol{\beta}_3$　　B. $\boldsymbol{\beta}_2,\boldsymbol{\beta}_1,\boldsymbol{\beta}_3$　　C. $\boldsymbol{\beta}_2,\boldsymbol{\beta}_3,\boldsymbol{\beta}_1$　　D. $\boldsymbol{\beta}_3,\boldsymbol{\beta}_2,\boldsymbol{\beta}_1$

7. 设 $\boldsymbol{A}$ 是 n 阶正交矩阵，则下列结论不正确的是(　　).

A. $\boldsymbol{A}^{-1}=\boldsymbol{A}^{\mathrm{T}}$　　B. $\boldsymbol{A}$ 的行向量组是单位正交向量组

C. $\boldsymbol{A}$ 的列向量组是单位正交向量组　　D. $|\boldsymbol{A}|=1$

8. 设 $\boldsymbol{A},\boldsymbol{B}$ 是两个 n 阶正交矩阵，则下列结论不正确的是(　　).

A. $\boldsymbol{A}+\boldsymbol{B}$ 是正交矩阵　　B. $\boldsymbol{AB}$ 是正交矩阵

C. $\boldsymbol{A}^{-1}$ 是正交矩阵　　D. $\boldsymbol{B}^*$ 是正交矩阵

9. 设 $\boldsymbol{\alpha},\boldsymbol{\beta}$ 是欧几里得空间 $\mathbb{R}^n$ 中的两个正交的向量，则下列结论不正确的是(　　).

A. $|\boldsymbol{\alpha}+\boldsymbol{\beta}|^2=|\boldsymbol{\alpha}|^2+|\boldsymbol{\beta}|^2$　　B. $|\boldsymbol{\alpha}-\boldsymbol{\beta}|^2=|\boldsymbol{\alpha}|^2+|\boldsymbol{\beta}|^2$

C. $|\boldsymbol{\alpha}+\boldsymbol{\beta}|=|\boldsymbol{\alpha}-\boldsymbol{\beta}|$　　D. $|\boldsymbol{\alpha}+\boldsymbol{\beta}|=|\boldsymbol{\alpha}|+|\boldsymbol{\beta}|$

10. 已知向量空间 $\mathbb{R}^3$ 的一个基为 $\boldsymbol{\delta}_1=\begin{pmatrix}1\\1\\1\end{pmatrix}$，$\boldsymbol{\delta}_2=\begin{pmatrix}1\\1\\2\end{pmatrix}$，$\boldsymbol{\delta}_3=\begin{pmatrix}1\\2\\3\end{pmatrix}$，向量 $\boldsymbol{\alpha}=(6,9,14)^{\mathrm{T}}$ 在基 $\boldsymbol{\delta}_1,\boldsymbol{\delta}_2,\boldsymbol{\delta}_3$ 下的坐标为(　　).

A. $\begin{pmatrix}1\\2\\3\end{pmatrix}$　　B. $\begin{pmatrix}2\\1\\3\end{pmatrix}$　　C. $\begin{pmatrix}3\\1\\2\end{pmatrix}$　　D. $\begin{pmatrix}1\\3\\2\end{pmatrix}$

二、填空题：请将答案写在指定位置.

1. 当 k 取值满足________时，$\boldsymbol{\alpha}_1=\begin{pmatrix}1\\1\\3\end{pmatrix}$，$\boldsymbol{\alpha}_2=\begin{pmatrix}2\\1\\6\end{pmatrix}$，$\boldsymbol{\alpha}_3=\begin{pmatrix}3\\4\\k\end{pmatrix}$ 是线性空间 $\mathbb{R}^3$ 的一个基.

2. 设 $\boldsymbol{\alpha}_1,\boldsymbol{\alpha}_2,\boldsymbol{\alpha}_3$ 为向量空间 $\mathbb{R}^3$ 的一个基，则：

(1) 由基 $\boldsymbol{\alpha}_1,\boldsymbol{\alpha}_2,\boldsymbol{\alpha}_3$ 到基 $\boldsymbol{\alpha}_2,\boldsymbol{\alpha}_1,\boldsymbol{\alpha}_3$ 的过渡矩阵为________；

(2) 由基 $\boldsymbol{\alpha}_1,\boldsymbol{\alpha}_2,\boldsymbol{\alpha}_3$ 到基 $\boldsymbol{\alpha}_1,\boldsymbol{\alpha}_1+\boldsymbol{\alpha}_2,\boldsymbol{\alpha}_1+\boldsymbol{\alpha}_2+\boldsymbol{\alpha}_3$ 的过渡矩阵为________；

(3) 由基 $\boldsymbol{\alpha}_3,\boldsymbol{\alpha}_2,\boldsymbol{\alpha}_1$ 到基 $\boldsymbol{\alpha}_1,\boldsymbol{\alpha}_1+\boldsymbol{\alpha}_2,\boldsymbol{\alpha}_1+\boldsymbol{\alpha}_2+\boldsymbol{\alpha}_3$ 的过渡矩阵为________.

3. 设 $\boldsymbol{\alpha}_1=(1,2,-1,0)^{\mathrm{T}}$，$\boldsymbol{\alpha}_2=(1,1,0,2)^{\mathrm{T}}$，$\boldsymbol{\alpha}_3=(2,1,1,a)^{\mathrm{T}}$，如果由 $\boldsymbol{\alpha}_1,\boldsymbol{\alpha}_2,\boldsymbol{\alpha}_3$ 生成

的子空间的维数是 2,则 $a=$________.

【2010 研数一】

4. 在欧氏空间 $\mathbb{R}^3$ 中,向量 $\boldsymbol{\alpha},\boldsymbol{\beta}$ 的长度分别为 3, 5,则内积 $(\boldsymbol{\alpha}+\boldsymbol{\beta},\boldsymbol{\alpha}-\boldsymbol{\beta})=$________.

5. 设 $\boldsymbol{A}=(a_{ij})_{3\times 3}$ 是正交矩阵,且 $a_{11}=1$, $\boldsymbol{\beta}=(1,0,0)^{\mathrm{T}}$, 则线性方程组 $\boldsymbol{Ax}=\boldsymbol{\beta}$ 的解是________.

6. 在欧几里得空间 $\mathbb{R}^n$ 中,$\boldsymbol{A}$ 是正交矩阵,向量 $\boldsymbol{\alpha}$ 的长度 $|\boldsymbol{\alpha}|=3$, 则 $|\boldsymbol{A\alpha}|=$________.

7. 设 $\boldsymbol{A}=\begin{pmatrix}\frac{2}{3} & \frac{1}{\sqrt{2}} & \frac{1}{\sqrt{18}}\\ a & b & -\frac{4}{\sqrt{18}}\\ \frac{2}{3} & -\frac{1}{\sqrt{2}} & \frac{1}{\sqrt{18}}\end{pmatrix}$, 如果 $\boldsymbol{A}$ 是正交矩阵,则 $a=$________, $b=$________.

8. 设欧几里得空间 $\mathbb{R}^3$ 中向量 $\boldsymbol{\alpha}=\begin{pmatrix}1\\1\\1\end{pmatrix}$, $\boldsymbol{\beta}=\begin{pmatrix}2\\1\\0\end{pmatrix}$, 则与 $\boldsymbol{\alpha},\boldsymbol{\beta}$ 都正交的单位向量是________.

9. 设 $\boldsymbol{\beta}$ 是欧几里得空间 $\mathbb{R}^n$ 中的任一向量,它在标准正交基 $\boldsymbol{\alpha}_1,\boldsymbol{\alpha}_2,\cdots,\boldsymbol{\alpha}_n$ 下的坐标为________.

10. 设向量空间 $\mathbb{R}^3$ 的向量组 $\boldsymbol{\alpha}_1,\boldsymbol{\alpha}_2,\cdots,\boldsymbol{\alpha}_5$, 且 $\operatorname{rank}\{\boldsymbol{\alpha}_1,\boldsymbol{\alpha}_2,\cdots,\boldsymbol{\alpha}_5\}=2$,则 $\dim\langle\boldsymbol{\alpha}_1,\boldsymbol{\alpha}_2,\cdots,\boldsymbol{\alpha}_5\rangle=$________.

11. 设 $\boldsymbol{\alpha}_1,\boldsymbol{\alpha}_2,\boldsymbol{\alpha}_3$ 是欧几里得空间 $\mathbb{R}^3$ 的一个标准正交基,则长度 $|2\boldsymbol{\alpha}_1-\boldsymbol{\alpha}_2+3\boldsymbol{\alpha}_3|=$________.

12. 设 $\boldsymbol{A}$ 是 n 阶实方阵,且 $\boldsymbol{A}^{\mathrm{T}}=\boldsymbol{A}^{-1}$, $|\boldsymbol{A}|<0$, 则行列式 $|\boldsymbol{A}+\boldsymbol{E}|=$________.

三、判断题:请将判断结果写在题前的括号内,正确写√,错误写×.

1. (　　)设集合 $V=\{(a_1,a_2,\cdots,a_n)^{\mathrm{T}}\mid a_i\in\mathbb{R},i=1,2,\cdots,n\}$,定义线性运算如下:
$$\boldsymbol{\alpha}\oplus\boldsymbol{\beta}=\boldsymbol{\alpha}-\boldsymbol{\beta},\quad k\otimes\boldsymbol{\alpha}=-k\boldsymbol{\alpha},\quad \forall\boldsymbol{\alpha},\boldsymbol{\beta}\in V,\quad \forall k\in\mathbb{R},$$
则 V 关于上述运算构成实数域 $\mathbb{R}$ 上的线性空间.

2. (　　)若 $\boldsymbol{A}$ 是正交矩阵,$\boldsymbol{P}$ 是实可逆矩阵,则 $\boldsymbol{P}^{-1}\boldsymbol{AP}$ 是正交矩阵.

3. (　　)正交矩阵 $\boldsymbol{A}$ 是上三角矩阵的充分必要条件是 $\boldsymbol{A}$ 为单位矩阵.

4. (　　)n 阶实矩阵 $\boldsymbol{A}$ 是正交矩阵的充分必要条件是 $\boldsymbol{A}$ 的列向量组是列向量空间 $\mathbb{R}^n$ 的一个标准正交基.

5. (　　)设 $\boldsymbol{\alpha}_1,\boldsymbol{\alpha}_2,\cdots,\boldsymbol{\alpha}_n$ 是列向量空间 $\mathbb{R}^n$ 的一个标准正交基,$\boldsymbol{A}$ 是实可逆矩阵,则 $\boldsymbol{A\alpha}_1,\boldsymbol{A\alpha}_2,\cdots,\boldsymbol{A\alpha}_n$ 也是 $\mathbb{R}^n$ 的一个标准正交基.

6. (　　)在欧氏空间 $\mathbb{R}^3$ 中,若 $\boldsymbol{e}_1,\boldsymbol{e}_2,\boldsymbol{e}_3$ 是一个标准正交基,则
$$\frac{1}{3}(2\boldsymbol{e}_1+2\boldsymbol{e}_2-\boldsymbol{e}_3),\quad \frac{1}{3}(2\boldsymbol{e}_1-\boldsymbol{e}_2+2\boldsymbol{e}_3),\quad \frac{1}{3}(\boldsymbol{e}_1-2\boldsymbol{e}_2-2\boldsymbol{e}_3)$$
也是一个标准正交基.

7. (　　)由向量 $\boldsymbol{\alpha}_1=\begin{pmatrix}1\\1\\0\\0\end{pmatrix}$, $\boldsymbol{\alpha}_2=\begin{pmatrix}1\\1\\-1\\-1\end{pmatrix}$, $\boldsymbol{\alpha}_3=\begin{pmatrix}1\\0\\-1\\-1\end{pmatrix}$, $\boldsymbol{\alpha}_4=\begin{pmatrix}0\\0\\-1\\-1\end{pmatrix}$, $\boldsymbol{\alpha}_5=\begin{pmatrix}2\\2\\-1\\-1\end{pmatrix}$ 生成的子空

间的维数等于 5.

8.（　　）设 $\boldsymbol{e}_1,\boldsymbol{e}_2$ 欧氏空间 $\mathbb{R}^2$ 中的一个标准正交基，$\boldsymbol{\alpha}_1,\boldsymbol{\alpha}_2$ 是 $\mathbb{R}^2$ 中的两个向量，且内积 $(\boldsymbol{e}_1,\boldsymbol{\alpha}_1)=-1,(\boldsymbol{e}_1,\boldsymbol{\alpha}_2)=1,(\boldsymbol{e}_2,\boldsymbol{\alpha}_1)=1,(\boldsymbol{e}_2,\boldsymbol{\alpha}_2)=2$，则 $\boldsymbol{\alpha}_1,\boldsymbol{\alpha}_2$ 必线性相关.

9.（　　）向量空间 $\mathbb{R}^n$ 中的子集 $W=\{(a_1,a_2,\cdots,a_n)^{\mathrm{T}}\mid a_1=a_2=\cdots=a_n\}$ 是 $\mathbb{R}^n$ 的子空间.

10.（　　）互换正交矩阵 $\boldsymbol{A}$ 的某两行所得的矩阵仍为正交矩阵.

四、解答题：解答应写出文字说明、证明过程或演算步骤.

1. 在实数域 $\mathbb{R}$ 上所有实值函数构成的线性空间 W 中，求由函数组 $1,\sin x,\cos x,\sin^2 x,\cos^2 x$ 生成的子空间的一个基与维数.

2. 设向量空间 $\mathbb{R}^3$ 的两个基 $\boldsymbol{\alpha}_1,\boldsymbol{\alpha}_2,\boldsymbol{\alpha}_3$ 与 $\boldsymbol{\beta}_1,\boldsymbol{\beta}_2,\boldsymbol{\beta}_3$，其中

$$\boldsymbol{\alpha}_1=\begin{pmatrix}1\\0\\1\end{pmatrix},\quad \boldsymbol{\alpha}_2=\begin{pmatrix}1\\1\\1\end{pmatrix},\quad \boldsymbol{\alpha}_3=\begin{pmatrix}1\\0\\0\end{pmatrix},\quad \boldsymbol{\beta}_1=\begin{pmatrix}1\\2\\0\end{pmatrix},\quad \boldsymbol{\beta}_2=\begin{pmatrix}1\\-1\\2\end{pmatrix},\quad \boldsymbol{\beta}_3=\begin{pmatrix}0\\1\\-1\end{pmatrix}.$$

(1) 求由 $\boldsymbol{\beta}_1,\boldsymbol{\beta}_2,\boldsymbol{\beta}_3$ 到 $\boldsymbol{\alpha}_1,\boldsymbol{\alpha}_2,\boldsymbol{\alpha}_3$ 的过渡矩阵.

(2) 已知向量 $\boldsymbol{\xi}$ 在基 $\boldsymbol{\alpha}_1,\boldsymbol{\alpha}_2,\boldsymbol{\alpha}_3$ 下的坐标为 $(1,0,-1)$，求 $\boldsymbol{\xi}$ 在基 $\boldsymbol{\beta}_1,\boldsymbol{\beta}_2,\boldsymbol{\beta}_3$ 下的坐标.

3. 在向量空间 $\mathbb{R}^4$ 中，$V_1=\langle\boldsymbol{\alpha}_1,\boldsymbol{\alpha}_2,\boldsymbol{\alpha}_3\rangle,V_2=\langle\boldsymbol{\beta}_1,\boldsymbol{\beta}_2,\boldsymbol{\beta}_3\rangle$，其中

$$\boldsymbol{\alpha}_1=\begin{pmatrix}1\\1\\0\\2\end{pmatrix},\quad \boldsymbol{\alpha}_2=\begin{pmatrix}1\\1\\-1\\3\end{pmatrix},\quad \boldsymbol{\alpha}_3=\begin{pmatrix}1\\2\\1\\-2\end{pmatrix},\quad \boldsymbol{\beta}_1=\begin{pmatrix}1\\2\\0\\-6\end{pmatrix},\quad \boldsymbol{\beta}_2=\begin{pmatrix}1\\-2\\2\\4\end{pmatrix},\quad \boldsymbol{\beta}_3=\begin{pmatrix}2\\3\\1\\-5\end{pmatrix},$$

分别求子空间 $V_1+V_2,V_1\cap V_2$ 的一个基和维数.

4. 在欧几里得空间 $\mathbb{R}^5$ 中，有齐次线性方程组

$$\begin{cases}2x_1+2x_2+x_3-x_4=0,\\ -x_2+x_3+2x_4+3x_5=0,\end{cases}$$

求其解空间 W 的一个标准正交基.

5. 设 $\boldsymbol{\alpha}_1,\boldsymbol{\alpha}_2,\boldsymbol{\alpha}_3$ 是向量空间 $\mathbb{R}^3$ 的一个基，$\boldsymbol{\beta}_1=2\boldsymbol{\alpha}_1+2k\boldsymbol{\alpha}_3,\boldsymbol{\beta}_2=2\boldsymbol{\alpha}_2,\boldsymbol{\beta}_3=\boldsymbol{\alpha}_1+(k+1)\boldsymbol{\alpha}_3$.

(1) 证明：$\boldsymbol{\beta}_1,\boldsymbol{\beta}_2,\boldsymbol{\beta}_3$ 为 $\mathbb{R}^3$ 的一个基；

(2) 当 k 为何值时，存在非零向量 $\boldsymbol{\eta}$ 在基 $\boldsymbol{\alpha}_1,\boldsymbol{\alpha}_2,\boldsymbol{\alpha}_3$ 与基 $\boldsymbol{\beta}_1,\boldsymbol{\beta}_2,\boldsymbol{\beta}_3$ 下的坐标相同，并求所有的 $\boldsymbol{\eta}$. **【2015 研数一】**

6. 用 $M_n^0(F)$ 表示数域 F 上所有迹为零的 $n(n\geqslant 2)$ 阶矩阵组成的集合，n 阶矩阵 $\boldsymbol{A}=(a_{ij})$ 的迹就是其主对角线上 n 个元素之和，记作 $\mathrm{tr}(\boldsymbol{A})$，即 $\mathrm{tr}(\boldsymbol{A})=a_{11}+a_{22}+\cdots+a_{nn}$.

(1) 证明：$M_n^0(F)$ 是 $M_n(F)$ 的一个子空间；

(2) 求 $M_n^0(F)$ 的一个基及其维数.

五、证明题：应写出证明过程或演算步骤.

1. 设 $\boldsymbol{A},\boldsymbol{B}$ 都是 n 阶正交矩阵，n 为奇数，证明：$(\boldsymbol{A}-\boldsymbol{B})(\boldsymbol{A}+\boldsymbol{B})$ 不可逆.

2. 设线性空间 F^n 的任意两个子空间 W_1 与 W_2，证明

$$W_1+W_2=W_1\cup W_2\Leftrightarrow W_1\subseteq W_2\text{，或者 }W_2\subseteq W_1.$$

第 5 章 特征值与特征向量·矩阵的对角化

设 $\boldsymbol{A}$ 为 n 阶矩阵,如果存在可逆矩阵 $\boldsymbol{P}$,使得 $\boldsymbol{P}^{-1}\boldsymbol{A}\boldsymbol{P}=\boldsymbol{\Lambda}$,其中 $\boldsymbol{\Lambda}$ 为对角矩阵,则 $\boldsymbol{A}=\boldsymbol{P}\boldsymbol{\Lambda}\boldsymbol{P}^{-1}$,从而

$$\boldsymbol{A}^m=(\boldsymbol{P}\boldsymbol{\Lambda}\boldsymbol{P}^{-1})^m=(\boldsymbol{P}\boldsymbol{\Lambda}\boldsymbol{P}^{-1})(\boldsymbol{P}\boldsymbol{\Lambda}\boldsymbol{P}^{-1})\cdots(\boldsymbol{P}\boldsymbol{\Lambda}\boldsymbol{P}^{-1})=\boldsymbol{P}\boldsymbol{\Lambda}^m\boldsymbol{P}^{-1},$$

上式使计算 $\boldsymbol{A}^m$ 变得简单易行,上述结论在实际应用中占有重要地位.

5.1 矩阵的相似

1. 内容要点与评注

定义 1 设 $\boldsymbol{A}$ 与 $\boldsymbol{B}$ 都是数域 F 上的 n 阶矩阵,如果存在数域 F 上的 n 阶可逆矩阵 $\boldsymbol{P}$,使得

$$\boldsymbol{P}^{-1}\boldsymbol{A}\boldsymbol{P}=\boldsymbol{B},$$

则称 $\boldsymbol{A}$ 与 $\boldsymbol{B}$ **相似**,记作 $\boldsymbol{A}\sim\boldsymbol{B}$.

矩阵间的"相似"关系满足如下性质:设 $\boldsymbol{A},\boldsymbol{B},\boldsymbol{C}$ 是数域 F 上的 n 阶矩阵,则

(1) 反身性:$\boldsymbol{A}\sim\boldsymbol{A}$;

(2) 对称性:如果 $\boldsymbol{A}\sim\boldsymbol{B}$,则 $\boldsymbol{B}\sim\boldsymbol{A}$;

(3) 传递性:如果 $\boldsymbol{A}\sim\boldsymbol{B},\boldsymbol{B}\sim\boldsymbol{C}$,则 $\boldsymbol{A}\sim\boldsymbol{C}$.

相似矩阵的性质

性质 1 相似矩阵的行列式相等.

性质 2 相似矩阵或者都可逆,或者都不可逆,当它们都可逆时,它们的逆矩阵仍相似.

性质 3 相似矩阵的秩相等.

定义 2 称 n 阶矩阵 $\boldsymbol{A}=(a_{ij})$ 的主对角线上元素之和为 $\boldsymbol{A}$ 的**迹**,记作 $\mathrm{tr}(\boldsymbol{A})$,即

$$\mathrm{tr}(\boldsymbol{A})=a_{11}+a_{22}+\cdots+a_{nn}.$$

矩阵的迹具有下述性质:设 $\boldsymbol{A},\boldsymbol{B}$ 是数域 F 上的 n 阶矩阵,则

$$\mathrm{tr}(\boldsymbol{A}+\boldsymbol{B})=\mathrm{tr}(\boldsymbol{A})+\mathrm{tr}(\boldsymbol{B});\mathrm{tr}(k\boldsymbol{A})=k\,\mathrm{tr}(\boldsymbol{A});\mathrm{tr}(\boldsymbol{A}\boldsymbol{B})=\mathrm{tr}(\boldsymbol{B}\boldsymbol{A}).$$

证 前两条性质显然成立.下面证明第 3 条性质.

$$\mathrm{tr}(\boldsymbol{A}\boldsymbol{B})=\sum_{j=1}^{n}\boldsymbol{A}\boldsymbol{B}(j,j)=\sum_{j=1}^{n}\Big(\sum_{k=1}^{n}a_{jk}b_{kj}\Big),$$

$$\mathrm{tr}(\boldsymbol{B}\boldsymbol{A})=\sum_{k=1}^{n}\boldsymbol{B}\boldsymbol{A}(k,k)=\sum_{k=1}^{n}\Big(\sum_{j=1}^{n}b_{kj}a_{jk}\Big)=\sum_{j=1}^{n}\Big(\sum_{k=1}^{n}a_{jk}b_{kj}\Big),$$

因此 $\mathrm{tr}(\boldsymbol{A}\boldsymbol{B})=\mathrm{tr}(\boldsymbol{B}\boldsymbol{A})$. ◆

注 一般地, $AB \neq BA$, 但 $\mathrm{tr}(AB)=\mathrm{tr}(BA)$.

性质 4 相似矩阵的迹相等.

证 设 $P^{-1}AP=B$, 依迹的性质,有

$$\mathrm{tr}(B)=\mathrm{tr}(P^{-1}AP)=\mathrm{tr}(P(P^{-1}A))=\mathrm{tr}(A).$$ ◆

注 依上述性质,相似矩阵的行列式、秩、迹都是矩阵相似关系下的不变量,也称**相似不变量**.

在数域 F 上,在与 A 相似的矩阵组成的集合中,寻找一个相对简单的矩阵,研究它的性质以及相似不变量,即可得到 A 的相应性质,这是研究矩阵相似关系的意义所在.

数量矩阵只与自己相似. 较之数量矩阵,再相对简单的就是对角矩阵了.

如果 n 阶矩阵 A 能够与一个对角矩阵相似,则称 A **可对角化**.

定理 1 数域 F 上 n 阶矩阵 A 可对角化的充分必要条件是 F^n 中有 n 个线性无关的向量 $\alpha_1,\alpha_2,\cdots,\alpha_n$, 以及 F 中的 n 个数 $\lambda_1,\lambda_2,\cdots,\lambda_n$, 使得

$$A\alpha_1=\lambda_1\alpha_1, A\alpha_2=\lambda_2\alpha_2,\cdots,A\alpha_n=\lambda_n\alpha_n,$$

令 $P=(\alpha_1,\alpha_2,\cdots,\alpha_n)$, 则 P 可逆,且

$$P^{-1}AP=\mathrm{diag}(\lambda_1,\lambda_2,\cdots,\lambda_n).$$

证 设 $\Lambda=\mathrm{diag}(\lambda_1,\lambda_2,\cdots,\lambda_n)$, $\lambda_j\in F$, $j=1,2,\cdots,n$, 则

$A\sim\Lambda\Leftrightarrow$存在数域 F 上的 n 阶可逆矩阵 $P=(\alpha_1,\alpha_2,\cdots,\alpha_n)$, 使得 $P^{-1}AP=\Lambda$, $AP=P\Lambda$, 即

$$A(\alpha_1,\alpha_2,\cdots,\alpha_n)=(\alpha_1,\alpha_2,\cdots,\alpha_n)\begin{pmatrix}\lambda_1 & & & \\ & \lambda_2 & & \\ & & \ddots & \\ & & & \lambda_n\end{pmatrix}=(\lambda_1\alpha_1,\lambda_2\alpha_2,\cdots,\lambda_n\alpha_n)$$

$\Leftrightarrow F^n$ 中有 n 个线性无关的向量 $\alpha_1,\alpha_2,\cdots,\alpha_n$, 以及 F 中的 n 个数 $\lambda_1,\lambda_2,\cdots,\lambda_n$, 使得

$$A\alpha_1=\lambda_1\alpha_1, A\alpha_2=\lambda_2\alpha_2,\cdots,A\alpha_n=\lambda_n\alpha_n.$$ ◆

2. 典型例题

例 5.1.1 证明:与幂零矩阵相似的矩阵仍是幂零矩阵,且它们的幂零指数相等(关于幂零矩阵及幂零指数,请参见例 3.3.1).

分析 设 $B=P^{-1}AP$, 则 $B^l=P^{-1}A^lP$, 其中 l 为正整数.

证 设 A 是 n 阶幂零矩阵,其幂零指数为 m, 即 $A^m=0$, $A\sim B$, 依定义,则存在可逆矩阵 P, 使得 $B=P^{-1}AP$, 于是 $B^m=P^{-1}A^mP=0$, 因此 B 是幂零矩阵.

假设有正整数 $k<m$, 使 $B^k=0$, 则 $A^k=PB^kP^{-1}=0$, 这与 m 是 A 的幂零指数矛盾. 从而 B 的幂零指数为 m.

注 如果 $A\sim B$, 则 $A^m\sim B^m$, 其中 m 为正整数.

评 利用矩阵的相似关系可简化矩阵幂的运算.

议 (1) 与幂等矩阵相似的矩阵仍是幂等矩阵. (2) 与对合矩阵相似的矩阵仍是对合矩阵.

证 (1) 设 $A^2=A$, $B=P^{-1}AP$, 则 $B^2=P^{-1}A^2P=P^{-1}AP=B$, 因此 B 为幂等矩阵.

(2) 设 $\boldsymbol{A}^2=\boldsymbol{E}, \boldsymbol{B}=\boldsymbol{P}^{-1}\boldsymbol{A}\boldsymbol{P}$，则 $\boldsymbol{B}^2=\boldsymbol{P}^{-1}\boldsymbol{A}^2\boldsymbol{P}=\boldsymbol{P}^{-1}\boldsymbol{E}\boldsymbol{P}=\boldsymbol{E}$，因此 $\boldsymbol{B}$ 为对合矩阵.

例 5.1.2 设 $f(x)=a_0+a_1x+a_2x^2+\cdots+a_mx^m$ 是数域 F 上的一元多项式，$\boldsymbol{A},\boldsymbol{B}$ 是数域 F 上的 n 阶矩阵，证明：如果 $\boldsymbol{A}\sim\boldsymbol{B}$，则 $f(\boldsymbol{A})\sim f(\boldsymbol{B})$.

分析 依 $\boldsymbol{B}=\boldsymbol{P}^{-1}\boldsymbol{A}\boldsymbol{P}$，可证 $f(\boldsymbol{B})=\boldsymbol{P}^{-1}f(\boldsymbol{A})\boldsymbol{P}$.

证 依题设，$\boldsymbol{A}\sim\boldsymbol{B}$，故存在可逆矩阵 $\boldsymbol{P}$，使得 $\boldsymbol{B}=\boldsymbol{P}^{-1}\boldsymbol{A}\boldsymbol{P}, \boldsymbol{B}^k=\boldsymbol{P}^{-1}\boldsymbol{A}^k\boldsymbol{P}$($k$ 为正整数)，于是

$$\begin{aligned}f(\boldsymbol{B})&=a_0\boldsymbol{E}+a_1\boldsymbol{B}+a_2\boldsymbol{B}^2+\cdots+a_m\boldsymbol{B}^m\\&=a_0\boldsymbol{P}^{-1}\boldsymbol{E}\boldsymbol{P}+a_1\boldsymbol{P}^{-1}\boldsymbol{A}\boldsymbol{P}+a_2\boldsymbol{P}^{-1}\boldsymbol{A}^2\boldsymbol{P}+\cdots+a_m\boldsymbol{P}^{-1}\boldsymbol{A}^m\boldsymbol{P}\\&=\boldsymbol{P}^{-1}(a_0\boldsymbol{E}+a_1\boldsymbol{A}+a_2\boldsymbol{A}^2+\cdots+a_m\boldsymbol{A}^m)\boldsymbol{P}\\&=\boldsymbol{P}^{-1}f(\boldsymbol{A})\boldsymbol{P},\end{aligned}$$

依定义，$f(\boldsymbol{A})\sim f(\boldsymbol{B})$.

注 如果 $\boldsymbol{A}\sim\boldsymbol{B}$，则 $f(\boldsymbol{A})\sim f(\boldsymbol{B})$.

议 如果 $\boldsymbol{A}\sim\boldsymbol{B}$，则 $\boldsymbol{A}^{\mathrm{T}}\sim\boldsymbol{B}^{\mathrm{T}}$.

证 设 $\boldsymbol{B}=\boldsymbol{P}^{-1}\boldsymbol{A}\boldsymbol{P}$，则 $\boldsymbol{B}^{\mathrm{T}}=(\boldsymbol{P}^{-1}\boldsymbol{A}\boldsymbol{P})^{\mathrm{T}}=\boldsymbol{P}^{\mathrm{T}}\boldsymbol{A}^{\mathrm{T}}(\boldsymbol{P}^{-1})^{\mathrm{T}}=((\boldsymbol{P}^{\mathrm{T}})^{-1})^{-1}\boldsymbol{A}^{\mathrm{T}}((\boldsymbol{P}^{\mathrm{T}})^{-1})$.

例 5.1.3 证明：如果 n 阶矩阵 $\boldsymbol{A},\boldsymbol{B}$ 满足 $\boldsymbol{A}\boldsymbol{B}-\boldsymbol{B}\boldsymbol{A}=\boldsymbol{A}$，则 $\operatorname{rank}(\boldsymbol{A})<n$.

分析 假设 $\operatorname{rank}(\boldsymbol{A})=n$，则 $\boldsymbol{A}$ 可逆，$\boldsymbol{B}-\boldsymbol{A}^{-1}\boldsymbol{B}\boldsymbol{A}=\boldsymbol{E}$，$\operatorname{tr}(\boldsymbol{B}-\boldsymbol{A}^{-1}\boldsymbol{B}\boldsymbol{A})=\operatorname{tr}(\boldsymbol{E})$.

$$\operatorname{tr}(\boldsymbol{B}-\boldsymbol{A}^{-1}\boldsymbol{B}\boldsymbol{A})=\operatorname{tr}(\boldsymbol{B})-\operatorname{tr}(\boldsymbol{A}\boldsymbol{A}^{-1}\boldsymbol{B}).$$

证 反证法. 假设 $\operatorname{rank}(\boldsymbol{A})=n$，则 $\boldsymbol{A}$ 可逆，用 $\boldsymbol{A}^{-1}$ 左乘等式 $\boldsymbol{A}\boldsymbol{B}-\boldsymbol{B}\boldsymbol{A}=\boldsymbol{A}$ 两端，得 $\boldsymbol{B}-\boldsymbol{A}^{-1}\boldsymbol{B}\boldsymbol{A}=\boldsymbol{E}$，于是 $\operatorname{tr}(\boldsymbol{B}-\boldsymbol{A}^{-1}\boldsymbol{B}\boldsymbol{A})=\operatorname{tr}(\boldsymbol{E})=n$. 又依矩阵迹的性质，有

$$\operatorname{tr}(\boldsymbol{B}-\boldsymbol{A}^{-1}\boldsymbol{B}\boldsymbol{A})=\operatorname{tr}(\boldsymbol{B})-\operatorname{tr}(\boldsymbol{A}\boldsymbol{A}^{-1}\boldsymbol{B})=\operatorname{tr}(\boldsymbol{B})-\operatorname{tr}(\boldsymbol{B})=0,$$ 矛盾.

因此 $\operatorname{rank}(\boldsymbol{A})<n$.

注 如果 $\boldsymbol{A}\boldsymbol{B}-\boldsymbol{B}\boldsymbol{A}=\boldsymbol{A}$，则 $\operatorname{tr}(\boldsymbol{A})=0$.

评 利用迹的性质可证矩阵不满秩.

习题 5-1

1. 证明：如果 $\boldsymbol{A}$ 与 $\boldsymbol{B}$ 可交换，那么 $\boldsymbol{P}^{-1}\boldsymbol{A}\boldsymbol{P}$ 与 $\boldsymbol{P}^{-1}\boldsymbol{B}\boldsymbol{P}$ 可交换.
2. 证明：如果 $\boldsymbol{A}_1\sim\boldsymbol{B}_1, \boldsymbol{A}_2\sim\boldsymbol{B}_2$，则 $\begin{pmatrix}\boldsymbol{A}_1&\boldsymbol{0}\\\boldsymbol{0}&\boldsymbol{A}_2\end{pmatrix}\sim\begin{pmatrix}\boldsymbol{B}_1&\boldsymbol{0}\\\boldsymbol{0}&\boldsymbol{B}_2\end{pmatrix}$.
3. 如果 n 阶矩阵 $\boldsymbol{A}$ 可对角化，则 $\boldsymbol{A}\sim\boldsymbol{A}^{\mathrm{T}}$.
4. 设 $\boldsymbol{A},\boldsymbol{B}$ 都是 n 阶矩阵，证明：如果 $\boldsymbol{A}\boldsymbol{B}-\boldsymbol{B}\boldsymbol{A}=\boldsymbol{A}$，则 $\operatorname{tr}(\boldsymbol{A}^2)=0$.

5.2 矩阵的特征值与特征向量

由上节已知，数域 F 上的 n 阶矩阵 $\boldsymbol{A}$ 可对角化的充分必要条件是 F^n 中有 n 个线性无关的向量 $\boldsymbol{\alpha}_1,\boldsymbol{\alpha}_2,\cdots,\boldsymbol{\alpha}_n$，以及 F 中的 n 个数 $\lambda_1,\lambda_2,\cdots,\lambda_n$，使得

$$\boldsymbol{A}\boldsymbol{\alpha}_1=\lambda_1\boldsymbol{\alpha}_1, \boldsymbol{A}\boldsymbol{\alpha}_2=\lambda_2\boldsymbol{\alpha}_2, \cdots, \boldsymbol{A}\boldsymbol{\alpha}_n=\lambda_n\boldsymbol{\alpha}_n.$$

1. 内容要点与评注

定义 1 设 $\boldsymbol{A}$ 是数域 F 上的 n 阶矩阵，如果存在非零向量 $\boldsymbol{\alpha}\in F^n, \lambda_0\in F$，使得

$$A\boldsymbol{\alpha}=\lambda_0\boldsymbol{\alpha},$$

则称 λ_0 是 A 的一个**特征值**,$\boldsymbol{\alpha}$ 为 A 的属于特征值 λ_0 的一个**特征向量**.

特征向量的性质

(1) 特征向量一定是非零向量;

(2) 设 $\boldsymbol{\alpha}$ 为 A 的属于特征值 λ_0 的一个特征向量,则对任一 $k\in F$,且 $k\neq 0$,则 $k\boldsymbol{\alpha}$ 也是 A 的属于特征值 λ_0 的特征向量.

(3) 设 $\boldsymbol{\alpha}_1,\boldsymbol{\alpha}_2$ 为 A 的属于同一特征值 λ_0 的特征向量,且 $\boldsymbol{\alpha}_1+\boldsymbol{\alpha}_2\neq\mathbf{0}$,则 $\boldsymbol{\alpha}_1+\boldsymbol{\alpha}_2$ 也是 A 的属于特征值 λ_0 的特征向量.

(4) A 的特征向量只能属于一个特征值.

事实上,设 $\boldsymbol{\alpha}\neq\mathbf{0}$,且 $A\boldsymbol{\alpha}=\lambda_1\boldsymbol{\alpha}$,$A\boldsymbol{\alpha}=\lambda_2\boldsymbol{\alpha}$,则 $\lambda_1\boldsymbol{\alpha}=\lambda_2\boldsymbol{\alpha}$,即 $(\lambda_1-\lambda_2)\boldsymbol{\alpha}=\mathbf{0}$,因此 $\lambda_1=\lambda_2$.

(5) 如果 $\boldsymbol{\alpha}_1,\boldsymbol{\alpha}_2$ 是 A 的分别属于不同特征值 λ_1,λ_2 的特征向量,则 $\boldsymbol{\alpha}_1+\boldsymbol{\alpha}_2$ 不再是 A 的特征向量.

反证法.假设 $\boldsymbol{\alpha}_1+\boldsymbol{\alpha}_2$ 是 A 的特征向量,那么它必属于 A 的某一特征值 λ_0,于是

$$A(\boldsymbol{\alpha}_1+\boldsymbol{\alpha}_2)=\lambda_0(\boldsymbol{\alpha}_1+\boldsymbol{\alpha}_2),$$

又因为 $A(\boldsymbol{\alpha}_1+\boldsymbol{\alpha}_2)=A\boldsymbol{\alpha}_1+A\boldsymbol{\alpha}_2=\lambda_1\boldsymbol{\alpha}_1+\lambda_2\boldsymbol{\alpha}_2$,代入上式得 $\lambda_1\boldsymbol{\alpha}_1+\lambda_2\boldsymbol{\alpha}_2=\lambda_0\boldsymbol{\alpha}_1+\lambda_0\boldsymbol{\alpha}_2$,即 $(\lambda_1-\lambda_0)\boldsymbol{\alpha}_1+(\lambda_2-\lambda_0)\boldsymbol{\alpha}_2=\mathbf{0}$.因为 $\lambda_1\neq\lambda_2$,即 $\lambda_1-\lambda_0,\lambda_2-\lambda_0$ 不全为零,因此 $\boldsymbol{\alpha}_1,\boldsymbol{\alpha}_2$ 线性相关,不妨设 $\boldsymbol{\alpha}_1=k\boldsymbol{\alpha}_2$,由于 $\boldsymbol{\alpha}_1\neq\mathbf{0}$,即 $k\neq 0$,故 $k\boldsymbol{\alpha}_2\neq\mathbf{0}$,$k\boldsymbol{\alpha}_2$ 是 A 的属于 λ_1 的特征向量,依性质(2),$k\boldsymbol{\alpha}_2$ 也是 A 的属于 λ_2 的特征向量.依性质(4),矛盾!因此 $\boldsymbol{\alpha}_1+\boldsymbol{\alpha}_2$ 不再是 A 的特征向量. ◆

设数域 F 上 n 阶矩阵 A,$\boldsymbol{\alpha}\in F^n$ 且 $\boldsymbol{\alpha}\neq\mathbf{0}$,$\lambda_0\in F$,$\lambda_0$ 是 A 的一个特征值,$\boldsymbol{\alpha}$ 为 A 的属于特征值 λ_0 的一个特征向量

$\Leftrightarrow A\boldsymbol{\alpha}=\lambda_0\boldsymbol{\alpha}$

$\Leftrightarrow(\lambda_0 E-A)\boldsymbol{\alpha}=\mathbf{0}$

$\Leftrightarrow\boldsymbol{\alpha}$ 是齐次线性方程组 $(\lambda_0 E-A)\boldsymbol{x}=\mathbf{0}$ 的一个非零解

$\Leftrightarrow|\lambda_0 E-A|=0$

$\Leftrightarrow\lambda_0$ 是多项式 $|\lambda E-A|$ 在数域 F 中的一个零点,$\boldsymbol{\alpha}$ 是 $(\lambda_0 E-A)\boldsymbol{x}=\mathbf{0}$ 的一个非零解.

设 $A=(a_{ij})$,称 $|\lambda E-A|$ 为 A 的**特征多项式**,即

$$|\lambda E-A|=\begin{vmatrix}\lambda-a_{11} & -a_{12} & \cdots & -a_{1n}\\ -a_{21} & \lambda-a_{22} & \cdots & -a_{2n}\\ \vdots & \vdots & \ddots & \vdots\\ -a_{n1} & -a_{n2} & \cdots & \lambda-a_{nn}\end{vmatrix}.$$

定理1 设 A 是数域 F 上的 n 阶矩阵,则

(1) λ_0 是 A 的一个特征值当且仅当 λ_0 是 A 的特征多项式在数域 F 中一个零点;

(2) $\boldsymbol{\alpha}$ 是 A 的属于特征值 λ_0 的一个特征向量当且仅当 $\boldsymbol{\alpha}$ 是齐次线性方程组 $(\lambda_0 E-A)\boldsymbol{x}=\mathbf{0}$ 的一个非零解.

判断及求 n 阶矩阵 A 的特征值和特征向量的步骤如下:

第一步,计算 A 的特征多项式 $|\lambda E-A|$;

第二步，如果特征多项式 $|\lambda \boldsymbol{E}-\boldsymbol{A}|$ 在数域 F 中没有零点，那么 $\boldsymbol{A}$ 没有特征值，从而 $\boldsymbol{A}$ 也没有特征向量. 如果特征多项式 $|\lambda \boldsymbol{E}-\boldsymbol{A}|$ 在数域 F 中有零点，那么 $\boldsymbol{A}$ 有特征值，且 $|\lambda \boldsymbol{E}-\boldsymbol{A}|$ 在 F 中的全部零点就是 $\boldsymbol{A}$ 的全部特征值. 继续第三步；

第三步，对于 $\boldsymbol{A}$ 的每一个特征值 λ_j，解齐次线性方程组 $(\lambda_j \boldsymbol{E}-\boldsymbol{A})\boldsymbol{x}=\boldsymbol{0}$，得其一个基础解系 $\boldsymbol{\eta}_1,\boldsymbol{\eta}_2,\cdots,\boldsymbol{\eta}_s$，于是 $\boldsymbol{A}$ 的属于特征值 λ_j 的全部特征向量组成的集合为

$$\{k_1\boldsymbol{\eta}_1+k_2\boldsymbol{\eta}_2+\cdots+k_s\boldsymbol{\eta}_s \mid k_1,k_2,\cdots,k_s \in F,\text{且它们不全为 }0\}.$$

设 $\boldsymbol{A}=\begin{pmatrix}1 & 1\\ -1 & 1\end{pmatrix}$，在实数域 $\mathbb{R}$ 上，$\boldsymbol{A}$ 的特征多项式为

$$|\lambda \boldsymbol{E}-\boldsymbol{A}|=\begin{vmatrix}\lambda-1 & -1\\ 1 & \lambda-1\end{vmatrix}=(\lambda-1)^2+1=\lambda^2-2\lambda+2,$$

因为判别式 $\Delta=(-2)^2-4\cdot 1\cdot 2=-4<0$，$\lambda^2-2\lambda+2$ 没有实零点，从而 $\boldsymbol{A}$ 没有特征值，$\boldsymbol{A}$ 也没有特征向量.

在复数域 $\mathbb{C}$ 上，$\boldsymbol{A}$ 的特征多项式仍为 $\lambda^2-2\lambda+2$，其根为 $\lambda_{1,2}=\dfrac{2\pm\sqrt{-4}}{2}=1\pm \mathrm{i}$，因此 $\boldsymbol{A}$ 有特征值，其全部特征值为 $\lambda_1=1-\mathrm{i}$，$\lambda_2=1+\mathrm{i}$.

对于特征值 $\lambda_1=1-\mathrm{i}$，解线性方程组 $((1-\mathrm{i})\boldsymbol{E}-\boldsymbol{A})\boldsymbol{x}=\boldsymbol{0}$，得其基础解系为 $\boldsymbol{\eta}_1=\begin{pmatrix}\mathrm{i}\\ 1\end{pmatrix}$，于是 $\boldsymbol{A}$ 的属于特征值 $\lambda_1=1-\mathrm{i}$ 的全部特征向量为 $\{k_1\boldsymbol{\eta}_1 \mid k_1\in\mathbb{C}\text{ 且 }k_1\neq 0\}$.

对于特征值 $\lambda_2=1+\mathrm{i}$，解线性方程组 $((1+\mathrm{i})\boldsymbol{E}-\boldsymbol{A})\boldsymbol{x}=\boldsymbol{0}$，得其基础解系为 $\boldsymbol{\eta}_2=\begin{pmatrix}-\mathrm{i}\\ 1\end{pmatrix}$，于是 $\boldsymbol{A}$ 的属于特征值 $\lambda_2=1+\mathrm{i}$ 的全部特征向量为 $\{k_2\boldsymbol{\eta}_2 \mid k_2\in\mathbb{C}\text{ 且 }k_2\neq 0\}$.

设 λ_j 是 $\boldsymbol{A}$ 的一个特征值，称齐次线性方程组 $(\lambda_j\boldsymbol{E}-\boldsymbol{A})\boldsymbol{x}=\boldsymbol{0}$ 的解空间为 $\boldsymbol{A}$ 的属于特征值 λ_j 的**特征子空间**，其中全部的非零向量就是 $\boldsymbol{A}$ 的属于特征值 λ_j 的全部特征向量.

相似矩阵还有下述性质(续前)：

性质 5 相似矩阵的特征多项式相等.

性质 6 相似矩阵的特征值相同(包括重数相同).

注 矩阵的特征多项式与特征值都是矩阵的相似不变量.

评 上述性质是矩阵相似的必要条件，而非充分条件. 例如 $\boldsymbol{A}=\begin{pmatrix}1 & 0\\ 1 & 1\end{pmatrix}$，$\boldsymbol{E}=\begin{pmatrix}1 & 0\\ 0 & 1\end{pmatrix}$，矩阵 $\boldsymbol{A}$ 与 $\boldsymbol{E}$ 具有相等的特征多项式 $(\lambda-1)^2$、相同的特征值 $\lambda_1=\lambda_2=1$、相等的秩 2、相等的迹 2、相等的行列式 1，且都可逆，但是 $\boldsymbol{A}$ 与 $\boldsymbol{E}$ 不相似(单位矩阵只与自己相似).

对于 n 阶矩阵 $\boldsymbol{A}$，选定 $\boldsymbol{A}$ 的第 $j_1,j_2,\cdots,j_k$ 行及 $j_1,j_2,\cdots,j_k$ 列，位于这些行列交叉位置的元素组成的 k 阶行列式 $A\begin{pmatrix}j_1,j_2,\cdots,j_k\\ j_1,j_2,\cdots,j_k\end{pmatrix}$ 称为 $\boldsymbol{A}$ 的 k 阶**主子式**，$1\leqslant k\leqslant n$.

命题 2 设 $\boldsymbol{A}$ 是数域 F 上的 n 阶矩阵，则 $\boldsymbol{A}$ 的特征多项式 $|\lambda\boldsymbol{E}-\boldsymbol{A}|$ 是一个 n 次多项式，λ^n 的系数为 1，λ^{n-1} 的系数为 $-\mathrm{tr}(\boldsymbol{A})$，常数项为 $(-1)^n|\boldsymbol{A}|$，λ^{n-k} 的系数为 $\boldsymbol{A}$ 的所有 k 阶主子式之和乘以 $(-1)^k$，$1\leqslant k<n$.

下面以 4 阶矩阵为例给予证明.

证 设 4 阶矩阵 $\boldsymbol{A}=(a_{ij})$，$\boldsymbol{A}$ 的特征多项式为

$$|\lambda \boldsymbol{E}-\boldsymbol{A}|=\begin{vmatrix}\lambda-a_{11} & 0-a_{12} & 0-a_{13} & 0-a_{14}\\ 0-a_{21} & \lambda-a_{22} & 0-a_{23} & 0-a_{24}\\ 0-a_{31} & 0-a_{32} & \lambda-a_{33} & 0-a_{34}\\ 0-a_{41} & 0-a_{42} & 0-a_{43} & \lambda-a_{44}\end{vmatrix}.$$

依行列式的性质，$|\lambda \boldsymbol{E}-\boldsymbol{A}|$ 可以拆成 $(\mathrm{C}_2^1)^4=16$ 个行列式之和，它们分别是

$$\begin{vmatrix}\lambda & 0 & 0 & 0\\ 0 & \lambda & 0 & 0\\ 0 & 0 & \lambda & 0\\ 0 & 0 & 0 & \lambda\end{vmatrix}=\lambda^4,$$

$$\begin{vmatrix}\lambda & 0 & 0 & -a_{14}\\ 0 & \lambda & 0 & -a_{24}\\ 0 & 0 & \lambda & -a_{34}\\ 0 & 0 & 0 & -a_{44}\end{vmatrix}=-a_{44}\lambda^3,\quad \begin{vmatrix}\lambda & 0 & -a_{13} & 0\\ 0 & \lambda & -a_{23} & 0\\ 0 & 0 & -a_{33} & 0\\ 0 & 0 & -a_{43} & \lambda\end{vmatrix}=-a_{33}\lambda^3,$$

$$\begin{vmatrix}\lambda & -a_{12} & 0 & 0\\ 0 & -a_{22} & 0 & 0\\ 0 & -a_{32} & \lambda & 0\\ 0 & -a_{42} & 0 & \lambda\end{vmatrix}=-a_{22}\lambda^3,\quad \begin{vmatrix}-a_{11} & 0 & 0 & 0\\ -a_{21} & \lambda & 0 & 0\\ -a_{31} & 0 & \lambda & 0\\ -a_{41} & 0 & 0 & \lambda\end{vmatrix}=-a_{11}\lambda^3,$$

$$\begin{vmatrix}\lambda & 0 & -a_{13} & -a_{14}\\ 0 & \lambda & -a_{23} & -a_{24}\\ 0 & 0 & -a_{33} & -a_{34}\\ 0 & 0 & -a_{43} & -a_{44}\end{vmatrix}=\begin{vmatrix}a_{33} & a_{34}\\ a_{43} & a_{44}\end{vmatrix}\lambda^2,\quad \begin{vmatrix}\lambda & -a_{12} & 0 & -a_{14}\\ 0 & -a_{22} & 0 & -a_{24}\\ 0 & -a_{32} & \lambda & -a_{34}\\ 0 & -a_{42} & 0 & -a_{44}\end{vmatrix}=\begin{vmatrix}a_{22} & a_{24}\\ a_{42} & a_{44}\end{vmatrix}\lambda^2,$$

$$\begin{vmatrix}\lambda & -a_{12} & -a_{13} & 0\\ 0 & -a_{22} & -a_{23} & 0\\ 0 & -a_{32} & -a_{33} & 0\\ 0 & -a_{42} & -a_{43} & \lambda\end{vmatrix}=\begin{vmatrix}a_{22} & a_{23}\\ a_{32} & a_{33}\end{vmatrix}\lambda^2,\quad \begin{vmatrix}-a_{11} & 0 & 0 & -a_{14}\\ -a_{21} & \lambda & 0 & -a_{24}\\ -a_{31} & 0 & \lambda & -a_{34}\\ -a_{41} & 0 & 0 & -a_{44}\end{vmatrix}=\begin{vmatrix}a_{11} & a_{14}\\ a_{41} & a_{44}\end{vmatrix}\lambda^2,$$

$$\begin{vmatrix}-a_{11} & 0 & -a_{13} & 0\\ -a_{21} & \lambda & -a_{23} & 0\\ -a_{31} & 0 & -a_{33} & 0\\ -a_{41} & 0 & -a_{43} & \lambda\end{vmatrix}=\begin{vmatrix}a_{11} & a_{13}\\ a_{31} & a_{33}\end{vmatrix}\lambda^2,\quad \begin{vmatrix}-a_{11} & -a_{12} & 0 & 0\\ -a_{21} & -a_{22} & 0 & 0\\ -a_{31} & -a_{32} & \lambda & 0\\ -a_{41} & -a_{42} & 0 & \lambda\end{vmatrix}=\begin{vmatrix}a_{11} & a_{12}\\ a_{21} & a_{22}\end{vmatrix}\lambda^2,$$

$$\begin{vmatrix}\lambda & -a_{12} & -a_{13} & -a_{14}\\ 0 & -a_{22} & -a_{23} & -a_{24}\\ 0 & -a_{32} & -a_{33} & -a_{34}\\ 0 & -a_{42} & -a_{43} & -a_{44}\end{vmatrix}=-\begin{vmatrix}a_{22} & a_{23} & a_{24}\\ a_{32} & a_{33} & a_{34}\\ a_{42} & a_{43} & a_{44}\end{vmatrix}\lambda,$$

$$\begin{vmatrix} -a_{11} & 0 & -a_{13} & -a_{14} \\ -a_{21} & \lambda & -a_{23} & -a_{24} \\ -a_{31} & 0 & -a_{33} & -a_{34} \\ -a_{41} & 0 & -a_{43} & -a_{44} \end{vmatrix} = -\begin{vmatrix} a_{11} & a_{13} & a_{14} \\ a_{31} & a_{33} & a_{34} \\ a_{41} & a_{43} & a_{44} \end{vmatrix} \lambda,$$

$$\begin{vmatrix} -a_{11} & -a_{12} & 0 & -a_{14} \\ -a_{21} & -a_{22} & 0 & -a_{24} \\ -a_{31} & -a_{32} & \lambda & -a_{34} \\ -a_{41} & -a_{42} & 0 & -a_{44} \end{vmatrix} = -\begin{vmatrix} a_{11} & a_{12} & a_{14} \\ a_{21} & a_{22} & a_{24} \\ a_{41} & a_{42} & a_{44} \end{vmatrix} \lambda,$$

$$\begin{vmatrix} -a_{11} & -a_{12} & -a_{13} & 0 \\ -a_{21} & -a_{22} & -a_{23} & 0 \\ -a_{31} & -a_{32} & -a_{33} & 0 \\ -a_{41} & -a_{42} & -a_{43} & \lambda \end{vmatrix} = -\begin{vmatrix} a_{11} & a_{12} & a_{13} \\ a_{21} & a_{22} & a_{23} \\ a_{31} & a_{32} & a_{33} \end{vmatrix} \lambda,$$

$$\begin{vmatrix} -a_{11} & -a_{12} & -a_{13} & -a_{14} \\ -a_{21} & -a_{22} & -a_{23} & -a_{24} \\ -a_{31} & -a_{32} & -a_{33} & -a_{34} \\ -a_{41} & -a_{42} & -a_{43} & -a_{44} \end{vmatrix} = (-1)^4 |\boldsymbol{A}| = |\boldsymbol{A}|,$$

在 $|\lambda \boldsymbol{E}-\boldsymbol{A}|$ 中，λ^4 的系数为 1，λ^3 的系数为 $-a_{11}-a_{22}-a_{33}-a_{44}=-\mathrm{tr}(\boldsymbol{A})$，常数项为 $|\boldsymbol{A}|$，λ^2 的系数为 $\sum\limits_{1\leqslant j_1<j_2\leqslant 4} A\begin{pmatrix} j_1, j_2 \\ j_1, j_2 \end{pmatrix}$，$\lambda$ 的系数为 $-\sum\limits_{1\leqslant j_1<j_2<j_3\leqslant 4} A\begin{pmatrix} j_1, j_2, j_3 \\ j_1, j_2, j_3 \end{pmatrix}$，因此

$$|\lambda \boldsymbol{E}-\boldsymbol{A}| = \lambda^4 - \mathrm{tr}(\boldsymbol{A})\lambda^3 + \left(\sum_{1\leqslant j_1<j_2\leqslant 4} A\begin{pmatrix} j_1, j_2 \\ j_1, j_2 \end{pmatrix} \right)\lambda^2 - \left(\sum_{1\leqslant j_1<j_2<j_3\leqslant 4} A\begin{pmatrix} j_1, j_2, j_3 \\ j_1, j_2, j_3 \end{pmatrix} \right)\lambda + |\boldsymbol{A}|.$$

◆

设 $\boldsymbol{A}$ 是数域 F 上的 n 阶矩阵，依命题 2，$\boldsymbol{A}$ 的特征多项式的 n 个复零点之和等于 $\boldsymbol{A}$ 的迹；n 个复零点之积等于 $|\boldsymbol{A}|$.

事实上，设 $\lambda_1, \lambda_2, \cdots, \lambda_n$ 是 $\boldsymbol{A}$ 的 n 个复零点，则

$$\begin{aligned} |\lambda \boldsymbol{E}-\boldsymbol{A}| &= (\lambda-\lambda_1)(\lambda-\lambda_2)\cdots(\lambda-\lambda_n) \\ &= \lambda^n - (\lambda_1+\lambda_2+\cdots+\lambda_n)\lambda^{n-1} + \cdots + (-1)^n \lambda_1\lambda_2\cdots\lambda_n, \end{aligned}$$

从而 $\mathrm{tr}(\boldsymbol{A}) = \lambda_1+\lambda_2+\cdots+\lambda_n$，$|\boldsymbol{A}| = \lambda_1\lambda_2\cdots\lambda_n$.

定义 2 设 $\boldsymbol{A}$ 是复数域 $\mathbb{C}$ 上的 n 阶矩阵，λ_1 是 $\boldsymbol{A}$ 的一个特征值，$\boldsymbol{A}$ 的属于特征值 λ_1 的特征子空间的维数称为 λ_1 的**几何重数**，λ_1 作为 $\boldsymbol{A}$ 的特征多项式的零点的重数称为 λ_1 的**代数重数**.

命题 3 设 λ_1 是数域 F 上的 n 阶矩阵 $\boldsymbol{A}$ 的一个特征值，则 λ_1 的几何重数不超过它的代数重数.

证 设 $\boldsymbol{A}$ 的属于特征值 λ_1 的特征子空间 W_1 的维数为 r，即 λ_1 的几何重数为 r，在 W_1 中取一个基：$\boldsymbol{\alpha}_1, \boldsymbol{\alpha}_2, \cdots, \boldsymbol{\alpha}_r$，把它扩充成 F^n 的一个基：$\boldsymbol{\alpha}_1, \boldsymbol{\alpha}_2, \cdots, \boldsymbol{\alpha}_r, \boldsymbol{\beta}_{r+1}, \boldsymbol{\beta}_{r+2}, \cdots, \boldsymbol{\beta}_n$，令 $\boldsymbol{P}=(\boldsymbol{\alpha}_1, \boldsymbol{\alpha}_2, \cdots, \boldsymbol{\alpha}_r, \boldsymbol{\beta}_{r+1}, \boldsymbol{\beta}_{r+2}, \cdots, \boldsymbol{\beta}_n)$，则 $\boldsymbol{P}$ 是可逆矩阵，且

$$P^{-1}AP=P^{-1}(A\alpha_1,\cdots,A\alpha_r,A\beta_{r+1},\cdots,A\beta_n)=P^{-1}(\lambda_1\alpha_1,\cdots,\lambda_1\alpha_r,A\beta_{r+1},\cdots,A\beta_n)$$
$$=(\lambda_1P^{-1}\alpha_1,\cdots,\lambda_1P^{-1}\alpha_r,P^{-1}A\beta_{r+1},\cdots,P^{-1}A\beta_n).$$

又因为

$$(\varepsilon_1,\varepsilon_2,\cdots,\varepsilon_n)=E=P^{-1}P=P^{-1}(\alpha_1,\cdots,\alpha_r,\beta_{r+1},\cdots,\beta_n)$$
$$=(P^{-1}\alpha_1,\cdots,P^{-1}\alpha_r,P^{-1}\beta_{r+1},\cdots,P^{-1}\beta_n),$$

即 $\varepsilon_1=P^{-1}\alpha_1,\cdots,\varepsilon_r=P^{-1}\alpha_r$，将其代入上式，有

$$P^{-1}AP=(\lambda_1\varepsilon_1,\cdots,\lambda_1\varepsilon_r,P^{-1}A\beta_{r+1},\cdots,P^{-1}A\beta_n)=\begin{pmatrix}\lambda_1E_r & B\\ 0 & C\end{pmatrix},$$

其中取左上角的 r 行，r 列为一子块，写成分块矩阵. 因此 $A\sim\begin{pmatrix}\lambda_1E_r & B\\ 0 & C\end{pmatrix}$，从而有相等的特征多项式，即

$$|\lambda E-A|=\begin{vmatrix}(\lambda-\lambda_1)E_r & -B\\ 0 & \lambda E_{n-r}-C\end{vmatrix}$$
$$=|(\lambda-\lambda_1)E_r||\lambda E_{n-r}-C|=(\lambda-\lambda_1)^r|\lambda E_{n-r}-C|,$$

上式包含因式 $\lambda-\lambda_1$ 至少有 r 个，表明 λ_1 的代数重数大于或等于 r. ◆

2. 典型例题

例 5.2.1 设数域 F 上的 n 阶矩阵 $A=\begin{pmatrix}1&1&\cdots&1\\1&1&\cdots&1\\\vdots&\vdots&&\vdots\\1&1&\cdots&1\end{pmatrix}$，求 A 的全部特征值及其所属的特征向量.

分析 依定理 1 求解.

解 依题设，A 的特征多项式为

$$|\lambda E-A|=\begin{vmatrix}\lambda-1&-1&\cdots&-1\\-1&\lambda-1&\cdots&-1\\\vdots&\vdots&&\vdots\\-1&-1&\cdots&\lambda-1\end{vmatrix}\xlongequal[\langle 1\rangle+\langle n\rangle]{\substack{\langle 1\rangle+\langle 2\rangle\\\langle 1\rangle+\langle 3\rangle\\\vdots}}(\lambda-n)\begin{vmatrix}1&-1&\cdots&-1\\1&\lambda-1&\cdots&-1\\\vdots&\vdots&&\vdots\\1&-1&\cdots&\lambda-1\end{vmatrix}$$
$$\xlongequal[\langle n\rangle+(-1)\langle 1\rangle]{\substack{\langle 2\rangle+(-1)\langle 1\rangle\\\langle 3\rangle+(-1)\langle 1\rangle\\\vdots}}(\lambda-n)\begin{vmatrix}1&-1&\cdots&-1\\0&\lambda&\cdots&0\\\vdots&\vdots&&\vdots\\0&0&\cdots&\lambda\end{vmatrix}=(\lambda-n)\lambda^{n-1},$$

A 的全部特征值为 $\lambda_1=n,\lambda_2=\cdots=\lambda_n=0$.

对于 $\lambda_1=n$，解齐次线性方程组 $(nE-A)x=0$，对 $nE-A$ 施以初等行变换，有

$$nE-A=\begin{pmatrix}n-1&-1&\cdots&-1&-1\\-1&n-1&\cdots&-1&-1\\\vdots&\vdots&&\vdots&\vdots\\-1&-1&\cdots&n-1&-1\\-1&-1&\cdots&-1&n-1\end{pmatrix}\xrightarrow[\langle n\rangle+\langle n-1\rangle]{\substack{\langle n\rangle+\langle 1\rangle\\\langle n\rangle+\langle 2\rangle\\\vdots}}\begin{pmatrix}n-1&-1&\cdots&-1&-1\\-1&n-1&\cdots&-1&-1\\\vdots&\vdots&&\vdots&\vdots\\-1&-1&\cdots&n-1&-1\\0&0&\cdots&0&0\end{pmatrix}$$

$$\xrightarrow[\langle 1\rangle+\langle n-1\rangle]{\substack{\langle 1\rangle+\langle 2\rangle\\ \langle 1\rangle+\langle 3\rangle\\ \vdots}}\begin{pmatrix}1&1&\cdots&1&-n+1\\-1&n-1&\cdots&-1&-1\\\vdots&\vdots&&\vdots&\vdots\\-1&-1&\cdots&n-1&-1\\0&0&\cdots&0&0\end{pmatrix}\xrightarrow[\langle n-1\rangle+\langle 1\rangle]{\substack{\langle 2\rangle+\langle 1\rangle\\ \langle 3\rangle+\langle 1\rangle\\ \vdots}}\begin{pmatrix}1&1&\cdots&1&-n+1\\0&n&\cdots&0&-n\\\vdots&\vdots&&\vdots&\vdots\\0&0&\cdots&n&-n\\0&0&\cdots&0&0\end{pmatrix}$$

$$\xrightarrow[\frac{1}{n}\langle n-1\rangle]{\substack{\frac{1}{n}\langle 2\rangle\\ \frac{1}{n}\langle 3\rangle\\ \vdots}}\begin{pmatrix}1&1&\cdots&1&-n+1\\0&1&\cdots&0&-1\\\vdots&\vdots&&\vdots&\vdots\\0&0&\cdots&1&-1\\0&0&\cdots&0&0\end{pmatrix}\xrightarrow[\langle 1\rangle+\langle n-1\rangle]{\substack{\langle 1\rangle+\langle 2\rangle\\ \langle 1\rangle+\langle 3\rangle\\ \vdots}}\begin{pmatrix}1&0&\cdots&0&-1\\0&1&\cdots&0&-1\\\vdots&\vdots&&\vdots&\vdots\\0&0&\cdots&1&-1\\0&0&\cdots&0&0\end{pmatrix},$$

方程组的一般解为$\begin{cases}x_1=x_n,\\x_2=x_n,\\\quad\vdots\\x_{n-1}=x_n,\end{cases}$令自由未知元$x_n=1$，代入得其基础解系为$\boldsymbol{\eta}_1=\begin{pmatrix}1\\1\\\vdots\\1\\1\end{pmatrix}$，$\boldsymbol{\eta}_1$是$\lambda_1=n$的特征子空间的一个基，因此$\boldsymbol{A}$的属于特征值$\lambda_1=n$的全部特征向量为

$$\{k_1\boldsymbol{\eta}_1\mid k_1\in F\text{ 且 }k_1\neq 0\}.$$

对于$\lambda_2=\cdots=\lambda_n=0$，解齐次线性方程组$(0\boldsymbol{E}-\boldsymbol{A})\boldsymbol{x}=\boldsymbol{0}$，对$-\boldsymbol{A}$施以初等行变换，有

$$-\boldsymbol{A}=\begin{pmatrix}-1&-1&\cdots&-1\\-1&-1&\cdots&-1\\\vdots&\vdots&&\vdots\\-1&-1&\cdots&-1\end{pmatrix}\xrightarrow[\langle n\rangle+\langle 1\rangle]{\substack{(-1)\langle 1\rangle\\ \langle 2\rangle+\langle 1\rangle\\ \langle 3\rangle+\langle 1\rangle\\ \vdots}}\begin{pmatrix}1&1&\cdots&1\\0&0&\cdots&0\\\vdots&\vdots&&\vdots\\0&0&\cdots&0\end{pmatrix},$$

方程组的一般解为$x_1=-x_2-x_3-\cdots-x_n$，令自由未知元$\begin{pmatrix}x_2\\x_3\\\vdots\\x_n\end{pmatrix}$分别取$\begin{pmatrix}1\\0\\\vdots\\0\end{pmatrix}$，$\begin{pmatrix}0\\1\\\vdots\\0\end{pmatrix}$，…，$\begin{pmatrix}0\\0\\\vdots\\1\end{pmatrix}$，代入得其基础解系为$\boldsymbol{\eta}_2=\begin{pmatrix}-1\\1\\0\\\vdots\\0\end{pmatrix}$，$\boldsymbol{\eta}_3=\begin{pmatrix}-1\\0\\1\\\vdots\\0\end{pmatrix}$，…，$\boldsymbol{\eta}_n=\begin{pmatrix}-1\\0\\0\\\vdots\\1\end{pmatrix}$，$\boldsymbol{\eta}_2,\cdots,\boldsymbol{\eta}_n$是$\lambda_2=\cdots=\lambda_n=0$的特征子空间的一个基，因此$\boldsymbol{A}$的属于特征值$\lambda_2=\cdots=\lambda_n=0$的全部特征向量为

$$\{k_2\boldsymbol{\eta}_2+k_3\boldsymbol{\eta}_3+\cdots+k_n\boldsymbol{\eta}_n\mid k_j\in F,j=2,3,\cdots,n,\text{且 }k_2,k_3,\cdots,k_n\text{ 不全为 }0\}.$$

注 因$\boldsymbol{\eta}_2,\boldsymbol{\eta}_3,\cdots,\boldsymbol{\eta}_n$线性无关，对于不全为0的$k_2,\cdots,k_n$，$k_2\boldsymbol{\eta}_2+k_3\boldsymbol{\eta}_3+\cdots+k_n\boldsymbol{\eta}_n\neq\boldsymbol{0}$，故可为特征向量.

议　本例矩阵 $\boldsymbol{A}$ 可对角化，其特点是每个特征值的几何重数都等于其代数重数.

证　因为 $|\boldsymbol{\eta}_1,\boldsymbol{\eta}_2,\boldsymbol{\eta}_3,\cdots,\boldsymbol{\eta}_n|=n\neq 0$，故 $\boldsymbol{\eta}_1,\boldsymbol{\eta}_2,\boldsymbol{\eta}_3,\cdots,\boldsymbol{\eta}_n$ 线性无关，且

$$\boldsymbol{A}\boldsymbol{\eta}_1=n\boldsymbol{\eta}_1,\boldsymbol{A}\boldsymbol{\eta}_2=0\boldsymbol{\eta}_2,\cdots,\boldsymbol{A}\boldsymbol{\eta}_n=0\boldsymbol{\eta}_n,$$

$$\boldsymbol{A}(\boldsymbol{\eta}_1,\boldsymbol{\eta}_2,\cdots,\boldsymbol{\eta}_n)=(n\boldsymbol{\eta}_1,0\boldsymbol{\eta}_2,\cdots,0\boldsymbol{\eta}_n)=(\boldsymbol{\eta}_1,\boldsymbol{\eta}_2,\cdots,\boldsymbol{\eta}_n)\begin{pmatrix}n&&&\\&0&&\\&&\ddots&\\&&&0\end{pmatrix},$$

令 $\boldsymbol{P}=(\boldsymbol{\eta}_1,\boldsymbol{\eta}_2,\cdots,\boldsymbol{\eta}_n)$，则 $\boldsymbol{P}$ 可逆，且

$$\boldsymbol{AP}=\boldsymbol{P}\begin{pmatrix}n&&&\\&0&&\\&&\ddots&\\&&&0\end{pmatrix},\text{即 }\boldsymbol{P}^{-1}\boldsymbol{AP}=\begin{pmatrix}n&&&\\&0&&\\&&\ddots&\\&&&0\end{pmatrix}.$$

例 5.2.2　证明数域 F 上幂等矩阵有且仅有特征值 1 或 0.

分析　依等式 $\boldsymbol{A}(\boldsymbol{A}-\boldsymbol{E})=\boldsymbol{0}$，先证明 $\boldsymbol{A}$ 有特征值 1 或 0，再证明 $\boldsymbol{A}$ 仅有特征值 1 或 0.

证　设 $\boldsymbol{A}$ 是数域 F 上的 n 阶幂等矩阵，即 $\boldsymbol{A}^2=\boldsymbol{A}$，则 $\boldsymbol{A}(\boldsymbol{A}-\boldsymbol{E})=\boldsymbol{0}$，依例 3.4.6 结论，有 $\operatorname{rank}(\boldsymbol{A})+\operatorname{rank}(\boldsymbol{E}-\boldsymbol{A})=n$. 设 $\operatorname{rank}(\boldsymbol{A})=r$.

如果 $r=0$，则 $\boldsymbol{A}=\boldsymbol{0}$，则 0 是 $\boldsymbol{A}$ 的全部特征值(其代数重数为 n).

如果 $r=n$，则 $\operatorname{rank}(\boldsymbol{E}-\boldsymbol{A})=0$，即 $\boldsymbol{A}=\boldsymbol{E}$，则 1 是 $\boldsymbol{A}$ 的全部特征值(其代数重数为 n).

如果 $0<r<n$，则 $\boldsymbol{A}$ 不可逆，于是 $|\boldsymbol{A}|=0$，即 $|0\boldsymbol{E}-\boldsymbol{A}|=0$，0 是 $\boldsymbol{A}$ 的一个特征值，此时 $0<\operatorname{rank}(\boldsymbol{E}-\boldsymbol{A})=n-r<n$，从而 $|\boldsymbol{E}-\boldsymbol{A}|=0$，依定理 1，1 是 $\boldsymbol{A}$ 的一个特征值.

上述讨论说明幂等矩阵一定有特征值 1 或 0.

设 λ_0 是 $\boldsymbol{A}$ 的特征值，则存在非零向量 $\boldsymbol{\alpha}\in F^n$，使得 $\boldsymbol{A\alpha}=\lambda_0\boldsymbol{\alpha}$，于是

$$\boldsymbol{A}^2\boldsymbol{\alpha}=\boldsymbol{A}(\boldsymbol{A\alpha})=\boldsymbol{A}(\lambda_0\boldsymbol{\alpha})=\lambda_0(\boldsymbol{A\alpha})=\lambda_0^2\boldsymbol{\alpha}.$$

又由 $\boldsymbol{A}^2=\boldsymbol{A}$，即 $\boldsymbol{A}^2\boldsymbol{\alpha}=\boldsymbol{A\alpha}=\lambda_0\boldsymbol{\alpha}$，于是 $\lambda_0\boldsymbol{\alpha}=\lambda_0^2\boldsymbol{\alpha}$，因 $\boldsymbol{\alpha}\neq\boldsymbol{0}$，则 $\lambda_0-\lambda_0^2=0$，从而 $\lambda_0=0$ 或 $\lambda_0=1$，显然 $0,1\in F$.

综上所述，幂等矩阵的特征值仅为 1 或 0.

注　可逆的幂等矩阵为单位矩阵.

评　设 $\boldsymbol{A}$ 为 n 阶幂等矩阵. 当 $\boldsymbol{A}=\boldsymbol{0}$ 时，$\boldsymbol{A}$ 的全部特征值为 $\lambda_1=\lambda_2=\cdots=\lambda_n=0$；当 $\boldsymbol{A}=\boldsymbol{E}$ 时，$\boldsymbol{A}$ 的全部特征值为 $\lambda_1=\lambda_2=\cdots=\lambda_n=1$；当 $\boldsymbol{A}\neq\boldsymbol{0}$ 且 $\boldsymbol{A}\neq\boldsymbol{E}$ 时，$\boldsymbol{A}$ 的全部特征值为 $\lambda_1=\cdots=\lambda_k=1,\lambda_{k+1}=\cdots=\lambda_n=0$ ($k=\operatorname{rank}(\boldsymbol{A})$，参见例 5.3.1).

议　(1)对合矩阵有且仅有特征值 1 或 -1；(2)幂零矩阵有且仅有特征值 0.

证　(1)设 $\boldsymbol{A}$ 是数域 F 上的 n 阶对合矩阵，则 $(\boldsymbol{E}-\boldsymbol{A})(\boldsymbol{E}+\boldsymbol{A})=\boldsymbol{0}$，依习题 3-4 第 5 题结论，

$$\operatorname{rank}(\boldsymbol{E}-\boldsymbol{A})+\operatorname{rank}(\boldsymbol{E}+\boldsymbol{A})=n.\text{ 设 }\operatorname{rank}(\boldsymbol{E}-\boldsymbol{A})=r,$$

如果 $r=0$，则 $\boldsymbol{E}-\boldsymbol{A}=\boldsymbol{0}$，$\boldsymbol{A}=\boldsymbol{E}$，则 1 是 $\boldsymbol{A}$ 的全部特征值(其代数重数为 n).

如果 $r=n$，则 $\operatorname{rank}(\boldsymbol{E}+\boldsymbol{A})=0$，$\boldsymbol{A}=-\boldsymbol{E}$，则 -1 是 $\boldsymbol{A}$ 的全部特征值(其代数重数为 n).

如果 $0<r<n$，$\boldsymbol{E}-\boldsymbol{A}$ 不可逆，则 $|\boldsymbol{E}-\boldsymbol{A}|=0$，依定理 1，1 是 $\boldsymbol{A}$ 的特征值，此时因为 $0<\operatorname{rank}(\boldsymbol{E}+\boldsymbol{A})<n$，$\boldsymbol{E}+\boldsymbol{A}$ 不可逆，则 $|\boldsymbol{E}+\boldsymbol{A}|=0=(-1)^n|-\boldsymbol{E}-\boldsymbol{A}|$，依定理 1，$-1$ 是 $\boldsymbol{A}$ 的特征值.

又设 λ_0 是 $\boldsymbol{A}$ 的特征值,则存在非零向量 $\boldsymbol{\alpha}\in F^n$,使得 $\boldsymbol{A\alpha}=\lambda_0\boldsymbol{\alpha}$,于是

$$\boldsymbol{A}^2\boldsymbol{\alpha}=\boldsymbol{A}(\boldsymbol{A\alpha})=\boldsymbol{A}(\lambda_0\boldsymbol{\alpha})=\lambda_0(\boldsymbol{A\alpha})=\lambda_0^2\boldsymbol{\alpha}.$$

又由 $\boldsymbol{A}^2=\boldsymbol{E}$,即 $\boldsymbol{A}^2\boldsymbol{\alpha}=\boldsymbol{\alpha}$,于是 $\boldsymbol{\alpha}=\lambda_0^2\boldsymbol{\alpha}$,即$(\lambda_0^2-1)\boldsymbol{\alpha}=\boldsymbol{0}$,因 $\boldsymbol{\alpha}\neq\boldsymbol{0}$,则 $\lambda_0^2-1=0$,从而 $\lambda_0=1$ 或 $\lambda_0=-1$,显然 $-1,1\in F$.

综上所述,设 $\boldsymbol{A}$ 为 n 阶对合矩阵,当 $\boldsymbol{A}=\boldsymbol{E}$ 时,$\boldsymbol{A}$ 的全部特征值为 $\lambda_1=\cdots=\lambda_n=1$. 当 $\boldsymbol{A}=-\boldsymbol{E}$ 时,$\boldsymbol{A}$ 的全部特征值为 $\lambda_1=\cdots=\lambda_n=-1$. 当 $\boldsymbol{A}\neq\boldsymbol{E}$ 且 $\boldsymbol{A}\neq-\boldsymbol{E}$ 时,$\boldsymbol{A}$ 的全部特征值为 $\lambda_1=\cdots=\lambda_k=1,\lambda_{k+1}=\cdots=\lambda_n=-1$($k=\operatorname{rank}(\boldsymbol{E}+\boldsymbol{A})$,参见例 5.3.1).

(2) 设 $\boldsymbol{A}$ 是数域 F 上的 n 阶幂零矩阵,其幂零指数为 m,即 $\boldsymbol{A}^m=\boldsymbol{0}$,于是 $|\boldsymbol{A}^m|=|\boldsymbol{A}|^m=0$,即 $|\boldsymbol{A}|=0$,因此 $|0\boldsymbol{E}-\boldsymbol{A}|=|-\boldsymbol{A}|=0$,依定理 1,0 是 $\boldsymbol{A}$ 的一个特征值,显然 $0\in F$.

设 λ_1 也是 $\boldsymbol{A}$ 的特征值,则存在向量 $\boldsymbol{\beta}\in F^n$,且 $\boldsymbol{\beta}\neq\boldsymbol{0}$,使得 $\boldsymbol{A\beta}=\lambda_1\boldsymbol{\beta}$,于是

$$\boldsymbol{A}^2\boldsymbol{\beta}=\boldsymbol{A}(\boldsymbol{A\beta})=\boldsymbol{A}(\lambda_1\boldsymbol{\beta})=\lambda_1(\boldsymbol{A\beta})=\lambda_1^2\boldsymbol{\beta},\text{依次下去},\cdots,\boldsymbol{A}^m\boldsymbol{\beta}=\lambda_1^m\boldsymbol{\beta},$$

由 $\boldsymbol{A}^m=\boldsymbol{0}$,即 $\lambda_1^m\boldsymbol{\beta}=\boldsymbol{0}$,又 $\boldsymbol{\beta}\neq\boldsymbol{0}$,则 $\lambda_1^m=0$,从而 $\lambda_1=0$.

综上所述,设 $\boldsymbol{A}$ 为 n 阶幂零矩阵,$\boldsymbol{A}$ 的全部特征值为 $\lambda_1=\lambda_2=\cdots=\lambda_n=0$.

例 5.2.3 设 $\boldsymbol{A}$ 是数域 F 上的 n 阶可逆矩阵,证明:如果 $\boldsymbol{A}$ 有特征值 λ_0,则 $\lambda_0\neq0$,且 $\dfrac{1}{\lambda_0}$ 是 $\boldsymbol{A}^{-1}$ 的一个特征值.

分析 依定理 1,需证 $|0\boldsymbol{E}-\boldsymbol{A}|\neq0$,依定义,需证 $\boldsymbol{A}^{-1}\boldsymbol{\alpha}=\dfrac{1}{\lambda_0}\boldsymbol{\alpha}$.

证 因为 $\boldsymbol{A}$ 是 n 阶可逆矩阵,故 $|\boldsymbol{A}|\neq0$,于是 $|0\boldsymbol{E}-\boldsymbol{A}|=|-\boldsymbol{A}|=(-1)^n|\boldsymbol{A}|\neq0$,依定理 1,0 不是 $\boldsymbol{A}$ 的特征值. 表明如果可逆矩阵 $\boldsymbol{A}$ 有特征值 λ_0,那么 $\lambda_0\neq0$.

由 $\boldsymbol{A\alpha}=\lambda_0\boldsymbol{\alpha}$,用 $\boldsymbol{A}^{-1}$ 左乘等式两端,整理得 $\boldsymbol{A}^{-1}\boldsymbol{\alpha}=\dfrac{1}{\lambda_0}\boldsymbol{\alpha}$,表明 $\dfrac{1}{\lambda_0}$ 是 $\boldsymbol{A}^{-1}$ 的一个特征值.

注 数域 F 上 n 阶矩阵 $\boldsymbol{A}$ 有特征值 $0\Leftrightarrow|0\boldsymbol{E}-\boldsymbol{A}|=(-1)^n|\boldsymbol{A}|=0\Leftrightarrow|\boldsymbol{A}|=0$.

评 已知 $\boldsymbol{A}$ 的特征值和所属的特征向量,可知 $\boldsymbol{A}^{-1}$ 的特征值和所属的特征向量.

例 5.2.4 设 $f(x)=a_0+a_1x+a_2x^2+\cdots+a_mx^m$ 是数域 F 上的一个多项式,证明:如果 λ_0 是 F 上 n 阶矩阵 $\boldsymbol{A}$ 的一个特征值,$\boldsymbol{\alpha}$ 是 $\boldsymbol{A}$ 的属于特征值 λ_0 的一个特征向量,则 $f(\lambda_0)$ 是 $f(\boldsymbol{A})$ 的一个特征值,且 $\boldsymbol{\alpha}$ 是 $f(\boldsymbol{A})$ 的属于特征值 $f(\lambda_0)$ 的一个特征向量.

分析 依定义,需证 $f(\boldsymbol{A})\boldsymbol{\alpha}=f(\lambda_0)\boldsymbol{\alpha}$.

证 依题设,$\boldsymbol{A\alpha}=\lambda_0\boldsymbol{\alpha},\boldsymbol{\alpha}\neq\boldsymbol{0}$,于是

$$\begin{aligned}f(\boldsymbol{A})\boldsymbol{\alpha}&=(a_0\boldsymbol{E}+a_1\boldsymbol{A}+a_2\boldsymbol{A}^2+\cdots+a_m\boldsymbol{A}^m)\boldsymbol{\alpha}\\&=a_0\boldsymbol{\alpha}+a_1(\boldsymbol{A\alpha})+a_2(\boldsymbol{A}^2\boldsymbol{\alpha})+\cdots+a_m(\boldsymbol{A}^m\boldsymbol{\alpha})\\&=a_0\boldsymbol{\alpha}+a_1(\lambda_0\boldsymbol{\alpha})+a_2(\lambda_0^2\boldsymbol{\alpha})+\cdots+a_m(\lambda_0^m\boldsymbol{\alpha})\\&=(a_0+a_1\lambda_0+a_2\lambda_0^2+\cdots+a_m\lambda_0^m)\boldsymbol{\alpha}\\&=f(\lambda_0)\boldsymbol{\alpha},\end{aligned}$$

因此 $f(\lambda_0)$ 是 $f(\boldsymbol{A})$ 的一个特征值,且 $\boldsymbol{\alpha}$ 是 $f(\boldsymbol{A})$ 的属于特征值 $f(\lambda_0)$ 的一个特征向量.

注 $\boldsymbol{A\alpha}=\lambda_0\boldsymbol{\alpha}(\boldsymbol{\alpha}\neq\boldsymbol{0})$,则 $f(\boldsymbol{A})\boldsymbol{\alpha}=f(\lambda_0)\boldsymbol{\alpha}$. 特别地,$(k\boldsymbol{A})\boldsymbol{\alpha}=(k\lambda_0)\boldsymbol{\alpha},\boldsymbol{A}^m\boldsymbol{\alpha}=\lambda_0^m\boldsymbol{\alpha}$.

议 设 $\boldsymbol{A}$ 为可逆矩阵,λ 是 $\boldsymbol{A}$ 的一个特征值,$\boldsymbol{\alpha}$ 是 $\boldsymbol{A}$ 的属于 λ 的特征向量,即 $\boldsymbol{A\alpha}=\lambda\boldsymbol{\alpha}$,

则$(k\boldsymbol{A})\boldsymbol{\alpha}=(k\lambda)\boldsymbol{\alpha}$，$\boldsymbol{A}^m\boldsymbol{\alpha}=\lambda^m\boldsymbol{\alpha}$，$\boldsymbol{A}^{-1}\boldsymbol{\alpha}=\frac{1}{\lambda}\boldsymbol{\alpha}$，$\boldsymbol{A}^*\boldsymbol{\alpha}=\frac{|\boldsymbol{A}|}{\lambda}\boldsymbol{\alpha}$，$f(\boldsymbol{A})\boldsymbol{\alpha}=f(\lambda)\boldsymbol{\alpha}$（$f(x)$是$n$次多项式）. 因此$k\lambda$，$\lambda^m$，$\frac{1}{\lambda}$，$\frac{|\boldsymbol{A}|}{\lambda}$，$f(\lambda)$分别为$k\boldsymbol{A}$，$\boldsymbol{A}^m$，$\boldsymbol{A}^{-1}$，$\boldsymbol{A}^*$，$f(\boldsymbol{A})$的一个特征值，$\boldsymbol{\alpha}$仍为其所属的特征向量.

例 5.2.5 设$\boldsymbol{A}$是n阶正交矩阵，证明：

(1) 如果$|\boldsymbol{A}|=-1$，则-1是$\boldsymbol{A}$的一个特征值；

(2) 如果$|\boldsymbol{A}|=1$，且n是奇数，则1是$\boldsymbol{A}$的一个特征值；

(3) 如果$\boldsymbol{A}$有特征值，则它的特征值是1或-1.

分析 需证(1) $|-\boldsymbol{E}-\boldsymbol{A}|=0$. (2) $|\boldsymbol{E}-\boldsymbol{A}|=0$. (3) $(\boldsymbol{\alpha}^{\mathrm{T}}\boldsymbol{A}^{\mathrm{T}})(\boldsymbol{A}\boldsymbol{\alpha})=\boldsymbol{\alpha}^{\mathrm{T}}\boldsymbol{\alpha}=\lambda_0^2\boldsymbol{\alpha}^{\mathrm{T}}\boldsymbol{\alpha}$.

证 依题设，$\boldsymbol{A}^{\mathrm{T}}\boldsymbol{A}=\boldsymbol{E}$，即$|\boldsymbol{A}|^2=1$，所以$|\boldsymbol{A}|=1$，或$|\boldsymbol{A}|=-1$.

(1) 如果$|\boldsymbol{A}|=-1$，则

$$|-\boldsymbol{E}-\boldsymbol{A}|=|-\boldsymbol{A}\boldsymbol{A}^{\mathrm{T}}-\boldsymbol{A}|=|\boldsymbol{A}(-\boldsymbol{A}-\boldsymbol{E})^{\mathrm{T}}|=|\boldsymbol{A}|\,|-\boldsymbol{A}-\boldsymbol{E}|=-|-\boldsymbol{E}-\boldsymbol{A}|,$$

即$|-\boldsymbol{E}-\boldsymbol{A}|=0$，依定理1，$-1$是$\boldsymbol{A}$的一个特征值.

(2) 如果$|\boldsymbol{A}|=1$，且n是奇数，则

$$|\boldsymbol{E}-\boldsymbol{A}|=|\boldsymbol{A}\boldsymbol{A}^{\mathrm{T}}-\boldsymbol{A}|=|\boldsymbol{A}(\boldsymbol{A}-\boldsymbol{E})^{\mathrm{T}}|=|\boldsymbol{A}|\,|\boldsymbol{A}-\boldsymbol{E}|=(-1)^n|\boldsymbol{E}-\boldsymbol{A}|=-|\boldsymbol{E}-\boldsymbol{A}|,$$

即$|\boldsymbol{E}-\boldsymbol{A}|=0$，依定理1，1是$\boldsymbol{A}$的一个特征值.

(3) 如果正交矩阵$\boldsymbol{A}$有特征值λ_0，即$\boldsymbol{A}\boldsymbol{\alpha}=\lambda_0\boldsymbol{\alpha}(\boldsymbol{\alpha}\in\mathbb{R}^n,\boldsymbol{\alpha}\neq\boldsymbol{0})$，于是$\boldsymbol{\alpha}^{\mathrm{T}}\boldsymbol{A}^{\mathrm{T}}=\lambda_0\boldsymbol{\alpha}^{\mathrm{T}}$，两式左边与左边相乘，右边与右边相乘，有

$$(\boldsymbol{\alpha}^{\mathrm{T}}\boldsymbol{A}^{\mathrm{T}})(\boldsymbol{A}\boldsymbol{\alpha})=\lambda_0\boldsymbol{\alpha}^{\mathrm{T}}(\lambda_0\boldsymbol{\alpha}),\text{即}\boldsymbol{\alpha}^{\mathrm{T}}\boldsymbol{\alpha}=\lambda_0^2\boldsymbol{\alpha}^{\mathrm{T}}\boldsymbol{\alpha},(\lambda_0^2-1)\boldsymbol{\alpha}^{\mathrm{T}}\boldsymbol{\alpha}=0.$$

又因为$\boldsymbol{\alpha}\neq\boldsymbol{0}$，故$\boldsymbol{\alpha}^{\mathrm{T}}\boldsymbol{\alpha}\neq 0$，从而$\lambda_0^2-1=0$，即$\lambda_0=\pm 1$.

注 n阶正交矩阵$\boldsymbol{A}$的行列式为$|\boldsymbol{A}|=1$或$|\boldsymbol{A}|=-1$.

评 正交矩阵的特征值有时可依行列式确认. 如果$|\boldsymbol{A}|=-1$，则$\boldsymbol{A}$必有特征值-1；如果$|\boldsymbol{A}|=1$，且n为奇数，则$\boldsymbol{A}$必有特征值1.

议 如果正交矩阵$\boldsymbol{A}$满足$|\boldsymbol{A}|=1$，且n是偶数，则在实数域内，$\boldsymbol{A}$不一定有特征值. 例如，设二阶正交矩阵$\boldsymbol{A}=\begin{pmatrix}\frac{1}{\sqrt{2}} & \frac{1}{\sqrt{2}}\\ -\frac{1}{\sqrt{2}} & \frac{1}{\sqrt{2}}\end{pmatrix}$，$|\boldsymbol{A}|=1$，$\boldsymbol{A}$的特征多项式为

$$|\lambda\boldsymbol{E}-\boldsymbol{A}|=\begin{vmatrix}\lambda-\frac{1}{\sqrt{2}} & -\frac{1}{\sqrt{2}}\\ \frac{1}{\sqrt{2}} & \lambda-\frac{1}{\sqrt{2}}\end{vmatrix}=\lambda^2-\sqrt{2}\lambda+1,$$

在实数域$\mathbb{R}$内，因判别式$\Delta=\sqrt{2}^2-4\cdot1\cdot1=-2<0$，所以$\lambda^2-\sqrt{2}\lambda+1$没有实零点，从而正交矩阵$\boldsymbol{A}$没有特征值.

习题 5-2

1. 设矩阵$\boldsymbol{A}=\begin{pmatrix}a & -1 & c\\ 5 & b & 3\\ 1-c & 0 & -a\end{pmatrix}$，且$|\boldsymbol{A}|=-1$. 又$\boldsymbol{A}$的伴随矩阵$\boldsymbol{A}^*$有一个特征值

λ_0，$\boldsymbol{A}^*$ 的属于 λ_0 的一个特征向量为 $\boldsymbol{\alpha}=(-1,-1,1)^{\mathrm{T}}$，求 a,b,c 和 λ_0 的值.

【1999 研数一、三】

2. 设实数域$\mathbb{R}$上 4 阶矩阵 $\boldsymbol{A}=\begin{pmatrix}1&-1&-1&-1\\-1&1&-1&-1\\-1&-1&1&-1\\-1&-1&-1&1\end{pmatrix}$.

求：(1)$\boldsymbol{A}$ 的全部特征值和特征向量；(2) $\boldsymbol{A}^n$ (n($n\geqslant 2$) 为正整数).

3. (1)在复数域$\mathbb{C}$上，求矩阵 $\boldsymbol{A}$ 的全部特征值和特征向量；(2)在实数域$\mathbb{R}$上，$\boldsymbol{A}$ 有没有特征值？

$$\boldsymbol{A}=\begin{pmatrix}1&\sqrt{2}\\-\sqrt{2}&1\end{pmatrix}.$$

4. 证明 n 阶矩阵 $\boldsymbol{A}=\begin{pmatrix}1&1&\cdots&1\\1&1&\cdots&1\\\vdots&\vdots&&\vdots\\1&1&\cdots&1\end{pmatrix}$ 与 $\boldsymbol{B}=\begin{pmatrix}0&\cdots&0&1\\0&\cdots&0&2\\\vdots&&\vdots&\vdots\\0&\cdots&0&n\end{pmatrix}$ 相似.

【2014 研数一、二、三】

5. 已知矩阵 $\boldsymbol{A}=\begin{pmatrix}-2&-2&1\\2&x&-2\\0&0&-2\end{pmatrix}$ 与 $\boldsymbol{B}=\begin{pmatrix}2&1&0\\0&-1&0\\0&0&y\end{pmatrix}$ 相似. 求：

(1)x,y；(2)可逆矩阵 $\boldsymbol{Q}$，使 $\boldsymbol{Q}^{-1}\boldsymbol{A}\boldsymbol{Q}=\boldsymbol{B}$.

【2019 研数一、二、三】

5.3 矩阵可对角化的条件

由前 2 节已知，数域 F 上的 n 阶矩阵 $\boldsymbol{A}$ 可对角化的充分必要条件是存在 n 个线性无关的特征向量 $\boldsymbol{\alpha}_1,\boldsymbol{\alpha}_2,\cdots,\boldsymbol{\alpha}_n\in F^n$，以及 n 个特征值 $\lambda_1,\lambda_2,\cdots,\lambda_n\in F$，使

$$\boldsymbol{A}\boldsymbol{\alpha}_1=\lambda_1\boldsymbol{\alpha}_1,\boldsymbol{A}\boldsymbol{\alpha}_2=\lambda_2\boldsymbol{\alpha}_2,\cdots,\boldsymbol{A}\boldsymbol{\alpha}_n=\lambda_n\boldsymbol{\alpha}_n,$$

令 $\boldsymbol{P}=(\boldsymbol{\alpha}_1,\boldsymbol{\alpha}_2,\cdots,\boldsymbol{\alpha}_n)$，则 $\boldsymbol{P}$ 可逆，且使 $\boldsymbol{P}^{-1}\boldsymbol{A}\boldsymbol{P}=\mathrm{diag}(\lambda_1,\lambda_2,\cdots,\lambda_n)$.

1. 内容要点与评注

定理 1 数域 F 上的 n 阶矩阵 $\boldsymbol{A}$ 可对角化的充分必要条件是在 F^n 中 $\boldsymbol{A}$ 有 n 个线性无关的特征向量 $\boldsymbol{\alpha}_1,\boldsymbol{\alpha}_2,\cdots,\boldsymbol{\alpha}_n$，令 $\boldsymbol{P}=(\boldsymbol{\alpha}_1,\boldsymbol{\alpha}_2,\cdots,\boldsymbol{\alpha}_n)$，则 $\boldsymbol{P}$ 可逆，且使

$$\boldsymbol{P}^{-1}\boldsymbol{A}\boldsymbol{P}=\mathrm{diag}(\lambda_1,\lambda_2,\cdots,\lambda_n),$$

其中 λ_j 是 $\boldsymbol{\alpha}_j$ 所属的特征值，$j=1,2,\cdots,n$.

对角矩阵 $\mathrm{diag}(\lambda_1,\lambda_2,\cdots,\lambda_n)$ 称为 $\boldsymbol{A}$ 的**相似标准形**. 除了主对角线上元素的排列顺序外，$\boldsymbol{A}$ 的相似标准形是唯一的.

注 由定理 1，数域 F 上的 n 阶矩阵 $\boldsymbol{A}$ 可否对角化，就看 $\boldsymbol{A}$ 是否有 n 个线性无关的特征向量.

在数域 F 中，设 n 阶矩阵 $\boldsymbol{A}$ 的全部不同的特征值为 $\lambda_1,\lambda_2,\cdots,\lambda_m$，针对每个特征值

λ_j，解齐次线性方程组 $(\lambda_j \boldsymbol{E}-\boldsymbol{A})\boldsymbol{x}=\boldsymbol{0}$，得其基础解系：

$$\boldsymbol{\alpha}_{j1},\boldsymbol{\alpha}_{j2},\cdots,\boldsymbol{\alpha}_{jr_j},\quad j=1,2,\cdots,m,$$

共得到属于不同特征值的 m 个基础解系，下面的定理 2 及定理 3 将给予证明，这 m 个基础解系组成的向量组必线性无关，此时只需考查该向量组所含向量的个数：

$$r_1+r_2+\cdots+r_m.$$

如果 $r_1+r_2+\cdots+r_m=n$，那么 $\boldsymbol{A}$ 有 n 个线性无关的特征向量，从而 $\boldsymbol{A}$ 可对角化.

如果 $r_1+r_2+\cdots+r_m<n$，那么 $\boldsymbol{A}$ 没有 n 个线性无关的特征向量，从而 $\boldsymbol{A}$ 不可对角化.

定理 2 设 λ_1,λ_2 是数域 F 上 n 阶矩阵 $\boldsymbol{A}$ 的不同特征值，$\boldsymbol{\alpha}_{11},\boldsymbol{\alpha}_{12},\cdots,\boldsymbol{\alpha}_{1r_1}$ 与 $\boldsymbol{\alpha}_{21},\boldsymbol{\alpha}_{22},\cdots,\boldsymbol{\alpha}_{2r_2}$ 是 $\boldsymbol{A}$ 的分别属于 λ_1,λ_2 的线性无关的特征向量，则向量组

$$\boldsymbol{\alpha}_{11},\boldsymbol{\alpha}_{12},\cdots,\boldsymbol{\alpha}_{1r_1},\boldsymbol{\alpha}_{21},\boldsymbol{\alpha}_{22},\cdots,\boldsymbol{\alpha}_{2r_2}$$

线性无关.

证 依题设，$\boldsymbol{A}\boldsymbol{\alpha}_{1i}=\lambda_1\boldsymbol{\alpha}_{1i}$，$i=1,2,\cdots,r_1$，$\boldsymbol{A}\boldsymbol{\alpha}_{2j}=\lambda_2\boldsymbol{\alpha}_{2j}$，$j=1,2,\cdots,r_2$，设

$$k_{11}\boldsymbol{\alpha}_{11}+k_{12}\boldsymbol{\alpha}_{12}+\cdots+k_{1r_1}\boldsymbol{\alpha}_{1r_1}+l_{21}\boldsymbol{\alpha}_{21}+l_{22}\boldsymbol{\alpha}_{22}+\cdots+l_{2r_2}\boldsymbol{\alpha}_{2r_2}=\boldsymbol{0},\tag{1}$$

用 $\boldsymbol{A}$ 左乘等式两端，有

$$k_{11}\boldsymbol{A}\boldsymbol{\alpha}_{11}+k_{12}\boldsymbol{A}\boldsymbol{\alpha}_{12}+\cdots+k_{1r_1}\boldsymbol{A}\boldsymbol{\alpha}_{1r_1}+l_{21}\boldsymbol{A}\boldsymbol{\alpha}_{21}+l_{22}\boldsymbol{A}\boldsymbol{\alpha}_{22}+\cdots+l_{2r_2}\boldsymbol{A}\boldsymbol{\alpha}_{2r_2}=\boldsymbol{0},$$

即

$$\lambda_1k_{11}\boldsymbol{\alpha}_{11}+\lambda_1k_{12}\boldsymbol{\alpha}_{12}+\cdots+\lambda_1k_{1r_1}\boldsymbol{\alpha}_{1r_1}+\lambda_2l_{21}\boldsymbol{\alpha}_{21}+\lambda_2l_{22}\boldsymbol{\alpha}_{22}+\cdots+\lambda_2l_{2r_2}\boldsymbol{\alpha}_{2r_2}=\boldsymbol{0},\tag{2}$$

用 λ_2 乘(1)式两端，有

$$\lambda_2k_{11}\boldsymbol{\alpha}_{11}+\lambda_2k_{12}\boldsymbol{\alpha}_{12}+\cdots+\lambda_2k_{1r_1}\boldsymbol{\alpha}_{1r_1}+\lambda_2l_{21}\boldsymbol{\alpha}_{21}+\lambda_2l_{22}\boldsymbol{\alpha}_{22}+\cdots+\lambda_2l_{2r_2}\boldsymbol{\alpha}_{2r_2}=\boldsymbol{0}.\tag{3}$$

(2)式减(3)式，得

$$(\lambda_1-\lambda_2)k_{11}\boldsymbol{\alpha}_{11}+(\lambda_1-\lambda_2)k_{12}\boldsymbol{\alpha}_{12}+\cdots+(\lambda_1-\lambda_2)k_{1r_1}\boldsymbol{\alpha}_{1r_1}=\boldsymbol{0}.$$

因为 $\lambda_1\neq\lambda_2$，故 $k_{11}\boldsymbol{\alpha}_{11}+k_{12}\boldsymbol{\alpha}_{12}+\cdots+k_{1r_1}\boldsymbol{\alpha}_{1r_1}=\boldsymbol{0}$. 又因为 $\boldsymbol{\alpha}_{11},\boldsymbol{\alpha}_{12},\cdots,\boldsymbol{\alpha}_{1r_1}$ 线性无关，所以

$$k_{11}=k_{12}=\cdots=k_{1r_1}=0,$$

代入(1)式，得 $l_{21}\boldsymbol{\alpha}_{21}+l_{22}\boldsymbol{\alpha}_{22}+\cdots+l_{2r_2}\boldsymbol{\alpha}_{2r_2}=\boldsymbol{0}$. 因为 $\boldsymbol{\alpha}_{21},\boldsymbol{\alpha}_{22},\cdots,\boldsymbol{\alpha}_{2r_2}$ 线性无关，所以

$$l_{21}=l_{22}=\cdots=l_{2r_2}=0,$$

从而 $\boldsymbol{\alpha}_{11},\boldsymbol{\alpha}_{12},\cdots,\boldsymbol{\alpha}_{1r_1},\boldsymbol{\alpha}_{21},\boldsymbol{\alpha}_{22},\cdots,\boldsymbol{\alpha}_{2r_2}$ 线性无关. ◆

定理 3 设 $\lambda_1,\lambda_2,\cdots,\lambda_m$ 是数域 F 上 n 阶矩阵 $\boldsymbol{A}$ 的不同的特征值，$\boldsymbol{\alpha}_{j1},\boldsymbol{\alpha}_{j2},\cdots,\boldsymbol{\alpha}_{jr_j}$ 是 $\boldsymbol{A}$ 的属于 λ_j 的线性无关的特征向量，$j=1,2,\cdots,m$，则向量组

$$\boldsymbol{\alpha}_{11},\boldsymbol{\alpha}_{12},\cdots,\boldsymbol{\alpha}_{1r_1},\boldsymbol{\alpha}_{21},\boldsymbol{\alpha}_{22},\cdots,\boldsymbol{\alpha}_{2r_2},\cdots,\boldsymbol{\alpha}_{m1},\boldsymbol{\alpha}_{m2},\cdots,\boldsymbol{\alpha}_{mr_m}$$

线性无关.

证 对于 $\boldsymbol{A}$ 的不同特征值的个数 m 作数学归纳法.

当 $m=1$ 时，$\boldsymbol{\alpha}_{11},\boldsymbol{\alpha}_{12},\cdots,\boldsymbol{\alpha}_{1r_1}$ 线性无关，结论成立.

当 $m=2$ 时，依定理 2，$\boldsymbol{\alpha}_{11},\boldsymbol{\alpha}_{12},\cdots,\boldsymbol{\alpha}_{1r_1},\boldsymbol{\alpha}_{21},\boldsymbol{\alpha}_{22},\cdots,\boldsymbol{\alpha}_{2r_2}$ 线性无关，结论成立.

假设当 $m=k$ 结论成立，即

$$\boldsymbol{\alpha}_{11},\boldsymbol{\alpha}_{12},\cdots,\boldsymbol{\alpha}_{1r_1},\boldsymbol{\alpha}_{21},\boldsymbol{\alpha}_{22},\cdots,\boldsymbol{\alpha}_{2r_2},\cdots,\boldsymbol{\alpha}_{k1},\boldsymbol{\alpha}_{k2},\cdots,\boldsymbol{\alpha}_{kr_k}$$

线性无关. 下面证明当 $m=k+1$ 时，结论成立.

设

$$l_{11}\boldsymbol{\alpha}_{11}+l_{12}\boldsymbol{\alpha}_{12}+\cdots+l_{1r_1}\boldsymbol{\alpha}_{1r_1}+\cdots+l_{k1}\boldsymbol{\alpha}_{k1}+l_{k2}\boldsymbol{\alpha}_{k2}+\cdots+l_{kr_k}\boldsymbol{\alpha}_{kr_k}$$
$$+l_{k+1,1}\boldsymbol{\alpha}_{k+1,1}+l_{k+1,2}\boldsymbol{\alpha}_{k+1,2}+\cdots+l_{k+1,r_{k+1}}\boldsymbol{\alpha}_{k+1,r_{k+1}}=\boldsymbol{0},\tag{4}$$

用 $\boldsymbol{A}$ 左乘等式两端，有

$$l_{11}\boldsymbol{A}\boldsymbol{\alpha}_{11}+l_{12}\boldsymbol{A}\boldsymbol{\alpha}_{12}+\cdots+l_{1r_1}\boldsymbol{A}\boldsymbol{\alpha}_{1r_1}+\cdots+l_{k1}\boldsymbol{A}\boldsymbol{\alpha}_{k1}+l_{k2}\boldsymbol{A}\boldsymbol{\alpha}_{k2}+\cdots+l_{kr_k}\boldsymbol{A}\boldsymbol{\alpha}_{kr_k}$$
$$+l_{k+1,1}\boldsymbol{A}\boldsymbol{\alpha}_{k+1,1}+l_{k+1,2}\boldsymbol{A}\boldsymbol{\alpha}_{k+1,2}+\cdots+l_{k+1,r_{k+1}}\boldsymbol{A}\boldsymbol{\alpha}_{k+1,r_{k+1}}=\boldsymbol{0},$$

即

$$\lambda_1 l_{11}\boldsymbol{\alpha}_{11}+\cdots+\lambda_1 l_{1r_1}\boldsymbol{\alpha}_{1r_1}+\cdots+\lambda_k l_{k1}\boldsymbol{\alpha}_{k1}+\cdots+\lambda_k l_{kr_k}\boldsymbol{\alpha}_{kr_k}$$
$$+\lambda_{k+1}l_{k+1,1}\boldsymbol{\alpha}_{k+1,1}+\cdots+\lambda_{k+1}l_{k+1,r_{k+1}}\boldsymbol{\alpha}_{k+1,r_{k+1}}=\boldsymbol{0},\tag{5}$$

用 λ_{k+1} 乘(4)式两端，有

$$\lambda_{k+1}l_{11}\boldsymbol{\alpha}_{11}+\cdots+\lambda_{k+1}l_{1r_1}\boldsymbol{\alpha}_{1r_1}+\cdots+\lambda_{k+1}l_{k1}\boldsymbol{\alpha}_{k1}+\cdots+\lambda_{k+1}l_{kr_k}\boldsymbol{\alpha}_{kr_k}$$
$$+\lambda_{k+1}l_{k+1,1}\boldsymbol{\alpha}_{k+1,1}+\cdots+\lambda_{k+1}l_{k+1,r_{k+1}}\boldsymbol{\alpha}_{k+1,r_{k+1}}=\boldsymbol{0}.\tag{6}$$

(5)式减(6)式，有

$$(\lambda_1-\lambda_{k+1})l_{11}\boldsymbol{\alpha}_{11}+(\lambda_1-\lambda_{k+1})l_{12}\boldsymbol{\alpha}_{12}+\cdots+(\lambda_1-\lambda_{k+1})l_{1r_1}\boldsymbol{\alpha}_{1r_1}+\cdots$$
$$+(\lambda_k-\lambda_{k+1})l_{k1}\boldsymbol{\alpha}_{k1}+(\lambda_k-\lambda_{k+1})l_{k2}\boldsymbol{\alpha}_{k2}+\cdots+(\lambda_k-\lambda_{k+1})l_{kr_k}\boldsymbol{\alpha}_{kr_k}=\boldsymbol{0}.$$

依假设，$\boldsymbol{\alpha}_{11},\boldsymbol{\alpha}_{12},\cdots,\boldsymbol{\alpha}_{1r_1},\boldsymbol{\alpha}_{21},\boldsymbol{\alpha}_{22},\cdots,\boldsymbol{\alpha}_{2r_2},\cdots,\boldsymbol{\alpha}_{k1},\boldsymbol{\alpha}_{k2},\cdots,\boldsymbol{\alpha}_{kr_k}$ 线性无关，所以 $(\lambda_1-\lambda_{k+1})l_{11}=\cdots=(\lambda_1-\lambda_{k+1})l_{1r_1}=\cdots=(\lambda_k-\lambda_{k+1})l_{k1}=\cdots=(\lambda_k-\lambda_{k+1})l_{kr_k}=0$. 又因为 $\lambda_j\neq\lambda_{k+1}$，$j=1,2,\cdots,k$，所以

$$l_{11}=\cdots=l_{1r_1}=\cdots=l_{k1}=\cdots=l_{kr_k}=0,$$

代入(4)式，有

$$l_{k+1,1}\boldsymbol{\alpha}_{k+1,1}+l_{k+1,2}\boldsymbol{\alpha}_{k+1,2}+\cdots+l_{k+1,r_{k+1}}\boldsymbol{\alpha}_{k+1,r_{k+1}}=\boldsymbol{0},$$

因为 $\boldsymbol{\alpha}_{k+1,1},\boldsymbol{\alpha}_{k+1,2},\cdots,\boldsymbol{\alpha}_{k+1,r_{k+1}}$ 线性无关，所以

$$l_{k+1,1}=l_{k+1,2}=\cdots=l_{k+1,r_{k+1}}=0,$$

从而向量组 $\boldsymbol{\alpha}_{11},\boldsymbol{\alpha}_{12},\cdots,\boldsymbol{\alpha}_{1r_1},\cdots,\boldsymbol{\alpha}_{k1},\boldsymbol{\alpha}_{k2},\cdots,\boldsymbol{\alpha}_{kr_k},\boldsymbol{\alpha}_{k+1,1},\boldsymbol{\alpha}_{k+1,2},\cdots,\boldsymbol{\alpha}_{k+1,r_{k+1}}$ 线性无关.

综上所述，根据数学归纳法原理，对一切正整数 m，向量组

$$\boldsymbol{\alpha}_{11},\boldsymbol{\alpha}_{12},\cdots,\boldsymbol{\alpha}_{1r_1},\boldsymbol{\alpha}_{21},\boldsymbol{\alpha}_{22},\cdots,\boldsymbol{\alpha}_{2r_2},\cdots,\boldsymbol{\alpha}_{m1},\boldsymbol{\alpha}_{m2},\cdots,\boldsymbol{\alpha}_{mr_m}$$

线性无关.

◆

推论 4 n 阶矩阵 $\boldsymbol{A}$ 的属于不同特征值的特征向量是线性无关的.

定理 5 数域 F 上 n 阶矩阵 $\boldsymbol{A}$ 可对角化的充分必要条件是 $\boldsymbol{A}$ 的属于不同特征值的特征子空间的维数之和等于 n.

推论 6 如果数域 F 上 n 阶矩阵 $\boldsymbol{A}$ 有 n 个不同的特征值，则 $\boldsymbol{A}$ 可对角化.

定理 7 数域 F 上 n 阶矩阵 $\boldsymbol{A}$ 可对角化的充分必要条件是：$\boldsymbol{A}$ 的特征多项式的全部零点都属于 F，并且 $\boldsymbol{A}$ 的每个特征值的几何重数等于它的代数重数.

证 必要性. 设数域 F 上 n 阶矩阵 $\boldsymbol{A}$ 可对角化，即存在可逆矩阵

$\boldsymbol{P}=(\boldsymbol{\alpha}_{11},\boldsymbol{\alpha}_{12},\cdots,\boldsymbol{\alpha}_{1r_1},\boldsymbol{\alpha}_{21},\boldsymbol{\alpha}_{22},\cdots,\boldsymbol{\alpha}_{2r_2},\cdots,\boldsymbol{\alpha}_{m1},\boldsymbol{\alpha}_{m2},\cdots,\boldsymbol{\alpha}_{mr_m})$，使

$\boldsymbol{P}^{-1}\boldsymbol{A}\boldsymbol{P}=\boldsymbol{\Lambda}=\mathrm{diag}(\underbrace{\lambda_1,\cdots,\lambda_1}_{r_1\text{个}},\underbrace{\lambda_2,\cdots,\lambda_2}_{r_2\text{个}},\cdots,\underbrace{\lambda_m,\cdots,\lambda_m}_{r_m\text{个}})$，显然 $r_1+r_2+\cdots+r_m=n$，

其中 $\lambda_1,\lambda_2,\cdots,\lambda_m \in F$ 且两两不等，因为 $\boldsymbol{A} \sim \boldsymbol{\Lambda}$，所以 $\boldsymbol{A}$ 的特征多项式为

$$|\lambda \boldsymbol{E}-\boldsymbol{A}|=|\lambda \boldsymbol{E}-\boldsymbol{\Lambda}|=(\lambda-\lambda_1)^{r_1}(\lambda-\lambda_2)^{r_2}\cdots(\lambda-\lambda_m)^{r_m}.$$

由于 $r_1+r_2+\cdots+r_m=n$，依 5.2 节命题 2，$\lambda_1,\lambda_2,\cdots,\lambda_m$ 是 $\boldsymbol{A}$ 在数域 F 上全部不同的特征值，且其代数重数分别为 $r_1,r_2,\cdots,r_m$，这表明 $\boldsymbol{A}$ 的特征多项式的全部零点都属于 F. 又 $\boldsymbol{\alpha}_{j1},\boldsymbol{\alpha}_{j2},\cdots,\boldsymbol{\alpha}_{jr_j}$ 是 $\boldsymbol{A}$ 的属于 $\lambda_j\,(j=1,2,\cdots,m)$ 的线性无关的特征向量，说明 λ_j 的几何重数等于 r_j，从而 $\boldsymbol{A}$ 的每一特征值的几何重数都等于它的代数重数.

充分性. 设 $\boldsymbol{A}$ 的特征多项式 $|\lambda \boldsymbol{E}-\boldsymbol{A}|$ 的全部不同的零点 $\lambda_1,\lambda_2,\cdots,\lambda_m$ 都属于 F，并且每个特征值 $\lambda_j\,(j=1,2,\cdots,m)$ 的几何重数都等于它的代数重数 r_j，于是

$$|\lambda \boldsymbol{E}-\boldsymbol{A}|=(\lambda-\lambda_1)^{r_1}(\lambda-\lambda_2)^{r_2}\cdots(\lambda-\lambda_m)^{r_m}.$$

依 5.2 节命题 2，n 阶矩阵 $\boldsymbol{A}$ 的特征多项式是关于 λ 的 n 次多项式，因此

$$r_1+r_2+\cdots+r_m=n,$$

也即 $\boldsymbol{A}$ 的特征子空间维数之和 $r_1+r_2+\cdots+r_m=n$，依定理 5，$\boldsymbol{A}$ 可对角化，且

$$\boldsymbol{A} \sim \operatorname{diag}(\underbrace{\lambda_1,\cdots,\lambda_1}_{r_1\text{个}},\underbrace{\lambda_2,\cdots,\lambda_2}_{r_2\text{个}},\cdots,\underbrace{\lambda_m,\cdots,\lambda_m}_{r_m\text{个}}).$$ ◆

注　依定理 7，判别数域 F 上矩阵 $\boldsymbol{A}$ 不可对角化的方法如下：

(1) 如果 $\boldsymbol{A}$ 的特征多项式有一个零点不属于 F，则 $\boldsymbol{A}$ 不可对角化.

(2) 如果矩阵 $\boldsymbol{A}$ 有一个特征值的几何重数不等于它的代数重数，则 $\boldsymbol{A}$ 不可对角化.

命题 8　在数域 F 上，设 $\boldsymbol{A}$ 为 n 阶矩阵，多项式 $\varphi(x)=a_0x^m+a_1x^{m-1}+\cdots+a_m$. 如果存在可逆矩阵 $\boldsymbol{P}$，使 $\boldsymbol{P}^{-1}\boldsymbol{AP}=\boldsymbol{\Lambda}$（$\boldsymbol{\Lambda}$ 为对角矩阵），则 $\boldsymbol{P}^{-1}\varphi(\boldsymbol{A})\boldsymbol{P}=\varphi(\boldsymbol{\Lambda})$.

证　因为存在可逆矩阵 $\boldsymbol{P}$，使 $\boldsymbol{P}^{-1}\boldsymbol{AP}=\boldsymbol{\Lambda}=\begin{pmatrix}\lambda_1 & & & \\ & \lambda_2 & & \\ & & \ddots & \\ & & & \lambda_n\end{pmatrix}$，则

$$\boldsymbol{P}^{-1}\boldsymbol{A}^k\boldsymbol{P}=\boldsymbol{\Lambda}^k=\begin{pmatrix}\lambda_1^k & & & \\ & \lambda_2^k & & \\ & & \ddots & \\ & & & \lambda_n^k\end{pmatrix},\quad k=1,2,\cdots,m,$$

于是

$$\begin{aligned}\boldsymbol{P}^{-1}\varphi(\boldsymbol{A})\boldsymbol{P}&=\boldsymbol{P}^{-1}(a_0\boldsymbol{A}^m+a_1\boldsymbol{A}^{m-1}+\cdots+a_{m-1}A+a_m\boldsymbol{E})\boldsymbol{P}\\&=a_0(\boldsymbol{P}^{-1}\boldsymbol{A}^m\boldsymbol{P})+a_1(\boldsymbol{P}^{-1}\boldsymbol{A}^{m-1}\boldsymbol{P})+\cdots+a_{m-1}(\boldsymbol{P}^{-1}\boldsymbol{AP})+a_m(\boldsymbol{P}^{-1}\boldsymbol{EP})\\&=a_0\boldsymbol{\Lambda}^m+a_1\boldsymbol{\Lambda}^{m-1}+\cdots+a_{m-1}\boldsymbol{\Lambda}+a_m\boldsymbol{E}\\&=\varphi(\boldsymbol{\Lambda})=\begin{pmatrix}a_0\lambda_1^m+\cdots+a_m & & & \\ & a_0\lambda_2^m+\cdots+a_m & & \\ & & \ddots & \\ & & & a_0\lambda_n^m+\cdots+a_m\end{pmatrix}\end{aligned}$$

$$=\begin{pmatrix}\varphi(\lambda_1) & & & \\ & \varphi(\lambda_2) & & \\ & & \ddots & \\ & & & \varphi(\lambda_n)\end{pmatrix},$$

即 $\boldsymbol{P}^{-1}\varphi(\boldsymbol{A})\boldsymbol{P}=\varphi(\boldsymbol{\Lambda})$，其中 $\varphi(\boldsymbol{\Lambda})$ 为对角矩阵，从而 $\varphi(\boldsymbol{A})$ 可对角化. ◆

综上所述，如果数域 F 上 n 阶矩阵 $\boldsymbol{A}$ 可对角化，则 $\boldsymbol{A}$ 的多项式 $\varphi(\boldsymbol{A})$ 也可对角化.

2. 典型例题

例 5.3.1 证明：数域 F 上幂等矩阵一定可对角化. 并且如果 n 阶幂等矩阵 $\boldsymbol{A}$ 的秩为 $r(r>0)$，则 $\boldsymbol{A}\sim\begin{pmatrix}\boldsymbol{E}_r & \boldsymbol{0}\\ \boldsymbol{0} & \boldsymbol{0}\end{pmatrix}$.

分析 幂等矩阵的特征值为 0 或 1，可证不同特征值的特征子空间的维数之和等于 n.

证 设 $\boldsymbol{A}$ 是数域 F 上的 n 阶幂等矩阵，则 $\boldsymbol{A}(\boldsymbol{E}-\boldsymbol{A})=\boldsymbol{0}$. 依例 5.2.2 结论，$\boldsymbol{A}$ 有且仅有特征值 0 和 1. 又依例 3.4.6 的结论，$\text{rank}(\boldsymbol{A})+\text{rank}(\boldsymbol{E}-\boldsymbol{A})=n$. 设 $\text{rank}(\boldsymbol{A})=r$.

如果 $r=0$，则 $\boldsymbol{A}=\boldsymbol{0}\sim\boldsymbol{0}$. 结论显然成立.

如果 $r=n$，$\text{rank}(\boldsymbol{E}-\boldsymbol{A})=0$，$\boldsymbol{A}=\boldsymbol{E}\sim\boldsymbol{E}$，结论显然成立.

如果 $0<r<n$，则 $|\boldsymbol{A}|=0$，因此 0 是 $\boldsymbol{A}$ 的特征值，由齐次线性方程组 $(0\boldsymbol{E}-\boldsymbol{A})\boldsymbol{x}=\boldsymbol{0}$ 的基础解系所含解向量的个数知，特征值 0 的特征子空间 W_0 的维数 $\dim W_0=n-r$. 又因为 $0<\text{rank}(\boldsymbol{E}-\boldsymbol{A})=n-\text{rank}(\boldsymbol{A})=n-r<n$，$|\boldsymbol{E}-\boldsymbol{A}|=0$，因此 1 是 $\boldsymbol{A}$ 的特征值，且其特征子空间 W_1 的维数 $\dim W_1=n-(n-r)=r$，从而 $\dim W_0+\dim W_1=n-r+r=n$，依定理 5，$\boldsymbol{A}$ 可对角化，且 $\boldsymbol{A}\sim\begin{pmatrix}\boldsymbol{E}_r & \boldsymbol{0}\\ \boldsymbol{0} & \boldsymbol{0}\end{pmatrix}$，其中 $r=\text{rank}(\boldsymbol{A})=\dim W_1$.

注 n 阶幂等矩阵 $\boldsymbol{A}$ 有且仅有特征值 1 或 0，特征值 1 的代数重数为 $\text{rank}(\boldsymbol{A})$，特征值 0 的代数重数为 $n-\text{rank}(\boldsymbol{A})$.

评 幂等矩阵必可对角化，其相似标准形为 $\boldsymbol{\Lambda}=\begin{pmatrix}\boldsymbol{E}_r & \boldsymbol{0}\\ \boldsymbol{0} & \boldsymbol{0}\end{pmatrix}$，$r=\text{rank}(\boldsymbol{A})$.

议 (1) 数域 F 上对合矩阵一定可对角化.

设 $\boldsymbol{A}$ 是数域 F 上的 n 阶对合矩阵，则 $(\boldsymbol{E}-\boldsymbol{A})(\boldsymbol{E}+\boldsymbol{A})=\boldsymbol{0}$，依例 5.2.2 的结论，$\boldsymbol{A}$ 有且仅有特征值 -1 和 1，依习题 3-4 第 5 题的结论，$\text{rank}(\boldsymbol{E}-\boldsymbol{A})+\text{rank}(\boldsymbol{E}+\boldsymbol{A})=n$. 设 $\text{rank}(\boldsymbol{E}-\boldsymbol{A})=r$.

如果 $r=0$，则 $\boldsymbol{A}=\boldsymbol{E}\sim\boldsymbol{E}$. 结论显然成立.

如果 $r=n$，$\text{rank}(\boldsymbol{E}+\boldsymbol{A})=0$，$\boldsymbol{A}=-\boldsymbol{E}\sim-\boldsymbol{E}$，结论显然成立.

如果 $0<r<n$，则 $|\boldsymbol{E}-\boldsymbol{A}|=0$，因此 1 是 $\boldsymbol{A}$ 的特征值，且其特征子空间 W_1 的维数 $\dim W_1=n-r$. 又因为 $0<\text{rank}(-\boldsymbol{E}-\boldsymbol{A})=\text{rank}(\boldsymbol{E}+\boldsymbol{A})=n-\text{rank}(\boldsymbol{E}-\boldsymbol{A})=n-r<n$，故 $|-\boldsymbol{E}-\boldsymbol{A}|=0$，因此 -1 是 $\boldsymbol{A}$ 的特征值，且其特征子空间 W_2 的维数 $\dim W_2=n-(n-r)=r$，从而

$$\dim W_1+\dim W_2=n-r+r=n.$$

依定理 5，$\boldsymbol{A}$ 可对角化，且 $\boldsymbol{A} \sim \begin{pmatrix} \boldsymbol{E}_{n-r} & \boldsymbol{0} \\ \boldsymbol{0} & -\boldsymbol{E}_r \end{pmatrix}$，其中 $r=\operatorname{rank}(\boldsymbol{E}-\boldsymbol{A})=\dim W_2$.

(2) 数域 F 上非零的幂零矩阵不可对角化.

证　设 $\boldsymbol{A}$ 是数域 F 上的 n 阶幂零矩阵，且 $\boldsymbol{A} \neq \boldsymbol{0}$，则 $\operatorname{rank}(\boldsymbol{A})=r>0$，依例 5.2.2 的结论知，幂零矩阵有且仅有特征值 0，且其特征子空间 W_3 的维数 $\dim W_3=n-r<n$，依定理 5，$\boldsymbol{A}$ 不可对角化.

例 5.3.2　设矩阵 $\boldsymbol{A}=\begin{pmatrix} 1 & 2 & -3 \\ -1 & 4 & -3 \\ 1 & a & 5 \end{pmatrix}$ 的特征多项式有一个二重零点，求 a 的值，并讨论 $\boldsymbol{A}$ 是否可对角化？　　　**【2004 研数一、二】**

分析　依定理 5，判断不同特征值的特征子空间的维数之和是否等于 3.

解　$\boldsymbol{A}$ 的特征多项式为

$$|\lambda \boldsymbol{E}-\boldsymbol{A}|=\begin{vmatrix} \lambda-1 & -2 & 3 \\ 1 & \lambda-4 & 3 \\ -1 & -a & \lambda-5 \end{vmatrix} \xlongequal{\langle 1\rangle+(-1)\langle 2\rangle} \begin{vmatrix} \lambda-2 & -\lambda+2 & 0 \\ 1 & \lambda-4 & 3 \\ -1 & -a & \lambda-5 \end{vmatrix}$$

$$\xlongequal[\langle 2\rangle+\langle 1\rangle]{} \begin{vmatrix} \lambda-2 & 0 & 0 \\ 1 & \lambda-3 & 3 \\ -1 & -1-a & \lambda-5 \end{vmatrix}=(\lambda-2)(\lambda^2-8\lambda+18+3a).$$

(1) 如果 $\lambda_1=2$ 为 $\boldsymbol{A}$ 的特征多项式的二重零点，则 $(\lambda^2-8\lambda+18+3a)|_{\lambda=2}=0$，解之得 $a=-2$，此时 $\boldsymbol{A}$ 的全部特征值为 $\lambda_1=\lambda_2=2$，$\lambda_3=6$.

对于 $\lambda_1=\lambda_2=2$，解齐次线性方程组 $(2\boldsymbol{E}-\boldsymbol{A})\boldsymbol{x}=\boldsymbol{0}$，对 $2\boldsymbol{E}-\boldsymbol{A}$ 施以初等行变换，有

$$2\boldsymbol{E}-\boldsymbol{A}=\begin{pmatrix} 1 & -2 & 3 \\ 1 & -2 & 3 \\ -1 & 2 & -3 \end{pmatrix} \rightarrow \begin{pmatrix} 1 & -2 & 3 \\ 0 & 0 & 0 \\ 0 & 0 & 0 \end{pmatrix}，因此 \operatorname{rank}(2\boldsymbol{E}-\boldsymbol{A})=1,$$

所以 $\lambda_1=\lambda_2=2$ 的特征子空间 W_1 的维数 $\dim W_1=3-\operatorname{rank}(2\boldsymbol{E}-\boldsymbol{A})=2$.

对于 $\lambda_3=6$，解齐次线性方程组 $(6\boldsymbol{E}-\boldsymbol{A})\boldsymbol{x}=\boldsymbol{0}$，对 $6\boldsymbol{E}-\boldsymbol{A}$ 施以初等行变换，有

$$6\boldsymbol{E}-\boldsymbol{A}=\begin{pmatrix} 5 & -2 & 3 \\ 1 & 2 & 3 \\ -1 & 2 & 1 \end{pmatrix} \rightarrow \begin{pmatrix} 1 & 2 & 3 \\ 0 & 1 & 1 \\ 0 & 0 & 0 \end{pmatrix}，因此 \operatorname{rank}(6\boldsymbol{E}-\boldsymbol{A})=2,$$

所以 $\lambda_3=6$ 的特征子空间 W_2 的维数 $\dim W_2=3-\operatorname{rank}(6\boldsymbol{E}-\boldsymbol{A})=1$，从而

$$\dim W_1+\dim W_2=3,$$

依定理 5，$\boldsymbol{A}$ 可对角化.

(2) 如果 $\lambda_1=2$ 不是 $\boldsymbol{A}$ 的特征多项式的二重零点，则 $\lambda^2-8\lambda+18+3a$ 为完全平方式，即 $18+3a=16$，解之得 $a=-\dfrac{2}{3}$，此时 $\boldsymbol{A}$ 的全部特征值为 $\lambda_1=2$，$\lambda_2=\lambda_3=4$.

对于 $\lambda_1=2$，解线性方程组 $(2\boldsymbol{E}-\boldsymbol{A})\boldsymbol{x}=\boldsymbol{0}$，对 $2\boldsymbol{E}-\boldsymbol{A}$ 施以初等行变换，有

$$2E-A=\begin{pmatrix}1&-2&3\\1&-2&3\\-1&\frac{2}{3}&-3\end{pmatrix}\to\begin{pmatrix}1&-2&3\\0&1&0\\0&0&0\end{pmatrix}，因此 \operatorname{rank}(2E-A)=2，$$

所以 $\lambda_1=2$ 的特征子空间 W_3 的维数 $\dim W_3=3-\operatorname{rank}(2E-A)=1$.

对于 $\lambda_2=\lambda_3=4$，解齐次线性方程组 $(4E-A)x=0$，对 $4E-A$ 施以初等行变换，有

$$4E-A=\begin{pmatrix}3&-2&3\\1&0&3\\-1&\frac{2}{3}&-1\end{pmatrix}\to\begin{pmatrix}1&0&3\\0&1&3\\0&0&0\end{pmatrix}，因此 \operatorname{rank}(4E-A)=2，$$

所以 $\lambda_2=\lambda_3=4$ 的特征子空间 W_4 的维数 $\dim W_4=3-\operatorname{rank}(4E-A)=1$，从而

$$\dim W_3+\dim W_4=2<3，$$

依定理 5，A 不可对角化.

注 判别 n 阶矩阵可否对角化的方法之一是考查各特征子空间的维数之和是否等于 n.

评 对于单特征值(重数是 1 的)，依 5.2 节命题 3 及定义，有且仅有一个线性无关的特征向量. 因此在判别矩阵对角化问题时，应关注重特征值，考查其代数重数是否等于其几何重数.

例 5.3.3 设矩阵 A 与 B 相似，且

$$A=\begin{pmatrix}1&-1&1\\2&4&-2\\-3&-3&a\end{pmatrix},\quad B=\begin{pmatrix}2&0&0\\0&2&0\\0&0&b\end{pmatrix}.$$

求：(1)a,b 的值；(2)可逆矩阵 P，使 $P^{-1}AP=B$. 【1997 研数四】

分析 (1)利用 $A\sim B$ 求 a,b. (2)A 可对角化，必有 3 个线性无关的特征向量.

解 (1)因矩阵 A 与 B 相似，所以 A 与 B 有相同的特征值 $\lambda_1=\lambda_2=2,\lambda_3=b$，$A$ 的特征多项式为

$$|\lambda E-A|=\begin{vmatrix}\lambda-1&1&-1\\-2&\lambda-4&2\\3&3&\lambda-a\end{vmatrix}\xlongequal{\langle 2\rangle+2\langle 1\rangle}\begin{vmatrix}\lambda-1&1&-1\\2\lambda-4&\lambda-2&0\\3&3&\lambda-a\end{vmatrix}$$

$$\xlongequal[\langle 1\rangle+(-2)\langle 2\rangle]{}\begin{vmatrix}\lambda-3&1&-1\\0&\lambda-2&0\\-3&3&\lambda-a\end{vmatrix}=(\lambda-2)\begin{vmatrix}\lambda-3&-1\\-3&\lambda-a\end{vmatrix}$$

$$=(\lambda-2)(\lambda^2-(a+3)\lambda+3(a-1))，$$

因此 $\lambda=2$ 是 $\lambda^2-(a+3)\lambda+3(a-1)=0$ 的根，解之得 $a=5$，此时

$$|\lambda E-A|=(\lambda-2)^2(\lambda-6)，$$

所以 $b=\lambda_3=6$.

(2) 对于 $\lambda_1=\lambda_2=2$，解齐次线性方程组 $(2E-A)x=0$，由 $2E-A=\begin{pmatrix}1&1&-1\\-2&-2&2\\3&3&-3\end{pmatrix}\to\begin{pmatrix}1&1&-1\\0&0&0\\0&0&0\end{pmatrix}$，得方程组的一般解为 $x_1=-x_2+x_3$，令自由未知元

$\begin{pmatrix}x_2\\x_3\end{pmatrix}$ 分别取 $\begin{pmatrix}1\\0\end{pmatrix}$，$\begin{pmatrix}0\\1\end{pmatrix}$，代入得其基础解系为 $\boldsymbol{\eta}_1=\begin{pmatrix}-1\\1\\0\end{pmatrix}$，$\boldsymbol{\eta}_2=\begin{pmatrix}1\\0\\1\end{pmatrix}$.

对于 $\lambda_3=6$，解齐次线性方程组 $(6\boldsymbol{E}-\boldsymbol{A})\boldsymbol{x}=\boldsymbol{0}$，由 $6\boldsymbol{E}-\boldsymbol{A}=\begin{pmatrix}5&1&-1\\-2&2&2\\3&3&1\end{pmatrix}\to$

$\begin{pmatrix}1&0&-1/3\\0&1&2/3\\0&0&0\end{pmatrix}$，得方程组的一般解为 $\begin{cases}x_1=\dfrac{1}{3}x_3,\\x_2=-\dfrac{2}{3}x_3,\end{cases}$ 令自由未知元 $x_3=3$，代入得其基础解系为 $\boldsymbol{\eta}_3=\begin{pmatrix}1\\-2\\3\end{pmatrix}$.

依定理 2，$\boldsymbol{\eta}_1,\boldsymbol{\eta}_2,\boldsymbol{\eta}_3$ 线性无关，令 $\boldsymbol{P}=(\boldsymbol{\eta}_1,\boldsymbol{\eta}_2,\boldsymbol{\eta}_3)$，则 $\boldsymbol{P}$ 可逆，且使

$$\boldsymbol{P}^{-1}\boldsymbol{A}\boldsymbol{P}=\begin{pmatrix}2&&\\&2&\\&&6\end{pmatrix}=\boldsymbol{B}.$$

注　对角矩阵的特征值就是其主对角元. 对角矩阵 $\boldsymbol{B}$ 就是 $\boldsymbol{A}$ 的相似标准形.

评　相似矩阵有相同的特征值，可有相同的相似标准形.

例 5.3.4　设矩阵 $\boldsymbol{A}=\begin{pmatrix}3&2&-2\\-k&-1&k\\4&2&-3\end{pmatrix}$，问 k 为何值时，存在可逆矩阵 $\boldsymbol{P}$，使得 $\boldsymbol{P}^{-1}\boldsymbol{A}\boldsymbol{P}$ 为对角矩阵？并求出 $\boldsymbol{P}$ 和相应的对角矩阵 $\boldsymbol{\Lambda}$.　**【1999 研数四】**

分析　求出 $\boldsymbol{A}$ 的全部特征值，考查 k 为何值时各特征值的几何重数都等于其代数重数.

解　$\boldsymbol{A}$ 的特征多项式为

$$|\lambda\boldsymbol{E}-\boldsymbol{A}|=\begin{vmatrix}\lambda-3&-2&2\\k&\lambda+1&-k\\-4&-2&\lambda+3\end{vmatrix}\xlongequal{\langle1\rangle+\langle3\rangle}(\lambda-1)\begin{vmatrix}1&-2&2\\0&\lambda+1&-k\\1&-2&\lambda+3\end{vmatrix}$$

$$\xlongequal{\langle3\rangle+(-1)\langle1\rangle}(\lambda-1)\begin{vmatrix}1&-2&2\\0&\lambda+1&-k\\0&0&\lambda+1\end{vmatrix}=(\lambda-1)(\lambda+1)^2,$$

于是 $\boldsymbol{A}$ 的全部特征值为 $\lambda_1=1,\lambda_2=\lambda_3=-1$.

对于 $\lambda_1=1$，解齐次线性方程组 $(\boldsymbol{E}-\boldsymbol{A})\boldsymbol{x}=\boldsymbol{0}$，由 $\boldsymbol{E}-\boldsymbol{A}=\begin{pmatrix}-2&-2&2\\k&2&-k\\-4&-2&4\end{pmatrix}\to$

$\begin{pmatrix}1&0&-1\\0&1&0\\0&0&0\end{pmatrix}$，得方程组的一般解为 $\begin{cases}x_1=x_3,\\x_2=0,\end{cases}$ 令自由未知元 $x_3=1$，代入得其基础解系为

$\boldsymbol{\alpha}_1=\begin{pmatrix}1\\0\\1\end{pmatrix}$，因此 $\lambda_1=1$ 的特征子空间 W_1 的维数 $\dim W_1=1$.

对于 $\lambda_2=\lambda_3=-1$，解齐次线性方程组 $(-\boldsymbol{E}-\boldsymbol{A})\boldsymbol{x}=\boldsymbol{0}$，对 $-\boldsymbol{E}-\boldsymbol{A}$ 施以初等行变换，有

$$-\boldsymbol{E}-\boldsymbol{A}=\begin{pmatrix}-4&-2&2\\k&0&-k\\-4&-2&2\end{pmatrix}\to\begin{pmatrix}2&1&-1\\0&k&k\\0&0&0\end{pmatrix}.$$

(1) 当 $k=0$ 时，$-\boldsymbol{E}-\boldsymbol{A}\to\begin{pmatrix}2&1&-1\\0&0&0\\0&0&0\end{pmatrix}$，方程组的一般解为 $x_3=2x_1+x_2$，令自由未知元 $\begin{pmatrix}x_1\\x_2\end{pmatrix}$ 分别取 $\begin{pmatrix}1\\0\end{pmatrix}$，$\begin{pmatrix}0\\1\end{pmatrix}$，代入得其基础解系为 $\boldsymbol{\alpha}_2=\begin{pmatrix}1\\0\\2\end{pmatrix}$，$\boldsymbol{\alpha}_3=\begin{pmatrix}0\\1\\1\end{pmatrix}$，因此 $\lambda_2=\lambda_3=-1$ 的特征子空间 W_2 的维数 $\dim W_2=2$，从而

$$\dim W_1+\dim W_2=3,$$

依定理 5，$\boldsymbol{A}$ 可对角化. 依定理 2，$\boldsymbol{\alpha}_1,\boldsymbol{\alpha}_2,\boldsymbol{\alpha}_3$ 线性无关，令 $\boldsymbol{P}=(\boldsymbol{\alpha}_1,\boldsymbol{\alpha}_2,\boldsymbol{\alpha}_3)$，则 $\boldsymbol{P}$ 可逆，且使

$$\boldsymbol{P}^{-1}\boldsymbol{AP}=\begin{pmatrix}1&&\\&-1&\\&&-1\end{pmatrix}.$$

(2) 当 $k\neq 0$ 时，$-\boldsymbol{E}-\boldsymbol{A}\to\begin{pmatrix}1&0&-1\\0&1&1\\0&0&0\end{pmatrix}$，$\mathrm{rank}(-\boldsymbol{E}-\boldsymbol{A})=2$，因此 $\lambda_2=\lambda_3=-1$ 的特征子空间 W_2 的维数 $\dim W_2=3-\mathrm{rank}(-\boldsymbol{E}-\boldsymbol{A})=1$，由于

$$\dim W_1+\dim W_2=2<3,$$

依定理 5，$\boldsymbol{A}$ 不可对角化.

注 对于含参数的矩阵 $\boldsymbol{A}$，其特征值的求解有时不受参数的影响.

评 数域 F 上的 n 阶矩阵 $\boldsymbol{A}$ 可对角化的又一充分必要条件是 $\boldsymbol{A}$ 的特征多项式的全部零点都属于 F，并且对于每个不同的特征值 $\lambda_j\ (j=1,2,\cdots,m)$，有

$$\mathrm{rank}(\lambda_j\boldsymbol{E}-\boldsymbol{A})=n-r_j,\text{ 其中 } r_j \text{ 是 } \lambda_j \text{ 的代数重数.}$$

例 5.3.5 设 $\boldsymbol{A},\boldsymbol{B}$ 是三阶矩阵，$\boldsymbol{AB}=2\boldsymbol{A}-\boldsymbol{B}$，如果 $\lambda_1,\lambda_2,\lambda_3$ 是 $\boldsymbol{A}$ 的三个不同的特征值，证明：(1) $\lambda_i\neq-1(i=1,2,3)$；(2) 存在可逆矩阵 $\boldsymbol{P}$，使 $\boldsymbol{P}^{-1}\boldsymbol{AP}$ 与 $\boldsymbol{P}^{-1}\boldsymbol{BP}$ 同为对角矩阵.

分析 (1) 需证 $|-\boldsymbol{E}-\boldsymbol{A}|\neq 0$；(2) 依 $\boldsymbol{A}$ 可对角化证明 $\boldsymbol{B}$ 可对角化.

证 (1) 依题设，$(\boldsymbol{E}+\boldsymbol{A})(2\boldsymbol{E}-\boldsymbol{B})=2\boldsymbol{E}$，故 $\boldsymbol{E}+\boldsymbol{A}$ 可逆，即 $|\boldsymbol{E}+\boldsymbol{A}|\neq 0$，因此

$$|-\boldsymbol{E}-\boldsymbol{A}|=(-1)^3|\boldsymbol{E}+\boldsymbol{A}|\neq 0,$$

依 5.2 节定理 1，-1 不是 $\boldsymbol{A}$ 的特征值，即 $\lambda_1\neq-1,\lambda_2\neq-1,\lambda_3\neq-1$.

(2) 因为 $\boldsymbol{A}$ 有三个不同的特征值，$\boldsymbol{A}$ 可对角化，即存在可逆矩阵 $\boldsymbol{P}$，使得

$$\boldsymbol{P}^{-1}\boldsymbol{AP}=\begin{pmatrix}\lambda_1 & & \\ & \lambda_2 & \\ & & \lambda_3\end{pmatrix}，其中 \lambda_i \neq -1(i=1,2,3)，$$

$$(\boldsymbol{P}^{-1}\boldsymbol{AP})(\boldsymbol{P}^{-1}\boldsymbol{BP})=\boldsymbol{P}^{-1}(\boldsymbol{AB})\boldsymbol{P}=\boldsymbol{P}^{-1}(2\boldsymbol{A}-\boldsymbol{B})\boldsymbol{P}=\boldsymbol{P}^{-1}2\boldsymbol{AP}-\boldsymbol{P}^{-1}\boldsymbol{BP},$$

上式移项得，$(\boldsymbol{P}^{-1}\boldsymbol{AP}+\boldsymbol{E})\boldsymbol{P}^{-1}\boldsymbol{BP}=2\boldsymbol{P}^{-1}\boldsymbol{AP}$，也即

$$\begin{pmatrix}\lambda_1+1 & & \\ & \lambda_2+1 & \\ & & \lambda_3+1\end{pmatrix}\boldsymbol{P}^{-1}\boldsymbol{BP}=\begin{pmatrix}2\lambda_1 & & \\ & 2\lambda_2 & \\ & & 2\lambda_3\end{pmatrix}.$$

由 $\lambda_i \neq -1(i=1,2,3)$ 知，对角矩阵 $\operatorname{diag}(\lambda_1+1,\lambda_2+1,\lambda_3+1)$ 可逆，从而

$$\boldsymbol{P}^{-1}\boldsymbol{BP}=\begin{pmatrix}\lambda_1+1 & & \\ & \lambda_2+1 & \\ & & \lambda_3+1\end{pmatrix}^{-1}\begin{pmatrix}2\lambda_1 & & \\ & 2\lambda_2 & \\ & & 2\lambda_3\end{pmatrix}=\begin{pmatrix}\dfrac{2\lambda_1}{\lambda_1+1} & & \\ & \dfrac{2\lambda_2}{\lambda_2+1} & \\ & & \dfrac{2\lambda_3}{\lambda_3+1}\end{pmatrix}.$$

注　$(\operatorname{diag}(\lambda_1+1,\lambda_2+1,\lambda_3+1))^{-1}=\operatorname{diag}\left(\dfrac{1}{\lambda_1+1},\dfrac{1}{\lambda_2+1},\dfrac{1}{\lambda_3+1}\right)$.

评　依 $\boldsymbol{A},\boldsymbol{B}$ 的关系，由 $\boldsymbol{A}$ 可对角化可证 $\boldsymbol{B}$ 可对角化.

习题 5-3

1. 已知 $\boldsymbol{\xi}=\begin{pmatrix}1\\1\\-1\end{pmatrix}$ 是矩阵 $\boldsymbol{A}=\begin{pmatrix}2 & -1 & 2\\5 & a & 3\\-1 & b & -2\end{pmatrix}$ 的一个特征向量.

(1) 试确定参数 a,b 及特征向量 $\boldsymbol{\xi}$ 所对应的特征值，

(2) 问 $\boldsymbol{A}$ 能否相似于对角矩阵？说明理由.　　**【1997 研数一】**

2. 已知矩阵 $\boldsymbol{A}=\begin{pmatrix}2 & 0 & 0\\0 & 0 & 1\\0 & 1 & x\end{pmatrix}$ 与 $\boldsymbol{B}=\begin{pmatrix}2 & 0 & 0\\0 & y & 0\\0 & 0 & -1\end{pmatrix}$ 相似，求：

(1) x 与 y；(2)一个满足 $\boldsymbol{P}^{-1}\boldsymbol{AP}=\boldsymbol{B}$ 的可逆矩阵 $\boldsymbol{P}$.　　**【1988 研数一】**

3. 设矩阵 $\boldsymbol{A}=\begin{pmatrix}1 & -1 & 1\\x & 4 & y\\-3 & -3 & 5\end{pmatrix}$，已知 $\boldsymbol{A}$ 有三个线性无关的特征向量，2 是 $\boldsymbol{A}$ 的二重特征值，试求可逆矩阵 $\boldsymbol{P}$，使 $\boldsymbol{P}^{-1}\boldsymbol{AP}$ 为对角矩阵.　　**【2000 研数四】**

4. 若矩阵 $\boldsymbol{A}=\begin{pmatrix}2 & 2 & 0\\8 & 2 & a\\0 & 0 & 6\end{pmatrix}$ 相似于对角矩阵 $\boldsymbol{\Lambda}$，试确定常数 a 的值，并求可逆矩阵 $\boldsymbol{P}$，使得 $\boldsymbol{P}^{-1}\boldsymbol{AP}=\boldsymbol{\Lambda}$.　　**【2003 研数二】**

5. 设三阶矩阵 $\boldsymbol{A}=\begin{pmatrix}2&1&0\\1&2&0\\1&a&b\end{pmatrix}$ 仅有两个不同的特征值，若 $\boldsymbol{A}$ 相似于对角矩阵，求 a,b 的值，并求可逆矩阵 $\boldsymbol{P}$，使 $\boldsymbol{P}^{-1}\boldsymbol{AP}$ 为对角矩阵.

【2021 研数二、三】

6. 设 $\boldsymbol{A}$ 是数域 F 上的 n 阶矩阵，且满足 $\boldsymbol{A}^2+4\boldsymbol{A}-5\boldsymbol{E}=\boldsymbol{0}$，证明 $\boldsymbol{A}$ 可对角化.

5.4 实对称矩阵的对角化

在例 5.2.1 中，n 阶实对称矩阵 $\boldsymbol{A}$ 有 n 个线性无关的特征向量，$\boldsymbol{A}$ 可对角化. 其实这个结论具有普遍意义.

1. 内容要点与评注

实数域上的对称矩阵简称为**实对称矩阵**.

如果对于 n 阶实矩阵 $\boldsymbol{A},\boldsymbol{B}$，存在一个 n 阶正交矩阵 $\boldsymbol{Q}$，使得 $\boldsymbol{Q}^{-1}\boldsymbol{AQ}=\boldsymbol{B}$，则称 $\boldsymbol{A}$ **正交相似于** $\boldsymbol{B}$.

定理 1 实对称矩阵的特征多项式的每一个零点都是实数.

证 设 $\boldsymbol{A}$ 是 n 阶实对称矩阵，λ_0 是 $\boldsymbol{A}$ 的特征多项式 $|\lambda\boldsymbol{E}-\boldsymbol{A}|$ 在复数域中的任一零点，即 $|\lambda_0\boldsymbol{E}-\boldsymbol{A}|=0$，于是复数域上的齐次线性方程组 $(\lambda_0\boldsymbol{E}-\boldsymbol{A})\boldsymbol{x}=\boldsymbol{0}$ 有非零解，取它的一个非零解 $\boldsymbol{\gamma}=\begin{pmatrix}c_1\\c_2\\\vdots\\c_n\end{pmatrix}$，则 $(\lambda_0\boldsymbol{E}-\boldsymbol{A})\boldsymbol{\gamma}=\boldsymbol{0}$，即 $\boldsymbol{A\gamma}=\lambda_0\boldsymbol{\gamma}$，两边取共轭，得 $\overline{\boldsymbol{A\gamma}}=\overline{\lambda_0\boldsymbol{\gamma}}$，因为 $\boldsymbol{A}$ 是实矩阵，则 $\overline{\boldsymbol{A}}=\boldsymbol{A}$，即 $\boldsymbol{A}\overline{\boldsymbol{\gamma}}=\overline{\lambda_0}\,\overline{\boldsymbol{\gamma}}$，用 $\boldsymbol{\gamma}^{\mathrm{T}}$ 左乘等式两端，有 $\boldsymbol{\gamma}^{\mathrm{T}}\boldsymbol{A}\overline{\boldsymbol{\gamma}}=\overline{\lambda_0}\boldsymbol{\gamma}^{\mathrm{T}}\overline{\boldsymbol{\gamma}}$，就 $\boldsymbol{A\gamma}=\lambda_0\boldsymbol{\gamma}$ 两端取转置，同时用 $\overline{\boldsymbol{\gamma}}$ 右乘等式两端，有 $\boldsymbol{\gamma}^{\mathrm{T}}\boldsymbol{A}\overline{\boldsymbol{\gamma}}=\lambda_0\boldsymbol{\gamma}^{\mathrm{T}}\overline{\boldsymbol{\gamma}}$，比较这两个式子，得

$$\lambda_0\boldsymbol{\gamma}^{\mathrm{T}}\overline{\boldsymbol{\gamma}}=\overline{\lambda_0}\boldsymbol{\gamma}^{\mathrm{T}}\overline{\boldsymbol{\gamma}},\quad 即\quad (\lambda_0-\overline{\lambda_0})\boldsymbol{\gamma}^{\mathrm{T}}\overline{\boldsymbol{\gamma}}=0,$$

因 $\boldsymbol{\gamma}\neq\boldsymbol{0}$，

$$\boldsymbol{\gamma}^{\mathrm{T}}\overline{\boldsymbol{\gamma}}=(c_1,c_2,\cdots,c_n)\begin{pmatrix}\overline{c_1}\\\overline{c_2}\\\vdots\\\overline{c_n}\end{pmatrix}=c_1\overline{c_1}+c_2\overline{c_2}+\cdots+c_n\overline{c_n}=|c_1|^2+|c_2|^2+\cdots+|c_n|^2\neq 0,$$

其中 $|c_j|(j=1,2,\cdots,n)$ 是复数 c_j 的模，于是 $\lambda_0-\overline{\lambda_0}=0$，即 $\lambda_0=\overline{\lambda_0}$，因此 λ_0 是实数. ◆

定理 2 实对称矩阵的属于不同特征值的特征向量是正交的.

定理 3 实对称矩阵一定正交相似于对角矩阵.

证 对实对称矩阵的阶数 n 作数学归纳法.

$n=1$ 时，(a) 已是对角矩阵，且存在正交矩阵 E_1，使 $E_1^{-1}(a)E_1=(a)$，其中 $E_1=(1)$.

假设任一 $n-1$ 阶实对称矩阵都能正交相似于对角矩阵，下面考查 n 阶实对称矩阵.

设 $\boldsymbol{A}$ 是 n 阶实对称矩阵，取 $\boldsymbol{A}$ 的一个特征值 λ_1，以及属于 λ_1 的一个单位特征向量 $\boldsymbol{\eta}_1$，

将 $\boldsymbol{\eta}_1$ 扩充成 $\mathbb{R}^n$ 的一个基，然后对该基施以正交化和单位化，可得到 $\mathbb{R}^n$ 的一个标准正交基 $\boldsymbol{\eta}_1,\boldsymbol{\eta}_2,\cdots,\boldsymbol{\eta}_n$，令 $\boldsymbol{P}=(\boldsymbol{\eta}_1,\boldsymbol{\eta}_2,\cdots,\boldsymbol{\eta}_n)$，依 4.3 节命题 4 知 $\boldsymbol{P}$ 是 n 阶正交矩阵，且

$$\begin{aligned}\boldsymbol{P}^{-1}\boldsymbol{AP}&=\boldsymbol{P}^{-1}(\boldsymbol{A\eta}_1,\boldsymbol{A\eta}_2,\cdots,\boldsymbol{A\eta}_n)=\boldsymbol{P}^{-1}(\lambda_1\boldsymbol{\eta}_1,\boldsymbol{A\eta}_2,\cdots,\boldsymbol{A\eta}_n)\\&=(\lambda_1\boldsymbol{P}^{-1}\boldsymbol{\eta}_1,\boldsymbol{P}^{-1}\boldsymbol{A\eta}_2,\cdots,\boldsymbol{P}^{-1}\boldsymbol{A\eta}_n),\end{aligned}$$

因为 $\boldsymbol{E}=\boldsymbol{P}^{-1}\boldsymbol{P}$，即 $(\boldsymbol{\varepsilon}_1,\boldsymbol{\varepsilon}_2,\cdots,\boldsymbol{\varepsilon}_n)=\boldsymbol{P}^{-1}(\boldsymbol{\eta}_1,\boldsymbol{\eta}_2,\cdots,\boldsymbol{\eta}_n)$，因此 $\boldsymbol{\varepsilon}_1=\boldsymbol{P}^{-1}\boldsymbol{\eta}_1$，代入上式得

$$\boldsymbol{P}^{-1}\boldsymbol{AP}=(\lambda_1\boldsymbol{\varepsilon}_1,\boldsymbol{P}^{-1}\boldsymbol{A\eta}_2,\cdots,\boldsymbol{P}^{-1}\boldsymbol{A\eta}_n)=\begin{pmatrix}\lambda_1&\boldsymbol{\alpha}\\\boldsymbol{0}&\boldsymbol{B}\end{pmatrix},$$

其中取左上角的元素为一个子块，写成分块矩阵（参见 5.2 节命题 3 的证明）. 由于 $(\boldsymbol{P}^{-1}\boldsymbol{AP})^{\mathrm{T}}=\boldsymbol{P}^{\mathrm{T}}\boldsymbol{A}^{\mathrm{T}}(\boldsymbol{P}^{-1})^{\mathrm{T}}=\boldsymbol{P}^{-1}\boldsymbol{AP}$，所以 $\boldsymbol{P}^{-1}\boldsymbol{AP}$ 也是实对称矩阵，于是 $\boldsymbol{\alpha}=\boldsymbol{0}$，并且 $\boldsymbol{B}$ 是 $n-1$ 阶实对称矩阵，那么据归纳法假设，存在 $n-1$ 阶正交矩阵 $\boldsymbol{Q}$，使得

$$\boldsymbol{Q}^{-1}\boldsymbol{BQ}=\mathrm{diag}(\lambda_2,\lambda_3,\cdots,\lambda_n).$$

因为 $\begin{pmatrix}1&\boldsymbol{0}\\\boldsymbol{0}&\boldsymbol{Q}\end{pmatrix}^{\mathrm{T}}\begin{pmatrix}1&\boldsymbol{0}\\\boldsymbol{0}&\boldsymbol{Q}\end{pmatrix}=\begin{pmatrix}1&\boldsymbol{0}\\\boldsymbol{0}&\boldsymbol{Q}^{\mathrm{T}}\boldsymbol{Q}\end{pmatrix}=\begin{pmatrix}1&\boldsymbol{0}\\\boldsymbol{0}&\boldsymbol{E}_{n-1}\end{pmatrix}$，所以 $\begin{pmatrix}1&\boldsymbol{0}\\\boldsymbol{0}&\boldsymbol{Q}\end{pmatrix}$ 是正交矩阵，令 $\boldsymbol{T}=\boldsymbol{P}\begin{pmatrix}1&\boldsymbol{0}\\\boldsymbol{0}&\boldsymbol{Q}\end{pmatrix}$，依正交矩阵性质，$\boldsymbol{T}$ 是正交矩阵，且使

$$\begin{aligned}\boldsymbol{T}^{-1}\boldsymbol{AT}&=\begin{pmatrix}1&\boldsymbol{0}\\\boldsymbol{0}&\boldsymbol{Q}\end{pmatrix}^{-1}\boldsymbol{P}^{-1}\boldsymbol{AP}\begin{pmatrix}1&\boldsymbol{0}\\\boldsymbol{0}&\boldsymbol{Q}\end{pmatrix}=\begin{pmatrix}1&\boldsymbol{0}\\\boldsymbol{0}&\boldsymbol{Q}^{-1}\end{pmatrix}\boldsymbol{P}^{-1}\boldsymbol{AP}\begin{pmatrix}1&\boldsymbol{0}\\\boldsymbol{0}&\boldsymbol{Q}\end{pmatrix}\\&=\begin{pmatrix}1&\boldsymbol{0}\\\boldsymbol{0}&\boldsymbol{Q}^{-1}\end{pmatrix}\begin{pmatrix}\lambda_1&\boldsymbol{0}\\\boldsymbol{0}&\boldsymbol{B}\end{pmatrix}\begin{pmatrix}1&\boldsymbol{0}\\\boldsymbol{0}&\boldsymbol{Q}\end{pmatrix}=\begin{pmatrix}\lambda_1&\boldsymbol{0}\\\boldsymbol{0}&\boldsymbol{Q}^{-1}\boldsymbol{BQ}\end{pmatrix}=\mathrm{diag}(\lambda_1,\lambda_2,\lambda_3,\cdots,\lambda_n),\end{aligned}$$

根据数学归纳法原理，对任何正整数 n，任一 n 阶实对称矩阵都正交相似于对角矩阵. ◆

评　因为 n 阶实对称矩阵可对角化，依 5.3 节定理 7，实对称矩阵的每个特征值的几何重数都等于其代数重数.

求正交矩阵 $\boldsymbol{T}$，使 n 阶实对称矩阵 $\boldsymbol{A}$ 正交相似于对角矩阵的步骤如下：

第一步，求 $\boldsymbol{A}$ 的特征多项式的全部零点，得到 $\boldsymbol{A}$ 的特征值，设 $\boldsymbol{A}$ 的全部不同的特征值为 $\lambda_1,\lambda_2,\cdots,\lambda_m$，其代数重数分别为 $r_1,r_2,\cdots,r_m$，依定理 1，$r_1+r_2+\cdots+r_m=n$.

第二步，$\boldsymbol{A}$ 可对角化，所以 $\boldsymbol{A}$ 的每个特征值的几何重数都等于其代数重数，则特征值 $\lambda_j(j=1,2,\cdots,m)$ 的几何重数为 r_j，即 λ_j 的特征子空间的维数为 r_j，解线性方程组 $(\lambda_j\boldsymbol{E}-\boldsymbol{A})\boldsymbol{x}=\boldsymbol{0}$ 得其基础解系 $\boldsymbol{\alpha}_{j1},\boldsymbol{\alpha}_{j2},\cdots,\boldsymbol{\alpha}_{jr_j}$，它们就是 λ_j 的特征子空间的一个基，对 $\boldsymbol{\alpha}_{j1},\boldsymbol{\alpha}_{j2},\cdots,\boldsymbol{\alpha}_{jr_j}$ 施以正交化，再单位化，得 $\boldsymbol{\eta}_{j1},\boldsymbol{\eta}_{j2},\cdots,\boldsymbol{\eta}_{jr_j}$，因为 $\{\boldsymbol{\eta}_{j1},\boldsymbol{\eta}_{j2},\cdots,\boldsymbol{\eta}_{jr_j}\}\cong\{\boldsymbol{\alpha}_{j1},\boldsymbol{\alpha}_{j2},\cdots,\boldsymbol{\alpha}_{jr_j}\}$，所以 $\boldsymbol{\eta}_{j1},\boldsymbol{\eta}_{j2},\cdots,\boldsymbol{\eta}_{jr_j}$ 是 $\boldsymbol{A}$ 的属于特征值 λ_j 的两两正交的单位特征向量，$j=1,2,\cdots,m$.

第三步，令 $\boldsymbol{T}=(\boldsymbol{\eta}_{11},\boldsymbol{\eta}_{12},\cdots,\boldsymbol{\eta}_{1r_1},\boldsymbol{\eta}_{21},\boldsymbol{\eta}_{22},\cdots,\boldsymbol{\eta}_{2r_2},\cdots,\boldsymbol{\eta}_{m1},\boldsymbol{\eta}_{m2},\cdots,\boldsymbol{\eta}_{mr_m})$，则 $\boldsymbol{T}$ 是 n 阶正交矩阵，且使

$$\boldsymbol{T}^{-1}\boldsymbol{AT}=\mathrm{diag}(\underbrace{\lambda_1,\cdots,\lambda_1}_{r_1\text{个}},\underbrace{\lambda_2,\cdots,\lambda_2}_{r_2\text{个}},\cdots,\underbrace{\lambda_m,\cdots,\lambda_m}_{r_m\text{个}}).$$

如果 n 阶实矩阵 $\boldsymbol{A}$ 正交相似于对角矩阵 $\boldsymbol{\Lambda}$，则 $\boldsymbol{A}$ 一定是对称矩阵. 这是因为，设 n 阶正交矩阵 $\boldsymbol{Q}$，使 $\boldsymbol{Q}^{-1}\boldsymbol{AQ}=\boldsymbol{\Lambda}$，即 $\boldsymbol{A}=\boldsymbol{Q\Lambda Q}^{-1}$，则 $\boldsymbol{A}^{\mathrm{T}}=(\boldsymbol{Q}^{-1})^{\mathrm{T}}\boldsymbol{\Lambda}^{\mathrm{T}}\boldsymbol{Q}^{\mathrm{T}}=\boldsymbol{Q\Lambda Q}^{\mathrm{T}}=\boldsymbol{A}$.

命题 4　设两个 n 阶实对称矩阵 $\boldsymbol{A},\boldsymbol{B}$，存在正交矩阵 $\boldsymbol{T}$，使 $\boldsymbol{T}^{-1}\boldsymbol{AT}=\boldsymbol{B}$（$\boldsymbol{A}$ 与 $\boldsymbol{B}$ 正交相似）的充分必要条件是 $\boldsymbol{A}\sim\boldsymbol{B}$.

证　必要性显然成立.

充分性. 设 n 阶实对称矩阵 $\boldsymbol{A}$ 与 $\boldsymbol{B}$ 相似，则 $\boldsymbol{A}$ 与 $\boldsymbol{B}$ 有相同的特征值：$\lambda_1,\lambda_2,\cdots,\lambda_n$，依定理 3，$\boldsymbol{A}$ 与 $\boldsymbol{B}$ 都正交相似于 $\mathrm{diag}(\lambda_1,\lambda_2,\cdots,\lambda_n)$，因此存在 n 阶正交矩阵 $\boldsymbol{P},\boldsymbol{Q}$，使

$$\boldsymbol{P}^{-1}\boldsymbol{AP}=\mathrm{diag}(\lambda_1,\lambda_2,\cdots,\lambda_n),\boldsymbol{Q}^{-1}\boldsymbol{BQ}=\mathrm{diag}(\lambda_1,\lambda_2,\cdots,\lambda_n),$$

于是 $\boldsymbol{P}^{-1}\boldsymbol{AP}=\boldsymbol{Q}^{-1}\boldsymbol{BQ}$，$(\boldsymbol{PQ}^{-1})^{-1}\boldsymbol{A}(\boldsymbol{PQ}^{-1})=\boldsymbol{B}$，依正交矩阵性质，$\boldsymbol{PQ}^{-1}$ 仍是正交矩阵，令 $\boldsymbol{T}=\boldsymbol{PQ}^{-1}$，则 $\boldsymbol{T}^{-1}\boldsymbol{AT}=\boldsymbol{B}$，$\boldsymbol{A}$ 正交相似于 $\boldsymbol{B}$.

◆

2. 典型例题

例 5.4.1　设实数域 $\mathbb{R}$ 上 n 阶矩阵 $\boldsymbol{A}=\begin{pmatrix}1&b&\cdots&b\\b&1&\cdots&b\\\vdots&\vdots&\ddots&\vdots\\b&b&\cdots&1\end{pmatrix}$，求：

(1) $\boldsymbol{A}$ 的全部特征值和特征向量；(2) 可逆矩阵 $\boldsymbol{P}$，使得 $\boldsymbol{P}^{-1}\boldsymbol{AP}$ 为对角矩阵.

【2004 研数三】

分析　(1) 依 5.2 节定理 1，求 $\boldsymbol{A}$ 的全部特征值和特征向量. (2) 将实对称矩阵 $\boldsymbol{A}$ 对角化.

解　(1) 如果 $b=0$，则 $\boldsymbol{A}=\boldsymbol{E}$，$\boldsymbol{A}$ 的全部特征值为 $\lambda_1=\lambda_2=\cdots=\lambda_n=1$. 解线性方程组 $(\boldsymbol{E}-\boldsymbol{E})\boldsymbol{x}=\boldsymbol{0}$，因此属于 $\lambda_1=\lambda_2=\cdots=\lambda_n=1$ 的全部特征向量为

$$\{\boldsymbol{\eta}_0\mid\forall\boldsymbol{\eta}_0\in\mathbb{R}^n\text{ 且 }\boldsymbol{\eta}_0\neq\boldsymbol{0}\}.$$

如果 $b\neq 0$，$\boldsymbol{A}$ 的特征多项式为

$$|\lambda\boldsymbol{E}-\boldsymbol{A}|=\begin{vmatrix}\lambda-1&-b&\cdots&-b\\-b&\lambda-1&\cdots&-b\\\vdots&\vdots&\ddots&\vdots\\-b&-b&\cdots&\lambda-1\end{vmatrix}=(\lambda-1-(n-1)b)\begin{vmatrix}1&-b&\cdots&-b\\1&\lambda-1&\cdots&-b\\\vdots&\vdots&\ddots&\vdots\\1&-b&\cdots&\lambda-1\end{vmatrix}$$

$$=(\lambda-1-(n-1)b)\begin{vmatrix}1&-b&\cdots&-b\\0&\lambda-1+b&\cdots&0\\\vdots&\vdots&\ddots&\vdots\\0&0&\cdots&\lambda-1+b\end{vmatrix}$$

$$=(\lambda-1-(n-1)b)(\lambda-1+b)^{n-1},$$

$\boldsymbol{A}$ 的全部特征值为 $\lambda_1=1+(n-1)b,\lambda_2=\cdots=\lambda_n=1-b$.

对于 $\lambda_1=1+(n-1)b$，解线性方程组 $((1+(n-1)b)\boldsymbol{E}-\boldsymbol{A})\boldsymbol{x}=\boldsymbol{0}$，对 $(1+(n-1)b)\boldsymbol{E}-\boldsymbol{A}$ 施以初等行变换如下：① 各行都乘以 $\frac{1}{b}$，② 第 1 行，第 2 行，直至第 $n-1$ 行都加到第 n 行，③ 第 2 行，第 3 行，直至第 $n-1$ 行都加到第 1 行，④ 所得第 1 行再加到第 2 行，第 3 行，直至第 $n-1$ 行，⑤ 所得第 2 行，第 3 行，直至第 $n-1$ 行都乘以 $\frac{1}{n}$，⑥ 所得第 2 行、第 3 行，直至第 $n-1$ 行都乘以 (-1) 再加到第 1 行，有

$$(1+(n-1)b)\boldsymbol{E}-\boldsymbol{A}\rightarrow\begin{pmatrix}1&1&\cdots&1&-n+1\\0&n&\cdots&0&-n\\\vdots&\vdots&&\vdots&\vdots\\0&0&\cdots&n&-n\\0&0&\cdots&0&0\end{pmatrix}\rightarrow\begin{pmatrix}1&0&0&\cdots&-1\\0&1&0&\cdots&-1\\\vdots&\vdots&\ddots&&\vdots\\0&0&0&1&-1\\0&0&0&\cdots&0\end{pmatrix},$$

方程组的一般解为$\begin{cases}x_1=x_n,\\x_2=x_n,\\\quad\vdots\\x_{n-1}=x_n,\end{cases}$令$x_n=1$，代入得其基础解系为$\boldsymbol{\eta}_1=\begin{pmatrix}1\\1\\\vdots\\1\end{pmatrix}$，因此属于$\lambda_1=1+(n-1)b$的全部特征向量为$\{k_1\boldsymbol{\eta}_1\mid k_1\in\mathbb{R}\text{ 且 }k_1\neq0\}$.

对于$\lambda_2=\cdots=\lambda_n=1-b$，解齐次线性方程组$((1-b)\boldsymbol{E}-\boldsymbol{A})\boldsymbol{x}=\boldsymbol{0}$，由

$$(1-b)\boldsymbol{E}-\boldsymbol{A}=\begin{pmatrix}-b&-b&\cdots&-b\\-b&-b&\cdots&-b\\\vdots&\vdots&&\vdots\\-b&-b&\cdots&-b\end{pmatrix}\rightarrow\begin{pmatrix}1&1&\cdots&1\\0&0&\cdots&0\\\vdots&\vdots&&\vdots\\0&0&\cdots&0\end{pmatrix},$$

得方程组的一般解为$x_1=-x_2-\cdots-x_n$，令$\begin{pmatrix}x_2\\x_3\\\vdots\\x_n\end{pmatrix}$分别取$\begin{pmatrix}-1\\0\\\vdots\\0\end{pmatrix}$，$\begin{pmatrix}0\\-1\\\vdots\\0\end{pmatrix}$，…，$\begin{pmatrix}0\\0\\\vdots\\-1\end{pmatrix}$，代入得其基础解系为

$$\boldsymbol{\eta}_2=\begin{pmatrix}1\\-1\\\vdots\\0\end{pmatrix},\boldsymbol{\eta}_3=\begin{pmatrix}1\\0\\\vdots\\0\end{pmatrix},\cdots,\boldsymbol{\eta}_n=\begin{pmatrix}1\\0\\\vdots\\-1\end{pmatrix},$$

因此属于$\lambda_2=\cdots=\lambda_n=1-b$的全部特征向量为

$$\{k_2\boldsymbol{\eta}_2+k_3\boldsymbol{\eta}_3+\cdots+k_n\boldsymbol{\eta}_n\mid k_j\in\mathbb{R},j=2,3,\cdots,n,\text{且 }k_2,\cdots,k_n\text{ 不全为零}\}.$$

(2) 如果$b=0$，则$\boldsymbol{A}=\boldsymbol{E}$，所以任意$n$阶实可逆矩阵$\boldsymbol{P}$，可使$\boldsymbol{P}^{-1}\boldsymbol{AP}=\boldsymbol{E}$.

如果$b\neq0$，$\boldsymbol{A}$有n个线性无关的特征向量：$\boldsymbol{\eta}_1,\boldsymbol{\eta}_2,\boldsymbol{\eta}_3,\cdots,\boldsymbol{\eta}_n$，令$\boldsymbol{P}=(\boldsymbol{\eta}_1,\boldsymbol{\eta}_2,\cdots,\boldsymbol{\eta}_n)$，则$\boldsymbol{P}$可逆，且使

$$\boldsymbol{P}^{-1}\boldsymbol{AP}=\begin{pmatrix}1+(n-1)b&&&\\&1-b&&\\&&\ddots&\\&&&1-b\end{pmatrix}.$$

注 单位矩阵只与自己相似.

评 实对称矩阵$\boldsymbol{A}$可对角化，n个线性无关的特征向量为列构成可逆矩阵$\boldsymbol{P}$，n个特征向量所属的n个特征值依次组成对角矩阵$\boldsymbol{\Lambda}$的主对角元，则$\boldsymbol{P}^{-1}\boldsymbol{AP}=\boldsymbol{\Lambda}$.

例 5.4.2 设三阶实对称矩阵$\boldsymbol{A}$的特征值为1，2，3，$\boldsymbol{A}$的属于特征值1，2的特征向量

分别为 $\boldsymbol{\alpha}_1=\begin{pmatrix}-1\\-1\\1\end{pmatrix}$，$\boldsymbol{\alpha}_2=\begin{pmatrix}1\\-2\\-1\end{pmatrix}$，求：(1)$\boldsymbol{A}$ 的属于特征值 3 的全部特征向量；(2)矩阵 $\boldsymbol{A}$.

【1997 研数三】

分析　(1)实对称矩阵 $\boldsymbol{A}$ 的属于不同特征值的特征向量正交.(2)将 $\boldsymbol{A}$ 对角化.

解　(1) 设 $\boldsymbol{A}$ 的属于特征值 3 的特征向量为 $\boldsymbol{\alpha}_3=(x_1,x_2,x_3)^{\mathrm{T}}$，因 $\boldsymbol{A}$ 为实对称矩阵，所以

$$\boldsymbol{\alpha}_1^{\mathrm{T}}\boldsymbol{\alpha}_3=0,\boldsymbol{\alpha}_2^{\mathrm{T}}\boldsymbol{\alpha}_3=0,\text{ 即 }\begin{cases}-x_1-x_2+x_3=0,\\x_1-2x_2-x_3=0,\end{cases}$$

对线性方程组的系数矩阵施以初等行变换，$\begin{pmatrix}-1&-1&1\\1&-2&-1\end{pmatrix}\to\begin{pmatrix}1&0&-1\\0&1&0\end{pmatrix}$，方程组的一般解为 $\begin{cases}x_1=x_3,\\x_2=0,\end{cases}$ 令 $x_3=1$，代入得其基础解系 $\boldsymbol{\alpha}_3=\begin{pmatrix}1\\0\\1\end{pmatrix}$，$\boldsymbol{A}$ 的属于特征值 3 的全部特征向量为

$$\{k\boldsymbol{\alpha}_3\mid k\in\mathbb{R}\text{ 且 }k\neq 0\}.$$

(2) 依 5.3 节推论 4，$\boldsymbol{\alpha}_1,\boldsymbol{\alpha}_2,\boldsymbol{\alpha}_3$ 线性无关，令 $\boldsymbol{P}=(\boldsymbol{\alpha}_1,\boldsymbol{\alpha}_2,\boldsymbol{\alpha}_3)$，则 $\boldsymbol{P}$ 可逆，且使

$$\boldsymbol{P}^{-1}\boldsymbol{A}\boldsymbol{P}=\begin{pmatrix}1&&\\&2&\\&&3\end{pmatrix},\quad\text{即}\quad\boldsymbol{A}=\boldsymbol{P}\begin{pmatrix}1&&\\&2&\\&&3\end{pmatrix}\boldsymbol{P}^{-1},$$

$$\boldsymbol{A}=\begin{pmatrix}-1&1&1\\-1&-2&0\\1&-1&1\end{pmatrix}\begin{pmatrix}1&0&0\\0&2&0\\0&0&3\end{pmatrix}\left(\frac{1}{6}\begin{pmatrix}-2&-2&2\\1&-2&-1\\3&0&3\end{pmatrix}\right)$$

$$=\frac{1}{6}\begin{pmatrix}13&-2&5\\-2&10&2\\5&2&13\end{pmatrix}.$$

注　尽管 $\boldsymbol{A}$ 正交相似于对角矩阵，但可逆矩阵 $\boldsymbol{P}$ 同样可求 $\boldsymbol{A}=\boldsymbol{P}\begin{pmatrix}1&&\\&2&\\&&3\end{pmatrix}\boldsymbol{P}^{-1}$.

评　因实对称矩阵 $\boldsymbol{A}$ 可对角化，利用其特征值和特征向量可求 $\boldsymbol{A}$.

议　因为 $\boldsymbol{A}$ 为实对称矩阵，所以属于特征值 3 的特征向量 $\boldsymbol{\alpha}_3=(x_1,x_2,x_3)^{\mathrm{T}}$ 是线性方程组 $\begin{cases}\boldsymbol{\alpha}_1^{\mathrm{T}}\boldsymbol{\alpha}_3=-x_1-x_2+x_3=0,\\\boldsymbol{\alpha}_2^{\mathrm{T}}\boldsymbol{\alpha}_3=x_1-2x_2-x_3=0\end{cases}$ 的解，因方程组的基础解系含 1 个解向量. 又 $\boldsymbol{\alpha}_3\neq\mathbf{0}$，因此 $\boldsymbol{\alpha}_3$ 就是方程组的一个基础解系，从而方程组的全部解 $\{k\boldsymbol{\alpha}_3\mid k\in\mathbb{R}\}$，而依特征向量的性质，对任意 $k\in\mathbb{R}$ 且 $k\neq 0$，$k\boldsymbol{\alpha}_3$ 也都是 $\boldsymbol{A}$ 的属于特征值 3 的特征向量，因此 $\boldsymbol{A}$ 的属于特征值 3 的全部的特征向量就是该方程组的全部非零解，即 $\{k\boldsymbol{\alpha}_3\mid k\in\mathbb{R}\text{ 且 }k\neq 0\}$.

例 5.4.3　设三阶实对称矩阵 $\boldsymbol{A}$ 的秩为 2，$\lambda_1=\lambda_2=6$ 为 $\boldsymbol{A}$ 的二重特征值，如果

$$\boldsymbol{\alpha}_1=\begin{pmatrix}1\\1\\0\end{pmatrix},\quad \boldsymbol{\alpha}_2=\begin{pmatrix}2\\1\\1\end{pmatrix},\quad \boldsymbol{\alpha}_3=\begin{pmatrix}-1\\2\\-3\end{pmatrix}$$

都是 $\boldsymbol{A}$ 的属于特征值 6 的特征向量，求：

【2004 研数四】

(1) $\boldsymbol{A}$ 的另一特征值和对应的全部特征向量；(2) 矩阵 $\boldsymbol{A}$.

分析　(1)因为实对称矩阵 $\boldsymbol{A}\sim\boldsymbol{\Lambda}$，非零主对角元的个数 $=\operatorname{rank}(\boldsymbol{\Lambda})=\operatorname{rank}(\boldsymbol{A})=2$. (2)将 $\boldsymbol{A}$ 对角化.

解　(1)因为 $\boldsymbol{A}$ 为实对称矩阵，所以 $\boldsymbol{A}$ 可对角化，设 λ_3 为 $\boldsymbol{A}$ 的另一特征值，即

$$\boldsymbol{A}\sim\boldsymbol{\Lambda}=\begin{pmatrix}\lambda_1&&\\&\lambda_2&\\&&\lambda_3\end{pmatrix},$$

所以 $\operatorname{rank}(\boldsymbol{A})=\operatorname{rank}(\boldsymbol{\Lambda})=\boldsymbol{\Lambda}$ 的非零主对角元的个数. 又因 $\operatorname{rank}(\boldsymbol{A})=2$，且 $\lambda_1=\lambda_2=6$，所以只能 $\lambda_3=0$.

设属于特征值 $\lambda_3=0$ 的特征向量为 $\boldsymbol{\alpha}=(x_1,x_2,x_3)^{\mathrm{T}}$，则

$$\boldsymbol{\alpha}_1^{\mathrm{T}}\boldsymbol{\alpha}=0,\quad \boldsymbol{\alpha}_2^{\mathrm{T}}\boldsymbol{\alpha}=0,\quad \boldsymbol{\alpha}_3^{\mathrm{T}}\boldsymbol{\alpha}=0,\quad 即\quad \begin{cases}x_1+x_2=0,\\2x_1+x_2+x_3=0,\\-x_1+2x_2-3x_3=0.\end{cases}$$

对线性方程组的系数矩阵施以初等行变换，$\begin{pmatrix}1&1&0\\2&1&1\\-1&2&-3\end{pmatrix}\to\begin{pmatrix}1&0&1\\0&1&-1\\0&0&0\end{pmatrix}$，方程组的一般解为 $\begin{cases}x_1=-x_3,\\x_2=x_3,\end{cases}$ 令 $x_3=1$，代入得其基础解系为 $\boldsymbol{\alpha}=\begin{pmatrix}-1\\1\\1\end{pmatrix}$，属于 $\lambda_3=0$ 的全部特征向量为 $\{k\boldsymbol{\alpha}\mid k\in\mathbb{R}\text{ 且 }k\neq0\}$（参见上例“议”）.

(2) 因为 $\boldsymbol{\alpha}_1,\boldsymbol{\alpha}_2,\boldsymbol{\alpha}$ 线性无关，令 $\boldsymbol{P}=(\boldsymbol{\alpha}_1,\boldsymbol{\alpha}_2,\boldsymbol{\alpha})$，则 $\boldsymbol{P}$ 可逆，且使

$$\boldsymbol{P}^{-1}\boldsymbol{A}\boldsymbol{P}=\begin{pmatrix}6&0&0\\0&6&0\\0&0&0\end{pmatrix},\quad 即\quad \boldsymbol{A}=\boldsymbol{P}\begin{pmatrix}6&0&0\\0&6&0\\0&0&0\end{pmatrix}\boldsymbol{P}^{-1},$$

于是

$$\boldsymbol{A}=\begin{pmatrix}1&2&-1\\1&1&1\\0&1&1\end{pmatrix}\begin{pmatrix}6&0&0\\0&6&0\\0&0&0\end{pmatrix}\left(\frac{1}{3}\begin{pmatrix}0&3&-3\\1&-1&2\\-1&1&1\end{pmatrix}\right)=\begin{pmatrix}4&2&2\\2&4&-2\\2&-2&4\end{pmatrix}.$$

注　依 5.3 节定理 7，$\boldsymbol{A}$ 的属于 $\lambda_1=\lambda_2=6$ 的线性无关的特征向量只有 2 个，故 $\boldsymbol{\alpha}_1,\boldsymbol{\alpha}_2,\boldsymbol{\alpha}_3$ 必线性相关，而 $\boldsymbol{\alpha}_1,\boldsymbol{\alpha}_2$ 线性无关. 又因为 $\operatorname{rank}(\boldsymbol{A})=2$，即 $|\boldsymbol{A}|=0$，因此 0 也是 $\boldsymbol{A}$ 的一个特征值.

评　属于特征值 $\lambda_3=0$ 的特征子空间的基就是线性方程组 $\begin{cases}\boldsymbol{\alpha}_1^{\mathrm{T}}\boldsymbol{\alpha}=0,\\\boldsymbol{\alpha}_2^{\mathrm{T}}\boldsymbol{\alpha}=0,\\\boldsymbol{\alpha}_3^{\mathrm{T}}\boldsymbol{\alpha}=0\end{cases}$ 的一个基础解系. 依实对称矩阵特征向量的性质，有时由其部分特征向量可求其余特征向量.

例 5.4.4 设三阶实对称矩阵 $\boldsymbol{A}$ 的各行元素之和均为 3，向量 $\boldsymbol{\alpha}_1=\begin{pmatrix}-1\\2\\-1\end{pmatrix}$，$\boldsymbol{\alpha}_2=\begin{pmatrix}0\\-1\\1\end{pmatrix}$ 是齐次线性方程组 $\boldsymbol{Ax}=\boldsymbol{0}$ 的两个解. 求：

(1) $\boldsymbol{A}$ 的特征值与特征向量；

(2) 正交矩阵 $\boldsymbol{Q}$ 和对角矩阵 $\boldsymbol{\Lambda}$，使 $\boldsymbol{Q}^{\mathrm{T}}\boldsymbol{AQ}=\boldsymbol{\Lambda}$；

(3) $\boldsymbol{A}$ 及 $\left(\boldsymbol{A}-\dfrac{3}{2}\boldsymbol{E}\right)^6$，其中 $\boldsymbol{E}$ 为三阶单位矩阵. **【2006 研数一、二、三、四】**

分析 (1) $\boldsymbol{A}$ 的三个特征值分别为 3,0,0，$\boldsymbol{\alpha}=(1,1,1)^{\mathrm{T}}$ 是属于 3 的特征向量，$\boldsymbol{\alpha}_1,\boldsymbol{\alpha}_2$ 是属于 0 的线性无关的特征向量. (2)将 $\boldsymbol{\alpha},\boldsymbol{\alpha}_1,\boldsymbol{\alpha}_2$ 正交化和单位化后为列构成 $\boldsymbol{Q}$. (3)$\boldsymbol{A}^2=3\boldsymbol{A}$.

解 (1) 依题设，有 $\boldsymbol{A}\begin{pmatrix}1\\1\\1\end{pmatrix}=3\begin{pmatrix}1\\1\\1\end{pmatrix}$，所以 $\lambda_1=3$ 为 $\boldsymbol{A}$ 的一个特征值，$\boldsymbol{\alpha}=\begin{pmatrix}1\\1\\1\end{pmatrix}$ 为 $\boldsymbol{A}$ 的属于 $\lambda_1=3$ 的特征向量.

因为 $\boldsymbol{\alpha}_1,\boldsymbol{\alpha}_2$ 是 $\boldsymbol{Ax}=\boldsymbol{0}$ 的非零解，因此 $|\boldsymbol{A}|=|0\boldsymbol{E}-\boldsymbol{A}|=0$，从而 $\lambda_2=0$ 为 $\boldsymbol{A}$ 的一个特征值，且 $\boldsymbol{\alpha}_1,\boldsymbol{\alpha}_2$ 是 $\boldsymbol{A}$ 的属于 $\lambda_2=0$ 的特征向量. 又因 $\boldsymbol{\alpha}_1,\boldsymbol{\alpha}_2$ 线性无关，依 5.2 节命题 3，$\lambda_2=0$ 的代数重数不小于 2，又因为 $\boldsymbol{A}$ 有特征值 $\lambda_1=3$，因此 $\lambda_2=0$ 的代数重数只能等于 2，于是 $\boldsymbol{A}$ 的全部特征值为 $\lambda_1=3,\lambda_2=\lambda_3=0$.

属于 $\lambda_1=3$ 的全部特征向量为

$$\{k_3\boldsymbol{\alpha}\mid k_3\in\mathbb{R}\text{ 且 }k_3\neq 0\}.$$

属于 $\lambda_2=\lambda_3=0$ 的全部特征向量为

$$\{k_1\boldsymbol{\alpha}_1+k_2\boldsymbol{\alpha}_2\mid k_1,k_2\in\mathbb{R}\text{，且 }k_1,k_2\text{ 不全为零}\}.$$

(2) 将 $\boldsymbol{\alpha}_1,\boldsymbol{\alpha}_2$ 正交化，$\boldsymbol{\beta}_1=\boldsymbol{\alpha}_1$，$\boldsymbol{\beta}_2=\boldsymbol{\alpha}_2-\dfrac{(\boldsymbol{\alpha}_2,\boldsymbol{\beta}_1)}{(\boldsymbol{\beta}_1,\boldsymbol{\beta}_1)}\boldsymbol{\beta}_1=\begin{bmatrix}-\dfrac{1}{2}\\0\\\dfrac{1}{2}\end{bmatrix}$，

将 $\boldsymbol{\alpha},\boldsymbol{\beta}_1,\boldsymbol{\beta}_2$ 单位化，$\boldsymbol{\eta}_1=\dfrac{1}{|\boldsymbol{\alpha}|}\boldsymbol{\alpha}=\begin{bmatrix}\dfrac{1}{\sqrt{3}}\\\dfrac{1}{\sqrt{3}}\\\dfrac{1}{\sqrt{3}}\end{bmatrix}$，$\boldsymbol{\eta}_2=\dfrac{1}{|\boldsymbol{\beta}_1|}\boldsymbol{\beta}_1=\begin{bmatrix}-\dfrac{1}{\sqrt{6}}\\\dfrac{2}{\sqrt{6}}\\-\dfrac{1}{\sqrt{6}}\end{bmatrix}$，$\boldsymbol{\eta}_3=\dfrac{1}{|\boldsymbol{\beta}_2|}\boldsymbol{\beta}_2=\begin{bmatrix}-\dfrac{1}{\sqrt{2}}\\0\\\dfrac{1}{\sqrt{2}}\end{bmatrix}$，

$\boldsymbol{\eta}_1,\boldsymbol{\eta}_2,\boldsymbol{\eta}_3$ 是两两正交的单位特征向量，令 $\boldsymbol{Q}=(\boldsymbol{\eta}_1,\boldsymbol{\eta}_2,\boldsymbol{\eta}_3)$，则 $\boldsymbol{Q}$ 是正交矩阵，且使

$$\boldsymbol{Q}^{-1}\boldsymbol{AQ}=\boldsymbol{Q}^{\mathrm{T}}\boldsymbol{AQ}=\begin{pmatrix}3&&\\&0&\\&&0\end{pmatrix}.$$

(3) 由(2)，$\boldsymbol{\alpha},\boldsymbol{\alpha}_1,\boldsymbol{\alpha}_2$ 线性无关，令 $\boldsymbol{P}=(\boldsymbol{\alpha},\boldsymbol{\alpha}_1,\boldsymbol{\alpha}_2)$，则 $\boldsymbol{P}$ 可逆，且使

$$\boldsymbol{P}^{-1}\boldsymbol{A}\boldsymbol{P}=\begin{pmatrix}3&&\\&0&\\&&0\end{pmatrix},\quad 即\quad \boldsymbol{A}=\boldsymbol{P}\begin{pmatrix}3&&\\&0&\\&&0\end{pmatrix}\boldsymbol{P}^{-1},$$

于是

$$\boldsymbol{A}=\begin{pmatrix}1&-1&0\\1&2&-1\\1&-1&1\end{pmatrix}\begin{pmatrix}3&&\\&0&\\&&0\end{pmatrix}\left(\frac{1}{3}\begin{pmatrix}1&1&1\\-2&1&1\\-3&0&3\end{pmatrix}\right)=\begin{pmatrix}1&1&1\\1&1&1\\1&1&1\end{pmatrix},$$

此时 $\boldsymbol{A}^2=3\boldsymbol{A}$，因此 $\left(\boldsymbol{A}-\frac{3}{2}\boldsymbol{E}\right)^2=\boldsymbol{A}^2-3\boldsymbol{A}+\frac{9}{4}\boldsymbol{E}=\frac{9}{4}\boldsymbol{E}$，从而

$$\left(\boldsymbol{A}-\frac{3}{2}\boldsymbol{E}\right)^6=\left(\left(\boldsymbol{A}-\frac{3}{2}\boldsymbol{E}\right)^2\right)^3=\left(\frac{9}{4}\boldsymbol{E}\right)^3=\frac{729}{64}\boldsymbol{E}.$$

注　因实对称矩阵的属于不同特征值的特征向量正交，所以正交化只对属于同一特征值的线性无关的向量组实施.

评　求 $\boldsymbol{A}$ 有两种方法：$\boldsymbol{A}=\boldsymbol{P}\begin{pmatrix}3&&\\&0&\\&&0\end{pmatrix}\boldsymbol{P}^{-1}$ 或 $\boldsymbol{A}=\boldsymbol{Q}\begin{pmatrix}3&&\\&0&\\&&0\end{pmatrix}\boldsymbol{Q}^{\mathrm{T}}$，前者简便. 又由 $\boldsymbol{A}^2=3\boldsymbol{A}$，有 $\left(\boldsymbol{A}-\frac{3}{2}\boldsymbol{E}\right)^2=\frac{9}{4}\boldsymbol{E}$，进而有 $\left(\boldsymbol{A}-\frac{3}{2}\boldsymbol{E}\right)^6=\left(\frac{9}{4}\boldsymbol{E}\right)^3$.

例 5.4.5　设三阶实对称矩阵 $\boldsymbol{A}=\begin{pmatrix}3&2&2\\2&3&2\\2&2&3\end{pmatrix}$，$\boldsymbol{P}=\begin{pmatrix}0&1&0\\1&0&1\\0&0&1\end{pmatrix}$，$\boldsymbol{B}=\boldsymbol{P}^{-1}\boldsymbol{A}^*\boldsymbol{P}$，$\boldsymbol{A}^*$ 为 $\boldsymbol{A}$ 的伴随矩阵，求 $\boldsymbol{B}+2\boldsymbol{E}$ 的全部特征值与特征向量，$\boldsymbol{E}$ 为三阶单位矩阵.　**【2003 研数一】**

分析　$\boldsymbol{A}$ 可逆，由 $\boldsymbol{A}$ 的特征值与特征向量可知 $\boldsymbol{A}^*$ 的特征值与特征向量. 又 $\boldsymbol{B}\sim\boldsymbol{A}^*$.

解　因为 $|\boldsymbol{A}|=\begin{vmatrix}3&2&2\\2&3&2\\2&2&3\end{vmatrix}=7\begin{vmatrix}1&2&2\\1&3&2\\1&2&3\end{vmatrix}=7\begin{vmatrix}1&2&2\\0&1&0\\0&0&1\end{vmatrix}=7\neq0$，即 $\boldsymbol{A}$ 可逆. 因 $\boldsymbol{A}$ 为实对称矩阵，特征值都为实数且非零，设 $\boldsymbol{A}\boldsymbol{\alpha}=\lambda\boldsymbol{\alpha}(\lambda\neq0,\boldsymbol{\alpha}\neq\boldsymbol{0})$，于是

$$\boldsymbol{A}^*\boldsymbol{A}\boldsymbol{\alpha}=\lambda\boldsymbol{A}^*\boldsymbol{\alpha},\quad 即\quad |\boldsymbol{A}|\boldsymbol{\alpha}=\lambda\boldsymbol{A}^*\boldsymbol{\alpha},\quad \boldsymbol{A}^*\boldsymbol{\alpha}=\frac{|\boldsymbol{A}|}{\lambda}\boldsymbol{\alpha}.$$

又 $\boldsymbol{B}=\boldsymbol{P}^{-1}\boldsymbol{A}^*\boldsymbol{P}$，即 $\boldsymbol{A}^*=\boldsymbol{P}\boldsymbol{B}\boldsymbol{P}^{-1}$，于是 $\boldsymbol{A}^*\boldsymbol{\alpha}=\boldsymbol{P}\boldsymbol{B}\boldsymbol{P}^{-1}\boldsymbol{\alpha}$，即 $\frac{|\boldsymbol{A}|}{\lambda}\boldsymbol{\alpha}=\boldsymbol{P}\boldsymbol{B}\boldsymbol{P}^{-1}\boldsymbol{\alpha}$，则

$$\boldsymbol{B}(\boldsymbol{P}^{-1}\boldsymbol{\alpha})=\frac{|\boldsymbol{A}|}{\lambda}(\boldsymbol{P}^{-1}\boldsymbol{\alpha})，从而\ (\boldsymbol{B}+2\boldsymbol{E})(\boldsymbol{P}^{-1}\boldsymbol{\alpha})=\left(\frac{|\boldsymbol{A}|}{\lambda}+2\right)(\boldsymbol{P}^{-1}\boldsymbol{\alpha}).$$

因为 $\boldsymbol{\alpha}\neq\boldsymbol{0}$，所以 $\boldsymbol{P}^{-1}\boldsymbol{\alpha}\neq\boldsymbol{0}$(否则，齐次线性方程组 $\boldsymbol{P}^{-1}\boldsymbol{x}=\boldsymbol{0}$ 有非零解，矛盾)，因此 $\frac{|\boldsymbol{A}|}{\lambda}+2$ 是 $\boldsymbol{B}+2\boldsymbol{E}$ 的一个特征值，$\boldsymbol{P}^{-1}\boldsymbol{\alpha}$ 为 $\boldsymbol{B}+2\boldsymbol{E}$ 的属于 $\frac{|\boldsymbol{A}|}{\lambda}+2$ 的特征向量.

$\boldsymbol{A}$ 的特征多项式为

$$|\lambda \boldsymbol{E}-\boldsymbol{A}|=\begin{vmatrix}\lambda-3 & -2 & -2\\ -2 & \lambda-3 & -2\\ -2 & -2 & \lambda-3\end{vmatrix}=(\lambda-7)\begin{vmatrix}1 & -2 & -2\\ 1 & \lambda-3 & -2\\ 1 & -2 & \lambda-3\end{vmatrix}=(\lambda-7)(\lambda-1)^2,$$

$\boldsymbol{A}$ 的全部特征值为 $\lambda_1=7,\lambda_2=\lambda_3=1$.

对于 $\lambda_1=7$，解齐次线性方程组 $(7\boldsymbol{E}-\boldsymbol{A})\boldsymbol{x}=\boldsymbol{0}$，由

$$7\boldsymbol{E}-\boldsymbol{A}=\begin{pmatrix}4 & -2 & -2\\ -2 & 4 & -2\\ -2 & -2 & 4\end{pmatrix}\to\begin{pmatrix}1 & 0 & -1\\ 0 & 1 & -1\\ 0 & 0 & 0\end{pmatrix}，得方程组的一般解为\begin{cases}x_1=x_3,\\ x_2=x_3,\end{cases}$$

令 $x_3=1$，代入得特征向量为 $\boldsymbol{\eta}_1=\begin{pmatrix}1\\1\\1\end{pmatrix}$.

对于 $\lambda_2=\lambda_3=1$，解齐次线性方程组 $(\boldsymbol{E}-\boldsymbol{A})\boldsymbol{x}=\boldsymbol{0}$，由

$$\boldsymbol{E}-\boldsymbol{A}=\begin{pmatrix}-2 & -2 & -2\\ -2 & -2 & -2\\ -2 & -2 & -2\end{pmatrix}\to\begin{pmatrix}1 & 1 & 1\\ 0 & 0 & 0\\ 0 & 0 & 0\end{pmatrix}，得方程组的一般解为 x_1=-x_2-x_3,$$

令 $\begin{pmatrix}x_2\\x_3\end{pmatrix}$ 分别取 $\begin{pmatrix}-1\\0\end{pmatrix},\begin{pmatrix}0\\-1\end{pmatrix}$，代入得两个线性无关的特征向量为 $\boldsymbol{\eta}_2=\begin{pmatrix}1\\-1\\0\end{pmatrix},\boldsymbol{\eta}_3=\begin{pmatrix}1\\0\\-1\end{pmatrix}$.

依上述讨论可知，$\boldsymbol{B}+2\boldsymbol{E}$ 的全部特征值为 $\mu_1=3,\mu_2=\mu_3=9$.

$$\boldsymbol{\beta}_1=\boldsymbol{P}^{-1}\boldsymbol{\eta}_1=\begin{pmatrix}0 & 1 & -1\\ 1 & 0 & 0\\ 0 & 0 & 1\end{pmatrix}\begin{pmatrix}1\\1\\1\end{pmatrix}=\begin{pmatrix}0\\1\\1\end{pmatrix}.$$

$\boldsymbol{B}+2\boldsymbol{E}$ 的属于 $\mu_1=3$ 的全部特征向量为 $\{k_1\boldsymbol{\beta}_1 \mid k_1\in\mathbb{R}，且 k_1\neq 0\}$.

$$\boldsymbol{\beta}_2=\boldsymbol{P}^{-1}\boldsymbol{\eta}_2=\begin{pmatrix}0 & 1 & -1\\ 1 & 0 & 0\\ 0 & 0 & 1\end{pmatrix}\begin{pmatrix}1\\-1\\0\end{pmatrix}=\begin{pmatrix}-1\\1\\0\end{pmatrix},$$

$$\boldsymbol{\beta}_3=\boldsymbol{P}^{-1}\boldsymbol{\eta}_3=\begin{pmatrix}0 & 1 & -1\\ 1 & 0 & 0\\ 0 & 0 & 1\end{pmatrix}\begin{pmatrix}1\\0\\-1\end{pmatrix}=\begin{pmatrix}1\\1\\-1\end{pmatrix},$$

$\boldsymbol{B}+2\boldsymbol{E}$ 的属于 $\mu_2=\mu_3=9$ 的全部特征向量为

$$\{k_2\boldsymbol{\beta}_2+k_3\boldsymbol{\beta}_3 \mid k_2,k_3\in\mathbb{R},k_2,k_3 不全为 0\}.$$

注 因为 $\boldsymbol{\alpha}\neq\boldsymbol{0}$，所以 $\boldsymbol{P}^{-1}\boldsymbol{\alpha}\neq\boldsymbol{0}$，$\boldsymbol{P}^{-1}\boldsymbol{\alpha}$ 可作特征向量.

评 设 $\boldsymbol{A}\boldsymbol{\alpha}=\lambda\boldsymbol{\alpha}(\boldsymbol{\alpha}\neq\boldsymbol{0})$，则 $\boldsymbol{A}^*\boldsymbol{\alpha}=\dfrac{|\boldsymbol{A}|}{\lambda}\boldsymbol{\alpha}$. 又 $\boldsymbol{B}=\boldsymbol{P}^{-1}\boldsymbol{A}^*\boldsymbol{P}$，于是

$$\boldsymbol{B}(\boldsymbol{P}^{-1}\boldsymbol{\alpha})=\frac{|\boldsymbol{A}|}{\lambda}(\boldsymbol{P}^{-1}\boldsymbol{\alpha})，进而有 (\boldsymbol{B}+2\boldsymbol{E})(\boldsymbol{P}^{-1}\boldsymbol{\alpha})=\left(\frac{|\boldsymbol{A}|}{\lambda}+2\right)(\boldsymbol{P}^{-1}\boldsymbol{\alpha}),$$

$\boldsymbol{B}+2\boldsymbol{E}$ 的特征值和特征向量一并找到.

习题 5-4

1. 设实对称矩阵 $\boldsymbol{A}=\begin{pmatrix}a&1&1\\1&a&-1\\1&-1&a\end{pmatrix}$，求可逆矩阵 $\boldsymbol{P}$，使 $\boldsymbol{P}^{-1}\boldsymbol{AP}$ 为对角矩阵，并计算行列式 $|\boldsymbol{A}-\boldsymbol{E}|$ 的值. 【2002 研数四】

2. 设三阶实对称矩阵 $\boldsymbol{A}$ 的特征值为 $\lambda_1=-1,\lambda_2=\lambda_3=1$，对应于 $\lambda_1=-1$ 的特征向量为 $\boldsymbol{\alpha}_1=(0,1,1)^{\mathrm{T}}$，求 $\boldsymbol{A}$. 【1995 研数一】

3. 设三阶实对称矩阵 $\boldsymbol{A}=\begin{pmatrix}1&1&a\\1&a&1\\a&1&1\end{pmatrix}$ 及三维向量 $\boldsymbol{\beta}=\begin{pmatrix}1\\1\\-2\end{pmatrix}$，已知线性方程组 $\boldsymbol{Ax}=\boldsymbol{\beta}$ 有解，但不唯一，试求：(1) a 的值；(2)正交矩阵 $\boldsymbol{Q}$，使 $\boldsymbol{Q}^{\mathrm{T}}\boldsymbol{AQ}$ 为对角矩阵. 【2001 研数三、四】

4. 设三阶实对称矩阵 $\boldsymbol{A}=\begin{pmatrix}0&-1&4\\-1&3&a\\4&a&0\end{pmatrix}$，正交矩阵 $\boldsymbol{Q}$ 使得 $\boldsymbol{Q}^{\mathrm{T}}\boldsymbol{AQ}$ 为对角矩阵，若 $\boldsymbol{Q}$ 的第 1 列为 $\left(\frac{1}{\sqrt{6}},\frac{2}{\sqrt{6}},\frac{1}{\sqrt{6}}\right)^{\mathrm{T}}$，求 a 和 $\boldsymbol{Q}$. 【2010 研数二、三】

5. 设 $\boldsymbol{A}$ 为三阶实对称矩阵，$\operatorname{rank}(\boldsymbol{A})=2$，且 $\boldsymbol{A}\begin{pmatrix}1&1\\0&0\\-1&1\end{pmatrix}=\begin{pmatrix}-1&1\\0&0\\1&1\end{pmatrix}$，求：

(1) $\boldsymbol{A}$ 的全部特征值与特征向量；(2)矩阵 $\boldsymbol{A}$. 【2011 数学一、二、三】

6. 设实数域 $\mathbb{R}$ 上 4 阶矩阵 $\boldsymbol{A}=\begin{bmatrix}0&1&0&0\\1&0&0&0\\0&0&y&1\\0&0&1&2\end{bmatrix}$，已知 $\boldsymbol{A}$ 的一个特征值为 3，求：

(1) y；(2)矩阵 $\boldsymbol{P}$，使 $(\boldsymbol{AP})^{\mathrm{T}}(\boldsymbol{AP})$ 为对角矩阵. 【1996 研数三】

5.5　专题讨论

1. 特征值、特征向量与线性方程组的解

例 5.5.1　设实数域 $\mathbb{R}$ 上三阶矩阵 $\boldsymbol{A}$ 及向量 $\boldsymbol{\alpha}_1=\begin{pmatrix}-2\\1\\0\end{pmatrix}$，$\boldsymbol{\alpha}_2=\begin{pmatrix}2\\0\\1\end{pmatrix}$，$\boldsymbol{\beta}=\begin{pmatrix}1\\2\\-2\end{pmatrix}$，$\boldsymbol{\gamma}=\begin{pmatrix}9\\18\\-18\end{pmatrix}$，已知线性方程组 $\boldsymbol{Ax}=\boldsymbol{\gamma}$ 有通解 $\boldsymbol{\beta}+k_1\boldsymbol{\alpha}_1+k_2\boldsymbol{\alpha}_2$，其中任意常数 $k_1,k_2\in\mathbb{R}$，求 $\boldsymbol{A}$ 及 $\boldsymbol{A}^{100}$.

分析　依非齐次线性方程组解的结构，确认其特解及导出组的基础解系，将 $\boldsymbol{A}$ 对角化.

解 依非齐次线性方程组解的结构，$\boldsymbol{A\alpha}_1=\mathbf{0},\boldsymbol{A\alpha}_2=\mathbf{0},\boldsymbol{A\beta}=\boldsymbol{\gamma}$，也即

$$\boldsymbol{A\alpha}_1=\mathbf{0}=0\cdot\boldsymbol{\alpha}_1,\quad \boldsymbol{A\alpha}_2=\mathbf{0}=0\cdot\boldsymbol{\alpha}_2,\quad \boldsymbol{A\beta}=9\boldsymbol{\beta},$$

依定义，0 是 $\boldsymbol{A}$ 的一个特征值，其代数重数不低于 2，因此 $\boldsymbol{A}$ 的全部特征值为

$$\lambda_1=\lambda_2=0,\quad \lambda_3=9,$$

$\boldsymbol{\alpha}_1,\boldsymbol{\alpha}_2$ 是 $\boldsymbol{A}$ 的属于特征值 $\lambda_1=\lambda_2=0$ 的线性无关的特征向量，$\boldsymbol{\beta}$ 是 $\boldsymbol{A}$ 的属于特征值 $\lambda_3=9$ 的特征向量，依 5.3 节定理 2，$\boldsymbol{\alpha}_1,\boldsymbol{\alpha}_2,\boldsymbol{\beta}$ 线性无关，即 $\boldsymbol{A}$ 有三个线性无关的特征向量，$\boldsymbol{A}$ 可对角化. 令 $\boldsymbol{P}=(\boldsymbol{\alpha}_1,\boldsymbol{\alpha}_2,\boldsymbol{\beta})$，则 $\boldsymbol{P}$ 可逆，且使

$$\boldsymbol{P}^{-1}\boldsymbol{AP}=\begin{pmatrix}0&&\\&0&\\&&9\end{pmatrix},\quad \boldsymbol{A}=\boldsymbol{P}\begin{pmatrix}0&&\\&0&\\&&9\end{pmatrix}\boldsymbol{P}^{-1},\text{则 }\boldsymbol{A}^{100}=\boldsymbol{P}\begin{pmatrix}0&&\\&0&\\&&9\end{pmatrix}^{100}\boldsymbol{P}^{-1},$$

下面利用方法 $(\boldsymbol{P}\mid\boldsymbol{E})\to(\boldsymbol{E}\mid\boldsymbol{P}^{-1})$ 求 $\boldsymbol{P}^{-1}$：

$$(\boldsymbol{P}\mid\boldsymbol{E})=\left(\begin{array}{ccc|ccc}-2&2&1&1&0&0\\1&0&2&0&1&0\\0&1&-2&0&0&1\end{array}\right)\to\left(\begin{array}{ccc|ccc}0&1&0&-2/9&5/9&4/9\\0&0&1&2/9&4/9&5/9\\1&0&0&1/9&2/9&-2/9\end{array}\right),$$

$$\boldsymbol{A}=\begin{pmatrix}-2&2&1\\1&0&2\\0&1&-2\end{pmatrix}\begin{pmatrix}0&&\\&0&\\&&9\end{pmatrix}\left(\frac{1}{9}\begin{pmatrix}-2&5&4\\2&4&5\\1&2&-2\end{pmatrix}\right)=\begin{pmatrix}1&2&-2\\2&4&-4\\-2&-4&4\end{pmatrix},$$

$$\boldsymbol{A}^{100}=\begin{pmatrix}-2&2&1\\1&0&2\\0&1&-2\end{pmatrix}\begin{pmatrix}0&&\\&0&\\&&9\end{pmatrix}^{100}\left(\frac{1}{9}\begin{pmatrix}-2&5&4\\2&4&5\\1&2&-2\end{pmatrix}\right)=9^{99}\boldsymbol{A}.$$

注 本例中依导出组的基础解系可确定特征值 0 及其特征向量. 依特解确定特征值 9 及其特征向量.

评 三阶矩阵 $\boldsymbol{A}$ 有三个线性无关的特征向量，$\boldsymbol{A}$ 可对角化，以此求 $\boldsymbol{A}$ 及 $\boldsymbol{A}^{100}$.

例 5.5.2 设三阶实对称矩阵 $\boldsymbol{A}$ 的特征值为 0,1,1，$\boldsymbol{\alpha}_1,\boldsymbol{\alpha}_2$ 是 $\boldsymbol{A}$ 的两个相异特征值的特征向量，且 $\boldsymbol{A}(\boldsymbol{\alpha}_1+\boldsymbol{\alpha}_2)=\boldsymbol{\alpha}_2$. (1)证明 $\boldsymbol{\alpha}_1^{\mathrm{T}}\boldsymbol{\alpha}_2=0$；(2)求线性方程组 $\boldsymbol{Ax}=\boldsymbol{\alpha}_2$ 的通解.

分析 (1)确定 $\boldsymbol{\alpha}_1,\boldsymbol{\alpha}_2$ 所属的特征值，$\boldsymbol{A}$ 为实对称矩阵，$\boldsymbol{\alpha}_1\perp\boldsymbol{\alpha}_2$. (2) $\operatorname{rank}(\boldsymbol{A})=2$，求 $\boldsymbol{Ax}=\mathbf{0}$ 的一个基础解系及 $\boldsymbol{Ax}=\boldsymbol{\alpha}_2$ 的一个特解.

(1) **证** 如果 $\boldsymbol{A\alpha}_1=\boldsymbol{\alpha}_1,\boldsymbol{A\alpha}_2=0\boldsymbol{\alpha}_2=\mathbf{0}$，则 $\boldsymbol{A}(\boldsymbol{\alpha}_1+\boldsymbol{\alpha}_2)=\boldsymbol{\alpha}_1+\mathbf{0}=\boldsymbol{\alpha}_1$，不合题意. 如果 $\boldsymbol{A\alpha}_1=0\boldsymbol{\alpha}_1=\mathbf{0},\boldsymbol{A\alpha}_2=\boldsymbol{\alpha}_2$，则 $\boldsymbol{A}(\boldsymbol{\alpha}_1+\boldsymbol{\alpha}_2)=\mathbf{0}+\boldsymbol{\alpha}_2=\boldsymbol{\alpha}_2$，合题意，即 $\boldsymbol{\alpha}_1$ 是 $\boldsymbol{A}$ 的属于特征值 $\lambda_1=0$ 的特征向量，$\boldsymbol{\alpha}_2$ 是 $\boldsymbol{A}$ 的属于特征值 $\lambda_2=\lambda_3=1$ 的特征向量，因 $\boldsymbol{A}$ 为实对称矩阵，所以 $\boldsymbol{\alpha}_1^{\mathrm{T}}\boldsymbol{\alpha}_2=0$.

(2) **解** 因 $\boldsymbol{A}$ 可对角化，存在可逆矩阵 $\boldsymbol{P}$，使 $\boldsymbol{P}^{-1}\boldsymbol{AP}=\begin{pmatrix}0&&\\&1&\\&&1\end{pmatrix}$，于是 $\operatorname{rank}(\boldsymbol{A})=2$，那么三元齐次线性方程组 $\boldsymbol{Ax}=\mathbf{0}$ 的基础解系含一个解向量. 又因为 $\boldsymbol{A\alpha}_1=\mathbf{0}$ 且 $\boldsymbol{\alpha}_1\neq\mathbf{0}$，所以 $\boldsymbol{\alpha}_1$ 就是方程组 $\boldsymbol{Ax}=\mathbf{0}$ 的一个基础解系，$\boldsymbol{A\alpha}_2=\boldsymbol{\alpha}_2$，$\boldsymbol{\alpha}_2$ 就是方程组 $\boldsymbol{Ax}=\boldsymbol{\alpha}_2$ 的一个特解，

从而非齐次线性方程组 $\boldsymbol{Ax}=\boldsymbol{\alpha}_2$ 的通解为

$$\boldsymbol{\alpha}_2+k\boldsymbol{\alpha}_1, k\in\mathbb{R}.$$

注 可对角化矩阵的秩等于其非零特征值的个数.

评 依矩阵 $\boldsymbol{A}$ 的特征值和特征向量讨论并解线性方程组 $\boldsymbol{Ax}=\boldsymbol{\beta}$ 的方法值得借鉴.

2. 依相似矩阵求特征值

例 5.5.3 设 $\boldsymbol{A}$ 是三阶矩阵，$\boldsymbol{\alpha}$ 是三维列向量，$\boldsymbol{\alpha},\boldsymbol{A\alpha},\boldsymbol{A}^2\boldsymbol{\alpha}$ 线性无关，且

$$3\boldsymbol{A\alpha}-2\boldsymbol{A}^2\boldsymbol{\alpha}-\boldsymbol{A}^3\boldsymbol{\alpha}=\boldsymbol{0},$$

求矩阵 $\boldsymbol{B}$，使 $\boldsymbol{A}$ 与 $\boldsymbol{B}$ 相似，并求 $\boldsymbol{A}$ 的全部特征值.

分析 依题设，找到与 $\boldsymbol{A}$ 相似的矩阵 $\boldsymbol{B}$，求出 $\boldsymbol{B}$ 的特征值.

解 依题设，$\boldsymbol{A}^3\boldsymbol{\alpha}=0\boldsymbol{\alpha}+3\boldsymbol{A\alpha}-2\boldsymbol{A}^2\boldsymbol{\alpha}$，有

$$\boldsymbol{A}(\boldsymbol{\alpha},\boldsymbol{A\alpha},\boldsymbol{A}^2\boldsymbol{\alpha})=(\boldsymbol{A\alpha},\boldsymbol{A}^2\boldsymbol{\alpha},\boldsymbol{A}^3\boldsymbol{\alpha})=(\boldsymbol{\alpha},\boldsymbol{A\alpha},\boldsymbol{A}^2\boldsymbol{\alpha})\begin{pmatrix}0&0&0\\1&0&3\\0&1&-2\end{pmatrix},$$

令 $\boldsymbol{P}=(\boldsymbol{\alpha},\boldsymbol{A\alpha},\boldsymbol{A}^2\boldsymbol{\alpha})$，因为 $\boldsymbol{\alpha},\boldsymbol{A\alpha},\boldsymbol{A}^2\boldsymbol{\alpha}$ 线性无关，所以 $\boldsymbol{P}$ 可逆，取 $\boldsymbol{B}=\begin{pmatrix}0&0&0\\1&0&3\\0&1&-2\end{pmatrix}$，于是 $\boldsymbol{AP}=\boldsymbol{PB}$，即 $\boldsymbol{P}^{-1}\boldsymbol{AP}=\boldsymbol{B}$，依定义，$\boldsymbol{A}$ 与 $\boldsymbol{B}$ 相似，故 $\boldsymbol{A}$ 与 $\boldsymbol{B}$ 有相同的特征值. 又因为

$$|\lambda\boldsymbol{E}-\boldsymbol{B}|=\begin{vmatrix}\lambda&0&0\\-1&\lambda&-3\\0&-1&\lambda+2\end{vmatrix}=\lambda\begin{vmatrix}\lambda&-3\\-1&\lambda+2\end{vmatrix}=\lambda(\lambda+3)(\lambda-1),$$

因此 $\boldsymbol{B}$ 的全部特征值为 $\lambda_1=-3,\lambda_2=0,\lambda_3=1$，故 $\boldsymbol{A}$ 的全部特征值为

$$\lambda_1=-3,\lambda_2=0,\lambda_3=1.$$

评 因 $\boldsymbol{\alpha},\boldsymbol{A\alpha},\boldsymbol{A}^2\boldsymbol{\alpha}$ 线性无关，所以矩阵 $(\boldsymbol{\alpha},\boldsymbol{A\alpha},\boldsymbol{A}^2\boldsymbol{\alpha})$ 可逆，再依分块矩阵的运算规则，有

$$\boldsymbol{A}(\boldsymbol{\alpha},\boldsymbol{A\alpha},\boldsymbol{A}^2\boldsymbol{\alpha})=(\boldsymbol{A\alpha},\boldsymbol{A}^2\boldsymbol{\alpha},\boldsymbol{A}^3\boldsymbol{\alpha})=(\boldsymbol{\alpha},\boldsymbol{A\alpha},\boldsymbol{A}^2\boldsymbol{\alpha})\begin{pmatrix}0&0&0\\1&0&3\\0&1&-2\end{pmatrix},$$

与 $\boldsymbol{A}$ 相似的矩阵 $\boldsymbol{B}$ 即找到，那么它的特征值就是 $\boldsymbol{A}$ 的特征值.

议 一般地，求矩阵 $\boldsymbol{A}$ 的特征值需已知 $\boldsymbol{A}$，但当 $\boldsymbol{A}$ 未知时，可依题设找到与 $\boldsymbol{A}$ 相似的矩阵 $\boldsymbol{B}$，再依相似矩阵的性质，由 $\boldsymbol{B}$ 的特征值得 $\boldsymbol{A}$ 的全部的特征值.

3. 一类特殊矩阵的对角化

例 5.5.4 设 $\boldsymbol{\alpha}$ 为向量空间 $\mathbb{R}^n(n\geqslant 2)$ 中的非零列向量，矩阵 $\boldsymbol{A}=\boldsymbol{\alpha\alpha}^{\mathrm{T}}$，求可逆矩阵 $\boldsymbol{P}$，使 $\boldsymbol{P}^{-1}\boldsymbol{AP}=\boldsymbol{\Lambda}$，并写出该对角矩阵 $\boldsymbol{\Lambda}$.

分析 $\boldsymbol{A}$ 为实对称矩阵，可验证 $\boldsymbol{\alpha}$ 是它的一个特征向量，由 $|\boldsymbol{A}|=0$ 知，0 是它的一个特征值.

解 依题设，$\boldsymbol{A}^{\mathrm{T}}=(\boldsymbol{\alpha}\boldsymbol{\alpha}^{\mathrm{T}})^{\mathrm{T}}=\boldsymbol{\alpha}\boldsymbol{\alpha}^{\mathrm{T}}=\boldsymbol{A}$，故 $\boldsymbol{A}$ 为实对称矩阵，$\boldsymbol{A}$ 可对角化. 因为 $\boldsymbol{\alpha}\neq\boldsymbol{0}$，设 $\boldsymbol{\alpha}^{\mathrm{T}}\boldsymbol{\alpha}=a\neq 0$，则

$$\boldsymbol{A}\boldsymbol{\alpha}=(\boldsymbol{\alpha}\boldsymbol{\alpha}^{\mathrm{T}})\boldsymbol{\alpha}=\boldsymbol{\alpha}(\boldsymbol{\alpha}^{\mathrm{T}}\boldsymbol{\alpha})=a\boldsymbol{\alpha},$$

所以 $\lambda_1=a$ 为 $\boldsymbol{A}$ 的一个特征值，$\boldsymbol{\alpha}$ 为 $\boldsymbol{A}$ 的属于 $\lambda_1=a$ 的特征向量. 因为 $\boldsymbol{\alpha}\neq\boldsymbol{0}$，则 $\boldsymbol{A}\neq\boldsymbol{0}$，依 3.4 节命题 6，$1\leqslant\operatorname{rank}(\boldsymbol{A})\leqslant\operatorname{rank}(\boldsymbol{\alpha})=1$，因此 $\operatorname{rank}(\boldsymbol{A})=1$，$|\boldsymbol{A}|=0=|0\boldsymbol{E}-\boldsymbol{A}|$，故 0 是 $\boldsymbol{A}$ 的又一个特征值，此时 n 元齐次线性方程组 $\boldsymbol{A}\boldsymbol{x}=\boldsymbol{0}$ 的基础解系含 $n-1$ 个解向量，设其为 $\boldsymbol{\beta}_2,\boldsymbol{\beta}_3,\cdots,\boldsymbol{\beta}_n$，即特征值 0 的几何重数为 $n-1$，因 $\boldsymbol{A}$ 可对角化，依 5.3 节定理 7，其代数重数也为 $n-1$，从而 $\boldsymbol{A}$ 的全部特征值为

$$\lambda_1=a,\lambda_2=\lambda_3=\cdots=\lambda_n=0,$$

依 5.3 节定理 2，$\boldsymbol{\alpha},\boldsymbol{\beta}_2,\boldsymbol{\beta}_3,\cdots,\boldsymbol{\beta}_n$ 线性无关，令 $\boldsymbol{P}=(\boldsymbol{\alpha},\boldsymbol{\beta}_2,\boldsymbol{\beta}_3,\cdots,\boldsymbol{\beta}_n)$，则 $\boldsymbol{P}$ 可逆，且使

$$\boldsymbol{P}^{-1}\boldsymbol{A}\boldsymbol{P}=\boldsymbol{\Lambda}=\begin{pmatrix}a & & & \\ & 0 & & \\ & & \ddots & \\ & & & 0\end{pmatrix}.$$

注 设非零列向量 $\boldsymbol{\alpha}\in\mathbb{R}^n$，$\boldsymbol{A}=\boldsymbol{\alpha}\boldsymbol{\alpha}^{\mathrm{T}}$，则 $\boldsymbol{A}$ 为实对称矩阵，可对角化，且 $\operatorname{rank}(\boldsymbol{A})=1$.

评 设非零列向量 $\boldsymbol{\alpha}\in\mathbb{R}^n$，$\boldsymbol{A}=\boldsymbol{\alpha}\boldsymbol{\alpha}^{\mathrm{T}}$，则存在可逆矩阵 $\boldsymbol{P}=(\boldsymbol{\alpha},\boldsymbol{\beta}_2,\cdots,\boldsymbol{\beta}_n)$，且使 $\boldsymbol{P}^{-1}\boldsymbol{A}\boldsymbol{P}=\operatorname{diag}(\boldsymbol{\alpha}^{\mathrm{T}}\boldsymbol{\alpha},\underbrace{0,\cdots,0}_{n-1\text{个}})$，其中 $\boldsymbol{\beta}_j\ (j=2,\cdots,n)$ 是线性方程组 $\boldsymbol{A}\boldsymbol{x}=\boldsymbol{0}$ 的一个基础解系.

议 设 $\boldsymbol{\alpha},\boldsymbol{\beta}$ 为向量空间 $\mathbb{R}^n(n\geqslant 2)$ 的非零向量，矩阵 $\boldsymbol{A}=\boldsymbol{\beta}\boldsymbol{\alpha}^{\mathrm{T}}$，问 $\boldsymbol{A}$ 是否可对角化？

解 依题设，$\boldsymbol{\alpha},\boldsymbol{\beta}$ 为非零向量，所以 $\boldsymbol{A}=\boldsymbol{\beta}\boldsymbol{\alpha}^{\mathrm{T}}\neq\boldsymbol{0}$，下面考查 $\boldsymbol{\alpha}$ 与 $\boldsymbol{\beta}$ 是否正交.

(1) 如果 $\boldsymbol{\alpha}^{\mathrm{T}}\boldsymbol{\beta}=0$，则 $\boldsymbol{A}^2=(\boldsymbol{\beta}\boldsymbol{\alpha}^{\mathrm{T}})(\boldsymbol{\beta}\boldsymbol{\alpha}^{\mathrm{T}})=\boldsymbol{\beta}(\boldsymbol{\alpha}^{\mathrm{T}}\boldsymbol{\beta})\boldsymbol{\alpha}^{\mathrm{T}}=\boldsymbol{0}$，$\boldsymbol{A}$ 为幂零矩阵，依例 5.3.1 结论，非零的幂零矩阵不可对角化.

(2) 如果 $\boldsymbol{\alpha}^{\mathrm{T}}\boldsymbol{\beta}=a\neq 0$，依题设，$\boldsymbol{\beta}\neq\boldsymbol{0}$，$\boldsymbol{A}\boldsymbol{\beta}=(\boldsymbol{\beta}\boldsymbol{\alpha}^{\mathrm{T}})\boldsymbol{\beta}=\boldsymbol{\beta}(\boldsymbol{\alpha}^{\mathrm{T}}\boldsymbol{\beta})=a\boldsymbol{\beta}$，因此 $\lambda_1=a$ 是 $\boldsymbol{A}$ 的一个特征值，$\boldsymbol{\beta}$ 为属于 $\lambda_1=a$ 的特征向量.

因 $\boldsymbol{A}\neq\boldsymbol{0}$，$1\leqslant\operatorname{rank}(\boldsymbol{A})\leqslant\operatorname{rank}(\boldsymbol{\beta})=1$，因此 $\operatorname{rank}(\boldsymbol{A})=1$，从而 $|\boldsymbol{A}|=0$，即 0 是 $\boldsymbol{A}$ 的又一个特征值，线性方程组 $(0\boldsymbol{E}-\boldsymbol{A})\boldsymbol{x}=\boldsymbol{0}$ 的基础解系应含 $n-1$ 个解向量，设其为 $\boldsymbol{\beta}_2,\boldsymbol{\beta}_3,\cdots,\boldsymbol{\beta}_n$，则 $\boldsymbol{\beta}_2,\boldsymbol{\beta}_3,\cdots,\boldsymbol{\beta}_n$ 为特征值 0 的特征子空间的一个基，特征值 0 的几何重数为 $n-1$，依 5.2 节命题 3，特征值 0 的代数重数不小于 $n-1$，而 n 阶矩阵 $\boldsymbol{A}$ 已有一个非零特征值 $\lambda_1=a$，因此特征值 0 的代数重数只能为 $n-1$，从而 $\boldsymbol{A}$ 的全部特征值为 $\lambda_1=a,\lambda_2=\lambda_3=\cdots=\lambda_n=0$，依 5.3 节定理 2，$\boldsymbol{\beta},\boldsymbol{\beta}_2,\boldsymbol{\beta}_3,\cdots,\boldsymbol{\beta}_n$ 线性无关，即 $\boldsymbol{A}$ 有 n 个线性无关的特征向量，依 5.3 节定理 1，$\boldsymbol{A}$ 可对角化，令 $\boldsymbol{P}=(\boldsymbol{\beta},\boldsymbol{\beta}_2,\boldsymbol{\beta}_3,\cdots,\boldsymbol{\beta}_n)$，则 $\boldsymbol{P}$ 可逆，且使

$$\boldsymbol{P}^{-1}\boldsymbol{A}\boldsymbol{P}=\boldsymbol{\Lambda}=\begin{pmatrix}a & & & \\ & 0 & & \\ & & \ddots & \\ & & & 0\end{pmatrix}.$$

例 5.5.5 设 $\boldsymbol{\alpha},\boldsymbol{\beta}$ 为向量空间 $\mathbb{R}^n(n\geqslant 3)$ 的非零向量，且 $\boldsymbol{\alpha}$ 与 $\boldsymbol{\beta}$ 正交，$\boldsymbol{A}=\boldsymbol{\alpha}\boldsymbol{\alpha}^{\mathrm{T}}+\boldsymbol{\beta}\boldsymbol{\beta}^{\mathrm{T}}$，求可逆矩阵 $\boldsymbol{P}$，使 $\boldsymbol{P}^{-1}\boldsymbol{A}\boldsymbol{P}=\boldsymbol{\Lambda}$，并写出对角矩阵 $\boldsymbol{\Lambda}$.

分析 $\boldsymbol{A}$ 为实对称矩阵，可验证 $\boldsymbol{\alpha},\boldsymbol{\beta}$ 是它的特征向量，由 $|\boldsymbol{A}|=0$ 知，0 是它的特征值.

解 依题设，$\boldsymbol{A}^{\mathrm{T}}=(\boldsymbol{\alpha}\boldsymbol{\alpha}^{\mathrm{T}}+\boldsymbol{\beta}\boldsymbol{\beta}^{\mathrm{T}})^{\mathrm{T}}=\boldsymbol{\alpha}\boldsymbol{\alpha}^{\mathrm{T}}+\boldsymbol{\beta}\boldsymbol{\beta}^{\mathrm{T}}=\boldsymbol{A}$，故 $\boldsymbol{A}$ 为实对称矩阵，可对角化. 因

为 $\boldsymbol{\alpha} \neq \mathbf{0}, \boldsymbol{\beta} \neq \mathbf{0}$，设 $\boldsymbol{\alpha}^{\mathrm{T}}\boldsymbol{\alpha}=a \neq 0, \boldsymbol{\beta}^{\mathrm{T}}\boldsymbol{\beta}=b \neq 0$，由已知 $\boldsymbol{\alpha}^{\mathrm{T}}\boldsymbol{\beta}=0=\boldsymbol{\beta}^{\mathrm{T}}\boldsymbol{\alpha}$，于是

$$\boldsymbol{A\alpha}=(\boldsymbol{\alpha\alpha}^{\mathrm{T}}+\boldsymbol{\beta\beta}^{\mathrm{T}})\boldsymbol{\alpha}=a\boldsymbol{\alpha},$$

所以 $\lambda_1=a$ 是 $\boldsymbol{A}$ 的一个特征值，$\boldsymbol{\alpha}$ 为属于 $\lambda_1=a$ 的特征向量，

$$\boldsymbol{A\beta}=(\boldsymbol{\alpha\alpha}^{\mathrm{T}}+\boldsymbol{\beta\beta}^{\mathrm{T}})\boldsymbol{\beta}=b\boldsymbol{\beta},$$

所以 $\lambda_2=b$ 是 $\boldsymbol{A}$ 的又一个特征值，$\boldsymbol{\beta}$ 为属于 $\lambda_2=b$ 的特征向量.

由于 $\boldsymbol{A}$ 可对角化，则 $\operatorname{rank}(\boldsymbol{A})$ 应等于其非零特征值的个数，因此 $\operatorname{rank}(\boldsymbol{A})\geqslant 2$. 又因为

$$\operatorname{rank}(\boldsymbol{A}) \leqslant \operatorname{rank}(\boldsymbol{\alpha\alpha}^{\mathrm{T}})+\operatorname{rank}(\boldsymbol{\beta\beta}^{\mathrm{T}}) \leqslant \operatorname{rank}(\boldsymbol{\alpha})+\operatorname{rank}(\boldsymbol{\beta})=1+1=2,$$

所以 $\operatorname{rank}(\boldsymbol{A})=2(<n)$，则 $|\boldsymbol{A}|=0=|0\boldsymbol{E}-\boldsymbol{A}|$，故 0 是 $\boldsymbol{A}$ 的一个特征值，由于方程组 $\boldsymbol{Ax}=\mathbf{0}$ 的基础解系含 $n-2$ 个解向量，即特征值 0 的几何重数等于 $n-2$，又注意到 $\boldsymbol{A}$ 已有两个非零特征值，依 5.3 节定理 7，其代数重数等于 $n-2$，从而 $\boldsymbol{A}$ 的全部特征值为

$$\lambda_1=a, \lambda_2=b, \lambda_3=\lambda_4=\cdots=\lambda_n=0.$$

设 $\boldsymbol{\gamma}_3, \boldsymbol{\gamma}_4, \cdots, \boldsymbol{\gamma}_n$ 是特征值 0 的线性无关的特征向量，依定理 5.3 节定理 3，$\boldsymbol{\alpha}, \boldsymbol{\beta}, \boldsymbol{\gamma}_3, \boldsymbol{\gamma}_4, \cdots, \boldsymbol{\gamma}_n$ 线性无关，令 $\boldsymbol{P}=(\boldsymbol{\alpha}, \boldsymbol{\beta}, \boldsymbol{\gamma}_3, \boldsymbol{\gamma}_4, \cdots, \boldsymbol{\gamma}_n)$，则 $\boldsymbol{P}$ 可逆，且使

$$\boldsymbol{P}^{-1}\boldsymbol{AP}=\boldsymbol{\Lambda}=\begin{pmatrix} a & & & & \\ & b & & & \\ & & 0 & & \\ & & & \ddots & \\ & & & & 0 \end{pmatrix}.$$

注 设非零列向量 $\boldsymbol{\alpha}, \boldsymbol{\beta} \in \mathbb{R}^n$，且 $\boldsymbol{\alpha} \perp \boldsymbol{\beta}, \boldsymbol{A}=\boldsymbol{\alpha\alpha}^{\mathrm{T}}+\boldsymbol{\beta\beta}^{\mathrm{T}}$，则 $\boldsymbol{A}$ 为实对称矩阵，可对角化，且 $\operatorname{rank}(\boldsymbol{A})=2$.

评 设非零列向量 $\boldsymbol{\alpha}, \boldsymbol{\beta} \in \mathbb{R}^n$，且 $\boldsymbol{\alpha} \perp \boldsymbol{\beta}, \boldsymbol{A}=\boldsymbol{\alpha\alpha}^{\mathrm{T}}+\boldsymbol{\beta\beta}^{\mathrm{T}}$，则存在可逆矩阵 $\boldsymbol{P}=(\boldsymbol{\alpha}, \boldsymbol{\beta}, \boldsymbol{\gamma}_3, \cdots, \boldsymbol{\gamma}_n)$，且使 $\boldsymbol{P}^{-1}\boldsymbol{AP}=\operatorname{diag}(\boldsymbol{\alpha}^{\mathrm{T}}\boldsymbol{\alpha}, \boldsymbol{\beta}^{\mathrm{T}}\boldsymbol{\beta}, \underbrace{0, \cdots, 0}_{n-2\text{个}})$，其中 $\boldsymbol{\gamma}_j\ (j=3, \cdots, n)$ 是线性方程组 $\boldsymbol{Ax}=\mathbf{0}$ 的一个基础解系. 因为 $\boldsymbol{\alpha}, \boldsymbol{\beta}$ 线性无关，所以 $\boldsymbol{\alpha}, \boldsymbol{\beta}, \boldsymbol{\gamma}_3, \cdots, \boldsymbol{\gamma}_n$ 线性无关.

议 设 $\boldsymbol{\alpha}, \boldsymbol{\beta}$ 是向量空间 $\mathbb{R}^n (n \geqslant 3)$ 的非零等长正交向量，$\boldsymbol{A}=\boldsymbol{\alpha\beta}^{\mathrm{T}}+\boldsymbol{\beta\alpha}^{\mathrm{T}}$，问 $\boldsymbol{A}$ 是否可对角化？如果 $\boldsymbol{A}$ 可对角化，求可逆矩阵 $\boldsymbol{P}$，使 $\boldsymbol{P}^{-1}\boldsymbol{AP}$ 为对角矩阵.

解 因 $\boldsymbol{A}^{\mathrm{T}}=(\boldsymbol{\alpha\beta}^{\mathrm{T}}+\boldsymbol{\beta\alpha}^{\mathrm{T}})^{\mathrm{T}}=\boldsymbol{\beta\alpha}^{\mathrm{T}}+\boldsymbol{\alpha\beta}^{\mathrm{T}}=\boldsymbol{A}$，所以 $\boldsymbol{A}$ 为实对称矩阵，必可对角化.

设 $\boldsymbol{\alpha}^{\mathrm{T}}\boldsymbol{\alpha}=\boldsymbol{\beta}^{\mathrm{T}}\boldsymbol{\beta}=a$，依题设，$\boldsymbol{\alpha} \neq \mathbf{0}, \boldsymbol{\beta} \neq \mathbf{0}$，即 $a \neq 0$，且 $\boldsymbol{\alpha}, \boldsymbol{\beta}$ 是正交向量组，所以 $\boldsymbol{\alpha}, \boldsymbol{\beta}$ 必线性无关，因此 $\boldsymbol{\alpha}+\boldsymbol{\beta} \neq \mathbf{0}, \boldsymbol{\alpha}-\boldsymbol{\beta} \neq \mathbf{0}$，

$$\boldsymbol{A\alpha}=(\boldsymbol{\alpha\beta}^{\mathrm{T}}+\boldsymbol{\beta\alpha}^{\mathrm{T}})\boldsymbol{\alpha}=a\boldsymbol{\beta}, \boldsymbol{A\beta}=(\boldsymbol{\alpha\beta}^{\mathrm{T}}+\boldsymbol{\beta\alpha}^{\mathrm{T}})\boldsymbol{\beta}=a\boldsymbol{\alpha},$$

因此 $\boldsymbol{A}(\boldsymbol{\alpha}-\boldsymbol{\beta})=a\boldsymbol{\beta}-a\boldsymbol{\alpha}=-a(\boldsymbol{\alpha}-\boldsymbol{\beta}), \boldsymbol{A}(\boldsymbol{\alpha}+\boldsymbol{\beta})=a\boldsymbol{\beta}+a\boldsymbol{\alpha}=a(\boldsymbol{\alpha}+\boldsymbol{\beta})$，所以 $\lambda_1=-a$ 为 $\boldsymbol{A}$ 的一个特征值，$\boldsymbol{\alpha}-\boldsymbol{\beta}$ 为属于 $\lambda_1=-a$ 的特征向量，$\lambda_2=a$ 为 $\boldsymbol{A}$ 的又一个特征值，$\boldsymbol{\alpha}+\boldsymbol{\beta}$ 为属于 $\lambda_2=a$ 的特征向量.

又因 $\boldsymbol{A}$ 可对角化，所以 $\boldsymbol{A}$ 的秩等于 $\boldsymbol{A}$ 的非零特征值的个数，因此 $\operatorname{rank}(\boldsymbol{A}) \geqslant 2$，又

$$\operatorname{rank}(\boldsymbol{A}) \leqslant \operatorname{rank}(\boldsymbol{\alpha\beta}^{\mathrm{T}})+\operatorname{rank}(\boldsymbol{\beta\alpha}^{\mathrm{T}}) \leqslant \operatorname{rank}(\boldsymbol{\alpha})+\operatorname{rank}(\boldsymbol{\beta})=1+1=2,$$

因此 $\operatorname{rank}(\boldsymbol{A})=2$，即 $|\boldsymbol{A}|=0=|0\boldsymbol{E}-\boldsymbol{A}|$，故 $\lambda_3=0$ 为 $\boldsymbol{A}$ 的一个特征值. 线性方程组 $\boldsymbol{Ax}=\mathbf{0}$ 的基础解系含 $n-2$ 个解向量，设其为 $\boldsymbol{\gamma}_3, \boldsymbol{\gamma}_4, \cdots, \boldsymbol{\gamma}_n$，则 $\boldsymbol{\gamma}_3, \boldsymbol{\gamma}_4, \cdots, \boldsymbol{\gamma}_n$ 为特征值 0 的特征子空间的一个基，即特征值 0 的几何重数为 $n-2$，由于 $\boldsymbol{A}$ 可对角化，因此特征值 0 的代数重数为 $n-2$，从而 $\boldsymbol{A}$ 的全部特征值为

$$\lambda_1=-a,\lambda_2=a,\lambda_3=\lambda_4=\cdots=\lambda_n=0,$$

由 5.3 节定理 3，$\boldsymbol{\alpha}-\boldsymbol{\beta},\boldsymbol{\alpha}+\boldsymbol{\beta},\boldsymbol{\gamma}_3,\boldsymbol{\gamma}_4,\cdots,\boldsymbol{\gamma}_n$ 线性无关，令 $\boldsymbol{P}=(\boldsymbol{\alpha}-\boldsymbol{\beta},\boldsymbol{\alpha}+\boldsymbol{\beta},\boldsymbol{\gamma}_3,\boldsymbol{\gamma}_4,\cdots,\boldsymbol{\gamma}_n)$，则 $\boldsymbol{P}$ 可逆，且使 $\boldsymbol{P}^{-1}\boldsymbol{AP}=\boldsymbol{\Lambda}=\begin{pmatrix}-a&&&&\\&a&&&\\&&0&&\\&&&\ddots&\\&&&&0\end{pmatrix}$.

习题 5-5

1. 设三阶矩阵 $\boldsymbol{A}=(\boldsymbol{\alpha}_1,\boldsymbol{\alpha}_2,\boldsymbol{\alpha}_3)$ 有三个不同的特征值，且 $\boldsymbol{\alpha}_3=\boldsymbol{\alpha}_1+2\boldsymbol{\alpha}_2$.

(1) 证明 $\operatorname{rank}(\boldsymbol{A})=2$；

(2) 如果 $\boldsymbol{\beta}=\boldsymbol{\alpha}_1+\boldsymbol{\alpha}_2+\boldsymbol{\alpha}_3$，求线性方程组 $\boldsymbol{Ax}=\boldsymbol{\beta}$ 的通解. **【2017 研数一、二、三】**

2. 设矩阵 $\boldsymbol{A}=\begin{pmatrix}a_{11}&a_{12}&1\\a_{21}&a_{22}&1\\a_{31}&a_{32}&1\end{pmatrix}$，0，1，2 是 $\boldsymbol{A}$ 的三个特征值，证明 $\boldsymbol{x}=\begin{pmatrix}1\\1\\1\end{pmatrix}$ 是线性方程组 $\boldsymbol{A}^*\boldsymbol{x}=\boldsymbol{0}$ 的一个解，但不是该方程组的基础解系，其中 $\boldsymbol{A}^*$ 是 $\boldsymbol{A}$ 的伴随矩阵.

3. 设 $\boldsymbol{A}$ 是三阶矩阵，$\boldsymbol{\alpha}_1,\boldsymbol{\alpha}_2,\boldsymbol{\alpha}_3$ 是线性无关的三维列向量，且满足：

$$\boldsymbol{A\alpha}_1=\boldsymbol{\alpha}_1+\boldsymbol{\alpha}_2+\boldsymbol{\alpha}_3,\quad \boldsymbol{A\alpha}_2=2\boldsymbol{\alpha}_2+\boldsymbol{\alpha}_3,\quad \boldsymbol{A\alpha}_3=2\boldsymbol{\alpha}_2+3\boldsymbol{\alpha}_3,$$

(1) 求矩阵 $\boldsymbol{B}$，使得 $\boldsymbol{A}(\boldsymbol{\alpha}_1,\boldsymbol{\alpha}_2,\boldsymbol{\alpha}_3)=(\boldsymbol{\alpha}_1,\boldsymbol{\alpha}_2,\boldsymbol{\alpha}_3)\boldsymbol{B}$；

(2) 求 $\boldsymbol{A}$ 的全部特征值；

(3) 求可逆矩阵 $\boldsymbol{T}$，使得 $\boldsymbol{T}^{-1}\boldsymbol{AT}$ 为对角矩阵. **【2005 研数四】**

4. 设 $\boldsymbol{\alpha}=(a_1,a_2,\cdots,a_n)^{\mathrm{T}}$，$\boldsymbol{\beta}=(b_1,b_2,\cdots,b_n)^{\mathrm{T}}$ 都是向量空间 $\mathbb{R}^n$ 的非零向量，且 $\boldsymbol{\alpha}^{\mathrm{T}}\boldsymbol{\beta}=0$，记 n 阶矩阵 $\boldsymbol{A}=\boldsymbol{\alpha\beta}^{\mathrm{T}}$，求：

(1) $\boldsymbol{A}^2$；(2) $\boldsymbol{A}$ 的全部特征值与特征向量. **【1998 研数三、四】**

5. 设向量空间 $\mathbb{R}^3$ 的向量 $\boldsymbol{\alpha}=\begin{pmatrix}a_1\\a_2\\a_3\end{pmatrix}$，$a_1\neq0$，$\boldsymbol{\alpha}^{\mathrm{T}}\boldsymbol{\alpha}=3$，$\boldsymbol{A}=\boldsymbol{E}-\boldsymbol{\alpha\alpha}^{\mathrm{T}}$，$\boldsymbol{E}$ 为三阶单位矩阵，证明存在可逆矩阵 $\boldsymbol{P}$，使 $\boldsymbol{P}^{-1}\boldsymbol{AP}=\boldsymbol{\Lambda}$，并写出对角矩阵 $\boldsymbol{\Lambda}$.

单元练习题 5

一、选择题：下列每小题给出的四个选项中，只有一项是符合题目要求的，请将所选项前的字母写在指定位置.

1. 设 n 阶矩阵 $\boldsymbol{A}$ 与 $\boldsymbol{B}$ 相似，$\boldsymbol{E}$ 为 n 阶单位矩阵，则(　　).

A. $\lambda\boldsymbol{E}-\boldsymbol{A}=\lambda\boldsymbol{E}-\boldsymbol{B}$

B. $\boldsymbol{A}$ 与 $\boldsymbol{B}$ 有相同的特征值与特征向量

C. $\boldsymbol{A}$ 与 $\boldsymbol{B}$ 都相似于一个对角矩阵

D. 对任意常数 t，$t\boldsymbol{E}-\boldsymbol{A}$ 与 $t\boldsymbol{E}-\boldsymbol{B}$ 相似

【1999 研数三】

2. 设 $\boldsymbol{A}$ 与 $\boldsymbol{B}$ 是实对称矩阵，若满足(　　)，则 $\boldsymbol{A}$ 与 $\boldsymbol{B}$ 相似.

A. $|\boldsymbol{A}|=|\boldsymbol{B}|$　　B. $\operatorname{rank}(\boldsymbol{A})=\operatorname{rank}(\boldsymbol{B})$

C. $\boldsymbol{A}$ 与 $\boldsymbol{B}$ 的特征向量相同　　D. $|\lambda \boldsymbol{E}-\boldsymbol{A}|=|\lambda \boldsymbol{E}-\boldsymbol{B}|$

3. 设矩阵 $\boldsymbol{B}=\begin{pmatrix}0&0&1\\0&1&0\\1&0&0\end{pmatrix}$，已知 $\boldsymbol{A}\sim\boldsymbol{B}$，则 $\operatorname{rank}(\boldsymbol{A}-2\boldsymbol{E})+\operatorname{rank}(\boldsymbol{A}-\boldsymbol{E})=($　　$)$.

A. 2　　B. 3　　C. 4　　D. 5

【2003 研数四】

4. 设 $\boldsymbol{A}$ 是 n 阶实对称矩阵，$\boldsymbol{P}$ 是 n 阶可逆矩阵，已知 n 维列向量 $\boldsymbol{\alpha}$ 是 $\boldsymbol{A}$ 的属于特征值 λ 的特征向量，则矩阵 $(\boldsymbol{P}^{-1}\boldsymbol{A}\boldsymbol{P})^{\mathrm{T}}$ 的属于特征值 λ 的特征向量是(　　).

A. $\boldsymbol{P}^{-1}\boldsymbol{\alpha}$　　B. $\boldsymbol{P}^{\mathrm{T}}\boldsymbol{\alpha}$　　C. $\boldsymbol{P}\boldsymbol{\alpha}$　　D. $(\boldsymbol{P}^{-1})^{\mathrm{T}}\boldsymbol{\alpha}$

【2002 研数三】

5. 设 λ_1,λ_2 是矩阵 $\boldsymbol{A}$ 的两个不同的特征值，对应的特征向量分别为 $\boldsymbol{\alpha}_1,\boldsymbol{\alpha}_2$，则 $\boldsymbol{\alpha}_1$，$\boldsymbol{A}(\boldsymbol{\alpha}_1+\boldsymbol{\alpha}_2)$ 线性无关的充分必要条件是(　　).

A. $\lambda_1\neq 0$　　B. $\lambda_2\neq 0$　　C. $\lambda_1=0$　　D. $\lambda_2=0$.

【2005 研数一、二、三】

6. n 阶矩阵 $\boldsymbol{A}$ 具有 n 个不同的特征值是 $\boldsymbol{A}$ 与对角矩阵相似的(　　).

A. 充分且必要条件　　B. 充分而非必要条件

C. 必要而非充分条件　　D. 既非充分也非必要条件

【1993 研数三】

7. 设三阶矩阵 $\boldsymbol{A}$ 有特征值 $-1,2,3$，对应的特征向量分别为 $\boldsymbol{\alpha}_1,\boldsymbol{\alpha}_2,\boldsymbol{\alpha}_3$，令 $\boldsymbol{P}=(\boldsymbol{\alpha}_3,\boldsymbol{\alpha}_1,\boldsymbol{\alpha}_2)$，则 $\boldsymbol{P}^{-1}\boldsymbol{A}\boldsymbol{P}$ 为(　　).

A. $\begin{pmatrix}-1&&\\&2&\\&&3\end{pmatrix}$　　B. $\begin{pmatrix}2&&\\&-1&\\&&3\end{pmatrix}$　　C. $\begin{pmatrix}3&&\\&-1&\\&&2\end{pmatrix}$　　D. $\begin{pmatrix}2&&\\&3&\\&&-1\end{pmatrix}$

8. 设 $\boldsymbol{A}$ 为 4 阶实对称矩阵，且 $\boldsymbol{A}^2+\boldsymbol{A}=\boldsymbol{0}$. 如果 $\operatorname{rank}(\boldsymbol{A})=3$，则 $\boldsymbol{A}$ 相似于(　　).

A. $\begin{bmatrix}1&&&\\&1&&\\&&1&\\&&&0\end{bmatrix}$　　B. $\begin{bmatrix}1&&&\\&1&&\\&&-1&\\&&&0\end{bmatrix}$

C. $\begin{bmatrix}1&&&\\&-1&&\\&&-1&\\&&&0\end{bmatrix}$　　D. $\begin{bmatrix}-1&&&\\&-1&&\\&&-1&\\&&&0\end{bmatrix}$

【2010 研数一、二、三】

9. 设 $\boldsymbol{A}$ 为三阶矩阵，$\boldsymbol{P}$ 为可逆矩阵，且 $\boldsymbol{P}^{-1}\boldsymbol{A}\boldsymbol{P}=\begin{pmatrix}1&0&0\\0&1&0\\0&0&2\end{pmatrix}$，若 $\boldsymbol{P}=(\boldsymbol{\alpha}_1,\boldsymbol{\alpha}_2,\boldsymbol{\alpha}_3)$，$\boldsymbol{Q}=(\boldsymbol{\alpha}_1+\boldsymbol{\alpha}_2,\boldsymbol{\alpha}_2,\boldsymbol{\alpha}_3)$，则 $\boldsymbol{Q}^{-1}\boldsymbol{A}\boldsymbol{Q}=($　　$)$.

A. $\begin{pmatrix}1&0&0\\0&2&0\\0&0&1\end{pmatrix}$　B. $\begin{pmatrix}1&0&0\\0&1&0\\0&0&2\end{pmatrix}$　C. $\begin{pmatrix}2&0&0\\0&1&0\\0&0&2\end{pmatrix}$　D. $\begin{pmatrix}2&0&0\\0&2&0\\0&0&1\end{pmatrix}$

10. 设二阶实对称矩阵 $\boldsymbol{A}$ 有两个不同的特征值 λ_1,λ_2，而 $\boldsymbol{\alpha}_1,\boldsymbol{\alpha}_2$ 分别是 $\boldsymbol{A}$ 的属于 λ_1，λ_2 的单位特征向量，则与矩阵 $\boldsymbol{A}+\boldsymbol{\alpha}_2\boldsymbol{\alpha}_2^{\mathrm{T}}$ 相似的对角矩阵可以是(　　).

A. $\begin{pmatrix}\lambda_1&0\\0&\lambda_2\end{pmatrix}$　B. $\begin{pmatrix}\lambda_1+1&0\\0&\lambda_2+1\end{pmatrix}$　C. $\begin{pmatrix}\lambda_1+1&0\\0&\lambda_2\end{pmatrix}$　D. $\begin{pmatrix}\lambda_1&0\\0&\lambda_2+1\end{pmatrix}$

11. 在实数域$\mathbb{R}$上，下列矩阵中不可对角化的矩阵是(　　).

A. $\begin{pmatrix}1&2&3\\2&0&4\\3&4&5\end{pmatrix}$　B. $\begin{pmatrix}1&2&3\\0&0&4\\0&0&5\end{pmatrix}$　C. $\begin{pmatrix}1&2&3\\0&0&0\\0&0&0\end{pmatrix}$　D. $\begin{pmatrix}1&2&3\\0&1&4\\0&0&1\end{pmatrix}$

12. 在实数域$\mathbb{R}$上，下列矩阵中可对角化的矩阵是(　　).

A. $\begin{pmatrix}1&0&0\\2&0&0\\3&0&0\end{pmatrix}$　B. $\begin{pmatrix}0&0&0\\1&0&0\\0&2&3\end{pmatrix}$　C. $\begin{pmatrix}1&2&3\\0&0&2\\0&0&0\end{pmatrix}$　D. $\begin{pmatrix}3&0&0\\0&0&0\\1&2&0\end{pmatrix}$

13. 实数域$\mathbb{R}$上矩阵 $\begin{pmatrix}1&a&1\\a&b&a\\1&a&1\end{pmatrix}$ 与 $\begin{pmatrix}2&0&0\\0&b&0\\0&0&0\end{pmatrix}$ 相似的充分必要条件是(　　).

A. $a=0,b=2$　　B. $a=0,b$ 为任意常数

C. $a=2,b=0$　　D. a,b 为任意常数

【2013 研数一、二、三】

14. 设 $\boldsymbol{A}=\begin{pmatrix}1&1&1&1\\1&1&1&1\\1&1&1&1\\1&1&1&1\end{pmatrix}$，$\boldsymbol{B}=\begin{pmatrix}1&0&0&0\\0&0&0&0\\0&0&0&0\\0&0&0&0\end{pmatrix}$，则下列结论正确的是(　　).

A. $\boldsymbol{A}$ 与 $\boldsymbol{B}$ 相抵，且 $\boldsymbol{A}$ 与 $\boldsymbol{B}$ 相似　　B. $\boldsymbol{A}$ 与 $\boldsymbol{B}$ 相抵；但 $\boldsymbol{A}$ 与 $\boldsymbol{B}$ 不相似

C. $\boldsymbol{A}$ 与 $\boldsymbol{B}$ 不相抵，且 $\boldsymbol{A}$ 与 $\boldsymbol{B}$ 不相似　　D. $\boldsymbol{A}$ 与 $\boldsymbol{B}$ 不相抵，但 $\boldsymbol{A}$ 与 $\boldsymbol{B}$ 相似

15. 设 $\boldsymbol{A},\boldsymbol{B}$ 是可逆矩阵，且 $\boldsymbol{A}$ 与 $\boldsymbol{B}$ 相似，则下列结论错误的是(　　).

A. $\boldsymbol{A}^{\mathrm{T}}$ 与 $\boldsymbol{B}^{\mathrm{T}}$ 相似　　B. $\boldsymbol{A}^{-1}$ 与 $\boldsymbol{B}^{-1}$ 相似

C. $\boldsymbol{A}+\boldsymbol{A}^{\mathrm{T}}$ 与 $\boldsymbol{B}+\boldsymbol{B}^{\mathrm{T}}$ 相似　　D. $\boldsymbol{A}+\boldsymbol{A}^{-1}$ 与 $\boldsymbol{B}+\boldsymbol{B}^{-1}$ 相似

【2016 研数一、二、三】

16. 设 $\boldsymbol{\alpha}$ 为 n 维单位列向量，$\boldsymbol{E}$ 为 n 阶单位矩阵，则(　　).

A. $\boldsymbol{E}-\boldsymbol{\alpha}\boldsymbol{\alpha}^{\mathrm{T}}$ 不可逆　　B. $\boldsymbol{E}+\boldsymbol{\alpha}\boldsymbol{\alpha}^{\mathrm{T}}$ 不可逆

C. $\boldsymbol{E}+2\boldsymbol{\alpha}\boldsymbol{\alpha}^{\mathrm{T}}$ 不可逆　　D. $\boldsymbol{E}-2\boldsymbol{\alpha}\boldsymbol{\alpha}^{\mathrm{T}}$ 不可逆　**【2017 研数一、三】**

17. 已知矩阵 $\boldsymbol{A}=\begin{pmatrix}2&0&0\\0&2&1\\0&0&1\end{pmatrix}$，$\boldsymbol{B}=\begin{pmatrix}2&1&0\\0&2&0\\0&0&1\end{pmatrix}$，$\boldsymbol{C}=\begin{pmatrix}1&0&0\\0&2&0\\0&0&2\end{pmatrix}$，则(　　).

A. $\boldsymbol{A}$ 与 $\boldsymbol{C}$ 相似，$\boldsymbol{B}$ 与 $\boldsymbol{C}$ 相似　　B. $\boldsymbol{A}$ 与 $\boldsymbol{C}$ 相似，$\boldsymbol{B}$ 与 $\boldsymbol{C}$ 不相似

C. $\boldsymbol{A}$ 与 $\boldsymbol{C}$ 不相似，$\boldsymbol{B}$ 与 $\boldsymbol{C}$ 相似　　D. $\boldsymbol{A}$ 与 $\boldsymbol{C}$ 不相似，$\boldsymbol{B}$ 与 $\boldsymbol{C}$ 不相似

【2017 研数一、二、三】

18. 设 $\boldsymbol{A}$ 为三阶矩阵，$\boldsymbol{P}=(\boldsymbol{\alpha}_1,\boldsymbol{\alpha}_2,\boldsymbol{\alpha}_3)$ 为可逆矩阵，使得 $\boldsymbol{P}^{-1}\boldsymbol{AP}=\begin{pmatrix}0&0&0\\0&1&0\\0&0&2\end{pmatrix}$，则 $\boldsymbol{A}(\boldsymbol{\alpha}_1+\boldsymbol{\alpha}_2+\boldsymbol{\alpha}_3)=($　　$)$.

A. $\boldsymbol{\alpha}_1+\boldsymbol{\alpha}_2$　　B. $\boldsymbol{\alpha}_2+2\boldsymbol{\alpha}_3$　　C. $\boldsymbol{\alpha}_2+\boldsymbol{\alpha}_3$　　D. $\boldsymbol{\alpha}_1+2\boldsymbol{\alpha}_2$

【2017 研数二】

19. 下列矩阵中，与 $\boldsymbol{Q}=\begin{pmatrix}1&1&0\\0&1&1\\0&0&1\end{pmatrix}$ 相似的矩阵为(　　).

A. $\begin{pmatrix}1&1&-1\\0&1&1\\0&0&1\end{pmatrix}$　　B. $\begin{pmatrix}1&0&-1\\0&1&1\\0&0&1\end{pmatrix}$　　C. $\begin{pmatrix}1&1&-1\\0&1&0\\0&0&1\end{pmatrix}$　　D. $\begin{pmatrix}1&0&-1\\0&1&0\\0&0&1\end{pmatrix}$

【2018 研数一、二、三】

20. 设 $\boldsymbol{A}$ 为三阶矩阵，$\boldsymbol{\alpha}_1,\boldsymbol{\alpha}_2$ 为 $\boldsymbol{A}$ 的属于特征值 1 的线性无关的特征向量，$\boldsymbol{\alpha}_3$ 为 $\boldsymbol{A}$ 的属于特征值 -1 的特征向量，则满足 $\boldsymbol{P}^{-1}\boldsymbol{AP}=\begin{pmatrix}1&&\\&-1&\\&&1\end{pmatrix}$ 的可逆矩阵 $\boldsymbol{P}$ 为(　　).

A. $(\boldsymbol{\alpha}_1+\boldsymbol{\alpha}_3,\boldsymbol{\alpha}_2,-\boldsymbol{\alpha}_3)$　　B. $(\boldsymbol{\alpha}_1+\boldsymbol{\alpha}_2,\boldsymbol{\alpha}_2,-\boldsymbol{\alpha}_3)$

C. $(\boldsymbol{\alpha}_1+\boldsymbol{\alpha}_3,-\boldsymbol{\alpha}_3,\boldsymbol{\alpha}_2)$　　D. $(\boldsymbol{\alpha}_1+\boldsymbol{\alpha}_2,-\boldsymbol{\alpha}_3,\boldsymbol{\alpha}_2)$

【2020 研数二、三】

二、填空题：请将答案写在指定位置.

1. 设 $n(n\geqslant 2)$ 阶矩阵 $\boldsymbol{A}$ 的元素全为 1，则 $\boldsymbol{A}$ 的全部特征值为________.

【1999 研数一】

2. 设实矩阵 $\boldsymbol{A}=\begin{bmatrix}k&1&1&1\\1&k&1&1\\1&1&k&1\\1&1&1&k\end{bmatrix}$，且 $\text{rank}(\boldsymbol{A})=3$，则 $k=$________，$\boldsymbol{A}$ 的全部特征值为________.

【2001 研数三、四】

3. 设三阶矩阵 $\boldsymbol{A}$ 的行列式为 $|\boldsymbol{A}|=-2$，$\boldsymbol{A}^*$ 有一个特征值为 6，则 $5\boldsymbol{A}^{-1}-3\boldsymbol{A}^*$ 必有一个特征值为________，$5\boldsymbol{A}^{-1}-3\boldsymbol{A}$ 必有一个特征值为________.

4. 设 $\boldsymbol{\alpha}_1,\boldsymbol{\alpha}_2$ 是线性方程组 $\boldsymbol{Ax}=\boldsymbol{0}$ 的一个基础解系，则 $\boldsymbol{A}$ 的一个特征值为________，对应的特征向量为________.

5. 设三阶矩阵 $\boldsymbol{A}$ 的特征值为 1,2,2，$\boldsymbol{E}$ 为三阶单位矩阵，则 $|4\boldsymbol{A}^{-1}-\boldsymbol{E}|=$________.

【2008 研数三】

6. 设 $\boldsymbol{A}$ 为二阶矩阵，二维列向量 $\boldsymbol{\alpha}_1,\boldsymbol{\alpha}_2$ 线性无关，$\boldsymbol{A\alpha}_1=\boldsymbol{0}$，$\boldsymbol{A\alpha}_2=2\boldsymbol{\alpha}_1+\boldsymbol{\alpha}_2$，则 $\boldsymbol{A}$ 的非零特征值为________.

【2008 研数一】

7. 若三维列向量 $\boldsymbol{\alpha},\boldsymbol{\beta}$ 满足 $\boldsymbol{\alpha}^{\mathrm{T}}\boldsymbol{\beta}=2$，其中 $\boldsymbol{\alpha}^{\mathrm{T}}$ 为 $\boldsymbol{\alpha}$ 的转置，则矩阵 $\boldsymbol{\beta\alpha}^{\mathrm{T}}$ 的一个非零特征值为________.

【2009 研数一】

8. 设 λ 为 n 阶矩阵 $\boldsymbol{A}$ 的一个特征值，且 $\boldsymbol{A}^2-2\boldsymbol{A}-8\boldsymbol{E}=\boldsymbol{0}$，则 λ 只能为________.

9. 设 $\boldsymbol{\alpha},\boldsymbol{\beta}$ 为三维列向量，$\boldsymbol{\beta}^{\mathrm{T}}$ 为 $\boldsymbol{\beta}$ 的转置，若矩阵 $\boldsymbol{\alpha\beta}^{\mathrm{T}}$ 相似于 $\begin{pmatrix}2&0&0\\0&0&0\\0&0&0\end{pmatrix}$，则 $\boldsymbol{\beta}^{\mathrm{T}}\boldsymbol{\alpha}=$________.

【2009 研数二】

10. 设三阶矩阵 $\boldsymbol{A}$ 的三个特征值互不相同，如果行列式 $|\boldsymbol{A}|=0$，则 $\boldsymbol{A}$ 的秩为________.

【2008 研数四】

11. 设 $\boldsymbol{\alpha}$ 为三维实单位列向量，$\boldsymbol{E}$ 为三阶单位矩阵，则 $\boldsymbol{E}-\boldsymbol{\alpha\alpha}^{\mathrm{T}}$ 的秩为________.

【2012 研数一、二】

12. 设三阶矩阵 $\boldsymbol{A}$ 的特征值为 1,2,2，且 $\boldsymbol{A}$ 不能与对角矩阵相似，则 $\mathrm{rank}(2\boldsymbol{E}-\boldsymbol{A})=$________，$\mathrm{rank}(\boldsymbol{E}-\boldsymbol{A})=$________.

13. 设 $\boldsymbol{\alpha}=\begin{pmatrix}1\\1\\1\end{pmatrix}$，$\boldsymbol{\beta}=\begin{pmatrix}1\\0\\k\end{pmatrix}$，若矩阵 $\boldsymbol{\alpha\beta}^{\mathrm{T}}$ 相似于 $\begin{pmatrix}3&0&0\\0&0&0\\0&0&0\end{pmatrix}$，则 $k=$________.

【2009 研数三】

14. 设三阶矩阵 $\boldsymbol{A}$ 可对角化，且 $\boldsymbol{A}$ 的特征值都为 2，则 $\boldsymbol{A}=$________.

15. 设三阶矩阵 $\boldsymbol{A}$ 的特征值为 $2,-2,1$，$\boldsymbol{B}=\boldsymbol{A}^2-\boldsymbol{A}+\boldsymbol{E}$，其中 $\boldsymbol{E}$ 为三阶单位矩阵，则行列式 $|\boldsymbol{B}|=$________.

【2015 研数二、三】

三、判断题：请将判断结果写在题前的括号内，正确写√，错误写×.

1.（　　）$n(n\geqslant 2)$阶矩阵 $\boldsymbol{A}$ 可对角化，则 $\boldsymbol{A}$ 一定有 n 个互不相同的特征值.

2.（　　）如果 $n(n\geqslant 2)$阶矩阵 $\boldsymbol{A}$ 的行列式等于零，则 0 是 $\boldsymbol{A}$ 的一个特征值.

3.（　　）如果 λ_0 是 $n(n\geqslant 2)$阶矩阵 $\boldsymbol{A}$ 的一个特征值，则 λ_0^2-1 是 $\boldsymbol{A}^2-\boldsymbol{E}$ 的一个特征值.

4.（　　）如果 λ_0,μ_0 分别是 $n(n\geqslant 2)$ 阶矩阵 $\boldsymbol{A}$ 和 $\boldsymbol{B}$ 的特征值，则 $\lambda_0+\mu_0$ 是 $\boldsymbol{A}+\boldsymbol{B}$ 的一个特征值.

5.（　　）设 $n(n\geqslant 2)$ 阶矩阵 $\boldsymbol{A}$ 是正交矩阵，如果 λ 是 $\boldsymbol{A}$ 的一个特征值，则 $\dfrac{1}{\lambda}$ 也是 $\boldsymbol{A}$ 的特征值.

6.（　　）$n(n\geqslant 2)$ 阶矩阵 $\boldsymbol{A}$ 的属于同一特征值的特征向量的任一线性组合仍为 $\boldsymbol{A}$ 的特征向量.

7.（　　）设 $\boldsymbol{\alpha}_1,\boldsymbol{\alpha}_2$ 是 $n(n\geqslant 2)$ 阶矩阵 $\boldsymbol{A}$ 的属于同一特征值的线性无关的特征向量，则 $\boldsymbol{\alpha}_1+\boldsymbol{\alpha}_2$ 是 $\boldsymbol{A}$ 的特征向量.

8.（　　）设 λ_0 是 $n(n\geqslant 2)$ 阶矩阵 $\boldsymbol{A}$ 的一个特征值，则 $\mathrm{rank}(\lambda_0\boldsymbol{E}-\boldsymbol{A})<n$.

9.（　　）设 $\boldsymbol{A}$ 为 $n(n\geqslant 2)$ 阶矩阵，$\boldsymbol{A}^2=\boldsymbol{E}$，则矩阵 $8\boldsymbol{E}-\boldsymbol{A}$ 可逆.

10.（　　）设 $\boldsymbol{A},\boldsymbol{B}$ 是 $n(n\geqslant 2)$ 阶矩阵，且 $\boldsymbol{A}$ 可逆，则 $\boldsymbol{AB}$ 与 $\boldsymbol{BA}$ 相似.

四、解答题：解答应写出文字说明、证明过程或演算步骤.

1. 在向量空间 $\mathbb{R}^3$ 中，三阶矩阵 $\boldsymbol{A}$ 的特征值为 $\lambda_1=1,\lambda_2=2,\lambda_3=3$，对应的特征向量分别为

$$\boldsymbol{\alpha}_1=\begin{pmatrix}1\\1\\1\end{pmatrix},\quad \boldsymbol{\alpha}_2=\begin{pmatrix}1\\2\\4\end{pmatrix},\quad \boldsymbol{\alpha}_3=\begin{pmatrix}1\\3\\9\end{pmatrix},\quad 又设\ \boldsymbol{\beta}=\begin{pmatrix}1\\1\\3\end{pmatrix},$$

(1) 将 $\boldsymbol{\beta}$ 用 $\boldsymbol{\alpha}_1,\boldsymbol{\alpha}_2,\boldsymbol{\alpha}_3$ 线性表示；(2)求 $\boldsymbol{A}^m\boldsymbol{\beta}$($m$ 为正整数).

2. 设 $\boldsymbol{A}$ 是三阶矩阵，$\boldsymbol{\alpha}_1,\boldsymbol{\alpha}_2$ 为 $\boldsymbol{A}$ 的分别属于特征值-1，1 的特征向量，向量 $\boldsymbol{\alpha}_3$ 满足 $\boldsymbol{A}\boldsymbol{\alpha}_3=\boldsymbol{\alpha}_2+\boldsymbol{\alpha}_3$.

(1) 证明 $\boldsymbol{\alpha}_1,\boldsymbol{\alpha}_2,\boldsymbol{\alpha}_3$ 线性无关；(2)令 $\boldsymbol{P}=(\boldsymbol{\alpha}_1,\boldsymbol{\alpha}_2,\boldsymbol{\alpha}_3)$，求 $\boldsymbol{P}^{-1}\boldsymbol{A}\boldsymbol{P}$.

【2008 研数二、三、四】

3. 设三阶矩阵 $\boldsymbol{A}=(a_{ij})$ 的每行元素之和均为 3，且满足 $\boldsymbol{A}\boldsymbol{B}=\boldsymbol{0}$，其中 $\boldsymbol{B}=\begin{pmatrix}1&2\\0&1\\-2&0\end{pmatrix}$.

(1) 证明 $\boldsymbol{A}$ 能与对角矩阵相似；(2)求 $\boldsymbol{A}$ 及 $\boldsymbol{A}^{100}$.

4. 设三阶实对称矩阵 $\boldsymbol{A}$ 的特征值为 $\lambda_1=1,\lambda_2=2,\lambda_3=-2$，$\boldsymbol{\alpha}_1=(1,-1,1)^{\mathrm{T}}$ 为 $\boldsymbol{A}$ 的属于 $\lambda_1=1$ 的特征向量，记矩阵 $\boldsymbol{B}=\boldsymbol{A}^5-4\boldsymbol{A}^3+\boldsymbol{E}$，其中 $\boldsymbol{E}$ 为三阶单位矩阵.

(1) 验证 $\boldsymbol{\alpha}_1$ 是 $\boldsymbol{B}$ 的特征向量，并求 $\boldsymbol{B}$ 的全部特征值与全部特征向量；(2)求矩阵 $\boldsymbol{B}$.

【2007 研数一、二、三、四】

5. 已知矩阵 $\boldsymbol{A}=\begin{pmatrix}0&-1&1\\2&-3&0\\0&0&0\end{pmatrix}$,

(1) 求 $\boldsymbol{A}^{99}$；

(2) 设三阶矩阵 $\boldsymbol{B}=(\boldsymbol{\alpha}_1,\boldsymbol{\alpha}_2,\boldsymbol{\alpha}_3)$满足 $\boldsymbol{B}^2=\boldsymbol{B}\boldsymbol{A}$，记 $\boldsymbol{B}^{100}=(\boldsymbol{\beta}_1,\boldsymbol{\beta}_2,\boldsymbol{\beta}_3)$，将 $\boldsymbol{\beta}_1,\boldsymbol{\beta}_2,\boldsymbol{\beta}_3$ 分别表示为 $\boldsymbol{\alpha}_1,\boldsymbol{\alpha}_2,\boldsymbol{\alpha}_3$ 的线性组合. **【2016 研数一、二、三】**

6. 设矩阵 $\boldsymbol{A}=\begin{pmatrix}0&2&-3\\-1&3&-3\\1&-2&a\end{pmatrix}$ 相似于 $\boldsymbol{B}=\begin{pmatrix}1&-2&0\\0&b&0\\0&3&1\end{pmatrix}$，求：

(1)a,b 的值；(2)可逆矩阵 $\boldsymbol{P}$，使 $\boldsymbol{P}^{-1}\boldsymbol{A}\boldsymbol{P}$ 为对角矩阵. **【2015 研数一、二、三】**

五、证明题：应写出证明过程或演算步骤.

1. 设 $\boldsymbol{A}_1,\boldsymbol{A}_2,\boldsymbol{A}_3$ 是三阶非零矩阵，且 $\boldsymbol{A}_j^2=\boldsymbol{A}_j,\boldsymbol{A}_i\boldsymbol{A}_j=\boldsymbol{0}(i\neq j,i,j=1,2,3)$，证明：

(1) $\boldsymbol{A}_j(j=1,2,3)$ 的特征值有且仅有 1 和 0；

(2) $\boldsymbol{A}_j$ 的属于 1 的特征向量是 $\boldsymbol{A}_i(i\neq j)$ 的属于 0 的特征向量；

(3) 如果 $\boldsymbol{\alpha}_1,\boldsymbol{\alpha}_2,\boldsymbol{\alpha}_3$ 分别是 $\boldsymbol{A}_1,\boldsymbol{A}_2,\boldsymbol{A}_3$ 的属于特征值 1 的特征向量，则 $\boldsymbol{\alpha}_1,\boldsymbol{\alpha}_2,\boldsymbol{\alpha}_3$ 线性无关；

(4) 存在三阶矩阵 $\boldsymbol{P}$，使 $\boldsymbol{P}^{-1}\boldsymbol{A}_j\boldsymbol{P}=\boldsymbol{E}_{jj}$，其中三阶矩阵 $\boldsymbol{E}_{jj}$ 除 (j,j) 元是 1，其余元素都为零.

2. 设 $\boldsymbol{A}$ 为二阶矩阵，矩阵 $\boldsymbol{P}=(\boldsymbol{\alpha},\boldsymbol{A}\boldsymbol{\alpha})$，其中 $\boldsymbol{\alpha}$ 是非零向量且不是 $\boldsymbol{A}$ 的特征向量.

(1)证明 $\boldsymbol{P}$ 可逆；(2)若 $\boldsymbol{A}^2\boldsymbol{\alpha}+\boldsymbol{A}\boldsymbol{\alpha}-6\boldsymbol{\alpha}=\boldsymbol{0}$，求 $\boldsymbol{P}^{-1}\boldsymbol{A}\boldsymbol{P}$，并判断 $\boldsymbol{A}$ 是否相似于对角矩阵.

【2020 研数一、二、三】

第6章 二次型·矩阵的合同

把一个二次齐次多项式化成只含平方项的形式,这就是本章研究的主要问题.

6.1 二次型及其标准形

1. 内容要点与评注

定义1 称数域 F 上 n 个变元的二次齐次多项式为数域 F 上的 n 元**二次型**.

n 元二次型的一般形式为

$$\begin{aligned}f(x_1,x_2,\cdots,x_n)=a_{11}x_1^2+2a_{12}x_1x_2+\cdots+2a_{1n}x_1x_n\\+a_{22}x_2^2+2a_{23}x_2x_3+\cdots+2a_{2n}x_2x_n\\+\cdots+a_{nn}x_n^2,\end{aligned}$$

上式也可以写成

$$\begin{aligned}f(x_1,x_2,\cdots,x_n)=\sum_{i=1}^{n}\sum_{j=1}^{n}a_{ij}x_ix_j&=a_{11}x_1^2+a_{12}x_1x_2+\cdots+a_{1n}x_1x_n\\&+a_{21}x_2x_1+a_{22}x_2^2+\cdots+a_{2n}x_2x_n+\cdots+a_{n1}x_nx_1\\&+a_{n2}x_nx_2+\cdots+a_{nn}x_n^2,\end{aligned}$$

其中 $a_{ij}=a_{ji}(1\leqslant i,j\leqslant n)$. 把上式中的系数按原有的排序可以写成 n 阶矩阵:

$$\boldsymbol{A}=\begin{pmatrix}a_{11}&a_{12}&\cdots&a_{1n}\\a_{21}&a_{22}&\cdots&a_{2n}\\\vdots&\vdots&&\vdots\\a_{n1}&a_{n2}&\cdots&a_{nn}\end{pmatrix},$$ 称 $\boldsymbol{A}$ **为二次型** $f(x_1,x_2,\cdots,x_n)$**的矩阵.**

二次型的矩阵 $\boldsymbol{A}$ 满足如下条件:

(1) 唯一;

(2) 其主对角元依次是 $x_1^2,x_2^2,\cdots,x_n^2$ 的系数,(i,j)元$(i\neq j)$是项 x_ix_j 的系数的一半,即 $\boldsymbol{A}$ 是数域 F 上的对称矩阵.

设 $\boldsymbol{x}=\begin{pmatrix}x_1\\x_2\\\vdots\\x_n\end{pmatrix}$,二次型可以写成 $f(x_1,x_2,\cdots,x_n)=\boldsymbol{x}^{\mathrm{T}}\boldsymbol{A}\boldsymbol{x}$,其中 $\boldsymbol{A}$ 是二次型的矩阵. 又设

$\boldsymbol{y}=\begin{pmatrix}y_1\\y_2\\\vdots\\y_n\end{pmatrix}$，$\boldsymbol{C}$ 是数域 F 上的可逆矩阵，称 $\boldsymbol{x}=\boldsymbol{C}\boldsymbol{y}$ 为从变元 $x_1,x_2,\cdots,x_n$ 到变元 $y_1,y_2,\cdots,y_n$ 的**可逆线性替换**，简称**可逆替换**.

n 元二次型 $\boldsymbol{x}^{\mathrm{T}}\boldsymbol{A}\boldsymbol{x}$ 经可逆线性替换 $\boldsymbol{x}=\boldsymbol{C}\boldsymbol{y}$ 化为

$$\boldsymbol{x}^{\mathrm{T}}\boldsymbol{A}\boldsymbol{x}=(\boldsymbol{C}\boldsymbol{y})^{\mathrm{T}}\boldsymbol{A}(\boldsymbol{C}\boldsymbol{y})=\boldsymbol{y}^{\mathrm{T}}(\boldsymbol{C}^{\mathrm{T}}\boldsymbol{A}\boldsymbol{C})\boldsymbol{y},$$

记 $\boldsymbol{B}=\boldsymbol{C}^{\mathrm{T}}\boldsymbol{A}\boldsymbol{C}$，上式可写成 $\boldsymbol{x}^{\mathrm{T}}\boldsymbol{A}\boldsymbol{x}=\boldsymbol{y}^{\mathrm{T}}\boldsymbol{B}\boldsymbol{y}$，且

$$\boldsymbol{B}^{\mathrm{T}}=(\boldsymbol{C}^{\mathrm{T}}\boldsymbol{A}\boldsymbol{C})^{\mathrm{T}}=\boldsymbol{C}^{\mathrm{T}}\boldsymbol{A}^{\mathrm{T}}\boldsymbol{C}=\boldsymbol{C}^{\mathrm{T}}\boldsymbol{A}\boldsymbol{C}=\boldsymbol{B}\text{，即 }\boldsymbol{B}\text{ 是对称矩阵，}$$

因此 $\boldsymbol{B}$ 是二次型 $\boldsymbol{y}^{\mathrm{T}}\boldsymbol{B}\boldsymbol{y}$ 的矩阵.

定义 2　设数域 F 上两个 n 元二次型 $\boldsymbol{x}^{\mathrm{T}}\boldsymbol{A}\boldsymbol{x}$ 与 $\boldsymbol{y}^{\mathrm{T}}\boldsymbol{B}\boldsymbol{y}$，如果存在 F 上可逆线性替换 $\boldsymbol{x}=\boldsymbol{C}\boldsymbol{y}$，使

$$\boldsymbol{x}^{\mathrm{T}}\boldsymbol{A}\boldsymbol{x}=(\boldsymbol{C}\boldsymbol{y})^{\mathrm{T}}\boldsymbol{A}(\boldsymbol{C}\boldsymbol{y})=\boldsymbol{y}^{\mathrm{T}}(\boldsymbol{C}^{\mathrm{T}}\boldsymbol{A}\boldsymbol{C})\boldsymbol{y}=\boldsymbol{y}^{\mathrm{T}}\boldsymbol{B}\boldsymbol{y},$$

则称二次型 $\boldsymbol{x}^{\mathrm{T}}\boldsymbol{A}\boldsymbol{x}$ 与 $\boldsymbol{y}^{\mathrm{T}}\boldsymbol{B}\boldsymbol{y}$ **等价**，记作 $\boldsymbol{x}^{\mathrm{T}}\boldsymbol{A}\boldsymbol{x}\cong\boldsymbol{y}^{\mathrm{T}}\boldsymbol{B}\boldsymbol{y}$.

二次型的等价关系具有下述性质：设 $\boldsymbol{x}^{\mathrm{T}}\boldsymbol{A}\boldsymbol{x},\boldsymbol{y}^{\mathrm{T}}\boldsymbol{B}\boldsymbol{y},\boldsymbol{z}^{\mathrm{T}}\boldsymbol{C}\boldsymbol{z}$ 是数域 F 上的二次型，

(1) 反身性：$\boldsymbol{x}^{\mathrm{T}}\boldsymbol{A}\boldsymbol{x}\cong\boldsymbol{x}^{\mathrm{T}}\boldsymbol{A}\boldsymbol{x}$；

(2) 对称性：如果 $\boldsymbol{x}^{\mathrm{T}}\boldsymbol{A}\boldsymbol{x}\cong\boldsymbol{y}^{\mathrm{T}}\boldsymbol{B}\boldsymbol{y}$，则 $\boldsymbol{y}^{\mathrm{T}}\boldsymbol{B}\boldsymbol{y}\cong\boldsymbol{x}^{\mathrm{T}}\boldsymbol{A}\boldsymbol{x}$；

(3) 传递性：如果 $\boldsymbol{x}^{\mathrm{T}}\boldsymbol{A}\boldsymbol{x}\cong\boldsymbol{y}^{\mathrm{T}}\boldsymbol{B}\boldsymbol{y},\boldsymbol{y}^{\mathrm{T}}\boldsymbol{B}\boldsymbol{y}\cong\boldsymbol{z}^{\mathrm{T}}\boldsymbol{C}\boldsymbol{z}$，则 $\boldsymbol{x}^{\mathrm{T}}\boldsymbol{A}\boldsymbol{x}\cong\boldsymbol{z}^{\mathrm{T}}\boldsymbol{C}\boldsymbol{z}$.

定义 3　设数域 F 上两个 n 阶矩阵 $\boldsymbol{A}$ 与 $\boldsymbol{B}$，如果存在 F 上可逆矩阵 $\boldsymbol{C}$，使

$$\boldsymbol{C}^{\mathrm{T}}\boldsymbol{A}\boldsymbol{C}=\boldsymbol{B},$$

则称 $\boldsymbol{A}$ 与 $\boldsymbol{B}$ **合同**，记作 $\boldsymbol{A}\simeq\boldsymbol{B}$.

矩阵的合同关系具有下述性质：设 $\boldsymbol{A},\boldsymbol{B},\boldsymbol{C}$ 是数域 F 上的矩阵，则

(1) 反身性：$\boldsymbol{A}\simeq\boldsymbol{A}$；

(2) 对称性：如果 $\boldsymbol{A}\simeq\boldsymbol{B}$，则 $\boldsymbol{B}\simeq\boldsymbol{A}$；

(3) 传递性：如果 $\boldsymbol{A}\simeq\boldsymbol{B},\boldsymbol{B}\simeq\boldsymbol{C}$，则 $\boldsymbol{A}\simeq\boldsymbol{C}$.

命题 1　数域 F 上 n 元二次型 $\boldsymbol{x}^{\mathrm{T}}\boldsymbol{A}\boldsymbol{x}$ 与 $\boldsymbol{y}^{\mathrm{T}}\boldsymbol{B}\boldsymbol{y}$ 等价当且仅当 n 阶对称矩阵 $\boldsymbol{A}$ 与 $\boldsymbol{B}$ 合同.

证　必要性. 设 $\boldsymbol{x}^{\mathrm{T}}\boldsymbol{A}\boldsymbol{x}\cong\boldsymbol{y}^{\mathrm{T}}\boldsymbol{B}\boldsymbol{y}$，则存在可逆线性替换 $\boldsymbol{x}=\boldsymbol{C}\boldsymbol{y}$，且使

$$\boldsymbol{x}^{\mathrm{T}}\boldsymbol{A}\boldsymbol{x}=(\boldsymbol{C}\boldsymbol{y})^{\mathrm{T}}\boldsymbol{A}(\boldsymbol{C}\boldsymbol{y})=\boldsymbol{y}^{\mathrm{T}}(\boldsymbol{C}^{\mathrm{T}}\boldsymbol{A}\boldsymbol{C})\boldsymbol{y}\text{，即 }\boldsymbol{C}^{\mathrm{T}}\boldsymbol{A}\boldsymbol{C}=\boldsymbol{B}\text{，则 }\boldsymbol{A}\simeq\boldsymbol{B}.$$

充分性. 设 $\boldsymbol{A}\simeq\boldsymbol{B}$，则存在可逆矩阵 $\boldsymbol{C}$，使 $\boldsymbol{C}^{\mathrm{T}}\boldsymbol{A}\boldsymbol{C}=\boldsymbol{B}$，令 $\boldsymbol{x}=\boldsymbol{C}\boldsymbol{y}$，则它是可逆线性替换，且使

$$\boldsymbol{x}^{\mathrm{T}}\boldsymbol{A}\boldsymbol{x}=(\boldsymbol{C}\boldsymbol{y})^{\mathrm{T}}\boldsymbol{A}(\boldsymbol{C}\boldsymbol{y})=\boldsymbol{y}^{\mathrm{T}}(\boldsymbol{C}^{\mathrm{T}}\boldsymbol{A}\boldsymbol{C})\boldsymbol{y}=\boldsymbol{y}^{\mathrm{T}}\boldsymbol{B}\boldsymbol{y},\quad\text{则 }\boldsymbol{x}^{\mathrm{T}}\boldsymbol{A}\boldsymbol{x}\cong\boldsymbol{y}^{\mathrm{T}}\boldsymbol{B}\boldsymbol{y}.$$ ◆

本章所要研究的主要问题是：数域 F 上 n 元二次型是否等价于一个只含平方项的二次型？由于只含平方项的二次型的矩阵为对角矩阵，依命题 1，上述问题相当于：数域 F 上的对称矩阵是否合同于一个对角矩阵？

如果二次型 $\boldsymbol{x}^{\mathrm{T}}\boldsymbol{A}\boldsymbol{x}$ 等价于一个只含平方项的二次型，则称这个只含平方项的二次型为 $\boldsymbol{x}^{\mathrm{T}}\boldsymbol{A}\boldsymbol{x}$ 的一个**标准形**.

如果对称矩阵 $\boldsymbol{A}$ 合同于一个对角矩阵，则称这个对角矩阵为 $\boldsymbol{A}$ 的一个**合同标准形**.

命题 2 实数域$\mathbb{R}$上 n 元二次型 $\boldsymbol{x}^{\mathrm{T}}\boldsymbol{A}\boldsymbol{x}$ 等价于标准形 $\lambda_1 y_1^2+\lambda_2 y_2^2+\cdots+\lambda_n y_n^2$，其中 $\lambda_1,\lambda_2,\cdots,\lambda_n$ 是 $\boldsymbol{A}$ 的全部特征值.

证 依题设，$\boldsymbol{A}$ 是 n 阶实对称矩阵，依 5.4 节定理 3，必存在正交矩阵 $\boldsymbol{Q}$，使得

$$\boldsymbol{Q}^{-1}\boldsymbol{A}\boldsymbol{Q}=\mathrm{diag}(\lambda_1,\lambda_2,\cdots,\lambda_n),$$

因为 $\boldsymbol{Q}^{-1}=\boldsymbol{Q}^{\mathrm{T}}$，所以 $\boldsymbol{Q}^{\mathrm{T}}\boldsymbol{A}\boldsymbol{Q}=\mathrm{diag}(\lambda_1,\lambda_2,\cdots,\lambda_n)$，即 $\boldsymbol{A}\simeq\mathrm{diag}(\lambda_1,\lambda_2,\cdots,\lambda_n)$，依命题 1，在可逆线性替换 $\boldsymbol{x}=\boldsymbol{Q}\boldsymbol{y}$ 下，二次型

$$\boldsymbol{x}^{\mathrm{T}}\boldsymbol{A}\boldsymbol{x}=(\boldsymbol{Q}\boldsymbol{y})^{\mathrm{T}}\boldsymbol{A}(\boldsymbol{Q}\boldsymbol{y})=\boldsymbol{y}^{\mathrm{T}}(\boldsymbol{Q}^{\mathrm{T}}\boldsymbol{A}\boldsymbol{Q})\boldsymbol{y}=\lambda_1 y_1^2+\lambda_2 y_2^2+\cdots+\lambda_n y_n^2. \quad ◆$$

如果 $\boldsymbol{Q}$ 是正交矩阵，则称可逆线性替换 $\boldsymbol{x}=\boldsymbol{Q}\boldsymbol{y}$ 为**正交替换**或正交变换.

称实数域上的二次型为实二次型. 对于 n 元实二次型 $\boldsymbol{x}^{\mathrm{T}}\boldsymbol{A}\boldsymbol{x}$，存在正交替换 $x=Qy$，化二次型为标准形

$$\lambda_1 y_1^2+\lambda_2 y_2^2+\cdots+\lambda_n y_n^2,$$

其中 $\lambda_1,\lambda_2,\cdots,\lambda_n$ 为 $\boldsymbol{A}$ 的全部特征值.

定理 3 数域 F 上任一 n 元二次型都等价于一个标准形.

证 设 $\boldsymbol{x}^{\mathrm{T}}\boldsymbol{A}\boldsymbol{x}$ 为数域 F 上任一 n 元二次型，对二次型的变元数目 n 作数学归纳法.

当 $n=1$ 时，二次型就是 $f(x_1)=a_{11}x_1^2$，已是标准形，依反身性，结论成立.

假定对 $n-1$ 元二次型结论成立，下面证明对 n 元二次型结论成立.

设
$$\begin{aligned}f(x_1,x_2,\cdots,x_n)=&a_{11}x_1^2+a_{12}x_1x_2+\cdots+a_{1n}x_1x_n\\&+a_{21}x_2x_1+a_{22}x_2^2+\cdots+a_{2n}x_2x_n\\&+\cdots+a_{n1}x_nx_1+a_{n2}x_nx_2+\cdots+a_{nn}x_n^2,\end{aligned}$$

下面分三种情形来讨论.

(1) 当 $a_{11}\neq 0$ 时，有

$$\begin{aligned}f(x_1,x_2,\cdots,x_n)&=a_{11}x_1^2+2\sum_{j=2}^{n}a_{1j}x_1x_j+\sum_{i=2}^{n}\sum_{j=2}^{n}a_{ij}x_ix_j\\&=a_{11}\left(x_1+\sum_{j=2}^{n}\frac{a_{1j}}{a_{11}}x_j\right)^2-\frac{1}{a_{11}}\left(\sum_{j=2}^{n}a_{1j}x_j\right)^2+\sum_{i=2}^{n}\sum_{j=2}^{n}a_{ij}x_ix_j\\&=a_{11}\left(x_1+\sum_{j=2}^{n}\frac{a_{1j}}{a_{11}}x_j\right)^2+\sum_{i=2}^{n}\sum_{j=2}^{n}b_{ij}x_ix_j,\end{aligned}$$

其中 $\sum\limits_{i=2}^{n}\sum\limits_{j=2}^{n}b_{ij}x_ix_j$ 是 $n-1$ 元二次型.

$$令\begin{cases}y_1=x_1+\sum\limits_{j=2}^{n}\dfrac{a_{1j}}{a_{11}}x_j,\\ y_2=x_2,\\ \vdots\\ y_n=x_n,\end{cases}\qquad 即\begin{cases}x_1=y_1-\sum\limits_{j=2}^{n}\dfrac{a_{1j}}{a_{11}}y_j,\\ x_2=y_2,\\ \vdots\\ x_n=y_n,\end{cases}$$

这是可逆线性替换，它使

$$f(x_1,x_2,\cdots,x_n)=a_{11}y_1^2+\sum_{i=2}^{n}\sum_{j=2}^{n}b_{ij}y_iy_j,$$

设 $n-1$ 元二次型 $g(y_2,y_3,\cdots,y_n)=\sum\limits_{i=2}^{n}\sum\limits_{j=2}^{n}b_{ij}y_iy_j$，依归纳法假设，存在可逆线性替换

$$\begin{cases}z_2=c_{22}y_2+c_{23}y_3+\cdots+c_{2n}y_n,\\z_3=c_{32}y_2+c_{33}y_3+\cdots+c_{3n}y_n,\\\vdots\\z_n=c_{n2}y_2+c_{n3}y_3+\cdots+c_{nn}y_n,\end{cases}$$

使 $g(y_2,y_3,\cdots,y_n)$ 化为标准形 $d_2z_2^2+d_3z_3^2+\cdots+d_nz_n^2$，

于是可逆线性替换 $\begin{cases}z_1=y_1,\\z_2=c_{22}y_2+c_{23}y_3+\cdots+c_{2n}y_n,\\z_3=c_{32}y_2+c_{33}y_3+\cdots+c_{3n}y_n,\\\vdots\\z_n=c_{n2}y_2+c_{n3}y_3+\cdots+c_{nn}y_n,\end{cases}$ 使二次型 $f(x_1,x_2,\cdots,x_n)$ 化为标准形

$$f(x_1,x_2,\cdots,x_n)=a_{11}z_1^2+d_2z_2^2+d_3z_3^2+\cdots+d_nz_n^2.$$

(2) 当 $a_{11}=0$，但至少有某一 $a_{1j}\neq0(j>1)$ 时，不妨设 $a_{12}\neq0$. 令

$$\begin{cases}x_1=z_1+z_2,\\x_2=z_1-z_2,\\x_3=z_3,\\\vdots\\x_n=z_n,\end{cases}$$

这是一可逆线性替换，它使二次型

$$\begin{aligned}f(x_1,x_2,\cdots,x_n)&=2a_{12}x_1x_2+\cdots+2a_{1n}x_1x_n+\sum_{i=2}^{n}\sum_{j=2}^{n}a_{ij}x_ix_j,\\&=2a_{12}(z_1+z_2)(z_1-z_2)+\cdots+2a_{1n}(z_1+z_2)z_n+\cdots\\&=2a_{12}z_1^2-2a_{12}z_2^2+\cdots,\end{aligned}$$

设 $f(z_1,z_2,\cdots,z_n)=2a_{12}z_1^2-2a_{12}z_2^2+\cdots$，其中 z_1^2 的系数 $2a_{12}\neq0$，由(1)知，存在可逆线性替换，使 $f(z_1,z_2,\cdots,z_n)$ 化为标准形.

(3) 当 $a_{11}=a_{12}=\cdots=a_{1n}=0$ 时，依对称性，$a_{21}=\cdots=a_{n1}=0$，此时 $f(x_1,x_2,\cdots,x_n)$ 是关于 $x_2,\cdots,x_n$ 的 $n-1$ 元二次型，依假设，存在可逆线性替换使其化为标准形.

综上所述，根据数学归纳法原理，对一切正整数 n，数域 F 上 n 元二次型都等价于一个标准形. ◆

注　由上述证明过程可知，对于数域 F 上任一 n 元二次型，仅利用配平方法就可将其化为标准形.

定理 4　数域 F 上任一 n 阶对称矩阵都合同于一个对角矩阵.

证　设 $\boldsymbol{A}$ 为数域 F 上任一 n 阶对称矩阵，$\boldsymbol{A}$ 所对应的 n 元二次型为 $\boldsymbol{x}^{\mathrm{T}}\boldsymbol{A}\boldsymbol{x}$，由定理 3，存在可逆线性替换 $\boldsymbol{x}=\boldsymbol{C}\boldsymbol{y}$，使二次型化为标准形

$$\boldsymbol{x}^{\mathrm{T}}\boldsymbol{A}\boldsymbol{x}=(\boldsymbol{C}\boldsymbol{y})^{\mathrm{T}}\boldsymbol{A}(\boldsymbol{C}\boldsymbol{y})=\boldsymbol{y}^{\mathrm{T}}(\boldsymbol{C}^{\mathrm{T}}\boldsymbol{A}\boldsymbol{C})\boldsymbol{y}=\boldsymbol{y}^{\mathrm{T}}\boldsymbol{\Lambda}\boldsymbol{y},$$

其中 $\boldsymbol{\Lambda}$ 为对角矩阵，即存在可逆矩阵 $\boldsymbol{C}$，使 $\boldsymbol{C}^{\mathrm{T}}\boldsymbol{A}\boldsymbol{C}=\boldsymbol{\Lambda}$，从而 $\boldsymbol{A}\simeq\boldsymbol{\Lambda}$. ◆

对矩阵 $\boldsymbol{A}$ 施以初等行变换，接着施以与初等行变换完全一致的初等列变换的过程称为**成对初等行、列变换**，比如

$$\boldsymbol{A}\xrightarrow{\langle j\rangle+\langle i\rangle\times k}\boldsymbol{E}(j,i(k))\boldsymbol{A}\xrightarrow[\langle j\rangle+\langle i\rangle\times k]{}\boldsymbol{E}(j,i(k))\boldsymbol{A}\boldsymbol{E}(i,j(k)),$$

$$\boldsymbol{A}\xrightarrow{\langle i\rangle\leftrightarrow\langle j\rangle}\boldsymbol{E}(j,i)\boldsymbol{A}\xrightarrow[\langle i\rangle\leftrightarrow\langle j\rangle]{}\boldsymbol{E}(i,j)\boldsymbol{A}\boldsymbol{E}(i,j),$$

$$\boldsymbol{A}\xrightarrow{\langle i\rangle\times k}\boldsymbol{E}(i(k))\boldsymbol{A}\xrightarrow[\langle i\rangle\times k]{}\boldsymbol{E}(i(k))\boldsymbol{A}\boldsymbol{E}(i(k)),k\neq 0.$$

命题 5 设 $\boldsymbol{A},\boldsymbol{B}$ 都是数域 F 上的 n 阶矩阵，则 $\boldsymbol{A}\simeq\boldsymbol{B}$ 当且仅当 $\boldsymbol{A}$ 经过一系列成对初等行、列变换可以变成矩阵 $\boldsymbol{B}$，此时对 n 阶单位矩阵 $\boldsymbol{E}$ 只作其中的初等列变换所得到的可逆矩阵 $\boldsymbol{C}$，可使 $\boldsymbol{C}^{\mathrm{T}}\boldsymbol{A}\boldsymbol{C}=\boldsymbol{B}$.

证 $\boldsymbol{A}\simeq\boldsymbol{B}\Leftrightarrow$存在数域 F 上可逆矩阵 $\boldsymbol{C}$，使 $\boldsymbol{C}^{\mathrm{T}}\boldsymbol{A}\boldsymbol{C}=\boldsymbol{B}$

$\Leftrightarrow$存在初等矩阵 $\boldsymbol{P}_1,\boldsymbol{P}_2,\cdots,\boldsymbol{P}_t$，使 $\boldsymbol{C}=\boldsymbol{P}_1\boldsymbol{P}_2\cdots\boldsymbol{P}_t$，从而

$$(\boldsymbol{P}_1\boldsymbol{P}_2\cdots\boldsymbol{P}_t)^{\mathrm{T}}\boldsymbol{A}(\boldsymbol{P}_1\boldsymbol{P}_2\cdots\boldsymbol{P}_t)=\boldsymbol{B},\quad 即\ \boldsymbol{P}_t^{\mathrm{T}}\cdots\boldsymbol{P}_2^{\mathrm{T}}\boldsymbol{P}_1^{\mathrm{T}}\boldsymbol{A}\boldsymbol{P}_1\boldsymbol{P}_2\cdots\boldsymbol{P}_t=\boldsymbol{B}.$$

又已知 $\boldsymbol{E}(i(k))^{\mathrm{T}}=\boldsymbol{E}(i(k)),\boldsymbol{E}(i,j)^{\mathrm{T}}=\boldsymbol{E}(i,j),\boldsymbol{E}(i,j(k))^{\mathrm{T}}=\boldsymbol{E}(j,i(k))$，因此

$\boldsymbol{E}(j,i(k))^{\mathrm{T}}\boldsymbol{A}\boldsymbol{E}(j,i(k))=\boldsymbol{E}(i,j(k))\boldsymbol{A}\boldsymbol{E}(j,i(k))$,

——$\boldsymbol{A}$ 的第 j 行的 k 倍加到第 i 行上，同时 $\boldsymbol{A}$ 的第 j 列的 k 倍加到第 i 列上，

$\boldsymbol{E}(i,j)^{\mathrm{T}}\boldsymbol{A}\boldsymbol{E}(i,j)=\boldsymbol{E}(i,j)\boldsymbol{A}\boldsymbol{E}(i,j)$,

——$\boldsymbol{A}$ 的第 j 行与第 i 行互换，同时 $\boldsymbol{A}$ 的第 j 列与第 i 列互换，

$\boldsymbol{E}(i(k))^{\mathrm{T}}\boldsymbol{A}\boldsymbol{E}(i(k))=\boldsymbol{E}(i(k))\boldsymbol{A}\boldsymbol{E}(i(k)),k\neq 0$,

——$\boldsymbol{A}$ 的第 i 行乘以非零数 k，同时 $\boldsymbol{A}$ 的第 i 列乘以非零数 k，

$\Leftrightarrow$对 $\boldsymbol{A}$ 施以成对初等行、列变换变成 $\boldsymbol{B}$.

又因为 $\boldsymbol{C}=\boldsymbol{P}_1\boldsymbol{P}_2\cdots\boldsymbol{P}_t=\boldsymbol{E}\boldsymbol{P}_1\boldsymbol{P}_2\cdots\boldsymbol{P}_t$，说明对 $\boldsymbol{E}$ 只作与 $\boldsymbol{A}$ 完全一致的初等列变换所得到的可逆矩阵即为 $\boldsymbol{C}$，它可使 $\boldsymbol{C}^{\mathrm{T}}\boldsymbol{A}\boldsymbol{C}=\boldsymbol{B}$. ◆

命题 6 在数域 F 上 n 元二次型 $\boldsymbol{x}^{\mathrm{T}}\boldsymbol{A}\boldsymbol{x}$ 的任一标准形中，系数不为 0 的平方项个数等于其矩阵 $\boldsymbol{A}$ 的秩.

证 依定理 3，$\boldsymbol{x}^{\mathrm{T}}\boldsymbol{A}\boldsymbol{x}$ 可经可逆线性替换 $\boldsymbol{x}=\boldsymbol{C}\boldsymbol{y}$ 化为标准形

$$d_1y_1^2+d_2y_2^2+\cdots+d_ry_r^2(r\leqslant n),\quad 其中\ d_1,d_2,\cdots,d_r\ 都不为\ 0,$$

其对应矩阵为 $\boldsymbol{\Lambda}=\mathrm{diag}(d_1,d_2,\cdots,d_r,0,\cdots,0)$，依命题 1，有

$$\boldsymbol{C}^{\mathrm{T}}\boldsymbol{A}\boldsymbol{C}=\mathrm{diag}(d_1,d_2,\cdots,d_r,0,\cdots,0),$$

因此 $r=\mathrm{rank}(\boldsymbol{\Lambda})=\mathrm{rank}(\boldsymbol{C}^{\mathrm{T}}\boldsymbol{A}\boldsymbol{C})=\mathrm{rank}(\boldsymbol{A})$（$\boldsymbol{C}$ 为可逆矩阵）. ◆

二次型 $\boldsymbol{x}^{\mathrm{T}}\boldsymbol{A}\boldsymbol{x}$ 的矩阵 $\boldsymbol{A}$ 的秩称为**二次型 $\boldsymbol{x}^{\mathrm{T}}\boldsymbol{A}\boldsymbol{x}$ 的秩**.

2. 典型例题

例 6.1.1 用正交替换化下列实二次型为标准形，并且写出正交替换：

(1) $f(x_1,x_2,x_3)=x_1^2-2x_2^2+x_3^2+2x_1x_2-4x_1x_3+2x_2x_3$；

(2) $f(x_1,x_2,x_3)=2x_1x_2-2x_2x_3+2x_1x_3$.

分析 求正交矩阵 $\boldsymbol{Q}$，化 $f(x_1,x_2,x_3)$ 的实对称矩阵 $\boldsymbol{A}$ 为对角矩阵，则正交替换 $\boldsymbol{x}=\boldsymbol{Q}\boldsymbol{y}$ 化 $f(x_1,x_2,x_3)$ 为标准形.

解 (1) 依题设，$f(x_1,x_2,x_3)$的矩阵为$A=\begin{pmatrix}1&1&-2\\1&-2&1\\-2&1&1\end{pmatrix}$，$A$ 的特征多项式为

$$|\lambda E-A|=\begin{vmatrix}\lambda-1&-1&2\\-1&\lambda+2&-1\\2&-1&\lambda-1\end{vmatrix}=\lambda\begin{vmatrix}1&-1&2\\0&\lambda+3&-3\\0&0&\lambda-3\end{vmatrix}=\lambda(\lambda+3)(\lambda-3),$$

A 的全部特征值为$\lambda_1=0,\lambda_2=-3,\lambda_3=3$.

对于$\lambda_1=0$，解线性方程组$(0E-A)x=0$，对 $0E-A$ 施以初等行变换，有

$$0E-A=\begin{pmatrix}-1&-1&2\\-1&2&-1\\2&-1&-1\end{pmatrix}\to\begin{pmatrix}1&0&-1\\0&1&-1\\0&0&0\end{pmatrix}，得其基础解系为 \xi_1=\begin{pmatrix}1\\1\\1\end{pmatrix}.$$

对于$\lambda_2=-3$，解线性方程组$(-3E-A)x=0$，对$-3E-A$ 施以初等行变换，有

$$-3E-A=\begin{pmatrix}-4&-1&2\\-1&-1&-1\\2&-1&-4\end{pmatrix}\to\begin{pmatrix}1&0&-1\\0&1&2\\0&0&0\end{pmatrix}，得其基础解系为 \xi_2=\begin{pmatrix}1\\-2\\1\end{pmatrix}.$$

对于$\lambda_3=3$，解线性方程组$(3E-A)x=0$，对 $3E-A$ 施以初等行变换，有

$$3E-A=\begin{pmatrix}2&-1&2\\-1&5&-1\\2&-1&2\end{pmatrix}\to\begin{pmatrix}1&0&1\\0&1&0\\0&0&0\end{pmatrix}，得其基础解系为 \xi_3=\begin{pmatrix}-1\\0\\1\end{pmatrix}.$$

显然 ξ_1,ξ_2,ξ_3 两两正交，对其施以单位化，有

$$\eta_1=\frac{\xi_1}{|\xi_1|}=\begin{pmatrix}\frac{1}{\sqrt3}\\\frac{1}{\sqrt3}\\\frac{1}{\sqrt3}\end{pmatrix},\quad \eta_2=\frac{\xi_2}{|\xi_2|}=\begin{pmatrix}\frac{1}{\sqrt6}\\-\frac{2}{\sqrt6}\\\frac{1}{\sqrt6}\end{pmatrix},\quad \eta_3=\frac{\xi_3}{|\xi_3|}=\begin{pmatrix}-\frac{1}{\sqrt2}\\0\\\frac{1}{\sqrt2}\end{pmatrix},$$

η_1,η_2,η_3 是两两正交的单位特征向量，令 $Q=(\eta_1,\eta_2,\eta_3)$，则 Q 是正交矩阵，且使

$$Q^{-1}AQ=Q^{\mathrm T}AQ=\begin{pmatrix}0&&\\&-3&\\&&3\end{pmatrix}.$$

令正交替换$\begin{pmatrix}x_1\\x_2\\x_3\end{pmatrix}=Q\begin{pmatrix}y_1\\y_2\\y_3\end{pmatrix}$，化二次型为标准形 $f(x_1,x_2,x_3)=-3y_2^2+3y_3^2$.

(2) 依题设，$f(x_1,x_2,x_3)$的矩阵为$A=\begin{pmatrix}0&1&1\\1&0&-1\\1&-1&0\end{pmatrix}$，$A$ 的特征多项式为

$$|\lambda E-A|=\begin{vmatrix}\lambda&-1&-1\\-1&\lambda&1\\-1&1&\lambda\end{vmatrix}=\begin{vmatrix}\lambda&-1&-1\\-1&\lambda&1\\0&1-\lambda&\lambda-1\end{vmatrix}$$

$$=(\lambda-1)\begin{vmatrix}\lambda & -2 & -1\\ -1 & \lambda+1 & 1\\ 0 & 0 & 1\end{vmatrix}=(\lambda-1)^2(\lambda+2),$$

$\boldsymbol{A}$ 的全部特征值为 $\lambda_1=\lambda_2=1,\lambda_3=-2$.

对于 $\lambda_1=\lambda_2=1$,解线性方程组 $(\boldsymbol{E}-\boldsymbol{A})\boldsymbol{x}=\boldsymbol{0}$,由

$$\boldsymbol{E}-\boldsymbol{A}=\begin{pmatrix}1 & -1 & -1\\ -1 & 1 & 1\\ -1 & 1 & 1\end{pmatrix}\to\begin{pmatrix}1 & -1 & -1\\ 0 & 0 & 0\\ 0 & 0 & 0\end{pmatrix},\text{得其基础解系为 }\boldsymbol{\alpha}_1=\begin{pmatrix}1\\1\\0\end{pmatrix},\boldsymbol{\alpha}_2=\begin{pmatrix}1\\0\\1\end{pmatrix},$$

对 $\boldsymbol{\alpha}_1,\boldsymbol{\alpha}_2$ 施以正交化,得

$$\boldsymbol{\beta}_1=\boldsymbol{\alpha}_1=\begin{pmatrix}1\\1\\0\end{pmatrix},\quad \boldsymbol{\beta}_2=\boldsymbol{\alpha}_2-\frac{\boldsymbol{\alpha}_2^{\mathrm{T}}\boldsymbol{\beta}_1}{\boldsymbol{\beta}_1^{\mathrm{T}}\boldsymbol{\beta}_1}\boldsymbol{\beta}_1=\begin{pmatrix}1/2\\-1/2\\1\end{pmatrix}.$$

对于 $\lambda_3=-2$,解线性方程组 $(-2\boldsymbol{E}-\boldsymbol{A})\boldsymbol{x}=\boldsymbol{0}$,由

$$-2\boldsymbol{E}-\boldsymbol{A}=\begin{pmatrix}-2 & -1 & -1\\ -1 & -2 & 1\\ -1 & 1 & -2\end{pmatrix}\to\begin{pmatrix}1 & 0 & 1\\ 0 & 1 & -1\\ 0 & 0 & 0\end{pmatrix},\text{得其基础解系为 }\boldsymbol{\alpha}_3=\begin{pmatrix}-1\\1\\1\end{pmatrix}.$$

对正交向量组 $\boldsymbol{\beta}_1,\boldsymbol{\beta}_2,\boldsymbol{\alpha}_3$ 施以单位化,得

$$\boldsymbol{\eta}_1=\frac{\boldsymbol{\beta}_1}{|\boldsymbol{\beta}_1|}=\begin{pmatrix}\frac{1}{\sqrt{2}}\\ \frac{1}{\sqrt{2}}\\ 0\end{pmatrix},\quad \boldsymbol{\eta}_2=\frac{\boldsymbol{\beta}_2}{|\boldsymbol{\beta}_2|}=\begin{pmatrix}\frac{1}{\sqrt{6}}\\ -\frac{1}{\sqrt{6}}\\ \frac{2}{\sqrt{6}}\end{pmatrix},\quad \boldsymbol{\eta}_3=\frac{\boldsymbol{\alpha}_3}{|\boldsymbol{\alpha}_3|}=\begin{pmatrix}-\frac{1}{\sqrt{3}}\\ \frac{1}{\sqrt{3}}\\ \frac{1}{\sqrt{3}}\end{pmatrix},$$

从而 $\boldsymbol{\eta}_1,\boldsymbol{\eta}_2,\boldsymbol{\eta}_3$ 是两两正交的单位特征向量,令 $\boldsymbol{Q}=(\boldsymbol{\eta}_1,\boldsymbol{\eta}_2,\boldsymbol{\eta}_3)$,则 $\boldsymbol{Q}$ 为正交矩阵,且使

$$\boldsymbol{Q}^{-1}\boldsymbol{A}\boldsymbol{Q}=\boldsymbol{Q}^{\mathrm{T}}\boldsymbol{A}\boldsymbol{Q}=\begin{pmatrix}1 & & \\ & 1 & \\ & & -2\end{pmatrix},$$

令正交替换 $\begin{pmatrix}x_1\\x_2\\x_3\end{pmatrix}=\boldsymbol{Q}\begin{pmatrix}y_1\\y_2\\y_3\end{pmatrix}$,化二次型为标准形 $f(x_1,x_2,x_3)=y_1^2+y_2^2-2y_3^2$.

注 构成正交矩阵的列向量一定是两两正交的单位特征向量.所要求的正交替换应是由老变元(在左)到新变元(在右)的.

评 无论二次型中是否含有平方项,利用正交替换化二次型为标准形的关键是求一正交矩阵,将二次型的实对称矩阵对角化.

例 6.1.2 用配平方法化下列二次型为标准形,并且写出所用的可逆线性替换.

(1) $f(x_1,x_2,x_3)=x_1^2-2x_2^2+x_3^2+2x_1x_2-4x_1x_3+2x_2x_3$;

(2) $f(x_1,x_2,x_3)=2x_1x_2-2x_2x_3+2x_1x_3$.

分析 (1) 先选定既有平方项又有混合乘积项的变元配完全平方式.(2)首先作可逆线性替换,使某变元既含有平方项又含有混合乘积项,再同(1)施以配平方法.

解　(1) $f(x_1,x_2,x_3)=(x_1^2+2x_1x_2-4x_1x_3)-2x_2^2+x_3^2+2x_2x_3$

$$\begin{aligned}&=(x_1+x_2-2x_3)^2-x_2^2-4x_3^2+4x_2x_3-2x_2^2+x_3^2+2x_2x_3\\&=(x_1+x_2-2x_3)^2-3x_2^2-3x_3^2+6x_2x_3\\&=(x_1+x_2-2x_3)^2-3(x_2-x_3)^2.\end{aligned}$$

令$\begin{cases}y_1=x_1+x_2-2x_3,\\y_2=x_2-x_3,\\y_3=x_3,\end{cases}$ 即 $\begin{cases}x_1=y_1-y_2+y_3,\\x_2=y_2+y_3,\\x_3=y_3,\end{cases}$ 因为矩阵 $\boldsymbol{B}=\begin{pmatrix}1&-1&1\\0&1&1\\0&0&1\end{pmatrix}$可逆,所以

$\begin{pmatrix}x_1\\x_2\\x_3\end{pmatrix}=\boldsymbol{B}\begin{pmatrix}y_1\\y_2\\y_3\end{pmatrix}$是可逆线性替换,且使 $f(x_1,x_2,x_3)=y_1^2-3y_2^2$.

注　如果二次型中某变元既有平方项又有混合乘积项,则先选定这样的变元配平方为妥.

评　依命题 2 和定理 3,正交替换法和配平方法都可将 $f(x_1,x_2,x_3)$化为标准形,但由结果可知,标准形可以不同.即使仅限配平方法所得的标准形也是不唯一的,比如在本例中,

若令$\begin{cases}y_1=x_1+x_2-2x_3,\\y_2=\sqrt{3}(x_2-x_3),\\y_3=x_3,\end{cases}$ 即$\begin{cases}x_1=y_1-y_2/\sqrt{3}+y_3,\\x_2=y_2/\sqrt{3}+y_3,\\x_3=y_3,\end{cases}$ 因为矩阵 $\boldsymbol{C}=\begin{pmatrix}1&-1/\sqrt{3}&1\\0&1/\sqrt{3}&1\\0&0&1\end{pmatrix}$可逆,

所以$\begin{pmatrix}x_1\\x_2\\x_3\end{pmatrix}=\boldsymbol{C}\begin{pmatrix}y_1\\y_2\\y_3\end{pmatrix}$是可逆线性替换,且使 $f(x_1,x_2,x_3)=y_1^2-y_2^2$.

可见,二次型的标准形可以不唯一,但是标准形中系数不为 0 的平方项的个数是唯一确定的,等于二次型的秩.

(2) 令$\begin{cases}x_1=y_1-y_2,\\x_2=y_1+y_2,\\x_3=y_3,\end{cases}$ 因为矩阵 $\boldsymbol{A}=\begin{pmatrix}1&-1&0\\1&1&0\\0&0&1\end{pmatrix}$可逆,所以$\begin{pmatrix}x_1\\x_2\\x_3\end{pmatrix}=\boldsymbol{A}\begin{pmatrix}y_1\\y_2\\y_3\end{pmatrix}$为可逆线性替换,使

$$\begin{aligned}f(x_1,x_2,x_3)&=2(y_1-y_2)(y_1+y_2)-2(y_1+y_2)y_3+2(y_1-y_2)y_3\\&=-2(y_2^2+2y_2y_3)+2y_1^2\\&=-2(y_2+y_3)^2+2y_3^2+2y_1^2\\&=2y_1^2-2(y_2+y_3)^2+2y_3^2.\end{aligned}$$

再令$\begin{cases}z_1=y_1,\\z_2=y_2+y_3,\\z_3=y_3,\end{cases}$ 即 $\begin{cases}y_1=z_1,\\y_2=z_2-z_3,\\y_3=z_3.\end{cases}$ 因为矩阵 $\boldsymbol{B}=\begin{pmatrix}1&0&0\\0&1&-1\\0&0&1\end{pmatrix}$可逆,所以$\begin{pmatrix}y_1\\y_2\\y_3\end{pmatrix}=$

$\boldsymbol{B}\begin{pmatrix}z_1\\z_2\\z_3\end{pmatrix}$为可逆线性替换,且使 $-2y_2^2+4y_2y_3+2y_1^2=2z_1^2-2z_2^2+2z_3^2$,显然 $\boldsymbol{AB}=$

$\begin{pmatrix}1 & -1 & 1\\1 & 1 & -1\\0 & 0 & 1\end{pmatrix}$可逆，则$\begin{pmatrix}x_1\\x_2\\x_3\end{pmatrix}=\boldsymbol{A}\begin{pmatrix}y_1\\y_2\\y_3\end{pmatrix}=(\boldsymbol{AB})\begin{pmatrix}z_1\\z_2\\z_3\end{pmatrix}$为可逆线性替换，且使

$$f(x_1,x_2,x_3)=2z_1^2-2z_2^2+2z_3^2.$$

注 在利用配平方法化二次型为标准形时，如果二次型中没有平方项，则先作可逆线性替换，如本例的替换方法，先使某变元既含有平方项又含有混合乘积项，再施配平方法.

评 二次型的标准形不唯一.

例 6.1.3 用成对初等行、列变换法化数域 F 上的下述二次型为标准形，并写出所用的可逆线性替换：

$$f(x_1,x_2,x_3)=2x_1x_2-2x_2x_3+2x_1x_3.$$

分析 依命题 5，矩阵$\begin{pmatrix}\boldsymbol{A}\\\boldsymbol{E}\end{pmatrix}\xrightarrow[\text{行、列变换}]{\text{成对初等}}\begin{pmatrix}\boldsymbol{\Lambda}\\\boldsymbol{C}\end{pmatrix}$，则 $\boldsymbol{C}^{\mathrm{T}}\boldsymbol{AC}=\boldsymbol{\Lambda}$.

解 依题设，二次型 $f(x_1,x_2,x_3)$的矩阵为$\boldsymbol{A}=\begin{pmatrix}0 & 1 & 1\\1 & 0 & -1\\1 & -1 & 0\end{pmatrix}$，

$$\begin{pmatrix}0 & 1 & 1\\1 & 0 & -1\\1 & -1 & 0\\\hline 1 & 0 & 0\\0 & 1 & 0\\0 & 0 & 1\end{pmatrix}\xrightarrow{\langle 1\rangle+\langle 2\rangle}\begin{pmatrix}1 & 1 & 0\\1 & 0 & -1\\1 & -1 & 0\\\hline 1 & 0 & 0\\0 & 1 & 0\\0 & 0 & 1\end{pmatrix}\xrightarrow[\langle 1\rangle+\langle 2\rangle]{}\begin{pmatrix}2 & 1 & 0\\1 & 0 & -1\\0 & -1 & 0\\\hline 1 & 0 & 0\\1 & 1 & 0\\0 & 0 & 1\end{pmatrix}$$

$$\xrightarrow{\langle 2\rangle+\left(-\frac{1}{2}\right)\langle 1\rangle}\begin{pmatrix}2 & 1 & 0\\0 & -\frac{1}{2} & -1\\0 & -1 & 0\\\hline 1 & 0 & 0\\1 & 1 & 0\\0 & 0 & 1\end{pmatrix}\xrightarrow[\langle 2\rangle+\left(-\frac{1}{2}\right)\langle 1\rangle]{}\begin{pmatrix}2 & 0 & 0\\0 & -\frac{1}{2} & -1\\0 & -1 & 0\\\hline 1 & -\frac{1}{2} & 0\\1 & \frac{1}{2} & 0\\0 & 0 & 1\end{pmatrix}$$

$$\xrightarrow{\langle 3\rangle+(-2)\langle 2\rangle}\begin{pmatrix}2 & 0 & 0\\0 & -\frac{1}{2} & -1\\0 & 0 & 2\\\hline 1 & -\frac{1}{2} & 0\\1 & \frac{1}{2} & 0\\0 & 0 & 1\end{pmatrix}\xrightarrow[\langle 3\rangle+(-2)\langle 2\rangle]{}\begin{pmatrix}2 & 0 & 0\\0 & -\frac{1}{2} & 0\\0 & 0 & 2\\\hline 1 & -\frac{1}{2} & 1\\1 & \frac{1}{2} & -1\\0 & 0 & 1\end{pmatrix}.$$

令 $\boldsymbol{\Lambda}=\begin{pmatrix}2&0&0\\0&-\frac{1}{2}&0\\0&0&2\end{pmatrix}$，$\boldsymbol{C}=\begin{pmatrix}1&-\frac{1}{2}&1\\1&\frac{1}{2}&-1\\0&0&1\end{pmatrix}$，显然 $\boldsymbol{C}$ 为可逆矩阵，使 $\boldsymbol{C}^{\mathrm{T}}\boldsymbol{AC}=\boldsymbol{\Lambda}$，则可逆线性替换 $\begin{pmatrix}x_1\\x_2\\x_3\end{pmatrix}=\boldsymbol{C}\begin{pmatrix}y_1\\y_2\\y_3\end{pmatrix}=\begin{pmatrix}1&-\frac{1}{2}&1\\1&\frac{1}{2}&-1\\0&0&1\end{pmatrix}\begin{pmatrix}y_1\\y_2\\y_3\end{pmatrix}$，使

$$f(x_1,x_2,x_3)=2y_1^2-\frac{1}{2}y_2^2+2y_3^2.$$

注　成对初等行、列变换是行、列同一变换.

评　对于二次型 $f(x_1,x_2,x_3)=2x_1x_2-2x_2x_3+2x_1x_3$，上述 3 例用了 3 个不同的方法将其化为标准形，3 个标准形是不同的. 但在各标准形中，系数不为 0 的平方项的个数是相同的，等于二次型的秩 3，系数为正(负)的平方项的个数也是相同的，同为 2(1).

例 6.1.4　已知实二次型 $f(x_1,x_2,x_3)=x_1^2+ax_2^2+x_3^2+2bx_1x_2+2x_1x_3+2x_2x_3$ 经正交替换 $\begin{pmatrix}x_1\\x_2\\x_3\end{pmatrix}=\boldsymbol{P}\begin{pmatrix}y_1\\y_2\\y_3\end{pmatrix}$ 化为标准形 $f(y_1,y_2,y_3)=y_2^2+4y_3^2$，求 a，b 的值和正交矩阵 $\boldsymbol{P}$.

【1998 研数一】

分析　在正交替换下，由二次型的标准形可知其矩阵 $\boldsymbol{A}$ 的全部特征值 $\lambda_1,\lambda_2,\lambda_3$，则 $\lambda_1+\lambda_2+\lambda_3=\mathrm{tr}(\boldsymbol{A})$，$\lambda_1\lambda_2\lambda_3=|\boldsymbol{A}|$，以此求 a，b，并将 $\boldsymbol{A}$ 对角化.

解　实二次型 $f(x_1,x_2,x_3)$ 的矩阵为 $\boldsymbol{A}=\begin{pmatrix}1&b&1\\b&a&1\\1&1&1\end{pmatrix}$ 为实对称矩阵，依题设，$\boldsymbol{A}$ 的全部特征值为 $\lambda_1=0,\lambda_2=1,\lambda_3=4$，依 5.2 节命题 2，有 $0+1+4=\mathrm{tr}(\boldsymbol{A})=1+a+1$，$0\times1\times4=|\boldsymbol{A}|=-(b-1)^2$，解之得 $a=3$，$b=1$，此时 $\boldsymbol{A}=\begin{pmatrix}1&1&1\\1&3&1\\1&1&1\end{pmatrix}$.

对于 $\lambda_1=0$，解线性方程组 $(0\boldsymbol{E}-\boldsymbol{A})\boldsymbol{x}=\boldsymbol{0}$，由

$$-\boldsymbol{A}=\begin{pmatrix}-1&-1&-1\\-1&-3&-1\\-1&-1&-1\end{pmatrix}\to\begin{pmatrix}1&0&1\\0&1&0\\0&0&0\end{pmatrix}，得其基础解系为 \boldsymbol{\alpha}_1=\begin{pmatrix}1\\0\\-1\end{pmatrix}.$$

对于 $\lambda_2=1$，解线性方程组 $(\boldsymbol{E}-\boldsymbol{A})\boldsymbol{x}=\boldsymbol{0}$，由

$$\boldsymbol{E}-\boldsymbol{A}=\begin{pmatrix}0&-1&-1\\-1&-2&-1\\-1&-1&0\end{pmatrix}\to\begin{pmatrix}1&0&-1\\0&1&1\\0&0&0\end{pmatrix}，得其基础解系为 \boldsymbol{\alpha}_2=\begin{pmatrix}1\\-1\\1\end{pmatrix}.$$

对于 $\lambda_3=4$，解线性方程组 $(4\boldsymbol{E}-\boldsymbol{A})\boldsymbol{x}=\boldsymbol{0}$，由

$$4\boldsymbol{E}-\boldsymbol{A}=\begin{pmatrix}3&-1&-1\\-1&1&-1\\-1&-1&3\end{pmatrix}\to\begin{pmatrix}1&0&-1\\0&1&-2\\0&0&0\end{pmatrix},\text{得其基础解系为 }\boldsymbol{\alpha}_3=\begin{pmatrix}1\\2\\1\end{pmatrix}.$$

对正交向量组 $\boldsymbol{\alpha}_1,\boldsymbol{\alpha}_2,\boldsymbol{\alpha}_3$ 施以单位化,得

$$\boldsymbol{\eta}_1=\frac{1}{|\boldsymbol{\alpha}_1|}\boldsymbol{\alpha}_1=\begin{pmatrix}\frac{1}{\sqrt{2}}\\0\\-\frac{1}{\sqrt{2}}\end{pmatrix},\quad \boldsymbol{\eta}_2=\frac{1}{|\boldsymbol{\alpha}_2|}\boldsymbol{\alpha}_2=\begin{pmatrix}\frac{1}{\sqrt{3}}\\-\frac{1}{\sqrt{3}}\\\frac{1}{\sqrt{3}}\end{pmatrix},\quad \boldsymbol{\eta}_3=\frac{1}{|\boldsymbol{\alpha}_3|}\boldsymbol{\alpha}_3=\begin{pmatrix}\frac{1}{\sqrt{6}}\\\frac{2}{\sqrt{6}}\\\frac{1}{\sqrt{6}}\end{pmatrix},$$

$\boldsymbol{\eta}_1,\boldsymbol{\eta}_2,\boldsymbol{\eta}_3$ 是两两正交的单位特征向量,令 $\boldsymbol{P}=(\boldsymbol{\eta}_1,\boldsymbol{\eta}_2,\boldsymbol{\eta}_3)$,则 $\boldsymbol{P}$ 是正交矩阵,且使

$$\boldsymbol{P}^{-1}\boldsymbol{AP}=\boldsymbol{P}^{\mathrm{T}}\boldsymbol{AP}=\begin{pmatrix}0&0&0\\0&1&0\\0&0&4\end{pmatrix}.$$

注 设 $\lambda_1,\lambda_2,\cdots,\lambda_n$ 是实对称矩阵 $\boldsymbol{B}$ 的全部特征值,则

$$\mathrm{tr}(\boldsymbol{B})=\lambda_1+\lambda_2+\cdots+\lambda_n,\quad |\boldsymbol{B}|=\lambda_1\lambda_2\cdots\lambda_n.$$

实二次型在正交替换下的标准形中平方项的系数就是其矩阵的全部特征值.

例 6.1.5 设三元实二次型 $\boldsymbol{x}^{\mathrm{T}}\boldsymbol{Ax}$ 经正交替换化为 $2y_1^2-y_2^2-y_3^2$,$\boldsymbol{A}^*\boldsymbol{\alpha}=\boldsymbol{\alpha}$,其中 $\boldsymbol{A}^*$ 为 $\boldsymbol{A}$ 的伴随矩阵,$\boldsymbol{\alpha}=\begin{pmatrix}1\\1\\-1\end{pmatrix}$,三阶实矩阵 $\boldsymbol{B}$ 满足:$\left(\left(\frac{1}{2}\boldsymbol{A}\right)^*\right)^{-1}\boldsymbol{BA}^{-1}=2\boldsymbol{AB}+4\boldsymbol{E}$,求二次型 $\boldsymbol{x}^{\mathrm{T}}\boldsymbol{Bx}$ 的表达式.

分析 要求 $\boldsymbol{x}^{\mathrm{T}}\boldsymbol{Bx}$,需求实对称矩阵 $\boldsymbol{B}$. 而 $\boldsymbol{B}$ 可对角化.

解 依题设,$\boldsymbol{A}$ 的特征值为 $\lambda_1=2,\lambda_2=\lambda_3=-1$,于是 $|\boldsymbol{A}|=2$,$\boldsymbol{A}$ 可逆,$\boldsymbol{A}^*=|\boldsymbol{A}|\boldsymbol{A}^{-1}=2\boldsymbol{A}^{-1}$,并且

$$\left(\left(\frac{1}{2}\boldsymbol{A}\right)^*\right)^{-1}=\left(\left(\frac{1}{2}\right)^2\boldsymbol{A}^*\right)^{-1}=\left(\frac{1}{4}(2\boldsymbol{A}^{-1})\right)^{-1}=2\boldsymbol{A},$$

代入矩阵方程得 $2\boldsymbol{ABA}^{-1}=2\boldsymbol{AB}+4\boldsymbol{E}$,用 $\boldsymbol{A}^{-1}$ 左乘,$\boldsymbol{A}$ 右乘等式两端,$\boldsymbol{B}(\boldsymbol{E}-\boldsymbol{A})=2\boldsymbol{E}$,则 $\boldsymbol{E}-\boldsymbol{A}$ 可逆,且 $\boldsymbol{B}=2(\boldsymbol{E}-\boldsymbol{A})^{-1}$,于是 $\boldsymbol{B}$ 的全部特征值为

$$\mu_1=\frac{2}{1-\lambda_1}=-2,\quad \mu_2=\mu_3=\frac{2}{1-\lambda_2}=1.$$

由 $\boldsymbol{A}^*\boldsymbol{\alpha}=\boldsymbol{\alpha}$,则 $\boldsymbol{AA}^*\boldsymbol{\alpha}=\boldsymbol{A\alpha}$,即 $\boldsymbol{A\alpha}=|\boldsymbol{A}|\boldsymbol{\alpha}=2\boldsymbol{\alpha}$,故$\boldsymbol{\alpha}$ 是由 $\boldsymbol{B}$ 的属于特征值 2 的特征向量,或者由$(\boldsymbol{E}-\boldsymbol{A})\boldsymbol{\alpha}=-\boldsymbol{\alpha}$,$(\boldsymbol{E}-\boldsymbol{A})^{-1}\boldsymbol{\alpha}=-\boldsymbol{\alpha}$,有 $\boldsymbol{B\alpha}=-2\boldsymbol{\alpha}$,$\boldsymbol{\alpha}$ 是 $\boldsymbol{B}$ 的属于特征值 $\mu_1=-2$ 的特征向量. 又因 $\boldsymbol{A}$ 是实对称矩阵,所以

$$\boldsymbol{B}^{\mathrm{T}}=(2(\boldsymbol{E}-\boldsymbol{A})^{-1})^{\mathrm{T}}=2((\boldsymbol{E}-\boldsymbol{A})^{\mathrm{T}})^{-1}=2(\boldsymbol{E}-\boldsymbol{A})^{-1},\text{即 }\boldsymbol{B}\text{ 为实对称矩阵},$$

因此 $\boldsymbol{B}$ 可对角化,设 $\boldsymbol{B}$ 的属于 $\mu_2=\mu_3=1$ 的特征向量为 $\boldsymbol{\beta}=\begin{pmatrix}x_1\\x_2\\x_3\end{pmatrix}$,则 $\boldsymbol{\beta}$ 与 $\boldsymbol{\alpha}$ 正交,即 x_1+

$x_2-x_3=0$，得其基础解系为 $\boldsymbol{\beta}_1=\begin{pmatrix}1\\-1\\0\end{pmatrix}$，$\boldsymbol{\beta}_2=\begin{pmatrix}1\\0\\1\end{pmatrix}$，它们是 $\mu_2=\mu_3=1$ 的特征子空间的一个基，因为 $\boldsymbol{\alpha},\boldsymbol{\beta}_1,\boldsymbol{\beta}_2$ 线性无关，令 $\boldsymbol{P}=(\boldsymbol{\alpha},\boldsymbol{\beta}_1,\boldsymbol{\beta}_2)$，则 $\boldsymbol{P}$ 可逆，且使

$$\boldsymbol{P}^{-1}\boldsymbol{B}\boldsymbol{P}=\begin{pmatrix}-2&&\\&1&\\&&1\end{pmatrix},$$

于是

$$\boldsymbol{B}=\boldsymbol{P}\begin{pmatrix}-2&&\\&1&\\&&1\end{pmatrix}\boldsymbol{P}^{-1}=\begin{pmatrix}1&1&1\\1&-1&0\\-1&0&1\end{pmatrix}\begin{pmatrix}-2&&\\&1&\\&&1\end{pmatrix}\frac{1}{3}\begin{pmatrix}1&1&-1\\1&-2&-1\\1&1&2\end{pmatrix}$$

$$=\begin{pmatrix}0&-1&1\\-1&0&1\\1&1&0\end{pmatrix},$$

从而

$$\boldsymbol{x}^{\mathrm{T}}\boldsymbol{B}\boldsymbol{x}=(x_1,x_2,x_3)\begin{pmatrix}0&-1&1\\-1&0&1\\1&1&0\end{pmatrix}\begin{pmatrix}x_1\\x_2\\x_3\end{pmatrix}=-2x_1x_2+2x_1x_3+2x_2x_3.$$

注　求二次型只需求二次型的矩阵 $\boldsymbol{B}$，而实对称矩阵 $\boldsymbol{B}$ 可依对角化求得. 依题设，$\boldsymbol{A}$ 可逆，$\boldsymbol{A}^*$ 可逆，$\boldsymbol{A}=|\boldsymbol{A}|(\boldsymbol{A}^*)^{-1}$，$\boldsymbol{A}^*\boldsymbol{\alpha}=\boldsymbol{\alpha}$，有 $\boldsymbol{A}\boldsymbol{A}^*\boldsymbol{\alpha}=\boldsymbol{A}\boldsymbol{\alpha}$，即 $\boldsymbol{A}\boldsymbol{\alpha}=2\boldsymbol{\alpha}$，所以 $\boldsymbol{\alpha}$ 是 $\boldsymbol{A}$ 的属于特征值 2 的特征向量.

评　依 $\boldsymbol{A}$ 为实对称矩阵确认 $\boldsymbol{B}$ 为实对称矩阵，依 $\boldsymbol{A}$ 的特征值和特征向量确认 $\boldsymbol{B}$ 的特征值和特征向量，进而求出可逆矩阵 $\boldsymbol{P}$，使 $\boldsymbol{B}=\boldsymbol{P}\boldsymbol{\Lambda}\boldsymbol{P}^{-1}$.

习题 6-1

1. 用正交替换法化下列实二次型为标准形，并且写出所用的正交替换：

(1) $f(x_1,x_2,x_3)=x_1^2+2x_2^2-2x_3^2+4x_1x_3$；　(2) $f(x_1,x_2,x_3)=2x_1x_2-2x_2x_3$.

2. 用配平方法化下列二次型为标准形，并且写出所用的可逆线性替换：

(1) $f(x_1,x_2,x_3)=x_1^2+2x_2^2-2x_3^2+4x_1x_3$；　(2) $f(x_1,x_2,x_3)=2x_1x_2-2x_2x_3$.

3. 用成对初等行、列变换法化下列二次型为标准形，并且写出所用的可逆线性替换：

(1) $f(x_1,x_2,x_3)=x_1^2+2x_2^2-2x_3^2+4x_1x_3$；　(2) $f(x_1,x_2,x_3)=2x_1x_2-2x_2x_3$.

4. 已知实二次型 $f(x_1,x_2,x_3)=(1-a)x_1^2+(1-a)x_2^2+2x_3^2+2(1+a)x_1x_2$ 的秩为 2，求：

(1) a 的值；

(2) 正交替换 $\boldsymbol{x}=\boldsymbol{Q}\boldsymbol{y}$，把二次型 $f(x_1,x_2,x_3)$ 化为标准形；

(3) 方程 $f(x_1,x_2,x_3)=0$ 的解.　**【2005 研数一】**

5. 设实二次型 $f(x_1,x_2,x_3)=2x_1^2-x_2^2+ax_3^2+2x_1x_2-8x_1x_3+2x_2x_3$ 在正交替换 $\boldsymbol{x}=\boldsymbol{Q}\boldsymbol{y}$ 下的标准形为 $\lambda_1y_1^2+\lambda_2y_2^2$，求 a 的值及一个正交矩阵 $\boldsymbol{Q}$.　**【2017 研数一、二、三】**

6.2 实二次型的规范形

在上节已知，一个实二次型的标准形不唯一，且与所用的可逆线性替换有关. 但标准形中系数不为 0 的平方项的个数是确定的，与所用的可逆线性替换无关. 那么，实数域上二次型的标准形中还有哪些要素与可逆线性替换无关呢？

1. 内容要点与评注

设 n 元实二次型 $\boldsymbol{x}^{\mathrm{T}}\boldsymbol{A}\boldsymbol{x}$ 经可逆线性替换 $\boldsymbol{x}=\boldsymbol{C}\boldsymbol{y}$ 化为标准形：

$$d_1y_1^2+\cdots+d_py_p^2-d_{p+1}y_{p+1}^2-\cdots-d_ry_r^2, \tag{6.1}$$

其中 $d_i>0, i=1,2,\cdots,r, r=\operatorname{rank}(\boldsymbol{A})\leqslant n$.

作可逆线性替换：

$$\begin{cases} y_1=\dfrac{1}{\sqrt{d_1}}z_1, \\ \vdots \\ y_r=\dfrac{1}{\sqrt{d_r}}z_r, \\ y_{r+1}=z_{r+1}, \\ \vdots \\ y_n=z_n, \end{cases} \text{即} \begin{pmatrix} y_1\\ \vdots\\ y_r\\ y_{r+1}\\ \vdots\\ y_n \end{pmatrix}=\begin{pmatrix} 1/\sqrt{d_1} &&&&& \\ &\ddots&&&& \\ &&1/\sqrt{d_r}&&& \\ &&&1&& \\ &&&&\ddots& \\ &&&&&1 \end{pmatrix}\begin{pmatrix} z_1\\ \vdots\\ z_r\\ z_{r+1}\\ \vdots\\ z_n \end{pmatrix},$$

于是标准形(6.1)可写成如下形式：

$$z_1^2+\cdots+z_p^2-z_{p+1}^2-\cdots-z_r^2. \tag{6.2}$$

称形如(6.2)式的标准形为实二次型 $\boldsymbol{x}^{\mathrm{T}}\boldsymbol{A}\boldsymbol{x}$ 的**规范形**. 实二次型的规范形被两个非负整数 p 和 r 所决定.

定理 1(惯性定理) n 元实二次型 $\boldsymbol{x}^{\mathrm{T}}\boldsymbol{A}\boldsymbol{x}$ 的规范形是唯一的.

证 设 n 元实二次型 $\boldsymbol{x}^{\mathrm{T}}\boldsymbol{A}\boldsymbol{x}$ 的秩为 r，假设 $\boldsymbol{x}^{\mathrm{T}}\boldsymbol{A}\boldsymbol{x}$ 经可逆线性替换 $\boldsymbol{x}=\boldsymbol{C}\boldsymbol{y}$ 及 $\boldsymbol{x}=\boldsymbol{B}\boldsymbol{z}$ 化为规范形

$$\boldsymbol{x}^{\mathrm{T}}\boldsymbol{A}\boldsymbol{x}=y_1^2+\cdots+y_p^2-y_{p+1}^2-\cdots-y_r^2,$$

$$\boldsymbol{x}^{\mathrm{T}}\boldsymbol{A}\boldsymbol{x}=z_1^2+\cdots+z_q^2-z_{q+1}^2-\cdots-z_r^2,$$

下面要证 $p=q$. 采用反证法.

经可逆线性替换 $\boldsymbol{z}=(\boldsymbol{B}^{-1}\boldsymbol{C})\boldsymbol{y}$，有

$$z_1^2+\cdots+z_q^2-z_{q+1}^2-\cdots-z_r^2=y_1^2+\cdots+y_p^2-y_{p+1}^2-\cdots-y_r^2. \tag{6.3}$$

记可逆矩阵 $\boldsymbol{B}^{-1}\boldsymbol{C}=(b_{ij})$.

如果 $p>q$，令 $\boldsymbol{y}=\begin{pmatrix} k_1\\ \vdots\\ k_p\\ 0\\ \vdots\\ 0 \end{pmatrix}$，依可逆线性替换 $\boldsymbol{z}=(\boldsymbol{B}^{-1}\boldsymbol{C})\boldsymbol{y}$，向量 $\boldsymbol{z}$ 的前 q 个分量分别为

$$\begin{cases} z_1=b_{11}k_1+\cdots+b_{1p}k_p, \\ z_2=b_{21}k_1+\cdots+b_{2p}k_p, \\ \vdots \\ z_q=b_{q1}k_1+\cdots+b_{qp}k_p, \end{cases}$$ 令 $z_1=z_2=\cdots=z_q=0$，考查线性方程组 $$\begin{cases} b_{11}k_1+\cdots+b_{1p}k_p=0, \\ b_{21}k_1+\cdots+b_{2p}k_p=0, \\ \vdots \\ b_{q1}k_1+\cdots+b_{qp}k_p=0, \end{cases}$$

由于 $p>q$，故线性方程组有非零解，于是 $k_1,k_2,\cdots,k_p$ 可取一组不全为零的实数，对应 $z_1=\cdots=z_q=0$，将可逆线性替换 $\boldsymbol{z}=(\boldsymbol{B}^{-1}\boldsymbol{C})\boldsymbol{y}$ 下的这两组取值代入(6.3)式的左右两端：

$$\text{左端}=-z_{q+1}^2-\cdots-z_r^2\leqslant 0,\text{右端}=k_1^2+\cdots+k_p^2>0,\text{矛盾}.$$

从而 $p\leqslant q$. 同理 $q\leqslant p$. 因此 $p=q$. ◆

定义 1　在实二次型 $\boldsymbol{x}^{\mathrm{T}}\boldsymbol{A}\boldsymbol{x}$ 的规范形中，系数为“$+1$”的平方项个数 p 称为 $\boldsymbol{x}^{\mathrm{T}}\boldsymbol{A}\boldsymbol{x}$ 的**正惯性指数**，系数为“-1”的平方项个数 $r-p$ 称为 $\boldsymbol{x}^{\mathrm{T}}\boldsymbol{A}\boldsymbol{x}$ 的**负惯性指数**，正惯性指数减去负惯性指数所得的差 $2p-r$ 称为 $\boldsymbol{x}^{\mathrm{T}}\boldsymbol{A}\boldsymbol{x}$ 的**符号差**.

注　实二次型 $\boldsymbol{x}^{\mathrm{T}}\boldsymbol{A}\boldsymbol{x}$ 的规范形由它的秩和正(负)惯性指数所决定.

命题 2　两个 n 元实二次型等价$\Leftrightarrow$它们的规范形相同

$\Leftrightarrow$它们的秩相等，且正(负)惯性指数相等.

注　实二次型 $\boldsymbol{x}^{\mathrm{T}}\boldsymbol{A}\boldsymbol{x}$ 的标准形中，系数为正的平方项个数等于 $\boldsymbol{x}^{\mathrm{T}}\boldsymbol{A}\boldsymbol{x}$ 的正惯性指数，系数为负的平方项个数等于 $\boldsymbol{x}^{\mathrm{T}}\boldsymbol{A}\boldsymbol{x}$ 的负惯性指数.

推论 3　任一 n 阶实对称矩阵 $\boldsymbol{A}$ 都合同于对角矩阵 $\mathrm{diag}(1,\cdots,1,-1,\cdots,-1,0,\cdots,0)$，其中 1 的个数等于 $\boldsymbol{x}^{\mathrm{T}}\boldsymbol{A}\boldsymbol{x}$ 的正惯性指数，也称为 $\boldsymbol{A}$ 的**正惯性指数**，-1 的个数等于 $\boldsymbol{x}^{\mathrm{T}}\boldsymbol{A}\boldsymbol{x}$ 的**负惯性指数**，也称为 $\boldsymbol{A}$ 的**负惯性指数**，该对角矩阵称为 $\boldsymbol{A}$ 的**合同规范形**.

注　n 阶实对称矩阵 $\boldsymbol{A}$ 的合同标准形中，主对角元为正(负)数的个数等于 $\boldsymbol{A}$ 的正(负)惯性指数.

推论 4　两个 n 阶实对称矩阵合同$\Leftrightarrow$它们的秩相等，并且正惯性指数相等.

称复数域上的二次型为**复二次型***.

依 6.1 节定理 3，设 n 元复二次型 $\boldsymbol{x}^{\mathrm{T}}\boldsymbol{A}\boldsymbol{x}$ 经可逆线性替换 $\boldsymbol{x}=\boldsymbol{C}\boldsymbol{y}$ 化为标准形如下：

$$d_1y_1^2+d_2y_2^2+\cdots+d_ry_r^2, \tag{6.4}$$

其中复数 $d_i\neq 0(i=1,2,\cdots,r)$，$r=\mathrm{rank}(\boldsymbol{A})\leqslant n$.

作可逆线性替换：

$$\begin{cases} y_1=\dfrac{1}{\sqrt{d_1}}z_1, \\ \vdots \\ y_r=\dfrac{1}{\sqrt{d_r}}z_r, \\ y_{r+1}=z_{r+1}, \\ \vdots \\ y_n=z_n, \end{cases} \text{即} \begin{pmatrix} y_1 \\ \vdots \\ y_r \\ y_{r+1} \\ \vdots \\ y_n \end{pmatrix}=\begin{pmatrix} 1/\sqrt{d_1} & & & & \\ & \ddots & & & \\ & & 1/\sqrt{d_r} & & \\ & & & 1 & \\ & & & & \ddots & \\ & & & & & 1 \end{pmatrix}\begin{pmatrix} z_1 \\ \vdots \\ z_r \\ z_{r+1} \\ \vdots \\ z_n \end{pmatrix},$$

于是标准形(6.4)可写成如下形式：

$$z_1^2+z_2^2+\cdots+z_r^2,$$

称上式为复二次型 $\boldsymbol{x}^{\mathrm{T}}\boldsymbol{A}\boldsymbol{x}$ 的**规范形**.

注 复二次型的规范形完全由它的秩所确定.

定理 5 复二次型的规范形是唯一的.

命题 6 两个 n 元复二次型等价⇔它们的规范形相同⇔它们的秩相等.

推论 7 任一 n 阶复对称矩阵 $\boldsymbol{A}$ 都合同于对角矩阵 $\mathrm{diag}(1,\cdots,1,0,\cdots,0)$，其中 1 的个数等于 $\mathrm{rank}(\boldsymbol{A})$，该对角矩阵称为 $\boldsymbol{A}$ 的**合同规范形**.

推论 8 两个 n 阶复对称矩阵合同⇔它们的秩相等.

2. 典型例题

例 6.2.1 三阶实对称矩阵组成的集合中有多少个合同类？写出每一类的合同规范形.

分析 两个三阶实对称矩阵合同⇔它们的秩相等，并且正惯性指数相等.

解 依推论 4，有如下的合同类：

序号	秩	正惯性指数	合同规范形
1	0	0	$\boldsymbol{0}$
2	1	0	diag(−1,0,0)
3	1	1	diag(1,0,0)
4	2	0	diag(−1,−1,0)
5	2	1	diag(1,−1,0)
6	2	2	diag(1,1,0)
7	3	0	diag(−1,−1,−1)
8	3	1	diag(1,−1,−1)
9	3	2	diag(1,1,−1)
10	3	3	diag(1,1,1)

$\boldsymbol{0}$ 是三阶零阵，综上所述，三阶实对称矩阵组成的集合中共有 10 个合同类.

议 (1) n 阶实对称矩阵组成的集合中有多少个合同类？

秩为 0 的对应 1 个合同类，其中正惯性指数为 0；

秩为 1 的对应 2 个合同类，其中正惯性指数分别为 0,1；

……

秩为 n 的对应 $n+1$ 个合同类，其中正惯性指数分别为 $0,1,2,\cdots,n$.

综上所述，n 阶实对称矩阵组成的集合中共有

$$0+1+2+\cdots+(n+1)=\frac{(n+1)(n+2)}{2}$$

个合同类.

(2) n 阶复对称矩阵组成的集合中有多少个合同类？

秩为 0 的对应 1 个合同类，秩为 1 的对应 1 个合同类，……，秩为 n 的对应 1 个合同类，因此 n 阶复对称矩阵组成的集合中共有 $n+1$ 个合同类.

例 6.2.2 设 $\boldsymbol{A}$ 为 n 阶实对称矩阵，$\mathrm{rank}(\boldsymbol{A})=n$，$A_{ij}$ 为 $\boldsymbol{A}=(a_{ij})$ 中元素 a_{ij} 的代数余子式，二次型

$$f(x_1,x_2,\cdots,x_n)=\sum_{i=1}^{n}\sum_{j=1}^{n}\frac{A_{ij}}{|\boldsymbol{A}|}x_ix_j.$$

(1) 记 $\boldsymbol{x}=(x_1,x_2,\cdots,x_n)^{\mathrm{T}}$，把 $f(\boldsymbol{x})$ 写成矩阵形式，并证明 $f(\boldsymbol{x})$ 所对应的矩阵为 $\boldsymbol{A}^{-1}$.

(2) 二次型 $g(\boldsymbol{x})=\boldsymbol{x}^{\mathrm{T}}\boldsymbol{A}\boldsymbol{x}$ 与 $f(\boldsymbol{x})$ 的规范形是否相同？说明理由. **【2001 研数三】**

分析　(1) 将 f 写成矩阵形式，确认 f 的矩阵. (2)证明 $f(\boldsymbol{x})$ 与 $g(\boldsymbol{x})$ 的矩阵合同.

证　(1) 二次型 f 的矩阵形式为

$$f(x_1,x_2,\cdots,x_n)=\sum_{i=1}^{n}\sum_{j=1}^{n}\frac{A_{ij}}{|\boldsymbol{A}|}x_ix_j=(x_1,x_2,\cdots,x_n)^{\mathrm{T}}\frac{1}{|\boldsymbol{A}|}\begin{pmatrix}A_{11}&A_{12}&\cdots&A_{1n}\\A_{21}&A_{22}&\cdots&A_{2n}\\\vdots&\vdots&&\vdots\\A_{n1}&A_{n2}&\cdots&A_{nn}\end{pmatrix}\begin{pmatrix}x_1\\x_2\\\vdots\\x_n\end{pmatrix},$$

$$=\boldsymbol{x}^{\mathrm{T}}\left(\frac{1}{|\boldsymbol{A}|}\boldsymbol{A}^*\right)\boldsymbol{x}=\boldsymbol{x}^{\mathrm{T}}\boldsymbol{A}^{-1}\boldsymbol{x},$$

其中$\frac{1}{|\boldsymbol{A}|}\boldsymbol{A}^*=\boldsymbol{A}^{-1}$. 由 $\boldsymbol{A}$ 为实对称矩阵可知，$(\boldsymbol{A}^{-1})^{\mathrm{T}}=(\boldsymbol{A}^{\mathrm{T}})^{-1}=\boldsymbol{A}^{-1}$，即 $\boldsymbol{A}^{-1}$ 也是实对称矩阵，因此二次型 f 的矩阵为 $\boldsymbol{A}^{-1}$.

(2) 由(1)知，二次型 $f(\boldsymbol{x})=\boldsymbol{x}^{\mathrm{T}}\boldsymbol{A}^{-1}\boldsymbol{x}$ 与 $g(\boldsymbol{x})=\boldsymbol{x}^{\mathrm{T}}\boldsymbol{A}\boldsymbol{x}$ 的矩阵分别为 $\boldsymbol{A}^{-1}$ 与 $\boldsymbol{A}$，因为

$$(\boldsymbol{A}^{-1})^{\mathrm{T}}\boldsymbol{A}\boldsymbol{A}^{-1}=(\boldsymbol{A}^{-1})^{\mathrm{T}}=\boldsymbol{A}^{-1}\text{，即 }\boldsymbol{A}\text{ 与 }\boldsymbol{A}^{-1}\text{ 合同，}$$

依 6.1 节命题 1，$f(\boldsymbol{x})\cong g(\boldsymbol{x})$，依命题 2，二次型 $f(\boldsymbol{x})$ 与 $g(\boldsymbol{x})$ 有相同的规范形.

注　尽管 $f(\boldsymbol{x})=\boldsymbol{x}^{\mathrm{T}}\boldsymbol{A}^{-1}\boldsymbol{x}$，但 $\boldsymbol{A}^{-1}$ 必须是实对称矩阵，才能成为 $f(\boldsymbol{x})$ 的矩阵.

评　两个实二次型的矩阵合同$\Leftrightarrow$它们的规范形相同.

例 6.2.3　指出下列实二次型中，哪些是等价的？

$$f(x_1,x_2,x_3)=2x_1x_2-x_3^2;\quad g(y_1,y_2,y_3)=y_2^2-4y_1y_3;$$

$$h(z_1,z_2,z_3)=-z_1z_2+z_3^2.$$

分析　依二次型的标准形分别确认它们的秩与正惯性指数.

解

令$\begin{cases}x_1=y_1-y_2,\\x_2=y_1+y_2,\\x_3=y_3,\end{cases}$ 则 $f(x_1,x_2,x_3)=2y_1^2-2y_2^2-y_3^2$，因此 f 的秩为 3，正惯性指数为 1.

令$\begin{cases}y_1=z_1-z_3,\\y_2=z_2,\\y_3=z_1+z_3,\end{cases}$ 则 $g(y_1,y_2,y_3)=-4z_1^2+z_2^2+4z_3^2$，因此 g 的秩为 3，正惯性指数为 2.

令$\begin{cases}z_1=t_1-t_2,\\z_2=t_1+t_2,\\z_3=t_3,\end{cases}$ 则 $h(z_1,z_2,z_3)=-t_1^2+t_2^2+t_3^2$，因此 h 的秩为 3，正惯性指数为 2.

依命题 2，二次型 g 与 h 等价.

注　利用可逆线性替换，将二次型化为标准形，确定秩与正惯性指数，以判别其等价性.

例 6.2.4　设实二次型 $f(x_1,x_2)=x_1^2-4x_1x_2+4x_2^2$，经正交替换$\begin{pmatrix}x_1\\x_2\end{pmatrix}=\boldsymbol{Q}\begin{pmatrix}y_1\\y_2\end{pmatrix}$化为

二次型 $g(y_1,y_2)=ay_1^2+4y_1y_2+by_2^2,a\geqslant b$.

求：(1)常数 a,b 的值；(2)正交矩阵 $\boldsymbol{Q}$.

【2020 研数一、三】

分析 正交替换 $\begin{pmatrix}x_1\\x_2\end{pmatrix}=\boldsymbol{Q}\begin{pmatrix}y_1\\y_2\end{pmatrix}$ 使 $f(x_1,x_2)\cong g(y_1,y_2)$，两个二次型的矩阵 $\boldsymbol{A},\boldsymbol{B}$ 满足 $\boldsymbol{Q}^{\mathrm{T}}\boldsymbol{A}\boldsymbol{Q}=\boldsymbol{Q}^{-1}\boldsymbol{A}\boldsymbol{Q}=\boldsymbol{B}$，因此 $|\boldsymbol{A}|=|\boldsymbol{B}|$，$\mathrm{tr}(\boldsymbol{A})=\mathrm{tr}(\boldsymbol{B})$，求出 a,b. 再分别将实对称矩阵 $\boldsymbol{A}$，$\boldsymbol{B}$ 对角化，求出正交矩阵 $\boldsymbol{Q}$.

解 (1) 依题设，$f(x_1,x_2)$ 的矩阵为 $\boldsymbol{A}=\begin{pmatrix}1&-2\\-2&4\end{pmatrix}$，$g(y_1,y_2)$ 的矩阵为 $\boldsymbol{B}=\begin{pmatrix}a&2\\2&b\end{pmatrix}$，存在正交矩阵 $\boldsymbol{Q}$，$\boldsymbol{Q}^{\mathrm{T}}\boldsymbol{A}\boldsymbol{Q}=\boldsymbol{Q}^{-1}\boldsymbol{A}\boldsymbol{Q}=\boldsymbol{B}$，因此 $\boldsymbol{A}\sim\boldsymbol{B}$，故 $|\boldsymbol{A}|=|\boldsymbol{B}|$，$\mathrm{tr}(\boldsymbol{A})=\mathrm{tr}(\boldsymbol{B})$，即 $0=ab-4,5=a+b$，且 $a\geqslant b$，解之得 $a=4,b=1$.

(2) 由 $|\lambda\boldsymbol{E}-\boldsymbol{A}|=\begin{vmatrix}\lambda-1&2\\2&\lambda-4\end{vmatrix}=\lambda(\lambda-5)$ 知，$\boldsymbol{A}$ 的全部特征值为 $\lambda_1=5,\lambda_2=0$.

对于 $\lambda_1=5$，解方程组 $(5\boldsymbol{E}-\boldsymbol{A})\boldsymbol{x}=\boldsymbol{0}$，由 $5\boldsymbol{E}-\boldsymbol{A}=\begin{pmatrix}4&2\\2&1\end{pmatrix}\to\begin{pmatrix}1&1/2\\0&0\end{pmatrix}$，得其基础解系为 $\boldsymbol{\alpha}_1=\begin{pmatrix}1\\-2\end{pmatrix}$.

对于 $\lambda_2=0$，解方程组 $(0\boldsymbol{E}-\boldsymbol{A})\boldsymbol{x}=\boldsymbol{0}$，由 $0\boldsymbol{E}-\boldsymbol{A}=\begin{pmatrix}-1&2\\2&-4\end{pmatrix}\to\begin{pmatrix}1&-2\\0&0\end{pmatrix}$，得其基础解系为 $\boldsymbol{\alpha}_2=\begin{pmatrix}2\\1\end{pmatrix}$.

$\boldsymbol{\alpha}_1,\boldsymbol{\alpha}_2$ 已正交，将其单位化，有 $\boldsymbol{\eta}_1=\begin{pmatrix}\frac{1}{5}\\-\frac{2}{5}\end{pmatrix}$，$\boldsymbol{\eta}_2=\begin{pmatrix}\frac{2}{5}\\\frac{1}{5}\end{pmatrix}$，令 $\boldsymbol{P}_1=(\boldsymbol{\eta}_1,\boldsymbol{\eta}_2)$，则 $\boldsymbol{P}_1$ 为正交矩阵，且使 $\boldsymbol{P}_1^{-1}\boldsymbol{A}\boldsymbol{P}_1=\boldsymbol{\Lambda}=\begin{pmatrix}5&0\\0&0\end{pmatrix}$.

类似的方法可得正交矩阵 $\boldsymbol{P}_2=(\boldsymbol{\eta}_2,\boldsymbol{\eta}_1)$，且使 $\boldsymbol{P}_2^{-1}\boldsymbol{B}\boldsymbol{P}_2=\boldsymbol{\Lambda}=\begin{pmatrix}5&0\\0&0\end{pmatrix}$，于是 $\boldsymbol{P}_1^{-1}\boldsymbol{A}\boldsymbol{P}_1=\boldsymbol{\Lambda}=\boldsymbol{P}_2^{-1}\boldsymbol{B}\boldsymbol{P}_2$，也即 $(\boldsymbol{P}_1\boldsymbol{P}_2^{-1})^{-1}\boldsymbol{A}\boldsymbol{P}_1\boldsymbol{P}_2^{-1}=\boldsymbol{B}$，令

$$\boldsymbol{Q}=\boldsymbol{P}_1\boldsymbol{P}_2^{-1}=\boldsymbol{P}_1\boldsymbol{P}_2^{\mathrm{T}}=\begin{pmatrix}\frac{1}{5}&\frac{2}{5}\\-\frac{2}{5}&\frac{1}{5}\end{pmatrix}\begin{pmatrix}\frac{2}{5}&\frac{1}{5}\\\frac{1}{5}&-\frac{2}{5}\end{pmatrix}=\begin{pmatrix}\frac{4}{25}&-\frac{3}{25}\\-\frac{3}{25}&-\frac{4}{25}\end{pmatrix},$$

则 $\boldsymbol{Q}^{\mathrm{T}}\boldsymbol{Q}=(\boldsymbol{P}_1\boldsymbol{P}_2^{\mathrm{T}})^{\mathrm{T}}\boldsymbol{P}_1\boldsymbol{P}_2^{\mathrm{T}}=\boldsymbol{P}_2(\boldsymbol{P}_1^{\mathrm{T}}\boldsymbol{P}_1)\boldsymbol{P}_2^{\mathrm{T}}=\boldsymbol{P}_2\boldsymbol{E}\boldsymbol{P}_2^{\mathrm{T}}=\boldsymbol{E}$，从而 $\boldsymbol{Q}$ 为正交矩阵，且使

$$\boldsymbol{Q}^{-1}\boldsymbol{A}\boldsymbol{Q}=\boldsymbol{Q}^{\mathrm{T}}\boldsymbol{A}\boldsymbol{Q}=\boldsymbol{B}.$$

评 已知实对称矩阵 $\boldsymbol{A},\boldsymbol{B}$，且存在正交矩阵 $\boldsymbol{Q}$，$\boldsymbol{Q}^{\mathrm{T}}\boldsymbol{A}\boldsymbol{Q}=\boldsymbol{Q}^{-1}\boldsymbol{A}\boldsymbol{Q}=\boldsymbol{B}$，但 $\boldsymbol{B}$ 不是对角矩阵，如何求 $\boldsymbol{Q}$？依本例方法，将 $\boldsymbol{A},\boldsymbol{B}$ 分别对角化，即求出正交矩阵 $\boldsymbol{P}_1,\boldsymbol{P}_2$，使 $\boldsymbol{P}_1^{-1}\boldsymbol{A}\boldsymbol{P}_1=\boldsymbol{\Lambda}=$

$\boldsymbol{P}_2^{-1}\boldsymbol{B}\boldsymbol{P}_2$，从而$(\boldsymbol{P}_1\boldsymbol{P}_2^{-1})^{-1}\boldsymbol{A}\boldsymbol{P}_1\boldsymbol{P}_2^{-1}=\boldsymbol{B}$，则$\boldsymbol{Q}=\boldsymbol{P}_1\boldsymbol{P}_2^{\mathrm{T}}$即为所求.

例 6.2.5　设实二次型$f(x_1,x_2,x_3)=(x_1-x_2+x_3)^2+(x_2+x_3)^2+(x_1+ax_3)^2$，其中$a$是参数，求：(1)$f(x_1,x_2,x_3)=0$的解；(2)$f(x_1,x_2,x_3)$的规范形.

【2018 研数一、二、三】

分析　(1)由$f(x_1,x_2,x_3)=0$可得齐次线性方程组，并解之.(2)由配平方法求$f(x_1,x_2,x_3)$的规范形.

解　(1) $f(x_1,x_2,x_3)=0\Leftrightarrow\begin{cases}x_1-x_2+x_3=0,\\x_2+x_3=0,\\x_1+ax_3=0,\end{cases}$ 对该线性方程组的系数矩阵$\boldsymbol{A}$施以初等行变换，有

$$\begin{pmatrix}1&-1&1\\0&1&1\\1&0&a\end{pmatrix}\rightarrow\begin{pmatrix}1&0&2\\0&1&1\\0&0&a-2\end{pmatrix},$$

当$a\neq2$时，$\operatorname{rank}(\boldsymbol{A})=3$(未知元的个数)，方程组只有零解.

当$a=2$时，$\operatorname{rank}(\boldsymbol{A})=2<3$，方程组有非零解，同解方程组为$\begin{cases}x_1=-2x_3,\\x_2=-x_3,\end{cases}$得其基础解系为$\begin{pmatrix}2\\1\\-1\end{pmatrix}$，则其全部解为$k\begin{pmatrix}2\\1\\-1\end{pmatrix}$，$k$为任意实常数.

(2) 当$a\neq2$时，令$\begin{cases}y_1=x_1-x_2+x_3,\\y_2=\qquad\ \ x_2+x_3,\\y_3=x_1\qquad\ +ax_3,\end{cases}$其中$\begin{vmatrix}1&-1&1\\0&1&1\\1&0&a\end{vmatrix}=\begin{vmatrix}1&-1&1\\0&1&1\\0&1&a-1\end{vmatrix}=a-2\neq0$，

则线性替换可逆，且使$f(x_1,x_2,x_3)$化为规范形$y_1^2+y_2^2+y_3^2$.

当$a=2$时，将二次型的表达式重新整理，得

$$\begin{aligned}f(x_1,x_2,x_3)&=(x_1-x_2+x_3)^2+(x_2+x_3)^2+(x_1+2x_3)^2\\&=2x_1^2+2x_2^2+6x_3^2-2x_1x_2+6x_1x_3\\&=2(x_1^2+x_2^2-x_1x_2+3x_1x_3)+6x_3^2\\&=2\left(\left(x_1-\frac{1}{2}x_2+\frac{3}{2}x_3\right)^2+\frac{3}{4}x_2^2-\frac{9}{4}x_3^2+\frac{3}{2}x_2x_3\right)+6x_3^2\\&=2\left(x_1-\frac{1}{2}x_2+\frac{3}{2}x_3\right)^2+\frac{3}{2}(x_2+x_3)^2,\end{aligned}$$

令$\begin{cases}y_1=\sqrt{2}\left(x_1-\frac{1}{2}x_2+\frac{3}{2}x_3\right),\\y_2=\qquad\sqrt{\frac{3}{2}}(x_2+x_3),\\y_3=\qquad\qquad\quad x_3,\end{cases}$ 显然线性替换可逆，且使$f(x_1,x_2,x_3)$化为规范形$y_1^2+y_2^2$.

习题 6-2

1. 将下列实二次型的标准形化为规范形,并写出所用的可逆线性替换:

$$f(x_1,x_2,x_3)=x_1^2-x_2^2+6x_3^2;\quad g(y_1,y_2,y_3)=y_1^2+y_2^2-\frac{1}{3}y_3^2;$$

$$h(z_1,z_2,z_3)=-2z_1^2+z_2^2-z_3^2.$$

2. 下列实二次型中,哪些是等价的? 说明理由.

$$f(x_1,x_2,x_3)=x_1^2-x_2^2+6x_3^2;\quad g(y_1,y_2,y_3)=y_1^2+y_2^2-\frac{1}{3}y_3^2;$$

$$h(z_1,z_2,z_3)=-2z_1^2+z_2^2-z_3^2.$$

3. 设实二次型 $f(x_1,x_2,x_3)=ax_1^2+ax_2^2+(a-1)x_3^2+2x_1x_3-2x_2x_3$.

(1) 求 f 的矩阵的全部特征值;(2)若二次型 f 的规范形为 $y_1^2+y_2^2$,求 a 的值.

【2009 研数一、二、三】

4. 实二次型 $f(x_1,x_2,x_3)=x_1^2+x_2^2+x_3^2+2ax_1x_2+2ax_1x_3+2ax_2x_3$ 经可逆线性替换 $\boldsymbol{x}=\boldsymbol{P}\boldsymbol{y}$ 化为 $g(y_1,y_2,y_3)=y_1^2+y_2^2+4y_3^2+2y_1y_2$.

求:(1)a 的值;(2)可逆矩阵 $\boldsymbol{P}$. 【2020 研数二】

5. 设 $\boldsymbol{A}$ 为 n 阶实对称矩阵,如果对任意 n 维列向量 $\boldsymbol{x}$,有 $\boldsymbol{x}^{\mathrm{T}}\boldsymbol{A}\boldsymbol{x}=0$,证明 $\boldsymbol{A}=\boldsymbol{0}$.

6.3 正定二次型与正定矩阵

1. 内容要点与评注

定义 1 n 元实二次型 $\boldsymbol{x}^{\mathrm{T}}\boldsymbol{A}\boldsymbol{x}$ 称为**正定的**,如果对于 $\mathbb{R}^n$ 中任意非零列向量 $\boldsymbol{\alpha}$,都有 $\boldsymbol{\alpha}^{\mathrm{T}}\boldsymbol{A}\boldsymbol{\alpha}>0$.

定理 1 n 元实二次型 $\boldsymbol{x}^{\mathrm{T}}\boldsymbol{A}\boldsymbol{x}$ 是正定的充分必要条件是它的正惯性指数等于 n.

推论 1 n 元实二次型 $\boldsymbol{x}^{\mathrm{T}}\boldsymbol{A}\boldsymbol{x}$ 是正定的⇔它的规范形为 $y_1^2+y_2^2+\cdots+y_n^2$

⇔它的标准形中 n 个系数全大于 0.

定义 2 实对称矩阵 $\boldsymbol{A}$ 称为**正定的**,如果实二次型 $\boldsymbol{x}^{\mathrm{T}}\boldsymbol{A}\boldsymbol{x}$ 是正定的.

定理 2 n 阶实对称矩阵 $\boldsymbol{A}$ 是正定的⇔$\boldsymbol{A}$ 的正惯性指数等于 n

⇔$\boldsymbol{A}\simeq\boldsymbol{E}$

⇔$\boldsymbol{A}$ 的合同标准形中主对角元全大于 0

⇔$\boldsymbol{A}$ 的特征值全大于 0.

推论 1 与正定矩阵合同的实对称矩阵也是正定的.

推论 2 与正定二次型等价的实二次型也是正定的.

注 可逆线性替换不改变实二次型的正定性,正定矩阵的行列式大于零.

定义 3 设 $\boldsymbol{A}$ 是一个 n 阶矩阵,$\boldsymbol{A}$ 的主子式 $A\begin{pmatrix}1,2,\cdots,k\\1,2,\cdots,k\end{pmatrix}$ 称为 $\boldsymbol{A}$ 的 k 阶**顺序主子式**,$k=1,2,\cdots,n$,即 A 的位于第 1 行至第 k 行,第 1 列至第 k 列交叉位置元素组成的 k 阶子式.

定理 3 实对称矩阵 $\boldsymbol{A}$ 是正定矩阵的充分必要条件是 $\boldsymbol{A}$ 的所有顺序主子式全大于 0.

证　必要性. 设 n 阶实对称矩阵 $\boldsymbol{A}$ 是正定的，将 $\boldsymbol{A}$ 分块如下：

$$\begin{pmatrix}\boldsymbol{A}_k & \boldsymbol{B}_1\\ \boldsymbol{B}_1^{\mathrm{T}} & \boldsymbol{B}_2\end{pmatrix},\quad k=1,2,\cdots,n,$$

其中 $\boldsymbol{A}_k$ 是 $\boldsymbol{A}$ 的 k 阶顺序主子式对应的矩阵，也是 k 阶实对称矩阵，下面证明 $|\boldsymbol{A}_k|>0$.

任取非零列向量 $\boldsymbol{\alpha}\in\mathbb{R}^k$，$\begin{pmatrix}\boldsymbol{\alpha}\\ \boldsymbol{0}\end{pmatrix}\in\mathbb{R}^n$，且 $\begin{pmatrix}\boldsymbol{\alpha}\\ \boldsymbol{0}\end{pmatrix}\neq\boldsymbol{0}$，因为 $\boldsymbol{A}$ 是正定的，所以

$$0<\begin{pmatrix}\boldsymbol{\alpha}\\ \boldsymbol{0}\end{pmatrix}^{\mathrm{T}}\begin{pmatrix}\boldsymbol{A}_k & \boldsymbol{B}_1\\ \boldsymbol{B}_1^{\mathrm{T}} & \boldsymbol{B}_2\end{pmatrix}\begin{pmatrix}\boldsymbol{\alpha}\\ \boldsymbol{0}\end{pmatrix}=(\boldsymbol{\alpha}^{\mathrm{T}}\boldsymbol{0})\begin{pmatrix}\boldsymbol{A}_k & \boldsymbol{B}_1\\ \boldsymbol{B}_1^{\mathrm{T}} & \boldsymbol{B}_2\end{pmatrix}\begin{pmatrix}\boldsymbol{\alpha}\\ \boldsymbol{0}\end{pmatrix}=\boldsymbol{\alpha}^{\mathrm{T}}\boldsymbol{A}_k\boldsymbol{\alpha},$$

因此 $\boldsymbol{A}_k$ 是正定的，依定理 3，从而 $|\boldsymbol{A}_k|>0$.

充分性. 对于实对称矩阵 $\boldsymbol{A}$ 的阶数 n 作数学归纳法.

当 $n=1$ 时，1 阶矩阵 (a)，已知 $a>0$，从而 (a) 正定. 假设对于 $n-1$ 阶实对称矩阵结论成立，下面考查 n 阶实对称矩阵 $\boldsymbol{A}=(a_{ij})$ 的情形.

把 $\boldsymbol{A}$ 写成分块矩阵：

$$\boldsymbol{A}=\begin{pmatrix}\boldsymbol{A}_{n-1} & \boldsymbol{\alpha}\\ \boldsymbol{\alpha}^{\mathrm{T}} & a_{nn}\end{pmatrix},$$

其中 $\boldsymbol{A}_{n-1}$ 是 $n-1$ 阶实对称矩阵，$\boldsymbol{\alpha}\in\mathbb{R}^{n-1}$ 显然 $\boldsymbol{A}_{n-1}$ 的所有顺序主子式是 $\boldsymbol{A}$ 的 1 阶至 $n-1$ 阶顺序主子式，依题设，它们均大于 0，依归纳法假设，$\boldsymbol{A}_{n-1}$ 是正定的，依定理 3，存在 $n-1$ 阶实可逆矩阵 $\boldsymbol{C}_1$，使得 $\boldsymbol{C}_1^{\mathrm{T}}\boldsymbol{A}_{n-1}\boldsymbol{C}_1=\boldsymbol{E}_{n-1}$，对分块矩阵 $\boldsymbol{A}$ 施以分块初等行、列变换：

$$\boldsymbol{A}=\begin{pmatrix}\boldsymbol{A}_{n-1} & \boldsymbol{\alpha}\\ \boldsymbol{\alpha}^{\mathrm{T}} & a_{nn}\end{pmatrix}\xrightarrow{\langle 2\rangle+(-\boldsymbol{\alpha}^{\mathrm{T}}\boldsymbol{A}_{n-1}^{-1})\cdot\langle 1\rangle}\begin{pmatrix}\boldsymbol{A}_{n-1} & \boldsymbol{\alpha}\\ \boldsymbol{0} & a_{nn}-\boldsymbol{\alpha}^{\mathrm{T}}\boldsymbol{A}_{n-1}^{-1}\boldsymbol{\alpha}\end{pmatrix}$$

$$\xrightarrow[\langle 2\rangle+\langle 1\rangle\cdot(-\boldsymbol{A}_{n-1}^{-1}\boldsymbol{\alpha})]{}\begin{pmatrix}\boldsymbol{A}_{n-1} & \boldsymbol{0}\\ \boldsymbol{0} & a_{nn}-\boldsymbol{\alpha}^{\mathrm{T}}\boldsymbol{A}_{n-1}^{-1}\boldsymbol{\alpha}\end{pmatrix},$$

上述过程相当于

$$\begin{pmatrix}\boldsymbol{E}_{n-1} & \boldsymbol{0}\\ -\boldsymbol{\alpha}^{\mathrm{T}}\boldsymbol{A}_{n-1}^{-1} & 1\end{pmatrix}\begin{pmatrix}\boldsymbol{A}_{n-1} & \boldsymbol{\alpha}\\ \boldsymbol{\alpha}^{\mathrm{T}} & a_{nn}\end{pmatrix}\begin{pmatrix}\boldsymbol{E}_{n-1} & -\boldsymbol{A}_{n-1}^{-1}\boldsymbol{\alpha}\\ \boldsymbol{0} & 1\end{pmatrix}=\begin{pmatrix}\boldsymbol{A}_{n-1} & \boldsymbol{0}\\ \boldsymbol{0} & b\end{pmatrix},$$

记 $b=a_{nn}-\boldsymbol{\alpha}^{\mathrm{T}}\boldsymbol{A}_{n-1}^{-1}\boldsymbol{\alpha}$，于是 $|\boldsymbol{A}|=|\boldsymbol{A}_{n-1}|b$，依题设，$|\boldsymbol{A}|>0$，$|\boldsymbol{A}_{n-1}|>0$，从而 $b>0$.

由于 $\begin{pmatrix}\boldsymbol{E}_{n-1} & \boldsymbol{0}\\ -\boldsymbol{\alpha}^{\mathrm{T}}\boldsymbol{A}_{n-1}^{-1} & 1\end{pmatrix}=\begin{pmatrix}\boldsymbol{E}_{n-1} & -\boldsymbol{A}_{n-1}^{-1}\boldsymbol{\alpha}\\ \boldsymbol{0} & 1\end{pmatrix}^{\mathrm{T}}$ 且可逆，因此

$$\boldsymbol{A}=\begin{pmatrix}\boldsymbol{A}_{n-1} & \boldsymbol{\alpha}\\ \boldsymbol{\alpha}^{\mathrm{T}} & a_{nn}\end{pmatrix}\simeq\begin{pmatrix}\boldsymbol{A}_{n-1} & \boldsymbol{0}\\ \boldsymbol{0} & b\end{pmatrix}.$$

又因为 $\begin{pmatrix}\boldsymbol{C}_1 & \boldsymbol{0}\\ \boldsymbol{0} & 1\end{pmatrix}$ 可逆，且

$$\begin{pmatrix}\boldsymbol{C}_1 & \boldsymbol{0}\\ \boldsymbol{0} & 1\end{pmatrix}^{\mathrm{T}}\begin{pmatrix}\boldsymbol{A}_{n-1} & \boldsymbol{0}\\ \boldsymbol{0} & b\end{pmatrix}\begin{pmatrix}\boldsymbol{C}_1 & \boldsymbol{0}\\ \boldsymbol{0} & 1\end{pmatrix}=\begin{pmatrix}\boldsymbol{C}_1^{\mathrm{T}}\boldsymbol{A}_{n-1}\boldsymbol{C}_1 & \boldsymbol{0}\\ \boldsymbol{0} & b\end{pmatrix}=\begin{pmatrix}\boldsymbol{E}_{n-1} & \boldsymbol{0}\\ \boldsymbol{0} & b\end{pmatrix},$$

即 $\begin{pmatrix}\boldsymbol{A}_{n-1} & \boldsymbol{0}\\ \boldsymbol{0} & b\end{pmatrix}\simeq\begin{pmatrix}\boldsymbol{E}_{n-1} & \boldsymbol{0}\\ \boldsymbol{0} & b\end{pmatrix}$，依传递性，$\boldsymbol{A}\simeq\begin{pmatrix}\boldsymbol{E}_{n-1} & \boldsymbol{0}\\ \boldsymbol{0} & b\end{pmatrix}$，显然 $\begin{pmatrix}\boldsymbol{E}_{n-1} & \boldsymbol{0}\\ \boldsymbol{0} & b\end{pmatrix}$ 是正定矩阵，从而

$\boldsymbol{A}$ 是正定的.

根据数学归纳法原理,对一切正整数 n,充分性得证. ◆

正定矩阵的性质 设 $\boldsymbol{A}=(a_{ij})$ 为 n 阶正定矩阵,

(1) $|\boldsymbol{A}|>0$;

(2) $k\boldsymbol{A}(k>0)$,$\boldsymbol{A}^{-1}$,$\boldsymbol{A}^{*}$,$\boldsymbol{A}^{m}$(m 为正整数)皆为正定矩阵;

(3) $\boldsymbol{A}$ 的主对角元 $a_{ii}>0, i=1,2,\cdots,n$;

(4) 若矩阵 $\boldsymbol{B}$ 是与 $\boldsymbol{A}$ 同阶的正定矩阵,则 $\boldsymbol{A}+\boldsymbol{B}$ 也是正定矩阵;

(5) 设 $n\times m$ 矩阵 $\boldsymbol{P}$ 满足 $\operatorname{rank}(\boldsymbol{P})=m$,则 $\boldsymbol{P}^{\mathrm{T}}\boldsymbol{A}\boldsymbol{P}$ 为正定矩阵.

证 (1) 存在实可逆矩阵 $\boldsymbol{C}$,使 $\boldsymbol{C}^{\mathrm{T}}\boldsymbol{A}\boldsymbol{C}=\boldsymbol{E}$,$\boldsymbol{A}=(\boldsymbol{C}^{\mathrm{T}})^{-1}\boldsymbol{C}^{-1}=(\boldsymbol{C}^{-1})^{\mathrm{T}}\boldsymbol{C}^{-1}$,

$$|\boldsymbol{A}|=|(\boldsymbol{C}^{-1})^{\mathrm{T}}||\boldsymbol{C}^{-1}|=|\boldsymbol{C}^{-1}|^{2}>0.$$

(2) 因 $\boldsymbol{A}$ 为实对称矩阵,则 $k\boldsymbol{A}(k>0)$,$\boldsymbol{A}^{-1}$,$\boldsymbol{A}^{*}$,$\boldsymbol{A}^{m}$ 也为实对称矩阵,因为 $\boldsymbol{A}$ 的全部特征值 $\lambda_1>0,\lambda_2>0,\cdots,\lambda_n>0$,所以 $\boldsymbol{A}^{*}$ 的特征值 $\dfrac{|\boldsymbol{A}|}{\lambda_1}>0,\dfrac{|\boldsymbol{A}|}{\lambda_2}>0,\cdots,\dfrac{|\boldsymbol{A}|}{\lambda_n}>0$,故 $\boldsymbol{A}^{*}$ 为正定矩阵,其他同理可证.

(3) 取非零列向量 $\boldsymbol{\alpha}_i=(0,\cdots,0,1,0,\cdots,0)^{\mathrm{T}}\in\mathbb{R}^n, i=1,2,\cdots,n$,其中第 i 个分量为 1,其他分量都为 0,因为 $\boldsymbol{A}$ 正定,则 $\boldsymbol{\alpha}_i^{\mathrm{T}}\boldsymbol{A}\boldsymbol{\alpha}_i=a_{ii}>0, i=1,2,\cdots,n$.

(4) 对任意非零列向量 $\boldsymbol{\alpha}\in\mathbb{R}^n$,则 $\boldsymbol{\alpha}^{\mathrm{T}}\boldsymbol{A}\boldsymbol{\alpha}>0$,$\boldsymbol{\alpha}^{\mathrm{T}}\boldsymbol{B}\boldsymbol{\alpha}>0$,故 $\boldsymbol{\alpha}^{\mathrm{T}}(\boldsymbol{A}+\boldsymbol{B})\boldsymbol{\alpha}>0$.

(5) 因 $\boldsymbol{A}$ 为实对称矩阵,则 $\boldsymbol{P}^{\mathrm{T}}\boldsymbol{A}\boldsymbol{P}$ 也为实对称矩阵,方程组 $\boldsymbol{P}\boldsymbol{x}=\boldsymbol{0}$ 只有零解,于是对任意非零列向量 $\boldsymbol{\alpha}\in\mathbb{R}^m$,$\boldsymbol{P}\boldsymbol{\alpha}\neq\boldsymbol{0}$,由于 $\boldsymbol{A}$ 为正定矩阵,故

$$\boldsymbol{\alpha}^{\mathrm{T}}(\boldsymbol{P}^{\mathrm{T}}\boldsymbol{A}\boldsymbol{P})\boldsymbol{\alpha}=(\boldsymbol{P}\boldsymbol{\alpha})^{\mathrm{T}}\boldsymbol{A}(\boldsymbol{P}\boldsymbol{\alpha})>0.$$

定义 4 n 元实二次型 $\boldsymbol{x}^{\mathrm{T}}\boldsymbol{A}\boldsymbol{x}$ 称为**半正定(负定,半负定)**的,如果对于 $\mathbb{R}^n$ 中任一非零列向量 $\boldsymbol{\alpha}$,都有

$$\boldsymbol{\alpha}^{\mathrm{T}}\boldsymbol{A}\boldsymbol{\alpha}\geqslant 0 \quad (\boldsymbol{\alpha}^{\mathrm{T}}\boldsymbol{A}\boldsymbol{\alpha}<0,\boldsymbol{\alpha}^{\mathrm{T}}\boldsymbol{A}\boldsymbol{\alpha}\leqslant 0).$$

如果实二次型 $\boldsymbol{x}^{\mathrm{T}}\boldsymbol{A}\boldsymbol{x}$ 既不是半正定的,也不是半负定的,称它是**不定的**.

定义 5 实对称矩阵 $\boldsymbol{A}$ 称为**半正定(负定,半负定,不定)**的,如果实二次型 $\boldsymbol{x}^{\mathrm{T}}\boldsymbol{A}\boldsymbol{x}$ 是**半正定(负定,半负定,不定)**的.

2. 典型例题

例 6.3.1 实数 t 满足什么条件时,下述二次型是正定的?

$$f(x_1,x_2,x_3)=x_1^2+2x_2^2+tx_3^2+2x_1x_2+4x_1x_3-2x_2x_3.$$

分析 求 t,使二次型矩阵的所有顺序主子式全大于 0.

解 $f(x_1,x_2,x_3)$ 的矩阵为 $\boldsymbol{A}=\begin{pmatrix}1&1&2\\1&2&-1\\2&-1&t\end{pmatrix}$,则 $\boldsymbol{A}$ 的各阶顺序主子式分别为

$$|1|=1>0,\begin{vmatrix}1&1\\1&2\end{vmatrix}=1>0,\begin{vmatrix}1&1&2\\1&2&-1\\2&-1&t\end{vmatrix}=t-13.$$

当 $t>13$ 时,$\boldsymbol{A}$ 的各阶顺序主子式全大于 0,依定理 3,$\boldsymbol{A}$ 为正定矩阵,也即二次型 $f(x_1,x_2,x_3)$ 是正定的.

注　判别二次型的正定性有多种方法，考查其顺序主子式相对快捷.

例 6.3.2　设三阶实对称矩阵 $\boldsymbol{A}=\begin{pmatrix} a & 1 & -1 \\ 1 & a & -1 \\ -1 & -1 & a \end{pmatrix}$，求：

(1) 正交矩阵 $\boldsymbol{P}$，使 $\boldsymbol{P}^{\mathrm{T}}\boldsymbol{A}\boldsymbol{P}$ 为对角矩阵；

(2) 正定矩阵 $\boldsymbol{C}$，使 $\boldsymbol{C}^2=(a+3)\boldsymbol{E}-\boldsymbol{A}$，其中 $\boldsymbol{E}$ 为三阶单位矩阵.　**【2021 研数一】**

分析　(1)求出 $\boldsymbol{A}$ 的特征值和特征向量，将特征向量正交化再单位化后，组建正交矩阵，使 $\boldsymbol{A}$ 对角化. (2)由 $\boldsymbol{C}^2$ 进一步确认 $\boldsymbol{C}$ 及与之合同的正定矩阵.

解　(1)依题设，$\boldsymbol{A}$ 的特征多项式为

$$|\lambda\boldsymbol{E}-\boldsymbol{A}|=\begin{vmatrix} \lambda-a & -1 & 1 \\ -1 & \lambda-a & 1 \\ 1 & 1 & \lambda-a \end{vmatrix}=\begin{vmatrix} \lambda-a & -1 & 1 \\ 0 & \lambda-a+1 & \lambda-a+1 \\ 1 & 1 & \lambda-a \end{vmatrix}$$

$$=(\lambda-a+1)^2(\lambda-a-2),$$

得 $\boldsymbol{A}$ 的全部特征值为 $\lambda_1=\lambda_2=a-1$，$\lambda_3=a+2$.

对于 $\lambda_1=\lambda_2=a-1$，解方程组 $((a-1)\boldsymbol{E}-\boldsymbol{A})\boldsymbol{x}=\boldsymbol{0}$，由

$$(a-1)\boldsymbol{E}-\boldsymbol{A}=\begin{pmatrix} -1 & -1 & 1 \\ -1 & -1 & 1 \\ 1 & 1 & -1 \end{pmatrix}\rightarrow\begin{pmatrix} 1 & 1 & -1 \\ 0 & 0 & 0 \\ 0 & 0 & 0 \end{pmatrix},$$

知其同解方程组为 $x_1=-x_2+x_3$，得其基础解系为 $\boldsymbol{\alpha}_1=\begin{pmatrix} 1 \\ -1 \\ 0 \end{pmatrix}$，$\boldsymbol{\alpha}_2=\begin{pmatrix} 1 \\ 0 \\ 1 \end{pmatrix}$，将 $\boldsymbol{\alpha}_1,\boldsymbol{\alpha}_2$ 施以施密特正交化，令

$$\boldsymbol{\beta}_1=\boldsymbol{\alpha}_1,\quad \boldsymbol{\beta}_2=\boldsymbol{\alpha}_2-\frac{\boldsymbol{\alpha}_2^{\mathrm{T}}\boldsymbol{\alpha}_1}{\boldsymbol{\alpha}_1^{\mathrm{T}}\boldsymbol{\alpha}_1}\boldsymbol{\alpha}_1=\begin{pmatrix} 1 \\ 0 \\ 1 \end{pmatrix}-\frac{1}{2}\begin{pmatrix} 1 \\ -1 \\ 0 \end{pmatrix}=\frac{1}{2}\begin{pmatrix} 1 \\ 1 \\ 2 \end{pmatrix}.$$

对于 $\lambda_3=a+2$，解方程组 $((a+2)\boldsymbol{E}-\boldsymbol{A})\boldsymbol{x}=\boldsymbol{0}$，由

$$(a+2)\boldsymbol{E}-\boldsymbol{A}=\begin{pmatrix} 2 & -1 & 1 \\ -1 & 2 & 1 \\ 1 & 1 & 2 \end{pmatrix}\rightarrow\begin{pmatrix} 1 & 0 & 1 \\ 0 & 1 & 1 \\ 0 & 0 & 0 \end{pmatrix},$$

知其同解方程组为 $\begin{cases} x_1=-x_3, \\ x_2=-x_3, \end{cases}$ 得其基础解系为 $\boldsymbol{\alpha}_3=\begin{pmatrix} 1 \\ 1 \\ -1 \end{pmatrix}$.

将 $\boldsymbol{\beta}_1,\boldsymbol{\beta}_2,\boldsymbol{\alpha}_3$ 单位化，有

$$\boldsymbol{\eta}_1=\begin{pmatrix} \frac{1}{\sqrt{2}} \\ -\frac{1}{\sqrt{2}} \\ 0 \end{pmatrix},\quad \boldsymbol{\eta}_2=\begin{pmatrix} \frac{1}{\sqrt{6}} \\ \frac{1}{\sqrt{6}} \\ \frac{2}{\sqrt{6}} \end{pmatrix},\quad \boldsymbol{\eta}_3=\begin{pmatrix} \frac{1}{\sqrt{3}} \\ \frac{1}{\sqrt{3}} \\ \frac{1}{\sqrt{3}} \end{pmatrix},$$

令 $\boldsymbol{P}=(\boldsymbol{\eta}_1,\boldsymbol{\eta}_2,\boldsymbol{\eta}_3)$，则 $\boldsymbol{P}$ 为正交矩阵，且使

$$\boldsymbol{P}^{\mathrm{T}}\boldsymbol{A}\boldsymbol{P}=\begin{pmatrix}a-1&&\\&a-1&\\&&a+2\end{pmatrix}.$$

(2) 因为 $\boldsymbol{P}^{\mathrm{T}}\boldsymbol{P}=\boldsymbol{E},\boldsymbol{A}=\boldsymbol{P}\boldsymbol{\Lambda}\boldsymbol{P}^{\mathrm{T}}$，将其代入 $\boldsymbol{C}^2=(a+3)\boldsymbol{E}-\boldsymbol{A}$ 中，有

$$\begin{aligned}\boldsymbol{C}^2&=(a+3)\boldsymbol{P}\boldsymbol{P}^{\mathrm{T}}-\boldsymbol{P}\boldsymbol{\Lambda}\boldsymbol{P}^{\mathrm{T}}=\boldsymbol{P}((a+3)\boldsymbol{E}-\boldsymbol{\Lambda})\boldsymbol{P}^{\mathrm{T}}\\&=\boldsymbol{P}\begin{pmatrix}4&&\\&4&\\&&1\end{pmatrix}\boldsymbol{P}^{\mathrm{T}}=\boldsymbol{P}\begin{pmatrix}2&&\\&2&\\&&1\end{pmatrix}\boldsymbol{P}^{\mathrm{T}}\boldsymbol{P}\begin{pmatrix}2&&\\&2&\\&&1\end{pmatrix}\boldsymbol{P}^{\mathrm{T}},\end{aligned}$$

令 $\boldsymbol{C}=\boldsymbol{P}\begin{pmatrix}2&&\\&2&\\&&1\end{pmatrix}\boldsymbol{P}^{\mathrm{T}}$，则 $\boldsymbol{C}$ 合同于正定矩阵 $\begin{pmatrix}2&&\\&2&\\&&1\end{pmatrix}$，因此 $\boldsymbol{C}$ 为正定矩阵.

评 本例(2)的关键是依正交矩阵 $\boldsymbol{P}$ 分解为 $\boldsymbol{C}^2$，确认 $\boldsymbol{C}$，再论证 $\boldsymbol{C}$ 合同于正定矩阵.

$$\boldsymbol{C}^2=\boldsymbol{P}\begin{pmatrix}4&&\\&4&\\&&1\end{pmatrix}\boldsymbol{P}^{\mathrm{T}}=\left(\boldsymbol{P}\begin{pmatrix}2&&\\&2&\\&&1\end{pmatrix}\boldsymbol{P}^{\mathrm{T}}\right)\left(\boldsymbol{P}\begin{pmatrix}2&&\\&2&\\&&1\end{pmatrix}\boldsymbol{P}^{\mathrm{T}}\right).$$

例 6.3.3 设矩阵 $\boldsymbol{A}=\begin{pmatrix}1&0&1\\0&2&0\\1&0&1\end{pmatrix}$，$\boldsymbol{B}=(k\boldsymbol{E}+\boldsymbol{A})^2$，其中 $k\in\mathbb{R}$，$\boldsymbol{E}$ 为三阶单位矩阵.

(1)求对角矩阵 $\boldsymbol{\Lambda}$，使 $\boldsymbol{B}\simeq\boldsymbol{\Lambda}$；(2)问 k 为何值时，$\boldsymbol{B}$ 为正定矩阵. **【1998 研数三】**

分析 (1)求实对称矩阵 $\boldsymbol{B}$ 的全部特征值. (2)考查 k 为何值时，$\boldsymbol{B}$ 的特征值全为正.

解 (1) 依题设，$\boldsymbol{A}$ 为实对称矩阵，所以

$$\boldsymbol{B}^{\mathrm{T}}=((k\boldsymbol{E}+\boldsymbol{A})^2)^{\mathrm{T}}=((k\boldsymbol{E}+\boldsymbol{A})^{\mathrm{T}})^2=(k\boldsymbol{E}+\boldsymbol{A})^2=\boldsymbol{B},$$ 即 $\boldsymbol{B}$ 为实对称矩阵，

因此 $\boldsymbol{B}$ 相似于对角矩阵，$\boldsymbol{A}$ 的特征多项式为

$$|\lambda\boldsymbol{E}-\boldsymbol{A}|=\begin{vmatrix}\lambda-1&0&-1\\0&\lambda-2&0\\-1&0&\lambda-1\end{vmatrix}=(\lambda-2)\begin{vmatrix}\lambda-1&-1\\-1&\lambda-1\end{vmatrix}=\lambda(\lambda-2)^2,$$

$\boldsymbol{A}$ 的全部特征值为 $\lambda_1=0,\lambda_2=\lambda_3=2$，所以 $\boldsymbol{B}=(k\boldsymbol{E}+\boldsymbol{A})^2$ 的全部特征值为

$$\mu_1=k^2,\mu_2=\mu_3=(k+2)^2,$$

从而存在正交矩阵 $\boldsymbol{Q}$，使得

$$\boldsymbol{Q}^{-1}\boldsymbol{B}\boldsymbol{Q}=\boldsymbol{Q}^{\mathrm{T}}\boldsymbol{B}\boldsymbol{Q}=\begin{pmatrix}k^2&&\\&(k+2)^2&\\&&(k+2)^2\end{pmatrix}=\boldsymbol{\Lambda},\text{即 }\boldsymbol{B}\simeq\boldsymbol{\Lambda}.$$

(2) 当 $k\neq0$ 且 $k\neq-2$ 时，实对称矩阵 $\boldsymbol{B}$ 的全部特征值均为正值，因此 $\boldsymbol{B}$ 是正定矩阵.

注 依 $\boldsymbol{A}$ 的实对称性得 $\boldsymbol{B}$ 的实对称性；依 $\boldsymbol{A}$ 的特征值得 $\boldsymbol{B}$ 的特征值. 依特征值全为正的实对称矩阵是正定矩阵，确定 k 值.

例 6.3.4 设 n 元实二次型

$$f(x_1,x_2,\cdots,x_n)=(x_1+a_1x_2)^2+(x_2+a_2x_3)^2+\cdots+(x_{n-1}+a_{n-1}x_n)^2+(x_n+a_nx_1)^2,$$

其中 $a_i\in\mathbb{R}(i=1,2,\cdots,n)$，试问当 $a_1,a_2,\cdots,a_n$ 满足何种条件时，二次型 $f(x_1,x_2,\cdots,x_n)$ 为正定二次型？ **【2000 研数三】**

分析　显然 $f(x_1,x_2,\cdots,x_n)\geqslant 0$，且 $f(x_1,x_2,\cdots,x_n)=0\Leftrightarrow\begin{cases}x_1+a_1x_2=0,\\x_2+a_2x_3=0,\\\quad\vdots\\x_n+a_nx_1=0,\end{cases}$ 线性方程组仅有零解$\Leftrightarrow$系数行列式不等于零，此时对 $\boldsymbol{x}\in\mathbb{R}^n$ 且 $\boldsymbol{x}\neq\boldsymbol{0}$，都有 $f(\boldsymbol{x})>0$.

解　依题设，任给 $(x_1,x_2,\cdots,x_n)^{\mathrm{T}}\in\mathbb{R}^n$，恒有 $f(x_1,x_2,\cdots,x_n)\geqslant 0$，且

$$f(x_1,x_2,\cdots,x_n)=0\Leftrightarrow\begin{cases}x_1+a_1x_2 & =0,\\ \quad x_2+a_2x_3 & =0,\\ \qquad\vdots & \\ a_nx_1 & +x_n=0,\end{cases}$$

该线性方程组仅有零解$\Leftrightarrow$系数行列式 $\begin{vmatrix}1 & a_1 & 0 & \cdots & 0\\0 & 1 & a_2 & & 0\\\vdots & \vdots & \ddots & \ddots & \vdots\\0 & 0 & 0 & 1 & a_{n-1}\\a_n & 0 & 0 & \cdots & 1\end{vmatrix}=1+(-1)^{n-1}a_1a_2\cdots a_n\neq 0.$

当 $1+(-1)^{n-1}a_1a_2\cdots a_n\neq 0$ 时，对任意 $\boldsymbol{\gamma}=(c_1,c_2,\cdots,c_n)^{\mathrm{T}}\in\mathbb{R}^n$ 且 $\boldsymbol{\gamma}\neq\boldsymbol{0}$，则 $\boldsymbol{\gamma}$ 一定不是上述线性方程组的解，从而有 $f(c_1,c_2,\cdots,c_n)>0$，因此 $f(x_1,x_2,\cdots,x_n)$ 为正定二次型.

注　对于取非负值的二次型 $f(x_1,x_2,\cdots,x_n)$，它是正定的$\Leftrightarrow$引出的齐次线性方程组仅有零解.

例 6.3.5　设 $\boldsymbol{A}$ 是 n 阶实对称矩阵，试证 $\boldsymbol{A}$ 可逆的充分必要条件是存在 n 阶实矩阵 $\boldsymbol{B}$，使 $\boldsymbol{AB}+\boldsymbol{B}^{\mathrm{T}}\boldsymbol{A}$ 为正定矩阵.

分析　$\boldsymbol{AB}+\boldsymbol{B}^{\mathrm{T}}\boldsymbol{A}$ 为正定矩阵$\Leftrightarrow$二次型 $\boldsymbol{x}^{\mathrm{T}}(\boldsymbol{AB}+\boldsymbol{B}^{\mathrm{T}}\boldsymbol{A})\boldsymbol{x}$ 正定.

证　充分性. 设存在 n 阶实矩阵 $\boldsymbol{B}$，使 $\boldsymbol{AB}+\boldsymbol{B}^{\mathrm{T}}\boldsymbol{A}$ 为正定矩阵，依定义，对任意向量 $\boldsymbol{x}\in\mathbb{R}^n$ 且 $\boldsymbol{x}\neq\boldsymbol{0}$，有

$$f(\boldsymbol{x})=\boldsymbol{x}^{\mathrm{T}}(\boldsymbol{AB}+\boldsymbol{B}^{\mathrm{T}}\boldsymbol{A})\boldsymbol{x}=(\boldsymbol{Ax})^{\mathrm{T}}(\boldsymbol{Bx})+(\boldsymbol{Bx})^{\mathrm{T}}(\boldsymbol{Ax})=2(\boldsymbol{Bx})^{\mathrm{T}}(\boldsymbol{Ax})>0,$$

则 $\boldsymbol{Ax}\neq\boldsymbol{0}$，从而齐次线性方程组 $\boldsymbol{Ax}=\boldsymbol{0}$ 仅有零解，因此 $|\boldsymbol{A}|\neq 0$，故 $\boldsymbol{A}$ 可逆.

必要性. 设 $\boldsymbol{A}$ 可逆，因 $\boldsymbol{A}$ 是 n 阶实对称矩阵，有

$$(\boldsymbol{AB}+\boldsymbol{B}^{\mathrm{T}}\boldsymbol{A})^{\mathrm{T}}=\boldsymbol{B}^{\mathrm{T}}\boldsymbol{A}^{\mathrm{T}}+\boldsymbol{A}^{\mathrm{T}}\boldsymbol{B}=\boldsymbol{B}^{\mathrm{T}}\boldsymbol{A}+\boldsymbol{AB}=\boldsymbol{AB}+\boldsymbol{B}^{\mathrm{T}}\boldsymbol{A},$$

即 $\boldsymbol{AB}+\boldsymbol{B}^{\mathrm{T}}\boldsymbol{A}$ 为实对称矩阵. 取 $\boldsymbol{B}=\boldsymbol{A}$，此时 $\boldsymbol{AB}+\boldsymbol{B}^{\mathrm{T}}\boldsymbol{A}=2\boldsymbol{A}^{\mathrm{T}}\boldsymbol{A}$，则对任意向量 $\boldsymbol{x}\in\mathbb{R}^n$ 且 $\boldsymbol{x}\neq\boldsymbol{0}$，由 $\boldsymbol{A}$ 可逆知，$\boldsymbol{Ax}\neq\boldsymbol{0}$，且有

$$f(\boldsymbol{x})=\boldsymbol{x}^{\mathrm{T}}(2\boldsymbol{A}^{\mathrm{T}}\boldsymbol{A})\boldsymbol{x}=2(\boldsymbol{Ax})^{\mathrm{T}}(\boldsymbol{Ax})>0,$$

因此二次型 $f(\boldsymbol{x})$ 是正定的，从而 $\boldsymbol{AB}+\boldsymbol{B}^{\mathrm{T}}\boldsymbol{A}$ 为正定矩阵.

注　$\boldsymbol{A}$ 可逆$\Leftrightarrow$齐次线性方程组 $\boldsymbol{Ax}=\boldsymbol{0}$ 仅有零解$\Leftrightarrow$对任意 $\boldsymbol{x}\in\mathbb{R}^n$ 且 $\boldsymbol{x}\neq\boldsymbol{0}$，则 $\boldsymbol{Ax}\neq\boldsymbol{0}$.

习题 6-3

1. 实数 t 满足什么条件时，下述二次型是正定的？

$$f(x_1,x_2,x_3)=x_1^2+10x_2^2+tx_3^2+6x_1x_2+2x_1x_3-8x_2x_3.$$

2. 设 $\boldsymbol{A}$ 为三阶实对称矩阵，且满足 $\boldsymbol{A}^2+2\boldsymbol{A}=\boldsymbol{0}$，$\operatorname{rank}(\boldsymbol{A})=2$. 求：

(1) 对角矩阵 $\boldsymbol{\Lambda}$，使 $\boldsymbol{A}+k\boldsymbol{E}$ 与 $\boldsymbol{\Lambda}$ 相似，其中 $k\in\mathbb{R}$，$\boldsymbol{E}$ 为三阶单位矩阵.

(2) k 为何值时，$\boldsymbol{A}+k\boldsymbol{E}$ 为正定矩阵. **【2002 研数三】**

3. 证明 n 元实二次型 $f(x_1,x_2,\cdots,x_n)=n\sum\limits_{j=1}^{n}x_j^2-\left(\sum\limits_{j=1}^{n}x_j\right)^2$ 是半正定的.

4. 设 $\boldsymbol{D}=\begin{pmatrix}\boldsymbol{A} & \boldsymbol{C}\\ \boldsymbol{C}^{\mathrm{T}} & \boldsymbol{B}\end{pmatrix}$ 为正定矩阵，其中 $\boldsymbol{A},\boldsymbol{B}$ 分别为 m 阶、n 阶实对称矩阵.

(1) 计算 $\boldsymbol{P}^{\mathrm{T}}\boldsymbol{D}\boldsymbol{P}$；其中 $\boldsymbol{P}=\begin{pmatrix}\boldsymbol{E}_m & -\boldsymbol{A}^{-1}\boldsymbol{C}\\ \boldsymbol{0} & \boldsymbol{E}_n\end{pmatrix}$；

(2) 利用(1)的结果判断 $\boldsymbol{B}-\boldsymbol{C}^{\mathrm{T}}\boldsymbol{A}^{-1}\boldsymbol{C}$ 是否为正定矩阵，并证明你的结论.

【2005 研数三】

5. 设 $\boldsymbol{A}$ 是 m 阶正定矩阵，$\boldsymbol{B}$ 为 $m\times n$ 实矩阵，试证 $\boldsymbol{B}^{\mathrm{T}}\boldsymbol{A}\boldsymbol{B}$ 为正定矩阵的充分必要条件是 $\operatorname{rank}(\boldsymbol{B})=n$. **【1999 研数一】**

6.4 专题讨论

1. 利用正交替换讨论二次型的最值问题

例 6.4.1 设实二次型 $f(x_1,x_2,x_3)=\boldsymbol{x}^{\mathrm{T}}\boldsymbol{A}\boldsymbol{x}=x_1^2+x_2^2+x_3^2-2x_1x_2-2x_1x_3+2ax_2x_3$ 通过正交替换化为标准形 $f=2y_1^2+2y_2^2+by_3^2$.

(1)求常数 a,b 及所用的正交矩阵 $\boldsymbol{Q}$；(2)如果 $\boldsymbol{x}^{\mathrm{T}}\boldsymbol{x}=3$，求二次型 $f(x_1,x_2,x_3)$ 的最大值.

分析 (1) 依 $\boldsymbol{A}$ 正交相似于对角矩阵求 a,b 及 $\boldsymbol{A}$. (2)在正交替换下，依 $\boldsymbol{x}^{\mathrm{T}}\boldsymbol{x}=3$ 讨论最大值.

解 (1) 依题设，二次型 $f(x_1,x_2,x_3)$ 及其标准形的矩阵分别为

$$\boldsymbol{A}=\begin{pmatrix}1 & -1 & -1\\ -1 & 1 & a\\ -1 & a & 1\end{pmatrix},\boldsymbol{B}=\begin{pmatrix}2 & 0 & 0\\ 0 & 2 & 0\\ 0 & 0 & b\end{pmatrix},$$
因 $\boldsymbol{A}$ 正交相似于 $\boldsymbol{B}$，$\operatorname{tr}(\boldsymbol{A})=3=4+b=\operatorname{tr}(\boldsymbol{B})$，

即 $b=-1$，$\boldsymbol{A}$ 的全部特征值为 $\lambda_1=\lambda_2=2,\lambda_3=-1$.

对于 $\lambda_1=\lambda_2=2$，特征子空间的维数为 2，即 $\operatorname{rank}(2\boldsymbol{E}-\boldsymbol{A})=1$，

$$2\boldsymbol{E}-\boldsymbol{A}=\begin{pmatrix}1 & 1 & 1\\ 1 & 1 & -a\\ 1 & -a & 1\end{pmatrix}\rightarrow\begin{pmatrix}1 & 1 & 1\\ 0 & 0 & -a-1\\ 0 & -a-1 & 0\end{pmatrix},$$
因此 $a=-1$.

解线性方程组 $(2\boldsymbol{E}-\boldsymbol{A})\boldsymbol{x}=\boldsymbol{0}$，$2\boldsymbol{E}-\boldsymbol{A}\rightarrow\begin{pmatrix}1 & 1 & 1\\ 0 & 0 & 0\\ 0 & 0 & 0\end{pmatrix}$，得其基础解系为

$$\boldsymbol{\alpha}_1=\begin{pmatrix}1\\0\\-1\end{pmatrix},\quad \boldsymbol{\alpha}_2=\begin{pmatrix}1\\-2\\1\end{pmatrix}.$$

对于 $\lambda_3=-1$，解线性方程组 $(-\boldsymbol{E}-\boldsymbol{A})\boldsymbol{x}=\boldsymbol{0}$，对 $-\boldsymbol{E}-\boldsymbol{A}$ 施以初等行变换，有

$$-\boldsymbol{E}-\boldsymbol{A}=\begin{pmatrix}-2&1&1\\1&-2&1\\1&1&-2\end{pmatrix}\to\begin{pmatrix}1&0&-1\\0&1&-1\\0&0&0\end{pmatrix}，得其基础解系为 \boldsymbol{\alpha}_3=\begin{pmatrix}1\\1\\1\end{pmatrix}.$$

注意到 $\boldsymbol{\alpha}_1,\boldsymbol{\alpha}_2,\boldsymbol{\alpha}_3$ 两两正交，将 $\boldsymbol{\alpha}_1,\boldsymbol{\alpha}_2,\boldsymbol{\alpha}_3$ 施以单位化，得

$$\boldsymbol{\eta}_1=\frac{1}{|\boldsymbol{\alpha}_1|}\boldsymbol{\alpha}_1=\begin{pmatrix}\frac{1}{\sqrt{2}}\\0\\-\frac{1}{\sqrt{2}}\end{pmatrix},\quad \boldsymbol{\eta}_2=\frac{1}{|\boldsymbol{\alpha}_2|}\boldsymbol{\alpha}_2=\begin{pmatrix}\frac{1}{\sqrt{6}}\\-\frac{2}{\sqrt{6}}\\\frac{1}{\sqrt{6}}\end{pmatrix},\quad \boldsymbol{\eta}_3=\frac{1}{|\boldsymbol{\alpha}_3|}\boldsymbol{\alpha}_3=\begin{pmatrix}\frac{1}{\sqrt{3}}\\\frac{1}{\sqrt{3}}\\\frac{1}{\sqrt{3}}\end{pmatrix},$$

$\boldsymbol{\eta}_1,\boldsymbol{\eta}_2,\boldsymbol{\eta}_3$ 是两两正交的单位特征向量，令 $\boldsymbol{Q}=(\boldsymbol{\eta}_1,\boldsymbol{\eta}_2,\boldsymbol{\eta}_3)$，则 $\boldsymbol{Q}$ 为正交矩阵，且使

$$\boldsymbol{Q}^{-1}\boldsymbol{A}\boldsymbol{Q}=\boldsymbol{Q}^{\mathrm{T}}\boldsymbol{A}\boldsymbol{Q}=\begin{pmatrix}2&&\\&2&\\&&-1\end{pmatrix}.$$

(2) 由(1)，作正交替换 $\begin{pmatrix}x_1\\x_2\\x_3\end{pmatrix}=\boldsymbol{Q}\begin{pmatrix}y_1\\y_2\\y_3\end{pmatrix}$，化二次型为标准形 $f=2y_1^2+2y_2^2-y_3^2$. 在正交替换 $\boldsymbol{x}=\boldsymbol{Q}\boldsymbol{y}$ 下，$3=\boldsymbol{x}^{\mathrm{T}}\boldsymbol{x}=\boldsymbol{y}^{\mathrm{T}}\boldsymbol{Q}^{\mathrm{T}}\boldsymbol{Q}\boldsymbol{y}=\boldsymbol{y}^{\mathrm{T}}\boldsymbol{y}=y_1^2+y_2^2+y_3^2$，于是

$$2y_1^2+2y_2^2-y_3^2\leqslant 2(y_1^2+y_2^2+y_3^2)=6.$$

令 $\boldsymbol{y}_0=\begin{pmatrix}\sqrt{3}\\0\\0\end{pmatrix}$，则 $\boldsymbol{y}_0^{\mathrm{T}}\boldsymbol{y}_0=3$，$\boldsymbol{x}_0=\boldsymbol{Q}\boldsymbol{y}_0=\begin{pmatrix}1/\sqrt{2}&1/\sqrt{6}&1/\sqrt{3}\\0&-2/\sqrt{6}&1/\sqrt{3}\\-1/\sqrt{2}&1/\sqrt{6}&1/\sqrt{3}\end{pmatrix}\begin{pmatrix}\sqrt{3}\\0\\0\end{pmatrix}=\begin{pmatrix}\sqrt{6}/2\\0\\-\sqrt{6}/2\end{pmatrix}$，使

$f_{\max}(\boldsymbol{x}_0)=(2y_1^2+2y_2^2-y_3^2)|_{\boldsymbol{y}_0}=6$，其中 $\boldsymbol{x}_0=\left(\frac{\sqrt{6}}{2},0,-\frac{\sqrt{6}}{2}\right)^{\mathrm{T}}$ 为一个最大值点.

注　因 $|\boldsymbol{x}|=\sqrt{\boldsymbol{x}^{\mathrm{T}}\boldsymbol{x}}=\sqrt{\boldsymbol{y}^{\mathrm{T}}\boldsymbol{Q}^{\mathrm{T}}\boldsymbol{Q}\boldsymbol{y}}=\sqrt{\boldsymbol{y}^{\mathrm{T}}\boldsymbol{y}}=|\boldsymbol{y}|$，正交替换保持向量的长度不变.

评　因正交替换保持向量的长度不变，因此正交替换更有助于讨论二次型的最值问题.

例 6.4.2　设实二次型 $f(x_1,x_2,x_3)=\boldsymbol{x}^{\mathrm{T}}\boldsymbol{A}\boldsymbol{x}=3x_1^2+2x_2^2+3x_3^2+2x_1x_3$，求在 $\boldsymbol{x}^{\mathrm{T}}\boldsymbol{x}=1$ 条件下 $f(x_1,x_2,x_3)$ 的最大值与最小值，并求出最大值点和最小值点.

分析　(1) 用正交替换化二次型为标准形. (2)在正交替换下，依 $\boldsymbol{x}^{\mathrm{T}}\boldsymbol{x}=1$ 讨论最值.

解　二次型 $f(x_1,x_2,x_3)$ 的矩阵为 $\boldsymbol{A}=\begin{pmatrix}3&0&1\\0&2&0\\1&0&3\end{pmatrix}$，$\boldsymbol{A}$ 的特征多项式为

$$|\lambda \boldsymbol{E}-\boldsymbol{A}|=\begin{vmatrix}\lambda-3 & 0 & -1\\ 0 & \lambda-2 & 0\\ -1 & 0 & \lambda-3\end{vmatrix}=(\lambda-2)\begin{vmatrix}\lambda-3 & -1\\ -1 & \lambda-3\end{vmatrix}=(\lambda-2)^2(\lambda-4),$$

$\boldsymbol{A}$ 的全部特征值为 $\lambda_1=\lambda_2=2,\lambda_3=4$.

对于 $\lambda_1=\lambda_2=2$,解线性方程组 $(2\boldsymbol{E}-\boldsymbol{A})\boldsymbol{x}=\boldsymbol{0}$,由

$$2\boldsymbol{E}-\boldsymbol{A}=\begin{pmatrix}-1 & 0 & -1\\ 0 & 0 & 0\\ -1 & 0 & -1\end{pmatrix}\rightarrow\begin{pmatrix}1 & 0 & 1\\ 0 & 0 & 0\\ 0 & 0 & 0\end{pmatrix},\text{得其基础解系为 }\boldsymbol{\alpha}_1=\begin{pmatrix}-1\\ 0\\ 1\end{pmatrix},\boldsymbol{\alpha}_2=\begin{pmatrix}0\\ 1\\ 0\end{pmatrix}.$$

对于 $\lambda_3=4$,解线性方程组 $(4\boldsymbol{E}-\boldsymbol{A})\boldsymbol{x}=\boldsymbol{0}$,由

$$4\boldsymbol{E}-\boldsymbol{A}=\begin{pmatrix}1 & 0 & -1\\ 0 & 2 & 0\\ -1 & 0 & 1\end{pmatrix}\rightarrow\begin{pmatrix}1 & 0 & -1\\ 0 & 1 & 0\\ 0 & 0 & 0\end{pmatrix},\text{得其基础解系为 }\boldsymbol{\alpha}_3=\begin{pmatrix}1\\ 0\\ 1\end{pmatrix}.$$

显然 $\boldsymbol{\alpha}_1,\boldsymbol{\alpha}_2,\boldsymbol{\alpha}_3$ 两两正交,对其施以单位化,有

$$\boldsymbol{\beta}_1=\frac{1}{|\boldsymbol{\alpha}_1|}\boldsymbol{\alpha}_1=\begin{pmatrix}-\frac{1}{\sqrt{2}}\\ 0\\ \frac{1}{\sqrt{2}}\end{pmatrix},\quad \boldsymbol{\beta}_2=\frac{1}{|\boldsymbol{\alpha}_2|}\boldsymbol{\alpha}_2=\begin{pmatrix}0\\ 1\\ 0\end{pmatrix},\quad \boldsymbol{\beta}_3=\frac{1}{|\boldsymbol{\alpha}_3|}\boldsymbol{\alpha}_3=\begin{pmatrix}\frac{1}{\sqrt{2}}\\ 0\\ \frac{1}{\sqrt{2}}\end{pmatrix},$$

$\boldsymbol{\beta}_1,\boldsymbol{\beta}_2,\boldsymbol{\beta}_3$ 为两两正交的单位特征向量,令 $\boldsymbol{P}=(\boldsymbol{\beta}_1,\boldsymbol{\beta}_2,\boldsymbol{\beta}_3)$,则 $\boldsymbol{P}$ 为正交矩阵,且使

$$\boldsymbol{P}^{-1}\boldsymbol{A}\boldsymbol{P}=\boldsymbol{P}^{\mathrm{T}}\boldsymbol{A}\boldsymbol{P}=\begin{pmatrix}2 & & \\ & 2 & \\ & & 4\end{pmatrix},$$

作正交替换 $\begin{pmatrix}x_1\\ x_2\\ x_3\end{pmatrix}=\boldsymbol{P}\begin{pmatrix}y_1\\ y_2\\ y_3\end{pmatrix}$,化二次型为标准形 $f(x_1,x_2,x_3)=2y_1^2+2y_2^2+4y_3^2$.

在正交替换 $\boldsymbol{x}=\boldsymbol{P}\boldsymbol{y}$ 下,$1=\boldsymbol{x}^{\mathrm{T}}\boldsymbol{x}=\boldsymbol{y}^{\mathrm{T}}\boldsymbol{P}^{\mathrm{T}}\boldsymbol{P}\boldsymbol{y}=\boldsymbol{y}^{\mathrm{T}}\boldsymbol{y}=y_1^2+y_2^2+y_3^2$,于是

$$2=2(y_1^2+y_2^2+y_3^2)\leqslant 2y_1^2+2y_2^2+4y_3^2\leqslant 4(y_1^2+y_2^2+y_3^2)=4,$$

令 $\boldsymbol{y}_1=\begin{pmatrix}0\\ 0\\ 1\end{pmatrix}$,则 $\boldsymbol{y}_1^{\mathrm{T}}\boldsymbol{y}_1=1$,$\boldsymbol{x}_1=\boldsymbol{P}\boldsymbol{y}_1=\begin{pmatrix}-1/\sqrt{2} & 0 & 1/\sqrt{2}\\ 0 & 1 & 0\\ 1/\sqrt{2} & 0 & 1/\sqrt{2}\end{pmatrix}\begin{pmatrix}0\\ 0\\ 1\end{pmatrix}=\begin{pmatrix}1/\sqrt{2}\\ 0\\ 1/\sqrt{2}\end{pmatrix}$,$f_{\max}(\boldsymbol{x}_1)=(2y_1^2+2y_2^2+4y_3^2)|_{\boldsymbol{y}_1}=4$,所以 $\boldsymbol{x}_1=\left(\frac{1}{\sqrt{2}},0,\frac{1}{\sqrt{2}}\right)^{\mathrm{T}}$ 为一个最大值点.

令 $\boldsymbol{y}_2=\begin{pmatrix}1\\ 0\\ 0\end{pmatrix}$,则 $\boldsymbol{y}_2^{\mathrm{T}}\boldsymbol{y}_2=1$,$\boldsymbol{x}_2=\boldsymbol{P}\boldsymbol{y}_2=\begin{pmatrix}-1/\sqrt{2} & 0 & 1/\sqrt{2}\\ 0 & 1 & 0\\ 1/\sqrt{2} & 0 & 1/\sqrt{2}\end{pmatrix}\begin{pmatrix}1\\ 0\\ 0\end{pmatrix}=\begin{pmatrix}-1/\sqrt{2}\\ 0\\ 1/\sqrt{2}\end{pmatrix}$,使 $f_{\min}(\boldsymbol{x}_2)=(2y_1^2+2y_2^2+4y_3^2)|_{\boldsymbol{y}_2}=2$,所以 $\boldsymbol{x}_2=\left(-\frac{1}{\sqrt{2}},0,\frac{1}{\sqrt{2}}\right)^{\mathrm{T}}$ 为一个最小值点.

注 二次型的最大值点与最小值点不唯一.

评　在正交替换下求出二次型的标准形及所给条件满足的关系式，比如 $y_1^2+y_2^2+y_3^2=1$，再讨论标准形的取值范围.

2. 基于可交换讨论矩阵的正定性

例 6.4.3　设 $\boldsymbol{A},\boldsymbol{B}$ 都是 n 阶正定矩阵，则 $\boldsymbol{AB}$ 为正定矩阵的充分必要条件是 $\boldsymbol{AB}=\boldsymbol{BA}$.

分析　实对称矩阵 $\boldsymbol{AB}$ 为正定矩阵的充分必要条件是它的特征值全大于 0.

证　依题设，$\boldsymbol{A},\boldsymbol{B}$ 都是 n 阶实对称矩阵.

必要性. 设 $\boldsymbol{AB}$ 为 n 阶正定矩阵，则 $\boldsymbol{AB}$ 是 n 阶实对称矩阵，因此

$$\boldsymbol{AB}=(\boldsymbol{AB})^{\mathrm{T}}=\boldsymbol{B}^{\mathrm{T}}\boldsymbol{A}^{\mathrm{T}}=\boldsymbol{BA}.$$

充分性. 设 $\boldsymbol{AB}=\boldsymbol{BA}$，于是 $(\boldsymbol{AB})^{\mathrm{T}}=\boldsymbol{B}^{\mathrm{T}}\boldsymbol{A}^{\mathrm{T}}=\boldsymbol{BA}=\boldsymbol{AB}$，即 $\boldsymbol{AB}$ 是实对称矩阵，其特征值全为实数. 设 $\boldsymbol{AB}$ 的任一特征值为 λ，非零向量 $\boldsymbol{\alpha}$ 为属于 λ 的特征向量，则 $\boldsymbol{AB\alpha}=\lambda\boldsymbol{\alpha}$，因 $\boldsymbol{A}$ 正定，故 $|\boldsymbol{A}|>0$，$\boldsymbol{A}$ 可逆，则 $\boldsymbol{B\alpha}=\lambda\boldsymbol{A}^{-1}\boldsymbol{\alpha}$，等式两边左乘 $\boldsymbol{\alpha}^{\mathrm{T}}$，有 $\boldsymbol{\alpha}^{\mathrm{T}}\boldsymbol{B\alpha}=\lambda\boldsymbol{\alpha}^{\mathrm{T}}\boldsymbol{A}^{-1}\boldsymbol{\alpha}$. 由于 $\boldsymbol{A}$ 正定，$\boldsymbol{A}^{-1}$ 正定，而且 $\boldsymbol{B}$ 正定，于是对于 $\boldsymbol{\alpha}\neq\boldsymbol{0}$，有 $\boldsymbol{\alpha}^{\mathrm{T}}\boldsymbol{B\alpha}>0$，$\boldsymbol{\alpha}^{\mathrm{T}}\boldsymbol{A}^{-1}\boldsymbol{\alpha}>0$，因此 $\lambda>0$，从而实对称矩阵 $\boldsymbol{AB}$ 的特征值全为大于 0，依 6.3 节定理 3，$\boldsymbol{AB}$ 为正定矩阵.

注　依性质两个同阶正定矩阵的和为正定矩阵. 但是两个同阶正定矩阵的乘积为正定矩阵是有条件的. 同时注意到两个同阶正定矩阵的差未必是正定矩阵.

议　设 $\boldsymbol{A},\boldsymbol{B}$ 都是 n 阶正定矩阵，则 $\begin{pmatrix}\boldsymbol{A} & \boldsymbol{0}\\ \boldsymbol{0} & \boldsymbol{B}\end{pmatrix}$ 是正定矩阵.

证　任取 $2n$ 维列向量 $\boldsymbol{\gamma}=\begin{pmatrix}\boldsymbol{\beta}_1\\ \boldsymbol{\beta}_2\end{pmatrix}\neq\boldsymbol{0}$，其中 n 维列向量 $\boldsymbol{\beta}_1\neq\boldsymbol{0}$ 或者 $\boldsymbol{\beta}_2\neq\boldsymbol{0}$，则

$$(\boldsymbol{\beta}_1^{\mathrm{T}},\boldsymbol{\beta}_2^{\mathrm{T}})\begin{pmatrix}\boldsymbol{A} & \boldsymbol{0}\\ \boldsymbol{0} & \boldsymbol{B}\end{pmatrix}\begin{pmatrix}\boldsymbol{\beta}_1\\ \boldsymbol{\beta}_2\end{pmatrix}=\boldsymbol{\beta}_1^{\mathrm{T}}\boldsymbol{A}\boldsymbol{\beta}_1+\boldsymbol{\beta}_2^{\mathrm{T}}\boldsymbol{B}\boldsymbol{\beta}_2>0.$$

3. 基于合同关系讨论矩阵的正定性

例 6.4.4　设 $\boldsymbol{A},\boldsymbol{B}$ 都是 n 阶正定矩阵，试证：若 $\boldsymbol{A}-\boldsymbol{B}$ 正定，则 $\boldsymbol{B}^{-1}-\boldsymbol{A}^{-1}$ 也正定.

分析　显然 $\boldsymbol{B}^{-1}-\boldsymbol{A}^{-1}$ 为实对称矩阵，依 6.3 节定理 2 的推论 1，下面证明它合同于正定矩阵.

解　依题设，$\boldsymbol{A}$ 正定，则 $\boldsymbol{A}\simeq\boldsymbol{E}$，即存在可逆矩阵 $\boldsymbol{C}$，有 $\boldsymbol{C}^{\mathrm{T}}\boldsymbol{AC}=\boldsymbol{E}$，因为 $\boldsymbol{B}^{\mathrm{T}}=\boldsymbol{B}$，则 $(\boldsymbol{C}^{\mathrm{T}}\boldsymbol{BC})^{\mathrm{T}}=\boldsymbol{C}^{\mathrm{T}}\boldsymbol{B}^{\mathrm{T}}\boldsymbol{C}=\boldsymbol{C}^{\mathrm{T}}\boldsymbol{BC}$，所以 $\boldsymbol{C}^{\mathrm{T}}\boldsymbol{BC}$ 为实对称矩阵，故存在正交矩阵 $\boldsymbol{P}$，使

$$\boldsymbol{P}^{-1}(\boldsymbol{C}^{\mathrm{T}}\boldsymbol{BC})\boldsymbol{P}=\mathrm{diag}(\lambda_1,\lambda_2,\cdots,\lambda_n),\quad 即\ \boldsymbol{P}^{\mathrm{T}}(\boldsymbol{C}^{\mathrm{T}}\boldsymbol{BC})\boldsymbol{P}=\mathrm{diag}(\lambda_1,\lambda_2,\cdots,\lambda_n).$$

令 $\boldsymbol{Q}=\boldsymbol{CP}$，则 $\boldsymbol{Q}$ 为实可逆矩阵，且使

$$\boldsymbol{Q}^{\mathrm{T}}\boldsymbol{BQ}=\mathrm{diag}(\lambda_1,\lambda_2,\cdots,\lambda_n),\quad 说明\ \boldsymbol{B}\simeq\mathrm{diag}(\lambda_1,\lambda_2,\cdots,\lambda_n).$$

因 $\boldsymbol{B}$ 正定，依 6.3 节定理 2 的推论 1，$\mathrm{diag}(\lambda_1,\lambda_2,\cdots,\lambda_n)$ 正定，故 $\lambda_1>0,\lambda_2>0,\cdots,\lambda_n>0$，同时有 $\boldsymbol{Q}^{\mathrm{T}}\boldsymbol{AQ}=\boldsymbol{P}^{\mathrm{T}}\boldsymbol{C}^{\mathrm{T}}\boldsymbol{ACP}=\boldsymbol{P}^{\mathrm{T}}\boldsymbol{EP}=\boldsymbol{P}^{\mathrm{T}}\boldsymbol{P}=\boldsymbol{E}$，

$$\boldsymbol{Q}^{\mathrm{T}}(\boldsymbol{A}-\boldsymbol{B})\boldsymbol{Q}=\boldsymbol{Q}^{\mathrm{T}}\boldsymbol{AQ}-\boldsymbol{Q}^{\mathrm{T}}\boldsymbol{BQ}=\mathrm{diag}(1-\lambda_1,1-\lambda_2,\cdots,1-\lambda_n),$$

说明 $\boldsymbol{A}-\boldsymbol{B}\simeq\mathrm{diag}(1-\lambda_1,1-\lambda_2,\cdots,1-\lambda_n)$. 依题设，$\boldsymbol{A}-\boldsymbol{B}$ 正定，同理 $\mathrm{diag}(1-\lambda_1,1-\lambda_2,\cdots,1-\lambda_n)$ 正定，故 $1-\lambda_1>0,1-\lambda_2>0,\cdots,1-\lambda_n>0$，由于

$$(\boldsymbol{Q}^{\mathrm{T}}\boldsymbol{AQ})^{-1}=\boldsymbol{Q}^{-1}\boldsymbol{A}^{-1}(\boldsymbol{Q}^{-1})^{\mathrm{T}}=\boldsymbol{E},\ (\boldsymbol{Q}^{\mathrm{T}}\boldsymbol{BQ})^{-1}=\boldsymbol{Q}^{-1}\boldsymbol{B}^{-1}(\boldsymbol{Q}^{-1})^{\mathrm{T}}=\mathrm{diag}\left(\frac{1}{\lambda_1},\frac{1}{\lambda_2},\cdots,\frac{1}{\lambda_n}\right),$$

则 $Q^{-1}(B^{-1}-A^{-1})(Q^{-1})^{\mathrm{T}}=\operatorname{diag}\left(\frac{1}{\lambda_1}-1,\frac{1}{\lambda_2}-1,\cdots,\frac{1}{\lambda_n}-1\right)$，说明 $B^{-1}-A^{-1}\simeq \operatorname{diag}\left(\frac{1}{\lambda_1}-1,\frac{1}{\lambda_2}-1,\cdots,\frac{1}{\lambda_n}-1\right)$，显然 $\frac{1}{\lambda_1}-1>0,\frac{1}{\lambda_2}-1>0,\cdots,\frac{1}{\lambda_n}-1>0$，所以

$$\operatorname{diag}\left(\frac{1}{\lambda_1}-1,\frac{1}{\lambda_2}-1,\cdots,\frac{1}{\lambda_n}-1\right)\text{正定，从而 } B^{-1}-A^{-1}\text{ 正定.}$$

注 $Q^{\mathrm{T}}(A-B)Q=Q^{-1}(A-B)^{-1}(Q^{\mathrm{T}})^{-1}$，而非 $Q^{-1}(A^{-1}-B^{-1})(Q^{\mathrm{T}})^{-1}$.

评 与正定矩阵合同的实对称矩阵必正定，因为它们都合同于单位矩阵. 本例 3 处强化了这一结论：

由 $B\simeq\operatorname{diag}(\lambda_1,\lambda_2,\cdots,\lambda_n)$ 可知

$$B\text{ 正定}\Rightarrow\operatorname{diag}(\lambda_1,\lambda_2,\cdots,\lambda_n)\text{ 正定}\Rightarrow\lambda_1>0,\lambda_2>0,\cdots,\lambda_n>0;$$

由 $A-B\simeq\operatorname{diag}(1-\lambda_1,1-\lambda_2,\cdots,1-\lambda_n)$ 可知

$$\begin{aligned}A-B\text{ 正定}&\Rightarrow\operatorname{diag}(1-\lambda_1,1-\lambda_2,\cdots,1-\lambda_n)\text{ 正定}\\&\Rightarrow 1-\lambda_1>0,1-\lambda_2>0,\cdots,1-\lambda_n>0,\end{aligned}$$

由 $B^{-1}-A^{-1}\simeq\operatorname{diag}\left(\frac{1}{\lambda_1}-1,\frac{1}{\lambda_2}-1,\cdots,\frac{1}{\lambda_n}-1\right)$ 可知

$$\operatorname{diag}\left(\frac{1}{\lambda_1}-1,\frac{1}{\lambda_2}-1,\cdots,\frac{1}{\lambda_n}-1\right)\text{正定}\Rightarrow B^{-1}-A^{-1}\text{ 正定.}$$

议 挖掘 A,B 间的连带关系也是本例关键：

(1) 找到矩阵 C，A 正定 $\xrightarrow{\text{存在可逆矩阵 }C} C^{\mathrm{T}}AC=E$；

(2) 引出矩阵 P，

$$C^{\mathrm{T}}BC\text{ 实对称}\xrightarrow{\text{存在正交矩阵 }P}P^{\mathrm{T}}(C^{\mathrm{T}}BC)P=\operatorname{diag}(\lambda_1,\lambda_2,\cdots,\lambda_n);$$

(3) 挖掘矩阵 Q，令 $Q=CP$，即 $Q^{\mathrm{T}}BQ=\operatorname{diag}(\lambda_1,\lambda_2,\cdots,\lambda_n)$，此时 Q 与 A 的关系为，$Q^{\mathrm{T}}AQ=P^{\mathrm{T}}C^{\mathrm{T}}ACP=P^{\mathrm{T}}EP=E$，抓住这一共性，可使 A,B 出现在同一表达式中，即

$$Q^{\mathrm{T}}(A-B)Q=Q^{\mathrm{T}}AQ-Q^{\mathrm{T}}BQ=\operatorname{diag}(1-\lambda_1,1-\lambda_2,\cdots,1-\lambda_n),$$

进一步，$Q^{-1}(B^{-1}-A^{-1})(Q^{-1})^{\mathrm{T}}=\operatorname{diag}\left(\frac{1}{\lambda_1}-1,\frac{1}{\lambda_2}-1,\cdots,\frac{1}{\lambda_n}-1\right)$.

4. 关于正定矩阵的分解

例 6.4.5 n 阶实对称矩阵 A 是正定矩阵的充分必要条件是存在实可逆对称矩阵 P，使

$$A=P^2.$$

分析 存在正交矩阵 Q，使 $A=Q\begin{pmatrix}\lambda_1&&&\\&\lambda_2&&\\&&\ddots&\\&&&\lambda_n\end{pmatrix}Q^{-1}$，其中 $\lambda_1,\lambda_2,\cdots,\lambda_n$ 是 A 的全部特征值.

证 必要性. 设 n 阶实对称矩阵 A 是正定矩阵，则 A 的特征值 $\lambda_1,\lambda_2,\cdots,\lambda_n$ 全大于 0.

由于 $\boldsymbol{A}$ 是实对称矩阵，因此存在正交矩阵 $\boldsymbol{Q}$，使 $\boldsymbol{Q}^{-1}\boldsymbol{A}\boldsymbol{Q}=\mathrm{diag}(\lambda_1,\lambda_2,\cdots,\lambda_n)$，即

$$\boldsymbol{A}=\boldsymbol{Q}\begin{pmatrix}\lambda_1 & & & \\ & \lambda_2 & & \\ & & \ddots & \\ & & & \lambda_n\end{pmatrix}\boldsymbol{Q}^{-1}$$

$$=\boldsymbol{Q}\begin{pmatrix}\sqrt{\lambda_1} & & & \\ & \sqrt{\lambda_2} & & \\ & & \ddots & \\ & & & \sqrt{\lambda_n}\end{pmatrix}\boldsymbol{Q}^{\mathrm{T}}\boldsymbol{Q}\begin{pmatrix}\sqrt{\lambda_1} & & & \\ & \sqrt{\lambda_2} & & \\ & & \ddots & \\ & & & \sqrt{\lambda_n}\end{pmatrix}\boldsymbol{Q}^{\mathrm{T}}=\boldsymbol{P}^2,$$

其中 $\boldsymbol{P}=\boldsymbol{Q}\begin{pmatrix}\sqrt{\lambda_1} & & & \\ & \sqrt{\lambda_2} & & \\ & & \ddots & \\ & & & \sqrt{\lambda_n}\end{pmatrix}\boldsymbol{Q}^{\mathrm{T}}$，$|\boldsymbol{P}|\neq 0$，$\boldsymbol{P}$ 可逆，且 $\boldsymbol{P}^{\mathrm{T}}=\boldsymbol{P}$，即 $\boldsymbol{P}$ 是实可逆对称矩阵.

充分性. 设 n 阶实对称矩阵 $\boldsymbol{A}=\boldsymbol{P}^2$，其中 $\boldsymbol{P}$ 是 n 阶实可逆对称矩阵，因此 $\boldsymbol{P}$ 的特征值 $\lambda_1,\lambda_2,\cdots,\lambda_n$ 全是实数，且不等于 0，所以 $\boldsymbol{A}=\boldsymbol{P}^2$ 的全部特征值为

$$\lambda_1^2,\lambda_2^2,\cdots,\lambda_n^2,\text{且 }\lambda_1^2>0,\lambda_2^2>0,\cdots,\lambda_n^2>0,$$

即实对称矩阵 $\boldsymbol{A}$ 的特征值全大于 0，依 6.3 节定理 3，$\boldsymbol{A}$ 是正定矩阵.

注　n 阶实对称矩阵 $\boldsymbol{A}$ 正定 $\Leftrightarrow \boldsymbol{A}\simeq\boldsymbol{E}\Leftrightarrow$ 存在 n 阶实可逆矩阵 $\boldsymbol{Q}$，使 $\boldsymbol{A}=\boldsymbol{Q}^{\mathrm{T}}\boldsymbol{E}\boldsymbol{Q}=\boldsymbol{Q}^{\mathrm{T}}\boldsymbol{Q}$. 比较之，$n$ 阶实对称矩阵 $\boldsymbol{A}$ 正定 $\Leftrightarrow$ 存在 n 阶实可逆对称矩阵 $\boldsymbol{P}$，使 $\boldsymbol{A}=\boldsymbol{P}^{\mathrm{T}}\boldsymbol{P}=\boldsymbol{P}^2$.

评　由本例的证明过程可知，$\boldsymbol{A}$ 正定 $\Leftrightarrow$ 存在 n 阶正定矩阵 $\boldsymbol{P}$，使 $\boldsymbol{A}=\boldsymbol{P}^2$.

例 6.4.6　n 阶实对称矩阵 $\boldsymbol{A}$ 是正定矩阵的充分必要条件是存在实列满秩矩阵 $\boldsymbol{B}$，使 $\boldsymbol{A}=\boldsymbol{B}^{\mathrm{T}}\boldsymbol{B}$.

分析　二次型 $\boldsymbol{x}^{\mathrm{T}}\boldsymbol{A}\boldsymbol{x}$ 正定 $\Leftrightarrow\boldsymbol{A}$ 正定 $\Leftrightarrow$ 存在 n 阶实可逆矩阵 $\boldsymbol{P}$，使 $\boldsymbol{A}=\boldsymbol{P}^{\mathrm{T}}\boldsymbol{P}$.

证　必要性. 设 n 阶实对称矩阵 $\boldsymbol{A}$ 正定，则存在 n 阶实可逆矩阵 $\boldsymbol{P}$，使 $\boldsymbol{A}=\boldsymbol{P}^{\mathrm{T}}\boldsymbol{P}$，令 $m\times n$ 矩阵 $\boldsymbol{B}=\begin{pmatrix}\boldsymbol{P}\\ \boldsymbol{0}\end{pmatrix}_{m\times n}$，则 $\boldsymbol{B}$ 是列满秩矩阵，且 $\boldsymbol{B}^{\mathrm{T}}\boldsymbol{B}=(\boldsymbol{P}^{\mathrm{T}}\boldsymbol{0})\begin{pmatrix}\boldsymbol{P}\\ \boldsymbol{0}\end{pmatrix}=\boldsymbol{P}^{\mathrm{T}}\boldsymbol{P}=\boldsymbol{A}$.

充分性. 设实对称矩阵 $\boldsymbol{A}=\boldsymbol{B}^{\mathrm{T}}\boldsymbol{B}$，其中列满秩矩阵 $\boldsymbol{B}$ 为 $m\times n$ 矩阵，即 $\mathrm{rank}(\boldsymbol{B})=n$，所以齐次线性方程组 $\boldsymbol{B}\boldsymbol{x}=\boldsymbol{0}$ 仅有零解，因此对任意向量 $\boldsymbol{\beta}\in\mathbb{R}^n$ 且 $\boldsymbol{\beta}\neq\boldsymbol{0}$，则 $\boldsymbol{B}\boldsymbol{\beta}\neq\boldsymbol{0}$，则

$$\boldsymbol{\beta}^{\mathrm{T}}\boldsymbol{A}\boldsymbol{\beta}=(\boldsymbol{B}\boldsymbol{\beta})^{\mathrm{T}}(\boldsymbol{B}\boldsymbol{\beta})>0,$$

因此二次型 $\boldsymbol{x}^{\mathrm{T}}\boldsymbol{A}\boldsymbol{x}$ 是正定的，从而 $\boldsymbol{A}$ 是正定矩阵.

注　实对称矩阵 $\boldsymbol{A}$ 是正定矩阵的充分必要条件是存在实列满秩矩阵 $\boldsymbol{B}$，使 $\boldsymbol{A}=\boldsymbol{B}^{\mathrm{T}}\boldsymbol{B}$.

评　如果 $\boldsymbol{A}$ 为 n 阶实可逆矩阵，则 $\boldsymbol{A}^{\mathrm{T}}\boldsymbol{A}$ 与 $\boldsymbol{A}\boldsymbol{A}^{\mathrm{T}}$ 都是正定矩阵.

议　如果 $\boldsymbol{A}$ 是 $m\times n$ 实列满秩矩阵，则 $\boldsymbol{A}^{\mathrm{T}}\boldsymbol{A}$ 是 n 阶正定矩阵，$\boldsymbol{A}\boldsymbol{A}^{\mathrm{T}}$ 是 m 阶半正定矩阵.

证　关于 $\boldsymbol{A}^{\mathrm{T}}\boldsymbol{A}$ 的正定性的证明，请参见上例的充分性.

显然 $\boldsymbol{A}\boldsymbol{A}^{\mathrm{T}}$ 为实对称矩阵，依题设，$\boldsymbol{A}^{\mathrm{T}}$ 是行满秩矩阵，因此齐次线性方程组 $\boldsymbol{A}^{\mathrm{T}}\boldsymbol{y}=\boldsymbol{0}$ 可

能有非零解，于是对任意向量 $\boldsymbol{\alpha}\in\mathbb{R}^m$ 且 $\boldsymbol{\alpha}\neq\mathbf{0}$，有可能 $\boldsymbol{A}^{\mathrm{T}}\boldsymbol{\alpha}=\mathbf{0}$，因此

$$\boldsymbol{\alpha}^{\mathrm{T}}(\boldsymbol{AA}^{\mathrm{T}})\boldsymbol{\alpha}=(\boldsymbol{A}^{\mathrm{T}}\boldsymbol{\alpha})^{\mathrm{T}}(\boldsymbol{A}^{\mathrm{T}}\boldsymbol{\alpha})\geqslant 0,$$

从而 $\boldsymbol{AA}^{\mathrm{T}}$ 是半正定的矩阵.

同理可证，如果 $\boldsymbol{A}$ 是 $m\times n$ 实矩阵，$\mathrm{rank}(\boldsymbol{A})=r<\min\{m,n\}$，则 $\boldsymbol{A}^{\mathrm{T}}\boldsymbol{A}$ 是 n 阶半正定矩阵，$\boldsymbol{AA}^{\mathrm{T}}$ 是 m 阶半正定矩阵.

习题 6-4

1. 设 $\boldsymbol{A}=(a_{ij})$ 为 n 阶实对称矩阵，求二次型 $f(x_1,x_2,\cdots,x_n)=\sum\limits_{i=1}^{n}(\sum\limits_{j=1}^{n}a_{ij}x_ix_j)$ 在条件 $x_1^2+x_2^2+\cdots+x_n^2=1$ 下的最大值与最小值.

2. 设 $\boldsymbol{A},\boldsymbol{B}$ 为两个 n 阶实对称矩阵，且 $\boldsymbol{A}$ 是正定矩阵，证明存在一个 n 阶实可逆矩阵 $\boldsymbol{P}$，使 $\boldsymbol{P}^{\mathrm{T}}\boldsymbol{AP}$，$\boldsymbol{P}^{\mathrm{T}}\boldsymbol{BP}$ 都是对角矩阵.

3. 证明实对称矩阵 $\boldsymbol{A}$ 是半正定的充分必要条件是存在实对称矩阵 $\boldsymbol{P}$，使 $\boldsymbol{A}=\boldsymbol{P}^2$.

4. n 阶实对称矩阵 $\boldsymbol{A}$ 是半正定的充分必要条件是存在实行满秩矩阵 $\boldsymbol{B}$，使 $\boldsymbol{A}=\boldsymbol{B}^{\mathrm{T}}\boldsymbol{B}$.

5. 设 $\boldsymbol{A}$ 为 $m\times n$ 实矩阵，$\boldsymbol{E}$ 为 n 阶单位矩阵，已知矩阵 $\boldsymbol{B}=\lambda\boldsymbol{E}+\boldsymbol{A}^{\mathrm{T}}\boldsymbol{A}$，其中 $\lambda\in\mathbb{R}$，试证当 $\lambda>0$ 时，矩阵 $\boldsymbol{B}$ 为正定矩阵. **【1999 研数三】**

6. 设 $\boldsymbol{A}$ 为 n 阶实反对称矩阵，证明 $\boldsymbol{E}-\boldsymbol{A}^2$ 为正定矩阵.

单元练习题 6

一、选择题：下列每小题给出的四个选项中，只有一项是符合题目要求的，请将所选项前的字母写在指定位置.

1. 在实数域$\mathbb{R}$上，下列多项式中，(　　)不是二次型.

A. $2x_1^2-3x_1+3x_2^2$　　B. y^2

C. $(x_1,x_2)\begin{pmatrix}1&2\\0&0\end{pmatrix}\begin{pmatrix}x_1\\x_2\end{pmatrix}$　　D. $(x_1,x_2,x_3)\begin{pmatrix}0&2&-3\\-2&1&-5\\3&5&0\end{pmatrix}\begin{pmatrix}x_1\\x_2\\x_3\end{pmatrix}$

2. 在实数域$\mathbb{R}$上，下列命题不正确的是(　　).

A. 合同矩阵的秩相等

B. $\boldsymbol{A},\boldsymbol{B},\boldsymbol{C}$ 都是可逆矩阵，且满足 $\boldsymbol{C}^{\mathrm{T}}\boldsymbol{AC}=\boldsymbol{B}$，则 $|\boldsymbol{A}|$ 与 $|\boldsymbol{B}|$ 的符号相同

C. 存在实可逆矩阵 $\boldsymbol{C}$，使 $\boldsymbol{C}^{\mathrm{T}}\begin{pmatrix}1&0\\0&-1\end{pmatrix}\boldsymbol{C}=\begin{pmatrix}1&0\\0&1\end{pmatrix}$

D. 存在实可逆矩阵 $\boldsymbol{C}$，使 $\boldsymbol{C}^{\mathrm{T}}\begin{pmatrix}2&0\\0&3\end{pmatrix}\boldsymbol{C}=\begin{pmatrix}1&0\\0&1\end{pmatrix}$

3. 在实数域$\mathbb{R}$上，设 $\boldsymbol{A}=\mathrm{diag}(d_1,d_2,d_3)$，$\boldsymbol{B}=\mathrm{diag}(d_{i_1},d_{i_2},d_{i_3})$，$i_1,i_2,i_3$ 是 1,2,3 的一个排列，则下列命题不正确的是(　　).

A. 矩阵 $\boldsymbol{A}$ 与 $\boldsymbol{B}$ 不合同　　B. 矩阵 $\boldsymbol{A}$ 与 $\boldsymbol{B}$ 合同

C. 矩阵 $\boldsymbol{A}$ 与 $\boldsymbol{B}$ 相似　　D. 矩阵 $\boldsymbol{A}$ 与 $\boldsymbol{B}$ 合同且相似

4. 在实数域$\mathbb{R}$上，任一 n 阶实可逆对称矩阵必定与 n 阶单位矩阵(　　).

A. 合同　　B. 相似　　C. 相抵　　D. 以上都不对

5. 在实数域$\mathbb{R}$上，$\boldsymbol{A}$，$\boldsymbol{B}$ 是 n 阶实对称矩阵，则 $\boldsymbol{A}$ 与 $\boldsymbol{B}$ 合同的充分必要条件是(　　).

A. $\boldsymbol{A}$，$\boldsymbol{B}$ 均为可逆矩阵

B. $\boldsymbol{A}$，$\boldsymbol{B}$ 有相同的秩

C. $\boldsymbol{A}$，$\boldsymbol{B}$ 有相同的正惯性指数，相同的负惯性指数

D. $\boldsymbol{A}$，$\boldsymbol{B}$ 有相同的特征多项式

6. 在实数域$\mathbb{R}$上，设 $\boldsymbol{A}=\begin{pmatrix}2 & -1 & -1\\ -1 & 2 & -1\\ -1 & -1 & 2\end{pmatrix}$，$\boldsymbol{B}=\begin{pmatrix}1 & 0 & 0\\ 0 & 1 & 0\\ 0 & 0 & 0\end{pmatrix}$，则 $\boldsymbol{A}$ 与 $\boldsymbol{B}$(　　).

A. 合同且相似　　B. 合同但不相似

C. 不合同但相似　　D. 既不合同也不相似

【2007 研数一、二、三、四】

7. 在实数域$\mathbb{R}$上，设 $\boldsymbol{A}=\begin{pmatrix}1 & 2\\ 2 & 1\end{pmatrix}$，则下列选项中与 $\boldsymbol{A}$ 合同的矩阵为(　　).

A. $\begin{pmatrix}-2 & 1\\ 1 & -2\end{pmatrix}$　　B. $\begin{pmatrix}2 & -1\\ -1 & 2\end{pmatrix}$　　C. $\begin{pmatrix}2 & 1\\ 1 & 2\end{pmatrix}$　　D. $\begin{pmatrix}1 & -2\\ -2 & 1\end{pmatrix}$

【2008 研数三、四】

8. 在实数域$\mathbb{R}$上，设 $\boldsymbol{A}=\begin{pmatrix}1 & & & \\ & 1 & & \\ & & 1 & \\ & & & 1\end{pmatrix}$，$\boldsymbol{B}=\begin{pmatrix} & & & 1\\ & & 1 & \\ & 1 & & \\ 1 & & & \end{pmatrix}$，则下列选项正确的是(　　).

A. $\text{rank}(\boldsymbol{A})\neq\text{rank}(\boldsymbol{B})$　　B. $\boldsymbol{A}$ 与 $\boldsymbol{B}$ 相抵

C. $\boldsymbol{A}$ 与 $\boldsymbol{B}$ 相似　　D. $\boldsymbol{A}$ 与 $\boldsymbol{B}$ 合同

9. 在实数域$\mathbb{R}$上，设 $\boldsymbol{A}=\begin{pmatrix}1 & 1 & 1\\ 1 & 1 & 1\\ 1 & 1 & 1\end{pmatrix}$，$\boldsymbol{B}=\begin{pmatrix}1 & 0 & 0\\ 0 & 0 & 0\\ 0 & 0 & 0\end{pmatrix}$，$\boldsymbol{C}=\begin{pmatrix}3 & 0 & 0\\ 0 & 0 & 0\\ 0 & 0 & 0\end{pmatrix}$，则(　　).

A. $\boldsymbol{A}\sim\boldsymbol{C}$，且 $\boldsymbol{A}$，$\boldsymbol{B}$，$\boldsymbol{C}$ 合同　　B. $\boldsymbol{A}\sim\boldsymbol{B}$，但 $\boldsymbol{A}$ 不与 $\boldsymbol{C}$ 合同

C. $\boldsymbol{A}\sim\boldsymbol{C}$，但 $\boldsymbol{A}$ 不与 $\boldsymbol{B}$ 合同　　D. $\boldsymbol{B}\sim\boldsymbol{C}$，且 $\boldsymbol{A}$，$\boldsymbol{B}$，$\boldsymbol{C}$ 相抵

10. 设实二次型 $f(x_1,x_2,x_3)$ 在正交替换 $\boldsymbol{x}=\boldsymbol{P}\boldsymbol{y}$ 下的标准形为 $2y_1^2+y_2^2-y_3^2$，其中矩阵 $\boldsymbol{P}=(\boldsymbol{e}_1,\boldsymbol{e}_2,\boldsymbol{e}_3)$，若 $\boldsymbol{Q}=(\boldsymbol{e}_1,-\boldsymbol{e}_3,\boldsymbol{e}_2)$，则 $f(x_1,x_2,x_3)$ 在正交替换 $\boldsymbol{x}=\boldsymbol{Q}\boldsymbol{y}$ 下的标准形为(　　).

A. $2y_1^2-y_2^2+y_3^2$　　B. $2y_1^2+y_2^2-y_3^2$

C. $2y_1^2-y_2^2-y_3^2$　　D. $2y_1^2+y_2^2+y_3^2$　**【2015 研数一、二、三】**

11. 实二次型 $f(x_1,x_2,x_3)=(x_1+x_2)^2+(x_2+x_3)^2-(x_3-x_1)^2$ 的正惯性指数与负惯性指数依次为(　　).

A. 2,0　　B. 1,1　　C. 2,1　　D. 1,2

【2021 研数一、二、三】

12. 设 $\boldsymbol{A}$ 是 n 阶实对称矩阵，则下列结论正确的是(　　).

A. 若 $\boldsymbol{A}$ 的主对角线上的元素全大于零，则 $\boldsymbol{A}$ 是正定矩阵

B. 若$|\boldsymbol{A}|>0$,则$\boldsymbol{A}$是正定矩阵

C. 若$\boldsymbol{A}^{-1}$存在且正定,则$\boldsymbol{A}$是正定矩阵

D. 若存在实矩阵$\boldsymbol{P}$,使$\boldsymbol{A}=\boldsymbol{P}^{\mathrm{T}}\boldsymbol{P}$,则$\boldsymbol{A}$是正定矩阵

13. 设$\boldsymbol{A}$是三阶实对称矩阵,$\boldsymbol{E}$是三阶单位矩阵. 若$\boldsymbol{A}^2+\boldsymbol{A}=2\boldsymbol{E}$,且$|\boldsymbol{A}|=4$,则实二次型$\boldsymbol{X}^{\mathrm{T}}\boldsymbol{A}\boldsymbol{x}$的规范形为(　　).

A. $y_1^2+y_2^2+y_3^2$　　B. $y_1^2+y_2^2-y_3^2$　　C. $y_1^2-y_2^2-y_3^2$　　D. $-y_1^2-y_2^2-y_3^2$

【2019 研数一、二、三】

14. 设实二次型$f(x_1,x_2,x_3)=a(x_1^2+x_2^2+x_3^2)+2x_1x_2+2x_2x_3+2x_1x_3$的正、负惯性指数分别为 1,2,则(　　).

A. $a>1$　　B. $a<-2$　　C. $-2<a<1$　　D. $a=1$或$a=-2$

【2016 研数二、三】

二、填空题:请将答案写在指定位置.

1. 二次型$f(x_1,x_2,x_3)$的矩阵为$\boldsymbol{A}=\begin{pmatrix}0&0&1\\0&1&0\\1&0&0\end{pmatrix}$,则$f(x_1,x_2,x_3)=$________.

2. 二次型$f(x_1,x_2,x_3)=2x_1^2-3x_1x_2+7x_2^2$的矩阵为________.

3. 二次型$f(x_1,x_2,x_3)=(x_1,x_2,x_3)\begin{pmatrix}1&2&-2\\0&0&0\\0&0&1\end{pmatrix}\begin{pmatrix}x_1\\x_2\\x_3\end{pmatrix}$的秩为________.

4. 实二次型$f(x_1,x_2,x_3)=(x_1+x_2)^2+(x_2-x_3)^2+(x_3+x_1)^2$的秩为________.

【2004 研数三】

5. 实二次型$f(x_1,x_2,x_3)=x_1^2+3x_2^2+x_3^2+2ax_1x_2+2x_1x_3+2x_2x_3$在正交替换$\boldsymbol{x}=\boldsymbol{Q}\boldsymbol{y}$下化为标准形为$y_1^2+4y_3^2$,则$a=$________.

【2011 研数一】

6. 设实二次型$f(x_1,x_2,x_3)=\boldsymbol{x}^{\mathrm{T}}\boldsymbol{A}\boldsymbol{x}$的秩为 1,$\boldsymbol{A}$的行元素之和为 3,则二次型在正交替换$\boldsymbol{x}=\boldsymbol{Q}\boldsymbol{y}$下的标准形为________.

【2011 研数三】

7. 如果实对称矩阵$\boldsymbol{A}$与$\boldsymbol{B}=\begin{pmatrix}1&0&0\\0&0&2\\0&2&0\end{pmatrix}$合同,则二次型$f(x_1,x_2,x_3)=\boldsymbol{x}^{\mathrm{T}}\boldsymbol{A}\boldsymbol{x}$的规范形________.

8. 设实二次型$f(x_1,x_2,x_3)=2x_1^2+x_2^2+x_3^2+2x_1x_2+tx_2x_3$是正定的,问$t$的取值范围________.

【1997 研数三】

9. 设实二次型$f(x_1,x_2,x_3)=x_1^2+3x_2^2+x_3^2+2x_1x_2+2x_1x_3+2x_2x_3$,则$f$的正惯性指数为________.

【2011 研数二】

10. 设实二次型$f(x_1,x_2,x_3)=x_1^2-x_2^2+2ax_1x_3+4x_2x_3$的负惯性指数是 1,则$a$的取值范围为________.

【2014 研数一、二、三】

11. 在实数域$\mathbb{R}$上,设

$$\boldsymbol{A}=\begin{pmatrix}1&1&0\\1&1&0\\0&0&3\end{pmatrix},\quad \boldsymbol{B}=\begin{pmatrix}1&0&0\\0&1&1\\0&1&3\end{pmatrix},\quad \boldsymbol{C}=\begin{pmatrix}1&0&0\\0&1&0\\0&0&0\end{pmatrix},\quad \boldsymbol{D}=\begin{pmatrix}0&0&0\\0&2&0\\0&0&3\end{pmatrix},$$

则在 $\boldsymbol{B},\boldsymbol{C},\boldsymbol{D}$ 中，与 $\boldsymbol{A}$ 相抵的是________，与 $\boldsymbol{A}$ 相似的是________，与 $\boldsymbol{A}$ 合同的是________.

12. 在实数域$\mathbb{R}$上，设

$$\boldsymbol{A}=\begin{pmatrix}2&1&0\\1&2&0\\0&0&t\end{pmatrix},\quad \boldsymbol{B}=\begin{pmatrix}1&2&3\\4&5&6\\3&3&3\end{pmatrix},\quad \boldsymbol{C}=\begin{pmatrix}1&2&3\\0&3&5\\0&0&5\end{pmatrix},\quad \boldsymbol{D}=\begin{pmatrix}2&0&0\\0&2&1\\0&1&0\end{pmatrix},$$

则 t ________时，$\boldsymbol{A}$ 为正定矩阵；t ________时，$\boldsymbol{A}$ 与 $\boldsymbol{B}$ 相抵；t ________时，$\boldsymbol{A}$ 与 $\boldsymbol{C}$ 相似；t ________时，$\boldsymbol{A}$ 与 $\boldsymbol{D}$ 合同.

三、判断题：请将判断结果写在题前的括号内，正确写√，错误写×.

1.（　　）$\boldsymbol{A}=\begin{pmatrix}1&2\\3&4\end{pmatrix}$是二次型$(x_1,x_2)\begin{pmatrix}1&2\\3&4\end{pmatrix}\begin{pmatrix}x_1\\x_2\end{pmatrix}$的矩阵.

2.（　　）二次型 $f(x_1,x_2,x_3)=2x_1^2-3x_1x_2+7x_2^2$ 的矩阵为$\begin{pmatrix}2&-\dfrac{3}{2}\\-\dfrac{3}{2}&7\end{pmatrix}$.

3.（　　）设 $\boldsymbol{A},\boldsymbol{B}$ 分别是 n 阶正定矩阵与半正定矩阵，则 $\boldsymbol{A}+\boldsymbol{B}$ 是半正定矩阵.

4.（　　）在实数域$\mathbb{R}$上，$\begin{pmatrix}1&0\\0&-1\end{pmatrix}$与$\begin{pmatrix}1&0\\0&1\end{pmatrix}$不合同.

5.（　　）矩阵 $\boldsymbol{A},\boldsymbol{B},\boldsymbol{C},\boldsymbol{D}$ 均为 n 阶实对称矩阵，设 $\boldsymbol{A}$ 与 $\boldsymbol{B}$ 合同，$\boldsymbol{C}$ 与 $\boldsymbol{D}$ 合同，则$\begin{pmatrix}\boldsymbol{A}&\boldsymbol{0}\\\boldsymbol{0}&\boldsymbol{C}\end{pmatrix}$与$\begin{pmatrix}\boldsymbol{B}&\boldsymbol{0}\\\boldsymbol{0}&\boldsymbol{D}\end{pmatrix}$合同.

6.（　　）实二次型 $f(x_1,x_2,x_3)=x_1^2+2x_1x_2+2x_2^2+4x_2x_3+4x_3^2$ 的标准形为 $y_1^2+y_2^2+y_3^2$.

7.（　　）正定矩阵的主对角线上的元素全是正数.

8.（　　）行列式大于零的实对称矩阵是正定矩阵.

9.（　　）设 $\boldsymbol{A}$ 是实可逆矩阵，则 $\boldsymbol{B}=\boldsymbol{A}^{\mathrm{T}}\boldsymbol{A}$ 是正定矩阵.

10.（　　）实二次型 $f(x_1,x_2,x_3)=x_1^2+4x_2^2+3x_3^2-4x_1x_2-4x_2x_3$ 是正定的.

四、解答题：解答应写出文字说明、证明过程或演算步骤.

1. 设实二次型 $f(x_1,x_2,x_3)=\boldsymbol{x}^{\mathrm{T}}\boldsymbol{A}\boldsymbol{x}=ax_1^2+2x_2^2-2x_3^2+2bx_1x_3\,(b>0)$，其中二次型的矩阵 $\boldsymbol{A}$ 的特征值之和为 1，特征值之积为 -12.

(1)求 a,b 的值；(2)利用正交替换化二次型 $f(x_1,x_2,x_3)$为标准形；并写出正交替换所对应的矩阵. **【2003 研数三】**

2. 设实矩阵 $\boldsymbol{A}=\begin{bmatrix}1&0&1\\0&1&1\\-1&0&a\\0&a&-1\end{bmatrix}$，二次型 $f(x_1,x_2,x_3)=\boldsymbol{x}^{\mathrm{T}}(\boldsymbol{A}^{\mathrm{T}}\boldsymbol{A})\boldsymbol{x}$ 的秩为 2，求：

(1)实数 a 的值；(2)正交替换 $\boldsymbol{x}=\boldsymbol{Q}\boldsymbol{y}$，化二次型 f 为标准形. **【2012 研数一、二、三】**

3. 设实二次型 $f(x_1,x_2,x_3)=\boldsymbol{x}^{\mathrm{T}}\boldsymbol{A}\boldsymbol{x}$ 的矩阵为 $\boldsymbol{A}$，$\mathrm{tr}(\boldsymbol{A})=-6$，且 $\boldsymbol{AB}=\boldsymbol{C}$，其中

$$\boldsymbol{B}=\begin{pmatrix}1&1\\2&-1\\1&1\end{pmatrix},\quad \boldsymbol{C}=\begin{pmatrix}0&-12\\0&12\\0&-12\end{pmatrix}.$$

(1) 利用正交替换化二次型为标准形,并写出正交替换和标准形;

(2) 求矩阵 $\boldsymbol{A}$ 及二次型 $f(x_1,x_2,x_3)=\boldsymbol{x}^{\mathrm{T}}\boldsymbol{A}\boldsymbol{x}$.

4. 已知实二次型 $f(x_1,x_2,x_3)=\boldsymbol{x}^{\mathrm{T}}\boldsymbol{A}\boldsymbol{x}$ 在正交替换 $\boldsymbol{x}=\boldsymbol{Q}\boldsymbol{y}$ 下的标准形为 $y_1^2+y_2^2$,且 $\boldsymbol{Q}$ 的第 3 列为 $\left(\frac{\sqrt{2}}{2},0,\frac{\sqrt{2}}{2}\right)^{\mathrm{T}}$.

(1) 求矩阵 $\boldsymbol{A}$;

(2) 证明 $\boldsymbol{A}+\boldsymbol{E}$ 为正定矩阵,其中 $\boldsymbol{E}$ 为三阶单位矩阵. **【2010 研数一】**

5. 设实二次型 $f(x_1,x_2,x_3,x_4)=\boldsymbol{x}^{\mathrm{T}}\boldsymbol{A}\boldsymbol{x}$ 的正惯性指数为 $p=3$,二次型的矩阵 $\boldsymbol{A}$ 满足 $\boldsymbol{A}^2+\boldsymbol{A}=6\boldsymbol{E}$.

(1) 求二次型经正交替换 $\boldsymbol{x}=\boldsymbol{U}\boldsymbol{y}$ 所得的标准形,并写出二次型的规范形;

(2) 求行列式 $\left|\frac{1}{12}\boldsymbol{A}^*+\boldsymbol{A}^{-1}\right|$,其中 $\boldsymbol{A}^*$ 为 $\boldsymbol{A}$ 的伴随矩阵;

(3) 设二次型 $g(x_1,x_2,x_3,x_4)=\boldsymbol{x}^{\mathrm{T}}(\boldsymbol{A}^2-k\boldsymbol{A}+6\boldsymbol{E})\boldsymbol{x}$,求 $g(x_1,x_2,x_3,x_4)$正定的充分必要条件.

五、证明题:应写出证明过程或演算步骤.

1. 设实二次型 $f(x_1,x_2,x_3)=2(a_1x_1+a_2x_2+a_3x_3)^2+(b_1x_1+b_2x_2+b_3x_3)^2$,记

$$\boldsymbol{\alpha}=\begin{pmatrix}a_1\\a_2\\a_3\end{pmatrix},\quad \boldsymbol{\beta}=\begin{pmatrix}b_1\\b_2\\b_3\end{pmatrix},$$

(1) 证明二次型 $f(x_1,x_2,x_3)$的矩阵为 $2\boldsymbol{\alpha}\boldsymbol{\alpha}^{\mathrm{T}}+\boldsymbol{\beta}\boldsymbol{\beta}^{\mathrm{T}}$;

(2) 若 $\boldsymbol{\alpha},\boldsymbol{\beta}$ 正交且为单位向量,证明 $f(x_1,x_2,x_3)$在正交替换下的标准形为 $2y_1^2+y_2^2$.

【2013 研数一、二、三】

2. 设 $n(n\geqslant 3)$阶矩阵 $\boldsymbol{A}$ 既为正定矩阵又为正交矩阵,则 $\boldsymbol{A}=\boldsymbol{E}$($\boldsymbol{E}$ 为 n 阶单位矩阵).

3. 设实矩阵 $\boldsymbol{A}=\begin{pmatrix}2&2\\2&a\end{pmatrix}$,$\boldsymbol{B}=\begin{pmatrix}4&b\\3&1\end{pmatrix}$,证明:

(1) 矩阵方程 $\boldsymbol{A}\boldsymbol{X}=\boldsymbol{B}$ 有解但 $\boldsymbol{B}\boldsymbol{Y}=\boldsymbol{A}$ 无解的充分必要条件是 $a\neq 2,b=\frac{4}{3}$;

(2) $\boldsymbol{A}\sim\boldsymbol{B}$ 的充分必要条件是 $a=3,b=\frac{2}{3}$;

(3) $\boldsymbol{A}\simeq\boldsymbol{B}$ 的充分必要条件是 $a<2,b=3$.

【第四届全国大学生数学竞赛数学类预赛试题】

习题答案与提示

第1章　行列式

习题 1-1

1. 方程组有唯一解，$x_1=-\frac{18}{11}$，$x_2=\frac{13}{11}$.

2. -36.

3. 方程组有唯一解，$x_1=\frac{4}{9}$，$x_2=\frac{5}{18}$，$x_3=-\frac{19}{18}$.

[提示] $D=\begin{vmatrix} 1 & 2 & 0 \\ 0 & 8 & 4 \\ -3 & 1 & -1 \end{vmatrix}=-36\neq 0$，进一步计算三个三阶行列式，$D_1=-16$，$D_2=-10$，$D_3=38$.

习题 1-2

1. (1) 14，偶排列；(2) 7，奇排列；(3) 16，偶排列.

[提示] (1) $\tau(6542173)=4+3+4+2+1+0+0=14$；(2) $\tau(15243876)=0+1+2+1+0+2+1+0=7$；(3) $\tau(93746528)=6+1+2+3+2+1+1+0=16$.

2. (1) $i=8$，$j=5$；(2) $i=1$，$j=4$.

[提示] (1) $\tau(172896354)=17$；(2) $\tau(731584269)=14$.

3. (1) $2n-4$；(2) $\frac{n(3n-1)}{2}$.

[提示] (1) $\tau(34\cdots(n-1)n12)=(n-2)+(n-2)+0+\cdots+0=2n-4$；(2) $\tau(2n(2n-2)\cdots 42(2n-1)(2n-3)\cdots 31)=(2n-1)+(n-1)+(2n-3)+(n-2)+\cdots+3+2+1+1+0$.

4. $n-k$.

[提示] 位于第 k 个位置的数 n 跟前面的 $k-1$ 个数都构成顺序，跟后面 $n-k$ 个数都构成逆序.

5. $\frac{n!}{2}\cdot\frac{n(n-1)}{2}$.

[提示] 因为 n 元排列共有 $n!$ 种，分为$\frac{n!}{2}$对，其中每对排列为 $i_1i_2\cdots i_{n-1}i_n$ 和 $i_ni_{n-1}\cdots i_2i_1$，二者的逆序数之和为$\frac{n(n-1)}{2}$.

习题 1-3

1. (1) $D_4=a_{11}a_{22}a_{33}a_{44}-a_{12}a_{21}a_{33}a_{44}$；(2) $D_5=440$；(3) $D_n=1+(-1)^{(n-1)}a_1a_2\cdots a_{n-1}a_n$.

[提示] (2) $(-1)^{\tau(43215)}1\times3\times4\times5\times8+(-1)^{\tau(45213)}1\times2\times4\times5\times1$.

(3) $D_n=1+(-1)^{\tau(23\cdots n1)}a_1a_2\cdots a_{n-1}a_n$.

2. 0.

[提示] 与例 1.3.3 方法类似.

3. 关于 x 的 4 次多项式,3,36.

[提示] 含 x^4 项为 $3x^4$,含 x^3 项为 $(-1)^{\tau(2134)}2x\cdot2\cdot(-3x)\cdot x+(-1)^{\tau(4231)}4x\cdot(-x)\cdot(-3x)\cdot4=36x^3$.

4. 1,−4.

[提示] $f(x)$中含 x^4 项及含 x^3 项都来自同一项:$(x+1)(x+2)(x-3)(x-4)$.

习题 1-4

1. (1) 2;(2) $\frac{1}{3}$.

[提示] (1) 原式$=\begin{vmatrix}1&200-4&5\\1&200+1&-1\\1&200-2&3\end{vmatrix}$;(2) 原式$=\frac{1}{12}\begin{vmatrix}1&3&8\\100+2&300-1&800+1\\5&-2&3\end{vmatrix}$.

2. (1) −128;(2) $(-1)^{\frac{n(n-1)}{2}}n$;(3) $-\sum\limits_{k=1}^{n-1}a_kb_k$.

[提示] (1) 原式$=\begin{vmatrix}1&0&2&7\\0&2&-5&-28\\0&-3&5&15\\0&5&-12&-39\end{vmatrix}=-\begin{vmatrix}1&0&2&7\\0&1&-5&-41\\0&0&5&54\\0&0&13&166\end{vmatrix}=-\begin{vmatrix}1&0&2&7\\0&1&-5&-41\\0&0&-1&-62\\0&0&0&-128\end{vmatrix}$;

(2) 原式$=\begin{vmatrix}1&2&\cdots&n-2&n-1&n\\1&1&\cdots&1&1&0\\1&1&\cdots&1&0&0\\\vdots&\vdots&&\vdots&\vdots&\vdots\\1&1&\cdots&0&0&0\\1&0&\cdots&0&0&0\end{vmatrix}=(-1)^{\frac{n(n-1)}{2}}n$;

(3) 原式 $=\begin{vmatrix}a_1&a_2&\cdots&a_{n-1}&-\sum\limits_{k=1}^{n-1}a_kb_k\\1&0&\cdots&0&0\\0&1&\cdots&0&0\\\vdots&\vdots&\ddots&0&\vdots\\0&0&\cdots&1&0\end{vmatrix}=(-1)^{\tau(n12\cdots(n-1))}\left(-\sum\limits_{k=1}^{n-1}a_kb_k\right)$.

3. (1) 1053;(2) $(a+b+c)^3$;(3) $D_n=(-1)^{n-1}na_1a_2\cdots a_{n-1}$.

[提示] (1) 原式$=13\begin{vmatrix}1&2&2&2&2\\1&5&2&2&2\\1&2&5&2&2\\1&2&2&5&2\\1&2&2&2&5\end{vmatrix}=13\begin{vmatrix}1&2&2&2&2\\0&3&0&0&0\\0&0&3&0&0\\0&0&0&3&0\\0&0&0&0&3\end{vmatrix}$;

(2) 原式$=(a+b+c)\begin{vmatrix}1&1&1\\2b&b-c-a&2b\\2c&2c&c-b-a\end{vmatrix}=(a+b+c)\begin{vmatrix}1&0&0\\2b&-b-c-a&0\\2c&0&-c-b-a\end{vmatrix}$;

(3) $D_n=\begin{vmatrix} 0 & a_1 & 0 & 0 & \cdots & 0 & 0 \\ 0 & -a_2 & a_2 & 0 & \cdots & 0 & 0 \\ 0 & 0 & -a_3 & a_3 & \cdots & 0 & 0 \\ \vdots & \vdots & \vdots & \vdots & & \vdots & \vdots \\ 0 & 0 & 0 & 0 & \cdots & a_{n-2} & 0 \\ 0 & 0 & 0 & 0 & \cdots & -a_{n-1} & a_{n-1} \\ n & 1 & 1 & 1 & \cdots & 1 & 1 \end{vmatrix}=(-1)^{\tau(23\cdots n1)}a_1a_2\cdots a_{n-1}n.$

4. (1) $D_n=(-1)^{\frac{n(n-1)}{2}}a_1a_2\cdots a_n\left(1+\frac{1}{a_1}+\frac{2}{a_2}+\cdots+\frac{n}{a_n}\right)$；(2) $D_n=(-1)^{n-1}b_1b_2\cdots b_n\left(\sum_{i=1}^{n}\frac{a_i}{b_i}-1\right)$.

[提示] (1) 依题设，第 1 行乘以(-1)加到其余各行，依行列式的性质，之后所得第 1 列乘以$\frac{a_n}{a_1}$，第 2 列乘以$\frac{a_n}{a_2}$，直至第 $n-1$ 列乘以$\frac{a_n}{a_{n-1}}$都加到第 n 列，有

$$D=\begin{vmatrix} 1 & 2 & \cdots & n-1 & n+a_n \\ 0 & 0 & \cdots & a_{n-1} & -a_n \\ \vdots & \vdots & & \vdots & \vdots \\ 0 & a_2 & \cdots & 0 & -a_n \\ a_1 & 0 & \cdots & 0 & -a_n \end{vmatrix}=\begin{vmatrix} 1 & 2 & \cdots & n-1 & \frac{a_n}{a_1}+\frac{2a_n}{a_2}+\cdots+\frac{(n-1)a_n}{a_{n-1}}+n+a_n \\ 0 & 0 & \cdots & a_{n-1} & 0 \\ \vdots & \vdots & & \vdots & \vdots \\ 0 & a_2 & \cdots & 0 & 0 \\ a_1 & 0 & \cdots & 0 & 0 \end{vmatrix}$$

$$=(-1)^{\tau(n(n-1)\cdots 321)}(a_1a_2\cdots a_{n-1})\left(\frac{a_n}{a_1}+\frac{2a_n}{a_2}+\cdots+\frac{(n-1)a_n}{a_{n-1}}+n+a_n\right).$$

(2) $D_n=\begin{vmatrix} a_1-b_1 & a_2 & \cdots & a_n \\ b_1 & -b_2 & \cdots & 0 \\ \vdots & \vdots & & \vdots \\ b_1 & 0 & \cdots & -b_n \end{vmatrix}=\begin{vmatrix} a_1-b_1+b_1\sum_{i=2}^{n}\frac{a_i}{b_i} & a_2 & \cdots & a_n \\ 0 & -b_2 & \cdots & 0 \\ \vdots & \vdots & & \vdots \\ 0 & 0 & \cdots & -b_n \end{vmatrix}.$

5. (1) 当 $n\geqslant 3$ 时，$D_n=0$，当 $n=2$ 时，$D_2=(a_1-a_2)(b_2-b_1)$，当 $n=1$ 时，$D_1=a_1+b_1$；

(2) 当 $n\geqslant 3$ 时，$D_n=0$，当 $n=2$ 时，$D_2=(x_2-x_1)(y_2-y_1)$，当 $n=1$ 时，$D_1=1+x_1y_1$.

[提示] (1) 当 $n\geqslant 3$ 时，$D_n=\begin{vmatrix} a_1+b_1 & b_2-b_1 & \cdots & b_n-b_1 \\ a_2+b_1 & b_2-b_1 & \cdots & b_n-b_1 \\ \vdots & \vdots & & \vdots \\ a_n+b_1 & b_2-b_1 & \cdots & b_n-b_1 \end{vmatrix}=0$；

(2) 当 $n\geqslant 3$ 时，如果 $y_1,y_2,\cdots,y_n$ 中至少有 2 个相等，则 $D_n=0$. $y_1,y_2,\cdots,y_n$ 两两不等时，

$$D_n=\begin{vmatrix} 1+x_1y_1 & x_1(y_2-y_1) & \cdots & x_1(y_n-y_1) \\ 1+x_2y_1 & x_2(y_2-y_1) & \cdots & x_2(y_n-y_1) \\ \vdots & \vdots & & \vdots \\ 1+x_ny_1 & x_n(y_2-y_1) & \cdots & x_n(y_n-y_1) \end{vmatrix}.$$

习题 1-5

1. (1) 226；(2) -100.

[提示] (1) 原式$=\begin{vmatrix} 1 & 4 & -2 & 2 \\ 0 & -1 & 12 & 1 \\ 0 & 0 & 29 & 5 \\ 0 & 0 & 119 & 11 \end{vmatrix}$; (2) 原式$=-5\begin{vmatrix} 1 & 1 & 2 & 1 \\ 0 & 2 & 1 & -1 \\ 0 & 0 & -2 & -4 \\ 0 & 0 & 0 & -5 \end{vmatrix}$.

2. (1) $(\lambda-1)^3$; (2) $(\lambda+4)(\lambda-2)(\lambda-5)$.

[提示] (1) 原式$=\begin{vmatrix} \lambda+2 & -1 & \lambda^2-2 \\ 5 & \lambda-3 & 5\lambda-7 \\ -1 & 0 & 0 \end{vmatrix}$; (2) 原式$=(\lambda+4)\begin{vmatrix} \lambda & 1 & \lambda-4 \\ 1 & \lambda-3 & 2 \\ -1 & 0 & 0 \end{vmatrix}$.

3. (1) $(a+2)^2(a-2)^2$; (2) $(b-2)^2(b-3)(b+1)$.

[提示] (1) 原式$=\begin{vmatrix} 0 & a^2-4 & -a & a-2 \\ -1 & a+1 & -1 & 1 \\ 0 & 0 & a+2 & 0 \\ 0 & 0 & 2 & a-2 \end{vmatrix}=\begin{vmatrix} a^2-4 & -a & a-2 \\ 0 & a+2 & 0 \\ 0 & 2 & a-2 \end{vmatrix}$;

(2) 原式$=(b+1)\begin{vmatrix} 1 & 0 & 0 & 0 \\ 1 & b-2 & 0 & 0 \\ 1 & 0 & b-3 & 1 \\ 1 & 0 & 0 & b-2 \end{vmatrix}$.

4. (1) 11; (2) 176.

[提示] (1) $A_{12}+A_{22}+A_{32}+A_{42}=\begin{vmatrix} 2 & 1 & 3 & 2 \\ 3 & 1 & 1 & -2 \\ 1 & 1 & 4 & 3 \\ 2 & 1 & -1 & 1 \end{vmatrix}$;

(2) $M_{12}+2M_{22}-3M_{32}+M_{42}=-A_{12}+2A_{22}+3A_{32}+A_{42}=\begin{vmatrix} 2 & -1 & 3 & 2 \\ 3 & 2 & 1 & -2 \\ 1 & 3 & 4 & 3 \\ 2 & 1 & -1 & 1 \end{vmatrix}$.

5. (1) $D_n=(-1)^{n-1}(n-1)x^{n-2}$; (2) $D_n=a^n+b^n$; (3) $D_n=(-1)^{n-1}2^{n-2}(n-1)$.

[提示] (1) $D_n=\begin{vmatrix} 0 & 1 & 1 & \cdots & 1 & 1 \\ 1 & 0 & x & \cdots & x & x \\ 0 & x & -x & 0 & \cdots & 0 \\ \vdots & \vdots & 0 & \ddots & \ddots & \vdots \\ \vdots & \vdots & \vdots & \ddots & -x & 0 \\ 0 & x & 0 & \cdots & 0 & -x \end{vmatrix}$,降阶后再依归并法;

(2) 归并法:$D_n=\begin{vmatrix} a & -b & 0 & \cdots & 0 & 0 \\ 0 & a & -b & \cdots & 0 & 0 \\ 0 & 0 & a & \cdots & 0 & 0 \\ \vdots & \vdots & \vdots & \ddots & \ddots & \vdots \\ 0 & 0 & 0 & 0 & a & -b \\ b & 0 & 0 & 0 & 0 & a \end{vmatrix}$;

(3) 依行列式的性质,从第 2 行开始,每一行乘以(−1)加到上一行,之后所得第 1 列依次加至其余各列,得

$$D_n=\begin{vmatrix}0&1&2&\cdots&n-1\\1&0&1&\cdots&n-2\\2&1&0&\cdots&n-3\\\vdots&\vdots&\vdots&&\vdots\\n-1&n-2&n-3&\cdots&0\end{vmatrix}=\begin{vmatrix}-1&1&1&\cdots&1\\-1&-1&1&\cdots&1\\-1&-1&-1&\cdots&1\\\vdots&\vdots&\vdots&&\vdots\\n-1&n-2&n-3&\cdots&0\end{vmatrix}$$

$$=\begin{vmatrix}-1&0&0&\cdots&0\\-1&-2&0&\cdots&0\\-1&-2&-2&\cdots&0\\\vdots&\vdots&\vdots&&\vdots\\n-1&2n-3&2n-4&\cdots&n-1\end{vmatrix}.$$

6. $D_n=(-1)^n b_1 b_2\cdots b_n\left(1-\sum\limits_{i=1}^{n}\dfrac{x_i}{b_i}\right)$.

[提示] $D_n=\begin{vmatrix}1&x_1&x_2&\cdots&x_n\\0&x_1-b_1&x_2&\cdots&x_n\\0&x_1&x_2-b_2&\cdots&x_n\\\vdots&\vdots&\vdots&&\vdots\\0&x_1&x_2&\cdots&x_n-b_n\end{vmatrix}=\begin{vmatrix}1&x_1&x_2&\cdots&x_n\\-1&-b_1&0&\cdots&0\\-1&0&-b_2&\cdots&0\\\vdots&\vdots&\vdots&&\vdots\\-1&0&0&\cdots&-b_n\end{vmatrix}$,箭形行列式.

7. (1) $(a+b+c)(b-a)(c-a)(c-b)$; (2) $48(x-1)(x-3)(x+3)$; (3) $\prod\limits_{1\leqslant i<j\leqslant n+1}(a_i b_j-a_j b_i)$.

[提示] (1) 原式 $=(a+b+c)\begin{vmatrix}1&1&1\\a&b&c\\a^2&b^2&c^2\end{vmatrix}$; (2) 原式 $=\prod\limits_{1\leqslant i<j\leqslant 4}(x_j-x_i)$; (3) 提取公因式, $a_1^n, a_2^n, \cdots, a_{n+1}^n$, 依范德蒙德行列式结论.

习题 1-6

(1) 30; (2) 1666.

[提示] (1) 原式 $=\begin{vmatrix}1&0\\2&3\end{vmatrix}\cdot(-1)^{(1+2)+(1+2)}\begin{vmatrix}5&0&0\\3&1&-2\\1&3&-4\end{vmatrix}$;

(2) 原式 $=\begin{vmatrix}5&4\\3&-1\end{vmatrix}\cdot(-1)^{(1+2)+(1+2)}\begin{vmatrix}1&-1&4&7\\-8&2&3&0\\1&0&1&0\\5&0&-2&0\end{vmatrix}$.

习题 1-7

1. (1) 有唯一解; (2) 有唯一解.

[提示] (2) $\begin{vmatrix}b_1&b_2&\cdots&b_n\\b_1^2&b_2^2&\cdots&b_n^2\\b_1^3&b_2^3&\cdots&b_n^3\\\vdots&\vdots&&\vdots\\b_1^n&b_2^n&\cdots&b_n^n\end{vmatrix}=b_1 b_2\cdots b_n\begin{vmatrix}1&1&\cdots&1\\b_1&b_2&\cdots&b_n\\b_1^2&b_2^2&\cdots&b_n^2\\\vdots&\vdots&&\vdots\\b_1^{n-1}&b_2^{n-1}&\cdots&b_n^{n-1}\end{vmatrix}$.

2.（1）$\lambda=1$ 或 $\lambda=3$；（2）$\lambda=1$ 或 $\lambda=3$ 或 $\lambda=5$.

［提示］（1）$D=(\lambda-1)\begin{vmatrix}\lambda-2 & 1 & -2\\ -1 & \lambda-4 & -2\\ 0 & 0 & 1\end{vmatrix}=0$；（2）$D=(\lambda-3)\begin{vmatrix}1 & -1 & 0 & 1\\ 1 & \lambda-3 & 1 & 0\\ 1 & 1 & \lambda-3 & -1\\ 1 & 0 & -1 & \lambda-3\end{vmatrix}=0$.

习题 1-8

同例 1.8.1 的证明方法求证.

习题 1-9

1.［提示］假设 $n=k$ 时结论也成立. 下面证明 $n=k+1$ 时结论成立，

$$D_{k+1}=\begin{vmatrix}x & -1 & 0 & \cdots & 0 & 0 & 0\\ 0 & x & -1 & \cdots & 0 & 0 & 0\\ 0 & 0 & x & \cdots & 0 & 0 & 0\\ \vdots & \vdots & \vdots & \ddots & \vdots & \vdots & \vdots\\ 0 & 0 & 0 & \cdots & x & -1 & 0\\ 0 & 0 & 0 & \cdots & 0 & x & -1\\ a_{k+1} & a_k & a_{k-1} & \cdots & a_3 & a_2 & a_1\end{vmatrix}$$

$$=x\begin{vmatrix}x & -1 & 0 & \cdots & 0 & 0 & 0\\ 0 & x & -1 & \cdots & 0 & 0 & 0\\ 0 & 0 & x & \cdots & 0 & 0 & 0\\ \vdots & \vdots & \vdots & \ddots & \vdots & \vdots & \vdots\\ 0 & 0 & 0 & \cdots & x & -1 & 0\\ 0 & 0 & 0 & \cdots & 0 & x & -1\\ a_k & a_{k-1} & a_{k-2} & \cdots & a_3 & a_2 & a_1\end{vmatrix}+a_{k+1}(-1)^{k+1+1}\begin{vmatrix}-1 & 0 & \cdots & \cdots & 0\\ x & -1 & \ddots & & 0\\ 0 & x & \ddots & \ddots & \vdots\\ \vdots & \ddots & \ddots & -1 & 0\\ 0 & \cdots & 0 & x & -1\end{vmatrix}.$$

2. $D_n(x,y)=\dfrac{y\prod\limits_{i=1}^{n}(a_i-x)-x\prod\limits_{i=1}^{n}(a_i-y)}{y-x}$.

$$[提示]\ D_n(x,y)=\begin{vmatrix}a_n-y & x & \cdots & \cdots & x\\ 0 & a_{n-1} & \ddots & & \vdots\\ \vdots & \ddots & \ddots & \ddots & \vdots\\ \vdots & & \ddots & \ddots & x\\ 0 & \cdots & \cdots & y & a_1\end{vmatrix}+\begin{vmatrix}y & x & \cdots & \cdots & x\\ y & a_{n-1} & \ddots & & \vdots\\ \vdots & \ddots & \ddots & \ddots & \vdots\\ \vdots & & \ddots & \ddots & x\\ y & \cdots & \cdots & y & a_1\end{vmatrix}$$

$$=(a_n-y)D_{n-1}(x,y)+y\prod_{i=1}^{n-1}(a_i-x),$$

依对称性，有

$$D_n(y,x)=(a_n-x)D_{n-1}(y,x)+x\prod_{i=1}^{n-1}(a_i-y).$$

3. $D_n=2+(n-1)=n+1$.

［提示］当 $n=1$ 时，$D_1=|2|=2$，当 $n=2$ 时，$D_2=\begin{vmatrix}2 & 1\\ 1 & 2\end{vmatrix}=3$.

下面假设 $n\geqslant 3$，按第一行展开，有

$$D_n = 2\begin{vmatrix} 2 & 1 & 0 & \cdots & \cdots & 0 \\ 1 & 2 & \ddots & \ddots & & \vdots \\ 0 & \ddots & \ddots & \ddots & \ddots & \vdots \\ \vdots & \ddots & \ddots & \ddots & \ddots & 0 \\ \vdots & & \ddots & \ddots & 2 & 1 \\ 0 & \cdots & \cdots & 0 & 1 & 2 \end{vmatrix} + 1\cdot(-1)^{1+2}\begin{vmatrix} 1 & 1 & 0 & \cdots & \cdots & 0 \\ 0 & 2 & 1 & \ddots & & \vdots \\ 0 & 1 & 2 & \ddots & \ddots & \vdots \\ \vdots & \ddots & \ddots & \ddots & \ddots & 0 \\ \vdots & & \ddots & \ddots & 2 & 1 \\ 0 & \cdots & \cdots & 0 & 1 & 2 \end{vmatrix}$$

$= 2D_{n-1} + (-1)^{1+2} D_{n-2} = 2D_{n-1} - D_{n-2}$，即 $D_n - D_{n-1} = D_{n-1} - D_{n-2}$.

4. $D_n = (-1)^{n+1}\dfrac{1}{2}(n+1)n^{n-1}$.

[提示] 当 $n\geqslant 3$ 时，有

$$D_n = \frac{n(n+1)}{2}\begin{vmatrix} 1 & 2 & 3 & \cdots & n-1 & n \\ 1 & 1 & 2 & \cdots & n-2 & n-1 \\ 1 & n & 1 & \cdots & n-3 & n-2 \\ \vdots & \vdots & \vdots & & \vdots & \vdots \\ 1 & 4 & 5 & \cdots & 1 & 2 \\ 1 & 3 & 4 & \cdots & n & 1 \end{vmatrix} = \frac{n(n+1)}{2}\cdot(-1)^{n+1}\begin{vmatrix} 1 & \cdots & \cdots & \cdots & 1 \\ 1-n & \ddots & & & \vdots \\ 1 & \ddots & \ddots & & \vdots \\ \vdots & \ddots & \ddots & \ddots & \vdots \\ 1 & \cdots & 1 & 1-n & 1 \end{vmatrix}.$$

5. $D_n = \prod\limits_{1\leqslant i<j\leqslant n}(t_j - t_i)$.

$$[提示]\ D_n = \begin{vmatrix} 1 & t_1 & t_1^2 + a_{21}t_1 + a_{22} & \cdots & t_1^{n-1} + a_{n-1,1}t_1^{n-2} + \cdots + a_{n-1,n-2}t_1 \\ 1 & t_2 & t_2^2 + a_{21}t_2 + a_{22} & \cdots & t_2^{n-1} + a_{n-1,1}t_2^{n-2} + \cdots + a_{n-1,n-2}t_2 \\ \vdots & \vdots & \vdots & & \vdots \\ 1 & t_n & t_n^2 + a_{21}t_n + a_{22} & \cdots & t_n^{n-1} + a_{n-1,1}t_n^{n-2} + \cdots + a_{n-1,n-2}t_n \end{vmatrix}$$

$$= \begin{vmatrix} 1 & t_1 & t_1^2 & \cdots & t_1^{n-1} \\ 1 & t_2 & t_2^2 & \cdots & t_2^{n-1} \\ \vdots & \vdots & \vdots & & \vdots \\ 1 & t_n & t_n^2 & \cdots & t_n^{n-1} \end{vmatrix}.$$

6. $D_n = (x_1 + x_2 + \cdots + x_n)\prod\limits_{1\leqslant i<j\leqslant n}(x_j - x_i)$.

[提示] 设 $T_{n+1} = \begin{vmatrix} 1 & y & \cdots & y^{n-2} & y^{n-1} & y^n \\ 1 & x_1 & \cdots & x_1^{n-2} & x_1^{n-1} & x_1^n \\ 1 & x_2 & \cdots & x_2^{n-2} & x_2^{n-1} & x_2^n \\ 1 & x_3 & \cdots & x_3^{n-2} & x_3^{n-1} & x_3^n \\ \vdots & \vdots & & \vdots & \vdots & \vdots \\ 1 & x_n & \cdots & x_n^{n-2} & x_n^{n-1} & x_n^n \end{vmatrix}$，则 $T_{n+1} = V_{n+1}(y, x_1, x_2, \cdots, x_n)$，且 D_n 恰好是元素 y^{n-1} 的余子式，依范德蒙德行列式结论，有

$$T_{n+1} = V_{n+1}(y, x_1, x_2, \cdots, x_n) = (x_1 - y)(x_2 - y)\cdots(x_n - y)\prod_{1\leqslant i<j\leqslant n}(x_j - x_i),$$

等号右端展开式中 y^{n-1} 项的系数为 $(-1)^{n-1}(x_1 + x_2 + \cdots + x_n)\prod\limits_{1\leqslant i<j\leqslant n}(x_j - x_i)$，依行列式按一行展开定理，$y^{n-1}$ 项的系数为 $(-1)^{1+n}D_n$.

单元练习题 1

一、选择题

1. C; 2. D; 3. C; 4. A; 5. D; 6. C; 7. B; 8. B; 9. C; 10. A.

[提示]

1. $\tau(16524837)=10$;$\tau(15428367)=8$;$\tau(13487625)=11$;$\tau(17564328)=14$.

2. 含 x^4 项只有主对角线上 4 个元素乘积,即$(-1)^{\tau(1234)}3x\cdot x\cdot(-2x)\cdot x=-6x^4$. 含 x^3 项只有位于(1, 1)、(2, 2)、(3, 4)、(4, 3)位的 4 个元素乘积,即$(-1)^{\tau(1243)}3x\cdot x\cdot 1\cdot(-x)=3x^3$. 常数项为

$$f(0)=\begin{vmatrix}0&-1&2&1\\1&0&3&4\\0&3&0&1\\-1&2&0&0\end{vmatrix}=8.$$

3. 可能不为零的项$(-1)^{\tau(2341)}abcd=-abcd$.

4. 依题设,$0=(\lambda-1)^2(\lambda+1)$.

5. 可有反例说,明若 $D_3=0$,选项 A,B,C 未必成立,但依行列式的性质,若 A,B,C 成立,则 $D_3=\mathbf{0}$.

6. $\sum\limits_{i=1}^{n}a_{ij}A_{ij}=D,j=1,2,\cdots,n,\sum\limits_{j=1}^{n}a_{ij}A_{ij}=D,i=1,2,\cdots,n,\sum\limits_{i=1}^{n}a_{i2}A_{i3}=0$.

7. 第 3 行减第 2 行,第 2 行减第 1 行之后,此时有 2 行完全相同.

8. $\begin{vmatrix}0&a&b&0\\a&0&0&b\\0&c&d&0\\c&0&0&d\end{vmatrix}=-a\begin{vmatrix}a&0&b\\0&d&0\\c&0&d\end{vmatrix}+b\begin{vmatrix}a&0&b\\0&c&0\\c&0&d\end{vmatrix}=-(ad-bc)^2$,或者原式 $=\begin{vmatrix}a&b\\c&d\end{vmatrix}\cdot$

$(-1)^{(1+3)+(2+3)}\begin{vmatrix}a&b\\c&d\end{vmatrix}=-(ad-bc)^2$.

9. $$\begin{vmatrix}a_1&a_2&a_3&a_4+x\\a_1&a_2&a_3+x&a_4\\a_1&a_2+x&a_3&a_4\\a_1+x&a_2&a_3&a_4\end{vmatrix}=\left(x+\sum_{i=1}^{n}a_i\right)\begin{vmatrix}1&a_2&a_3&a_4+x\\1&a_2&a_3+x&a_4\\1&a_2+x&a_3&a_4\\1&a_2&a_3&a_4\end{vmatrix}$$

$$=\left(x+\sum_{i=1}^{4}a_i\right)x^3=0.$$

10. 经化简 $f(x)=\begin{vmatrix}x-2&1&0&-1\\2x-2&1&0&-1\\3x-3&1&x-2&-2\\4x&-3&x-7&-3\end{vmatrix}=\begin{vmatrix}x-2&1&0&0\\2x-2&1&0&0\\3x-3&1&x-2&-1\\4x&-3&x-7&-6\end{vmatrix}$

$$=\begin{vmatrix}x-2&1\\2x-2&1\end{vmatrix}\cdot(-1)^{(1+2)+(1+2)}\begin{vmatrix}x-2&-1\\x-7&-6\end{vmatrix}=5x(x-1).$$

二、填空题

1. -5; 2. $a^3(a-2)(a+2)$; 3. $\lambda^4+\lambda^3+2\lambda^2+3\lambda+4$; 4. $\dfrac{3}{2}$; 5. -27; 6. 136;

7. $(x_1x_2x_3x_4)^3\prod\limits_{1\leqslant i<j\leqslant 4}\left(\dfrac{y_j}{x_j}-\dfrac{y_i}{x_i}\right)$; 8. $(-1)^{n-1}(n-1)$; 9. $2^{n+1}-1$; 10. $\lambda=-2$ 或 $\lambda=1$.

[提示]

1. 依定义,项 x^3 的系数应为$(-1)^{\tau(2134)}x\cdot 1\cdot x\cdot x+(-1)^{\tau(4231)}2x\cdot x\cdot x\cdot 2=-5x^3$.

2. 依题设,原式$=\begin{vmatrix} a & 0 & -1 & 1\\ a & a & 1 & -1\\ a & 1 & a & 0\\ a & -1 & 0 & a\end{vmatrix}=a\begin{vmatrix} 1 & 0 & -1 & 1\\ 0 & a & 2 & -2\\ 0 & 1 & a+1 & -1\\ 0 & -1 & 1 & a-1\end{vmatrix}=a\begin{vmatrix} a & 2 & -2\\ 1 & a+1 & -1\\ -1 & 1 & a-1\end{vmatrix}$

$$=a\begin{vmatrix} a & 2 & 0\\ 1 & a+1 & a\\ -1 & 1 & a\end{vmatrix}=a^2\begin{vmatrix} a & 2 & 0\\ 2 & a & 0\\ -1 & 1 & a\end{vmatrix}=a^3\begin{vmatrix} a & 2\\ 2 & a\end{vmatrix}.$$

3. 原式$=(\lambda+1)\begin{vmatrix} \lambda & -1 & 0\\ 0 & \lambda & -1\\ 0 & 0 & \lambda\end{vmatrix}+(-1)\times(-1)^{3+4}\begin{vmatrix} \lambda & -1 & 0\\ 0 & \lambda & -1\\ 4 & 3 & 2\end{vmatrix}$

$$=(\lambda+1)\lambda^3+\begin{vmatrix} \lambda & -1 & 0\\ 0 & \lambda & -1\\ 4 & 3+2\lambda & 0\end{vmatrix}=(\lambda+1)\lambda^3+\begin{vmatrix} \lambda & -1\\ 4 & 3+2\lambda\end{vmatrix}.$$

4. 依题设,依行列式的性质及按第 1 列展开,有

$$3=|\mathbf{A}|=\begin{vmatrix} a_{11} & a_{12} & a_{13}\\ a_{21} & a_{22} & a_{23}\\ a_{31} & a_{32} & a_{33}\end{vmatrix}=2\begin{vmatrix} 1 & a_{12} & a_{13}\\ 1 & a_{22} & a_{23}\\ 1 & a_{32} & a_{33}\end{vmatrix}=2(A_{11}+A_{21}+A_{31}).$$

5. $M_{41}+M_{42}+M_{43}+M_{44}=-A_{41}+A_{42}-A_{43}+A_{44}=\begin{vmatrix} 3 & -1 & 2 & 1\\ 1 & 5 & 0 & 4\\ 0 & 3 & -2 & 1\\ -1 & 1 & -1 & 1\end{vmatrix}$.

6. 原式$=\begin{vmatrix} 2 & 1\\ 2 & -1\end{vmatrix}\cdot(-1)^{(2+3)+(3+4)}\begin{vmatrix} 0 & 0 & 1\\ 2 & 4 & 7\\ 6 & -5 & -9\end{vmatrix}$.

7. 原式$=(x_1x_2x_3x_4)^3\begin{vmatrix} 1 & \frac{y_1}{x_1} & \left(\frac{y_1}{x_1}\right)^2 & \left(\frac{y_1}{x_1}\right)^3\\ 1 & \frac{y_2}{x_2} & \left(\frac{y_2}{x_2}\right)^2 & \left(\frac{y_2}{x_2}\right)^3\\ 1 & \frac{y_3}{x_3} & \left(\frac{y_3}{x_3}\right)^2 & \left(\frac{y_3}{x_3}\right)^3\\ 1 & \frac{y_4}{x_4} & \left(\frac{y_4}{x_4}\right)^2 & \left(\frac{y_4}{x_4}\right)^3\end{vmatrix}=(x_1x_2x_3x_4)^3\prod_{1\leqslant i<j\leqslant 4}\left(\frac{y_j}{x_j}-\frac{y_i}{x_i}\right)$.

8. 原式$=(n-1)\begin{vmatrix} 1 & 1 & 1 & \cdots & 1 & 1\\ 1 & 0 & 1 & \cdots & 1 & 1\\ 1 & 1 & 0 & \cdots & 1 & 1\\ \vdots & \vdots & \vdots & \ddots & \vdots & \vdots\\ 1 & 1 & 1 & \cdots & 0 & 1\\ 1 & 1 & 1 & \cdots & 1 & 0\end{vmatrix}=(n-1)\begin{vmatrix} 1 & 1 & \cdots & \cdots & \cdots & 1\\ 0 & -1 & 0 & \cdots & \cdots & 0\\ \vdots & \ddots & -1 & \ddots & & \vdots\\ \vdots & & \ddots & \ddots & \ddots & \vdots\\ \vdots & & & \ddots & -1 & 0\\ 0 & \cdots & \cdots & \cdots & 0 & -1\end{vmatrix}$.

9. 按第一行展开,有

$$D_n=2D_{n-1}+(-1)^{n+1}2(-1)^{n-1}=2D_{n-1}+2=2(2D_{n-2}+2)+2$$

$$=2^2D_{n-2}+2^2+2=\cdots=2^{n-1}D_1+2^{n-1}+\cdots+2=2^{n+1}-1,\quad \text{其中 } D_1=2.$$

10. 依题设,线性方程组的系数行列式 $\begin{vmatrix}\lambda & 1 & 1\\ 1 & \lambda & 1\\ 1 & 1 & \lambda\end{vmatrix}=(\lambda+2)\begin{vmatrix}1 & 1 & 1\\ 1 & \lambda & 1\\ 1 & 1 & \lambda\end{vmatrix}=(\lambda+2)(\lambda-1)^2=0$.

三、判断题

1. ×; 2. ×; 3. ×; 4. ×; 5. ×; 6. ×; 7. ×; 8. ×;9. √; 10. ×.

[提示]

1. 依 n 阶行列式定义,在 $\det(a_{ij})$的展开式中,含元素 a_{12} 的项的个数为 $C_{n-1}^1C_{n-2}^1\cdots C_3^1C_2^1C_1^1=(n-1)!$.

2. 依行列式的性质 4,可拆成 $C_2^1C_2^1C_2^1=8$ 个行列式.

3. 不符合行列式性质.

4. 不符合行列式性质.

5. 原式$=\begin{vmatrix}a_{22} & a_{23}\\ a_{32} & a_{33}\end{vmatrix}\cdot(-1)^{(2+3)+(2+3)}\begin{vmatrix}a_{11} & a_{14}\\ a_{41} & a_{44}\end{vmatrix}=(a_{22}a_{33}-a_{23}a_{32})(a_{11}a_{44}-a_{14}a_{41})$.

6. 原式$=\begin{vmatrix}x+b_{11} & x+b_{12} & \cdots & x+b_{1n}\\ b_{21}-b_{11} & b_{22}-b_{12} & \cdots & b_{2n}-b_{1n}\\ \vdots & \vdots & & \vdots\\ b_{n1}-b_{11} & b_{n2}-b_{12} & \cdots & b_{nn}-b_{1n}\end{vmatrix}$,它是关于 x 的一次多项式.

7. 原式 $=(-1)^{(n-1)+(n-2)+\cdots+2+1}\begin{vmatrix}1 & x_1 & x_1^2 & \cdots & x_1^{n-1}\\ 1 & x_2 & x_2^2 & \cdots & x_2^{n-1}\\ \vdots & \vdots & \vdots & & \vdots\\ 1 & x_n & x_n^2 & \cdots & x_n^{n-1}\end{vmatrix}=(-1)^{\frac{n(n-1)}{2}}\prod\limits_{1\leqslant i<j\leqslant n}(x_j-x_i)$.

8. $M_{12}+M_{22}+M_{32}+M_{42}=-A_{12}+A_{22}-A_{32}+A_{42}=\begin{vmatrix}3 & -1 & 2 & 1\\ 1 & 1 & 0 & 4\\ 0 & -1 & -2 & 1\\ -1 & 1 & 6 & 0\end{vmatrix}$.

9. 按行列式定义,结论正确.

10. 箭形行列式 $D_{n+1}=\begin{vmatrix}1+\sum\limits_{i=1}^n\frac{1}{a_i} & 1 & 1 & \cdots & 1 & 1\\ 0 & a_1 & 0 & \cdots & 0 & 0\\ 0 & 0 & a_2 & \cdots & 0 & 0\\ \vdots & \vdots & \vdots & \ddots & \vdots & \vdots\\ 0 & 0 & 0 & \cdots & 0 & a_n\end{vmatrix}=\left(1+\sum\limits_{i=1}^n\frac{1}{a_i}\right)a_1a_2\cdots a_n$.

四、计算题

1. $D_{n+1}=\prod\limits_{i=1}^n(a_i-b_i)$.

[提示] 从倒数第 2 列开始,每一列乘以(−1)加到下一列,

$$D_{n+1}=\begin{vmatrix}1 & 0 & 0 & \cdots & \cdots & 0\\ b_1 & a_1-b_1 & 0 & \cdots & \cdots & 0\\ \vdots & b_2-b_1 & a_2-b_2 & \ddots & & 0\\ \vdots & \vdots & b_3-b_2 & \ddots & \ddots & \vdots\\ \vdots & \vdots & \vdots & \ddots & \ddots & 0\\ b_1 & b_2-b_1 & b_3-b_2 & \cdots & b_n-b_{n-1} & a_n-b_n\end{vmatrix}.$$

2. $D_n=(-1)^{n+1}n$.

[提示] 从倒数第 2 行开始，每一行乘以 (-1) 加到下一行，

$$D_n=\begin{vmatrix}1&2&\cdots&n-1&n\\2&2&\cdots&n-1&n\\\vdots&\vdots&&\vdots&\vdots\\n-1&n-1&\cdots&n-1&n\\n&n&\cdots&n&n\end{vmatrix}=\begin{vmatrix}1&2&\cdots&n-1&n\\1&0&\cdots&0&0\\\vdots&\vdots&&\vdots&\vdots\\1&1&\cdots&0&0\\1&1&\cdots&1&0\end{vmatrix}.$$

3. $D_{n+1}=-\sum_{i=1}^{n}a_ib_i$.

[提示] $$D_{n+1}=\begin{vmatrix}1&0&\cdots&0&0\\0&1&\ddots&\vdots&\vdots\\\vdots&\ddots&\ddots&0&\vdots\\0&\cdots&0&1&0\\a_1&\cdots&\cdots&a_n&-\sum_{j=1}^{n}a_jb_j\end{vmatrix}.$$

4. $2(b-a)(c-a)(c-b)(d-a)(d-b)(d-c)$.

[提示] 依行列式的性质，有

$$D=\begin{vmatrix}a^2&a&\frac{1}{a}&1\\b^2&b&\frac{1}{b}&1\\c^2&c&\frac{1}{c}&1\\d^2&d&\frac{1}{d}&1\end{vmatrix}+\begin{vmatrix}\frac{1}{a^2}&a&\frac{1}{a}&1\\\frac{1}{b^2}&b&\frac{1}{b}&1\\\frac{1}{c^2}&c&\frac{1}{c}&1\\\frac{1}{d^2}&d&\frac{1}{d}&1\end{vmatrix}=\frac{1}{abcd}\begin{vmatrix}a^3&a^2&1&a\\b^3&b^2&1&b\\c^3&c^2&1&c\\d^3&d^2&1&d\end{vmatrix}+\frac{1}{(abcd)^2}\begin{vmatrix}1&a^3&a&a^2\\1&b^3&b&b^2\\1&c^3&c&c^2\\1&d^3&d&d^2\end{vmatrix}$$

$$=2\times(-1)^5\begin{vmatrix}1&a&a^2&a^3\\1&b&b^2&b^3\\1&c&c^2&c^3\\1&d&d^2&d^3\end{vmatrix}+2^2\times(-1)^2\begin{vmatrix}1&a&a^2&a^3\\1&b&b^2&b^3\\1&c&c^2&c^3\\1&d&d^2&d^3\end{vmatrix}.$$

5. $D_{2n}=(-1)^{n^2}\prod_{1\leqslant i<j\leqslant n}(x_j-x_i)^2$.

[提示] $$D_{2n}=(-1)^{\frac{n(n-1)}{2}+\frac{n(n-1)}{2}}\begin{vmatrix}a_{11}&a_{12}&\cdots&a_{1n}&1&1&\cdots&1\\a_{21}&a_{22}&\cdots&a_{2n}&x_1&x_2&\cdots&x_n\\\vdots&\vdots&&\vdots&\vdots&\vdots&&\vdots\\a_{n1}&a_{n2}&\cdots&a_{nn}&x_1^{n-1}&x_2^{n-1}&\cdots&x_n^{n-1}\\1&1&\cdots&1&0&\cdots&\cdots&0\\x_1&x_2&\cdots&x_n&\vdots&&&\vdots\\\vdots&\vdots&&\vdots&\vdots&&&\\x_1^{n-1}&x_2^{n-1}&\cdots&x_n^{n-1}&0&\cdots&\cdots&0\end{vmatrix}.$$

五、解答题

$D_n=1-a_1+a_1a_2-a_1a_2a_3+\cdots+(-1)^na_1a_2\cdots a_{n-1}a_n$.

[提示] 当 $n=1,2$ 时，$D_1=1-a_1$，$D_2=\begin{vmatrix}1-a_1&a_2\\-1&1-a_2\end{vmatrix}=1-a_1+a_1a_2$.

假设 $n\geqslant3$，依行列式的性质，D_n 按最后 1 列展开，有

$$D_n=(1-a_n)D_{n-1}+a_n(-1)^{n-1+n}(-1)D_{n-2}=(1-a_n)D_{n-1}+a_nD_{n-2},$$
$$D_n-D_{n-1}=-a_n(D_{n-1}-D_{n-2}).$$

同理，$D_{n-1}-D_{n-2}=-a_{n-1}(D_{n-2}-D_{n-3}),\cdots,D_3-D_2=-a_3(D_2-D_1)$.

注意到 $D_2-D_1=a_1a_2$，经逐项代入，有

$$D_n-D_{n-1}=(-a_n)(-a_{n-1})\cdots(-a_4)(-a_3)(D_2-D_1)=(-1)^na_1a_2\cdots a_{n-1}a_n,$$

即 $D_n-D_{n-1}=(-1)^na_1a_2\cdots a_{n-1}a_n$，同理可得

$$D_{n-1}-D_{n-2}=(-1)^{n-1}a_1a_2\cdots a_{n-2}a_{n-1},$$
$$D_{n-2}-D_{n-3}=(-1)^{n-2}a_1a_2\cdots a_{n-3}a_{n-2},$$
$$\vdots$$
$$D_3-D_2=(-1)^3a_1a_2a_3,$$

左边相加，右边相加.

第2章　线性方程组

习题 2-1

1. 当 $\lambda\neq1$ 且 $\lambda\neq-\dfrac{4}{5}$ 时，线性方程组有唯一解；当 $\lambda=1$ 时，线性方程组有无穷多个解，其一般解为 $\begin{cases}x_1=1,\\x_2=-1+x_3,\end{cases}$ 其中 x_3 为自由未知元；当 $\lambda=-\dfrac{4}{5}$ 时，线性方程组无解.

[提示] (1) 线性方程组的系数行列式为 $\begin{vmatrix}2&\lambda&-1\\\lambda&-1&1\\4&5&-5\end{vmatrix}=\begin{vmatrix}2&\lambda-1&-1\\\lambda&0&1\\4&0&-5\end{vmatrix}=(\lambda-1)(5\lambda+4)$.

(2) 当 $\lambda=1$ 时，$\bar{\boldsymbol{A}}\to\left(\begin{array}{ccc|c}1&0&0&1\\0&1&-1&-1\\0&0&0&0\end{array}\right)$，没出现主元在最后一列，又非零行数 $r=2<3$（未知元的个数），方程组有无穷多个解.

(3) 当 $\lambda=-\dfrac{4}{5}$ 时，$\bar{\boldsymbol{A}}\to\left(\begin{array}{ccc|c}10&-4&-5&5\\4&5&-5&-10\\0&0&0&9\end{array}\right)$，主元出现在最后一列，方程组无解.

2. 当 $a\neq1$ 且 $a\neq2$ 时，线性方程组无解；当 $a=1$ 时，线性方程组有无穷多个解，其一般解为 $\begin{cases}x_1=-x_3,\\x_2=0,\end{cases}$ 其中 x_3 为自由未知元；当 $a=2$ 时，线性方程组有唯一解 $x_1=0,x_2=1,x_3=-1$.

[提示] $\bar{\boldsymbol{A}}=\left(\begin{array}{ccc|c}1&1&1&0\\1&2&a&0\\1&4&a^2&0\\1&2&1&a-1\end{array}\right)\to\left(\begin{array}{ccc|c}1&1&1&0\\0&1&0&a-1\\0&0&a-1&1-a\\0&0&0&(a-1)(a-2)\end{array}\right)$,

(1) 当 $a\neq1$ 且 $a\neq2$ 时，$\bar{\boldsymbol{A}}\to\left(\begin{array}{ccc|c}1&1&1&0\\0&1&a-1&0\\0&0&1&0\\0&0&0&-1\end{array}\right)$，主元出现在最后一列，方程组无解.

(2) 当 $a=1$ 时, $\bar{\boldsymbol{A}}\to\left(\begin{array}{ccc|c}1&0&1&0\\0&1&0&0\\0&0&0&0\\0&0&0&0\end{array}\right)$, 非零行数 $r=2<3$(未知元的个数), 方程组有无穷多个解.

(3) 当 $a=2$ 时, $\bar{\boldsymbol{A}}\to\left(\begin{array}{ccc|c}1&0&0&0\\0&1&0&1\\0&0&1&-1\\0&0&0&0\end{array}\right)$, 非零行数 $r=3$(未知元的个数), 方程组有唯一解.

3. 当 $a\neq-1$(b 为任意值)时, 线性方程组有唯一解; 当 $a=-1$ 且 $b\neq2$ 时, 线性方程组无解; 当 $a=-1$ 且 $b=2$ 时, 线性方程组有无穷多个解, 其一般解为 $\begin{cases}x_1=8-x_3,\\x_2=-2+x_3,\end{cases}$ 其中 x_3 为自由未知元.

[提示] $\bar{\boldsymbol{A}}=\left(\begin{array}{ccc|c}1&4&-3&0\\3&2&1&10b\\0&1&a&-2\end{array}\right)\to\left(\begin{array}{ccc|c}1&4&-3&0\\0&-1&1&b\\0&0&a+1&b-2\end{array}\right)$,

(1) 当 $a\neq-1$(b 为任意值)时, $\bar{\boldsymbol{A}}\to\left(\begin{array}{ccc|c}1&4&-3&0\\0&1&-1&-b\\0&0&a+1&b-2\end{array}\right)$, 主元没有出现在最后一列, 非零行的个数 $r=3$(未知元的个数), 方程组有唯一解.

(2) 当 $a=-1$ 且 $b\neq2$ 时, 最后一行的主元出现在最后一列, 方程组无解.

(3) 当 $a=-1$ 且 $b=2$ 时, $\bar{\boldsymbol{A}}\to\left(\begin{array}{ccc|c}1&4&-3&0\\0&-1&1&2\\0&0&0&0\end{array}\right)\to\left(\begin{array}{ccc|c}1&0&1&8\\0&1&-1&-2\\0&0&0&0\end{array}\right)$, 非零行的个数 $r=2<3$, 方程组有无穷多解.

4. 当 $a=0$ 时, 线性方程组有非零解, 其一般解为 $x_1=-x_2-x_3-x_4$, 其中 x_2,x_3,x_4 为自由未知元; 当 $a\neq0$ 且 $a\neq-10$ 时, 线性方程组只有零解. 当 $a=-10$ 时, 线性方程组有非零解, 其一般解为 $\begin{cases}x_2=2x_1,\\x_3=3x_1,\\x_4=4x_1,\end{cases}$ 其中 x_1 为自由未知元.

[提示] $\boldsymbol{A}=\begin{pmatrix}1+a&1&1&1\\2&2+a&2&2\\3&3&3+a&3\\4&4&4&4+a\end{pmatrix}\to\begin{pmatrix}1+a&1&1&1\\-2a&a&0&0\\-3a&0&a&0\\-4a&0&0&a\end{pmatrix}$.

(1) 当 $a=0$ 时, 非零行的个数 $r=1<4$(未知元的个数), 方程组有非零解.

(2) 当 $a\neq0$ 时, $\boldsymbol{A}\to\begin{pmatrix}a+10&0&0&0\\-2&1&0&0\\-3&0&1&0\\-4&0&0&1\end{pmatrix}$, ① 当 $a\neq-10$ 时, $\boldsymbol{A}\to\boldsymbol{E}_4$, 非零行的个数 $r=4$(未知元的个数). ② 当 $a=-10$ 时, $\boldsymbol{A}\to\begin{pmatrix}-2&1&0&0\\-3&0&1&0\\-4&0&0&1\\0&0&0&0\end{pmatrix}$, 非零行的个数 $r=3<4$(未知元的个数), 方程组有非零解.

习题 2-2

1. (1)$\begin{pmatrix}-2\\7\\-10\\2\end{pmatrix}$；(2)$\begin{pmatrix}0\\4\\-12\\-1\end{pmatrix}$.

2. (1)$\left(\frac{3}{2},-\frac{3}{2},-\frac{1}{2}\right)$；(2)$(4,-9,7)$.

[提示] (1) $\boldsymbol{\gamma}=-\frac{1}{2}\boldsymbol{\alpha}+\frac{1}{2}\boldsymbol{\beta}$；(2)$\boldsymbol{\gamma}=2\boldsymbol{\alpha}+3\boldsymbol{\beta}$.

3. (1) $\boldsymbol{\beta}$ 不能由 $\boldsymbol{\alpha}_1,\boldsymbol{\alpha}_2,\boldsymbol{\alpha}_3$ 线性表示.

(2) $\boldsymbol{\beta}$ 能由 $\boldsymbol{\alpha}_1,\boldsymbol{\alpha}_2,\boldsymbol{\alpha}_3$ 唯一线性表示，且表示式为 $\boldsymbol{\beta}=-\boldsymbol{\alpha}_1+2\boldsymbol{\alpha}_2+0\boldsymbol{\alpha}_3$.

(3) $\boldsymbol{\beta}$ 能由 $\boldsymbol{\alpha}_1,\boldsymbol{\alpha}_2,\boldsymbol{\alpha}_3$ 线性表示，表示式不唯一，且 $\boldsymbol{\beta}=(-1-2k)\boldsymbol{\alpha}_1+(2+k)\boldsymbol{\alpha}_2+k\boldsymbol{\alpha}_3$，$\forall k\in F$.

[提示] 摘取线性方程组 $x_1\boldsymbol{\alpha}_1+x_2\boldsymbol{\alpha}_2+x_3\boldsymbol{\alpha}_3=\boldsymbol{\beta}$ 的增广矩阵，对其施以初等行变换.

(1) $(\boldsymbol{\alpha}_1,\boldsymbol{\alpha}_2,\boldsymbol{\alpha}_3\,|\,\boldsymbol{\beta})=\left(\begin{array}{ccc|c}1&2&0&3\\4&7&1&10\\0&1&-1&0\\2&3&2&4\end{array}\right)\to\left(\begin{array}{ccc|c}1&2&0&3\\0&1&-1&0\\0&0&1&2\\0&0&0&-2\end{array}\right)$，方程组无解.

(2) $(\boldsymbol{\alpha}_1,\boldsymbol{\alpha}_2,\boldsymbol{\alpha}_3\,|\,\boldsymbol{\beta})=\left(\begin{array}{ccc|c}1&2&0&3\\4&7&1&10\\0&1&-1&2\\2&3&0&4\end{array}\right)\to\left(\begin{array}{ccc|c}1&0&0&-1\\0&1&0&2\\0&0&1&0\\0&0&0&0\end{array}\right)$，方程组有唯一解，$x_1=-1,x_2=2,x_3=0$.

(3) $(\boldsymbol{\alpha}_1,\boldsymbol{\alpha}_2,\boldsymbol{\alpha}_3\,|\,\boldsymbol{\beta})=\left(\begin{array}{ccc|c}1&2&0&3\\4&7&1&10\\0&1&-1&2\\2&3&1&4\end{array}\right)\to\left(\begin{array}{ccc|c}1&0&2&-1\\0&1&-1&2\\0&0&0&0\\0&0&0&0\end{array}\right)$，方程组有无穷多个解 $\begin{cases}x_1=-1-2x_3,\\x_2=2+x_3.\end{cases}$

4. (1) 当 $a\neq-4$(无论 b,c 取何值)时，$\boldsymbol{\beta}$ 能由 $\boldsymbol{\alpha}_1,\boldsymbol{\alpha}_2,\boldsymbol{\alpha}_3$ 唯一线性表示.

(2) 当 $a=-4$ 时，①当 $3b-c-1\neq0$ 时，$\boldsymbol{\beta}$ 不能由 $\boldsymbol{\alpha}_1,\boldsymbol{\alpha}_2,\boldsymbol{\alpha}_3$ 线性表示. ②当 $3b-c-1=0$，即 $c=3b-1$ 时，$\boldsymbol{\beta}$ 能由 $\boldsymbol{\alpha}_1,\boldsymbol{\alpha}_2,\boldsymbol{\alpha}_3$ 线性表示，但表示式不唯一，

$$\boldsymbol{\beta}=k\boldsymbol{\alpha}_1+(-1-b-2k)\boldsymbol{\alpha}_2+(1+2b)\boldsymbol{\alpha}_3,\quad \forall b,k\in F.$$

[提示] 摘取线性方程组 $x_1\boldsymbol{\alpha}_1+x_2\boldsymbol{\alpha}_2+x_3\boldsymbol{\alpha}_3=\boldsymbol{\beta}$ 的增广矩阵，对其施以初等行变换.

$$(\boldsymbol{\alpha}_1,\boldsymbol{\alpha}_2,\boldsymbol{\alpha}_3\,|\,\boldsymbol{\beta})=\left(\begin{array}{ccc|c}a&-2&-1&1\\2&1&1&b\\10&5&4&c\end{array}\right)\to\left(\begin{array}{ccc|c}2&1&0&c-4b\\0&a+4&0&-(2+a)(5b-c)-2+ab\\0&0&1&5b-c\end{array}\right),$$

(1) 当 $a\neq-4$(无论 b,c 取何值)时，线性方程组有唯一解.

(2) 当 $a=-4$ 时，$(\boldsymbol{\alpha}_1,\boldsymbol{\alpha}_2,\boldsymbol{\alpha}_3\,|\,\boldsymbol{\beta})\to\left(\begin{array}{ccc|c}2&1&0&c-4b\\0&0&1&5b-c\\0&0&0&3b-c-1\end{array}\right)$. ①当 $3b-c-1\neq0$ 时，线性方程组无解.

②当 $3b-c-1=0$，即 $c=3b-1$（无论 b 取何值）时，线性方程组有无穷多个解，其一般解为 $\begin{cases}x_2=-1-b-2x_1,\\x_3=1+2b,\end{cases}$ 其中 x_1 为自由未知元.

5. 当 $a\neq-1$ 时(无论 b 取何值)，$\boldsymbol{\beta}$ 能由 $\boldsymbol{\alpha}_1,\boldsymbol{\alpha}_2,\boldsymbol{\alpha}_3,\boldsymbol{\alpha}_4$ 唯一线性表示为

$$\boldsymbol{\beta}=\frac{-2b}{a+1}\boldsymbol{\alpha}_1+\frac{a+b+1}{a+1}\boldsymbol{\alpha}_2+\frac{b}{a+1}\boldsymbol{\alpha}_3+0\cdot\boldsymbol{\alpha}_4.$$

当 $a=-1$ 且 $b\neq0$ 时，$\boldsymbol{\beta}$ 不能由 $\boldsymbol{\alpha}_1,\boldsymbol{\alpha}_2,\boldsymbol{\alpha}_3,\boldsymbol{\alpha}_4$ 线性表示.

当 $a=-1$ 且 $b=0$ 时，$\boldsymbol{\beta}$ 能由 $\boldsymbol{\alpha}_1,\boldsymbol{\alpha}_2,\boldsymbol{\alpha}_3,\boldsymbol{\alpha}_4$ 线性表示，但表示式不唯一，即

$$\boldsymbol{\beta}=(-2k_1+k_2)\boldsymbol{\alpha}_1+(1+k_1-2k_2)\boldsymbol{\alpha}_2+k_1\boldsymbol{\alpha}_3+k_2\boldsymbol{\alpha}_4,\forall k_1,k_2\in F.$$

[提示] 对线性方程组 $x_1\boldsymbol{\alpha}_1+x_2\boldsymbol{\alpha}_2+x_3\boldsymbol{\alpha}_3+x_4\boldsymbol{\alpha}_4=\boldsymbol{\beta}$ 的增广矩阵施以初等行变换.

$$(\boldsymbol{\alpha}_1,\boldsymbol{\alpha}_2,\boldsymbol{\alpha}_3,\boldsymbol{\alpha}_4\mid\boldsymbol{\beta})=\left(\begin{array}{cccc|c}1&1&1&1&1\\0&1&-1&2&1\\2&3&a+2&4&b+3\\3&5&1&a+8&5\end{array}\right)\to\left(\begin{array}{cccc|c}1&1&1&1&1\\0&1&-1&2&1\\0&0&a+1&0&b\\0&0&0&a+1&0\end{array}\right).$$

(1) 当 $a\neq-1$ 时(b 可任意取值)，$(\boldsymbol{\alpha}_1,\boldsymbol{\alpha}_2,\boldsymbol{\alpha}_3,\boldsymbol{\alpha}_4\mid\boldsymbol{\beta})\to\left(\begin{array}{cccc|c}1&0&0&0&\frac{-2b}{a+1}\\0&1&0&0&\frac{a+1+b}{a+1}\\0&0&1&0&\frac{b}{a+1}\\0&0&0&1&0\end{array}\right)$，方程组有唯一解：

$x_1=\dfrac{-2b}{a+1},x_2=\dfrac{a+b+1}{a+1},x_3=\dfrac{b}{a+1},x_4=0.$

(2) 当 $a=-1$ 且 $b\neq0$ 时，方程组无解.

(3) 当 $a=-1$ 且 $b=0$ 时，$(\boldsymbol{\alpha}_1,\boldsymbol{\alpha}_2,\boldsymbol{\alpha}_3,\boldsymbol{\alpha}_4\mid\boldsymbol{\beta})\to\left(\begin{array}{cccc|c}1&0&2&-1&0\\0&1&-1&2&1\\0&0&0&0&0\\0&0&0&0&0\end{array}\right)$，方程组有无穷多个解，其一般

解为 $\begin{cases}x_1=-2x_3+x_4,\\x_2=1+x_3-2x_4.\end{cases}$

习题 2-3

1. (1) 线性无关；(2) 线性相关，且 $\boldsymbol{\alpha}_4=-9\boldsymbol{\alpha}_1-19\boldsymbol{\alpha}_2+13\boldsymbol{\alpha}_3$；(3) 线性无关.

[提示] (1) $(\boldsymbol{\alpha}_1,\boldsymbol{\alpha}_2,\boldsymbol{\alpha}_3,\boldsymbol{\alpha}_4)\to\begin{pmatrix}-1&1&1&-3\\0&1&-1&1\\0&0&1&0\\0&0&0&-4\end{pmatrix}$，方程组 $x_1\boldsymbol{\alpha}_1+x_2\boldsymbol{\alpha}_2+x_3\boldsymbol{\alpha}_3+x_4\boldsymbol{\alpha}_4=\mathbf{0}$ 只有零解.

(2) $(\boldsymbol{\alpha}_1,\boldsymbol{\alpha}_2,\boldsymbol{\alpha}_3,\boldsymbol{\alpha}_4)\to\begin{pmatrix}1&0&0&-9\\0&1&0&-19\\0&0&1&13\end{pmatrix}$，方程组 $x_1\boldsymbol{\alpha}_1+x_2\boldsymbol{\alpha}_2+x_3\boldsymbol{\alpha}_3+x_4\boldsymbol{\alpha}_4=\mathbf{0}$ 有非零解.

(3) $(\boldsymbol{\alpha}_1,\boldsymbol{\alpha}_2,\boldsymbol{\alpha}_3)\to\begin{pmatrix}1&1&2\\0&1&0\\0&0&1\\0&0&0\end{pmatrix}$，方程组 $x_1\boldsymbol{\alpha}_1+x_2\boldsymbol{\alpha}_2+x_3\boldsymbol{\alpha}_3=\mathbf{0}$ 只有零解.

2. 线性相关.

[提示] $(\boldsymbol{\alpha}_1+\boldsymbol{\alpha}_2)-(\boldsymbol{\alpha}_2-\boldsymbol{\alpha}_3)-(\boldsymbol{\alpha}_3+\boldsymbol{\alpha}_4)+(\boldsymbol{\alpha}_4-\boldsymbol{\alpha}_1)=\mathbf{0}$.

3. [提示] 设 $k_1(\boldsymbol{\alpha}_1-\boldsymbol{\alpha}_2)+k_2(2\boldsymbol{\alpha}_2+\boldsymbol{\alpha}_3)+k_3(\boldsymbol{\alpha}_3-2\boldsymbol{\alpha}_4)+k_4(\boldsymbol{\alpha}_4-3\boldsymbol{\alpha}_1)=\mathbf{0}$,即

$$(k_1-3k_4)\boldsymbol{\alpha}_1+(-k_1+2k_2)\boldsymbol{\alpha}_2+(k_2+k_3)\boldsymbol{\alpha}_3+(-2k_3+k_4)\boldsymbol{\alpha}_4=\mathbf{0},$$

因 $\boldsymbol{\alpha}_1,\boldsymbol{\alpha}_2,\boldsymbol{\alpha}_3,\boldsymbol{\alpha}_4$ 线性无关,有$\begin{cases}k_1-3k_4=0,\\-k_1+2k_2=0,\\k_2+k_3=0,\\-2k_3+k_4=0,\end{cases}$ 因为 $\begin{vmatrix}1&0&0&-3\\-1&2&0&0\\0&1&1&0\\0&0&-2&1\end{vmatrix}=8\neq0$,线性方程组只有零解.

4. [提示] 设 $t_1(k_1\boldsymbol{\alpha}_1+l_2\boldsymbol{\alpha}_2)+t_2(k_2\boldsymbol{\alpha}_2+l_3\boldsymbol{\alpha}_3)+t_3(k_3\boldsymbol{\alpha}_3+l_4\boldsymbol{\alpha}_4)+t_4(k_4\boldsymbol{\alpha}_4+l_1\boldsymbol{\alpha}_1)=\mathbf{0}$,

$$(t_1k_1+t_4l_1)\boldsymbol{\alpha}_1+(t_1l_2+t_2k_2)\boldsymbol{\alpha}_2+(t_2l_3+t_3k_3)\boldsymbol{\alpha}_3+(t_3l_4+t_4k_4)\boldsymbol{\alpha}_4=\mathbf{0},$$

因 $\boldsymbol{\alpha}_1,\boldsymbol{\alpha}_2,\boldsymbol{\alpha}_3,\boldsymbol{\alpha}_4$ 线性无关,有$\begin{cases}t_1k_1+t_4l_1=0,\\t_1l_2+t_2k_2=0,\\t_2l_3+t_3k_3=0,\\t_3l_4+t_4k_4=0,\end{cases}$系数行列式 $\begin{vmatrix}k_1&0&0&l_1\\l_2&k_2&0&0\\0&l_3&k_3&0\\0&0&l_4&k_4\end{vmatrix}=k_1k_2k_3k_4+l_1l_2l_3l_4$,

方程组只有零解⇔系数行列式不等于零,即 $k_1k_2k_3k_4\neq-l_1l_2l_3l_4$.

5. 线性无关.

[提示] $\begin{vmatrix}1&2&1&-1\\1&-1&1&1\\1&3&-2&2\\1&1&3&1\end{vmatrix}=-22\neq0$,由例 2.3.5 结论,向量组 $\boldsymbol{\beta}_1,\boldsymbol{\beta}_2,\boldsymbol{\beta}_3,\boldsymbol{\beta}_4$ 线性无关.

习题 2-4

1. (1) $\boldsymbol{\alpha}_1,\boldsymbol{\alpha}_2,\boldsymbol{\alpha}_3,\boldsymbol{\alpha}_4$,4;(2) $\boldsymbol{\alpha}_1,\boldsymbol{\alpha}_2$,2,$\boldsymbol{\alpha}_3=-2\boldsymbol{\alpha}_1+3\boldsymbol{\alpha}_2$,$\boldsymbol{\alpha}_4=-3\boldsymbol{\alpha}_1+\boldsymbol{\alpha}_2$.

[提示] (1) $\begin{vmatrix}1&2&5&0\\1&-1&2&2\\2&0&4&1\\0&1&1&-2\end{vmatrix}=-8\neq0$,$\boldsymbol{\alpha}_1,\boldsymbol{\alpha}_2,\boldsymbol{\alpha}_3,\boldsymbol{\alpha}_4$ 线性无关.

(2) $\begin{vmatrix}1&2\\0&1\end{vmatrix}=1\neq0$,所以 $\boldsymbol{\alpha}_1,\boldsymbol{\alpha}_2$ 线性无关,又 $\begin{vmatrix}1&2&4\\0&1&3\\-2&0&4\end{vmatrix}=0$,所以 $\boldsymbol{\alpha}_1,\boldsymbol{\alpha}_2,\boldsymbol{\alpha}_3$ 线性相关,同理 $\boldsymbol{\alpha}_1$,$\boldsymbol{\alpha}_2,\boldsymbol{\alpha}_4$;$\boldsymbol{\alpha}_1,\boldsymbol{\alpha}_3,\boldsymbol{\alpha}_4$ 及 $\boldsymbol{\alpha}_2,\boldsymbol{\alpha}_3,\boldsymbol{\alpha}_4$ 都线性相关.设 $x_1\boldsymbol{\alpha}_1+x_2\boldsymbol{\alpha}_2+x_3\boldsymbol{\alpha}_3+x_4\boldsymbol{\alpha}_4=\mathbf{0}$,

$(\boldsymbol{\alpha}_1,\boldsymbol{\alpha}_2,\boldsymbol{\alpha}_3,\boldsymbol{\alpha}_4)\to\begin{pmatrix}1&0&-2&-3\\0&1&3&1\\0&0&0&0\end{pmatrix}$,线性方程组的一般解为$\begin{cases}x_1=2x_3+3x_4,\\x_2=-3x_3-x_4,\end{cases}$ 得解$\begin{cases}x_1=2,\\x_2=-3,\\x_3=1,\\x_4=0,\end{cases}$ $\begin{cases}x_1=3,\\x_2=-1,\\x_3=0,\\x_4=1.\end{cases}$

2. [提示] 设 $\operatorname{rank}\{\boldsymbol{\alpha}_1,\boldsymbol{\alpha}_2,\cdots,\boldsymbol{\alpha}_m\}=\operatorname{rank}\{\boldsymbol{\alpha}_1,\boldsymbol{\alpha}_2,\cdots,\boldsymbol{\alpha}_m,\boldsymbol{\beta}\}=r>0$,$\boldsymbol{\alpha}_{i_1},\boldsymbol{\alpha}_{i_2},\cdots,\boldsymbol{\alpha}_{i_r}$ 为 $\boldsymbol{\alpha}_1,\boldsymbol{\alpha}_2,\cdots,\boldsymbol{\alpha}_m$ 的一个极大线性无关组,则 $\boldsymbol{\alpha}_{i_1},\boldsymbol{\alpha}_{i_2},\cdots,\boldsymbol{\alpha}_{i_r}$ 也是 $\boldsymbol{\alpha}_1,\boldsymbol{\alpha}_2,\cdots,\boldsymbol{\alpha}_m,\boldsymbol{\beta}$ 的一个极大线性无关组,从而 $\{\boldsymbol{\alpha}_1,\boldsymbol{\alpha}_2,\cdots,\boldsymbol{\alpha}_m,\boldsymbol{\beta}\}\cong\{\boldsymbol{\alpha}_{i_1},\boldsymbol{\alpha}_{i_2},\cdots,\boldsymbol{\alpha}_{i_r}\}\cong\{\boldsymbol{\alpha}_1,\boldsymbol{\alpha}_2,\cdots,\boldsymbol{\alpha}_m\}$.

3. [提示] 依 2.3 节命题 3，$\boldsymbol{\alpha}_{i_1},\boldsymbol{\alpha}_{i_2},\cdots,\boldsymbol{\alpha}_{i_r}$ 线性无关，再依例 2.4.3 的结论即得证.

4. [提示] 必要性. 如果向量组Ⅰ与向量组Ⅱ等价，则Ⅰ≅Ⅲ≅Ⅱ，依推论 11，$r_1=r_3=r_2$.

充分性. 设 $r_1=r_3=r_2=r>0$，$\boldsymbol{\alpha}_{i_1},\boldsymbol{\alpha}_{i_2},\cdots,\boldsymbol{\alpha}_{i_r}$ 为Ⅰ的一个极大线性无关组，则 $\boldsymbol{\alpha}_{i_1},\boldsymbol{\alpha}_{i_2},\cdots,\boldsymbol{\alpha}_{i_r}$ 也是Ⅲ的一个极大线性无关组，因此Ⅰ≅$\{\boldsymbol{\alpha}_{i_1},\boldsymbol{\alpha}_{i_2},\cdots,\boldsymbol{\alpha}_{i_r}\}$≅Ⅲ，同理Ⅱ≅Ⅲ.

5. [提示] 依命题 10，$\operatorname{rank}\{\boldsymbol{\alpha}_1,\boldsymbol{\alpha}_2,\cdots,\boldsymbol{\alpha}_{m-1},\boldsymbol{\beta}\}\leqslant\operatorname{rank}\{\boldsymbol{\alpha}_1,\boldsymbol{\alpha}_2,\cdots,\boldsymbol{\alpha}_m\}$. 又依题设，$\boldsymbol{\beta}=k_1\boldsymbol{\alpha}_1+\cdots+k_m\boldsymbol{\alpha}_m$，则必有 $k_m\neq0$，因此 $\boldsymbol{\alpha}_m$ 可由 $\boldsymbol{\alpha}_1,\boldsymbol{\alpha}_2,\cdots,\boldsymbol{\alpha}_{m-1},\boldsymbol{\beta}$ 线性表示，即 $\boldsymbol{\alpha}_1,\boldsymbol{\alpha}_2,\cdots,\boldsymbol{\alpha}_m$ 可由 $\boldsymbol{\alpha}_1,\boldsymbol{\alpha}_2,\cdots,\boldsymbol{\alpha}_{m-1}$，$\boldsymbol{\beta}$ 线性表示，再依命题 10，得

$$\operatorname{rank}\{\boldsymbol{\alpha}_1,\boldsymbol{\alpha}_2,\cdots,\boldsymbol{\alpha}_m\}\leqslant\operatorname{rank}\{\boldsymbol{\alpha}_1,\boldsymbol{\alpha}_2,\cdots,\boldsymbol{\alpha}_{m-1},\boldsymbol{\beta}\}.$$

习题 2-5

1. (1) $\operatorname{rank}(\boldsymbol{A})=3$，第 1、2、3 列为 $\boldsymbol{A}$ 的列向量组的一个极大线性无关组. (2) $\operatorname{rank}(\boldsymbol{B})=3$，第 1、2、3 列为 $\boldsymbol{B}$ 的列向量组的一个极大线性无关组.

[提示] (1) $\boldsymbol{A}\xrightarrow{\text{初等行变换}}\begin{pmatrix}1&1&0&3\\0&3&1&11\\0&0&5&6\\0&0&0&0\end{pmatrix}$. (2) $\boldsymbol{B}\xrightarrow{\text{初等行变换}}\begin{pmatrix}1&1&1&1&1\\0&2&5&0&1\\0&0&7&0&0\\0&0&0&0&0\end{pmatrix}$.

2. $\operatorname{rank}\{\boldsymbol{\alpha}_1,\boldsymbol{\alpha}_2,\boldsymbol{\alpha}_3,\boldsymbol{\alpha}_4\}=3$，$\boldsymbol{\alpha}_1,\boldsymbol{\alpha}_2,\boldsymbol{\alpha}_3$ 为向量组的一个极大线性无关组.

[提示] $(\boldsymbol{\alpha}_1,\boldsymbol{\alpha}_2,\boldsymbol{\alpha}_3,\boldsymbol{\alpha}_4)\xrightarrow{\text{初等行变换}}\begin{pmatrix}-1&3&4&2\\0&5&8&0\\0&0&5&1\\0&0&0&0\end{pmatrix}$.

3. $a=15,b=5$.

[提示] $(\boldsymbol{\beta}_1,\boldsymbol{\beta}_2,\boldsymbol{\beta}_3)=\begin{pmatrix}0&a&b\\1&2&1\\-1&1&0\end{pmatrix}\xrightarrow{\text{初等行变换}}\begin{pmatrix}-1&1&0\\0&3&1\\0&a&b\end{pmatrix}$，依题设，$\operatorname{rank}\{\boldsymbol{\beta}_1,\boldsymbol{\beta}_2,\boldsymbol{\beta}_3\}=\operatorname{rank}\{\boldsymbol{\alpha}_1,\boldsymbol{\alpha}_2,\boldsymbol{\alpha}_3\}=2$，所以 $a=3b$；因为 $\boldsymbol{\beta}_3$ 可由 $\boldsymbol{\alpha}_1,\boldsymbol{\alpha}_2,\boldsymbol{\alpha}_3$ 线性表示，所以 $\operatorname{rank}\{\boldsymbol{\alpha}_1,\boldsymbol{\alpha}_2,\boldsymbol{\alpha}_3,\boldsymbol{\beta}_3\}=\operatorname{rank}\{\boldsymbol{\alpha}_1,\boldsymbol{\alpha}_2,\boldsymbol{\alpha}_3\}=2$. $(\boldsymbol{\alpha}_1,\boldsymbol{\alpha}_2,\boldsymbol{\alpha}_3,\boldsymbol{\beta}_3)\xrightarrow{\text{初等行变换}}\begin{pmatrix}1&3&9&b\\0&-1&-2&\dfrac{1-2b}{6}\\0&0&0&\dfrac{5-b}{30}\end{pmatrix}$，因此 $\dfrac{5-b}{30}=0$.

4. (1) $a=1$；(2) $\boldsymbol{\beta}_1=2\boldsymbol{\alpha}_1+4\boldsymbol{\alpha}_2-\boldsymbol{\alpha}_3$，$\boldsymbol{\beta}_2=\boldsymbol{\alpha}_1+2\boldsymbol{\alpha}_2$，$\boldsymbol{\beta}_3=\boldsymbol{\alpha}_3$.

[提示] (1) 因为 $\begin{vmatrix}1&0&1\\0&1&3\\1&1&5\end{vmatrix}=1\neq0$，$\operatorname{rank}\{\boldsymbol{\alpha}_1,\boldsymbol{\alpha}_2,\boldsymbol{\alpha}_3\}=3$. 依题设，$\boldsymbol{\beta}_1,\boldsymbol{\beta}_2,\boldsymbol{\beta}_3$ 与 $\boldsymbol{\alpha}_1,\boldsymbol{\alpha}_2,\boldsymbol{\alpha}_3$ 不等价，所以 $\operatorname{rank}\{\boldsymbol{\beta}_1,\boldsymbol{\beta}_2,\boldsymbol{\beta}_3\}<3$，又经初等行变换，$(\boldsymbol{\beta}_1,\boldsymbol{\beta}_2,\boldsymbol{\beta}_3)\to\begin{pmatrix}1&1&1\\0&1&2\\0&0&a-1\end{pmatrix}$.

(2) $(\boldsymbol{\alpha}_1,\boldsymbol{\alpha}_2,\boldsymbol{\alpha}_3,\boldsymbol{\beta}_1,\boldsymbol{\beta}_2,\boldsymbol{\beta}_3)=\begin{pmatrix}1&0&1&1&1&1\\0&1&3&1&2&3\\1&1&5&1&3&5\end{pmatrix}\xrightarrow{\text{行变换}}\begin{pmatrix}1&0&0&2&1&0\\0&1&0&4&2&0\\0&0&1&-1&0&1\end{pmatrix}$，

$$\boldsymbol{\beta}_1=2\boldsymbol{\alpha}_1+4\boldsymbol{\alpha}_2-\boldsymbol{\alpha}_3,\quad \boldsymbol{\beta}_2=\boldsymbol{\alpha}_1+2\boldsymbol{\alpha}_2,\quad \boldsymbol{\beta}_3=\boldsymbol{\alpha}_3.$$

5. $a=12, b=4$.

[提示] 以向量 $\boldsymbol{\alpha}_1,\boldsymbol{\alpha}_2,\boldsymbol{\alpha}_3,\boldsymbol{\beta}_1,\boldsymbol{\beta}_2$ 为列构成矩阵，对其施以初等行变换

$$(\boldsymbol{\alpha}_1,\boldsymbol{\alpha}_2,\boldsymbol{\alpha}_3,\boldsymbol{\beta}_1,\boldsymbol{\beta}_2)\to\begin{pmatrix}1&2&5&1&2\\0&-10&-15&-5&-5\\0&18&a+15&9&9\\0&4&6&2&b-2\end{pmatrix}\to\begin{pmatrix}1&2&5&1&2\\0&2&3&1&1\\0&0&a-12&0&0\\0&0&0&0&b-4\end{pmatrix},$$

当 $a=12$ 且 $b=4$ 时，$\text{rank}\{\boldsymbol{\alpha}_1,\boldsymbol{\alpha}_2,\boldsymbol{\alpha}_3\}=\text{rank}\{\boldsymbol{\alpha}_1,\boldsymbol{\alpha}_2,\boldsymbol{\alpha}_3,\boldsymbol{\beta}_1,\boldsymbol{\beta}_2\}=\text{rank}\{\boldsymbol{\beta}_1,\boldsymbol{\beta}_2\}=2$，依习题 2-4 第 4 题结论，$\{\boldsymbol{\alpha}_1,\boldsymbol{\alpha}_2,\boldsymbol{\alpha}_3\}\cong\{\boldsymbol{\beta}_1,\boldsymbol{\beta}_2\}$.

当 $a=12$ 且 $b\neq4$ 时，$\text{rank}\{\boldsymbol{\alpha}_1,\boldsymbol{\alpha}_2,\boldsymbol{\alpha}_3\}=2$，$\text{rank}\{\boldsymbol{\alpha}_1,\boldsymbol{\alpha}_2,\boldsymbol{\alpha}_3,\boldsymbol{\beta}_1,\boldsymbol{\beta}_2\}=3$，$\text{rank}\{\boldsymbol{\beta}_1,\boldsymbol{\beta}_2\}=2$，

当 $a\neq12$ 且 $b=4$ 时，$\text{rank}\{\boldsymbol{\alpha}_1,\boldsymbol{\alpha}_2,\boldsymbol{\alpha}_3\}=3$，$\text{rank}\{\boldsymbol{\alpha}_1,\boldsymbol{\alpha}_2,\boldsymbol{\alpha}_3,\boldsymbol{\beta}_1,\boldsymbol{\beta}_2\}=3$，$\text{rank}\{\boldsymbol{\beta}_1,\boldsymbol{\beta}_2\}=2$，

当 $a\neq12$ 且 $b\neq4$ 时，$\text{rank}\{\boldsymbol{\alpha}_1,\boldsymbol{\alpha}_2,\boldsymbol{\alpha}_3\}=3$，$\text{rank}\{\boldsymbol{\alpha}_1,\boldsymbol{\alpha}_2,\boldsymbol{\alpha}_3,\boldsymbol{\beta}_1,\boldsymbol{\beta}_2\}=4$，$\text{rank}\{\boldsymbol{\beta}_1,\boldsymbol{\beta}_2\}=2$，

因为后三种情形，对应的三个向量组的秩不等，依习题 2-4 第 4 题结论，向量组 $\boldsymbol{\alpha}_1,\boldsymbol{\alpha}_2,\boldsymbol{\alpha}_3$ 与 $\boldsymbol{\beta}_1,\boldsymbol{\beta}_2$ 都不等价.

习题 2-6

1. 当 $\lambda\neq1$ 且 $\lambda\neq-2$ 时，线性方程组有唯一解；当 $\lambda=1$ 时，线性方程组有无穷多个解；当 $\lambda=-2$ 时，线性方程组无解.

[提示] 设线性方程组的系数矩阵为 $\boldsymbol{A}$，增广矩阵为 $\overline{\boldsymbol{A}}$，系数行列式为

$$\begin{vmatrix}\lambda&1&1\\1&\lambda&1\\1&1&\lambda\end{vmatrix}=(\lambda-1)^2(\lambda+2)$$，当 $\lambda\neq1$ 且 $\lambda\neq-2$ 时，系数行列式不等于 0.

当 $\lambda=1$ 时，$\overline{\boldsymbol{A}}\to\left(\begin{array}{ccc|c}1&1&1&1\\0&0&0&0\\0&0&0&0\end{array}\right)$，$\text{rank}(\boldsymbol{A})=\text{rank}(\overline{\boldsymbol{A}})=1<3$（未知元的个数）. 当 $\lambda=-2$ 时，

$\overline{\boldsymbol{A}}\to\left(\begin{array}{ccc|c}1&1&-2&1\\0&1&-1&0\\0&0&0&1\end{array}\right)$，$\text{rank}(\boldsymbol{A})=2\neq3=\text{rank}(\overline{\boldsymbol{A}})$.

2. 当 $a\neq-1$ 且 $a\neq3$ 时，线性方程组有唯一解. 当 $a=-1$ 时，线性方程组无解. 当 $a=3$ 时，线性方程组有无穷多个解.

[提示] 设线性方程组的系数矩阵为 $\boldsymbol{A}$，增广矩阵为 $\overline{\boldsymbol{A}}$，对 $\overline{\boldsymbol{A}}$ 施以初等行变换，有

$$\overline{\boldsymbol{A}}=\left(\begin{array}{ccc|c}1&2&1&1\\2&3&a+2&3\\1&a&-2&0\end{array}\right)\to\left(\begin{array}{ccc|c}1&2&1&1\\0&-1&a&1\\0&0&(a+1)(a-3)&a-3\end{array}\right).$$

当 $a\neq-1$ 且 $a\neq3$ 时，$\text{rank}(\boldsymbol{A})=\text{rank}(\overline{\boldsymbol{A}})=3$（未知元的个数）. 当 $a=-1$ 时，$\text{rank}(\boldsymbol{A})=2\neq3=\text{rank}(\overline{\boldsymbol{A}})$. 当 $a=3$ 时，$\text{rank}(\boldsymbol{A})=\text{rank}(\overline{\boldsymbol{A}})=2<3$.

3. 当 $a\neq b$ 且 $a\neq c$ 且 $b\neq c$ 时，线性方程组只有零解.

[提示] $D=\begin{vmatrix}1&1&1\\a&b&c\\a^2&b^2&c^2\end{vmatrix}=(c-b)(c-a)(b-a)$.

4. 当 $\lambda=1$ 或者 $\lambda=-\dfrac{9}{4}$ 时，线性方程组有非零解.

[提示] 对齐次线性方程组的系数矩阵 $\boldsymbol{A}$ 施以初等行变换，有

$$\boldsymbol{A}=\begin{pmatrix}8&2&3\lambda+3\\3\lambda+3&\lambda+2&7\\7&1&4\lambda\end{pmatrix}\to\begin{pmatrix}1&1&-\lambda+3\\0&1&(21-11\lambda)/6\\0&0&-(\lambda-1)(4\lambda+9)/6\end{pmatrix}.$$

当 $\lambda=1$ 或 $\lambda=-\dfrac{9}{4}$ 时，$\mathrm{rank}(\boldsymbol{A})=2<3$（未知元的个数）.

习题 2-7

1.（1）$\boldsymbol{\eta}_1=\begin{pmatrix}2\\1\\0\\0\end{pmatrix},\boldsymbol{\eta}_2=\begin{pmatrix}2\\0\\-5\\7\end{pmatrix},\boldsymbol{x}=k_1\boldsymbol{\eta}_1+k_2\boldsymbol{\eta}_2,k_1,k_2$ 为任意常数.

（2）$\boldsymbol{\eta}_1=\begin{pmatrix}0\\1\\1\\0\\0\end{pmatrix},\boldsymbol{\eta}_2=\begin{pmatrix}0\\1\\0\\1\\0\end{pmatrix},\boldsymbol{\eta}_3=\begin{pmatrix}1\\-5\\0\\0\\3\end{pmatrix},\boldsymbol{x}=k_1\boldsymbol{\eta}_1+k_2\boldsymbol{\eta}_2+k_3\boldsymbol{\eta}_3,k_1,k_2,k_3$ 为任意常数.

[提示]（1）线性方程组的一般解为$\begin{cases}x_1=2x_2+\dfrac{2}{7}x_4,\\x_3=\quad-\dfrac{5}{7}x_4.\end{cases}$（2）线性方程组的一般解为$\begin{cases}x_1=\quad\dfrac{1}{3}x_5,\\x_2=x_3+x_4-\dfrac{5}{3}x_5.\end{cases}$

2.（1）当 $a\neq b$ 且 $a\neq-(n-1)b$ 时，线性方程组只有零解；

（2）当 $a=b$ 时，线性方程组有非零解 $\boldsymbol{x}=k_1\boldsymbol{\xi}_1+k_2\boldsymbol{\xi}_2+\cdots+k_{n-1}\boldsymbol{\xi}_{n-1}$（$k_1,k_2,\cdots,k_{n-1}$ 为任意常数），其中 $\boldsymbol{\xi}_1=\begin{pmatrix}1\\-1\\0\\\vdots\\0\end{pmatrix},\boldsymbol{\xi}_2=\begin{pmatrix}1\\0\\-1\\\vdots\\0\end{pmatrix},\cdots,\boldsymbol{\xi}_{n-1}=\begin{pmatrix}1\\0\\0\\\vdots\\-1\end{pmatrix}$；

当 $a=-(n-1)b$ 时，线性方程组有非零解：$\boldsymbol{x}=k\boldsymbol{\zeta}$（$k$ 为任意常数），其中 $\boldsymbol{\zeta}=\begin{pmatrix}1\\1\\\vdots\\1\end{pmatrix}$.

[提示] $|\boldsymbol{A}|=\begin{vmatrix}a&b&\cdots&b\\b&a&\cdots&b\\\vdots&\vdots&&\vdots\\b&b&\cdots&a\end{vmatrix}=(a+(n-1)b)\begin{vmatrix}1&b&\cdots&b\\1&a&\cdots&b\\\vdots&\vdots&&\vdots\\1&b&\cdots&a\end{vmatrix}=(a+(n-1)b)(a-b)^{n-1}.$

（1）当 $a\neq b$ 且 $a\neq-(n-1)b$ 时，$|\boldsymbol{A}|\neq0$.

（2）当 $a=b$ 时，线性方程组的一般解为 $x_1=-x_2-\cdots-x_n$.

当 $a=-(n-1)b$ 时，$\boldsymbol{A}\to\begin{pmatrix}1-n&1&\cdots&1\\1&1-n&\cdots&1\\\vdots&\vdots&\ddots&\vdots\\1&1&\cdots&1-n\end{pmatrix}\to\begin{pmatrix}1&0&0&\cdots&-1\\0&1&0&\cdots&-1\\\vdots&\ddots&\ddots&&\vdots\\0&\cdots&0&1&-1\\0&\cdots&0&0&0\end{pmatrix}$，线性方程组的一般

解为$\begin{cases} x_1=x_n, \\ x_2=x_n, \\ \vdots \\ x_{n-1}=x_n. \end{cases}$

3. 当 $t_1^s+(-1)^{s+1}t_2^s\neq 0$ 时，$\boldsymbol{\beta}_1,\boldsymbol{\beta}_2,\cdots,\boldsymbol{\beta}_s$ 为齐次线性方程组的一个基础解系.

［提示］设 $l_1\boldsymbol{\beta}_1+l_2\boldsymbol{\beta}_2+\cdots+l_s\boldsymbol{\beta}_s=\mathbf{0}$，即 $(l_1t_1+l_st_2)\boldsymbol{\alpha}_1+(l_1t_2+l_2t_1)\boldsymbol{\alpha}_2+\cdots+(l_{s-1}t_2+l_st_1)\boldsymbol{\alpha}_s=\mathbf{0}$，

因为 $\boldsymbol{\alpha}_1,\boldsymbol{\alpha}_2,\cdots,\boldsymbol{\alpha}_s$ 线性无关，故$\begin{cases} l_1t_1+l_st_2=0, \\ l_1t_2+l_2t_1=0, \\ \vdots \\ l_{s-1}t_2+l_st_1=0, \end{cases}$ 其系数行列式为 $\begin{vmatrix} t_1 & 0 & \cdots & t_2 \\ t_2 & t_1 & \cdots & 0 \\ \vdots & \vdots & & \vdots \\ 0 & 0 & \cdots & t_1 \end{vmatrix}=t_1^s+(-1)^{s+1}t_2^s$.

又因为 $\boldsymbol{\beta}_1,\boldsymbol{\beta}_2,\cdots,\boldsymbol{\beta}_s$ 线性无关$\Leftrightarrow$该齐次线性方程组只有零解$\Leftrightarrow t_1^s+(-1)^{s+1}t_2^s\neq 0$.

4. (1) $|\boldsymbol{A}|=0$；$A_{nn}=\prod\limits_{k=1}^{n-2}k!$.

［提示］(1) 依题设，$|\boldsymbol{A}|$ 的第 n 列是第 1 列和第 2 列之和，依行列式的性质，有 $|\boldsymbol{A}|=0$，显然 $\boldsymbol{A}$ 的 (n,n) 元的代数余子式是 $n-1$ 阶范德蒙德行列式：

$$A_{nn}=\begin{vmatrix} 1 & 1 & \cdots & 1 \\ 1 & 2 & \cdots & n-1 \\ \vdots & \vdots & & \vdots \\ 1 & 2^{n-2} & \cdots & (n-1)^{n-2} \end{vmatrix}=\prod_{1\leqslant i<j\leqslant (n-1)}(j-i).$$

(2) 由(1)知，$|\boldsymbol{A}|=0$，$A_{nn}\neq 0$，所以 $\operatorname{rank}(\boldsymbol{A})=n-1$，故以 $\boldsymbol{A}$ 为系数矩阵的齐次线性方程组的基础解系应含一个解向量，又依 1.5 节定理 1 和定理 3，有

$$\begin{cases} A_{n1}+A_{n2}+\cdots+A_{(n-1)(n-1)}+2A_{nn}=0, \\ A_{n1}+2A_{n2}+\cdots+(n-1)A_{(n-1)(n-1)}+3A_{nn}=0, \\ A_{n1}+2^2A_{n2}+\cdots+(n-1)^2A_{(n-1)(n-1)}+5A_{nn}=0, \\ \vdots \\ A_{n1}+2^{n-2}A_{n2}+\cdots+(n-1)^{n-2}A_{(n-1)(n-1)}+(1+2^{n-2})A_{nn}=0, \\ 2A_{n1}+3A_{n2}+\cdots+nA_{(n-1)(n-1)}+5A_{nn}=|\boldsymbol{A}|=0, \end{cases}$$

上式表明 $\boldsymbol{\eta}$ 是方程组的解，且 $\boldsymbol{\eta}\neq\mathbf{0}$ 线性无关，依定义，$\boldsymbol{\eta}$ 就是方程组的一个基础解系.

习题 2-8

1. 通解 $\boldsymbol{x}=\boldsymbol{\gamma}_0+k\boldsymbol{\eta}$（$k$ 为任意常数），其中 $\boldsymbol{\gamma}_0=\begin{pmatrix} 3 \\ -8 \\ 0 \\ 6 \end{pmatrix}$，$\boldsymbol{\eta}=\begin{pmatrix} -1 \\ 2 \\ 1 \\ 0 \end{pmatrix}$.

［提示］对线性方程组的增广矩阵 $\overline{\boldsymbol{A}}$ 施以初等行变换，有 $\overline{\boldsymbol{A}}=\left(\begin{array}{cccc|c} 2 & -1 & 4 & -3 & -4 \\ 1 & 0 & 1 & -1 & -3 \\ 3 & 1 & 1 & 0 & 1 \\ 7 & 0 & 7 & -3 & 3 \end{array}\right)\rightarrow$

$\begin{pmatrix}1&0&1&0&3\\0&1&-2&0&-8\\0&0&0&1&6\\0&0&0&0&0\end{pmatrix}$，方程组的一般解为$\begin{cases}x_1=3-x_3,\\x_2=-8+2x_3,\\x_4=6.\end{cases}$

2. 当 $a=-4$ 时，线性方程组有无穷多个解，且其通解为 $\boldsymbol{x}=\boldsymbol{\gamma}_0+k\boldsymbol{\eta}$（$k$ 为任意常数），其中 $\boldsymbol{\gamma}_0=\begin{pmatrix}12/7\\0\\-9/7\\1\end{pmatrix}$，$\boldsymbol{\eta}=\begin{pmatrix}2\\1\\0\\0\end{pmatrix}$. 当 $a\neq-4$ 时，方程组无解.

[提示] 设线性方程组的系数矩阵为 $\boldsymbol{A}$，对增广矩阵 $\overline{\boldsymbol{A}}$ 施以初等行变换，有

$$\overline{\boldsymbol{A}}=\left(\begin{array}{cccc|c}1&-2&-1&-1&2\\2&-4&5&3&0\\4&-8&17&11&a\\3&-6&4&3&3\end{array}\right)\rightarrow\left(\begin{array}{cccc|c}1&-2&-1&-1&2\\0&0&1&5/7&-4/7\\0&0&0&1&1\\0&0&0&0&a+4\end{array}\right),$$

当 $a\neq-4$ 时，$\operatorname{rank}(\boldsymbol{A})=3\neq4=\operatorname{rank}(\overline{\boldsymbol{A}})$，方程组无解.

当 $a=-4$ 时，$\operatorname{rank}(\boldsymbol{A})=3=\operatorname{rank}(\overline{\boldsymbol{A}})<4$（未知元的个数），方程组有无穷多个解，继续对矩阵施以初等行变换，将其化为简化行阶梯形矩阵，有

$$\overline{\boldsymbol{A}}\rightarrow\left(\begin{array}{cccc|c}1&-2&0&0&12/7\\0&0&1&0&-9/7\\0&0&0&1&1\\0&0&0&0&0\end{array}\right),\text{方程组的一般解为}\begin{cases}x_1=\dfrac{12}{7}+2x_2,\\x_3=-\dfrac{9}{7},\\x_4=1.\end{cases}$$

3. (2) $a=2,b=-3$，通解为 $\boldsymbol{x}=\boldsymbol{\gamma}_0+k_1\boldsymbol{\eta}_1+k_2\boldsymbol{\eta}_2$（$k_1,k_2$ 为任意常数），其中

$$\boldsymbol{\gamma}_0=\begin{pmatrix}2\\-3\\0\\0\end{pmatrix},\quad\boldsymbol{\eta}_1=\begin{pmatrix}-2\\1\\1\\0\end{pmatrix},\quad\boldsymbol{\eta}_2=\begin{pmatrix}4\\-5\\0\\1\end{pmatrix}.$$

[提示] 设线性方程组的三个线性无关的解向量为 $\boldsymbol{\xi}_1,\boldsymbol{\xi}_2,\boldsymbol{\xi}_3$. (1) $\boldsymbol{A}$ 的一个二阶子式 $\begin{vmatrix}1&1\\4&3\end{vmatrix}=-1\neq0$，故 $\operatorname{rank}(\boldsymbol{A})\geqslant2$，易证 $\boldsymbol{\eta}_1=\boldsymbol{\xi}_1-\boldsymbol{\xi}_2,\boldsymbol{\eta}_2=\boldsymbol{\xi}_1-\boldsymbol{\xi}_3$ 是导出组的两个线性无关的解，$\operatorname{rank}(\boldsymbol{A})\leqslant2$，因此 $\operatorname{rank}(\boldsymbol{A})=2$. (2)依题设，非齐次线性方程组有无穷多个解，故 $\operatorname{rank}(\overline{\boldsymbol{A}})=\operatorname{rank}(\boldsymbol{A})=2$，对增广矩阵 $\overline{\boldsymbol{A}}$ 施以初等行变换，得

$$\overline{\boldsymbol{A}}=\left(\begin{array}{cccc|c}1&1&1&1&-1\\4&3&5&-1&-1\\a&1&3&b&1\end{array}\right)\rightarrow\left(\begin{array}{cccc|c}1&0&2&-4&2\\0&1&-1&5&-3\\0&0&2(2-a)&b+4a-5&2(2-a)\end{array}\right),$$

所以 $a=2,b=-3$. 方程组的一般解为$\begin{cases}x_1=2-2x_3+4x_4,\\x_2=-3+x_3-5x_4.\end{cases}$

4. $\boldsymbol{x}=\boldsymbol{\alpha}_1+k(\boldsymbol{\alpha}_1-\boldsymbol{\alpha}_2)$（$k$ 为任意常数），其中 $\boldsymbol{\alpha}_1-\boldsymbol{\alpha}_2=\begin{pmatrix}3\\-1\\-2\end{pmatrix}$.

[提示] 依题设，线性方程组有无穷多个解，$\operatorname{rank}(\boldsymbol{A})\leqslant2<3$. 又 $\begin{vmatrix}1&-1\\3&1\end{vmatrix}=4\neq0$，$\operatorname{rank}(\boldsymbol{A})\geqslant2$，因此

$\text{rank}(\boldsymbol{A})=2$，其导出组的基础解系应含一个解向量，且 $\boldsymbol{\alpha}_1-\boldsymbol{\alpha}_2\neq\boldsymbol{0}$ 是导出组的解.

5. (1) 当 $p\neq 2$ 时，线性方程组有唯一解；(2) 当 $p=2$ 且 $t\neq 1$ 时，线性方程组无解；(3) 当 $p=2$ 且 $t=1$ 时，线性方程组有无穷多个解，其通解为 $\boldsymbol{x}=\boldsymbol{\gamma}_0+k\boldsymbol{\eta}$（$k$ 为任意常数），其中 $\boldsymbol{\gamma}_0=\begin{pmatrix}-8\\3\\0\\2\end{pmatrix}$，$\boldsymbol{\eta}=\begin{pmatrix}0\\-2\\1\\0\end{pmatrix}$.

[提示] 对增广矩阵 $\overline{\boldsymbol{A}}$ 施以初等变换，有 $\overline{\boldsymbol{A}}\to\left(\begin{array}{cccc|c}1&1&2&3&1\\0&1&2&-1&1\\0&0&-p+2&2&4\\0&0&0&3&t+5\end{array}\right)$. (1) 当 $p\neq 2$ 时（此时无论 t 取为何值），$\text{rank}(\boldsymbol{A})=\text{rank}(\overline{\boldsymbol{A}})=4$.

(2) 当 $p=2$ 时，①当 $t\neq 1$ 时，$\text{rank}(\boldsymbol{A})=3\neq 4=\text{rank}(\overline{\boldsymbol{A}})$. ②当 $t=1$ 时，$\text{rank}(\boldsymbol{A})=3=\text{rank}(\overline{\boldsymbol{A}})<4$，线性方程组的一般解为 $\begin{cases}x_1=-8,\\x_2=3-2x_3,\\x_4=2.\end{cases}$

6. (1) $1-a^4$；(2) 当 $a=-1$ 时，线性方程组有无穷多个解，其通解为 $\boldsymbol{x}=\boldsymbol{\gamma}_0+k\boldsymbol{\eta}$（$k$ 为任意常数），其中 $\boldsymbol{\gamma}_0=\begin{pmatrix}0\\-1\\0\\0\end{pmatrix}$，$\boldsymbol{\eta}=\begin{pmatrix}1\\1\\1\\1\end{pmatrix}$.

[提示] (1) $|\boldsymbol{A}|=\begin{vmatrix}1&a&0&0\\0&1&a&0\\0&0&1&a\\a&0&0&1\end{vmatrix}=1-a^4$，显然 $a\neq 1$ 且 $a\neq -1$ 时，线性方程组有唯一解. (2) 由 (1)，当 $a=1$ 时，$\overline{\boldsymbol{A}}\to\left(\begin{array}{cccc|c}1&1&0&0&1\\0&1&1&0&-1\\0&0&1&1&0\\0&0&0&0&1\end{array}\right)$，$\text{rank}(\boldsymbol{A})=3\neq 4=\text{rank}(\overline{\boldsymbol{A}})$，线性方程组无解. 当 $a=-1$ 时，

$\overline{\boldsymbol{A}}\to\left(\begin{array}{cccc|c}1&0&0&-1&0\\0&1&0&-1&-1\\0&0&1&-1&0\\0&0&0&0&0\end{array}\right)$，$\text{rank}(\boldsymbol{A})=\text{rank}(\overline{\boldsymbol{A}})=3<4$，方程组的一般解为 $\begin{cases}x_1=x_4,\\x_2=-1+x_4,\\x_3=x_4.\end{cases}$

习题 2-9

1. $\boldsymbol{x}=\boldsymbol{\gamma}_0+k_1\boldsymbol{\xi}_1+k_2\boldsymbol{\xi}_2$（$k_1,k_2$ 为任意常数），其中 $\boldsymbol{\gamma}_0=\begin{pmatrix}1/2\\1\\3/2\\2\end{pmatrix}$，$\boldsymbol{\xi}_1=\begin{pmatrix}12\\2\\-14\\0\end{pmatrix}$，$\boldsymbol{\xi}_2=\begin{pmatrix}7\\4\\-1\\6\end{pmatrix}$.

[提示] 依题设，线性方程组 $x_1\boldsymbol{\alpha}_1+x_2\boldsymbol{\alpha}_2+\cdots+x_n\boldsymbol{\alpha}_n=\boldsymbol{\beta}$ 有无穷多个解，因为 $\text{rank}(\boldsymbol{A})=n-2$，其导出组的基础解系应含两个解向量，将 $\boldsymbol{\eta}_1+\boldsymbol{\eta}_2,\boldsymbol{\eta}_2+2\boldsymbol{\eta}_3,2\boldsymbol{\eta}_3+3\boldsymbol{\eta}_1$ 代入 $x_1\boldsymbol{\alpha}_1+x_2\boldsymbol{\alpha}_2+\cdots+x_n\boldsymbol{\alpha}_n$ 分别等于 $2\boldsymbol{\beta},3\boldsymbol{\beta},5\boldsymbol{\beta}$，令

$$\boldsymbol{\xi}_1=(2\boldsymbol{\eta}_3+3\boldsymbol{\eta}_1)-(\boldsymbol{\eta}_1+\boldsymbol{\eta}_2)-(\boldsymbol{\eta}_2+2\boldsymbol{\eta}_3),\boldsymbol{\xi}_2=3(\boldsymbol{\eta}_1+\boldsymbol{\eta}_2)-2(\boldsymbol{\eta}_2+2\boldsymbol{\eta}_3),$$

显然 $\boldsymbol{\xi}_1,\boldsymbol{\xi}_2$ 都是导出组 $x_1\boldsymbol{\alpha}_1+x_2\boldsymbol{\alpha}_2+\cdots+x_n\boldsymbol{\alpha}_n=\mathbf{0}$ 的解，且线性无关，因此为导出组的一个基础解系.

又因为$\dfrac{\boldsymbol{\eta}_1+\boldsymbol{\eta}_2}{2}$满足 $x_1\boldsymbol{\alpha}_1+x_2\boldsymbol{\alpha}_2+\cdots+x_n\boldsymbol{\alpha}_n=\boldsymbol{\beta}$，取特解 $\boldsymbol{\gamma}_0=\dfrac{\boldsymbol{\eta}_1+\boldsymbol{\eta}_2}{2}$.

2. (1) $\boldsymbol{\beta}=3\boldsymbol{\alpha}_2-4\boldsymbol{\alpha}_3+\boldsymbol{\alpha}_4$. (2) 不能表示.

[提示] (1) 因为线性方程组 $x_1\boldsymbol{\alpha}_1+x_2\boldsymbol{\alpha}_2+x_3\boldsymbol{\alpha}_3+x_4\boldsymbol{\alpha}_4=\boldsymbol{\beta}$ 有通解 $\begin{pmatrix}2+k\\1-k\\2k\\1\end{pmatrix}$，所以 $\boldsymbol{\beta}$ 可由 $\boldsymbol{\alpha}_1,\boldsymbol{\alpha}_2,\boldsymbol{\alpha}_3,\boldsymbol{\alpha}_4$ 线性表示，$\boldsymbol{\beta}=(2+k)\boldsymbol{\alpha}_1+(1-k)\boldsymbol{\alpha}_2+2k\boldsymbol{\alpha}_3+\boldsymbol{\alpha}_4$，令 $k=-2$ 即得所求.

(2) 依题设，$\operatorname{rank}\{\boldsymbol{\alpha}_1,\boldsymbol{\alpha}_2,\boldsymbol{\alpha}_3,\boldsymbol{\alpha}_4\}=\operatorname{rank}\{\boldsymbol{\alpha}_1,\boldsymbol{\alpha}_2,\boldsymbol{\alpha}_3,\boldsymbol{\alpha}_4|\boldsymbol{\beta}\}=3$，且 $\boldsymbol{\alpha}_1-\boldsymbol{\alpha}_2+2\boldsymbol{\alpha}_3=\mathbf{0}$，即 $\boldsymbol{\alpha}_1=\boldsymbol{\alpha}_2-2\boldsymbol{\alpha}_3$，假设 $\boldsymbol{\alpha}_4=k_1\boldsymbol{\alpha}_1+k_2\boldsymbol{\alpha}_2+k_3\boldsymbol{\alpha}_3$，则 $\boldsymbol{\alpha}_4$ 可由 $\boldsymbol{\alpha}_2,\boldsymbol{\alpha}_3$ 线性表示，因此 $\operatorname{rank}\{\boldsymbol{\alpha}_1,\boldsymbol{\alpha}_2,\boldsymbol{\alpha}_3,\boldsymbol{\alpha}_4\}\leqslant 2$，矛盾!

3. (1) $\boldsymbol{\xi}_1=\begin{pmatrix}0\\0\\1\\0\end{pmatrix},\boldsymbol{\xi}_2=\begin{pmatrix}-1\\1\\0\\1\end{pmatrix}$；(2) $k\begin{pmatrix}1\\-1\\-1\\-1\end{pmatrix}$，$k$ 为任意常数，且 $k\neq 0$.

[提示] (1) $\boldsymbol{A}\to\begin{pmatrix}1&0&0&1\\0&1&0&-1\end{pmatrix}$，线性方程组的一般解为 $\begin{cases}x_1=-x_4,\\x_2=x_4,\end{cases}$ 其中 x_3,x_4 为自由未知元.

(2) 将(Ⅱ)的通解 $k_1\begin{pmatrix}0\\1\\1\\0\end{pmatrix}+k_2\begin{pmatrix}-1\\2\\2\\1\end{pmatrix}=\begin{pmatrix}-k_2\\k_1+2k_2\\k_1+2k_2\\k_2\end{pmatrix}$ 代入(Ⅰ)中，得 $\begin{cases}k_1+k_2=0,\\k_1+k_2=0,\end{cases}$ 该方程组有非零解 $k_1=-k_2(k_2\neq 0)$，将其代入上述线性组合，即得所求. 或者令非零公共解为 $\boldsymbol{\gamma}=k_1\begin{pmatrix}0\\1\\1\\0\end{pmatrix}+k_2\begin{pmatrix}-1\\2\\2\\1\end{pmatrix}$，则 $\boldsymbol{\gamma}$ 可由 $\boldsymbol{\xi}_1,\boldsymbol{\xi}_2$ 线性表示，因此 $\operatorname{rank}\{\boldsymbol{\xi}_1,\boldsymbol{\xi}_2,\boldsymbol{\gamma}\}=2$，由此求出非零公共解.

4. $a=2,b=1,c=2$.

[提示] 线性方程组(Ⅱ)所含方程的个数小于未知量的个数，故方程组(Ⅱ)有非零解，从而(Ⅰ)必有非零解，设(Ⅰ)的系数矩阵为 $\boldsymbol{A}$，$\operatorname{rank}(\boldsymbol{A})\leqslant 2$，$\boldsymbol{A}\to\begin{pmatrix}1&0&1\\0&1&1\\0&0&a-2\end{pmatrix}$，$a=2$，$\operatorname{rank}(\boldsymbol{A})=2$，方程组的一般解为 $\begin{cases}x_1=-x_3,\\x_2=-x_3,\end{cases}$ 将(Ⅰ)的解代入(Ⅱ)，解之得 $\begin{cases}b=1,\\c=2,\end{cases}$ 或 $\begin{cases}b=0,\\c=1.\end{cases}$

(1) 当 $b=1,c=2$ 时，设(Ⅱ)的系数矩阵为 $\boldsymbol{B}$，$\boldsymbol{B}=\begin{pmatrix}1&1&2\\2&1&3\end{pmatrix}\to\begin{pmatrix}1&0&1\\0&1&1\end{pmatrix}$，方程组的一般解为 $\begin{cases}x_1=-x_3,\\x_2=-x_3,\end{cases}$ 与(Ⅰ)同解，合题意.

(2) 当 $b=0,c=1$ 时，$\boldsymbol{B}=\begin{pmatrix}1&0&1\\2&0&2\end{pmatrix}\to\begin{pmatrix}1&0&1\\0&0&0\end{pmatrix}$，方程组的一般解为 $x_1=-x_3$，与(Ⅰ)不同解，不合题意.

5. $\begin{cases}2x_1-x_2+x_3=0,\\-5x_1+x_2+x_4=0.\end{cases}$

[提示] 依题设,线性方程组的系数矩阵 $\boldsymbol{A}$ 的秩为 2,故设 $\boldsymbol{A}=(a_{ij})_{2\times 4}$ 且 A 的两个行向量线性无关,将基础解系代入方程组,有

$$\begin{cases}a_{11}+2a_{12}+0a_{13}+3a_{14}=0,\\a_{21}+2a_{22}+0a_{23}+3a_{24}=0,\end{cases}\quad\begin{cases}0a_{11}+a_{12}+a_{13}-a_{14}=0,\\0a_{21}+a_{22}+a_{23}-a_{24}=0,\end{cases}$$

也即 $\begin{cases}a_{11}+2a_{12}+0a_{13}+3a_{14}=0,\\0a_{11}+a_{12}+a_{13}-a_{14}=0,\end{cases}$ $\begin{cases}a_{21}+2a_{22}+0a_{23}+3a_{24}=0,\\0a_{21}+a_{22}+a_{23}-a_{24}=0,\end{cases}$ 上式说明 $\boldsymbol{A}$ 的行向量 $\boldsymbol{\alpha}_1=(a_{11},a_{12},a_{13},a_{14})$,$\boldsymbol{\alpha}_2=(a_{21},a_{22},a_{23},a_{24})$都是齐次线性方程组 $\begin{cases}y_1+2y_2+3y_4=0,\\y_2+y_3-y_4=0,\end{cases}$ 的解,令其系数矩阵 $\boldsymbol{B}=\begin{pmatrix}1&2&0&3\\0&1&1&-1\end{pmatrix}\rightarrow\begin{pmatrix}1&0&-2&5\\0&1&1&-1\end{pmatrix}$,方程组的一般解为 $\begin{cases}x_1=2x_3-5x_4,\\x_2=-x_3+x_4,\end{cases}$ 其基础解系为 $\boldsymbol{\xi}_1=\begin{pmatrix}2\\-1\\1\\0\end{pmatrix}$,$\boldsymbol{\xi}_2=\begin{pmatrix}-5\\1\\0\\1\end{pmatrix}$,可取 $\boldsymbol{\alpha}_1=\boldsymbol{\xi}_1$,$\boldsymbol{\alpha}_2=\boldsymbol{\xi}_2$. 显然,满足条件的线性方程组不唯一.

6. (1) 当 $b\neq 0$ 且 $b+\sum\limits_{i=1}^{n}a_i\neq 0$ 时,线性方程组只有零解;(2) 当 $b=0$ 时,线性方程组有非零解,其基础解系为 $\boldsymbol{\eta}_1=\begin{pmatrix}-a_2\\a_1\\0\\\vdots\\0\end{pmatrix}$,$\boldsymbol{\eta}_2=\begin{pmatrix}-a_3\\0\\a_1\\\vdots\\0\end{pmatrix}$,…,$\boldsymbol{\eta}_{n-1}=\begin{pmatrix}-a_n\\0\\0\\\vdots\\a_1\end{pmatrix}$;当 $b=-\sum\limits_{i=1}^{n}a_i$ 时,线性方程组有非零解,其基础解系为 $\boldsymbol{\eta}=\begin{pmatrix}1\\1\\\vdots\\1\end{pmatrix}$.

[提示] 类似于习题 1-4 第 4 题(2)的方法,可得线性方程组的系数行列式 $D=\left(b+\sum\limits_{i=1}^{n}a_i\right)b^{n-1}$.

(1) 当 $b\neq 0$ 且 $b+\sum\limits_{i=1}^{n}a_i\neq 0$ 时,$D\neq 0$;

(2) 当 $b=0$ 时,因为 $\sum\limits_{i=1}^{n}a_i\neq 0$,如果令方程组的系数矩阵为 $\boldsymbol{A}$,则 $\operatorname{rank}(\boldsymbol{A})=1<n$,方程组有非零解,不妨设 $a_1\neq 0$,$\boldsymbol{A}\rightarrow\begin{pmatrix}1&a_2/a_1&\cdots&a_n/a_1\\0&0&\cdots&0\\\vdots&\vdots&&\vdots\\0&0&\cdots&0\end{pmatrix}$,方程组的一般解为 $x_1=-\dfrac{a_2}{a_1}x_2-\cdots-\dfrac{a_n}{a_1}x_n$.

当 $b=-\sum\limits_{i=1}^{n}a_i(\neq 0)$ 时,对系数矩阵 $\boldsymbol{A}$ 施以初等行变换,第 n 行乘以 -1 加到其余各行,所得第 1,2,…,

$n-1$ 行都乘以 $-\dfrac{1}{\sum\limits_{i=1}^{n} a_i}$，所得第 1 行乘以 $-a_1$，且第 2 行乘以 $-a_2$…… 且第 $n-1$ 行乘以 $-a_{n-1}$ 之后都加

到第 n 行，将 $\boldsymbol{A}$ 化为行阶梯形矩阵，有 $\boldsymbol{A}\to\begin{pmatrix} a_1-\sum\limits_{i=1}^{n}a_i & a_2 & a_3 & \cdots & a_n \\ 1 & -1 & 1 & \cdots & 0 \\ 1 & 0 & -1 & \cdots & 0 \\ \vdots & \vdots & \vdots & & \vdots \\ 1 & 0 & 0 & \cdots & -1 \end{pmatrix}\to\begin{pmatrix} 1 & 0 & \cdots & 0 & -1 \\ 0 & 1 & \cdots & 0 & -1 \\ \vdots & \vdots & & \vdots & \vdots \\ 0 & 0 & \cdots & 1 & -1 \\ 0 & 0 & \cdots & 0 & 0 \end{pmatrix}$，

方程组的一般解为 $\begin{cases} x_1=x_n, \\ x_2=x_n, \\ \quad\vdots \\ x_{n-1}=x_n. \end{cases}$

单元练习题 2

一、选择题

1. B; 2. B; 3. D; 4. C; 5. A; 6. B; 7. C; 8. C; 9. A; 10. A; 11. D; 12. A; 13. A;
14. C; 15. C; 16. B; 17. B; 18. A; 19. A; 20. D

[提示]

1. $\boldsymbol{\alpha}_1,\boldsymbol{\alpha}_2,\cdots,\boldsymbol{\alpha}_m$ 线性无关 $\Leftrightarrow$ 任意一组不全为零的 $k_1,k_2,\cdots,k_m$，使 $k_1\boldsymbol{\alpha}_1+k_2\boldsymbol{\alpha}_2+\cdots+k_m\boldsymbol{\alpha}_m\neq\mathbf{0}$.

$\Leftrightarrow \mathrm{rank}\{\boldsymbol{\alpha}_1,\boldsymbol{\alpha}_2,\cdots,\boldsymbol{\alpha}_m\}=m$.

$\Rightarrow \boldsymbol{\alpha}_1,\boldsymbol{\alpha}_2,\cdots,\boldsymbol{\alpha}_m$ 中任意两个向量线性无关. A,C,D 均正确.

又例，$\begin{pmatrix}2\\0\end{pmatrix}$，$\begin{pmatrix}1\\0\end{pmatrix}$ 线性相关，$\begin{pmatrix}2\\0\end{pmatrix}-\begin{pmatrix}1\\0\end{pmatrix}=\begin{pmatrix}1\\0\end{pmatrix}\neq\mathbf{0}$，B 不正确.

2. 依定义，B 正确，A,C,D 不正确.

3. $\boldsymbol{\alpha}_1,\boldsymbol{\alpha}_2,\cdots,\boldsymbol{\alpha}_m$ 线性无关 $\Leftrightarrow$ 任意一组不全为零的 $k_1,k_2,\cdots,k_m$，使 $k_1\boldsymbol{\alpha}_1+k_2\boldsymbol{\alpha}_2+\cdots+k_m\boldsymbol{\alpha}_m\neq\mathbf{0}$. A 不正确. 例 $\begin{pmatrix}1\\1\end{pmatrix}=\begin{pmatrix}1\\0\end{pmatrix}+\begin{pmatrix}0\\1\end{pmatrix}$，即 $\begin{pmatrix}1\\0\end{pmatrix}$，$\begin{pmatrix}0\\1\end{pmatrix}$，$\begin{pmatrix}1\\1\end{pmatrix}$ 线性相关，但其中任意两个向量均线性无关，B 不正确，$\begin{pmatrix}0\\1\end{pmatrix}$ 不能由 $\begin{pmatrix}1\\0\end{pmatrix}$，$\begin{pmatrix}2\\0\end{pmatrix}$ 线性表示，但向量组 $\begin{pmatrix}0\\1\end{pmatrix}$，$\begin{pmatrix}1\\0\end{pmatrix}$，$\begin{pmatrix}2\\0\end{pmatrix}$ 线性相关，C 不正确. 依 2.3 节命题 1，D 正确.

4. 依题设，$\boldsymbol{\alpha},\boldsymbol{\beta},\boldsymbol{\gamma}$ 线性无关，则 $\boldsymbol{\alpha},\boldsymbol{\beta}$ 线性无关. 又 $\boldsymbol{\alpha},\boldsymbol{\beta},\boldsymbol{\delta}$ 线性相关，所以 $\boldsymbol{\delta}$ 必可由 $\boldsymbol{\alpha},\boldsymbol{\beta}$ 线性表示；从而 $\boldsymbol{\delta}$ 必可由 $\boldsymbol{\alpha},\boldsymbol{\beta},\boldsymbol{\gamma}$ 线性表示.

5. 令 $k=0$，如果 $\boldsymbol{\alpha}_1,\boldsymbol{\alpha}_2,\boldsymbol{\alpha}_3,\boldsymbol{\beta}_2$ 线性相关，又 $\boldsymbol{\alpha}_1,\boldsymbol{\alpha}_2,\boldsymbol{\alpha}_3$ 线性无关，所以 $\boldsymbol{\beta}_2$ 能由 $\boldsymbol{\alpha}_1,\boldsymbol{\alpha}_2,\boldsymbol{\alpha}_3$ 线性表示，矛盾！故 B 不正确. 同理 C 不正确. 如果 $\boldsymbol{\alpha}_1,\boldsymbol{\alpha}_2,\boldsymbol{\alpha}_3,\boldsymbol{\beta}_1+k\boldsymbol{\beta}_2$ 线性相关，则 $\boldsymbol{\beta}_1+k\boldsymbol{\beta}_2$ 可由 $\boldsymbol{\alpha}_1,\boldsymbol{\alpha}_2,\boldsymbol{\alpha}_3$ 线性表示，又 $\boldsymbol{\beta}_1$ 可由 $\boldsymbol{\alpha}_1,\boldsymbol{\alpha}_2,\boldsymbol{\alpha}_3$ 线性表示，于是当 $k\neq0$ 时，$\boldsymbol{\beta}_2$ 可由 $\boldsymbol{\alpha}_1,\boldsymbol{\alpha}_2,\boldsymbol{\alpha}_3$ 线性表示，矛盾！可依定义证明 A 正确.

6. 设 $\boldsymbol{\beta}=k_1\boldsymbol{\alpha}_1+k_2\boldsymbol{\alpha}_2+\cdots+k_m\boldsymbol{\alpha}_m$，且 $k_m\neq0$（否则 $\boldsymbol{\beta}$ 可由（Ⅰ）线性表示，矛盾），所以 $\boldsymbol{\alpha}_m$ 可由（Ⅱ）线性表示，又若 $\boldsymbol{\alpha}_m$ 能由（Ⅰ）线性表示，设 $\boldsymbol{\alpha}_m=l_1\boldsymbol{\alpha}_1+l_2\boldsymbol{\alpha}_2+\cdots+l_{m-1}\boldsymbol{\alpha}_{m-1}$，则 $\boldsymbol{\beta}=(k_1+l_1)\boldsymbol{\alpha}_1+(k_2+l_2)\boldsymbol{\alpha}_2+\cdots+(k_{m-1}+l_{m-1})\boldsymbol{\alpha}_{m-1}$，说明 $\boldsymbol{\beta}$ 必可由（Ⅰ）线性表示. 矛盾！从而 $\boldsymbol{\alpha}_m$ 不能由（Ⅰ）线性表示.

7. 因为 $\begin{vmatrix} 0 & 1 & -1 \\ 0 & -1 & 1 \\ c_1 & c_3 & c_4 \end{vmatrix}=0$，$\boldsymbol{\alpha}_1,\boldsymbol{\alpha}_3,\boldsymbol{\alpha}_4$ 线性相关，C 正确. 又

$$\begin{vmatrix}0&0&1\\0&1&-1\\c_1&c_2&c_3\end{vmatrix}=-c_1,\begin{vmatrix}0&0&-1\\0&1&1\\c_1&c_2&c_4\end{vmatrix}=c_1,\begin{vmatrix}0&1&-1\\1&-1&1\\c_2&c_3&c_4\end{vmatrix}=-c_3-c_4,$$

如果 $c_1\neq0$,则 $\boldsymbol{\alpha}_1,\boldsymbol{\alpha}_2,\boldsymbol{\alpha}_3$ 线性无关,$\boldsymbol{\alpha}_1,\boldsymbol{\alpha}_2,\boldsymbol{\alpha}_4$ 线性无关,如果 $c_3\neq-c_4$,$\boldsymbol{\alpha}_2,\boldsymbol{\alpha}_3,\boldsymbol{\alpha}_4$ 线性无关,所以 A,B,D 不正确.

8. $(\boldsymbol{\alpha}_1+\boldsymbol{\alpha}_2)-(\boldsymbol{\alpha}_2+\boldsymbol{\alpha}_3)+(\boldsymbol{\alpha}_3+\boldsymbol{\alpha}_4)-(\boldsymbol{\alpha}_4+\boldsymbol{\alpha}_1)=\mathbf{0}$,$\boldsymbol{\alpha}_1+\boldsymbol{\alpha}_2,\boldsymbol{\alpha}_2+\boldsymbol{\alpha}_3,\boldsymbol{\alpha}_3+\boldsymbol{\alpha}_4,\boldsymbol{\alpha}_4+\boldsymbol{\alpha}_1$ 线性相关,A 不正确;$(\boldsymbol{\alpha}_1-\boldsymbol{\alpha}_2)+(\boldsymbol{\alpha}_2-\boldsymbol{\alpha}_3)+(\boldsymbol{\alpha}_3-\boldsymbol{\alpha}_4)+(\boldsymbol{\alpha}_4-\boldsymbol{\alpha}_1)=\mathbf{0}$,$(\boldsymbol{\alpha}_1+\boldsymbol{\alpha}_2)-(\boldsymbol{\alpha}_2+\boldsymbol{\alpha}_3)+(\boldsymbol{\alpha}_3-\boldsymbol{\alpha}_4)+(\boldsymbol{\alpha}_4-\boldsymbol{\alpha}_1)=\mathbf{0}$,同理 B,D 不正确;依 $\boldsymbol{\alpha}_1,\boldsymbol{\alpha}_2,\boldsymbol{\alpha}_3,\boldsymbol{\alpha}_4$ 线性无关,依定义可证 C 正确.

9. 因为 $(\boldsymbol{\alpha}_1-\boldsymbol{\alpha}_2)+(\boldsymbol{\alpha}_2-\boldsymbol{\alpha}_3)+(\boldsymbol{\alpha}_3-\boldsymbol{\alpha}_1)=\mathbf{0}$,$\boldsymbol{\alpha}_1-\boldsymbol{\alpha}_2,\boldsymbol{\alpha}_2-\boldsymbol{\alpha}_3,\boldsymbol{\alpha}_3-\boldsymbol{\alpha}_1$ 线性相关,A 正确. 可以证明 B,C,D 不正确.

10. 设 $t_1(\boldsymbol{\alpha}_1+k\boldsymbol{\alpha}_3)+t_2(\boldsymbol{\alpha}_2+l\boldsymbol{\alpha}_3)=\mathbf{0}$,即 $t_1\boldsymbol{\alpha}_1+t_2\boldsymbol{\alpha}_2+(t_1k+t_2l)\boldsymbol{\alpha}_3=\mathbf{0}$,因为 $\boldsymbol{\alpha}_1,\boldsymbol{\alpha}_2,\boldsymbol{\alpha}_3$ 线性无关,得 $t_1=t_2=0$,所以 $\boldsymbol{\alpha}_1+k\boldsymbol{\alpha}_3,\boldsymbol{\alpha}_2+l\boldsymbol{\alpha}_3$ 线性无关. 反之,$\boldsymbol{\alpha}_1+k\boldsymbol{\alpha}_3,\boldsymbol{\alpha}_2+l\boldsymbol{\alpha}_3$ 线性无关 $\not\Rightarrow$ $\boldsymbol{\alpha}_1,\boldsymbol{\alpha}_2,\boldsymbol{\alpha}_3$ 线性无关. 例如 $\boldsymbol{\alpha}_1=\begin{pmatrix}1\\0\end{pmatrix}$,$\boldsymbol{\alpha}_2=\begin{pmatrix}0\\1\end{pmatrix}$,$\boldsymbol{\alpha}_3=\begin{pmatrix}1\\1\end{pmatrix}$ 线性相关,但是 $\boldsymbol{\alpha}_1-\boldsymbol{\alpha}_3=\begin{pmatrix}0\\-1\end{pmatrix}$,$\boldsymbol{\alpha}_2-\boldsymbol{\alpha}_3=\begin{pmatrix}-1\\0\end{pmatrix}$ 线性无关.

11. $\begin{pmatrix}1\\0\end{pmatrix}$ 可由 $\begin{pmatrix}1\\0\end{pmatrix},\begin{pmatrix}0\\1\end{pmatrix}$ 线性表示,$r=1<2=s$,但 $\begin{pmatrix}1\\0\end{pmatrix},\begin{pmatrix}0\\1\end{pmatrix}$ 线性无关. A 不正确. $\begin{pmatrix}1\\0\end{pmatrix},\begin{pmatrix}2\\0\end{pmatrix}$ 可由 $\begin{pmatrix}1\\0\end{pmatrix}$ 线性表示,$r=2>1=s$,但 $\begin{pmatrix}1\\0\end{pmatrix}$ 线性无关. B 不正确. $\begin{pmatrix}1\\0\end{pmatrix}$ 可由 $\begin{pmatrix}1\\0\end{pmatrix},\begin{pmatrix}0\\1\end{pmatrix}$ 线性表示,$r=1<2=s$,但 $\begin{pmatrix}1\\0\end{pmatrix}$ 线性无关. C 不正确. 依 2.4 节定理 4,D 正确.

12. $\begin{pmatrix}1\\0\end{pmatrix},\begin{pmatrix}0\\0\end{pmatrix}$ 可由 $\begin{pmatrix}1\\0\end{pmatrix},\begin{pmatrix}0\\1\end{pmatrix}$ 线性表示,$\begin{pmatrix}1\\0\end{pmatrix},\begin{pmatrix}0\\0\end{pmatrix}$ 线性相关,有 $r=2=s$. B 不正确. $\begin{pmatrix}1\\0\end{pmatrix},\begin{pmatrix}2\\0\end{pmatrix},\begin{pmatrix}0\\0\end{pmatrix}$ 可由 $\begin{pmatrix}1\\0\end{pmatrix},\begin{pmatrix}0\\1\end{pmatrix}$ 线性表示,$\begin{pmatrix}1\\0\end{pmatrix},\begin{pmatrix}0\\1\end{pmatrix}$ 线性无关,有 $r=3>2=s$. C 不正确. $\begin{pmatrix}1\\0\end{pmatrix}$ 可由 $\begin{pmatrix}1\\0\end{pmatrix},\begin{pmatrix}0\\1\end{pmatrix}$ 线性表示,$\begin{pmatrix}1\\0\end{pmatrix},\begin{pmatrix}0\\1\end{pmatrix}$ 线性无关,有 $r=1<2=s$. D 不正确. 依 2.4 节推论 5,A 正确.

13. 设线性方程组的增广矩阵为 $\overline{\boldsymbol{A}}$,当 $r=m$(共同的行数)时,$\operatorname{rank}(\boldsymbol{A})=\operatorname{rank}(\overline{\boldsymbol{A}})=m$,此时 $\operatorname{rank}(\boldsymbol{A})=\operatorname{rank}(\overline{\boldsymbol{A}})=m=n$(未知元的个数),则方程组有唯一解,$\operatorname{rank}(\boldsymbol{A})=\operatorname{rank}(\overline{\boldsymbol{A}})=m<n$,则方程组有无穷多个解,A 正确.

如果 $\overline{\boldsymbol{A}}\to\left(\begin{array}{cc|c}1&0&0\\0&1&0\\0&0&1\end{array}\right)$,$\operatorname{rank}(\boldsymbol{A})=2$(未知元的个数),但 $\operatorname{rank}(\overline{\boldsymbol{A}})\neq\operatorname{rank}(\boldsymbol{A})$,方程组无解. 如果 $\overline{\boldsymbol{A}}\to\left(\begin{array}{cc|c}1&0&0\\0&0&1\end{array}\right)$,$m=n=2$,$\operatorname{rank}(\boldsymbol{A})=1<2$,但 $\operatorname{rank}(\overline{\boldsymbol{A}})\neq\operatorname{rank}(\boldsymbol{A})$,方程组无解. B,C,D 不正确.

14. 依题设,其导出组的基础解系应含一个解向量,依线性方程组解的性质,$\boldsymbol{\alpha}_1-\dfrac{\boldsymbol{\alpha}_2+\boldsymbol{\alpha}_3}{2}=\begin{pmatrix}1\\3/2\\2\\5/2\end{pmatrix}\neq\mathbf{0}$ 为导出组的解,因此它就是导出组的一个基础解系,故方程组的通解为 $\boldsymbol{\alpha}_1+2c\left(\boldsymbol{\alpha}_1-\dfrac{\boldsymbol{\alpha}_2+\boldsymbol{\alpha}_3}{2}\right)=\begin{pmatrix}1\\2\\3\\4\end{pmatrix}+$

$c\begin{pmatrix}2\\3\\4\\5\end{pmatrix}$,其中 c 为任意常数,C 正确. 又因为 $\begin{pmatrix}1\\1\\1\\1\end{pmatrix}$, $\begin{pmatrix}0\\1\\2\\3\end{pmatrix}$, $\begin{pmatrix}3\\4\\5\\6\end{pmatrix}$ 都不是导出组的基础解系,故 A,B、D 不正确.

15. 依题设,非齐次线性方程组有无穷多个解,所以 $\text{rank}(\boldsymbol{A})\leqslant 2$,导出组的基础解系应含 $3-\text{rank}(\boldsymbol{A})\geqslant 3-2=1$ 个解向量,因为 $\boldsymbol{\eta}_1,\boldsymbol{\eta}_2,\boldsymbol{\eta}_3$ 线性无关,所以 $\boldsymbol{\eta}_2-\boldsymbol{\eta}_1,\boldsymbol{\eta}_3-\boldsymbol{\eta}_1$ 线性无关,且为导出组的解,因此 $\boldsymbol{\eta}_2-\boldsymbol{\eta}_1,\boldsymbol{\eta}_3-\boldsymbol{\eta}_1$ 就是导出组的一个基础解系,又 $\dfrac{\boldsymbol{\eta}_2+\boldsymbol{\eta}_3}{2}$ 是方程组的一个特解,所以方程组的通解为 $\dfrac{\boldsymbol{\eta}_2+\boldsymbol{\eta}_3}{2}+k_1(\boldsymbol{\eta}_3-\boldsymbol{\eta}_1)+k_2(\boldsymbol{\eta}_2-\boldsymbol{\eta}_1)$,C 正确. 又 $\dfrac{\boldsymbol{\eta}_2-\boldsymbol{\eta}_3}{2}$ 不是方程组的解,B,D 不正确. $\boldsymbol{\eta}_2-\boldsymbol{\eta}_1$ 不是导出组的基础解系,A 不正确.

16. 依题设,$\boldsymbol{\alpha}_1,\boldsymbol{\alpha}_2$ 线性无关,所以 $\boldsymbol{\alpha}_1,\boldsymbol{\alpha}_1-\boldsymbol{\alpha}_2$ 线性无关,它也是导出组的一个基础解系,$\dfrac{\boldsymbol{\beta}_1+\boldsymbol{\beta}_2}{2}$ 是非齐次线性方程组的一个特解,于是方程组的通解为 $\dfrac{\boldsymbol{\beta}_1+\boldsymbol{\beta}_2}{2}+k_1\boldsymbol{\alpha}_1+k_2(\boldsymbol{\alpha}_1-\boldsymbol{\alpha}_2)$,B 正确. 又因为 $\dfrac{\boldsymbol{\beta}_1-\boldsymbol{\beta}_2}{2}$ 不是特解,尽管 $\boldsymbol{\alpha}_1,\boldsymbol{\beta}_1-\boldsymbol{\beta}_2$ 是导出组的解,但未必线性无关,所以 A,C,D 不正确.

17. 如果(Ⅰ)的解都是(Ⅱ)的解,则(Ⅰ)的基础解系也在(Ⅱ)的基础解系中,$\text{rank}(\boldsymbol{A})\geqslant\text{rank}(\boldsymbol{B})$,(1)正确. 同理,如果(Ⅰ)与(Ⅱ)的同解,则 $\text{rank}(\boldsymbol{A})=\text{rank}(\boldsymbol{B})$,(3)正确. 故 B 正确. 显然(2),(4)不正确,故 A,C,D 不正确.

18. 显然 $\boldsymbol{\eta}_1,\boldsymbol{\eta}_2$ 线性无关,要成为以 $\boldsymbol{A}$ 为系数矩阵的齐次线性方程组的解,需满足 $\text{rank}(\boldsymbol{A})\leqslant 3-2=1$,所以 B,C,D 不正确. 又因为 $\boldsymbol{A\eta}_1=\boldsymbol{0},\boldsymbol{A\eta}_2=\boldsymbol{0}$,A 正确.

19. 线性方程组只有零解的充分必要条件是 $\text{rank}(\boldsymbol{A})=n=\boldsymbol{A}$ 的列数,所以 $\boldsymbol{A}$ 为列满秩矩阵,即 $\boldsymbol{A}$ 的列向量线性无关,A 正确,B 不正确. 如果 $\boldsymbol{A}\to\begin{pmatrix}1&0\\0&0\end{pmatrix}$,$\boldsymbol{A}$ 的行组线性相关,但方程组有非零解,如果 $\boldsymbol{A}\to\begin{pmatrix}1&0&0\\0&1&0\end{pmatrix}$,$\boldsymbol{A}$ 的行组线性无关,但方程组有非零解,C,D 不正确.

20. 对增广矩阵 $(\boldsymbol{A}|\boldsymbol{\beta})$ 施以初等行变换

$$(\boldsymbol{A}|\boldsymbol{\beta})=\left(\begin{array}{ccc|c}1&1&1&1\\1&2&a&d\\1&4&a^2&d^2\end{array}\right)\to\left(\begin{array}{ccc|c}1&1&1&1\\0&1&a-1&d-1\\0&0&(a-1)(a-2)&(d-1)(d-2)\end{array}\right),$$

依题设,$\text{rank}(\boldsymbol{A})=\text{rank}(\boldsymbol{A}|\boldsymbol{\beta})<3$,解之得 $a=1$ 或 $a=2$ 和 $d=1$ 或 $d=2$.

二、填空题

1. $abc\neq 0$; 2. $a=\dfrac{1}{2}$; 3. $t=3$; 4. $a=-1$; 5. $a=-2$; 6. $k\begin{pmatrix}1\\ \vdots\\1\end{pmatrix}$($k$ 为任意常数);

7. $k\begin{pmatrix}1\\-2\\1\end{pmatrix}$($k$ 为任意常数); 8. -1; 9. $-\dfrac{1}{2}$; 10. 1,0.

[提示]

1. $\boldsymbol{\alpha}_1,\boldsymbol{\alpha}_2,\boldsymbol{\alpha}_3$ 线性无关,则 $\begin{vmatrix}a&b&0\\0&c&a\\c&0&b\end{vmatrix}=2abc\neq 0$.

2. $\boldsymbol{\beta}_1,\boldsymbol{\beta}_2,\boldsymbol{\beta}_3,\boldsymbol{\beta}_4$ 线性相关,则

$$\begin{vmatrix}2&2&3&4\\1&1&2&3\\1&a&1&2\\1&a&a&1\end{vmatrix}=\begin{vmatrix}0&0&-1&-2\\1&1&2&3\\0&a-1&-1&-1\\0&a-1&a-2&-2\end{vmatrix}=\begin{vmatrix}0&0&-1&-2\\1&1&2&3\\0&a-1&-1&-1\\0&0&a-1&-1\end{vmatrix}$$

$$=\begin{vmatrix}1&1\\0&a-1\end{vmatrix}\cdot(-1)^{2+3+1+2}\begin{vmatrix}-1&-2\\a-1&-1\end{vmatrix}=(a-1)(2a-1)=0.$$

3. $(\boldsymbol{\alpha}_1,\boldsymbol{\alpha}_2,\boldsymbol{\alpha}_3)=\begin{pmatrix}1&2&0\\2&0&-4\\-1&t&5\\1&0&-2\end{pmatrix}\to\begin{pmatrix}1&2&0\\0&1&1\\0&0&3-t\\0&0&0\end{pmatrix}$,依题设 $\operatorname{rank}\{\boldsymbol{\alpha}_1,\boldsymbol{\alpha}_2,\boldsymbol{\alpha}_3\}=2$.

4. 对线性方程组的增广矩阵 $\bar{\boldsymbol{A}}$ 施以初等行变换,将其化为行阶梯形矩阵,有

$$\bar{\boldsymbol{A}}=\left(\begin{array}{ccc|c}1&2&1&1\\2&3&a+2&3\\1&a&-2&0\end{array}\right)\to\left(\begin{array}{ccc|c}1&2&1&1\\0&1&-a&-1\\0&0&(a+1)(a-3)&a-3\end{array}\right).$$

因为方程组无解,所以 $\operatorname{rank}(\boldsymbol{A})\neq\operatorname{rank}(\bar{\boldsymbol{A}})$. 如果 $a=3$,则 $\operatorname{rank}(\boldsymbol{A})=\operatorname{rank}(\bar{\boldsymbol{A}})=2$,不合题意. 如果 $a\neq3$ 且 $a\neq-1$,则 $\operatorname{rank}(\boldsymbol{A})=\operatorname{rank}(\bar{\boldsymbol{A}})=3$,不合题意. 如果 $a=-1$,则 $\operatorname{rank}(\boldsymbol{A})=2\neq3=\operatorname{rank}(\bar{\boldsymbol{A}})$,合题意.

5. 对线性方程组的增广矩阵 $\bar{\boldsymbol{A}}$ 施以初等行变换,将其化为行阶梯形矩阵,有

$$\bar{\boldsymbol{A}}=\left(\begin{array}{ccc|c}a&1&1&1\\1&a&1&1\\1&1&a&-2\end{array}\right)\to\left(\begin{array}{ccc|c}1&1&a&-2\\0&a-1&1-a&3\\0&0&-(a-1)(a+2)&2(a+2)\end{array}\right).$$

因为方程组有无穷多个解,所以 $\operatorname{rank}(\boldsymbol{A})=\operatorname{rank}(\bar{\boldsymbol{A}})<3$.

如果 $a=1$,则 $\operatorname{rank}(\boldsymbol{A})=2\neq3=\operatorname{rank}(\bar{\boldsymbol{A}})$,不合题意. 如果 $a\neq1$ 且 $a\neq-2$,则 $\operatorname{rank}(\boldsymbol{A})=3=\operatorname{rank}(\bar{\boldsymbol{A}})$,不合题意. 如果 $a=-2$,则 $\operatorname{rank}(\boldsymbol{A})=2=\operatorname{rank}(\bar{\boldsymbol{A}})<3$,合题意.

6. 设 $\boldsymbol{A}=(a_{ij})_n$,依题设,$a_{i1}+a_{i2}+\cdots+a_{in}=0,i=1,2,\cdots,n$,说明 $\begin{pmatrix}1\\\vdots\\1\end{pmatrix}$ 是线性方程组的解. 又因为其基础解系应含 $n-(n-1)=1$ 个解向量,所以非零向量 $\begin{pmatrix}1\\\vdots\\1\end{pmatrix}$ 就是方程组的基础解系.

7. 依题设,$\boldsymbol{\alpha}_1,\boldsymbol{\alpha}_2,\boldsymbol{\alpha}_3$ 线性相关,$\boldsymbol{\alpha}_1,\boldsymbol{\alpha}_2$ 线性无关,即 $\operatorname{rank}(\boldsymbol{A})=2$,所以方程组的基础解系含一个解向量,因为 $\boldsymbol{\alpha}_1-2\boldsymbol{\alpha}_2+\boldsymbol{\alpha}_3=\boldsymbol{0}$,故取非零向量 $\boldsymbol{\eta}=\begin{pmatrix}1\\-2\\1\end{pmatrix}$ 为其基础解系.

8. 以 $\boldsymbol{\alpha}_1,\boldsymbol{\alpha}_2,\boldsymbol{\alpha}_3$ 为未知元 x_1,x_2,x_3 的系数列,$\boldsymbol{\beta}$ 为常数项列构成线性方程组,对其增广矩阵施以初等行变换,有

$$(\boldsymbol{\alpha}_1,\boldsymbol{\alpha}_2,\boldsymbol{\alpha}_3\mid\boldsymbol{\beta})=\left(\begin{array}{ccc|c}1&2&1&1\\2&3&a+2&3\\1&a&-2&0\end{array}\right)\to\left(\begin{array}{ccc|c}1&2&1&1\\0&1&-a&-1\\0&0&(a-3)(a+1)&a-3\end{array}\right),$$

因为 $\boldsymbol{\beta}$ 不能由 $\boldsymbol{\alpha}_1,\boldsymbol{\alpha}_2,\boldsymbol{\alpha}_3$ 线性表示,所以方程组无解,$\operatorname{rank}(\boldsymbol{A})\neq\operatorname{rank}(\bar{\boldsymbol{A}})$.

9. 依题设,$\operatorname{rank}(\boldsymbol{A})=\operatorname{rank}(\boldsymbol{B})$,$\boldsymbol{B}\to\begin{pmatrix}1&0&4\\0&1&-2\\0&0&0\end{pmatrix}$,$\operatorname{rank}(\boldsymbol{B})=2$,因此 $\operatorname{rank}(\boldsymbol{A})=2$,

$$A\to\begin{pmatrix}1&1&a\\0&1-b^2&b-b^2\\0&b-b^2&1-b^2\end{pmatrix}\to\begin{pmatrix}1&1&b\\0&b-1&1-b\\0&0&-(b-1)(2b+1)\end{pmatrix}$$，注意到 $b\neq1$.

10. 依题设，非零矩阵 $\boldsymbol{A}$ 满足 $\mathrm{rank}(\boldsymbol{A})\geqslant1$，$\boldsymbol{B}=\boldsymbol{0}$，此时 $\boldsymbol{A}$ 的非零子式的最高阶数只可能为 1.

三、判断题

1. ×；2. √；3. √；4. ×；5. √；6. √；7. √；8. ×；9. ×；10. ×.

[提示]

1. 例如，$\begin{cases}x_1-x_2=3,\\2x_1+x_2=1,\\x_1+2x_2=-2,\end{cases}$ $\mathrm{rank}(\boldsymbol{A})=2=\mathrm{rank}(\bar{\boldsymbol{A}})$，方程组有唯一解.

2. 若 n 维向量组 $\boldsymbol{\alpha}_1,\boldsymbol{\alpha}_2,\cdots,\boldsymbol{\alpha}_n$ 线性无关，又任意 $n+1$ 个 n 维向量必线性相关，所以任一 n 维向量都可由 $\boldsymbol{\alpha}_1,\boldsymbol{\alpha}_2,\cdots,\boldsymbol{\alpha}_n$ 线性表示. 反之，若任一 n 维向量都可由它线性表示，则 $\{\boldsymbol{\alpha}_1,\boldsymbol{\alpha}_2,\cdots,\boldsymbol{\alpha}_n\}\cong\{\varepsilon_1,\varepsilon_2,\cdots,\varepsilon_n\}$，从而 $\mathrm{rank}\{\boldsymbol{\alpha}_1,\boldsymbol{\alpha}_2,\cdots,\boldsymbol{\alpha}_n\}=\mathrm{rank}\{\boldsymbol{\varepsilon}_1,\boldsymbol{\varepsilon}_2,\cdots,\boldsymbol{\varepsilon}_n\}=n$，即 $\boldsymbol{\alpha}_1,\boldsymbol{\alpha}_2,\cdots,\boldsymbol{\alpha}_n$ 线性无关.

3. $\mathrm{rank}(\boldsymbol{A})=n$（未知元的个数），依 2.6 节推论 4，齐次线性方程组只有零解.

4. 与齐次线性方程组的基础解系等价的线性无关向量组也是该齐次线性方程组的基础解系.

5. 设 $\boldsymbol{\beta}=k_1\boldsymbol{\alpha}_1+k_2\boldsymbol{\alpha}_2+\cdots+k_m\boldsymbol{\alpha}_m$，因为 $\boldsymbol{\beta}$ 不能由 $\boldsymbol{\alpha}_1,\boldsymbol{\alpha}_2,\cdots,\boldsymbol{\alpha}_{m-1}$ 线性表示，所以 $k_m\neq0$，从而 $\boldsymbol{\alpha}_m$ 可由 $\boldsymbol{\alpha}_1,\boldsymbol{\alpha}_2,\cdots,\boldsymbol{\alpha}_{m-1},\boldsymbol{\beta}$ 线性表示，因此 $\{\boldsymbol{\alpha}_1,\boldsymbol{\alpha}_2,\cdots,\boldsymbol{\alpha}_m\}\cong\{\boldsymbol{\alpha}_1,\boldsymbol{\alpha}_2,\cdots,\boldsymbol{\alpha}_{m-1},\boldsymbol{\beta}\}$.

6. 依题设，$\boldsymbol{\alpha}_{i_1},\boldsymbol{\alpha}_{i_2},\cdots,\boldsymbol{\alpha}_{i_r}$ 必线性无关，否则若 $\boldsymbol{\alpha}_{i_1},\boldsymbol{\alpha}_{i_2},\cdots,\boldsymbol{\alpha}_{i_r}$ 线性相关，则表示式未必唯一.

7. 显然 $m=\mathrm{rank}(\boldsymbol{A})\leqslant\mathrm{rank}(\bar{\boldsymbol{A}})\leqslant m$（$\bar{\boldsymbol{A}}$ 的行数），因此 $\mathrm{rank}(\boldsymbol{A})=\mathrm{rank}(\bar{\boldsymbol{A}})=m$，故方程组有解.

8. 依 2.7 节定理 1，方程组的任意 $n-r$ 个线性无关的解向量是它的基础解系.

9. $\mathrm{rank}(\boldsymbol{A}^{\mathrm{T}})=\mathrm{rank}(\boldsymbol{A})=3$，因为方程组的增广矩阵 $(\boldsymbol{A}^{\mathrm{T}}\mid\boldsymbol{\beta})$ 是 4 阶方阵，故若 $\mathrm{rank}(\boldsymbol{A}^{\mathrm{T}}\mid\boldsymbol{\beta})>3$，则该方程组无解.

10. 例如，向量组 $\begin{pmatrix}1\\0\end{pmatrix}$，$\begin{pmatrix}2\\0\end{pmatrix}$ 线性相关，但是 $2\begin{pmatrix}1\\0\end{pmatrix}-\begin{pmatrix}2\\0\end{pmatrix}=\begin{pmatrix}0\\0\end{pmatrix}$.

四、解答题

1. 当 $\lambda=3$ 时，齐次线性方程组有非零解，其通解为 $\boldsymbol{x}=k_1\begin{pmatrix}-3\\2\\5\end{pmatrix}$（$k_1$ 为任意常数）；当 $\lambda=-2$ 时，齐次线性方程组有非零解，其通解为 $\boldsymbol{x}=k_2\begin{pmatrix}1\\1\\0\end{pmatrix}$（$k_2$ 为任意常数）.

[提示] 对齐次线性方程组的系数矩阵 $\boldsymbol{A}$ 施以初等行变换，有 $\boldsymbol{A}\to\begin{pmatrix}1&-1&1\\0&\lambda+2&-\lambda+1\\0&0&\lambda-3\end{pmatrix}$. (1) 当 $\lambda\neq3$ 且 $\lambda\neq-2$ 时，方程组只有零解.

(2) 当 $\lambda=3$ 时，$\mathrm{rank}(\boldsymbol{A})=2<3$，方程组的一般解为 $\begin{cases}x_1=(-3/5)x_3,\\x_2=(2/5)x_3,\end{cases}$ x_3 为自由未知元.

(3) 当 $\lambda=-2$ 时，$\mathrm{rank}(\boldsymbol{A})=2<3$，方程组的一般解为 $\begin{cases}x_1=x_2,\\x_3=0,\end{cases}$ x_2 为自由未知元.

2. 当 $a\neq1$ 时，线性方程组有唯一解；当 $a=1$ 且 $b\neq-1$ 时，线性方程组无解；当 $a=1$ 且 $b=-1$ 时，线性方程组有无穷多个解，其通解为 $\boldsymbol{x}=\boldsymbol{\gamma}_0+k_1\boldsymbol{\eta}_1+k_2\boldsymbol{\eta}_2$（$k_1,k_2$ 为任意常数），其中

$$\boldsymbol{\gamma}_0=\begin{pmatrix}-1\\1\\0\\0\end{pmatrix},\quad \boldsymbol{\eta}_1=\begin{pmatrix}1\\-2\\1\\0\end{pmatrix},\quad \boldsymbol{\eta}_2=\begin{pmatrix}1\\-2\\0\\1\end{pmatrix}.$$

[提示] 对增广矩阵 $\overline{\boldsymbol{A}}$ 施以初等行变换，有 $\overline{\boldsymbol{A}}\to\left(\begin{array}{cccc|c}1&1&1&1&0\\0&1&2&2&1\\0&0&a-1&0&1+b\\0&0&0&a-1&0\end{array}\right)$. (1) 当 $a\neq1$ 时，$\operatorname{rank}(\boldsymbol{A})=\operatorname{rank}(\overline{\boldsymbol{A}})=4$.

(2) 当 $a=1$ 且 $b\neq-1$ 时，$\operatorname{rank}(\boldsymbol{A})=2\neq3=\operatorname{rank}(\overline{\boldsymbol{A}})$. (3) 当 $a=1$ 且 $b=-1$ 时，$\operatorname{rank}(\boldsymbol{A})=\operatorname{rank}(\overline{\boldsymbol{A}})=2<4$，线性方程组的一般解为 $\begin{cases}x_1=-1+x_3+x_4,\\x_2=1-2x_3-2x_4,\end{cases}$ x_3,x_4 为自由未知元.

3. 当 $\lambda\neq0$ 且 $\lambda\neq-3$ 时，$\boldsymbol{\beta}$ 能由 $\boldsymbol{\alpha}_1,\boldsymbol{\alpha}_2,\boldsymbol{\alpha}_3$ 唯一线性表示；当 $\lambda=0$ 时，$\boldsymbol{\beta}$ 可由 $\boldsymbol{\alpha}_1,\boldsymbol{\alpha}_2,\boldsymbol{\alpha}_3$ 线性表示，但表示式不唯一；当 $\lambda=-3$ 时，$\boldsymbol{\beta}$ 不能由 $\boldsymbol{\alpha}_1,\boldsymbol{\alpha}_2,\boldsymbol{\alpha}_3$ 线性表示.

[提示] 考查线性方程组 $x_1\boldsymbol{\alpha}_1+x_2\boldsymbol{\alpha}_2+x_3\boldsymbol{\alpha}_3=\boldsymbol{\beta}$，对增广矩阵 $\overline{\boldsymbol{A}}$ 施以初等行变换，有

$$\overline{\boldsymbol{A}}\to\left(\begin{array}{ccc|c}1&1&1+\lambda&\lambda^2\\0&\lambda&-\lambda&\lambda(1-\lambda)\\0&0&-\lambda(\lambda+3)&-\lambda(\lambda^2+2\lambda-1)\end{array}\right).$$

(1) 当 $\lambda\neq0$ 且 $\lambda\neq-3$ 时，$\operatorname{rank}(\boldsymbol{A})=\operatorname{rank}(\overline{\boldsymbol{A}})=3$.

(2) 当 $\lambda=0$ 时，$\operatorname{rank}(\boldsymbol{A})=\operatorname{rank}(\overline{\boldsymbol{A}})=1<3$. (3) 当 $\lambda=-3$ 时，$\operatorname{rank}(\boldsymbol{A})=2\neq3=\operatorname{rank}(\overline{\boldsymbol{A}})$.

4. 当 $p\neq2$ 时，向量组线性无关，$\boldsymbol{\beta}=2\boldsymbol{\alpha}_1+\dfrac{3p-4}{p-2}\boldsymbol{\alpha}_2+\boldsymbol{\alpha}_3-\dfrac{p-1}{p-2}\boldsymbol{\alpha}_4$；当 $p=2$ 时，向量组线性相关，$\boldsymbol{\alpha}_1,\boldsymbol{\alpha}_2,\boldsymbol{\alpha}_3$ 为一极大线性无关组，且 $\boldsymbol{\alpha}_4=0\boldsymbol{\alpha}_1+2\boldsymbol{\alpha}_2+0\boldsymbol{\alpha}_3$

[提示] 以 $\boldsymbol{\alpha}_1,\boldsymbol{\alpha}_2,\boldsymbol{\alpha}_3,\boldsymbol{\alpha}_4,\boldsymbol{\beta}$ 为列构成矩阵，对其施以初等行变换，有

$$(\boldsymbol{\alpha}_1,\boldsymbol{\alpha}_2,\boldsymbol{\alpha}_3,\boldsymbol{\alpha}_4|\boldsymbol{\beta})\to\left(\begin{array}{cccc|c}1&-1&3&-2&4\\0&2&1&4&3\\0&0&1&0&1\\0&0&0&p-2&-p+1\end{array}\right).$$

(1) 当 $p\neq2$ 时，$\operatorname{rank}\{\boldsymbol{\alpha}_1,\boldsymbol{\alpha}_2,\boldsymbol{\alpha}_3,\boldsymbol{\alpha}_4\}=4$，所以 $\boldsymbol{\alpha}_1,\boldsymbol{\alpha}_2,\boldsymbol{\alpha}_3,\boldsymbol{\alpha}_4$ 线性无关，

$$(\boldsymbol{\alpha}_1,\boldsymbol{\alpha}_2,\boldsymbol{\alpha}_3,\boldsymbol{\alpha}_4|\boldsymbol{\beta})\to\left(\begin{array}{cccc|c}1&0&0&0&2\\0&1&0&0&(3p-4)/(p-2)\\0&0&1&0&1\\0&0&0&1&(1-p)/(p-2)\end{array}\right).$$

(2) 当 $p=2$ 时，$\operatorname{rank}\{\boldsymbol{\alpha}_1,\boldsymbol{\alpha}_2,\boldsymbol{\alpha}_3,\boldsymbol{\alpha}_4\}=3$，$\boldsymbol{\alpha}_1,\boldsymbol{\alpha}_2,\boldsymbol{\alpha}_3,\boldsymbol{\alpha}_4$ 线性相关，$(\boldsymbol{\alpha}_1,\boldsymbol{\alpha}_2,\boldsymbol{\alpha}_3,\boldsymbol{\alpha}_4)\to\begin{pmatrix}1&0&0&0\\0&1&0&2\\0&0&1&0\\0&0&0&0\end{pmatrix}$.

5. $a=1$.

[提示] 以 $\boldsymbol{\beta}_1,\boldsymbol{\beta}_2,\boldsymbol{\beta}_3,\boldsymbol{\alpha}_1,\boldsymbol{\alpha}_2,\boldsymbol{\alpha}_3$ 为列构成矩阵，对其施以初等行变换，有

$$(\boldsymbol{\beta}_1,\boldsymbol{\beta}_2,\boldsymbol{\beta}_3,\boldsymbol{\alpha}_1,\boldsymbol{\alpha}_2,\boldsymbol{\alpha}_3)\rightarrow\begin{pmatrix}1 & -2 & -2 & 1 & 1 & a\\ 0 & a+2 & a+2 & 0 & a-1 & 1-a\\ 0 & 0 & a-4 & 0 & 3(1-a) & -(1-a)^2\end{pmatrix}.$$

当 $a=1$ 时，$\text{rank}\{\boldsymbol{\beta}_1,\boldsymbol{\beta}_2,\boldsymbol{\beta}_3,\boldsymbol{\alpha}_1,\boldsymbol{\alpha}_2,\boldsymbol{\alpha}_3\}=3$，$\boldsymbol{\beta}_1,\boldsymbol{\beta}_2,\boldsymbol{\beta}_3$ 是极大线性无关组，它可表示 $\boldsymbol{\alpha}_1,\boldsymbol{\alpha}_2,\boldsymbol{\alpha}_3$，因 $\text{rank}\{\boldsymbol{\alpha}_1,\boldsymbol{\alpha}_2,\boldsymbol{\alpha}_3\}=1$，故它不是极大线性无关组，不能表示 $\boldsymbol{\beta}_1,\boldsymbol{\beta}_2,\boldsymbol{\beta}_3$.

当 $a=4$ 或 $a=-2$ 时，$\text{rank}\{\boldsymbol{\beta}_1,\boldsymbol{\beta}_2,\boldsymbol{\beta}_3,\boldsymbol{\alpha}_1,\boldsymbol{\alpha}_2,\boldsymbol{\alpha}_3\}=3$，$\boldsymbol{\alpha}_1,\boldsymbol{\alpha}_2,\boldsymbol{\alpha}_3$ 是极大线性无关组，不合题意.

当 $a\neq1,a\neq4,a\neq-2$ 同时满足时，$\text{rank}\{\boldsymbol{\beta}_1,\boldsymbol{\beta}_2,\boldsymbol{\beta}_3,\boldsymbol{\alpha}_1,\boldsymbol{\alpha}_2,\boldsymbol{\alpha}_3\}=3$，$\boldsymbol{\beta}_1,\boldsymbol{\beta}_2,\boldsymbol{\beta}_3$ 与 $\boldsymbol{\alpha}_1,\boldsymbol{\alpha}_2,\boldsymbol{\alpha}_3$ 都是极大线性无关组，不合题意.

6. $(1,0,-1,2)^{\mathrm{T}}$.

[提示] 设(Ⅰ)和(Ⅱ)的公共解为 $\boldsymbol{\gamma}_0+k_1\boldsymbol{\eta}_1+k_2\boldsymbol{\eta}_2=\begin{pmatrix}5-6k_1-5k_2\\ -3+5k_1+4k_2\\ k_1\\ k_2\end{pmatrix}$，则 $\text{rank}\{\boldsymbol{\xi}_1,\boldsymbol{\xi}_2,(\boldsymbol{\gamma}_0+k_1\boldsymbol{\eta}_1+k_2\boldsymbol{\eta}_2)-\boldsymbol{\delta}_0\}=2$，对矩阵 $(\boldsymbol{\xi}_1,\boldsymbol{\xi}_2,(\boldsymbol{\gamma}_0+k_1\boldsymbol{\eta}_1+k_2\boldsymbol{\eta}_2)-\boldsymbol{\delta}_0)$ 施以初等行变换，有

$$(\boldsymbol{\xi}_1,\boldsymbol{\xi}_2,(\boldsymbol{\gamma}_0+k_1\boldsymbol{\eta}_1+k_2\boldsymbol{\eta}_2)-\boldsymbol{\delta}_0)=\begin{pmatrix}8 & 10 & 16-6k_1-5k_2\\ -1 & -2 & -6+5k_1+4k_2\\ 1 & 0 & k_1\\ 0 & 1 & k_2\end{pmatrix}\rightarrow\begin{pmatrix}1 & 0 & k_1\\ 0 & 1 & k_2\\ 0 & -2 & -6+6k_1+4k_2\\ 0 & 10 & 16-14k_1-5k_2\end{pmatrix}$$

$$\rightarrow\begin{pmatrix}1 & 0 & k_1\\ 0 & 1 & k_2\\ 0 & 0 & -6+6k_1+6k_2\\ 0 & 0 & 16-14k_1-15k_2\end{pmatrix},$$

因此 $\begin{cases}-6+6k_1+6k_2=0,\\ 16-14k_1-15k_2=0,\end{cases}$ 解关于 k_1,k_2 的线性方程组 $\begin{cases}k_1+k_2=1,\\ 14k_1+15k_2=16,\end{cases}$ 因 $\begin{vmatrix}1 & 1\\ 14 & 15\end{vmatrix}=1\neq0$，故方程组有唯一解 $k_1=-1,k_2=2$，故(Ⅰ)和(Ⅱ)的公共解为 $\boldsymbol{\gamma}_0-\boldsymbol{\eta}_1+2\boldsymbol{\eta}_2$.

五、证明题

1. [提示] 记线性方程组(3)：$\begin{cases}a_{11}x_1+a_{12}x_2+\cdots+a_{1n}x_n=0,\\ a_{21}x_1+a_{22}x_2+\cdots+a_{2n}x_n=0,\\ \qquad\vdots\\ a_{m1}x_1+a_{m2}x_2+\cdots+a_{mn}x_n=0,\\ b_1x_1+b_2x_2+\cdots+b_nx_n=0,\end{cases}$ 显然方程组(3)的解是线性方程组(1)的解，又依题设，方程组(1)的解都是方程组(3)的解，故方程组(1)与方程组(3)同解，共享基础解系，则方程组(1)与方程组(3)的系数矩阵的秩相等，即其行向量组的秩 $\text{rank}\{\boldsymbol{\alpha}_1,\boldsymbol{\alpha}_2,\cdots,\boldsymbol{\alpha}_m\}=\text{rank}\{\boldsymbol{\alpha}_1,\boldsymbol{\alpha}_2,\cdots,\boldsymbol{\alpha}_m,\boldsymbol{\beta}\}$. 依例 2.4.4 的结论，$\{\boldsymbol{\alpha}_1,\boldsymbol{\alpha}_2,\cdots,\boldsymbol{\alpha}_m\}\cong\{\boldsymbol{\alpha}_1,\boldsymbol{\alpha}_2,\cdots,\boldsymbol{\alpha}_m,\boldsymbol{\beta}\}$.

2. [提示] 令 $\boldsymbol{\alpha}_1=\begin{pmatrix}a_{11}\\ a_{21}\\ \vdots\\ a_{m1}\end{pmatrix},\boldsymbol{\alpha}_2=\begin{pmatrix}a_{12}\\ a_{22}\\ \vdots\\ a_{m2}\end{pmatrix},\cdots,\boldsymbol{\alpha}_n=\begin{pmatrix}a_{1n}\\ a_{2n}\\ \vdots\\ a_{mn}\end{pmatrix},\boldsymbol{\beta}=\begin{pmatrix}b_1\\ b_2\\ \vdots\\ b_m\end{pmatrix},\boldsymbol{y}=\begin{pmatrix}y_1\\ y_2\\ \vdots\\ y_m\end{pmatrix},\boldsymbol{z}=\begin{pmatrix}z_1\\ z_2\\ \vdots\\ z_m\end{pmatrix}$，则(Ⅰ)可记为 $x_1\boldsymbol{\alpha}_1+x_2\boldsymbol{\alpha}_2+\cdots+x_n\boldsymbol{\alpha}_n=\boldsymbol{\beta}$，(Ⅱ)为 $\boldsymbol{\alpha}_j^{\mathrm{T}}\boldsymbol{y}=\boldsymbol{0}$，$(j=1,2,\cdots,n)$，(Ⅲ)为 $\boldsymbol{\beta}^{\mathrm{T}}\boldsymbol{z}=\boldsymbol{0}$. 将 $x_1\boldsymbol{\alpha}_1+x_2\boldsymbol{\alpha}_2+\cdots+x_n\boldsymbol{\alpha}_n=\boldsymbol{\beta}$ 的两端取转置得 $x_1\boldsymbol{\alpha}_1^{\mathrm{T}}+x_2\boldsymbol{\alpha}_2^{\mathrm{T}}+\cdots+x_n\boldsymbol{\alpha}_n^{\mathrm{T}}=\boldsymbol{\beta}^{\mathrm{T}}$，设(Ⅱ)的任一解为 $\boldsymbol{\gamma}=(c_1,c_2,\cdots,c_m)^{\mathrm{T}}$，

即 $\boldsymbol{\alpha}_j^{\mathrm{T}}\boldsymbol{\gamma}=\mathbf{0}$，$(j=1,2,\cdots,n)$，于是

$$\boldsymbol{\beta}^{\mathrm{T}}\boldsymbol{\gamma}=x_1\boldsymbol{\alpha}_1^{\mathrm{T}}\boldsymbol{\gamma}+x_2\boldsymbol{\alpha}_2^{\mathrm{T}}\boldsymbol{\gamma}+\cdots+x_n\boldsymbol{\alpha}_n^{\mathrm{T}}\boldsymbol{\gamma}=\mathbf{0}.$$

第3章　矩阵及其运算

习题 3-1

1. $\begin{pmatrix}-1 & \frac{3}{2}\\ \frac{3}{2} & -1\end{pmatrix}$.

［提示］依题设 $\boldsymbol{x}=\frac{1}{2}\boldsymbol{A}+\boldsymbol{B}$.

2. (1) $\begin{pmatrix}-4 & 13\\ -7 & 8\end{pmatrix}$；(2) $\begin{pmatrix}1 & 2 & 3\\ -1 & -2 & -3\\ 0 & 0 & 0\end{pmatrix}$；(3) 3.

［提示］依矩阵乘法的定义.

3. $\begin{pmatrix}-6 & -2\\ 4 & 6\end{pmatrix}$；$\begin{pmatrix}4 & 2\\ 6 & -4\end{pmatrix}$；$\begin{pmatrix}-10 & -4\\ -2 & 10\end{pmatrix}$.

［提示］依矩阵乘法和加法的定义.

4. $\begin{pmatrix}a & b & c\\ c & a & b\\ b & c & a\end{pmatrix}$，$\forall a,b,c\in F$.

［提示］设 $\boldsymbol{X}=\begin{pmatrix}x_{11} & x_{12} & x_{13}\\ x_{21} & x_{22} & x_{23}\\ x_{31} & x_{32} & x_{33}\end{pmatrix}$，$\boldsymbol{AX}=\boldsymbol{XA}$，$\begin{pmatrix}x_{21} & x_{22} & x_{23}\\ x_{31} & x_{32} & x_{33}\\ x_{11} & x_{12} & x_{13}\end{pmatrix}=\begin{pmatrix}x_{13} & x_{11} & x_{12}\\ x_{23} & x_{21} & x_{22}\\ x_{33} & x_{31} & x_{32}\end{pmatrix}$.

5. $\begin{pmatrix}14 & -10 & 4\\ -15 & 12 & -6\\ 12 & -12 & 6\end{pmatrix}$.

［提示］$f(\boldsymbol{A})=\boldsymbol{A}^2-5\boldsymbol{A}+2\boldsymbol{E}$.

6. (1) $\begin{pmatrix}0 & 0\\ 0 & 0\end{pmatrix}$；(2) $\begin{pmatrix}1 & 2n\\ 0 & 1\end{pmatrix}$；(3) $\begin{pmatrix}2^n & n2^{n-1} & \frac{1}{2}n(n-1)2^{n-2}\\ 0 & 2^n & n2^{n-1}\\ 0 & 0 & 2^n\end{pmatrix}$；

(4) $\begin{cases}2^n\boldsymbol{E}, & n\text{ 为偶数},\\ 2^{n-1}\boldsymbol{A}, & n\text{ 为奇数},\end{cases}$ 其中 $\boldsymbol{A}=\begin{pmatrix}1 & 1 & 1 & 1\\ -1 & -1 & 1 & 1\\ -1 & 1 & -1 & 1\\ 1 & -1 & -1 & 1\end{pmatrix}$.

［提示］(2) $\begin{pmatrix}1 & 2\\ 0 & 1\end{pmatrix}^n=\left(\begin{pmatrix}1 & 0\\ 0 & 1\end{pmatrix}+\begin{pmatrix}0 & 2\\ 0 & 0\end{pmatrix}\right)^n=\begin{pmatrix}1 & 0\\ 0 & 1\end{pmatrix}^n+\mathrm{C}_n^1\begin{pmatrix}1 & 0\\ 0 & 1\end{pmatrix}^{n-1}\begin{pmatrix}0 & 2\\ 0 & 0\end{pmatrix}$.

(3) $\begin{pmatrix}2 & 1 & 0\\ 0 & 2 & 1\\ 0 & 0 & 2\end{pmatrix}^n=\left(2\begin{pmatrix}1 & 0 & 0\\ 0 & 1 & 0\\ 0 & 0 & 1\end{pmatrix}+\begin{pmatrix}0 & 1 & 0\\ 0 & 0 & 1\\ 0 & 0 & 0\end{pmatrix}\right)^n=2^n\begin{pmatrix}1 & 0 & 0\\ 0 & 1 & 0\\ 0 & 0 & 1\end{pmatrix}+n2^{n-1}\begin{pmatrix}0 & 1 & 0\\ 0 & 0 & 1\\ 0 & 0 & 0\end{pmatrix}+\frac{n(n-1)}{2}2^{n-2}\begin{pmatrix}0 & 0 & 1\\ 0 & 0 & 0\\ 0 & 0 & 0\end{pmatrix}$.

(4) $\begin{pmatrix} 1 & -1 & -1 & -1 \\ -1 & 1 & -1 & -1 \\ -1 & -1 & 1 & -1 \\ -1 & -1 & -1 & 1 \end{pmatrix}^2 = \begin{pmatrix} 2^2 & 0 & 0 & 0 \\ 0 & 2^2 & 0 & 0 \\ 0 & 0 & 2^2 & 0 \\ 0 & 0 & 0 & 2^2 \end{pmatrix}$.

7. $\begin{pmatrix} (-1)^n 2\times 3^n & (-1)^n 3^{n+1} & 0 \\ (-1)^{n-1} 2\times 3^{n-1} & (-1)^{n-1} 3^n & 0 \\ (-1)^{n-1} 2\times 3^{n-1} & (-1)^{n-1} 3^n & 0 \end{pmatrix}$.

[提示] $\boldsymbol{\beta}^{\mathrm{T}}\boldsymbol{A\alpha}=-3$, $\boldsymbol{B}^n=\underbrace{(\boldsymbol{A\alpha\beta}^{\mathrm{T}})(\boldsymbol{A\alpha\beta}^{\mathrm{T}})\cdots(\boldsymbol{A\alpha\beta}^{\mathrm{T}})}_{n\text{对括号}}=\boldsymbol{A\alpha}\underbrace{(\boldsymbol{\beta}^{\mathrm{T}}\boldsymbol{A\alpha})(\boldsymbol{\beta}^{\mathrm{T}}\boldsymbol{A\alpha})\cdots(\boldsymbol{\beta}^{\mathrm{T}}\boldsymbol{A\alpha})}_{n-1\text{对括号}}\boldsymbol{\beta}^{\mathrm{T}}=(-3)^{n-1}\boldsymbol{A\alpha\beta}^{\mathrm{T}}$.

8. [提示] 依矩阵幂的定义，$\boldsymbol{A}^2=\boldsymbol{A}+\frac{1}{4}(\boldsymbol{B}^2-\boldsymbol{E})$.

9. (1) $\begin{pmatrix} a^2+b^2+c^2+d^2 & 0 & 0 & 0 \\ 0 & a^2+b^2+c^2+d^2 & 0 & 0 \\ 0 & 0 & a^2+b^2+c^2+d^2 & 0 \\ 0 & 0 & 0 & a^2+b^2+c^2+d^2 \end{pmatrix}$;

(2) $(a^2+b^2+c^2+d^2)^2$.

[提示] (2) $|\boldsymbol{A}|^2=|\boldsymbol{A}||\boldsymbol{A}^{\mathrm{T}}|=|\boldsymbol{AA}^{\mathrm{T}}|$，又若令 $a=1,b=c=d=0$，则 $|\boldsymbol{A}|=1>0$.

习题 3-2

1. [提示] (1) 设 $\boldsymbol{A\Lambda}$ 的 (i,j) 元为 c_{ij}，依定义，$c_{ij}=a_{ij}d_j$，同理 $\boldsymbol{\Lambda A}$ 的 (i,j) 元为 $d_i a_{ij}$，依题设，$\boldsymbol{A\Lambda}=\boldsymbol{\Lambda A}$，则 $a_{ij}d_j=d_i a_{ij}$，又因为 $d_j\neq d_i$，所以 $a_{ij}=0, i,j=1,2,\cdots,n, i\neq j$.

(2) 同理 $\boldsymbol{AE}(i,j)$ 和 $\boldsymbol{E}(i,j)\boldsymbol{A}$ 的 (i,j) 元分别为 a_{ii} 和 a_{jj}，依题设，$\boldsymbol{AE}(i,j)=\boldsymbol{E}(i,j)\boldsymbol{A}$，则 $a_{ii}=a_{jj}$，$i,j=1,2,\cdots,n$.

2. [提示] 依题设，$\boldsymbol{A}^{\mathrm{T}}=\boldsymbol{A}$，$\boldsymbol{B}^{\mathrm{T}}=\boldsymbol{B}$，则 $((\boldsymbol{AB})^k\boldsymbol{A})^{\mathrm{T}}=\boldsymbol{A}^{\mathrm{T}}\underbrace{(\boldsymbol{AB})^{\mathrm{T}}\cdots(\boldsymbol{AB})^{\mathrm{T}}}_{k\text{对括号}}=\boldsymbol{A}\underbrace{(\boldsymbol{B}^{\mathrm{T}}\boldsymbol{A}^{\mathrm{T}})(\boldsymbol{B}^{\mathrm{T}}\boldsymbol{A}^{\mathrm{T}})\cdots(\boldsymbol{B}^{\mathrm{T}}\boldsymbol{A}^{\mathrm{T}})}_{k\text{对括号}}=\underbrace{(\boldsymbol{AB})\cdots(\boldsymbol{AB})}_{k\text{对括号}}\boldsymbol{A}=(\boldsymbol{AB})^k\boldsymbol{A}$.

3. [提示] $\boldsymbol{A}^{\mathrm{T}}=\left(\boldsymbol{E}-\frac{2}{\boldsymbol{\alpha\alpha}^{\mathrm{T}}}\boldsymbol{\alpha}^{\mathrm{T}}\boldsymbol{\alpha}\right)^{\mathrm{T}}=\boldsymbol{E}^{\mathrm{T}}-\frac{2}{\boldsymbol{\alpha\alpha}^{\mathrm{T}}}(\boldsymbol{\alpha}^{\mathrm{T}}\boldsymbol{\alpha})^{\mathrm{T}}=\boldsymbol{E}-\frac{2}{\boldsymbol{\alpha\alpha}^{\mathrm{T}}}\boldsymbol{\alpha}^{\mathrm{T}}\boldsymbol{\alpha}=\boldsymbol{A}$，其中 $\boldsymbol{\alpha\alpha}^{\mathrm{T}}$ 是数.

$$\boldsymbol{A}^2=\left(\boldsymbol{E}-\frac{2}{\boldsymbol{\alpha\alpha}^{\mathrm{T}}}\boldsymbol{\alpha}^{\mathrm{T}}\boldsymbol{\alpha}\right)^2=\boldsymbol{E}^2-\frac{4}{\boldsymbol{\alpha\alpha}^{\mathrm{T}}}\boldsymbol{\alpha}^{\mathrm{T}}\boldsymbol{\alpha}+\frac{4}{(\boldsymbol{\alpha\alpha}^{\mathrm{T}})^2}\boldsymbol{\alpha}^{\mathrm{T}}(\boldsymbol{\alpha\alpha}^{\mathrm{T}})\boldsymbol{\alpha}=\boldsymbol{E}-\frac{4}{\boldsymbol{\alpha\alpha}^{\mathrm{T}}}\boldsymbol{\alpha}^{\mathrm{T}}\boldsymbol{\alpha}+\frac{4}{\boldsymbol{\alpha\alpha}^{\mathrm{T}}}\boldsymbol{\alpha}^{\mathrm{T}}\boldsymbol{\alpha}=\boldsymbol{E}.$$

4. [提示] 若 $\boldsymbol{A}$ 是反对称矩阵，$(\boldsymbol{\alpha}^{\mathrm{T}}\boldsymbol{A\alpha})^{\mathrm{T}}=\boldsymbol{\alpha}^{\mathrm{T}}\boldsymbol{A}^{\mathrm{T}}\boldsymbol{\alpha}=-\boldsymbol{\alpha}^{\mathrm{T}}\boldsymbol{A\alpha}$，而 $\boldsymbol{\alpha}^{\mathrm{T}}\boldsymbol{A\alpha}$ 是一阶矩阵，所以 $(\boldsymbol{\alpha}^{\mathrm{T}}\boldsymbol{A\alpha})^{\mathrm{T}}=\boldsymbol{\alpha}^{\mathrm{T}}\boldsymbol{A\alpha}$，即 $\boldsymbol{\alpha}^{\mathrm{T}}\boldsymbol{A\alpha}=-\boldsymbol{\alpha}^{\mathrm{T}}\boldsymbol{A\alpha}$，因此 $\boldsymbol{\alpha}^{\mathrm{T}}\boldsymbol{A\alpha}=0$.

反之，若对任意列向量 $\boldsymbol{\alpha}$，$\boldsymbol{\alpha}^{\mathrm{T}}\boldsymbol{A\alpha}=0$，则 $(\boldsymbol{\alpha}^{\mathrm{T}}\boldsymbol{A\alpha})^{\mathrm{T}}=\boldsymbol{\alpha}^{\mathrm{T}}\boldsymbol{A}^{\mathrm{T}}\boldsymbol{\alpha}=0$，因此 $\boldsymbol{\alpha}^{\mathrm{T}}(\boldsymbol{A}+\boldsymbol{A}^{\mathrm{T}})\boldsymbol{\alpha}=0$，依例 3.2.4 的结论，有 $\boldsymbol{A}+\boldsymbol{A}^{\mathrm{T}}=\boldsymbol{0}$，从而 $\boldsymbol{A}^{\mathrm{T}}=-\boldsymbol{A}$，$\boldsymbol{A}$ 为反对称矩阵.

5. $\boldsymbol{PAQ}=\begin{pmatrix} a_{13} & a_{12} & a_{11} \\ a_{23} & a_{22} & a_{21} \\ -3a_{23}+a_{33} & -3a_{22}+a_{32} & -3a_{21}+a_{31} \end{pmatrix}$.

[提示] 依定理 1，$\boldsymbol{PAQ}=(\boldsymbol{PA})\boldsymbol{Q}=\begin{pmatrix} a_{11} & a_{12} & a_{13} \\ a_{21} & a_{22} & a_{23} \\ -3a_{21}+a_{31} & -3a_{22}+a_{32} & -3a_{23}+a_{33} \end{pmatrix}\begin{pmatrix} 0 & 0 & 1 \\ 0 & 1 & 0 \\ 1 & 0 & 0 \end{pmatrix}$.

习题 3-3

1. [提示] 令 $\boldsymbol{\gamma}=\begin{pmatrix}1\\1\\\vdots\\1\end{pmatrix}$, $\boldsymbol{A\gamma}=\begin{pmatrix}a\\a\\\vdots\\a\end{pmatrix}=a\boldsymbol{\gamma}$, $\boldsymbol{\gamma}=a\boldsymbol{A}^{-1}\boldsymbol{\gamma}$, 因等式左端 $\boldsymbol{\gamma}\neq\boldsymbol{0}$, 所以 $a\neq 0$, 则 $\boldsymbol{A}^{-1}\boldsymbol{\gamma}=\frac{1}{a}\boldsymbol{\gamma}=\begin{pmatrix}1/a\\1/a\\\vdots\\1/a\end{pmatrix}$. 同时注意到用 $\boldsymbol{\gamma}$ 右乘矩阵所得向量的每个分量即为该矩阵的各行元素之和.

2. $ad-bc\neq 0$; $\boldsymbol{A}^{-1}=\frac{1}{ad-bc}\begin{pmatrix}d & -b\\-c & a\end{pmatrix}$.

[提示] $\boldsymbol{A}^{-1}=\frac{1}{|\boldsymbol{A}|}\boldsymbol{A}^*=\frac{1}{|\boldsymbol{A}|}\begin{pmatrix}A_{11} & A_{21}\\A_{12} & A_{22}\end{pmatrix}$.

3. (1) $\boldsymbol{A}^{-1}=\begin{pmatrix}-1 & 1 & 2\\0 & 1 & -1\\1 & -1 & -1\end{pmatrix}$; (2) $\boldsymbol{A}^{-1}=\begin{pmatrix}1 & -3 & 8 & -26\\0 & 1 & -2 & 7\\0 & 0 & 1 & -2\\0 & 0 & 0 & 1\end{pmatrix}$.

[提示] 依初等行变换法求逆阵: $(\boldsymbol{A}\,|\,\boldsymbol{E})\xrightarrow{\text{初等行变换}}(\boldsymbol{E}\,|\,\boldsymbol{A}^{-1})$,

4. $\boldsymbol{C}=\begin{pmatrix}1/5 & & \\ & 1/2 & \\ & & 1/3\end{pmatrix}$.

[提示] 依转置矩阵的运算规则, 有 $\boldsymbol{C}^{\mathrm{T}}\boldsymbol{A}(\boldsymbol{E}-\boldsymbol{A}^{-1}\boldsymbol{B})=\boldsymbol{E}^{\mathrm{T}}$, 即 $\boldsymbol{C}^{\mathrm{T}}(\boldsymbol{A}-\boldsymbol{B})=\boldsymbol{E}$, 因为 $\boldsymbol{A}-\boldsymbol{B}$ 可逆, 所以 $\boldsymbol{C}=((\boldsymbol{A}-\boldsymbol{B})^{\mathrm{T}})^{-1}$, 依方法: $((\boldsymbol{A}-\boldsymbol{B})^{\mathrm{T}}\,|\,\boldsymbol{E})\xrightarrow{\text{初等行变换}}(\boldsymbol{E}\,|\,[(\boldsymbol{A}-\boldsymbol{B})^{\mathrm{T}}]^{-1})$ 求 $\boldsymbol{C}$.

5. $\boldsymbol{A}=\begin{pmatrix}1 & 0 & 0 & 0\\-2 & 1 & 0 & 0\\1 & -2 & 1 & 0\\0 & 1 & -2 & 1\end{pmatrix}$.

[提示] 依转置矩阵的运算规则, 有 $\boldsymbol{C}(\boldsymbol{E}-\boldsymbol{C}^{-1}\boldsymbol{B})\boldsymbol{A}^{\mathrm{T}}=\boldsymbol{E}$, 即 $(\boldsymbol{C}-\boldsymbol{B})\boldsymbol{A}^{\mathrm{T}}=\boldsymbol{E}$, 因 $\boldsymbol{C}-\boldsymbol{B}$ 可逆, 故 $\boldsymbol{A}=((\boldsymbol{C}-\boldsymbol{B})^{\mathrm{T}})^{-1}$, 依方法: $((\boldsymbol{C}-\boldsymbol{B})^{\mathrm{T}}\,|\,\boldsymbol{E})\xrightarrow{\text{初等行变换}}(\boldsymbol{E}\,|\,((\boldsymbol{C}-\boldsymbol{B})^{\mathrm{T}})^{-1})$ 求 $\boldsymbol{A}$.

6. $\boldsymbol{X}=\begin{pmatrix}1/4 & 1/4 & 0\\0 & 1/4 & 1/4\\1/4 & 0 & 1/4\end{pmatrix}$.

[提示] 用 $\boldsymbol{A}$ 左乘等式 $\boldsymbol{A}^*\boldsymbol{X}=\boldsymbol{A}^{-1}+2\boldsymbol{X}$ 两端有 $(|\boldsymbol{A}|\boldsymbol{E}-2\boldsymbol{A})\boldsymbol{X}=\boldsymbol{E}$, 则 $\boldsymbol{X}$ 与 $|\boldsymbol{A}|\boldsymbol{E}-2\boldsymbol{A}$ 均可逆, 且 $\boldsymbol{X}=(|\boldsymbol{A}|\boldsymbol{E}-2\boldsymbol{A})^{-1}$.

7. $\boldsymbol{B}(\boldsymbol{A}+\boldsymbol{B})^{-1}\boldsymbol{A}$.

[提示] $\boldsymbol{A}^{-1}+\boldsymbol{B}^{-1}=\boldsymbol{A}^{-1}\boldsymbol{B}\boldsymbol{B}^{-1}+\boldsymbol{A}^{-1}\boldsymbol{A}\boldsymbol{B}^{-1}=\boldsymbol{A}^{-1}(\boldsymbol{B}+\boldsymbol{A})\boldsymbol{B}^{-1}$, 则 $\boldsymbol{A}^{-1}+\boldsymbol{B}^{-1}$ 可逆, 且 $(\boldsymbol{A}^{-1}+\boldsymbol{B}^{-1})^{-1}=\boldsymbol{B}(\boldsymbol{A}+\boldsymbol{B})^{-1}\boldsymbol{A}$.

习题 3-4

1. [提示] 依命题 6 和命题 7, 有 $\operatorname{rank}(\boldsymbol{A}^{\mathrm{T}}\boldsymbol{A}\,|\,\boldsymbol{A}^{\mathrm{T}}\boldsymbol{\beta})=\operatorname{rank}(\boldsymbol{A}^{\mathrm{T}}(\boldsymbol{A}\,|\,\boldsymbol{\beta}))\leqslant\operatorname{rank}(\boldsymbol{A}^{\mathrm{T}})=\operatorname{rank}(\boldsymbol{A}^{\mathrm{T}}\boldsymbol{A})$, 又

$\mathrm{rank}(\boldsymbol{A}^{\mathrm{T}}\boldsymbol{A})\leqslant\mathrm{rank}(\boldsymbol{A}^{\mathrm{T}}\boldsymbol{A}\,|\,\boldsymbol{A}^{\mathrm{T}}\boldsymbol{\beta})$，因此 $\mathrm{rank}(\boldsymbol{A}^{\mathrm{T}}\boldsymbol{A})=\mathrm{rank}(\boldsymbol{A}^{\mathrm{T}}\boldsymbol{A}\,|\,\boldsymbol{A}^{\mathrm{T}}\boldsymbol{\beta})$.

2. [提示]
$$\mathrm{rank}(\boldsymbol{AB})+\mathrm{rank}(\boldsymbol{BC})=\mathrm{rank}\begin{pmatrix}\boldsymbol{AB} & \boldsymbol{0}\\ \boldsymbol{0} & \boldsymbol{BC}\end{pmatrix}\leqslant\mathrm{rank}\begin{pmatrix}\boldsymbol{AB} & \boldsymbol{0}\\ \boldsymbol{B} & \boldsymbol{BC}\end{pmatrix}$$
$$=\mathrm{rank}\begin{pmatrix}\boldsymbol{0} & -\boldsymbol{ABC}\\ \boldsymbol{B} & \boldsymbol{BC}\end{pmatrix}=\mathrm{rank}\begin{pmatrix}\boldsymbol{0} & -\boldsymbol{ABC}\\ \boldsymbol{B} & \boldsymbol{0}\end{pmatrix}$$
$$=\mathrm{rank}(\boldsymbol{ABC})+\mathrm{rank}(\boldsymbol{B}).$$

3. -320.

[提示] 依分块矩阵的加法规则，有 $|\boldsymbol{A}+3\boldsymbol{B}|=|4\boldsymbol{\alpha}_1,4\boldsymbol{\alpha}_2,4\boldsymbol{\alpha}_3,\boldsymbol{\beta}+3\boldsymbol{\gamma}|=4^3(|\boldsymbol{\alpha}_1,\boldsymbol{\alpha}_2,\boldsymbol{\alpha}_3,\boldsymbol{\beta}|+3|\boldsymbol{\alpha}_1,\boldsymbol{\alpha}_2,\boldsymbol{\alpha}_3,\boldsymbol{\gamma}|)$.

4. $\begin{pmatrix}1 & 0 & 0 & 0 & 0\\ n & 1 & 0 & 0 & 0\\ 0 & 0 & 1 & n & n(n-1)/2\\ 0 & 0 & 0 & 1 & n\\ 0 & 0 & 0 & 0 & 1\end{pmatrix}$；$\begin{pmatrix}1 & 0 & 0 & 0 & 0\\ -1 & 1 & 0 & 0 & 0\\ 0 & 0 & 1 & -1 & 1\\ 0 & 0 & 0 & 1 & -1\\ 0 & 0 & 0 & 0 & 1\end{pmatrix}$.

[提示] $\boldsymbol{A}=\begin{pmatrix}\boldsymbol{B} & \boldsymbol{0}\\ \boldsymbol{0} & \boldsymbol{C}\end{pmatrix}$，$\boldsymbol{B}=\begin{pmatrix}1 & 0\\ 1 & 1\end{pmatrix}$，$\boldsymbol{C}=\begin{pmatrix}1 & 1 & 0\\ 0 & 1 & 1\\ 0 & 0 & 1\end{pmatrix}$，则 $\boldsymbol{A}^n=\begin{pmatrix}\boldsymbol{B}^n & \boldsymbol{0}\\ \boldsymbol{0} & \boldsymbol{C}^n\end{pmatrix}$.

设 $\boldsymbol{B}=\boldsymbol{E}_2+\boldsymbol{P}$，其中 $\boldsymbol{P}=\begin{pmatrix}0 & 0\\ 1 & 0\end{pmatrix}$，则 $\boldsymbol{P}^2=\boldsymbol{P}^3=\cdots=\boldsymbol{0}$，故 $\boldsymbol{B}^n=(\boldsymbol{E}_2+\boldsymbol{P})^n=\begin{pmatrix}1 & 0\\ n & 1\end{pmatrix}$. 设 $\boldsymbol{C}=\boldsymbol{E}_3+\boldsymbol{Q}$，其中 $\boldsymbol{Q}=\begin{pmatrix}0 & 1 & 0\\ 0 & 0 & 1\\ 0 & 0 & 0\end{pmatrix}$，则 $\boldsymbol{Q}^2=\begin{pmatrix}0 & 0 & 1\\ 0 & 0 & 0\\ 0 & 0 & 0\end{pmatrix}$，$\boldsymbol{Q}^3=\boldsymbol{Q}^4=\cdots=\boldsymbol{0}$，故 $\boldsymbol{C}^n=(\boldsymbol{E}_3+\boldsymbol{Q})^n=\begin{pmatrix}1 & n & n(n-1)/2\\ 0 & 1 & n\\ 0 & 0 & 1\end{pmatrix}$.

$\boldsymbol{A}^{-1}=\begin{pmatrix}\boldsymbol{B}^{-1} & \boldsymbol{0}\\ \boldsymbol{0} & \boldsymbol{C}^{-1}\end{pmatrix}$，$\boldsymbol{B}^{-1}=\begin{pmatrix}1 & 0\\ -1 & 1\end{pmatrix}$，$\boldsymbol{C}^{-1}=\begin{pmatrix}1 & -1 & 1\\ 0 & 1 & -1\\ 0 & 0 & 1\end{pmatrix}$.

5. [提示] 因为
$$\begin{pmatrix}\boldsymbol{E}-\boldsymbol{A} & \boldsymbol{0}\\ \boldsymbol{0} & \boldsymbol{E}+\boldsymbol{A}\end{pmatrix}\xrightarrow{\langle 2\rangle+\boldsymbol{E}\langle 1\rangle}\begin{pmatrix}\boldsymbol{E}-\boldsymbol{A} & \boldsymbol{0}\\ \boldsymbol{E}-\boldsymbol{A} & \boldsymbol{E}+\boldsymbol{A}\end{pmatrix}\xrightarrow[\langle 2\rangle+\langle 1\rangle\boldsymbol{E}]{}\begin{pmatrix}\boldsymbol{E}-\boldsymbol{A} & \boldsymbol{E}-\boldsymbol{A}\\ \boldsymbol{E}-\boldsymbol{A} & 2\boldsymbol{E}\end{pmatrix}$$
$$\xrightarrow{\langle 1\rangle+\left(-\frac{1}{2}(\boldsymbol{E}-\boldsymbol{A})\right)\langle 2\rangle}\begin{pmatrix}\frac{1}{2}(\boldsymbol{E}-\boldsymbol{A}^2) & \boldsymbol{0}\\ \boldsymbol{E}-\boldsymbol{A} & 2\boldsymbol{E}\end{pmatrix}\xrightarrow[\langle 1\rangle+\langle 2\rangle\left(-\frac{1}{2}(\boldsymbol{E}-\boldsymbol{A})\right)]{}\begin{pmatrix}\frac{1}{2}(\boldsymbol{E}-\boldsymbol{A}^2) & \boldsymbol{0}\\ \boldsymbol{0} & 2\boldsymbol{E}\end{pmatrix},$$
所以，$\mathrm{rank}(\boldsymbol{E}-\boldsymbol{A})+\mathrm{rank}(\boldsymbol{E}+\boldsymbol{A})=\mathrm{rank}\left(\frac{1}{2}(\boldsymbol{E}-\boldsymbol{A}^2)\right)+\mathrm{rank}(2\boldsymbol{E})=\mathrm{rank}(\boldsymbol{E}-\boldsymbol{A}^2)+n$.

6. (1) $\boldsymbol{PQ}=\begin{pmatrix}\boldsymbol{A} & \boldsymbol{\alpha}\\ \boldsymbol{0} & |\boldsymbol{A}|(b-\boldsymbol{\alpha}^{\mathrm{T}}\boldsymbol{A}^{-1}\boldsymbol{\alpha})\end{pmatrix}$.

[提示] (1) 依分块矩阵的乘法规则，$\boldsymbol{PQ}=\begin{pmatrix}\boldsymbol{A} & \boldsymbol{\alpha}\\ -\boldsymbol{\alpha}^{\mathrm{T}}\boldsymbol{A}^*\boldsymbol{A}+|\boldsymbol{A}|\boldsymbol{\alpha}^{\mathrm{T}} & -\boldsymbol{\alpha}^{\mathrm{T}}\boldsymbol{A}^*\boldsymbol{\alpha}+|\boldsymbol{A}|b\end{pmatrix}$，其中 $\boldsymbol{A}^*\boldsymbol{A}=|\boldsymbol{A}|\boldsymbol{E}$，$\boldsymbol{A}^*=|\boldsymbol{A}|\boldsymbol{A}^{-1}$. (2) $|\boldsymbol{PQ}|=|\boldsymbol{A}|^2(b-\boldsymbol{\alpha}^{\mathrm{T}}\boldsymbol{A}^{-1}\boldsymbol{\alpha})$，又依题设，$|\boldsymbol{P}|=|\boldsymbol{A}|\neq 0$，所以 $|\boldsymbol{Q}|=|\boldsymbol{A}|(b-\boldsymbol{\alpha}^{\mathrm{T}}\boldsymbol{A}\boldsymbol{\alpha})$.

7. (1)$\boldsymbol{B}=\begin{pmatrix}0 & 0 & 0\\ 1 & 0 & 3\\ 0 & 1 & -2\end{pmatrix}$；(2)$-4$.

[提示] (1) 由 $\boldsymbol{AP}=\boldsymbol{PB}$，设 $\boldsymbol{B}=\begin{pmatrix} b_{11} & b_{12} & b_{13} \\ b_{21} & b_{22} & b_{23} \\ b_{31} & b_{32} & b_{33} \end{pmatrix}$，即 $(\boldsymbol{A\alpha},\boldsymbol{A}^2\boldsymbol{\alpha},\boldsymbol{A}^3\boldsymbol{\alpha})=(\boldsymbol{\alpha},\boldsymbol{A\alpha},\boldsymbol{A}^2\boldsymbol{\alpha})\begin{pmatrix} b_{11} & b_{12} & b_{13} \\ b_{21} & b_{22} & b_{23} \\ b_{31} & b_{32} & b_{33} \end{pmatrix}$，因为 $\boldsymbol{\alpha},\boldsymbol{A\alpha},\boldsymbol{A}^2\boldsymbol{\alpha}$ 线性无关，等号右端的表达式是唯一的，$\boldsymbol{A}^3\boldsymbol{\alpha}=b_{13}\boldsymbol{\alpha}+b_{23}\boldsymbol{A\alpha}+b_{33}\boldsymbol{A}^2\boldsymbol{\alpha}=3\boldsymbol{A\alpha}-2\boldsymbol{A}^2\boldsymbol{\alpha}$，解之得 $b_{13}=0,b_{23}=3,b_{33}=-2$，其他元素同理可得.

(2) $|\boldsymbol{A}+\boldsymbol{E}|=|\boldsymbol{PBP}^{-1}+\boldsymbol{PEP}^{-1}|=|\boldsymbol{P}|\cdot|\boldsymbol{B}+\boldsymbol{E}|\cdot|\boldsymbol{P}^{-1}|=|\boldsymbol{B}+\boldsymbol{E}|$.

习题 3-5

1. (1) $(\boldsymbol{E}_3\ \ \boldsymbol{0})$；(2) $\begin{pmatrix} \boldsymbol{E}_2 \\ \boldsymbol{0} \end{pmatrix}$.

2. 相抵.

[提示] $\mathrm{rank}(\boldsymbol{A})=\mathrm{rank}(\boldsymbol{B})=3$.

3. [提示] 依 2.6 节定理 1，$\boldsymbol{Ax}=\boldsymbol{\beta}$ 有解当且仅当 $\mathrm{rank}(\boldsymbol{A}|\boldsymbol{\beta})=\mathrm{rank}(\boldsymbol{A})$，也即当且仅当 $\mathrm{rank}\begin{pmatrix} \boldsymbol{A}^{\mathrm{T}} \\ \boldsymbol{\beta}^{\mathrm{T}} \end{pmatrix}=\mathrm{rank}(\boldsymbol{A}^{\mathrm{T}})$，当且仅当方程组 $\begin{pmatrix} \boldsymbol{A}^{\mathrm{T}} \\ \boldsymbol{\beta}^{\mathrm{T}} \end{pmatrix}\boldsymbol{y}=\boldsymbol{0}$ 与 $\boldsymbol{A}^{\mathrm{T}}\boldsymbol{y}=\boldsymbol{0}$ 同解（注意到 $\begin{pmatrix} \boldsymbol{A}^{\mathrm{T}} \\ \boldsymbol{\beta}^{\mathrm{T}} \end{pmatrix}\boldsymbol{y}=\boldsymbol{0}$ 的解都是 $\boldsymbol{A}^{\mathrm{T}}\boldsymbol{y}=\boldsymbol{0}$ 的解，故 $\begin{pmatrix} \boldsymbol{A}^{\mathrm{T}} \\ \boldsymbol{\beta}^{\mathrm{T}} \end{pmatrix}\boldsymbol{y}=\boldsymbol{0}$ 的基础解系也是 $\boldsymbol{A}^{\mathrm{T}}\boldsymbol{y}=\boldsymbol{0}$ 的基础解系），也即当且仅当 $\boldsymbol{A}^{\mathrm{T}}\boldsymbol{y}=\boldsymbol{0}$ 的任一解 $\boldsymbol{\alpha}$ 都是 $\begin{pmatrix} \boldsymbol{A}^{\mathrm{T}} \\ \boldsymbol{\beta}^{\mathrm{T}} \end{pmatrix}\boldsymbol{y}=\boldsymbol{0}$ 的解，即都满足 $\boldsymbol{\beta}^{\mathrm{T}}\boldsymbol{\alpha}=0$，也即 $\boldsymbol{\alpha}^{\mathrm{T}}\boldsymbol{\beta}=0$.

4. [提示] 依推论 2，存在 m 阶可逆矩阵 $\boldsymbol{P}$ 和 n 阶可逆矩阵 $\boldsymbol{Q}$，使 $\boldsymbol{A}=\boldsymbol{P}\begin{pmatrix} \boldsymbol{E}_r & \boldsymbol{0} \\ \boldsymbol{0} & \boldsymbol{0} \end{pmatrix}\boldsymbol{Q}$，依分块矩阵的乘法规则，有 $\boldsymbol{A}=\boldsymbol{P}\begin{pmatrix} \boldsymbol{E}_r \\ \boldsymbol{0} \end{pmatrix}(\boldsymbol{E}_r\ \ \boldsymbol{0})\boldsymbol{Q}$，令 $\boldsymbol{B}=\boldsymbol{P}\begin{pmatrix} \boldsymbol{E}_r \\ \boldsymbol{0} \end{pmatrix}$，$\boldsymbol{C}=(\boldsymbol{E}_r\ \ \boldsymbol{0})\boldsymbol{Q}$，显然 $\boldsymbol{B}$ 为 $m\times r$ 矩阵，$\boldsymbol{C}$ 为 $r\times n$ 矩阵. 又因为 $\boldsymbol{P}$ 和 $\boldsymbol{Q}$ 可逆，依性质，有 $\mathrm{rank}(\boldsymbol{B})=r=\mathrm{rank}(\boldsymbol{C})$.

习题 3-6

1. $\boldsymbol{x}=\begin{pmatrix} -1+3k_1 & 3k_2 & -2+3k_3 \\ k_1 & k_2 & k_3 \end{pmatrix}$，$k_1,k_2,k_3$ 为任意常数.

[提示] 依题设，$|\boldsymbol{A}|=0$，$\boldsymbol{A}$ 不可逆，$\boldsymbol{X}$ 为 2×3 矩阵，设 $\boldsymbol{X}$ 的列向量组为 $\boldsymbol{x}_1,\boldsymbol{x}_2,\boldsymbol{x}_3$，$\boldsymbol{B}$ 的列向量组为 $\boldsymbol{\beta}_1,\boldsymbol{\beta}_2,\boldsymbol{\beta}_3$，

$$\boldsymbol{AX}=\boldsymbol{B}\Leftrightarrow(\boldsymbol{Ax}_1,\boldsymbol{Ax}_2,\boldsymbol{Ax}_3)=(\boldsymbol{\beta}_1,\boldsymbol{\beta}_2,\boldsymbol{\beta}_3)$$
$$\Leftrightarrow \boldsymbol{Ax}_1=\boldsymbol{\beta}_1,\boldsymbol{Ax}_2=\boldsymbol{\beta}_2,\boldsymbol{Ax}_3=\boldsymbol{\beta}_3,$$

对下述矩阵统一施以初等行变换，将其化为简化行阶梯形矩阵，有

$$(\boldsymbol{A}|\boldsymbol{\beta}_1|\boldsymbol{\beta}_2|\boldsymbol{\beta}_3)=\left(\begin{array}{cc|c|c|c} 1 & -3 & -1 & 0 & -2 \\ -2 & 6 & 2 & 0 & 4 \end{array}\right)\to\left(\begin{array}{cc|c|c|c} 1 & -3 & -1 & 0 & -2 \\ 0 & 0 & 0 & 0 & 0 \end{array}\right).$$

因为 $\mathrm{rank}(\boldsymbol{A})=\mathrm{rank}(\boldsymbol{A}|\boldsymbol{\beta}_1)=\mathrm{rank}(\boldsymbol{A}|\boldsymbol{\beta}_2)=\mathrm{rank}(\boldsymbol{A}|\boldsymbol{\beta}_3)=1<2$（未知元的个数），所以三个线性方程组 $\boldsymbol{Ax}=\boldsymbol{\beta}_1,\boldsymbol{Ax}=\boldsymbol{\beta}_2,\boldsymbol{Ax}=\boldsymbol{\beta}_3$ 都有无穷多个解，其一般解分别为：

$$x_1=-1+3x_2,\quad x_1=3x_2,\quad x_1=-2+3x_2,$$

于是 $\boldsymbol{Ax}_1=\boldsymbol{\beta}_1$ 的通解为 $\boldsymbol{x}_1=\boldsymbol{\gamma}_1+k_1\boldsymbol{\eta}=\begin{pmatrix} -1 \\ 0 \end{pmatrix}+k_1\begin{pmatrix} 3 \\ 1 \end{pmatrix}=\begin{pmatrix} -1+3k_1 \\ k_1 \end{pmatrix}$，$\boldsymbol{Ax}_2=\boldsymbol{\beta}_2$ 的通解为 $\boldsymbol{x}_2=\boldsymbol{\gamma}_2+k_2\boldsymbol{\eta}=$

$\begin{pmatrix}0\\0\end{pmatrix}+k_2\begin{pmatrix}3\\1\end{pmatrix}=\begin{pmatrix}3k_2\\k_2\end{pmatrix}$，$\boldsymbol{A}\boldsymbol{x}_3=\boldsymbol{\beta}_3$ 的通解为 $\boldsymbol{x}_3=\boldsymbol{\gamma}_3+k_3\boldsymbol{\eta}=\begin{pmatrix}-2\\0\end{pmatrix}+k_3\begin{pmatrix}3\\1\end{pmatrix}=\begin{pmatrix}-2+3k_3\\k_3\end{pmatrix}$.

2. $\boldsymbol{x}=\begin{pmatrix}2&0&0\\0&3&0\\k_1&k_2&k_3\end{pmatrix}$，$k_1,k_2,k_3$ 为任意常数.

[提示] 依题设，$\boldsymbol{X}$ 为 3×3 矩阵，$(\boldsymbol{A}-\boldsymbol{E})\boldsymbol{X}=(\boldsymbol{A}-\boldsymbol{E})(\boldsymbol{A}+\boldsymbol{E})$. 又 $|\boldsymbol{A}-\boldsymbol{E}|=0$，所以 $\boldsymbol{A}-\boldsymbol{E}$ 不可逆，令 $\boldsymbol{X}=(\boldsymbol{x}_1,\boldsymbol{x}_2,\boldsymbol{x}_3)$，$(\boldsymbol{A}-\boldsymbol{E})(\boldsymbol{A}+\boldsymbol{E})=(\boldsymbol{\beta}_1,\boldsymbol{\beta}_2,\boldsymbol{\beta}_3)$，于是 $(\boldsymbol{A}-\boldsymbol{E})(\boldsymbol{x}_1,\boldsymbol{x}_2,\boldsymbol{x}_3)=(\boldsymbol{\beta}_1,\boldsymbol{\beta}_2,\boldsymbol{\beta}_3)\Leftrightarrow(\boldsymbol{A}-\boldsymbol{E})\boldsymbol{x}_1=\boldsymbol{\beta}_1$，$(\boldsymbol{A}-\boldsymbol{E})\boldsymbol{x}_2=\boldsymbol{\beta}_2$，$(\boldsymbol{A}-\boldsymbol{E})\boldsymbol{x}_3=\boldsymbol{\beta}_3$，对下述矩阵统一施以初等行变换，有

$$(\boldsymbol{A}-\boldsymbol{E}|\boldsymbol{\beta}_1|\boldsymbol{\beta}_2|\boldsymbol{\beta}_3)=\left(\begin{array}{ccc|c|c|c}0&0&0&0&0&0\\0&1&0&0&3&0\\1&6&0&2&18&0\end{array}\right)\to\left(\begin{array}{ccc|c|c|c}1&0&0&2&0&0\\0&1&0&0&3&0\\0&0&0&0&0&0\end{array}\right),$$

故 $\operatorname{rank}(\boldsymbol{A}-\boldsymbol{E})=\operatorname{rank}(\boldsymbol{A}-\boldsymbol{E}|\boldsymbol{\beta}_1)=\operatorname{rank}(\boldsymbol{A}-\boldsymbol{E}|\boldsymbol{\beta}_2)=\operatorname{rank}(\boldsymbol{A}-\boldsymbol{E}|\boldsymbol{\beta}_3)=2<3$(未知元的个数). 线性方程组 $(\boldsymbol{A}-\boldsymbol{E})\boldsymbol{x}=\boldsymbol{\beta}_1$，$(\boldsymbol{A}-\boldsymbol{E})\boldsymbol{x}=\boldsymbol{\beta}_2$，$(\boldsymbol{A}-\boldsymbol{E})\boldsymbol{x}=\boldsymbol{\beta}_3$ 都有无穷多个解，其一般解分别为 $\begin{cases}x_1=2,\\x_2=0,\end{cases}\begin{cases}x_1=0,\\x_2=3,\end{cases}\begin{cases}x_1=0,\\x_2=0,\end{cases}$ x_3 为自由未知元.

3. [提示] 令 $\boldsymbol{A}=(\boldsymbol{\beta}_1,\boldsymbol{\beta}_2,\cdots,\boldsymbol{\beta}_{n+1})$，$\boldsymbol{X}=(\boldsymbol{x}_1,\boldsymbol{x}_2,\cdots,\boldsymbol{x}_n)$，$\boldsymbol{x}_j=(x_{1j},x_{2j},\cdots,x_{(n+1)j})^{\mathrm{T}}$，$\boldsymbol{E}=(\boldsymbol{\varepsilon}_1,\boldsymbol{\varepsilon}_2,\cdots,\boldsymbol{\varepsilon}_n)$，$\boldsymbol{A}\boldsymbol{X}=\boldsymbol{E}$ 有解 $\Leftrightarrow\boldsymbol{A}(\boldsymbol{x}_1,\boldsymbol{x}_2,\cdots,\boldsymbol{x}_n)=(\boldsymbol{\varepsilon}_1,\boldsymbol{\varepsilon}_2,\cdots,\boldsymbol{\varepsilon}_n)$ 有解

$\Leftrightarrow\boldsymbol{A}\boldsymbol{x}_j=\boldsymbol{\varepsilon}_j$ 有解，$j=1,2,\cdots,n$

$\Leftrightarrow\boldsymbol{\varepsilon}_j=x_{1j}\boldsymbol{\beta}_1+x_{2j}\boldsymbol{\beta}_2+\cdots+x_{(n+1)j}\boldsymbol{\beta}_{n+1}$，$j=1,2,\cdots,n$

$\Leftrightarrow\{\boldsymbol{\beta}_1,\boldsymbol{\beta}_2,\cdots,\boldsymbol{\beta}_n,\boldsymbol{\beta}_{n+1}\}\cong\{\boldsymbol{\varepsilon}_1,\boldsymbol{\varepsilon}_2,\cdots,\boldsymbol{\varepsilon}_n\}$(注意到每个 $\boldsymbol{\beta}$；也可由 $\boldsymbol{\varepsilon}_1,\boldsymbol{\varepsilon}_2,\cdots,\boldsymbol{\varepsilon}_n$ 线性表示).

4. $\begin{pmatrix}1&-1&0&\cdots&0\\0&1&-1&\ddots&\vdots\\\vdots&\ddots&\ddots&\ddots&0\\\vdots&&\ddots&\ddots&-1\\0&\cdots&\cdots&0&1\end{pmatrix}$.

[提示] 令 $\boldsymbol{T}=\begin{pmatrix}0&1&0&\cdots&0\\0&0&\ddots&\ddots&\vdots\\\vdots&\ddots&\ddots&\ddots&0\\\vdots&&\ddots&\ddots&1\\0&\cdots&\cdots&0&0\end{pmatrix}$，则 $\boldsymbol{A}=\boldsymbol{E}+\boldsymbol{T}+\boldsymbol{T}^2+\cdots+\boldsymbol{T}^{n-1}$，且 $\boldsymbol{T}^n=\boldsymbol{0}$. 又因为

$$(\boldsymbol{E}-\boldsymbol{T})\boldsymbol{A}=(\boldsymbol{E}-\boldsymbol{T})(\boldsymbol{E}+\boldsymbol{T}+\boldsymbol{T}^2+\cdots+\boldsymbol{T}^{n-1})=\boldsymbol{E}^n-\boldsymbol{T}^n=\boldsymbol{E}.$$

或者可依初等行变换法：$(\boldsymbol{A}\ \vdots\ \boldsymbol{E})\xrightarrow{\text{初等行变换}}(\boldsymbol{E}\ \vdots\ \boldsymbol{A}^{-1})$.

5. 当 $a=-2$ 时，方程无解；当 $a\neq-2$ 且 $a\neq1$ 时，方程有唯一解 $\boldsymbol{X}=\begin{pmatrix}1&\dfrac{3a}{a+2}\\0&\dfrac{a-4}{a+2}\\-1&0\end{pmatrix}$；当 $a=1$ 时，方程有无穷多个解 $\boldsymbol{X}=\begin{pmatrix}3&3\\-k_1-1&-k_2-1\\k_1&k_2\end{pmatrix}$，$k_1,k_2$ 为任意常数.

[提示] 对矩阵 $(\boldsymbol{A}|\boldsymbol{B})$ 施以初等行变换，有

$$(\boldsymbol{A}\mid\boldsymbol{B})\to\left(\begin{array}{ccc|cc}1&-1&-1&2&2\\2&a&1&1&a\\-1&1&a&-a-1&-2\end{array}\right)\to\left(\begin{array}{ccc|cc}1&-1&-1&2&2\\0&a+2&3&-3&a-4\\0&0&a-1&-a+1&0\end{array}\right).$$

(1) 当 $a\neq-2$ 且 $a\neq1$ 时,$\mathrm{rank}(\boldsymbol{A})=3$,$\boldsymbol{A}$ 可逆,$\boldsymbol{AX}=\boldsymbol{B}$ 有唯一解 $\boldsymbol{X}=\boldsymbol{A}^{-1}\boldsymbol{B}$,依方法:$(\boldsymbol{A}\mid\boldsymbol{B})\xrightarrow{\text{初等行变换}}(\boldsymbol{E}\mid\boldsymbol{A}^{-1}\boldsymbol{B})$,继续对矩阵施以初等行变换,

$$(\boldsymbol{A}\mid\boldsymbol{B})\to\left(\begin{array}{ccc|cc}1&0&0&1&2+(a-4)/(a+2)\\0&1&0&0&(a-4)/(a+2)\\0&0&1&-1&0\end{array}\right).$$

(2) 当 $a=1$ 时,$(\boldsymbol{A}\mid\boldsymbol{\beta}_1\mid\boldsymbol{\beta}_2)\to\left(\begin{array}{ccc|c|c}1&-1&-1&2&2\\0&3&3&-3&-3\\0&0&0&0&0\end{array}\right)\to\left(\begin{array}{ccc|c|c}1&0&0&1&1\\0&1&1&-1&-1\\0&0&0&0&0\end{array}\right)$,$\mathrm{rank}(\boldsymbol{A})=2<3$,$\boldsymbol{A}$ 不可逆,令 $\boldsymbol{X}=(\boldsymbol{y}_1,\boldsymbol{y}_2)$,$\boldsymbol{B}=(\boldsymbol{\beta}_1,\boldsymbol{\beta}_2)$,由 $\boldsymbol{AX}=\boldsymbol{B}$ 得

$$\boldsymbol{A}(\boldsymbol{y}_1,\boldsymbol{y}_2)=(\boldsymbol{\beta}_1,\boldsymbol{\beta}_2),\quad 有\ \boldsymbol{A}\boldsymbol{y}_1=\boldsymbol{\beta}_1,\quad \boldsymbol{A}\boldsymbol{y}_2=\boldsymbol{\beta}_2.$$

注意到矩阵的初等行变换是方程组的同解变换,得同解方程组为 $\begin{cases}x_1=1,\\x_2=-1-x_3,\end{cases}$ $\begin{cases}x_1=1,\\x_2=-1-x_3,\end{cases}$ 得通解

$$\boldsymbol{y}_1=\begin{pmatrix}1\\-1\\0\end{pmatrix}+k_1\begin{pmatrix}0\\1\\-1\end{pmatrix}=\begin{pmatrix}1\\-1+k_1\\-k_1\end{pmatrix},\boldsymbol{y}_2=\begin{pmatrix}1\\-1\\0\end{pmatrix}+k_2\begin{pmatrix}0\\1\\-1\end{pmatrix}=\begin{pmatrix}1\\-1+k_2\\-k_2\end{pmatrix}.$$

(3) 当 $a=-2$ 时,$(\boldsymbol{A}\mid\boldsymbol{\beta}_1\mid\boldsymbol{\beta}_2)\to\left(\begin{array}{ccc|c|c}1&-1&-1&2&2\\0&0&3&-3&-6\\0&0&-3&3&0\end{array}\right)\to\left(\begin{array}{ccc|c|c}1&-1&0&1&2\\0&0&1&-1&0\\0&0&0&0&1\end{array}\right)$,$\mathrm{rank}(\boldsymbol{A})\neq\mathrm{rank}(\boldsymbol{A}\mid\boldsymbol{\beta}_2)$.

单元练习题 3

一、选择题

1. B; 2. C; 3. B; 4. B; 5. A; 6. A; 7. C; 8. C; 9. A; 10. C; 11. B; 12. D; 13. C; 14. C; 15. D; 16. B; 17. C; 18. B; 19. A; 20. D; 21. D; 22. D; 23. C; 24. A; 25. C.

[提示]

1. $\boldsymbol{AB}$ 为 m 阶矩阵,如果 $m>n$,则 $\mathrm{rank}(\boldsymbol{AB})\leqslant\mathrm{rank}(\boldsymbol{A})\leqslant n<m$,所以 $|\boldsymbol{AB}|=0$. 若 $\boldsymbol{A}=(1,0)$,$\boldsymbol{B}=\begin{pmatrix}1\\0\end{pmatrix}$,则 $\boldsymbol{AB}=(1)$,$|\boldsymbol{AB}|=1\neq0$. 又若取 $\boldsymbol{A}=\begin{pmatrix}1&0&0\\0&0&0\end{pmatrix}$,$\boldsymbol{B}=\begin{pmatrix}0&0\\1&0\\0&0\end{pmatrix}$,则 $\boldsymbol{AB}=\begin{pmatrix}0&0\\0&0\end{pmatrix}$,$|\boldsymbol{AB}|=0$. 因此 A,C,D 不正确.

2. 依初等矩阵的性质以及矩阵乘法的定义,有

$$\begin{pmatrix}1&0&0\\2&-1&0\\-3&2&1\end{pmatrix}\begin{pmatrix}1&0&-1\\2&-1&1\\-1&2&-5\end{pmatrix}\begin{pmatrix}1&0&1\\0&1&3\\0&0&1\end{pmatrix}=\begin{pmatrix}1&0&-1\\0&1&-3\\0&0&0\end{pmatrix}\begin{pmatrix}1&0&1\\0&1&3\\0&0&1\end{pmatrix}=\begin{pmatrix}1&0&0\\0&1&0\\0&0&0\end{pmatrix}.$$

选项 A,B,D 不为所选.

3. 依定义,$k\boldsymbol{A}$ 的元素 ka_{ij} 的代数余子式 $(k\boldsymbol{A})_{ij}=k^{n-1}A_{ij}$,$i,j=1,2,\cdots,n$,$(k\boldsymbol{A})^*=k^{n-1}\boldsymbol{A}^*$.

4. $\begin{vmatrix}\boldsymbol{0}&\boldsymbol{A}\\\boldsymbol{B}&\boldsymbol{0}\end{vmatrix}=|\boldsymbol{A}|(-1)^{1+2+3+4}|\boldsymbol{B}|=6\neq0$,所以 $\begin{pmatrix}\boldsymbol{0}&\boldsymbol{A}\\\boldsymbol{B}&\boldsymbol{0}\end{pmatrix}$ 可逆,因此其伴随矩阵为 $\begin{pmatrix}\boldsymbol{0}&\boldsymbol{A}\\\boldsymbol{B}&\boldsymbol{0}\end{pmatrix}^*=$

$\begin{vmatrix} \mathbf{0} & \mathbf{A} \\ \mathbf{B} & \mathbf{0} \end{vmatrix} \begin{pmatrix} \mathbf{0} & \mathbf{A} \\ \mathbf{B} & \mathbf{0} \end{pmatrix}^{-1} = 6\begin{pmatrix} \mathbf{0} & \mathbf{B}^{-1} \\ \mathbf{A}^{-1} & \mathbf{0} \end{pmatrix}$. 又 $\mathbf{B}^{-1} = \frac{1}{3}\mathbf{B}^*$，$\mathbf{A}^{-1} = \frac{1}{2}\mathbf{A}^*$，代入上式得 $\begin{pmatrix} \mathbf{0} & \mathbf{A} \\ \mathbf{B} & \mathbf{0} \end{pmatrix}^* =$

$$6\begin{pmatrix} \mathbf{0} & \frac{1}{3}\mathbf{B}^* \\ \frac{1}{2}\mathbf{A}^* & \mathbf{0} \end{pmatrix} = \begin{pmatrix} \mathbf{0} & 2\mathbf{B}^* \\ 3\mathbf{A}^* & \mathbf{0} \end{pmatrix}.$$

5. $\mathbf{A}^* = \mathbf{A}^{\mathrm{T}}$，$a_{ij} = A_{ij}\ (i,j=1,2,3)$，$|\mathbf{A}| = a_{11}A_{11} + a_{12}A_{12} + a_{13}A_{13} = a_{11}^2 + a_{12}^2 + a_{13}^2 = 3a_{11}^2 > 0$.

$|\mathbf{A}| = |\mathbf{A}^{\mathrm{T}}| = |\mathbf{A}^*| = |\mathbf{A}|^2$. 因此 $|\mathbf{A}| = 1$，从而 $a_{11} = \frac{\sqrt{3}}{3}$.

6. $(\mathbf{E}-\mathbf{A})\mathbf{B} = \mathbf{E}$，即 $\mathbf{B} = (\mathbf{E}-\mathbf{A})^{-1}$. 又 $\mathbf{C}(\mathbf{E}-\mathbf{A}) = \mathbf{A}$，得 $\mathbf{C} = \mathbf{A}(\mathbf{E}-\mathbf{A})^{-1}$，

所以 $\mathbf{B}-\mathbf{C} = (\mathbf{E}-\mathbf{A})^{-1} - \mathbf{A}(\mathbf{E}-\mathbf{A})^{-1} = (\mathbf{E}-\mathbf{A})(\mathbf{E}-\mathbf{A})^{-1} = \mathbf{E}$.

7. $\mathbf{E} = \mathbf{E} - \mathbf{A}^3 = \mathbf{E}^3 - \mathbf{A}^3 = (\mathbf{E}-\mathbf{A})(\mathbf{E}^2 + \mathbf{A} + \mathbf{A}^2) = (\mathbf{E}-\mathbf{A})(\mathbf{E}+\mathbf{A}+\mathbf{A}^2)$，则 $\mathbf{E}-\mathbf{A}$ 可逆.

$\mathbf{E} = \mathbf{E} + \mathbf{A}^3 = \mathbf{E}^3 + \mathbf{A}^3 = (\mathbf{E}+\mathbf{A})(\mathbf{E}^2 - \mathbf{A} + \mathbf{A}^2) = (\mathbf{E}+\mathbf{A})(\mathbf{E}-\mathbf{A}+\mathbf{A}^2)$，则 $\mathbf{E}+\mathbf{A}$ 可逆.

8. $\mathrm{rank}(\mathbf{A}^*) = 1$，所以 $\mathrm{rank}(\mathbf{A}) = 2$，$\mathbf{A} \neq \mathbf{0}$，$|\mathbf{A}| = 0$，如果 $a=b$，则 $\mathrm{rank}(\mathbf{A}) = 1$，不合题意，因此 $a \neq b$.

由 $\begin{vmatrix} a & b & b \\ b & a & b \\ b & b & a \end{vmatrix} = (a+2b)(a-b)^2$.

9. 由于 $\mathbf{AB} = \mathbf{E}_m$，故 $\mathrm{rank}(\mathbf{AB}) = \mathrm{rank}(\mathbf{E}_m) = m$. 又由于

$$m = \mathrm{rank}(\mathbf{AB}) \leqslant \mathrm{rank}(\mathbf{A}) \leqslant m(\mathbf{A}\text{ 的行数}),\quad m = \mathrm{rank}(\mathbf{AB}) \leqslant \mathrm{rank}(\mathbf{B}) \leqslant m.$$

10. $\mathrm{rank}(\mathbf{P}) \geqslant 1$，$1 \leqslant \mathrm{rank}(\mathbf{Q}) \leqslant 2$. 又 $\mathbf{PQ} = \mathbf{0}$，故 $\mathrm{rank}(\mathbf{P}) + \mathrm{rank}(\mathbf{Q}) \leqslant 3$.

当 $t=6$ 时，$\mathrm{rank}(\mathbf{Q}) = 1$，$\mathrm{rank}(\mathbf{P}) \leqslant 3 - \mathrm{rank}(\mathbf{Q}) = 2$，故 $\mathrm{rank}(\mathbf{P}) = 1$ 或 $\mathrm{rank}(\mathbf{P}) = 2$. 当 $t \neq 6$ 时，$\mathrm{rank}(\mathbf{Q}) = 2$，$\mathrm{rank}(\mathbf{P}) \leqslant 3 - \mathrm{rank}(\mathbf{Q}) = 1$，故 $\mathrm{rank}(\mathbf{P}) = 1$.

11. 依题设，存在初等矩阵 $\mathbf{Q}$，使 $\mathbf{AQ} = \mathbf{B}$，即 $\mathbf{A} = \mathbf{BQ}^{-1}$，令 $\mathbf{P} = \mathbf{Q}^{-1}$.

12. $\begin{pmatrix} \mathbf{A} & \boldsymbol{\alpha} \\ \boldsymbol{\alpha}^{\mathrm{T}} & 0 \end{pmatrix}$ 是 $n+1$ 阶矩阵，$\mathrm{rank}\begin{pmatrix} \mathbf{A} & \boldsymbol{\alpha} \\ \boldsymbol{\alpha}^{\mathrm{T}} & 0 \end{pmatrix} = \mathrm{rank}(\mathbf{A}) \leqslant n$，所以齐次线性方程组 $\begin{pmatrix} \mathbf{A} & \boldsymbol{\alpha} \\ \boldsymbol{\alpha}^{\mathrm{T}} & 0 \end{pmatrix}\begin{pmatrix} \mathbf{x} \\ y \end{pmatrix} = \mathbf{0}$ 必有非零解. $\mathbf{Ax} = \mathbf{0}$ 只有零解 $\Leftrightarrow \mathrm{rank}(\mathbf{A}) = n$. A,B,C 不正确.

13. $\mathbf{A}$ 是实矩阵，$\mathrm{rank}(\mathbf{A}^{\mathrm{T}}\mathbf{A}) = \mathrm{rank}(\mathbf{AA}^{\mathrm{T}}) = \mathrm{rank}(\mathbf{A}) = 3$. $\mathbf{A}^{\mathrm{T}}\mathbf{A}$，$\mathbf{AA}^{\mathrm{T}}$ 分别是 4 阶和三阶方阵，故线性方程组 $\mathbf{A}^{\mathrm{T}}\mathbf{Ax} = \mathbf{0}$ 有非零解，线性方程组 $\mathbf{AA}^{\mathrm{T}}\mathbf{x} = \mathbf{0}$ 只有零解. 线性方程组 $\mathbf{Ax} = \mathbf{0}$ 有非零解，线性方程组 $\mathbf{A}^{\mathrm{T}}\mathbf{x} = \mathbf{0}$ 只有零解. A,B,D 不正确.

14. $\mathrm{rank}(\mathbf{A}) = 3$，则 $\mathrm{rank}(\mathbf{A}^*) = 1$，于是 $\mathbf{A}^*\mathbf{x} = \mathbf{0}$ 的基础解系应含三个解向量. 又 $\mathbf{A}^*\mathbf{A} = |\mathbf{A}|\mathbf{E} = \mathbf{0}$，所以 $\boldsymbol{\alpha}_1, \boldsymbol{\alpha}_2, \boldsymbol{\alpha}_3, \boldsymbol{\alpha}_4$ 是线性方程组 $\mathbf{A}^*\mathbf{x} = \mathbf{0}$ 的解，因为 $(1,0,1,0)^{\mathrm{T}}$ 为 $\mathbf{Ax} = \mathbf{0}$ 的基础解系，所以 $(\boldsymbol{\alpha}_1, \boldsymbol{\alpha}_2, \boldsymbol{\alpha}_3, \boldsymbol{\alpha}_4)\begin{pmatrix} 1 \\ 0 \\ 1 \\ 0 \end{pmatrix} = \boldsymbol{\alpha}_1 + \boldsymbol{\alpha}_3 = \mathbf{0}$，而 $\mathrm{rank}(\mathbf{A}) = 3$，所以 $\boldsymbol{\alpha}_2, \boldsymbol{\alpha}_3, \boldsymbol{\alpha}_4$ 必线性无关，就是 $\mathbf{A}^*\mathbf{x} = \mathbf{0}$ 的一个基础解系. 可以证明选项 A,B,D 都线性相关.

15. $\mathbf{P}_1, \mathbf{P}_2$ 都是初等矩阵，且 $\mathbf{P}_2^{-1} = \mathbf{P}_2$，由 $\mathbf{P}_2\mathbf{AP}_1 = \mathbf{E}$，有 $\mathbf{A} = \mathbf{P}_2^{-1}\mathbf{P}_1^{-1} = \mathbf{P}_2\mathbf{P}_1^{-1}$.

16. $\mathbf{Q} = (\boldsymbol{\alpha}_1 + \boldsymbol{\alpha}_2, \boldsymbol{\alpha}_2, \boldsymbol{\alpha}_3) = (\boldsymbol{\alpha}_1, \boldsymbol{\alpha}_2, \boldsymbol{\alpha}_3)\begin{pmatrix} 1 & 0 & 0 \\ 1 & 1 & 0 \\ 0 & 0 & 1 \end{pmatrix} = \mathbf{P}\begin{pmatrix} 1 & 0 & 0 \\ 1 & 1 & 0 \\ 0 & 0 & 1 \end{pmatrix}$，注意到 $\begin{pmatrix} 1 & 0 & 0 \\ 1 & 1 & 0 \\ 0 & 0 & 1 \end{pmatrix}$ 为初等矩阵，

且 $\begin{pmatrix} 1 & 0 & 0 \\ 1 & 1 & 0 \\ 0 & 0 & 1 \end{pmatrix}^{-1} = \begin{pmatrix} 1 & 0 & 0 \\ -1 & 1 & 0 \\ 0 & 0 & 1 \end{pmatrix}$，故

$$Q^{-1}AQ=\begin{pmatrix}1&0&0\\1&1&0\\0&0&1\end{pmatrix}^{-1}P^{-1}AP\cdot\begin{pmatrix}1&0&0\\1&1&0\\0&0&1\end{pmatrix}=\begin{pmatrix}1&0&0\\-1&1&0\\0&0&1\end{pmatrix}\begin{pmatrix}1&0&0\\0&1&0\\0&0&2\end{pmatrix}\begin{pmatrix}1&0&0\\1&1&0\\0&0&1\end{pmatrix}=\begin{pmatrix}1&0&0\\0&1&0\\0&0&2\end{pmatrix}.$$

17. $|\boldsymbol{B}|=-|\boldsymbol{A}|\neq 0$，设初等矩阵 $\boldsymbol{E}(1,2)$ 由 n 阶单位矩阵经第 1 行(列)与第 2 行(列)互换而得，则 $\boldsymbol{E}(1,2)\boldsymbol{A}=\boldsymbol{B}$，$\boldsymbol{A}^{-1}\boldsymbol{E}(1,2)=\boldsymbol{B}^{-1}$，即 $\dfrac{1}{|\boldsymbol{A}|}\boldsymbol{A}^*\boldsymbol{E}(1,2)=\dfrac{1}{|\boldsymbol{B}|}\boldsymbol{B}^*$，从而 $\boldsymbol{A}^*\boldsymbol{E}(1,2)=-\boldsymbol{B}^*$.

18. $\boldsymbol{AB}=\boldsymbol{C}$，依 3.4 节命题 6 的证明过程可知，乘积阵 $\boldsymbol{C}$ 的列向量组可由左阵 $\boldsymbol{A}$ 的列向量组线性表示. 又 $\boldsymbol{A}=\boldsymbol{CB}^{-1}$，同理 $\boldsymbol{A}$ 的列向量组可由 $\boldsymbol{C}$ 的列向量组线性表示，故矩阵 $\boldsymbol{C}$ 的列向量组与 $\boldsymbol{A}$ 的列向量组等价. B 正确. 例 $\boldsymbol{A}=\begin{pmatrix}1&0\\0&0\end{pmatrix}$，$\boldsymbol{B}=\begin{pmatrix}1&1\\0&1\end{pmatrix}$，则 $\boldsymbol{C}=\boldsymbol{AB}=\begin{pmatrix}1&1\\0&0\end{pmatrix}$，$\boldsymbol{C}$ 的行向量组与 $\boldsymbol{A}$ 的行向量组不等价，$\boldsymbol{C}$ 的行(列)向量组与 $\boldsymbol{B}$ 的行(列)向量组不等价. A,C,D 不正确.

19. $\boldsymbol{A},\boldsymbol{B}$ 为非零矩阵，所以线性方程组 $\boldsymbol{Ax}=\boldsymbol{0}$ 与 $\boldsymbol{B}^{\mathrm{T}}\boldsymbol{y}=\boldsymbol{0}$ 均有非零解，从而 $\boldsymbol{A}$ 的列向量组线性相关，$\boldsymbol{B}$ 的行向量组线性相关.

若 $\boldsymbol{A}=\begin{pmatrix}1&0&-1\\0&1&0\end{pmatrix}$，$\boldsymbol{B}=\begin{pmatrix}1&0\\0&0\\1&0\end{pmatrix}$，则 $\boldsymbol{AB}=\begin{pmatrix}0&0\\0&0\end{pmatrix}$，但 $\boldsymbol{A}$ 的行向量组线性无关，又若取 $\boldsymbol{A}=\begin{pmatrix}1&0&-1\\0&0&0\end{pmatrix}$，$\boldsymbol{B}=\begin{pmatrix}1&0\\0&1\\1&0\end{pmatrix}$，则 $\boldsymbol{AB}=\begin{pmatrix}0&0\\0&0\end{pmatrix}$，但 $\boldsymbol{B}$ 的列向量组线性无关. B,C,D 不正确.

20. $\mathrm{rank}(\boldsymbol{A})=m=\mathrm{rank}(\boldsymbol{A}\,|\,\boldsymbol{\beta})<n$(未知元的个数)，$\boldsymbol{Ax}=\boldsymbol{\beta}$ 有无穷多个解. 因为 $\mathrm{rank}(\boldsymbol{A})=m<n$，此时 $\boldsymbol{A}$ 有(未必任意)m 个列向量线性无关，$\boldsymbol{A}$ 有 m 阶子式不等于零. 例如行满秩矩阵 $\boldsymbol{A}=\begin{pmatrix}1&0&0\\0&0&1\end{pmatrix}$ 通过初等行变换，不能化为 $(\boldsymbol{E}_2\ \boldsymbol{0})$ 的形式. A,B,C 不正确.

21. 如果 $\boldsymbol{\beta}_1,\boldsymbol{\beta}_2,\cdots,\boldsymbol{\beta}_m$ 线性无关，则 $\mathrm{rank}(\boldsymbol{B})=m=\mathrm{rank}(\boldsymbol{A})$，所以同型矩阵 $\boldsymbol{A}$ 与 $\boldsymbol{B}$ 相抵. 反之，如果 $\boldsymbol{A}$ 与 $\boldsymbol{B}$ 相抵，即 $\mathrm{rank}(\boldsymbol{B})=\mathrm{rank}(\boldsymbol{A})=m$，则 $\boldsymbol{\beta}_1,\boldsymbol{\beta}_2,\cdots,\boldsymbol{\beta}_m$ 线性无关.

设 $\boldsymbol{\alpha}_1=\begin{pmatrix}1\\0\\0\end{pmatrix}$，$\boldsymbol{\alpha}_2=\begin{pmatrix}0\\1\\0\end{pmatrix}$，$\boldsymbol{\beta}_1=\begin{pmatrix}0\\-1\\0\end{pmatrix}$，$\boldsymbol{\beta}_2=\begin{pmatrix}0\\0\\1\end{pmatrix}$. $\boldsymbol{\alpha}_1,\boldsymbol{\alpha}_2$ 线性无关，$\boldsymbol{\beta}_1,\boldsymbol{\beta}_2$ 线性无关，但 $\boldsymbol{\alpha}_1,\boldsymbol{\alpha}_2$ 不能线性表示 $\boldsymbol{\beta}_1,\boldsymbol{\beta}_2$，$\boldsymbol{\beta}_1,\boldsymbol{\beta}_2$ 不能线性表示 $\boldsymbol{\alpha}_1,\boldsymbol{\alpha}_2$. A,B,C 不正确.

22. 依题设，$(\boldsymbol{\alpha}_1,\boldsymbol{\alpha}_2,\boldsymbol{\alpha}_3)=(\boldsymbol{\beta}_1,\boldsymbol{\beta}_2,\boldsymbol{\beta}_3)\begin{pmatrix}c_{11}&c_{12}&c_{13}\\c_{21}&c_{22}&c_{23}\\c_{31}&c_{32}&c_{33}\end{pmatrix}$，令 $\boldsymbol{C}=\begin{pmatrix}c_{11}&c_{12}&c_{13}\\c_{21}&c_{22}&c_{23}\\c_{31}&c_{32}&c_{33}\end{pmatrix}$，则 $\boldsymbol{A}=\boldsymbol{BC}$，$\boldsymbol{A}^{\mathrm{T}}=\boldsymbol{C}^{\mathrm{T}}\boldsymbol{B}^{\mathrm{T}}$，若 $\boldsymbol{B}^{\mathrm{T}}\boldsymbol{X}=\boldsymbol{0}$，则 $\boldsymbol{A}^{\mathrm{T}}\boldsymbol{X}=\boldsymbol{C}^{\mathrm{T}}(\boldsymbol{B}^{\mathrm{T}}\boldsymbol{X})=\boldsymbol{0}$.

23. 依题设，$|\boldsymbol{A}|=0$，$A_{12}\neq 0$，故 $\mathrm{rank}(\boldsymbol{A})=3$，且 $\mathrm{rank}(\boldsymbol{A}^*)=1$，因此 $\boldsymbol{A}^*\boldsymbol{x}=\boldsymbol{0}$ 的基础解系含三个解向量，$\boldsymbol{A}^*\boldsymbol{A}=|\boldsymbol{A}|\boldsymbol{E}=\boldsymbol{0}$，即 $\boldsymbol{A}$ 的列向量 $\boldsymbol{\alpha}_1,\boldsymbol{\alpha}_2,\boldsymbol{\alpha}_3,\boldsymbol{\alpha}_4$ 都是 $\boldsymbol{A}^*\boldsymbol{x}=\boldsymbol{0}$ 的解，因为 $A_{12}\neq 0$，所以 A_{12} 所在的列 $\boldsymbol{\alpha}_1,\boldsymbol{\alpha}_3,\boldsymbol{\alpha}_4$ 线性无关.

24. 显然 $\mathrm{rank}(\boldsymbol{A}\ \boldsymbol{AB})\geqslant\mathrm{rank}(\boldsymbol{A})$，又因为 $\mathrm{rank}(\boldsymbol{A}\ \boldsymbol{AB})=\mathrm{rank}(\boldsymbol{A}(\boldsymbol{E}\ \boldsymbol{B}))\leqslant\mathrm{rank}(\boldsymbol{A})$，所以 $\mathrm{rank}(\boldsymbol{A}\ \boldsymbol{AB})=\mathrm{rank}(\boldsymbol{A})$. 令 $\boldsymbol{A}=\begin{pmatrix}1&0\\0&0\end{pmatrix}$，$\boldsymbol{B}=\begin{pmatrix}0&0\\1&0\end{pmatrix}$，显然 $\mathrm{rank}(\boldsymbol{A})=\mathrm{rank}(\boldsymbol{B})=1$，

$$\mathrm{rank}(\boldsymbol{A}\ \boldsymbol{BA})=\mathrm{rank}\begin{pmatrix}1&0&0&0\\0&0&1&0\end{pmatrix}=2\neq 1,\quad \mathrm{rank}(\boldsymbol{A}\ \boldsymbol{B})=\mathrm{rank}\begin{pmatrix}1&0&0&0\\0&0&1&0\end{pmatrix}=2\neq 1,$$

$\mathrm{rank}(\boldsymbol{A}^{\mathrm{T}}\ \boldsymbol{B}^{\mathrm{T}})=\mathrm{rank}\begin{pmatrix}1&0&0&1\\0&0&0&0\end{pmatrix}=1\neq 2$，选项 B,C,D 不正确.

[注] 依矩阵乘法的运算规则，$(A\ BA)\neq(E\ B)A$.

25. 依 3.4 节命题 7，$\operatorname{rank}(AA^T)=\operatorname{rank}(A^TA)=\operatorname{rank}(A)$，

$$\operatorname{rank}\begin{pmatrix}A&0\\0&A^TA\end{pmatrix}=\operatorname{rank}(A)+\operatorname{rank}(A^TA)=\operatorname{rank}(A)+\operatorname{rank}(A)=2\operatorname{rank}(A),$$

依分块矩阵的初等变换，$\begin{pmatrix}A&AB\\0&A^T\end{pmatrix}\rightarrow\begin{pmatrix}A&0\\0&A^T\end{pmatrix}$，于是有

$$\operatorname{rank}\begin{pmatrix}A&AB\\0&A^T\end{pmatrix}=\operatorname{rank}\begin{pmatrix}A&0\\0&A^T\end{pmatrix}=\operatorname{rank}(A)+\operatorname{rank}(A^T)=2\operatorname{rank}(A),$$

同理，$\operatorname{rank}\begin{pmatrix}A&0\\BA&A^T\end{pmatrix}=\operatorname{rank}\begin{pmatrix}A&0\\0&A^T\end{pmatrix}=2\operatorname{rank}(A)$，选项 A，B，D 正确.

令 $A=\begin{pmatrix}1&1\\0&0\end{pmatrix}$，$B=\begin{pmatrix}1&0\\2&0\end{pmatrix}$，则 $\operatorname{rank}(A)=1=\operatorname{rank}(B)$，$BA=\begin{pmatrix}1&1\\2&2\end{pmatrix}$，$AA^T=\begin{pmatrix}2&0\\0&0\end{pmatrix}$，

$$\begin{pmatrix}A&BA\\0&AA^T\end{pmatrix}=\begin{bmatrix}1&1&1&1\\0&0&2&2\\0&0&2&0\\0&0&0&0\end{bmatrix}\rightarrow\begin{bmatrix}1&1&0&0\\0&0&0&1\\0&0&1&0\\0&0&0&0\end{bmatrix},\operatorname{rank}\begin{bmatrix}A&BA\\0&AA^T\end{bmatrix}=3.$$

二、填空题

1. $-\dfrac{2^{2n-1}}{3}$；2. -81；3. 2；4. 3；5. -27；6. -1；7. 2；8. -3；9. 2；10. 3；

11. $\begin{pmatrix}3&&\\&3&\\&&-1\end{pmatrix}$；12. -1；13. $\begin{pmatrix}1&-1\\1&1\end{pmatrix}$；14. $\dfrac{1}{2}(A+2E)$；15. $\begin{bmatrix}1&0&0&0\\-1&2&0&0\\0&-2&3&0\\0&0&-3&4\end{bmatrix}$；

16. $\begin{pmatrix}2&0&0\\0&-4&0\\0&0&2\end{pmatrix}$；17. $\dfrac{1}{9}$；18. $k\begin{pmatrix}1\\-2\\1\end{pmatrix}$，$k$ 为任意常数；19. 1；20. 1.

[提示]

1. $|2A^*B^{-1}|=2^n|A^*||B^{-1}|=2^n|A|^{n-1}|B|^{-1}$.

2. $|A+2B|=|3\alpha_1,3\alpha_2,3\alpha_3,\beta+2\gamma|=27|\alpha_1,\alpha_2,\alpha_3,\beta+2\gamma|$

$$=27(|\alpha_1,\alpha_2,\alpha_3,\beta|+2|\alpha_1,\alpha_2,\alpha_3,\gamma|)=27(|A|+2|B|).$$

3. 依分块矩阵乘法法则，$B=(\alpha_1,\alpha_2,\alpha_3)\begin{pmatrix}1&1&1\\1&2&3\\1&4&9\end{pmatrix}$，$|B|=|A|\begin{vmatrix}1&1&1\\1&2&3\\1&4&9\end{vmatrix}$.

4. $A+B^{-1}=ABB^{-1}+AA^{-1}B^{-1}=A(B+A^{-1})B^{-1}$，所以 $|A+B^{-1}|=|A||B+A^{-1}||B^{-1}|$.

5. 设初等矩阵 $E(1,2)=\begin{pmatrix}0&1&0\\1&0&0\\0&0&1\end{pmatrix}$，$|E(1,2)|=-1$，$E(1,2)A=B$，

$$|BA^*|=|E(1,2)AA^*|=|E(1,2)||AA^*|=-\begin{vmatrix}|A|&0&0\\0&|A|&0\\0&0&|A|\end{vmatrix}=-|A|^3.$$

6. $A^T=-A^*$，由 $AA^*=|A|E$，$|A||A^*|=|A||-A^T|=|A|^3$，$(-1)^3|A|^2=|A|^3$，$|A|^2(|A|+1)=0$，因 A 非零，不妨设 $a_{11}\neq 0$，依行列式按行展开法则，有

$$|A|=a_{11}A_{11}+a_{12}A_{12}+a_{13}A_{13}=-a_{11}^2-a_{12}^2-a_{13}^2，即 |A|<0.$$

7. 依题设，$\boldsymbol{A}\cong\boldsymbol{B}$，则 $\operatorname{rank}(\boldsymbol{A})=\operatorname{rank}(\boldsymbol{B})$，对 $\boldsymbol{A},\boldsymbol{B}$ 施以初等行变换，有 $\boldsymbol{B}\to\begin{pmatrix}1&1&0\\0&-1&1\\0&0&0\end{pmatrix}$，$\boldsymbol{A}\to$ $\begin{pmatrix}1&1&-a\\0&a+1&-1-a\\0&0&(a-2)(a+1)\end{pmatrix}$，显然 $\operatorname{rank}(\boldsymbol{B})=2$.

8. 由 $\boldsymbol{AB}=\boldsymbol{0}$ 知，$\boldsymbol{Ax}=\boldsymbol{0}$ 有非零解，所以 $|\boldsymbol{A}|=7(t+3)=0$.

9. 对 $\boldsymbol{A}$ 施以初等行变换，有 $\boldsymbol{A}\to\begin{pmatrix}1&0&1\\0&1&1\\0&0&0\end{pmatrix}$，即 $\operatorname{rank}(\boldsymbol{A})=2$，依题设，矩阵 $(\boldsymbol{\alpha}_1,\boldsymbol{\alpha}_2,\boldsymbol{\alpha}_3)$ 可逆，从而 $\operatorname{rank}\{\boldsymbol{A\alpha}_1,\boldsymbol{A\alpha}_2,\boldsymbol{A\alpha}_3\}=\operatorname{rank}(\boldsymbol{A}(\boldsymbol{\alpha}_1,\boldsymbol{\alpha}_2,\boldsymbol{\alpha}_3))=\operatorname{rank}(\boldsymbol{A})$.

10. $(\boldsymbol{\alpha\alpha}^{\mathrm T})(\boldsymbol{\alpha\alpha}^{\mathrm T})=\boldsymbol{\alpha}(\boldsymbol{\alpha}^{\mathrm T}\boldsymbol{\alpha})\boldsymbol{\alpha}^{\mathrm T}=(\boldsymbol{\alpha}^{\mathrm T}\boldsymbol{\alpha})(\boldsymbol{\alpha\alpha}^{\mathrm T})$，其中 $\boldsymbol{\alpha}^{\mathrm T}\boldsymbol{\alpha}$ 是数. 经计算得 $(\boldsymbol{\alpha\alpha}^{\mathrm T})(\boldsymbol{\alpha\alpha}^{\mathrm T})=3(\boldsymbol{\alpha\alpha}^{\mathrm T})$.

11. $\boldsymbol{B}^{2004}=(\boldsymbol{P}^{-1}\boldsymbol{AP})^{2004}=\boldsymbol{P}^{-1}\boldsymbol{A}^{2004}\boldsymbol{P}$，计算得 $\boldsymbol{A}^2=\begin{pmatrix}-1&0&0\\0&-1&0\\0&0&1\end{pmatrix}$，故 $\boldsymbol{A}^4=\boldsymbol{E}$，因此

$$\boldsymbol{B}^{2004}-2\boldsymbol{A}^2=\boldsymbol{P}^{-1}(\boldsymbol{A}^4)^{501}\boldsymbol{P}-2\boldsymbol{A}^2=\boldsymbol{E}-2\begin{pmatrix}-1&&\\&-1&\\&&1\end{pmatrix}.$$

12. $\boldsymbol{\alpha}^{\mathrm T}\boldsymbol{\alpha}=2b^2>0$，$\boldsymbol{AB}=\boldsymbol{E}$，即 $(\boldsymbol{E}-\boldsymbol{\alpha\alpha}^{\mathrm T})\left(\boldsymbol{E}+\dfrac{1}{b}\boldsymbol{\alpha\alpha}^{\mathrm T}\right)=\boldsymbol{E}$，$\left(\dfrac{1}{b}-1-2b\right)\boldsymbol{\alpha\alpha}^{\mathrm T}=\boldsymbol{0}$. 因为 $\boldsymbol{\alpha\alpha}^{\mathrm T}\neq\boldsymbol{0}$，所以 $\dfrac{1}{b}-1-2b=0$.

13. $\boldsymbol{B}(\boldsymbol{A}-\boldsymbol{E})=2\boldsymbol{E}$. 又 $|\boldsymbol{A}-\boldsymbol{E}|=2\neq0$，则 $\boldsymbol{A}-\boldsymbol{E}$ 可逆，故 $\boldsymbol{B}=2(\boldsymbol{A}-\boldsymbol{E})^{-1}$.

14. $(\boldsymbol{A}-\boldsymbol{E})(\boldsymbol{A}+2\boldsymbol{E})=2\boldsymbol{E}$.

15. $(\boldsymbol{E}+\boldsymbol{A})\boldsymbol{B}=\boldsymbol{E}-\boldsymbol{A}$，整理得 $(\boldsymbol{A}+\boldsymbol{E})(\boldsymbol{B}+\boldsymbol{E})=2\boldsymbol{E}$，于是 $\boldsymbol{B}+\boldsymbol{E}$ 可逆，且

$$(\boldsymbol{B}+\boldsymbol{E})^{-1}=\frac{1}{2}(\boldsymbol{A}+\boldsymbol{E}).$$

16. $(\boldsymbol{A}^*-2\boldsymbol{E})\boldsymbol{BA}=-8\boldsymbol{E}$，则 $\boldsymbol{A}$ 可逆，$\boldsymbol{A}^*-2\boldsymbol{E}$ 可逆，且

$$\boldsymbol{B}=-8(\boldsymbol{A}^*-2\boldsymbol{E})^{-1}\boldsymbol{A}^{-1}=-8(\boldsymbol{A}(\boldsymbol{A}^*-2\boldsymbol{E}))^{-1}=-8(|\boldsymbol{A}|\boldsymbol{E}-2\boldsymbol{A})^{-1}.$$

17. $(\boldsymbol{A}-2\boldsymbol{E})\boldsymbol{BA}^*=\boldsymbol{E}$，则 $|\boldsymbol{A}-2\boldsymbol{E}|\,|\boldsymbol{B}|\,|\boldsymbol{A}^*|=1$. 计算得 $|\boldsymbol{A}-2\boldsymbol{E}|=1$，$|\boldsymbol{A}|=3$，则 $|\boldsymbol{A}^*|=|\boldsymbol{A}|^2=9$.

18. 依题设，$\boldsymbol{\alpha}_1,\boldsymbol{\alpha}_2,\boldsymbol{\alpha}_3$ 线性相关，$\boldsymbol{\alpha}_1,\boldsymbol{\alpha}_2$ 线性无关，即 $\operatorname{rank}(\boldsymbol{A})=2$，所以方程组 $\boldsymbol{Ax}=\boldsymbol{0}$ 的基础解系含一个解向量. 又因 $\boldsymbol{\alpha}_1-2\boldsymbol{\alpha}_2+\boldsymbol{\alpha}_3=\boldsymbol{0}$，故取 $\boldsymbol{\eta}=\begin{pmatrix}1\\-2\\1\end{pmatrix}$ 为基础解系.

19. 由例 3.1.2 知，$\boldsymbol{A}^3=\begin{bmatrix}0&0&0&1\\0&0&0&0\\0&0&0&0\\0&0&0&0\end{bmatrix}$.

20. 对方程组的增广矩阵施以初等行变换，有 $(\boldsymbol{A}\,|\,\boldsymbol{\beta})\to\left(\begin{array}{ccc|c}1&0&-1&0\\0&1&0&1\\0&0&a^2-1&a-1\end{array}\right)$，当 $a=1$ 时，$\operatorname{rank}(\boldsymbol{A})=$

$\operatorname{rank}(\bar{A})=2<3$(未知元的个数).

三、判断题

1. √；2. √；3. ×；4. √；5. ×；6. ×；7. √；8. √；9. ×；10. ×；11. √；12. ×；13. √；14. ×；15. ×.

[提示]

1. 设 $k_1\boldsymbol{A}\boldsymbol{\alpha}_1+k_2\boldsymbol{A}\boldsymbol{\alpha}_2+\cdots+k_m\boldsymbol{A}\boldsymbol{\alpha}_m=\mathbf{0}$,用 $\boldsymbol{A}^{-1}$ 左乘等式两端,有 $k_1\boldsymbol{\alpha}_1+k_2\boldsymbol{\alpha}_2+\cdots+k_m\boldsymbol{\alpha}_m=\mathbf{0}$.

2. $|(\boldsymbol{AB})^k|=|(\boldsymbol{AB})(\boldsymbol{AB})\cdots(\boldsymbol{AB})|=|\boldsymbol{A}||\boldsymbol{B}||\boldsymbol{A}||\boldsymbol{B}|\cdots|\boldsymbol{A}||\boldsymbol{B}|=|\boldsymbol{A}|^k|\boldsymbol{B}|^k$.

3. $\boldsymbol{A}=\begin{pmatrix}-1&0\\0&1\end{pmatrix},\boldsymbol{B}=\begin{pmatrix}1&0\\0&-1\end{pmatrix},|\boldsymbol{A}+\boldsymbol{B}|=0,|\boldsymbol{A}|=-1,|\boldsymbol{B}|=-1,|\boldsymbol{A}+\boldsymbol{B}|\neq|\boldsymbol{A}|+|\boldsymbol{B}|$.

4. $|\boldsymbol{A}^{\mathrm{T}}+\boldsymbol{B}^{\mathrm{T}}|=|(\boldsymbol{A}+\boldsymbol{B})^{\mathrm{T}}|=|\boldsymbol{A}+\boldsymbol{B}|$.

5. $|-\boldsymbol{A}|=(-)^n|\boldsymbol{A}|$.

6. 设 $\boldsymbol{A}=\begin{pmatrix}-1&0\\0&1\end{pmatrix},\boldsymbol{B}=\begin{pmatrix}1&0\\0&-1\end{pmatrix}$,两者都可逆,但 $\boldsymbol{A}+\boldsymbol{B}=\mathbf{0}$ 不可逆. 又设 $\boldsymbol{A}=\begin{pmatrix}-1&0\\0&1\end{pmatrix},\boldsymbol{B}=\begin{pmatrix}2&0\\0&-2\end{pmatrix}$都可逆,$\boldsymbol{A}+\boldsymbol{B}=\begin{pmatrix}1&0\\0&-1\end{pmatrix}$可逆,且$(\boldsymbol{A}+\boldsymbol{B})^{-1}=\begin{pmatrix}1&0\\0&-1\end{pmatrix}$,但是

$$\boldsymbol{A}^{-1}+\boldsymbol{B}^{-1}=\begin{pmatrix}-1&0\\0&1\end{pmatrix}+\begin{pmatrix}\frac{1}{2}&0\\0&-\frac{1}{2}\end{pmatrix}=\begin{pmatrix}-\frac{1}{2}&0\\0&\frac{1}{2}\end{pmatrix}\neq(\boldsymbol{A}+\boldsymbol{B})^{-1}.$$

7. 因 $\boldsymbol{A},\boldsymbol{B}$ 可逆,故$((\boldsymbol{AB})^{\mathrm{T}})^{-1}=(\boldsymbol{B}^{\mathrm{T}}\boldsymbol{A}^{\mathrm{T}})^{-1}=(\boldsymbol{A}^{\mathrm{T}})^{-1}(\boldsymbol{B}^{\mathrm{T}})^{-1}=(\boldsymbol{A}^{-1})^{\mathrm{T}}(\boldsymbol{B}^{-1})^{\mathrm{T}}$.

8. $0=|\boldsymbol{A}+\boldsymbol{AB}|=|\boldsymbol{A}||\boldsymbol{E}+\boldsymbol{B}|$,因$|\boldsymbol{A}|\neq0$,故$|\boldsymbol{B}+\boldsymbol{E}|=0$.

9. $\boldsymbol{A}=\begin{pmatrix}-1&\\&1\end{pmatrix}\xrightarrow{\text{初等行变换}}\begin{pmatrix}1&\\&1\end{pmatrix}=\boldsymbol{B}$,但是 $\boldsymbol{A}^{-1}=\begin{pmatrix}-1&\\&1\end{pmatrix},\boldsymbol{B}^{-1}=\begin{pmatrix}1&\\&1\end{pmatrix}$.

10. 因 $\boldsymbol{A},\boldsymbol{B}$ 可逆,故$\begin{pmatrix}\mathbf{0}&\boldsymbol{A}\\\boldsymbol{B}&\mathbf{0}\end{pmatrix}^{-1}=\begin{pmatrix}\mathbf{0}&\boldsymbol{B}^{-1}\\\boldsymbol{A}^{-1}&\mathbf{0}\end{pmatrix}$.

11. 相抵矩阵秩等,因此 $\operatorname{rank}(\boldsymbol{A})=\operatorname{rank}(\boldsymbol{B})=n$.

12. 设 $\boldsymbol{A}=\begin{pmatrix}1&0\\0&0\end{pmatrix},\boldsymbol{B}=\begin{pmatrix}2&0\\0&0\end{pmatrix},\boldsymbol{C}=\begin{pmatrix}0&0\\0&1\end{pmatrix},\boldsymbol{D}=\begin{pmatrix}0&1\\0&0\end{pmatrix}$,由于 4 个矩阵的秩同为 1,所以 $\boldsymbol{A}\cong\boldsymbol{B}$,$\boldsymbol{C}\cong\boldsymbol{D}$,$\operatorname{rank}(\boldsymbol{A}+\boldsymbol{C})=2\neq1=\operatorname{rank}(\boldsymbol{B}+\boldsymbol{D})$,则 $\boldsymbol{A}+\boldsymbol{C}\ncong\boldsymbol{B}+\boldsymbol{D}$.

13. 依 3.3 节可逆矩阵的性质(8)即得结论.

14. 由 $\boldsymbol{AA}^*=\begin{pmatrix}|\boldsymbol{A}|&&&\\&|\boldsymbol{A}|&&\\&&\ddots&\\&&&|\boldsymbol{A}|\end{pmatrix}$可知,$|\boldsymbol{AA}^*|=\begin{vmatrix}|\boldsymbol{A}|&&&\\&|\boldsymbol{A}|&&\\&&\ddots&\\&&&|\boldsymbol{A}|\end{vmatrix}=|\boldsymbol{A}|^n$.

15. 设 $\boldsymbol{A}=\begin{pmatrix}1&1\\0&1\end{pmatrix},\boldsymbol{E}(1,2)\boldsymbol{A}=\begin{pmatrix}0&1\\1&0\end{pmatrix}\begin{pmatrix}1&1\\0&1\end{pmatrix}=\begin{pmatrix}0&1\\1&1\end{pmatrix},\boldsymbol{AE}(1,2)=\begin{pmatrix}1&1\\1&0\end{pmatrix}$.

四、解答题

1. $a=-1$ 且 $b=0$,存在 $\boldsymbol{C}=\begin{pmatrix}1+k_1+k_2&-k_1\\k_1&k_2\end{pmatrix}$,$k_1,k_2$ 为任意常数.

[提示] 依题设,$\boldsymbol{C}$ 为二阶矩阵,设

$$\boldsymbol{C}=\begin{pmatrix}x_1&x_2\\x_3&x_4\end{pmatrix},\boldsymbol{AC}-\boldsymbol{CA}=\boldsymbol{B},\begin{pmatrix}1&a\\1&0\end{pmatrix}\begin{pmatrix}x_1&x_2\\x_3&x_4\end{pmatrix}-\begin{pmatrix}x_1&x_2\\x_3&x_4\end{pmatrix}\begin{pmatrix}1&a\\1&0\end{pmatrix}=\begin{pmatrix}0&1\\1&b\end{pmatrix},$$

即$\begin{pmatrix} x_1+ax_3 & x_2+ax_4 \\ x_1 & x_2 \end{pmatrix}-\begin{pmatrix} x_1+x_2 & ax_1 \\ x_3+x_4 & ax_3 \end{pmatrix}=\begin{pmatrix} 0 & 1 \\ 1 & b \end{pmatrix}$，得线性方程组$\begin{cases} -x_2+ax_3=0, \\ -ax_1+x_2+ax_4=1, \\ x_1-x_3-x_4=1, \\ x_2-ax_3=b. \end{cases}$

设方程组的系数矩阵和增广矩阵分别为 $\boldsymbol{P},\overline{\boldsymbol{P}}$，对 $\overline{\boldsymbol{P}}$ 施以初等行变换，将其化为行阶梯形矩阵，即

$$\overline{\boldsymbol{P}}=\left(\begin{array}{cccc|c} 0 & -1 & a & 0 & 0 \\ -a & 1 & 0 & a & 1 \\ 1 & 0 & -1 & -1 & 1 \\ 0 & 1 & -a & 0 & b \end{array}\right)\rightarrow\left(\begin{array}{cccc|c} 1 & 0 & -1 & -1 & 1 \\ 0 & 1 & -a & 0 & b \\ 0 & 0 & 0 & 0 & 1+a \\ 0 & 0 & 0 & 0 & b \end{array}\right).$$

当 $a\neq-1$ 或 $b\neq0$ 时，方程组无解. 当 $a=-1$ 且 $b=0$ 时，$\operatorname{rank}(\boldsymbol{P})=\operatorname{rank}(\overline{\boldsymbol{P}})=2<4$，线性方程组有无穷多个解，此时

$$\overline{\boldsymbol{P}}\rightarrow\left(\begin{array}{cccc|c} 1 & 0 & -1 & -1 & 1 \\ 0 & 1 & 1 & 0 & 0 \\ 0 & 0 & 0 & 0 & 0 \\ 0 & 0 & 0 & 0 & 0 \end{array}\right)，方程组的一般解为\begin{cases} x_1=1+x_3+x_4, \\ x_2=-x_3, \end{cases}$$

方程组的通解为$\begin{pmatrix} x_1 \\ x_2 \\ x_3 \\ x_4 \end{pmatrix}=\begin{pmatrix} 1 \\ 0 \\ 0 \\ 0 \end{pmatrix}+k_1\begin{pmatrix} 1 \\ -1 \\ 1 \\ 0 \end{pmatrix}+k_2\begin{pmatrix} 1 \\ 0 \\ 0 \\ 1 \end{pmatrix}=\begin{pmatrix} 1+k_1+k_2 \\ -k_1 \\ k_1 \\ k_2 \end{pmatrix}$.

2. $\begin{pmatrix} 0 & 6 & -3 \\ 6 & -3 & -6 \\ -9 & 0 & 9 \end{pmatrix}$.

[提示] $\boldsymbol{A},\boldsymbol{C}$ 都是初等矩阵，可逆，$\boldsymbol{A}^{-1}=\begin{pmatrix} 1 & 0 & 1 \\ 0 & 1 & 0 \\ 0 & 0 & 1 \end{pmatrix}$，$\boldsymbol{C}^{-1}=\begin{pmatrix} 0 & 0 & 1 \\ 0 & 1 & 0 \\ 1 & 0 & 0 \end{pmatrix}$仍是初等矩阵，且 $\boldsymbol{B}=\boldsymbol{A}^{-1}\boldsymbol{D}\boldsymbol{C}^{-1}$，$|\boldsymbol{B}|=|\boldsymbol{A}|^{-1}|\boldsymbol{D}||\boldsymbol{C}|^{-1}=-9$，$\boldsymbol{B}$ 可逆，则 $\boldsymbol{B}^{-1}=\boldsymbol{C}\boldsymbol{D}^{-1}\boldsymbol{A}$，依方法 $(\boldsymbol{D}|\boldsymbol{E})\xrightarrow{初等行变换}(\boldsymbol{E}|\boldsymbol{D}^{-1})$求得 $\boldsymbol{D}^{-1}=\begin{pmatrix} 1 & 0 & 0 \\ -2/3 & 1/3 & 0 \\ 0 & -2/3 & 1/3 \end{pmatrix}$，代入得 $\boldsymbol{B}^{-1}=\begin{pmatrix} 0 & 0 & 1 \\ 0 & 1 & 0 \\ 1 & 0 & 0 \end{pmatrix}\begin{pmatrix} 1 & 0 & 0 \\ -2/3 & 1/3 & 0 \\ 0 & -2/3 & 1/3 \end{pmatrix}\begin{pmatrix} 1 & 0 & -1 \\ 0 & 1 & 0 \\ 0 & 0 & 1 \end{pmatrix}=\begin{pmatrix} 0 & -2/3 & 1/3 \\ -2/3 & 1/3 & 2/3 \\ 1 & 0 & -1 \end{pmatrix}$，$\boldsymbol{B}^*=|\boldsymbol{B}|\boldsymbol{B}^{-1}$.

3. (1)$\boldsymbol{E}-\boldsymbol{\alpha}\boldsymbol{\beta}^{\mathrm{T}}$；(2)$\boldsymbol{E}+k\boldsymbol{\alpha}\boldsymbol{\beta}^{\mathrm{T}}$.

[提示] (1) $\boldsymbol{A}^2=2\boldsymbol{E}+2\boldsymbol{\alpha}\boldsymbol{\beta}^{\mathrm{T}}-\boldsymbol{E}=2\boldsymbol{A}-\boldsymbol{E}$，$\boldsymbol{A}(2\boldsymbol{E}-\boldsymbol{A})=\boldsymbol{E}$，故 $\boldsymbol{A}$ 可逆，且 $\boldsymbol{A}^{-1}=2\boldsymbol{E}-\boldsymbol{A}$.

(2) 由(1)知，$\boldsymbol{A}^2=\boldsymbol{E}+2\boldsymbol{\alpha}\boldsymbol{\beta}^{\mathrm{T}}$，$(\boldsymbol{\alpha}\boldsymbol{\beta}^{\mathrm{T}})^2=(\boldsymbol{\alpha}\boldsymbol{\beta}^{\mathrm{T}})(\boldsymbol{\alpha}\boldsymbol{\beta}^{\mathrm{T}})=\boldsymbol{\alpha}(\boldsymbol{\beta}^{\mathrm{T}}\boldsymbol{\alpha})\boldsymbol{\beta}^{\mathrm{T}}=(\boldsymbol{\beta}^{\mathrm{T}}\boldsymbol{\alpha})\boldsymbol{\alpha}\boldsymbol{\beta}^{\mathrm{T}}=\boldsymbol{0}$，

当 $k>2$ 时，$(\boldsymbol{\alpha}\boldsymbol{\beta}^{\mathrm{T}})^k=(\boldsymbol{\alpha}\boldsymbol{\beta}^{\mathrm{T}})^2(\boldsymbol{\alpha}\boldsymbol{\beta}^{\mathrm{T}})^{k-2}=\boldsymbol{0}$，依二项展开式定理，有

$$\boldsymbol{A}^k=(\boldsymbol{E}+\boldsymbol{\alpha}\boldsymbol{\beta}^{\mathrm{T}})^k=\boldsymbol{E}^k+\mathrm{C}_k^1\boldsymbol{E}^{k-1}(\boldsymbol{\alpha}\boldsymbol{\beta}^{\mathrm{T}})+\mathrm{C}_k^2\boldsymbol{E}^{k-2}(\boldsymbol{\alpha}\boldsymbol{\beta}^{\mathrm{T}})^2+\cdots=\boldsymbol{E}+k(\boldsymbol{\alpha}\boldsymbol{\beta}^{\mathrm{T}}).$$

4. (1) $W_1=\left\{\boldsymbol{\xi}_2=\begin{pmatrix} k_1 \\ -k_1 \\ 1+2k_1 \end{pmatrix}\middle|\ \forall k_1\in F\right\}$；$W_2=\left\{\boldsymbol{\xi}_3=\begin{pmatrix} -1/2-k_2 \\ k_2 \\ k_3 \end{pmatrix}\middle|\ \forall k_2,k_3\in F\right\}$.

[提示](1) 对线性方程组 $A\xi_2=\xi_1$ 的增广矩阵 $(A\mid\xi_1)$ 施以初等行变换，有

$$(A\mid\xi_1)=\left(\begin{array}{ccc|c}1&-1&-1&-1\\-1&1&1&1\\0&-4&-2&-2\end{array}\right)\to\left(\begin{array}{ccc|c}1&0&-1/2&-1/2\\0&1&1/2&1/2\\0&0&0&0\end{array}\right)$$，方程组的通解为 $\xi_2=\begin{pmatrix}0\\0\\1\end{pmatrix}+k_1\begin{pmatrix}1\\-1\\2\end{pmatrix}$；

对线性方程组 $A^2\xi_3=\xi_1$ 的增广矩阵施以初等行变换，有

$$(A^2\mid\xi_1)=\left(\begin{array}{ccc|c}2&2&0&-1\\-2&-2&0&1\\4&4&0&-2\end{array}\right)\to\left(\begin{array}{ccc|c}1&1&0&-1/2\\0&0&0&0\\0&0&0&0\end{array}\right),$$

方程组的通解为 $\xi_3=\begin{pmatrix}-1/2\\0\\0\end{pmatrix}+k_2\begin{pmatrix}-1\\1\\0\end{pmatrix}+k_3\begin{pmatrix}0\\0\\1\end{pmatrix}$.

(2) $$|\xi_1,\xi_2,\xi_3|=\begin{vmatrix}-1&k_1&-1/2-k_2\\1&-k_1&k_2\\-2&1+2k_1&k_3\end{vmatrix}=\begin{vmatrix}0&0&-1/2\\1&-k_1&k_2\\0&1&2k_2+k_3\end{vmatrix}=-\frac{1}{2}\neq0.$$

5. (1) 0；(2) $\begin{pmatrix}3&1&-2\\1&1&-1\\2&1&-1\end{pmatrix}$.

[提示](1) 由 $A^3=\mathbf{0}$ 知，$|A|=0$，又 $|A|=\begin{vmatrix}0&1&0\\1-a^2&a&-1\\-a&1&a\end{vmatrix}=-\begin{vmatrix}1-a^2&-1\\-a&a\end{vmatrix}=a^3$.

(2) $(E-A)X(E-A^2)=E$，$X=(E-A)^{-1}(E-A^2)^{-1}=(E-A-A^2)^{-1}$，其中

$$E-A-A^2=\begin{pmatrix}0&-1&1\\-1&1&1\\-1&-1&2\end{pmatrix}.$$

6. (1) $a=0$；(2) $x=\begin{pmatrix}1\\-2\\0\end{pmatrix}+k\begin{pmatrix}0\\-1\\1\end{pmatrix}$，$k$ 为任意常数.

[提示](1) 因 $Ax=\beta$ 无解，故 $\mathrm{rank}(A)\neq\mathrm{rank}(A\mid\beta)$，对矩阵 $(A\mid\beta)$ 施以初等行变换，有

$$(A\mid\beta)=\left(\begin{array}{ccc|c}1&1&1-a&0\\1&0&a&1\\a+1&1&a+1&2a-2\end{array}\right)\to\left(\begin{array}{ccc|c}1&0&a&1\\0&1&1-2a&-1\\0&0&-a(a-2)&a-2\end{array}\right).$$

当 $a\neq2$ 且 $a\neq0$ 时，$\mathrm{rank}(A)=\mathrm{rank}(A\mid\beta)=3$(未知元的个数)，方程组有唯一解，不合题意. 当 $a=2$ 时，$\mathrm{rank}(A)=\mathrm{rank}(A\mid\beta)=2<3$，方程组有无穷多个解，不合题意. 当 $a=0$ 时，$\mathrm{rank}(A)=2\neq3=\mathrm{rank}(A\mid\beta)$，方程组无解，合题意.

(2) 将 $a=0$ 代入 A,β，得 $A=\begin{pmatrix}1&1&1\\1&0&0\\1&1&1\end{pmatrix}$，$\beta=\begin{pmatrix}0\\1\\-2\end{pmatrix}$，有 $A^TA=\begin{pmatrix}3&2&2\\2&2&2\\2&2&2\end{pmatrix}$，$A^T\beta=\begin{pmatrix}-1\\-2\\-2\end{pmatrix}$，对矩阵 $(A^TA\mid A^T\beta)$ 施以初等行变换，有 $(A^TA\mid A^T\beta)=\left(\begin{array}{ccc|c}3&2&2&-1\\2&2&2&-2\\2&2&2&-2\end{array}\right)\to\left(\begin{array}{ccc|c}1&0&0&1\\0&1&1&-2\\0&0&0&0\end{array}\right)$，得方程组的一般解

为 $\begin{cases}x_1=1,\\x_2=-2-x_3.\end{cases}$

7. (1)$a=2$；(2)$P=\begin{pmatrix}3-6k_1 & 4-6k_2 & 4-6k_3\\ -1+2k_1 & -1+2k_2 & -1+2k_3\\ k_1 & k_2 & k_3\end{pmatrix}$，$k_1,k_2,k_3$ 为任意常数，且 $k_2\neq k_3$.

[提示] (1)依题设，$\text{rank}(A)=\text{rank}(B)$，分别对 A,B 施以初等行变换，有

$$A=\begin{pmatrix}1&2&a\\1&3&0\\2&7&-a\end{pmatrix}\to\begin{pmatrix}1&2&a\\0&1&-a\\0&0&0\end{pmatrix},\quad \text{rank}(A)=2,\quad B=\begin{pmatrix}1&a&2\\0&1&1\\-1&1&1\end{pmatrix}\to\begin{pmatrix}1&a&2\\0&1&1\\0&0&2-a\end{pmatrix}.$$

(2) 当 $a=2$ 时，设 P,B 的列向量组分别为 $\alpha_1,\alpha_2,\alpha_3$ 和 β_1,β_2,β_3，依题设，有

$$A(\alpha_1,\alpha_2,\alpha_3)=(\beta_1,\beta_2,\beta_3)，即\ A\alpha_1=\beta_1,A\alpha_2=\beta_2,A\alpha_3=\beta_3.$$

上式表明，$\alpha_1,\alpha_2,\alpha_3$ 分别是方程组 $Ax=\beta_1,Ax=\beta_2,Ax=\beta_3$ 的解，对矩阵$(A\mid\beta_1\mid\beta_2\mid\beta_3)$施以初等行变换，有

$$(A\mid\beta_1\mid\beta_2\mid\beta_3)=\left(\begin{array}{ccc|c|c|c}1&2&2&1&2&2\\1&3&0&0&1&1\\2&7&-2&-1&1&1\end{array}\right)\to\left(\begin{array}{ccc|c|c|c}1&0&6&3&4&4\\0&1&-2&-1&-1&-1\\0&0&0&0&0&0\end{array}\right),$$

得方程组的一般解分别为 $\begin{cases}x_1=3-6x_3,\\x_2=-1+2x_3,\end{cases}$ $\begin{cases}x_1=4-6x_3,\\x_2=-1+2x_3,\end{cases}$ $\begin{cases}x_1=4-6x_3,\\x_2=-1+2x_3,\end{cases}$

取 $\alpha_1=\begin{pmatrix}3\\-1\\0\end{pmatrix}+k_1\begin{pmatrix}-6\\2\\1\end{pmatrix}=\begin{pmatrix}3-6k_1\\-1+2k_1\\k_1\end{pmatrix}$，$\alpha_2=\begin{pmatrix}4\\-1\\0\end{pmatrix}+k_2\begin{pmatrix}-6\\2\\1\end{pmatrix}=\begin{pmatrix}4-6k_2\\-1+2k_2\\k_2\end{pmatrix}$，

$\alpha_3=\begin{pmatrix}4\\-1\\0\end{pmatrix}+k_3\begin{pmatrix}-6\\2\\1\end{pmatrix}=\begin{pmatrix}4-6k_3\\-1+2k_3\\k_3\end{pmatrix}$，$|\alpha_1,\alpha_2,\alpha_3|=\begin{vmatrix}3-6k_1&4-6k_2&4-6k_3\\-1+2k_1&-1+2k_2&-1+2k_3\\k_1&k_2&k_3\end{vmatrix}=k_3-k_2$，

故当 $k_2\neq k_3$ 时，$\alpha_1,\alpha_2,\alpha_3$ 线性无关，因此 $P=(\alpha_1,\alpha_2,\alpha_3)$可逆.

五、证明题

1. [提示] 由 $A+B=AB$ 可知，$(E-A)(E-B)=E$，$(E-B)(E-A)=E$.

2. [提示] (1) $\text{rank}(\alpha\alpha^T)\leqslant\text{rank}(\alpha)\leqslant1$，$\text{rank}(\beta\beta^T)\leqslant\text{rank}(\beta)\leqslant1$，所以 $\text{rank}(A)=\text{rank}(\alpha\alpha^T+\beta\beta^T)\leqslant\text{rank}(\alpha\alpha^T)+\text{rank}(\beta\beta^T)\leqslant1+1=2$.

(2) 如果 $\alpha=0$ 或 $\beta=0$ 结论显然成立. 因 α 与 β 线性相关，不妨设 $\beta=k\alpha$，则

$$\text{rank}(A)=\text{rank}(\alpha\alpha^T+k^2\alpha\alpha^T)=\text{rank}(\alpha\alpha^T)\leqslant1<2.$$

3. [提示] 设(Ⅰ)的系数矩阵为 A，常数项列为 β，则(Ⅱ)的系数矩阵和增广矩阵分别为 $B=\begin{pmatrix}A^T\\\beta^T\end{pmatrix}$，$\bar{B}=\left(\begin{array}{c|c}A^T&0\\\beta^T&1\end{array}\right)$，显然 $\text{rank}(B)=\text{rank}(B^T)=\text{rank}(A\mid\beta)$，由于 $\left(\begin{array}{c|c}A^T&0\\\beta^T&1\end{array}\right)\xrightarrow{\text{初等列变换}}\left(\begin{array}{c|c}A^T&0\\0&1\end{array}\right)$，故 $\text{rank}(\bar{B})=\text{rank}(A^T)+1$.

若(Ⅰ)有解，则 $\text{rank}(A)=\text{rank}(A\mid\beta)$，于是

$$\text{rank}(B)=\text{rank}(A\mid\beta)=\text{rank}(A)\neq\text{rank}(\bar{B}),\quad 表明(Ⅱ)无解.$$

反之，若(Ⅰ)无解，则 $\text{rank}(A)\neq\text{rank}(A\mid\beta)$，即 $\text{rank}(A\mid\beta)=\text{rank}(A)+1$，

$$\text{rank}(B)=\text{rank}(A\mid\beta)=\text{rank}(A)+1=\text{rank}(\bar{B}),\quad 表明(Ⅱ)有解.$$

4. [提示] 下面证明齐次线性方程组 $Ax=0$ 只有零解.

假设 $Ax=0$ 有非零解 $\eta=(t_1,t_2,\cdots,t_n)$，且设 t_k 是 $t_1,t_2,\cdots,t_n$ 中绝对值最大者，则 $t_k\neq0$，将其解代

入方程组,有

$$a_{k1}t_1+\cdots+a_{kk}t_k+\cdots+a_{kn}t_n=0,\quad k=1,2,\cdots,n,$$

即$-a_{kk}t_k=a_{k1}t_1+\cdots+a_{k(k-1)}t_{k-1}+a_{k(k+1)}t_{k+1}+\cdots+a_{kn}t_n$,就等式两端取绝对值,有

$$\begin{aligned}|a_{kk}||t_k|&\leqslant|a_{k1}||t_1|+\cdots+|a_{k(k-1)}||t_{k-1}|+|a_{k(k+1)}||t_{k+1}|+\cdots+|a_{kn}||t_n|\\&\leqslant\left(\sum_{j=1,j\neq k}^{n}|a_{kj}|\right)|t_k|,\quad k=1,2,\cdots,n.\end{aligned}$$

从而有 $|a_{kk}|\leqslant\left(\sum\limits_{j=1,j\neq k}^{n}|a_{kj}|\right)$,这与题设$|a_{kk}|>\sum\limits_{j=1,j\neq k}^{n}|a_{kj}|$,矛盾!因此 $\boldsymbol{Ax}=\boldsymbol{0}$ 只有零解.

第4章　线性空间

习题 4-1

1. 是.

[提示] 因为$[a,b]$上两个连续函数的和仍是连续函数,实数与连续函数的乘积仍是连续函数,且容易验证 $C[a,b]$的加法和数量乘法满足线性空间定义中的 8 条运算法则.

2. 不是.

[提示] 因为$(-3)\sqrt{2}=-3\sqrt{2}\notin\mathbb{R}^+$,即$\mathbb{R}^+$对于数量乘法不封闭.

3. 线性无关.

[提示] 设 $k_1e^{\lambda_1x}+k_2e^{\lambda_2x}+\cdots+k_ne^{\lambda_nx}=0,k_1,k_2,\cdots,k_n\in\mathbb{R}$,等式两端关于 x 依次求导直至 $n-1$ 次

$$\begin{cases}k_1e^{\lambda_1x}+k_2e^{\lambda_2x}+\cdots+k_ne^{\lambda_nx}=0,\\k_1\lambda_1e^{\lambda_1x}+k_2\lambda_2e^{\lambda_2x}+\cdots+k_n\lambda_ne^{\lambda_nx}=0,\\k_1(\lambda_1)^2e^{\lambda_1x}+k_2(\lambda_2)^2e^{\lambda_2x}+\cdots+k_n(\lambda_n)^2e^{\lambda_nx}=0,\\\quad\vdots\\k_1(\lambda_1)^{n-1}e^{\lambda_1x}+k_2(\lambda_2)^{n-1}e^{\lambda_2x}+\cdots+k_n(\lambda_n)^{n-1}e^{\lambda_nx}=0,\end{cases}$$

再令 $x=0$,得关于 $k_1,k_2,\cdots,k_n$ 的线性方程组,由于其系数行列式为范德蒙德行列式不等于零,故方程组只有零解.

4. (2)$\begin{pmatrix}1&0\\0&-1\end{pmatrix},\begin{pmatrix}0&1\\1&0\end{pmatrix},\begin{pmatrix}0&i\\-i&0\end{pmatrix}$,3;(3)$\begin{pmatrix}x_1\\x_2\\x_3\end{pmatrix}$.

[提示] (1) 在 V 中任取$\boldsymbol{A}=\begin{pmatrix}x_1&x_2+ix_3\\x_2-ix_3&-x_1\end{pmatrix},\boldsymbol{B}=\begin{pmatrix}y_1&y_2+iy_3\\y_2-iy_3&-y_1\end{pmatrix}$,$\forall k\in\mathbb{R}$,有

$$\boldsymbol{A}+\boldsymbol{B}=\begin{pmatrix}x_1+y_1&(x_2+y_2)+i(x_3+y_3)\\(x_2+y_2)-i(x_3+y_3)&-(x_1+y_1)\end{pmatrix}\in V;\ k\boldsymbol{A}=\begin{pmatrix}kx_1&kx_2+ikx_3\\kx_2-ikx_3&-kx_1\end{pmatrix}\in V,$$

容易验证,依矩阵的加法和数量乘法,V 满足线性空间的 8 条运算规则.

(2) $\begin{pmatrix}x_1&x_2+ix_3\\x_2-ix_3&-x_1\end{pmatrix}=x_1\begin{pmatrix}1&0\\0&-1\end{pmatrix}+x_2\begin{pmatrix}0&1\\1&0\end{pmatrix}+x_3\begin{pmatrix}0&i\\-i&0\end{pmatrix}$.

5. $\begin{pmatrix}0&1&0\\-1&0&0\\0&0&0\end{pmatrix},\begin{pmatrix}0&0&-1\\0&0&0\\1&0&0\end{pmatrix},\begin{pmatrix}0&0&0\\0&0&1\\0&-1&0\end{pmatrix}$,3;$(a_{12},a_{13},a_{23})^{\mathrm{T}}$.

[提示] $\begin{pmatrix} 0 & a_{12} & -a_{13} \\ -a_{12} & 0 & a_{23} \\ a_{13} & -a_{23} & 0 \end{pmatrix} = a_{12}\begin{pmatrix} 0 & 1 & 0 \\ -1 & 0 & 0 \\ 0 & 0 & 0 \end{pmatrix} + a_{13}\begin{pmatrix} 0 & 0 & -1 \\ 0 & 0 & 0 \\ 1 & 0 & 0 \end{pmatrix} + a_{23}\begin{pmatrix} 0 & 0 & 0 \\ 0 & 0 & 1 \\ 0 & -1 & 0 \end{pmatrix}$.

6. (2) $\begin{bmatrix} \frac{1}{2} & \frac{1}{2} & -\frac{1}{2} \\ -\frac{1}{2} & \frac{1}{2} & \frac{1}{2} \\ \frac{1}{2} & -\frac{1}{2} & \frac{1}{2} \end{bmatrix}$; (3) $\begin{bmatrix} -\frac{3}{2} \\ -\frac{1}{2} \\ \frac{5}{2} \end{bmatrix}$.

[提示] (1) $(\boldsymbol{\eta}_1, \boldsymbol{\eta}_2, \boldsymbol{\eta}_3) = (\boldsymbol{\xi}_1, \boldsymbol{\xi}_2, \boldsymbol{\xi}_3)\begin{pmatrix} 1 & 0 & 1 \\ 1 & 1 & 0 \\ 0 & 1 & 1 \end{pmatrix}$,记 $\boldsymbol{A} = \begin{pmatrix} 1 & 0 & 1 \\ 1 & 1 & 0 \\ 0 & 1 & 1 \end{pmatrix}$,则 $\boldsymbol{A}$ 可逆,故 $\operatorname{rank}(\boldsymbol{\eta}_1, \boldsymbol{\eta}_2, \boldsymbol{\eta}_3) = \operatorname{rank}(\boldsymbol{\xi}_1, \boldsymbol{\xi}_2, \boldsymbol{\xi}_3) = 3$. (2) $(\boldsymbol{\xi}_1, \boldsymbol{\xi}_2, \boldsymbol{\xi}_3) = (\boldsymbol{\eta}_1, \boldsymbol{\eta}_2, \boldsymbol{\eta}_3)\boldsymbol{A}^{-1}$.

(3) $\begin{pmatrix} x_1 \\ x_2 \\ x_3 \end{pmatrix} = \boldsymbol{A}^{-1}\begin{pmatrix} 1 \\ -2 \\ 2 \end{pmatrix}$.

7. (1) $\begin{pmatrix} 0 & 1 & 1 \\ -1 & -3 & -2 \\ 2 & 4 & 4 \end{pmatrix}$; (2) $(5, -8, 13)^{\mathrm{T}}$, $\left(-\frac{7}{2}, \frac{3}{2}, \frac{7}{2}\right)^{\mathrm{T}}$; (3) $\mathbf{0}$.

[提示] (1) $(\boldsymbol{\beta}_1, \boldsymbol{\beta}_2, \boldsymbol{\beta}_3) = (\boldsymbol{\alpha}_1, \boldsymbol{\alpha}_2, \boldsymbol{\alpha}_3)\boldsymbol{C}$,令 $\boldsymbol{A} = (\boldsymbol{\alpha}_1, \boldsymbol{\alpha}_2, \boldsymbol{\alpha}_3)$,$\boldsymbol{B} = (\boldsymbol{\beta}_1, \boldsymbol{\beta}_2, \boldsymbol{\beta}_3)$,则 $\boldsymbol{C} = \boldsymbol{A}^{-1}\boldsymbol{B}$.

(2) 设 $\boldsymbol{\gamma} = (\boldsymbol{\beta}_1, \boldsymbol{\beta}_2, \boldsymbol{\beta}_3)\begin{pmatrix} y_1 \\ y_2 \\ y_3 \end{pmatrix}$,则 $\begin{pmatrix} y_1 \\ y_2 \\ y_3 \end{pmatrix} = (\boldsymbol{\beta}_1, \boldsymbol{\beta}_2, \boldsymbol{\beta}_3)^{-1}\boldsymbol{\gamma}$,解线性方程组或施以初等行变换求之. 又设 $\boldsymbol{\gamma} = (\boldsymbol{\alpha}_1, \boldsymbol{\alpha}_2, \boldsymbol{\alpha}_3)\begin{pmatrix} x_1 \\ x_2 \\ x_3 \end{pmatrix}$, $\begin{pmatrix} x_1 \\ x_2 \\ x_3 \end{pmatrix} = \boldsymbol{C}\begin{pmatrix} y_1 \\ y_3 \\ y_2 \end{pmatrix}$.

(3) 设 $(\boldsymbol{\alpha}_1, \boldsymbol{\alpha}_2, \boldsymbol{\alpha}_3)\begin{pmatrix} z_1 \\ z_2 \\ z_3 \end{pmatrix} = (\boldsymbol{\beta}_1, \boldsymbol{\beta}_2, \boldsymbol{\beta}_3)\begin{pmatrix} z_1 \\ z_2 \\ z_3 \end{pmatrix}$,则 $(\boldsymbol{E} - \boldsymbol{C})\begin{pmatrix} z_1 \\ z_2 \\ z_3 \end{pmatrix} = \mathbf{0}$,解之得 $z_1 = z_2 = z_3 = 0$.

8. (1) 3, 2, −2; (2) $\begin{pmatrix} 1 & 1 & 0 \\ -1/2 & 0 & 1 \\ 1/2 & 0 & 0 \end{pmatrix}$.

[提示] (1) $\boldsymbol{\beta} = b\boldsymbol{\alpha}_1 + c\boldsymbol{\alpha}_2 + \boldsymbol{\alpha}_3$,即

$$\begin{pmatrix} 1 \\ 1 \\ 1 \end{pmatrix} = b\begin{pmatrix} 1 \\ 2 \\ 1 \end{pmatrix} + c\begin{pmatrix} 1 \\ 3 \\ 2 \end{pmatrix} + \begin{pmatrix} 1 \\ a \\ 3 \end{pmatrix} \Rightarrow \begin{cases} 1 = b + c + 1, \\ 1 = 2b + 3c + a, \\ 1 = b + 2c + 3. \end{cases}$$

(2) $|\boldsymbol{\alpha}_2, \boldsymbol{\alpha}_3, \boldsymbol{\beta}| = \begin{vmatrix} 1 & 1 & 1 \\ 3 & 3 & 1 \\ 2 & 3 & 1 \end{vmatrix} = -2 \neq 0$,$\boldsymbol{\alpha}_2, \boldsymbol{\alpha}_3, \boldsymbol{\beta}$ 线性无关. 设 $\boldsymbol{\alpha}_2, \boldsymbol{\alpha}_3, \boldsymbol{\beta}$ 到 $\boldsymbol{\alpha}_1, \boldsymbol{\alpha}_2, \boldsymbol{\alpha}_3$ 的过渡矩阵为 $\boldsymbol{A}$,则 $(\boldsymbol{\alpha}_1, \boldsymbol{\alpha}_2, \boldsymbol{\alpha}_3) = (\boldsymbol{\alpha}_2, \boldsymbol{\alpha}_3, \boldsymbol{\beta})\boldsymbol{A}$,故 $\boldsymbol{A} = (\boldsymbol{\alpha}_2, \boldsymbol{\alpha}_3, \boldsymbol{\beta})^{-1}(\boldsymbol{\alpha}_1, \boldsymbol{\alpha}_2, \boldsymbol{\alpha}_3)$,对 $(\boldsymbol{\alpha}_2, \boldsymbol{\alpha}_3, \boldsymbol{\beta} | \boldsymbol{\alpha}_1, \boldsymbol{\alpha}_2, \boldsymbol{\alpha}_3)$ 施以初等行变换,有

$$(\boldsymbol{\alpha}_2,\boldsymbol{\alpha}_3,\boldsymbol{\beta}\mid\boldsymbol{\alpha}_1,\boldsymbol{\alpha}_2,\boldsymbol{\alpha}_3)=\left(\begin{array}{ccc|ccc}1&1&1&1&1&1\\3&3&1&2&3&3\\2&3&1&1&2&3\end{array}\right)\to\left(\begin{array}{ccc|ccc}1&0&0&1&1&0\\0&1&0&-1/2&0&1\\0&0&1&1/2&0&0\end{array}\right).$$

习题 4-2

1. (1)不是；(2)不是；(3)是，$\begin{pmatrix}2\\0\\1\end{pmatrix},\begin{pmatrix}0\\2\\1\end{pmatrix}$，2.

[提示] (1)任取 $\boldsymbol{\alpha},\boldsymbol{\beta}\in V_1$，$\boldsymbol{\alpha}+\boldsymbol{\beta}\notin V_1$. (2)任取 $\boldsymbol{\alpha},\boldsymbol{\beta}\in V_2$，未必 $\boldsymbol{\alpha}+\boldsymbol{\beta}\notin V_2$.

(3)$\mathbf{0}\in V_3$ 非空，$\boldsymbol{\alpha},\boldsymbol{\beta}\in V_3$，$\boldsymbol{\alpha}+\boldsymbol{\beta}\in V_3$，$k\boldsymbol{\alpha}\in V_3$. 任取 $\boldsymbol{\gamma}=\begin{pmatrix}2a_1\\2a_2\\a_1+a_2\end{pmatrix}=a_1\begin{pmatrix}2\\0\\1\end{pmatrix}+a_2\begin{pmatrix}0\\2\\1\end{pmatrix}$.

2. $\boldsymbol{\alpha}_1,\boldsymbol{\alpha}_2,\boldsymbol{\alpha}_3,\boldsymbol{\beta}_1$，4；$\begin{pmatrix}0\\1\\-1\\0\end{pmatrix},\begin{pmatrix}-1\\2\\2\\-3\end{pmatrix}$，2.

[提示] $V_1+V_2=\langle\boldsymbol{\alpha}_1,\boldsymbol{\alpha}_2,\boldsymbol{\alpha}_3\rangle+\langle\boldsymbol{\beta}_1,\boldsymbol{\beta}_2,\boldsymbol{\beta}_3\rangle=\langle\boldsymbol{\alpha}_1,\boldsymbol{\alpha}_2,\boldsymbol{\alpha}_3,\boldsymbol{\beta}_1,\boldsymbol{\beta}_2,\boldsymbol{\beta}_3\rangle$，

$$(\boldsymbol{\alpha}_1,\boldsymbol{\alpha}_2,\boldsymbol{\alpha}_3,\boldsymbol{\beta}_1,\boldsymbol{\beta}_2,\boldsymbol{\beta}_3)=\begin{bmatrix}1&0&1&1&0&0\\0&0&-1&2&1&4\\-1&1&0&-1&-1&1\\0&-1&0&2&0&-1\end{bmatrix}\to\begin{bmatrix}1&0&0&0&1&1\\0&1&0&0&0&3\\0&0&1&0&-1&-2\\0&0&0&1&0&1\end{bmatrix},$$ $\boldsymbol{\alpha}_1,\boldsymbol{\alpha}_2,$

$\boldsymbol{\alpha}_3,\boldsymbol{\beta}_1$ 是 V_1+V_2 的一个基，$\boldsymbol{\alpha}_1,\boldsymbol{\alpha}_2,\boldsymbol{\alpha}_3$ 是 V_1 的一个基，$\boldsymbol{\beta}_1,\boldsymbol{\beta}_2,\boldsymbol{\beta}_3$ 是 V_2 的一个基，依维数公式 $\dim(V_1\cap V_2)=\dim(V_1)+\dim(V_2)-\dim(V_1+V_2)=3+3-4=2$. 从简化行阶梯形矩阵知，$\boldsymbol{\beta}_2=\boldsymbol{\alpha}_1-\boldsymbol{\alpha}_3\in V_1\cap V_2$，$\boldsymbol{\alpha}_1+3\boldsymbol{\alpha}_2-2\boldsymbol{\alpha}_3=-\boldsymbol{\beta}_1+\boldsymbol{\beta}_3\in V_1\cap V_2$.

3. (1) $\begin{pmatrix}1\\0\\0\end{pmatrix},\begin{pmatrix}0\\1\\0\end{pmatrix}$，$\dim V_1=2$；(2) $\begin{pmatrix}1\\0\\0\end{pmatrix},\begin{pmatrix}0\\1\\2\end{pmatrix}$，$\dim V_2=2$；(3)$\alpha_1$，$\dim V_3=1$.

[提示] (1) $\begin{pmatrix}a\\b\\0\end{pmatrix}=a\begin{pmatrix}1\\0\\0\end{pmatrix}+b\begin{pmatrix}0\\1\\0\end{pmatrix}$. (2) $\begin{pmatrix}a\\b\\2b\end{pmatrix}=a\begin{pmatrix}1\\0\\0\end{pmatrix}+b\begin{pmatrix}0\\1\\2\end{pmatrix}$. (3)显然 $\boldsymbol{\alpha}_1,\boldsymbol{\alpha}_2$ 线性相关，$\boldsymbol{\alpha}_1$ 是极大线性无关组.

4. [提示] 设 $\dim V_1=\dim V_2=m$，则 V_1 的基 $\boldsymbol{\eta}_1,\boldsymbol{\eta}_2,\cdots,\boldsymbol{\eta}_m$ 也是 V_2 的一个基，$\forall\boldsymbol{\beta}\in V_2$，于是 $\boldsymbol{\beta}=k_1\boldsymbol{\eta}_1+k_2\boldsymbol{\eta}_2+\cdots+k_m\boldsymbol{\eta}_m\in V_1$，因此 $V_2\subseteq V_1$.

5. [提示] $\boldsymbol{\alpha}_1,\boldsymbol{\alpha}_2,\boldsymbol{\alpha}_3$ 中任两个向量都是其极大线性无关组，故 $\{\boldsymbol{\alpha}_1,\boldsymbol{\alpha}_2\}\cong\{\boldsymbol{\alpha}_1,\boldsymbol{\alpha}_3\}\cong\{\boldsymbol{\alpha}_2,\boldsymbol{\alpha}_3\}$，设 $\boldsymbol{\beta}\in L(\boldsymbol{\alpha}_1,\boldsymbol{\alpha}_2)$，则 $\boldsymbol{\beta}$ 可由 $\boldsymbol{\alpha}_1,\boldsymbol{\alpha}_2$ 线性表示，因此 $\boldsymbol{\beta}$ 可由 $\boldsymbol{\alpha}_1,\boldsymbol{\alpha}_3$ 线性表示，从而 $\boldsymbol{\beta}\in L(\boldsymbol{\alpha}_1,\boldsymbol{\alpha}_3)$，即 $L(\boldsymbol{\alpha}_1,\boldsymbol{\alpha}_2)\subseteq L(\boldsymbol{\alpha}_1,\boldsymbol{\alpha}_3)$，同理可证 $L(\boldsymbol{\alpha}_1,\boldsymbol{\alpha}_2)\supseteq L(\boldsymbol{\alpha}_1,\boldsymbol{\alpha}_3)$，表明 $L(\boldsymbol{\alpha}_1,\boldsymbol{\alpha}_2)=L(\boldsymbol{\alpha}_1,\boldsymbol{\alpha}_3)$. 其他同理可证.

习题 4-3

1. [提示] 不妨设 $|\boldsymbol{A}|=-1$，$|\boldsymbol{B}|=1$，$|\boldsymbol{A}+\boldsymbol{B}|=|\boldsymbol{B}\boldsymbol{B}^{\mathrm{T}}\boldsymbol{A}+\boldsymbol{B}\boldsymbol{A}^{\mathrm{T}}\boldsymbol{A}|=|\boldsymbol{B}|\,|\boldsymbol{B}^{\mathrm{T}}+\boldsymbol{A}^{\mathrm{T}}|\,|\boldsymbol{A}|=|\boldsymbol{B}|\,|\boldsymbol{B}+\boldsymbol{A}|\,|\boldsymbol{A}|=-|\boldsymbol{A}+\boldsymbol{B}|$.

2. [提示] $\boldsymbol{B}^{\mathrm{T}}=[(\boldsymbol{E}+\boldsymbol{A})^{\mathrm{T}}]^{-1}(\boldsymbol{E}-\boldsymbol{A})^{\mathrm{T}}=(\boldsymbol{E}-\boldsymbol{A})^{-1}(\boldsymbol{E}+\boldsymbol{A})$，$\boldsymbol{B}^{\mathrm{T}}\boldsymbol{B}=(\boldsymbol{E}-\boldsymbol{A})^{-1}(\boldsymbol{E}+\boldsymbol{A})(\boldsymbol{E}-\boldsymbol{A})\cdot$

$(\boldsymbol{E}+\boldsymbol{A})^{-1}=\boldsymbol{E}$,其中注意到 $\boldsymbol{E}+\boldsymbol{A}$ 与 $\boldsymbol{E}-\boldsymbol{A}$ 可交换.

3. [提示] 设 n 阶上三角矩阵 $\boldsymbol{A}=(a_{ij})$ 的列向量组为 $\boldsymbol{\alpha}_1=\begin{pmatrix}a_{11}\\0\\\vdots\\0\end{pmatrix},\boldsymbol{\alpha}_2=\begin{pmatrix}a_{12}\\a_{22}\\\vdots\\0\end{pmatrix},\cdots,\boldsymbol{\alpha}_n=\begin{pmatrix}a_{1n}\\a_{2n}\\\vdots\\a_{nn}\end{pmatrix}$,因 $\boldsymbol{A}$ 为正交矩阵,依命题 2,$(\boldsymbol{\alpha}_1,\boldsymbol{\alpha}_1)=1$,因此 $a_{11}^2=1$,解之得,$a_{11}=\pm1$,$(\boldsymbol{\alpha}_1,\boldsymbol{\alpha}_2)=0$,$(\boldsymbol{\alpha}_2,\boldsymbol{\alpha}_2)=1$,因此 $a_{11}a_{12}=0$,$a_{12}^2+a_{22}^2=1$,解之得,$a_{12}=0$,$a_{22}=\pm1$. 依次类推.

4. $\boldsymbol{\eta}_1=\begin{pmatrix}\frac{1}{\sqrt{15}}\\\frac{1}{\sqrt{15}}\\\frac{2}{\sqrt{15}}\\\frac{3}{\sqrt{15}}\end{pmatrix},\boldsymbol{\eta}_2=\begin{pmatrix}-\frac{2}{\sqrt{39}}\\\frac{1}{\sqrt{39}}\\\frac{5}{\sqrt{39}}\\-\frac{3}{\sqrt{39}}\end{pmatrix}$.

[提示] 因 $\operatorname{rank}(\boldsymbol{B})=2$,故 4 元线性方程组的基础解系应含两个解向量,$\boldsymbol{\alpha}_1,\boldsymbol{\alpha}_2$ 线性无关,是 W 的一个基,对 $\boldsymbol{\alpha}_1,\boldsymbol{\alpha}_2$ 施以正交化,再单位化.

5. $\boldsymbol{\alpha}_3=\begin{pmatrix}-1\\0\\1\end{pmatrix}$.

[提示] 设非零向量 $\boldsymbol{\alpha}_3=\begin{pmatrix}x_1\\x_2\\x_3\end{pmatrix}$,且 $\boldsymbol{\alpha}_1^{\mathrm{T}}\boldsymbol{\alpha}_3=0,\boldsymbol{\alpha}_2^{\mathrm{T}}\boldsymbol{\alpha}_3=0$,即 $\begin{cases}x_1+x_2+x_3=0,\\x_1-2x_2+x_3=0,\end{cases}$ 得方程组的一般解为 $\begin{cases}x_1=-x_3,\\x_2=0.\end{cases}$ 令自由未知元 $x_3=1$,代入即得所求.

习题 4-4

1. [提示] 必要性. 设 $\boldsymbol{\beta}_1,\boldsymbol{\beta}_2,\cdots,\boldsymbol{\beta}_r$ 是 W 的一个基,则 $\boldsymbol{\beta}_1,\boldsymbol{\beta}_2,\cdots,\boldsymbol{\beta}_r$ 可由 $\boldsymbol{\alpha}_1,\boldsymbol{\alpha}_2,\cdots,\boldsymbol{\alpha}_r$ 线性表示,设 $\boldsymbol{\beta}_j=b_{1j}\boldsymbol{\alpha}_1+b_{2j}\boldsymbol{\alpha}_2+\cdots+b_{rj}\boldsymbol{\alpha}_r,j=1,2,\cdots,r$,令 $\boldsymbol{B}=(b_{ij})$,则 $\boldsymbol{B}$ 为 r 阶矩阵,可视其为 $\boldsymbol{\alpha}_1,\boldsymbol{\alpha}_2,\cdots,\boldsymbol{\alpha}_r$ 到 $\boldsymbol{\beta}_1,\boldsymbol{\beta}_2,\cdots,\boldsymbol{\beta}_r$ 的过渡矩阵,故 $\boldsymbol{B}$ 可逆.

充分性. 设有 r 阶可逆矩阵 $\boldsymbol{B}=(b_{ij})$,使 $\boldsymbol{C}=\boldsymbol{AB}$,则

$$(\boldsymbol{\beta}_1,\boldsymbol{\beta}_2,\cdots,\boldsymbol{\beta}_r)=(\boldsymbol{\alpha}_1,\boldsymbol{\alpha}_2,\cdots,\boldsymbol{\alpha}_r)\begin{pmatrix}b_{11}&b_{12}&\cdots&b_{1r}\\b_{21}&b_{22}&\cdots&b_{2r}\\\vdots&\vdots&&\vdots\\b_{r1}&b_{r2}&\cdots&b_{rr}\end{pmatrix},$$

$$\boldsymbol{\beta}_j=b_{1j}\boldsymbol{\alpha}_1+b_{2j}\boldsymbol{\alpha}_2+\cdots+b_{rj}\boldsymbol{\alpha}_r,j=1,2,\cdots,r,$$

于是 $\boldsymbol{\beta}_1,\boldsymbol{\beta}_2,\cdots,\boldsymbol{\beta}_r$ 也是 $\boldsymbol{Px}=\boldsymbol{0}$ 的解,且 $\operatorname{rank}(\boldsymbol{C})=\operatorname{rank}(\boldsymbol{A})=r$,故 $\boldsymbol{\beta}_1,\boldsymbol{\beta}_2,\cdots,\boldsymbol{\beta}_r$ 线性无关.

2. [提示] 任取 $\boldsymbol{\alpha}\in V_1\cap(V_2+V_3)$,则 $\boldsymbol{\alpha}\in V_1,\boldsymbol{\alpha}\in V_1\cap V_2$,于是 $\boldsymbol{\alpha}=\boldsymbol{\alpha}+\boldsymbol{0}$,故 $\boldsymbol{\alpha}\in(V_1\cap V_2)+(V_1\cap V_3)$,即 $V_1\cap(V_2+V_3)\subseteq(V_1\cap V_2)+(V_1\cap V_3)$.

反之，$\boldsymbol{\alpha}\in(V_1\cap V_2)+(V_1\cap V_3)$，则 $\boldsymbol{\alpha}=\boldsymbol{\gamma}_1+\boldsymbol{\gamma}_2$，且 $\boldsymbol{\gamma}_1\in V_1\cap V_2,\boldsymbol{\gamma}_2\in V_1\cap V_3$，则 $\boldsymbol{\gamma}_1\in V_1,\boldsymbol{\gamma}_2\in V_1$，所以 $\boldsymbol{\alpha}=\boldsymbol{\gamma}_1+\boldsymbol{\gamma}_2\in V_1,\boldsymbol{\gamma}_1\in V_2,\boldsymbol{\gamma}_2\in V_3$，所以 $\boldsymbol{\alpha}=\boldsymbol{\gamma}_1+\boldsymbol{\gamma}_2\in V_2+V_3$，故 $\boldsymbol{\alpha}\in V_1\cap(V_2+V_3)$，即 $(V_1\cap V_2)+(V_1\cap V_3)\subseteq V_1\cap(V_2+V_3)$.

3. [提示] 任取 $\boldsymbol{\alpha}\in(V_1+V_2)\cap(V_1+V_3)$，则 $\boldsymbol{\alpha}\in V_1+V_2,\boldsymbol{\alpha}=\boldsymbol{\beta}_1+\boldsymbol{\beta}_2$，其中 $\boldsymbol{\beta}_1\in V_1,\boldsymbol{\beta}_2\in V_2$，同理 $\boldsymbol{\alpha}\in V_1+V_3,\boldsymbol{\alpha}=\boldsymbol{\gamma}_1+\boldsymbol{\gamma}_2,\boldsymbol{\gamma}_1\in V_1,\boldsymbol{\gamma}_2\in V_3$，由 $\boldsymbol{\beta}_1+\boldsymbol{\beta}_2=\boldsymbol{\gamma}_1+\boldsymbol{\gamma}_2$，有 $\boldsymbol{\gamma}_2=(\boldsymbol{\beta}_1-\boldsymbol{\gamma}_1)+\boldsymbol{\beta}_2\in V_1+V_2$，故 $\boldsymbol{\gamma}_2\in(V_1+V_2)\cap V_3$，因此 $\boldsymbol{\alpha}=\boldsymbol{\gamma}_1+\boldsymbol{\gamma}_2\in V_1+(V_1+V_2)\cap V_3$，从而 $(V_1+V_2)\cap(V_1+V_3)\subseteq V_1+(V_1+V_2)\cap V_3$.

反之，$\boldsymbol{\alpha}\in V_1+(V_1+V_2)\cap V_3$，则 $\boldsymbol{\alpha}=\boldsymbol{\delta}_1+\boldsymbol{\delta}_2$，其中 $\boldsymbol{\delta}_1\in V_1,\boldsymbol{\delta}_2\in(V_1+V_2)\cap V_3$，由 $\boldsymbol{\delta}_2\in V_1+V_2$，令 $\boldsymbol{\delta}_2=\boldsymbol{\lambda}_1+\boldsymbol{\lambda}_2$，其中 $\boldsymbol{\lambda}_1\in V_1,\boldsymbol{\lambda}_2\in V_2$，因此 $\boldsymbol{\alpha}=(\boldsymbol{\delta}_1+\boldsymbol{\lambda}_1)+\boldsymbol{\lambda}_2\in V_1+V_2$，由 $\boldsymbol{\delta}_2\in V_3$ 知，$\boldsymbol{\alpha}=\boldsymbol{\delta}_1+\boldsymbol{\delta}_2\in V_1+V_3$，从而 $V_1+(V_1+V_2)\cap V_3\subseteq(V_1+V_2)\cap(V_1+V_3)$.

4. [提示] 依题设，$\boldsymbol{AA}^{\mathrm{T}}=\boldsymbol{E},\boldsymbol{A}$ 可逆，令 $\boldsymbol{B}=(\boldsymbol{E}-\boldsymbol{A})(\boldsymbol{E}+\boldsymbol{A})^{-1}$，则

$$\begin{aligned}\boldsymbol{B}^{\mathrm{T}}&=[(\boldsymbol{E}+\boldsymbol{A})^{-1}]^{\mathrm{T}}(\boldsymbol{E}-\boldsymbol{A})^{\mathrm{T}}=(\boldsymbol{E}+\boldsymbol{A}^{\mathrm{T}})^{-1}(\boldsymbol{E}-\boldsymbol{A}^{\mathrm{T}})=(\boldsymbol{E}+\boldsymbol{A}^{\mathrm{T}})^{-1}\boldsymbol{A}^{-1}\boldsymbol{A}(\boldsymbol{E}-\boldsymbol{A}^{\mathrm{T}})\\&=(\boldsymbol{A}(\boldsymbol{E}+\boldsymbol{A}^{\mathrm{T}}))^{-1}(\boldsymbol{A}-\boldsymbol{AA}^{\mathrm{T}})=(\boldsymbol{A}+\boldsymbol{E})^{-1}(\boldsymbol{A}-\boldsymbol{E})\\&=-(\boldsymbol{E}+\boldsymbol{A})^{-1}(\boldsymbol{E}-\boldsymbol{A}),\end{aligned}$$

因为 $(\boldsymbol{E}+\boldsymbol{A})(\boldsymbol{E}-\boldsymbol{A})=(\boldsymbol{E}-\boldsymbol{A})(\boldsymbol{E}+\boldsymbol{A})$，所以 $(\boldsymbol{E}-\boldsymbol{A})(\boldsymbol{E}+\boldsymbol{A})^{-1}=(\boldsymbol{E}+\boldsymbol{A})^{-1}(\boldsymbol{E}-\boldsymbol{A})$，故 $\boldsymbol{B}^{\mathrm{T}}=-\boldsymbol{B}$.

5. [提示] 任取 $\boldsymbol{\eta}\in W$，则 $\boldsymbol{A\eta}=\begin{pmatrix}\boldsymbol{\alpha}_1\\\boldsymbol{\alpha}_2\\\vdots\\\boldsymbol{\alpha}_m\end{pmatrix}\boldsymbol{\eta}=\begin{pmatrix}\boldsymbol{\alpha}_1\boldsymbol{\eta}\\\boldsymbol{\alpha}_2\boldsymbol{\eta}\\\vdots\\\boldsymbol{\alpha}_m\boldsymbol{\eta}\end{pmatrix}=\boldsymbol{0}$，从而 $\boldsymbol{\alpha}_j\boldsymbol{\eta}=0,j=1,2,\cdots,m$，任取 $\boldsymbol{\alpha}\in V$，设 $\boldsymbol{\alpha}=k_1\boldsymbol{\alpha}_1+k_2\boldsymbol{\alpha}_2+\cdots+k_m\boldsymbol{\alpha}_m$，则 $(\boldsymbol{\alpha},\boldsymbol{\eta})=0$.

单元练习题 4

一、选择题

1. A；2. A；3. C；4. D；5. D；6. B；7. D；8. A；9. D；10. A

[提示]

1. 依 4.2 节定理 1，选项 A 满足集合非空，加法和数量乘法封闭. B,C 和 D 不满足数量乘法封闭性.

2. 依题设，

$$\begin{cases}0=\boldsymbol{\beta}_1^{\mathrm{T}}\boldsymbol{\beta}_2=\boldsymbol{\alpha}_1^{\mathrm{T}}(\boldsymbol{\alpha}_2-k\boldsymbol{\alpha}_1)=2-2k,\\0=\boldsymbol{\beta}_1^{\mathrm{T}}\boldsymbol{\beta}_3=\boldsymbol{\alpha}_1^{\mathrm{T}}(\boldsymbol{\alpha}_3-l_1\boldsymbol{\beta}_1-l_2\boldsymbol{\beta}_2)=5-2l_1-2l_2+2kl_2,\\0=\boldsymbol{\beta}_2^{\mathrm{T}}\boldsymbol{\beta}_3=(\boldsymbol{\alpha}_2-k\boldsymbol{\beta}_1)^{\mathrm{T}}(\boldsymbol{\alpha}_3-l_1\boldsymbol{\beta}_1-l_2\boldsymbol{\beta}_2)=7-5k-2l_1+2kl_1-6l_2+4kl_2-2k^2l_2,\end{cases}$$

解之得 $k=1$.

3. 设 $W=\{(a,b_2,b_3,\cdots,b_{n-1},a)^{\mathrm{T}}\mid a,b_j\in F,j=2,3,\cdots,n-1\}$，$\begin{pmatrix}a\\b_2\\\vdots\\b_{n-1}\\a\end{pmatrix}=a\begin{pmatrix}1\\0\\\vdots\\0\\1\end{pmatrix}+b_2\begin{pmatrix}0\\1\\0\\\vdots\\0\end{pmatrix}+\cdots+b_{n-1}\begin{pmatrix}0\\\vdots\\0\\1\\0\end{pmatrix}$，显然 $\begin{pmatrix}1\\0\\\vdots\\0\\1\end{pmatrix},\begin{pmatrix}0\\1\\0\\\vdots\\0\end{pmatrix},\cdots,\begin{pmatrix}0\\\vdots\\0\\1\\0\end{pmatrix}\in W$，且线性无关，它是 W 的一个基. 选项 A,B 中有向量不属于 W，选项 D 不能表示 W 中任一向量.

4. $W=\left\{\begin{pmatrix}0 & a\\ -a & 0\end{pmatrix}\middle| a\in\mathbb{R}\right\}$，$\begin{pmatrix}0 & a\\ -a & 0\end{pmatrix}=a\begin{pmatrix}0 & 1\\ -1 & 0\end{pmatrix}$，$\begin{pmatrix}0 & 1\\ -1 & 0\end{pmatrix}\in W$ 且线性无关，是 W 的一个基，因此 $\dim W=1$.

5. 因 $\boldsymbol{A}$ 为正交矩阵，所以 $\boldsymbol{\alpha}_1,\boldsymbol{\alpha}_2,\boldsymbol{\alpha}_3,\boldsymbol{\alpha}_4$ 均为单位向量且两两正交，因此 $\boldsymbol{\alpha}_1,\boldsymbol{\alpha}_2,\boldsymbol{\alpha}_3$ 必线性无关，故 $\operatorname{rank}(\boldsymbol{B})=3$，$\boldsymbol{Bx}=\boldsymbol{0}$ 的基础解系只含一个解向量. 又因 $\boldsymbol{B\alpha}_4=\begin{pmatrix}\boldsymbol{\alpha}_1^{\mathrm{T}}\\ \boldsymbol{\alpha}_2^{\mathrm{T}}\\ \boldsymbol{\alpha}_3^{\mathrm{T}}\end{pmatrix}\boldsymbol{\alpha}_4=\begin{pmatrix}0\\0\\0\end{pmatrix}=\boldsymbol{0}$，所以 $\boldsymbol{\alpha}_4$ 是 $\boldsymbol{Bx}=\boldsymbol{0}$ 的一个基础解系，且 $\boldsymbol{B}(\boldsymbol{\alpha}_1+\boldsymbol{\alpha}_2+\boldsymbol{\alpha}_3)=\begin{pmatrix}\boldsymbol{\alpha}_1^{\mathrm{T}}\\ \boldsymbol{\alpha}_2^{\mathrm{T}}\\ \boldsymbol{\alpha}_3^{\mathrm{T}}\end{pmatrix}(\boldsymbol{\alpha}_1+\boldsymbol{\alpha}_2+\boldsymbol{\alpha}_3)=\begin{pmatrix}1\\1\\1\end{pmatrix}=\boldsymbol{\beta}$，所以 $\boldsymbol{\alpha}_1+\boldsymbol{\alpha}_2+\boldsymbol{\alpha}_3$ 是 $\boldsymbol{Bx}=\boldsymbol{\beta}$ 的特解.

6. $(\boldsymbol{\beta}_2,\boldsymbol{\beta}_1,\boldsymbol{\beta}_3)=(\boldsymbol{\alpha}_1+\boldsymbol{\alpha}_2,\boldsymbol{\alpha}_1,\boldsymbol{\alpha}_1+\boldsymbol{\alpha}_2+\boldsymbol{\alpha}_3)=(\boldsymbol{\alpha}_1,\boldsymbol{\alpha}_2,\boldsymbol{\alpha}_3)\begin{pmatrix}1 & 1 & 1\\ 1 & 0 & 1\\ 0 & 0 & 1\end{pmatrix}$.

7. 依正交矩阵的性质及 4.3 节命题 2，A，B 和 C 都正确. 又例如 $\begin{pmatrix}-1 & 0\\ 0 & 1\end{pmatrix}$ 是正交矩阵，但是 $\begin{vmatrix}-1 & 0\\ 0 & 1\end{vmatrix}=-1$.

8. 依正交矩阵的性质，B，C 和 D 都正确，例如 $\begin{pmatrix}-1 & 0\\ 0 & -1\end{pmatrix}$ 与 $\begin{pmatrix}1 & 0\\ 0 & 1\end{pmatrix}$ 都是正交矩阵，但是 $\begin{pmatrix}-1 & 0\\ 0 & -1\end{pmatrix}+\begin{pmatrix}1 & 0\\ 0 & 1\end{pmatrix}=\boldsymbol{0}$ 不是正交矩阵.

9. 依题设，$\boldsymbol{\alpha}$ 与 $\boldsymbol{\beta}$ 正交，依长度的性质，A，B 和 C 都正确. 又例如 $\boldsymbol{\alpha}=\begin{pmatrix}1\\0\end{pmatrix}$，$\boldsymbol{\beta}=\begin{pmatrix}0\\1\end{pmatrix}$，$(\boldsymbol{\alpha},\boldsymbol{\beta})=0$，$\boldsymbol{\alpha}+\boldsymbol{\beta}=\begin{pmatrix}1\\1\end{pmatrix}$，但是 $|\boldsymbol{\alpha}+\boldsymbol{\beta}|=\sqrt{2}\neq 1+1=|\boldsymbol{\alpha}|+|\boldsymbol{\beta}|$.

10. 设 $\boldsymbol{\alpha}=y_1\boldsymbol{\delta}_1+y_2\boldsymbol{\delta}_2+y_3\boldsymbol{\delta}_3=(\boldsymbol{\delta}_1,\boldsymbol{\delta}_2,\boldsymbol{\delta}_3)\begin{pmatrix}y_1\\y_2\\y_3\end{pmatrix}$，即 $\begin{pmatrix}y_1\\y_2\\y_3\end{pmatrix}=(\boldsymbol{\delta}_1,\boldsymbol{\delta}_2,\boldsymbol{\delta}_3)^{-1}\boldsymbol{\alpha}$，$\left(\begin{array}{ccc|c}1 & 1 & 1 & 6\\ 1 & 1 & 2 & 9\\ 1 & 2 & 3 & 14\end{array}\right)\rightarrow\left(\begin{array}{ccc|c}1 & 0 & 0 & 1\\ 0 & 1 & 0 & 2\\ 0 & 0 & 1 & 3\end{array}\right)$，于是 $\begin{pmatrix}y_1\\y_2\\y_3\end{pmatrix}=\begin{pmatrix}1\\2\\3\end{pmatrix}$.

二、填空题

1. $k\neq 9$；2. $\begin{pmatrix}0 & 1 & 0\\ 1 & 0 & 0\\ 0 & 0 & 1\end{pmatrix}$，$\begin{pmatrix}1 & 1 & 1\\ 0 & 1 & 1\\ 0 & 0 & 1\end{pmatrix}$，$\begin{pmatrix}0 & 0 & 1\\ 0 & 1 & 1\\ 1 & 1 & 1\end{pmatrix}$；3. 6；4. -16；5. $\begin{pmatrix}1\\0\\0\end{pmatrix}$；6. 3；

7. $a=\dfrac{1}{3}$，$b=0$；8. $\left(\pm\dfrac{1}{\sqrt{6}},\mp\dfrac{2}{\sqrt{6}},\pm\dfrac{1}{\sqrt{6}}\right)^{\mathrm{T}}$；9. $(\boldsymbol{\alpha}_1^{\mathrm{T}}\boldsymbol{\beta},\boldsymbol{\alpha}_2^{\mathrm{T}}\boldsymbol{\beta},\cdots,\boldsymbol{\alpha}_n^{\mathrm{T}}\boldsymbol{\beta})^{\mathrm{T}}$；

10. 2；11. $\sqrt{14}$；12. 0.

[提示]

1. $|\boldsymbol{\alpha}_1,\boldsymbol{\alpha}_2,\boldsymbol{\alpha}_3|=\begin{vmatrix}1&2&3\\1&1&4\\3&6&k\end{vmatrix}=9-k$，当 $k\neq 9$ 时，$\boldsymbol{\alpha}_1,\boldsymbol{\alpha}_2,\boldsymbol{\alpha}_3$ 线性无关，是$\mathbb{R}^3$的一个基.

2. $(\boldsymbol{\alpha}_2,\boldsymbol{\alpha}_1,\boldsymbol{\alpha}_3)=(\boldsymbol{\alpha}_1,\boldsymbol{\alpha}_2,\boldsymbol{\alpha}_3)\begin{pmatrix}0&1&0\\1&0&0\\0&0&1\end{pmatrix}$. $(\boldsymbol{\alpha}_1,\boldsymbol{\alpha}_1+\boldsymbol{\alpha}_2,\boldsymbol{\alpha}_1+\boldsymbol{\alpha}_2+\boldsymbol{\alpha}_3)=(\boldsymbol{\alpha}_1,\boldsymbol{\alpha}_2,\boldsymbol{\alpha}_3)\begin{pmatrix}1&1&1\\0&1&1\\0&0&1\end{pmatrix}$.

$(\boldsymbol{\alpha}_1,\boldsymbol{\alpha}_1+\boldsymbol{\alpha}_2,\boldsymbol{\alpha}_1+\boldsymbol{\alpha}_2+\boldsymbol{\alpha}_3)=(\boldsymbol{\alpha}_3,\boldsymbol{\alpha}_2,\boldsymbol{\alpha}_1)\begin{pmatrix}0&0&1\\0&1&1\\1&1&1\end{pmatrix}$.

3. 对矩阵$(\boldsymbol{\alpha}_1,\boldsymbol{\alpha}_2,\boldsymbol{\alpha}_3)$施以初等行变换，有

$$(\boldsymbol{\alpha}_1,\boldsymbol{\alpha}_2,\boldsymbol{\alpha}_3)=\begin{pmatrix}1&1&2\\2&1&1\\-1&0&1\\0&2&a\end{pmatrix}\to\begin{pmatrix}1&1&2\\0&-1&-3\\0&1&3\\0&2&a\end{pmatrix}\to\begin{pmatrix}1&1&2\\0&1&3\\0&0&a-6\\0&0&0\end{pmatrix},$$

$\operatorname{rank}\{\boldsymbol{\alpha}_1,\boldsymbol{\alpha}_2,\boldsymbol{\alpha}_3\}=2$.

4. 依向量内积的性质，$(\boldsymbol{\alpha}+\boldsymbol{\beta},\boldsymbol{\alpha}-\boldsymbol{\beta})=(\boldsymbol{\alpha},\boldsymbol{\alpha})-(\boldsymbol{\beta},\boldsymbol{\beta})=|\boldsymbol{\alpha}|^2-|\boldsymbol{\beta}|^2$.

5. 正交矩阵 $\boldsymbol{A}$ 可逆，因此 $\boldsymbol{x}=\boldsymbol{A}^{-1}\boldsymbol{\beta}=\begin{pmatrix}1&0&0\\0&*&*\\0&*&*\end{pmatrix}\begin{pmatrix}1\\0\\0\end{pmatrix}=\begin{pmatrix}1\\0\\0\end{pmatrix}$（元素“*”即使未知也不影响求解）.

6. $|\boldsymbol{A\alpha}|^2=(\boldsymbol{A\alpha})^{\mathrm{T}}(\boldsymbol{A\alpha})=(\boldsymbol{\alpha}^{\mathrm{T}}\boldsymbol{A}^{\mathrm{T}})(\boldsymbol{A\alpha})=\boldsymbol{\alpha}^{\mathrm{T}}(\boldsymbol{A}^{\mathrm{T}}\boldsymbol{A})\boldsymbol{\alpha}=\boldsymbol{\alpha}^{\mathrm{T}}\boldsymbol{\alpha}=|\boldsymbol{\alpha}|^2$.

7. 设 $\boldsymbol{\beta}_1,\boldsymbol{\beta}_2,\boldsymbol{\beta}_3$ 是 $\boldsymbol{A}$ 的列向量组，因 $\boldsymbol{A}$ 是正交矩阵，故$\begin{cases}\boldsymbol{\beta}_1^{\mathrm{T}}\boldsymbol{\beta}_3=\dfrac{2}{3\sqrt{18}}(1-6a+1)=0,\\ \boldsymbol{\beta}_2^{\mathrm{T}}\boldsymbol{\beta}_3=\dfrac{2}{\sqrt{36}}(1-4\sqrt{2}b-1)=0.\end{cases}$

8. 设 $\boldsymbol{\gamma}=(x_1,x_2,x_3)^{\mathrm{T}}\in\mathbb{R}^3$，且与 $\boldsymbol{\alpha},\boldsymbol{\beta}$ 都正交，则 $\begin{cases}\boldsymbol{\gamma}^{\mathrm{T}}\boldsymbol{\alpha}=x_1+x_2+x_3=0,\\ \boldsymbol{\gamma}^{\mathrm{T}}\boldsymbol{\beta}=2x_1+x_2=0,\end{cases}$ $\begin{pmatrix}1&1&1\\2&1&0\end{pmatrix}\to$ $\begin{pmatrix}1&0&-1\\0&1&2\end{pmatrix}$，其基础解系为$(1,-2,1)^{\mathrm{T}}$，再单位化.

9. 设 $\boldsymbol{\beta}$ 在 $\boldsymbol{\alpha}_1,\boldsymbol{\alpha}_2,\cdots,\boldsymbol{\alpha}_n$ 下的坐标为$(x_1,x_2,\cdots,x_n)^{\mathrm{T}}$，则 $\boldsymbol{\beta}=x_1\boldsymbol{\alpha}_1+x_2\boldsymbol{\alpha}_2+\cdots+x_n\boldsymbol{\alpha}_n$，两端左乘 $\boldsymbol{\alpha}_j^{\mathrm{T}}(j=1,2,\cdots,n)$，则

$$\boldsymbol{\alpha}_j^{\mathrm{T}}\boldsymbol{\beta}=x_1(\boldsymbol{\alpha}_j^{\mathrm{T}}\boldsymbol{\alpha}_1)+\cdots+x_j(\boldsymbol{\alpha}_j^{\mathrm{T}}\boldsymbol{\alpha}_j)+\cdots+x_n(\boldsymbol{\alpha}_j^{\mathrm{T}}\boldsymbol{\alpha}_n)=x_j,\ j=1,2,\cdots,n,$$

即 $\boldsymbol{\beta}$ 在 $\boldsymbol{\alpha}_1,\boldsymbol{\alpha}_2,\cdots,\boldsymbol{\alpha}_n$ 下的坐标为$((\boldsymbol{\alpha}_1^{\mathrm{T}}\boldsymbol{\beta}),(\boldsymbol{\alpha}_2^{\mathrm{T}}\boldsymbol{\beta}),\cdots,(\boldsymbol{\alpha}_n^{\mathrm{T}}\boldsymbol{\beta}))^{\mathrm{T}}$.

10. $\boldsymbol{\alpha}_1,\boldsymbol{\alpha}_2,\cdots,\boldsymbol{\alpha}_5$ 的极大线性无关组是$\langle\boldsymbol{\alpha}_1,\boldsymbol{\alpha}_2,\cdots,\boldsymbol{\alpha}_5\rangle$的基，因此

$$\dim\langle\boldsymbol{\alpha}_1,\boldsymbol{\alpha}_2,\cdots,\boldsymbol{\alpha}_5\rangle=\operatorname{rank}\{\boldsymbol{\alpha}_1,\boldsymbol{\alpha}_2,\cdots,\boldsymbol{\alpha}_5\}.$$

11. $\boldsymbol{\alpha}_1,\boldsymbol{\alpha}_2,\boldsymbol{\alpha}_3$ 是标准正交基，$(\boldsymbol{\alpha}_i,\boldsymbol{\alpha}_j)=\begin{cases}1, & i=j,\\0, & i\neq j,\end{cases}$ 依内积性质，

$$(2\boldsymbol{\alpha}_1-\boldsymbol{\alpha}_2+3\boldsymbol{\alpha}_3,2\boldsymbol{\alpha}_1-\boldsymbol{\alpha}_2+3\boldsymbol{\alpha}_3)=4(\boldsymbol{\alpha}_1,\boldsymbol{\alpha}_1)+(\boldsymbol{\alpha}_2,\boldsymbol{\alpha}_2)+9(\boldsymbol{\alpha}_3,\boldsymbol{\alpha}_3)=14.$$

12. $\boldsymbol{AA}^{\mathrm{T}}=\boldsymbol{E}$，$\boldsymbol{A}$ 是正交矩阵，$|\boldsymbol{A}|=-1$，

$$|\boldsymbol{A}+\boldsymbol{E}|=|\boldsymbol{A}+\boldsymbol{AA}^{\mathrm{T}}|=|\boldsymbol{A}||\boldsymbol{E}+\boldsymbol{A}^{\mathrm{T}}|=-|(\boldsymbol{E}+\boldsymbol{A})^{\mathrm{T}}|=-|\boldsymbol{E}+\boldsymbol{A}|.$$

三、判断题

1. ×；2. ×；3. ×；4. √；5. ×；6. √；7. ×；8. ×；9. √；10. √.

[提示]

1. $\boldsymbol{\alpha}\oplus\boldsymbol{\beta}=\boldsymbol{\alpha}-\boldsymbol{\beta}\neq\boldsymbol{\beta}-\boldsymbol{\alpha}=\boldsymbol{\beta}\oplus\boldsymbol{\alpha}$，$1\otimes\boldsymbol{\alpha}=-\boldsymbol{\alpha}\neq\boldsymbol{\alpha}$.

2. $(\boldsymbol{P}^{-1}\boldsymbol{AP})^{\mathrm{T}}(\boldsymbol{P}^{-1}\boldsymbol{AP})=\boldsymbol{P}^{\mathrm{T}}\boldsymbol{A}^{\mathrm{T}}(\boldsymbol{P}^{-1})^{\mathrm{T}}\boldsymbol{P}^{-1}\boldsymbol{AP}$，未必等于单位矩阵 $\boldsymbol{E}$.

3. 参见习题 4-3 第 3 题提示.

4. 依 4.3 节命题 2.

5. $(\boldsymbol{A\alpha}_i)^{\mathrm{T}}\boldsymbol{A\alpha}_i=\boldsymbol{\alpha}_i^{\mathrm{T}}\boldsymbol{A}^{\mathrm{T}}\boldsymbol{A\alpha}_i$，$i=1,2,\cdots,n$，$(\boldsymbol{A\alpha}_i)^{\mathrm{T}}\boldsymbol{A\alpha}_j=\boldsymbol{\alpha}_i^{\mathrm{T}}\boldsymbol{A}^{\mathrm{T}}\boldsymbol{A\alpha}_j$，$i\neq j$，这两式未必等于 1 和 0.

6. $\left(\frac{1}{3}(2\boldsymbol{e}_1+2\boldsymbol{e}_2-\boldsymbol{e}_3)\right)^{\mathrm{T}}\left(\frac{1}{3}(2\boldsymbol{e}_1+2\boldsymbol{e}_2-\boldsymbol{e}_3)\right)=\frac{1}{9}(4+4+1)=1$，即 $\left|\frac{1}{3}(2\boldsymbol{e}_1+2\boldsymbol{e}_2-\boldsymbol{e}_3)\right|=1$，$\left(\frac{1}{3}(2\boldsymbol{e}_1+2\boldsymbol{e}_2-\boldsymbol{e}_3)\right)^{\mathrm{T}}\left(\frac{1}{3}(2\boldsymbol{e}_1-\boldsymbol{e}_2+2\boldsymbol{e}_3)\right)=\frac{1}{9}(4-2-2)=0$，同理可证三个向量两两正交且同为单位向量.

7. $(\boldsymbol{\alpha}_1,\boldsymbol{\alpha}_2,\boldsymbol{\alpha}_3,\boldsymbol{\alpha}_4,\boldsymbol{\alpha}_5)\to\begin{pmatrix}1&0&0&-1&1\\0&1&0&1&1\\0&0&1&0&0\\0&0&0&0&0\end{pmatrix}$，$\mathrm{rank}\{\boldsymbol{\alpha}_1,\boldsymbol{\alpha}_2,\boldsymbol{\alpha}_3,\boldsymbol{\alpha}_4,\boldsymbol{\alpha}_5\}=3$，$\dim L(\boldsymbol{\alpha}_1,\boldsymbol{\alpha}_2,\boldsymbol{\alpha}_3,\boldsymbol{\alpha}_4,\boldsymbol{\alpha}_5)=3$.

8. 设 $k_1\boldsymbol{\alpha}_1+k_2\boldsymbol{\alpha}_2=0$，分别用 $\boldsymbol{e}_1^{\mathrm{T}},\boldsymbol{e}_2^{\mathrm{T}}$ 左乘等式两端，得 $\begin{cases}-k_1+k_2=0,\\k_1+2k_2=0,\end{cases}$ 方程组只有零解.

9. 依 4.2 节定理 1.

10. 设互换正交矩阵的第 i,j 两行所得矩阵为 $\boldsymbol{E}(i,j)\boldsymbol{A}$，于是

$$(\boldsymbol{E}(i,j)\boldsymbol{A})^{\mathrm{T}}\boldsymbol{E}(i,j)\boldsymbol{A}=\boldsymbol{A}^{\mathrm{T}}(\boldsymbol{E}(i,j)\boldsymbol{E}(i,j))\boldsymbol{A}=\boldsymbol{A}^{\mathrm{T}}\boldsymbol{A}=\boldsymbol{E}，其中(\boldsymbol{E}(i,j))^{\mathrm{T}}=\boldsymbol{E}(i,j).$$

四、解答题

1. $1,\sin x,\cos x,\sin^2 x,4$.

［提示］因为 $1+0\cdot\sin x+0\cdot\cos x-\sin^2 x-\cos^2 x=0$，所以 $1,\sin x,\cos x,\sin^2 x,\cos^2 x$ 线性相关，设 $k_1+k_2\sin x+k_3\cos x+k_4\sin^2 x=0$，令 x 分别取值 $0,\frac{\pi}{2},\pi,\frac{3\pi}{2}$，可以证明 $1,\sin x,\cos x,\sin^2 x$ 线性无关.

2. $\begin{pmatrix}0&1&-1\\1&0&2\\1&-1&4\end{pmatrix}$，$(1,-1,-3)^{\mathrm{T}}$.

［提示］(1) 令 $\boldsymbol{A}=(\boldsymbol{\beta}_1,\boldsymbol{\beta}_2,\boldsymbol{\beta}_3)$，$\boldsymbol{B}=(\boldsymbol{\alpha}_1,\boldsymbol{\alpha}_2,\boldsymbol{\alpha}_3)$，则 $\boldsymbol{A}^{-1}\boldsymbol{B}$ 为由基 $\boldsymbol{\beta}_1,\boldsymbol{\beta}_2,\boldsymbol{\beta}_3$ 到基 $\boldsymbol{\alpha}_1,\boldsymbol{\alpha}_2,\boldsymbol{\alpha}_3$ 的过渡矩阵，$(\boldsymbol{A}\vdots\boldsymbol{B})\to\left(\begin{array}{ccc:ccc}1&1&0&1&1&1\\2&-1&1&0&1&0\\0&2&-1&1&1&0\end{array}\right)\to\left(\begin{array}{ccc:ccc}1&0&0&0&1&-1\\0&1&0&1&0&2\\0&0&1&1&-1&4\end{array}\right)$.

(2) 设 $\boldsymbol{\xi}$ 在基 $\boldsymbol{\beta}_1,\boldsymbol{\beta}_2,\boldsymbol{\beta}_3$ 下的坐标 $\begin{pmatrix}x_1\\x_2\\x_3\end{pmatrix}=\boldsymbol{A}^{-1}\boldsymbol{B}\begin{pmatrix}1\\0\\-1\end{pmatrix}$.

3. $\boldsymbol{\alpha}_1,\boldsymbol{\alpha}_2,\boldsymbol{\alpha}_3,\boldsymbol{\beta}_1,4$；$(0,-4,2,10)^{\mathrm{T}},(1,1,1,1)^{\mathrm{T}},2$.

［提示］$V_1+V_2=\langle\boldsymbol{\alpha}_1,\boldsymbol{\alpha}_2,\boldsymbol{\alpha}_3\rangle+\langle\boldsymbol{\beta}_1,\boldsymbol{\beta}_2,\boldsymbol{\beta}_3\rangle=\langle\boldsymbol{\alpha}_1,\boldsymbol{\alpha}_2,\boldsymbol{\alpha}_3,\boldsymbol{\beta}_1,\boldsymbol{\beta}_2,\boldsymbol{\beta}_3\rangle$，$(\boldsymbol{\alpha}_1,\boldsymbol{\alpha}_2,\boldsymbol{\alpha}_3,\boldsymbol{\beta}_1,\boldsymbol{\beta}_2,\boldsymbol{\beta}_3)\to$
$\begin{pmatrix}1&1&1&1&1&2\\0&1&-1&0&-2&-1\\0&0&1&2&-2&2\\0&0&0&1&1&1\end{pmatrix}\to\begin{pmatrix}1&0&0&0&10&2\\0&1&0&0&-6&-1\\0&0&1&0&-4&0\\0&0&0&1&1&1\end{pmatrix}$，$\boldsymbol{\alpha}_1,\boldsymbol{\alpha}_2,\boldsymbol{\alpha}_3,\boldsymbol{\beta}_1$ 是 V_1+V_2 的一个基. $\boldsymbol{\alpha}_1,\boldsymbol{\alpha}_2,\boldsymbol{\alpha}_3$ 是 V_1 的一个基. $\boldsymbol{\beta}_1,\boldsymbol{\beta}_2,\boldsymbol{\beta}_3$ 是 V_2 的一个基. 又

$$\dim(V_1\cap V_2)=\dim(V_1)+\dim(V_2)-\dim(V_1+V_2)=3+3-4=2,$$

由 $\boldsymbol{\beta}_2=10\boldsymbol{\alpha}_1-6\boldsymbol{\alpha}_2-4\boldsymbol{\alpha}_3+\boldsymbol{\beta}_1,\boldsymbol{\beta}_3=2\boldsymbol{\alpha}_1-\boldsymbol{\alpha}_2+\boldsymbol{\beta}_1$ 可知

$$10\boldsymbol{\alpha}_1-6\boldsymbol{\alpha}_2-4\boldsymbol{\alpha}_3=-\boldsymbol{\beta}_1+\boldsymbol{\beta}_2=\begin{pmatrix}0\\-4\\2\\10\end{pmatrix}\in V_1\cap V_2,2\boldsymbol{\alpha}_1-\boldsymbol{\alpha}_2=-\boldsymbol{\beta}_1+\boldsymbol{\beta}_3=\begin{pmatrix}1\\1\\1\\1\end{pmatrix}\in V_1\cap V_2,$$

且两向量线性无关.

4. $\dfrac{1}{\sqrt{17}}\begin{pmatrix}-3\\2\\2\\0\\0\end{pmatrix},\dfrac{1}{\sqrt{3}}\begin{pmatrix}0\\1\\-1\\1\\0\end{pmatrix},\dfrac{1}{\sqrt{799}}\begin{pmatrix}-6\\4\\-13\\-17\\17\end{pmatrix}$.

[提示] 对线性方程组的系数矩阵施以初等行变换，即$\begin{pmatrix}2&2&1&-1&0\\0&-1&1&2&3\end{pmatrix}\to\begin{pmatrix}1&0&3/2&3/2&3\\0&1&-1&-2&-3\end{pmatrix}$，

得其基础解系为$\boldsymbol{\alpha}_1=\begin{pmatrix}-3\\2\\2\\0\\0\end{pmatrix},\boldsymbol{\alpha}_2=\begin{pmatrix}-3\\4\\0\\2\\0\end{pmatrix},\boldsymbol{\alpha}_3=\begin{pmatrix}-3\\3\\0\\0\\1\end{pmatrix}$，$\boldsymbol{\alpha}_1,\boldsymbol{\alpha}_2,\boldsymbol{\alpha}_3$ 是 W 的一个基，对 $\boldsymbol{\alpha}_1,\boldsymbol{\alpha}_2,\boldsymbol{\alpha}_3$ 施以正交化，再单位化.

5. (2) $\{\boldsymbol{\eta}=k_1\boldsymbol{\alpha}_1-k_1\boldsymbol{\alpha}_3\mid k_1\in\mathbb{R},k_1\neq 0\}$.

[提示] (1) $(\boldsymbol{\beta}_1,\boldsymbol{\beta}_2,\boldsymbol{\beta}_3)=(\boldsymbol{\alpha}_1,\boldsymbol{\alpha}_2,\boldsymbol{\alpha}_3)\begin{pmatrix}2&0&1\\0&2&0\\2k&0&k+1\end{pmatrix}$，其中$\begin{vmatrix}2&0&1\\0&2&0\\2k&0&k+1\end{vmatrix}=4\neq0$，因此 $\operatorname{rank}\{\boldsymbol{\beta}_1,\boldsymbol{\beta}_2,\boldsymbol{\beta}_3\}=\operatorname{rank}\{\boldsymbol{\alpha}_1,\boldsymbol{\alpha}_2,\boldsymbol{\alpha}_3\}$.

(2) 设 $\boldsymbol{\eta}=k_1\boldsymbol{\beta}_1+k_2\boldsymbol{\beta}_2+k_3\boldsymbol{\beta}_3=k_1\boldsymbol{\alpha}_1+k_2\boldsymbol{\alpha}_2+k_3\boldsymbol{\alpha}_3$，因为 $\boldsymbol{\eta}\neq\mathbf{0}$，所以 k_1,k_2,k_3 不同时为零，将 $\boldsymbol{\beta}_1,\boldsymbol{\beta}_2,\boldsymbol{\beta}_3$ 的表达式代入上式，整理得

$$(k_1+k_3)\boldsymbol{\alpha}_1+k_2\boldsymbol{\alpha}_2+(2kk_1+kk_3)\boldsymbol{\alpha}_3=\mathbf{0},\qquad(*)$$

因 $\boldsymbol{\alpha}_1,\boldsymbol{\alpha}_2,\boldsymbol{\alpha}_3$ 线性无关，$\begin{cases}k_1+k_3=0,\\k_2=0,\\2kk_1+kk_3=0,\end{cases}$ 因 k_1,k_2,k_3 不同时为零，$\begin{vmatrix}1&0&1\\0&1&0\\2k&0&k\end{vmatrix}=-k=0$，得 $k=0$，将 $k=0$ 代入$(*)$式整理得，$(k_1+k_3)\boldsymbol{\alpha}_1+k_2\boldsymbol{\alpha}_2=\mathbf{0}$. 又因为 $\boldsymbol{\alpha}_1,\boldsymbol{\alpha}_2$ 线性无关，$k_1+k_3=0,k_2=0$.

6. (2) $(\boldsymbol{P}_{11}-\boldsymbol{P}_{nn}),\boldsymbol{P}_{12},\cdots,\boldsymbol{P}_{1n},\boldsymbol{P}_{21},(\boldsymbol{P}_{22}-\boldsymbol{P}_{nn}),\cdots,\boldsymbol{P}_{2n},\cdots,\boldsymbol{P}_{(n-1)1},\boldsymbol{P}_{(n-1)2},\cdots,$

$(\boldsymbol{P}_{(n-1)(n-1)}-\boldsymbol{P}_{nn}),\boldsymbol{P}_{(n-1)n},\boldsymbol{P}_{n1},\boldsymbol{P}_{n2},\cdots,\boldsymbol{P}_{n(n-1)};n^2-1$.

[提示] (1) 显然 n 阶零阵 $\mathbf{0}\in M_n^0(F)$，$M_n^0(F)$非空，任取 $\boldsymbol{P},\boldsymbol{Q}\in\boldsymbol{M}_n^0(F)$，则 $\operatorname{tr}(\boldsymbol{P})=0,\operatorname{tr}(\boldsymbol{Q})=0$，依矩阵加法的定义，有 $\operatorname{tr}(\boldsymbol{P}+\boldsymbol{Q})=0,\operatorname{tr}(k\boldsymbol{P})=0,\forall k\in F$，依 4.2 节定理 1，$M_n^0(F)$是 $M_n(F)$的一个子空间.

(2) 设 $\boldsymbol{A}=(a_{ij})\in M_n^0(F)$，则 $a_{11}+a_{22}+\cdots+a_{nn}=0$，即 $a_{nn}=-a_{11}-a_{22}-\cdots-a_{(n-1)(n-1)}$，于是

$$\begin{aligned}\boldsymbol{A}=&a_{11}(\boldsymbol{P}_{11}-\boldsymbol{P}_{nn})+a_{12}\boldsymbol{P}_{12}+\cdots+a_{1n}\boldsymbol{P}_{1n}+a_{21}\boldsymbol{P}_{21}+a_{22}(\boldsymbol{P}_{22}-\boldsymbol{P}_{nn})+\cdots+a_{2n}\boldsymbol{P}_{2n}+\cdots+\\&a_{(n-1)1}\boldsymbol{P}_{(n-1)1}+a_{(n-1)2}\boldsymbol{P}_{(n-1)2}+\cdots+a_{(n-1)(n-1)}(\boldsymbol{P}_{(n-1)(n-1)}-\boldsymbol{P}_{nn})+a_{(n-1)n}\boldsymbol{P}_{(n-1)n}+\\&a_{n1}\boldsymbol{P}_{n1}+a_{n2}\boldsymbol{P}_{n2}+\cdots+a_{n(n-1)}\boldsymbol{P}_{n(n-1)},\end{aligned}$$

其中$\boldsymbol{P}_{ij}$,是基本矩阵($\boldsymbol{P}_{11}-\boldsymbol{P}_{nn}$),$\boldsymbol{P}_{12}$,…,$\boldsymbol{P}_{1n}$,$\boldsymbol{P}_{21}$,($\boldsymbol{P}_{22}-\boldsymbol{P}_{nn}$),…,$\boldsymbol{P}_{2n}$,…,$\boldsymbol{P}_{(n-1)1}$,$\boldsymbol{P}_{(n-1)2}$,…,($\boldsymbol{P}_{(n-1)(n-1)}-\boldsymbol{P}_{nn}$),$\boldsymbol{P}_{(n-1)n}$,$\boldsymbol{P}_{n1}$,$\boldsymbol{P}_{n2}$,…,$\boldsymbol{P}_{n(n-1)}$都在$M_n^0(F)$中,可以验证它们线性无关,故就是$M_n^0(F)$的一个基.

五、证明题

1.[提示] $|(\boldsymbol{A}-\boldsymbol{B})(\boldsymbol{A}+\boldsymbol{B})|=|\boldsymbol{A}-\boldsymbol{B}||(\boldsymbol{A}+\boldsymbol{B})^{\mathrm{T}}|=|(\boldsymbol{A}-\boldsymbol{B})(\boldsymbol{A}+\boldsymbol{B})^{\mathrm{T}}|=|\boldsymbol{AB}^{\mathrm{T}}-\boldsymbol{BA}^{\mathrm{T}}|$.又因为$|\boldsymbol{AB}^{\mathrm{T}}-\boldsymbol{BA}^{\mathrm{T}}|=|(\boldsymbol{AB}^{\mathrm{T}}-\boldsymbol{BA}^{\mathrm{T}})^{\mathrm{T}}|=|\boldsymbol{BA}^{\mathrm{T}}-\boldsymbol{AB}^{\mathrm{T}}|=(-1)^n|\boldsymbol{AB}^{\mathrm{T}}-\boldsymbol{BA}^{\mathrm{T}}|=-|\boldsymbol{AB}^{\mathrm{T}}-\boldsymbol{BA}^{\mathrm{T}}|$,$n$为奇数.

2.[提示] 充分性.不妨设$W_1\subseteq W_2$,任取$\boldsymbol{\alpha}\in W_1+W_2$,$\boldsymbol{\alpha}=\boldsymbol{\alpha}_1+\boldsymbol{\alpha}_2$,其中$\boldsymbol{\alpha}_1\in W_1$,$\boldsymbol{\alpha}_2\in W_2$,$\boldsymbol{\alpha}_1\in W_2$,即$\boldsymbol{\alpha}\in W_2\subseteq W_1\cup W_2$,因此$W_1+W_2\subseteq W_1\cup W_2$,显然$W_1\cup W_2\subseteq W_1+W_2$,所以$W_1+W_2=W_1\cup W_2$.

必要性.设$W_1+W_2=W_1\cup W_2$.假设$W_1\not\subseteq W_2$且$W_2\not\subseteq W_1$,则存在$\boldsymbol{\alpha}\in W_1$,但$\boldsymbol{\alpha}\notin W_2$,及存在$\boldsymbol{\beta}\in W_2$,但$\boldsymbol{\beta}\notin W_1$,作向量$\boldsymbol{\delta}=\boldsymbol{\alpha}+\boldsymbol{\beta}$,则$\boldsymbol{\delta}=\boldsymbol{\alpha}+\boldsymbol{\beta}\in W_1+W_2=W_1\cup W_2$.

如果$\boldsymbol{\delta}\in W_1$,则$\boldsymbol{\beta}=\boldsymbol{\delta}-\boldsymbol{\alpha}\in W_1$,矛盾.又如果$\boldsymbol{\delta}\in W_2$,则$\boldsymbol{\alpha}=\boldsymbol{\delta}-\boldsymbol{\beta}\in W_2$,矛盾.

第5章 特征值与特征向量·矩阵的对角化

习题 5-1

1.[提示] 设$\boldsymbol{AB}=\boldsymbol{BA}$,则$(\boldsymbol{P}^{-1}\boldsymbol{AP})(\boldsymbol{P}^{-1}\boldsymbol{BP})=\boldsymbol{P}^{-1}\boldsymbol{ABP}=\boldsymbol{P}^{-1}\boldsymbol{BAP}=(\boldsymbol{P}^{-1}\boldsymbol{BP})(\boldsymbol{P}^{-1}\boldsymbol{AP})$.

2.[提示] 存在可逆矩阵$\boldsymbol{P}$,$\boldsymbol{Q}$,使得$\boldsymbol{P}^{-1}\boldsymbol{A}_1\boldsymbol{P}=\boldsymbol{B}_1$,$\boldsymbol{Q}^{-1}\boldsymbol{A}_2\boldsymbol{Q}=\boldsymbol{B}_2$,令$\boldsymbol{T}=\begin{pmatrix}\boldsymbol{P} & \boldsymbol{0}\\ \boldsymbol{0} & \boldsymbol{Q}\end{pmatrix}$,则$\boldsymbol{T}$可逆,$\boldsymbol{T}^{-1}=\begin{pmatrix}\boldsymbol{P}^{-1} & \boldsymbol{0}\\ \boldsymbol{0} & \boldsymbol{Q}^{-1}\end{pmatrix}$,且使$\begin{pmatrix}\boldsymbol{P}^{-1} & \boldsymbol{0}\\ \boldsymbol{0} & \boldsymbol{Q}^{-1}\end{pmatrix}\begin{pmatrix}\boldsymbol{A}_1 & \boldsymbol{0}\\ \boldsymbol{0} & \boldsymbol{A}_2\end{pmatrix}\begin{pmatrix}\boldsymbol{P} & \boldsymbol{0}\\ \boldsymbol{0} & \boldsymbol{Q}\end{pmatrix}=\begin{pmatrix}\boldsymbol{B}_1 & \boldsymbol{0}\\ \boldsymbol{0} & \boldsymbol{B}_2\end{pmatrix}$.

3.[提示] 存在可逆矩阵$\boldsymbol{P}$,使$\boldsymbol{P}^{-1}\boldsymbol{AP}=\boldsymbol{\Lambda}$,则$\boldsymbol{P}^{\mathrm{T}}\boldsymbol{A}^{\mathrm{T}}(\boldsymbol{P}^{\mathrm{T}})^{-1}=\boldsymbol{\Lambda}^{\mathrm{T}}=\boldsymbol{\Lambda}$,即$\boldsymbol{A}^{\mathrm{T}}\sim\boldsymbol{\Lambda}$.

4.[提示] 依迹的性质,有

$$\mathrm{tr}(\boldsymbol{A}\cdot\boldsymbol{A})=\mathrm{tr}((\boldsymbol{AB}-\boldsymbol{BA})\cdot\boldsymbol{A})=\mathrm{tr}(\boldsymbol{ABA})-\mathrm{tr}(\boldsymbol{BA}^2)=\mathrm{tr}(\boldsymbol{ABA})-\mathrm{tr}(\boldsymbol{ABA}).$$

习题 5-2

1. $a=2$,$b=-3$,$c=2$,$\lambda_0=1$.

[提示] 由$\boldsymbol{A}^*\boldsymbol{\alpha}=\lambda_0\boldsymbol{\alpha}$,$\lambda_0\neq 0$,用$\boldsymbol{A}$左乘等式两端,整理得$\boldsymbol{A\alpha}=\dfrac{|\boldsymbol{A}|}{\lambda_0}\boldsymbol{\alpha}=-\dfrac{1}{\lambda_0}\boldsymbol{\alpha}$,因此

$$\begin{pmatrix}a & -1 & c\\ 5 & b & 3\\ 1-c & 0 & -a\end{pmatrix}\begin{pmatrix}-1\\-1\\1\end{pmatrix}=-\frac{1}{\lambda_0}\begin{pmatrix}-1\\-1\\1\end{pmatrix},\begin{cases}-a+1+c=\dfrac{1}{\lambda_0},\\ -5-b+3=\dfrac{1}{\lambda_0},\\ c-1-a=-\dfrac{1}{\lambda_0},\end{cases}$$

解之得$a=c$,$\lambda_0=1$,$b=-3$,将$a=c$代入$|\boldsymbol{A}|$中,$-1=|\boldsymbol{A}|=\begin{vmatrix}a & -1 & a\\ 5-3a & 0 & 3-3a\\ 1-a & 0 & -a\end{vmatrix}=\begin{vmatrix}5-3a & 3-3a\\ 1-a & -a\end{vmatrix}=a-3$.

2. (1)$\lambda_1=-2$,$\left\{k_1\begin{pmatrix}1\\1\\1\\1\end{pmatrix}\middle| k_1\in\mathbb{R}\text{,且 }k_1\neq 0\right\}$;

$\lambda_2=\lambda_3=\lambda_4=2$,$\left\{k_2\begin{pmatrix}1\\-1\\0\\0\end{pmatrix}+k_3\begin{pmatrix}1\\0\\-1\\0\end{pmatrix}+k_4\begin{pmatrix}1\\0\\0\\-1\end{pmatrix}\middle| k_j\in\mathbb{R},j=2,3,4\text{,且 }k_2,k_3,k_4\text{ 不全为零}\right\}$.

(2)$\begin{cases}2^n\boldsymbol{E}_4, & n\text{ 为偶数},\\ 2^{n-1}\boldsymbol{A}, & n\text{ 为奇数}.\end{cases}$

[提示](1) $\boldsymbol{A}$ 的特征多项式为 $|\lambda\boldsymbol{E}-\boldsymbol{A}|=(\lambda+2)\begin{vmatrix}1&1&1&1\\1&\lambda-1&1&1\\1&1&\lambda-1&1\\1&1&1&\lambda-1\end{vmatrix}=(\lambda+2)(\lambda-2)^3$,$\boldsymbol{A}$ 的全部特征值为 $\lambda_1=-2,\lambda_2=\lambda_3=\lambda_4=2$.

对于 $\lambda_1=-2$,解方程组 $(-2\boldsymbol{E}-\boldsymbol{A})\boldsymbol{x}=\boldsymbol{0}$,由 $-2\boldsymbol{E}-\boldsymbol{A}\to\begin{pmatrix}1&0&0&-1\\0&1&0&-1\\0&0&1&-1\\0&0&0&0\end{pmatrix}$,得其基础解系为 $\boldsymbol{\eta}_1=\begin{pmatrix}1\\1\\1\\1\end{pmatrix}$,

对于 $\lambda_2=\lambda_3=\lambda_4=2$,解方程组 $(2\boldsymbol{E}-\boldsymbol{A})\boldsymbol{x}=\boldsymbol{0}$,由 $2\boldsymbol{E}-\boldsymbol{A}\to\begin{pmatrix}1&1&1&1\\0&0&0&0\\0&0&0&0\\0&0&0&0\end{pmatrix}$,得其基础解系为

$\boldsymbol{\eta}_2=\begin{pmatrix}1\\-1\\0\\0\end{pmatrix},\boldsymbol{\eta}_3=\begin{pmatrix}1\\0\\-1\\0\end{pmatrix},\boldsymbol{\eta}_4=\begin{pmatrix}1\\0\\0\\-1\end{pmatrix}$.

(2) 显然 $\boldsymbol{\eta}_1,\boldsymbol{\eta}_2,\boldsymbol{\eta}_3,\boldsymbol{\eta}_4$ 线性无关,令 $\boldsymbol{P}=(\boldsymbol{\eta}_1,\boldsymbol{\eta}_2,\boldsymbol{\eta}_3,\boldsymbol{\eta}_4)$,则 $\boldsymbol{P}$ 可逆,且使

$$\boldsymbol{AP}=\boldsymbol{P}\begin{pmatrix}-2&&&\\&2&&\\&&2&\\&&&2\end{pmatrix},\quad \boldsymbol{A}=\boldsymbol{P}\begin{pmatrix}-2&&&\\&2&&\\&&2&\\&&&2\end{pmatrix}\boldsymbol{P}^{-1},\quad \boldsymbol{A}^n=\boldsymbol{P}\begin{pmatrix}(-2)^n&&&\\&2^n&&\\&&2^n&\\&&&2^n\end{pmatrix}\boldsymbol{P}^{-1}.$$

3. (1)$\lambda_1=1-\sqrt{2}\mathrm{i}$,$\left\{k_1\begin{pmatrix}1\\1\end{pmatrix}\middle| k_1\in\mathbb{C}\text{,且 }k_1\neq 0\right\}$;$\lambda_2=1+\sqrt{2}\mathrm{i}$,$\left\{k_2\begin{pmatrix}-\mathrm{i}\\1\end{pmatrix}\middle| k_2\in\mathbb{C}\text{,且 }k_2\neq 0\right\}$.

(2) 没有特征值和特征向量.

[提示](1) 在复数域 $\mathbb{C}$ 上,$|\lambda\boldsymbol{E}-\boldsymbol{A}|=\begin{vmatrix}\lambda-1&-\sqrt{2}\\\sqrt{2}&\lambda-1\end{vmatrix}=(\lambda-1)^2+2=\lambda^2-2\lambda+3$,$\boldsymbol{A}$ 的全部特征值为 $\lambda_1=1-\sqrt{2}\mathrm{i},\lambda_2=1+\sqrt{2}\mathrm{i}$.

对于 $\lambda_1=1-\sqrt{2}\mathrm{i}$,解线性方程组 $((1-\sqrt{2}\mathrm{i})\boldsymbol{E}-\boldsymbol{A})\boldsymbol{x}=\boldsymbol{0}$,得其基础解系为 $\boldsymbol{\eta}_1=\begin{pmatrix}\mathrm{i}\\1\end{pmatrix}$,对于 $\lambda_2=1+\sqrt{2}\mathrm{i}$,解线性方程组 $((1+\sqrt{2}\mathrm{i})\boldsymbol{E}-\boldsymbol{A})\boldsymbol{x}=\boldsymbol{0}$,得其基础解系为 $\boldsymbol{\eta}_2=\begin{pmatrix}-\mathrm{i}\\1\end{pmatrix}$.

(2) 在实数域$\mathbb{R}$上，$|\lambda \boldsymbol{E}-\boldsymbol{A}|=(\lambda-1)^2+1=\lambda^2-2\lambda+3$，$\Delta=4-4\times 3=-8<0$.

4. [提示] 由例 5.2.1，$\boldsymbol{P}^{-1}\boldsymbol{A}\boldsymbol{P}=\begin{pmatrix} n & & & \\ & 0 & & \\ & & \ddots & \\ & & & 0\end{pmatrix}$，其中可逆矩阵 $\boldsymbol{P}=(\boldsymbol{\eta}_1,\boldsymbol{\eta}_2,\cdots,\boldsymbol{\eta}_n)$，

$$\boldsymbol{\eta}_1=\begin{pmatrix}1\\1\\\vdots\\1\\1\end{pmatrix},\boldsymbol{\eta}_2=\begin{pmatrix}-1\\1\\\vdots\\0\\0\end{pmatrix},\boldsymbol{\eta}_3=\begin{pmatrix}-1\\0\\1\\\vdots\\0\end{pmatrix},\cdots,\boldsymbol{\eta}_n=\begin{pmatrix}-1\\0\\0\\\vdots\\1\end{pmatrix}.$$

$|\lambda\boldsymbol{E}-\boldsymbol{B}|=\lambda^{n-1}(\lambda-n)$，$\boldsymbol{B}$ 的全部特征值为 $\lambda_1=n,\lambda_2=\lambda_3=\cdots=\lambda_n=0$，对于 $\lambda_1=n$，解方程组$(n\boldsymbol{E}-\boldsymbol{B})\boldsymbol{x}=\boldsymbol{0}$，

$n\boldsymbol{E}-\boldsymbol{B}\to\begin{pmatrix}1&0&\cdots&0&-\frac{1}{n}\\0&1&\cdots&0&-\frac{2}{n}\\\vdots&\vdots&&\vdots&\vdots\\0&0&\cdots&1&-\frac{n-1}{n}\\0&0&\cdots&0&0\end{pmatrix}$，得其基础解系为 $\boldsymbol{\gamma}_1=\begin{pmatrix}1\\2\\\vdots\\n\end{pmatrix}$；对于 $\lambda_2=\lambda_3=\cdots=\lambda_n=0$，解方程组

$(0\boldsymbol{E}-\boldsymbol{B})\boldsymbol{x}=\boldsymbol{0}$，$0\boldsymbol{E}-\boldsymbol{B}\to\begin{pmatrix}0&0&\cdots&1\\0&0&\cdots&0\\\vdots&\vdots&&\vdots\\0&0&\cdots&0\end{pmatrix}$，得其基础解系为 $\boldsymbol{\gamma}_2=\begin{pmatrix}1\\0\\\vdots\\0\\0\end{pmatrix},\boldsymbol{\gamma}_3=\begin{pmatrix}0\\1\\0\\\vdots\\0\end{pmatrix},\cdots,\boldsymbol{\gamma}_n=\begin{pmatrix}1\\0\\\vdots\\1\\0\end{pmatrix}$. 令

$\boldsymbol{Q}=(\boldsymbol{\gamma}_1,\boldsymbol{\gamma}_2,\cdots,\boldsymbol{\gamma}_n)$，则 $\boldsymbol{Q}$ 可逆，且使 $\boldsymbol{Q}^{-1}\boldsymbol{B}\boldsymbol{Q}=\begin{pmatrix} n & & & \\ & 0 & & \\ & & \ddots & \\ & & & 0\end{pmatrix}$，即 $\boldsymbol{P}^{-1}\boldsymbol{A}\boldsymbol{P}=\begin{pmatrix} n & & & \\ & 0 & & \\ & & \ddots & \\ & & & 0\end{pmatrix}=\boldsymbol{Q}^{-1}\boldsymbol{B}\boldsymbol{Q}$，

于是$(\boldsymbol{P}\boldsymbol{Q}^{-1})^{-1}\boldsymbol{A}(\boldsymbol{P}\boldsymbol{Q}^{-1})=\boldsymbol{B}$.

5. $x=3,y=-2,\boldsymbol{Q}=\begin{pmatrix}1&-1/3&-1\\-2&-1/3&2\\0&0&4\end{pmatrix}$.

[提示] (1) 依题设，$\boldsymbol{A}\sim\boldsymbol{B}$，则 $\mathrm{tr}(\boldsymbol{A})=\mathrm{tr}(\boldsymbol{B})$，$|\boldsymbol{A}|=|\boldsymbol{B}|$，即 $\begin{cases}x-y=5,\\2x+y=4,\end{cases}$ 解之得 $x=3,y=-2$.

(2) 显然 $\boldsymbol{B}$ 的全部特征值为 $\lambda_1=2,\lambda_2=-1,\lambda_3=-2$. 因为 $\boldsymbol{A}\sim\boldsymbol{B}$，所以 $\boldsymbol{A}$ 的全部特征值为

$$\lambda_1=2,\quad \lambda_2=-1,\quad \lambda_3=-2.$$

对于 $\lambda_1=2$，解方程组$(2\boldsymbol{E}-\boldsymbol{A})\boldsymbol{x}=\boldsymbol{0}$，由

$$2\boldsymbol{E}-\boldsymbol{A}=\begin{pmatrix}4&2&-1\\-2&-1&2\\0&0&4\end{pmatrix}\to\begin{pmatrix}1&1/2&0\\0&0&1\\0&0&0\end{pmatrix},\quad \text{得其基础解系为 } \boldsymbol{\eta}_1=\begin{pmatrix}1\\-2\\0\end{pmatrix}.$$

对于 $\lambda_2=-1$，解方程组$(-\boldsymbol{E}-\boldsymbol{A})\boldsymbol{x}=\boldsymbol{0}$，由

$$-\boldsymbol{E}-\boldsymbol{A}=\begin{pmatrix}1&2&-1\\-2&-4&2\\0&0&1\end{pmatrix}\to\begin{pmatrix}1&2&0\\0&0&1\\0&0&0\end{pmatrix},\quad \text{得其基础解系为 } \boldsymbol{\eta}_2=\begin{pmatrix}2\\-1\\0\end{pmatrix}.$$

对于 $\lambda_3=-2$,解方程组 $(-2\boldsymbol{E}-\boldsymbol{A})\boldsymbol{x}=\boldsymbol{0}$,由

$$-2\boldsymbol{E}-\boldsymbol{A}=\begin{pmatrix}0&2&-1\\-2&-5&2\\0&0&0\end{pmatrix}\to\begin{pmatrix}1&0&1/4\\0&1&-1/2\\0&0&0\end{pmatrix},\quad \text{得其基础解系为 } \boldsymbol{\eta}_3=\begin{pmatrix}-1\\2\\4\end{pmatrix}.$$

令 $\boldsymbol{P}_1=(\boldsymbol{\eta}_1,\boldsymbol{\eta}_2,\boldsymbol{\eta}_3)=\begin{pmatrix}1&2&-1\\-2&-1&2\\0&0&4\end{pmatrix}$,则 $\boldsymbol{P}_1$ 可逆,且使 $\boldsymbol{P}_1^{-1}\boldsymbol{A}\boldsymbol{P}_1=\boldsymbol{\Lambda}=\begin{pmatrix}2&&\\&-1&\\&&-2\end{pmatrix}$.

对于 $\lambda_1=2$,解方程组 $(2\boldsymbol{E}-\boldsymbol{B})\boldsymbol{y}=\boldsymbol{0}$,由

$$2\boldsymbol{E}-\boldsymbol{B}=\begin{pmatrix}0&-1&0\\0&3&0\\0&0&4\end{pmatrix}\to\begin{pmatrix}0&1&0\\0&0&1\\0&0&0\end{pmatrix},\quad \text{得其基础解系为 } \boldsymbol{\gamma}_1=\begin{pmatrix}1\\0\\0\end{pmatrix}.$$

对于 $\lambda_2=-1$,解方程组 $(-\boldsymbol{E}-\boldsymbol{B})\boldsymbol{y}=\boldsymbol{0}$,由

$$-\boldsymbol{E}-\boldsymbol{B}=\begin{pmatrix}-3&-1&0\\0&0&0\\0&0&1\end{pmatrix}\to\begin{pmatrix}1&1/3&0\\0&0&1\\0&0&0\end{pmatrix},\quad \text{得基础解系为 } \boldsymbol{\gamma}_2=\begin{pmatrix}1\\-3\\0\end{pmatrix}.$$

对于 $\lambda_3=-2$,解方程组 $(-2\boldsymbol{E}-\boldsymbol{B})\boldsymbol{y}=\boldsymbol{0}$,由

$$-2\boldsymbol{E}-\boldsymbol{B}=\begin{pmatrix}-4&-1&0\\0&-1&0\\0&0&0\end{pmatrix}\to\begin{pmatrix}1&0&0\\0&1&0\\0&0&0\end{pmatrix},\quad \text{得其基础解系为 } \boldsymbol{\gamma}_3=\begin{pmatrix}0\\0\\1\end{pmatrix}.$$

令 $\boldsymbol{P}_2=(\boldsymbol{\gamma}_1,\boldsymbol{\gamma}_2,\boldsymbol{\gamma}_3)=\begin{pmatrix}1&1&0\\0&-3&0\\0&0&1\end{pmatrix}$,则 $\boldsymbol{P}_2$ 可逆,且使 $\boldsymbol{P}_2^{-1}\boldsymbol{B}\boldsymbol{P}_2=\boldsymbol{\Lambda}=\begin{pmatrix}2&&\\&-1&\\&&-2\end{pmatrix}$,从而 $\boldsymbol{P}_1^{-1}\boldsymbol{A}\boldsymbol{P}_1=\boldsymbol{P}_2^{-1}\boldsymbol{B}\boldsymbol{P}_2$,即 $(\boldsymbol{P}_1\boldsymbol{P}_2^{-1})^{-1}\boldsymbol{A}(\boldsymbol{P}_1\boldsymbol{P}_2^{-1})=\boldsymbol{B}$. 令 $\boldsymbol{Q}=\boldsymbol{P}_1\boldsymbol{P}_2^{-1}$,则 $\boldsymbol{Q}^{-1}\boldsymbol{A}\boldsymbol{Q}=\boldsymbol{B}$.

习题 5-3

1. (1) $a=-3,b=0,\lambda=-1$; (2) $\boldsymbol{A}$ 不可对角化,特征值 $\lambda_1=\lambda_2=\lambda_3=-1$ 的特征子空间的维数 $\dim W=1<3$.

[提示] (1) 设 $\boldsymbol{\xi}$ 所属 $\boldsymbol{A}$ 的特征值为 λ,则 $\boldsymbol{A\xi}=\lambda\boldsymbol{\xi}$,即

$$\begin{pmatrix}2&-1&2\\5&a&3\\-1&b&-2\end{pmatrix}\begin{pmatrix}1\\1\\-1\end{pmatrix}=\lambda\begin{pmatrix}1\\1\\-1\end{pmatrix},\text{即}\begin{cases}2-1-2=\lambda,\\5+a-3=\lambda,\\-1+b+2=-\lambda,\end{cases}$$

解之得 $a=-3,b=0,\lambda=-1$.

(2) $|\lambda\boldsymbol{E}-\boldsymbol{A}|=\begin{vmatrix}\lambda-2&1&-2\\-\lambda^2-\lambda+1&0&2\lambda+3\\1&0&\lambda+2\end{vmatrix}=\begin{vmatrix}\lambda-2&1&-2\\-\lambda(\lambda+1)&0&\lambda+1\\1&0&\lambda+2\end{vmatrix}=(\lambda+1)^3$,$\boldsymbol{A}$ 的全部特征值为 $\lambda_1=\lambda_2=\lambda_3=-1$.

对于 $\lambda_1=\lambda_2=\lambda_3=-1$,$-\boldsymbol{E}-\boldsymbol{A}\to\begin{pmatrix}1&0&1\\0&1&1\\0&0&0\end{pmatrix}$,因为 $\operatorname{rank}(-\boldsymbol{E}-\boldsymbol{A})=2$,所以 $\lambda_1=\lambda_2=\lambda_3=-1$ 的特征子空间 W 的维数 $\dim W=3-\operatorname{rank}(-\boldsymbol{E}-\boldsymbol{A})=1$.

2. (1) $x=0,y=1$; (2) $\boldsymbol{P}=\begin{pmatrix}1&0&0\\0&1&1\\0&1&-1\end{pmatrix}$.

[提示] (1) $A \sim B$，$|A|=|B|$，且 $\mathrm{tr}(A)=\mathrm{tr}(B)$，$-2=-2y$，$2+0+x=2+y-1$.

(2) A 与 B 具有相同的特征值为 $\lambda_1=2,\lambda_2=1,\lambda_3=-1$，

对于 $\lambda_1=2$，解线性方程组 $(2E-A)x=0$，由 $2E-A=\begin{pmatrix}0&0&0\\0&2&-1\\0&-1&2\end{pmatrix}\to\begin{pmatrix}0&1&0\\0&0&1\\0&0&0\end{pmatrix}$，得其基础解系为 $\xi_1=\begin{pmatrix}1\\0\\0\end{pmatrix}$；对于 $\lambda_2=1$，解线性方程组 $(E-A)x=0$，由 $E-A=\begin{pmatrix}-1&0&0\\0&1&-1\\0&-1&1\end{pmatrix}\to\begin{pmatrix}1&0&0\\0&1&-1\\0&0&0\end{pmatrix}$，得其基础解系为 $\xi_2=\begin{pmatrix}0\\1\\1\end{pmatrix}$；对于 $\lambda_3=-1$，解线性方程组 $(-E-A)x=0$，由 $-E-A=\begin{pmatrix}-3&0&0\\0&-1&-1\\0&-1&-1\end{pmatrix}\to\begin{pmatrix}1&0&0\\0&1&1\\0&0&0\end{pmatrix}$，得其基础解系为 $\xi_3=\begin{pmatrix}0\\1\\-1\end{pmatrix}$. ξ_1,ξ_2,ξ_3 线性无关，令 $P=(\xi_1,\xi_2,\xi_3)$，则 P 可逆，且使 $P^{-1}AP=B$.

3. $P=\begin{pmatrix}-1&1&1\\1&0&-2\\0&1&3\end{pmatrix}$，$\Lambda=\begin{pmatrix}2&&\\&2&\\&&6\end{pmatrix}$.

[提示] 依题设，A 可对角化. 因此 $\lambda_1=\lambda_2=2$ 的几何重数等于 2，即 $\mathrm{rank}(2E-A)=1$，$2E-A\to\begin{pmatrix}1&1&-1\\0&x-2&-x-y\\0&0&0\end{pmatrix}$，解之得 $x=2,y=-2$. A 的特征多项式为 $|\lambda E-A|=\begin{vmatrix}\lambda-1&1&-1\\-2&\lambda-4&2\\3&3&\lambda-5\end{vmatrix}=\begin{vmatrix}\lambda-1&0&-1\\-2&\lambda-2&2\\3&\lambda-2&\lambda-5\end{vmatrix}=(\lambda-2)^2(\lambda-6)$，$A$ 的全部特征值为 $\lambda_1=\lambda_2=2$，$\lambda_3=6$.

对于 $\lambda_1=\lambda_2=2$，$2E-A\to\begin{pmatrix}1&1&-1\\0&0&0\\0&0&0\end{pmatrix}$，得其基础解系为 $\xi_1=\begin{pmatrix}-1\\1\\0\end{pmatrix}$，$\xi_2=\begin{pmatrix}1\\0\\1\end{pmatrix}$；对于 $\lambda_3=6$，$6E-A\to\begin{pmatrix}1&0&-1/3\\0&1&2/3\\0&0&0\end{pmatrix}$，得其基础解系为 $\xi_3=\begin{pmatrix}1\\-2\\3\end{pmatrix}$，$\xi_1,\xi_2,\xi_3$ 线性无关. 令 $P=(\xi_1,\xi_2,\xi_3)$，则 P 可逆，且使 $P^{-1}AP=\Lambda$.

4. $a=0$；$P=\begin{pmatrix}0&1&1\\0&2&-2\\1&0&0\end{pmatrix}$，$\Lambda=\begin{pmatrix}6&&\\&6&\\&&-2\end{pmatrix}$.

[提示] A 的特征多项式为 $|\lambda E-A|=(\lambda-6)^2(\lambda+2)$，其全部特征值为 $\lambda_1=\lambda_2=6,\lambda_3=-2$，因 A 可对角化，依定理 7，$\lambda_1=\lambda_2=6$ 的几何重数应为 2，因此 $\mathrm{rank}(6E-A)=1$，$6E-A\to\begin{pmatrix}2&-1&0\\0&0&a\\0&0&0\end{pmatrix}$，故 $a=0$，得其基础解系为 $\xi_1=\begin{pmatrix}1\\2\\0\end{pmatrix}$，$\xi_2=\begin{pmatrix}0\\0\\1\end{pmatrix}$，对于 $\lambda_3=-2$，$-2E-A\to\begin{pmatrix}2&1&0\\0&0&1\\0&0&0\end{pmatrix}$，得其基础解系为 $\xi_3=\begin{pmatrix}1\\-2\\0\end{pmatrix}$.

ξ_1,ξ_2,ξ_3 线性无关，令 $P=(\xi_1,\xi_2,\xi_3)$，则 P 可逆，且使 $P^{-1}AP=\Lambda$.

5. $a=1,b=1,\boldsymbol{P}=\begin{pmatrix}1&0&1\\-1&0&1\\0&1&0\end{pmatrix},\boldsymbol{\Lambda}=\begin{pmatrix}1&&\\&1&\\&&3\end{pmatrix}$；或者 $a=-1,b=3,\boldsymbol{P}=\begin{pmatrix}1&0&-1\\1&0&1\\0&1&1\end{pmatrix}$，

$\boldsymbol{\Lambda}=\begin{pmatrix}3&&\\&3&\\&&1\end{pmatrix}$.

［提示］依题设，$\boldsymbol{A}$ 的特征多项式为

$$|\lambda\boldsymbol{E}-\boldsymbol{A}|=\begin{vmatrix}\lambda-2&-1&0\\-1&\lambda-2&0\\-1&-a&\lambda-b\end{vmatrix}=(\lambda-b)(\lambda-1)(\lambda-3),$$

因此 $\boldsymbol{A}$ 的全部特征值为 $\lambda_1=1,\lambda_2=b,\lambda_3=3$，依题设，$b=1$ 或 $b=3$.

(1) 若 $b=1$，即 $\boldsymbol{A}$ 的全部特征值为 $\lambda_1=1,\lambda_2=1,\lambda_3=3$，对于 $\lambda_1=\lambda_2=1$，解方程组 $(\boldsymbol{E}-\boldsymbol{A})\boldsymbol{x}=\boldsymbol{0}$，由

$$\boldsymbol{E}-\boldsymbol{A}=\begin{pmatrix}-1&-1&0\\-1&-1&0\\-1&-a&0\end{pmatrix}\to\begin{pmatrix}1&1&0\\0&1-a&0\\0&0&0\end{pmatrix},$$

因 $\boldsymbol{A}$ 相似于对角矩阵，故 $\lambda_1=\lambda_2=1$ 的几何重数应等于 2，则 $\operatorname{rank}(\boldsymbol{E}-\boldsymbol{A})=1$，即 $a=1$，代入得方程组的一般解为 $x_1=-x_2$，得其基础解系为 $\boldsymbol{\alpha}_1=\begin{pmatrix}1\\-1\\0\end{pmatrix},\boldsymbol{\alpha}_2=\begin{pmatrix}0\\0\\1\end{pmatrix}$. 对于 $\lambda_3=3$，解方程组 $(3\boldsymbol{E}-\boldsymbol{A})\boldsymbol{x}=\boldsymbol{0}$，由

$$3\boldsymbol{E}-\boldsymbol{A}=\begin{pmatrix}1&-1&0\\-1&1&0\\-1&-1&2\end{pmatrix}\to\begin{pmatrix}1&-1&0\\0&0&1\\0&0&0\end{pmatrix},\quad \text{得方程组的一般解为}\begin{cases}x_1=x_2,\\x_3=0,\end{cases}$$

得其基础解系为 $\boldsymbol{\alpha}_3=\begin{pmatrix}1\\1\\0\end{pmatrix}$. 令 $\boldsymbol{P}=(\boldsymbol{\alpha}_1,\boldsymbol{\alpha}_2,\boldsymbol{\alpha}_3)$，则 $\boldsymbol{P}$ 可逆，且使 $\boldsymbol{P}^{-1}\boldsymbol{A}\boldsymbol{P}=\boldsymbol{\Lambda}$.

(2) 若 $b=3$，即 $\boldsymbol{A}$ 的全部特征值为 $\lambda_1=1,\lambda_2=3,\lambda_3=3$，对于 $\lambda_2=\lambda_3=3$，解方程组 $(3\boldsymbol{E}-\boldsymbol{A})\boldsymbol{x}=\boldsymbol{0}$，由

$$3\boldsymbol{E}-\boldsymbol{A}=\begin{pmatrix}1&-1&0\\-1&1&0\\-1&-a&0\end{pmatrix}\to\begin{pmatrix}1&-1&0\\0&-1-a&0\\0&0&0\end{pmatrix},$$

因为 $\boldsymbol{A}$ 相似于对角矩阵，故 $\lambda_2=\lambda_3=3$ 的几何重数应等于 2，则 $\operatorname{rank}(3\boldsymbol{E}-\boldsymbol{A})=1$，即 $a=-1$，代入得方程组的一般解为 $x_1=x_2$，得其基础解系为 $\boldsymbol{\beta}_1=\begin{pmatrix}1\\1\\0\end{pmatrix},\boldsymbol{\beta}_2=\begin{pmatrix}0\\0\\1\end{pmatrix}$. 对于 $\lambda_1=1$，解方程组 $(\boldsymbol{E}-\boldsymbol{A})\boldsymbol{x}=\boldsymbol{0}$，由

$$\boldsymbol{E}-\boldsymbol{A}=\begin{pmatrix}-1&-1&0\\-1&-1&0\\-1&1&-2\end{pmatrix}\to\begin{pmatrix}1&0&1\\0&1&-1\\0&0&0\end{pmatrix},\text{得方程组的一般解为}\begin{cases}x_1=-x_3,\\x_2=x_3,\end{cases}\text{得其基础解系为 }\boldsymbol{\beta}_3=\begin{pmatrix}-1\\1\\1\end{pmatrix},$$

令 $\boldsymbol{P}=(\boldsymbol{\beta}_1,\boldsymbol{\beta}_2,\boldsymbol{\beta}_3)$，则 $\boldsymbol{P}$ 可逆，且使 $\boldsymbol{P}^{-1}\boldsymbol{A}\boldsymbol{P}=\boldsymbol{\Lambda}$.

6. ［提示］由 $(5\boldsymbol{E}+\boldsymbol{A})(\boldsymbol{E}-\boldsymbol{A})=\boldsymbol{0}$，依 3.4 节命题 4 知，$\operatorname{rank}(5\boldsymbol{E}+\boldsymbol{A})+\operatorname{rank}(\boldsymbol{E}-\boldsymbol{A})\leqslant n$. 又

$$n=\operatorname{rank}(6\boldsymbol{E})=\operatorname{rank}((5\boldsymbol{E}+\boldsymbol{A})+(\boldsymbol{E}-\boldsymbol{A}))\leqslant\operatorname{rank}(5\boldsymbol{E}+\boldsymbol{A})+\operatorname{rank}(\boldsymbol{E}-\boldsymbol{A}),$$

从而 $\operatorname{rank}(5\boldsymbol{E}+\boldsymbol{A})+\operatorname{rank}(\boldsymbol{E}-\boldsymbol{A})=n$. 设 $\operatorname{rank}(5\boldsymbol{E}+\boldsymbol{A})=r$，

如果 $r=0$，则 $\boldsymbol{A}+5\boldsymbol{E}=\boldsymbol{0}$，$\boldsymbol{A}=-5\boldsymbol{E}$. 如果 $r=n$，则 $\operatorname{rank}(\boldsymbol{E}-\boldsymbol{A})=0$，$\boldsymbol{A}=\boldsymbol{E}$.

如果 $0<r<n$，$\operatorname{rank}(-5\boldsymbol{E}-\boldsymbol{A})=\operatorname{rank}(5\boldsymbol{E}+\boldsymbol{A})=r<n$，则 $|-5\boldsymbol{E}-\boldsymbol{A}|=0$，于是 -5 是 $\boldsymbol{A}$ 的一个特征值，且其特征子空间 W_0 的维数 $\dim W_0=n-r$，此时 $0<\operatorname{rank}(\boldsymbol{E}-\boldsymbol{A})=n-r<n$，则 $|\boldsymbol{E}-\boldsymbol{A}|=0$，于是 1

是 $\boldsymbol{A}$ 的又一特征值，且其特征子空间 W_1 的维数 $\dim W_1=n-(n-r)=r$，从而 $\dim W_0+\dim W_1=n$.

习题 5-4

1. $\boldsymbol{P}=\begin{pmatrix}1&1&-1\\1&0&1\\0&1&1\end{pmatrix}$，$\boldsymbol{\Lambda}=\begin{pmatrix}a+1&&\\&a+1&\\&&a-2\end{pmatrix}$，$a^2(a-3)$.

[提示] $|\lambda\boldsymbol{E}-\boldsymbol{A}|=\begin{vmatrix}\lambda-a&-1&-1\\\lambda-a-1&\lambda-a-1&0\\-1&1&\lambda-a\end{vmatrix}=(\lambda-a-1)^2(\lambda-a+2)$，于是 $\boldsymbol{A}$ 的全部特征值为 $\lambda_1=\lambda_2=a+1$，$\lambda_3=a-2$.

对于 $\lambda_1=\lambda_2=a+1$，解线性方程组 $((a+1)\boldsymbol{E}-\boldsymbol{A})\boldsymbol{x}=\boldsymbol{0}$，由 $(a+1)\boldsymbol{E}-\boldsymbol{A}=\begin{pmatrix}1&-1&-1\\-1&1&1\\-1&1&1\end{pmatrix}\to$ $\begin{pmatrix}1&-1&-1\\0&0&0\\0&0&0\end{pmatrix}$，得其基础解系为 $\boldsymbol{\alpha}_1=\begin{pmatrix}1\\1\\0\end{pmatrix}$，$\boldsymbol{\alpha}_2=\begin{pmatrix}1\\0\\1\end{pmatrix}$，对于 $\lambda_3=a-2$，解线性方程组 $((a-2)\boldsymbol{E}-\boldsymbol{A})\boldsymbol{x}=\boldsymbol{0}$，由 $(a-2)\boldsymbol{E}-\boldsymbol{A}=\begin{pmatrix}-2&-1&-1\\-1&-2&1\\-1&1&-2\end{pmatrix}\to\begin{pmatrix}1&0&1\\0&1&-1\\0&0&0\end{pmatrix}$，得其基础解系为 $\boldsymbol{\alpha}_3=\begin{pmatrix}-1\\1\\1\end{pmatrix}$.

令 $\boldsymbol{P}=(\boldsymbol{\alpha}_1,\boldsymbol{\alpha}_2,\boldsymbol{\alpha}_3)$，则 $\boldsymbol{P}$ 可逆，且使 $\boldsymbol{P}^{-1}\boldsymbol{AP}=\boldsymbol{\Lambda}$，$\boldsymbol{A}=\boldsymbol{P\Lambda P}^{-1}$，$|\boldsymbol{A}-\boldsymbol{E}|=|\boldsymbol{P\Lambda P}^{-1}-\boldsymbol{PEP}^{-1}|=|\boldsymbol{\Lambda}-\boldsymbol{E}|$.

2. $\boldsymbol{A}=\begin{pmatrix}1&0&0\\0&0&-1\\0&-1&0\end{pmatrix}$.

[提示] 设属于 $\lambda_2=\lambda_3=1$ 的特征向量为 $\boldsymbol{\alpha}=(x_1,x_2,x_3)^{\mathrm{T}}$，由于 $\boldsymbol{A}$ 为实对称矩阵，所以 $\boldsymbol{\alpha}^{\mathrm{T}}\boldsymbol{\alpha}_1=0$，即 $x_2+x_3=0$，得其基础解系为 $\boldsymbol{\alpha}_2=\begin{pmatrix}1\\0\\0\end{pmatrix}$，$\boldsymbol{\alpha}_3=\begin{pmatrix}0\\1\\-1\end{pmatrix}$，$\boldsymbol{\alpha}_2,\boldsymbol{\alpha}_3$ 是属于 $\lambda_2=\lambda_3=1$ 的特征子空间的一个基，令 $\boldsymbol{P}=(\boldsymbol{\alpha}_1,\boldsymbol{\alpha}_2,\boldsymbol{\alpha}_3)$，则 $\boldsymbol{P}$ 可逆，且使 $\boldsymbol{P}^{-1}\boldsymbol{AP}=\begin{pmatrix}-1&&\\&1&\\&&1\end{pmatrix}$，即

$$\boldsymbol{A}=\boldsymbol{P}\begin{pmatrix}-1&&\\&1&\\&&1\end{pmatrix}\boldsymbol{P}^{-1}=\begin{pmatrix}0&1&0\\1&0&1\\1&0&-1\end{pmatrix}\begin{pmatrix}-1&&\\&1&\\&&1\end{pmatrix}\left(\frac{1}{2}\begin{pmatrix}0&1&1\\2&0&0\\0&1&-1\end{pmatrix}\right).$$

3. (1) $a=-2$；(2) $\boldsymbol{Q}=\begin{pmatrix}1/\sqrt{3}&1/\sqrt{6}&-1/\sqrt{2}\\1/\sqrt{3}&-2/\sqrt{6}&0\\1/\sqrt{3}&1/\sqrt{6}&1/\sqrt{2}\end{pmatrix}$，$\boldsymbol{\Lambda}=\begin{pmatrix}0&&\\&-3&\\&&3\end{pmatrix}$.

[提示] (1) 依题设，线性方程组 $\boldsymbol{Ax}=\boldsymbol{\beta}$ 有无穷多个解，即 $\operatorname{rank}(\boldsymbol{A})=\operatorname{rank}(\boldsymbol{A}\mid\boldsymbol{\beta})<3$. 而

$$(\boldsymbol{A}\mid\boldsymbol{\beta})=\left(\begin{array}{ccc|c}1&1&a&1\\1&a&1&1\\a&1&1&-2\end{array}\right)\to\left(\begin{array}{ccc|c}1&1&a&1\\0&a-1&1-a&0\\0&0&(a-1)(a+2)&a+2\end{array}\right),$$

只有当 $a=-2$ 时，$\operatorname{rank}(\boldsymbol{A})=\operatorname{rank}(\boldsymbol{A}\mid\boldsymbol{\beta})=2<3$，线性方程组有无穷多个解，合题意.

(2) $|\lambda\boldsymbol{E}-\boldsymbol{A}|=\begin{vmatrix}\lambda-1 & -1 & 2\\ -1 & \lambda+2 & -1\\ 2 & -1 & \lambda-1\end{vmatrix}=\lambda\begin{vmatrix}1 & -1 & 2\\ 1 & \lambda+2 & -1\\ 1 & -1 & \lambda-1\end{vmatrix}=\lambda(\lambda+3)(\lambda-3)$，$\boldsymbol{A}$ 的特征值为 $\lambda_1=0,\lambda_2=-3,\lambda_3=3$.

对于 $\lambda_1=0$，解线性方程组 $(0\boldsymbol{E}-\boldsymbol{A})\boldsymbol{x}=\boldsymbol{0}$，由 $-\boldsymbol{A}\to\begin{pmatrix}1 & 0 & -1\\ 0 & 1 & -1\\ 0 & 0 & 0\end{pmatrix}$，得其基础解系为 $\boldsymbol{\alpha}_1=\begin{pmatrix}1\\1\\1\end{pmatrix}$，对于 $\lambda_2=-3$，解线性方程组 $(-3\boldsymbol{E}-\boldsymbol{A})\boldsymbol{x}=\boldsymbol{0}$，由 $-3\boldsymbol{E}-\boldsymbol{A}\to\begin{pmatrix}1 & 0 & -1\\ 0 & 1 & 2\\ 0 & 0 & 0\end{pmatrix}$，得其基础解系为 $\boldsymbol{\alpha}_2=\begin{pmatrix}1\\-2\\1\end{pmatrix}$；对于 $\lambda_3=3$，解线性方程组 $(3\boldsymbol{E}-\boldsymbol{A})\boldsymbol{x}=\boldsymbol{0}$，由 $3\boldsymbol{E}-\boldsymbol{A}\to\begin{pmatrix}1 & 0 & 1\\ 0 & 1 & 0\\ 0 & 0 & 0\end{pmatrix}$，得其基础解系为 $\boldsymbol{\alpha}_3=\begin{pmatrix}-1\\0\\1\end{pmatrix}$.

$\boldsymbol{\alpha}_1,\boldsymbol{\alpha}_2,\boldsymbol{\alpha}_3$ 两两正交，将其单位化，$\boldsymbol{\eta}_1=\dfrac{\boldsymbol{\alpha}_1}{|\boldsymbol{\alpha}_1|}$，$\boldsymbol{\eta}_2=\dfrac{\boldsymbol{\alpha}_2}{|\boldsymbol{\alpha}_2|}$，$\boldsymbol{\eta}_3=\dfrac{\boldsymbol{\alpha}_3}{|\boldsymbol{\alpha}_3|}$，因此 $\boldsymbol{\eta}_1,\boldsymbol{\eta}_2,\boldsymbol{\eta}_3$ 是两两正交的单位特征向量，令 $\boldsymbol{Q}=(\boldsymbol{\eta}_1,\boldsymbol{\eta}_2,\boldsymbol{\eta}_3)$，则 $\boldsymbol{Q}$ 为正交矩阵且使 $\boldsymbol{Q}^{\mathrm{T}}\boldsymbol{A}\boldsymbol{Q}=\boldsymbol{\Lambda}$.

4. $a=-1$；$\boldsymbol{Q}=\begin{pmatrix}1/\sqrt{6} & -1/\sqrt{2} & 1/\sqrt{3}\\ 2/\sqrt{6} & 0 & -1/\sqrt{3}\\ 1/\sqrt{6} & 1/\sqrt{2} & 1/\sqrt{3}\end{pmatrix}$.

［提示］$\boldsymbol{Q}$ 的第 1,2,3 列为特征向量，设其所对应的特征值分别为 $\lambda_1,\lambda_2,\lambda_3$，于是

$$\boldsymbol{A}\begin{pmatrix}\frac{1}{\sqrt{6}}\\ \frac{2}{\sqrt{6}}\\ \frac{1}{\sqrt{6}}\end{pmatrix}=\lambda_1\begin{pmatrix}\frac{1}{\sqrt{6}}\\ \frac{2}{\sqrt{6}}\\ \frac{1}{\sqrt{6}}\end{pmatrix}，即\begin{pmatrix}0 & -1 & 4\\ -1 & 3 & a\\ 4 & a & 0\end{pmatrix}\begin{pmatrix}1\\2\\1\end{pmatrix}=\lambda_1\begin{pmatrix}1\\2\\1\end{pmatrix}，\begin{cases}-2+4=\lambda_1,\\ -1+6+a=2\lambda_1,\\ 4+2a=\lambda_1,\end{cases}$$

解之得 $a=-1,\lambda_1=2$，$|\lambda\boldsymbol{E}-\boldsymbol{A}|=\begin{vmatrix}\lambda & 1 & -4\\ 1 & \lambda-3 & 1\\ -4 & 1 & \lambda\end{vmatrix}=\begin{vmatrix}\lambda+4 & 1 & -4\\ 0 & \lambda-3 & 1\\ -(\lambda+4) & 1 & \lambda\end{vmatrix}=(\lambda+4)(\lambda-2)(\lambda-5)$，全部特征值为 $\lambda_1=2,\lambda_2=-4,\lambda_3=5$，属于 $\lambda_1=2$ 的特征向量为 $\boldsymbol{\eta}_1=\left(\frac{1}{\sqrt{6}},\frac{2}{\sqrt{6}},\frac{1}{\sqrt{6}}\right)^{\mathrm{T}}$. 对于 $\lambda_2=-4$，解线性方程组 $(-4\boldsymbol{E}-\boldsymbol{A})\boldsymbol{x}=\boldsymbol{0}$，由 $-4\boldsymbol{E}-\boldsymbol{A}\to\begin{pmatrix}1 & 0 & 1\\ 0 & 1 & 0\\ 0 & 0 & 0\end{pmatrix}$，得其基础解系为 $\boldsymbol{\alpha}_2=\begin{pmatrix}-1\\0\\1\end{pmatrix}$；对于 $\lambda_3=5$，解线性方程组 $(5\boldsymbol{E}-\boldsymbol{A})\boldsymbol{x}=\boldsymbol{0}$，由 $5\boldsymbol{E}-\boldsymbol{A}\to\begin{pmatrix}1 & 0 & -1\\ 0 & 1 & 1\\ 0 & 0 & 0\end{pmatrix}$，得其基础解系为 $\boldsymbol{\alpha}_3=\begin{pmatrix}1\\-1\\1\end{pmatrix}$. $\boldsymbol{\eta}_1,\boldsymbol{\alpha}_2,\boldsymbol{\alpha}_3$ 两两正交，对 $\boldsymbol{\alpha}_2$，$\boldsymbol{\alpha}_3$ 单位化，$\boldsymbol{\eta}_2=\dfrac{1}{|\boldsymbol{\alpha}_2|}\boldsymbol{\alpha}_2$，$\boldsymbol{\eta}_3=\dfrac{1}{|\boldsymbol{\alpha}_3|}\boldsymbol{\alpha}_3$，$\boldsymbol{\eta}_1,\boldsymbol{\eta}_2,\boldsymbol{\eta}_3$ 是两两正交的单位特征向量，令 $\boldsymbol{Q}=(\boldsymbol{\eta}_1,\boldsymbol{\eta}_2,\boldsymbol{\eta}_3)$，则 $\boldsymbol{Q}$ 是正交矩阵.

5. (1) $\lambda_1=-1,\lambda_2=1,\lambda_3=0$，特征向量依次为 $\left\{k_1\begin{pmatrix}1\\0\\-1\end{pmatrix}\middle| k_1\in\mathbb{R},k_1\neq 0\right\}$，$\left\{k_2\begin{pmatrix}1\\0\\1\end{pmatrix}\middle| k_2\in\mathbb{R},k_2\neq 0\right\}$，

$\left\{k_3\begin{pmatrix}0\\1\\0\end{pmatrix}\middle| k_3\in\mathbb{R}, k_3\neq 0\right\}$；(2) $\begin{pmatrix}0&0&1\\0&0&0\\1&0&0\end{pmatrix}$.

［提示］(1) 令 $\boldsymbol{\alpha}_1=\begin{pmatrix}1\\0\\-1\end{pmatrix}$，$\boldsymbol{\alpha}_2=\begin{pmatrix}1\\0\\1\end{pmatrix}$，依题设，$\boldsymbol{A}\boldsymbol{\alpha}_1=-\boldsymbol{\alpha}_1$，$\boldsymbol{A}\boldsymbol{\alpha}_2=\boldsymbol{\alpha}_2$，$\lambda_1=-1$，$\lambda_2=1$ 是 $\boldsymbol{A}$ 的特征值. 由 $\operatorname{rank}(\boldsymbol{A})=2$ 知，$|\boldsymbol{A}|=|0\boldsymbol{E}-\boldsymbol{A}|=0$，$\lambda_3=0$ 也是 $\boldsymbol{A}$ 的特征值，设 $\boldsymbol{\alpha}_3=(x_1,x_2,x_3)^{\mathrm{T}}$ 为属于 $\lambda_3=0$ 的特征向量，则 $\begin{cases}\boldsymbol{\alpha}_1^{\mathrm{T}}\boldsymbol{\alpha}_3=x_1-x_3=0,\\ \boldsymbol{\alpha}_2^{\mathrm{T}}\boldsymbol{\alpha}_3=x_1+x_3=0,\end{cases}$ 得其基础解系为 $\boldsymbol{\alpha}_3=\begin{pmatrix}0\\1\\0\end{pmatrix}$.

(2) 令 $\boldsymbol{P}=(\boldsymbol{\alpha}_1,\boldsymbol{\alpha}_2,\boldsymbol{\alpha}_3)$，则 $\boldsymbol{P}$ 可逆，且使 $\boldsymbol{P}^{-1}\boldsymbol{A}\boldsymbol{P}=\begin{pmatrix}-1&&\\&1&\\&&0\end{pmatrix}$，于是

$$\boldsymbol{A}=\boldsymbol{P}\begin{pmatrix}-1&&\\&1&\\&&0\end{pmatrix}\boldsymbol{P}^{-1}=\begin{pmatrix}1&1&0\\0&0&1\\-1&1&0\end{pmatrix}\begin{pmatrix}-1&&\\&1&\\&&0\end{pmatrix}\left(\frac{1}{2}\begin{pmatrix}1&0&-1\\1&0&1\\0&2&0\end{pmatrix}\right).$$

6. (1) $y=2$；(2) $\boldsymbol{P}=\begin{pmatrix}1&0&0&0\\0&1&0&0\\0&0&-\frac{1}{\sqrt{2}}&\frac{1}{\sqrt{2}}\\0&0&\frac{1}{\sqrt{2}}&\frac{1}{\sqrt{2}}\end{pmatrix}$，$\boldsymbol{\Lambda}=\begin{pmatrix}1&&&\\&1&&\\&&1&\\&&&9\end{pmatrix}$.

［提示］(1) $|\lambda\boldsymbol{E}-\boldsymbol{A}|=\begin{vmatrix}\lambda&-1\\-1&\lambda\end{vmatrix}\cdot\begin{vmatrix}\lambda-y&-1\\-1&\lambda-2\end{vmatrix}=(\lambda^2-1)((\lambda-y)(\lambda-2)-1)$，依题设 $|3\boldsymbol{E}-\boldsymbol{A}|=0$.

(2) 依题设，$\boldsymbol{A}=\boldsymbol{A}^{\mathrm{T}}$，$\boldsymbol{A}^2=\begin{pmatrix}1&0&0&0\\0&1&0&0\\0&0&5&4\\0&0&4&5\end{pmatrix}$ 为实对称矩阵，依定理 3，存在正交矩阵 $\boldsymbol{P}$，使

$$\boldsymbol{P}^{-1}\boldsymbol{A}^2\boldsymbol{P}=\boldsymbol{P}^{\mathrm{T}}\boldsymbol{A}^2\boldsymbol{P}=(\boldsymbol{A}\boldsymbol{P})^{\mathrm{T}}(\boldsymbol{A}\boldsymbol{P})=\boldsymbol{\Lambda}(\boldsymbol{\Lambda}\text{ 为对角矩阵}),$$

$\boldsymbol{A}^2$ 的特征多项式为 $|\lambda\boldsymbol{E}-\boldsymbol{A}^2|=\begin{vmatrix}\lambda-1&0\\0&\lambda-1\end{vmatrix}\cdot\begin{vmatrix}\lambda-5&-4\\-4&\lambda-5\end{vmatrix}=(\lambda-1)^3(\lambda-9)$，$\boldsymbol{A}^2$ 的全部特征值为 $\lambda_1=\lambda_2=\lambda_3=1$，$\lambda_4=9$.

对于 $\lambda_1=\lambda_2=\lambda_3=1$，解线性方程组 $(\boldsymbol{E}-\boldsymbol{A}^2)\boldsymbol{x}=\boldsymbol{0}$，由 $\boldsymbol{E}-\boldsymbol{A}^2\to\begin{pmatrix}0&0&1&1\\0&0&0&0\\0&0&0&0\\0&0&0&0\end{pmatrix}$，得其基础解系为

$\boldsymbol{\alpha}_1=\begin{pmatrix}1\\0\\0\\0\end{pmatrix}$，$\boldsymbol{\alpha}_2=\begin{pmatrix}0\\1\\0\\0\end{pmatrix}$，$\boldsymbol{\alpha}_3=\begin{pmatrix}0\\0\\-1\\1\end{pmatrix}$；对于 $\lambda_4=9$，解线性方程组 $(9\boldsymbol{E}-\boldsymbol{A}^2)\boldsymbol{x}=\boldsymbol{0}$，由 $9\boldsymbol{E}-\boldsymbol{A}^2\to\begin{pmatrix}1&0&0&0\\0&1&0&0\\0&0&1&-1\\0&0&0&0\end{pmatrix}$，

得其基础解系为 $\boldsymbol{\alpha}_4=\begin{pmatrix}0\\0\\1\\1\end{pmatrix}$. 注意到 $\boldsymbol{\alpha}_1,\boldsymbol{\alpha}_2,\boldsymbol{\alpha}_3,\boldsymbol{\alpha}_4$ 两两正交，再对 $\boldsymbol{\alpha}_3,\boldsymbol{\alpha}_4$ 施以单位化，$\boldsymbol{\eta}_3=\frac{1}{|\boldsymbol{\alpha}_3|}\boldsymbol{\alpha}_3$，$\boldsymbol{\eta}_4=\frac{1}{|\boldsymbol{\alpha}_4|}\boldsymbol{\alpha}_4$，$\boldsymbol{\alpha}_1,\boldsymbol{\alpha}_2,\boldsymbol{\eta}_3,\boldsymbol{\eta}_4$ 是两两正交的单位特征向量，令 $\boldsymbol{P}=(\boldsymbol{\alpha}_1,\boldsymbol{\alpha}_2,\boldsymbol{\eta}_3,\boldsymbol{\eta}_4)$，则 $\boldsymbol{P}$ 为正交矩阵，且使 $(\boldsymbol{AP})^{\mathrm{T}}(\boldsymbol{AP})=\boldsymbol{\Lambda}$.

习题 5-5

1. (2) $\boldsymbol{x}=\begin{pmatrix}1\\1\\1\end{pmatrix}+k\begin{pmatrix}1\\2\\-1\end{pmatrix}$，$k$ 为任意常数.

[提示] (1) 依题设，$\boldsymbol{A}$ 可对角化，$\mathrm{rank}(\boldsymbol{A})$等于其非零特征值的个数. 又因为

$$\boldsymbol{A}=(\boldsymbol{\alpha}_1,\boldsymbol{\alpha}_2,\boldsymbol{\alpha}_3)\xrightarrow{\text{初等列变换}}(\boldsymbol{\alpha}_1,\boldsymbol{\alpha}_2,\boldsymbol{0}),\quad \text{即 } \mathrm{rank}(\boldsymbol{A})\leqslant 2,$$

所以 $\boldsymbol{A}$ 的非零特征值不超过两个，又因为 $\boldsymbol{A}$ 的零特征值至多 1 个，因此 $\boldsymbol{A}$ 的非零特征值恰好为两个，故 $\mathrm{rank}(\boldsymbol{A})=2$.

(2) $\boldsymbol{A}\begin{pmatrix}1\\1\\1\end{pmatrix}=(\boldsymbol{\alpha}_1,\boldsymbol{\alpha}_2,\boldsymbol{\alpha}_3)\begin{pmatrix}1\\1\\1\end{pmatrix}=\boldsymbol{\alpha}_1+\boldsymbol{\alpha}_2+\boldsymbol{\alpha}_3=\boldsymbol{\beta}$，表明 $\boldsymbol{\gamma}=\begin{pmatrix}1\\1\\1\end{pmatrix}$是方程组 $\boldsymbol{Ax}=\boldsymbol{\beta}$ 的特解，又因为 $\boldsymbol{A}\begin{pmatrix}1\\2\\-1\end{pmatrix}=(\boldsymbol{\alpha}_1,\boldsymbol{\alpha}_2,\boldsymbol{\alpha}_3)\begin{pmatrix}1\\2\\-1\end{pmatrix}=\boldsymbol{\alpha}_1+2\boldsymbol{\alpha}_2-\boldsymbol{\alpha}_3=\boldsymbol{0}$，且 $\mathrm{rank}(\boldsymbol{A})=2$，表明 $\boldsymbol{\eta}=\begin{pmatrix}1\\2\\-1\end{pmatrix}$是导出组 $\boldsymbol{Ax}=\boldsymbol{0}$ 的基础解系.

2. [提示] 设 $\boldsymbol{A}^*=\begin{pmatrix}A_{11}&A_{21}&A_{31}\\A_{12}&A_{22}&A_{32}\\A_{13}&A_{23}&A_{33}\end{pmatrix}$，0, 1, 2 是 $\boldsymbol{A}$ 的三个特征值，故 $\boldsymbol{A}$ 可对角化，且 $|\boldsymbol{A}|=0$，依按列展开定理，$A_{11}+A_{21}+A_{31}=\begin{vmatrix}1&a_{12}&1\\1&a_{22}&1\\1&a_{32}&1\end{vmatrix}=0$，同理 $A_{12}+A_{22}+A_{32}=0$，$A_{13}+A_{23}+A_{33}=|\boldsymbol{A}|=0$，也即说明 $\boldsymbol{x}=\begin{pmatrix}1\\1\\1\end{pmatrix}$是 $\boldsymbol{A}^*\boldsymbol{x}=\boldsymbol{0}$ 的解. 又因 $\boldsymbol{A}\sim\mathrm{diag}(0,1,2)$，故 $\mathrm{rank}(\boldsymbol{A})=2$，从而 $\mathrm{rank}(\boldsymbol{A}^*)=1$，线性方程组 $\boldsymbol{A}^*\boldsymbol{x}=\boldsymbol{0}$ 的基础解系必含两个解向量.

3. (1)$\boldsymbol{B}=\begin{pmatrix}1&0&0\\1&2&2\\1&1&3\end{pmatrix}$；(2)$\lambda_1=\lambda_2=1,\lambda_3=4$；(3)$T=(\boldsymbol{\alpha}_1-\boldsymbol{\alpha}_2,2\boldsymbol{\alpha}_1-\boldsymbol{\alpha}_3,\boldsymbol{\alpha}_2+\boldsymbol{\alpha}_3)$，$\boldsymbol{\Lambda}=\mathrm{diag}(1,1,4)$.

[提示] (1) $\boldsymbol{A}(\boldsymbol{\alpha}_1,\boldsymbol{\alpha}_2,\boldsymbol{\alpha}_3)=(\boldsymbol{\alpha}_1+\boldsymbol{\alpha}_2+\boldsymbol{\alpha}_3,2\boldsymbol{\alpha}_2+\boldsymbol{\alpha}_3,2\boldsymbol{\alpha}_2+3\boldsymbol{\alpha}_3)=(\boldsymbol{\alpha}_1,\boldsymbol{\alpha}_2,\boldsymbol{\alpha}_3)\begin{pmatrix}1&0&0\\1&2&2\\1&1&3\end{pmatrix}$，令 $\boldsymbol{B}=\begin{pmatrix}1&0&0\\1&2&2\\1&1&3\end{pmatrix}$，满足 $\boldsymbol{A}(\boldsymbol{\alpha}_1,\boldsymbol{\alpha}_2,\boldsymbol{\alpha}_3)=(\boldsymbol{\alpha}_1,\boldsymbol{\alpha}_2,\boldsymbol{\alpha}_3)\boldsymbol{B}$.

(2) 因 $\boldsymbol{\alpha}_1,\boldsymbol{\alpha}_2,\boldsymbol{\alpha}_3$ 线性无关，令 $\boldsymbol{P}=(\boldsymbol{\alpha}_1,\boldsymbol{\alpha}_2,\boldsymbol{\alpha}_3)$，则 $\boldsymbol{P}$ 可逆，且使 $\boldsymbol{P}^{-1}\boldsymbol{AP}=\boldsymbol{B}$，则 $\boldsymbol{A}\sim\boldsymbol{B}$，两者有相同的特征值，$|\lambda\boldsymbol{E}-\boldsymbol{B}|=\begin{vmatrix}\lambda-1&0&0\\-1&\lambda-2&-2\\-1&-1&\lambda-3\end{vmatrix}=(\lambda-1)^2(\lambda-4)$，故 $\boldsymbol{B}$ 及 $\boldsymbol{A}$ 的特征值为 $\lambda_1=\lambda_2=1,\lambda_3=4$.

(3) 对于 $\lambda_1=\lambda_2=1$，解方程组 $(\boldsymbol{E}-\boldsymbol{B})\boldsymbol{x}=\boldsymbol{0}$，由 $\boldsymbol{E}-\boldsymbol{B}\to\begin{pmatrix}1&1&2\\0&0&0\\0&0&0\end{pmatrix}$，得其基础解系为 $\boldsymbol{\eta}_1=\begin{pmatrix}1\\-1\\0\end{pmatrix}$，$\boldsymbol{\eta}_2=\begin{pmatrix}2\\0\\-1\end{pmatrix}$，对于 $\lambda_3=4$，解方程组 $(4\boldsymbol{E}-\boldsymbol{B})\boldsymbol{x}=\boldsymbol{0}$，由 $4\boldsymbol{E}-\boldsymbol{B}\to\begin{pmatrix}1&0&0\\0&1&-1\\0&0&0\end{pmatrix}$，得其基础解系为 $\boldsymbol{\eta}_3=\begin{pmatrix}0\\1\\1\end{pmatrix}$，$\boldsymbol{\eta}_1,\boldsymbol{\eta}_2,\boldsymbol{\eta}_3$ 线性无关，令 $\boldsymbol{Q}=(\boldsymbol{\eta}_1,\boldsymbol{\eta}_2,\boldsymbol{\eta}_3)$，则 $\boldsymbol{Q}$ 可逆，使 $\boldsymbol{Q}^{-1}\boldsymbol{BQ}=\begin{pmatrix}1&&\\&1&\\&&4\end{pmatrix}=\boldsymbol{\Lambda}$，于是 $\boldsymbol{P}^{-1}\boldsymbol{AP}=\boldsymbol{B}=\boldsymbol{Q\Lambda Q}^{-1}$，$(\boldsymbol{PQ})^{-1}\boldsymbol{A}(\boldsymbol{PQ})=\boldsymbol{\Lambda}$，取 $\boldsymbol{T}=\boldsymbol{PQ}$.

4. (1) $\boldsymbol{A}^2=\boldsymbol{0}$；(2) $\lambda_1=\lambda_2=\cdots=\lambda_n=0$，

$$\{k_1\boldsymbol{\xi}_1+k_2\boldsymbol{\xi}_2+\cdots+k_{n-1}\boldsymbol{\xi}_{n-1}\,|\,k_j\in F,j=1,2,\cdots,n-1,k_1,k_2,\cdots,k_{n-1}\text{不全为零}\},$$

其中 $\boldsymbol{\xi}_1=\begin{pmatrix}-b_2\\b_1\\0\\\vdots\\0\end{pmatrix},\boldsymbol{\xi}_2=\begin{pmatrix}-b_3\\0\\b_1\\\vdots\\0\end{pmatrix},\cdots,\boldsymbol{\xi}_{n-1}=\begin{pmatrix}-b_n\\0\\0\\\vdots\\b_1\end{pmatrix}$.

[提示] (1) 依题设，$\boldsymbol{\alpha},\boldsymbol{\beta}$ 都是非零向量，$\boldsymbol{A}=\boldsymbol{\alpha\beta}^{\mathrm{T}}\neq\boldsymbol{0}$，且 $\boldsymbol{\beta}^{\mathrm{T}}\boldsymbol{\alpha}=0$，则

$$\boldsymbol{A}^2=(\boldsymbol{\alpha\beta}^{\mathrm{T}})(\boldsymbol{\alpha\beta}^{\mathrm{T}})=\boldsymbol{\alpha}(\boldsymbol{\beta}^{\mathrm{T}}\boldsymbol{\alpha})\boldsymbol{\beta}^{\mathrm{T}}=(\boldsymbol{\beta\alpha}^{\mathrm{T}})\boldsymbol{\alpha\beta}^{\mathrm{T}}=\boldsymbol{0},\boldsymbol{A}\text{ 为幂零矩阵}.$$

(2) $\boldsymbol{A}^2=\boldsymbol{0}$，依例 5.2.2 结论，$\boldsymbol{A}$ 的特征值 $\lambda_1=\lambda_2=\cdots=\lambda_n=0$. 又 $\boldsymbol{A}=\boldsymbol{\alpha\beta}^{\mathrm{T}}=\begin{pmatrix}a_1b_1&a_1b_2&\cdots&a_1b_n\\a_2b_1&a_2b_2&\cdots&a_2b_n\\\vdots&\vdots&&\vdots\\a_nb_1&a_nb_2&\cdots&a_nb_n\end{pmatrix}$，不妨设 $a_1\neq0,b_1\neq0$，解线性方程组 $(0\boldsymbol{E}-\boldsymbol{A})\boldsymbol{x}=\boldsymbol{0}$，$\boldsymbol{A}\to\begin{pmatrix}b_1&b_2&\cdots&b_n\\0&0&\cdots&0\\\vdots&\vdots&&\vdots\\0&0&\cdots&0\end{pmatrix}$，得其基础解系为 $\boldsymbol{\xi}_1=\begin{pmatrix}-b_2\\b_1\\0\\\vdots\\0\end{pmatrix}$，$\boldsymbol{\xi}_2=\begin{pmatrix}-b_3\\0\\b_1\\\vdots\\0\end{pmatrix},\cdots,\boldsymbol{\xi}_{n-1}=\begin{pmatrix}-b_n\\0\\0\\\vdots\\b_1\end{pmatrix}$，属于特征值 $\lambda_1=\cdots=\lambda_n=0$ 的全部特征向量为

$$\{k_1\boldsymbol{\xi}_1+k_2\boldsymbol{\xi}_2+\cdots+k_{n-1}\boldsymbol{\xi}_{n-1}\,|\,k_j\in\mathbb{R},j=1,2,\cdots,n-1,\text{且 }k_1,k_2,\cdots,k_{n-1}\text{不全为零}\}.$$

5. $\boldsymbol{\Lambda}=\begin{pmatrix}-2&&\\&1&\\&&1\end{pmatrix}$.

[提示] $\boldsymbol{A}^{\mathrm{T}}=(\boldsymbol{E}-\boldsymbol{\alpha\alpha}^{\mathrm{T}})^{\mathrm{T}}=\boldsymbol{E}-\boldsymbol{\alpha\alpha}^{\mathrm{T}}=\boldsymbol{A}$，故 $\boldsymbol{A}$ 是实对称矩阵，$\boldsymbol{A}$ 可对角化，对于 $\boldsymbol{\alpha}\neq\boldsymbol{0}$，

$$A\boldsymbol{\alpha}=(E-\boldsymbol{\alpha}\boldsymbol{\alpha}^{\mathrm{T}})\boldsymbol{\alpha}=\boldsymbol{\alpha}-\boldsymbol{\alpha}(\boldsymbol{\alpha}^{\mathrm{T}}\boldsymbol{\alpha})=\boldsymbol{\alpha}-3\boldsymbol{\alpha}=-2\boldsymbol{\alpha},$$

因此 $\lambda_1=-2$ 为 A 的一个特征值，$\boldsymbol{\alpha}$ 为 A 的属于 $\lambda_1=-2$ 的特征向量.

如果 $\lambda_1=\lambda_2=\lambda_3=-2$，因 A 可对角化，存在可逆矩阵 P，使 $A=P(-2E)P^{-1}=-2E$，即 $E-\boldsymbol{\alpha}\boldsymbol{\alpha}^{\mathrm{T}}=-2E$，即 $\boldsymbol{\alpha}\boldsymbol{\alpha}^{\mathrm{T}}=3E$，这与 $\mathrm{rank}(\boldsymbol{\alpha}\boldsymbol{\alpha}^{\mathrm{T}})\leqslant 1$ 矛盾. 因此 A 还有其他的特征值，设其特征向量为 $\boldsymbol{\beta}=(x_1,x_2,x_3)^{\mathrm{T}}$ 满足 $\boldsymbol{\alpha}^{\mathrm{T}}\boldsymbol{\beta}=a_1x_1+a_2x_2+a_3x_3=0$，由于 $\mathrm{rank}(\boldsymbol{\alpha}^{\mathrm{T}})=1$，其基础解系应含两个解向量，设其为 $\boldsymbol{\beta}_1,\boldsymbol{\beta}_2$，有 $\boldsymbol{\alpha}^{\mathrm{T}}\boldsymbol{\beta}_1=0=\boldsymbol{\alpha}^{\mathrm{T}}\boldsymbol{\beta}_2$，于是 $A\boldsymbol{\beta}_1=(E-\boldsymbol{\alpha}\boldsymbol{\alpha}^{\mathrm{T}})\boldsymbol{\beta}_1=\boldsymbol{\beta}_1-\boldsymbol{\alpha}(\boldsymbol{\alpha}^{\mathrm{T}}\boldsymbol{\beta}_1)=\boldsymbol{\beta}_1$，$A\boldsymbol{\beta}_2=(E-\boldsymbol{\alpha}\boldsymbol{\alpha}^{\mathrm{T}})\boldsymbol{\beta}_2=\boldsymbol{\beta}_2-\boldsymbol{\alpha}(\boldsymbol{\alpha}^{\mathrm{T}}\boldsymbol{\beta}_2)=\boldsymbol{\beta}_2$，所以 1 为 A 的又一个特征值，$\boldsymbol{\beta}_1,\boldsymbol{\beta}_2$ 为属于 1 的线性无关的特征向量，从而 A 的全部特征值为 $\lambda_1=-2,\lambda_2=\lambda_3=1$，$\boldsymbol{\alpha},\boldsymbol{\beta}_1,\boldsymbol{\beta}_2$ 线性无关，令 $P=(\boldsymbol{\alpha},\boldsymbol{\beta}_1,\boldsymbol{\beta}_2)$，则 P 可逆，且使 $P^{-1}AP=\Lambda$.

单元练习题 5

一、选择题

1. D; 2. D; 3. C; 4. B; 5. B; 6. B; 7. C; 8. D; 9. B; 10. D; 11. D; 12. A; 13. B; 14. B; 15. C; 16. A; 17. B; 18. B; 19. A; 20. D.

[提示]

1. 相似矩阵的多项式相似，特征值相同，但相似矩阵未必有相同的特征向量，未必可对角化，未必满足 $\lambda E-A=\lambda E-B$. 只有 D 正确.

2. 如果 $|\lambda E-A|=|\lambda E-B|$，$A$ 与 B 有相同的特征值. 又 A 与 B 都是实对称矩阵，存在可逆矩阵 P，Q，使得 $P^{-1}AP=\mathrm{diag}(\lambda_1,\lambda_2,\cdots,\lambda_n)=Q^{-1}BQ$，因此 $(PQ^{-1})^{-1}A(PQ^{-1})=B$，即 A 与 B 相似. D 正确. 又例如，$A=\begin{pmatrix}-1 & \\ & 2\end{pmatrix}$，$B=\begin{pmatrix}1 & \\ & -2\end{pmatrix}$，$\mathrm{rank}(A)=\mathrm{rank}(B)$，$|A|=|B|$，$A$ 与 B 的特征向量相同，但 A 与 B 不相似.

3. 因 $A\sim B$，则 $A-2E\sim B-2E$，$A-E\sim B-E$，又相似矩阵有相等的秩，因此

$$\mathrm{rank}(A-2E)=\mathrm{rank}(B-2E)=3,\mathrm{rank}(A-E)=\mathrm{rank}(B-E)=1.$$

4. $(P^{-1}AP)^{\mathrm{T}}(P^{\mathrm{T}}\boldsymbol{\alpha})=P^{\mathrm{T}}A^{\mathrm{T}}(P^{\mathrm{T}})^{-1}P^{\mathrm{T}}\boldsymbol{\alpha}=P^{\mathrm{T}}(A\boldsymbol{\alpha})=\lambda(P^{\mathrm{T}}\boldsymbol{\alpha})$. 又因 P 可逆，$\boldsymbol{\alpha}\neq\mathbf{0}$，所以列向量 $P^{\mathrm{T}}\boldsymbol{\alpha}\neq\mathbf{0}$.

5. 设 $k_1\boldsymbol{\alpha}_1+k_2A(\boldsymbol{\alpha}_1+\boldsymbol{\alpha}_2)=\mathbf{0}$，即 $(k_1+k_2\lambda_1)\boldsymbol{\alpha}_1+k_2\lambda_2\boldsymbol{\alpha}_2=\mathbf{0}$. 因为 $\lambda_1\neq\lambda_2$，所以 $\boldsymbol{\alpha}_1,\boldsymbol{\alpha}_2$ 线性无关，即 $\begin{cases}k_1+\lambda_1k_2=0,\\ \lambda_2k_2=0,\end{cases}$ 故 $\boldsymbol{\alpha}_1,A(\boldsymbol{\alpha}_1+\boldsymbol{\alpha}_2)$ 线性无关 $\Leftrightarrow k_1=k_2=0\Leftrightarrow\begin{cases}k_1+\lambda_1k_2=0,\\ \lambda_2k_2=0\end{cases}$ 只有零解 $\Leftrightarrow\begin{vmatrix}1 & \lambda_1\\ 0 & \lambda_2\end{vmatrix}=\lambda_2\neq 0$.

6. 依 5.3 节推论 6，n 阶方阵 A 有 n 个不同的特征值必可对角化. 又如，$\Lambda=\mathrm{diag}(1,1,0)$，显然可对角化，但有重特征值 1.

7. $P^{-1}AP=\begin{pmatrix}3 & & \\ & -1 & \\ & & 2\end{pmatrix}$.

8. 由例 5.2.2 的方法，A 有且仅有特征值 -1 或 0. 又 A 为实对称矩阵，可对角化，因此 $\mathrm{rank}(A)=3=A$ 的非零特征值的个数，从而 A 的全部特征值为 $-1,-1,-1,0$，因此 $A\sim\mathrm{diag}(-1,-1,-1,0)$.

9. $Q=(\boldsymbol{\alpha}_1+\boldsymbol{\alpha}_2,\boldsymbol{\alpha}_2,\boldsymbol{\alpha}_3)=(\boldsymbol{\alpha}_1,\boldsymbol{\alpha}_2,\boldsymbol{\alpha}_3)\begin{pmatrix}1&0&0\\1&1&0\\0&0&1\end{pmatrix}=P\begin{pmatrix}1&0&0\\1&1&0\\0&0&1\end{pmatrix}$，所以 $Q^{-1}AQ=\begin{pmatrix}1&0&0\\1&1&0\\0&0&1\end{pmatrix}^{-1}P^{-1}AP\cdot$

$$\begin{pmatrix}1&0&0\\1&1&0\\0&0&1\end{pmatrix}=\begin{pmatrix}1&0&0\\-1&1&0\\0&0&1\end{pmatrix}\begin{pmatrix}1&0&0\\0&1&0\\0&0&2\end{pmatrix}\begin{pmatrix}1&0&0\\1&1&0\\0&0&1\end{pmatrix}=\begin{pmatrix}1&0&0\\0&1&0\\0&0&2\end{pmatrix}.$$

10. $A+\boldsymbol{\alpha}_2\boldsymbol{\alpha}_2^{\mathrm{T}}$ 为实对称矩阵，$A\boldsymbol{\alpha}_1=\lambda_1\boldsymbol{\alpha}_1$，$A\boldsymbol{\alpha}_2=\lambda_2\boldsymbol{\alpha}_2$，$\boldsymbol{\alpha}_1^{\mathrm{T}}\boldsymbol{\alpha}_2=\boldsymbol{\alpha}_2^{\mathrm{T}}\boldsymbol{\alpha}_1=0$，$\boldsymbol{\alpha}_1^{\mathrm{T}}\boldsymbol{\alpha}_1=\boldsymbol{\alpha}_2^{\mathrm{T}}\boldsymbol{\alpha}_2=1$，从而

$(\boldsymbol{A}+\boldsymbol{\alpha}_2\boldsymbol{\alpha}_2^{\mathrm{T}})\boldsymbol{\alpha}_1=\boldsymbol{A}\boldsymbol{\alpha}_1+\boldsymbol{\alpha}_2(\boldsymbol{\alpha}_2^{\mathrm{T}}\boldsymbol{\alpha}_1)=\lambda_1\boldsymbol{\alpha}_1$，$(\boldsymbol{A}+\boldsymbol{\alpha}_2\boldsymbol{\alpha}_2^{\mathrm{T}})\boldsymbol{\alpha}_2=\boldsymbol{A}\boldsymbol{\alpha}_2+\boldsymbol{\alpha}_2(\boldsymbol{\alpha}_2^{\mathrm{T}}\boldsymbol{\alpha}_2)=\lambda_2\boldsymbol{\alpha}_2+\boldsymbol{\alpha}_2=(\lambda_2+1)\boldsymbol{\alpha}_2$，$\lambda_1,\lambda_2+1$ 为 $\boldsymbol{A}+\boldsymbol{\alpha}_2\boldsymbol{\alpha}_2^{\mathrm{T}}$ 的特征值，$\boldsymbol{\alpha}_1,\boldsymbol{\alpha}_2$ 是对应的特征向量，存在可逆矩阵 $\boldsymbol{P}=(\boldsymbol{\alpha}_1,\boldsymbol{\alpha}_2)$，使 $\boldsymbol{P}^{-1}(\boldsymbol{A}+\boldsymbol{\alpha}_2\boldsymbol{\alpha}_2^{\mathrm{T}})\cdot\boldsymbol{P}=\begin{pmatrix}\lambda_1 & 0\\ 0 & \lambda_2+1\end{pmatrix}$，$(\boldsymbol{A}+\boldsymbol{\alpha}_2\boldsymbol{\alpha}_2^{\mathrm{T}})\sim\begin{pmatrix}\lambda_1 & 0\\ 0 & \lambda_2+1\end{pmatrix}$.

11. 设 4 个选项的矩阵依次为 $\boldsymbol{A},\boldsymbol{B},\boldsymbol{C},\boldsymbol{D}$，$\boldsymbol{A}$ 为实对称矩阵，可对角化，$\boldsymbol{B}$ 有 3 个不同的特征值，可对角化，$\boldsymbol{C}$ 的特征值为 1,0,0，而对于 0，因 $\mathrm{rank}(-\boldsymbol{C})=1$，线性方程组 $(0\boldsymbol{E}-\boldsymbol{C})\boldsymbol{x}=\boldsymbol{0}$ 的基础解系应含两个解向量，即 $\boldsymbol{C}$ 有 3 个线性无关的特征向量，$\boldsymbol{C}$ 可对角化，$\boldsymbol{D}$ 的 3 个特征值为 1,1,1，而线性方程组 $(\boldsymbol{E}-\boldsymbol{D})\boldsymbol{x}=\boldsymbol{0}$ 的系数矩阵满足 $\mathrm{rank}(\boldsymbol{E}-\boldsymbol{D})=2$，其基础解系只含 1 个解向量，$\boldsymbol{D}$ 不可对角化.

12. 设 4 选项的矩阵依次为 $\boldsymbol{A},\boldsymbol{B},\boldsymbol{C},\boldsymbol{D}$，对应的特征值分别为 $\boldsymbol{A}:\lambda_1=1,\lambda_2=\lambda_3=0$；$\boldsymbol{B}:\lambda_1=3,\lambda_2=\lambda_3=0$；$\boldsymbol{C}:\lambda_1=1,\lambda_2=\lambda_3=0$；$\boldsymbol{D}:\lambda_1=3,\lambda_2=\lambda_3=0$.

对于 $\lambda_2=\lambda_3=0$，解线性方程组 $(0\boldsymbol{E}-\boldsymbol{A})\boldsymbol{x}=\boldsymbol{0}$，$(0\boldsymbol{E}-\boldsymbol{B})\boldsymbol{x}=\boldsymbol{0}$，$(0\boldsymbol{E}-\boldsymbol{C})\boldsymbol{x}=\boldsymbol{0}$，$(0\boldsymbol{E}-\boldsymbol{D})\boldsymbol{x}=\boldsymbol{0}$，其中 $\mathrm{rank}(-\boldsymbol{A})=1$，$\mathrm{rank}(-\boldsymbol{B})=2$，$\mathrm{rank}(-\boldsymbol{C})=2$，$\mathrm{rank}(-\boldsymbol{D})=2$，依 5.3 节定理 7，只有 $\boldsymbol{A}$ 的属于 $\lambda_2=\lambda_3=0$ 的几何重数等于其代数重数 2，$\boldsymbol{A}$ 可对角化.

13. 实对称矩阵 $\boldsymbol{A}$ 可对角化，所以 $\boldsymbol{A}$ 与 $\boldsymbol{B}$ 相似的充分必要条件是有相同的特征值. 又 $\boldsymbol{B}$ 的特征值为 $2,b,0$，因此

$$0=(\lambda\boldsymbol{E}-\boldsymbol{A})=\begin{vmatrix}\lambda-1 & -a & -1\\ -a & \lambda-b & -a\\ -\lambda & 0 & \lambda\end{vmatrix}=\begin{vmatrix}\lambda-2 & -a & -1\\ -2a & \lambda-b & -a\\ 0 & 0 & \lambda\end{vmatrix}=\lambda((\lambda-2)(\lambda-b)-2a^2).$$

又 2 是 $\boldsymbol{A}$ 的特征值，代入解之得 $a=0$.

14. $\mathrm{rank}(\boldsymbol{A})=1=\mathrm{rank}(\boldsymbol{B})$，所以 $\boldsymbol{A}$ 与 $\boldsymbol{B}$ 相抵. 但是 $\boldsymbol{A}$ 的特征值为 4,0,0,0，$\boldsymbol{B}$ 的特征值为 1,0,0,0，依相似矩阵的性质，$\boldsymbol{A}$ 与 $\boldsymbol{B}$ 不相似.

15. 依题设，存在可逆矩阵 $\boldsymbol{P}$，使 $\boldsymbol{P}^{-1}\boldsymbol{A}\boldsymbol{P}=\boldsymbol{B}$，于是

$$\boldsymbol{B}^{\mathrm{T}}=(\boldsymbol{P}^{-1}\boldsymbol{A}\boldsymbol{P})^{\mathrm{T}}=\boldsymbol{P}^{\mathrm{T}}\boldsymbol{A}^{\mathrm{T}}(\boldsymbol{P}^{\mathrm{T}})^{-1},\quad 则\ \boldsymbol{A}^{\mathrm{T}}\sim\boldsymbol{B}^{\mathrm{T}},$$
$$\boldsymbol{B}^{-1}=(\boldsymbol{P}^{-1}\boldsymbol{A}\boldsymbol{P})^{-1}=\boldsymbol{P}^{-1}\boldsymbol{A}^{-1}\boldsymbol{P},\quad 则\ \boldsymbol{A}^{-1}\sim\boldsymbol{B}^{-1},$$
$$\boldsymbol{B}+\boldsymbol{B}^{-1}=\boldsymbol{P}^{-1}\boldsymbol{A}\boldsymbol{P}+\boldsymbol{P}^{-1}\boldsymbol{A}^{-1}\boldsymbol{P}=\boldsymbol{P}^{-1}(\boldsymbol{A}+\boldsymbol{A}^{-1})\boldsymbol{P},\quad 则\ \boldsymbol{A}+\boldsymbol{A}^{-1}\sim\boldsymbol{B}+\boldsymbol{B}^{-1},$$

又设 $\boldsymbol{A}=\begin{pmatrix}1 & 1\\ 0 & 0\end{pmatrix}$，$\boldsymbol{B}=\begin{pmatrix}1 & 0\\ 0 & 0\end{pmatrix}$，则存在可逆矩阵 $\boldsymbol{P}=\begin{pmatrix}1 & 1\\ 0 & -1\end{pmatrix}$，使 $\boldsymbol{P}^{-1}\boldsymbol{A}\boldsymbol{P}=\boldsymbol{B}$，即 $\boldsymbol{A}\sim\boldsymbol{B}$，$\boldsymbol{A}+\boldsymbol{A}^{\mathrm{T}}=\begin{pmatrix}2 & 1\\ 1 & 0\end{pmatrix}$，$\boldsymbol{B}+\boldsymbol{B}^{\mathrm{T}}=\begin{pmatrix}2 & 0\\ 0 & 0\end{pmatrix}$，由 $|\lambda\boldsymbol{E}-(\boldsymbol{A}+\boldsymbol{A}^{\mathrm{T}})|=\begin{vmatrix}\lambda-2 & -1\\ -1 & \lambda\end{vmatrix}=\lambda^2-2\lambda-1$ 可知，$\boldsymbol{A}+\boldsymbol{A}^{\mathrm{T}}$ 的特征值为 $\lambda_{1,2}=1\pm\sqrt{2}$，因此 $\boldsymbol{A}+\boldsymbol{A}^{\mathrm{T}}$ 可对角化，且 $\boldsymbol{A}+\boldsymbol{A}^{\mathrm{T}}\sim\begin{pmatrix}1-\sqrt{2} & 0\\ 0 & 1+\sqrt{2}\end{pmatrix}$.

16. $(\boldsymbol{E}-\boldsymbol{\alpha}\boldsymbol{\alpha}^{\mathrm{T}})\boldsymbol{\alpha}=\boldsymbol{\alpha}-\boldsymbol{\alpha}=\boldsymbol{0}$，方程组 $(\boldsymbol{E}-\boldsymbol{\alpha}\boldsymbol{\alpha}^{\mathrm{T}})\boldsymbol{x}=\boldsymbol{0}$ 有非零解，因此 $|\boldsymbol{E}-\boldsymbol{\alpha}\boldsymbol{\alpha}^{\mathrm{T}}|=0$. $\boldsymbol{\alpha}\boldsymbol{\alpha}^{\mathrm{T}}$ 为实对称矩阵，特征值均为实数. 又因为 $1\leqslant\mathrm{rank}(\boldsymbol{\alpha}\boldsymbol{\alpha}^{\mathrm{T}})\leqslant\mathrm{rank}(\boldsymbol{\alpha})=1$，即 $\mathrm{rank}(\boldsymbol{\alpha}\boldsymbol{\alpha}^{\mathrm{T}})=1$，因此 $\boldsymbol{\alpha}\boldsymbol{\alpha}^{\mathrm{T}}$ 只有一个非零特征值，其余 $n-1$ 个特征值均为 0，同时 $(\boldsymbol{\alpha}\boldsymbol{\alpha}^{\mathrm{T}})\boldsymbol{\alpha}=(\boldsymbol{\alpha}^{\mathrm{T}}\boldsymbol{\alpha})\boldsymbol{\alpha}=\boldsymbol{\alpha}$，因为 1 是 $\boldsymbol{\alpha}\boldsymbol{\alpha}^{\mathrm{T}}$ 的特征值，故 $\boldsymbol{\alpha}\boldsymbol{\alpha}^{\mathrm{T}}$ 的全部特征值为 $1,\underbrace{0,\cdots,0}_{n-1个}$，则 $\boldsymbol{E}+\boldsymbol{\alpha}\boldsymbol{\alpha}^{\mathrm{T}}$ 的全部特征值为 $2,\underbrace{1,\cdots,1}_{n-1个}$，所以 $|\boldsymbol{E}+\boldsymbol{\alpha}\boldsymbol{\alpha}^{\mathrm{T}}|=2\neq0$. $\boldsymbol{E}+2\boldsymbol{\alpha}\boldsymbol{\alpha}^{\mathrm{T}}$ 的全部特征值为 $3,\underbrace{1,\cdots,1}_{n-1个}$，所以 $|\boldsymbol{E}+2\boldsymbol{\alpha}\boldsymbol{\alpha}^{\mathrm{T}}|=3\neq0$. 同理 $\boldsymbol{E}-2\boldsymbol{\alpha}\boldsymbol{\alpha}^{\mathrm{T}}$ 的全部特征值为 $-1,\underbrace{1,\cdots,1}_{n-1个}$，所以 $|\boldsymbol{E}-2\boldsymbol{\alpha}\boldsymbol{\alpha}^{\mathrm{T}}|=-1\neq0$.

17. $\boldsymbol{A},\boldsymbol{B},\boldsymbol{C}$ 的特征值同为 $\lambda_1=\lambda_2=2,\lambda_3=1$，其中 $\boldsymbol{C}$ 为对角矩阵，可对角化.

$$2\boldsymbol{E}-\boldsymbol{A}=\begin{pmatrix}0 & 0 & 0\\ 0 & 0 & -1\\ 0 & 0 & 1\end{pmatrix}\to\begin{pmatrix}0 & 0 & 1\\ 0 & 0 & 0\\ 0 & 0 & 0\end{pmatrix},\quad \mathrm{rank}(2\boldsymbol{E}-\boldsymbol{A})=1,$$

对于 $\lambda_1=\lambda_2=2$，$\boldsymbol{A}$ 有两个线性无关的特征向量，$\boldsymbol{A}$ 可对角化，且 $\boldsymbol{A}\sim\boldsymbol{C}$.

$$2\boldsymbol{E}-\boldsymbol{B}=\begin{pmatrix}0&-1&0\\0&0&0\\0&0&1\end{pmatrix}\to\begin{pmatrix}0&1&0\\0&0&1\\0&0&0\end{pmatrix},\quad \operatorname{rank}(2\boldsymbol{E}-\boldsymbol{B})=2,$$

对于特征值$\lambda_1=\lambda_2=2$,$\boldsymbol{B}$有一个线性无关的特征向量,$\boldsymbol{B}$不可对角化.

18. $\boldsymbol{A}(\boldsymbol{\alpha}_1,\boldsymbol{\alpha}_2,\boldsymbol{\alpha}_3)=(\boldsymbol{\alpha}_1,\boldsymbol{\alpha}_2,\boldsymbol{\alpha}_3)\begin{pmatrix}0&0&0\\0&1&0\\0&0&2\end{pmatrix}=(0,\boldsymbol{\alpha}_2,2\boldsymbol{\alpha}_3)$,$\boldsymbol{A\alpha}_1=\boldsymbol{0}$,$\boldsymbol{A\alpha}_2=\boldsymbol{\alpha}_2$,$\boldsymbol{A\alpha}_3=2\boldsymbol{\alpha}_3$,依矩阵乘法的左分配律,$\boldsymbol{A}(\boldsymbol{\alpha}_1+\boldsymbol{\alpha}_2+\boldsymbol{\alpha}_3)=\boldsymbol{A\alpha}_1+\boldsymbol{A\alpha}_2+\boldsymbol{A\alpha}_3=\boldsymbol{\alpha}_2+2\boldsymbol{\alpha}_3$.

19. $\boldsymbol{Q}$的全部特征值为$\lambda_1=\lambda_2=\lambda_3=1$,且$\boldsymbol{E}-\boldsymbol{Q}=\begin{pmatrix}0&1&0\\0&0&1\\0&0&0\end{pmatrix}$,$\operatorname{rank}(\boldsymbol{E}-\boldsymbol{Q})=2$.设4个选项的矩阵依次为$\boldsymbol{A},\boldsymbol{B},\boldsymbol{C},\boldsymbol{D}$,它们的特征值同为$\lambda_1=\lambda_2=\lambda_3=1$,但$\operatorname{rank}(\boldsymbol{E}-\boldsymbol{A})=2$,$\operatorname{rank}(\boldsymbol{E}-\boldsymbol{B})=\operatorname{rank}(\boldsymbol{E}-\boldsymbol{C})=\operatorname{rank}(\boldsymbol{E}-\boldsymbol{D})=1$,相似矩阵的多项式相似且秩等,只有$\boldsymbol{A}$满足.且存在初等矩阵$\boldsymbol{P}=\begin{pmatrix}1&1&0\\0&1&0\\0&0&1\end{pmatrix}$,则$\boldsymbol{P}^{-1}=\begin{pmatrix}1&-1&0\\0&1&0\\0&0&1\end{pmatrix}$,且使$\boldsymbol{P}^{-1}\boldsymbol{QP}=\boldsymbol{A}$.

20. 依题设,$\boldsymbol{P}$的第1列和第3列应为属于特征值1的特征向量,$\boldsymbol{P}$的第2列为属于特征值-1的特征向量.又因为$\boldsymbol{\alpha}_1,\boldsymbol{\alpha}_2$线性无关,所以$\boldsymbol{\alpha}_1+\boldsymbol{\alpha}_2\neq\boldsymbol{0}$,也是属于特征值1的特征向量,$-\boldsymbol{\alpha}_3$是属于特征值$-1$的特征向量,则可取$\boldsymbol{P}=(\boldsymbol{\alpha}_1+\boldsymbol{\alpha}_2,-\boldsymbol{\alpha}_3,\boldsymbol{\alpha}_2)$.

二、填空题

1. $n,\underbrace{0,0,\cdots,0}_{n-1个}$; 2. $-3,0,-4,-4,-4$; 3. $-33,-14$; 4. $0,k_1\boldsymbol{\alpha}_1+k_2\boldsymbol{\alpha}_2$($k_1,k_2$为不全为零的常数);
5. 3; 6. 1; 7. 2; 8. 4或者-2; 9. 2; 10. 2; 11. 2; 12. 2,2; 13. 2; 14. $2\boldsymbol{E}$; 15. 21.

[提示]

1. $$|\lambda\boldsymbol{E}-\boldsymbol{A}|=(\lambda-n)\begin{vmatrix}1&-1&\cdots&-1\\1&\lambda-1&\ddots&\vdots\\\vdots&\ddots&\ddots&-1\\1&\cdots&-1&\lambda-1\end{vmatrix}=(\lambda-n)\begin{vmatrix}1&-1&\cdots&-1\\0&\lambda&\cdots&0\\\vdots&\ddots&\ddots&0\\0&\cdots&0&\lambda\end{vmatrix}=(\lambda-n)\lambda^{n-1}.$$

2. $$|\lambda\boldsymbol{E}-\boldsymbol{A}|=(\lambda-k-3)\begin{vmatrix}1&-1&-1&-1\\1&\lambda-k&-1&-1\\1&-1&\lambda-k&-1\\1&-1&-1&\lambda-k\end{vmatrix}=(\lambda-k-3)(\lambda-k+1)^3,$$ 因$\boldsymbol{A}$为实对称矩阵,$3=\operatorname{rank}(\boldsymbol{A})=\boldsymbol{A}$的非零特征值的个数,于是$k=-3$.

3. 设λ是$\boldsymbol{A}$的一个特征值,$\boldsymbol{A\alpha}=\lambda\boldsymbol{\alpha}(\lambda\neq0,\boldsymbol{\alpha}\neq\boldsymbol{0})$,则

$$\boldsymbol{A}^{-1}\boldsymbol{\alpha}=\frac{1}{\lambda}\boldsymbol{\alpha},\boldsymbol{A}^*\boldsymbol{\alpha}=|\boldsymbol{A}|\boldsymbol{A}^{-1}\boldsymbol{\alpha}=\frac{|\boldsymbol{A}|}{\lambda}\boldsymbol{\alpha},依题设,\lambda=-\frac{1}{3},$$

$5\boldsymbol{A}^{-1}-3\boldsymbol{A}^*$的一个特征值为$5\frac{1}{\lambda}-3\frac{|\boldsymbol{A}|}{\lambda}$,$5\boldsymbol{A}^{-1}-3\boldsymbol{A}$的一个特征值为$5\frac{1}{\lambda}-3\lambda$.

4. $\boldsymbol{Ax}=\boldsymbol{0}$有非零解,$|\boldsymbol{A}|=|0\boldsymbol{E}-\boldsymbol{A}|=0$,故$\boldsymbol{A}$有特征值0,对应的特征向量为$\boldsymbol{Ax}=\boldsymbol{0}$的全部非零解.

5. $4\boldsymbol{A}^{-1}-\boldsymbol{E}$的全部特征值为3,1,1,因此$|4\boldsymbol{A}^{-1}-\boldsymbol{E}|=3\times1\times1$.

6. $\boldsymbol{A\alpha}_1=0\boldsymbol{\alpha}_1$,0是$\boldsymbol{A}$的零特征值,$\boldsymbol{A}(2\boldsymbol{\alpha}_1+\boldsymbol{\alpha}_2)=\boldsymbol{A\alpha}_2=1\times(2\boldsymbol{\alpha}_1+\boldsymbol{\alpha}_2)$,因$\boldsymbol{\alpha}_1,\boldsymbol{\alpha}_2$线性无关,所以

$2\boldsymbol{\alpha}_1+\boldsymbol{\alpha}_2\neq\mathbf{0}$.

7. 因为 $\boldsymbol{\alpha}^{\mathrm{T}}\boldsymbol{\beta}=2,\boldsymbol{\beta}\neq\mathbf{0}$,且$(\boldsymbol{\beta}\boldsymbol{\alpha}^{\mathrm{T}})\boldsymbol{\beta}=\boldsymbol{\beta}(\boldsymbol{\alpha}^{\mathrm{T}}\boldsymbol{\beta})=2\boldsymbol{\beta}$.

8. $\boldsymbol{A}\boldsymbol{\alpha}=\lambda\boldsymbol{\alpha}(\boldsymbol{\alpha}\neq\mathbf{0})$,则$(\boldsymbol{A}^2-2\boldsymbol{A}-8\boldsymbol{E})\boldsymbol{\alpha}=(\lambda^2-2\lambda-8)\boldsymbol{\alpha}$,即 $\lambda^2-2\lambda-8=0$.

9. 设 $\boldsymbol{\alpha}=\begin{pmatrix}a_1\\a_2\\a_3\end{pmatrix},\boldsymbol{\beta}=\begin{pmatrix}b_1\\b_2\\b_3\end{pmatrix},\boldsymbol{\alpha}\boldsymbol{\beta}^{\mathrm{T}}=\begin{pmatrix}a_1\\a_2\\a_3\end{pmatrix}(b_1,b_2,b_3)=\begin{pmatrix}a_1b_1&a_1b_2&a_1b_3\\a_2b_1&a_2b_2&a_2b_3\\a_3b_1&a_3b_2&a_3b_3\end{pmatrix}\sim\begin{pmatrix}2&0&0\\0&0&0\\0&0&0\end{pmatrix}$,因此

$\mathrm{tr}(\boldsymbol{\alpha}\boldsymbol{\beta}^{\mathrm{T}})=a_1b_1+a_2b_2+a_3b_3=2+0+0=(b_1,b_2,b_3)\begin{pmatrix}a_1\\a_2\\a_3\end{pmatrix}=\boldsymbol{\beta}^{\mathrm{T}}\boldsymbol{\alpha}$.

10. $\boldsymbol{A}$ 可对角化,于是 $\boldsymbol{A}$ 的秩等于 $\boldsymbol{A}$ 的非零特征值的个数. 设 $\boldsymbol{A}$ 的特征值为 $\lambda_1,\lambda_2,\lambda_3$,因 $|\boldsymbol{A}|=\lambda_1\lambda_2\lambda_3=0$,所以 $\boldsymbol{A}$ 仅有一个特征值为 0.

11. 设 $\boldsymbol{\alpha}=\begin{pmatrix}a\\b\\c\end{pmatrix},\boldsymbol{\alpha}\boldsymbol{\alpha}^{\mathrm{T}}=\begin{pmatrix}a\\b\\c\end{pmatrix}(a,b,c)=\begin{pmatrix}a^2&ab&ac\\ab&b^2&bc\\ac&bc&c^2\end{pmatrix}$,$\boldsymbol{\alpha}\boldsymbol{\alpha}^{\mathrm{T}}$ 为实对称矩阵,可对角化,$1\leqslant\mathrm{rank}(\boldsymbol{\alpha}\boldsymbol{\alpha}^{\mathrm{T}})\leqslant\mathrm{rank}(\boldsymbol{\alpha})=1$,即 $\mathrm{rank}(\boldsymbol{\alpha}\boldsymbol{\alpha}^{\mathrm{T}})=1$=其非零特征值的个数,于是 $\boldsymbol{\alpha}\boldsymbol{\alpha}^{\mathrm{T}}$ 有两个特征值为 0,因 $\boldsymbol{\alpha}$ 为单位列向量,所以 $1=a^2+b^2+c^2=\mathrm{tr}(\boldsymbol{\alpha}\boldsymbol{\alpha}^{\mathrm{T}})$=其特征值之和,所以 $\boldsymbol{\alpha}\boldsymbol{\alpha}^{\mathrm{T}}$ 的特征值为 1, 0, 0,从而 $\boldsymbol{E}-\boldsymbol{\alpha}\boldsymbol{\alpha}^{\mathrm{T}}$ 的全部特征值为 0, 1, 1,因 $\boldsymbol{E}-\boldsymbol{\alpha}\boldsymbol{\alpha}^{\mathrm{T}}$ 是实对称矩阵,可对角化,所以 $\mathrm{rank}(\boldsymbol{E}-\boldsymbol{\alpha}\boldsymbol{\alpha}^{\mathrm{T}})=2$(其非零特征值的个数).

12. $\boldsymbol{A}$ 不可对角化,特征值 2 的几何重数小于其代数重数,即 $\mathrm{rank}(2\boldsymbol{E}-\boldsymbol{A})=2$;而特征值 1 的几何重数应等于代数重数 1,因此 $\mathrm{rank}(\boldsymbol{E}-\boldsymbol{A})=2$.

13. $\boldsymbol{\alpha}\boldsymbol{\beta}^{\mathrm{T}}$ 的特征值为 3,0,0. 又 $\mathrm{tr}(\boldsymbol{\alpha}\boldsymbol{\beta}^{\mathrm{T}})=1+0+k=3+0+0$,解之得 $k=2$.

14. 存在可逆矩阵 $\boldsymbol{P}$,使 $\boldsymbol{P}^{-1}\boldsymbol{A}\boldsymbol{P}=2\boldsymbol{E}$,则 $\boldsymbol{A}=\boldsymbol{P}(2\boldsymbol{E})\boldsymbol{P}^{-1}=2\boldsymbol{E}$.

15. 由 $\boldsymbol{A}$ 的全部特征值为 2,−2,1 知,$\boldsymbol{B}$ 的全部特征值为 3,7,1,所以 $|\boldsymbol{B}|=21$.

三、判断题

1. ×; 2. √; 3. √; 4. ×; 5. √; 6. ×; 7. √; 8. √; 9. √; 10. √.

[提示]

1. 设 $\boldsymbol{A}=\begin{pmatrix}1&0&0\\2&0&0\\3&0&0\end{pmatrix}$,则 $\boldsymbol{A}$ 的特征值为 $\lambda_1=1,\lambda_2=\lambda_3=0$,但 $\boldsymbol{A}$ 可对角化.

2. $0=|\boldsymbol{A}|=|0\boldsymbol{E}-\boldsymbol{A}|$,依 5.2 节定理 1,0 是 $\boldsymbol{A}$ 的一个特征值.

3. $\boldsymbol{A}\boldsymbol{\alpha}=\lambda_0\boldsymbol{\alpha}(\boldsymbol{\alpha}\neq\mathbf{0})$,则$(\boldsymbol{A}^2-\boldsymbol{E})\boldsymbol{\alpha}=(\lambda_0^2-1)\boldsymbol{\alpha}$.

4. 设 $\boldsymbol{A}=\begin{pmatrix}1&0\\0&0\end{pmatrix},\boldsymbol{B}=\begin{pmatrix}0&0\\0&2\end{pmatrix}$,$\lambda=1,\mu=1$ 分别是 $\boldsymbol{A},\boldsymbol{B}$ 的特征值,但是 $\lambda+\mu=3$ 不是 $\boldsymbol{A}+\boldsymbol{B}=\begin{pmatrix}1&0\\0&2\end{pmatrix}$的特征值.

5. $\boldsymbol{A}^{\mathrm{T}}\boldsymbol{A}=\boldsymbol{E}$,$\boldsymbol{A}$ 可逆,因此 $\lambda\neq0$,设 $\boldsymbol{A}\boldsymbol{\alpha}=\lambda\boldsymbol{\alpha}(\boldsymbol{\alpha}\neq\mathbf{0})$,$\boldsymbol{A}^{\mathrm{T}}\boldsymbol{A}\boldsymbol{\alpha}=\lambda\boldsymbol{A}^{\mathrm{T}}\boldsymbol{\alpha}$,即 $\boldsymbol{\alpha}=\lambda\boldsymbol{A}^{\mathrm{T}}\boldsymbol{\alpha}$,从而 $\boldsymbol{A}^{\mathrm{T}}\boldsymbol{\alpha}=\frac{1}{\lambda}\boldsymbol{\alpha}$,即 $\frac{1}{\lambda}$是 $\boldsymbol{A}^{\mathrm{T}}$ 的一个特征值. 又 $\boldsymbol{A}$ 与 $\boldsymbol{A}^{\mathrm{T}}$ 具有完全相同的特征值,所以$\frac{1}{\lambda}$也是 $\boldsymbol{A}$ 的一个特征值.

6. 线性组合满足非零才可为 $\boldsymbol{A}$ 的属于同一特征值的特征向量.

7. 因为 $\boldsymbol{\alpha}_1,\boldsymbol{\alpha}_2$ 线性无关,故 $\boldsymbol{\alpha}_1+\boldsymbol{\alpha}_2\neq\mathbf{0}$,依特征向量的性质,仍是 $\boldsymbol{A}$ 的属于同一特征值的特征向量.

8. 线性方程组$(\lambda_0\boldsymbol{E}-\boldsymbol{A})\boldsymbol{x}=\mathbf{0}$ 有非零解,则 $\mathrm{rank}(\lambda_0\boldsymbol{E}-\boldsymbol{A})<n$.

9. $\boldsymbol{A}$ 是对合矩阵,$\boldsymbol{A}$ 的特征值只能是 1 或 −1,因此 $|8\boldsymbol{E}-\boldsymbol{A}|\neq0$.

10. $A^{-1}(AB)A=BA$，即 $AB\sim BA$.

四、解答题

1. (1)$\boldsymbol{\beta}=2\boldsymbol{\alpha}_1-2\boldsymbol{\alpha}_2+\boldsymbol{\alpha}_3$；(2)$A^m\boldsymbol{\beta}=\begin{pmatrix}2-2^{m+1}+3^m\\2-2^{m+2}+3^{m+1}\\2-2^{m+3}+3^{m+2}\end{pmatrix}$.

[提示] (1) 设 $\boldsymbol{\alpha}_1,\boldsymbol{\alpha}_2,\boldsymbol{\alpha}_3$ 是 A 的分属不同特征值的特征向量，$\boldsymbol{\alpha}_1,\boldsymbol{\alpha}_2,\boldsymbol{\alpha}_3$ 线性无关，它们是 $\mathbb{R}^3$ 的一个基，设 $\boldsymbol{\beta}=x_1\boldsymbol{\alpha}_1+x_2\boldsymbol{\alpha}_2+x_3\boldsymbol{\alpha}_3=(\boldsymbol{\alpha}_1,\boldsymbol{\alpha}_2,\boldsymbol{\alpha}_3)\begin{pmatrix}x_1\\x_2\\x_3\end{pmatrix}$，则 $\begin{pmatrix}x_1\\x_2\\x_3\end{pmatrix}=(\boldsymbol{\alpha}_1,\boldsymbol{\alpha}_2,\boldsymbol{\alpha}_3)^{-1}\boldsymbol{\beta}$,

$$(\boldsymbol{\alpha}_1,\boldsymbol{\alpha}_2,\boldsymbol{\alpha}_3\mid\boldsymbol{\beta})\to\left(\begin{array}{ccc|c}1&0&0&2\\0&1&0&-2\\0&0&1&1\end{array}\right).$$

(2) $A\boldsymbol{\alpha}_1=\boldsymbol{\alpha}_1,A\boldsymbol{\alpha}_2=2\boldsymbol{\alpha}_2,A\boldsymbol{\alpha}_3=3\boldsymbol{\alpha}_3$，于是 $A^m\boldsymbol{\alpha}_1=\boldsymbol{\alpha}_1,A^m\boldsymbol{\alpha}_2=2^m\boldsymbol{\alpha}_2,A^m\boldsymbol{\alpha}_3=3^m\boldsymbol{\alpha}_3,A^m\boldsymbol{\beta}=2A^m\boldsymbol{\alpha}_1-2A^m\boldsymbol{\alpha}_2+A^m\boldsymbol{\alpha}_3=2\boldsymbol{\alpha}_1-2^{m+1}\boldsymbol{\alpha}_2+3^m\boldsymbol{\alpha}_3$.

2. (2)$P^{-1}AP=\begin{pmatrix}-1&0&0\\0&1&1\\0&0&1\end{pmatrix}$.

[提示] (1) $A\boldsymbol{\alpha}_1=-\boldsymbol{\alpha}_1,A\boldsymbol{\alpha}_2=\boldsymbol{\alpha}_2$，反证法. 假设 $\boldsymbol{\alpha}_1,\boldsymbol{\alpha}_2,\boldsymbol{\alpha}_3$ 线性相关，而 $\boldsymbol{\alpha}_1,\boldsymbol{\alpha}_2$ 线性无关，设 $\boldsymbol{\alpha}_3=k_1\boldsymbol{\alpha}_1+k_2\boldsymbol{\alpha}_2,A\boldsymbol{\alpha}_3=k_1A\boldsymbol{\alpha}_1+k_2A\boldsymbol{\alpha}_2$，代入 $A\boldsymbol{\alpha}_3=\boldsymbol{\alpha}_2+\boldsymbol{\alpha}_3$，有 $2k_1\boldsymbol{\alpha}_1+\boldsymbol{\alpha}_2=\boldsymbol{0}$，则 $\boldsymbol{\alpha}_1,\boldsymbol{\alpha}_2$ 线性相关，矛盾.

(2) $A(\boldsymbol{\alpha}_1,\boldsymbol{\alpha}_2,\boldsymbol{\alpha}_3)=(\boldsymbol{\alpha}_1,\boldsymbol{\alpha}_2,\boldsymbol{\alpha}_3)\begin{pmatrix}-1&0&0\\0&1&1\\0&0&1\end{pmatrix}$，$\boldsymbol{\alpha}_1,\boldsymbol{\alpha}_2,\boldsymbol{\alpha}_3$ 线性无关，令 $P=(\boldsymbol{\alpha}_1,\boldsymbol{\alpha}_2,\boldsymbol{\alpha}_3)$，则 P 可逆.

3. (2)$A=\begin{pmatrix}-6&12&-3\\-6&12&-3\\-6&12&-3\end{pmatrix}$；$A^{100}=3^{100}\begin{pmatrix}-2&4&-1\\-2&4&-1\\-2&4&-1\end{pmatrix}$.

[提示] (1) 设 $\boldsymbol{\alpha}_1=\begin{pmatrix}1\\0\\-2\end{pmatrix},\boldsymbol{\alpha}_2=\begin{pmatrix}2\\1\\0\end{pmatrix}$，依题设，$A\boldsymbol{\alpha}_1=\boldsymbol{0}=0\boldsymbol{\alpha}_1,A\boldsymbol{\alpha}_2=\boldsymbol{0}=0\boldsymbol{\alpha}_2$，令 $\boldsymbol{\alpha}_3=\begin{pmatrix}1\\1\\1\end{pmatrix}$，则 $A\boldsymbol{\alpha}_3=3\boldsymbol{\alpha}_3$，$\boldsymbol{\alpha}_1,\boldsymbol{\alpha}_2,\boldsymbol{\alpha}_3$ 线性无关，从而 A 可对角化.

(2) 记 $P=(\boldsymbol{\alpha}_1,\boldsymbol{\alpha}_2,\boldsymbol{\alpha}_3)$，则 P 可逆，且 $P^{-1}AP=\boldsymbol{\Lambda}=\begin{pmatrix}0&0&0\\0&0&0\\0&0&3\end{pmatrix}$，即

$$A=P\boldsymbol{\Lambda}P^{-1}=\begin{pmatrix}1&2&1\\0&1&1\\-2&0&1\end{pmatrix}\begin{pmatrix}0&0&0\\0&0&0\\0&0&3\end{pmatrix}\begin{pmatrix}-1&2&-1\\2&-3&1\\-2&4&-1\end{pmatrix},\quad A^{100}=P\boldsymbol{\Lambda}^{100}P^{-1}.$$

4. (1)$\mu_1=-2,\mu_2=\mu_3=1$，属于 $\mu_1=-2$ 的全部特征向量为 $\{k_1\boldsymbol{\alpha}_1\mid k_1\in\mathbb{R}$ 且 $k_1\neq 0\}$；属于 $\mu_2=\mu_3=1$ 的全部特征向量为 $\left\{k_2\begin{pmatrix}1\\1\\0\end{pmatrix}+k_3\begin{pmatrix}-1\\0\\1\end{pmatrix}\middle|\,k_2,k_3\in\mathbb{R},k_2,k_3\text{ 不全为 }0\right\}$. (2)$B=\begin{pmatrix}0&1&-1\\1&0&1\\-1&1&0\end{pmatrix}$.

[提示] (1) 设 $\boldsymbol{\alpha}\neq\boldsymbol{0}$，且 $A\boldsymbol{\alpha}=\lambda\boldsymbol{\alpha}$，于是 $B\boldsymbol{\alpha}=(A^5-4A^3+E)\boldsymbol{\alpha}=(\lambda^5-4\lambda^3+1)\boldsymbol{\alpha}$，$\lambda^5-4\lambda^3+1$ 是 B 的一个特征值，$\boldsymbol{\alpha}$ 为 B 的属于 $\lambda^5-4\lambda^3+1$ 的特征向量. 由 A 的全部特征值为 $\lambda_1=1,\lambda_2=2,\lambda_3=-2$，得 B 的

全部特征值为 $\mu_1=-2,\mu_2=\mu_3=1$. 又 $\boldsymbol{A\alpha}_1=\lambda_1\boldsymbol{\alpha}_1$，于是 $\boldsymbol{B\alpha}_1=\mu_1\boldsymbol{\alpha}_1$，即 $\boldsymbol{\alpha}_1$ 为 $\boldsymbol{B}$ 的属于 $\mu_1=-2$ 的一个特征向量，$\boldsymbol{B}^{\mathrm{T}}=(\boldsymbol{A}^5-4\boldsymbol{A}^3+\boldsymbol{E})^{\mathrm{T}}=\boldsymbol{B}$，设 $\boldsymbol{B}$ 的属于 $\mu_2=\mu_3=1$ 的特征向量为 $\boldsymbol{\beta}=(x_1,x_2,x_3)^{\mathrm{T}}$，则 $\boldsymbol{\beta\alpha}_1^{\mathrm{T}}=0$，即 $x_1-x_2+x_3=0$，其基础解系 $\boldsymbol{\alpha}_2=\begin{pmatrix}1\\1\\0\end{pmatrix}$，$\boldsymbol{\alpha}_3=\begin{pmatrix}-1\\0\\1\end{pmatrix}$ 为 $\boldsymbol{B}$ 的属于 $\mu_2=\mu_3=1$ 的特征子空间的一个基.

(2) $\boldsymbol{\alpha}_1,\boldsymbol{\alpha}_2,\boldsymbol{\alpha}_3$ 线性无关，令 $\boldsymbol{P}=(\boldsymbol{\alpha}_1,\boldsymbol{\alpha}_2,\boldsymbol{\alpha}_3)$，则 $\boldsymbol{P}$ 可逆，且使

$$\boldsymbol{B}=\boldsymbol{P\Lambda P}^{-1}=\begin{pmatrix}1&1&-1\\-1&1&0\\1&0&1\end{pmatrix}\begin{pmatrix}-2&&\\&1&\\&&1\end{pmatrix}\left(\frac{1}{3}\begin{pmatrix}1&-1&1\\1&2&1\\-1&1&2\end{pmatrix}\right).$$

5. (1) $\begin{pmatrix}-2+2^{99}&1-2^{99}&2-2^{98}\\-2+2^{100}&1-2^{100}&2-2^{99}\\0&0&0\end{pmatrix}$；(2) $\boldsymbol{\beta}_1=(-2+2^{99})\boldsymbol{\alpha}_1+(-2+2^{100})\boldsymbol{\alpha}_2$，$\boldsymbol{\beta}_2=(1-2^{99})\boldsymbol{\alpha}_1+(1-2^{100})\boldsymbol{\alpha}_2$，$\boldsymbol{\beta}_3=(2-2^{98})\boldsymbol{\alpha}_1+(2-2^{99})\boldsymbol{\alpha}_2$.

[提示] (1) $\boldsymbol{A}$ 的特征多项式为

$$|\lambda\boldsymbol{E}-\boldsymbol{A}|=\begin{vmatrix}\lambda&1&-1\\-2&\lambda+3&0\\0&0&\lambda\end{vmatrix}=\lambda\begin{vmatrix}\lambda&1\\-2&\lambda+3\end{vmatrix}=\lambda(\lambda+2)(\lambda+1),$$

$\boldsymbol{A}$ 的全部特征值为 $\lambda_1=-2,\lambda_2=-1,\lambda_3=0$.

对于 $\lambda_1=-2$，解线性方程组 $(-2\boldsymbol{E}-\boldsymbol{A})\boldsymbol{x}=\boldsymbol{0}$，由 $-2\boldsymbol{E}-\boldsymbol{A}=\begin{pmatrix}-2&1&-1\\-2&1&0\\0&0&-2\end{pmatrix}\to\begin{pmatrix}-2&1&0\\0&0&1\\0&0&0\end{pmatrix}$，得其基础解系为 $\boldsymbol{\eta}_1=\begin{pmatrix}1\\2\\0\end{pmatrix}$；对于 $\lambda_2=-1$，解线性方程组 $(-\boldsymbol{E}-\boldsymbol{A})\boldsymbol{x}=\boldsymbol{0}$，由 $-\boldsymbol{E}-\boldsymbol{A}=\begin{pmatrix}-1&1&-1\\-2&2&0\\0&0&-1\end{pmatrix}\to\begin{pmatrix}-1&1&0\\0&0&1\\0&0&0\end{pmatrix}$，得其基础解系为 $\boldsymbol{\eta}_2=\begin{pmatrix}1\\1\\0\end{pmatrix}$；对于 $\lambda_3=0$，解线性方程组 $(0\boldsymbol{E}-\boldsymbol{A})\boldsymbol{x}=\boldsymbol{0}$，由 $-\boldsymbol{A}=\begin{pmatrix}0&1&-1\\-2&3&0\\0&0&0\end{pmatrix}\to\begin{pmatrix}2&0&-3\\0&1&-1\\0&0&0\end{pmatrix}$，得其基础解系为 $\boldsymbol{\eta}_3=\begin{pmatrix}3\\2\\2\end{pmatrix}$.

依定理，$\boldsymbol{\eta}_1,\boldsymbol{\eta}_2,\boldsymbol{\eta}_3$ 线性无关，令 $\boldsymbol{P}=(\boldsymbol{\eta}_1,\boldsymbol{\eta}_2,\boldsymbol{\eta}_3)$，则 $\boldsymbol{P}$ 可逆，且使

$$\boldsymbol{P}^{-1}\boldsymbol{AP}=\boldsymbol{\Lambda}=\begin{pmatrix}-2&&\\&-1&\\&&0\end{pmatrix},\quad 则\ \boldsymbol{A}=\boldsymbol{P\Lambda P}^{-1},\quad \boldsymbol{A}^{99}=\boldsymbol{P\Lambda}^{99}\boldsymbol{P}^{-1},$$

其中利用初等行变换法 $(\boldsymbol{P}|\boldsymbol{E})\to(\boldsymbol{E}|\boldsymbol{P}^{-1})$，可得 $\boldsymbol{P}^{-1}=\begin{pmatrix}-1&1&1/2\\2&-1&-2\\0&0&1/2\end{pmatrix}$.

(2) 依矩阵乘法的结合律，有

$$\boldsymbol{B}^2=\boldsymbol{BA},\quad \boldsymbol{B}^3=\boldsymbol{B}(\boldsymbol{BA})=\boldsymbol{B}^2\boldsymbol{A}=(\boldsymbol{BA})\boldsymbol{A}=\boldsymbol{BA}^2,\cdots,\boldsymbol{B}^{100}=\boldsymbol{BA}^{99},$$

即

$$\boldsymbol{B}^{100}=(\boldsymbol{\beta}_1,\boldsymbol{\beta}_2,\boldsymbol{\beta}_3)=(\boldsymbol{\alpha}_1,\boldsymbol{\alpha}_2,\boldsymbol{\alpha}_3)\boldsymbol{A}^{99}.$$

6. (1)$a=4,b=5$；(2)$\boldsymbol{P}=\begin{pmatrix}2&-3&1\\1&0&1\\0&1&-1\end{pmatrix}$，$\boldsymbol{\Lambda}=\begin{pmatrix}1&&\\&1&\\&&5\end{pmatrix}$.

[提示] (1) 因 $\boldsymbol{A}\sim\boldsymbol{B}$，则 $\begin{cases}\operatorname{tr}(\boldsymbol{A})=\operatorname{tr}(\boldsymbol{B}),\\|\boldsymbol{A}|=|\boldsymbol{B}|,\end{cases}$ 即 $\begin{cases}2a=b+3,\\a-b=-1,\end{cases}$ 解之得 $a=4,b=5$.

(2) 因 $\boldsymbol{A}\sim\boldsymbol{B}$，则 $|\lambda\boldsymbol{E}-\boldsymbol{A}|=|\lambda\boldsymbol{E}-\boldsymbol{B}|=\begin{vmatrix}\lambda-1&2&0\\0&\lambda-5&0\\0&-3&\lambda-1\end{vmatrix}=(\lambda-1)^2(\lambda-5)$，因此 $\boldsymbol{A}$ 的全部特征值为 $\lambda_1=\lambda_2=1,\lambda_3=5$.

对于 $\lambda_1=\lambda_2=1$，解方程组 $(\boldsymbol{E}-\boldsymbol{A})\boldsymbol{x}=\boldsymbol{0}$，由 $\boldsymbol{E}-\boldsymbol{A}\to\begin{pmatrix}1&-2&3\\0&0&0\\0&0&0\end{pmatrix}$，得其基础解系为 $\boldsymbol{\alpha}_1=\begin{pmatrix}2\\1\\0\end{pmatrix}$，$\boldsymbol{\alpha}_2=\begin{pmatrix}-3\\0\\1\end{pmatrix}$，对于 $\lambda_3=5$，解方程组 $(5\boldsymbol{E}-\boldsymbol{A})\boldsymbol{x}=\boldsymbol{0}$，由 $5\boldsymbol{E}-\boldsymbol{A}\to\begin{pmatrix}1&0&1\\0&1&1\\0&0&0\end{pmatrix}$，得其基础解系为 $\boldsymbol{\alpha}_3=\begin{pmatrix}1\\1\\-1\end{pmatrix}$，令 $\boldsymbol{P}=(\boldsymbol{\alpha}_1,\boldsymbol{\alpha}_2,\boldsymbol{\alpha}_3)$，则 $\boldsymbol{P}$ 可逆，且使 $\boldsymbol{P}^{-1}\boldsymbol{A}\boldsymbol{P}=\boldsymbol{\Lambda}$.

五、证明题

1. [提示] (1) 依题设，$\boldsymbol{A}_j\,(j=1,2,3)$ 都是幂等矩阵，且 $\boldsymbol{A}_j\neq\boldsymbol{0},\boldsymbol{A}_j\neq\boldsymbol{E}$，依例 5.2.2 结论，$\boldsymbol{A}_j$ 有且仅有特征值 0 和 1.

(2) 设 $\boldsymbol{A}_j\boldsymbol{\beta}_j=\boldsymbol{\beta}_j\,(\boldsymbol{\beta}_j\neq\boldsymbol{0},j=1,2,3)$，则 $\boldsymbol{A}_i\boldsymbol{\beta}_j=\boldsymbol{A}_i\boldsymbol{A}_j\boldsymbol{\beta}_j=\boldsymbol{0}\,(i\neq j)$.

(3) 设 $k_1\boldsymbol{\alpha}_1+k_2\boldsymbol{\alpha}_2+k_3\boldsymbol{\alpha}_3=0$，用 $\boldsymbol{A}_1$ 左乘等式两端，$k_1\boldsymbol{A}_1\boldsymbol{\alpha}_1+k_2\boldsymbol{A}_1\boldsymbol{\alpha}_2+k_3\boldsymbol{A}_1\boldsymbol{\alpha}_3=\boldsymbol{0}$，由(2)知，$\boldsymbol{A}_1\boldsymbol{\alpha}_1=\boldsymbol{\alpha}_1,\boldsymbol{A}_1\boldsymbol{\alpha}_2=\boldsymbol{A}_1\boldsymbol{\alpha}_3=\boldsymbol{0}$，则 $k_1\boldsymbol{\alpha}_1=\boldsymbol{0},k_1=0$，同理 $k_2=k_3=0$.

(4) 令 $\boldsymbol{P}=(\boldsymbol{\alpha}_1,\boldsymbol{\alpha}_2,\boldsymbol{\alpha}_3)$，由(3)知，$\boldsymbol{P}$ 可逆，且使

$$\boldsymbol{P}^{-1}\boldsymbol{A}_1\boldsymbol{P}=\begin{pmatrix}1&0&0\\0&0&0\\0&0&0\end{pmatrix}.\text{同理 }\boldsymbol{P}^{-1}\boldsymbol{A}_2\boldsymbol{P}=\begin{pmatrix}0&0&0\\0&1&0\\0&0&0\end{pmatrix},\boldsymbol{P}^{-1}\boldsymbol{A}_3\boldsymbol{P}=\begin{pmatrix}0&0&0\\0&0&0\\0&0&1\end{pmatrix}.$$

2. (2) $\begin{pmatrix}0&6\\1&-1\end{pmatrix}$，$\boldsymbol{A}$ 相似于对角矩阵.

[提示] (1) 假设 $k_1\boldsymbol{\alpha}+k_2\boldsymbol{A}\boldsymbol{\alpha}=\boldsymbol{0}$，若 $k_2=0$，则 $k_1\boldsymbol{\alpha}=\boldsymbol{0}$. 又因 $\boldsymbol{\alpha}\neq\boldsymbol{0}$，所以 $k_1=0$，若 $k_2\neq0$，则 $\boldsymbol{A}\boldsymbol{\alpha}=-\dfrac{k_1}{k_2}\boldsymbol{\alpha}$，依定义，$\boldsymbol{\alpha}$ 是 $\boldsymbol{A}$ 的属于特征值 $-\dfrac{k_1}{k_2}$ 的特征向量，矛盾！故只有 $k_1=k_2=0$，即 $\boldsymbol{\alpha},\boldsymbol{A}\boldsymbol{\alpha}$ 线性无关，$\boldsymbol{P}$ 可逆.

(2) 依题设，$\boldsymbol{A}^2\boldsymbol{\alpha}=6\boldsymbol{\alpha}-\boldsymbol{A}\boldsymbol{\alpha}$，于是

$$\boldsymbol{AP}=\boldsymbol{A}(\boldsymbol{\alpha},\boldsymbol{A}\boldsymbol{\alpha})=(\boldsymbol{A}\boldsymbol{\alpha},\boldsymbol{A}^2\boldsymbol{\alpha})=(\boldsymbol{A}\boldsymbol{\alpha},6\boldsymbol{\alpha}-\boldsymbol{A}\boldsymbol{\alpha})=(\boldsymbol{\alpha},\boldsymbol{A}\boldsymbol{\alpha})\begin{pmatrix}0&6\\1&-1\end{pmatrix}=\boldsymbol{P}\begin{pmatrix}0&6\\1&-1\end{pmatrix},$$

$\boldsymbol{P}^{-1}\boldsymbol{AP}=\begin{pmatrix}0&6\\1&-1\end{pmatrix}$. 令 $\boldsymbol{B}=\begin{pmatrix}0&6\\1&-1\end{pmatrix}$，则 $\boldsymbol{A}\sim\boldsymbol{B}$，所以 $\boldsymbol{A},\boldsymbol{B}$ 有相同的特征值，

$$|\lambda\boldsymbol{E}-\boldsymbol{B}|=\begin{vmatrix}\lambda&-6\\-1&\lambda+1\end{vmatrix}=(\lambda+3)(\lambda-2),$$

即 $\boldsymbol{B}$ 有两个不同的特征值 $\lambda_1=-3,\lambda_2=2$，从而 $\boldsymbol{A}$ 有两个不同的特征值.

第6章 二次型·矩阵的合同

习题 6-1

1. (1) $\begin{pmatrix}x_1\\x_2\\x_3\end{pmatrix}=\begin{pmatrix}\frac{2}{\sqrt5} & 0 & -\frac{1}{\sqrt5}\\ 0 & 1 & 0\\ \frac{1}{\sqrt5} & 0 & \frac{2}{\sqrt5}\end{pmatrix}\begin{pmatrix}y_1\\y_2\\y_3\end{pmatrix}$，$f(x_1,x_2,x_3)=2y_1^2+2y_2^2-3y_3^2$；

(2) $\begin{pmatrix}x_1\\x_2\\x_3\end{pmatrix}=\begin{pmatrix}1/\sqrt2 & -1/2 & -1/2\\ 0 & -\sqrt2/2 & \sqrt2/2\\ 1/\sqrt2 & 1/2 & 1/2\end{pmatrix}\begin{pmatrix}y_1\\y_2\\y_3\end{pmatrix}$，$f(x_1,x_2,x_3)=\sqrt2 y_2^2-\sqrt2 y_3^2$.

[提示] (1) 依题设，二次型的矩阵为 $\boldsymbol{A}=\begin{pmatrix}1&0&2\\0&2&0\\2&0&-2\end{pmatrix}$，$|\lambda\boldsymbol{E}-\boldsymbol{A}|=\begin{vmatrix}\lambda-1&0&-2\\0&\lambda-2&0\\-2&0&\lambda+2\end{vmatrix}=(\lambda-2)\cdot\begin{vmatrix}\lambda-1&-2\\-2&\lambda+2\end{vmatrix}=(\lambda-2)^2(\lambda+3)$，$\boldsymbol{A}$ 的全部特征值为 $\lambda_1=\lambda_2=2,\lambda_3=-3$.

对于 $\lambda_1=\lambda_2=2$，解线性方程组 $(2\boldsymbol{E}-\boldsymbol{A})\boldsymbol{x}=\boldsymbol{0}$，由 $2\boldsymbol{E}-\boldsymbol{A}\to\begin{pmatrix}1&0&-2\\0&0&0\\0&0&0\end{pmatrix}$，得其基础解系为 $\boldsymbol{\xi}_1=\begin{pmatrix}2\\0\\1\end{pmatrix}$，$\boldsymbol{\xi}_2=\begin{pmatrix}0\\1\\0\end{pmatrix}$；对于 $\lambda_3=-3$，解线性方程组 $(-3\boldsymbol{E}-\boldsymbol{A})\boldsymbol{x}=\boldsymbol{0}$，由 $-3\boldsymbol{E}-\boldsymbol{A}\to\begin{pmatrix}1&0&1/2\\0&1&0\\0&0&0\end{pmatrix}$，得其基础解系为 $\boldsymbol{\xi}_3=\begin{pmatrix}-1\\0\\2\end{pmatrix}$. 对正交向量组 $\boldsymbol{\xi}_1,\boldsymbol{\xi}_2,\boldsymbol{\xi}_3$ 施以单位化，得 $\boldsymbol{\eta}_1,\boldsymbol{\eta}_2,\boldsymbol{\eta}_3$，令 $\boldsymbol{Q}=(\boldsymbol{\eta}_1,\boldsymbol{\eta}_2,\boldsymbol{\eta}_3)$，则 $\boldsymbol{Q}$ 是正交矩阵，且使

$$\boldsymbol{Q}^{-1}\boldsymbol{A}\boldsymbol{Q}=\boldsymbol{Q}^{\mathrm T}\boldsymbol{A}\boldsymbol{Q}=\begin{pmatrix}2&&\\&2&\\&&-3\end{pmatrix},$$

令正交替换 $\begin{pmatrix}x_1\\x_2\\x_3\end{pmatrix}=\boldsymbol{Q}\begin{pmatrix}y_1\\y_2\\y_3\end{pmatrix}$，化二次型为标准形.

(2) 依题设，二次型的矩阵为 $\boldsymbol{A}=\begin{pmatrix}0&1&0\\1&0&-1\\0&-1&0\end{pmatrix}$，$|\lambda\boldsymbol{E}-\boldsymbol{A}|=\begin{vmatrix}\lambda&-1&0\\-1&\lambda&1\\0&1&\lambda\end{vmatrix}=\begin{vmatrix}0&\lambda^2-1&\lambda\\-1&\lambda&1\\0&1&\lambda\end{vmatrix}=\lambda(\lambda-\sqrt2)(\lambda+\sqrt2)$，$\boldsymbol{A}$ 的全部特征值为 $\lambda_1=0,\lambda_2=\sqrt2,\lambda_3=-\sqrt2$.

对于 $\lambda_1=0$，解线性方程组 $(0\boldsymbol{E}-\boldsymbol{A})\boldsymbol{x}=\boldsymbol{0}$，由 $0\boldsymbol{E}-\boldsymbol{A}\to\begin{pmatrix}1&0&-1\\0&1&0\\0&0&0\end{pmatrix}$，得其基础解系为 $\boldsymbol{\xi}_1=\begin{pmatrix}1\\0\\1\end{pmatrix}$；对于

$\lambda_2=\sqrt{2}$，解线性方程组$(\sqrt{2}\boldsymbol{E}-\boldsymbol{A})\boldsymbol{x}=\boldsymbol{0}$，由$\sqrt{2}\boldsymbol{E}-\boldsymbol{A}\to\begin{pmatrix}1&0&1\\0&1&\sqrt{2}\\0&0&0\end{pmatrix}$，得其基础解系为$\boldsymbol{\xi}_2=\begin{pmatrix}-1\\-\sqrt{2}\\1\end{pmatrix}$；对于$\lambda_3=-\sqrt{2}$，解线性方程组$(-\sqrt{2}\boldsymbol{E}-\boldsymbol{A})\boldsymbol{x}=\boldsymbol{0}$，由$-\sqrt{2}\boldsymbol{E}-\boldsymbol{A}\to\begin{pmatrix}1&0&1\\0&1&-\sqrt{2}\\0&0&0\end{pmatrix}$，得其基础解系为$\boldsymbol{\xi}_3=\begin{pmatrix}-1\\\sqrt{2}\\1\end{pmatrix}$.

将正交向量组$\boldsymbol{\xi}_1,\boldsymbol{\xi}_2,\boldsymbol{\xi}_3$施以单位化，得$\boldsymbol{\eta}_1,\boldsymbol{\eta}_2,\boldsymbol{\eta}_3$，令$\boldsymbol{Q}=(\boldsymbol{\eta}_1,\boldsymbol{\eta}_2,\boldsymbol{\eta}_3)$，则$\boldsymbol{Q}$是正交矩阵，且使

$$\boldsymbol{Q}^{-1}\boldsymbol{A}\boldsymbol{Q}=\boldsymbol{Q}^{\mathrm{T}}\boldsymbol{A}\boldsymbol{Q}=\begin{pmatrix}0&&\\&\sqrt{2}&\\&&-\sqrt{2}\end{pmatrix},$$

令正交替换$\begin{pmatrix}x_1\\x_2\\x_3\end{pmatrix}=\boldsymbol{Q}\begin{pmatrix}y_1\\y_2\\y_3\end{pmatrix}$，化二次型为标准形.

2. (1) $\begin{pmatrix}x_1\\x_2\\x_3\end{pmatrix}=\begin{pmatrix}1&0&-2\\0&1&0\\0&0&1\end{pmatrix}\begin{pmatrix}y_1\\y_2\\y_3\end{pmatrix}$，$f(x_1,x_2,x_3)=y_1^2+2y_2^2-6y_3^2$；

(2) $\begin{pmatrix}x_1\\x_2\\x_3\end{pmatrix}=\begin{pmatrix}1&1/2&1\\1&-1/2&0\\0&0&1\end{pmatrix}\begin{pmatrix}z_1\\z_2\\z_3\end{pmatrix}$，$f(x_1,x_2,x_3)=2z_1^2-\frac{1}{2}z_2^2$.

［提示］(1) $f(x_1,x_2,x_3)=(x_1^2+4x_1x_3)+2x_2^2-2x_3^2$
$=(x_1+2x_3)^2-4x_3^2+2x_2^2-2x_3^2=(x_1+2x_3)^2+2x_2^2-6x_3^2$，

令$\begin{cases}y_1=x_1+2x_3,\\y_2=x_2,\\y_3=x_3,\end{cases}$ 即$\begin{cases}x_1=y_1-2y_3,\\x_2=y_2,\\x_3=y_3,\end{cases}$ 作可逆线性替换$\begin{pmatrix}x_1\\x_2\\x_3\end{pmatrix}=\begin{pmatrix}1&0&-2\\0&1&0\\0&0&1\end{pmatrix}\begin{pmatrix}y_1\\y_2\\y_3\end{pmatrix}$.

(2) 令$\begin{cases}x_1=y_1+y_2,\\x_2=y_1-y_2,\\x_3=y_3,\end{cases}$作可逆线性替换$\begin{pmatrix}x_1\\x_2\\x_3\end{pmatrix}=\begin{pmatrix}1&1&0\\1&-1&0\\0&0&1\end{pmatrix}\begin{pmatrix}y_1\\y_2\\y_3\end{pmatrix}$，使

$$\begin{aligned}f(x_1,x_2,x_3)&=2(y_1+y_2)(y_1-y_2)-2(y_1-y_2)y_3=2y_1^2-2y_2^2-2y_1y_3+2y_2y_3\\&=2(y_1^2-y_1y_3)-2y_2^2+2y_2y_3=2\left(y_1-\frac{1}{2}y_3\right)^2-\frac{1}{2}(2y_2-y_3)^2,\end{aligned}$$

令$\begin{cases}z_1=y_1-\frac{1}{2}y_3,\\z_2=2y_2-y_3,\\z_3=y_3,\end{cases}$ 即$\begin{cases}y_1=z_1+\frac{1}{2}z_3,\\y_2=\frac{1}{2}z_2+\frac{1}{2}z_3,\\y_3=z_3,\end{cases}$作可逆线性替换$\begin{pmatrix}y_1\\y_2\\y_3\end{pmatrix}=\begin{pmatrix}1&0&1/2\\0&1/2&1/2\\0&0&1\end{pmatrix}\begin{pmatrix}z_1\\z_2\\z_3\end{pmatrix}$，化二次型为标准形，则线性替换$\begin{pmatrix}x_1\\x_2\\x_3\end{pmatrix}=\begin{pmatrix}1&1&0\\1&-1&0\\0&0&1\end{pmatrix}\begin{pmatrix}y_1\\y_2\\y_3\end{pmatrix}=\begin{pmatrix}1&1/2&1\\1&-1/2&0\\0&0&1\end{pmatrix}\begin{pmatrix}z_1\\z_2\\z_3\end{pmatrix}$可逆.

3. (1) $\begin{pmatrix}x_1\\x_2\\x_3\end{pmatrix}=\begin{pmatrix}1&0&-2\\0&1&0\\0&0&1\end{pmatrix}\begin{pmatrix}y_1\\y_2\\y_3\end{pmatrix}$，$f(x_1,x_2,x_3)=y_1^2+2y_2^2-6y_3^2$；

(2) $\begin{pmatrix}x_1\\x_2\\x_3\end{pmatrix}=\begin{pmatrix}1&-1/2&1\\1&1/2&0\\0&0&1\end{pmatrix}\begin{pmatrix}y_1\\y_2\\y_3\end{pmatrix}$，$f(x_1,x_2,x_3)=2y_1^2-\dfrac{1}{2}y_2^2$.

[提 示] (1) $\begin{pmatrix}1&0&2\\0&2&0\\2&0&-2\\\hline 1&0&0\\0&1&0\\0&0&1\end{pmatrix}\xrightarrow{\langle 3\rangle+(-2)\langle 1\rangle}\begin{pmatrix}1&0&2\\0&2&0\\0&0&-6\\\hline 1&0&0\\0&1&0\\0&0&1\end{pmatrix}\xrightarrow[\langle 3\rangle+(-2)\langle 1\rangle]{}\begin{pmatrix}1&0&0\\0&2&0\\0&0&-6\\\hline 1&0&-2\\0&1&0\\0&0&1\end{pmatrix}$，取 $C=\begin{pmatrix}1&0&-2\\0&1&0\\0&0&1\end{pmatrix}$，则 C 可逆，且使 $C^{\mathrm{T}}AC=\begin{pmatrix}1&0&0\\0&2&0\\0&0&-6\end{pmatrix}$，所作的可逆线性替换为 $\begin{pmatrix}x_1\\x_2\\x_3\end{pmatrix}=C\begin{pmatrix}y_1\\y_2\\y_3\end{pmatrix}$.

(2) $\begin{pmatrix}0&1&0\\1&0&-1\\0&-1&0\\\hline 1&0&0\\0&1&0\\0&0&1\end{pmatrix}\xrightarrow[\langle 1\rangle+\langle 2\rangle]{\langle 1\rangle+\langle 2\rangle}\begin{pmatrix}2&1&-1\\1&0&-1\\-1&-1&0\\\hline 1&0&0\\1&1&0\\0&0&1\end{pmatrix}\xrightarrow[\langle 2\rangle+\left(-\frac{1}{2}\right)\langle 1\rangle]{\langle 2\rangle+\left(-\frac{1}{2}\right)\langle 1\rangle}\begin{pmatrix}2&0&-1\\0&-\frac{1}{2}&-\frac{1}{2}\\-1&-\frac{1}{2}&0\\\hline 1&-\frac{1}{2}&0\\1&\frac{1}{2}&0\\0&0&1\end{pmatrix}$

$\xrightarrow[\langle 3\rangle+\left(\frac{1}{2}\right)\langle 1\rangle]{\langle 3\rangle+\left(\frac{1}{2}\right)\langle 1\rangle}\begin{pmatrix}2&0&0\\0&-\frac{1}{2}&-\frac{1}{2}\\0&-\frac{1}{2}&-\frac{1}{2}\\\hline 1&-\frac{1}{2}&\frac{1}{2}\\1&\frac{1}{2}&\frac{1}{2}\\0&0&1\end{pmatrix}\xrightarrow[\langle 3\rangle+(-1)\langle 2\rangle]{\langle 3\rangle+(-1)\langle 2\rangle}\begin{pmatrix}2&0&0\\0&-\frac{1}{2}&0\\0&0&0\\\hline 1&-\frac{1}{2}&1\\1&\frac{1}{2}&0\\0&0&1\end{pmatrix}$，

取 $C=\begin{pmatrix}1&-1/2&1\\1&1/2&0\\0&0&1\end{pmatrix}$，则 C 可逆，且使 $C^{\mathrm{T}}AC=\begin{pmatrix}2&0&0\\0&-\frac{1}{2}&0\\0&0&0\end{pmatrix}$，所作的可逆线性替换为 $\begin{pmatrix}x_1\\x_2\\x_3\end{pmatrix}=C\begin{pmatrix}y_1\\y_2\\y_3\end{pmatrix}$.

4. (1) $a=0$；(2) $\begin{pmatrix}x_1\\x_2\\x_3\end{pmatrix}=\begin{pmatrix}0&1/\sqrt{2}&1/\sqrt{2}\\0&1/\sqrt{2}&-1/\sqrt{2}\\1&0&0\end{pmatrix}\begin{pmatrix}y_1\\y_2\\y_3\end{pmatrix}$，$2y_1^2+2y_2^2$；(3) $\left\{k\begin{pmatrix}1\\-1\\0\end{pmatrix}\middle|\, k\in\mathbb{R}\right\}$.

[提示] (1) $A=\begin{pmatrix}1-a&1+a&0\\1+a&1-a&0\\0&0&2\end{pmatrix}$，$\operatorname{rank}(A)=2$，则 $|A|=\begin{vmatrix}1-a&1+a&0\\1+a&1-a&0\\0&0&2\end{vmatrix}=-8a=0$，解之得 $a=$

0，此时 $A=\begin{pmatrix}1&1&0\\1&1&0\\0&0&2\end{pmatrix}$.

(2) $|\lambda E-A|=\begin{vmatrix}\lambda-1&-1&0\\-1&\lambda-1&0\\0&0&\lambda-2\end{vmatrix}=\lambda(\lambda-2)^2$，$A$ 的全部特征值为 $\lambda_1=\lambda_2=2,\lambda_3=0$，对于 $\lambda_1=\lambda_2=2$，解线性方程组 $(2E-A)x=\mathbf{0}$，由 $2E-A\to\begin{pmatrix}1&-1&0\\0&0&0\\0&0&0\end{pmatrix}$，得其基础解系为 $\xi_1=\begin{pmatrix}0\\0\\1\end{pmatrix},\xi_2=\begin{pmatrix}1\\1\\0\end{pmatrix}$，对于 $\lambda_3=0$，解线性方程组 $(0E-A)x=\mathbf{0}$，由 $-A\to\begin{pmatrix}1&1&0\\0&0&1\\0&0&0\end{pmatrix}$，得其基础解系为 $\xi_3=\begin{pmatrix}1\\-1\\0\end{pmatrix}$，

对正交向量组 ξ_1,ξ_2,ξ_3 施以单位化，得 η_1,η_2,η_3，令 $Q=(\eta_1,\eta_2,\eta_3)$，则 Q 是正交矩阵，且使 $Q^{-1}AQ=Q^{\mathrm{T}}AQ=\begin{pmatrix}2&&\\&2&\\&&0\end{pmatrix}$，作正交替换 $\begin{pmatrix}x_1\\x_2\\x_3\end{pmatrix}=Q\begin{pmatrix}y_1\\y_2\\y_3\end{pmatrix}$，化二次型为标准形.

(3) $f(x_1,x_2,x_3)=(x_1+x_2)^2+2x_3^2=0$，即 $\begin{cases}x_1+x_2=0,\\x_3=0,\end{cases}$ 得其基础解系为 $\xi_3=\begin{pmatrix}1\\-1\\0\end{pmatrix}$.

5. $a=2$；$Q=\begin{pmatrix}\frac{1}{\sqrt{3}}&\frac{1}{\sqrt{2}}&\frac{1}{\sqrt{6}}\\-\frac{1}{\sqrt{3}}&0&\frac{2}{\sqrt{6}}\\\frac{1}{\sqrt{3}}&-\frac{1}{\sqrt{2}}&\frac{1}{\sqrt{6}}\end{pmatrix}$.

[提示] 依题设，$f(x_1,x_2,x_3)$ 的矩阵为 $A=\begin{pmatrix}2&1&-4\\1&-1&1\\-4&1&a\end{pmatrix}$，且 A 的一个特征值为 $\lambda_3=0$，所以 $|A|=0$，即

$$|A|=\begin{vmatrix}2&1&-4\\1&-1&1\\-4&1&a\end{vmatrix}=\begin{vmatrix}0&3&-6\\1&-1&1\\0&-3&a+4\end{vmatrix}=\begin{vmatrix}3&-6\\-3&a+4\end{vmatrix}=3(a-2)=0.$$

此时 $A=\begin{pmatrix}2&1&-4\\1&-1&1\\-4&1&2\end{pmatrix}$，其特征多项式为

$$|\lambda E-A|=\begin{vmatrix}\lambda-2&-1&4\\-1&\lambda+1&-1\\4&-1&\lambda-2\end{vmatrix}=\begin{vmatrix}\lambda-6&0&-(\lambda-6)\\-1&\lambda+1&-1\\4&-1&\lambda-2\end{vmatrix}=\begin{vmatrix}\lambda-6&0&0\\-1&\lambda+1&-2\\4&-1&\lambda+2\end{vmatrix}$$
$$=(\lambda-6)\begin{vmatrix}\lambda+1&-2\\-1&\lambda+2\end{vmatrix}=(\lambda+3)\lambda(\lambda-6),$$

因此 A 的全部特征值为 $\lambda_1=-3,\lambda_2=0,\lambda_3=6$.

对于 $\lambda_1=-3$，解方程组 $(-3E-A)x=\mathbf{0}$，由

$$-3E-A=\begin{pmatrix}-5&-1&4\\-1&-2&-1\\4&-1&-5\end{pmatrix}\to\begin{pmatrix}1&2&1\\0&-9&-9\\0&9&9\end{pmatrix}\to\begin{pmatrix}1&0&-1\\0&1&1\\0&0&0\end{pmatrix},$$ 得其基础解系为 $\beta_1=\begin{pmatrix}1\\-1\\1\end{pmatrix}$.

对于 $\lambda_2=6$，解方程组 $(6\boldsymbol{E}-\boldsymbol{A})\boldsymbol{x}=\boldsymbol{0}$，由

$$6\boldsymbol{E}-\boldsymbol{A}=\begin{pmatrix}4&-1&4\\-1&7&-1\\4&-1&4\end{pmatrix}\to\begin{pmatrix}1&-7&1\\0&27&0\\0&0&0\end{pmatrix}\to\begin{pmatrix}1&0&1\\0&1&0\\0&0&0\end{pmatrix},\quad \text{得其基础解系为 } \boldsymbol{\beta}_2=\begin{pmatrix}1\\0\\-1\end{pmatrix}.$$

对于 $\lambda_3=0$，解方程组 $(0\boldsymbol{E}-\boldsymbol{A})\boldsymbol{x}=\boldsymbol{0}$，由

$$-\boldsymbol{A}=\begin{pmatrix}-2&-1&4\\-1&1&-1\\4&-1&-2\end{pmatrix}\to\begin{pmatrix}1&-1&1\\0&-3&6\\0&0&0\end{pmatrix}\to\begin{pmatrix}1&0&-1\\0&1&-2\\0&0&0\end{pmatrix},\quad \text{得其一基础解系为 } \boldsymbol{\beta}_3=\begin{pmatrix}1\\2\\1\end{pmatrix}.$$

显然 $\boldsymbol{\beta}_1,\boldsymbol{\beta}_2,\boldsymbol{\beta}_3$ 两两正交，再将其单位化，得 $\boldsymbol{\eta}_1,\boldsymbol{\eta}_2,\boldsymbol{\eta}_3$，令 $\boldsymbol{Q}=(\boldsymbol{\eta}_1,\boldsymbol{\eta}_2,\boldsymbol{\eta}_3)$，则 $\boldsymbol{Q}$ 为正交矩阵，且使

$$\boldsymbol{Q}^{-1}\boldsymbol{A}\boldsymbol{Q}=\boldsymbol{Q}^{\mathrm{T}}\boldsymbol{A}\boldsymbol{Q}=\begin{pmatrix}-3&&\\&6&\\&&0\end{pmatrix},$$

则正交替换 $\boldsymbol{x}=\boldsymbol{Q}\boldsymbol{y}$，化二次型为标准形.

习题 6-2

1. $f(x_1,x_2,x_3)=y_1^2+y_2^2-y_3^2$，$g(y_1,y_2,y_3)=z_1^2+z_2^2-z_3^2$，$h(z_1,z_2,z_3)=t_1^2-t_2^2-t_3^2$.

所用的可逆线性替换分别为

$$\begin{cases}x_1=y_1,\\x_2=y_3,\\x_3=y_2/\sqrt{6},\end{cases}\quad\begin{cases}y_1=z_1,\\y_2=z_2,\\y_3=z_3,\end{cases}\begin{cases}z_1=t_2/\sqrt{2},\\z_2=t_1,\\z_3=t_3.\end{cases}$$

2. f 与 g 等价.

[提示] 依题设，f 的秩和正惯性指数分别为 3 和 2，g 的秩和正惯性指数分别为 3 和 2，h 的秩和正惯性指数分别为 3 和 1.

3. (1) $\lambda_1=a-2,\lambda_2=a,\lambda_3=a+1$；(2) $a=2$.

[提示] (1) 依题设，f 的矩阵为 $\boldsymbol{A}=\begin{pmatrix}a&0&1\\0&a&-1\\1&-1&a-1\end{pmatrix}$，$\boldsymbol{A}$ 的特征多项式为

$$|\lambda\boldsymbol{E}-\boldsymbol{A}|=\begin{vmatrix}\lambda-a&0&-1\\0&\lambda-a&1\\-1&1&\lambda-a+1\end{vmatrix}=(\lambda-a)\begin{vmatrix}1&1&0\\0&\lambda-a&1\\-1&1&\lambda-a+1\end{vmatrix}$$
$$=(\lambda-a)(\lambda-a+2)(\lambda-a-1),$$

$\boldsymbol{A}$ 的全部特征值为 $\lambda_1=a-2,\lambda_2=a,\lambda_3=a+1$.

(2) 依 f 的规范形可知，$\boldsymbol{A}$ 的正惯性指数为 $2=\mathrm{rank}(\boldsymbol{A})$，即特征值中有两个为正值，一个为 0.

4. (1) $a=-\dfrac{1}{2}$；(2) $\boldsymbol{P}=\begin{pmatrix}1&2&\dfrac{2}{\sqrt{3}}\\0&1&0\\0&1&\dfrac{4}{\sqrt{3}}\end{pmatrix}$.

[提示] (1) $f(x_1,x_2,x_3)$ 的矩阵为 $\boldsymbol{A}=\begin{pmatrix}1&a&a\\a&1&a\\a&a&1\end{pmatrix}$，$g(y_1,y_2,y_3)$ 的矩阵为 $\boldsymbol{B}=\begin{pmatrix}1&1&0\\1&1&0\\0&0&4\end{pmatrix}$，依题设，$\boldsymbol{A}$ 与 $\boldsymbol{B}$ 合同，依定理，$\boldsymbol{A},\boldsymbol{B}$ 的秩和正惯性指数对应相等.

$$|\lambda\boldsymbol{E}-\boldsymbol{A}|=(\lambda-1-2a)\begin{vmatrix}1&-a&-a\\0&\lambda-1+a&0\\0&0&\lambda-1+a\end{vmatrix}=(\lambda-1-2a)(\lambda-1+a)^2,$$

即 $\boldsymbol{A}$ 的全部特征值为 $1+2a,1-a,1-a$.

$$|\lambda\boldsymbol{E}-\boldsymbol{B}|=\begin{vmatrix}\lambda-1&-1&0\\-1&\lambda-1&0\\0&0&\lambda-4\end{vmatrix}=(\lambda-4)\begin{vmatrix}\lambda-1&-1\\-1&\lambda-1\end{vmatrix}=\lambda(\lambda-2)(\lambda-4),$$

即 $\boldsymbol{B}$ 的全部特征值为 $0,2,4$，由此可知，$\boldsymbol{B}$ 的秩为 2，正惯性指数为 2，因此 $\boldsymbol{A}$ 的秩和正惯性指数同为 2，于是 $\boldsymbol{A}$ 的特征值中两个为正，一个为 0，即 $1+2a=0,1-a>0$.

(2) 采用矩阵成对初等行、列变换法：$\begin{pmatrix}\boldsymbol{A}\\\boldsymbol{E}\end{pmatrix}\to\begin{pmatrix}\boldsymbol{B}\\\boldsymbol{P}\end{pmatrix}$求可逆矩阵 $\boldsymbol{P}$：

$$\begin{pmatrix}\boldsymbol{A}\\\boldsymbol{E}\end{pmatrix}=\begin{pmatrix}1&-1/2&-1/2\\-1/2&1&-1/2\\-1/2&-1/2&1\\\hline 1&0&0\\0&1&0\\0&0&1\end{pmatrix}\to\begin{pmatrix}1&1&0\\1&7/4&-3/4\\0&-3/4&3/4\\\hline 1&3/2&1/2\\0&1&0\\0&0&1\end{pmatrix}\to\begin{pmatrix}1&1&0\\1&1&0\\0&0&4\\\hline 1&2&2/\sqrt{3}\\0&1&0\\0&1&4/\sqrt{3}\end{pmatrix}\to\begin{pmatrix}\boldsymbol{B}\\\boldsymbol{P}\end{pmatrix}.$$

5. [提示] 设 $\boldsymbol{A}=(a_{ij})$，取 $\boldsymbol{x}=(0,\cdots,0,\underset{i}{1},0,\cdots,0)^{\mathrm{T}}$，则 $0=\boldsymbol{x}^{\mathrm{T}}\boldsymbol{A}\boldsymbol{x}=a_{ii}\ (i=1,2,\cdots,n)$. 又取 $\boldsymbol{y}=(0,\cdots,0,\underset{i}{1},0,\cdots,0,\underset{j}{1},0,\cdots,0)^{\mathrm{T}}$，则

$$0=\boldsymbol{y}^{\mathrm{T}}\boldsymbol{A}\boldsymbol{y}=a_{ii}+a_{ji}+a_{ij}+a_{jj}\ (i,j=1,2,\cdots,n),$$

依上步结论，$a_{ii}=0,a_{jj}=0$. 又 $a_{ij}=a_{ji}$，所以 $a_{ji}+a_{ij}=2a_{ij}=0(i,j=1,2,\cdots,n)$.

习题 6-3

1. $t>50$.

[提示] $f(x_1,x_2,x_3)$的矩阵为$\begin{pmatrix}1&3&1\\3&10&-4\\1&-4&t\end{pmatrix}$，其各阶顺序主子式分别为

$$|1|=1>0,\quad\begin{vmatrix}1&3\\3&10\end{vmatrix}=1>0,\quad\begin{vmatrix}1&3&1\\3&10&-4\\1&-4&t\end{vmatrix}=t-50.$$

2. (1)$\boldsymbol{A}=\mathrm{diag}(k-2,k-2,k)$；(2)$k>2$.

[提示] (1) $\boldsymbol{A}+k\boldsymbol{E}$ 也为实对称矩阵，设 $\boldsymbol{A}\boldsymbol{\alpha}=\lambda\boldsymbol{\alpha},\lambda\in\mathbb{R},\boldsymbol{\alpha}\neq\boldsymbol{0}$，则

$(\boldsymbol{A}^2+2\boldsymbol{A})\boldsymbol{\alpha}=(\lambda^2+2\lambda)\boldsymbol{\alpha}$，由 $\boldsymbol{A}^2+2\boldsymbol{A}=\boldsymbol{0}$ 且 $\boldsymbol{\alpha}\neq\boldsymbol{0}$ 知，$\lambda^2+2\lambda=0$，故 $\lambda=-2$ 或 $\lambda=0$. 又 $\mathrm{rank}(\boldsymbol{A})=2$，故 $\boldsymbol{A}$ 的全部特征值为 $\lambda_1=\lambda_2=-2,\lambda_3=0$，所以 $\boldsymbol{A}+k\boldsymbol{E}$ 的全部特征值为 $\mu_1=\mu_2=k-2$，$\mu_3=k$. (2) 当 $k>2$ 时，实对称矩阵 $\boldsymbol{A}+k\boldsymbol{E}$ 的全部特征值均为正数.

3. [提示] $f(x_1,x_2,\cdots,x_n)$的矩阵为$\boldsymbol{A}=\begin{pmatrix}n-1&-1&\cdots&-1\\-1&n-1&\cdots&-1\\\vdots&\vdots&\ddots&\vdots\\-1&-1&\cdots&n-1\end{pmatrix}$，其特征多项式为

$$|\lambda\boldsymbol{E}-\boldsymbol{A}|=\lambda\begin{vmatrix}1&1&\cdots&1\\1&\lambda-n+1&\cdots&1\\\vdots&\vdots&&\vdots\\1&1&\cdots&\lambda-n+1\end{vmatrix}=\lambda\begin{vmatrix}1&1&\cdots&1\\0&\lambda-n&\cdots&0\\\vdots&\vdots&&\vdots\\0&0&\cdots&\lambda-n\end{vmatrix}=\lambda(\lambda-n)^{n-1},$$

$\boldsymbol{A}$ 的全部特征值为 $\lambda_1=0,\lambda_2=\lambda_3=\cdots=\lambda_n=n$，因此，实对称矩阵 $\boldsymbol{A}$ 的特征值全非负.

4. (1) $\begin{pmatrix}\boldsymbol{A} & \boldsymbol{0}\\ \boldsymbol{0} & \boldsymbol{B}-\boldsymbol{C}^{\mathrm{T}}\boldsymbol{A}^{-1}\boldsymbol{C}\end{pmatrix}$；(2) 正定矩阵.

[提示] (1) $\boldsymbol{P}^{\mathrm{T}}\boldsymbol{DP}=\begin{pmatrix}\boldsymbol{E}_m & \boldsymbol{0}\\ -\boldsymbol{C}^{\mathrm{T}}\boldsymbol{A}^{-1} & \boldsymbol{E}_n\end{pmatrix}\begin{pmatrix}\boldsymbol{A} & \boldsymbol{C}\\ \boldsymbol{C}^{\mathrm{T}} & \boldsymbol{B}\end{pmatrix}\begin{pmatrix}\boldsymbol{E}_m & -\boldsymbol{A}^{-1}\boldsymbol{C}\\ \boldsymbol{0} & \boldsymbol{E}_n\end{pmatrix}$.

(2) 因为 $|\boldsymbol{P}|=1\neq 0$，$\boldsymbol{P}$ 可逆，由 (1)，$\boldsymbol{D}\simeq\begin{pmatrix}\boldsymbol{A} & \boldsymbol{0}\\ \boldsymbol{0} & \boldsymbol{B}-\boldsymbol{C}^{\mathrm{T}}\boldsymbol{A}^{-1}\boldsymbol{C}\end{pmatrix}$. 因 $\boldsymbol{D}$ 正定，所以实对称矩阵 $\begin{pmatrix}\boldsymbol{A} & \boldsymbol{0}\\ \boldsymbol{0} & \boldsymbol{B}-\boldsymbol{C}^{\mathrm{T}}\boldsymbol{A}^{-1}\boldsymbol{C}\end{pmatrix}$ 正定，于是对任意列向量 $\boldsymbol{y}\in\mathbb{R}^n$ 且 $\boldsymbol{y}\neq\boldsymbol{0}$，有 $0<(\boldsymbol{0}\ \ \boldsymbol{y}^{\mathrm{T}})\begin{pmatrix}\boldsymbol{A} & \boldsymbol{0}\\ \boldsymbol{0} & \boldsymbol{B}-\boldsymbol{C}^{\mathrm{T}}\boldsymbol{A}^{-1}\boldsymbol{C}\end{pmatrix}\begin{pmatrix}\boldsymbol{0}\\ \boldsymbol{y}\end{pmatrix}=\boldsymbol{y}^{\mathrm{T}}(\boldsymbol{B}-\boldsymbol{C}^{\mathrm{T}}\boldsymbol{A}^{-1}\boldsymbol{C})\boldsymbol{y}$.

5. [提示] $\boldsymbol{B}^{\mathrm{T}}\boldsymbol{AB}$ 为 n 阶实对称矩阵.

充分性. 设 $\mathrm{rank}(\boldsymbol{B})=n$，因 $\boldsymbol{A}$ 是 m 阶正定矩阵，依正定矩阵的性质，$\boldsymbol{B}^{\mathrm{T}}\boldsymbol{AB}$ 为正定矩阵.

必要性. 设 $\boldsymbol{B}^{\mathrm{T}}\boldsymbol{AB}$ 为正定矩阵，假设 $\mathrm{rank}(\boldsymbol{B})<n$，则 $\mathrm{rank}(\boldsymbol{B}^{\mathrm{T}}\boldsymbol{AB})\leqslant\mathrm{rank}(\boldsymbol{B})<n$，矛盾.

习题 6-4

1. $f_{\min}(\boldsymbol{x})=\min\{\lambda_1,\lambda_2,\cdots,\lambda_n\}$，$f_{\max}(\boldsymbol{x})=\max\{\lambda_1,\lambda_2,\cdots,\lambda_n\}$.

[提示] $\boldsymbol{A}$ 为实对称矩阵，存在正交矩阵 $\boldsymbol{Q}$，使 $\boldsymbol{Q}^{\mathrm{T}}\boldsymbol{AQ}=\mathrm{diag}(\lambda_1,\lambda_2,\cdots,\lambda_n)$，其中 $\lambda_1,\lambda_2,\cdots,\lambda_n$ 是 $\boldsymbol{A}$ 的全部特征值，不妨设 $\lambda_1\leqslant\lambda_2\leqslant\cdots\leqslant\lambda_n$，则正交替换 $\boldsymbol{x}=\boldsymbol{Qy}$，使

$$\boldsymbol{x}^{\mathrm{T}}\boldsymbol{Ax}=(\boldsymbol{Qy})^{\mathrm{T}}\boldsymbol{A}(\boldsymbol{Qy})=\boldsymbol{y}^{\mathrm{T}}(\boldsymbol{Q}^{\mathrm{T}}\boldsymbol{AQ})\boldsymbol{y}=\lambda_1y_1^2+\lambda_2y_2^2+\cdots+\lambda_ny_n^2,$$

在 $\boldsymbol{x}=\boldsymbol{Qy}$ 下，$1=\boldsymbol{x}^{\mathrm{T}}\boldsymbol{x}=(\boldsymbol{Qy})^{\mathrm{T}}(\boldsymbol{Qy})=\boldsymbol{y}^{\mathrm{T}}\boldsymbol{y}$，于是有

$$\lambda_1=\lambda_1(y_1^2+y_2^2+\cdots+y_n^2)\leqslant\lambda_1y_1^2+\lambda_2y_2^2+\cdots+\lambda_ny_n^2\leqslant\lambda_n(y_1^2+y_2^2+\cdots+y_n^2)=\lambda_n,$$

取 $\boldsymbol{y}_1=(1,0,\cdots,0)^{\mathrm{T}}$，$\boldsymbol{y}_1^{\mathrm{T}}\boldsymbol{y}_1=1$，$\boldsymbol{x}_1=\boldsymbol{Qy}_1$，使 $f_{\min}(\boldsymbol{x}_1)=(\lambda_1y_1^2+\lambda_2y_2^2+\cdots+\lambda_ny_n^2)|_{\boldsymbol{y}_1}=\lambda_1$，$\boldsymbol{y}_2=(0,\cdots,0,1)^{\mathrm{T}}$，$\boldsymbol{y}_2^{\mathrm{T}}\boldsymbol{y}_2=1$，$\boldsymbol{x}_2=\boldsymbol{Qy}_2$，使 $f_{\max}(\boldsymbol{x}_2)=(\lambda_1y_1^2+\lambda_2y_2^2+\cdots+\lambda_ny_n^2)|_{\boldsymbol{y}_2}=\lambda_n$.

2. [提示] 因 $\boldsymbol{A}$ 是 n 阶正定矩阵，存在 n 阶实可逆矩阵 $\boldsymbol{Q}$，使 $\boldsymbol{Q}^{\mathrm{T}}\boldsymbol{AQ}=\boldsymbol{E}$，$\boldsymbol{Q}^{\mathrm{T}}\boldsymbol{BQ}$ 仍是实对称矩阵，存在正交矩阵 T，使 $\boldsymbol{T}^{\mathrm{T}}(\boldsymbol{Q}^{\mathrm{T}}\boldsymbol{BQ})\boldsymbol{T}=\boldsymbol{\Lambda}$ ($\boldsymbol{\Lambda}$ 为对角矩阵)，令 $\boldsymbol{P}=\boldsymbol{QT}$，则 $\boldsymbol{P}$ 为实可逆矩阵，且使

$$\boldsymbol{P}^{\mathrm{T}}\boldsymbol{AP}=\boldsymbol{T}^{\mathrm{T}}(\boldsymbol{Q}^{\mathrm{T}}\boldsymbol{AQ})\boldsymbol{T}=\boldsymbol{E},\boldsymbol{P}^{\mathrm{T}}\boldsymbol{BP}=(\boldsymbol{QT})^{\mathrm{T}}\boldsymbol{B}(\boldsymbol{QT})=\boldsymbol{T}^{\mathrm{T}}(\boldsymbol{Q}^{\mathrm{T}}\boldsymbol{BQ})\boldsymbol{T}=\boldsymbol{\Lambda}.$$

3. [提示] 必要性. 设 $\boldsymbol{A}$ 是 n 阶半正定矩阵，则 $\boldsymbol{A}$ 是实对称矩阵，存在正交矩阵 $\boldsymbol{Q}$，使 $\boldsymbol{A}=\boldsymbol{Q}\mathrm{diag}(\lambda_1,\lambda_2,\cdots,\lambda_n)\boldsymbol{Q}^{\mathrm{T}}$，其中 $\lambda_1,\lambda_2,\cdots,\lambda_n$ 是 $\boldsymbol{A}$ 的全部特征值，它们全非负，于是 $\boldsymbol{A}=\boldsymbol{Q}\mathrm{diag}(\sqrt{\lambda_1},\sqrt{\lambda_2},\cdots,\sqrt{\lambda_n})\cdot\boldsymbol{Q}^{\mathrm{T}}\boldsymbol{Q}\mathrm{diag}(\sqrt{\lambda_1},\sqrt{\lambda_2},\cdots,\sqrt{\lambda_n})\boldsymbol{Q}^{\mathrm{T}}$，令 $\boldsymbol{P}=\boldsymbol{Q}\mathrm{diag}(\sqrt{\lambda_1},\sqrt{\lambda_2},\cdots,\sqrt{\lambda_n})\boldsymbol{Q}^{\mathrm{T}}$，则 $\boldsymbol{P}^{\mathrm{T}}=\boldsymbol{P}$，且使 $\boldsymbol{A}=\boldsymbol{P}^2$.

充分性. 设 $\boldsymbol{A}=\boldsymbol{P}^2$，设 $\boldsymbol{P}$ 的全部特征值为 $\mu_1,\mu_2,\cdots,\mu_n$，则 $\boldsymbol{A}$ 的全部特征值为 $\mu_1^2,\mu_2^2,\cdots,\mu_n^2$.

4. [提示] 必要性. 设 n 阶实对称矩阵 $\boldsymbol{A}$ 是半正定的，则存在 n 阶实可逆矩阵 $\boldsymbol{P}$，使 $\boldsymbol{A}=\boldsymbol{P}^{\mathrm{T}}\begin{pmatrix}\boldsymbol{E}_r & \boldsymbol{0}\\ \boldsymbol{0} & \boldsymbol{0}\end{pmatrix}\boldsymbol{P}$，设 $\boldsymbol{P}=\begin{pmatrix}\boldsymbol{B}\\ \boldsymbol{D}\end{pmatrix}$，则 $\boldsymbol{B}$ 是 $r\times n$ 实行满秩矩阵，则 $\boldsymbol{A}=(\boldsymbol{B}^{\mathrm{T}}\ \ \boldsymbol{D}^{\mathrm{T}})\begin{pmatrix}\boldsymbol{E}_r & \boldsymbol{0}\\ \boldsymbol{0} & \boldsymbol{0}\end{pmatrix}\begin{pmatrix}\boldsymbol{B}\\ \boldsymbol{D}\end{pmatrix}=\boldsymbol{B}^{\mathrm{T}}\boldsymbol{B}$，其中 $r=\mathrm{rank}(\boldsymbol{A})$.

充分性. 设实对称矩阵 $\boldsymbol{A}=\boldsymbol{B}^{\mathrm{T}}\boldsymbol{B}$，其中 $\boldsymbol{B}$ 是 $m\times n$ 行满秩矩阵，即 $\mathrm{rank}(\boldsymbol{B})=m$，所以对任意向量 $\boldsymbol{\beta}\in\mathbb{R}^n$ 且 $\boldsymbol{\beta}\neq\boldsymbol{0}$，有可能 $\boldsymbol{B\beta}=\boldsymbol{0}$，于是 $\boldsymbol{\beta}^{\mathrm{T}}\boldsymbol{A\beta}=(\boldsymbol{B\beta})^{\mathrm{T}}(\boldsymbol{B\beta})\geqslant 0$.

5. [提示] $\boldsymbol{B}^{\mathrm{T}}=(\lambda\boldsymbol{E}+\boldsymbol{A}^{\mathrm{T}}\boldsymbol{A})^{\mathrm{T}}=\lambda\boldsymbol{E}+\boldsymbol{A}^{\mathrm{T}}\boldsymbol{A}=\boldsymbol{B}$，则 $\boldsymbol{B}$ 为实对称矩阵，$\forall\boldsymbol{\alpha}\in\mathbb{R}^n$ 且 $\boldsymbol{\alpha}\neq\boldsymbol{0}$，有 $\boldsymbol{\alpha}^{\mathrm{T}}\boldsymbol{B\alpha}=\boldsymbol{\alpha}^{\mathrm{T}}\cdot(\lambda\boldsymbol{E}+\boldsymbol{A}^{\mathrm{T}}\boldsymbol{A})\boldsymbol{\alpha}=\lambda\boldsymbol{\alpha}^{\mathrm{T}}\boldsymbol{\alpha}+(\boldsymbol{A\alpha})^{\mathrm{T}}(\boldsymbol{A\alpha})$，其中 $\boldsymbol{\alpha}^{\mathrm{T}}\boldsymbol{\alpha}>0$，$(\boldsymbol{A\alpha})^{\mathrm{T}}(\boldsymbol{A\alpha})\geqslant 0$.

6. [提示] $\boldsymbol{A}^{\mathrm{T}}=-\boldsymbol{A}$，$\boldsymbol{E}-\boldsymbol{A}^2=\boldsymbol{E}+\boldsymbol{A}^{\mathrm{T}}\boldsymbol{A}$ 是实对称矩阵，$\forall\boldsymbol{x}\in\mathbb{R}^n$ 且 $\boldsymbol{x}\neq\boldsymbol{0}$，$\boldsymbol{x}^{\mathrm{T}}\boldsymbol{x}>0$，$\boldsymbol{x}^{\mathrm{T}}\boldsymbol{A}^{\mathrm{T}}\boldsymbol{Ax}=(\boldsymbol{Ax})^{\mathrm{T}}\cdot(\boldsymbol{Ax})\geqslant 0$，则 $\boldsymbol{x}^{\mathrm{T}}(\boldsymbol{E}+\boldsymbol{A}^{\mathrm{T}}\boldsymbol{A})\boldsymbol{x}=\boldsymbol{x}^{\mathrm{T}}\boldsymbol{x}+\boldsymbol{x}^{\mathrm{T}}\boldsymbol{A}^{\mathrm{T}}\boldsymbol{Ax}>0$.

单元练习题 6

一、选择题

1. A; 2. C; 3. A; 4. C; 5. C; 6. B; 7. D; 8. B; 9. A; 10. A; 11. B; 12. C; 13. C; 14. C.

[提示]

1. 只有选项 A 不是二次齐次式.

2. 如果在$\mathbb{R}$上存在可逆矩阵 $\boldsymbol{C}$,使 $\boldsymbol{C}^{\mathrm{T}}\boldsymbol{AC}=\boldsymbol{B}$,则 $\operatorname{rank}(\boldsymbol{A})=\operatorname{rank}(\boldsymbol{B})$, $|\boldsymbol{C}|^2|\boldsymbol{A}|=|\boldsymbol{B}|$, $\begin{pmatrix}2&0\\0&3\end{pmatrix}$与$\begin{pmatrix}1&0\\0&1\end{pmatrix}$的秩同为 2,正惯性指数同为 2,所以$\begin{pmatrix}2&0\\0&3\end{pmatrix}\simeq\begin{pmatrix}1&0\\0&1\end{pmatrix}$. A,B,D 正确. 因为正惯性指数不等,$\begin{pmatrix}1&0\\0&-1\end{pmatrix}$与$\begin{pmatrix}1&0\\0&1\end{pmatrix}$不合同.

3. 不妨设 $\boldsymbol{B}=\begin{pmatrix}d_3&&\\&d_2&\\&&d_1\end{pmatrix}$,因为$\begin{pmatrix}&&1\\&1&\\1&&\end{pmatrix}\begin{pmatrix}d_1&&\\&d_2&\\&&d_3\end{pmatrix}\begin{pmatrix}&&1\\&1&\\1&&\end{pmatrix}=\begin{pmatrix}d_3&&\\&d_2&\\&&d_1\end{pmatrix}$,所以 $\boldsymbol{A}\simeq\boldsymbol{B}$,且 $\boldsymbol{A}\sim\boldsymbol{B}$. 只有 A 不正确.

4. 因为任一 n 阶实可逆矩阵的相抵标准形为 n 阶单位矩阵. 而二阶实可逆对称矩阵$\begin{pmatrix}1&\\&-1\end{pmatrix}$既不相似也不合同于$\begin{pmatrix}1&0\\0&1\end{pmatrix}$. 只有 C 正确.

5. 依 6.2 节推论 4. 选项 C 正确. 设 $\boldsymbol{A}=\begin{pmatrix}1&0\\0&-1\end{pmatrix}$, $\boldsymbol{B}=\begin{pmatrix}1&0\\0&1\end{pmatrix}$,则 $\operatorname{rank}(\boldsymbol{A})=\operatorname{rank}(\boldsymbol{B})=2$,且 $\boldsymbol{A}$, $\boldsymbol{B}$ 可逆,但 $\boldsymbol{A}$ 与 $\boldsymbol{B}$ 不合同. 设 $\boldsymbol{C}=\begin{pmatrix}1&0\\0&3\end{pmatrix}$, $\boldsymbol{D}=\begin{pmatrix}1&0\\0&1\end{pmatrix}$,尽管 $\boldsymbol{C}$ 与 $\boldsymbol{D}$ 合同,但是 $\boldsymbol{C}$, $\boldsymbol{D}$ 的特征多项式不同.

6. $\boldsymbol{A}$ 的特征多项式为 $|\lambda\boldsymbol{E}-\boldsymbol{A}|=\begin{vmatrix}\lambda-2&1&1\\1&\lambda-2&1\\1&1&\lambda-2\end{vmatrix}=\lambda(\lambda-3)^2$,所以 $\boldsymbol{A}$ 的全部特征值为 3, 3, 0, 而 $\boldsymbol{B}$ 的特征值为 1, 1, 0,所以 $\boldsymbol{A}$ 与 $\boldsymbol{B}$ 不相似. 但 $\boldsymbol{A}$ 与 $\boldsymbol{B}$ 正惯性指数同为 2,且 $\operatorname{rank}(\boldsymbol{A})=2=\operatorname{rank}(\boldsymbol{B})$,所以 $\boldsymbol{A}$ 与 $\boldsymbol{B}$ 合同.

7. 因 $|\lambda\boldsymbol{E}-\boldsymbol{A}|=\begin{vmatrix}\lambda-1&-2\\-2&\lambda-1\end{vmatrix}=(\lambda+1)(\lambda-3)$,即 $\boldsymbol{A}$ 的特征值为-1, 3,只有$\begin{pmatrix}1&-2\\-2&1\end{pmatrix}$的特征值为$-1$, 3,与 $\boldsymbol{A}$ 具有相同的正惯性指数与秩,与 $\boldsymbol{A}$ 合同.

8. $\operatorname{rank}(\boldsymbol{A})=\operatorname{rank}(\boldsymbol{B})=4$,因此 $\boldsymbol{A}$ 与 $\boldsymbol{B}$ 相抵. 因 $\operatorname{tr}(\boldsymbol{A})=4$, $\operatorname{tr}(\boldsymbol{B})=0$,所以 $\boldsymbol{A}$ 与 $\boldsymbol{B}$ 不相似. 又因为 $\boldsymbol{A}$ 的全部特征值为 1,1,1,1, $\boldsymbol{A}$ 的正惯性指数为 4, $\boldsymbol{B}$ 的全部特征值-1, -1, 1, 1, $\boldsymbol{B}$ 的正惯性指数为 2,所以 $\boldsymbol{A}$ 与 $\boldsymbol{B}$ 不合同.

9. $\boldsymbol{A}$, $\boldsymbol{B}$, $\boldsymbol{C}$ 是实对称矩阵, $\boldsymbol{A}$ 的特征值为 3,0,0, $\boldsymbol{B}$ 的特征值为 1,0,0, $\boldsymbol{C}$ 的特征值为 3,0,0, $\boldsymbol{A}$, $\boldsymbol{B}$, $\boldsymbol{C}$ 的秩同为 1,正惯性指数同为 1, $\boldsymbol{A}$, $\boldsymbol{B}$, $\boldsymbol{C}$ 合同,且 $\boldsymbol{A}\sim\boldsymbol{C}$.

10. 设 $f(x_1,x_2,x_3)$的矩阵为 $\boldsymbol{A}$, $\boldsymbol{e}_1$, $\boldsymbol{e}_2$, $\boldsymbol{e}_3$ 分别是 $\boldsymbol{A}$ 的对应于特征值 2,1,-1 的特征向量,则

$$\boldsymbol{Q}^{-1}\boldsymbol{AQ}=\boldsymbol{Q}^{\mathrm{T}}\boldsymbol{AQ}=\operatorname{diag}(2,-1,1).$$

在正交替换 $\boldsymbol{x}=\boldsymbol{Qy}$ 下, $f(x_1,x_2,x_3)=2y_1^2-y_2^2+y_3^2$.

11. 依题设,实二次型的矩阵为 $\boldsymbol{A}=\begin{pmatrix}0&1&1\\1&2&1\\1&1&0\end{pmatrix}$,

$$|\lambda \boldsymbol{E}-\boldsymbol{A}|=\begin{vmatrix}\lambda & -1 & -1\\ -1 & \lambda-2 & -1\\ -1 & -1 & \lambda\end{vmatrix}=\begin{vmatrix}\lambda+1 & 0 & -1-\lambda\\ -1 & \lambda-2 & -1\\ -1 & -1 & \lambda\end{vmatrix}$$

$$=(\lambda+1)\begin{vmatrix}\lambda-2 & -2\\ -1 & \lambda-1\end{vmatrix}=(\lambda+1)\lambda(\lambda-3),$$

于是 $\boldsymbol{A}$ 全部的特征值为 $-1,0,3$.

12. 设 $\boldsymbol{B}=\begin{pmatrix}1 & 1\\ 1 & 1\end{pmatrix}$, $\boldsymbol{B}$ 的主对角元全大于零,但 $\operatorname{rank}(\boldsymbol{B})=1<2$. $\boldsymbol{C}=\begin{pmatrix}-1 & 0\\ 0 & -1\end{pmatrix}$, $|\boldsymbol{C}|=1>0$,但正惯性指数为 $0<\operatorname{rank}(\boldsymbol{C})=2$. $\boldsymbol{D}=\begin{pmatrix}1 & 0\\ 0 & 0\end{pmatrix}=\begin{pmatrix}1 & 0\\ 0 & 0\end{pmatrix}^{\mathrm{T}}\begin{pmatrix}1 & 0\\ 0 & 0\end{pmatrix}$,但因其正惯性指数为 $1=\operatorname{rank}(\boldsymbol{D})<2$,矩阵 $\boldsymbol{B}$, $\boldsymbol{C}$, $\boldsymbol{D}$ 都不是正定矩阵.

13. 设 λ 是 $\boldsymbol{A}$ 的特征值,则 $\lambda^2+\lambda-2=0$,解之得 $\lambda=-2$ 或 $\lambda=1$. 因为 $4=|\boldsymbol{A}|=\lambda_1\lambda_2\lambda_3$,所以 $\lambda_1=\lambda_2=-2$, $\lambda_3=1$,即 $\boldsymbol{A}$ 的正惯性指数为 1,负惯性指数为 2.

14. 二次型的矩阵为 $\boldsymbol{A}=\begin{pmatrix}a & 1 & 1\\ 1 & a & 1\\ 1 & 1 & a\end{pmatrix}$,其特征多项式为

$$|\lambda \boldsymbol{E}-\boldsymbol{A}|=\begin{vmatrix}\lambda-a & -1 & -1\\ -1 & \lambda-a & -1\\ -1 & -1 & \lambda-a\end{vmatrix}=(\lambda-a-2)\begin{vmatrix}1 & -1 & -1\\ 1 & \lambda-a & -1\\ 1 & -1 & \lambda-a\end{vmatrix}$$

$$=(\lambda-a-2)\begin{vmatrix}1 & -1 & -1\\ 0 & \lambda-a+1 & 0\\ 0 & 0 & \lambda-a+1\end{vmatrix}=(\lambda-a-2)(\lambda-a+1)^2,$$

于是 $\boldsymbol{A}$ 的全部特征值为 $\lambda_1=a+2$, $\lambda_2=\lambda_3=a-1$,依题设,正、负惯性指数分别为 1,2,则 $a+2>0$, $a-1<0$.

二、填空题

1. $2x_1x_3+x_2^2$; 2. $\begin{pmatrix}2 & -\frac{3}{2} & 0\\ -\frac{3}{2} & 7 & 0\\ 0 & 0 & 0\end{pmatrix}$; 3. 3; 4. 2; 5. 1; 6. $3y_1^2$; 7. $z_1^2+z_2^2-z_3^2$; 8. $-\sqrt{2}<t<\sqrt{2}$;

9. 2; 10. $-2\leqslant a\leqslant 2$; 11. $\boldsymbol{C},\boldsymbol{D}$; $\boldsymbol{D}$; $\boldsymbol{C},\boldsymbol{D}$; 12. >0; $=0$; $=5$; <0.

[提示]

1. $(x_1,x_2,x_3)\begin{pmatrix}0 & 0 & 1\\ 0 & 1 & 0\\ 1 & 0 & 0\end{pmatrix}\begin{pmatrix}x_1\\ x_2\\ x_3\end{pmatrix}=2x_1x_3+x_2^2$.

2. $f(x_1,x_2,x_3)=(x_1,x_2,x_3)\begin{pmatrix}2 & -\frac{3}{2} & 0\\ -\frac{3}{2} & 7 & 0\\ 0 & 0 & 0\end{pmatrix}\begin{pmatrix}x_1\\ x_2\\ x_3\end{pmatrix}$.

3. 二次型的矩阵为 $\boldsymbol{A}=\begin{pmatrix}1 & 1 & -1\\ 1 & 0 & 0\\ -1 & 0 & 1\end{pmatrix}\to\begin{pmatrix}0 & 0 & -1\\ 1 & 0 & 0\\ 0 & 1 & 0\end{pmatrix}$, $\operatorname{rank}(\boldsymbol{A})=3$.

4. $f(x_1,x_2,x_3)=2x_1^2+2x_2^2+2x_3^2+2x_1x_2+2x_1x_3-2x_2x_3$，其对应的矩阵为 $\boldsymbol{A}=\begin{pmatrix}2&1&1\\1&2&-1\\1&-1&2\end{pmatrix}\to$

$\begin{pmatrix}1&-1&2\\0&1&-1\\0&0&0\end{pmatrix}$，$\operatorname{rank}(\boldsymbol{A})=2$.

5. 二次型的矩阵 $\boldsymbol{A}=\begin{pmatrix}1&a&1\\a&3&1\\1&1&1\end{pmatrix}$，$\boldsymbol{A}\to\begin{pmatrix}1&1&1\\0&a-1&0\\0&3-a&1-a\end{pmatrix}\to\begin{pmatrix}1&1&1\\0&2&1-a\\0&1-a&0\end{pmatrix}$，依标准形 $y_1^2+4y_3^2$ 知，$\operatorname{rank}(\boldsymbol{A})=2$.

6. $\boldsymbol{A}$ 为实对称矩阵，其全部特征值为 3,0,0.

7. $\boldsymbol{B}$ 的特征值为 $-2,1,2$，即 $\boldsymbol{B}$ 的秩为 3，正惯性指数为 2. 又 $\boldsymbol{A}\simeq\boldsymbol{B}$.

8. 二次型正定的充分必要条件是其各阶顺序主子式均大于 0，所以

$$|2|=2>0,\begin{vmatrix}2&1\\1&1\end{vmatrix}=1>0,\begin{vmatrix}2&1&0\\1&1&t/2\\0&t/2&1\end{vmatrix}=1-\frac{t^2}{2}>0.$$

9. 由配平方法，经可逆线性替换，$f(x_1,x_2,x_3)$ 化为标准形 $y_1^2+2y_2^2$.

10. 由配平方法，经可逆线性替换，$f(x_1,x_2,x_3)$ 化为 $y_1^2-y_2^2+(4-a^2)y_3^2$，因负惯性指数为 1，所以 $4-a^2\geqslant 0$.

11. $\boldsymbol{A},\boldsymbol{B},\boldsymbol{C},\boldsymbol{D}$ 同为实对称矩阵，且 $\boldsymbol{A}$ 的特征值为 3,2,0，$\boldsymbol{B}$ 的特征值为 $2-\sqrt{2},1,2+\sqrt{2}$，$\boldsymbol{C}$ 的特征值为 1,1,0，$\boldsymbol{D}$ 的特征值为 3,2,0，$\boldsymbol{A},\boldsymbol{C},\boldsymbol{D}$ 的秩同为 2，因此 $\boldsymbol{C},\boldsymbol{D}$ 与 $\boldsymbol{A}$ 相抵. $\boldsymbol{A},\boldsymbol{D}$ 的特征值相同，因此 $\boldsymbol{A}\sim\boldsymbol{D}$. 又 $\boldsymbol{A},\boldsymbol{C},\boldsymbol{D}$ 的正惯性指数同为 2，因此 $\boldsymbol{C},\boldsymbol{D}$ 与 $\boldsymbol{A}$ 合同. 又因为 $\operatorname{rank}(\boldsymbol{B})=3\neq 2=\operatorname{rank}(\boldsymbol{A})$，$\boldsymbol{A}$ 与 $\boldsymbol{B}$ 不相抵，不相似，不合同.

12. 实对称矩阵 $\boldsymbol{A}$ 的全部特征值为 $1,3,t$，当 $t>0$ 时，$\boldsymbol{A}$ 的特征值全为正，$\boldsymbol{A}$ 是正定矩阵. $\boldsymbol{B}\to\begin{pmatrix}1&0&-1\\0&1&2\\0&0&0\end{pmatrix}$，$\operatorname{rank}(\boldsymbol{B})=2$，当 $t=0$ 时，$\operatorname{rank}(\boldsymbol{A})=2$，$\boldsymbol{A}\cong\boldsymbol{B}$. $\boldsymbol{C}$ 有不同的特征值 1,3,5，$\boldsymbol{C}$ 可对角化，当 $t=5$ 时，$\boldsymbol{A}$ 与 $\boldsymbol{C}$ 有相同的特征值，$\boldsymbol{A}\sim\boldsymbol{C}$. 实对称矩阵 $\boldsymbol{D}$ 的全部特征值为 $1-\sqrt{2},2,1+\sqrt{2}$，$\operatorname{rank}(\boldsymbol{D})=3$，$\boldsymbol{D}$ 的正惯性指数为 2，当 $t<0$ 时，$\operatorname{rank}(\boldsymbol{A})=3$，$\boldsymbol{A}$ 的正惯性指数为 2，因此 $\boldsymbol{A}\simeq\boldsymbol{D}$.

三、判断题

1. × 2. × 3. × 4. √ 5. √ 6. × 7. √ 8. × 9. √ 10. ×.

［提示］

1. $\boldsymbol{A}=\begin{pmatrix}1&2\\3&4\end{pmatrix}$ 不是对称矩阵. 二次型可表示为 $x_1^2+4x_2^2+5x_1x_2=(x_1,x_2)\begin{pmatrix}1&\frac{5}{2}\\\frac{5}{2}&4\end{pmatrix}\begin{pmatrix}x_1\\x_2\end{pmatrix}$.

2. 因为 $f(x_1,x_2,x_3)=(x_1,x_2,x_3)\begin{pmatrix}2&-\frac{3}{2}&0\\-\frac{3}{2}&7&0\\0&0&0\end{pmatrix}\begin{pmatrix}x_1\\x_2\\x_3\end{pmatrix}$.

3. 对任意列向量 $\boldsymbol{\alpha}\in\mathbb{R}^n$ 且 $\boldsymbol{\alpha}\neq\boldsymbol{0}$，有 $\boldsymbol{\alpha}^{\mathrm{T}}\boldsymbol{A}\boldsymbol{\alpha}>0$，$\boldsymbol{\alpha}^{\mathrm{T}}\boldsymbol{B}\boldsymbol{\alpha}\geqslant 0$，$\boldsymbol{\alpha}^{\mathrm{T}}(\boldsymbol{A}+\boldsymbol{B})\boldsymbol{\alpha}=\boldsymbol{\alpha}^{\mathrm{T}}\boldsymbol{A}\boldsymbol{\alpha}+\boldsymbol{\alpha}^{\mathrm{T}}\boldsymbol{B}\boldsymbol{\alpha}>0$，则 $\boldsymbol{x}^{\mathrm{T}}(\boldsymbol{A}+\boldsymbol{B})\boldsymbol{x}$ 是正定的.

4. $\begin{pmatrix}1&0\\0&-1\end{pmatrix}$与$\begin{pmatrix}1&0\\0&1\end{pmatrix}$的正惯性指数分别为 1 和 2，所以二者不合同.

5. 存在可逆矩阵 $\boldsymbol{P},\boldsymbol{Q}$，使 $\boldsymbol{P}^{\mathrm{T}}\boldsymbol{A}\boldsymbol{P}=\boldsymbol{B},\boldsymbol{Q}^{\mathrm{T}}\boldsymbol{C}\boldsymbol{Q}=\boldsymbol{D}$，则$\begin{pmatrix}\boldsymbol{P}&\\&\boldsymbol{Q}\end{pmatrix}$可逆，且

$$\begin{pmatrix}\boldsymbol{P}&\\&\boldsymbol{Q}\end{pmatrix}^{\mathrm{T}}\begin{pmatrix}\boldsymbol{A}&\\&\boldsymbol{C}\end{pmatrix}\begin{pmatrix}\boldsymbol{P}&\\&\boldsymbol{Q}\end{pmatrix}=\begin{pmatrix}\boldsymbol{P}^{\mathrm{T}}\boldsymbol{A}\boldsymbol{P}&\\&\boldsymbol{Q}^{\mathrm{T}}\boldsymbol{C}\boldsymbol{Q}\end{pmatrix}=\begin{pmatrix}\boldsymbol{B}&\\&\boldsymbol{D}\end{pmatrix}.$$

6. 经可逆替换 $\boldsymbol{x}=\boldsymbol{C}\boldsymbol{y}$，$f(x_1,x_2,x_3)=(x_1+x_2)^2+(x_2+2x_3)^2=y_1^2+y_2^2$，其秩为 2.

7. 依正定矩阵性质.

8. 例如，负定矩阵$\begin{pmatrix}-1&0\\0&-2\end{pmatrix}$的行列式大于零.

9. $\forall \boldsymbol{x}\in\mathbb{R}^n,\boldsymbol{x}\neq\boldsymbol{0}$，因为 $\boldsymbol{A}$ 是实可逆矩阵，所以 $\boldsymbol{A}\boldsymbol{x}\neq\boldsymbol{0}$，于是 $\boldsymbol{x}^{\mathrm{T}}\boldsymbol{B}\boldsymbol{x}=\boldsymbol{x}^{\mathrm{T}}\boldsymbol{A}^{\mathrm{T}}\boldsymbol{A}\boldsymbol{x}=(\boldsymbol{A}\boldsymbol{x})^{\mathrm{T}}(\boldsymbol{A}\boldsymbol{x})>0$，因此 $\boldsymbol{B}=\boldsymbol{A}^{\mathrm{T}}\boldsymbol{A}$ 是正定矩阵.

10. 因二次型矩阵的二阶顺序主子式$\begin{vmatrix}1&-2\\-2&4\end{vmatrix}=0$.

四、解答题

1. (1)$a=1,b=2$；(2)$\begin{pmatrix}x_1\\x_2\\x_3\end{pmatrix}=\begin{pmatrix}\frac{2}{\sqrt5}&0&\frac{1}{\sqrt5}\\0&1&0\\\frac{1}{\sqrt5}&0&\frac{-2}{\sqrt5}\end{pmatrix}\begin{pmatrix}y_1\\y_2\\y_3\end{pmatrix}$，$2y_1^2+2y_2^2-3y_3^2$.

[提示] (1) $f(x_1,x_2,x_3)$的矩阵为 $\boldsymbol{A}=\begin{pmatrix}a&0&b\\0&2&0\\b&0&-2\end{pmatrix}$，设 $\boldsymbol{A}$ 的特征值为 $\lambda_1,\lambda_2,\lambda_3$，则 $1=\lambda_1+\lambda_2+\lambda_3=\mathrm{tr}(\boldsymbol{A})=a$，$-12=\lambda_1\lambda_2\lambda_3=|\boldsymbol{A}|=-2(2a+b^2)$，解之得 $a=1,b=2$.

(2) $|\lambda\boldsymbol{E}-\boldsymbol{A}|=\begin{vmatrix}\lambda-1&0&-2\\0&\lambda-2&0\\-2&0&\lambda+2\end{vmatrix}=(\lambda-2)^2(\lambda+3)$，$\boldsymbol{A}$ 的特征值为 $\lambda_1=\lambda_2=2,\lambda_3=-3$. 对于 $\lambda_1=\lambda_2=2$，解线性方程组$(2\boldsymbol{E}-\boldsymbol{A})\boldsymbol{x}=\boldsymbol{0}$，由 $2\boldsymbol{E}-\boldsymbol{A}\to\begin{pmatrix}1&0&-2\\0&0&0\\0&0&0\end{pmatrix}$，得其基础解系为 $\boldsymbol{\xi}_1=\begin{pmatrix}2\\0\\1\end{pmatrix}$，$\boldsymbol{\xi}_2=\begin{pmatrix}0\\1\\0\end{pmatrix}$，对于 $\lambda_3=-3$，解线性方程组$(-3\boldsymbol{E}-\boldsymbol{A})\boldsymbol{x}=\boldsymbol{0}$，由 $-3\boldsymbol{E}-\boldsymbol{A}=\begin{pmatrix}-4&0&-2\\0&-5&0\\-2&0&-1\end{pmatrix}\to\begin{pmatrix}2&0&1\\0&1&0\\0&0&0\end{pmatrix}$，得其基础解系为 $\boldsymbol{\xi}_3=\begin{pmatrix}1\\0\\-2\end{pmatrix}$，显然 $\boldsymbol{\xi}_1,\boldsymbol{\xi}_2,\boldsymbol{\xi}_3$ 两两正交，将其单位化得 $\boldsymbol{\eta}_1,\boldsymbol{\eta}_2,\boldsymbol{\eta}_3$，令 $\boldsymbol{Q}=(\boldsymbol{\eta}_1,\boldsymbol{\eta}_2,\boldsymbol{\eta}_3)$，则 $\boldsymbol{Q}$ 为正交矩阵，且使 $\boldsymbol{Q}^{-1}\boldsymbol{A}\boldsymbol{Q}=\boldsymbol{Q}^{\mathrm{T}}\boldsymbol{A}\boldsymbol{Q}=\begin{pmatrix}2&&\\&2&\\&&-3\end{pmatrix}$，作正交替换 $\boldsymbol{x}=\boldsymbol{Q}\boldsymbol{y}$.

2. (1)$a=-1$；(2)$\begin{pmatrix}x_1\\x_2\\x_3\end{pmatrix}=\begin{pmatrix}\frac{1}{\sqrt{3}} & \frac{1}{\sqrt{2}} & \frac{1}{\sqrt{6}}\\ \frac{1}{\sqrt{3}} & -\frac{1}{\sqrt{2}} & \frac{1}{\sqrt{6}}\\ -\frac{1}{\sqrt{3}} & 0 & \frac{2}{\sqrt{6}}\end{pmatrix}\begin{pmatrix}y_1\\y_2\\y_3\end{pmatrix}$，$2y_2^2+6y_3^2$.

[提示] (1) $\boldsymbol{A}^{\mathrm{T}}\boldsymbol{A}=\begin{pmatrix}2 & 0 & 1-a\\ 0 & 1+a^2 & 1-a\\ 1-a & 1-a & 3+a^2\end{pmatrix}$，$\operatorname{rank}(\boldsymbol{A}^{\mathrm{T}}\boldsymbol{A})=2$，则 $|\boldsymbol{A}^{\mathrm{T}}\boldsymbol{A}|=0$，即

$$|\boldsymbol{A}^{\mathrm{T}}\boldsymbol{A}|=\begin{vmatrix}2 & 0 & 1-a\\ 0 & 1+a^2 & 1-a\\ 1-a & 1-a & 3+a^2\end{vmatrix}=(a^2+3)(a+1)^2=0\text{，解之得 } a=-1.$$

(2) 令 $\boldsymbol{B}=\boldsymbol{A}^{\mathrm{T}}\boldsymbol{A}=\begin{pmatrix}2 & 0 & 2\\ 0 & 2 & 2\\ 2 & 2 & 4\end{pmatrix}$，$\boldsymbol{B}$ 的特征多项式为

$$|\lambda\boldsymbol{E}-\boldsymbol{B}|=\begin{vmatrix}\lambda-2 & -(\lambda-2) & 0\\ 0 & \lambda-2 & -2\\ -2 & -2 & \lambda-4\end{vmatrix}=\begin{vmatrix}\lambda-2 & 0 & 0\\ 0 & \lambda-2 & -2\\ -2 & -4 & \lambda-4\end{vmatrix}=\lambda(\lambda-2)(\lambda-6),$$

$\boldsymbol{B}$ 的全部特征值为 $\lambda_1=0,\lambda_2=2,\lambda_3=6$.

对于 $\lambda_1=0$，解线性方程组 $(0\boldsymbol{E}-\boldsymbol{B})\boldsymbol{x}=\boldsymbol{0}$，由 $-\boldsymbol{B}\to\begin{pmatrix}1 & 0 & 1\\ 0 & 1 & 1\\ 0 & 0 & 0\end{pmatrix}$，得其基础解系为 $\boldsymbol{\xi}_1=\begin{pmatrix}1\\1\\-1\end{pmatrix}$；

对于 $\lambda_2=2$，解线性方程组 $(2\boldsymbol{E}-\boldsymbol{B})\boldsymbol{x}=\boldsymbol{0}$，由 $2\boldsymbol{E}-\boldsymbol{B}\to\begin{pmatrix}1 & 1 & 0\\ 0 & 0 & 1\\ 0 & 0 & 0\end{pmatrix}$，得其基础解系为 $\boldsymbol{\xi}_2=\begin{pmatrix}1\\-1\\0\end{pmatrix}$；

对于 $\lambda_3=6$，解线性方程组 $(6\boldsymbol{E}-\boldsymbol{B})\boldsymbol{x}=\boldsymbol{0}$，由 $6\boldsymbol{E}-\boldsymbol{B}\to\begin{pmatrix}1 & 0 & -\frac{1}{2}\\ 0 & 1 & -\frac{1}{2}\\ 0 & 0 & 0\end{pmatrix}$，得其基础解系为 $\boldsymbol{\xi}_3=\begin{pmatrix}1\\1\\2\end{pmatrix}$.

将 $\boldsymbol{\xi}_1,\boldsymbol{\xi}_2,\boldsymbol{\xi}_3$ 单位化，得 $\boldsymbol{\eta}_1,\boldsymbol{\eta}_2,\boldsymbol{\eta}_3$，令 $\boldsymbol{Q}=(\boldsymbol{\eta}_1,\boldsymbol{\eta}_2,\boldsymbol{\eta}_3)$，则 $\boldsymbol{Q}$ 为正交矩阵，且使 $\boldsymbol{Q}^{-1}\boldsymbol{B}\boldsymbol{Q}=\boldsymbol{Q}^{\mathrm{T}}\boldsymbol{B}\boldsymbol{Q}=\begin{pmatrix}0 & & \\ & 2 & \\ & & 6\end{pmatrix}$，作正交替换 $\boldsymbol{x}=\boldsymbol{Q}\boldsymbol{y}$.

3. (1) $\begin{pmatrix}x_1\\x_2\\x_3\end{pmatrix}=\begin{pmatrix}\frac{1}{\sqrt{6}} & \frac{1}{\sqrt{3}} & -\frac{1}{\sqrt{2}}\\ \frac{2}{\sqrt{6}} & -\frac{1}{\sqrt{3}} & 0\\ \frac{1}{\sqrt{6}} & \frac{1}{\sqrt{3}} & \frac{1}{\sqrt{2}}\end{pmatrix}\begin{pmatrix}y_1\\y_2\\y_3\end{pmatrix}$，$-12y_2^2+6y_3^2$；(2) $\begin{pmatrix}-1 & 4 & -7\\ 4 & -4 & 4\\ -7 & 4 & -1\end{pmatrix}$，$-x_1^2-4x_2^2-x_3^2+8x_1x_2-14x_1x_3+8x_2x_3$.

[提示] (1) 记 $\boldsymbol{\alpha}_1=\begin{pmatrix}1\\2\\1\end{pmatrix}$，$\boldsymbol{\alpha}_2=\begin{pmatrix}1\\-1\\1\end{pmatrix}$，依题设 $\boldsymbol{A}\boldsymbol{\alpha}_1=\boldsymbol{0}=0\boldsymbol{\alpha}_1$，$\boldsymbol{A}\boldsymbol{\alpha}_2=-12\boldsymbol{\alpha}_2$，从而 $\lambda_1=0$ 是 $\boldsymbol{A}$ 的一个特

征值，$\boldsymbol{\alpha}_1$ 为 $\boldsymbol{A}$ 的属于 $\lambda_1=0$ 的特征向量，$\lambda_2=-12$ 是 $\boldsymbol{A}$ 的又一特征值，$\boldsymbol{\alpha}_2$ 为 $\boldsymbol{A}$ 的属于 $\lambda_2=-12$ 的特征向量，设实对称矩阵 $\boldsymbol{A}$ 的第 3 个特征值为 λ_3，由 $-6=\mathrm{tr}(\boldsymbol{A})=\lambda_1+\lambda_2+\lambda_3$，解之得 $\lambda_3=6$，设属于 $\lambda_3=6$ 的特征向量为 $\boldsymbol{\alpha}_3=\begin{pmatrix}x_1\\x_2\\x_3\end{pmatrix}$，有 $\begin{cases}\boldsymbol{\alpha}_1^{\mathrm{T}}\boldsymbol{\alpha}_3=x_1+2x_2+x_3=0,\\ \boldsymbol{\alpha}_2^{\mathrm{T}}\boldsymbol{\alpha}_3=x_1-x_2+x_3=0,\end{cases}$ 得其基础解系 $\boldsymbol{\alpha}_3=\begin{pmatrix}-1\\0\\1\end{pmatrix}$，将 $\boldsymbol{\alpha}_1,\boldsymbol{\alpha}_2,\boldsymbol{\alpha}_3$ 施以单位化，得 $\boldsymbol{\eta}_1,\boldsymbol{\eta}_2,\boldsymbol{\eta}_3$，令 $\boldsymbol{Q}=(\boldsymbol{\eta}_1,\boldsymbol{\eta}_2,\boldsymbol{\eta}_3)$，则 $\boldsymbol{Q}$ 为正交矩阵，且使 $\boldsymbol{Q}^{-1}\boldsymbol{A}\boldsymbol{Q}=\boldsymbol{Q}^{\mathrm{T}}\boldsymbol{A}\boldsymbol{Q}=\begin{pmatrix}0&&\\&-12&\\&&6\end{pmatrix}$，作正交替换 $\boldsymbol{x}=\boldsymbol{Q}\boldsymbol{y}$.

(2) $\boldsymbol{A}=\boldsymbol{Q}\begin{pmatrix}0&&\\&-12&\\&&6\end{pmatrix}\boldsymbol{Q}^{\mathrm{T}}$.

4. (1) $\boldsymbol{A}=\begin{bmatrix}\frac{1}{2}&0&-\frac{1}{2}\\0&1&0\\-\frac{1}{2}&0&\frac{1}{2}\end{bmatrix}$.

[提示] (1) $\boldsymbol{A}$ 全部特征值为 $\lambda_1=\lambda_2=1,\lambda_3=0$，且 $\lambda_3=0$ 的特征向量为 $\boldsymbol{\alpha}_3=\left(\frac{\sqrt{2}}{2},0,\frac{\sqrt{2}}{2}\right)^{\mathrm{T}}$，因为 $\boldsymbol{A}$ 是实对称矩阵，设属于 $\lambda_1=\lambda_2=1$ 的特征向量为 $\boldsymbol{\alpha}=(x_1,x_2,x_3)^{\mathrm{T}}$，则 $\boldsymbol{\alpha}^{\mathrm{T}}\boldsymbol{\alpha}_3=x_1+x_3=0$，其基础解系为 $\boldsymbol{\alpha}_1=\begin{pmatrix}0\\1\\0\end{pmatrix}$，$\boldsymbol{\alpha}_2=\begin{pmatrix}-1\\0\\1\end{pmatrix}$，$\boldsymbol{\alpha}_1,\boldsymbol{\alpha}_2$ 为属于 $\lambda_1=\lambda_2=1$ 的特征向量，对 $\boldsymbol{\alpha}_1,\boldsymbol{\alpha}_2$ 施以单位化：$\boldsymbol{\beta}_1=\frac{\boldsymbol{\alpha}_1}{|\boldsymbol{\alpha}_1|}=\begin{pmatrix}0\\1\\0\end{pmatrix}$，

$\boldsymbol{\beta}_2=\frac{\boldsymbol{\alpha}_2}{|\boldsymbol{\alpha}_2|}=\begin{bmatrix}-\frac{1}{\sqrt{2}}\\0\\\frac{1}{\sqrt{2}}\end{bmatrix}$，令 $\boldsymbol{Q}=(\boldsymbol{\beta}_1,\boldsymbol{\beta}_2,\boldsymbol{\alpha}_3)$，则 $\boldsymbol{Q}$ 是正交矩阵，且使 $\boldsymbol{Q}^{-1}\boldsymbol{A}\boldsymbol{Q}=\boldsymbol{Q}^{\mathrm{T}}\boldsymbol{A}\boldsymbol{Q}=\boldsymbol{\Lambda}=\begin{pmatrix}1&&\\&1&\\&&0\end{pmatrix}$，于是

$$\boldsymbol{A}=\boldsymbol{Q}\boldsymbol{\Lambda}\boldsymbol{Q}^{\mathrm{T}}=\begin{bmatrix}0&-\frac{\sqrt{2}}{2}&\frac{\sqrt{2}}{2}\\1&0&0\\0&\frac{\sqrt{2}}{2}&\frac{\sqrt{2}}{2}\end{bmatrix}\begin{pmatrix}1&&\\&1&\\&&0\end{pmatrix}\begin{bmatrix}0&1&0\\-\frac{\sqrt{2}}{2}&0&\frac{\sqrt{2}}{2}\\\frac{\sqrt{2}}{2}&0&\frac{\sqrt{2}}{2}\end{bmatrix}.$$

(2) $\boldsymbol{A}$ 是实对称矩阵，所以 $\boldsymbol{A}+\boldsymbol{E}$ 是实对称矩阵，且 $\boldsymbol{A}+\boldsymbol{E}$ 的特征值为 2,2,1.

5. (1) $2y_1^2+2y_2^2+2y_3^2-3y_4^2$，$z_1^2+z_2^2+z_3^2-z_4^2$；(2) $-\frac{1}{24}$；(3) $-5<k<5$.

[提示] (1) 因 $\boldsymbol{A}$ 为实对称矩阵，设 λ 为 $\boldsymbol{A}$ 的一个特征值，由 $\boldsymbol{A}^2+\boldsymbol{A}=6\boldsymbol{E}$ 知，$\lambda^2+\lambda=6$，从而 $\lambda=-3$ 或 $\lambda=2$，依 $\boldsymbol{A}(\boldsymbol{A}+\boldsymbol{E})=6\boldsymbol{E}$ 可知，$\boldsymbol{A}$ 可逆，故 $\mathrm{rank}(\boldsymbol{A})=4$，由于 $\boldsymbol{A}$ 的正惯性指数 $p=3$，因此 $\boldsymbol{A}$ 的全部特征值为 $\lambda_1=\lambda_2=\lambda_3=2,\lambda_4=-3$，于是二次型 $f(x_1,x_2,x_3,x_4)$ 在正交替换 $\boldsymbol{x}=\boldsymbol{U}\boldsymbol{y}$ 下的标准形为 $2y_1^2+2y_2^2+2y_3^2-3y_4^2$.

(2) $|\boldsymbol{A}|=\lambda_1\lambda_2\lambda_3\lambda_4=-24$，因此 $\left|\frac{1}{12}\boldsymbol{A}^*+\boldsymbol{A}^{-1}\right|=\left|\frac{1}{12}|\boldsymbol{A}|\boldsymbol{A}^{-1}+\boldsymbol{A}^{-1}\right|=(-1)^4|\boldsymbol{A}^{-1}|=-\frac{1}{24}$.

(3) 由 $\boldsymbol{A}$ 的全部特征值为 $\lambda_1=\lambda_2=\lambda_3=2,\lambda_4=-3$，因此 $\boldsymbol{A}^2-k\boldsymbol{A}+6\boldsymbol{E}$ 的全部特征值为

$$\mu_1=\lambda_1^2-k\lambda_1+6=10-2k=\mu_2=\mu_3,\mu_4=\lambda_4^2-k\lambda_4+6=15+3k,$$

$\boldsymbol{A}^2-k\boldsymbol{A}+6\boldsymbol{E}$ 为实对称矩阵，则 $\boldsymbol{A}^2-k\boldsymbol{A}+6\boldsymbol{E}$ 正定⇔其特征值全大于 0

$$\Leftrightarrow 10-2k>0, \text{且 } 15+3k>0.$$

五、证明题

[提示] 1.(1)

$$f(x_1,x_2,x_3)=2(x_1,x_2,x_3)\begin{pmatrix}a_1\\a_2\\a_3\end{pmatrix}(a_1,a_2,a_3)\begin{pmatrix}x_1\\x_2\\x_3\end{pmatrix}+(x_1,x_2,x_3)\begin{pmatrix}b_1\\b_2\\b_3\end{pmatrix}(b_1,b_2,b_3)\begin{pmatrix}x_1\\x_2\\x_3\end{pmatrix}$$

$$=(x_1,x_2,x_3)(2\boldsymbol{\alpha\alpha}^{\mathrm{T}}+\boldsymbol{\beta\beta}^{\mathrm{T}})\begin{pmatrix}x_1\\x_2\\x_3\end{pmatrix}, \text{令 } \boldsymbol{A}=2\boldsymbol{\alpha\alpha}^{\mathrm{T}}+\boldsymbol{\beta\beta}^{\mathrm{T}}, \text{则}$$

$\boldsymbol{A}^{\mathrm{T}}=2\boldsymbol{\alpha\alpha}^{\mathrm{T}}+\boldsymbol{\beta\beta}^{\mathrm{T}}=\boldsymbol{A}$，因此 $\boldsymbol{A}$ 是 $f(x_1,x_2,x_3)$ 的矩阵.

(2) $\boldsymbol{\alpha}^{\mathrm{T}}\boldsymbol{\beta}=0=\boldsymbol{\beta}^{\mathrm{T}}\boldsymbol{\alpha}$，$\boldsymbol{\alpha}^{\mathrm{T}}\boldsymbol{\alpha}=\boldsymbol{\beta}^{\mathrm{T}}\boldsymbol{\beta}=1$，$\boldsymbol{A\alpha}=(2\boldsymbol{\alpha\alpha}^{\mathrm{T}}+\boldsymbol{\beta\beta}^{\mathrm{T}})\boldsymbol{\alpha}=2\boldsymbol{\alpha}$，其中 $\boldsymbol{\alpha}\neq\boldsymbol{0}$，所以 $\lambda_1=2$ 是 $\boldsymbol{A}$ 的一个特征值，$\boldsymbol{\alpha}$ 为属于 $\lambda_1=2$ 的特征向量，$\boldsymbol{A\beta}=(2\boldsymbol{\alpha\alpha}^{\mathrm{T}}+\boldsymbol{\beta\beta}^{\mathrm{T}})\boldsymbol{\beta}=\boldsymbol{\beta}$，其中 $\boldsymbol{\beta}\neq\boldsymbol{0}$，所以 $\lambda_2=1$ 是 $\boldsymbol{A}$ 的又一特征值，$\boldsymbol{\beta}$ 为属于$\lambda_2=1$ 的特征向量. 又因为

$$\operatorname{rank}(\boldsymbol{A})=\operatorname{rank}(2\boldsymbol{\alpha\alpha}^{\mathrm{T}}+\boldsymbol{\beta\beta}^{\mathrm{T}})\leqslant\operatorname{rank}(2\boldsymbol{\alpha\alpha}^{\mathrm{T}})+\operatorname{rank}(\boldsymbol{\beta\beta}^{\mathrm{T}})=1+1=2<3,$$

即 $|\boldsymbol{A}|=0=|0\boldsymbol{E}-\boldsymbol{A}|$，所以 $\lambda_3=0$ 是 $\boldsymbol{A}$ 的一个特征值，于是 $\boldsymbol{A}$ 的全部特征值为

$$\lambda_1=2,\quad \lambda_2=1,\quad \lambda_3=0,$$

存在正交矩阵 $\boldsymbol{Q}$，使 $\boldsymbol{Q}^{-1}\boldsymbol{AQ}=\boldsymbol{Q}^{\mathrm{T}}\boldsymbol{AQ}=\begin{pmatrix}2&&\\&1&\\&&0\end{pmatrix}$，作正交替换 $\begin{pmatrix}x_1\\x_2\\x_3\end{pmatrix}=\boldsymbol{Q}\begin{pmatrix}y_1\\y_2\\y_3\end{pmatrix}$，化二次型 $f(x_1,x_2,x_3)$ 为标准形 $2y_1^2+y_2^2$.

2. [提示] 因 $\boldsymbol{A}$ 为正定矩阵，则 $\boldsymbol{A}$ 为实对称矩阵，存在正交矩阵 $\boldsymbol{Q}$，使

$$\boldsymbol{Q}^{-1}\boldsymbol{AQ}=\boldsymbol{Q}^{\mathrm{T}}\boldsymbol{AQ}=\boldsymbol{\Lambda}=\begin{pmatrix}\lambda_1&&&\\&\lambda_2&&\\&&\ddots&\\&&&\lambda_n\end{pmatrix}, \boldsymbol{A}=\boldsymbol{Q}\begin{pmatrix}\lambda_1&&&\\&\lambda_2&&\\&&\ddots&\\&&&\lambda_n\end{pmatrix}\boldsymbol{Q}^{\mathrm{T}},$$

$\boldsymbol{A}$ 的全部特征值满足：$\lambda_1>0,\lambda_2>0,\cdots,\lambda_n>0$. 又因 $\boldsymbol{A}$ 为正交矩阵，$\boldsymbol{E}=\boldsymbol{A}^{\mathrm{T}}\boldsymbol{A}=(\boldsymbol{Q\Lambda Q}^{\mathrm{T}})^{\mathrm{T}}\boldsymbol{Q\Lambda Q}^{\mathrm{T}}=\boldsymbol{Q\Lambda}^2\boldsymbol{Q}^{\mathrm{T}}$，就等式两端左乘 $\boldsymbol{Q}^{\mathrm{T}}$，右乘 $\boldsymbol{Q}$，得 $\boldsymbol{\Lambda}^2=\boldsymbol{E}$.

3. [提示] (1) 对矩阵$(\boldsymbol{A},\boldsymbol{B})$施以初等行变换，将其化为行阶梯形矩阵，

$$(\boldsymbol{A},\boldsymbol{B})=\left(\begin{array}{cc|cc}2&2&4&b\\2&a&3&1\end{array}\right)\rightarrow\left(\begin{array}{cc|cc}2&2&4&b\\0&a-2&-1&1-b\end{array}\right), \operatorname{rank}(\boldsymbol{A},\boldsymbol{B})=2.$$

如果 $\boldsymbol{AX}=\boldsymbol{B}$ 有解，即 $\boldsymbol{B}$ 的列向量组可由 $\boldsymbol{A}$ 的列向量组线性表示，也即$(\boldsymbol{A},\boldsymbol{B})$的列向量组可由 $\boldsymbol{A}$ 的列向量组线性表示，依 2.4 节命题 10，$\operatorname{rank}(\boldsymbol{A},\boldsymbol{B})\leqslant\operatorname{rank}(\boldsymbol{A})$，显然 $\operatorname{rank}(\boldsymbol{A})\leqslant\operatorname{rank}(\boldsymbol{A},\boldsymbol{B})$，从而 $\operatorname{rank}(\boldsymbol{A})=\operatorname{rank}(\boldsymbol{A},\boldsymbol{B})=2$，即 $a\neq2$.

反之，如果 $a\neq2$，由 $\begin{vmatrix}2&2\\0&a-2\end{vmatrix}\neq0$ 可知，$\boldsymbol{A}$ 的列向量组就是$(\boldsymbol{A},\boldsymbol{B})$的一个极大线性无关组，可表示 $\boldsymbol{B}$ 的列向量组，即矩阵方程 $\boldsymbol{AX}=\boldsymbol{B}$ 有解.

对矩阵$(\boldsymbol{B},\boldsymbol{A})$施以初等行变换，将其化为行阶梯形矩阵，

$$(\boldsymbol{B},\boldsymbol{A})=\left(\begin{array}{cc|cc}4 & b & 2 & 2\\ 3 & 1 & 2 & a\end{array}\right)\to\left(\begin{array}{cc|cc}4 & b & 2 & 2\\ 0 & 1-\frac{3}{4}b & \frac{1}{2} & a-\frac{3}{2}\end{array}\right),\operatorname{rank}(\boldsymbol{B},\boldsymbol{A})=2.$$

如果 $\boldsymbol{BY}=\boldsymbol{A}$ 无解，即 $\boldsymbol{A}$ 至少有一个列向量不能由 $\boldsymbol{B}$ 的列向量组线性表示，也即$(\boldsymbol{B},\boldsymbol{A})$至少有一个列向量不能由 $\boldsymbol{B}$ 的列向量组线性表示，因此 $\boldsymbol{B}$ 的列向量组不是$(\boldsymbol{B},\boldsymbol{A})$的极大线性无关组，则 $b=\frac{4}{3}$.

反之，如果 $b=\frac{4}{3}$，$\boldsymbol{A}$ 的第 1 列不能由 $\boldsymbol{B}$ 的列向量组线性表示，矩阵方程 $\boldsymbol{BY}=\boldsymbol{A}$ 无解.

综上所述，矩阵方程 $\boldsymbol{AX}=\boldsymbol{B}$ 有解但 $\boldsymbol{BY}=\boldsymbol{A}$ 无解的充分必要条件是 $a\neq 2,b=\frac{4}{3}$.

(2) 如果 $\boldsymbol{A}\sim\boldsymbol{B}$，依相似矩阵的性质，

$$\operatorname{tr}(\boldsymbol{A})=2+a=5=\operatorname{tr}(\boldsymbol{B}),\ |\boldsymbol{A}|=2a-4=4-3b=|\boldsymbol{B}|,\text{解之得 } a=3,b=\frac{2}{3}.$$

反之，如果 $a=3,b=\frac{2}{3}$，则 $\boldsymbol{A}=\begin{pmatrix}2 & 2\\ 2 & 3\end{pmatrix}$，$\boldsymbol{B}=\begin{pmatrix}4 & \frac{2}{3}\\ 3 & 1\end{pmatrix}$，$|\lambda\boldsymbol{E}-\boldsymbol{A}|=\begin{vmatrix}\lambda-2 & -2\\ -2 & \lambda-3\end{vmatrix}=\lambda^2-5\lambda+2$，$\boldsymbol{A}$ 的全部特征值为 $\lambda_1=\frac{5-\sqrt{17}}{2}$，$\lambda_2=\frac{5+\sqrt{17}}{2}$.

同理，$|\lambda\boldsymbol{E}-\boldsymbol{B}|=\lambda^2-5\lambda+2$，$\boldsymbol{B}$ 的全部特征值为 $\lambda_1=\frac{5-\sqrt{17}}{2}$，$\lambda_2=\frac{5+\sqrt{17}}{2}$.

由上述可知，$\boldsymbol{A},\boldsymbol{B}$ 都相似于同一个对角矩阵，依传递性，$\boldsymbol{A}\sim\boldsymbol{B}$.

综上所述，$\boldsymbol{A}\sim\boldsymbol{B}$ 的充分必要条件是 $a=3,b=\frac{2}{3}$.

(3) 如果 $\boldsymbol{A}\simeq\boldsymbol{B}$，存在可逆矩阵 $\boldsymbol{C}$，使 $\boldsymbol{C}^{\mathrm{T}}\boldsymbol{AC}=\boldsymbol{B}$. 又 $\boldsymbol{A}$ 为实对称矩阵，所以

$$\boldsymbol{B}^{\mathrm{T}}=(\boldsymbol{C}^{\mathrm{T}}\boldsymbol{AC})^{\mathrm{T}}=\boldsymbol{C}^{\mathrm{T}}\boldsymbol{AC}=\boldsymbol{B},$$

即 $\boldsymbol{B}$ 为实对称矩阵，所以 $b=3$，$\operatorname{rank}(\boldsymbol{B})=2$，且

$$|\lambda\boldsymbol{E}-\boldsymbol{B}|=\begin{vmatrix}\lambda-4 & -3\\ -3 & \lambda-1\end{vmatrix}=\lambda^2-5\lambda-5,$$

$\boldsymbol{B}$ 的全部特征值为 $\mu_1=\frac{5-3\sqrt{5}}{2}<0$，$\mu_2=\frac{5+3\sqrt{5}}{2}>0$，$\boldsymbol{B}$ 的正惯性指数 $p=1$，负惯性指数 $q=1$，用配平方法化 $\boldsymbol{A}$ 的二次型为标准形，

$$f(x_1,x_2)=(x_1,x_2)\begin{pmatrix}2 & 2\\ 2 & a\end{pmatrix}\begin{pmatrix}x_1\\ x_2\end{pmatrix}=2x_1^2+ax_2^2+4x_1x_2$$

$$=2(x_1+x_2)^2-2x_2^2+ax_2^2=2(x_1+x_2)^2+(a-2)x_2^2,$$

令 $\begin{cases}y_1=x_1+x_2,\\ y_2=x_2,\end{cases}$ 作可逆线性替换 $\begin{cases}x_1=y_1-y_2,\\ x_2=y_2,\end{cases}$ 使 $f(x_1,x_2)=2y_1^2+(a-2)y_2^2$，依 6.2 节推论 4，

$\boldsymbol{A}\simeq\boldsymbol{B}\Leftrightarrow\operatorname{rank}(\boldsymbol{A})=\operatorname{rank}(\boldsymbol{B})=2$，且 $\boldsymbol{A}$ 的正惯性指数 $=\boldsymbol{B}$ 的正惯性指数 $p=1\Leftrightarrow a<2$.

综上所述，$\boldsymbol{A}\simeq\boldsymbol{B}$ 的充分必要条件是 $a<2,b=3$.

参考文献

[1] 丘维声. 高等代数(上册)[M]. 2版. 北京：高等教育出版社,2002.

[2] 丘维声. 高等代数(下册)[M]. 2版. 北京：高等教育出版社,2003.

[3] 丘维声. 高等代数学习指导书(上册)[M]. 北京：清华大学出版社,2005.

[4] 丘维声. 高等代数学习指导书(下册)[M]. 北京：清华大学出版社,2009.

[5] 姚慕生,谢启鸿. 高等代数[M]. 3版. 上海：复旦大学出版社,2015.

[6] 姚慕生,吴泉水,谢启鸿. 高等代数学[M]. 3版. 上海：复旦大学出版社,2020.

[7] 许甫华,张贤科. 高等代数解题方法[M]. 2版. 北京：清华大学出版社,2005.

[8] 许甫华. 线性代数典型题精讲[M]. 2版. 大连：大连理工大学出版社,2006.

[9] 陈维新. 线性代数简明教程[M]. 2版. 北京：科学出版社,2008.

[10] 陈维新,涂黎晖,魏麒,王聚丰. 线性代数学习指导和习题剖析[M]. 北京：科学出版社,2011.

[11] 四川大学数学学院,张慎语,周厚隆. 线性代数[M]. 北京：高等教育出版社,2002.

[12] 胡金德,王飞燕. 线性代数辅导[M]. 3版. 北京：清华大学出版社,2003.

[13] 俞正光,刘坤林,谭泽光,等. 线性代数通用辅导讲义[M]. 北京：清华大学出版社,2006.

[14] 居余马,林翠琴. 线性代数[M]. 北京：高等教育出版社,2012.

[15] 居余马,林翠琴. 线性代数学习指南[M]. 北京：清华大学出版社,2003.

[16] 丘维声. 高等代数(上册)——大学高等代数课程创新教材[M]. 北京：清华大学出版社,2010.

[17] 丘维声. 高等代数(下册)——大学高等代数课程创新教材[M]. 北京：清华大学出版社,2010.

[18] 薛嘉庆. 历届考研数学真题解析大全(理工类)[M]. 2版. 沈阳：东北大学出版社,2004.

[19] 薛嘉庆. 历届考研数学真题解析大全(经济类)[M]. 2版. 沈阳：东北大学出版社,2004.

[20] 国防科学技术大学数学竞赛指导组. 大学数学竞赛指导[M]. 北京：清华大学出版社,2009.

[21] 上海交通大学数学系. 线性代数习题与精解[M]. 上海：上海交通大学出版社,2005.

[22] 上海交通大学数学系. 线性代数试卷剖析[M]. 上海：上海交通大学出版社,2005.

[23] 龚德恩,等. 经济数学基础,第二分册：线性代数[M]. 5版. 成都：四川人民出版社,2016.